实例效果图

第 1 章　多重渲染目标

第 2 章　扭动的三角形

第 2 章　沙滩椰子树

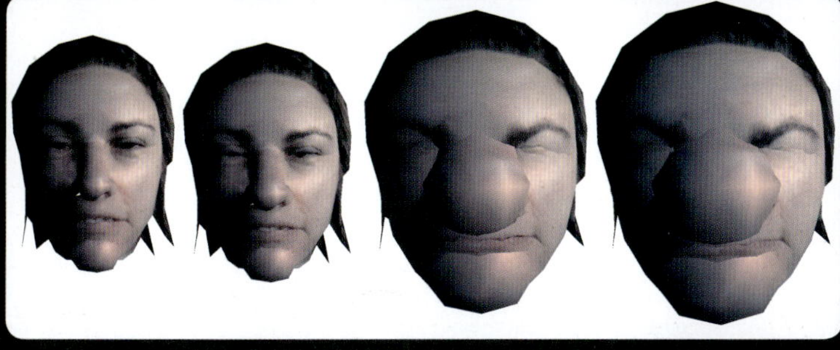

第 2 章　吹气特效

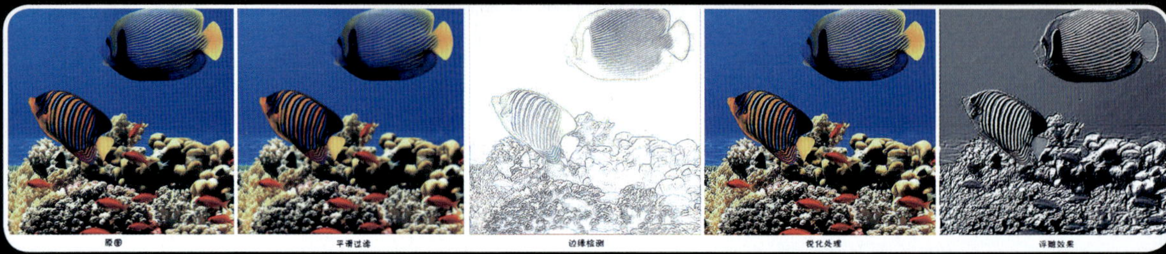

第 3 章　数字图像处理

第 3 章　卡通渲染

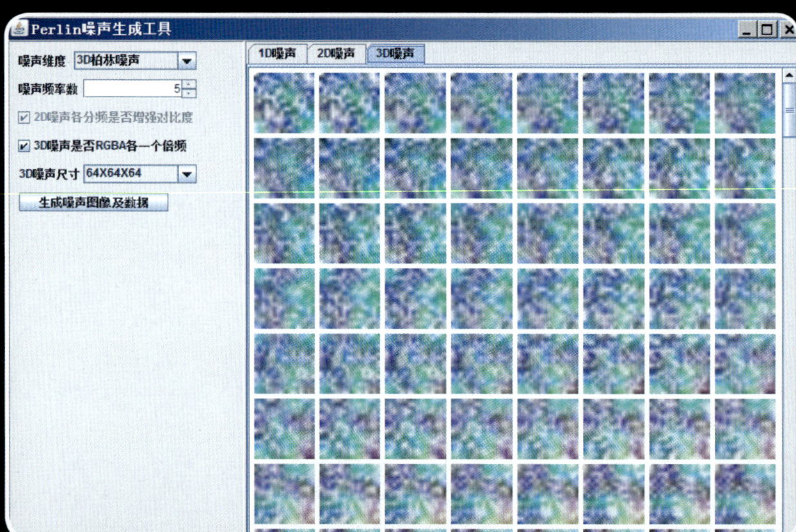

第 3 章　柏林噪声生成工具

第 3 章　曼德布罗集和茱莉亚集着色器程序

第 3 章　柏林噪声木纹理茶壶

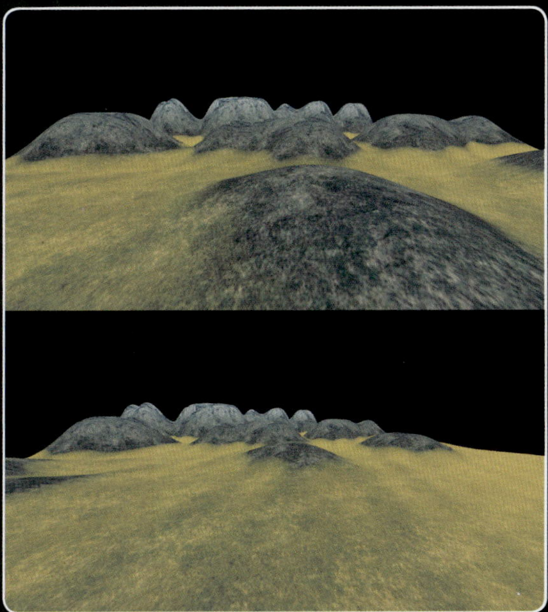

第 3 章　体积雾

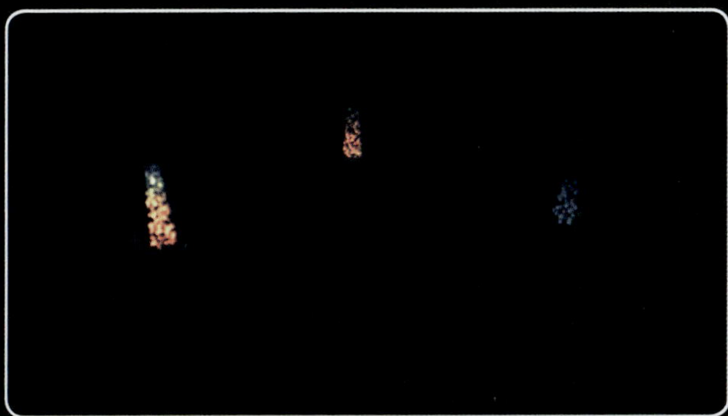

第 3 章　点精灵版粒子系统火焰

第 4 章　反射环境模拟

第 4 章　色散效果模拟

第 4 章　菲涅尔效果模拟

第 4 章　凹凸映射与非凹凸映射渲染对比

第 4 章　镜头光晕

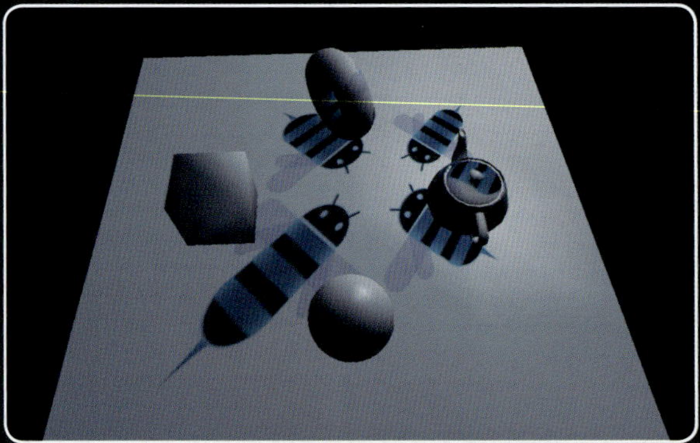

第 5 章　投影贴图

实例效果图

第 5 章　平面阴影

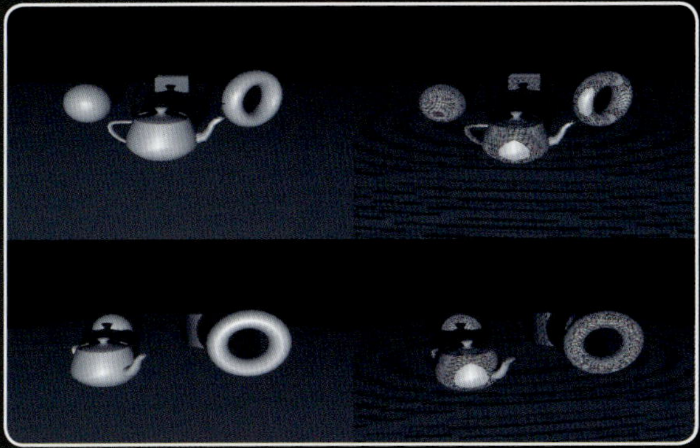

第 5 章　阴影映射

第 5 章　聚光灯高级光源

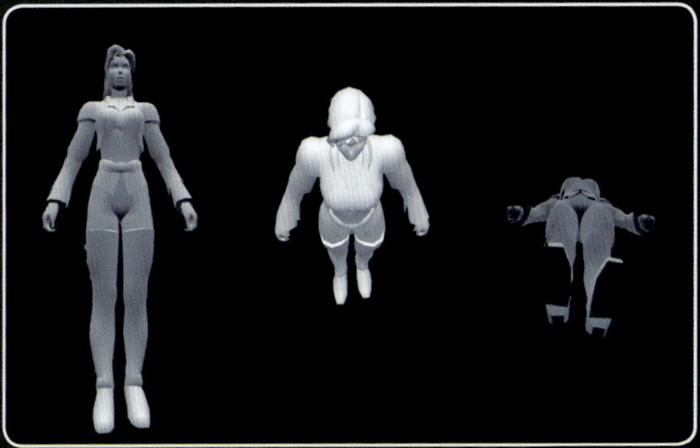

第 5 章　半球光照

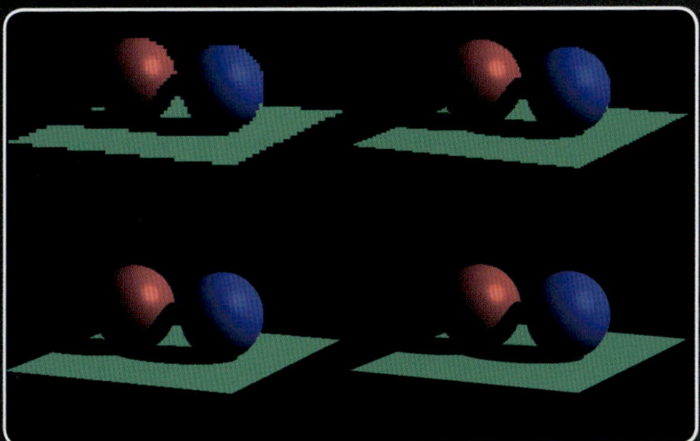

第 5 章　光线跟踪绘制

第 5 章　高级镜像技术

第 5 章　高真实感水面倒影

第 5 章　运动模糊

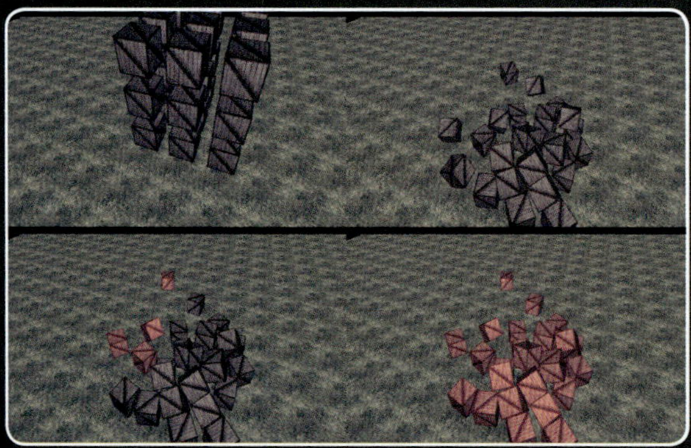

第 8 章　Bullet 物理引擎简单碰撞

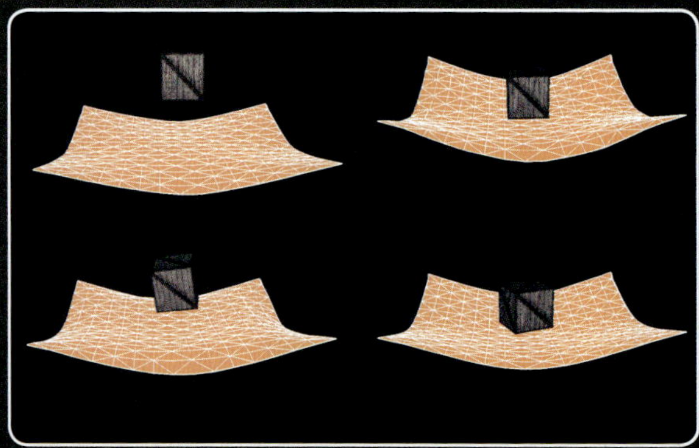

第 8 章　Bullet 物理引擎软布

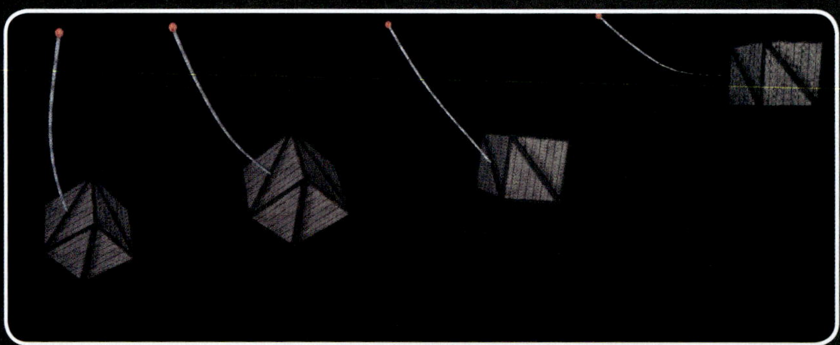

第 8 章　Bullet 物理引擎绳索软体

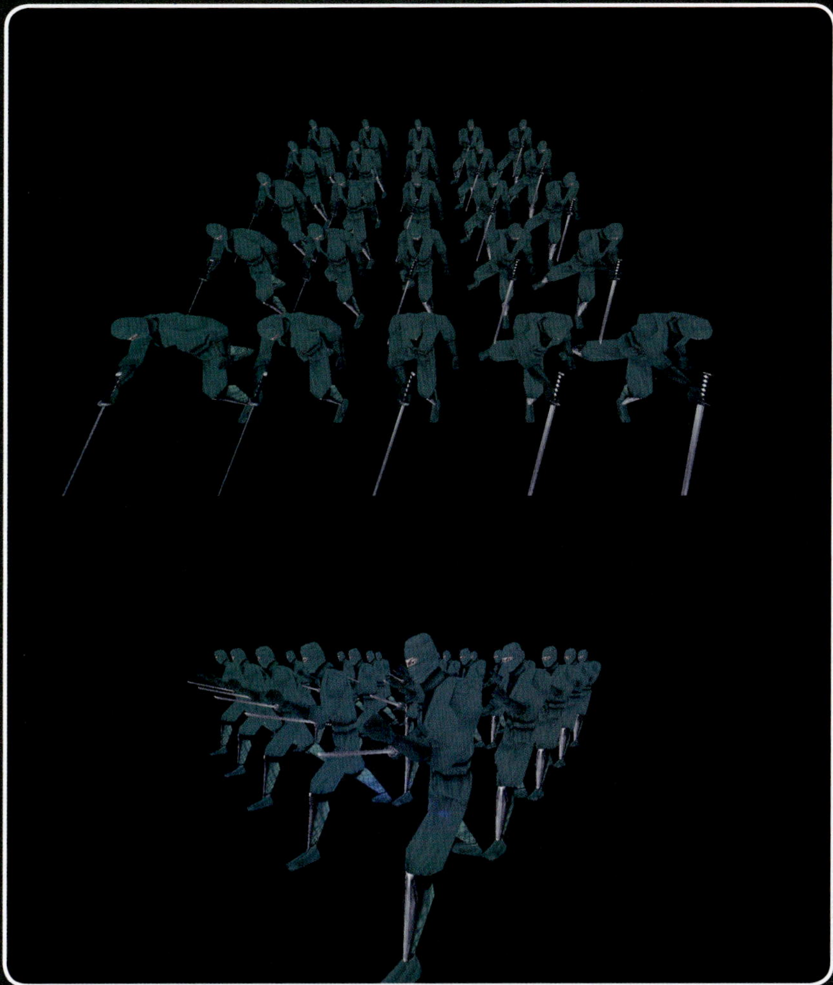

第 9 章　ms3d 骨骼动画的加载

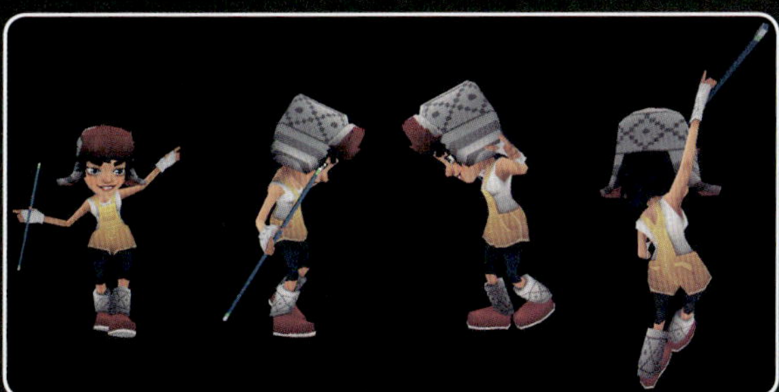

第 9 章　自定义格式骨骼动画的加载

第 11 章　计算着色器动态法向量水波效果

第 13 章　大案例 NDK 开发火力篮球 1

第 13 章　大案例 NDK 开发火力篮球 2

第 14 章　大案例 iOS 翻方块 菜单界面

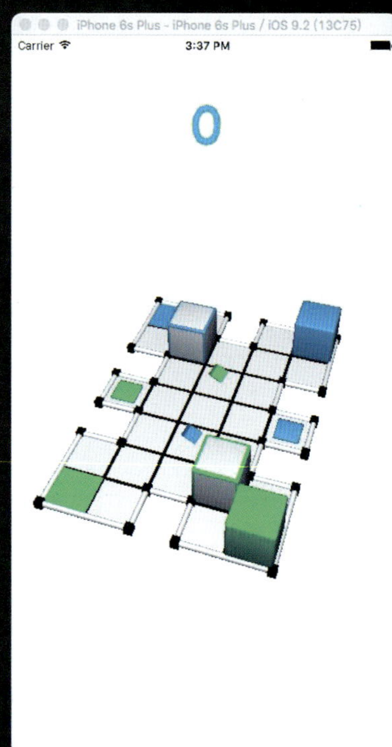

第 14 章　大案例 iOS 翻方块 游戏界面

OpenGL ES 3.x 游戏开发（下卷）

吴亚峰 编著

人民邮电出版社
北京

图书在版编目（CIP）数据

OpenGL ES 3.x游戏开发. 下卷 / 吴亚峰 编著. --
北京 : 人民邮电出版社, 2016.11
ISBN 978-7-115-43365-7

Ⅰ. ①O… Ⅱ. ①吴… Ⅲ. ①移动电话机－游戏程序
－程序设计 Ⅳ. ①TP317.67

中国版本图书馆CIP数据核字(2016)第235948号

内容提要

本书共分 14 章，内容涵盖了从 OpenGL ES 3.x 着色器的使用技巧到高级光影效果以及物理模拟问题的解决。介绍了 OpenGL ES 3.x 中的各种缓冲区对象和顶点着色器与片元着色器的使用技巧，以及高级光影效果的实现，如凹凸映射、环境反射、阴影、倒影、镜头光晕等。介绍了著名的 3D 物理引擎 Bullet（Java 和 C++版本），详细介绍了骨骼动画的开发，包括加载 ms3d 骨骼动画以及开发自定义格式的骨骼动画。系统地讨论了 OpenGL ES 3.x 开发中的性能优化问题，介绍了 OpenGL ES 3.1 新增的计算着色器。给出了基于 NDK 的大型游戏案例——火力篮球和 iOS 下的 3D 游戏案例——方块翻转，方便读者快速上手应用。

本书适合游戏开发者、程序员阅读，也适合大专院校相关专业师生的学习用书，以及培训学校的教材。

◆ 编　　著　吴亚峰
责任编辑　张　涛
责任印制　焦志炜

◆ 人民邮电出版社出版发行　　北京市丰台区成寿寺路 11 号
邮编　100164　　电子邮件　315@ptpress.com.cn
网址　http://www.ptpress.com.cn
固安县铭成印刷有限公司印刷

◆ 开本：787×1092　1/16　　彩插：4
印张：32.25　　2016 年 11 月第 1 版
字数：849 千字　　2024 年 7 月河北第 2 次印刷

定价：89.00 元

读者服务热线：(010)81055410　印装质量热线：(010)81055316
反盗版热线：(010)81055315
广告经营许可证：京东市监广登字20170147号

前 言

为什么要写这样一套书

随着智能手机硬件性能的不断提升，如“水果忍者”“极品飞车”“狂野飙车 8：极速凌云”等一批优秀的 3D 游戏娱乐应用在广大智能机用户间流行开来。与此同时，也带动了手机游戏产业逐渐从 2D 走向 3D。但目前国内专门介绍 3D 游戏开发的书籍与资料都非常少，同时 3D 应用开发的门槛又比较高，使得很多初学者无从下手。根据这种情况，笔者结合多年从事 3D 游戏应用开发的经验编写了这样一套书。

了解一些 3D 技术的人员都知道，移动嵌入式平台上的 3D 应用开发主要是基于 OpenGL ES 的 3 个大版本，即 1.x、2.0 和 3.x 版本。OpenGL ES 1.x 是较老的版本，渲染能力很有限，留给开发人员发挥的空间也很有限。而本套书主要介绍的 OpenGL ES 3.x 和 OpenGL ES 2.0 有很多相同之处，均采用可编程渲染管线，留给了开发人员充分的发挥空间。OpenGL ES 3.x 新特性的添加使渲染的 3D 场景光影效果更加真实。

本书给出的实际案例涉及 Android SDK、Android NDK、iOS、WebGL 等主流平台，充分考虑了各个不同主流目标平台读者的需求。同时，本书中关于 OpenGL ES 3.x 可编程渲染管线着色器的知识与技术还可以通用于其他的很多移动嵌入式平台，包括 MeeGO、PSP、PlayStation 等。因此，学习各种移动嵌入式平台下高级 3D 应用开发的朋友都可以参考此书。

经过一年多见缝插针式的奋战，本套书终于交稿了。回顾写书的这一年，不禁为自己能最终完成这个耗时费力的“大制作”而感到欣慰。同时也为自己能将从事游戏开发近 10 年来积累的宝贵经验以及编程感悟分享给正在开发阵线上埋头苦干的广大开发人员而感到高兴。

贾岛的《剑客》一诗有言：“十年磨一剑，霜刃未曾试，今日把示君，谁有不平事？”从 1998 年首次接触 Java 与 OpenGL 起，到现在也是十几年了。笔者希望用十几年的知识和经验磨出的利剑能够帮助广大读者在实际工作中披荆斩棘、奋勇向前。

本书特点

1. 内容丰富，由浅入深

本书组织上本着“起点低，终点高”的原则，内容覆盖了从学习 OpenGL ES 3.x 必知必会的基础知识到基于 OpenGL ES 3.x 实现各种高级特效，书的最后还给出了完整的大型 3D 游戏或应用案例。

这样的内容组织使得初学者可以一步一步成长为 3D 开发达人，符合绝大部分想学习 3D 应用开发的学生与程序员以及相关技术人员的需求。

2. 结构清晰，讲解到位

本套书配合每个需要讲解的知识点都给出了丰富的插图与完整的案例，使得初学者易于上手，也便于有一定基础的读者深入学习。书中所有的案例均是根据笔者多年的开发心得进行设计的，结构清晰，便于读者进行学习。同时书中还给出了很多笔者多年来积累的编程技巧与心得，具有很高的参考价值。

内容导读

本套书共分上、下卷，本丛书下卷共分为 14 章，内容按照必知必会的基础知识、基于 OpenGL ES 3.x 实现各种光影特效以及真实大型游戏案例的顺序进行详细讲解。

章　名	主要内容
第 1 章　缓冲区对象	本章主要介绍 OpenGL ES 3.x 中缓冲区的相关知识，主要包括顶点缓冲区对象、顶点数组对象、一致缓冲区对象、其他缓冲区对象、帧缓冲与渲染缓冲以及多重渲染目标等部分
第 2 章　顶点着色器的妙用	本章主要介绍如何通过顶点着色器实现 OpenGL ES 1.x 不易实现的酷炫效果，包括飘扬的旗帜、扭动的软糖、展翅飞翔的雄鹰、吹气特效等
第 3 章　片元着色器的妙用	本章介绍如何通过片元着色器实现 OpenGL ES 1.x 不易实现的酷炫效果，包括程序纹理、数字图像处理技术、分形着色器、3D 纹理的妙用、粒子系统火焰特效以及变换反馈版火焰等
第 4 章　真实光学环境的模拟	本章介绍如何通过 OpenGL ES 3.x 模拟现实世界的一些光学效果，如反射、折射、凹凸映射、高真实感地形以及镜头光晕等
第 5 章　阴影及高级光照	本章介绍如何通过 OpenGL ES 3.x 模拟现实世界的一些光影效果，主要包括平面阴影、阴影映射、阴影贴图、光线跟踪等几个方面。同时本章还介绍了几种常用的技术，即投影贴图、聚光灯高级光源、高真实感水面绘制以及运动模糊等
第 6 章　游戏开发中的物理学	本章介绍 3D 游戏开发中常用的一些物理学以及碰撞检测的相关知识，包括 AABB 包围盒、穿透效应、粒子系统以及弹簧质点模型等
第 7 章　3D 物理引擎一——JBullet	本章介绍 3D 游戏开发中经常使用的 3D 物理引擎 JBullet，包括 JBullet 中的一些基本概念、各种形状物体的碰撞以及各类关节的使用等
第 8 章　3D 物理引擎二——Bullet	本章介绍世界三大物理引擎之一——Bullet，内容主要包括 Bullet 中的一些基本概念、各种形状物体的碰撞、各类关节、软体的创建及使用以及光线投射回调等
第 9 章　骨骼动画	本章介绍 3D 游戏开发中常用的骨骼动画技术，包括自己开发的骨骼动画、ms3d 骨骼动画文件的加载以及自定义格式骨骼动画的加载等
第 10 章　必知必会的开发技术——游戏开发小贴士	本章主要介绍游戏开发中经常使用的一些人机交互技术，包括 3D 拾取、多点触控以及多键监听等
第 11 章　让应用运行更流畅——性能优化	本章讨论了一些在使用 OpenGL ES 开发 3D 游戏、3D 场景过程中的性能优化问题，包括着色器代码的优化、纹理图使用过程中的优化以及 3D 图形绘制过程中的优化等
第 12 章　杂项	本章主要介绍几种开发中在特定情况下很有帮助的技术与知识，主要包括遮挡查询、保存屏幕图像、读取 Android 系统 GPU 参数以及多重采样抗锯齿等
第 13 章　Android NDK 体育竞技游戏——火力篮球	本章给出了基于 Android NDK 使用 OpenGL ES 3.0 开发的 3D 游戏案例——火力篮球，内容涉及 3D 场景的渲染、Bullet 物理引擎的使用、音效设置以及 3D 物体的拾取等方面
第 14 章　iOS 休闲类游戏——方块翻转	本章主要给出了一款完整的基于 iOS 平台的休闲类游戏——方块翻转，内容涉及使用 C++语言开发 OpenGL ES 3.0 的代码、音效设置以及 3D 物体的拾取等

本书内容丰富，从基本知识到高级特效，从简单的应用程序到完整的 3D 游戏案例，适合不同需求、不同水平层次的各类读者。

❑ 初学 OpenGL ES 3D 应用开发的读者。

本书内容包括在各个主流平台上进行 3D 应用开发的方方面面的知识，内容由浅入深，并配有详细的案例。非常适合从事 3D 游戏和应用开发的初学者循序渐进地学习，最终成为 3D 游戏和应用开发的达人。

❑ 有一定 3D 开发基础并希望进一步深入学习 OpenGL ES 3.x 高级开发技术的读者。

本书不仅介绍了 OpenGL ES 3.x 开发的基础知识，还介绍了如何基于 OpenGL ES 3.x 实现高级特效，并提供了完整的游戏案例，有利于有一定基础的开发人员进一步提高开发水平与能力。

本书作者

吴亚峰，毕业于北京邮电大学，后留学澳大利亚卧龙岗大学并取得硕士学位。1998 年开始从事 Java 应用的开发，有十多年的 Java 开发与培训经验。主要研究方向为 OpenGL ES、手机游戏、Java EE 以及搜索引擎。同时为手机游戏、Java EE 独立软件开发工程师，并兼任百纳科技 Java 培训中心首席培训师。近十年来为数十家著名企业培养了上千名高级软件开发人员，曾编写过《Unity 4 3D 开发实战详解》《Unity 游戏案例开发大全》《Android 3D 游戏案例开发大全》《Android 应用案例开发大全》（第一版、第二版及第三版）和《Android 游戏开发大全》（第一版、第二版及第三版）等多本畅销技术书籍。2008 年初开始关注 Android 平台上的 3D 应用开发，并开发出一系列优秀的 Android 应用程序与 3D 游戏。

本书在编写过程中得到了唐山百纳科技有限公司 Java 培训中心的大力支持，同时李玲玲、贺蕾红、张月月、张双彐、刘佳、陆晓鸽、王冬、程祎以及作者的家人为本书的编写提供了很多帮助，在此表示衷心的感谢！源程序下载地址为：www.toppr.net。本书彩页下载地址为：www.epubit.com.cn。

由于笔者的水平和学识有限，且书中涉及的知识较多，难免会有错误疏漏之处，敬请广大读者批评指正，并多提宝贵意见。本书责任编辑的联系邮箱为 zhangtao@ptpress.com.cn。

作者

目　录

第1章　缓冲区对象

在本套书的上卷介绍的案例中，在绘制 3D 物体时一般都是在每帧绘制时将相关数据（如顶点坐标、纹理坐标、法向量、光源位置等）送入渲染管线，取得了不错的效果。但是对于很多在多次渲染时相关数据不变的物体而言，产生了很多不必要的 I/O 开销，降低了性能。而这种问题通过恰当使用不同的缓冲区对象，可以很好地优化。

本章将详细介绍 OpenGL ES 3.0 中缓冲区的相关知识，主要包括顶点缓冲区对象、顶点数组对象、一致缓冲区对象、其他缓冲区对象、帧缓冲与渲染缓冲以及多重渲染目标等部分。

1.1　顶点缓冲区

将绘制物体的顶点数据保存在内存中，在调用 glDrawArrays 或者 glDrawElements 等绘制方法前需要调用相应的方法将数据送入显存，I/O 开销大，性能不够好。

若采用顶点缓冲区对象存放顶点数据，则不需要在每次绘制前都将顶点数据复制进显存，而是在初始化顶点缓冲区对象时一次性将顶点数据送入显存，每次绘制时直接使用显存中的数据，可以大大提高渲染性能。

1.1.1　基本知识

OpenGL ES 3.0 中支持两种类型的顶点缓冲区对象，分别为数组缓冲区对象（Array Buffer）和元素数组缓冲区对象（Element Array Buffer），具体情况如下：

- 数组缓冲区对象对应的类型为 GL_ARRAY_BUFFER，一般用于存放待绘制物体的顶点相关数据，如顶点坐标、纹理坐标、法向量等。
- 元素数组缓冲区对象对应的类型为 GL_ELEMENT_ARRAY_BUFFER，一般用于存放图元的组装索引数据，在使用索引法进行绘制时使用。

了解了两种类型的顶点缓冲区对象后，下面接着介绍缓冲区对象的一些常用操作方法。主要包括创建缓冲区的方法 glGenBuffers、绑定缓冲区的方法 glBindBuffer、向缓冲区送入数据的方法 glBufferData 和 glBufferSubData、删除缓冲区的方法 glDeleteBuffers 以及查询指定缓冲区相关信息的方法 glGetBufferParameteriv 等，这些方法都可以通过 GLES30 类调用。

- glGenBuffers 方法

glGenBuffers 方法用于创建缓冲对象，是在使用每个自定义缓冲前都需要调用的，其方法签名如下。

```
public static void glGenBuffers (int n, IntBuffer buffers)
public static void glGenBuffers (int n, int[] buffers, int offset)
```

- 第一个用于创建缓冲对象的 glGenBuffers 方法共有 2 个参数，其中参数 *n* 为需要创建的缓冲区数量，参数 buffers 为用于存放创建的 *n* 个缓冲区编号的 IntBuffer。

● 第二个用于创建缓冲对象的 glGenBuffers 方法共有 3 个参数，其中参数 *n* 为需要创建的缓冲区数量，参数 buffers 为用于存放创建的 *n* 个缓冲区编号的数组，参数 offset 为 buffers 数组所需的偏移量。

> **说明**　请读者注意，通过此方法获得的缓冲区编号是 0 以外的无符号整数，0 号缓冲 OpenGL ES 内部保留使用，不用于自定义缓冲。

❑ glBindBuffer 方法

glBindBuffer 方法用于绑定当前缓冲区对象，第一次调用 glBindBuffer 方法绑定缓冲区对象时，缓冲区对象以默认状态分配；如果分配成功，则分配的对象绑定为当前缓冲区对象。该方法签名如下。

```
public static void glBindBuffer (int target, int buffer)
```

> **说明**　参数 target 用于描述需绑定的缓冲区类型，其可能的取值如表 1-1 所列；参数 buffer 为需要绑定的缓冲区的编号。

表 1-1　target 值及说明

target 值	说　明	target 值	说　明
GL_ARRAY_BUFFER	数组缓冲	GL_PIXEL_PACK_BUFFER	像素打包缓冲
GL_ELEMENT_ARRAY_BUFFER	元素数组缓冲	GL_PIXEL_UNPACK_BUFFER	像素解包缓冲
GL_COPY_READ_BUFFER	复制只读缓冲	GL_TRANSFORM_FEEDBACK_BUFFER	变换反馈缓冲
GL_COPY_WRITE_BUFFER	复制可写缓冲	GL_UNIFORM_BUFFER	一致变量缓冲

> **提示**　表 1-1 中的 target 参数值，不仅仅用于 glBindBuffer 方法中，接下来将要介绍的 glBufferData 和 glBufferSubData 方法中都将用到，请读者注意。

❑ glBufferData 方法

glBufferData 方法一般用于向指定缓冲中送入数据，也可以用于对指定缓冲进行相关的存储空间初始化，其签名方法如下。

```
public static void glBufferData (int target, int size, Buffer data, int usage)
```

> **说明**　参数 target 用于描述指定的缓冲区类型（如表 1-1 所列）；参数 size 用于给出缓冲区的大小（单位为字节）；参数 data 为需要送入缓冲的数据，若没有数据要送入缓冲区，其值可以为 null；参数 usage 用于指定缓冲区的用途，其可能的取值如表 1-2 所列。

表 1-2　缓冲区用途参数可能的取值

参 数 名 称	参 数 说 明
GL_STATIC_DRAW	在绘制时，缓冲区对象数据可以被修改一次，使用多次
GL_STATIC_READ	从 OpenGL ES 中读回的数据，缓冲区对象数据可以被修改一次，使用多次，且该数据可以从应用程序中查询
GL_STATIC_COPY	从 OpenGL ES 中读回的数据，缓冲区对象数据可以被修改一次，使用多次，该数据将直接作为绘制图元或者指定图像的信息来源
GL_DYNAMIC_DRAW	在绘制时，缓冲区对象数据可以被重复修改、使用多次

续表

参 数 名 称	参 数 说 明
GL_DYNAMIC_READ	从 OpenGL ES 中读回的数据，缓冲区对象数据可以被重复修改、使用多次，且该数据可以从应用程序中查询
GL_DYNAMIC_COPY	从 OpenGL ES 中读回的数据，缓冲区对象数据可以被重复修改、使用多次，该数据将直接作为绘制图元或者指定图像的信息来源
GL_STREAM_DRAW	在绘制时，缓冲区对象数据可以被修改一次，使用少数几次
GL_STREAM_READ	从 OpenGL ES 中读回的数据，缓冲区对象数据可以被修改一次，使用少数几次，且该数据可以从应用程序中查询
GL_STREAM_COPY	从 OpenGL ES 中读回的数据，缓冲区对象数据可以被修改一次，使用少数几次，该数据将直接作为绘制图元或者指定图像的信息来源

提示

请读者注意，usage 参数仅仅用于辅助性描述指定缓冲的用途，在有些情况下可以帮助渲染管线优化操作，并不是强制性的。如在应用程序中将缓冲区用途设置为 GL_STATIC_DRAW，但还是可以对缓冲数据进行多次修改。一般来说，设置的用途如果和实际使用匹配的话将更有利于渲染管线工作，因此并不建议读者随便设置。

- glBufferSubData 方法

glBufferSubData 方法一般用于向指定缓冲中送入部分数据进行初始化或者更新，其方法签名如下。

```
public static void glBufferSubData (int target, int offset, int size, Buffer data)
```

说明

参数 target 用于描述指定的缓冲区类型（如表 1-1 所列）；参数 offset 用于给出缓冲区被修改的数据的起始内存偏移量；参数 size 用于给出缓冲区中数据被修改的字节数；参数 data 为需要送入缓冲的数据。

- glDeleteBuffers 方法

glDeleteBuffers 方法用于删除指定的缓冲区对象，其方法签名如下。

```
public static void glDeleteBuffers (int n, IntBuffer buffers)
public static void glDeleteBuffers (int n, int[] buffers, int offset)
```

- 第一个用于删除指定缓冲区对象的 glDeleteBuffers 方法共有两个参数，其中参数 *n* 为将要被删除的缓冲区对象数量，参数 buffers 为存储了 *n* 个要删除的缓冲区编号的 IntBuffer。
- 第二个用于删除指定的缓冲区对象的 glDeleteBuffers 方法共有 3 个参数，其中参数 *n* 为将要被删除的缓冲区对象数量，参数 buffers 为存储了 *n* 个要删除缓冲区编号的数组，参数 offset 为数组所需的偏移量。

说明

在实际开发中，不再需要的缓冲区应该尽早用 glDeleteBuffers 方法删除，以便及时释放资源，提高系统的运行效率。

- glGetBufferParameteriv 方法

前面介绍了缓冲区对象的创建、绑定以及初始化等相关方法，在运行中还可以调用 glGetBufferParameteriv 方法查询指定缓冲区的信息，其方法签名如下。

```
public static void glGetBufferParameteriv (int target, int pname, IntBuffer params)
public static void glGetBufferParameteriv (int target, int pname, int[] params, int offset)
```

说明　参数 target 用于描述指定的缓冲区类型（如表 1-1 所列）；参数 pname 为要查询的信息项目，其可能的取值如表 1-3 所列；params 参数用于存放查询的结果。

表 1-3　　缓冲区参数值及说明

缓冲区参数值	说　明	缓冲区参数值	说　明
GL_BUFFER_SIZE	缓冲区以字节计的大小	GL_BUFFER_ACCESS_FLAGS	缓冲区访问标志
GL_BUFFER_USAGE	缓冲区用途	GL_BUFFER_MAP_LENGTH	缓冲区映射长度
GL_BUFFER_MAPPED	是否为映射缓冲区	GL_BUFFER_MAP_OFFSET	缓冲区映射偏移量

提示　当第一次调用 glBindBuffer 方法绑定缓冲区对象时，GL_BUFFER_SIZE 初始值为 0。GL_BUFFER_USAGE 的详细取值如表 1-2 所列，初始值为 GL_STATIC_DRAW。

1.1.2　一个简单的案例

了解了顶点缓冲区的基本知识以后，下面将给出一个使用了顶点缓冲区的简单案例——Sample1_1，其具体运行效果如图 1-1 所示。

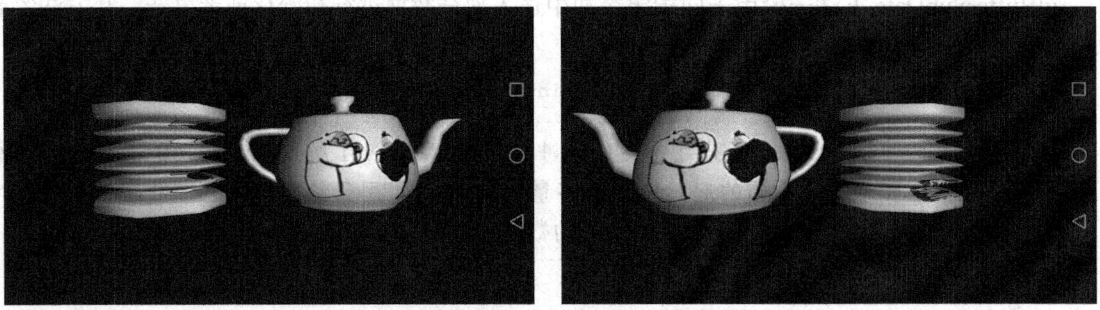

▲图 1-1　Sample1_1 的运行效果图

提示　运行本案例时，当手指在屏幕上上下左右滑动时，相应的物体也会绕 x 轴和 y 轴旋转。

了解了本小节案例的运行效果后，就可以进行案例的开发了，具体步骤如下。

（1）首先用 3dsMax 生成两个基本物体（茶壶和软管），贴好纹理，并导出生成 obj 文件放入项目的 assets 目录下待用。

（2）开发出搭建场景的基本代码，包括加载物体、摆放物体、计算光照等。这些代码与上卷中许多案例中的基本套路完全一致，这里不再赘述。

（3）顶点缓冲区对象主要用于存储物体的顶点数据，以备在绘制时使用，与其相关的操作都在代表加载物体的 LoadedObjectVertexNormalTexture 类中，具体内容如下。

代码位置：源代码/第 1 章/Sample1_1/src/com/bn/Sample1_1 目录下的 LoadedObjectVertexNormalTexture.java。

```
package com.bn.Sample1_1;
……//此处省略了导入一些相关类的代码，请读者自行查看随书中的源代码
public class LoadedObjectVertexNormalTexture{
    ……//此处省略了部分成员变量声明的代码，请读者自行查看随书中的源代码
    int maPositionHandle;                                   //顶点位置属性引用
```

```
6       int maNormalHandle;                    //顶点法向量属性引用
7       int maTexCoorHandle;                   //顶点纹理坐标属性引用
8       int mVertexBufferId;                   //顶点坐标数据缓冲编号
9       int mNormalBufferId;                   //顶点法向量数据缓冲编号
10       int mTexCoorBufferId;                 //顶点纹理坐标数据缓冲编号
11       public LoadedObjectVertexNormalTexture(
12                MySurfaceView mv,float[] vertices,float[] normals,float texCoors[]){
13            //调用初始化顶点数据的方法
14            initVertexData(vertices,normals,texCoors);
15            //调用初始化着色器的方法
16            initShader(mv);
17       }
18       public void initVertexData(float[] vertices,float[] normals,float texCoors[]){
19            int[] buffIds=new int[3];                //缓冲编号数组
20            GLES30.glGenBuffers(3, buffIds, 0);      //生成 3 个缓冲
21            mVertexBufferId=buffIds[0];              //顶点坐标数据缓冲编号
22            mNormalBufferId=buffIds[1];              //顶点法向量数据缓冲编号
23            mTexCoorBufferId=buffIds[2];             //顶点纹理坐标数据缓冲编号
24            vCount=vertices.length/3;                //计算顶点数量
25            ByteBuffer vbb = ByteBuffer.allocateDirect(vertices.length*4);
                                                //创建顶点坐标数据缓冲
26            vbb.order(ByteOrder.nativeOrder());      //设置字节顺序
27            FloatBuffer mVertexBuffer = vbb.asFloatBuffer();//转换为 Float 型缓冲
28            mVertexBuffer.put(vertices);            //向缓冲区中放入顶点坐标数据
29            mVertexBuffer.position(0);               //设置缓冲区起始位置
30            //绑定到顶点坐标数据缓冲
31            GLES30.glBindBuffer(GLES30.GL_ARRAY_BUFFER,mVertexBufferId);
32            //向顶点坐标缓冲中送入数据
33            GLES30.glBufferData(GLES30.GL_ARRAY_BUFFER,
34            vertices.length*4, mVertexBuffer, GLES30.GL_STATIC_DRAW);
35            ……//此处纹理坐标数据相关代码与上述代码相似，请读者自行查看随书中的源代码
36            ……//此处法向量数据相关代码与上述代码相似，请读者自行查看随书中的源代码
37           GLES30.glBindBuffer(GLES30.GL_ARRAY_BUFFER,0);      //绑定到系统默认缓冲
38       }
39       public void initShader(MySurfaceView mv){/*代码省略*/}
40       public void drawSelf(int texId){ /*此处省略 drawSelf 方法，将在后面详细介绍*/}
41   }
```

❑ 第 1～第 17 行为成员变量的声明以及构造器代码，这部分代码大部分与上卷介绍 obj 模型加载的案例相同，主要是增加了声明缓冲区编号的 3 个成员变量。

❑ 第 19～第 23 行通过调用 glGenBuffers 方法创建了三个缓冲，并将获得的缓冲编号存储到了对应的成员变量中。

❑ 第 25～第 29 行创建了内存缓冲，并将顶点坐标数据存入内存缓冲中，以备后面将内存缓冲中的顶点坐标数据送入顶点缓冲区。

❑ 第 30～第 34 行首先绑定了顶点坐标缓冲，然后将内存缓冲中的顶点坐标数据送入对应的顶点缓冲区中，以备在绘制物体时使用。

（4）使用了顶点缓冲区之后，绘制物体的 drawSelf 方法有一些变化，那就是在每次绘制物体时不需要将顶点数据重复送入渲染管线了，而是直接使用前面步骤中初始化时存放到顶点缓冲区中的相关数据进行绘制，具体代码如下。

代码位置：源代码/第 1 章/Sample1_1/src/com/bn/Sample1_1 目录下的 LoadedObjectVertexNormalTexture.java。

```
public void drawSelf(int texId){
     GLES30.glUseProgram(mProgram);                        //指定使用某套着色器程序
     //将最终变换矩阵传入渲染管线
     GLES30.glUniformMatrix4fv(muMVPMatrixHandle, 1, false, MatrixState.getFinalMatrix(), 0);
     //将基本变换矩阵传入渲染管线
     GLES30.glUniformMatrix4fv(muMMatrixHandle, 1, false, MatrixState.getMMatrix(), 0);
     //将光源位置传入渲染管线
     GLES30.glUniform3fv(maLightLocationHandle, 1, MatrixState.lightPositionFB);
     //将摄像机位置传入渲染管线
      GLES30.glUniform3fv(maCameraHandle, 1, MatrixState.cameraFB);
```

```
11          GLES30.glEnableVertexAttribArray(maPositionHandle); //启用顶点位置数据数组
12          GLES30.glEnableVertexAttribArray(maNormalHandle);   //启用法向量数据数组
13          GLES30.glEnableVertexAttribArray(maTexCoorHandle);  //启用纹理坐标数据数组
14          //绑定到顶点坐标数据缓冲
15          GLES30.glBindBuffer(GLES30.GL_ARRAY_BUFFER,mVertexBufferId);
16          //指定顶点位置数据使用对应缓冲
17          GLES30.glVertexAttribPointer (maPositionHandle,3, GLES30.GL_FLOAT, false,3*4,0);
18          //绑定到顶点法向量数据缓冲
19          GLES30.glBindBuffer(GLES30.GL_ARRAY_BUFFER,mNormalBufferId);
20          //指定顶点法向量数据使用对应缓冲
21          GLES30.glVertexAttribPointer  (maNormalHandle, 3, GLES30.GL_FLOAT, false, 3*4,0);
22          //绑定到顶点纹理坐标数据缓冲
23          GLES30.glBindBuffer(GLES30.GL_ARRAY_BUFFER,mTexCoorBufferId);
24          //指定顶点纹理坐标数据使用对应缓冲
25          GLES30.glVertexAttribPointer(maTexCoorHandle, 2, GLES30.GL_FLOAT, false, 2*4,0 );
26          GLES30.glBindBuffer(GLES30.GL_ARRAY_BUFFER,0);            //绑定到系统默认缓冲
27          GLES30.glActiveTexture(GLES30.GL_TEXTURE0);               //激活纹理
28          GLES30.glBindTexture(GLES30.GL_TEXTURE_2D, texId);        //绑定纹理
29          GLES30.glDrawArrays(GLES30.GL_TRIANGLES, 0, vCount);      //绘制加载的物体
30      }
```

- 第 2～第 13 行指定使用某套着色器程序，将最终变换矩阵、基本变换矩阵、光源位置、摄像机位置等传入渲染管线，并启用顶点位置数据数组、法向量数据数组、纹理坐标数据数组。这部分代码与前面很多案例中的代码相同。
- 第 14～第 26 行首先绑定到顶点坐标数据缓冲，并指定绘制时的顶点位置数据从此缓冲中获取，接着绑定到顶点法向量数据缓冲，并指定绘制时顶点法向量数据从此缓冲中获取。然后绑定到顶点纹理坐标数据缓冲，并指定绘制时顶点纹理坐标数据从此缓冲中获取。最后绑定到系统默认缓冲，这一步初学者容易忘记，请读者注意。
- 第 27～第 29 行激活并绑定了所需的纹理，然后进行物体的绘制，与前面很多案例相同。

> **提示**　从上述案例可以看出，将普通的每次绘制时送入顶点数据的应用修改为使用顶点缓冲一次送入数据的版本很容易。只需要在初始化时将数据送入对应的顶点缓冲，在绘制时指定使用即可，整体代码变化不大。但运行效率会有明显差别，因此在实际开发中读者应该尽量使用缓冲。

1.2 顶点数组对象

使用了顶点缓冲技术后，绘制效率有了较大的提升。但是还有一点不尽如人意，那就是顶点的位置坐标、法向量、纹理坐标等不同方面的数据每次使用时需要单独指定，重复了一些不必要的工作。OpenGL ES 3.0 考虑到了这一点，提供了一种专门用于解决此问题的对象——顶点数组对象（VAO）。本节将介绍顶点数组对象。

1.2.1 基本知识与案例效果

顶点数组对象的主要功能就是将绘制一个物体时所需的对应于不同方面（如顶点坐标、法向量、纹理坐标）的顶点缓冲及相关设置包装成一个整体，绘制时直接使用顶点数组对象即可，不必分别使用每个顶点缓冲，这可以进一步提高绘制效率。

了解了顶点数组对象的主要功能后，下面介绍两个与使用顶点数组对象相关的方法（这两个方法也是通过 GLES30 类进行调用），具体内容如下。

- glGenVertexArrays 方法

glGenVertexArrays 方法主要用于创建新的顶点数组对象，该方法的具体签名如下。

```
public static void glGenVertexArrays (int n, int[] arrays, int offset)
```

说明 参数 *n* 为需要创建的顶点数组对象的数量，参数 arrays 用来存放创建的 *n* 个顶点数组对象的编号，参数 offset 为 arrays 数组的偏移量。

❑ glBindVertexArray 方法

创建顶点数组对象之后，就可以用 glBindVertexArray 方法绑定指定的顶点数组对象，以便对指定的顶点数组对象进行设置或使用，其方法签名如下。

```
public static void glBindVertexArray (int array)
```

说明 参数 array 为需要绑定的顶点数组对象的编号。用 glBindVertexArray 方法绑定顶点数组对象之后，更改顶点数组状态的后续调用（如 glBindBuffer、glVertexAttribPointer、glEnableVertexAttribArray 和 glDisableVertexAttribArray 等）将影响绑定的顶点数组对象。通过绑定不同的顶点数组对象，绘制时应用程序可以快速在不同顶点数组配置之间进行切换（只需一句代码即可），大大提高了开发效率。

了解了顶点数组对象的一些基本知识以后，下面来了解一下本节案例 Sample1_2 的运行效果，具体情况如图 1-2 所示。

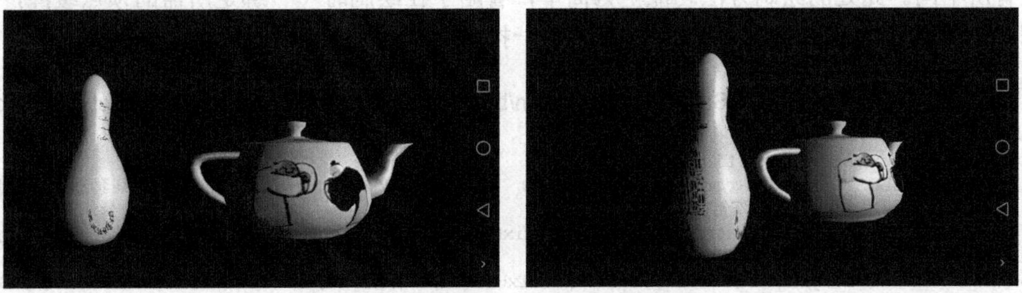

▲图 1-2　案例 Sample1_2 的运行效果图

提示 运行本案例时，当手指在屏幕上上下左右滑动时，相应的物体也会绕 x 轴和 y 轴旋转。

1.2.2　案例开发步骤

了解了顶点数组对象的基本知识以及本节案例的运行效果后，就可以进行案例的开发了。由于案例 Sample1_2 是在案例 Sample1_1 的基础上修改而来的，所以这里仅给出相关的修改部分，具体步骤如下。

（1）首先介绍的是用于初始化顶点数组对象的方法 initVAO，此方法用于在绘制之前一次性对顶点数组对象进行初始化，其具体代码如下。

代码位置：源代码/第 1 章/Sample1_2/src/com/bn/Sample1_2 目录下的 LoadedObjectVertexNormalTexture.java。

```
public void initVAO(){
    int[] vaoIds=new int[1];                              //用于存放顶点数组对象编号的数组
    GLES30.glGenVertexArrays(1, vaoIds, 0);               //创建一个顶点数组对象
    vaoId=vaoIds[0];                                      //获取将创建的顶点数组对象编号
    GLES30.glBindVertexArray(vaoId);                      //绑定顶点数组对象
    GLES30.glEnableVertexAttribArray(maPositionHandle);   //启用顶点位置数据数组
    GLES30.glEnableVertexAttribArray(maNormalHandle);     //启用法向量数据数组
```

```
        GLES30.glEnableVertexAttribArray(maTexCoorHandle);      //启用纹理坐标数据数组
        //绑定到顶点坐标数据缓冲
        GLES30.glBindBuffer(GLES30.GL_ARRAY_BUFFER,mVertexBufferId);
        //指定顶点位置数据使用对应缓冲
        GLES30.glVertexAttribPointer(maPositionHandle, 3, GLES30.GL_FLOAT,false,3*4,0);
        //绑定到顶点法向量数据缓冲
        GLES30.glBindBuffer(GLES30.GL_ARRAY_BUFFER,mNormalBufferId);
        //指定顶点法向量数据使用对应缓冲
        GLES30.glVertexAttribPointer (maNormalHandle, 3,GLES30.GL_FLOAT, false,3*4,0);
        //绑定到顶点纹理坐标数据缓冲
        GLES30.glBindBuffer(GLES30.GL_ARRAY_BUFFER,mTexCoorBufferId);
        //指定顶点纹理坐标数据使用对应缓冲
        GLES30.glVertexAttribPointer(maTexCoorHandle,2,GLES30.GL_FLOAT,false,2*4,0);
        GLES30.glBindBuffer(GLES30.GL_ARRAY_BUFFER,0);   //绑定到系统默认缓冲
        GLES30.glBindVertexArray(0);                     //绑定到系统默认顶点数组对象
    }
```

提示　上述 initVAO 方法主要用于创建并初始化顶点数组对象，包括生成 VAO，绑定 VAO，启用顶点位置、法向量、纹理坐标数据数组，然后依次将顶点坐标数据、顶点法向量数据以及顶点纹理坐标数据指定到相应的缓冲，最后绑定到系统默认的缓冲以及系统默认的顶点数组对象，此方法在初始化顶点数据时调用一次。

（2）接下来将要介绍的是用于绘制物体的方法 drawSelf，该方法与案例 Sample1_1 中对应的方法有所不同。此处的绘制方法功能更为简单，省略了在绘制时一一绑定所需的顶点缓冲，并为不同数据（顶点坐标、法向量、纹理坐标）一一指定缓冲的代码，其具体代码如下。

代码位置：源代码/第 1 章/Sample1_2/src/com/bn/Sample1_2 目录下的 LoadedObjectVertexNormalTexture.java。

```
    public void drawSelf(int texId){
        GLES30.glUseProgram(mProgram);                              //指定使用某套着色器程序
        //将最终变换矩阵传入渲染管线
        GLES30.glUniformMatrix4fv(muMVPMatrixHandle, 1, false, MatrixState.getFinalMatrix(), 0);
        //将基本变换矩阵传入渲染管线
        GLES30.glUniformMatrix4fv(muMMatrixHandle, 1, false, MatrixState.getMMatrix(), 0);
        //将光源位置传入渲染管线
        GLES30.glUniform3fv(maLightLocationHandle, 1, MatrixState.lightPositionFB);
        //将摄像机位置传入渲染管线
        GLES30.glUniform3fv(maCameraHandle, 1, MatrixState.cameraFB);
        GLES30.glBindVertexArray(vaoId);                         //绑定顶点数组对象
        GLES30.glActiveTexture(GLES30.GL_TEXTURE0);              //激活纹理
        GLES30.glBindTexture(GLES30.GL_TEXTURE_2D, texId);       //绑定纹理
        GLES30.glDrawArrays(GLES30.GL_TRIANGLES, 0, vCount); //绘制加载的物体
        GLES30.glBindVertexArray(0);      //绑定到系统默认的顶点数组对象
    }
```

说明　该绘制方法的功能主要为指定使用某套着色器程序，将最终变换矩阵、基本变换矩阵、光源位置及摄像机位置等数据送入渲染管线，并绑定顶点数组对象，激活和绑定纹理，绘制物体之后绑定到系统默认的顶点数组对象。从与案例 Sample1_1 中的 drawSelf 方法进行对比可以看出，其代码更短，开发成本更低，读者在实际开发中应该尽量选用。

1.3 一致缓冲区对象

本丛书上卷第 4 章已经介绍过一致变量的相关知识，读者也已经了解到可以将多个一致变量的声明通过类似结构体形式的一致块来实现。对于一致块而言，宿主语言（如 Java）将值传入渲染管线时就需要使用一致缓冲区对象，本节将介绍这方面的知识，同时还会给出一个简单的案例。

1.3.1 基本知识与案例效果

介绍具体的案例开发之前，有必要先了解一下与一致缓冲区对象相关的基础知识。主要包括存储形式和相关方法两个方面，具体内容如下。

1. 存储形式

从前面的介绍中已经了解到，一致缓冲区是为了向一致块中传输数据服务的。一般情况下，一致块中会有多个不同类型的一致变量，这些变量在内存中存储时有一定的组织规律，具体内容如下。

- bool、int、uint 及 float 类型的一致块成员在内存中有特定的偏移量，分别作为单个 bool、int、uint 以及 float 类型的分量。
- 基本类型 bool、int、uint 及 float 的向量保存在连续内存中，起始于特定的偏移量，第一个分量位于最低偏移量处。
- C 列 R 行的列主矩阵被当成一个 C 列浮点型向量的数组对待，每个向量包含 R 个分量。类似地，R 行 C 列的行主矩阵可以看做一个 R 行浮点型向量数组，每个向量包含 C 个分量。无论是列向量还是行向量在内存中都是连续存储的。矩阵中两个向量之间的偏移量被称为列步幅或行步幅（GL_UNIFORM_MATRIX_STRIDE），可用 glGetActiveUniformsiv 方法查询其值。
- 标量、向量和矩阵按照元素的顺序存储在内存中，数组成员 0 位于最低偏移量处。数组元素之间的偏移量是一个常数，称为数组步幅（GL_UNIFORM_ARRAY_STRIDE），可以用 glGetActiveUniformsiv 方法查询其值。

2. 相关方法

了解了一致块中各种一致变量在内存中的组织规律后，下面将进一步介绍与使用一致缓冲区相关的一些常用方法，主要包括用于获取一致块索引的 glGetUniformBlockIndex 方法、用于获取一致块名称的 glGetActiveUniformBlockName 方法、用于绑定一致缓冲区对象的 glBindBufferRange 方法等。具体内容如表 1-4 所列。

表 1-4　方法签名及说明

方 法 签 名	说　明
public static int glGetUniformBlockIndex (int program, String uniformBlockName)	该方法的功能为获取一致块索引，program 参数为指定的着色器程序编号，uniformBlockName 参数为要获取索引的一致块名称，方法的返回值为获取的一致块索引
public static String glGetActiveUniformBlockName (int program, int uniformBlockIndex)	该方法的功能为获取一致块名称，program 参数为指定的着色器程序编号，uniformBlockIndex 参数为要获取名称的一致块索引，方法的返回值为获取的一致块名称
public static void glGetActiveUniformBlockiv (int program, int uniformBlockIndex, int pname, int[] params, int offset)	该方法的功能为获取激活的一致块属性，program 参数为指定的着色器程序编号，uniformBlockIndex 参数为指定的一致块索引，pname 参数为要获取的属性类型（具体可选值如表 1-5 所列），params 数组参数用来存放获取的属性值，offset 为 params 数组的偏移量
public static void glUniformBlockBinding (int program, int uniformBlockIndex, int uniformBlockBinding)	该方法的功能为将一致块索引与一致缓冲区绑定点关联，program 参数为指定的着色器程序编号，uniformBlockIndex 参数为要关联的一致块索引，uniformBlockBinding 参数为要关联的一致缓冲区绑定点
public static void glBindBufferRange (int target, int index, int buffer, int offset, int size)	该方法的功能为将一致缓冲区对象绑定到 GL_UNIFORM_BUFFER 或者程序中使用的一致块绑定点，target 参数必须是 GL_UNIFORM_BUFFER 或者 GL_TRANSFORM_FEEDBACK_BUFFER，index 参数为绑定索引，buffer 参数为一致缓冲区对象的编号，offset 参数为以字节计算的缓冲区对象起始偏移量，size 参数为可以从缓冲区对象读取的或者写入缓冲区对象的数据量，同样以字节数计算

续表

方法签名	说明
public static void glBindBufferBase (int target, int index, int buffer)	该方法的功能为将一致缓冲区对象绑定到 GL_UNIFORM_BUFFER 或者程序中使用的一致块绑定点。target 参数必须是 GL_UNIFORM_BUFFER 或者 GL_TRANSFORM_FEEDBACK_BUFFER，index 参数为绑定索引，buffer 参数为一致缓冲区对象的编号

说明　表 1-4 中不仅介绍了有关一致缓冲区对象的相关方法，还包括一致块的相关方法，这主要是因为一致块与一致缓冲区对象相辅相成，缺一不可。由于在本书上卷第 4 章已经介绍了一致块的基础知识，在这里不再赘述，需要的读者请参考本书上卷中的相关内容。

表 1-5 给出了一致块属性及说明。

表 1-5　　一致块属性及说明

一致块属性	说明
GL_UNIFORM_BLOCK_BINDING	查询该属性将返回一致块的最后一个缓冲区绑定点，若该块不存在则为 0
GL_UNIFORM_BLOCK_DATA_SIZE	查询该属性将返回保存一致块中所有一致变量的最小总缓冲区对象尺寸
GL_UNIFORM_BLOCK_NAME_LENGTH	查询该属性将返回一致块名称的总长度
GL_UNIFORM_BLOCK_ACTIVE_UNIFORMS	查询该属性将返回一致块中所有激活的一致变量的数量
GL_UNIFORM_BLOCK_ACTIVE_UNIFORM_INDICES	查询该属性将返回一致块中所有激活的一致变量的索引列表
GL_UNIFORM_BLOCK_REFERENCED_BY_VERTEX_SHADER	查询该属性将返回一个布尔值，用来表示一致块是否由顶点着色器引用
GL_UNIFORM_BLOCK_REFERENCED_BY_FRAGMENT_SHADER	查询该属性将返回一个布尔值，用来表示一致块是否由片元着色器引用

了解了一致缓冲区对象的基本知识以后，下面来看看本节案例 Sample1_3 的运行效果，以便在介绍案例的具体开发之前先有一个感性认识，具体情况如图 1-3 所示。

▲图 1-3　案例 Sample1_3 运行效果图

提示　运行本案例时，当手指在屏幕上上下左右滑动时，相应的物体也会绕 x 轴和 y 轴旋转。由于使用一致块与不使用一致块进行渲染得到的画面效果是相同的，只是执行效率不同，因此仅仅从运行效果上是体会不出本案例的特色的。

1.3.2　案例开发步骤

了解了一致缓冲区对象的基本知识以及本节案例的运行效果后，就可以进行代码的开发了。

由于本案例中的很多类与上卷案例中的很相似，因此这里仅给出本案例中具有特殊性及代表性的代码，具体内容如下。

（1）首先介绍 LoadedObjectVertexNormalTexture 类中的 initUBO 方法，此方法中有用于获取一致块索引、获取一致块成员引用等一致块相关属性的代码，还有将一致块与一致缓冲区对象进行绑定的相关代码，具体内容如下。

代码位置：源代码/第 1 章/Sample1_3/src/com/bn/Sample1_3 目录下的 LoadedObjectVertexNormalTexture.java。

```
1   public void initUBO() {                                  //初始化一致缓冲的方法
2        blockIndex=GLES30.glGetUniformBlockIndex(mProgram, "MyDataBlock");
         //获取一致块的索引
3        int[] blockSizes=new int[1];                        //用于存储一致块尺寸的数组
4        GLES30.glGetActiveUniformBlockiv(mProgram, blockIndex,     //获取一致块的尺寸
5        GLES30.GL_UNIFORM_BLOCK_DATA_SIZE, blockSizes, 0);
6        int blockSize=blockSizes[0];                        //记录一致块的尺寸
7        //声明一致块内的成员名称数组
8        String[] names={"MyDataBlock.uLightLocation","MyDataBlock.uCamera"};
9        int[] uIndices=new int[names.length];               //声明对应的成员索引数组
10       GLES30.glGetUniformIndices(mProgram, names, uIndices, 0); //获取一致块内的成员索引
11       int[] offset=new int[names.length];                 //用于记录一致块内成员偏移量的数组
12       GLES30.glGetActiveUniformsiv(mProgram, 2,           //获取一致块内的成员偏移量
13           uIndices,0, GLES30.GL_UNIFORM_OFFSET, offset,0);
14       int[] uboHandles=new int[1];                        //用于存储一致缓冲对象编号的数组
15       GLES30.glGenBuffers(1, uboHandles, 0);              //创建一致缓冲对象
16       uboHandle=uboHandles[0];                            //获取一致缓冲对象编号
17       //将一致缓冲对象绑定到一致块
18       GLES30.glBindBufferBase(GLES30.GL_UNIFORM_BUFFER,blockIndex,uboHandle);
19       //开辟存放一致缓冲所需数据的内存缓冲
20       ByteBuffer ubb = ByteBuffer.allocateDirect(blockSize);
21       ubb.order(ByteOrder.nativeOrder());                          //设置字节顺序
22       FloatBuffer uBlockBuffer = ubb.asFloatBuffer();     //转换为 Float 型缓冲
23       float[] data=MatrixState.lightLocation;                //获取光源位置
24       uBlockBuffer.position(offset[0]/BYTES_PER_FLOAT); //设置内存缓冲的位置到对应偏移量
25       uBlockBuffer.put(data);                                //将光源位置数据送入内存缓冲
26       float[] data1=MatrixState.cameraLocation;              //获取摄像机位置
27       uBlockBuffer.position(offset[1]/BYTES_PER_FLOAT); //设置内存缓冲的位置到对应偏移量
28       uBlockBuffer.put(data1);                               //将摄像机位置数据送入内存缓冲
29       uBlockBuffer.position(0);                              //设置缓冲起始偏移量为 0
30       //将光源位置、摄像机位置总数据内存缓冲中的数据送入一致缓冲
31       GLES30.glBufferData(GLES30.GL_UNIFORM_BUFFER,
32               blockSize,uBlockBuffer,GLES30.GL_DYNAMIC_DRAW);
33   }
```

- 第 2～第 6 行的功能为获取一致块的索引值和一致块的尺寸，并记录其索引值和尺寸。
- 第 7～第 13 行首先声明一致块内的成员名称数组，然后获取并记录一致块内成员变量对应的索引值和偏移量。
- 第 14～第 18 行首先创建一致缓冲对象，并记录一致缓冲对象的编号，然后调用 glBindBufferBase 方法将一致缓冲对象与一致块进行绑定。
- 第 19～第 29 行首先开辟存放一致缓冲所需数据的内存缓冲，设置字节顺序并转换为 Float 型缓冲，然后分别设置光源位置、摄像机数据在内存缓冲中的偏移量，将光源位置数据与摄像机位置数据送入内存缓冲，最后将内存缓冲起始的偏移量设置为 0。
- 第 30～第 32 行将存放光源位置与摄像机位置总数据的内存缓冲中的数据送入一致缓冲。

说明 设置数据在内存缓冲中的偏移量时，需要将 offset 除以 BYTES_PER_FLOAT，该常量为每个浮点数的字节数。这是因为从着色器中获取的数据尺寸、偏移量等都是以字节为单位计算的，而本案例使用的内存缓冲中的位置、数据等是以 float 型计算的，若不进行换算则会出错。

（2）前面介绍了 LoadedObjectVertexNormalTexture 类中用于初始化一致缓冲对象的方法 initUBO，接下来要介绍的是 LoadedObjectVertexNormalTexture 类的绘制方法 drawSelf，具体代码如下。

代码位置：源代码/第 1 章/Sample1_3/src/com/bn/Sample1_3 目录下的 LoadedObjectVertexNormalTexture.java。

```
1    public void drawSelf(int texId){
2        GLES30.glUseProgram(mProgram);                     //指定使用某套着色器程序
3        //将总变换矩阵传入渲染管线
4        GLES30.glUniformMatrix4fv(muMVPMatrixHandle, 1, false, MatrixState.getFinalMatrix(), 0);
5        //将基本变换矩阵传入渲染管线
6        GLES30.glUniformMatrix4fv(muMMatrixHandle, 1, false,MatrixState.getMMatrix(),0);
7        //为一致块绑定一致缓冲
8        GLES30.glBindBufferBase(GLES30.GL_UNIFORM_BUFFER,blockIndex,uboHandle);
9        GLES30.glEnableVertexAttribArray(maPositionHandle);    //启用顶点位置数据数组
10       GLES30.glEnableVertexAttribArray(maNormalHandle);      //启用顶点法向量数据数组
11       GLES30.glEnableVertexAttribArray(maTexCoorHandle);//启用顶点纹理坐标数据数组
12       GLES30.glVertexAttribPointer(maPositionHandle,3, //将顶点位置数据送入渲染管线
13               GLES30.GL_FLOAT, false, 3*4,mVertexBuffer);
14       GLES30.glVertexAttribPointer  (maNormalHandle, 3, //将顶点法向量送入渲染管线
15               GLES30.GL_FLOAT, false,3*4,mNormalBuffer);
16       GLES30.glVertexAttribPointer  (maTexCoorHandle, 2, //将顶点纹理坐标数据送入渲染管线
17               GLES30.GL_FLOAT, false,2*4, mTexCoorBuffer );
18       GLES30.glActiveTexture(GLES30.GL_TEXTURE0);                 //激活纹理
19       GLES30.glBindTexture(GLES30.GL_TEXTURE_2D, texId);          //绑定纹理
20       GLES30.glDrawArrays(GLES30.GL_TRIANGLES, 0, vCount);        //绘制加载的物体
21   }
```

- 第 2～第 6 行首先指定使用某套着色器程序，接着将总变换矩阵、基本变换矩阵送入渲染管线。
- 第 7 行为调用 glBindBufferBase 方法将一致块与一致缓冲对象进行绑定。
- 第 8～第 17 行为启动顶点位置数据数组、法向量数据数组与纹理坐标数据数组，并将顶点位置数据、法向量数据以及纹理坐标数据送入渲染管线。
- 第 18～第 20 行为激活和绑定纹理，并以三角形方式绘制加载的物体。

（3）介绍完 Java 部分的代码，下面就应该介绍着色器了。由于本案例中的片元着色器上卷很多案例中的类似，因此这里仅给出比较有代表性的顶点着色器，具体代码如下。

代码位置：源代码/第 1 章/Sample1_3/assets 目录下的 vertex.sh。

```
#version 300 es
uniform   mat4 uMVPMatrix;                 //总变换矩阵
uniform    mat4 uMMatrix;                  //基本变换矩阵
in vec3 aPosition;                         //顶点位置
in vec3 aNormal;                           //顶点法向量
in vec2 aTexCoor;                          //顶点纹理坐标
out vec4 ambient;                          //用于传递给片元着色器的环境光最终强度
out vec4 diffuse;                          //用于传递给片元着色器的散射光最终强度
out vec4 specular;                         //用于传递给片元着色器的镜面光最终强度
 out vec2 vTextureCoord;                   //用于传递给片元着色器的纹理坐标
 uniform MyDataBlock{                      //一致块
      vec3 uLightLocation;                 //光源位置
      vec3 uCamera;                        //摄像机位置
 } mb;                                     //一致块实例名
 void pointLight(                          //定位光光照计算的方法
 ......//此处省略了定位光光照计算方法的几个入口参数，需要的读者请参考随书
 ){
   ambient=lightAmbient;                         //直接得出环境光的最终强度
   vec3 normalTarget=aPosition+normal;        //计算变换后的法向量
   vec3 newNormal=(uMMatrix*vec4(normalTarget,1)).xyz-(uMMatrix*vec4(aPosition,1)).xyz;
   newNormal=normalize(newNormal);                 //对法向量规格化
   //计算从表面点到摄像机的向量
   vec3 eye= normalize(mb.uCamera-(uMMatrix*vec4(aPosition,1)).xyz);
```

```
24        //计算从表面点到光源位置的向量 vp
25        vec3 vp= normalize(lightLocation-(uMMatrix*vec4(aPosition,1)).xyz);
26        ....../此处省略了与前面案例中定位光光照计算方法相同的部分代码，需要的读者请参考随书
27    }
28    void main(){
29       gl_Position = uMVPMatrix * vec4(aPosition,1);//根据总变换矩阵计算此次绘制此顶点的位置
30       vec4 ambientTemp, diffuseTemp, specularTemp; //存放环境光、散射光、镜面光的临时变量
31       pointLight(normalize(aNormal),ambientTemp,diffuseTemp,specularTemp,//光照计算
32          mb.uLightLocation,vec4(0.15,0.15,0.15,1.0),vec4(0.9,0.9,0.9,1.0),
            vec4(0.4,0.4,0.4,1.0));
33       ambient=ambientTemp;                              //将环境光传递给片元着色器
34       diffuse=diffuseTemp;                              //将散射光传递给片元着色器
35       specular=specularTemp;                            //将镜面光传递给片元着色器
36       vTextureCoord = aTexCoor;                         //将接收的纹理坐标传递给片元着色器
37    }
```

说明 上述代码中第 11 ~ 第 14 行创建了名称为“MyDataBlock”的一致块，其实例名为“mb”。在主方法中，通过“mb. ULightLocation”访问一致块的成员变量 uLightLocation；在计算光照的 pointLight 方法中，通过“mb. UCamera”访问一致块的成员变量 uCamera。其余有关光照和顶点位置计算的相关代码与前面案例中的相同，这里不再赘述。

提示 从本案例中可以看出，通过把在绘制过程中一直不变或变化率很低的一致变量组织进一致块，并创建与之对应的一致缓冲，同时将一致块中的一致变量所需数据存入一致缓冲中，可以简化绘制时的一些操作，不必像原来那样每次绘制时都将每个一致变量的值单独重复传入渲染管线了，有利于提高绘制效率，降低开发成本。

1.4 映射缓冲区对象

前面几节已经介绍了顶点缓冲区对象、顶点数组对象以及一致缓冲区对象，通过使用这些技术可以在很大程度上提高绘制效率。本节将介绍在某些情况下可以进一步提高效率的映射缓冲区对象（Mapping Buffer Objects）。

1.4.1 基本知识与案例效果

本章前面的几个案例中，都是通过调用 glBufferData 方法或者 glBufferSubData 方法向缓冲区中送入数据或者更新数据的。采用这种策略时需要首先将数据在内存中准备好，然后再通过 glBufferData 方法或 glBufferSubData 方法将数据从内存复制到显存中。

这对于缓冲中数据不变或变化率很低的情况基本够用了，但是对于绘制过程中频繁变化的数据就显得效率不够高。本小节将介绍一种针对此问题的解决方案——映射缓冲区对象。通过使用映射缓冲区对象，可以在绘制过程中数据频繁变化的情况下进一步减少内存消耗并提高渲染效率。

提示 所谓映射缓冲区对象就是将显存中的存储映射到虚拟的内存地址上，使得开发人员可以使用如同访问内存一样的 API 访问显存以提高效率。

使用映射缓冲区对象主要涉及的方法有 3 个，具体内容如下。

❑ glMapBufferRange 方法

glMapBufferRange 方法用于将指定缓冲对应的显存映射到虚拟的内存地址上，并返回映射的结果，以便开发人员使用它来更新显存中的数据。如果出现错误或者发出无效请求，该方法将返

回空，其具体方法签名如下。

```
public static Buffer glMapBufferRange (int target, int offset, int length, int access);
```

说明 参数 target 用于描述需映射的缓冲区类型，可以设置的值如本章前面表 1-1 所列；参数 offset 为被映射的缓冲区数据存储中的偏移量；参数 length 为需要映射的缓冲区数据字节数；参数 access 为访问标志，可选的访问标志如表 1-6 所列。

表 1-6 访问标志及说明

访问标志	说明
GL_MAP_READ_BIT	只读访问标志
GL_MAP_WRITE_BIT	只写访问标志
GL_MAP_INVALIDATE_RANGE_BIT	表示指定范围内的缓冲区内容可以被驱动程序放弃，在缓冲区更新之前，不可与 GL_MAP_READ_BIT 标志组合使用
GL_MAP_INVALIDATE_BUFFER_BIT	表示整个缓冲区内容都可以被驱动程序放弃，在缓冲区更新之前，只能与 GL_MAP_READ_BIT 标志组合使用
GL_MAP_FLUSH_EXPLICIT_BIT	表示应用程序将明确地用 glFlushMappedBufferRange 方法刷新对映射子范围的操作，不可与 GL_MAP_WRITE_BIT 标志组合使用
GL_MAP_UNSYNCHRONIZED_BIT	表示驱动程序在未获得缓冲区范围的情况下，不需要等待缓冲对象上的未处理操作。如果有未处理操作，则未处理操作的结果和任何在缓冲区对象上的未来操作都是未定义的

提示 表 1-6 中的访问标志在不冲突的情况下可以同时使用多个标志，使用多个标志时用“|”隔开。另外，实际开发中一般至少选用 GL_MAP_READ_BIT 与 GL_MAP_WRITE_BIT 中的一个，而其他选项则进一步根据需要选择即可。

❑ glUnmapBuffer 方法

glUnmapBuffer 方法用于解除缓冲区映射，其具体方法签名如下。

```
public static boolean glUnmapBuffer (int target)
```

说明 参数 target 用于描述需解除映射的缓冲区类型，可以设置的值如本章前面表 1-1 所列。如果解除映射操作成功，则返回 true，并且前面 glMapBufferRange 方法返回的映射范围在取消映射操作成功之后不再可用。如果顶点缓冲区对象数据存储中的数据在缓冲区映射之后已经破坏，则 glUnmapBuffer 方法返回 false。

❑ glFlushMappedBufferRange 方法

glFlushMappedBufferRange 方法用于通知渲染管线被映射缓冲区中的数据已经被修改，类似于 I/O 操作时用于刷新数据的 flush 方法，其具体方法签名如下。

```
public static void glFlushMappedBufferRange (int target, int offset, int length)
```

说明 参数 target 用于描述需刷新数据所属的被映射缓冲区类型；参数 offset 为被映射的缓冲区数据存储中的偏移量；参数 length 为需要刷新的被映射缓冲区数据字节数。需要注意的是，glFlushMappedBufferRange 方法所操作的缓冲必须用 glMapBufferRange 方法在映射时选用了 GL_MAP_FLUSH_EXPLICIT_BIT 选项。

了解了映射缓冲区对象的基本知识以后，就可以进行案例的开发了。在开发案例之前，首先应该了解本节案例 Sample1_4 的运行效果，具体情况如图 1-4 所示。

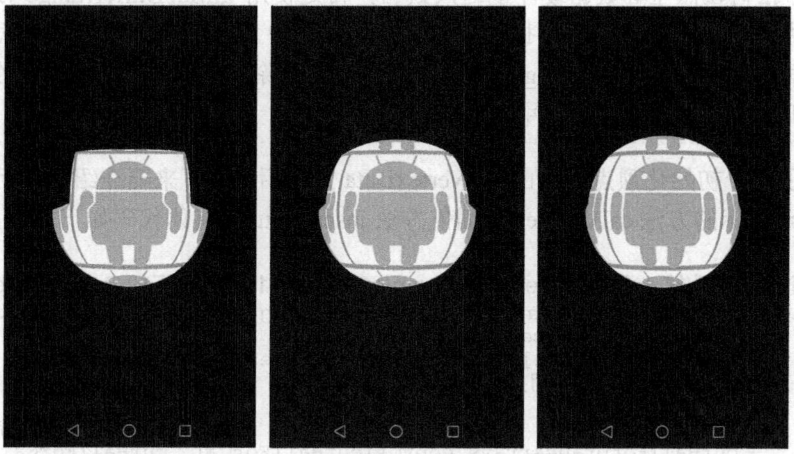

▲图 1-4 Sample1_4 的运行效果图

> **说明** 从图 1-4 中可以看出，运行过程中球体的上半部分在球体与立方体之间连续变换着。这是由于运行过程中程序不断进行缓冲区映射，并连续更新球体上半部分的顶点数据。

1.4.2 案例开发步骤

了解了映射缓冲区对象的基本知识与案例效果后，就可以进行代码的开发了。由于本案例中的很多类与前面案例中的很相似，因此这里仅给出本案例中具有特殊性及代表性的代码，具体内容如下。

（1）首先介绍的是 BallAndCube 类中用于初始化顶点数据的 initVertexData 方法，在该方法中向顶点坐标数据缓冲中送入数据时就采用了映射缓冲区，具体内容如下。

代码位置：源代码/第 1 章/Sample1_4/src/com/bn/Sample1_4 目录下的 BallAndCube.java。

```
public void initVertexData() {                          //初始化顶点数据的方法
      int[] buffIds=new int[3];                         //用于存放缓冲 id 的数组
      GLES30.glGenBuffers(3, buffIds, 0);               //生成 3 个缓冲 id
      mVertexBufferId=buffIds[0];                       //顶点坐标数据缓冲 id
      mTexCoorBufferId=buffIds[1];                      //顶点纹理坐标数据缓冲 id
      mIndicesBufferId=buffIds[2];                      //顶点索引数据缓冲 id
      ……//此处省略了用于初始化纹理坐标缓冲区和索引缓冲区的代码，需要的读者请参考随书
      GLES30.glBindBuffer(GLES30.GL_ARRAY_BUFFER,mVertexBufferId);//绑定顶点坐标数据缓冲
      GLES30.glBufferData(GLES30.GL_ARRAY_BUFFER, vertices.length*4,
            null, GLES30.GL_STATIC_DRAW);               //开辟缓冲存储
      vbb1=(ByteBuffer)GLES30.glMapBufferRange(         //映射顶点坐标数据缓冲
       GLES30.GL_ARRAY_BUFFER,                          //缓冲类型
       0,                                               //偏移量
       vertices.length*4,                               //长度（以字节计）
       GLES30.GL_MAP_WRITE_BIT|GLES30.GL_MAP_INVALIDATE_BUFFER_BIT);//访问标志
      if(vbb1==null){return;}                           //若映射失败则返回
      vbb1.order(ByteOrder.nativeOrder());              //设置字节顺序
      mVertexMappedBuffer=vbb1.asFloatBuffer();         //转换为 Float 型缓冲
      mVertexMappedBuffer.put(vertices);                //向映射缓冲区中放入顶点坐标数据
      mVertexMappedBuffer.position(0);                  //设置缓冲区起始位置
      if(GLES30.glUnmapBuffer(GLES30.GL_ARRAY_BUFFER)==false){return;}//解除缓冲映射
      GLES30.glBindBuffer(GLES30.GL_ARRAY_BUFFER,0); //绑定到系统默认缓冲
  }
```

说明　上述代码中最有代表性的就是第 8～第 21 行，其中没有使用传统的 glBufferData 方法向顶点坐标数据缓冲中送入数据，而是使用 glMapBufferRange 方法先进行缓冲映射，然后再直接将数据送入映射后的缓冲中。需要注意的是，每次映射并更新数据完毕后，都需要使用 glUnmapBuffer 方法解除映射，否则渲染管线在绘制时，无法正常使用被映射缓冲区中的数据。

（2）了解了用于初始化顶点数据的 initVertexData 方法后，接下来要介绍的是用于在运行过程中连续计算顶点坐标的方法 calVertices 和插值方法 insertValue，具体代码如下。

代码位置：源代码/第 1 章/Sample1_4/src/com/bn/Sample1_4 目录下的 BallAndCube.java。

```
1   public void calVertices(int count,boolean flag){          //计算顶点坐标数据的方法
2        for(int i=0;i<vertices.length/2;i++){                //遍历顶点
3            curBallForCal[i]=insertValue(vertices[i],verticesCube[i],span,count,
             flag);      //调用插值方法
4        }
5        synchronized(lock){                  //加锁同步，避免多线程并发操作可能带来的问题
6            curBallForDraw=Arrays.copyOf(curBallForCal, curBallForCal.length);
             //复制数据
7   }}
8   public float insertValue(float start,float end,float span,int count,boolean isB
    allToCubeY){ //插值方法
9        float result=0;
10       if(isBallToCubeY){                               //如果是球到立方体的变化
11            result=start+count*(end-start)/span;        //进行顶点坐标插值计算
12       }else{                                           //如果是立方体到球的变化
13            result=end-count*(end-start)/span;          //进行顶点坐标插值计算
14       }
15       return result;                                   //返回插值结果
16   }
```

- 第1～第7行为在运行过程中不断被调用以计算当前顶点坐标位置为从球到立方体或从立方体到球变化服务的 calVertices 方法。此方法每次被调用时遍历每个顶点坐标，根据 count 参数以及 flag 参数值调用 insertValue 方法完成插值计算。需要特别注意的是第 5～第 7 行，每次计算完成后，将数据复制进绘制用数组时都需要加锁，以避免复制的同时进行绘制造成画面撕裂的问题。
- 第 8～第 15 行为在球与立方体之间进行顶点坐标插值计算的 insertValue 方法，从代码中可以看出此方法采用的是线性插值。

（3）接下来详细介绍用于更新顶点数据到映射缓冲区的方法 updateMapping，其功能为根据接收到的顶点坐标数据更新顶点缓冲区对象中的数据，具体代码如下。

代码位置：源代码/第 1 章/Sample1_4/src/com/bn/Sample1_4 目录下的 BallAndCube.java。

```
public void updateMapping(float[] currVertex){
     GLES30.glBindBuffer(GLES30.GL_ARRAY_BUFFER,
                        mVertexBufferId);              //绑定到顶点坐标数据缓冲
     vbb1=(ByteBuffer)GLES30.glMapBufferRange(GLES30.GL_ARRAY_BUFFER, 0,
          currVertex.length*4,GLES30.GL_MAP_WRITE_BIT|
          GLES30.GL_MAP_INVALIDATE_BUFFER_BIT);//进行缓冲区映射
     if(vbb1==null){return;}                           //若映射失败则返回
     vbb1.order(ByteOrder.nativeOrder());              //设置字节顺序
     mVertexMappedBuffer=vbb1.asFloatBuffer(); //转换为 Float 型缓冲
     mVertexMappedBuffer.put(currVertex);              //向映射的缓冲区中放入顶点坐标数据
     mVertexMappedBuffer.position(0);                  //设置缓冲区起始位置
     if(GLES30.glUnmapBuffer(GLES30.GL_ARRAY_BUFFER)==false){return;}//解除映射
 }
```

说明　上述方法在运行中定时被调用，用于将计算出来的新的顶点坐标数据更新到对应的缓冲中，供渲染管线在绘制时使用，主要套路与前面 initVertexData 方法中的对应部分相同。

（4）了解了在绘制过程中不断被调用以便计算与更新顶点坐标的相关方法后，下面来了解一下定时执行 BallAndCube 类中 calVertices 方法的线程类——UpdateThread，其具体代码如下。

代码位置：源代码/第 1 章/Sample1_4/src/com/bn/Sample1_4 目录下的 UpdateThread.java。

```
package com.bn.Sample1_4;                                      //声明包名
public class UpdateThread extends Thread{
    ……//此处省略了一些定义成员变量和构造器的代码，读者可自行查阅随书附带中的源代码
     public void run(){
         while(true){
             mv.mBallAndCube.calVertices(count,isBallCube); //计算顶点坐标数据
             try{
                 count++;                                   //计数器加 1
                 if(count%mv.mBallAndCube.span==0){         //若达到一轮变化所需步骤
                     count=0;                               //重置计数器
                     isBallCube=!isBallCube;                //重置标志位
                 }
                 Thread.sleep(40);                          //休眠 40 毫秒
             }catch(Exception e){
                 e.printStackTrace();
 }}}
```

说明 上述 UpdateThread 类非常简单，主要是在其 run 方法中定时调用 calVertices 方法更新顶点坐标数据。同时每次更新后会检查是否达到一轮变化所需的总步骤数，若达到了则将步骤计数器置 0，并将变化方向标志位 isBallCube（用于表示变化方向是从球到立方体还是立方体到球）置返。

（5）上一步介绍了定时执行 BallAndCube 类中 calVertices 方法的线程类——UpdateThread，接下来介绍 BallAndCube 类中的绘制方法 drawSelf，其具体代码如下。

代码位置：源代码/第 1 章/Sample1_4/src/com/bn/Sample1_4 目录下的 BallAndCube.java。

```
1   public void drawSelf(int texId){
2       MatrixState.rotate(xAngle, 1, 0, 0);                         //绕 x 轴旋转
3       MatrixState.rotate(yAngle, 0, 1, 0);                         //绕 y 轴旋转
4       MatrixState.rotate(zAngle, 0, 0, 1);                         //绕 z 轴旋转
5       GLES30.glUseProgram(mProgram);                               //指定使用某套着色器程序
6       //将最终变换矩阵传入渲染管线
7       GLES30.glUniformMatrix4fv(muMVPMatrixHandle, 1, false, MatrixState.getFinalMatrix(), 0);
8       GLES30.glEnableVertexAttribArray(maTexCoorHandle);         //启用纹理数据数组
9       //绑定到顶点纹理坐标数据缓冲
10      GLES30.glBindBuffer(GLES30.GL_ARRAY_BUFFER,mTexCoorBufferId);
11      //指定顶点纹理坐标数据使用对应缓冲
12      GLES30.glVertexAttribPointer(maTexCoorHandle, 2, GLES30.GL_FLOAT,false,2*4,0);
13      //启用顶点位置数据数组
14      GLES30.glEnableVertexAttribArray(maPositionHandle);
15      //绑定到顶点位置坐标数据缓冲
16      GLES30.glBindBuffer(GLES30.GL_ARRAY_BUFFER,mVertexBufferId);
17      //指定顶点位置坐标数据使用对应缓冲
18      GLES30.glVertexAttribPointer(maPositionHandle,  3, GLES30.GL_FLOAT,  false,3*4,0);
19      GLES30.glActiveTexture(GLES30.GL_TEXTURE0);                  //激活纹理
20      GLES30.glBindTexture(GLES30.GL_TEXTURE_2D, texId);          //绑定纹理
21      synchronized(lock){                                   //同步加锁
22          updateMapping(curBallForDraw);                    //更新顶点坐标数据缓冲中的顶点数据
23      }
24      GLES30.glBindBuffer(GLES30.GL_ELEMENT_ARRAY_BUFFER,mIndicesBufferId);//绑定索引缓冲
25      GLES30.glDrawElements(GLES30.GL_TRIANGLES,    //以三角形方式执行绘制
26              iCount, GLES30.GL_UNSIGNED_INT, 0);
27      GLES30.glBindBuffer(GLES30.GL_ELEMENT_ARRAY_BUFFER,0);//绑定到系统默认索引缓冲
28      GLES30.glBindBuffer(GLES30.GL_ARRAY_BUFFER,0);       //绑定到系统默认数组缓冲
29  }
```

- 第 2～第 4 行设置物体绕 x、y、z 轴旋转指定的角度。

- 第 5～第 18 行首先指定使用某套着色器程序，然后将最终变换矩阵送入渲染管线，接着绑定了顶点位置、纹理坐标缓冲，并指定顶点位置、纹理坐标使用对应的缓冲，同时还启用了顶点坐标以及纹理坐标数据数组。
- 第 19～第 23 行激活并绑定了指定的纹理，然后同步加锁后调用 updateMapping 方法更新顶点数据。这里的同步加锁与前面 calVertices 方法中是对应的，目的是为了避免更新缓冲中数据的同时数据数组 curBallForDraw 被其他线程访问。
- 第 24～第 28 行首先绑定索引缓冲对象，并以三角形方式执行绘制，最后绑定到系统默认的索引与数组缓冲。

1.5 其他缓冲区对象操作

前面已经介绍了顶点缓冲区对象、顶点数组对象、一致缓冲区对象以及映射缓冲区对象，本节将介绍两个其他的缓冲区对象操作，包括复制缓冲区对象（Copying Buffer Objects）以及从颜色缓冲区复制纹理数据（Copying Texture Data from the Color Buffer）。

1.5.1 复制缓冲区对象

到目前为止，已经介绍了如何使用 glBufferData、glBufferSubData 以及 glMapBufferRange 方法将数据加载到缓冲区中，所有这些方法都涉及从内存到显存的数据传输。其实在 OpenGL ES 3.0 中还可以直接从一个缓冲中将数据复制到另一个缓冲中，此时就需要使用复制缓冲区对象。

使用复制缓冲区对象很简单，调用 glCopyBufferSubData 方法完成复制即可，其具体方法签名如下。

```
public static void glCopyBufferSubData (
                    int readTarget, int writeTarget,int readOffset, int writeOffset, int size)
```

> **说明**　此方法的功能为将绑定到 readTarget 缓冲中的数据复制进绑定到 writeTarget 的缓冲中，其中 readTarget 与 writeTarget 参数可以采用本章前面表 1-1 中列出的值。writeTarget 参数为在目标缓冲中写入数据的偏移量，以字节计算。readOffset 参数为从源缓冲中读取数据的偏移量，也是以字节计算。参数 size 为需要复制的数据字节数。

> **提示**　若不希望由于缓冲区数据的复制而干扰其他 GL 状态，则可以将源缓冲绑定到 GL_COPY_READ_BUFFER 类型，将目标缓冲绑定到 GL_COPY_WRITE_BUFFER 类型再进行复制。

1.5.2 从颜色缓冲区复制纹理数据

OpenGL ES 3.0 中支持的另一个缓冲区特殊操作就是允许将颜色缓冲中的数据复制进指定的纹理中，这在很多特殊绘制中可以提供不少方便。从颜色缓冲中复制数据到指定纹理的相关方法包括 glCopyTexImage2D、glCopyTexSubImage2D、glCopyTexSubImage3D 及 glReadBuffer 等，具体方法签名及说明如表 1-7 所列。

表 1-7 方法签名及说明

方法签名	说明
public static void glReadBuffer (int mode)	该方法的功能为用于指定被读取颜色缓冲区的来源，参数 mode 用于表示指定的来源，可能的取值为 GL_BACK、GL_COLOR_ATTACHMENTi 以及 GL_NONE
public static void glCopyTexImage2D (int target, int level, int internalformat, int x, int y, int width, int height, int border)	该方法的功能为从颜色缓冲区复制数据到指定纹理，参数 target 为指定的纹理目标，可能的取值为 GL_TEXTURE_2D 或立方图目标之一（GL_TEXTURE_CUBE_MAP_POSITIVE_X 和 GL_TEXTURE_CUBE_MAP_NEGATIVE_X 等）。参数 level 为指定的纹理细节级别。参数 internalformat 为纹理数据的内部格式，可能的取值如表 1-8 所列。参数 x、y 分别为读取的缓冲区矩形左下角的 x、y 窗口坐标。参数 width 和 height 分别为读取区域的宽度和高度，以像素为单位。参数 border 为边框尺寸，OpenGL ES 3.0 不支持边框，所以这个值必须为 0
public static void glCopyTexSubImage2D (int target, int level, int xoffset, int yoffset, int x, int y, int width, int height)	该方法的功能为从颜色缓冲区复制数据到指定纹理的指定子区域，参数 target 为指定的纹理目标，为 GL_TEXTURE_2D 或立方图目标之一（GL_TEXTURE_CUBE_MAP_POSITIVE_X、GL_TEXTURE_CUBE_MAP_NEGATIVE_X 等）。参数 level 为指定的纹理细节级别。参数 xoffset、yoffset 分别为开始更新的纹素在纹理中的 x、y 坐标，以纹素为单位。参数 x、y 分别为读取的帧缓冲区矩形左下角的 x、y 窗口坐标。参数 width 和 height 分别为读取区域的宽度和高度，以像素为单位
public static void glCopyTexSubImage3D (int target, int level, int xoffset, int yoffset, int zoffset, int x, int y, int width, int height)	该方法的功能为将颜色缓冲区中的内容复制到 3D 纹理或 2D 纹理数组的子区域，参数 target 为指定的纹理目标，该参数取值可为 GL_TEXTURE_3D 或 GL_TEXTURE_2D_ARRAY 其中的一个。参数 level 为指定的纹理细节级别。参数 xoffset、yoffset、zoffset 分别为开始更新的纹素 x、y、z 在纹理中的坐标，以纹素为单位。参数 x、y 分别为读取的帧缓冲区矩形左下角的 x、y 窗口坐标。参数 width 和 height 分别为读取区域的宽度和高度，以像素为单位

表 1-7 中方法 glCopyTexImage2D 的参数 internalformat 表示纹理的内部格式，共有 34 种可能的取值，具体情况如表 1-8 所列。

表 1-8 纹理内部格式

纹理内部格式	纹理内部格式	纹理内部格式	纹理内部格式
GL_ALPHA	GL_RGBA8	GL_RG8I	GL_RGBA16UI
GL_LUMINANCE	GL_RGB10_A2	GL_RG8UI	GL_RGBA32I
GL_LUMINANCE_ALPHA	GL_SRGB8	GL_RG16I	GL_RGBA32UI
GL_RGB	GL_SRGB8_ALPHA8	GL_RG16UI	GL_RG8
GL_RGBA	GL_R8I	GL_RG32I	GL_RGB5_A1
GL_R8	GL_R8UI	GL_RG32UI	GL_R32UI
GL_RGB565	GL_R16I	GL_RGBA8I	GL_RGBA16I
GL_RGB8	GL_R16UI	GL_RGBA8UI	
GL_RGBA4	GL_R32I	GL_RGB10_A2UI	

说明 表 1-8 中给出了纹理的 34 种内部格式，每种内部格式都不尽相同，由于篇幅所限，这里不再详细解释，若读者有兴趣可以自行查阅相关书籍或资料。

使用 glCopyTexImage2D、glCopyTexSubImage2D 和 glCopyTexSubImage3D 方法时要注意两点：

- 进行复制之前首先要调用 glReadBuffer 方法设置被复制的颜色缓冲区。
- 纹理图格式拥有的颜色分量不能多于复制颜色缓冲区中的颜色分量。也就是说，复制颜色缓冲区中的数据时，可以转换为分量较少的格式，但不能转换为分量较多的格式，具体情况如表 1-9 所列。

表 1-9 纹理图像与颜色缓冲区的分量格式匹配

颜色缓冲区的分量格式	纹理图的分量格式						
	A	L	LA	R	RG	RGB	RGBA
R	N	Y	N	Y	N	N	N
RG	N	Y	N	Y	Y	N	N
RGB	N	Y	N	Y	Y	Y	N
RGBA	Y	Y	Y	Y	Y	Y	Y

说明 表 1-9 中 A 代表 GL_ALPHA，L 代表 GL_LUMINANCE，LA 代表 GL_LUMINANCE_ALPHA，R 代表 GL_RXXX，RG 代表 GL_RGXXX，RGB 代表 GL_RGBXX，RGBA 代表 GL_RGBAXXX，具体内容参见表 1-8。另外，N 代表“NO”，表示不支持此种情况的匹配；Y 代表 “YES”，表示支持此种情况的匹配。

1.6 帧缓冲与渲染缓冲

上一节介绍了复制缓冲区对象以及从颜色缓冲区复制纹理数据这两种比较特殊的缓冲区操作，本节将介绍在开发中常用的帧缓冲和渲染缓冲，主要包括帧缓冲和渲染缓冲对象的基本知识以及利用帧缓冲与渲染缓冲实现二次绘制的案例。

1.6.1 帧缓冲与渲染缓冲对象

本小节主要介绍帧缓冲和渲染缓冲对象的基本知识，主要包括帧缓冲和渲染缓冲对象的基本结构以及两者与纹理之间的关系、创建和使用帧缓冲与渲染缓冲、相关方法介绍 3 部分。

1. 基本结构

帧缓冲对象（Framebuffer Object，FBO）是由颜色附件、深度附件、模板附件组成的，作为着色器各方面（一般包括颜色、深度、模板值）绘制结果存储的逻辑对象。渲染缓冲对象（Renderbuffer Object，RBO）是一个由应用程序分配的 2D 图像缓冲区，可以用于分配和存储颜色、深度或者模板值，可以用作帧缓冲区对象的颜色、深度或者模板附件。二者之间的基本关系如图 1-5 所示。

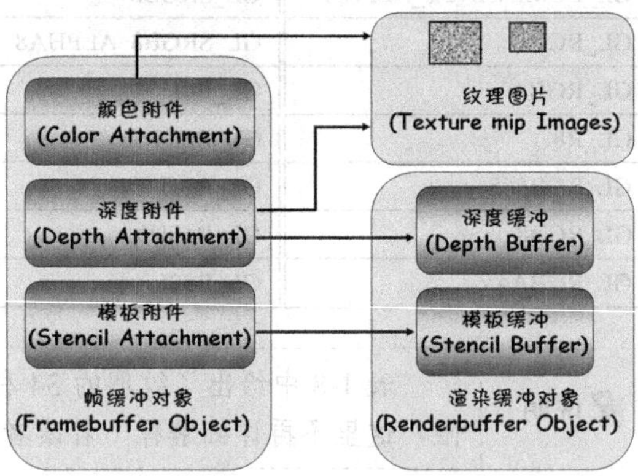

▲图 1-5 自定义帧缓冲区的结构

从图 1-5 中可以看出，帧缓冲包括 3 种可选的附件：颜色附件、深度附件、模板附件，具体情况如下所列。

- ❑ 颜色附件一般用纹理图来实现，也可以使用渲染缓冲对象实现。
- ❑ 深度附件有两个选择，可以采用纹理图，也可以采用渲染缓冲对象，本节案例采用的是渲染缓冲对象。
- ❑ 模板附件仅能采用渲染缓冲对象来进行模板测试。

2. 创建与使用帧缓冲与渲染缓冲对象

使用帧缓冲对象之前首先需要执行创建工作，对应的方法为 glGenFramebuffers，其具体的方法签名如下。

```
public static void glGenFramebuffers (int n, IntBuffer framebuffers)
public static void glGenFramebuffers (int n, int[] framebuffers, int offset)
```

- 第一个用于创建帧缓冲对象的 glGenFramebuffers 方法共有两个参数，其中参数 *n* 为需要创建的帧缓冲区数量，参数 framebuffers 为存放创建的 *n* 个缓冲对象编号的 IntBuffer。
- 第二个用于创建帧缓冲对象的 glGenFramebuffers 方法共有三个参数，其中参数 *n* 为需要创建的帧缓冲区数量，参数 framebuffers 为存放创建的 *n* 个缓冲对象编号的 int 数组，参数 offset 为 framebuffers 数组所需的偏移量。

如果帧缓冲中的颜色或深度附件需要使用渲染缓冲对象，那么使用前也需要执行创建操作，对应的方法为 glGenRenderbuffers，其具体的方法签名如下。

```
public static void glGenRenderbuffers (int n, IntBuffer renderbuffers)
public static void glGenRenderbuffers (int n, int[] renderbuffers, int offset)
```

- 第一个用于创建渲染缓冲对象的 glGenRenderbuffers 方法共有两个参数，其中参数 *n* 为需要创建的渲染缓冲区数量，参数 renderbuffers 为用于存放创建的 *n* 个渲染缓冲编号的 IntBuffer。
- 第二个用于创建渲染缓冲对象的 glGenRenderbuffers 方法共有 3 个参数，其中参数 *n* 为需要创建的渲染缓冲区数量，参数 renderbuffers 为用于存放创建的 *n* 个渲染缓冲编号的 int 数组，参数 offset 为 renderbuffers 数组所需的偏移量。

创建完帧缓冲对象后，使用前需要进行绑定，对应的方法为 glBindFramebuffer，其具体的方法签名如下。

```
public static void glBindFramebuffer (int target, int framebuffer)
```

说明 参数 target 表示指定帧缓冲绑定的类型，可选的值包括 GL_FRAMEBUFFER、GL_READ_FRAMEBUFFER 和 GL_DRAW_FRAMEBUFFER。参数 framebuffer 为用 glGenFramebuffers 方法创建帧缓冲时得到的帧缓冲编号。

同样地，创建完渲染缓冲对象后，使用前也需要进行绑定，对应的方法为 glBindRenderbuffer，其具体的方法签名如下。

```
public static void glBindRenderbuffer (int target, int renderbuffer)
```

说明 参数 target 表示指定渲染缓冲绑定的类型，可选的值仅包括 GL_RENDERBUFFER。参数 renderbuffer 为用 glGenRenderbuffers 方法创建渲染缓冲时得到的渲染缓冲编号。

帧缓冲和渲染缓冲都创建完毕后，还需要把渲染缓冲作为帧缓冲的某种（颜色、深度、模板）附件，此时需要调用 glFramebufferRenderbuffer 方法，其具体的方法签名如下。

```
public static void glFramebufferRenderbuffer(
     int target,                                    //帧缓冲区类型
     int attachment,                                //缓冲附件类型
     int renderbuffertarget,                        //渲染缓冲区类型
     int renderbuffer)                              //渲染缓冲编号
```

- target 参数为对应帧缓冲的类型，允许的值包括 GL_READ_FRAMEBUFFER、GL_DRAW_FRAMEBUFFER 或 GL_FRAMEBUFFER。

❑ renderbuffertarget 参数为对应渲染缓冲的类型，允许的值仅为 GL_RENDERBUFFER。

❑ attachment 参数为帧缓冲附件的类型，其允许的值包括 GL_DEPTH_ATTACHMENT、GL_COLOR_ATTACHMENT、GL_STENCIL_ATTACHMENT、GL_DEPTH_STENCIL_ATTACHMENT。

❑ renderbuffer 参数为用 glGenRenderbuffers 方法创建渲染缓冲时得到的渲染缓冲编号。

接下来介绍可以将 2D 纹理设置为自定义帧缓冲的某种（颜色、深度、模板）附件的 glFramebufferTexture2D 方法，其具体的方法签名如下。

```
public static void glFramebufferTexture2D (
        int target,                                      //帧缓冲区类型
        int attachment,                                  //缓冲附件类型
        int textarget,                                   //纹理类型
        int texture,                                     //纹理 id
        int level)                                       //纹理层次
```

说明　该方法通过设置帧缓冲区类型、缓冲附件类型、纹理类型和纹理 id 等参数，实现了将 2D 纹理设置为自定义帧缓冲的某种（颜色、深度、模板）附件，其中最常用的是将 2D 纹理设置为自定义帧缓冲的颜色附件。

提示　实际开发中出于性能考虑有一点需要读者注意，创建缓冲后尽量重复使用，不要在程序运行过程中频繁地创建与删除缓冲。另外，删除帧缓冲以及渲染缓冲使用前面介绍过的 glDeleteBuffers 方法即可。

3. 相关方法介绍

前文主要介绍了创建和使用帧缓冲和渲染缓冲对象的方法，下面将介绍关于清除缓冲区的相关方法和用掩码控制不同缓冲写入的相关方法，具体内容如表 1-10 和表 1-11 所列。

表 1-10　　清除缓冲区的相关方法

方 法 签 名	说　明
public static void glClear (int mask)	该方法的功能为清除指定缓冲，mask 参数用于指定要清除的缓冲区，可以的取值包括 GL_COLOR_BUFFER_BIT、GL_DEPTH_BUFFER_BIT、GL_STENCIL_BUFFER_BIT。若需要一次清除多个缓冲区，则把上述可选的值用“|”隔开使用即可
public static void glClearColor (float red, float green, float blue, float alpha)	该方法的功能为指定清除颜色缓冲时采用的颜色值，red、green、blue、alpha 参数分别用于给出清除颜色四个色彩通道的值，取值范围为 0～1。
public static void glClearDepthf (float depth)	该方法的功能为指定清除深度缓冲时采用的值，参数 depth 就是清除时采用的值
public static void glClearStencil (int s)	该方法的功能为指定清除模板缓冲时采用的值，参数 s 就是清除时采用的值

说明　表 1-10 中主要列出的是用于清除不同缓冲的相关方法，实际开发中主要是通过 glClear 方法清除指定的缓冲区，利用其他三个方法指定清除不同缓冲区时采用的值。

表 1-11　　用掩码控制不同缓冲写入的相关方法

方 法 签 名	说　明
public static void glColorMask (boolean red, boolean green, boolean blue, boolean alpha)	该方法的功能为控制颜色缓冲的写入，red、green、blue、alpha 参数用于指定颜色缓冲区的特定颜色分量在渲染时是否可以修改
public static void glDepthMask (boolean flag)	该方法的功能为控制深度缓冲的写入，flag 参数用于指定深度缓冲在渲染时是否可以修改

续表

方法签名	说明
public static void glStencilMask (int mask)	该方法的功能为控制模板缓冲的写入，mask 参数用于指定模板缓冲中的那些比特位在渲染时可以被修改。如 mask 参数值为 3，对应的二进制表示为“00000011”，则表示模板缓冲中每个值的最低两个比特位可以被修改，其他比特位不可以修改。如果实际开发中没有使用此方法进行设置，则初始的 mask 参数为所有比特位为 1，表示所有比特位皆可修改

1.6.2 案例开发步骤

上一小节介绍了帧缓冲和渲染缓冲对象的相关知识，接下来本小节将利用自定义帧缓冲和渲染缓冲对象进行二次绘制案例的开发，在正式介绍案例的具体开发步骤之前，请读者先看看本小节案例的运行效果，具体情况如图 1-6 所示。

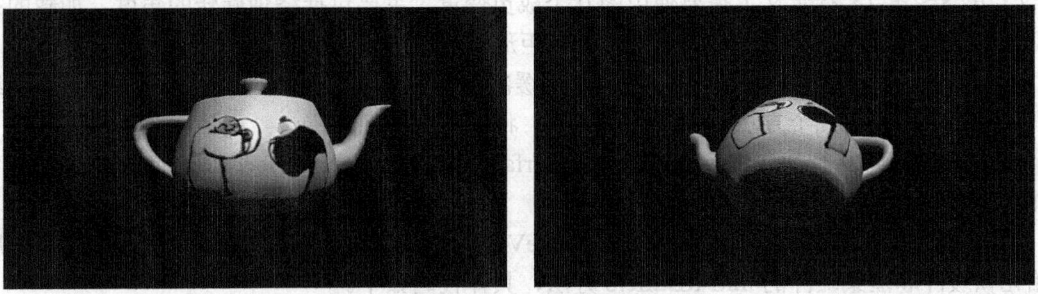

▲图 1-6 案例运行效果

> **说明** 图 1-6 中是一个通过帧缓冲和渲染缓冲经过二次绘制的茶壶，其中左侧的图是茶壶原始状态的情况，右侧是旋转了一定角度时的情况。

此案例首先将场景中的茶壶绘制到了自定义帧缓冲中颜色附件对应的纹理中，然后又将纹理应用到了与屏幕尺寸大小相同的一个纹理矩形上，实际在屏幕上看到的是纹理矩形上所贴的纹理图。因此仅从画面效果看，是看不出端倪的。下面来介绍本案例的开发，具体步骤如下。

> **提示** 读者可能会有疑问：“直接绘制茶壶就行，何必如此费事？”对于仅仅绘制普通的茶壶场景而言，确实如此。但二次绘制技术是后面章节将要介绍的很多高级特效（如阴影贴图、运动模糊等）必不可少的实现技术支撑，因此这里有必要单独进行介绍。

（1）首先介绍场景渲染类 MySurfaceView，由于该类实现的功能比较多，代码较长，所以先介绍该类的代码框架，具体内容如下。

代码位置：源代码/第 1 章/Sample1_5/src/com/bn/Sample1_5 目录下的 MySurfaceView.java。

```
package com.bn.Sample1_5;                                        //声明包名
……//此处省略了一些导入相关类的代码，读者可自行查阅随书附带中的源代码
class MySurfaceView extends GLSurfaceView{
    ……//此处省略了一些定义成员变量的代码，读者可自行查阅随书附带中的源代码
    public MySurfaceView(Context context) {/*此处省略了该类的构造器，读者可自行查阅随书源代码*/}
    public boolean onTouchEvent(MotionEvent e) {/*此处省略了触控事件回调方法，读者可自行查阅源代码*/}
    private class SceneRenderer implements GLSurfaceView.Renderer {
        float yAngle;                                            //绕 Y 轴旋转的角度
        float xAngle;                                            //绕 X 轴旋转的角度
        LoadedObjectVertexNormalTexture lovo;                    //加载的茶壶绘制对象
        int frameBufferId;                                       //帧缓冲编号
        int renderDepthBufferId;                                 //深度渲染缓冲编号
```

```
13          int textureId;                                         //生成的矩形纹理 id
14          int textureIdGHXP;                                     //国画小品的纹理 id
15          TextureRect tr;                                        //纹理矩形
16          public void initFRBuffers(){/*此处省略了初始化帧缓冲和渲染缓冲的方法，将在下面介绍*/}
17          public void generateTextImage(){/*此处省略了通过绘制产生矩形纹理的方法，将在下面介绍*/}
18          public void drawShadowTexture(){/*此处省略了绘制纹理矩形的方法，将在下面介绍*/}
19          public void onDrawFrame(GL10 gl){
20              generateTextImage();                           //调用通过绘制产生矩形纹理方法
21              drawShadowTexture();                           //调用绘制纹理矩形方法
22          }
23          public void onSurfaceChanged(GL10 gl, int width, int height){
24              ……//此处省略了一些初始化的代码，读者可自行查阅随书
25          }
26          public void onSurfaceCreated(GL10 gl, EGLConfig config) {
27              ……//此处省略了一些初始化的代码，读者可自行查阅随书
28      }}
29      public int initTexture(int drawableId){/*此处省略了用于加载纹理的方法，读者可自行查阅*/}
30  }
```

❑ 第 8～第 15 行定义了需要使用的几个成员变量，主要包括绕轴旋转的角度、加载的茶壶绘制对象、帧缓冲编号、渲染缓冲编号、纹理矩形以及需要用到的纹理 id 等。

❑ 第 16～第 18 行为初始化帧缓冲和渲染缓冲的方法、通过绘制产生矩形纹理的方法和绘制纹理矩形的方法，这几个方法是本案例的重点，将在后面详细介绍。

❑ 第 19～第 29 行为 onDrawFrame、onSurfaceChanged 和 onSurfaceCreated 方法，由于代码与前面很多案例中的基本相同，这里不再赘述。

（2）上面主要介绍了场景渲染类 MySurfaceView 的代码框架，下面继续介绍上面省略的用于初始化帧缓冲和渲染缓冲的 initFRBuffers 方法，具体代码如下。

代码位置：源代码/第 1 章/Sample1_5/src/com/bn/Sample1_5 目录下的 MySurfaceView.java。

```
public void initFRBuffers(){                            //初始化帧缓冲和渲染缓冲的方法
    int tia[]=new int[1];                               //用于存放产生的帧缓冲编号的数组
    GLES30.glGenFramebuffers(1, tia, 0);                //创建一个帧缓冲
    frameBufferId=tia[0];                               //将帧缓冲编号记录到成员变量中
    GLES30.glBindFramebuffer(GLES30.GL_FRAMEBUFFER, frameBufferId);//绑定帧缓冲
    GLES30.glGenRenderbuffers(1, tia, 0);               //创建一个渲染缓冲
    renderDepthBufferId=tia[0];                         //将渲染缓冲编号记录到成员变量中
    //绑定指定的渲染缓冲
    GLES30.glBindRenderbuffer(GLES30.GL_RENDERBUFFER, renderDepthBufferId);
    GLES30.glRenderbufferStorage(GLES30.GL_RENDERBUFFER,//为渲染缓冲初始化存储
        GLES30.GL_DEPTH_COMPONENT16,GEN_TEX_WIDTH, GEN_TEX_HEIGHT);
    int[] tempIds = new int[1];                         //用于存放产生纹理 id 的数组
    GLES30.glGenTextures (1,tempIds,0);                 //创建一个纹理
    textureId=tempIds[0];                               //将纹理 id 记录到成员变量中
    GLES30.glBindTexture(GLES30.GL_TEXTURE_2D,textureId);//绑定纹理
    ……//此处省略了设置纹理拉伸方式和采样方式的代码，读者可自行查阅随书
    GLES30.glTexImage2D(                                //设置颜色附件纹理的格式
        GLES30.GL_TEXTURE_2D,                           //纹理类型
        0,                                              //层次
        GLES30.GL_RGBA,                                 //内部格式
        GEN_TEX_WIDTH,                                  //宽度
        GEN_TEX_HEIGHT,                                 //高度
        0,                                              //边界宽度
        GLES30.GL_RGBA,                                 //格式
        GLES30.GL_UNSIGNED_BYTE,                        //每个像素数据的格式
        null);
    GLES30.glFramebufferTexture2D(                      //设置自定义帧缓冲的颜色附件
        GLES30.GL_FRAMEBUFFER,                          //帧缓冲类型
        GLES30.GL_COLOR_ATTACHMENT0,                    //附件类型——颜色附件 0
        GLES30.GL_TEXTURE_2D,                           //附件为 2D 纹理
        textureId,                                      //纹理 id
        0);                                             //纹理层次
    GLES30.glFramebufferRenderbuffer      (             //设置自定义帧缓冲的深度附件
        GLES30.GL_FRAMEBUFFER,                          //帧缓冲类型
        GLES30.GL_DEPTH_ATTACHMENT,                     //附件类型——深度附件
```

```
36            GLES30.GL_RENDERBUFFER,              //附件为渲染缓冲
37            renderDepthBufferId);                //深度渲染缓冲编号
38    }
```

- 第 1～第 11 行为初始化帧缓冲和渲染缓冲的相关代码，其中首先创建一个帧缓冲，并绑定此帧缓冲，然后创建一个渲染缓冲，再绑定该渲染缓冲，接着为渲染缓冲初始化存储。
- 第 12～第 26 行为创建并初始化作为颜色附件的 2D 纹理的相关代码，其中首先生成纹理，然后绑定该纹理，接着设置纹理的拉伸方式和采样方式，最后设置纹理的类型、尺寸、格式等。
- 第 27～第 37 行首先通过调用 glFramebufferTexture2D 方法设置自定义帧缓冲的颜色附件，将指定纹理连接到帧缓冲的颜色附着点上。接着通过调用 glFramebufferRenderbuffer 方法设置自定义帧缓冲的深度附件，将指定渲染缓冲连接到帧缓冲的深度附着点上。

（3）接着介绍通过绘制茶壶产生矩形纹理的 generateTextImage 方法和绘制纹理矩形到屏幕的 drawShadowTexture 方法，具体代码如下。

代码位置：源代码/第 1 章/Sample1_5/src/com/bn/Sample1_5 目录下的 MySurfaceView.java。

```
1     public void generateTextImage(){                    //通过绘制茶壶产生矩形纹理方法
2         GLES30.glViewport(0, 0, GEN_TEX_WIDTH, GEN_TEX_HEIGHT); //设置视口大小及位置
3         GLES30.glBindFramebuffer(GLES30.GL_FRAMEBUFFER, frameBufferId);//绑定自定义帧缓冲
4         //清除深度缓冲与颜色缓冲
5         GLES30.glClear( GLES30.GL_DEPTH_BUFFER_BIT | GLES30.GL_COLOR_BUFFER_BIT);
6         MatrixState.setProjectFrustum(-ratio, ratio, -1, 1, 2, 100);  //设置透视投影
7         MatrixState.setCamera(0,0,0,0f,0f,-1f,0f,1.0f,0.0f);//调用此方法产生摄像机 9 参数矩阵
8         MatrixState.pushMatrix();                       //保护现场
9         MatrixState.translate(0, -16f, -80f);           //平移
10        MatrixState.rotate(yAngle, 0, 1, 0);            //绕 Y 轴旋转
11        MatrixState.rotate(xAngle, 1, 0, 0);            //绕 X 轴旋转
12        if(lovo!=null){                                 //若茶壶绘制对象不为空则绘制
13            lovo.drawSelf(textureIdGHXP);               //绘制茶壶
14        }
15        MatrixState.popMatrix();                        //恢复现场
16    }
17    public void drawShadowTexture(){                    //绘制纹理矩形的方法
18         GLES30.glViewport(0,0,SCREEN_WIDTH,SCREEN_HEIGHT);      //设置视口大小及位置
19         GLES30.glBindFramebuffer(GLES30.GL_FRAMEBUFFER, 0);     //绑定系统默认帧缓冲
20         //清除深度缓冲与颜色缓冲
21         GLES30.glClear(GLES30.GL_DEPTH_BUFFER_BIT |GLES30.GL_COLOR_BUFFER_BIT);
22         MatrixState.setProjectOrtho(-ratio, ratio, -1, 1, 2, 100);//设置正交投影
23         MatrixState.setCamera(0,0,3,0f,0f,0f,0f,1.0f,0.0f);  //调用此方法产生摄像机 9 参数矩阵
24         MatrixState.pushMatrix();                       //保护现场
25         tr.drawSelf(textureId);                         //绘制纹理矩形
26         MatrixState.popMatrix();                        //恢复现场
27    }
```

- 第 1～第 16 行为通过绘制茶壶产生矩形纹理的 generateTextImage 方法，其中首先设置视口大小及位置，之后绑定自定义帧缓冲（使得绘制的内容进入自定义帧缓冲）。在清除深度缓冲与颜色缓冲后，设置透视投影和摄像机参数，然后绘制茶壶，即可生成包含茶壶场景内容的矩形纹理。
- 第 17～第 27 行为绘制纹理矩形到屏幕的方法，其中首先设置视口的大小及位置，然后绑定到系统默认的帧缓冲（0 号帧缓冲）。在清除深度缓冲与颜色缓冲后，设置正交投影和摄像机参数，最后将纹理矩形绘制到系统默认的帧缓冲，也就是绘制到屏幕上。

从本案例可以体会到，使用自定义的帧缓冲和渲染缓冲并不复杂。以后在开发一些需要此技术的特效时读者参考本案例进行开发即可。

提示 到这里为止，如何通过自定义帧缓冲和渲染缓冲实现二次绘制的案例就介绍完了。由于篇幅有限，这里只介绍了案例中有代表性的内容，其他与前面案例中相似的部分有兴趣的读者可以自行查阅随书中的源代码。

1.7 多重渲染目标

上一节已经介绍了帧缓冲与渲染缓冲的相关知识与案例，相信读者对于自定义帧缓冲与渲染缓冲的使用已有所了解。本节将介绍多重渲染目标（Multiple Render Targets），主要分为基本原理和简单案例两部分进行介绍。

1.7.1 基本知识

多重渲染目标允许程序同时渲染到多个颜色缓冲，向不同的颜色缓冲中送入渲染结果的不同方面（如不同 RGBA 色彩通道的值、深度值等）。不少高级特效渲染时需要使用多重渲染目标技术，例如延迟着色、屏幕空间环境光遮蔽等。下面介绍使用多重渲染目标技术的基本步骤。

（1）首先需要创建一个自定义的帧缓冲，并绑定到此帧缓冲。

（2）接着可以创建并初始化一批纹理，总数量等于要输出的不同渲染结果方面的数量，并且不能超过系统的最大限制数。

（3）然后将这一批纹理一一连接到自定义帧缓冲中的不同颜色附件中。

（4）接着在绘制时正常绘制前调用 glDrawBuffers 方法设置要输出的颜色附件。

（5）最后在片元着色器中定义多个输出变量一一对应到要输出的颜色附件。

> **提示**　看完上述步骤之后，读者可能不是很明白。没有关系，后面会给出专门的案例供读者学习，那时就很清楚了。

了解了上述步骤后还有两个相关的方法需要介绍一下，具体内容如下。

（1）首先给出的是设置绘制时要输出颜色附件的 glDrawBuffers 方法，其方法签名如下。

```
public static void glDrawBuffers (int n, int[] bufs, int offset)
```

> **说明**　参数 *n* 为要输出的颜色附件的数量，参数 bufs 为存放了 *n* 个要输出的颜色附件标志值的数组，参数 offset 为 bufs 数组的偏移量。

（2）接着介绍用于查询系统所支持最大输出颜色附件数的 glGetIntegerv 方法，其使用时的代码片段如下。

```
int[] params=new int[1];                          //声明数组用于记录颜色附件的最大值
GLES30.glGetIntegerv(GLES30.GL_MAX_COLOR_ATTACHMENTS, params, 0);//查询颜色附件最大值
```

> **说明**　从上述代码片段中可以看出，首先需要声明一个数组用于存放查询的结果值，然后以参数 GL_MAX_COLOR_ATTACHMENTS 调用 glGetIntegerv 方法进行查询即可。另外，所有的 OpenGL 3.0 实现都支持的颜色附件最小值是 4，若读者需要使用的量小于等于 4 时可以放心直接使用。

1.7.2 一个简单的案例

上一小节介绍了关于多重渲染目标的基本知识，本小节将给出一个使用多重渲染目标的简单案例 Sample1_6。首先给出的是该案例的运行效果图，如图 1-7 和图 1-8 所示。

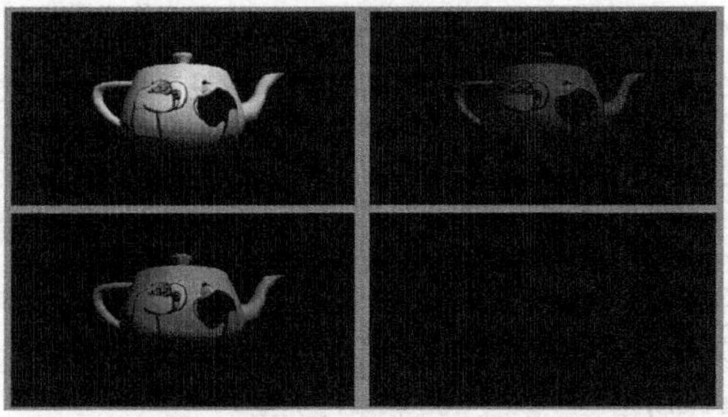

▲图 1-7 Sample1_6 的运行效果图 1

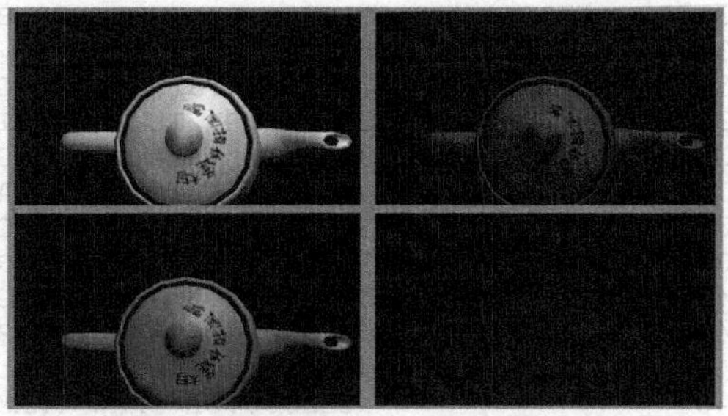

▲图 1-8 Sample1_6 的运行效果图 2

说明 图 1-7 和图 1-8 为本小节案例 Sample1_6 的运行效果图，其中图 1-7 为案例开始运行时的效果图，图 1-8 为手指向下滑动屏幕时的效果图。由于本书采用灰度印刷，对于此案例而言读者很难看到效果，这里建议读者使用真机运行本案例进行观察。

案例 Sample1_6 同时也使用了二次渲染技术，其在第一轮渲染时使用了多重渲染目标。将 RGBA 四个色彩通道的值送到自定义帧缓冲的 0 号颜色附件，将 R、G、B 三个色彩通道的值各自单独送到了 1、2、3 号颜色附件。每个颜色附件本身是一幅纹理，然后在第二轮绘制时将 4 个颜色附件对应的纹理分别渲染到了一个纹理矩形上，此时就看到了如图 1-7 和图 1-8 所示的情况。

本小节案例是基于前面的案例 Sample1_5 改变而来的，各个类的基本框架大致相同，因此相同的部分不再重复赘述，在此只介绍几处有代表性的部分，具体内容如下。

（1）首先介绍 SceneRenderer 类中用于初始化帧缓冲的 initFBO 方法，该方法的主要功能为声明指定长度的颜色附件常量数组、初始化帧缓冲、初始化渲染缓冲、绑定颜色附件以及设置纹理的采样方式和拉伸方式等，其具体代码如下。

代码位置：源代码/第 1 章/Sample1_6/src/com/bn/Sample1_6 目录下的 MySurfaceView.java。

```
public boolean initFBO(){
     int[] attachments=new int[]{GLES30.GL_COLOR_ATTACHMENT0,//声明颜色附件常量数组
           GLES30.GL_COLOR_ATTACHMENT1,GLES30.GL_COLOR_ATTACHMENT2,
           GLES30.GL_COLOR_ATTACHMENT3};    //包含颜色附件 0～3 的标志值
     int tia[]=new int[1];                  //用于存放创建帧缓冲编号的数组
     GLES30.glGenFramebuffers(1, tia, 0);   //创建一个帧缓冲
     frameBufferId=tia[0];                  //将帧缓冲编号记录到成员变量中
     GLES30.glBindFramebuffer(GLES30.GL_FRAMEBUFFER, frameBufferId); //绑定帧缓冲
     GLES30.glGenRenderbuffers(1, tia, 0); //创建一个渲染缓冲用作深度缓冲
     renderDepthBufferId=tia[0];            //将渲染缓冲编号记录到成员变量中
     //绑定用作深度缓冲的渲染缓冲
     GLES30.glBindRenderbuffer(GLES30.GL_RENDERBUFFER, renderDepthBufferId);
     GLES30.glRenderbufferStorage(GLES30.GL_RENDERBUFFER, //为渲染缓冲初始化存储
         GLES30.GL_DEPTH_COMPONENT16,GEN_TEX_WIDTH, GEN_TEX_HEIGHT);
     GLES30.glFramebufferRenderbuffer(     //设置自定义帧缓冲的深度缓冲附件
         GLES30.GL_FRAMEBUFFER,             //帧缓冲类型
         GLES30.GL_DEPTH_ATTACHMENT,        //附件类型——深度附件
         GLES30.GL_RENDERBUFFER,            //附件为渲染缓冲
         renderDepthBufferId                //深度渲染缓冲编号
     );
     GLES30.glGenTextures(textureIds.length,textureIds,0);    //创建 4 个纹理
     for(int i=0;i<attachments.length;i++){//遍历颜色附件常量数组
         GLES30.glBindTexture(GLES30.GL_TEXTURE_2D,textureIds[i]);  //绑定纹理
         GLES30.glTexImage2D(               //设置颜色附件纹理的格式
             GLES30.GL_TEXTURE_2D,          //纹理类型
             0,                             //层次
             GLES30.GL_RGBA,                //内部格式
             GEN_TEX_WIDTH,                 //宽度
             GEN_TEX_HEIGHT,                //高度
             0,                             //边界宽度
             GLES30.GL_RGBA,                //格式
```

```
32               GLES30.GL_UNSIGNED_BYTE,                              //每个像素数据的格式
33               null);
34           GLES30.glTexParameterf(GLES30.GL_TEXTURE_2D,              //设置 MIN 采样方式
35               GLES30.GL_TEXTURE_MIN_FILTER,GLES30.GL_NEAREST);
36           GLES30.glTexParameterf(GLES30.GL_TEXTURE_2D,              //设置 MAG 采样方式
37               GLES30.GL_TEXTURE_MAG_FILTER,GLES30.GL_LINEAR);
38           GLES30.glTexParameterf(GLES30.GL_TEXTURE_2D,              //设置 S 轴拉伸方式
39               GLES30.GL_TEXTURE_WRAP_S,GLES30.GL_CLAMP_TO_EDGE);
40           GLES30.glTexParameterf(GLES30.GL_TEXTURE_2D,              //设置 T 轴拉伸方式
41               GLES30.GL_TEXTURE_WRAP_T,GLES30.GL_CLAMP_TO_EDGE);
42           GLES30.glFramebufferTexture2D(                  //设置自定义帧缓冲的颜色附件
43                GLES30.GL_DRAW_FRAMEBUFFER,                //帧缓冲类型
44                attachments[i],                            //附件类型——颜色附件 i
45                GLES30.GL_TEXTURE_2D,                      //附件为 2D 纹理
46                 textureIds[i],                            //纹理 id
47                 0);                                       //纹理层次
48       }
49       GLES30.glDrawBuffers(attachments.length, attachments,0);//设置要输出的颜色附件
50       if(GLES30.GL_FRAMEBUFFER_COMPLETE !=                       //检查帧缓冲的完整性
51          GLES30.glCheckFramebufferStatus(GLES30.GL_FRAMEBUFFER)){return false;}
52       return true;
53   }
```

❑ 第 2～第 4 行声明了长度为 4 的颜色附件标志值常量数组，在将指定纹理连接到帧缓冲中的特定颜色附件时使用。

❑ 第 5～第 8 行创建并绑定到了一个自定义的帧缓冲。

❑ 第 9～第 20 行为初始化渲染缓冲的相关代码，其中首先创建了一个渲染缓冲，然后绑定到了此渲染缓冲，并为其初始化了存储，接着将其作为前面自定义帧缓冲的深度附件。

❑ 第 21～第 48 行为对多重渲染目标所需的 4 个颜色附件进行初始化的相关代码，其中首先创建了 4 个纹理，然后对每个纹理进行初始化，并把这 4 个纹理分别连接到了 0～3 号颜色附件。

❑ 第 49～第 52 行首先调用 glDrawBuffers 方法设置要输出的颜色附件，并检查帧缓冲的完整性。若检查成功则返回 true，否则返回 false。

（2）介绍完了初始化帧缓冲的 initFBO 方法后，接下来介绍用于绘制纹理矩形的 drawShadowTexture 方法，具体代码如下。

代码位置：源代码/第 1 章/Sample1_6/src/com/bn/Sample1_6 目录下的 MySurfaceView.java。

```
public void drawShadowTexture(){                              //绘制纹理矩形的方法
    GLES30.glClearColor(0.5f,0.5f,0.5f,1.0f);                 //设置屏幕背景色 RGBA
    GLES30.glViewport(0,0,SCREEN_WIDTH,SCREEN_HEIGHT); //设置视口大小及位置
    GLES30.glBindFramebuffer(GLES30.GL_FRAMEBUFFER, 0);  //绑定到系统默认帧缓冲
    //清除深度缓冲与颜色缓冲
    GLES30.glClear(GLES30.GL_DEPTH_BUFFER_BIT |GLES30.GL_COLOR_BUFFER_BIT);
    MatrixState.setProjectOrtho(-ratio, ratio, -1, 1, 2, 100);  //设置正交投影
    MatrixState.setCamera(0,0,3,0f,0f,0f,0f,1.0f,0.0f);//调用此方法产生摄像机 9 参数矩阵
    MatrixState.pushMatrix();                            //保护现场
    MatrixState.translate(-ratio/2, 0.5f, 0);            //执行平移
    tr.drawSelf(textureIds[0]);                          //绘制左上角纹理矩形
    MatrixState.popMatrix();                             //恢复现场
    MatrixState.pushMatrix();                            //保护现场
    MatrixState.translate(ratio/2, 0.5f, 1);             //执行平移
    tr.drawSelf(textureIds[1]);                          //绘制右上角纹理矩形
    MatrixState.popMatrix();                             //恢复现场
    MatrixState.pushMatrix();                            //保护现场
    MatrixState.translate(-ratio/2, -0.5f, 0);           //执行平移
    tr.drawSelf(textureIds[2]);                          //绘制左下角纹理矩形
    MatrixState.popMatrix();                             //恢复现场
    MatrixState.pushMatrix();                            //保护现场
    MatrixState.translate(ratio/2, -0.5f, 1);            //执行平移
    tr.drawSelf(textureIds[3]);                          //绘制右下角纹理矩形
    MatrixState.popMatrix();                             //恢复现场
}
```

- 第 2～第 6 行的功能为设置屏幕背景颜色，设置视口大小与位置，绑定系统默认帧缓冲以及清除深度缓冲与颜色缓冲。
- 第 7～第 8 行设置了正交投影，并调用 setCamera 方法产生摄像机 9 参数矩阵。
- 第 9～第 13 行的功能为保护现场，平移坐标系并绘制左上角的小纹理矩形。
- 第 14～第 24 行的功能也是通过平移分别绘制右上角小纹理矩形、左下角小纹理矩形以及右下角小纹理矩形。

（3）上面介绍了用于绘制 4 个小纹理矩形的 drawShadowTexture 方法，接下来介绍带有 4 个输出变量（对应于前面的 4 个颜色附件）的多重渲染目标片元着色器，其具体代码如下。

代码位置：源代码/第 1 章/Sample1_6/assets 目录下的 frag.sh。

```
#version 300 es
precision mediump float;                        //给出默认的浮点精度
uniform sampler2D sTexture;                     //纹理内容数据
in vec4 ambient;                                //接收从顶点着色器过来的环境光最终强度
in vec4 diffuse;                                //接收从顶点着色器过来的散射光最终强度
in vec4 specular;                               //接收从顶点着色器过来的镜面最终强度
in vec2 vTextureCoord;                          //接收从顶点着色器过来的纹理坐标
layout (location=0)out vec4 fragColor0;  //对应 0 号颜色附件的输出变量
layout (location=1)out vec4 fragColor1;  //对应 1 号颜色附件的输出变量
 layout (location=2)out vec4 fragColor2; //对应 2 号颜色附件的输出变量
 layout (location=3)out vec4 fragColor3; //对应 3 号颜色附件的输出变量
 void main(){
      vec4 finalColor=texture(sTexture, vTextureCoord);  //进行纹理采样
      vec4 fragColor = finalColor*ambient+finalColor*specular+finalColor*diffuse;
      //记录最终颜色值
      fragColor0=fragColor;     //将 RGBA 四个色彩通道综合值输出到 0 号颜色附件
      fragColor1=vec4(fragColor.r,0.0,0.0,1.0);    //将R色彩通道值输出到1号颜色附件
      fragColor2=vec4(0.0,fragColor.g,0.0,1.0);    //将G色彩通道值输出到2号颜色附件
      fragColor3=vec4(0.0,0.0,fragColor.b,1.0);    //将B色彩通道值输出到3号颜色附件
 }
```

说明 上述片元着色器的代码与前面案例 Sample1_5 中片元着色器的代码大致相同，不同的是该片元着色器中含有对应前面 4 个颜色附件的输出变量，从而实现了多重渲染目标的功能。

1.8 小结

本章主要介绍了顶点缓冲区对象、顶点数组对象、一致缓冲区对象、映射缓冲区对象、复制缓冲区对象、从颜色缓冲区复制纹理数据、帧缓冲与渲染缓冲以及多重渲染目标等关于缓冲的基本知识与技术，并给出了一些典型的小案例。

通过本章的学习，读者可以初步领会缓冲区对象所起的重要作用，为以后开发更加复杂、更高性能的 3D 应用或游戏奠定了良好的基础。

第2章　顶点着色器的妙用

本丛书上卷的章节中已经大量地用到了顶点着色器，但并没有完全体现出顶点着色器的功效。本章将进一步介绍一些顶点着色器的使用技巧，通过应用这些技巧可以开发出很多酷炫的效果，而这些效果在固定渲染管线的时代是很难高效地实现的。

提示　由于本书是系列书籍的下卷，故当在本书正文中提到某些代码与本书前面的案例相同，不再重复给出时，既有可能指的是本书中的案例，也可能指的是上卷中的案例。不过读者不用担心，虽然在正文中没有给出与上卷重复的部分代码，但本书所附的中包含了本书所有案例的完整源代码。因此，有需要时读者既可以去参考上卷书，也可以查看本书所附中的源代码。

2.1　飘扬的旗帜

飘扬的旗帜是本章要介绍的第一个案例，通过此技术可以实现类似旗帜迎风飘扬的效果，也可以实现类似水面起伏的效果。

2.1.1　基本原理

介绍本案例的具体开发步骤之前首先需要了解实现旗帜飘扬的基本原理，如图 2-1 所示。

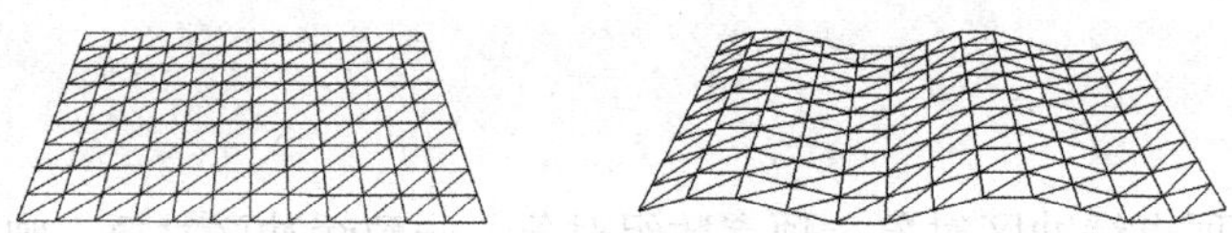

▲图 2-1　旗帜飘扬的线框图

提示　图 2-1 中左图为原始情况下旗帜的顶点位置情况，右图为顶点着色器根据参数计算后某一帧画面中旗帜的顶点位置情况。

从图 2-1 中可以看出，矩形的旗帜与以前案例中绘制的矩形不同，不再是仅由两个三角形组成的整体，而是由大量的小三角形组成的。这样只要在绘制一帧画面时由顶点着色器根据一定的规则变换各个顶点的位置，即可得到旗帜迎风飘动的效果。

为了使旗帜的飘动过程比较平滑，本案例采用的是基于正弦曲线的顶点位置变换规则，具体情况如图 2-2 所示。

说明　图 2-2 给出的是旗帜面向 z 轴正方向，即顶点沿 z 轴上下振动，形成的波浪沿 x 轴传播的情况。同时注意，观察的方向是沿 y 轴的方向。

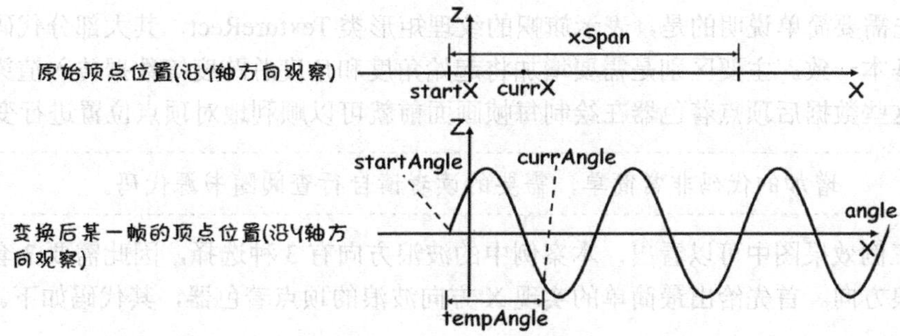

▲图 2-2　X 方向波浪原理图

从图 2-2 中可以看出，传入顶点着色器的原始顶点的 z 坐标都是相同的（本案例中为 0），经过顶点着色器变换后顶点的 z 坐标是根据正弦曲线分布的。具体的计算方法如下。

- ❑ 首先计算当前处理顶点的 x 坐标与最左侧顶点 x 坐标的差值，即 X 距离。
- ❑ 然后根据距离与角度的换算率将 x 距离换算为当前顶点与最左侧顶点的角度差（tempAngle）。

> **提示**　所谓距离与角度的换算率指的是由开发人员人为设定的一个值，将距离乘以它之后就可以换算成角度值。例如可以规定，X 方向上距离 4 等于 2π，则换算公式为：X 距离×2π/4。

- ❑ 接着将 tempAngle 加上最左侧顶点的对应角度（startAngle）即可得到当前顶点的对应角度（currAngle）。
- ❑ 最后通过求 currAngle 的正弦值即可得到当前顶点变换后的 z 坐标。

可以想象出，只要在绘制每帧画面时传入不同的 startAngle 值（例如在 0～2π连续变化），即可得到平滑的基于正弦曲线的旗帜飘扬的动画了。

2.1.2　开发步骤

上一小节介绍了飘扬旗帜的基本原理，本小节将基于此原理开发一个旗帜迎风飘扬的案例 Sample2_1，其运行效果如图 2-3 所示。

▲图 2-3　案例 Sample2_1 的运行效果图

> **提示**　图 2-3 中所示从左到右分别为 X 方向波浪、斜向下方向波浪和 XY 双向波浪的效果。由于插图是灰度印刷且是静态的，因此可能看得不是很清楚，建议读者用真机运行本案例。

了解了案例的运行效果后，接下来简要介绍本案例的具体开发过程。由于本案例中的大部分类和前面章节很多案例中的类非常相似，因此这里只给出本案例中比较有代表性的部分，具体内容如下所列。

（1）首先需要简单说明的是，表示旗帜的纹理矩形类 TextureRect，其大部分代码与本书前面的很多案例基本一致。主要区别是需要增加将起始角度和角度总跨度等数据传入渲染管线的相关代码，有了这些数据后顶点着色器在绘制每帧画面前就可以顺利地对顶点位置进行变换了。

提示　增加的代码非常简单，需要的读者请自行查阅随书源代码。

（2）从案例效果图中可以看出，本案例中的波浪方向有 3 种选择，因此需要 3 套着色器来实现不同的波浪方向。首先给出最简单的实现 X 方向波浪的顶点着色器，其代码如下。

代码位置：源代码/第 2 章/Sample2_1/ assets 目录下的 vertex_tex_x.sh。

```
1    #version 300 es
2    uniform mat4 uMVPMatrix;                          //总变换矩阵
3    uniform float uStartAngle;                        //本帧起始角度(即最左侧顶点的对应角度)
4    uniform float uWidthSpan;                         //横向长度总跨度
5    in vec3 aPosition;                                //顶点位置
6    in vec2 aTexCoor;                                 //顶点纹理坐标
7    out vec2 vTextureCoord;                           //用于传递给片元着色器的纹理坐标
8    void main(){
9        float angleSpanH=4.0*3.14159265;              //横向角度总跨度，用于进行 X 距离与角度的换算
10       float startX=-uWidthSpan/2.0;                 //起始 x 坐标(即最左侧顶点的 x 坐标)
11       //根据横向角度总跨度、横向长度总跨度及当前点的 x 坐标折算出当前顶点 x 坐标对应的角度
12       float currAngle=uStartAngle+((aPosition.x-startX)/uWidthSpan)*angleSpanH;
13       float tz=sin(currAngle)*0.1;                  //通过正弦函数求出当前点的 Z 坐标
14       //根据总变换矩阵计算此次绘制此顶点的位置
15       gl_Position = uMVPMatrix * vec4(aPosition.x,aPosition.y,tz,1);
16       vTextureCoord = aTexCoor;                     //将接收的纹理坐标传递给片元着色器
17   }
```

说明　上述顶点着色器实现了上一小节中所介绍的基于正弦曲线的 X 方向波浪，其中第 9 行的变量 angleSpanH 可以用来控制波浪的密度，其值越大，波浪密度越大。

（3）接着给出实现斜向下方向波浪的顶点着色器，其代码如下。

代码位置：源代码/第 2 章/Sample2_1/ assets 目录下的 vertex_tex_xie.sh。

```
#version 300 es
uniform mat4 uMVPMatrix;                          //总变换矩阵
uniform float uStartAngle;                        //本帧起始角度(即最左侧顶点的对应角度)
uniform float uWidthSpan;                         //横向长度总跨度
in vec3 aPosition;                                //顶点位置
in vec2 aTexCoor;                                 //顶点纹理坐标
out vec2 vTextureCoord;                           //用于传递给片元着色器的纹理坐标
void main(){
    float angleSpanH=4.0*3.14159265;              //横向角度总跨度，用于进行 X 距离与角度的换算
    float startX=-uWidthSpan/2.0;                 //起始 x 坐标(即最左侧顶点的 x 坐标)
    //根据横向角度总跨度、横向长度总跨度及当前点的 x 坐标折算出当前顶点 x 坐标对应的角度
    float currAngleH=uStartAngle+((aPosition.x-startX)/uWidthSpan)*angleSpanH;
    float angleSpanZ=4.0*3.14159265;              //纵向角度总跨度，用于进行 Y 距离与角度的换算
    float uHeightSpan=0.75*uWidthSpan;            //纵向长度总跨度
    float startY=-uHeightSpan/2.0;                //起始 y 坐标(即最上侧顶点的 y 坐标)
    //根据纵向角度总跨度、纵向长度总跨度及当前点 y 坐标折算出当前顶点 y 坐标对应的角度
    float currAngleZ=((aPosition.y-startY)/uHeightSpan)*angleSpanZ;
    float tzH=sin(currAngleH-currAngleZ)*0.1;  //通过正弦函数求出当前点的 z 坐标
    //根据总变换矩阵计算此次绘制此顶点的位置
    gl_Position = uMVPMatrix * vec4(aPosition.x,aPosition.y,tzH,1);
    vTextureCoord = aTexCoor;                     //将接收的纹理坐标传递给片元着色器
}
```

说明　本质上讲，上述斜向下方向波浪的顶点着色器与前面的 X 方向波浪的顶点着色器没有本质区别，仅仅是在计算当前顶点的对应角度时增加了 y 轴方向的计算，不再是仅考虑 x 轴的坐标。因此，形成的波浪方向就是斜向下的。

（4）最后给出的是沿 X、Y 两个方向各自传播的波浪效果叠加的顶点着色器，其代码如下。

代码位置：源代码/第 2 章/Sample2_1/ assets 目录下的 vertex_tex_xy.sh。

```
#version 300 es
uniform mat4 uMVPMatrix;                              //总变换矩阵
uniform float uStartAngle;                            //本帧起始角度(X、Y 两个方向都是其值)
uniform float uWidthSpan;                             //横向长度总跨度
in vec3 aPosition;                                    //顶点位置
in vec2 aTexCoor;                                     //顶点纹理坐标
out vec2 vTextureCoord;                               //用于传递给片元着色器的纹理坐标
void main(){
    //首先计算当前顶点 X 方向波浪对应的 Z 坐标
    float angleSpanH=4.0*3.14159265;          //横向角度总跨度，用于进行 X 距离与角度的换算
    float startX=-uWidthSpan/2.0;             //起始 x 坐标(即最左侧顶点的 x 坐标)
    //根据横向角度总跨度、横向长度总跨度及当前点的 x 坐标折算出当前顶点 x 坐标对应的角度
    float currAngleH=uStartAngle+((aPosition.x-startX)/uWidthSpan)*angleSpanH;
    float tzH=sin(currAngleH)*0.1;             //X 方向波浪对应的 z 坐标
    //接着计算当前顶点 Y 方向波浪对应的 Z 坐标
    float angleSpanZ=4.0*3.14159265;           //纵向角度总跨度，用于进行 Y 距离与角度的换算
    float uHeightSpan=0.75*uWidthSpan;         //纵向长度总跨度
    float startY=-uHeightSpan/2.0;             //起始 y 坐标(即最上侧顶点的 y 坐标)
    //根据纵向角度总跨度、纵向长度总跨度及当前点的 y 坐标折算出当前顶点 y 坐标对应的角度
    float currAngleZ=uStartAngle+3.14159265/3.0+
               ((aPosition.y-startY)/uHeightSpan)*angleSpanZ;
    float tzZ=sin(currAngleZ)*0.1;             //Y 方向波浪对应的 z 坐标
    //根据总变换矩阵计算此次绘制此顶点的位置
    gl_Position = uMVPMatrix * vec4(aPosition.x,aPosition.y,tzH+tzZ,1);
    vTextureCoord = aTexCoor;                  //将接收的纹理坐标传递给片元着色器
}
```

提示　本质上讲，上述 X、Y 双向波浪的顶点着色器与前面的 X 方向波浪的顶点着色器没有本质区别，仅仅是首先分别计算了 X 方向和 Y 方向波浪在当前顶点位置的 z 坐标，最后将两个 z 坐标叠加，从而实现了波的叠加。因此，运行案例时看到的波浪就是 X、Y 两个方向的了。

本案例 3 套着色器中的片元着色器都是一样的，并且采用的都是普通的纹理采样片元着色器，前面很多案例中已经出现过，因此这里不再赘述。

2.2 扭动的软糖

上一节介绍的飘扬的旗帜是对一个纹理矩形中的顶点位置进行了变换，本节的案例将对一个长方体中的顶点位置进行变换以实现软糖扭动的效果。

2.2.1 基本原理

介绍本案例的具体开发之前首先需要了解实现软糖扭动的基本原理，具体情况如图 2-4 所示。

从图 2-4 中可以看出，软糖模型实际上是由很多层小矩形叠加而成。在同一帧中，随着 y 坐标的不断升高，此层的顶点绕中心轴扭曲的角度越大。因此，实现扭动软糖的效果只要将代表软糖的长方体中各层顶点的 x、z 坐标按照一定的规则根据顶点的 y 坐标以及当前帧的控制参数进行变换即可，具体的计算思路如图 2-5、图 2-6 与图 2-7 所示。

具体的计算步骤如下。

- 首先如图 2-5 所示，需要计算出当前顶点 y 坐标与最下层顶点 y 坐标的差值。
- 接着根据 y 坐标的差值、角度换算比例以及本帧的总扭曲角度换算出当前顶点的扭曲角度，计算公式为：**currAngle =(currY-yStart)/ySpan×angleSpan**。

❑ 最后根据当前顶点的 x、z 坐标以及扭曲的角度计算出变换后顶点的 x、z 坐标，此步的计算思路如图 2-6 与图 2-7 所示。

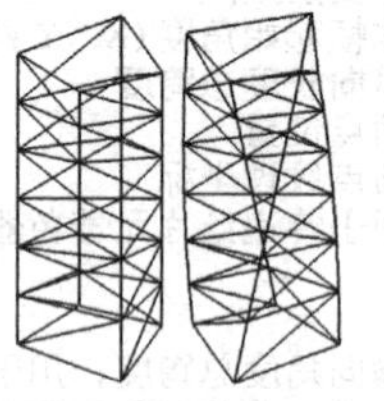

▲图 2-4　软糖的线框图

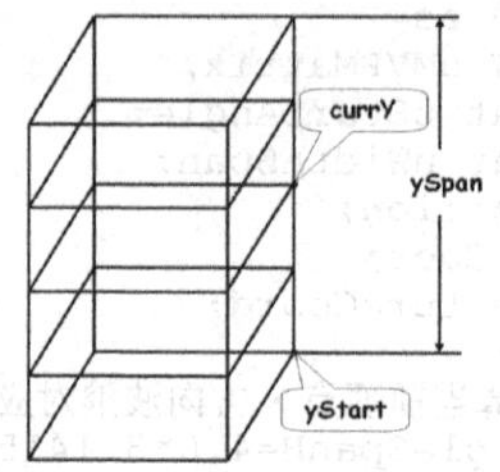

▲图 2-5　软糖扭曲原理图 1

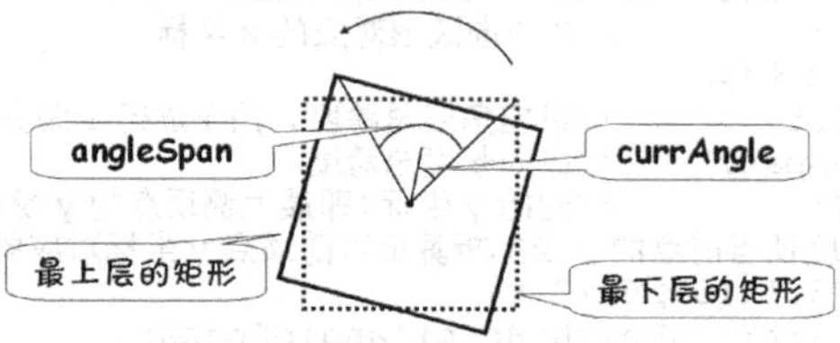

▲图 2-6　软糖扭曲原理图 2

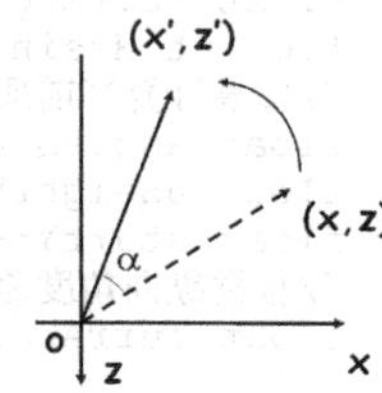

▲图 2-7　向量旋转图

从图 2-6 与图 2-7 中可以看出，将顶点绕中心轴扭曲（旋转）实际上可以看成是将从中心点出发到变换前顶点的向量旋转指定的角度。旋转后得到的新向量的终点位置即所求的变换后顶点的位置，因此具体的计算公式如下。

$$x'=x\cos\alpha-z\sin\alpha \qquad z'=x\sin\alpha+z\cos\alpha$$

> **说明**　上述公式中的α为需要旋转（扭曲）的角度，实际计算时采用前面步骤计算出来的变量 currAngle 的值即可。

2.2.2　开发步骤

上一小节介绍了软糖扭动的基本原理，本小节将基于此原理开发一个软糖不断扭动的案例 Sample2_2，其运行效果如图 2-8 所示。

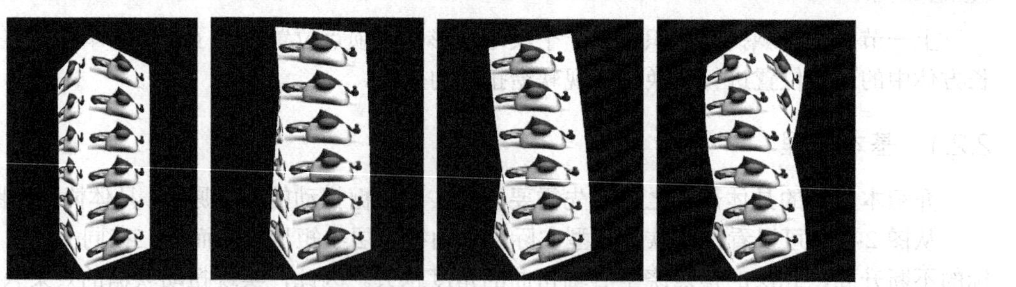

▲图 2-8　案例 Sample2_2 的运行效果图

> **说明**　图 2-8 所示给出了 4 幅软糖扭动过程中的程序抓图，从左至右扭动角度不断增大。

了解了案例的运行效果后，接下来简要介绍本案例的具体开发过程。由于本案例中的大部分类和前面章节很多案例中的类非常相似，因此这里只给出本案例中比较有代表性的部分，具体内容介绍如下。

（1）首先需要简单说明的是，表示软糖的长方体类 Cuboid，其大部分代码与本书前面的很多案例基本一致。主要区别是需要增加将当前帧最大扭动角度、y 起始坐标、y 坐标总跨度等数据传入渲染管线的相关代码，有了这些数据后顶点着色器在绘制每帧画面前就可以顺利地对顶点位置进行变换了。

提示　增加的代码非常简单，需要的读者请自行查阅随书。

（2）接着需要给出实现软糖扭动的顶点着色器，其代码如下。

代码位置：源代码/第 2 章/Sample2_2/ assets 目录下的 vertex_tex.sh。

```
1   #version 300 es
2   uniform mat4 uMVPMatrix;                        //总变换矩阵
3   in vec3 aPosition;                              //顶点位置
4   in vec2 aTexCoor;                               //顶点纹理坐标
5   out vec2 vTextureCoord;                         //用于传递给片元着色器的纹理坐标
6   uniform float angleSpan;                        //本帧扭曲总角度
7   uniform float yStart;                           //y 坐标起始点
8   uniform float ySpan;                            //y 坐标总跨度
9   void main(){
10      float tempAS= angleSpan*(aPosition.y-yStart)/ySpan; //计算当前顶点扭动(绕中心点选择)的角度
11      vec3 tPosition=aPosition;
12      if(aPosition.y>yStart){              //若不是最下面一层的顶点则计算扭动后的 x、z 坐标
13         tPosition.x=(cos(tempAS)*aPosition.x-sin(tempAS)*aPosition.z);
14         tPosition.z=(sin(tempAS)*aPosition.x+cos(tempAS)*aPosition.z);
15      }
16      gl_Position = uMVPMatrix * vec4(tPosition,1); //根据总变换矩阵计算此次绘制此顶点的位置
17      vTextureCoord = aTexCoor;                  //将接收的纹理坐标传递给片元着色器
18  }
```

说明　上述顶点着色器根据上一小节介绍的计算过程实现了对顶点位置的变换，其中最核心的就是第 13～第 14 行根据扭动角度计算变换后顶点 x、z 坐标的代码。

2.3　风吹椰林场景的开发

前两节分别给出了两个单一的用顶点着色器实现软体的案例，本节将给出一个综合性的软体案例。此案例为风吹海滩上椰子林的场景，场景中海浪拍打沙滩，椰子树在风的吹动下摇摆，伴随着海浪的声音，非常吸引人。

提示　本案例中的海浪实际就是放平的、采用了海水纹理的飘扬的旗帜，天空采用的是天空穹，海岛采用的是灰度图地形，海浪的声音采用的是声音池。这些技术在前面的章节中都已经详细介绍过，因此本节就不再赘述。而椰子树随风摆动是本案例的重点，下面将详细进行介绍。

2.3.1　椰子树随风摇摆的基本原理

介绍椰子树的具体开发之前首先需要了解沙滩椰子树随风摆动的基本原理。本案例中椰子树的树干会随着风力的大小、方向产生对应的弯曲，图 2-9 给出了如何计算某一帧中树干上指定顶点弯曲后位置的策略。

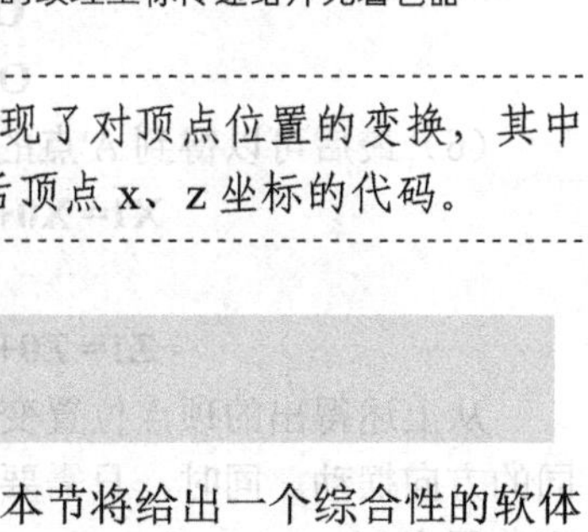

▲图 2-9　椰子树树干弯曲原理图

从图 2-9 中可以看出，为了简化计算，本案例中采用的风向是与 XOZ 平面平行的。设当前风向与 z 轴正方向的夹角为 α，

树干原始状态下与 y 轴重合。点 A 为树干模型中的任一顶点，在风的吹动下偏转到 A'点。

顶点着色器需要计算的问题为：已知 A 点坐标（X0,Y0,Z0）、当前风向与 z 轴正方向的夹角 α 以及弧 OA'所在圆的半径 OO'，求 A 点偏转到 A'点后的坐标。

> **提示** 本案例采用的计算模型中，半径 OO'的大小与风力的大小成反比，风力越大，半径 OO'越小。这样就非常容易地实现了风越大，树干弯曲得越厉害。

下面给出具体的计算步骤。

（1）由于 OA'为半径为 OO'的一段圆弧，那么可以得出 **OA'=OA**，且 **O'O=O'A'**。

（2）根据弧长公式，可得出树干弯曲后的弧对应的圆心角 θ 的弧度计算公式如下。

$$\theta = OA'/OO' = OA/OO'$$

（3）从图 2-9 以及根据三角函数的知识可以得出如下结论。

$$A'D = O'A' \times \sin(\theta) = O'O' \times \sin(OA/OO')$$

$$OD = OO' - O'A' \times \cos(\theta) = OO' - O'O' \times \cos(OA/OO')$$

（4）接着可以得出如下结论。

$$OX' = OD \times \sin(\alpha) = (OO' - O'O' \times \cos(OA/OO')) \times \sin(\alpha)$$

$$OZ' = OD \times \cos(\alpha) = (OO' - O'O' \times \cos(OA/OO')) \times \cos(\alpha)$$

（5）设顶点 A 的坐标为（X0,Y0,Z0），偏移后 A'的坐标为（X1,Y1,Z1）。则可以用 Y0 替换上面的 OA，那么有如下结论。

$$OX' = (OO' - OO' \times \cos(Y0/OO')) \times \sin(\alpha)$$

$$OZ' = (OO' - OO' \times \cos(Y0/OO')) \times \cos(\alpha)$$

（6）最后可以得到 A'点的坐标。

$$X1 = X0 + OX' = X0 + (OO' - OO' \times \cos(Y0/OO')) \times \sin(\alpha)$$

$$Y1 = A'D = OO' \times \sin(Y0/OO')$$

$$Z1 = Z0 + OZ' = Z0 + (OO' - OO' \times \cos(Y0/OO')) \times \cos(\alpha)$$

从上述得出的顶点位置变换公式中可以看出，只需要改变风向角度 α，就可以使椰子树向不同的方向摆动。同时，只需要根据风力大小改变弯曲半径 OO'的大小，就可以改变椰子树树干的弯曲程度。

2.3.2 开发步骤

上一小节介绍了树干弯曲的基本原理，本小节将基于此原理开发一个呈现风吹椰林场景的案例 Sample2_3，其运行效果如图 2-10 所示。

▲图 2-10 案例 Sample2_3 的运行效果图

本案例运行时可以通过手指在屏幕上左右滑动使摄像机绕场景转动，上下滑动使摄像机推近或远离场景。通过单击手机上的菜单键，程序会弹出菜单。选择菜单中的风向选项可以设置风向，选择菜单中的风力选项可以设置风力，如图 2-11 所示。

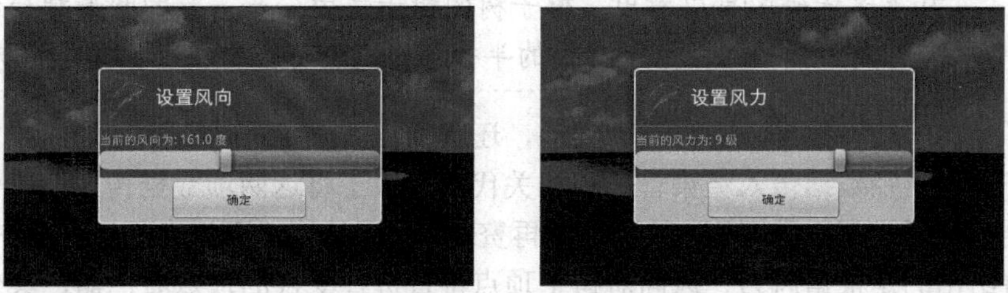

▲图 2-11　设置风向和风力的界面

了解了案例的运行效果后，接下来简要介绍本案例的具体开发过程。由于本案例中的大部分类和前面章节很多案例中的类非常相似，因此，这里只给出本案例中比较有代表性的与椰子树相关的部分，具体内容如下。

（1）首先给出用于生成椰子树树干原始位置顶点坐标的 initVertexData 方法，其来自于表示椰子树树干的 TreeTrunk 类，具体代码如下。

代码位置：源代码/第 2 章/Sample2_3/src/com/bn/Sample2_3 目录下的 TreeTrunk.java。

```
public void initVertexData(float bottom_radius,float joint_Height,int jointNum,int availableNum){
  List<Float> vertex_List=new ArrayList<Float>();              //顶点坐标列表
  List<float[]> texture_List=new ArrayList<float[]>();         //顶点纹理坐标列表
  for(int num=0;num<availableNum;num++){       //循环计算出每节树干中的各个顶点
     float temp_bottom_radius=bottom_radius*(jointNum-num)/(float)jointNum; //此节树干底端半径
     float temp_top_radius=bottom_radius*(jointNum-(num+1))/(float)jointNum; //此节树干顶端半径
     float temp_bottom_height=num*joint_Height;                  //此节树干底端的 y 坐标
     float temp_top_height=(num+1)*joint_Height;                 //此节树干顶端的 y 坐标
     //循环一周，生成组成此节树干各个四边形的顶点坐标，并卷绕成三角形
     for(float hAngle=0;hAngle<360;hAngle=hAngle+longitude_span) {
            //当前四边形左上点的 x、y、z 坐标
            float x0=(float) (temp_top_radius*Math.cos(Math.toRadians(hAngle)));
            float y0=temp_top_height;
            float z0=(float) (temp_top_radius*Math.sin(Math.toRadians(hAngle)));
            //当前四边形左下点的 x、y、z 坐标
            float x1=(float) (temp_bottom_radius*Math.cos(Math.toRadians(hAngle)));
            float y1=temp_bottom_height;
            float z1=(float) (temp_bottom_radius*Math.sin(Math.toRadians(hAngle)));
            //当前四边形右上点的 x、y、z 坐标
            float x2=(float) (temp_top_radius*Math.cos(Math.toRadians(hAngle+longitude_span)));
            float y2=temp_top_height;
            float z2=(float) (temp_top_radius*Math.sin(Math.toRadians(hAngle+alongitude_span)));
            //当前四边形右下点的 x、y、z 坐标
            float x3=(float) (temp_bottom_radius*Math.cos(Math.toRadians (hAngle+longitude_span)));
            float y3=temp_bottom_height;
            float z3=(float) (temp_bottom_radius*Math.sin(Math.toRadians(hAngle+ longitude_span)));
            //将顶点坐标按照卷绕成两个三角形的顺序依次放入顶点坐标列表
            vertex_List.add(x0);vertex_List.add(y0);vertex_List.add(z0);
            vertex_List.add(x1);vertex_List.add(y1);vertex_List.add(z1);
            vertex_List.add(x2);vertex_List.add(y2);vertex_List.add(z2);
            vertex_List.add(x2);vertex_List.add(y2);vertex_List.add(z2);
            vertex_List.add(x1);vertex_List.add(y1);vertex_List.add(z1);
            vertex_List.add(x3);vertex_List.add(y3);vertex_List.add(z3);
     }
     ……//此处省略了计算纹理坐标以及将顶点坐标与纹理坐标送入缓冲的代码
  }
```

提示 从上述代码中可以看出，椰子树的树干是由一节一节的圆形梯台组合而成的。每一节都是下面的半径大，上面的半径小，这也符合现实世界椰子树树干的情况。

（2）为了使树干能够根据风向与风力摆动，还需要在 TreeTrunk 类中增加将当前风向以及风力对应的树干曲率半径数据传入渲染管线的相关代码。由于将这两项数据传入渲染管线的代码与传递其他数据的代码没有本质区别，故这里不再赘述，需要的读者可以自行查看随书中的源代码。

（3）接着给出的是根据风力、风向对树干顶点位置进行变换的顶点着色器，其代码如下。

代码位置：源代码/第 2 章/Sample2_3/assets 目录下的 vertex_tree.sh。

```
#version 300 es
uniform mat4 uMVPMatrix;                              //总变换矩阵
uniform float bend_R;                                 //这里指的是树的弯曲半径
uniform float direction_degree;                       //用角度表示的风向，沿 Z 轴正方向逆时针旋转
in vec3 aPosition;                                    //顶点位置
in vec2 aTexCoor;                                     //顶点纹理坐标
out vec2 vTextureCoord;                               //用于传递给片元着色器的纹理坐标
void main(){
     float curr_radian=aPosition.y/bend_R;              //计算当前的弧度
     float result_height=bend_R*sin(curr_radian);      //计算当前点变换后的 y 坐标
     float increase=bend_R-bend_R*cos(curr_radian);    //计算当前点增加的长度
     float result_X=aPosition.x+increase*sin(radians(direction_degree));
     //计算当前点最后的 x 坐标
     float result_Z=aPosition.z+increase*cos(radians(direction_degree));
     //计算当前点最后的 z 坐标
     vec4 result_point=vec4(result_X,result_height,result_Z,1.0);//最后结果顶点的坐标
     gl_Position = uMVPMatrix * result_point;//根据总变换矩阵计算此次绘制此顶点的位置
     vTextureCoord = aTexCoor;                  //将接收的纹理坐标传递给片元着色器
}
```

说明 上述顶点着色器实现了上一小节介绍的顶点随风力、风向变换的算法。读者要想彻底掌握该算法，最好比对上一小节介绍的原理研读代码，直接看代码可能难于理解。

（4）介绍完树干部分后，下面介绍树叶随风摆动的相关代码。本案例中的树叶采用纹理矩形来实现，每棵椰子树有 6 片树叶（6 个纹理矩形）。树叶会根据风向、风力改变位置姿态，本身不会发生形变。首先给出用于绘制树叶的纹理矩形的顶点及纹理坐标生成方法 initVertexData，其来自于 TreeLeaves 类，具体代码如下。

代码位置：源代码/第 2 章/Sample2_3/src/com/bn/Sample2_3 目录下的 TreeLeaves.java。

```
public void initVertexData(float width,float height,float absolute_height,int index) {
     vCount=6;
     float vertices[]=null;     //顶点坐标数组
     float texCoor[]=null;      //纹理坐标数组
     switch(index) {      //根据情况编号生成对应角度树叶纹理矩形的顶点数据
     case 0:              //第一种情况，树叶纹理矩形的边与 X 轴重合，对应旋转角度为 0°
          vertices=new float[]{
               0,height+absolute_height,0, 0,absolute_height,0,
               width,height+absolute_height,0, width,height+absolute_height,0,
               0,absolute_height,0,  width,absolute_height,0,
          };
          texCoor=new float[]{ 1,0, 1,1, 0,0,  0,0, 1,1, 0,1 };//纹理坐标
          terX=width/2;  enterZ=0;                                  //确定中心点坐标
     break;
     case 1:                    //第二种情况，与 X 轴夹角 60°的树叶纹理矩形
     ……//此处省略了后面 5 种不同情况的代码，与第一种情况套路完全相同
}
```

提示 上述 initVertexData 方法的主要功能为根据情况编号生成对应角度树叶纹理矩形的顶点数据，情况编号为 0～5，分别对应 0°、60°、120°、180°、240°、300°6 种情况。

（5）接下来给出的是根据当前帧对应的风向、风力计算树叶纹理矩形位置与姿态数据的 resultPoint 方法，其来自 TreeLeavesControl 类，具体代码如下。

代码位置：源代码/第 2 章/Sample2_3/src/com/bn/Sample2_3 目录下的 TreeLeaves Control.java。

```
1  public float[] resultPoint(float direction_degree,float currBend_R,float
   pointX,float pointY,float pointZ){
2      float []position=new float[6];                    //记录位置、姿态数据的数组
3      float curr_radian=pointY/currBend_R;              //计算当前的弧度
4      float result_Y=(float) (currBend_R*Math.sin(curr_radian)); //计算结果的 Y 分量
1      //计算结果相对于中心点的偏移距离
5      float increase=(float) (currBend_R-currBend_R*Math.cos(curr_radian));
6      //计算结果的 X、Z 分量
7      float result_X=(float) (pointX+increase*Math.sin(Math.toRadians(direction_degree)));
8      float result_Z=(float) (pointZ+increase*Math.cos(Math.toRadians(direction_degree)));
9      position[0]=result_X;                  //将计算出的位置数据存入结果数组
10     position[1]=result_Y;
11     position[2]=result_Z;
12     position[3]=(float) Math.cos(Math.toRadians(direction_degree));//计算旋转轴的 X 分量
13     position[4]=(float) Math.sin(Math.toRadians(direction_degree)); /计算旋转轴的 Z 分量
14     position[5]= (float) Math.toDegrees(curr_radian);        //计算旋转的角度
15     return position;                                   //返回结果数组
16  }
```

- 第 3 行利用弧长公式计算当前弯曲半径对应的弧度。
- 第 4～第 8 行根据计算出的弧度及风向计算树叶位置偏移的 X、Y、Z 分量。
- 第 12～第 14 行根据当前的风力、风向计算树叶的旋转轴 X、Z 分量以及旋转角度。

（6）最后给出绘制树叶的 drawSelf 方法，其来自 TreeLeavesControl 类，具体代码如下。

代码位置：源代码/第 2 章/Sample2_3/src/com/bn/Sample2_3 目录下的 TreeLeaves Control.java。

```
public void drawSelf(int tex_leavesId,float bend_R,float wind_direction){//绘制树叶
    MatrixState.pushMatrix();
    MatrixState.translate(positionX, positionY, positionZ);   //移动到指定的位置
    float curr_height=Constant.leaves_absolute_height; //当前叶子矩形的绝对高度
    float result[]=resultPoint(wind_direction,bend_R,0,curr_height,0); //计算偏移量和旋转角
    MatrixState.translate(result[0], result[1], result[2]);   //进行偏移
    MatrixState.rotate(result[5], result[3],0,-result[4]);    //进行旋转
    treeLeaves.drawSelf(tex_leavesId);                         //绘制
    MatrixState.popMatrix();
}
```

> **提示** 此方法根据前面 resultPoint 方法计算出来的位置偏移数据以及旋转轴、旋转角度数据，在绘制树叶前首先对坐标系进行对应的平移，然后再对坐标系进行对应的旋转，最后绘制树叶。

2.4 展翅飞翔的雄鹰

前面 3 节分别介绍了 3 个不同软体的例子，虽然采用的数学模型各有不同，但都是通过编程直接实现特定的数学模型以实现软体动画的。这在一般情况下足够用了，但如果想呈现非常复杂的软体动画就很困难了。

有些复杂软体的动画虽然也可以采用数学模型编程实现，但对应的数学模型非常复杂，编程成本很高。本节将给出一种非常简便的实现软体动画的策略——关键帧动画，通过它可以方便地实现游戏中雄鹰飞过蓝天、英雄举刀杀敌的动画。

2.4.1 基本原理

关键帧动画的基本思想非常简单，就是给顶点着色器提供动画中每个关键帧对应的各个顶点

的位置数据以及融合比例。顶点着色器根据两套位置数据及当前融合的比例融合出一套结果顶点位置数据。只要在绘制每一帧时提供不同的混合比例即可产生想要的动画。

如本节将要给出的展翅飞翔的雄鹰动画中就用到了 3 个关键帧，包含 4 个动画阶段。

- 第一阶段是对 1、2 号关键帧中的顶点数据进行融合，即从 1 号关键帧到 2 号关键帧。
- 第二阶段是对 2、3 号关键帧中的顶点数据进行融合，即从 2 号关键帧到 3 号关键帧。
- 第三阶段是对 3、2 号关键帧中的顶点数据进行融合，即从 3 号关键帧到 2 号关键帧。
- 第四阶段是对 2、1 号关键帧中的顶点数据进行融合，即从 2 号关键帧到 1 号关键帧。

上述 4 个阶段不断重复就可以呈现出雄鹰展翅飞翔的动画，每个关键帧的具体顶点位置情况如图 2-12 所示。

说明　从图 2-12 中可以看出，最左侧是雄鹰翅膀上扬到最高位置的情况，中间是雄鹰翅膀放平的情况，右侧是雄鹰翅膀下垂到最低位置的情况。

▲图 2-12　雄鹰动画 3 个关键帧的线框图

到这里读者可能会产生疑问：为什么一定要 3 个关键帧呢？仅保留 1、3 号关键帧不也能融合出动画吗？确实如此，只保留 1、3 两个关键帧是可以的，但动画的真实感就会大打折扣。因为仅通过 1、3 关键帧融合出来的翅膀展平的情况翅膀就会缩短，如图 2-13 所示。

▲图 2-13　仅保留 1、3 号关键帧的缺陷

从图 2-13 中可以看出使用关键帧动画的一个要领，那就是不重要的中间帧可以通过按比例融合两个关键帧得到，真实感基本不受影响。但关键帧不应该省略而通过其他关键帧融合得到，否则动画的真实感就会变差。

提示　使用基于顶点位置的融合的关键帧动画时有一点需要特别注意，那就是所有关键帧中顶点的数量需要一致，并能够形成一一对应的关系。

2.4.2　开发步骤

上一小节介绍了关键帧动画的基本原理以及注意事项，本小节将给出一个关键帧动画的案例 Sample2_4，其运行效果如图 2-14 所示。

▲图 2-14　案例 Sample2_4 的运行效果图

说明 图 2-14 给出了雄鹰展翅飞翔动画中的 3 帧画面，效果非常真实。由于本书插图是灰度印刷，效果可能不是很好，请读者自行用真机运行本案例。案例运行时可以用手指在屏幕上滑动以旋转雄鹰从不同的角度进行观察。

了解了案例的运行效果后，接下来简要介绍本案例的具体开发过程。由于本案例中的大部分类和前面章节很多案例中的类非常相似，因此这里只给出本案例中比较有代表性的部分，具体内容如下。

（1）本案例中用到的雄鹰的 3 个关键帧采用 3ds Max 设计并导出成 obj 文件，因此首先需要将 3 个关键帧的顶点数据加载进应用程序并存放到缓冲中，相关代码如下。

代码位置：源代码/第 2 章/Sample2_4/src/com/bn/Sample2_4 目录下的 GledeForDraw.java。

```
public void initVertexData(MySurfaceView mv) {      //初始化顶点数据的方法
    //加载雄鹰模型
    glede_one=LoadUtil.loadFromFileVertexOnly("laoying01.obj",mv);
    glede_two=LoadUtil.loadFromFileVertexOnly("laoying02.obj",mv)[0];
    glede_three=LoadUtil.loadFromFileVertexOnly("laoying03.obj",mv)[0];
    //创建第一个顶点坐标数据缓冲
    vCount=glede_one.length/3;
    ByteBuffer vbb = ByteBuffer.allocateDirect(glede_one[0].length*4);
    vbb.order(ByteOrder.nativeOrder());                 //设置字节顺序
    mVertexBuffer1 = vbb.asFloatBuffer();               //转换为 Float 型缓冲
    mVertexBuffer1.put(glede_one[0]);                   //向缓冲区中放入顶点坐标数据
    mVertexBuffer1.position(0);                         //设置缓冲区起始位置
    //创建第二个顶点坐标数据缓冲
    vCount=glede_two.length/3;
    vbb = ByteBuffer.allocateDirect(glede_two.length*4);
    vbb.order(ByteOrder.nativeOrder());                  //设置字节顺序
    mVertexBuffer2 = vbb.asFloatBuffer();                //转换为 Float 型缓冲
    mVertexBuffer2.put(glede_two);                       //向缓冲区中放入顶点坐标数据
    mVertexBuffer2.position(0);                          //设置缓冲区起始位置
    //创建第三个顶点坐标数据缓冲
    vCount=glede_three.length/3;
    vbb = ByteBuffer.allocateDirect(glede_three.length*4);
    vbb.order(ByteOrder.nativeOrder());                   //设置字节顺序
    mVertexBuffer3 = vbb.asFloatBuffer();                 //转换为 Float 型缓冲
    mVertexBuffer3.put(glede_three);                      //向缓冲区中放入顶点坐标数据
    mVertexBuffer3.position(0);                           //设置缓冲区起始位置
    //创建纹理坐标数据缓冲
    ByteBuffer tbb = ByteBuffer.allocateDirect(glede_one[1].length*4);
    tbb.order(ByteOrder.nativeOrder());                 //设置字节顺序
    mTexCoorBuffer = tbb.asFloatBuffer();               //转换为 Float 型缓冲
    mTexCoorBuffer.put(glede_one[1]);                   //向缓冲区中放入顶点纹理坐标数据
    mTexCoorBuffer.position(0);                         //设置缓冲区起始位置
}
```

说明 上述代码主要是加载 obj 文件中的顶点位置与纹理坐标数据。由于 3 个关键帧中各个对应顶点的纹理坐标是相同的，因此纹理坐标仅保留了一套。但各个关键帧中对应顶点的位置是不同的，因此顶点数据有 3 套。

（2）为了在顶点着色器中能够根据比例融合关键帧中的顶点数据，需要将融合的比例传入渲染管线。由于有 3 个关键帧，因此融合比例的取值在 0～2 连续变化。由于将融合比例送入渲染管线的代码非常简单，这里就不再赘述，需要的读者请自行参考中的源代码。

（3）接着需要介绍执行顶点融合以产生关键帧动画的顶点着色器，其代码如下。

代码位置：源代码/第 2 章/Sample2_4/assets 目录下的 vertex.sh。

```
#version 300 es
uniform mat4 uMVPMatrix;                            //总变换矩阵
in vec3 aPosition;                                  //顶点位置(来自 1 号关键帧)
in vec3 bPosition;                                  //顶点位置(来自 2 号关键帧)
```

```
in vec3 cPosition;                                          //顶点位置(来自 3 号关键帧)
in vec2 aTexCoor;                                           //顶点纹理坐标
uniform float uBfb;                                         //融合比例
out vec2 vTextureCoord;                                     //用于传递给片元着色器的纹理坐标
void main(){
     vec3 tv;                                               //融合后的结果顶点
     if(uBfb<=1.0){           //若融合比例小于等于 1，则需要执行的是 1、2 号关键帧的融合
          tv=mix(aPosition,bPosition,uBfb);
     }else{                   //若融合比例大于 1，则需要执行的是 2、3 号关键帧的融合
          tv=mix(bPosition,cPosition,uBfb-1.0);
     }
     gl_Position = uMVPMatrix * vec4(tv,1);;//根据总变换矩阵计算此次绘制此顶点的位置
     vTextureCoord = aTexCoor;                         //将接收的纹理坐标传递给片元着色器
}
```

说明　上述顶点着色器是实现关键帧动画的核心，其根据传入的融合比例选择对应的两个关键帧进行融合。需要注意的是，融合时是调用 mix 函数完成的，这是为了提高执行效率。实际开发中有些功能既可以采用函数完成也可以自己编程完成，笔者强烈建议直接调用函数完成。这是因为系统的函数在大部分情况下比自己开发的相同功能的代码片段性能优异。

2.5 二维扭曲

本章前面几节的案例都是在 3D 空间中对顶点位置进行的变换，但本节将给出一个在 2D 空间中基于顶点位置变换进行二维扭曲的案例。

提示　本质上可以采用本节介绍的技术扭曲任何 2D 形状，为方便起见，本节将基于等边三角形进行介绍。

2.5.1　基本原理

介绍本节案例的具体开发之前，首先需要了解二维扭曲的基本情况，如图 2-15 所示。

从图 2-15 中可以看出，左侧的原始三角形经过扭曲处理后产生了右侧奇异的形状，犹如一个风车。同时从图中可以看出，要想对原始三角形实现扭曲处理，必须将大三角形切分为很多小三角形。下面简单介绍扭曲的计算思路（如图 2-16 所示），具体步骤如下。

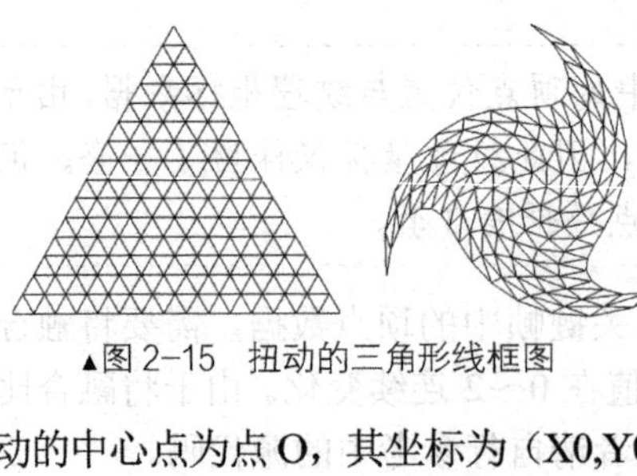

▲图 2-15　扭动的三角形线框图

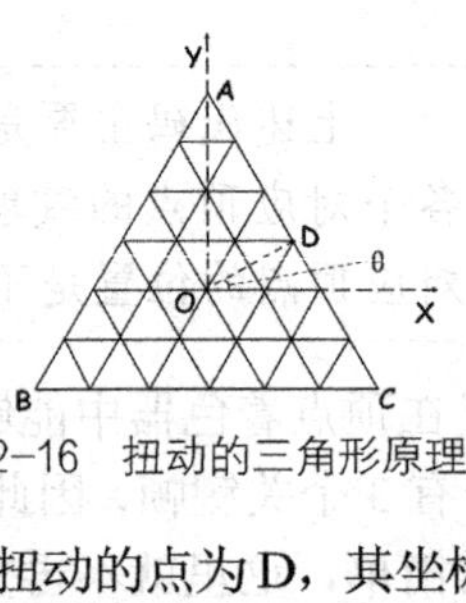

▲图 2-16　扭动的三角形原理图

（1）设扭动的中心点为点 O，其坐标为（X0,Y0）；绕中心点被扭动的点为 D，其坐标为（X1,Y1）。

（2）设 D 点在 X 方向上的偏移为 XSpan，Y 方向上的偏移为 YSpan，则有以下结论。

$$\mathbf{XSpan= X1- X0}$$

$$\mathbf{YSpan= Y1- Y0}$$

$$\mathbf{OD}=\sqrt{\text{XSpan}\times \text{XSpan}+ \text{YSpan}\times \text{YSpan}}$$

（3）接着就可以求出 OD 与 X 轴正方向的夹角 θ，具体情况如下。

- 如果 XSpan=0，并且 YSpan 大于 0，那么 θ =π/2。
- 如果 XSpan=0，并且 YSpan 小于 0，那么 θ =3π/2。
- 如果 XSpan 不等于 0，那么 θ =atan(YSpan/ XSpan)。

（4）然后计算旋转后的 D 点与 X 轴正方向的夹角 θ'。

$$\theta'=\theta+ratio\times OD$$

> **说明** 其中 ratio 表示与当前总体旋转角度线性相关的一个系数，用于将距离转化为当前考察点的旋转角度。

（5）计算出旋转后的夹角后，就可以求出旋转后点的 X、Y 坐标了。

$$X1'= X0+ OD\times\cos(\theta')$$
$$Y1'= Y0+ OD \times\sin(\theta')$$

只需要用顶点着色器实现上述算法即可得到非常漂亮的二维扭曲效果。

2.5.2 开发步骤

上一小节介绍了二维扭曲的基本原理以及注意事项，本小节将给出一个三角形二维扭曲的案例 Sample2_5，其运行效果如图 2-17 所示。

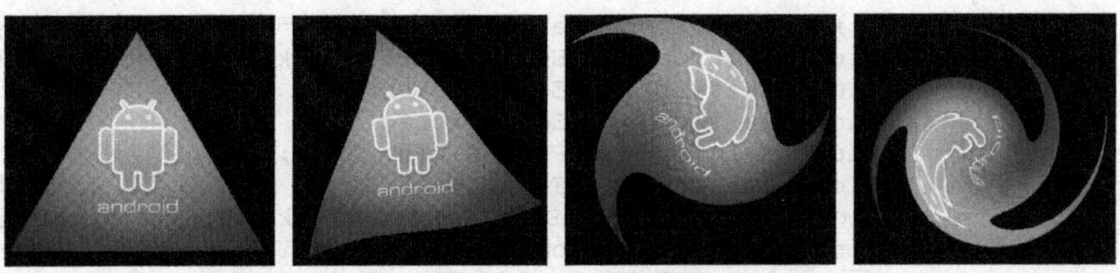

▲图 2-17 案例 Sample2_5 的运行效果图

了解了案例的运行效果后，接下来简要介绍本案例的具体开发过程。由于本案例中的大部分类和上卷章节很多案例中的类非常相似，因此这里只给出本案例中比较有代表性的部分，具体内容如下。

（1）从前面的介绍中已经知道，本案例中的大三角形实际上是由很多小三角形构成的。因此下面首先给出的是自动生成各个小三角形顶点数据的 initVertexData 方法，其来自 MultiTrangle 类，具体代码如下。

代码位置：源代码/第 2 章/Sample2_5/src/com/bn/Sample2_5 目录下的 MultiTrangle.java。

```
public void initVertexData(float edgeLength,int levelNum) {
    ArrayList<Float> al_vertex=new ArrayList<Float>();    //顶点坐标数据列表
    ArrayList<Float> al_texture=new ArrayList<Float>();   //纹理坐标数据列表
    float perLength = edgeLength/levelNum;                //小三角形的边长
    for(int i=0;i<levelNum;i++){                          //循环每一层生成小三角形
        int currTopEdgeNum=i;                             //当前层顶端边数
        int currBottomEdgeNum=i+1;                        //当前层底端边数
        float currTrangleHeight=(float) (perLength*Math.sin(Math.PI/3)); //每个三角形的高度
        float topEdgeFirstPointX=-perLength*currTopEdgeNum/2;//当前层顶端最左边点的x坐标
        float topEdgeFirstPointY=-i*currTrangleHeight;//当前层顶端最左边点的y坐标
        float topEdgeFirstPointZ=0;                       //当前层顶端最左边点的 z 坐标
        float bottomEdgeFirstPointX=-perLength*currBottomEdgeNum/2;//当前层底端最左边点的
        float bottomEdgeFirstPointY=-(i+1)*currTrangleHeight; // x、y、z 坐标
        float bottomEdgeFirstPointZ=0;
        float horSpan=1/(float)levelNum;                          //横向纹理的偏移量
        float verSpan=1/(float)levelNum;                          //纵向纹理的偏移量
```

```
            float topFirstS=0.5f-currTopEdgeNum*horSpan/2;  //当前层顶端最左边点的
            float topFirstT=i*verSpan;                     //纹理 ST 坐标
            float bottomFirstS=0.5f-currBottomEdgeNum*horSpan/2; //当前层底端最左边点的
            float bottomFirstT=(i+1)*verSpan;              //纹理 ST 坐标
            for(int j=0;j<currBottomEdgeNum;j++){//循环产生当前层各个上三角形的顶点数据
                float topX=topEdgeFirstPointX+j*perLength;  //当前三角形顶端点的
                float topY=topEdgeFirstPointY;                 //x、y、z 坐标
                float topZ=topEdgeFirstPointZ;
                float topS=topFirstS+j*horSpan;             //当前三角形顶端点的
                float topT=topFirstT;                       //S、T 纹理坐标
                float leftBottomX=bottomEdgeFirstPointX+j*perLength;//当前三角形左下侧
                float leftBottomY=bottomEdgeFirstPointY;     //点的 x、y、z 坐标
                float leftBottomZ=bottomEdgeFirstPointZ;
                float leftBottomS=bottomFirstS+j*horSpan;    //当前三角形左下侧
                float leftBottomT=bottomFirstT;               //点的 S、T 纹理坐标
                float rightBottomX=leftBottomX+perLength;    //当前三角形右下侧
                float rightBottomY=bottomEdgeFirstPointY;    //点的 x、y、z 坐标
                float rightBottomZ=bottomEdgeFirstPointZ;
                float rightBottomS=leftBottomS+horSpan;      //当前三角形右下侧
                float rightBottomT=leftBottomT;               //点的 S、T 纹理坐标
                //将当前三角形顶点数据按照逆时针顺序送入顶点坐标、纹理坐标列表
                al_vertex.add(topX);al_vertex.add(topY);al_vertex.add(topZ);
                al_vertex.add(leftBottomX);al_vertex.add(leftBottomY);al_vertex.add(leftBottomZ);
                al_vertex.add(rightBottomX);al_vertex.add(rightBottomY);al_vertex.add(rightBottomZ);
                al_texture.add(topS);al_texture.add(topT);
                al_texture.add(leftBottomS);al_texture.add(leftBottomT);
                al_texture.add(rightBottomS);al_texture.add(rightBottomT);
            }
            for(int k=0;k<currTopEdgeNum;k++){//循环产生当前层各个下三角形的顶点数据
                float leftTopX=topEdgeFirstPointX+k*perLength; //当前三角形左上侧
                float leftTopY=topEdgeFirstPointY;       //点的 x、y、z 坐标
                float leftTopZ=topEdgeFirstPointZ;
                float leftTopS=topFirstS+k*horSpan;      //当前三角形左上侧
                float leftTopT=topFirstT;                //点的 S、T 纹理坐标
                float bottomX=bottomEdgeFirstPointX+(k+1)*perLength;//当前三角形底端点
                float bottomY=bottomEdgeFirstPointY;     //的 x、y、z 坐标
                float bottomZ=bottomEdgeFirstPointZ;
                float bottomS=bottomFirstS+(k+1)*horSpan;  //当前三角形右底端点
                float bottomT=bottomFirstT;                //的 S、T 纹理坐标
                float rightTopX=leftTopX+perLength;        //当前三角形右上侧
                float rightTopY=leftTopY;                  //点的 x、y、z 坐标
                float rightTopZ=leftTopZ;
                float rightTopS=leftTopS+horSpan;          //当前三角形右上侧
                float rightTopT=topFirstT;                 //点的 S、T 纹理坐标
                al_vertex.add(leftTopX);al_vertex.add(leftTopY);al_vertex.add(leftTopZ);
                al_vertex.add(bottomX);al_vertex.add(bottomY);al_vertex.add(bottomZ);
                al_vertex.add(rightTopX);al_vertex.add(rightTopY);al_vertex.add(rightTopZ);
                al_texture.add(leftTopS);al_texture.add(leftTopT);
                al_texture.add(bottomS);al_texture.add(bottomT);
                al_texture.add(rightTopS);al_texture.add(rightTopT);
    }}
        ……//此处省略部分代码，需要的读者请参考
    }
```

说明　上述代码根据传入的大三角形边长及分层数量自动计算每一层中各个三角形的顶点坐标、纹理坐标。每一层中的三角形分为上三角形与下三角形，顶点计算方法不同，如图 2-18 所示。

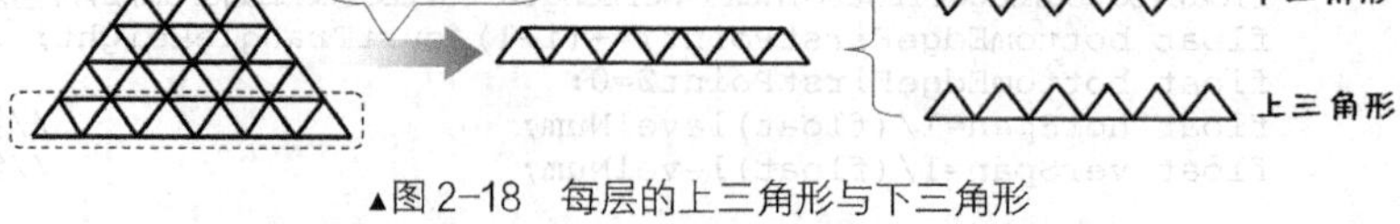

▲图 2-18　每层的上三角形与下三角形

（2）要能够呈现出扭动的三角形就需要在绘制每一帧时将不同的、连续变化的整体扭动角度因子（即上一小节算法中的ratio）传入渲染管线。由于这部分代码非常简单，这里不再赘述，需要的读者请参考随书附带中的源码。

（3）接着介绍实现二维扭曲算法的顶点着色器，其代码如下。

代码位置：源代码/第 2 章/Sample2_5/ assets 目录下的 vertex_tex.sh。

```
#version 300 es
uniform mat4 uMVPMatrix;                                   //总变换矩阵
in vec3 aPosition;                                         //顶点位置
in vec2 aTexCoor;                                          //顶点纹理坐标
out vec2 vTextureCoord;                                    //用于传递给片元着色器的纹理坐标
uniform float ratio;                                       //当前整体扭动角度因子
void main(){
     float pi = 3.1415926;                                 //圆周率
     float centerX=0.0;                                    //中心点的x坐标
     float centerY=-5.0;                                   //中心点的y坐标
     float currX = aPosition.x;                            //当前点的x坐标
     float currY = aPosition.y;                            //当前点的y坐标
     float spanX = currX - centerX;                        //当前x偏移量
     float spanY = currY - centerY;                        //当前y偏移量
     float currRadius = sqrt(spanX * spanX + spanY * spanY);    //计算距离
     float currRadians;                                    //当前点与x轴正方向的夹角
     if(spanX != 0.0){                                     //一般情况
          currRadians = atan(spanY , spanX);
     }
     else{                                                //0.5π和1.5π的特殊情况
        currRadians = spanY > 0.0 ? pi/2.0 : 3.0*pi/2.0;
     }
     float resultRadians = currRadians + ratio*currRadius;//计算出扭曲后的角度
     float resultX = centerX + currRadius * cos(resultRadians);//计算结果点的x坐标
     float resultY = centerY + currRadius * sin(resultRadians);//计算结果点的y坐标
     //构造结果点，并根据总变换矩阵计算此次绘制此顶点的位置
     gl_Position = uMVPMatrix * vec4(resultX,resultY,0.0,1);
     vTextureCoord = aTexCoor;                            //将接收的纹理坐标传递给片元着色器
 }
```

说明　上述顶点着色器实现了上一小节介绍的二维扭曲算法，通过应用此顶点着色器可以对任意的二维物体进行扭曲，并不一定是三角形。

进行二维扭曲效果的开发时，需要特别注意的是，提供给渲染管线的模型一定要分得比较细，如果分得比较粗糙，最终的结果就会比较差，如图 2-19 所示。

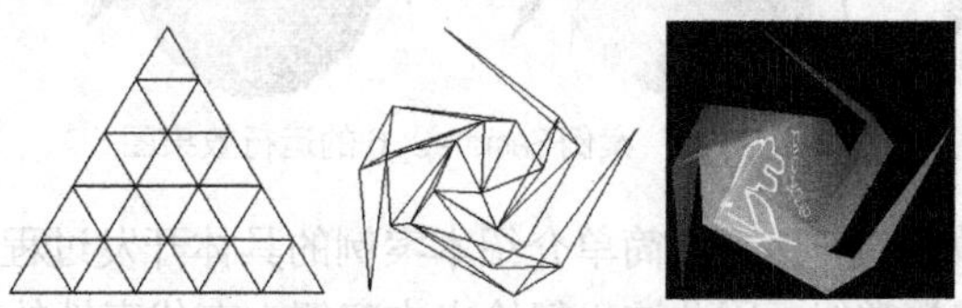

▲图 2-19　模型切分得很粗会导致扭曲效果很差

说明　图 2-19 给出了将本案例中的大三角形切分得比较粗糙后的运行效果以及线框图。从图中可以看出，若切分得很粗糙，其实际扭曲的效果与期望的效果之间就有较大的差距。

2.6 吹气膨胀特效

通过前面几节的学习，读者应该对顶点着色器的使用有了一定的了解。本节将进一步给出通

过使用顶点着色器实时改变 3D 模型中顶点的位置，以实现物体吹气膨胀效果的案例。

2.6.1　特效基本原理

介绍本节案例的具体开发之前，首先需要了解本节案例实现吹气膨胀特效的基本原理，如图 2-20 所示。

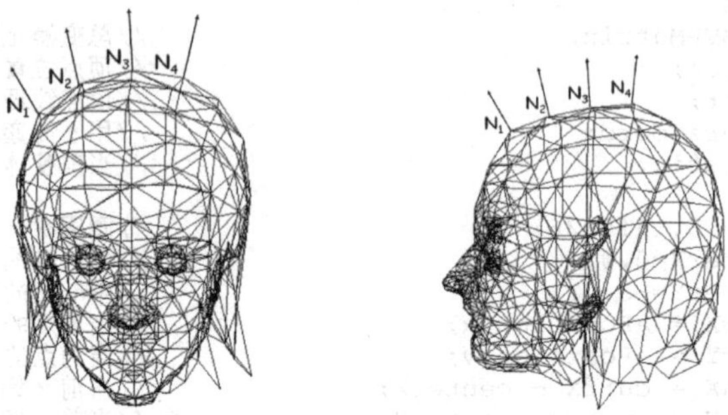

▲图 2-20　吹气膨胀特效的基本原理

从图 2-20 中可以看出，实现吹气膨胀特效时，由顶点着色器根据收到的参数将当前处理的顶点位置沿当前顶点的法向量方向移动一定的距离。每次处理时移动距离的大小由传入的参数控制，这样就可以非常方便地实现吹气膨胀的效果了。

2.6.2　特效开发步骤

上一小节介绍了实现物体吹气膨胀特效的基本原理，本小节首先给出一个基于此原理开发的实现人物头部 3D 模型不断吹气膨胀的案例 Sample2_6，其运行效果如图 2-21 所示。

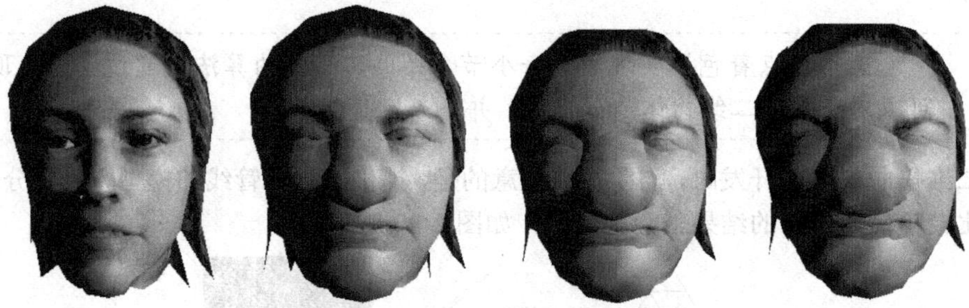

▲图 2-21　案例 Sample2_6 的运行效果图

了解了本案例的运行效果后，接下来简单介绍本案例的具体开发过程。由于本案例中的大部分代码与本书前面的很多案例非常类似，因此这里仅给出本案例中有代表性的部分，具体内容如下。

（1）首先介绍用于在程序运行过程中不断修改吹气膨胀程度系数（fatFacror 变量）的 drawSelf 方法，此方法来自于 LoadedObjectVertexNormalTexture 类。该类在上卷的第 9 章中介绍过，其对象表示从 obj 文件中加载的 3D 模型。本案例用于加载包含了人物头部的 3D 模型，其中 drawSelf 方法的具体代码如下。

代码位置：源代码/第 2 章/Sample2_6/src/com/bn/Sample2_6 目录下的 LoadedObjectVertexNormalTexture.java。

```
public void drawSelf(int texId){
      fatFacror+=fatFacrorStep;                               //计算新的膨胀系数
      if(fatFacror>0.05f||fatFacror<0){                       //若膨胀系数达到上限或下限
            fatFacrorStep=-fatFacrorStep;                     //将膨胀系数的符号置反
```

```
	}
	……//此处省略了部分代码，与本书前面案例中的类似，有兴趣的读者可以自行查看随书
	GLES30.glUniform1f(muFatFactor, fatFacror);      //将膨胀系数传入着色器
	……//此处省略了部分代码，与本书前面案例中的类似，有兴趣的读者可以自行查看随书
}
```

提示 上述代码的主要功能为不断地修改物体的吹气膨胀系数，并把膨胀系数传入着色器程序。

（2）接着介绍接收吹气膨胀系数，并根据系数将顶点位置沿法向量方向移动一定距离的顶点着色器，其具体代码如下。

代码位置：源代码/第 2 章/Sample2_6/assets 目录下的 vertex.sh。

```
#version 300 es
uniform float uFatFactor;                 //接收的吹气膨胀系数
uniform mat4 uMVPMatrix;                  //总变换矩阵
uniform mat4 uMMatrix;                    //变换矩阵
uniform vec3 uLightLocation;              //光源位置
uniform vec3 uCamera;                     //摄像机位置
in vec3 aPosition;                        //顶点位置
in vec3 aNormal;                          //顶点法向量
in vec2 aTexCoor;                         //顶点纹理坐标
 out vec4 ambient;                        //用于传递给片元着色器的环境光最终强度
 out vec4 diffuse;                        //用于传递给片元着色器的散射光最终强度
 out vec4 specular;                       //用于传递给片元着色器的镜面光最终强度
 out vec2 vTextureCoord;                  //用于传递给片元着色器的纹理坐标
 void pointLight(                         //定位光光照计算的方法
      in vec3 normal,                     //法向量
      inout vec4 ambient,                 //环境光最终强度
      inout vec4 diffuse,                 //散射光最终强度
      inout vec4 specular,                //镜面光最终强度
      in vec3 lightLocation,              //光源位置
      in vec4 lightAmbient,               //光源环境光强度
      in vec4 lightDiffuse,               //光源散射光强度
      in vec4 lightSpecular               //光源镜面光强度
 ){
      ambient=lightAmbient;                           //直接得出环境光的最终强度
      vec3 normalTarget=aPosition+normal;             //计算变换后的法向量
      vec3 newNormal=(uMMatrix*vec4(normalTarget,1)).xyz-(uMMatrix*vec4(aPosition,1)).xyz;
      newNormal=normalize(newNormal);            //对法向量规格化
      //计算从表面点到摄像机的向量
      vec3 eye= normalize(uCamera-(uMMatrix*vec4(aPosition,1)).xyz);
      //计算从表面点到光源位置的向量 vp
      vec3 vp= normalize(lightLocation-(uMMatrix*vec4(aPosition,1)).xyz);
      vp=normalize(vp);                                  //格式化 vp
      vec3 halfVector=normalize(vp+eye);                 //求视线与光线的半向量
      float shininess=50.0;                              //粗糙度，越小越光滑
      float nDotViewPosition=max(0.0,dot(newNormal,vp)); //求法向量与 vp 的点积与 0 的最大值
      diffuse=lightDiffuse*nDotViewPosition;                    //计算散射光的最终强度
      float nDotViewHalfVector=dot(newNormal,halfVector);       //法线与半向量的点积
      float powerFactor=max(0.0,pow(nDotViewHalfVector,shininess));//镜面反射光强度因子
      specular=lightSpecular*powerFactor;                   //计算镜面光的最终强度
 }
 void main(){
//根据总变换矩阵计算此次绘制此顶点的位置，在计算时将顶点位置沿着法向量方向移动一定的距离
      gl_Position = uMVPMatrix * vec4(aPosition+aNormal*uFatFactor,1);
      vec4 ambientTemp, diffuseTemp, specularTemp;//环境光、散射光、镜面反射光的临时变量
      pointLight(normalize(aNormal),ambientTemp,diffuseTemp,specularTemp,uLightLocation,
      vec4(0.15,0.15,0.15,1.0),vec4(0.9,0.9,0.9,1.0),vec4(0.4,0.4,0.4,1.0));
      ambient=ambientTemp;                          //将环境光最终强度传给片元着色器
      diffuse=diffuseTemp;                          //将散射光最终强度传给片元着色器
      specular=specularTemp;                        //将镜面光最终强度传给片元着色器
      vTextureCoord = aTexCoor;                     //将接收的纹理坐标传递给片元着色器
 }
```

> **提示**　从上述顶点着色器的代码中可以看出，大部分都与上卷案例相同，如计算定位光光照等。最能体现本节案例特点的就是第 43 行的代码，其在计算顶点经过变换后的最终位置时不是直接针对顶点的坐标计算的。而是首先将顶点坐标沿着顶点的法向量方向移动一定的距离（移动距离的大小由接收的吹气膨胀系数 uFatFactor 来确定），然后再与变换矩阵相乘。

另外，本案例所采用的思路不但可以用来实现吹气膨胀特效，如果将案例中的 obj 模型替换为使用面法向量的模型，还可以实现简单的爆炸效果。例如将上述吹气膨胀特效案例中的头部模型替换为一个使用面法向量的地雷模型（替换后的案例为 Sample2_7），再运行案例就会出现爆炸的效果，如图 2-22 所示。

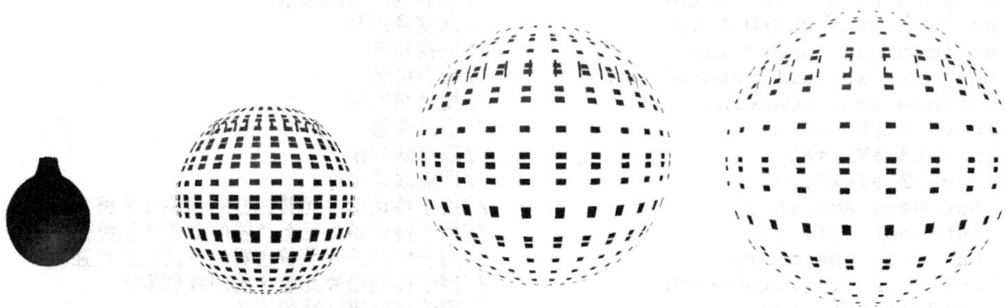

▲图 2-22　案例 Sample2_7 的运行效果图

> **提示**　案例 Sample2_7 与案例 Sample2_6 的代码完全一致，只是将案例 Sample2_6 中采用点平均法向量的头部模型 head.obj 替换为使用面法向量的地雷模型 zd.obj。至于 3D 模型是采用点平均法向量还是面法向量，则是在 3ds Max 中完成设置的，读者可自行设置，在此不再赘述。不熟悉的读者可以参考其他介绍 3ds Max 的书籍或资料，非常方便。

2.7 固定渲染管线与可编程渲染管线实现方案的对比

本章最开始提到过，在固定渲染管线平台上想高效地实现本章案例中的特效是非常困难的。这是因为在固定渲染管线中，顶点数据一旦送入渲染管线后就不可能对其方便地自定义处理了。因此，在固定渲染管线上想实现本章案例中的特效只能采用以下两种策略之一。

> **提示**　回顾一下，OpenGL ES 1.x（含 1.0 和 1.1）采用的是固定渲染管线，从 OpenGL ES 2.0 开始采用可编程渲染管线。

1. 初始化时预先计算数据

此种策略的基本思想非常简单，就是在初始化时将动画中每一帧画面的顶点数据都计算出来，绘制每一帧画面时将与此帧画面对应的顶点数据送入渲染管线即可。因此，此策略有两方面明显的局限性。

- 动画中的帧数不能过多，否则会占用大量的内存，导致程序不能正常执行。由于帧数不是很多，因此对于动态范围大的动画就会不太平滑，效果一般。

❑ 动画中的每一帧都是预先计算好的，不能够根据用户交互情况的变化而变化，灵活性差。

2. 绘制每帧画面前由 CPU 临时计算顶点数据

此种策略其实就是将本章案例中由顶点着色器完成的工作改为绘制每帧画面前由 CPU 来完成，这可以解决第一种策略的两个局限，但它本身也有很大的局限性。因为在这种情况下，CPU 一方面需要处理顶点数据，同时还承载了很多处理其他业务逻辑的任务，如人机交互、物理碰撞等，这会导致 CPU 不堪重负，整个程序运行很慢。

从上述通过固定渲染管线实现本章案例特效可能采用的两种策略中可以看出，基于固定渲染管线很难完全发挥出 GPU 强大的处理能力，因此，整个 3D 开发产业现在都在向可编程渲染管线迈进。读者在以后的开发中也可以多思考、多总结，将能够由着色器完成的工作都让着色器去完成，尽量把 CPU 解放出来。

> **提示** 笔者也是从固定渲染管线走过来的，那时开发的一些高级的特效，一方面代码很长，开发成本高；另一方面，运行速度慢，不得不做出很多牺牲。现在有了可编程渲染管线，原来的很多限制都不复存在了，相信随着硬件的进一步发展，可以开发出更多、更好的 3D 特效。

2.8 小结

本章主要介绍了顶点着色器的几种巧妙用法，并通过典型的案例实现了这些用法。通过本章的学习，读者可以进一步领会到顶点着色器的强大作用，为以后开发更加酷炫的 3D 应用打下坚实的基础。

第 3 章　片元着色器的妙用

上一章介绍了顶点着色器的妙用，给出了顶点着色器的很多使用技巧。其实片元着色器在开发中一样可以大显身手，本章将通过一些非常实用的案例来介绍这方面的知识。

3.1 程序纹理技术

本套书上卷的案例中对物体进行纹理映射时采用的都是预先由美工人员设计好的纹理图，这种模式能满足大部分需要。当需要满足一些特殊的效果时，也可以使用片元着色器程序来基于一定的规则计算每个片元的颜色，这就是程序纹理技术。

> **提示**　其实本套书上卷第 6 章介绍光照时对圆球采用的棋盘着色器就是基于程序纹理技术的，本节将再给出两个这方面的案例。

3.1.1　砖块着色器

本小节将介绍本节的第一个程序纹理着色器——砖块着色器，其基本原理如图 3-1 所示。

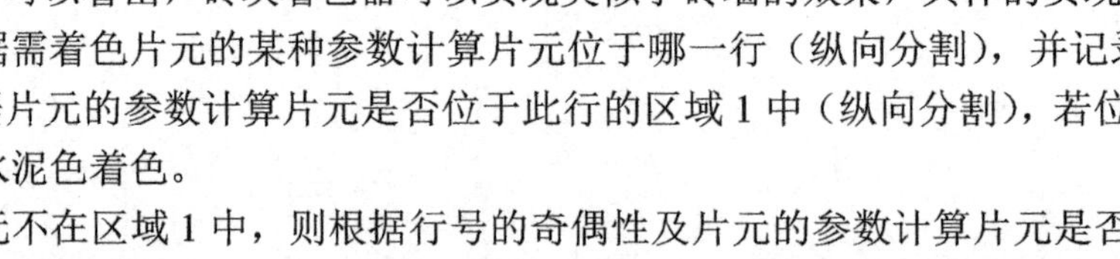

▲图 3-1　砖块着色器原理图

从图 3-1 中可以看出，砖块着色器可以实现类似于砖墙的效果，具体的实现细节如下。

（1）先根据需着色片元的某种参数计算片元位于哪一行（纵向分割），并记录行号。

（2）再根据片元的参数计算片元是否位于此行的区域 1 中（纵向分割），若位于区域 1 中则采用砖块缝隙的水泥色着色。

（3）若片元不在区域 1 中，则根据行号的奇偶性及片元的参数计算片元是否位于此行的区域 3 中（横向分割）。若位于区域 3 中则采用砖块色着色，否则也采用砖块缝隙的水泥色着色。之所以需要依据行号的奇偶性是因为奇数行与偶数行要偏移半个砖块。

> **提示**　进行纵向分割时的依据有很多选择，如本小节案例是对球面进行的，则可以采用纬度。若表面是平面，则可以采用某个轴的坐标。进行横向分割时的依据也有很多选择，如本小节案例是对球面进行的，则可以采用经度。若表面是平面，则也可以采用某个轴的坐标。

了解了砖块着色器的基本原理后，下面看看本小节案例 Sample3_1 的运行效果，如图 3-2 所示。

▲图 3-2　案例 Sample3_1 的运行效果图

从图 3-2 中可以看出，本小节案例是针对球面应用的砖块着色器。由于构建球面的知识在上卷的章节中已经详细介绍过，故这里仅给出与砖块着色器相关的部分代码，具体内容如下。

（1）首先在负责绘制球面的 Ball 类中，需要增加将顶点经纬度数据传入渲染管线的相关代码，此部分代码与将顶点坐标传递进渲染管线的代码套路完全一致。因此这里不再赘述，需要的读者请参考随书中的源代码。

（2）接下来给出的是顶点着色器，其代码如下。

代码位置：源代码/第 3 章/Sample3_1/assets 目录下的 vertex.sh。

```
#version 300 es
uniform mat4 uMVPMatrix;                                        //总变换矩阵
in vec3 aPosition;                                              //顶点位置
in vec2 aLongLat;                                               //顶点经纬度
out vec2 mcLongLat;                                             //用于传递给片元着色器的顶点经纬度
void main(){
   gl_Position = uMVPMatrix * vec4(aPosition,1);//根据总变换矩阵计算此次绘制此顶点的位置
   mcLongLat=aLongLat;                                          //将顶点的经纬度传给片元着色器
}
```

说明　与普通的顶点着色器相比，上述顶点着色器主要是增加了接收从管线传入的顶点经纬度，并将其传递给片元着色器的相关代码。

（3）最后给出片元着色器，其代码如下。

代码位置：源代码/第 3 章/Sample3_1/assets 目录下的 frag.sh。

```
#version 300 es
precision mediump float;                                        //给出默认的浮点精度
in vec2 mcLongLat;                                              //接收从顶点着色器过来的经纬度
out vec4 fFragColor;                                            //输出的片元颜色
void main(){
     vec3 bColor=vec3(0.678,0.231,0.129);                       //砖块的颜色
     vec3 mColor=vec3(0.763,0.657,0.614);                       //水泥的颜色
     vec3 color;                                           //片元的最终颜色
     int row=int(mod((mcLongLat.y+90.0)/12.0,2.0));//计算当前片元位于奇数行还是偶数行
     float ny=mod(mcLongLat.y+90.0,12.0);//计算当前片元是否在此行区域 1 中的辅助变量
     float oeoffset=0.0;                                   //每行的砖块偏移值，奇数行偏移半个砖块
     float nx;                                             //当前片元是否在此行区域 3 中的辅助变量
     if(ny>10.0) {                                         //位于此行的区域 1 中
          color=mColor;                                    //采用水泥色着色
     } else {                                              //不位于此行的区域 1 中
          if(row==1){                                      //若为奇数行则偏移半个砖块
               oeoffset=11.0;
          }
          nx=mod(mcLongLat.x+oeoffset,22.0);//计算当前片元是否在此行区域 3 中的辅助变量
          if(nx>20.0){                                     //不位于此行的区域 3 中
               color=mColor;                               //采用水泥色着色
          }else{                                           //位于此行的区域 3 中
               color=bColor;                               //采用砖块色着色
     }}
        fFragColor=vec4(color,0);                          //将片元的最终颜色传递进渲染管线
}
```

> **说明**　上述片元着色器按照前面介绍的砖块着色器的原理实现了针对球面的砖块着色器，分割的依据是片元的经纬度。有兴趣的读者还可以针对其他表面基于不同的分割依据实现砖块着色器，以进一步加深理解。

3.1.2　沙滩球着色器

上一小节介绍了砖块着色器，本小节将介绍另一种基于程序纹理技术的着色器——沙滩球着色器。沙滩球着色器的实现相比于砖块着色器要简单不少，主要思路为，将靠近球面两级的片元用白色着色，其他部分按照经度切分，以不同的颜色着色。

介绍本小节案例 Sample3_2 所使用的着色器前，首先请读者了解本小节案例的运行效果，如图 3-3 所示。

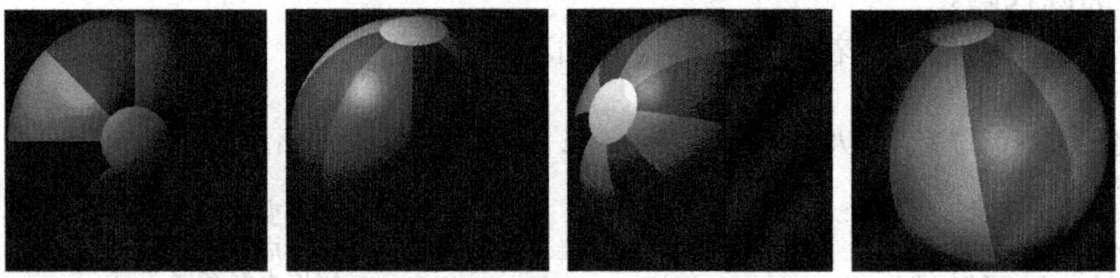

▲图 3-3　案例 Sample3_2 的运行效果图

了解了案例的运行效果后，下面就可以进行案例的开发了。由于本案例中的大部分代码与上一小节的案例非常相似，主要区别在于片元着色器。因此这里仅给出本案例中的片元着色器，其代码如下。

代码位置：源代码/第 3 章/Sample3_2/assets 目录下的 frag.sh。

```
#version 300 es
precision mediump float;                              //给出默认的浮点精度
in vec4 vAmbient;                                     //接收从顶点着色器过来的环境光分量
in vec4 vDiffuse;                                     //接收从顶点着色器过来的散射光分量
in vec4 vSpecular;                                    //接收从顶点着色器过来的镜面光分量
in vec2 mcLongLat;                                    //从顶点着色器传递过来的经纬度
out vec4 fFragColor;                                  //输出的片元颜色
void main() {
     vec3 color;                                      //片元的最终颜色
     if(abs(mcLongLat.y)>75.0){
            color = vec3(1.0,1.0,1.0);                //两极附近是白色
     }else{
           int colorNum = int(mcLongLat.x/45.0);           //根据经度计算出颜色编号
           if(colorNum == 0){
              color = vec3(1.0,0.0,0.0);                   //0 号颜色
           }else if(colorNum == 1){
              color = vec3(0.0,1.0,0.0);                   //1 号颜色
           }else if(colorNum == 2){
              color = vec3(0.0,0.0,1.0);                   //2 号颜色
           }else if(colorNum == 3){
              color = vec3(1.0,1.0,0.0);                   //3 号颜色
           }else if(colorNum == 4){
              color = vec3(1.0,0.0,1.0);                   //4 号颜色
           }else if(colorNum == 5){
              color = vec3(0.0,1.0,1.0);                   //5 号颜色
           }else if(colorNum == 6){
              color = vec3(0.3,0.4,0.7);                   //6 号颜色
           }else if(colorNum == 7){
              color = vec3(0.3,0.7,0.2);                   //7 号颜色
     }}
     vec4 finalColor = vec4(color,1.0);     //将颜色扩充为带 Alpha 通道的 vec4 类型
```

```
32          //综合 3 个通道光的最终强度及片元的颜色计算出最终片元的颜色并传递给渲染管线
33          fFragColor=finalColor*vAmbient + finalColor*vDiffuse + finalColor*vSpecular;
34      }
```

- 第 10～第 11 行首先判断片元是否靠近两极，如果靠近两极，就采用白色对片元进行着色。
- 第 13～第 29 行首先将不靠近两极的片元根据经度确定其位于哪个颜色区域，然后采用对应区域的既定颜色对片元进行着色。

> **提示** 相比于上一小节中砖块着色器的案例，本案例还引入了光照。光照部分的相关代码与本书第一卷第 6 章介绍光照时案例中的代码完全一致，需要的读者请参考随书中的源代码。

3.2 数字图像处理

随着数码相片逐渐替代传统胶卷相片成为主流，数字图像处理与我们生活的关系也越来越密切了。例如经常用来进行相片后期制作的 Photoshop 中就带有很多特效滤镜，如模糊、浮雕、锐化等，这些都是基于数字图像处理技术开发的。

传统的数字图像处理应用大部分是基于 CPU 开发的，鉴于 CPU 运算能力的限制，处理一幅图片需要较长的时间。本节将介绍的数字图像处理应用是基于 GPU 开发的，具有开发简便、速度快等优势。

3.2.1 卷积的基本知识

数字图像处理中用到的很多滤镜都是基于卷积计算开发的，因此本小节将简要介绍卷积计算的原理。卷积是一种很常见的数字图像处理操作，它可以用来过滤一幅图像。实现过滤的方法是计算源图像与卷积内核之间的积，所谓卷积内核是指一个 $n \times n$ 的矩阵，n 一般为奇数。进行卷积计算时将卷积内核对待处理图像中的每个像素都应用一次，具体的计算思路如图 3-4 所示。

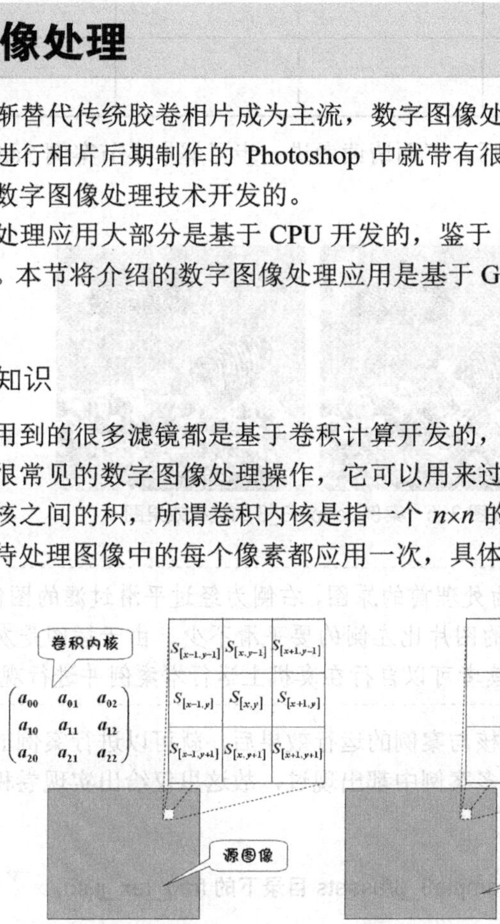

$$D_{[x,y]} = S_{[x-1,y-1]} \times a_{00} + S_{[x,y-1]} \times a_{01} + S_{[x+1,y-1]} \times a_{02} + \cdots + S_{[x+1,y+1]} \times a_{22}$$

▲图 3-4　卷积基本原理

从图 3-4 中可以看出，卷积计算将需要处理的图片中的每个像素计算一次，具体的计算方法如下。

- 首先将卷积内核中心的元素对准当前待处理的像素，此时卷积内核中的其他元素也各自对应一个像素。
- 然后将卷积内核中的各元素与其对应的像素的颜色值相乘。
- 最后将所有的乘积加权求和即可得到处理后图片中此位置像素的颜色值。

根据卷积内核中各个元素值的不同，可以轻松地实现模糊、边缘检测、锐化、浮雕等滤镜的特效，下面各小节将陆续给出这方面的案例。

> **提示**　请读者注意的是，卷积内核的尺寸并不一定是 3×3，也可以是 5×5、7×7 等。但卷积内核越大，计算量会成几何级数增长，因此采用 3×3 的情况较多。

3.2.2　平滑过滤

平滑过滤可以将过于锐利的照片变得平滑些，实现起来也非常简单，只需要将卷积内核的所有元素值都设为 1 即可，表 3-1 给出了本节案例所采用的 3×3 平滑过滤的卷积内核。

表 3-1　实现平滑过滤的卷积内核

1	1	1
1	1	1
1	1	1

了解了平滑过滤的卷积内核后，下面请读者进一步了解本小节案例 Sample3_3 的运行效果，如图 3-5 所示。

▲图 3-5　案例 Sample3_3 的运行效果图

> **说明**　图 3-5 中左侧为处理前的原图，右侧为经过平滑过滤的图像。细致比对左右两幅图可以看出，右侧的图片比左侧的要平滑不少。由于插图是灰度印刷，读者也可能看得不是很清楚，读者可以自行在真机上运行本案例并进行观察。

了解了案例所采用的卷积内核与案例的运行效果后，就可以进行案例的开发了。由于本案例中的大部分代码在前面章节的许多案例中都出现过，故这里仅给出实现卷积的片元着色器，其代码如下。

代码位置：源代码/第 3 章/Sample3_3/assets 目录下的 frag_tex_jj.sh。

```
#version 300 es
precision mediump float;                          //给出默认的浮点精度
in vec2 vTextureCoord;                            //从顶点着色器传递过来的纹理坐标
uniform sampler2D sTexture;                       //纹理内容数据
out vec4 fFragColor;                              //输出的片元颜色
void main(){
    //给出卷积内核中各个元素对应像素相对于待处理像素的纹理坐标偏移量
    vec2 offset0=vec2(-1.0,-1.0); vec2 offset1=vec2(0.0,-1.0); vec2 offset2=vec2(1.0,-1.0);
    vec2 offset3=vec2(-1.0,0.0); vec2 offset4=vec2(0.0,0.0); vec2 offset5=vec2(1.0,0.0);
    vec2 offset6=vec2(-1.0,1.0); vec2 offset7=vec2(0.0,1.0); vec2 offset8=vec2(1.0,1.0);
    const float scaleFactor = 1.0/9.0;//给出最终求和时的加权因子(为调整亮度)
    //卷积内核中各个位置的值
    float kernelValue0 = 1.0; float kernelValue1 = 1.0; float kernelValue2 = 1.0;
    float kernelValue3 = 1.0; float kernelValue4 = 1.0; float kernelValue5 = 1.0;
    float kernelValue6 = 1.0; float kernelValue7 = 1.0; float kernelValue8 = 1.0;
    vec4 sum;                                     //最终的颜色和
```

```
        //获取卷积内核中各个元素对应像素的颜色值
        vec4 cTemp0,cTemp1,cTemp2,cTemp3,cTemp4,cTemp5,cTemp6,cTemp7,cTemp8;
        cTemp0=texture(sTexture, vTextureCoord.st + offset0.xy/512.0);
        cTemp1=texture(sTexture, vTextureCoord.st + offset1.xy/512.0);
        cTemp2=texture(sTexture, vTextureCoord.st + offset2.xy/512.0);
        cTemp3=texture(sTexture, vTextureCoord.st + offset3.xy/512.0);
        cTemp4=texture(sTexture, vTextureCoord.st + offset4.xy/512.0);
        cTemp5=texture(sTexture, vTextureCoord.st + offset5.xy/512.0);
        cTemp6=texture(sTexture, vTextureCoord.st + offset6.xy/512.0);
        cTemp7=texture(sTexture, vTextureCoord.st + offset7.xy/512.0);
        cTemp8=texture(sTexture, vTextureCoord.st + offset8.xy/512.0);
        //颜色求和
        sum =kernelValue0*cTemp0+kernelValue1*cTemp1+kernelValue2*cTemp2+
             kernelValue3*cTemp3+kernelValue4*cTemp4+kernelValue5*cTemp5+
             kernelValue6*cTemp6+kernelValue7*cTemp7+kernelValue8*cTemp8;
        fFragColor = sum * scaleFactor;          //进行亮度加权后将最终颜色传递给渲染管线
    }
```

提示 上述片元着色器的代码使用平滑过滤的卷积内核进行卷积计算，实现了平滑过滤效果的滤镜。同时上述代码使用的加权因子是用来调节结果图像亮度的，读者可以根据具体情况进行修改，其值越大，结果图像亮度就越大。

3.2.3 边缘检测

通过卷积不但可以对图像进行平滑处理，还可以进行边缘检测。实现边缘检测的卷积内核各元素的值如表 3-2 所列。

表 3-2　　实现边缘检测的卷积内核

0	1	0
1	–4	1
0	1	0

了解了边缘检测的卷积内核后，下面请读者进一步了解本小节案例 Sample3_4 的运行效果，如图 3-6 所示。

▲图 3-6　案例 Sample3_4 的运行效果图

说明 图 3-6 中左侧为处理前的原图，中间为经过边缘检测后的图像。对比两幅图可以看出，中间的图像仅保留了左侧原图中物体边缘的位置内容。由于插图是灰度印刷，读者也可能看得不是很清楚，因此最右边还给出了将结果图像颜色置反后的参考图像，这样看起来会清楚很多。

了解了案例所采用的卷积内核与案例的运行效果后，就可以进行案例的开发了。由于本案例中的大部分代码与上一小节案例中的代码基本一致，有区别的部分主要就是片元着色器中卷积内核各个元素的值以及控制亮度的加权因子。故这里仅给出有区别部分的代码，具体内容如下。

代码位置：源代码/第 3 章/Sample3_4/assets 目录下的 frag_tex_jj.sh。

```
const float scaleFactor = 0.9;//给出最终求和时的加权因子(为调整亮度)
//卷积内核中各个位置的值
float kernelValue0 = 0.0; float kernelValue1 = 1.0; float kernelValue2 = 0.0;
float kernelValue3 = 1.0; float kernelValue4 = -4.0; float kernelValue5 = 1.0;
float kernelValue6 = 0.0; float kernelValue7 = 1.0; float kernelValue8 = 0.0;
```

3.2.4　锐化处理

对于过于平滑而已经显得模糊的图像也可以使用卷积进行锐化处理，使得图像看起来清晰些。实现锐化处理的卷积内核各元素的值如表 3-3 所列。

表 3-3　实现锐化的卷积内核

0	−1	0
−1	5	−1
0	−1	0

了解了锐化处理的卷积内核后，下面请读者进一步了解本小节案例 Sample3_5 的运行效果，如图 3-7 所示。

▲图 3-7　案例 Sample3_5 的运行效果图

说明　图 3-7 中左侧为处理前的原图，右侧为经过锐化处理后的图像。细致比对左右两幅图可以看出，右侧的图片比左侧的要清晰一些。由于插图是灰度印刷，读者也可能看得不是很清楚，读者可以自行在真机上运行本案例并进行观察。

看完案例的运行效果后，接下来介绍本案例的具体开发过程。由于本案例只是将案例 Sample3_4 的片元着色器做了简单的修改，因此这里仅给出修改部分的代码。

代码位置：源代码/第 3 章/Sample3_5/assets 目录下的 frag_tex_jj.sh。

```
const float scaleFactor = 1.0;//给出最终求和时的加权因子(为调整亮度)
//卷积内核中各个位置的值
float kernelValue0 = 0.0; float kernelValue1 = -1.0; float kernelValue2 = 0.0;
float kernelValue3 = -1.0; float kernelValue4 = 5.0; float kernelValue5 = -1.0;
float kernelValue6 = 0.0; float kernelValue7 = -1.0; float kernelValue8 = 0.0;
```

提示　从上述代码中可以看出，主要是修改了片元着色器中卷积内核的元素值以及亮度加权因子，其他部分基本没有变化。

3.2.5　浮雕效果

采用卷积计算还可以产生浮雕效果，实现浮雕效果的卷积内核各元素的值如表 3-4 所列。

表 3-4　　实现浮雕效果的卷积内核

2	0	2
0	0	0
3	0	-6

了解了浮雕效果的卷积内核后，下面请读者进一步了解本小节案例 Sample3_5A 的运行效果，如图 3-8 所示。

▲图 3-8　案例 Sample3_5A 的运行效果图

> **说明**　图 3-8 中左侧为处理前的原图，右侧为经过浮雕处理后的图像。对比左右两幅图可以明显地看出，左侧的原图给人的感觉是平面的，而右侧经过浮雕处理后的结果图像有明显的雕刻的凹凸感。

看完案例的运行效果后，接下来介绍本案例的具体开发过程。由于本案例只是将案例 Sample3_5 的片元着色器做了简单的修改，因此这里仅给出修改后片元着色器的代码。

代码位置：源代码/第 3 章/Sample3_5A/assets 目录下的 frag_tex_jj.sh。

```
#version 300 es
precision mediump float;                        //给出默认的浮点精度
in vec2 vTextureCoord;                          //从顶点着色器传递过来的纹理坐标
uniform sampler2D sTexture;                     //纹理内容数据
out vec4 fFragColor;                            //输出的片元颜色
void main() {
    //给出卷积内核中各个元素对应像素相对于待处理像素的纹理坐标偏移量
    vec2 offset0=vec2(-1.0,-1.0); vec2 offset1=vec2(0.0,-1.0); vec2 offset2=vec2(1.0,-1.0);
    vec2 offset3=vec2(-1.0,0.0); vec2 offset4=vec2(0.0,0.0); vec2 offset5=vec2(1.0,0.0);
    vec2 offset6=vec2(-1.0,1.0); vec2 offset7=vec2(0.0,1.0); vec2 offset8=vec2(1.0,1.0);
    const float scaleFactor = 1.0;              //给出最终求和时的加权因子(为调整亮度)
    //卷积内核中各个位置的值
    float kernelValue0 = 2.0; float kernelValue1 = 0.0; float kernelValue2 = 2.0;
    float kernelValue3 = 0.0; float kernelValue4 = 0.0; float kernelValue5 = 0.0;
    float kernelValue6 = 3.0; float kernelValue7 = 0.0; float kernelValue8 = -6.0;
    vec4 sum;                                   //最终的颜色和
    //获取卷积内核中各个元素对应像素的颜色值
    vec4 cTemp0,cTemp1,cTemp2,cTemp3,cTemp4,cTemp5,cTemp6,cTemp7,cTemp8;
    cTemp0=texture(sTexture, vTextureCoord.st + offset0.xy/512.0);
    cTemp1=texture(sTexture, vTextureCoord.st + offset1.xy/512.0);
    cTemp2=texture(sTexture, vTextureCoord.st + offset2.xy/512.0);
    cTemp3=texture(sTexture, vTextureCoord.st + offset3.xy/512.0);
    cTemp4=texture(sTexture, vTextureCoord.st + offset4.xy/512.0);
    cTemp5=texture(sTexture, vTextureCoord.st + offset5.xy/512.0);
    cTemp6=texture(sTexture, vTextureCoord.st + offset6.xy/512.0);
    cTemp7=texture(sTexture, vTextureCoord.st + offset7.xy/512.0);
    cTemp8=texture(sTexture, vTextureCoord.st + offset8.xy/512.0);
    //颜色求和
    sum =kernelValue0*cTemp0+kernelValue1*cTemp1+kernelValue2*cTemp2+
        kernelValue3*cTemp3+kernelValue4*cTemp4+kernelValue5*cTemp5+
            kernelValue6*cTemp6+kernelValue7*cTemp7+kernelValue8*cTemp8;
```

```
32          //灰度化
33          float hd=(sum.r+sum.g+sum.b)/3.0;
34          fFragColor = vec4(hd) * scaleFactor;   //进行亮度加权后将最终颜色传递给渲染管线
35      }
```

- 第 13～第 15 行中卷积内核各个元素的值与修改前案例 Sample3_5 中的值有很大的不同。
- 第 33 行对滤镜处理后的颜色进行了灰度化处理，将 3 个色彩通道值的平均值作为结果颜色各个色彩通道的值。

> **提示**　到这里为止，本书需要介绍的基于卷积计算的数字图像处理滤镜就基本介绍完了，但实际可用的滤镜千变万化，远不止这几个，有兴趣的读者可以查阅数字图像处理相关的技术资料，模仿上述几个案例自行实现更加酷炫的滤镜。

3.2.6　图像渐变

采用片元着色器不但可以轻松开发出各种滤镜，还可以开发出很多有趣的应用。如本小节将给出的图像渐变的例子就是如此，此应用运行时从一幅照片平滑地过渡为另一幅照片，非常有意思。在介绍案例的开发之前，请读者先了解案例 Sample3_6 的运行效果，如图 3-9 所示。

▲图 3-9　案例 Sample3_6 的运行效果

> **说明**　图 3-9 中从左至右为从一幅照片向另一幅照片平滑过渡的过程。从最左边我们开发团队仇磊的照片平滑过渡到我们团队夏学良的照片，实现的基本思路就是在不同的时间点采用不同的加权因子对两幅照片进行混合。

了解了案例的运行效果后，下面介绍本小节案例的开发。由于本小节案例中的大部分代码与前面很多案例中的代码基本一致，因此这里仅给出本案例中有代表性和特色的部分，具体内容如下。

（1）首先需要在应用程序中定时将连续变化的混合比例因子以及两幅纹理图传入渲染管线，以备片元着色器使用。由于将混合比例因子传入渲染管线的代码与将其他数据传入渲染管线的代码基本相同，因此这里不再赘述，需要的读者请参考随书中的源代码。

（2）本案例的顶点着色器与普通的纹理映射顶点着色器基本相同，但片元着色器有所不同。因此下面给出本案例中的片元着色器，其代码如下。

代码位置：源代码/第 3 章/Sample3_6/assets 目录下的 frag_tex.sh。

```
#version 300 es
precision mediump float;                          //给出默认的浮点精度
in vec2 vTextureCoord;                            //从顶点着色器传递过来的纹理坐标
uniform sampler2D sTexture1;                      //纹理内容数据 1（仇磊照片）
uniform sampler2D sTexture2;                      //纹理内容数据 2（夏学良照片）
uniform float uT;                                 //混合比例因子
out vec4 fFragColor;                              //输出的片元颜色
void main(){
     vec4 color1 = texture(sTexture1, vTextureCoord);    //从纹理 1 中采样出颜色值 1
     vec4 color2 = texture(sTexture2, vTextureCoord);    //从纹理 2 中采样出颜色值 2
     fFragColor = color1*(1.0-uT) + color2*uT;           //按比例混合两个颜色值
}
```

> **说明** 上述片元着色器其实非常简单，根据传入的混合比例因子将从两幅纹理图中采样得到的颜色按比例进行混合。只要混合比例因子定时变化，就自然会产生平滑过渡的效果。

3.2.7 卡通渲染特效

采用片元着色器不但可以实现图像渐变的特效，而且可以将一幅利用照相机拍出来的真实感很强的照片处理成具有卡通渲染效果的非真实感的图像。其实现的效果与手绘的卡通漫画非常类似，由此可以在一定程度上减轻动画师的工作，进而可以提高卡通动画的制作效率。

介绍本小节案例的开发之前，请读者先了解本小节案例 Sample3_7 的运行效果，如图 3-10 所示。图 3-10 中一共有四幅图片，分为两组。每组左侧的图片都是由照相机拍摄出来的照片，而右边为经过卡通着色渲染过后的“手绘漫画”。

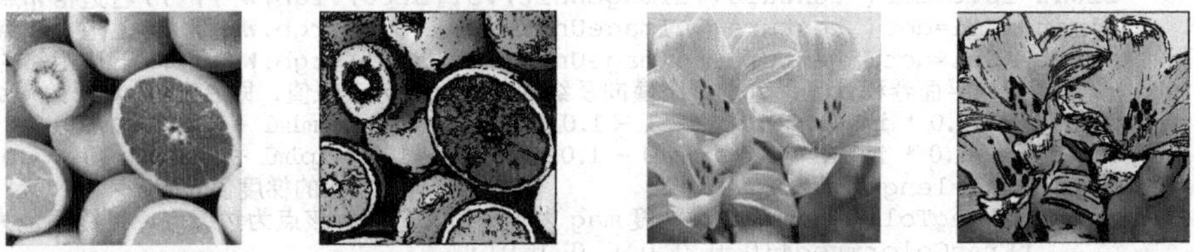

▲图 3-10　案例 Sample3_7 的运行效果

了解了案例的运行效果后，下面介绍本小节案例的开发。由于本小节案例中的大部分代码与前面很多案例中的代码基本一致。因此这里仅给出本案例中有代表性和特殊的部分，具体内容如下。

（1）首先需要在 Java 代码中将卡通渲染所需的阈值因子值以及阈值量化因子值传入渲染管线，具体代码如下。

代码位置：源代码/第 3 章/Sample3_7/src/com/bn/Sample3_7 目录下的 ObjectToon.java。

```
1  //将设定的阈值因子传入渲染管线
2  GLES30.glUniform1f(uMagTo1Handle, 0.2f);      //该阈值用于判定当前点是否为边缘点
3  //将设定的阈值量化因子传入渲染管线
4  GLES30.glUniform1f(uQuantizeHandle,18f);      //越大色彩饱和度越好，越小越有非真实感
```

- 第 2 行设定的阈值因子的作用为在着色器中判定当前处理的片元是否为边缘片元，该阈值越小，勾勒卡通渲染产生的边缘轮廓越粗。当该值逐渐增大时，勾勒出的黑色边缘轮廓越来越不明显，直至消失。
- 第 4 行为设定阈值量化因子的代码，该因子值越小，非真实感越强，但当小到一定程度时，为全黑色。同时，当该因子的取值比较大时，其色彩饱和度也随之增强，甚至接近案例运行效果图中左侧照片的效果，此时便失去了卡通渲染非真实感的效果。

> **提示** 上述两个因子的值对于最终的卡通渲染效果有非常大的影响，对于不同情况的照片可能需要不同的值组合，读者可以根据需要自行修改。

（2）由于本案例是基于案例 Sample3_4 修改而来的，故其顶点着色器与案例 Sample3_4 中的完全相同，这里就不再赘述。接下来介绍变化很大的片元着色器，其具体代码如下。

代码位置：源代码/第 3 章/Sample3_7/assets 目录下的 frag_toon.sh。

```
#version 300 es
precision mediump float;                          //给出默认的浮点精度
```

```
3    uniform sampler2D uImageUnit;                        //纹理内容数据
4    uniform float uMagTol;                               //用于判定当前片元是否为边缘片元的阈值
5    uniform float uQuantize;                             //阈值量化因子，用于控制色彩饱和度
6    in vec2 vST;                                         //接收从顶点着色器过来的纹理坐标
7    out vec4 fFragColor;                                 //片元的输出颜色值
8    void main(){
9         ivec2 ires=textureSize(uImageUnit,0);                //获得纹理图的尺寸
10        float uResS=float(ires.s);                           //获得纹理图的宽度值
11        float uResT=float(ires.t);                           //获得纹理图的高度值
12        vec3 rgb=texture(uImageUnit,vST).rgb;                //获得纹理采样的 rgb 值
13        vec2 stp0=vec2(1.0/uResS,0.0);                       //与左右相邻像素间的纹理坐标距离
14        vec2 st0p=vec2(0.0,1.0/uResT);                       //与上下相邻像素间的纹理坐标距离
15        vec2 stpp=vec2(1.0/uResS,1.0/uResT);                 //与左下、右上相邻像素间的纹理坐标距离
16        vec2 stpm=vec2(1.0/uResS,-1.0/uResT);                //与左上、右下相邻像素间的纹理坐标距离
17        const vec3 W=vec3(0.2125,0.7154,0.0721);             //绿色常量值
18        //当前像素右下、左下、右上、左下相邻点的灰度值
19        float im1m1=dot( texture( uImageUnit,vST-stpp).rgb,W );
20        float ip1p1=dot( texture( uImageUnit,vST+stpp).rgb,W );
21        float im1p1=dot( texture( uImageUnit,vST-stpm).rgb,W );
22        float ip1m1=dot( texture( uImageUnit,vST+stpm).rgb,W );
23        float im10=dot( texture( uImageUnit,vST-stp0).rgb,W );  //左边相邻点的灰度值
24        float ip10=dot( texture( uImageUnit,vST+stp0).rgb,W );  //右边相邻点的灰度值
25        float i0m1=dot( texture( uImageUnit,vST-st0p).rgb,W );  //上边相邻点的灰度值
26        float i0p1=dot( texture( uImageUnit,vST+st0p).rgb,W );  //下边相邻的点的灰度值
27        //与图像作平面卷积计算，分别得出横向及纵向的亮度差分近似值，即 Sobel 算子的横纵灰度值
28        float h = -1.0 * im1p1 - 2.0 * i0p1 - 1.0 * ip1p1 + 1.0 * im1m1 + 2.0 * i0m1 + 1.0 * ip1m1;
29        float v = -1.0 * im1m1 - 2.0 * im10 - 1.0 * im1p1 + 1.0 * ip1m1 + 2.0 * ip10 + 1.0 * ip1p1;
30        float mag=length(vec2(h,v));                    //当前像素点的梯度值
31        if(mag>uMagTol){       //如果梯度 mag 大于阈值，则认为该点为边缘点，最终颜色为黑色
32             fFragColor=vec4(0.0,0.0,0.0,1.0);
33        }else{                                               //不在物体边缘，量化物体的颜色值
34             rgb.rgb *= uQuantize;                           //将当前片元的颜色值乘以量化值
35             rgb.rgb += vec3(0.5,0.5,0.5);                   //卡通化程度
36             ivec3 intrgb = ivec3(rgb.rgb);                  //转换成整数类型的向量
37             rgb.rgb = vec3(intrgb) / uQuantize;             //将整数类型的片元颜色值除以量化值
38             fFragColor=vec4(rgb,1.0);                       //获得片元的最终颜色值
39   }}
```

- ❑ 第 9～第 30 行首先通过 textureSize 函数获得纹理图的宽度以及高度，再经过纹理采样获得当前片元的 rgb 值，最后通过 Sobel 边缘检测获得当前片元的横向及纵向边缘检测的图像灰度值，并通过计算得到当前片元的颜色变化梯度值。
- ❑ 第31～第39 行根据当前片元的颜色变化梯度值与设定的阈值之间的关系计算片元的最终颜色，若当前片元的颜色变化梯度值大于阈值，则当前片元为边缘片元，其颜色为黑色。反之，对该片元颜色值进行量化处理，使其具有非真实感颜色效果，从而得到卡通着色渲染过后的“手绘漫画”效果。

说明 上述片元着色器通过边缘检测和阈值化来实现卡通渲染效果。Sobel 算子根据像素点上下、左右邻点灰度加权差，在边缘处达到极值这一现象进行边缘检测。并用阈值化的方法勾勒卡通渲染需要的黑色轮廓。该算子包含两组 3×3 的矩阵（一个是水平的，另一个是垂直的），每一个逼近一个偏导数，分别为横向及纵向，将之与图像作平面卷积，即可分别得出横向及纵向的亮度差分近似值。本书由于篇幅以及定位所限，不可能对这部分内容的数学原理进行更为详细的解释，若读者有兴趣可以查阅相关的书籍或资料来进一步学习。

3.3 分形着色器

最近几年有一门非常热门的几何学分支——分形几何，基于分形几何可以渲染出很多绚丽多彩的图案。本节将基于曼德布罗集（Mandelbrot Set）和茱莉亚集（Julia Set）向读者简单介绍如

何基于分形几何开发具有吸引力的程序纹理着色器。

3.3.1 曼德布罗集简介

曼德布罗集是基于复数在复平面上迭代产生的，因此下面首先简要介绍复数及复平面的知识。每个复数由两部分组成：实部和虚部。实部的基本单位是实数 1，虚部的基本单位是 i。i 是一个很特殊的虚数，其是−1 的平方根，即 $i^2=-1$。

复数可以用 a+bi 的基本格式来表示，下面给出了两个复数相乘的规则。

x = a+bi　　y = c+di　　xy = ac+adi+cbi-bd = (ac-bd)+(ad+bc)i

因为复数包含两个部分，所以每个复数都可以看做是二维平面上的一个点，用实部作为一个轴的坐标，虚部作为另一个轴的坐标。这个平面就称为复平面，具体情况如图 3-11 所示。

介绍完复数及复平面的基本知识后，就可介绍曼德布罗集了，其通过一个涉及复数的递归函数迭代产生，此递归函数如下。

$$Z_0 = 0 + 0i \qquad \text{（初始条件）}$$

$$Z_{n+1} = Z_n^2 + c \qquad \text{（迭代规则）}$$

从上述递归函数可以看出，不同的常数 c 会导致不同的迭代结果。有些 c 值经过迭代可能会产生无穷大，有些可能不会。那些不会导致无穷大的 c 值就构成了曼德布罗集。

可以通过 OpenGL ES 3.0 的片元着色器进行上述迭代计算，将迭代一定次数后达到无穷大（实际开发中指超过指定值）的片元采用一种颜色着色，迭代一定次数后小于指定值的片元采用另一种颜色着色。如果希望得到更绚丽的图案，则可以将迭代一定次数后超过指定值的片元，根据迭代次数的多少采用不同的颜色着色，图 3-12 就给出了一幅采用不同灰度进行着色的曼德布罗集图案。

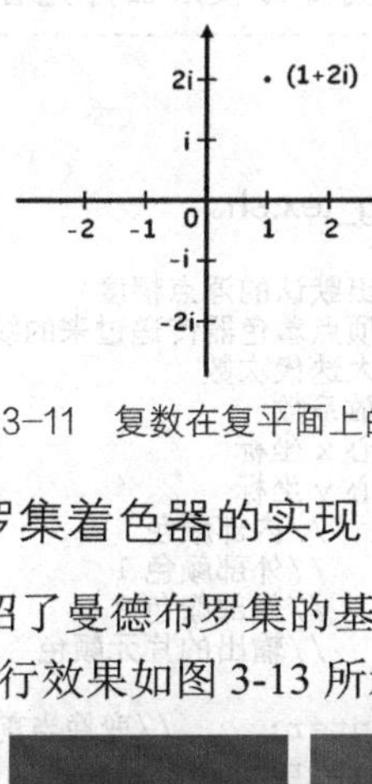

▲图 3-11　复数在复平面上的表示

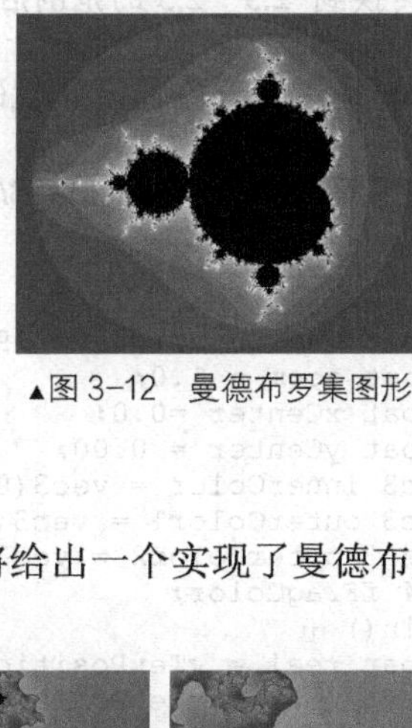

▲图 3-12　曼德布罗集图形

3.3.2 曼德布罗集着色器的实现

上一小节介绍了曼德布罗集的基本原理，本小节将给出一个实现了曼德布罗集着色器的案例 Sample3_8，其运行效果如图 3-13 所示。

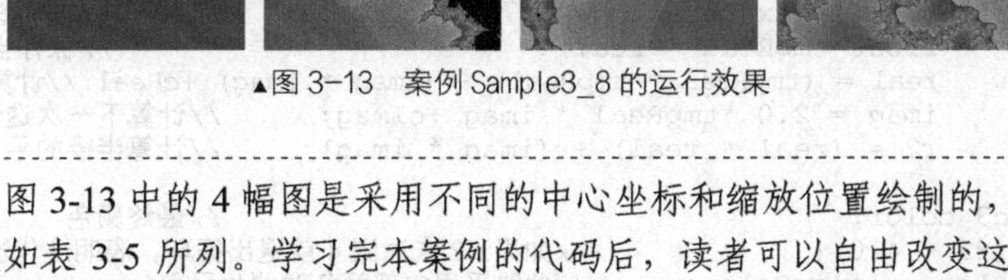

▲图 3-13　案例 Sample3_8 的运行效果

> **说明**　图 3-13 中的 4 幅图是采用不同的中心坐标和缩放位置绘制的，4 幅图各自的绘制参数如表 3-5 所列。学习完本案例的代码后，读者可以自由改变这些参数以获得想要的渲染效果。另外，由于本书插图采用的是灰度印刷，因此可能看起来不是很漂亮，此时请读者自行用真机运行本案例并进行观察，就可以看到很漂亮的曼德布罗集。

表 3-5　　缩放系数和中心坐标位置的值

中心 x 坐标	中心 y 坐标	缩放系数
0.0	0.0	1.0
−1.36	0.005	0.1
−0.0002	0.7383	0.01
−0.0002	0.8383	0.05

了解了案例的运行效果后，下面简要介绍案例的开发。由于本案例中的大部分代码与前面很多案例中的代码基本一致，因此这里仅介绍本案例中有代表性的着色器部分，具体内容如下。

（1）首先给出的是顶点着色器，其代码如下。

代码位置：源代码/第 3 章/Sample3_8/assets 目录下的 vertex_tex.sh。

```
#version 300 es
uniform mat4 uMVPMatrix;                              //总变换矩阵
in vec3 aPosition;                                    //顶点位置
in vec2 aTexCoor;                                     //顶点纹理坐标
out vec2 vTexPosition;                                //转换后传递给片元着色器的纹理坐标
void main(){
   gl_Position = uMVPMatrix * vec4(aPosition,1);//根据总变换矩阵计算此次绘制此顶点的位置
   vTexPosition = (aTexCoor-0.5)*5.0;         //将纹理坐标转换后传递给片元着色器
}
```

提示　从上述代码可以看出，此顶点着色器与普通纹理映射的顶点着色器基本一致。唯一的区别就是它不是将管线传入的纹理坐标直接传出的，而是将纹理坐标从 0.0 ~ 1.0 的范围转换到−2.5 ~ 2.5 的范围后再传出，这样做是为了方便后面片元着色器迭代计算。

（2）接着给出的是片元着色器，其代码如下。

代码位置：源代码/第 3 章/Sample3_8/assets 目录下的 frag_tex.sh。

```
#version 300 es
precision mediump float;                         //给出默认的浮点精度
in vec2 vTexPosition;                            //从顶点着色器传递过来的纹理坐标
const float maxIterations = 999.0;               //最大迭代次数
const float zoom = 1.0;                          //缩放系数
const float xCenter =0.0;                        //中心 x 坐标
const float yCenter = 0.00;                      //中心 y 坐标
const vec3 innerColor = vec3(0.0, 0.0, 1.0);     //内部颜色
const vec3 outerColor1 = vec3(1.0, 0.0, 0.0);    //外部颜色 1
 const vec3 outerColor2 = vec3(0.0, 1.0, 0.0);   //外部颜色 2
 out vec4 fFragColor;                            //输出的片元颜色
 void main() {
     float real = vTexPosition.x * zoom + xCenter;     //变换当前位置
     float imag = vTexPosition.y * zoom + yCenter;
     float cReal = real;                         //c 的实部
     float cImag = imag;                         //c 的虚部
     float r2 = 0.0;                             //半径的平方
     float i;                                    //迭代次数
     for(i=0.0; i<maxIterations && r2<4.0; i++){         //循环迭代
           float tmpReal = real;                         //保存当前实部值
           real = (tmpReal * tmpReal) - (imag * imag) +cReal;//计算下一次迭代后实部的值
           imag = 2.0 *tmpReal * imag +cImag;      //计算下一次迭代后虚部的值
           r2 = (real * real) + (imag * imag);     //计算半径的平方
     }
     vec3 color;                                   //最终颜色
     if(r2 < 4.0){                //如果 r2 未达到 4 就退出循环，表明迭代次数已达到最大值
      color = innerColor;         //此时采用内部颜色对此片元着色
     }else{                       //如果因 r2 大于 4.0 而退出循环，表明此位置在外部
      color = mix(outerColor1, outerColor2, fract(i * 0.07));//按迭代次数采用不同的颜色着色
     }
```

```
31          fFragColor = vec4(color, 1.0);                    //将最终颜色传递给渲染管线
32     }
```

- 第 19～第 30 行是本片元着色器的关键，其实现了上一小节中介绍的曼德布罗集迭代生成算法。首先通过一个循环进行迭代，当迭代超过最大次数或指定值时停止迭代。停止迭代后根据终止迭代的原因采用不同的颜色对片元进行着色。
- 通过调整缩放系数（zoom）、中心点坐标（xCenter, yCenter）可以得到不同的局部图案，有兴趣的读者可以自行修改这些参数并运行观察。

> **提示** 像曼德布罗集这样大剂量、高并发的运算用片元着色器实现最好不过，性能将大大优于 CPU 的实现。笔者自己也开发过用 Java 代码基于 CPU 实现的版本（也是 Android 手机版的），需要数十秒才能跑出结果，而本小节的案例仅需不到 1 秒。从这里也可以看出，在 3D 游戏开发中恰当运用计算能力较强的 GPU 可以很好地改善性能问题。

3.3.3 将曼德布罗集纹理应用到实际物体上

上一小节案例中的曼德布罗集纹理是应用到一个简单的纹理矩形上，其实可以方便地将其应用到任意物体上。本小节就给出一个将曼德布罗集纹理应用到茶壶上的案例 Sample3_9，其运行效果如图 3-14 所示。

▲图 3-14 案例 Sample3_9 的运行效果

> **提示** 由于本书插图采用的是灰度印刷，因此可能看起来不是很漂亮，此时请读者自行用真机运行本案例并进行观察，就可以看到很漂亮的曼德布罗集纹理茶壶。

了解了案例的运行效果后，下面简要介绍案例的开发。由于本案例是复制并修改的上卷第 9 章的案例 Sample9_4，故没有变化的代码不再赘述，仅介绍着色器中有变化的部分，具体内容如下。

（1）首先需要修改顶点着色器中直接将纹理坐标传入片元着色器的代码。修改为将纹理坐标从 0.0～1.0 的范围转换到−2.5～2.5 的范围后再传出的版本。这部分代码很简单，这里就不再赘述，需要的读者请参考随书里的源代码。

（2）接着修改片元着色器，增加曼德布罗集迭代计算的相关代码。由于需要增加的代码与上一小节案例 Sample3_8 中的代码基本相同，因此这里不再重复给出，需要的读者也请参考随书里的源代码。

> **提示** 特别需要注意的是，本案例中的迭代次数需要从上一小节的 999.0 改为 99.0，否则用手指在屏幕上滑动以旋转茶壶时就会很卡。

3.3.4 茱莉亚集着色器的实现

将曼德布罗集中与片元位置挂钩的常量 c 替换为固定常量后就可以产生茱莉亚集的分形图案，

本小节的第一个案例 Sample3_10 就是实现了茱莉亚集分形图案的纹理矩形，其运行效果如图 3-15 所示。

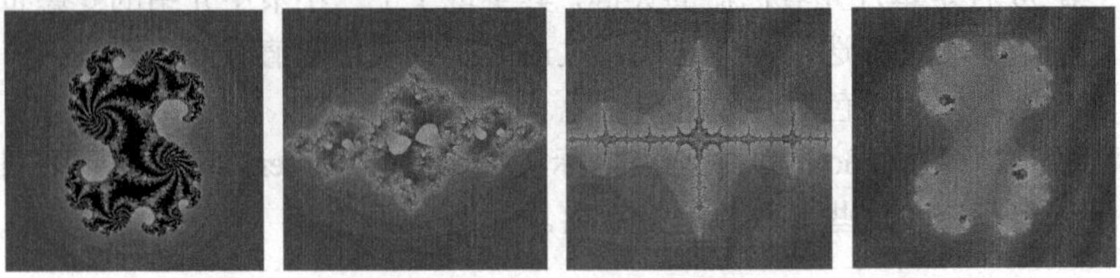

▲图 3-15　Sample3_10 运行效果

> **说明**　图 3-15 中的 4 幅图是采用不同的固定常量 c 绘制的，4 幅图各自的绘制参数如表 3-6 所列。学习完本案例的代码后，读者可以自由改变这些参数以获得想要的渲染效果。另外，由于本书插图采用的是灰度印刷，因此可能看起来不是很漂亮，此时请读者自行用真机运行本案例并进行观察，就可以看到很漂亮的茱莉亚集。

表 3-6　　　　不同的参数 c

实　部	虚　部	实　部	虚　部
0.32	0.043	−0.765	0.11
−1.5	0.0	0.42	0.043

了解了案例的运行效果后，下面简要介绍案例的开发。由于本案例是由前面的案例 Sample3_8 修改而来，而且仅修改了片元着色器。故这里仅给出修改后片元着色器的代码，具体内容如下。

代码位置：源代码/第 3 章/Sample3_10/assets 目录下的 frag_tex.sh。

```
#version 300 es
precision mediump float;                                    //给出默认的浮点精度
in vec2 vTexPosition;                                       //从顶点着色器传递过来的纹理坐标
const float maxIterations = 999.0;                          //最大迭代次数
const float zoom = 0.6;                                     //缩放系数
const float xCenter = 0.0;                                  //中心 x 坐标
const float yCenter = 0.0;                                  //中心 y 坐标
const vec3 innerColor = vec3(0.0, 0.0, 1.0);                //内部颜色
const vec3 outerColor1 = vec3(1.0, 0.0, 0.0);               //外部颜色 1
const vec3 outerColor2 = vec3(0.0, 1.0, 0.0);               //外部颜色 2
out vec4 fFragColor;                                        //输出的片元颜色
void main(){
     float real = vTexPosition.x * zoom + xCenter;          //变换当前位置
     float imag = vTexPosition.y * zoom + yCenter;
     float cReal =0.32;                                     //c 的实部
     float cImag =0.043;                                    //c 的虚部
     float r2 = 0.0;                                        //半径的平方
     float i;                                               //迭代次数
     for(i=0.0; i<maxIterations && r2<4.0; i++){            //循环迭代
           float tmpReal = real;                            //保存当前实部值
           real = (tmpReal * tmpReal) - (imag * imag) +cReal; //计算下一次迭代后实部的值
           imag = 2.0 *tmpReal * imag +cImag;               //计算下一次迭代后虚部的值
           r2 = (real * real) + (imag * imag);              //计算半径的平方
     }
     vec3 color;                                            //最终颜色
     if(r2 < 4.0){                      //如果 r2 未达到 4 就退出循环，表明迭代次数已达到最大值
      color = innerColor;               //此时采用内部颜色对此片元着色
     }else{                             //如果因 r2 大于 4.0 而退出循环，表明此位置在外部
      color = mix(outerColor1, outerColor2, fract(i * 0.07));
      //按迭代次数为外部颜色赋不同的值
     }
      fFragColor = vec4(color, 1.0);                        //将最终颜色传递给渲染管线
}
```

提示　从上述代码可以看出，最大的变化就是第 15 行与第 16 行中常数 c 的实部与虚部。修改前实部与虚部是与位置挂钩的，修改后变成固定的常量了。

同样也可以将茱莉亚集分形纹理应用到茶壶上，只要将前面的案例 Sample3_9 复制一份并对片元着色器进行相应的修改即可得到案例 Sample3_11，其运行效果如图 3-16 所示。

▲图 3-16　Sample3_11 运行效果

提示　由于本书插图采用的是灰度印刷，因此可能看起来不是很漂亮，此时请读者自行用真机运行本案例并进行观察，就可以看到很漂亮的茱莉亚集纹理茶壶。

由于本案例中的代码主要是来自案例 Sample3_9，仅仅是将原来曼德布罗集的片元着色器修改成了茱莉亚集的片元着色器。而茱莉亚集片元着色器的代码前面也已经给出，故这里就不再给出本案例的代码了，需要的读者请参考随书。

3.4 3D 纹理的妙用

上一节介绍了基于曼德布罗集（Mandelbrot Set）和茱莉亚集（Julia Set）分形几何开发的程序纹理着色器，本节将介绍基于柏林噪声函数生成的 3D 纹理，以及基于它开发的木头茶壶效果案例。

3.4.1 噪声函数的基础知识

从前面章节的学习中可以体会到，利用 OpenGL ES 可以方便地实现几何对象的精确绘制和渲染，使结果图像看起来十分完美、精致，但却难以描绘真实世界中由于各种原因干扰产生的“不完美”效果。

因此柏林（Perlin）提出了解决该问题的一种噪声函数——柏林噪声（Perlin Noise）。就如柏林所描述的那样，噪声可以看成是渲染图形时添加的一点“佐料”，让原本很完美的模型看起来有一点点不完美，因而变得更真实一些。下面简单介绍理想的噪声函数应该具有的一些特质：

- 噪声函数是一个具有随机外观的连续函数。
- 噪声函数是一个可重现的函数（即使用相同的输入，每次都将生成相同的结果值）。
- 噪声函数具有一个定义的输出值范围（这个范围一般是[−1,1]或者[0,1]）。
- 噪声函数得到的结果值不应该有明显的规则图案或者循环。
- 噪声函数应该是一个各向同性的函数（即噪声函数的统计特征在旋转时应该是恒定的）。
- 可以针对 1、2、3、4 甚至更多维定义噪声函数。

提示　简单地概括，噪声函数其实就是指对于一个给定的输入值，每次都会产生相同的输出值，并且仍然呈现出随机的外观以及在所有细节级别上都是连续的。

结合使用各种类型的噪声函数可以创建出有趣的渲染效果，下面仅例举一些最基本的，例如：

- 渲染云、火、烟、风等自然现象。
- 渲染大理石、花岗岩、木材等自然材料。
- 渲染灰泥、沥青、水泥等人造材料。

了解了噪声的一些基本知识后，下面将分一维、二维以及更高维度 3 个方面来对柏林噪声进行简要的介绍。

1. 一维噪声

创建一维噪声的基本思路非常简单，那就是首先依次将范围[−1,1]中的一个伪随机数作为 y 坐标值对应到各个给定 x 坐标的点，然后在这些点之间平滑地插值，结果如图 3-17 所示。

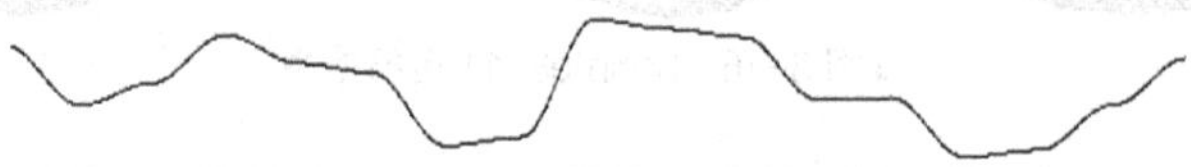

▲图 3−17　一个连续的一维噪声函数

> **提示**　在这种噪声函数中，要做出的一个关键选择是在连续的点之间进行插值时所使用的方法。因为使用线性插值得到的噪声图像会有明显的不自然（类似于折线图），所以通常使用三次插值的方法来产生平滑的外观。

上述各个给定的 x 坐标点之间的 x 坐标间距可以看成噪声函数的频率倒数，间距越小，频率越高。若采用不同的间距可以产生不同频率的一维噪声，如图 3-18 所示。

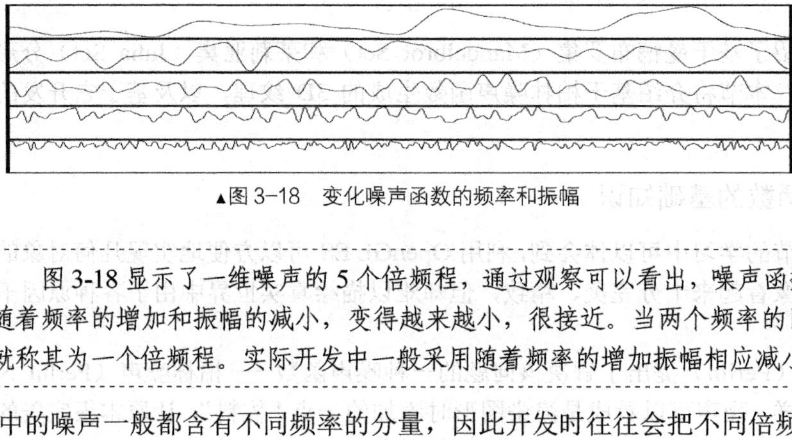

▲图 3−18　变化噪声函数的频率和振幅

> **提示**　图 3-18 显示了一维噪声的 5 个倍频程，通过观察可以看出，噪声函数中的“特征”，随着频率的增加和振幅的减小，变得越来越小，很接近。当两个频率的比值为 2:1 时，就称其为一个倍频程。实际开发中一般采用随着频率的增加振幅相应减小的策略。

现实世界中的噪声一般都含有不同频率的分量，因此开发时往往会把不同倍频的噪声叠加使用。不同倍频的噪声叠加后会产生一些有意思的效果，如图 3-19 所示。

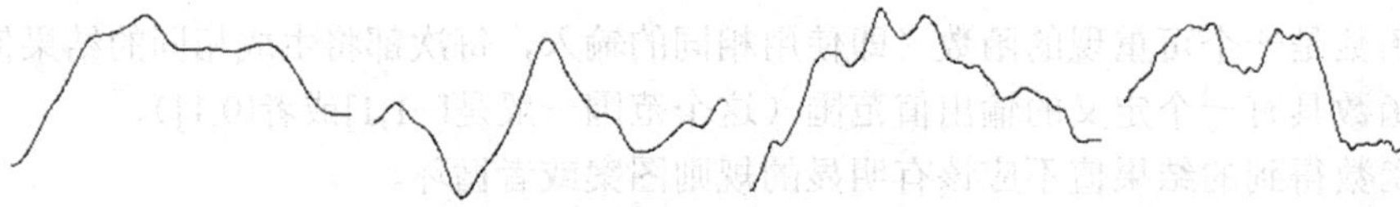

▲图 3−19　将不同振幅和频率的噪声函数加到一起的结果

> **说明**　图 3-19 中从左到右依次为 2 个倍频程的和、3 个倍频程的和、4 个倍频程的和以及 5 个倍频程的和。通过观察图 3-19 可以发现，不同倍频程的和包含了不同尺度的特征。较低频率、较大振幅的分量占主导地位，其描绘了总体形状。而较高频率、较小振幅的分量占次要地位，其在更小的尺度上提供了细节信息。

通过上述内容了解了噪声函数使用的一些基本原理，而柏林噪声就是噪声函数的一种实现，上述内容中的图 3-17、图 3-18 和图 3-19 就是基于笔者使用 Java 开发的一维柏林噪声函数产生的。柏林噪声函数有时也叫做“梯度函数”，其值在各个整数输入值上为 0，其形状是通过在各个点定义函数的伪随机梯度矢量来创建的，想了解更多实现细节的读者可以参考随书中本章的案例——PerlinNoiseTool。

2. 二维噪声

对一维噪声函数以及不同倍频程有了基本的了解之后，下面简单介绍二维柏林噪声，具体情况如图 3-20 所示。

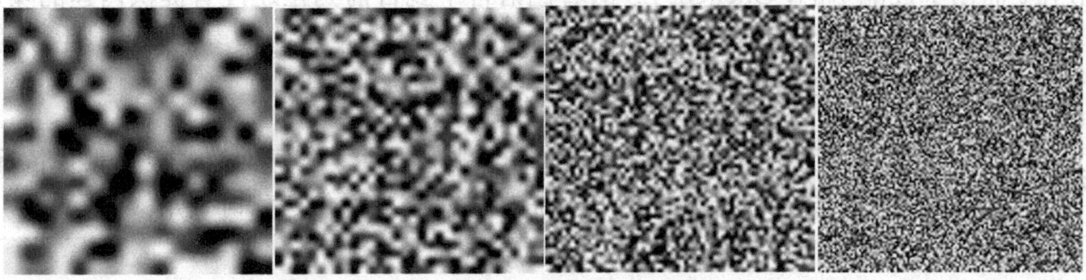

▲图 3-20　基本频率的 2D 噪声（增强了对比度）

> **说明** 图 3-20 中每一幅图像的频率都是其左面图像的频率的两倍，平均值、振幅都是其左面图像的一半。实际生成图像时为了便于观察，每一幅图都增强了对比度以使波峰更亮、波谷更暗。如果是实际值的图像效果会更灰暗，从而难以看到各个频率 2D 噪声的真实外观。

与一维噪声的情况相同，叠加不同频率的噪声分量会显示出更为有趣的结果，如图 3-21 所示。

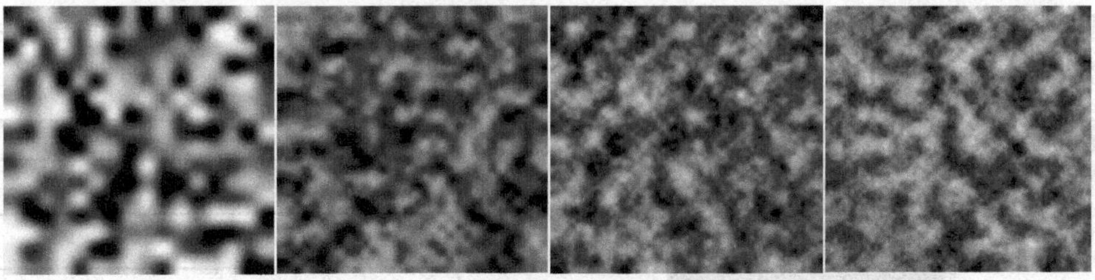

▲图 3-21　在 1、2、3 和 4 倍频程叠加的噪声

从图 3-21 中可以看出如下几点。

- 图 3-21 中的第一幅图像与图 3-20 中的第一幅图像完全相同。
- 图 3-21 中的第二幅图像是图 3-21 中的第一幅图像加上图 3-20 中的第二幅图像的一半。
- 图 3-21 中的第三幅图像将噪声的第 3 个倍频程与前面两个倍频程相加。
- 图 3-21 中的第四幅图像进一步增加了第 4 个倍频程，可以发现该图像看起来已经有一点像天空中的云层了。

3. 更高维度的噪声

三维、四维或更高维度的噪声函数本质上就是一维和二维噪声函数的扩展。生成三维噪声的可视化效果比较困难，但是可以将二维噪声图像看成是三维噪声的二维片段，且临近的片段之间是连续的。

实际开发中使用不同维度的噪声时，往往会使用其中不同维度的值来对标准的情况进行扰动，以产生所需的“真实”效果，几种供参考的具体情况如下所列。

- ❑ 一维噪声可以用来向图形中的线条添加一些扭曲，以模拟真实世界的情况。
- ❑ 二维噪声则可以一个维度控制扭曲，另一个维度给这种扭曲效果添加动画（即使这种扭曲在连续的帧中平滑变化）。
- ❑ 三维噪声可以使生成的二维云层图案动起来形成运动的云。
- ❑ 四维噪声可以用于创建一个类似于行星的三维对象，并不断“随机”地变化。

噪声在真实感再现领域是一种非常重要的技术，PC 以及工作站所用的 GPU 中都提供了噪声函数供使用。而出于性能考虑，OpenGL ES 的着色语言中到目前为止还没有提供内建的噪声函数。因此下一小节会介绍笔者自己使用 Java 开发的噪声生成工具，使用此噪声生成工具生成的噪声数据再结合 OpenGL ES 着色语言就可以开发出很多具有吸引力的效果。

提示 虽然 PC 机以及工作站所用的 GPU 中都提供了噪声函数，但是很多情况下出于性能考虑还是会采用外置的工具预先生成噪声数据供运行时调用。

3.4.2 柏林噪声函数生成工具

上一小节简单介绍了柏林噪声函数的基础知识，本小节将介绍如何使用柏林噪声生成工具——PerlinNoiseTool——产生一维、二维以及三维柏林噪声图像和数据。此小工具为笔者自己使用 Java 开发，需要的读者可以直接使用，下面介绍具体的使用步骤。

（1）将随书中源代码/第 3 章目录下的 PerlinNoiseTool 项目文件夹复制进 Eclipse 工作区并导入，接着选中项目，单击鼠标右键，在弹出菜单中选择“Run As”，再选择“Java Application”选项以运行项目，运行后效果如图 3-22 所示。

（2）单击界面左侧的噪声维度选择生成柏林噪声的维度，单击噪声频率数设置生成的噪声由几个不同频率的噪声函数叠加而成。若选择生成 1D 柏林噪声，噪声频率数为 3。单击“生成噪声图像及数据”按钮，其运行效果如图 3-23 所示。

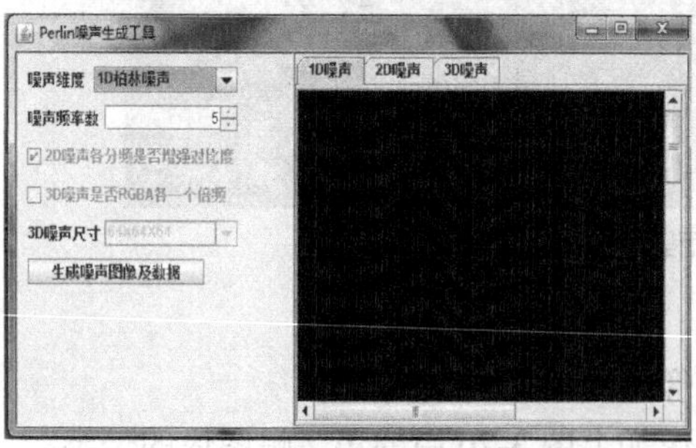

▲图 3-22 柏林噪声生成工具界面

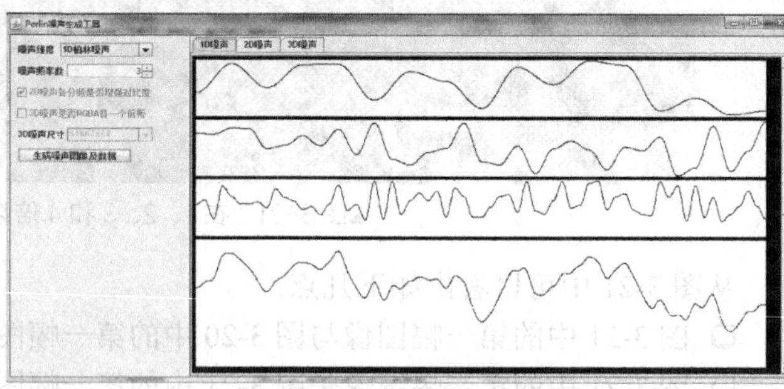

▲图 3-23 1D 柏林噪声生成

说明 图 3-23 中右侧上面 3 行为 3 个不同的独立倍频程，最下面一行为 3 个倍频程叠加后的结果。

（3）接着选择生成 2D 柏林噪声，噪声频率数为 2。同时生成 2D 柏林噪声时还可选择是否增强 2D 噪声各分频的对比度。选择增强噪声各分频对比度的图像亮度比较大，可以更明显地观察到不同频率的噪声函数分布图，读者也可选择不增强。若选择的增强，则运行效果如图 3-24 所示。

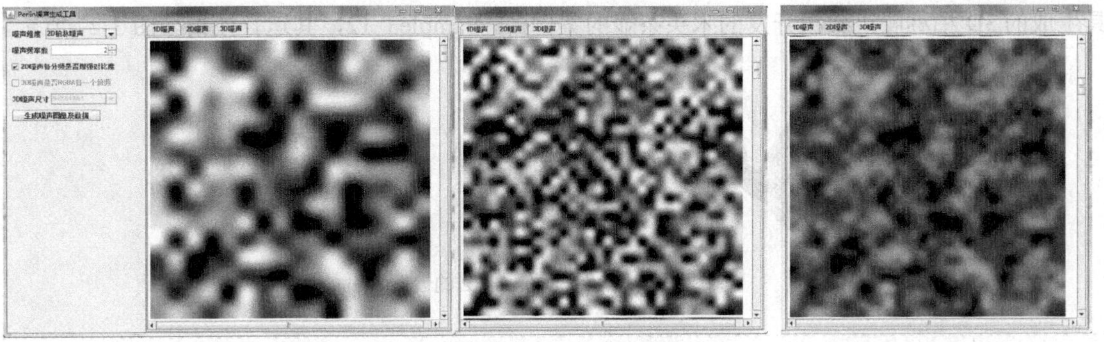

▲图 3-24 2D 柏林噪声效果

说明 图 3-24 中左侧的两幅图为不同频率的 2D 柏林噪声分频图像，最右侧的一幅为两个频率叠加的最终 2D 柏林噪声效果图。单击“生成噪声图像及数据”按钮生成的 2D 柏林噪声图像存储在项目文件夹 PerlinNoiseTool 下的 pic 子文件夹中。

（4）最后选择生成 3D 柏林噪声，噪声频率数为 5，3D 噪声尺寸为 64×64×64，选择 3D 噪声 RGB 各一个倍频，单击“生成噪声图像及数据”按钮，运行效果如图 3-25 所示。再选择 3D 噪声 RGBA 不是各一个倍频，单击“生成噪声图像及数据”按钮生成 3D 柏林噪声图像，运行效果如图 3-26 所示。

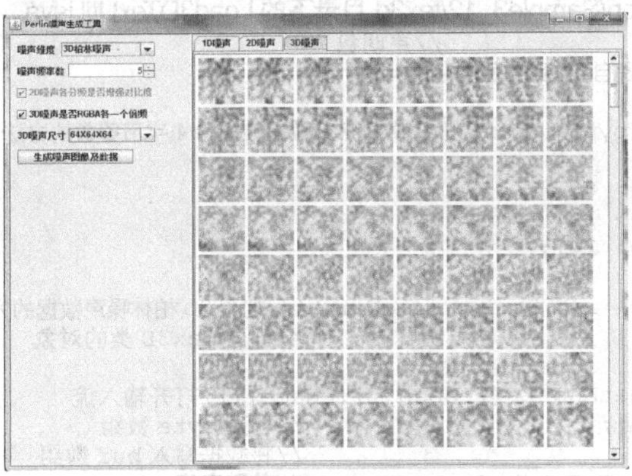

▲图 3-25 3D 柏林噪声生成图 1

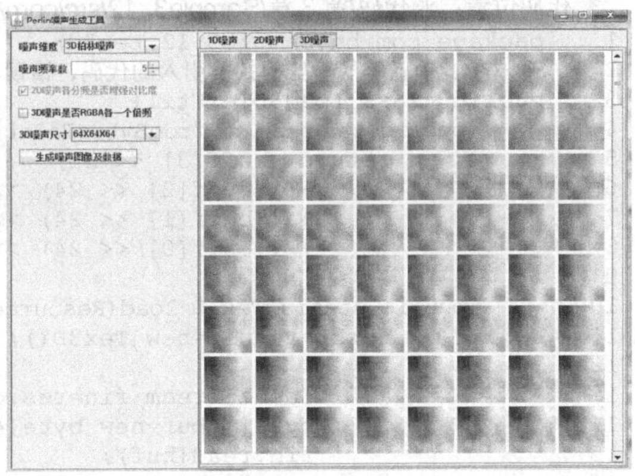

▲图 3-26 3D 柏林噪声生成图 2

说明 3D 噪声 RGBA 各一个倍频是指每个色彩通道对应一个倍频程噪声值，3D 噪声 RGBA 不是各一个倍频是指各个色彩通道都对应所有倍频噪声的和。由于本书是灰度印刷，读者可能看不清楚 3D 柏林噪声 RGBA 是否各一个倍频的两幅图像，读者可自己运行柏林噪声函数生成工具 PerlinNoiseTool，更加真实地体会运行效果。

提示 利用柏林噪声生成工具生成的 3D 柏林噪声以数据的形式存储在项目文件夹 PerlinNoiseTool 下的 TexData3D 子目录下的 3dNoise.bn3dtex 文件中。在下一小节 3D 噪声纹理木头茶壶案例的开发中将介绍加载该数据文件的方法。

3.4.3 3D 噪声纹理木头茶壶的开发

前两小节简单介绍了柏林噪声函数及其生成工具，本小节将给出一个使用上一小节介绍的工具生成的 3D 柏林噪声数据开发的木头茶壶的案例——Sample3_12，其运行效果如图 3-27 所示。

▲图 3-27　案例 Sample3_12 的运行效

> **说明**　从图 3-27 中可以看出，案例中的木头茶壶上有清晰的年轮印记，与现实世界中的木材十分相像，就好似一块木材通过雕刻得到一个茶壶。另外，案例运行时通过手指在屏幕上滑动可以转动茶壶，从各个角度进行查看。

了解了案例的运行效果后，下面就可以进行具体的开发了。由于本案例中的大部分代码与前面案例中的代码类似，因此在此只介绍有代表性的类，其余部分代码读者可自行查看随书中的源代码，具体内容如下。

（1）首先介绍用于加载 3D 柏林噪声数据文件 3dNoise.bn3dtex 的工具类 Load3DTexUtil，该工具类的主要功能是加载 3D 柏林噪声数据到 Tex3D 类对象中待用，其具体代码如下。

代码位置：源代码/第 3 章/Sample3_12/src/com/bn/Sample3_12/tex3d 目录下的 Load3DTexUtil.java。

```
1    package com.bn.Sample3_12.tex3d;                       //声明包
2    ……//此处省略了一些相关类引入的代码，请读者自行查看随书的源代码
3    public class Load3DTexUtil{
4        public static int fromBytesToInt(byte[] buff){//将 4 字节数组转换为 4 字节整数的方法
5            return (buff[3] << 24)
6                + ((buff[2] << 24) >>> 8)
7                + ((buff[1] << 24) >>> 16)
8                + ((buff[0] << 24) >>> 24);
9        }
10       public static Tex3D load(Resources res,String fileName){//加载 3D 柏林噪声数据的方法
11           Tex3D result=new Tex3D();                            //创建 Tex3D 类的对象
12           try {
13               InputStream fin=res.getAssets().open(fileName);//打开输入流
14               byte[] buf=new byte[4];                          //创建 byte 数组
15               fin.read(buf);                                   //将数据写入 buf 数组
16               result.width=fromBytesToInt(buf);                //获取宽度
17               fin.read(buf);                                   //将数据写入 buf 数组
18               result.height=fromBytesToInt(buf);               //获取高度
19               fin.read(buf);                                   //将数据写入 buf 数组
20               result.depth=fromBytesToInt(buf);                //获取深度
21               buf=new byte[result.width*result.height*result.depth*4];
                 //重新创建 byte 数组
22               fin.read(buf);                                  //将数据写入 buf 数组
23               fin.close();                                    //关闭输入流
24               result.data=buf;                                //获取数据
25           }catch (IOException e){e.printStackTrace();}        //捕获到异常则打印错误信息
26           return result;                                      //返回 Tex3D 类对象
27   }}
```

- 第 4～第 9 行为将 4 个字节组装成一个 int 型数据的工具方法 fromBytesToInt，它用于将 3D 柏林噪声数据文件中相关的字节组装成所需的 int 型数据。
- 第 10～第 27 行为从指定的 3D 柏林噪声数据文件中加载数据的宽度、高度、深度，获取数据，并生成对应的 Tex3D 类对象返回的工具方法。

（2）上一步骤中介绍的 load 方法返回值为 Tex3D 类的对象，下面给出 Tex3D 类的代码。

代码位置：源代码/第 3 章/Sample3_12/src/com/bn/Sample3_12/tex3d 目录下的 Tex3D.java。

```
package com.bn.Sample3_12.tex3d;
public class Tex3D {
    public int width;                //3D 纹理宽度
    public int height;               //3D 纹理高度
    public int depth;                //3D 纹理深度
    public byte[] data;              //3D 纹理数据
}
```

说明　从上述代码中可以看出 Tex3D 类的对象功能很简单，就是有对应的成员变量用于存储 3D 纹理数据的宽度、高度、深度以及数据本身。

（3）接着开发的是该案例中用来绘制整个场景的 MySurfaceView 类，该类中的大部分代码与前面案例中的代码基本一致，主要的不同点在于 onSurfaceCreated 方法中初始化 3D 纹理的部分代码，具体内容如下。

代码位置：源代码/第 3 章/Sample3_12/src/com/bn/Sample3_12 目录下的 MySurfaceView.java。

```
1   public void onSurfaceCreated(GL10 gl, EGLConfig config){
2       GLES30.glClearColor(1.0f,1.0f,1.0f,1.0f);       //设置屏幕背景色 RGBA
3       GLES30.glEnable(GLES30.GL_DEPTH_TEST);          //打开深度检测
4       GLES30.glEnable(GLES30.GL_CULL_FACE);           //打开背面剪裁
5       MatrixState.setInitStack();                     //初始化变换矩阵
6       MatrixState.setLightLocation(400, 100, 200);    //初始化光源位置
7       //加载要绘制的物体
8       lovo=LoadUtil.loadFromFile("ch.obj", MySurfaceView.this.getResources(),
        MySurfaceView.this);
9       //加载 3D 柏林噪声数据进入 Tex3D 类对象
10      Tex3D tex3D=Load3DTexUtil.load(MySurfaceView.this.getResources(), "3dNoise.bn3dtex");
11      //将 Tex3D 类对象中的数据作为 3D 纹理的数据进行加载
12      textureId=init3DTexture(tex3D.data,tex3D.width,tex3D.height,tex3D.depth);
13  }
```

提示　上述代码中最重要的就是第 12 行 init3Dtexture 方法的调用，通过调用 init3Dtexture 方法将 Tex3D 类对象中的数据作为 3D 纹理数据加载进渲染管线，以备绘制时使用。另外，init3DTexture 方法在上卷第 7 章中的 3D 纹理部分已经介绍过了，这里不再赘述，需要的读者可自行查阅。

（4）完成了 Java 代码的开发后，下面将要开发的是本案例中的着色器。由于本案例中的顶点着色器与前面很多案例中的基本相同，故这里仅仅给出较有特色的片元着色器，其具体代码如下。

代码位置：源代码/第 3 章/Sample3_12/assets 目录下的 frag.sh。

```
#version 300 es
precision mediump float;                    //给出默认浮点精度
uniform sampler3D sTexture;                 //纹理内容数据
in vec4 ambient;                            //接收从顶点着色器过来的环境光最终强度
in vec4 diffuse;                            //接收从顶点着色器过来的散射光最终强度
in vec4 specular;                           //接收从顶点着色器过来的镜面光最终强度
in vec3 vPosition;                          //接收从顶点着色器过来的位置坐标
out vec4 fragColor;                         //最终输出的片元颜色
void main(){
    const vec4 lightWood=vec4(0.6,0.3,0.1,1.0);     //浅色木纹颜色
    const vec4 darkWood=vec4(0.4,0.2,0.07,1.0);     //深色木纹颜色
    //根据片元的位置折算出对应的 3D 纹理坐标
    vec3 texCoor=vec3(((vPosition.x/0.52)+1.0)/2.0,vPosition.y/0.4,((vPosition.z/
    0.52)+1.0)/2.0);
    vec4 noiseVec=texture(sTexture,texCoor);        //进行 3D 纹理采样
    vec3 location=vPosition+noiseVec.rgb*0.05;//计算受 3D 柏林噪声纹理采样值影响后的位置
    float dis=distance(location.xz,vec2(0,0));      //计算离平面中心点的距离
    dis *=2.0;                                      //年轮的频率
```

```
18        //计算两种木纹颜色的混合因子
19        float r=fract(dis+noiseVec.r+noiseVec.g*0.5+noiseVec.b*0.25+noiseVec.a*0.125)*2.0;
20        if(r>1.0){                                  //如果当前的混合因子>1
21           r=2.0-r;                                 //将混合因子设定在[0,1]的范围内
22        }
23        vec4 color=mix(lightWood,darkWood,r);       //进行两种木纹颜色的混合
24        r=fract((location.y+location.x+location.z)*25.0+0.5);     //再次计算调整因子
25        noiseVec.a*=r;                              //修改噪声值
26        //根据调整因子调整颜色
27        if(r<0.5){                                  //如果调整因子<0.5
28              color+=lightWood*1.0*noiseVec.a;      //修改当前的颜色
29        }else{                                      //如果调整因子不<0.5
30           color-=lightWood*0.02*noiseVec.a;        //修改当前的颜色
31        }
32        fragColor =color*ambient+color*specular+color*diffuse;//根据光照强度计算片元的最终颜色值
33     }
```

- 第 4～第 7 行为用于接收从顶点着色器传过来的环境光、散射光、镜面光和顶点位置等数据所用的输入变量。
- 第 10～第 15 行首先声明了木纹的亮暗颜色，再根据片元的位置折算出 3D 纹理坐标，并进行纹理采样获得噪声矢量，然后计算受 3D 柏林噪声纹理采样值影响后的位置，使年轮圆环的宽度以及到树木中央的距离发生一些变化。
- 第 16～第 17 行首先计算到木材年轮中心的距离，并使用缩放因子（即年轮频率）以实现在最终画面中显示更多或更少的年轮圆环。
- 第 18～第 23 行首先计算两种木纹颜色的混合因子并将其范围限制在[0,1]，然后通过对两种木纹颜色使用混合因子进行线性混合，得到基本的片元颜色。
- 第 24～第 32 行首先再次计算调整因子，接着通过调整因子修改了噪声值，然后根据调整因子的范围分别对基本颜色亮度进行了调整。其中，当调整因子大于等于 0.5 时基本颜色将变得更暗。最后根据顶点着色器传递过来的光照强度计算出了最终的片元颜色。

> **提示**　该片元着色器主要是实现木材由暗亮两种区域组成并且这些区域会在一个围绕中心轴的同心圆柱中交替变化，添加噪声使圆柱扭曲从而实现更为自然的外观（现实世界中的年轮就是同心圆受自然因素扭曲而成的）。同时使用高频纹理模式使其具有被锯掉的外观等，最终实现了渲染真实感很强的木头茶壶。另外要注意的是，本案例中使用的 3D 噪声数据是每个色彩通道一个单独的倍频程的，这在上述片元着色器第 19 行有所体现。

3.5 体积雾

本书上卷第 10 章中介绍过简单的雾特效，通过它可以模拟很多现实世界中与雾、烟等相关的场景。但是简单的雾特效也有一定的局限性，如在实现山中烟雾缭绕的效果时就比较假。这是由于简单的雾特效没有考虑到变化的情况，只是采用简单的与距离相关的公式计算雾浓度因子。

而现实世界中的山中雾气往往是随风变化的，并不是在所有的位置都遵循完全一致的雾浓度因子计算公式。本节将介绍一种能更好地模拟山岚烟云效果的雾特效技术——体积雾，通过它可以开发出非常真实的山中烟雾缭绕的效果。

3.5.1 基本原理

介绍具体的案例之前，首先需要了解本节案例实现体积雾的基本原理。体积雾实现的关键在于计算出每个待绘制片元的雾浓度因子，然后根据雾浓度因子、雾的颜色及片元本身采样的纹理

颜色计算出片元的最终颜色。

读者可能会有疑问：简单的雾特效采用的不也是这样的策略吗？确实如此，基本的大思路很类似，但体积雾雾浓度因子的计算模型不像简单的雾特效那样是一个简单呆板的公式，具体的计算策略如图 3-28 所示。

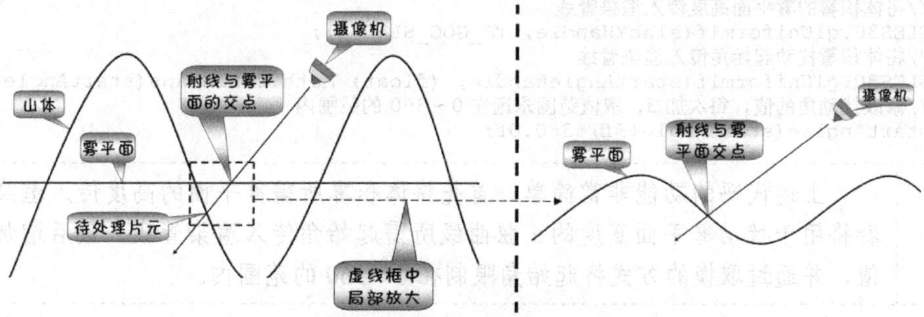

▲图 3–28　体积雾计算模型原理

从图 3-28 中可以看出，体积雾具体的计算策略如下（此计算由片元着色器完成）：

- 首先通过当前待处理片元的位置与摄像机的位置确定一根射线，并求出射线与雾平面的交点位置。
- 若上述交点在雾平面以下，则求出交点到待处理片元位置的距离。
- 根据此距离的大小求出雾浓度因子，距离越大雾越浓。

提示　为了进一步增加真实感，实际案例中的雾平面并不是一个完全的平面，而是加入了正弦函数的高度扰动使得雾平面看起来有波动效果，如图 3-28 中右侧所示。

3.5.2　开发步骤

了解了实现体积雾的基本原理后，接着可以了解本节案例的运行效果，具体运行情况如图 3-29 所示。

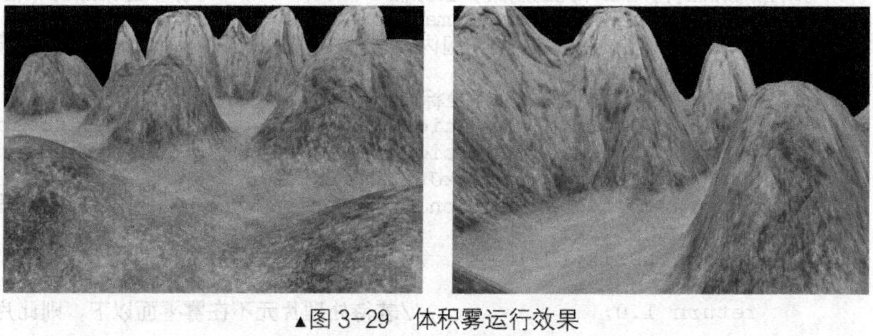

▲图 3–29　体积雾运行效果

从图 3-29 中可以看出，山间飘荡着黄色的雾气，似有似无，效果非常真实。但由于本书正文中的插图采用灰度印刷，而且图是静态的，因此强烈建议读者使用设备运行观察一下，那样才可以看到非常真实的效果。

了解了本节案例的运行效果后，下面介绍案例的具体开发。由于本案例中的大部分代码与上卷中介绍过程纹理地形时给出的案例非常类似，因此，这里仅给出本案例中最有代表性的部分，具体内容如下。

（1）观察过本节案例的运行效果后会发现，场景中的山间雾气并不是静止的，而是沿着起始角连续变化的正弦曲线飘动的。为了实现雾气飘动的效果，Mountion 类中的 drawSelf 方法将连续变化的起始角在绘制每帧画面前传入渲染管线。此起始角与用于扰动雾平面高度的正弦曲线对应，相关代码如下。

代码位置：源代码/第 3 章/Sample3_13/src/com/bn/Sample3_13 目录下的 Mountion.java。

```
//将体积雾的雾平面高度传入渲染管线
GLES30.glUniform1f(slabYHandle, TJ_GOG_SLAB_Y);
//将体积雾扰动起始角传入渲染管线
GLES30.glUniform1f(startAngleHandle, (float) Math.toRadians(startAngle));
//修改扰动角的值，每次加 3，取值范围永远在 0～360 的范围内
startAngle=(startAngle+3f)%360.0f;
```

提示　上述代码的功能非常简单，首先将体积雾所需雾平面的高度传入渲染管线，接着将用于扰动雾平面高度的正弦曲线所需起始角传入渲染管线。最后增加起始角的值，并通过取模的方式将起始角限制在 0～360 的范围内。

（2）上一小节通过图 3-28 给出了体积雾计算模型的基本原理，也提到过此计算是由片元着色器完成的，下面就给出实现此计算的片元着色器的详细代码，具体内容如下。

代码位置：源代码/第 3 章/Sample3_13/src/com/bn/Sample3_13 目录下的 frag.sh。

```
#version 300 es
precision mediump float;                     //给出默认的浮点精度
in vec2 vTextureCoord;                       //接收从顶点着色器传过来的纹理坐标
in float currY;                              //接收从顶点着色器传过来的 y 坐标
in vec4 pLocation;                           //接收从顶点着色器传过来的顶点坐标
uniform float slabY;                         //体积雾对应雾平面的高度
uniform float startAngle;                    //扰动起始角
uniform vec3 uCamaraLocation;                //摄像机位置
uniform sampler2D sTextureGrass;             //纹理内容数据（草皮）
 uniform sampler2D sTextureRock;             //纹理内容数据（岩石）
 uniform float landStartY;                   //过程纹理起始 y 坐标
 uniform float landYSpan;                    //过程纹理跨度
 out vec4 fragColor;                         //输出到片元的颜色
 float tjFogCal(vec4 pLocation){             //计算体积雾浓度因子的方法
      float xAngle=pLocation.x/16.0*3.1415926;          //计算顶点 x 坐标折算出的角度
      float zAngle=pLocation.z/20.0*3.1415926;          //计算顶点 z 坐标折算出的角度
      float slabYFactor=sin(xAngle+zAngle+startAngle);//联合起始角计算角度和的正弦值
      //求从摄像机到待处理片元的射线参数方程 Pc+(Pp-Pc)t 与雾平面交点的 t 值
      float t=(slabY+slabYFactor-uCamaraLocation.y)/(pLocation.y-uCamaraLocation.y);
      //有效的 t 的范围应该在 0～1 的范围内，若不在范围内，表示待处理片元不在雾平面以下
      if(t>0.0&&t<1.0){                                  //若在有效范围内则
           //求出射线与雾平面的交点坐标
           float xJD=uCamaraLocation.x+(pLocation.x-uCamaraLocation.x)*t;
           float zJD=uCamaraLocation.z+(pLocation.z-uCamaraLocation.z)*t;
           vec3 locationJD=vec3(xJD,slabY,zJD);
           float L=distance(locationJD,pLocation.xyz);//求出交点到待处理片元位置的距离
           float L0=10.0;
           return L0/(L+L0);          //计算体积雾的雾浓度因子
      }else{
           return 1.0;                //若待处理片元不在雾平面以下，则此片元不受雾影响
 }}
 void main(){
      vec4 gColor=texture(sTextureGrass, vTextureCoord);    //从草皮纹理中采样出颜色
      vec4 rColor=texture(sTextureRock, vTextureCoord);     //从岩石纹理中采样出颜色
      vec4 finalColor;                                      //片元最终颜色
      if(currY<landStartY){
           finalColor=gColor;   //当片元 y 坐标小于过程纹理起始 y 坐标时采用草皮纹理
      }else if(currY>landStartY+landYSpan){
           finalColor=rColor;   //当片元 y 坐标大于过程纹理起始 y 坐标加跨度时采用岩石纹理
      }else{                    //当片元 y 坐标在过程纹理范围内时将草皮和岩石混合
           float currYRatio=(currY-landStartY)/landYSpan;//计算岩石纹理所占的百分比
           //将岩石、草皮纹理颜色按比例混合
           finalColor= currYRatio*rColor+(1.0- currYRatio)*gColor;
```

```
44    }
45    float fogFactor=tjFogCal(pLocation);//计算雾浓度因子
46    //根据雾浓度因子、雾的颜色及片元本身采样的纹理颜色计算出片元的最终颜色
47    fragColor=fogFactor*finalColor+(1.0-fogFactor)*vec4(0.9765,0.7490,0.0549,0.0);
48 }
```

- 第 14～第 31 行为本案例中最有代表性的、根据传入着色器的参数计算体积雾浓度因子的 tjFogCal 方法。此方法首先根据起始角和对应片元位置折算出的角度计算出一个正弦值，然后将此正弦值加上雾平面的高度作为扰动后的雾平面高度。然后计算从摄像机到待处理片元的射线对应的参数方程（摄像机位置+(待处理片元位置-摄像机位置)*t）与扰动后雾平面交点处的参数值（t 值）。若 t 值在 0～1 的范围内（表示待处理片元在雾平面以下），则根据待处理片元的位置到交点的距离计算雾浓度因子的大小。
- 第 32～第 48 行为片元着色器的 main 方法，其中首先执行了过程纹理计算，根据片元高度计算出了待处理片元的纹理采样颜色值。然后计算出体积雾浓度因子，最后根据雾浓度因子、雾的颜色及片元本身的纹理采样颜色计算出片元的最终颜色值。

到这里为止，体积雾技术就介绍完了，经过上面的介绍读者可能已经发现体积雾并不是实际存在的 3D 模型，只是在应该被雾覆盖的片元上通过某种计算模型的计算混合了雾的颜色，最后造成了有雾覆盖的效果。体积雾的实际计算模型有很多，本节只给出了比较简单的一种。读者可以根据具体需要以及本节介绍的体积雾的思想，开发效果更加真实和酷炫的体积雾计算模型。

3.6 粒子系统火焰的开发

很多游戏场景中会采用火焰或烟雾等作为点缀，以增强场景的真实性与吸引力。而目前最流行的实现火焰、烟雾等效果的技术就是粒子系统技术，本节将向读者介绍如何利用粒子系统开发非常真实酷炫的火焰与烟雾特效。

3.6.1 火焰的基本原理

用粒子系统实现火焰效果的基本思想非常简单，将火焰看成是由一系列运动的粒子叠加而成。系统定时在固定的区域内生成新粒子，粒子生成后不断按照一定的规律运动并改变自身的颜色。当粒子运动满足一定的条件后，粒子消亡。对单个粒子而言，其生命期过程如图 3-30 所示。

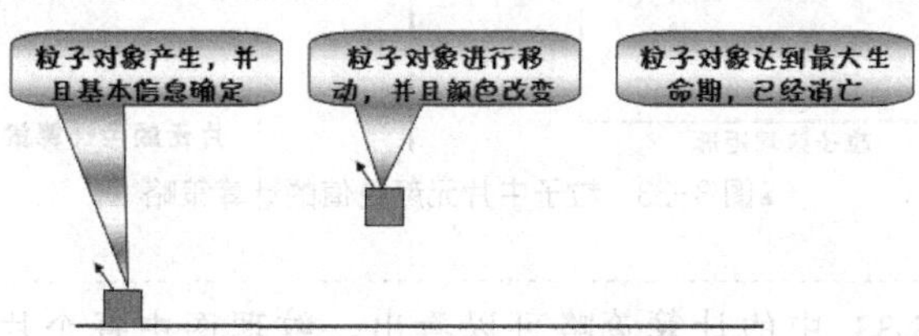

▲图 3-30　粒子对象的生命过程

读者可能会觉得，是不是过于简单了，这样就可以产生游戏场景中真实的火焰效果吗？当然，如果系统中同时存在的粒子数量很少，则模拟的火焰效果并不像。但如果有大量的粒子同时存在，而开发人员又给予了粒子合适的初始位置、运动速度、起始颜色、终止颜色、尺寸、最大生命期等特性，就可以模拟出非常真实的火焰效果。

> **说明**　在实际粒子系统的开发中，开发人员根据目标特效的需求给出合适的各项粒子特性，就可以真实地模拟出火焰、烟雾、爆炸等不同的效果。

了解了粒子系统的基本思想后，下面介绍本节案例中采用的具体策略，具体内容如下。

- 每个粒子本质上是一个较小的纹理矩形，采用的纹理图中不完全透明区域的形状确定了粒子的基本形状。随不完全透明部分所占区域形状的不同，实现的粒子可以为任何形状，如星形、六边形等。本节案例中实际采用的是圆形，如图 3-31 所示。
- 粒子一般不是在固定的位置生成，而是在指定的区域内随机选择位置生成。对于本节火焰效果的案例而言，随机生成粒子的区域是火焰下方的一个矩形区域，如图 3-32 所示。

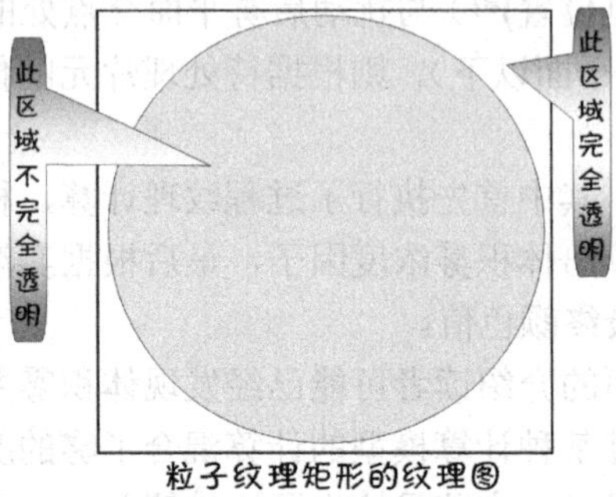

▲图 3-31　粒子纹理矩形的纹理图

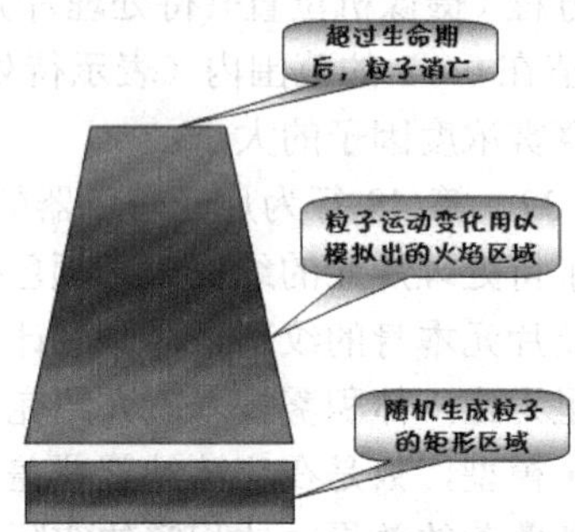

▲图 3-32　粒子生命周期中的运动区域

- 由于需要模拟的火焰整体形状下方宽，上方窄，因此生成粒子的速度方向应该是偏向中心轴线的，也就是在左侧生成的粒子速度方向偏右，在右侧生成的粒子速度方向偏左。
- 粒子运动过程中不但位置需要发生变化，颜色也需要根据一定的规则变化。本节案例采用的粒子颜色变化策略是，着色器接收渲染管线传入的起始颜色、终止颜色、总衰减因子。然后根据当前片元距离粒子纹理矩形中心点的距离、总衰减因子、片元纹理采样颜色的透明度通道值、起始/终止颜色计算出当前片元的颜色，如图 3-33 所示。

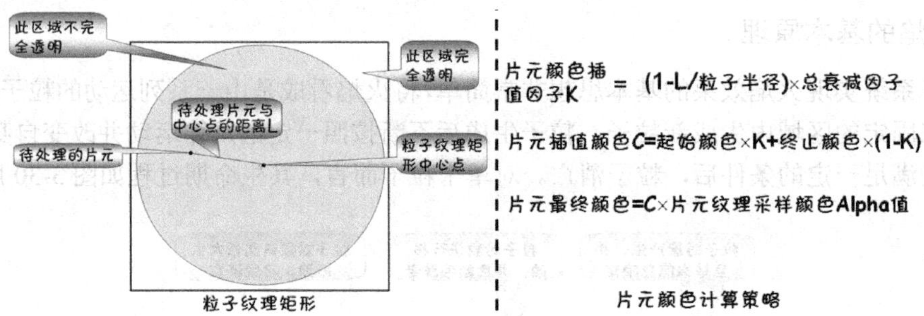

▲图 3-33　粒子中片元颜色值的计算策略

> **说明**　从图 3-33 中的计算策略可以看出，纹理图中每个片元的颜色仅仅是透明度(alpha)色彩通道起作用。因此，纹理图中完全透明的位置对应到粒子中的相应位置也是完全透明的，这样纹理图就起到了充当粒子形状模板的作用。在实际开发中根据目标特效的需要，可以选择不完全透明区域是任何所需形状的纹理图，而且不完全透明区域的透明度一般也是渐变的，这样可以产生更加平滑的效果。

- 总衰减因子由顶点着色器计算并传入片元着色器中参与片元最终颜色值的计算，且本节案例中采用的总衰减因子计算策略很简单，粒子存在的生命期越长，总衰减因子值越小，计算公式为"(最大允许生命期−当前粒子生命期)/最大允许生命期"。
- 从片元颜色变化规律来说，总衰减因子越小，片元颜色越接近终止颜色，反之，则越接近起始颜色。同时随片元位置离粒子中心点距离的增加，片元颜色也越接近终止颜色，反之则越接近起始颜色。

3.6.2 普通版火焰

上一小节介绍了用粒子系统实现火焰效果的基本原理，本小节将基于上一小节介绍的原理给出一个简单的案例 Sample3_14。该案例中的每个粒子实质上用一个纹理矩形渲染，每个纹理矩形包含两个三角形，共 6 个顶点。绘制方式采用的是 GL_TRIANGLES，其运行效果如图 3-34 所示。

▲图 3-34　案例 Sample3_14 的运行效果

说明　从图 3-34 中可以看出，场景中有 4 个火盆，每个火盆中都有一个粒子系统实现的火焰。但由于 4 个火焰粒子系统所采用的参数值不同，实际呈现情况有火焰效果也有烟雾效果。由于插图采用灰度印刷，可能看起来效果不是很清晰，建议读者采用真机设备运行本案例进行观察体会。

了解了本小节案例的运行效果后，就可以进行案例的开发了。由于本案例中的一些代码和前面章节很多案例中的代码非常相似，因此这里仅给出本案例中最有代表性的部分，主要包括火焰粒子系统的总控制类 ParticleSystem、封装粒子特性数据的常量类 ParticleDataConstant 等，具体内容如下。

（1）首先介绍火焰粒子系统的总控制类 ParticleSystem，在该类中主要实现了对所有粒子位置的计算以及该位置所对应的 6 个顶点坐标值的计算，同时还实现了定时更新粒子位置以及根据摄像机位置计算火焰朝向等，其具体代码如下。

代码位置：源代码/第 3 章/Sample3_14/src/com/bn/Sample3_14 目录下的 ParticleSystem.java。

```
package com.bn.Sample3_14;                                    //声明包
……//此处省略了一些导入类的代码，读者可自行查阅随书中的源代码
public class ParticleSystem implements Comparable<ParticleSystem>{
    ……//此处省略了一些成员变量定义的代码，读者可自行查阅随书中的源代码
    public ParticleSystem(float positionx,float positionz,ParticleForDraw fpfd,int count){
    //构造器
        this.positionX=positionx;          //初始化此粒子系统绘制位置的 x 坐标
        this.positionZ=positionz;          //初始化此粒子系统绘制位置的 y 坐标
        this.startColor=START_COLOR[CURR_INDEX];     //初始化粒子的起始颜色
        ……//此处省略了部分变量的初始化代码，读者可自行查阅随书中的源代码
        this.points=jsPoints(count);     //初始化所有粒子对应的顶点数据数组
        fpfd.initVertexData(points);     //调用初始化顶点坐标与纹理坐标数据的方法
        new Thread(){                    //创建粒子的更新线程
            public void run(){           //重写 run 方法
                while(flag){             //若标志位为 true
                    update();            //调用 update 方法更新粒子状态
                    try{
                        Thread.sleep(sleepSpan);      //休眠一定的时间
                    }catch (InterruptedException e){
                        e.printStackTrace();          //打印异常信息
        }}}}.start();                                 //启动线程
```

```
21      }
22      ……//此处省略了用于初始化所有粒子对应的顶点数据的 initPoints 方法，将在后面的步骤中给出
23      public void drawSelf(int texId){              //绘制此粒子系统中所有粒子的方法
24           GLES30.glDisable(GLES30.GL_DEPTH_TEST);      //关闭深度检测
25           GLES30.glEnable(GLES30.GL_BLEND);            //开启混合
26           GLES30.glBlendEquation(blendFunc);           //设置混合方式
27           GLES30.glBlendFunc(srcBlend,dstBlend);       //设置混合因子
28           MatrixState.translate(positionX, 1, positionZ); //执行平移变换
29           MatrixState.rotate(yAngle, 0, 1, 0);             //执行旋转变换
30           MatrixState.pushMatrix();                        //保护现场
31           fpfd.drawSelf(texId,startColor,endColor,maxLifeSpan);   //绘制粒子群
32           MatrixState.popMatrix();                         //恢复现场
33           GLES30.glEnable(GLES30.GL_DEPTH_TEST);           //开启深度检测
34           GLES30.glDisable(GLES30.GL_BLEND);               //关闭混合
35      }
36      ……//此处省略了更新粒子状态的 update 方法，将在后面的步骤中给出
37      ……//此处省略了重写的比较两个火焰离摄像机距离的方法，可自行查阅随书中的源代码
38  }
```

- 第 6～第 11 行初始化此粒子系统中一系列成员变量，以及这些成员变量用于存储对应粒子系统的各项属性信息。然后初始化所有粒子对应的顶点数据数组后再调用 ParticleForDraw 类中的 initVertexData 方法来准备所有粒子的顶点坐标与纹理坐标数据。
- 第 12～第 20 行创建并启动了一个定时更新粒子系统状态的线程，它定时调用更新粒子状态的 update 方法，此方法将在稍后详细介绍。
- 第 23～第 35 行为绘制此粒子系统中所有粒子的 drawSelf 方法，该方法主要实现了绘制所有粒子的功能。其详细步骤为：先关闭深度检测、开启混合、设置混合方法及混合因子，再执行平移变换、旋转变换、保护现场、绘制所有粒子，最后恢复现场、开启深度检测以及关闭混合。

提示 由于本案例中粒子系统产生的特效实际是 2D 的，因此在绘制粒子系统之前需要执行相应的旋转变换，将粒子系统旋转到正对摄像机的角度。这实际上用到了本书上卷所介绍的标志板技术，有需要的读者可以参考本书上卷中的相关内容。

（2）接下来给出前面介绍 ParticleSystem 类时省略的 initPoints 方法。该方法主要负责计算所有粒子对应的顶点数据，且该顶点数据将被绘制类 ParticleForDraw 使用。同时，每个粒子对应 6 个顶点(两个三角形)，每个顶点包括 4 个属性值（x、y、vx、当前生命期），其具体代码如下。

代码位置：源代码/第 3 章/Sample3_14/src/com/bn/Sample3_14 目录下的 ParticleSystem.java。

```
public float[] initPoints (int zcount){          //初始化所有粒子对应的顶点数据的方法
    //临时存放顶点数据的数组——每个粒子对应 6 个顶点，每个顶点包含 4 个属性值
    float[] points=new float[zcount*4*6];
    for(int i=0;i<zcount;i++){                    //循环遍历每个粒子
        float px=(float)(sx+xRange*(Math.random()*2-1.0f));//计算粒子位置的 x 坐标
        float py=(float)(sy+yRange*(Math.random()*2-1.0f));//计算粒子位置的 y 坐标
        float vx=(sx-px)/150;                     //计算粒子的 x 方向的运动速度
        points[i*4*6]=px-halfSize/2;              //粒子对应的第一个点的 x 坐标
        points[i*4*6+1]=py+halfSize/2;            //粒子对应的第一个点的 y 坐标
        points[i*4*6+2]=vx;                       //粒子对应的第一个点的 x 方向运动速度
        points[i*4*6+3]=10.0f;//粒子对应的第一个点的当前生命期——10 代表粒子处于未激活状态
        ……//此处省略了计算剩下 5 个顶点数据的代码，读者可自行查阅随书中的源代码
    }
    for(int j=0;j<groupCount;j++){ //循环遍历第一批粒子
       points[4*j*6+3]=lifeSpanStep; //设置粒子第 1 个点的生命期，不为 10 表示粒子处于活跃状态
       points[4*j*6+7]=lifeSpanStep; //设置粒子第 2 个点的生命期，不为 10 表示粒子处于活跃状态
       points[4*j*6+11]=lifeSpanStep;//设置粒子第 3 个点的生命期，不为 10 表示粒子处于活跃状态
       points[4*j*6+15]=lifeSpanStep;//设置粒子第 4 个点的生命期，不为 10 表示粒子处于活跃状态
       points[4*j*6+19]=lifeSpanStep;//设置粒子第 5 个点的生命期，不为 10 表示粒子处于活跃状态
       points[4*j*6+23]=lifeSpanStep;//设置粒子第 6 个点的生命期，不为 10 表示粒子处于活跃状态
    }
    return points;                     //返回顶点数据数组
}
```

❑ 第 4～第 13 行遍历每个粒子，随机计算出每个粒子的发射位置 XY 坐标、X 方向运动速度，然后推导出单个粒子对应的 6 个顶点的 4 项属性数据并存入数组。从第 4～第 13 行代码中可以看出，粒子的初始位置在指定的中心点位置附近随机产生。同时由于期望的火焰是向上逐渐收窄的，因此根据粒子初始位置偏离中心位置 x 坐标的差值确定粒子 x 方向的速度。总的来说 x 方向速度指向中心点，速度大小与偏离中心点的距离线性相关，偏离越远，速度越大。另外一开始粒子的生命期值为 10，表示粒子是非活跃粒子。

❑ 第 14～第 21 行遍历了第一批要发射的各个粒子，将这些粒子的生命期设置为生命期步进值，将粒子激活。从后面的片元着色器中可以看到，当粒子生命期为 10.0 时，表示粒子处于未激活状态，是不会被绘制出来的；当粒子生命期不为 10.0 时，表示粒子处于活跃状态，会被绘制出来。

（3）接着给出前面介绍 ParticleSystem 类时省略的用于定时更新粒子状态的 update 方法，该方法主要负责更新整个粒子系统中所有粒子的基本属性值，其具体代码如下。

代码位置：源代码/第 3 章/Sample3_14/src/com/bn/Sample3_14 目录下的 ParticleSystem.java。

```
1    int count=1;                        //激活粒子的索引计数器（update 方法相关成员变量）
2    public void update(){               //更新粒子状态的方法
3        if(count>=(points.length/groupCount/4/6)){          //计数器值超过总粒子数时
4            count=0;                                         //重新计数
5        }
6        for(int i=0;i<points.length/4/6;i++){                //循环遍历所有粒子
7            if(points[i*4*6+3]!=10.0f){                      //当前为活跃粒子时
8                points[i*4*6+3]+=lifeSpanStep;               //计算当前生命期
9                ……//此处省略了计算剩下 5 个顶点当前生命期的代码，读者可自行查阅随书中的源代码
10               if(points[i*4*6+3]>this.maxLifeSpan){//当前生命期大于最大生命期时
11                   float px=(float)(sx+xRange*(Math.random()*2-1.0f));
                     //计算粒子下一轮起始位置 x 坐标
12                   float py=(float)(sy+yRange*(Math.random()*2-1.0f));
                     //计算粒子下一轮起始位置 y 坐标
13                   float vx=(sx-px)/150;                   //计算粒子下一轮 x 方向的速度
14                   points[i*4*6]=px-halfSize/2;            //粒子对应的第一个顶点的 x 坐标
15                   points[i*4*6+1]=py+halfSize/2;          //粒子对应的第一个顶点的 y 坐标
16                   points[i*4*6+2]=vx;            //粒子对应的第一个顶点的 x 方向运动速度
17                   points[i*4*6+3]=10.0f;         //粒子对应的第一个顶点的当前生命期
18                   ……//此处省略了剩下 5 个顶点数据的生成代码，读者可查阅随书中的源代码
19               }else{              //生命期小于最大生命期时——计算粒子的下一位置坐标
20                   points[i*4*6]+=points[i*4*6+2];//计算粒子对应的第一个顶点的 x 坐标
21                   points[i*4*6+1]+=vy;           //计算粒子对应的第一个顶点的 y 坐标
22                   ……//此处省略了剩下 5 个顶点位置计算的代码，读者可查阅随书中的源代码
23       }}}
24       for(int i=0;i<groupCount;i++){          //循环发射一批激活计数器所指定索引的粒子
25           if(points[groupCount*count*4*6+4*i*6+3]==10.0f){//如果粒子处于未激活状态时
26               //激活粒子——设置粒子当前的生命期值
27               points[groupCount*count*4*6+4*i*6+3]=lifeSpanStep;
28               ……//此处省略了激活剩下 5 个顶点的代码，读者可自行查阅随书中的源代码
29       }}
30       synchronized(lock){//加锁——防止在更新顶点坐标数据时，绘制线程将顶点坐标数据送入渲染管线
31           fpfd.updatVertexData(points);            //调用更新顶点坐标数据缓冲的方法
32       }
33       count++;                                      //下次激活粒子的索引
34   }
```

❑ 第 6～第 23 行循环遍历所有的粒子，判断当前粒子是否处于活跃状态，若是，则重新计算粒子的生命期值，再判断该粒子的生命期是否大于最大生命期，若是，则重新设置该粒子的基本属性值（所有属性值置为下一轮的初始值）；若不是，则计算粒子的下一位置坐标值。

❑ 第 24～第 29 行循环遍历一批粒子，并根据激活粒子的索引计数器的值来计算当前所要激活的粒子，判断该粒子是否处于未激活状态，若是，则激活该粒子。

❑ 第 30～第 32 行首先加锁，然后调用 ParticleForDraw 类中的 updatVertexData 方法来更新顶点坐标数据缓冲。

提示　第 30 行加锁的原因是，由于顶点坐标数据在 ParticleSystem 类的粒子更新线程中定时被更新，而顶点坐标数据也在 ParticleForDraw 类的绘制方法中被使用，由绘制线程传入渲染管线进行粒子的绘制。因此，为了避免两个线程同时调用同一资源，需要加锁解决冲突问题。同时读者会问，这样直接加锁不会影响并行效率吗？一般临界区大的情况下，是会影响并行效率。但在本案例中由于加锁区域涉及的任务很少，执行的时间也很短（也就是临界区小），使得两个线程几乎不受影响，因此基本不影响并行效率。

（4）从前面的图 3-34 中可以看出，本案例中火焰有 4 种不同的效果。同时前面介绍基本原理时也提到过，在实际粒子系统的开发中，开发人员需要根据目标特效的需求给出合适的各项粒子特性，才可以真实地模拟出火焰、烟雾、爆炸等不同的效果。因此，为了使用方便，本案例中将 4 种不同效果需要的特性参数数据封装进一个常量类 ParticleDataConstant 中，其具体代码如下。

代码位置：源代码/第 3 章/Sample3_14/src/com/bn/Sample3_14 目录下的 ParticleDataConstant.java。

```
package com.bn.Sample3_14;                              //声明包
import android.opengl.GLES30;                           //相关类的引用
public class ParticleDataConstant{
        ……//此处省略部分成员变量的声明，读者可自行查阅随书中的源代码
        public static final float[][] START_COLOR={          //粒子起始颜色
              {0.7569f,0.2471f,0.1176f,1.0f},                  //0——普通火焰
              {0.7569f,0.2471f,0.1176f,1.0f},                  //1——白亮火焰
              {0.6f,0.6f,0.6f,1.0f},                           //2——普通烟
              {0.6f,0.6f,0.6f,1.0f},                           //3——纯黑烟
        };
        public static final float[][] END_COLOR={         //粒子终止颜色
              {0.0f,0.0f,0.0f,0.0f},{0.0f,0.0f,0.0f,0.0f},//0——普通火焰，1——白亮火焰
              {0.0f,0.0f,0.0f,0.0f},{0.0f,0.0f,0.0f,0.0f},//2——普通烟，3——纯黑烟
        };
        public static final int[] SRC_BLEND={             //源混合因子
             GLES30.GL_SRC_ALPHA,GLES30.GL_ONE,           //0——普通火焰，1——白亮火焰
             GLES30.GL_SRC_ALPHA,GLES30.GL_ONE,           //2——普通烟，3——纯黑烟
        };
        public static final int[] DST_BLEND={          //目标混合因子
          GLES30.GL_ONE,GLES30.GL_ONE,                 //0——普通火焰，1——白亮火焰
          GLES30.GL_ONE_MINUS_SRC_ALPHA,GLES30.GL_ONE,       //2——普通烟，3——纯黑烟
        };
        public static final int[] BLEND_FUNC={        //混合方式
          GLES30.GL_FUNC_ADD,GLES30.GL_FUNC_ADD, //0——普通火焰，1——白亮火焰
          GLES30.GL_FUNC_ADD,GLES30.GL_FUNC_REVERSE_SUBTRACT, //2——普通烟,3——纯黑烟
        };
        public static final int[] COUNT={340,340,99,99,};           //总粒子数
        public static final float[] RADIS={0.5f,0.5f,0.8f,0.8f,};   //单个粒子半径
        public static final float[] MAX_LIFE_SPAN={5.0f,5.0f,6.0f,6.0f,}; //粒子最大生命期
        public static final float[] LIFE_SPAN_STEP={0.07f,0.07f,0.07f,0.07f,};
        //粒子生命期步进
        public static final float[] X_RANGE={0.5f,0.5f,0.5f,0.5f,};//粒子发射的x左右范围
        public static final float[] Y_RANGE={0.3f,0.3f,0.15f,0.15f,};//粒子发射的y上下范围
        public static final int[] GROUP_COUNT={4,4,1,1,};              //每批激活的粒子数量
        public static final float[] VY={0.05f,0.05f,0.04f,0.04f,};//粒子y方向升腾的速度
        public static final int[] THREAD_SLEEP={60,60,30,30,};//粒子更新物理线程的休眠时间(ms)
    }
```

❑ 本案例中一共有 4 种粒子特效，每一种粒子特效系统中采用的各项参数是不同的，具体包括起始颜色、终止颜色、混合因子、混合方式、最大允许生命期、粒子发射的 x 左右范围、每批激活的粒子数量以及粒子 y 方向升腾的速度等。

❑ 混合方式以及混合因子的基础知识，在本书上卷中已经详细介绍过，有需要的读者可以查阅本书上卷中的相关内容，这里就不再赘述了。

（5）介绍完了 ParticleDataConstant 类后，下面介绍用于绘制粒子群的 ParticleForDraw 类。该类中的大部分代码和前面章节案例中的绘制类代码非常相似，因此这里仅详细介绍本类中最有代

表性的代码，具体内容如下。

代码位置：源代码/第 3 章/Sample3_14/src/com/bn/Sample3_14 目录下的 ParticleForDraw.java。

```
1   package com.bn.Sample3_14;                                      //声明包
2   ……//此处省略了导入一些相关类的代码，读者可自行查阅随书中的源代码
3   public class ParticleForDraw{
4       ……//此处省略了一些成员变量定义的代码，读者可自行查阅随书中的源代码
5       public ParticleForDraw(MySurfaceView mv,float halfSize){     //构造器
6           this.halfSize=halfSize;                                 //初始化粒子半径
7           initShader(mv);                                         //初始化着色器
8       }
9       public void updatVertexData(float[] points){                //更新顶点坐标数据缓冲的方法
10          mVertexBuffer.clear();                                  //清空顶点坐标数据缓冲
11          mVertexBuffer.put(points);                              //向缓冲区中放入顶点坐标数据
12          mVertexBuffer.position(0);                              //设置缓冲区起始位置
13      }
14      ……//此处省略了 initVertexData 方法，读者可自行查阅随书中的源代码
15      ……//此处省略了初始化着色器的方法，读者可自行查阅随书中的源代码
16      public void drawSelf(int texId,float[] startColor,float[] endColor,float maxLifeSpan){
17       ……//此处省略了部分非本案例特色代码，读者可自行查阅随书中的源代码
18       synchronized(lock){//加锁——防止将顶点坐标数据送入渲染管线时，其他线程更新顶点坐标数据
19         GLES30.glVertexAttribPointer(            //将顶点坐标数据送入渲染管线
20          maPositionHandle,4,GLES30.GL_FLOAT,false,4*4,mVertexBuffer);
21         GLES30.glDrawArrays(GLES30.GL_TRIANGLES, 0, vCount);     //执行绘制
22  }}}
```

- 第 9～第 13 行为更新顶点坐标数据缓冲的 updatVertexData 方法，在该方法中先清空顶点坐标数据缓冲，再向缓冲区中放入最新的顶点数据，最后设置缓冲区起始位置为 0。另外，该方法将在 ParticleSystem 类的 update 方法中加锁被调用。
- 第 14 行的初始化顶点坐标数据和纹理坐标数据的 initVertexData 方法将在 ParticleSystem 类的构造器中被调用，且只被调用一次。
- 第 18～第 22 行首先加锁，然后将顶点坐标数据送入渲染管线，并执行绘制。其中加锁的目的在前面的步骤（3）中已经详细介绍过。

（6）介绍完 Java 代码的开发后，接下来详细介绍本案例中的着色器。本案例中有 2 套着色器，一套用于绘制场景中的非粒子系统普通物体，另一套用于绘制粒子系统。用于绘制场景中的非粒子系统普通物体的着色器与本书前面很多案例中的基本相同，这里不再赘述。下面仅介绍用于绘制粒子系统的着色器，首先是顶点着色器，其具体代码如下。

代码位置：源代码/第 3 章/Sample3_14/assets 目录下的 vertex.sh。

```
1   #version 300 es
2   uniform mat4 uMVPMatrix;                    //总变换矩阵
3   uniform float maxLifeSpan;                  //最大允许生命期
4   in vec4 aPosition;                          //从渲染管线接收的顶点位置属性
5   in vec2 aTexCoor;                           //从渲染管线接收的纹理坐标
6   out vec2 vTextureCoord;                     //用于传递给片元着色器的纹理坐标
7   out vec4 vPosition;                         //用于传递给片元着色器的顶点位置属性
8   out float sjFactor;                         //用于传递给片元着色器的总衰减因子
9   void main(){                                //主函数
10      gl_Position = uMVPMatrix * vec4(aPosition.x,aPosition.y,0.0,1);//计算顶点的最终绘制位置
11      vTextureCoord = aTexCoor;               //将接收的纹理坐标传递给片元着色器
12      //计算顶点位置属性，并将其传递给片元着色器
13      vPosition=vec4(aPosition.x,aPosition.y,0.0,aPosition.w);
14      //计算总衰减因子，并将其传递给片元着色器
15      sjFactor=(maxLifeSpan-aPosition.w)/maxLifeSpan;
16  }
```

- 第 13 行为根据从渲染管线接收的顶点位置属性（aPosition）计算要传递给片元着色器的顶点位置属性（vPosition），其中 aPosition 中包括顶点位置的 x、y 坐标值，顶点 x 方向的运动速度以及当前生命期值；而 vPosition 中包括顶点位置的 x、y、z 坐标值以及当前生命期值。
- 第 15 行为根据当前生命期值与最大允许生命期值计算要传递给片元着色器的总衰减因子。并

且从该行代码中可以看出，随着粒子生命期的增加，总衰减因子逐渐减小，直至为 0。结合上一小节介绍的片元颜色变化规律可以看出，随着粒子生命期的增加，片元的颜色逐渐接近于终止颜色。

（7）介绍完用于绘制粒子系统的顶点着色器后，下面将给出对应的片元着色器。该片元着色器主要实现了控制粒子颜色随着粒子生命期的变化而改变的功能，其具体代码如下。

代码位置：源代码/第 3 章/Sample3_14/assets 目录下的 frag.sh。

```
#version 300 es
precision mediump float;                //给出默认浮点精度
uniform vec4 startColor;                //起始颜色
uniform vec4 endColor;                  //终止颜色
uniform float bj;                       //纹理矩形半径
uniform sampler2D sTexture;             //纹理内容数据
in vec2 vTextureCoord;                  //接收从顶点着色器传过来的纹理坐标
in vec4 vPosition;                      //接收从顶点着色器传过来的片元位置属性
in float sjFactor;                      //接收从顶点着色器传过来的总衰减因子
 out vec4 fragColor;                    //输出的片元颜色
 void main(){                           //主函数
      if(vPosition.w==10.0){            //该片元的生命期为 10.0 时，处于未激活状态，不绘制
           fragColor=vec4(0.0,0.0,0.0,0.0);    //舍弃此片元(片元的透明度为 0 则看不见)
      }else{                            //该片元的生命期不为 10.0 时，处于活跃状态，绘制
           vec4 colorTL = texture(sTexture, vTextureCoord);     //进行纹理采样
           vec4 colorT;                 //颜色变量
           float disT=distance(vPosition.xyz,vec3(0.0,0.0,0.0));
           //计算当前片元与对应粒子中心点的距离
           float tampFactor=(1.0-disT/bj)*sjFactor;     //计算片元颜色的插值因子
           vec4 factor4=vec4(tampFactor,tampFactor,tampFactor,tampFactor);
           colorT=clamp(factor4,endColor,startColor);//在起始颜色与终止颜色间进行插值
           colorT=colorT*colorTL.a;               //结合采样出的透明度计算最终颜色
           fragColor=colorT;                      //将计算出来的片元颜色传给渲染管线
}}
```

说明　该片元着色器实现了图 3-33 中给出的粒子中片元颜色值的计算策略，主体思想就是在计算出片元颜色的插值因子后，通过在起始颜色与终止颜色间进行线性插值，并结合纹理采样颜色的透明度得出最终的片元颜色。

3.6.3　点精灵版火焰

上一小节的案例中通过用纹理矩形渲染粒子点的方式呈现了火焰燃烧的场景，效果不错。但有一个明显的不足，每个粒子都需对应 6 个顶点（两个三角形），顶点计算时就相当于做了 6 倍的工作量，效率不高。因此本小节将对上一小节的案例进行升级，采用点精灵绘制技术（每个粒子点只需一个顶点）呈现火焰燃烧的场景，升级后的案例为 Sample3_15。

提示　点精灵的基本知识在本书上卷的第 7 章中已经详细介绍过，有需要的读者可以参考本书上卷第 7 章中的相关内容，这里不再介绍点精灵的基本知识。

本小节案例的运行效果与上一小节的案例完全相同，这里就不再展示。下面直接介绍本小节案例代码的开发。由于本案例仅仅是复制案例 Sample3_14 并进行修改，因此这里仅给出主要的修改步骤，具体内容如下。

（1）首先需要修改的是火焰粒子系统的总控制类 ParticleSystem，在该类中主要对初始化粒子顶点数据的 initPoints 方法和更新粒子状态的 update 方法进行了修改，都是将其每个粒子对应 6 个顶点改为每个粒子对应 1 个顶点，其具体代码如下。

代码位置：源代码/第 3 章/Sample3_15/src/com/bn/Sample3_15 目录下的 ParticleSystem.java。

```
package com.bn.Sample3_15;                              //声明包
……//此处省略了导入一些相关类的代码，读者可自行查阅随书中的源代码
```

```
3    public class ParticleSystem implements Comparable<ParticleSystem>{
4           ……//此处省略了一些成员变量定义的代码和构造器，读者可自行查阅随书中的源代码
5           public float[] initPoints(int zcount){            //初始化粒子顶点数据的方法
6           //临时存放顶点数据的数组——每个粒子对应 1 个顶点，每个顶点包含 4 个值
7                float[] points=new float[zcount*4];
8                for(int i=0;i<zcount;i++){                     //循环遍历所有粒子
9                      float px=(float)(sx+xRange*(Math.random()*2-1.0f));//计算粒子位置的 x 坐标
10                        float py=(float)(sy+yRange*(Math.random()*2-1.0f));
                          //计算粒子位置的 y 坐标
11                        float vx=(sx-px)/150;          //计算粒子的 x 方向运动速度
12                        points[i*4]=px;                //将粒子位置的 x 坐标存入 points 数组中
13                        points[i*4+1]=py;              //将粒子位置的 y 坐标存入 points 数组中
14                        points[i*4+2]=vx;              //将粒子 x 方向的速度存入 points 数组中
15                        points[i*4+3]=10.0f;           //将粒子的当前生命期存入 points 数组中
16               }
17                   ……//此处省略了部分代码，读者可自行查阅随书中的源代码
18        }
19            ……//此处省略了绘制方法，读者可自行查阅随书中的源代码
20            int count=1;                  //激活粒子的索引计数器（update 方法相关成员变量）
21            public void update(){        //更新粒子状态的方法
22                ……//此处省略了部分代码，读者可自行查阅随书中的源代码
23                for(int i=0;i<points.length/4;i++){                //循环遍历所有粒子
24                      if(points[i*4+3]!=10.0f){                     //当前为活跃粒子时
25                            points[i*4+3]+=lifeSpanStep;          //计算当前生命期
26                            if(points[i*4+3]>this.maxLifeSpan){//当前生命期大于最大生命期时
27                                  float px=(float)  (sx+xRange*(Math.random()*2-1.0f));
                                    //重新计算粒子下一轮
28                                  float py=(float)  (sy+yRange*(Math.random()*2-1.0f));
                                    //起始位置的 xy 坐标
29                                  float vx=(sx-px)/150;      //计算粒子 x 方向的速度
30                                  points[i*4]=px;   //将粒子位置的 x 坐标存入 points 数组中
31                                  points[i*4+1]=py;  //将粒子位置的 y 坐标存入 points 数组中
32                                  points[i*4+2]=vx;  //将粒子 x 方向的速度存入 points 数组中
33                                  points[i*4+3]=10.0f;//将粒子的当前生命期存入 points 数组中
34                            }else{    //当前生命期小于最大生命期时——计算粒子的下一位置坐标
35                                  points[i*4]+=points[i*4+2];  //计算粒子下一位置的 x 坐标
36                                  points[i*4+1]+=vy;      //计算粒子下一位置的 y 坐标
37                }}}
38                  ……//此处省略了部分代码，读者可自行查阅随书中的源代码
39            }
40        ……//此处省略了重写的比较两个火焰离摄像机距离的方法，请读者自行查阅随书中的源代码
41    }
```

❑ 第 5～第 18 行为初始化粒子顶点数据的 initPoints 方法，该方法与上一个案例不同的是，本方法中每个粒子所对应的顶点数由 6 变成 1，大大减少了顶点数，有助于提高渲染效率。

❑ 第 21～第 39 行为更新粒子状态的 update 方法，该方法与上一案例中主要不同的是，在该方法中循环遍历粒子更新粒子状态时，由一个粒子对应 6 组数据变成了对应 1 组数据，减少了计算量，提高了运行速率。

> **说明** 从上述两个方法的变化中都可看出，采用点精灵绘制技术不仅有助于提高渲染效率，而且也能减少一些重复性计算，以精简代码，同时还节省了存储空间。

（2）修改完火焰粒子系统的总控制类 ParticleSystem 后，接着需要修改的是用于绘制粒子群的 ParticleForDraw 类。在该类中主要是对初始化顶点数据的 initVertexData 方法和绘制方法 drawSelf 进行修改，具体代码如下。

代码位置：源代码/第 3 章/Sample3_15/src/com/bn/Sample3_15 目录下的 ParticleForDraw.java。

```
package com.bn.Sample3_15;                                    //声明包
……//此处省略了导入一些相关类的代码，读者可自行查阅随书中的源代码
public class ParticleForDraw{
     ……//此处省略了一些成员变量定义的代码，读者可自行查阅随书中的源代码
     ……//此处省略了构造器和 updatVertexData 方法，读者可自行查阅随书中的源代码
     public void initVertexData(float[] points){           //初始化顶点数据的方法
          vCount=points.length/4;                           //顶点个数
```

```
8         ByteBuffer vbb = ByteBuffer.allocateDirect(points.length*4);
          //创建顶点坐标数据缓冲
9         vbb.order(ByteOrder.nativeOrder());          //设置字节顺序
10        mVertexBuffer = vbb.asFloatBuffer();        //转换为 Float 型缓冲
11        mVertexBuffer.put(points);                  //向缓冲区中放入顶点坐标数据
12        mVertexBuffer.position(0);                  //设置缓冲区起始位置
13    }
14    ……//此处省略了初始化着色器的方法，读者可自行查阅随书中的源代码
15    public void drawSelf(int texId,float[] startColor,float[] endColor,float maxLifeSpan){
16        ……//此处省略了部分重复代码，读者可自行查阅随书中的源代码
17        //将摄像机位置传入渲染管线
18        GLES30.glUniform3f(muCameraPosition,MatrixState.cx, MatrixState.cy,
          MatrixState.cz);
19        //将基本变换的总矩阵传入渲染管线
20        GLES30.glUniformMatrix4fv(muMMatrix, 1, false, MatrixState.getMMatrix(), 0);
21        ……//此处省略了部分代码，读者可自行查阅随书中的源代码
22        synchronized(lock){//加锁——防止在将顶点坐标数据送入渲染管线时，其他线程更新顶点坐标数据
23            GLES30.glVertexAttribPointer(     //将顶点坐标数据送入渲染管线
24                maPositionHandle,4,GLES30.GL_FLOAT,false,4*4,mVertexBuffer
25            );
26            GLES30.glDrawArrays(GLES30.GL_POINTS, 0, vCount);       //执行绘制
27    }}}
```

- 第 6～第 13 行为初始化顶点数据的 initVertexData 方法，该方法与上一个案例不同的是，本方法中没有初始化顶点纹理坐标数据的代码。
- 第 15～第 27 行为绘制方法 drawSelf。对该方法的修改是，在第 17～第 20 行新增了几个传入渲染管线的变量，且这些变量将用于在顶点着色器中计算顶点到摄像机的距离。第 26 行为使用 GLES30.GL_POINTS 类型进行绘制，由原来的三角形绘制方式变成了点绘制方式，提高了渲染效率。

（3）修改完 ParticleForDraw 类后，需要对案例中的顶点着色器进行修改，具体代码如下。

代码位置：源代码/第 3 章/Sample3_15/assets 目录下的 vertex.sh。

```
1    #version 300 es
2    ……//此处省略了与上一案例相同的代码，读者可自行查阅随书中的源代码
3    uniform mediump float bj;                   //单个粒子的半径
4    uniform vec3 cameraPosition;                //摄像机位置
5    uniform mat4 uMMatrix;                      //基本变换矩阵总矩阵
6    ……//此处省略了与上一案例相同的代码，读者可自行查阅随书中的源代码
7    void main(){                                //主函数
8       //求出变换后的顶点在世界坐标系中的位置
9       vec4 currPosition=uMMatrix * vec4(aPosition.xy,0.0,1);
10      float d=distance(currPosition.xyz,cameraPosition); //求出顶点到摄像机的距离
11      float s=1.0/sqrt(0.01+0.05*d+0.001*d*d);  //求出距离缩放因子 S 的平方根分之 1
12      gl_PointSize=bj*s;                        //设置点精灵对应点的尺寸
13      ……//此处省略了与上一案例中相同的代码，读者可自行查阅随书中的源代码
14   }
```

- 该顶点着色器的代码与前面案例 Sample3_14 中的类似，主要不同是本顶点着色器使用了内建变量 gl_PointSize 来设置点精灵对应点的尺寸。
- 其中第 3～第 5 行为新增的 3 个一致变量，第 9～第 12 行根据新增一致变量计算出距离缩放因子 S 的平方根分之 1，再根据该值设置点精灵对应点的尺寸。

> **提示**　之所以要计算距离缩放因子并利用其动态确定点精灵的尺寸，是因为若不进行此操作，采用点精灵方式绘制出来的粒子系统中的粒子就不会有近大远小的透视效果。

（4）完成了对顶点着色器的修改后，接下来需要修改的是片元着色器，其具体代码如下。

代码位置：源代码/第 3 章/Sample3_15/assets 目录下的 frag.sh。

```
#version 300 es
precision mediump float;          //给出默认浮点精度
uniform vec4 startColor;          //起始颜色
uniform vec4 endColor;            //终止颜色
```

```
5     uniform float bj;                     //纹理矩形半径
6     uniform sampler2D sTexture;           //纹理内容数据
7     in vec4 vPosition;                    //接收从顶点着色器传过来的片元位置属性
8     in float sjFactor;                    //接收从顶点着色器传过来的总衰减因子
9     out vec4 fragColor;                   //输出到的片元颜色
10     void main(){                         //主函数
11        if(vPosition.w==10.0){            //该片元的生命期为 10.0 时，处于未激活状态，不绘制
12           fragColor=vec4(0.0,0.0,0.0,0.0);   //舍弃此片元（片元的透明度为 0 则看不见）
13        }else{                            //该片元的生命期不为 10.0 时，处于活跃状态，绘制
14           vec2 texCoor=gl_PointCoord;     //从内建变量获取点精灵中片元的纹理坐标
15           vec4 colorTL = texture(sTexture, texCoor);     //进行纹理采样
16           ……//此处省略了与上一案例相同的代码，读者可自行查阅随书中的源代码
17           fragColor=colorT;                 //将计算出来的片元颜色传给渲染管线
18     }}
```

说明 该片元着色器的代码与前面案例 Sample3_14 中的代码基本相同，主要不同是第 14～第 15 行中使用了内建变量 gl_PointCoord 来获取纹理坐标。需要注意的是，目前某些 GPU 存在驱动 bug，不可以直接使用内建变量 gl_PointCoord 的值进行纹理采样。一般情况下，可通过第 14 行所示的代码先获取纹理坐标，然后再利用获取的纹理坐标进行纹理采样即可修复此 bug。

3.6.4 变换反馈版火焰

前面的案例都是通过 ParticleSystem 类的 update 方法来定时更新粒子各项属性的。这种更新方式是利用 CPU 来完成计算的，其实也可以利用 GPU 来进行相关计算，这时就可以考虑使用变换反馈（Transform Feedback）技术。本小节首先介绍变换反馈技术的基本原理，然后再介绍对应的实现案例，具体内容如下。

1. 变换反馈的基本原理

变换反馈是指在 OpenGL ES 渲染管线中，顶点着色器处理阶段结束之后，图元装配和光栅化之前的一个可选的特殊步骤。通过变换反馈可以重新捕获即将装配为图元（点、线段、三角形）的顶点数据，然后将其部分或者全部属性传递到指定的缓冲对象中。

使用了变换反馈后，在顶点着色器处理结束后，指定的数据会被传递进指定的缓冲，后继的图元装配、光栅化、片元处理不再进行。后继的程序可以利用变换反馈输出到缓冲中的结果数据进行进一步的处理或绘制工作，其基本使用流程如图 3-35 所示。

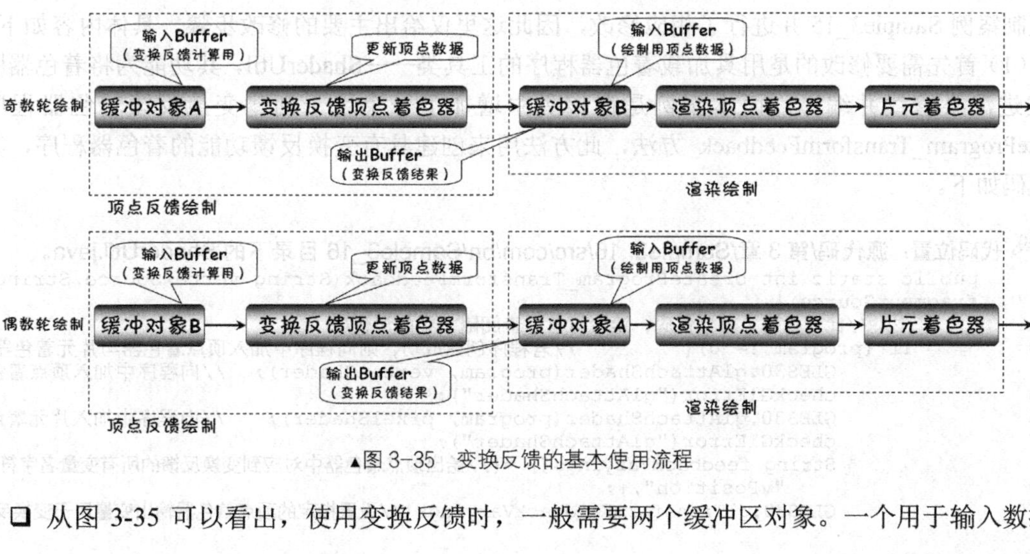

▲图 3-35 变换反馈的基本使用流程

❑ 从图 3-35 可以看出，使用变换反馈时，一般需要两个缓冲区对象。一个用于输入数据的

缓冲，一个用于数据更新后的输出缓冲。其中输出缓冲区对象用 glBindBufferBase 绑定到 GL_TRANSFORM_FEEDBACK_BUFFER 目标，作为变换反馈缓冲区对象。

- 一般情况下，这两个缓冲区对象是交替使用的。也就是说奇数轮绘制 A 缓冲用作变换反馈输入缓冲，B 缓冲用作变换反馈输出缓冲；偶数轮绘制则 B 缓冲用作变换反馈输入缓冲，A 缓冲用作变换反馈输出缓冲；如此循环往复不断进行。
- 从顶点反馈绘制阶段可以看出，程序只执行了顶点着色器并将更新后的顶点数据输出到变换反馈缓冲区中。因此在执行顶点反馈绘制之前，需要启用 GL_RASTERIZER_DISCARD 来禁止光栅化，以实现顶点着色器结束后则绘制结束，不再进行后继图元装配、光栅化、片元处理等工作。
- 禁止光栅化后，就需要调用 glBeginTransformFeedback 方法进入变换反馈模式，该方法仅有一个参数，其作用为指定输出的图元类型。此输出图元类型用于确定将被输出到变换反馈缓冲区对象中的输出图元类型，其值有三种选择，包括 GL_POINTS、GL_LINES、GL_TRIANGLES。
- 可以想到，有进入变换反馈模式的方法就有对应的退出变换反馈模式的方法，此方法就是 glEndTransformFeedback。这两个方法之间发生的绘图调用其顶点输出将被捕捉到绑定的变换反馈缓冲区中。
- 从图 3-35 可以看出，使用变换反馈时，一般需要两套着色器程序（一套用于变换反馈计算，一套用于普通绘制）。而如何设置其中的一套着色器为变换反馈着色器程序呢？这就需要在创建变换反馈着色器程序时，先调用 glTransformFeedbackVaryings 方法来指定变换反馈模式期间需捕捉的一组顶点属性，再用 glLinkProgram 链接程序对象即可，具体情况会在本小节案例中详细介绍。

表 3-7 列出了对应于不同变换反馈输出图元类型的允许绘图模式。

表 3-7 变换反馈输出图元类型和允许的对应绘图模式

图 元 类 型	允许的绘图模式
GL_POINTS	GL_POINTS
GL_LINES	GL_LINES，GL_LINE_LOOP，GL_LINE_STRIP
GL_TRIANGLES	GL_TRIANGLES、GL_TRIANGLE_STRIP、GL_TRIANGLE_FAN

2. 变换反馈版火焰的开发

了解了变换反馈的基本原理后，下面基于此给出一个火焰的实现案例 Sample3_16。本案例的运行效果与前面两个案例相同，这里就不再展示。下面直接介绍本案例的开发，由于本案例仅仅是复制案例 Sample3_15 并进行了相应修改，因此这里仅给出主要的修改步骤，具体内容如下。

（1）首先需要修改的是用具加载着色器程序的工具类——ShaderUtil，其功能为将着色器脚本加载进渲染管线并编译。而本案例是在该类中增加了一个用于创建变换反馈着色器程序的 createProgram_TransformFeedback 方法，此方法用来创建具有变换反馈功能的着色器程序，其具体代码如下。

代码位置：源代码/第 3 章/Sample3_16/src/com/bn/Sample3_16 目录下的 ShaderUtil.java。

```
public static int createProgram_TransformFeedback(String vertexSource,String
fragmentSource){
    ……//此处省略了部分代码，读者可自行查阅随书中的源代码
    if (program != 0){         //若程序创建成功，则向程序中加入顶点着色器与片元着色器
            GLES30.glAttachShader(program, vertexShader);  //向程序中加入顶点着色器
            checkGlError("glAttachShader");
            GLES30.glAttachShader(program, pixelShader);    //向程序中加入片元着色器
            checkGlError("glAttachShader");
            String feedbackVaryings[] ={//给出顶点着色器中对应到变换反馈的所有变量名字符串
                "vPosition",};
            GLES30.glTransformFeedbackVaryings(//设置指定的顶点着色器输出变量用于变换反馈
```

```
11          program,                              //用于变换反馈的着色器程序
12          feedbackVaryings,                     //用于变换反馈的变量名字符串数组
13          GLES30.GL_INTERLEAVED_ATTRIBS         //输出变量在变换反馈缓冲区中交叉存取
14        );
15        GLES30.glLinkProgram(program);          //连接着色器程序
16        ……//此处省略了部分代码，读者可自行查阅随书中的源代码
17     }
18     return program;                            //返回结果程序
19  }
```

说明 该 createProgram_TransformFeedback 方法的功能为创建变换反馈着色器程序，与一般的创建着色器程序的 createProgram 方法最大的不同是，在第 8～第 15 行代码中先给出顶点着色器中对应到变换反馈的所有变量名字符串的数组，也就是所有 out 修饰的变量名数组；再调用 glTransformFeedbackVaryings 方法来指定变换反馈模式期间所需捕捉的各个变量名；最后再用 glLinkProgram 方法连接程序。

（2）修改完工具类 ShaderUtil 后，下面将需要修改的是火焰粒子系统的总控制类 ParticleSystem。在该类中主要是对初始化粒子顶点数据的 initPoints 方法、更新粒子位置的 update 方法以及绘制方法 drawSelf 等进行修改，具体内容如下。

代码位置：源代码/第 3 章/Sample3_16/src/com/bn/Sample3_16 目录下的 ParticleSystem.java。

```
1   package com.bn.Sample3_16;                                  //声明包
2   ……//此处省略了导入一些相关类的代码，读者可自行查阅随书中的源代码
3   public class ParticleSystem implements Comparable<ParticleSystem>{
4      ……//此处省略了一些成员变量定义的代码和构造器，读者可自行查阅随书中的源代码
5       public float[] initPoints(int zcount){                  //初始化粒子顶点数据的方法
6          float[] points=new float[zcount*4];                  //粒子顶点数据数组
7          tpoints=new float[zcount*4];                         //粒子固定属性数组
8          for(int i=0;i<zcount;i++){                           //循环遍历所有粒子
9             ……//此处省略了部分代码，读者可自行查阅随书中的源代码
10            tpoints[i*4]=px;                  //将粒子起始位置的 x 坐标存入 tpoints 数组中
11            tpoints[i*4+1]=py;                //将粒子起始位置的 y 坐标存入 tpoints 数组中
12            tpoints[i*4+2]=vy;                //将粒子 y 方向的速度存入 tpoints 数组中
13            tpoints[i*4+3]=maxLifeSpan;       //将粒子最大允许生命期存入 tpoints 数组中
14         }
15         ……//此处省略了部分代码，读者可自行查阅随书中的源代码
16      }
17      public void drawSelf(int texId){                                 //绘制方法
18         ……//此处省略了部分代码，读者可自行查阅随书中的源代码
19         MatrixState.pushMatrix();                             //保护现场
20         long currCal=System.nanoTime();                       //获取当前系统时间
21         if(currCal-preCal>sleepSpan*1000000){//若时间间隔大于更新粒子的休息时间
22               fpfd.drawSelf0(count,groupCount,lifeSpanStep);//利用变换反馈更新粒子状态
23               preCal=currCal;                               //设置起始时间为当前时间
24               update();                                     //更新激活粒子索引的计数器
25         }
26         fpfd.drawSelf(texId,maxLifeSpan,startColor,endColor);       //绘制粒子群
27         MatrixState.popMatrix();                              //恢复现场
28         ……//此处省略了部分代码，读者可自行查阅随书中的源代码
29      }
30      int count=1;                                             //激活粒子的索引计数器
31      public void update(){                                    //更新激活粒子索引的计数器的方法
32         if(count>=(points.length/groupCount/4)){              //若计数器值达到最大值
33            count=0;                                           //重新开始计数
34         }
35         count++;                                              //计数器加 1
36      }
37      ……//此处省略了重写的比较两个火焰离摄像机距离的方法，可自行查阅随书中的源代码
38  }
```

- 第 5～第 16 行为初始化粒子顶点数据的 initPoints 方法，在该方法中主要增加了初始化粒子固定属性数组的代码，且该数组将在 ParticleForDraw 类中创建顶点固定属性数据缓冲时被调用。
- 第 17～第 29 行为绘制方法 drawSelf，在该方法中主要修改的是第 20～第 25 行的代码，

该段代码是根据系统时间来决定是否调用 ParticleForDraw 类中的 drawSelf0 方法（变换反馈绘制方法）来更新粒子状态，即相当于该类原有的定时更新粒子系统状态的线程所完成的任务。

- 第 31～第 36 行为更新激活粒子索引计数器的 update 方法，在该方法中只执行了对激活粒子的索引计算器进行更新的任务，其中原来对粒子状态属性值进行更新的任务移到了变换反馈顶点着色器中去完成。

（3）修改完 ParticleSystem 类后，接下来将要修改的是用于绘制粒子群的 ParticleForDraw 类。该类主要增加了一个用于初始化着色器的 initShader0 方法和一个绘制方法 drawSelf0，同时对初始化顶点坐标数据的 initVertexData 方法进行了修改，其具体代码如下。

代码位置：源代码/第 3 章/Sample3_16/src/com/bn/Sample3_16 目录下的 ParticleForDraw.java。

```
1  package com.bn.Sample3_16;                                    //声明包
2  ……//此处省略了导入一些相关类的代码，读者可自行查阅随书中的源代码
3  public class ParticleForDraw{
4      ……//此处省略了一些成员变量定义的代码和构造器，读者可自行查阅随书中的源代码
5      public void initVertexData(float[] points,float[] tpoints){//初始化顶点坐标数据的方法
6          ……//此处省略了部分代码，读者可自行查阅随书中的源代码
7          //绑定顶点基本属性数据缓冲——用于存放顶点的当前基本属性值
8          GLES30.glBindBuffer(GLES30.GL_ARRAY_BUFFER,this.mVertexBufferIds[0]);
9          //向顶点基本属性数据缓冲中送入数据
10         GLES30.glBufferData(GLES30.GL_ARRAY_BUFFER, points.length*4,
11             this.mVertexBuffer,GLES30.GL_STATIC_DRAW);
12         //绑定顶点基本属性数据缓冲——用于存放顶点下一位置的基本属性值（变换反馈缓冲区）
13         GLES30.glBindBuffer(GLES30.GL_ARRAY_BUFFER,mVertexBufferIds[1]);
14         //向顶点基本属性数据缓冲中送入数据
15         GLES30.glBufferData(GLES30.GL_ARRAY_BUFFER, points.length*4,
16             this.mVertexBuffer,GLES30.GL_STATIC_DRAW);
17         ……//此处省略了部分代码，读者可自行查阅随书中的源代码
18         GLES20.glBindBuffer(GLES20.GL_ARRAY_BUFFER,0); //绑定到系统默认缓冲
19     }
20     ……//此处省略了初始化着色器的 initShader0 方法，读者可自行查阅随书中的源代码
21     public void drawSelf0(int count,int groupCount,float lifeSpanStep){//变换反馈绘制方法
22         GLES30.glUseProgram(mProgram0);                    //指定使用某套着色器程序
23     //设置变换反馈缓冲区对象（绑定到存放下一位置的顶点基本属性值的顶点基本属性数据缓冲）
24         GLES30.glBindBufferBase(GLES30.GL_TRANSFORM_FEEDBACK_BUFFER,
25             0,mVertexBufferIds[b[index]]);
26     //开启禁止光栅化，则顶点着色器中的 out 变量不传入片元着色器，而是写入变换反馈缓冲中
27         GLES30.glEnable(GLES30.GL_RASTERIZER_DISCARD);
28         ……//此处省略了部分代码，读者可自行查阅随书中的源代码
29         //绑定到存放当前顶点基本属性的顶点基本属性数据缓冲
30         GLES30.glBindBuffer(GLES30.GL_ARRAY_BUFFER,mVertexBufferIds[a[index]]);
31         GLES30.glVertexAttribPointer(          //将顶点基本属性数据送入渲染管线
32             maPositionHandle0,4,GLES30.GL_FLOAT,false,4*4,0);
33         ……//此处省略了部分代码，读者可自行查阅随书中的源代码
34         GLES30.glBindBuffer(GLES30.GL_ARRAY_BUFFER,0);      //绑定到系统默认缓冲
35     //启用变换反馈渲染——顶点结果按 GL_POINTS（点）组织形式输出到指定的变换反馈缓冲区中
36         GLES30.glBeginTransformFeedback(GLES30.GL_POINTS);
37         GLES30.glDrawArrays(GLES30.GL_POINTS, 0, vCount); //绘制点——不是真实的绘制
38         GLES30.glEndTransformFeedback();                   //关闭变换反馈渲染
39         GLES30.glDisable(GLES30.GL_RASTERIZER_DISCARD);//关闭禁止栅格化
40         GLES30.glUseProgram(0);                            //指定系统默认的着色器程序
41         //设置变换反馈缓冲区对象——绑定到系统默认的变换反馈缓冲区
42         GLES30.glBindBufferBase(GLES30.GL_TRANSFORM_FEEDBACK_BUFFER, 0, 0);
43         index++;                                           //索引值数组的索引值
44         if(index>=2){                                      //索引值超出数组长度
45             index=0;                                       //索引值设为 0
46     }}
47     ……//此处省略了 initShader 方法和 drawSelf 方法，读者可自行查阅随书中的源代码
48 }
```

- 第 7～第 16 行为绑定顶点基本属性数据的两个缓冲区对象，一个用于存放顶点的当前基本属性值，即首次送入渲染管线的顶点数据；一个用于存放顶点下一位置的基本属性值（变换反馈缓冲区），即用于存放变换反馈顶点着色器输出的顶点数据值。

- 第 24～第 27 行将变换反馈缓冲区对象用 glBindBufferBase 绑定到 GL_TRANSFORM_

FEEDBACK_BUFFER 目标，通过启用 GL_RASTERIZER_DISCARD 禁用光栅化，使之不绘制任何片段，只执行顶点着色器并输出到变换反馈缓冲区。

- 第 35～第 38 行首先调用 glBeginTransformFeedback 方法来启用变换反馈渲染，再使用 GL_POINTS 图元模式将 glDrawArrays 绘制的结果（顶点着色器计算的结果）记录到变换反馈缓冲区中，直到调用 glEndTransformFeedback 方法退出变换反馈渲染。
- 第 39～第 46 行首先关闭禁止光栅化，避免影响二次绘制（真绘制）；接着指定系统默认的着色器程序；然后绑定到系统默认的变换反馈缓冲区并改变缓冲区对象数组的索引值，达到输入/输出缓冲区对象交替使用的目的。

（4）完成了对 Java 代码的修改后，下面就需要进行着色器的开发了。由于本案例中新增加了一套变换反馈着色器，且原有的粒子绘制着色器没有进行修改，而变换反馈片元着色器也没有任何功能，因此这里只给出变换反馈的顶点着色器，其具体代码如下。

代码位置：源代码/第 3 章/Sample3_16/assets 目录下的 vertex_TransformFeedback.sh。

```
#version 300 es
uniform int groupCount;                          //每批粒子的个数
uniform int count;                               //激活粒子的索引的计数器
uniform float lifeSpanStep;                      //粒子生命期步进
in vec4 tPosition;//顶点固有属性（起始位置px、py、Y 方向的速度 vy，最大允许生命期 maxLifeSpan）
in vec4 aPosition;           //顶点基本属性（当前位置 x，y，x 方向的速度 vx，当前生命期 life）
out vec4 vPosition;          //写入到变换反馈缓冲区对象中的顶点基本属性
void main(){                                                 //主函数
    vec4 position=aPosition;                                 //获取顶点基本属性
    if(aPosition.w==10.0){      //该顶点的当前生命期为 10.0 时，处于未激活状态
        int id=gl_VertexID;                                  //获取该顶点的 id 号
        //判断该顶点的 id 号是否位于要被激活的位置范围内
        if((count*groupCount)<=id&&id<(count*groupCount+groupCount)){
            position.w=lifeSpanStep;                 //设置当前生命期——激活该顶点
        }
        vPosition=position;                          //写入变换反馈缓冲区对象中
    }else{                        //该顶点的当前生命期不为 10.0 时，处于活跃状态
        position.w=position.w+lifeSpanStep;          //增加当前生命期
        if(position.w>tPosition.w){//当前生命期大于最大允许生命期——重新设置顶点的基本属性
            position.x=tPosition.x;        //设置当前位置 x 坐标（起始位置）
            position.y=tPosition.y;        //设置当前位置 y 坐标（起始位置）
            position.w=10.0;               //设置当前生命期——10.0 表示处于未激活状态
        }else{        //当前生命期不大于最大允许生命期时——计算顶点运动的下一位置
            position.x=position.x+position.z;        //计算下一位置的 x 坐标
            position.y=position.y+tPosition.z;       //计算下一位置的 y 坐标
        }
        vPosition=position;                          //结果写入变换反馈缓冲区中
}}
```

> **说明** 从上述顶点着色器中可以看出，原来在 CPU 中计算并更新粒子状态值的代码，已经切换到了 GPU 中进行计算。需要注意的是，该顶点着色器中的输出变量名 vPosition 要与 createProgram_TransformFeedback 方法中的 feedbackVaryings 字符串数组中的值保持一致。

3.7 小结

本章主要介绍了片元着色器的几种巧妙用法，包括程序纹理技术、数字图像处理、分形集合的可视化以及体积雾与粒子系统火焰特效等。通过本章的学习，读者可以初窥片元着色器在开发中的巨大魅力，为以后开发出具有吸引力的应用程序打下坚实的基础。

第4章　真实光学环境的模拟

本章将在前几章的基础上进一步向读者介绍如何通过 OpenGL ES 3.0 模拟现实世界的一些常见光学效果，如反射、折射等。掌握了这些技术以后，读者将能开发出更加真实、更加吸引用户的酷炫场景。

4.1 反射环境模拟

现实世界中很多场合都会有这样的情况，放置在环境中具有良好反射表面的物体会反射出周围环境的内容。例如，在环境中放置了一套表面抛光的银质餐具，餐具的光滑表面就会映射出周围环境的内容。本节将通过案例 Sample4_1 向读者介绍如何基于 OpenGL ES 3.0 来开发这样的效果。

4.1.1 案例效果与基本原理

介绍本案例的具体开发步骤之前首先需要了解案例的运行效果与基本原理，其运行效果如图 4-1 所示。

▲图 4-1　反射环境纹理案例运行效果

从图 4-1 中可以看出，本节案例在一个自然场景中放置了一把具有光滑反射表面的茶壶，茶壶表面反射出了周围场景中的内容。自然场景是用前面章节介绍过的天空盒技术实现的，光滑表面的茶壶反射周围的环境内容是通过立方图纹理技术实现的。

> **提示**　本案例运行时，当手指在屏幕上水平滑动时摄像机会绕场景转动，当手指在屏幕上垂直滑动时摄像机会随手指的移动而升降。

立方图纹理是一种特殊的纹理映射技术，主要包括如下两个要点。

- 立方图纹理的单位是套，一套立方图纹理包括 6 幅尺寸相同的正方形纹理图。与构造天空盒的思路相同，这 6 幅图正好包含了周天 360º 全部的场景内容。
- 对立方图纹理进行采样时，需要给出的不再是 S、T 两个轴的纹理坐标，而是一个规格化的向量。此规格化向量代表采样的方向，用来确定在代表全周天 360º 的 6 幅图中的哪一幅的哪个位置进行采样，具体情况如图 4-2 所示。

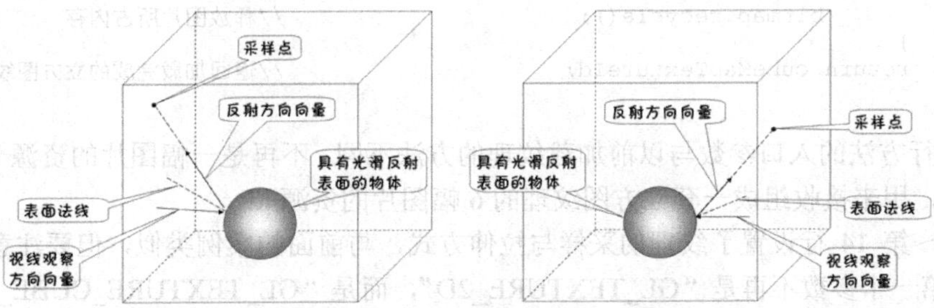

▲图 4-2　立方图纹理采样技术实现反射效果的原理

从图 4-2 中可以看出，本案例中实现茶壶反射周围环境的内容有两项关键工作要做，具体如下所列。

- 根据摄像机位置及被观察点位置计算出观察方向（视线）向量，并参照被观察点的法向量计算视线反射方向向量。
- 根据视线反射方向向量确定采样点，实施立方图纹理采样。这与现实世界中人眼观察光滑物体，其表面有反射是完全一致的。

> **提示** 上述两项工作中的第一项需要自己编程在着色器中实现，第二项只需要用采样向量调用 texture 函数即可完成。

4.1.2　反射环境开发步骤

了解了案例的运行效果及基本原理后，就可以进行案例的开发了，具体步骤如下。

（1）首先用 3ds Max 生成一个茶壶，并导出成 obj 文件放入项目的 assets 目录中待用。

（2）开发搭建场景的基本代码，包括天空盒、加载物体、摆放物体等。这些代码与前面章节的许多案例基本套路完全一致，因此这里不再赘述。

（3）由于本案例中茶壶采用的是立方图纹理，所以在 MySurfaceView 类中需要首先增加初始化立方图纹理的工具方法 generateCubeMap，其代码如下。

代码位置：源代码/第 4 章/Sample4_1/src/com/bn/Sample4_1 目录下的 MySurfaceView.java。

```java
public int generateCubeMap(int[] resourceIds){
      int[] ids = new int[1];                          //用于存储生成的纹理编号的数组
      GLES30.glGenTextures(1, ids, 0);                 //生成一个新的纹理编号
      int cubeMapTextureId = ids[0];
      GLES30.glBindTexture(GLES30.GL_TEXTURE_CUBE_MAP, cubeMapTextureId);//绑定纹理
      //设置纹理采样方式、拉伸方式
      GLES30.glTexParameterf(GLES30.GL_TEXTURE_CUBE_MAP,
            GLES30.GL_TEXTURE_MIN_FILTER, GLES30.GL_LINEAR);
      GLES30.glTexParameterf(GLES30.GL_TEXTURE_CUBE_MAP,
             GLES30.GL_TEXTURE_MAG_FILTER, GLES30.GL_LINEAR);
       GLES30.glTexParameterf(GLES30.GL_TEXTURE_CUBE_MAP,
             GLES30.GL_TEXTURE_WRAP_S,GLES30.GL_REPEAT);
       GLES30.glTexParameterf(GLES30.GL_TEXTURE_CUBE_MAP,
             GLES30.GL_TEXTURE_WRAP_T,GLES30.GL_REPEAT);
       for (int face = 0; face < 6; face++){ //循环加载立方图纹理各个面的图片
           InputStream is = getResources().openRawResource(resourceIds[face]);
           Bitmap bitmap;
           try {bitmap = BitmapFactory.decodeStream(is);
           }finally {try {is.close();} catch(IOException e){
               Log.e("CubeMap", "Could not decode texture for face " + Integer.
               toString(face));
          }}
          GLUtils.texImage2D(                  //加载立方图纹理中的指定编号的面
                 GLES30.GL_TEXTURE_CUBE_MAP_POSITIVE_X + face, 0,bitmap, 0);
```

```
24            bitmap.recycle();                              //释放图片所占内存
25        }
26        return cubeMapTextureId;                           //返回加载完成的立方图纹理编号
27    }
```

❑ 第 1 行方法的入口参数与以前加载纹理的方法不同，不再是一幅图片的资源 id，而是一个资源 id 数组，用来接收组成一套立方图纹理的 6 幅图片的资源 id。

❑ 第 7～第 14 行设置了纹理的采样与拉伸方式，与前面的案例类似，但要注意的是，所有设置方法的第一个参数不再是“GL_TEXTURE_2D”，而是“GL_TEXTURE_CUBE_MAP”。

❑ 第 15～第 25 行循环将立方图纹理中各个面的图片加载进内存，然后再加载进显存。

（4）开发完加载立方图纹理的 generateCubeMap 方法后，就可以在 MySurfaceView 类的 onSurfaceCreated 方法中调用它进行立方图纹理的初始化了，代码片段如下。

代码位置：源代码/第 4 章/Sample4_1/src/com/bn/Sample4_1 目录下的 MySurfaceView.java。

```
int[] cubeMapResourceIds = new int[]{                       //组织图片资源 id 数组
    R.raw.skycubemap_right, R.raw.skycubemap_left, R.raw.skycubemap_up_cube,
    R.raw.skycubemap_down_cube, R.raw.skycubemap_front, R.raw.skycubemap_back};
textureIdCM=generateCubeMap(cubeMapResourceIds);           //加载立方图纹理
```

提示　请读者注意图片资源 id 的顺序为“右、左、上、下、前、后”，如果顺序不对，多幅纹理图可能会拼接不上。

（5）完成上述工作后，只要在负责绘制茶壶的 LoadedObjectVertexNormalTexture 类中的 drawSelf 方法中增加绑定立方图纹理的相关代码即可，具体内容如下。

代码位置：源代码/第 4 章/Sample4_1/src/com/bn/Sample4_1 目录下的 LoadedObjectVertexNormalTexture.java。

```
GLES30.glEnable(GLES30.GL_TEXTURE_CUBE_MAP);                  //启用立方图纹理
GLES30.glBindTexture(GLES30.GL_TEXTURE_CUBE_MAP,texId);//绑定立方图纹理
```

提示　LoadedObjectVertexNormalTexture 类中的其他代码与前面案例中的代码基本没有区别，需要的读者请自行参考随书中的源代码。

（6）完成了 Java 代码之后就可以开发着色器了。本案例中有两套着色器：一套是普通贴纹理的，用来绘制天空盒的各个面；另一套是负责茶壶立方图纹理实施的。第一套与原来案例中的完全一样，这里不再赘述。下面着重介绍用来绘制茶壶的、立方图纹理相关的着色器，首先是顶点着色器，其代码如下。

代码位置：源代码/第 4 章/Sample4_1/assets 目录下的 vertex_tex_cube.sh。

```
#version 300 es
uniform mat4 uMVPMatrix;                              //总变换矩阵
uniform mat4 uMMatrix;                                //变换矩阵
uniform vec3 uCamera;                                 //摄像机位置
in vec3 aPosition;                                    //顶点位置
in vec3 aNormal;                                      //顶点法向量
out vec3 vTextureCoord;                    //用于传递给片元着色器的立方图采样向量
void main() {
      gl_Position = uMVPMatrix * vec4(aPosition,1);//根据总变换矩阵计算此次绘制此顶点的位置
      //计算变换后的法向量并规格化
      vec3 normalTarget=aPosition+aNormal;
      vec3 newNormal=(uMMatrix*vec4(normalTarget,1)).xyz-(uMMatrix*vec4(aPosition,1)).xyz;
      newNormal=normalize(newNormal);
      //计算从观察点到摄像机的向量(视线向量)
      vec3 eye=- normalize(uCamera-(uMMatrix*vec4(aPosition,1)).xyz);
      vTextureCoord=reflect(eye,newNormal); //计算视线向量的反射向量并传递给片元着色器
}
```

说明 上述顶点着色器与实现普通纹理映射功能的顶点着色器最大的区别是，传递给片元着色器的纹理坐标不是从管线接收并直接赋值给易变变量的二维向量，而是通过视线及法向量计算出来的三维向量，代表视线经表面反射后的方向。

（7）完成了立方图纹理相关顶点着色器的开发后，就可以开发对应的片元着色器了，其代码如下。

代码位置：源代码/第 4 章/Sample4_1/assets 目录下的 frag_tex_cube.sh。

```
#version 300 es
precision mediump float;                             //指定默认的浮点精度
uniform samplerCube sTexture;                        //纹理内容数据
in vec3 vTextureCoord;                               //接收从顶点着色器过来的参数
out vec4 fragColor;                                  //输出到的片元颜色
void main() {
     //通过传入的采样向量与立方图纹理调用 texture 方法执行采样
     fragColor=texture(sTexture, vTextureCoord);
}
```

说明 从上述代码中可以看出，由于 OpenGL ES 3.0 着色语言内置函数的良好支持，得到采样向量后的采样工作就非常简单了，直接调用 texture 函数即可完成。

提示 在 OpenGL ES 2.0 版本中立方图纹理采用的是线性过滤，当遇到边界时偶尔会出现小的裂缝。升级到 OpenGL ES 3.0 后立方图纹理采样有了提升，在遇到边界时管线实现了无缝过滤，使渲染出来的效果更好。

到这里为止，如何采用立方图纹理技术实现反射环境模拟就介绍完了，在以后的具体项目开发中读者若能做到灵活运用，将可以开发出更加逼真的场景。

4.2 折射环境模拟

现实世界中很多场合都会有这样的情况，透过透明物体观察周围的环境时会有折射的现象。平时使用的很多光学设备利用的就是光线的折射，例如放大镜、眼镜、望远镜、显微镜等。本节将通过案例 Sample4_2 向读者介绍如何基于 OpenGL ES 3.0 来开发折射的效果。

4.2.1 案例效果与基本原理

介绍本案例的具体开发步骤之前首先需要了解案例的运行效果与基本原理，其运行效果如图 4-3 所示。

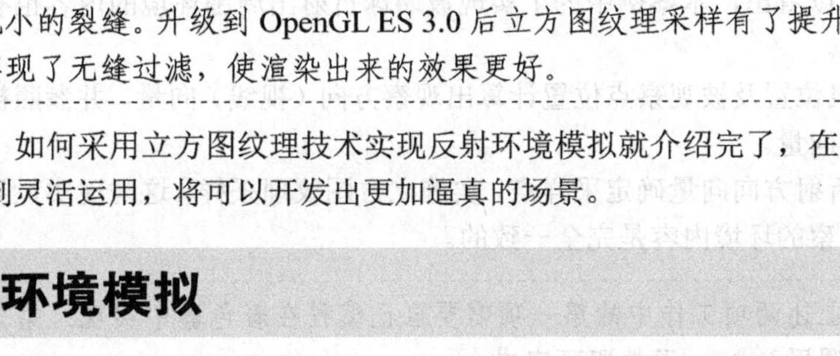

▲图 4-3 折射环境纹理案例运行效果

从图 4-3 中可以看出，本节案例在自然场景中放置了一个透明的玻璃球，透过玻璃球观察后面的场景时会有放大镜的效果。自然场景是用前面章节介绍过的天空盒技术实现的，玻璃球折射出周围环境的内容是通过立方图纹理技术实现的。

提示　本案例运行时，当手指在屏幕上水平滑动时摄像机会绕场景转动，当手指在屏幕上垂直滑动时摄像机会随手指的移动而升降。

本节案例与上一节反射的案例均采用立方体纹理技术，所不同的是本节中的采样向量是视线经玻璃球表面折射后的向量，而不再是被表面反射后的向量。立方体纹理技术本身已经在上一节详细介绍过，因此本节仅介绍采用立方图纹理技术实现折射效果的原理，如图 4-4 所示。

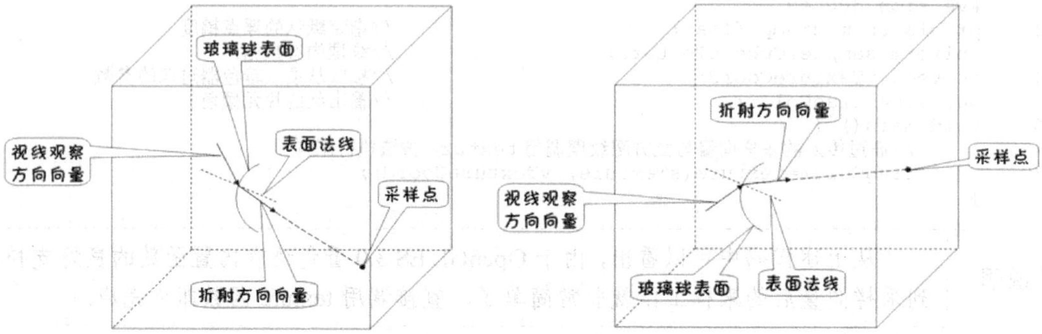

▲图 4-4　立方体纹理技术实现折射效果的原理

从图 4-4 中可以看出，本案例中为了实现玻璃球折射出周围环境的内容也有两项关键工作要做，具体如下所列。

- 根据摄像机位置及被观察点位置计算出观察方向（视线）向量，并参照被观察点的法向量计算视线折射方向向量。
- 根据视线折射方向向量确定采样点，实施立方图纹理采样。这与现实世界中人眼观察透明物体，其折射出观察的环境内容是完全一致的。

提示　上述两项工作中的第一项需要自己编程在着色器中实现；第二项只需要用采样向量调用 texture 函数即可完成。

折射方向的计算遵循斯涅尔定律，具体情况如图 4-5 所示。

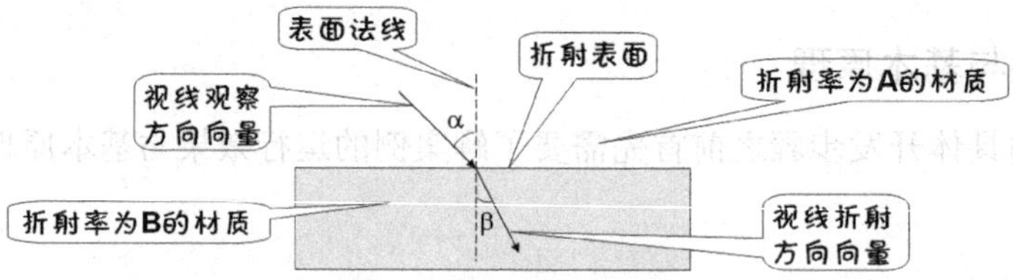

▲图 4-5　斯涅尔定律原理

从图 4-5 中可以看出，入射向量与折射向量共面，且入射角α、折射角β与两种材质的折射率满足如下公式。

$A\times\sin(\alpha) = B\times\sin(\beta)$

提示　了解了折射的基本原理与计算公式后，下面就可以进行实际的开发了，下一小节具体介绍这些内容。

4.2.2 开发步骤

了解了案例的运行效果及基本原理后，就可以进行案例的开发了，具体步骤如下。

（1）首先用 3ds Max 生成一个球，并导出成 obj 文件放入项目的 assets 目录中待用。

（2）开发出搭建场景的基本代码，包括天空盒、立方图纹理、加载物体、摆放物体等。这些代码与前面章节的许多案例基本套路完全一致，因此这里不再赘述。

（3）完成了 Java 代码之后就可以开发着色器了。本案例中有两套着色器：一套是普通贴纹理的，用来绘制天空盒的各个面；另一套是负责玻璃球立方图纹理实施的。第一套与前面章节许多案例中的完全一样，这里不再赘述。下面着重介绍用来绘制玻璃球折射效果的、立方图纹理相关的着色器，首先是顶点着色器，其代码如下。

代码位置：源代码/第 4 章/Sample4_2/assets 目录下的 vertex_tex_cube.sh。

```
#version 300 es
uniform mat4 uMVPMatrix;                //总变换矩阵
uniform mat4 uMMatrix;                  //变换矩阵
uniform vec3 uCamera;                   //摄像机位置
in vec3 aPosition;                      //顶点位置
in vec3 aNormal;                        //顶点法向量
out vec3 eyeVary;                       //用于传递给片元着色器的视线向量
out vec3 newNormalVary;                 //用于传递给片元着色器的变换后法向量
void main(){
  gl_Position = uMVPMatrix * vec4(aPosition,1);//根据总变换矩阵计算此次绘制此顶点的位置
  //计算变换后的法向量并规格化
  vec3 normalTarget=aPosition+aNormal;
  vec3 newNormal=(uMMatrix*vec4(normalTarget,1)).xyz-(uMMatrix*vec4(aPosition,1)).xyz;
  newNormal=normalize(newNormal);
  newNormalVary=newNormal;              //将变换后的法向量传递给片元着色器
  //计算从观察点到摄像机的向量(视线向量)
  vec3 eye = normalize(uCamera-(uMMatrix*vec4(aPosition,1)).xyz);
  eyeVary=eye;                          //将视线向量传递给片元着色器
}
```

说明 上述顶点着色器的主要功能为将视线向量、法向量通过易变变量传递给片元着色器，供片元着色器在折射计算中使用。

（4）完成了顶点着色器的开发后，就可以开发对应的片元着色器了，具体代码如下。

代码位置：源代码/第 4 章/Sample4_2/assets 目录下的 frag_tex_cube.sh。

```
1   #version 300 es
2   precision mediump float;
3   uniform samplerCube sTexture;          //纹理内容数据
4   in vec3 eyeVary;                       //接收从顶点着色器过来的视线向量
5   in vec3 newNormalVary;                 //接收从顶点着色器过来的变换后法向量
6   out vec4 fragColor;                    //输出到的片元颜色
7   vec4 zs(                      //根据法向量、视线向量及斯涅尔定律计算立方图纹理采样的方法
8     in float zsl                //折射系数
9   ){
10     //根据斯涅尔定律计算折射后的视线向量
11     vec3 vTextureCoord=refract(-eyeVary,newNormalVary,zsl);
12     vec4 finalColor=textureCube(sTexture, vTextureCoord);  //进行立方图纹理采样
13     return finalColor;
14   }
15   void main(){                          //主函数
16     fragColor =zs(0.94);                //以折射系数 0.94 调用 zs 方法完成片元颜色的计算
17   }
```

- 第 11 行调用本套书上卷中第 4 章介绍过的折射函数 refract 计算出折射后的视线向量。
- 第 12 行根据计算出的折射后视线向量调用 texture 函数进行立方图纹理采样。

提示　从上述代码中可以看出，由于 OpenGL ES 3.0 着色语言内置函数的良好支持，很多工作都被大大地简化了。笔者强烈建议读者花些时间熟悉本套书上卷中第 4 章介绍的函数，避免“重复发明车轮”，这样在开发中就可以事半功倍了。

到这里为止，如何采用立方图纹理技术实现折射环境的模拟就介绍完了，在以后的具体项目开发中读者若能做到灵活运用，将可以开发出更加逼真的场景。

4.3 色散效果的模拟

上一节通过玻璃球实现放大镜效果的案例介绍了折射效果的开发，读者应该觉得案例的整体效果还是非常逼真的。但还有一点不够真实的地方，那就是现实世界中不同颜色的光对于同一种材质的折射率是不完全相同的。因此，透过玻璃球观察现实世界时会产生色散的效果。本节将通过案例 Sample4_3 向读者介绍如何基于 OpenGL ES 3.0 来开发折射时色散的效果。

4.3.1 案例效果与基本原理

介绍本案例的具体开发步骤之前，首先需要了解案例的运行效果与基本原理，其运行效果如图 4-6 所示。

▲图 4-6　折射色散案例运行效果

从图 4-6 中可以看出，本案例场景基本上与上一节的案例相同，唯一不同的就是在透过玻璃球观察后面的场景时不但会有放大镜的效果，物体的边缘还会有彩虹一样的条纹出现，这就是色散现象。

提示　由于本书是黑白灰度印刷，因此通过图 4-6 可能看不到色散的效果，请读者自行运行本节的案例或参看本书前面的彩页。

前面已经简单提过，色散的原因是不同颜色的光对于同一种材质的折射率不完全相同。这就是说一束由不同颜色的光组成的光线经过折射后，不同颜色的组成部分出射方向会有发散，形成彩虹一样的效果，图 4-7 很好地说明了这个问题。

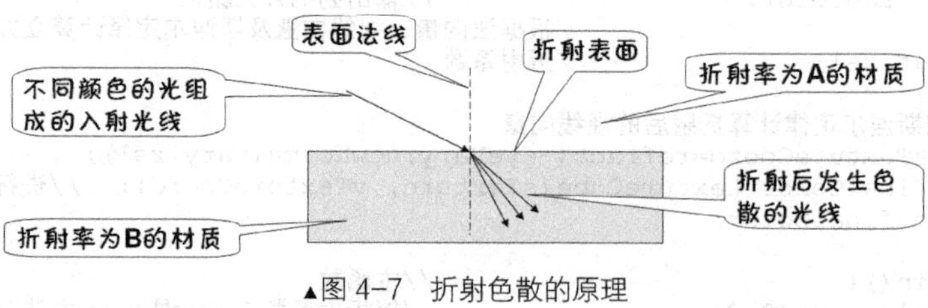

▲图 4-7　折射色散的原理

提示　了解了色散的基本原理与案例的运行效果后，下面就可以进行实际的开发了，下一小节具体介绍这些内容。

4.3.2 开发步骤

由于本案例与上一节案例的大部分代码相同，仅仅片元着色器有所不同。因此，这里仅给出改动后片元着色器的代码，具体内容如下。

代码位置：源代码/第 4 章/Sample4_3/assets 目录下的 frag_tex_cube.sh。

```
1    #version 300 es
2    precision mediump float;                    //指定默认的浮点精度
3    uniform samplerCube sTexture;               //纹理内容数据
4    in vec3 eyeVary;                            //接收从顶点着色器过来的视线向量
5    in vec3 newNormalVary;                      //接收从顶点着色器过来的变换后法向量
6    out vec4 fragColor;                         //输出到的片元颜色
7    vec4 zs( in float zsl                       //折射率
8    ){                    //根据法向量、视线向量及斯涅尔定律计算立方图纹理采样的方法
9       //根据斯涅尔定律计算折射后的视线向量
10        vec3 vTextureCoord=refract(-eyeVary,newNormalVary,zsl);
11        vec4 finalColor=textureCube(sTexture, vTextureCoord);      //进行立方图纹理采样
12        return finalColor;
13    }
14     void main(){
15        vec4 finalColor=vec4(0.0,0.0,0.0,0.0);
16        //由于有色散 RGB 3 个色彩通道单独计算折射
17        finalColor.r=zs(0.97).r;                //计算红色通道的采样结果
18        finalColor.g=zs(0.955).g;               //计算绿色通道的采样结果
19        finalColor.b=zs(0.94).b;                //计算蓝色通道的采样结果
20        fragColor=finalColor;                   //将最终片元颜色传递给管线
21     }
```

提示 从上述代码可以看出，这与上一节案例 Sample4_2 中的对应部分相比并没有太大变化，只是第 17～第 19 行将不同颜色的光分量以不同的折射系数单独进行了折射计算。

到这里为止，如何实现折射色散效果的模拟就介绍完了，在以后的具体项目开发中读者若能做到灵活运用，将可以开发出更加逼真的场景。

4.4 菲涅尔效果的模拟

前面几节单独介绍了反射效果、折射效果的模拟，本节将通过案例 Sample4_4 介绍将反射效果、折射效果综合到一起的菲涅尔（Fresnel）效果。

4.4.1 案例效果与基本原理

介绍本案例的具体开发步骤之前首先需要了解案例的运行效果与基本原理，其运行效果如图 4-8 所示。

▲图 4-8 菲涅尔效果案例运行效果

从图 4-8 中可以看出，本案例场景基本上与前面一节的相同，所不同的是场景中的玻璃球同时具有折射与反射效果。玻璃球正对摄像机的部分主要是折射效果，而边缘主要是反射效果，这就是前面提到的菲涅尔效果。

> **提示**　由于本书是黑白灰度印刷，因此通过图 4-8 可能看不清菲涅尔效果，请读者自行运行本节的案例或参看本书前面的彩页。

造成菲涅尔效果的原因是，当光线到达两种材质的接触面时，一部分光线被反射，另一部分光线被折射。大致的规律是当入射角较小时主要发生折射，当入射角较大时主要发生反射。

这与大家平时在湖边或池塘边的感觉一样：当目光相对于水面基本垂直时，主要看到的是水面下的内容；而当目光相对于水面入射角很大时，主要看到的是湖面反射的内容，而看不到水面下的内容，图 4-9 简单地说明了这个问题。

了解了菲涅尔效果的基本原理后还有一个重要的问题需要解决，那就是在给定情况下反射和折射各自所占的比例为多少。这个问题的精确计算比较复杂，需要用到专门为菲涅尔效果建立的复杂数学模型，基于这些模型的计算难以满足游戏实时性的需要。

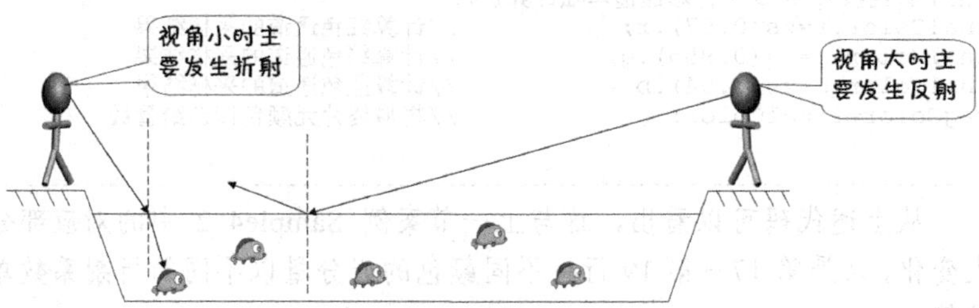

▲图 4-9　菲涅尔效果

实际开发中笔者建议采用简化的数学模型，也就是将折反射比例分成 3 种情况进行计算，具体情况如下所列。

- 若入射角小于一定的值，只计算折射效果。
- 若入射角大于一定的值，只计算反射效果。
- 若入射角在一定的范围内，则首先单独计算折射效果与反射效果，再将两种效果的计算结果按一定的比例进行融合。

> **提示**　了解了菲涅尔效果的基本原理与案例的运行效果后，下面就可以进行实际的开发了，下一小节具体介绍这些内容。

4.4.2　菲涅尔效果开发步骤

上一小节介绍了菲涅尔效果的基本原理及案例的运行效果，本小节将介绍如何进行本节案例的开发。由于本节案例与上一节案例的大部分代码相同，仅仅在片元着色器中有所不同。因此，这里仅给出改动后片元着色器的代码，具体内容如下。

代码位置：源代码/第 4 章/Sample4_4/assets 目录下的 frag_tex_cube.sh。

```
#version 300 es
precision mediump float;            //指定默认的浮点精度
uniform samplerCube sTexture;       //纹理内容数据
in vec3 eyeVary;                    //接收从顶点着色器过来的视线向量
in vec3 newNormalVary;              //接收从顶点着色器过来的变换后法向量
```

```
  out vec4 fragColor;                  //输出到的片元颜色
  vec4 zfs(                            //计算折反射纹理采样颜色的方法
    in float zsl                       //折射率
  ){
     vec3 vTextureCoord;               //用于进行立方图纹理采样的向量
     vec4 finalColorZS;                //若是折射的采样结果
     vec4 finalColorFS;                //若是反射的采样结果
     vec4 finalColor;                  //最终颜色
     const float maxH=0.7;             //入射角余弦值若大于此值，则仅计算折射
     const float minH=0.2;             //入射角余弦值若小于此值，则仅计算反射
     float sizeH=maxH-minH;            //混合时余弦值的跨度
     float testValue=abs(dot(eyeVary,newNormalVary)); //计算视线向量与法向量的余弦值
     if(testValue>maxH){                                //余弦值大于 maxH 仅折射
        vTextureCoord=refract(-eyeVary,newNormalVary,zsl);
        finalColor=textureCube(sTexture, vTextureCoord);
     }else if(testValue<=maxH&&testValue>=minH){//余弦值在 minH～maxH 范围内反射、折射融合
        vTextureCoord=reflect(-eyeVary,newNormalVary);
        finalColorFS=textureCube(sTexture, vTextureCoord);     //反射的计算结果
        vTextureCoord=refract(-eyeVary,newNormalVary,zsl);
        finalColorZS=textureCube(sTexture, vTextureCoord);     //折射的计算结果
        float ratio=(testValue-minH)/sizeH;                    //融合比例
        finalColor=finalColorZS*ratio+(1.0-ratio)*finalColorFS; //折反射结果线性融合
     }else{                                              //余弦值小于 minH 仅反射
        vTextureCoord=reflect(-eyeVary,newNormalVary);
        finalColor=textureCube(sTexture, vTextureCoord);
     }
     return finalColor;                                        //返回最终结果
  }
   void main(){
      vec4 finalColor=vec4(0.0,0.0,0.0,0.0);
      //由于有色散 RGB 3 个色彩通道单独计算折反射
      finalColor.r=zfs(0.97).r;                          //计算红色通道
      finalColor.g=zfs(0.955).g;                         //计算绿色通道
      finalColor.b=zfs(0.94).b;                          //计算蓝色通道
      fragColor=finalColor;                              //将最终的片元颜色传递给管线
   }
```

提示 从上述代码可以看出，主要的变化在于将原来计算折射的 zs 函数替换为综合计算折反射效果的 zfs 函数。此函数根据入射角度的大小分为 3 种情况计算纹理采样的结果，实现了上一小节提出的简化数学模型。

到这里为止，如何实现菲涅尔效果的模拟就介绍完了，在以后的具体项目开发中读者若能做到灵活运用，将可以开发出更加逼真的场景。

4.5 凹凸映射

现实世界中有这样一类物体，其表面是粗糙的，具有很多微小细节。例如具有小花纹的茶壶、常吃的橘子等。当需要渲染这些物体时，可以采用前面章节介绍过的基于三角形的立体物体构建技术来描述这些微小细节。但这样势必造成顶点数量的急剧增加，大大降低渲染速度。

本节将介绍一种基于特殊纹理映射的低成本细节模拟技术——凹凸映射，它不需要增加很多的顶点来描述细节，只是在计算光照前通过运算扰动法向量，效率很高。

4.5.1 案例效果与基本原理

介绍凹凸映射的基本知识之前首先需要了解本节案例 Sample4_5 的运行效果，以便对凹凸映射有一个基本的认识。为了进行对比，本节案例中一共给出了两个茶壶，左边是带有凹凸映射的茶壶，右边是普通的茶壶，具体情况如图 4-10 所示。

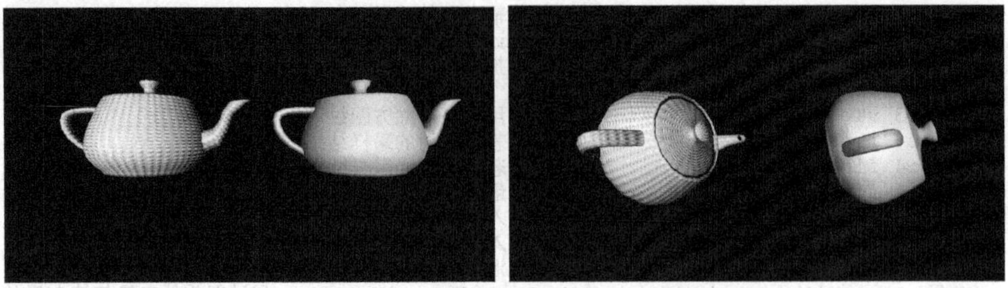

▲图 4-10　案例 Sample4_5 的运行效果

从图 4-10 中可以看出，左边茶壶表面具有很多椭圆形的小凸起，效果非常逼真。已经掌握了前面章节基于三角形构建立体物体技术的读者可以很容易地分析出，若使用三角形来构建上述茶壶将需要数倍于普通茶壶的顶点数，这在当下的主流手机上是难以支持的。

幸运的是，Jim Blinn 创造了凹凸映射技术，使得仅仅需要采用普通茶壶的模型就可以绘制出具有微小细节的粗糙表面，此技术的基本思想如下所列。

- 首先绘制时采用的是没有表面细节的模型，并且模型中的每个顶点都指定了不考虑表面细节情况下的法向量、切向量以及一个纹理坐标。其中切向量指的是与顶点处表面相切、与法向量正交的向量，在后面的计算中有重要作用。
- 给顶点分配的纹理坐标与前面章节中的案例一样也是用来进行纹理采样的，但被采样的纹理图中记录的不再是片元的颜色，而是此片元处考虑了微小细节的法向量相对于标准法向量的扰动结果。因此，每次纹理采样结果中的 RGB 通道值不再代表颜色，而分别代表扰动后法向量的 x、y、z 分量。
- 当取出扰动后的法向量时，可以将其与此片元处不考虑表面细节的法向量进行计算得出此片元处考虑了表面细节后的法向量。最后用计算后的法向量进行正常的光照计算即可渲染出具有表面粗糙细节的物体。

一般情况下为了计算方便，纹理图中记录扰动结果法向量时，认为扰动前的标准法向量为[0,0,1]。也就是说从纹理图中取出的扰动后法向量是以标准法向量[0,0,1]为基础的，而不是基于对应片元处不考虑表面细节情况下的法向量。

这就涉及折算的问题，最直观的方式就是根据片元处的法向量、切向量将纹理图中取出的扰动后法向量折算到实际坐标系中进行光照计算。但基于这种思路的计算非常复杂，故为了简化问题，本节案例采用的是逆向计算的方式。实施策略为将光源位置、摄像机位置变换到标准法向量所属的坐标系中，再直接基于从纹理图中取出的扰动后法向量进行光照计算，具体步骤如下。

- 首先根据片元的法向量、切向量计算出副法向量。副法向量的计算很简单，将法向量、切向量直接进行叉积即可得到。
- 然后将切向量、副法向量、法向量组装成一个 3×3 的变换矩阵，此变换矩阵可以用来将光源位置、摄像机位置变换到标准法向量所属的坐标系中。
- 将光源位置乘以上述 3×3 的变换矩阵，得到用于光照计算的光源位置。
- 将摄像机位置乘以上述 3×3 的变换矩阵，得到用于光照计算的摄像机位置。

提示　有了上述计算模型后，就可以开发实现此计算模型的渲染程序了，具体内容会在后面的小节进行介绍。

4.5.2　法向量纹理图的生成

从上一小节凹凸映射计算模型的介绍中可以看出，实施此计算模型需要有携带了扰动后法向量信息的纹理图。具体来说就是纹理图中的每个像素都代表了一个扰动后的法向量，RGB 通道的值分别为扰动后法向量的 x、y、z 分量。

显然，这种纹理图是没有办法用绘图工具（如 Photoshop、画图等）来直接绘制的。笔者采用的方式是用绘图工具生成高度域灰度图，然后再用自己开发的工具将高度域灰度图转换为法向量纹理图。图 4-11 给出了一系列的高度域灰度图。

▲图 4-11　高度域灰度

> **提示**　图 4-11 中给出了 4 幅高度域灰度图，其中最左侧是本节案例所采用的，读者掌握了开发技术之后也可以采用其他外观的高度域灰度图。

高度域灰度图中黑色的部分代表高度低的区域，而白色的部分代表凸起的区域。也就是颜色越浅，凸起越高。有了高度域灰度图后就可以将其转换为法向量纹理图以备使用了，具体转换方法如下所列。

- 当需要计算某个像素对应的扰动后法向量时，首先需要计算两个差分向量。第一个差分向量为[1,0, $H_{上}$-$H_{本}$]，第二个差分向量为[0,1,$H_{右}$-$H_{本}$]。$H_{上}$为此像素正上方的像素灰度值所代表的高度，$H_{右}$为此像素正右侧的像素灰度值所代表的高度，$H_{本}$为此像素灰度值所代表的高度。

> **提示**　$H_{上}$、$H_{右}$、$H_{本}$并不能从高度域灰度图中直接取出，当取出一个像素的灰度值后需要除以 255 以折算为 0～1 范围内的高度。

- 计算出两个差分向量后将两个差分向量进行叉积即可计算出此像素处扰动后法向量的值，然后再将扰动后法向量的 x、y、z 分量各自折算到 0～255 的整数范围内，并作为像素的 RGB 值存入法向量纹理图中的对应位置。

了解了法向量纹理图的生成算法后，就可以基于此开发出将高度域灰度图转换为法向量纹理图的工具了。在介绍转换工具的开发之前可以先了解转换后法向量纹理图的内容，具体情况如图 4-12 所示。

▲图 4-12　生成的法向量纹理

> **说明**　图 4-12 中给出了图 4-11 中 4 幅高度域灰度图对应的法向量纹理图。需要注意的是，由于书中的插图是灰度印刷的，因此很难看出效果，若读者运行中附带的法向量纹理图自动生成工具就会发现生成的法向量纹理图其主体颜色是蓝色，在高度变化大的区域会有其他颜色。

了解了法向量纹理图的具体内容后，就可以进行转换工具的开发了。由于本转换工具是采用 Java 进行开发，工作在 PC 上，大部分搭建界面和人机交互的代码与本书内容无关，故略去不讲，需要的读者可以参考随书关盘中的源代码。这里仅简要介绍实现此生成算法的核心代码，具体内容如下所列。

（1）首先介绍对向量进行各种运算的工具类 VectorUtil，其代码如下。

代码位置：源代码/第 4 章/高度域灰度图转换为法向量纹理图的工具目录下的 VectorUtil.java。

```
package com.bn;
public class VectorUtil{
     public static float[] getCrossProduct                   //求两个向量叉积的方法
     (float x1,float y1,float z1,float x2,float y2,float z2){
            //求出两个矢量的叉积矢量在 X、Y、Z 轴上的分量 A、B、C
            float A=y1*z2-y2*z1;  float B=z1*x2-z2*x1;  float C=x1*y2-x2*y1;
            return new float[]{A,B,C};                          //返回结果向量
     }
     public static float[] vectorNormal(float[] vector){        //向量规格化的方法
          float module=(float)Math.sqrt(vector[0]*vector[0] //求向量的模
                              +vector[1]*vector[1]+vector[2]*vector[2]);
          return new float[]{vector[0]/module,vector[1]/module,vector[2]/module};
     }
     public static float mould(float[] vec){                   //求向量模的方法
          return (float)Math.sqrt(vec[0]*vec[0]+vec[1]*vec[1]+vec[2]*vec[2]);
     }
}
```

说明　上述 VectorUtil 类中主要包含计算向量的模、向量规格化及计算两个向量叉积的方法。如果读者对于向量相关的数学不是很熟悉，请查阅其他技术资料。

（2）接着介绍实现将高度域灰度图转换为法向量纹理图核心算法的方法 process，其代码如下。

代码位置：源代码/第 4 章/高度域灰度图转换为法向量纹理图的工具目录下的 NormalMapUtil.java。

```
public Image process(){
  int width=ii.getImage().getWidth(null);        //获取待处理图像的宽度与高度
  int height=ii.getImage().getHeight(null);
  //创建两个 BufferedImage 对象分别用来放置待处理图像与处理后的图像
  BufferedImage sourceBuf=new BufferedImage(width,height,BufferedImage.TYPE_INT_ARGB);
  BufferedImage targetBuf=new BufferedImage(width,height,BufferedImage.TYPE_INT_RGB);
  Graphics graph=sourceBuf.getGraphics();//将待处理图像绘制加载到源 BufferedImage 对象中
  graph.drawImage(ii.getImage(),0,0,Color.white,null);
  for(int i=0;i<height;i++)                          //对待处理图中像素的行循环
     for(int j=0;j<width;j++){                       //对待处理图中像素的列循环
          int color=sourceBuf.getRGB(j,i);     //获取指定位置处的像素
          //拆分出 RGB 3 个色彩通道的值
          int r=(color >> 16) & 0xff;int g=(color >> 8) & 0xff;int b=(color) & 0xff;
          float c=(r+g+b)/3.0f/255.0f;             //求出折算后此像素的高度
          if(i==0||j==width-1){        //若为最左侧一列或最上面一行的像素，则不用计算
             targetBuf.setRGB(j,i,0xFF8080FF);
             continue;
          }
          //取出正上方像素的值并折算成高度
          int colorUp=sourceBuf.getRGB(j,i-1);
          int rUp=(colorUp >> 16) & 0xff; int gUp=(colorUp >> 8) & 0xff; int bUp=
         (colorUp)& 0xff;
          float cUp=(rUp+gUp+bUp)/3.0f/255.0f;
          //取出正右侧像素的值并折算成高度
          int colorRight=sourceBuf.getRGB(j+1,i);
          int rRight=(colorRight >> 16) & 0xff; int gRight=(colorRight >> 8) & 0xff;
          int bRight=(colorRight) & 0xff;
          float cRight=(rRight+gRight+bRight)/3.0f/255.0f;
          //计算出两个差分向量
          float[] vec1={1,0,cUp-c}; float[] vec2={0,1,cRight-c};
          float[] vResult=VectorUtil.getCrossProduct(       //将差分向量叉积得到结果向量
                vec1[0],vec1[1],vec1[2]*4,vec2[0],vec2[1],vec2[2]*4);
          vResult=VectorUtil.vectorNormal(vResult);
          //将结果向量各分量值折算到 0～255 内
          int cResultRed=(int)(vResult[0]*128)+128;
          int cResultGreen=(int)(vResult[1]*128)+128;
          int cResultBlue=(int)(vResult[2]*128)+128;
          cResultRed=(cResultRed>255)?255:cResultRed;
```

```
            cResultGreen=(cResultGreen>255)?255:cResultGreen;
            cResultBlue=(cResultBlue>255)?255:cResultBlue;
            //将结果向量送入像素
            int cResult=0xFF000000;
            cResult+=cResultRed<<16; cResult+=cResultGreen<<8; cResult+=cResultBlue;
            targetBuf.setRGB(j,i,cResult);
    }}
    return targetBuf;                          //返回结果
}
```

> **提示** 上述代码实现了前面介绍的将高度域灰度图转换成法向量纹理图的算法，具体情况在注释中有详细的说明。

了解了转换工具的核心代码后，下面简单介绍此工具的使用，运行工具中的主类 NormalMapUtil，将出现如图 4-13 所示的界面，要求用户选择一幅高度域灰度图。选择完毕单击“打开”按钮后，将出现如图 4-14 所示的结果界面，同时程序也将结果法向量纹理图存入磁盘下指定的 resultnt.jpg 文件中。

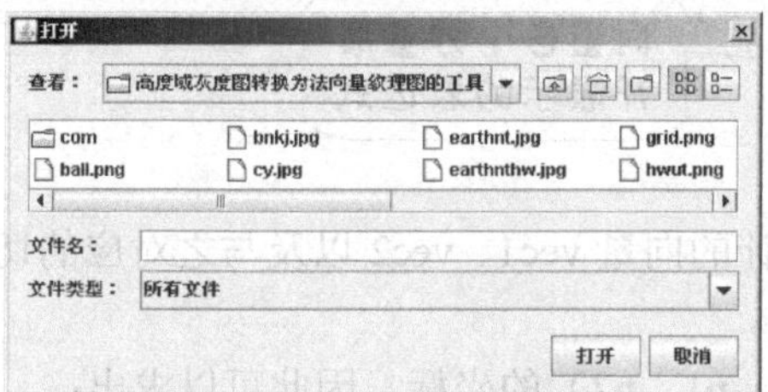

▲图 4-13　文件选择界面

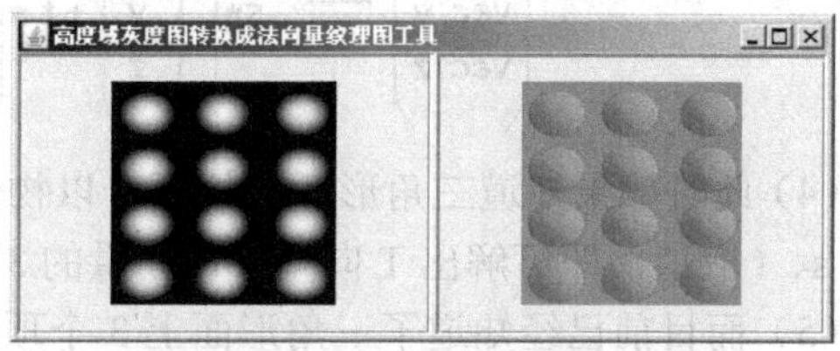

▲图 4-14　转换结果界面

> **说明** 此转换工具一次只能转换一张高度域灰度图，若想要转换多张，则需要把先前的图片导出，否则就会被当前转换的纹理图覆盖。读者若希望此工具的易用性更好一些，可以自行改造。

4.5.3　切向量的计算

学过数学的读者都知道，一个平滑三维物体的切平面上有无数多个切向量，若只是任意给出一个合法的切向量，则会造成三角形面上的切向量不统一，导致物体表面在进行凹凸贴图时出现撕裂现象。

本小节将对如何产生一致的切向量给出一个解决方案，即将纹理坐标 st 空间简单地看成切空间。此时切空间下切平面内的两个坐标轴就是顶点所在 st 坐标系下的 S 轴和 T 轴。

> **说明** 这里所谓的切空间就是针对表面上某个被考察的点，以该点 st 二维坐标系的坐标轴表达该点的切线（tangent）和该点的副法线（binormal），再加上与上述二者正交的法线，就组成了一个可以被描述的空间。此空间就是切空间，其 3 个坐标轴分别为纹理 S、T 轴在物体坐标系中的对应向量，以及被考察点的法向量。

想要获得物体的切向量就相当于计算切空间中的“切线”（这里是纹理坐标 st 空间中的 S 轴）对应在物体空间中的向量值，具体的计算步骤如下。

（1）首先需要物体上一个三角形面的 3 个顶点 p0、p1、p2 的位置坐标（以物体空间计）和纹理坐标，内容如下。

p0: { x0,y0,z0} , { p0s, p0t }　　p1: { x1,y1,z1} , { p1s, p1t }　　p2: { x2,y2,z2} , { p2s, p2t }

（2）设三角形面所在切空间的三个坐标轴在物体坐标系中对应的向量分别为 T、B、N，其中的 T、B、N 分别为切向量、副法向量和法向量。则三角形面中的任意向量（以物体空间计）可以用如下表达式表示。

$$vec = s*T + t*B$$

> **说明**　上述表达式的含义很简单，与中学学过的平面笛卡尔坐标系内的任意向量可以表示为两个坐标轴对应的分量本质上是一样的。只不过中学学习时坐标轴向量是以其所处的平面坐标系计算的，一个轴为[1,0]，另一个轴为[0,1]。而上述表达式中的两个坐标轴不是以其所处的平面坐标系计算的，而是以物体空间坐标系计算的。同时表达式中的 s、t 坐标值又是以所处的平面（也就是切空间中的切平面）坐标系计算的，因此看起来有点复杂。

（3）上述表达式如果把其中向量的各个分量展开则如下所示。

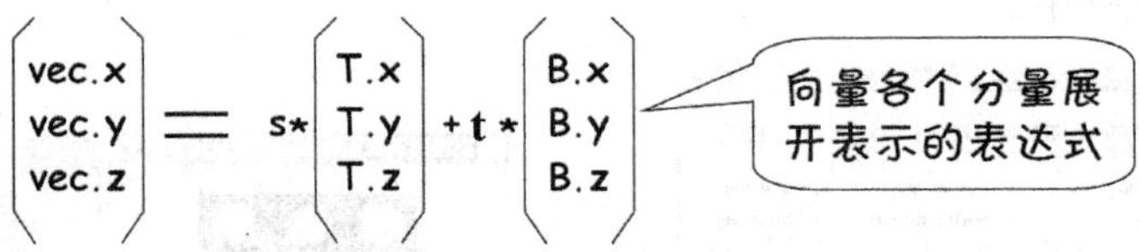

（4）此时如果知道三角形面上的两个以物体空间计的向量 vec1、vec2 以及与之对应的切空间中的 s、t 取值，即可解出 T 向量、B 向量的 3 个分量。

（5）而目前已经知道了三角形面上 3 个顶点（p0、p1、p2）的坐标，因此可以求出：

vec1.x=x1−x0　　vec1.y=y1−y0　　vec1.z=z1−z0

vec2.x=x2−x0　　vec2.y=y2−y0　　vec2.z=z2−z0

（6）同时已经知道三个顶点的纹理坐标（采用以上步骤（2）的思路后，纹理坐标就等效于切平面坐标系内的坐标了），因此可以求出与向量 vec1 和 vec2 对应的 s 和 t 为：

s1= p1s−p0s　t1= p1t−p0t　s2= p2s−p0s　t2= p2t−p0t

（7）将第（4）步与第（5）步所得的分量分别代入第（2）步中表示三角形面上任意向量的方程即可得到 3 组二元一次方程组，如下所列：

- X 分量的方程组

vec1.x= s1*T.x+t1*B.x
vec2.x= s2*T.x+t2*B.x

- Y 分量的方程组

vec1.y= s1*T.y+t1*B.y
vec2.y= s2*T.y+t2*B.y

- Z 分量的方程组

vec1.z= s1*T.z+t1*B.z
vec2.z= s2*T.z+t2*B.z

由于 vec1.x、vec1.y、vec1.z、vec2.x、vec2.y、vec2.z、s1、t1、s2、t2 已知，因此通过三组方程可以非常方便地求得 T 的 x、y、z 分量。

> **提示**　由于在使用建模工具贴纹理后生成纹理坐标时，纹理坐标在整个物体面上是一致的，故通过这种方式计算确保了切向量方向的统一性，因此最终的凹凸贴图绘制效果基本没有问题。但是如果本身物体表面的纹理坐标就不是一致的，则本算法就起不到保持切向量方向统一性的作用了。

4.5.4 案例的开发

介绍完了凹凸映射的基本原理、法向量纹理图的生成以及切向量计算的基本算法后，就可以正式进行本节案例的开发了。本节案例主要是基于本书上卷中介绍 Obj 模型加载章节中的案例升级而成的，因此这里仅介绍代码改动较大且有代表性的部分，具体内容如下。

（1）前面已经介绍过，凹凸映射计算中进行变换时需要用到切向量，它是由 Java 程序传入渲染管线的。因此，首先需要在加载模型的工具类 LoadUtil 类中执行加载任务的 loadFromFile 方法中增加计算切向量的相关代码，具体内容如下。

代码位置：源代码/第 4 章/Sample4_5/src/com/bn/Sample4_5 目录下的 LoadUtil.java。

```
1    public static LoadedObjectVertexNormalTexture[] loadFromFile
2    (String fname, Resources r,MySurfaceView mv) {
3          ……//此处省略了很多与原来案例相同的代码，需要的读者请参考随书
4          float[] tnXYZ=new float[nXYZ.length];         //生成切向量数组
5          int triCount=nXYZ.length/(3*3);                //总的切向量数量
6          for(int i=0;i<triCount;i++) {                  //遍历计算每个三角形的切向量
7            //三角形面的 3 个顶点坐标
8            double p0x=vXYZ[i*9+0];double p0y=vXYZ[i*9+1];double p0z=vXYZ[i*9+2];
9            double p1x=vXYZ[i*9+3];double p1y=vXYZ[i*9+4];double p1z=vXYZ[i*9+5];
10           double p2x=vXYZ[i*9+6];double p2y=vXYZ[i*9+7];double p2z=vXYZ[i*9+8];
11           double p0s=tST[i*6+0];double p0t=tST[i*6+1];//第 i 个三角形面的第 1 个顶点的纹理坐标
12           double p1s=tST[i*6+2];double p1t=tST[i*6+3];//第 i 个三角形面的第 2 个顶点的纹理坐标
13           double p2s=tST[i*6+4];double p2t=tST[i*6+5]; //第 i 个三角形面的第 3 个顶点的纹理坐标
14           double[] tangent=QKJUtil.calQKJ(              //计算切向量
15                     p0x,p0y,p0z,                        //三角形面的第 1 个点的位置坐标
16                     p1x,p1y,p1z,                        //三角形面的第 2 个点的位置坐标
17                     p2x,p2y,p2z,                        //三角形面的第 3 个点的位置坐标
18                     p0s,p0t,                            //三角形面的第 1 个点的纹理坐标
19                     p1s,p1t,                            //三角形面的第 2 个点的纹理坐标
20                     p2s,p2t                             //三角形面的第 3 个点的纹理坐标
21           );
22           //第 i 个三角形面的第 1 个顶点的切向量
23           tnXYZ[i*9+0]=(float)tangent[0]; tnXYZ[i*9+1]=(float)tangent[1]; tnXYZ[I
             *9+2]=(float)tangent[2];
24           //第 i 个三角形面的第 2 个顶点的切向量
25           tnXYZ[i*9+3]=(float)tangent[0]; tnXYZ[i*9+4]=(float)tangent[1]; tnXYZ[I
             *9+5]=(float)tangent[2];
26           //第 i 个三角形面的第 3 个顶点的切向量
27           tnXYZ[i*9+6]=(float)tangent[0]; tnXYZ[i*9+7]=(float)tangent[1]; tnXYZ[I
             *9+8]=(float)tangent[2];
28         }
29         lo[0]=new LoadedObjectVertexNormalTexture(mv,vXYZ,nXYZ,tST,tnXYZ);//带有凹凸贴图的物体
30         lo[1]=new LoadedObjectVertexNormalTexture(mv,vXYZ,nXYZ,tST);//普通物体
31         ……//此处省略了一些与原来案例相同的代码，需要的读者请参考随书
32         return lo;                                                  //返回加载后的对象
33   }
```

- 第 7～第 27 行首先获得三角形面 3 个顶点的位置坐标和对应的纹理坐标，然后调用计算切空间的 QKJUtil 工具类中的 calQKJ 方法计算三角形面的切向量，最后给三角形面的 3 个顶点都赋予了一样的切向量。
- 第 29～第 30 行通过顶点位置数据、顶点法向量数据、顶点切向量数据和顶点纹理坐标数据创建了加载的物体对象，并返回加载后物体对象的引用。

> **说明** 为了在案例运行时便于对比，这里返回了两个加载的物体，一个是带有切向量为绘制凹凸贴图服务的，一个是普通的。

（2）接下来介绍的是在步骤（1）中被调用的用于计算切空间的 calQKJ 方法，它实现了前面原理部分介绍的基于一个三角形面的所有顶点位置坐标和纹理坐标计算获得切向量的算法，具体的代码如下。

代码位置：源代码/第 4 章/Sample4_5/src/com/bn/qkj/util 目录下的 QKJUtil.java。

```
1    public static double[] calQKJ(                    //计算切向量的方法
2                double p0x,                           //三角形面第 0 个点的 x 坐标
3                double p0y,                           //三角形面第 0 个点的 y 坐标
4                double p0z,                           //三角形面第 0 个点的 z 坐标
5                double p1x,                           //三角形面第 1 个点的 x 坐标
6                double p1y,                           //三角形面第 1 个点的 y 坐标
7                double p1z,                           //三角形面第 1 个点的 z 坐标
8                double p2x,                           //三角形面第 2 个点的 x 坐标
9                double p2y,                           //三角形面第 2 个点的 y 坐标
10               double p2z,                           //三角形面第 2 个点的 z 坐标
11               double p0s,                           //三角形面第 0 个点的 s 纹理坐标
12               double p0t,                           //三角形面第 0 个点的 t 纹理坐标
13               double p1s,                           //三角形面第 1 个点的 s 纹理坐标
14               double p1t,                           //三角形面第 1 个点的 t 纹理坐标
15               double p2s,                           //三角形面第 2 个点的 s 纹理坐标
16               double p2t                            //三角形面第 2 个点的 t 纹理坐标
17     ){
18          //解出 X 分量
19          double a0=p1s-p0s;                         //顶点 1 与顶点 0 纹理坐标 s 差值
20          double b0=p1t-p0t;                         //顶点 1 与顶点 0 纹理坐标 t 差值
21          double c0=p0x-p1x;                         //顶点 1 与顶点 0 位置坐标 x 差值
22          double a1=p2s-p0s;                         //顶点 2 与顶点 0 位置坐标 s 差值
23          double b1=p2t-p0t;                         //顶点 2 与顶点 0 纹理坐标 t 差值
24          double c1=p0x-p2x;                         //顶点 2 与顶点 0 位置坐标 x 差值
25          double[] TBX=EYYCFCUtil.solveEquation(a0,b0,c0,a1,b1,c1);
                                                       //解二元一次方程组获得切向量
26          ......//此处省略了解出 Y、Z 分量的代码，与上述解出 X 分量的代码类似
27          return new double[]{TBX[0],TBY[0],TBZ[0]};          //返回该三角形面的切向量
28     }
```

❑ 第 18～第 24 行首先计算顶点 1 与顶点 0 之间的纹理坐标差值，然后计算两者之间的位置坐标 x 差值，最后对顶点 2 与顶点 0 之间也进行纹理坐标差值和位置坐标 x 差值的计算。

❑ 第 25～第 27 行通过解 3 组二元一次方程组获得切向量，并将最终切向量的 X、Y、Z 分量组织成一个数组返回。

（3）介绍完用于计算指定三角形面切向量的 calQKJ 方法后，接着介绍用于解二元一次方程组的 EYYCFCUtil 类中的 solveEquation 方法，其代码如下。

代码位置：源代码/第 4 章/Sample4_5/src/com/bn/qkj/util 目录下的 EYYCFCUtil.java。

```
1     public static double[] solveEquation(        //解二元一次方程组的方法
2          //方程 a0*x+b0*y+c0=0 的三个系数
3          double a0,                              //方程 0 的 x 系数
4          double b0,                              //方程 0 的 y 系数
5          double c0,                              //方程 0 的常数
6          //方程 a1*x+b1*y+c1=0 的三个系数
7          double a1,                              //方程 1 的 x 系数
8          double b1,                              //方程 1 的 y 系数
9          double c1                               //方程 1 的常数
10     ){
11         double x=(c1*b0-c0*b1)/(a0*b1-a1*b0);      //计算得出的 x 值
12         double y=(-a0*x-c0)/b0;                    //计算得出的 y 值
13         return new double[]{x,y};                  //返回计算结果
14    }
```

说明　上述 solveEquation 方法实现的是解二元一次方程组，其中第 11、第 12 行直接使用解公式进行计算，若读者看不明白，可以自己拿出草稿纸通过第 2、第 6 行给出的方程推导一下。

（4）从步骤（1）中可以看出，LoadedObjectVertexNormalTexture 类有两个构造器，一个用于创建普通 Obj 加载对象，一个用于创建带有凹凸贴图的 Obj 加载对象。用于创建带有凹凸贴图的 Obj 加载对象的构造器中增加了用于接收顶点切向量数据的参数，改动后 LoadedObjectVertex

NormalTexture 类的代码如下。

代码位置：源代码/第 4 章/Sample4_5/src/com/bn/Sample4_5 目录下的 LoadedObjectVertexNormalTexture.java。

```
1    package com.bn.Sample4_5;
2    ……//此处省略了导入类的代码，读者可自行查阅随书中的源代码
3    public class LoadedObjectVertexNormalTexture{
4        ……//此处省略了部分成员变量，读者可自行查看随书中的源代码
5        int maTangentHandle;                              //顶点切向量属性引用
6        FloatBuffer mTangentBuffer;                       //顶点切向量数据缓冲
7        int uTexHandle;                                   //外观纹理一致变量引用
8        int uNormalTexHandle;                             //法向量纹理一致变量引用
9        public LoadedObjectVertexNormalTexture(MySurfaceView mv,float[] vertices,float[] normals,
10           float[] texCoors,float[] tangent){                              //构造器
11           initVertexData(vertices,normals,texCoors,tangent); //初始化顶点数据
12           initShader(mv);                                  //初始化着色器
13       }
14       ……//此处省略了创建普通 Obj 加载对象的构造器和初始化顶点数据方法的代码，读者可参考
15       public void initVertexData(float[] vertices,float[] normals,float texCoors
     [],float[] tangent){
16           ……//此处省略了很多与前面案例相同的成员变量声明，需要的读者请参考随书
17           //将顶点切向量送入内存缓冲
18           ByteBuffer tnbb = ByteBuffer.allocateDirect(tangent.length*4);
19           tnbb.order(ByteOrder.nativeOrder());        //设置字节顺序
20           mTangentBuffer = tnbb.asFloatBuffer();      //转换为 Float 型缓冲
21           mTangentBuffer.put(tangent);                //向缓冲区中放入顶点切向量数据
22           mTangentBuffer.position(0);                 //设置缓冲区起始位置
23       }
24       public void initShader(MySurfaceView mv){//初始化带有凹凸贴图的物体的着色器的方法
25           ……//此处省略了部分与前面案例相同的代码，需要的读者请参考随书
26           //获取程序中顶点切向量属性引用
27           maTangentHandle= GLES30.glGetAttribLocation(mProgram, "tNormal");
28           //获取外观、法向量两个纹理一致变量引用
29           uTexHandle=GLES30.glGetUniformLocation(mProgram, "sTextureWg");
30           uNormalTexHandle=GLES30.glGetUniformLocation(mProgram, "sTextureNormal");
31       }
32       ……//此处省略了用于初始化普通 Obj 加载对象所用着色器方法，需要的读者请参考随书
33       ……//此处省略了用于绘制普通 Obj 加载对象所用的 drawSelf 方法，需要的读者请参考随书
34       public void drawSelf(int texId,int texIdNormal){  //绘制带有凹凸贴图的物体
35           ……//此处省略了部分没有代表性的代码，需要的读者请参考随书
36           GLES30.glVertexAttribPointer(maTangentHandle, 3, GLES30.GL_FLOAT,
37               false,3*4,mTangentBuffer );          //将顶点切向量数据传入渲染管线
38           GLES30.glEnableVertexAttribArray(maPositionHandle);//启用顶点位置数据数组
39           GLES30.glEnableVertexAttribArray(maNormalHandle);//启用法向量数据数组
40           GLES30.glEnableVertexAttribArray(maTangentHandle); //启用切向量数据数组
41           GLES30.glEnableVertexAttribArray(maTexCoorHandle);//启用纹理坐标数据数组
42           GLES30.glActiveTexture(GLES30.GL_TEXTURE0);        //启用 0 号纹理
43           GLES30.glBindTexture(GLES30.GL_TEXTURE_2D, texId);//绑定外观纹理
44           GLES30.glActiveTexture(GLES30.GL_TEXTURE1);        //启用 1 号纹理
45           GLES30.glBindTexture(GLES30.GL_TEXTURE_2D, texIdNormal);//绑定法向量纹理
46           GLES30.glUniform1i(uTexHandle, 0);    //指定外观纹理为 0 号纹理
47           GLES30.glUniform1i(uNormalTexHandle, 1);          //指定法向量纹理为 1 号纹理
48           GLES30.glDrawArrays(GLES30.GL_TRIANGLES, 0, vCount); //绘制加载的物体
49   }}
```

- 第 5～第 8 行声明了绘制时所需的顶点切向量属性引用、顶点切向量数据缓冲、外观纹理一致变量引用、法向量纹理一致变量引用等成员变量。
- 第 9～第 13 行为增加了用于接收顶点切向量数据参数的构造器，其中初始化了顶点数据与着色器。
- 第 15～第 23 行为初始化顶点数据的 initVertexData 方法，其中主要是增加了将顶点的切向量数据送入内存缓冲的代码。
- 第 24～第 31 行为初始化着色器的 initShader 方法，其中主要是增加了用于获取程序中顶点切向量属性引用的代码，也增加了用于获取外观、法线两个纹理一致变量引用的代码。
- 第 34～第 49 行为用于绘制带有凹凸贴图的 Obj 加载对象的 drawSelf 方法，其中主要是增

加了与切向量数据使用相关的代码以及使用法向量纹理的相关代码。

> **说明**　从上述代码可以看出，与原有案例相比主要是增加了将顶点切向量以及法向量纹理送入渲染管线供着色器使用的相关代码，其他部分代码与前面章节中加载模型的案例基本相同。

（5）完成了 LoadedObjectVertexNormalTexture 类的修改后，Java 代码的修改就基本完成了。下面需要修改的就是着色器的代码了。首先是顶点着色器，其代码如下。

代码位置：源代码/第 4 章/Sample4_5/assets 目录下的 vertex_ut.sh。

```
#version 300 es
uniform mat4 uMVPMatrix;                    //总变换矩阵
in vec3 aPosition;                          //顶点位置
in vec2 aTexCoor;                           //顶点纹理坐标
in vec3 aNormal;                            //法向量
in vec3 tNormal;                            //切向量
out vec2 vTextureCoord;                     //用于传递给片元着色器的纹理坐标
out vec3 fNormal;                           //用于传递给片元着色器的法向量
out vec3 ftNormal;                          //用于传递给片元着色器的切向量
out vec3 vPosition;                         //用于传递给片元着色器的顶点位置
void main(){
    gl_Position = uMVPMatrix * vec4(aPosition,1);//根据总变换矩阵计算此次绘制此顶点的位置
    vTextureCoord=aTexCoor;                 //将顶点的纹理坐标传给片元着色器
    fNormal=aNormal;                        //将顶点的法向量传给片元着色器
    ftNormal=tNormal;                       //将顶点的切向量传给片元着色器
    vPosition=aPosition;                    //将顶点的位置传给片元着色器
}
```

> **说明**　上述顶点着色器中首先增加了从渲染管线接收切向量属性变量值的代码，然后增加了将切向量值从顶点着色器传递给片元着色器的代码。

（6）完成了顶点着色器的修改后，就可以进一步修改片元着色器了，其具体代码如下。

代码位置：源代码/第 4 章/Sample4_5/assets 目录下的 frag_ut.sh。

```
#version 300 es
precision mediump float;                    //给出默认浮点精度
in vec2 vTextureCoord;                      //接收从顶点着色器传递过来的纹理坐标
in vec3 fNormal;                            //接收从顶点着色器传递过来的法向量
in vec3 ftNormal;                           //接收从顶点着色器传递过来的切向量
in vec3 vPosition;                          //接收从顶点着色器传递过来的顶点位置
uniform sampler2D sTextureWg;               //纹理内容数据（外观）
uniform sampler2D sTextureNormal;           //纹理内容数据（法向量）
uniform mat4 uMMatrix;                      //基本变换矩阵
uniform vec3 uCamera;                       //摄像机位置
uniform vec3 uLightLocationSun;             //光源位置
out vec4 fragColor;                         //输出的片元颜色
void pointLight(                            //定位光光照计算的方法
        in vec3 normal,                     //扰动后的法向量
        out vec4 ambient,                   //最终环境光强度
        out vec4 diffuse,                   //最终散射光强度
        out vec4 specular,                  //最终镜面光强度
        in vec3 vp,                         //变换到标准法向量所属坐标系的表面点到光源位置的向量
        in vec3 eye,                        //变换到标准法向量所属坐标系的视线向量
        in vec4 lightAmbient,               //环境光强度
        in vec4 lightDiffuse,               //散射光强度
        in vec4 lightSpecular               //镜面光强度
){
    ambient=lightAmbient;                   //直接得出环境光的最终强度
    vec3 halfVector=normalize(vp+eye);      //求视线与光线的半向量
    float shininess=50.0;                   //粗糙度，越小越光滑
    float nDotViewPosition=max(0.0,dot(normal,vp)); //求法向量与 vp 的点积与 0 的最大值
    diffuse=lightDiffuse*nDotViewPosition;                //计算散射光的最终强度
    float nDotViewHalfVector=dot(normal,halfVector);      //法向量与半向量的点积
    float powerFactor=max(0.0,pow(nDotViewHalfVector,shininess)); //镜面反射光强度因子
    specular=lightSpecular*powerFactor;                   //计算镜面光的最终强度
```

```
32	}
33	void main(){
34		vec4 ambient,diffuse,specular;		//用来接收 3 个通道最终光照强度的变量
35		vec4 normalColor = texture(sTextureNormal, vTextureCoord); //从法线纹理图中读出值
36		//将值恢复到-1～+1 范围
37		vec3 cNormal=vec3(2.0*(normalColor.r-0.5),2.0*(normalColor.g-0.5),2.0*
	(normalColor.b-0.5));
38		cNormal=normalize(cNormal);		//将扰动结果向量规格化
39		//计算变换后的法向量
40		vec3 normalTarget=vPosition+fNormal;
41		vec3 newNormal=(uMMatrix*vec4(normalTarget,1)).xyz-(uMMatrix*vec4(vPosition,1)).xyz;
42		newNormal=normalize(newNormal);
43		//计算变换后的切向量
44		vec3 tangentTarget=vPosition+ftNormal;
45		vec3 newTangent=(uMMatrix*vec4(tangentTarget,1)).xyz-(uMMatrix*vec4(vPosition,1)).xyz;
46		newTangent=normalize(newTangent);
47		vec3 binormal=normalize(cross(newTangent,newNormal));		//计算副法向量
48		//用切向量、副法向量、法向量搭建变换矩阵，此矩阵用于将向量
49		//从实际坐标系变换到标准法向量所属坐标系
50		mat3 rotation=mat3(newTangent,binormal,newNormal);
51		vec3 newPosition=(uMMatrix*vec4(vPosition,1)).xyz;		//变换后的片元位置
52		vec3 vp= normalize(uLightLocationSun-newPosition);//求表面点到光源位置的向量 vp 并规格化
53		vp=normalize(rotation*vp);				//变换并规格化 vp 向量
54		//求出从表面点到摄像机的视线向量，进行变换并规格化
55		vec3 eye= normalize(rotation*normalize(uCamera-newPosition));
56		pointLight(cNormal,ambient,diffuse,specular,vp,eye,		//进行光照计算
57		vec4(0.05,0.05,0.05,1.0),vec4(1.0,1.0,1.0,1.0),vec4(0.3,0.3,0.3,1.0));
58		vec4 finalColor=texture(sTextureWg, vTextureCoord);//根据纹理坐标采样出片元颜色值
59		//综合 3 个通道光的最终强度及片元的颜色，计算最终片元的颜色并传递给渲染管线
60		fragColor = finalColor*ambient+finalColor*specular+finalColor*diffuse;
61	}
```

- 第 13～第 32 行的 pointLight 方法有一些变化，接收的参数增加了视线向量与表面点到光源位置的向量。随着参数的变化，计算也简单了一些，方法中不再需要计算视线向量与表面点到光源位置的向量，总体计算思路不变。
- 第34～第38行首先声明用来接收3个通道最终光照强度的变量，然后从法向量纹理图中读出R、G、B 三色通道值作为法向量，并将该法向量值恢复到-1～+1 范围，最后将扰动结果向量规格化。
- 第 39～第 47 行首先分别基于顶点位置数据和基本变换矩阵计算变换后的法向量和切向量，然后根据变换后的法向量和切向量直接进行叉积，计算出副法向量。
- 第 48～第 55 行首先用切向量、副法向量、法向量组装成一个 3×3 的变换矩阵，然后求表面点到光源位置的向量 vp 并规格化，随后，将变换矩阵乘以向量 vp 并规格化，得到用于在标准法向量空间中进行光照计算的 vp。然后通过将变换矩阵乘以规格化的视线向量得到用于在标准法向量空间中进行光照计算的视线向量。
- 第 56～第 60 行首先通过调用 pointLight 方法计算 3 个光照通道的最终强度，然后从外观纹理中采样出片元颜色值，最后综合 3 个通道光的最终强度及片元的颜色，计算最终片元的颜色并传递给渲染管线。

> **说明** 总的来说，上述片元着色器代码实现了 4.5.1 小节中介绍的凹凸映射算法。另外，上述着色器具有一定的通用性，读者需要开发凹凸映射效果的场景时可以直接使用。

到此为止，如何通过凹凸映射技术渲染表面具有细节结构的物体就介绍完了，最后需要提醒读者注意的是，只有在应用光照的场合，凹凸映射才能起作用，因为其本质上并没有实现表面的细节几何结构。

4.5.5 使用 3ds Max 制作法向量纹理图

上一小节介绍的案例中使用的法向量纹理图是用笔者自己开发的工具基于灰度图生成的，用

于解决有规律的小花纹很方便。但对于更复杂的物体表面而言，就不够用了。此时可以考虑使用 3ds Max 建模工具来制作法线贴图，通用性更好，能力更强。

本小节简单介绍如何使用 3ds Max 建模工具来制作法线贴图，具体步骤如下。

（1）首先需要准备一个表面具有凹凸细节的高精度 3D 模型，在本小节中使用的是一个高精度的足球 3D 模型（该模型具有 50 400 个面，所以具有非常精细的外观），如图 4-15 和图 4-16 所示。

▲图 4-15 3D 足球高模外观

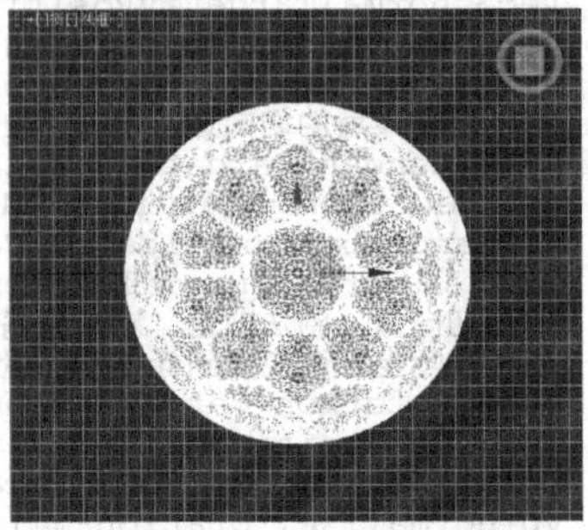

▲图 4-16 3D 足球高模线框图

（2）然后在 3ds Max 中创建一个简单的球体（该球体只有 960 个面），如图 4-17 和图 4-18 所示。将此球大小调整到比之前准备的高精度模型略大一点后，摆放其位置和之前的高精度模型球心重叠。

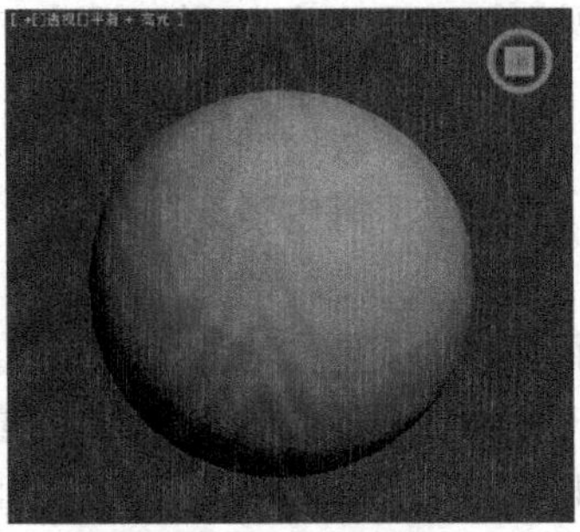

▲图 4-17 低精度模型

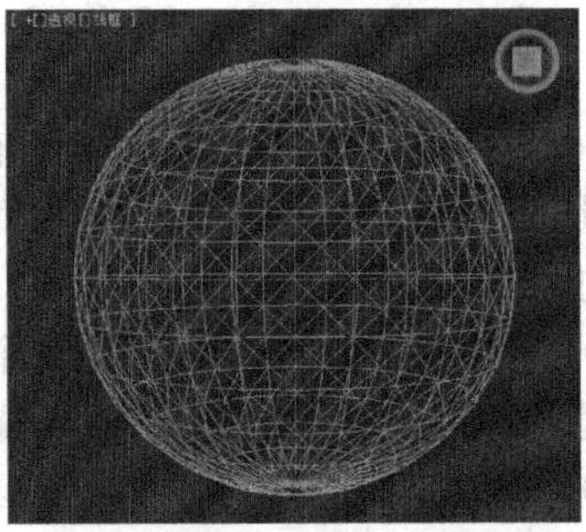

▲图 4-18 低精度模型线框图

（3）选中低精度模型并单击菜单栏中的“渲染”→“渲染到纹理”以打开设置面板，在“常规设置”中的“输出”后面配置好输出路径。在“烘焙对象”卷展栏中启用投影贴图，单击后面的“选取”按钮，在列表中选择之前准备好的高精度模型，具体情况如图 4-19 和图 4-20 所示。

（4）接着在下面的“输出”卷展栏中单击“添加”按钮，在弹出的添加纹理元素窗口中选择“NormalsMap（法线贴图）”，在下面设置输出文件的名称、格式，“目标贴图位置”选择“凹凸”，之后设置输出图像的分辨率，并勾选下面的“输出到法线凹凸”。如图 4-21 所示。

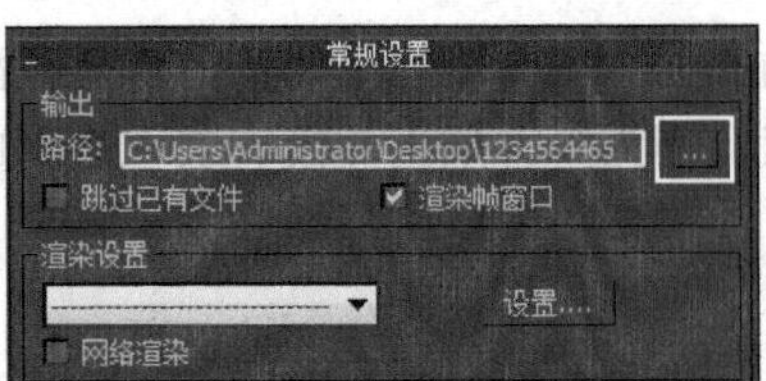

▲图 4-19 配置输出路径

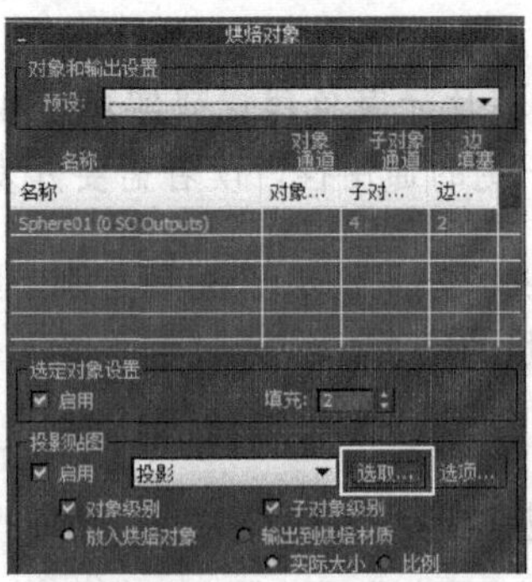

▲图 4-20 选取高模

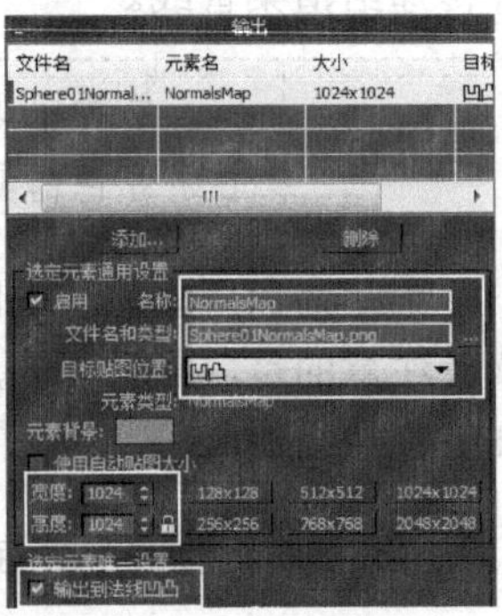

▲图 4-21 输出配置

（5）设置完成后单击下面的“渲染”按钮，会自动渲染出一张法向量纹理图，如图 4-22 所示。将其附加到粗模上后可以看到的效果如图 4-23 所示，其中左边是高模，右面是粗模。

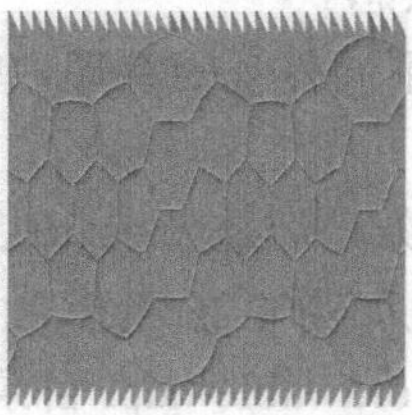

▲图 4-22 法向量纹理

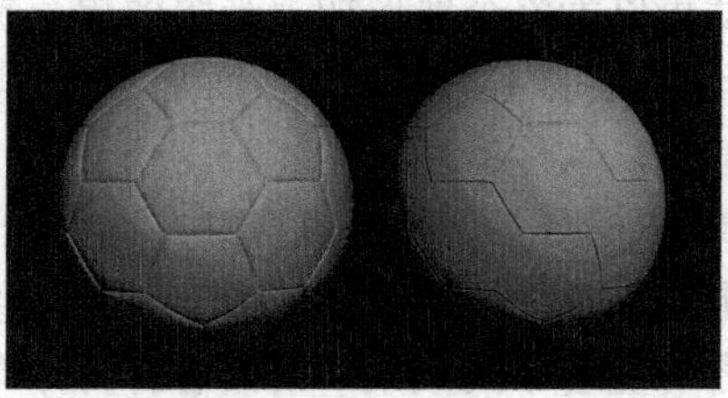

▲图 4-23 渲染效果

（6）从 3ds Max 中渲染出法向量纹理图后，可以直接使用，也可以根据需要在 Photoshop 软件中对其进行优化，有兴趣的读者可以自行尝试。

提示 可以看出通过 3ds Max 建模工具创建的法向量纹理图与笔者开发的工具产生的法向量纹理图性质相同，只是可以具有更多的细节。

从 3ds Max 建模工具得到法向量纹理图后，就可以在自己的案例中使用了。笔者将上一小节的案例复制了一份并重命名为 Sample4_6，将其中的 obj 文件以及纹理图与法向量纹理图替换为笔者自己使用 3ds Max 建模工具制作的恐龙模型及其贴图与法向量纹理图，再次运行即可看到如图 4-24 所示的场景。

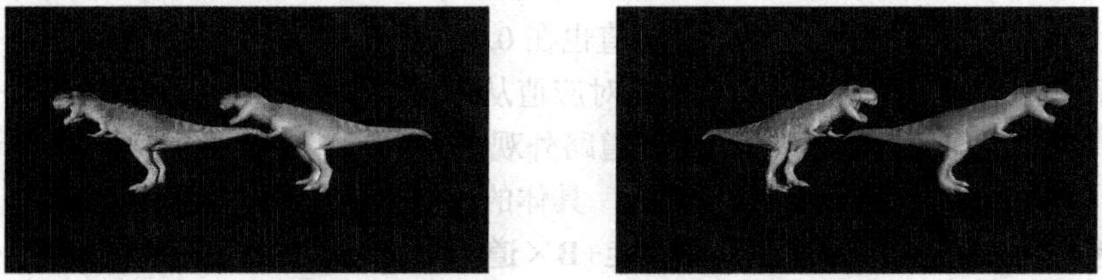

▲图 4-24 案例 Sample4_6 的运行效果

说明 从图 4-24 中可以看出，场景中有两只恐龙，左侧的为采用了凹凸贴图的绘制结果，右侧的为没有采用凹凸贴图的绘制结果。可以明显分辨出，采用了凹凸贴图绘制的恐龙模型表面有皮肤的粗糙褶皱，而直接绘制的模型表面平滑，视觉效果差了很多。由于插图是灰度印刷，可能造成读者看得不是很清楚，建议读者用真机运行本案例并进行观察。

4.6 高真实感地形

本书上卷中曾经介绍过灰度图地形技术，通过这种技术可以生成较为真实的山地地形。但上卷中给出的具体实现有两个明显的缺憾：第一是山地没有光照效果，层次感、立体感不够好；第二是山地的各个方向视觉效果没有差异。因此，本节将对上卷中的灰度图地形进行升级，给出效果更好的解决方案。

4.6.1 基本思路

给出具体的案例之前，首先介绍本节案例相对于本书上卷中灰度图地形案例具体的升级细节，详细内容如下所列。

- 通过灰度图生成地形对应的顶点时，不单计算每个顶点的位置，还进一步计算每个顶点的法向量。这样就可以为整个地形加上光照效果，提升场景的真实感。
- 地形的纹理贴图不再是两幅，而是 5 幅。其中有 4 幅是不同外观的纹理，包括砂石、绿草皮、道路、黄草皮，具体情况如图 4-25 所示。
- 另外一幅纹理图不是用于直接贴在地形表面进行外观渲染，而是分 RGB 3 个色彩通道分别记录了地形上的每个位置应该使用哪一种外观纹理，具体情况如图 4-26 所示（由于本书是灰度印刷，因此读者可能看不到效果，请读者打开本节案例中的 res\drawable-hdpi 目录下的 rgb.jpg 文件进行观察即可）。

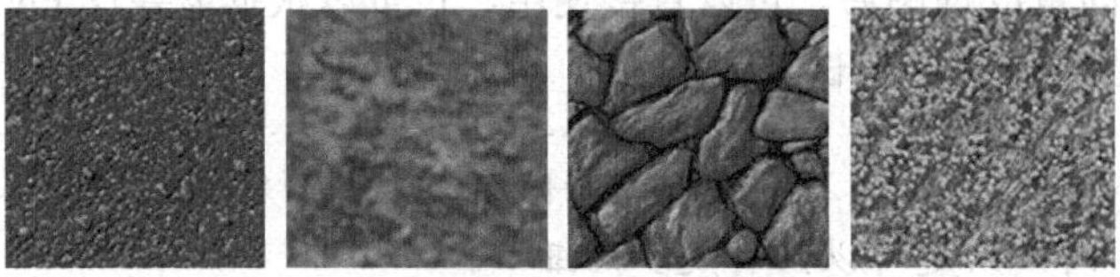

▲图 4-25　案例中的 4 幅外观纹理

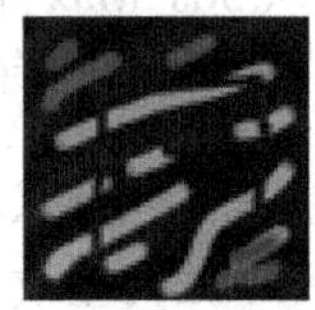

▲图 4-26　地形内容 RGB 贴图

了解了灰度图地形升级的基本思路后，下面简要介绍上述 5 幅两种用途纹理图的使用策略。

- 地形内容 RGB 贴图中 R（红色）、G（绿色）、B（蓝色）3 个色彩通道的值分别用来代表砂石、绿草皮、道路外观的权重，取值范围都在 0.0～1.0。
- 地形内容 RGB 贴图中的“1.0-R-G-B”通道值代表地形在对应位置黄草皮外观的权重，当“1.0-R-G-B”的值小于 0 时按照 0 计算，取值也在 0.0～1.0。

实际运行时，先通过地形中的纹理坐标对应值从地形内容 RGB 贴图中取出一个颜色值，然后根据 RGB 分量分别计算砂石、绿草皮、道路外观的权重，并通过“1.0-R-G-B”计算出黄草皮外观的权重，最后加权得到此处的外观颜色，具体的计算公式如下：

外观颜色=R×砂石颜色+G×绿草皮颜色+B×道路颜色+max(0.0, (1.0-R-G-B))×黄草皮颜色

可以想象，采用上述策略对灰度图地形进行升级后，可以通过人为控制地形内容 RGB 贴图中各个色彩通道的值来自定义地形的外观，真实感会增加很多。

4.6.2　一个简单的案例

了解了本节案例相对于本书上卷中灰度图地形案例的升级细节以后，就可以进行案例的开发了。开发之前有必要首先了解本节案例的运行效果，如图 4-27 所示。

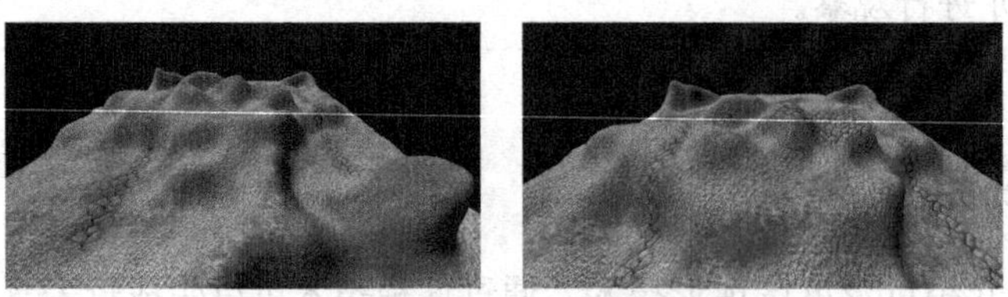

▲图 4-27　案例 Sample4_7 的运行效果

> **提示**　从图 4-27 中可以看出，增加了光照与地形外观控制后，场景真实感相比本书上卷中的对应案例有了很大的提升。同时，由于正文中的插图采用灰度印刷，可能效果不明显，建议读者采用真机运行本案例并观察体会。

了解了本节案例的运行效果后，下面就可以进行案例的开发了。由于本案例实际是对上卷中灰度图地形案例的升级，故有很多代码与升级前案例中的代码相同。因此这里仅给出本案例中有代表性的部分，具体内容如下。

（1）首先给出的是在通过灰度图计算顶点坐标时计算顶点法向量的相关代码，具体内容如下。

代码位置：源代码/第 4 章/Sample4_7/src/com/bn/Sample4_7 目录下的 Constant.java。

```
public static float[][][] caleNormal(float yArray[][]){
                                    //入口参数为从灰度图加载的高度数组
    //存放山地中顶点位置的三维数组
    float [][][] vertices=new float [yArray.length][yArray[0].length][3];
    //存放山地中顶点法向量的三维数组
    float [][][] normols=new float [yArray.length][yArray[0].length][3];
    for(int i=0;i<yArray.length;i++){   //对高度数组遍历，计算顶点位置坐标
        for(int j=0;j<yArray[0].length;j++){
            float zsx=-UNIT_SIZE*yArray.length/2+i*UNIT_SIZE;
            float zsz=-UNIT_SIZE*yArray[0].length/2+j*UNIT_SIZE;
        vertices[i][j][0]=zsx;              //顶点的 x 坐标
        vertices[i][j][1]=yArray[i][j];     //顶点的 y 坐标
        vertices[i][j][2]=zsz;              //顶点的 z 坐标
    }}
    //用于存放顶点法向量的 HashMap，其键为顶点的索引，值为对应顶点的法向量集合
    HashMap<Integer,HashSet<Normal>>hmn=new HashMap<Integer,HashSet<Normal>>();
    int rows = yArray.length-1;                  //地形网格的行数
    int cols = yArray[0].length-1;               //地形网格的列数
    for(int i=0;i<rows;i++){                     //对地形网格进行遍历
        for(int j=0;j<cols;j++) {
            int []index = new int[4];    //创建用于存放当前网格四个顶点索引的数组
              index[0]=i*(cols+1)+j;     //网格中 0 号点的索引    0---1
              index[1]=index[0]+1;       //网格中 1 号点的索引    |  / |
              index[2]=index[0]+cols+1;  //网格中 2 号点的索引    | /  |
              index[3]=index[1]+cols+1;  //网格中 3 号点的索引    2------3
              //计算当前地形网格左上三角形面的法向量
              float vxa=vertices[i+1][j][0]-vertices[i][j][0];
              float vya=vertices[i+1][j][1]-vertices[i][j][1];
              float vza=vertices[i+1][j][2]-vertices[i][j][2];
              float vxb=vertices[i][j+1][0]-vertices[i][j][0];
              float vyb=vertices[i][j+1][1]-vertices[i][j][1];
              float vzb=vertices[i][j+1][2]-vertices[i][j][2];
              float[] vNormal1=Normal.vectorNormal(Normal.getCrossProduct
                (vxa,vya,vza,vxb,vyb,vzb));
              for(int k=0;k<3;k++){//将计算出的法向量加入各个顶点对应的法向量集合中
                HashSet<Normal> hsn=hmn.get(index[k]);
                if(hsn==null){                          //若集合不存在则创建
                    hsn=new HashSet<Normal>();}
                hsn.add(new Normal(vNormal1[0],vNormal1[1],vNormal1[2]));
                hmn.put(index[k],hsn);         //将集合放进 HashMap 中
              }
              //计算当前地形网格右下三角形面的法向量
              vxa=vertices[i+1][j][0]-vertices[i+1][j+1][0];
              vya=vertices[i+1][j][1]-vertices[i+1][j+1][1];
              vza=vertices[i+1][j][2]-vertices[i+1][j+1][2];
              vxb=vertices[i][j+1][0]-vertices[i+1][j+1][0];
              vyb=vertices[i][j+1][1]-vertices[i+1][j+1][1];
              vzb=vertices[i][j+1][2]-vertices[i+1][j+1][2];
              float[] vNormal2=Normal.vectorNormal(Normal.getCrossProduct
                (vxb,vyb,vzb,vxa,vya,vza));
              for(int k=1;k<4;k++){ //将计算出的法向量加入各个顶点对应的法向量集合中
                HashSet<Normal> hsn=hmn.get(index[k]);
                if(hsn==null){                          //若集合不存在则创建
                    hsn=new HashSet<Normal>();
                }
                hsn.add(new Normal(vNormal2[0],vNormal2[1],vNormal2[2]));
                hmn.put(index[k], hsn);          //将集合放进 HsahMap 中
    }}}
    for(int i=0;i<yArray.length;i++){      //遍历顶点数组，计算每个顶点的平均法向量
        for(int j=0;j<yArray[0].length;j++){
            int index=i*(cols+1)+j;
          HashSet<Normal> hsn=hmn.get(index);
            float[] tn=Normal.getAverage(hsn);     //求出平均法向量
```

```
63              normols[i][j] = tn;   //将计算出的平均法向量存放到法向量数组中
64          }}
65          return normols;                //返回法向量数组
66      }
```

❑ 第 6～第 13 行的功能为遍历从灰度图加载的地形顶点高度数组，从而计算出地形网格中每个顶点的坐标。计算出各个顶点的坐标后存入一个三维数组中，供后面计算每个顶点的法向量时使用。

❑ 第 18～第 57 行的功能为按照行列遍历每个地形网格，遍历到一个地形网格后分左上和右下两个三角形分别计算两个三角形面的法向量，然后将计算出的法向量存入三角形每个顶点对应的法向量集合中。

❑ 第 58～第 64 行的功能为遍历每个顶点，求出顶点对应的法向量集合中的法向量的平均值，将它作为此顶点的法向量存入结果数组中。

提示　第 18～第 57 行中计算三角形面的法向量时采用的是站在一个顶点上，求出此顶点到另外两个顶点的向量，然后将这两个向量求叉积（矢量积）的方法。这种方法的计算非常简单，笔者很喜欢采用。

（2）介绍完计算顶点法向量的方法后，下面需要介绍的就是根据地形内容 RGB 贴图对片元采用不同外观纹理进行着色工作的片元着色器了，其具体代码如下。

代码位置：源代码/第 4 章/Sample4_7/assets 目录下的 frag.sh。

```
1    #version 300 es
2    precision mediump float;                //给出默认的浮点精度
3    in vec2 vTextureCoord;                  //接收从顶点着色器传过来的纹理坐标
4    in vec3 vPosition;                      //接收从顶点着色器传过来的顶点位置
5    in vec4 vAmbient;                       //接收从顶点着色器传过来的环境光分量
6    in vec4 vDiffuse;                       //接收从顶点着色器传过来的散射光分量
7    in vec4 vSpecular;                      //接收从顶点着色器传过来的镜面反射光分量
8    uniform sampler2D ssTexture;            //纹理内容数据(砂石)
9    uniform sampler2D lcpTexture;           //纹理内容数据(绿草皮)
10    uniform sampler2D dlTexture;           //纹理内容数据(道路)
11    uniform sampler2D hcpTexture;          //纹理内容数据(黄草皮)
12    uniform sampler2D rgbTexture;          //纹理内容数据(地形内容 RGB 贴图)
13    uniform float repeatVaule;             //纹理坐标最大 repeat 值
14    out vec4 fragColor;                    //输出到片元的颜色
15    void main(){
16       vec4 vColor=texture(rgbTexture,     //从地形内容 RGB 贴图中采样出颜色
17          vec2(vTextureCoord.x/repeatVaule,vTextureCoord.y/repeatVaule));
18       float rFactor=vColor.r;             //砂石的加权因子
19       float gFactor=vColor.g;             //绿草皮的加权因子
20       float bFactor=vColor.b;             //道路的加权因子
21       float aFactor=max(0.0,1.0-(rFactor+gFactor+bFactor)); //黄草皮的加权因子
22       vec4 rColor=texture(ssTexture,vTextureCoord);       //从砂石纹理中采样出颜色
23       vec4 gColor=texture(lcpTexture,vTextureCoord);      //从绿草皮纹理中采样出颜色
24       vec4 bColor=texture(dlTexture,vTextureCoord);       //从道路纹理中采样出颜色
25       vec4 aColor=texture(hcpTexture,vTextureCoord);      //从黄草皮纹理中采样出颜色
26       //计算片元的加权颜色
27       vec4 finalColor=rColor*rFactor+gColor*gFactor+bColor*bFactor+aColor*aFactor;
28       //根据各个光照通道的强度计算最终片元颜色
29       fragColor = finalColor*vAmbient + finalColor*vDiffuse + finalColor*vSpecular;
30    }
```

❑ 第 16 行和第 17 行为从地形内容 RGB 贴图纹理中采样出各通道颜色值。由于地形内容 RGB 贴图纹理是对整体地形起作用的，所以在使用纹理坐标 vTextureCoord 进行采样之前，需要首先将 vTextureCoord 的 x、y 分量同时除以纹理最大重复值 repeatVaule，将纹理坐标 vTextureCoord 的各分量均限制到[0,1]范围内，然后再进行纹理采样。

❑ 第 18～第 21 行的功能为根据前面介绍的策略从 RGB 色彩通道值得到砂石、绿草皮、道路、黄草皮四种外观的权重（加权因子）。

❑ 第 22～第 27 行分别从砂石、绿草皮、道路、黄草皮纹理中采样出片元颜色，然后根据各种外观纹理所对应的加权因子按比例混合，计算出片元的最终加权颜色。

❑ 第 29 行的功能为将计算出的片元最终加权颜色值结合环境光、散射光、镜面反射光三个光照通道的强度计算出最终的片元颜色值并传递给渲染管线。

到这里为止高真实感地形就介绍完了，在以后的具体项目开发中读者若能灵活运用，将可以开发出非常逼真的自然地形场景。

4.7 镜头光晕

本节介绍如何模拟现实生活中用摄像机拍摄时容易出现的一种特殊光学效果——镜头光晕，掌握了这种特效的开发技术后，读者可以为自己开发的场景进一步增光添彩，具体内容如下。

4.7.1 基本原理

介绍本节案例的具体开发步骤之前首先需要了解镜头光晕的基本原理。所谓镜头光晕是一种光学特效，是当摄像机对向强光时，由于镜头的元件间相互反射而产生的。由于镜片是沿镜头中心轴严格对齐的，因而在最终形成的画面上，这些反射光成一条对齐的直线。

基于以上原因，可以将镜头光晕作为 2D 问题来处理。也就是将镜头光晕作为 3D 场景上的一系列 2D 叠层来渲染，即将光晕元素沿着从光源在屏幕上的投影位置到屏幕中心位置的直线进行渲染。

实际开发时，镜头光晕特效采用一个小的纹理集来进行渲染。纹理集中的每一个元素为一种光晕元素类型——圆、圆环、辐射等，如图 4-28 所示。要实现逼真的镜头光晕效果，还需将如图 4-28 所示的灰度纹理与实际颜色结合以产生弱着色效果。同时，光晕元素将以不同的尺寸进行渲染。

具体实现镜头光晕效果时，还需要对每种光晕元素进行相应的属性设置，用到的具体属性如下所列。

❑ 距离，沿从光源在屏幕上的投影位置到屏幕中心位置的直线的成比例距离值。

❑ 尺寸，用于确定渲染时元素的大小。

❑ 颜色，在渲染时用于对元素着色。

❑ 位置，用于渲染时的位置坐标。

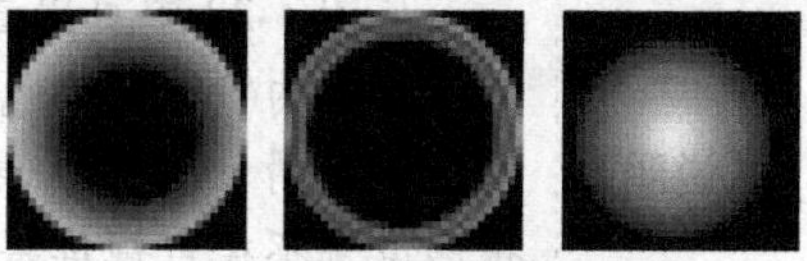

▲图 4-28 光晕元素纹理集

对以上属性要进行合理的设置，否则渲染出来的镜头光晕效果就会不真实。其中位置属性和尺寸属性是由光源在屏幕上的投影位置和屏幕中心位置所决定的。尺寸值随着光源离屏幕中心位置越远，其值越小，反之则越大。具体开发中可采用如下的公式来计算光晕的位置和尺寸值。

X= – distance*lx

Y= – distance*ly

currSize=initSize*(SCALE_MIN+(SCALE_MAX-SCALE_MIN)*(1-currDis/DIS_MAX))

❑ X、Y 为计算出的光晕元素的屏幕坐标。

❑ lx、ly 为光源在屏幕上投影位置的坐标，distance 为光晕元素的距离属性值。

❑ currSize 为计算出的光晕元素的当前尺寸。

❑ initSize 为光晕元素的最初尺寸，SCALE_MIN 和 SCALE_MAX 为光晕元素的最小缩放比例以及最大缩放比例。

❑ currDis 为光源在屏幕上的投影位置距屏幕中心点的距离，也就是“lx*lx+ly*ly”的平方根。

❑ DIS_MAX 为屏幕的 4 个角（左上、左下、右上、右下）到屏幕中心点的距离。

提示　上述距离、坐标位置都是以对应到屏幕的近平面坐标系计算的，即屏幕的中心点为原点，x 轴正向向右，y 轴正向向上，屏幕的宽度为 2 倍的 ratio（屏幕的宽高比），高度为 2。

了解了镜头光晕的基本原理后，下面简单介绍本节案例的开发思路。本节案例中进行了两轮绘制，具体内容如下。

- 第一轮采用了一个 3D 透视投影的摄像机对 3D 场景进行渲染，再根据该摄像机相关的摄像机矩阵及投影矩阵，求出光源在屏幕上的位置坐标并更新所有光晕元素的绘制位置和绘制尺寸。
- 第二轮设置了一个平行投影的摄像机，且该摄像机近平面的尺寸与第一轮设置的近平面一致，在该摄像机下对沿着从光源屏幕位置到屏幕中心位置的直线进行镜头光晕各个元素的渲染。

4.7.2　一个简单的案例

了解了镜头光晕的基本实现原理后，就可以进行具体案例的开发了。开发之前有必要先了解本节案例 Sample4_8 的运行效果，如图 4-29 所示。

▲图 4-29　案例 Sample4_8 的运行效果

说明　从图 4-29 中可以看出，场景中的镜头光晕是由一系列光晕元素组成，不同元素带有各自的特性（颜色、位置、尺寸），并且连成一条色彩斑斓的直线。当手指在手机屏幕上滑动时，摄像机会随之移动，镜头光晕也会相应变化，甚至消失（当光源投影位置不在可视屏幕范围内时）。同时由于本书插图采用灰度印刷，因此可能看不清楚，读者可用真机运行本案例并进行观察。

了解了本节案例的运行效果后，下面就可以进行具体的开发了。由于本节案例与前面很多案例的大部分代码相同，因此，这里仅仅介绍本节案例中具有代表性的代码，主要包括光晕元素类 SingleFlare、光晕类 Flare、界面显示类 MySurfaceView 以及光晕片元着色器等，具体内容如下。

（1）首先介绍光晕元素类 SingleFlare，该类对象将在光晕类 Flare 中被创建。在该类中主要是定义光晕元素的各个属性，并进行相应的初始化。运行时每个 SingleFlare 类对象代表一种光晕元素，本案例中共创建了 13 种光晕元素，其具体代码如下。

代码位置：源代码/第 4 章/Sample4_8/src/com/bn/Sample4_8 目录下的 SingleFlare.java。

```
package com.bn.Sample4_8;                          //声明包
public class SingleFlare{
     public int texture;                           //所用纹理
     public float distance;    //距离（沿光源屏幕位置到屏幕中心的直线的成比例的距离）
     public float size;                            //原始尺寸
     public float bSize;                           //变换后的尺寸
     public float[] color;                         //颜色数组
     public float px;                              //绘制位置 x 坐标
     public float py;                              //绘制位置 y 坐标
     public SingleFlare(int texture,float size,float distance,float[] color){
```

```
        this.texture=texture;                   //初始化纹理
        this.distance=distance;                 //初始化距离值
        this.size=size;                         //初始化原始尺寸值
        this.bSize=size;                        //初始化变换后的尺寸值
        this.color=color;                       //初始化颜色数组
        this.px=0;                              //初始化绘制位置 x 坐标
        this.py=0;                              //初始化绘制位置 y 坐标
}}
```

说明 上述代码主要用于对光晕元素的各个属性进行声明并初始化，因此该类对象用于存放单个光晕元素的所有属性值。

（2）介绍完光晕元素类 SingleFlare 后，下面进一步介绍光晕类 Flare。该类主要包含用于创建 13 种光晕元素对象的 initFlare 方法以及更新光晕位置的 update 方法，其具体代码如下。

代码位置：源代码/第 4 章/Sample4_8/src/com/bn/Sample4_8 目录下的 Flare.java。

```
1    package com.bn.Sample4_8;                                         //声明包
2    ……//此处省略了一些导入相关类的代码，读者可自行查阅随书中的源代码
3    public class Flare{
4        public int[] textures;                                     //纹理数组
5        public ArrayList<SingleFlare> sFl=new ArrayList<SingleFlare>();//存放光晕元素的列表
6        public Flare(int[] textures){
7            this.textures=textures;                                //初始化纹理数组
8            initFlare();                                           //初始化光晕元素
9        }
10       public void initFlare(){                    //初始化 13 个光晕元素对象的方法
11           //以下创建并向列表中添加了 13 个镜头光晕元素对象
12           sFl.add(new SingleFlare(textures[1],5.4f,-1.0f,new float[]{1.0f,1.0f,1.0f,1.0f}));
13           sFl.add(new SingleFlare(textures[1],0.4f,-0.8f,new float[]{0.7f,0.5f,0.0f,0.02f}));
14           sFl.add(new SingleFlare(textures[1],0.04f,-0.7f,new float[]{1.0f, 0.0f, 0.0f, 0.07f}));
15           sFl.add(new SingleFlare(textures[0],0.4f,-0.5f,new float[]{1.0f, 1.0f, 0.0f, 0.05f}));
16           sFl.add(new SingleFlare(textures[2],1.22f,-0.4f,new float[]{1.0f, 1.0f, 0.0f, 0.05f}));
17           sFl.add(new SingleFlare(textures[0],0.4f,-0.3f,new float[]{1.0f, 0.5f, 0.0f, 1.0f}));
18           sFl.add(new SingleFlare(textures[1],0.4f,-0.1f,new float[]{1.0f, 1.0f, 0.5f, 0.05f}));
19           sFl.add(new SingleFlare(textures[0],0.4f,0.2f,new float[]{1.0f, 0.0f, 0.0f, 1.0f}));
20           sFl.add(new SingleFlare(textures[1],0.8f,0.3f,new float[]{1.0f, 1.0f, 0.6f, 1.0f}));
21           sFl.add(new SingleFlare(textures[0],0.6f,0.4f,new float[]{1.0f, 0.7f, 0.0f, 0.03f}));
22           sFl.add(new SingleFlare(textures[2],0.6f,0.7f,new float[]{1.0f, 0.5f, 0.0f, 0.02f}));
23           sFl.add(new SingleFlare(textures[2],1.28f,1.0f,new float[]{1.0f, 0.7f, 0.0f, 0.02f}));
24           sFl.add(new SingleFlare(textures[2],3.20f,1.3f,new float[]{1.0f, 0.0f, 0.0f, 0.05f}));
25       }
26       public void update(float lx,float ly){       //更新光晕元素位置、尺寸的方法
27           float maxFlareDist=(float) Math.sqrt(lx*lx+ly*ly);//光源屏幕位置到屏幕中心的距离
28           //尺寸缩放值——用于绘制尺寸的计算
29           float currScale=SCALE_MIN+(SCALE_MAX-SCALE_MIN)*(1-currDis/DIS_MAX);
30           for(SingleFlare ss:sFl){                          //循环遍历所有光晕元素
31               ss.px=(1+ss.distance)*cx-ss.distance*lx;//计算该光晕元素绘制位置的 x 坐标
32               ss.py=(1+ss.distance)*cy-ss.distance*ly;//计算该光晕元素绘制位置的 y 坐标
33               ss.bSize=ss.size*currScale;           //计算变换后的尺寸
34   }}}
```

- 第 11～第 25 行为初始化 13 种光晕元素对象的 initFlare 方法，该方法主要是创建不同属性的光晕元素，并将其存入光晕元素列表中，便于以后调用。
- 第 27～第 29 行首先根据光源屏幕位置计算出它到屏幕中心点的距离，再根据常量类 Constant 中定义的光晕元素最小缩放比例（SCALE_MIN）、最大缩放比例（SCALE_MAX）以及屏幕 4 个角到屏幕中心的距离值（DIS_MAX）来计算实际尺寸缩放值。该缩放值用于计算光晕元素的绘制尺寸值，以实现光源屏幕位置距离坐标原点越远光晕越小，越近光晕越大的效果。
- 第 30～第 34 行循环遍历各个光晕元素，根据光源屏幕位置计算各个光晕元素的绘制位置坐标以及绘制尺寸值，这里采用的计算公式在前面介绍基本原理时介绍过。

（3）介绍完光晕类 Flare 之后，接下来介绍界面显示类 MySurfaceView。该类与前面案例中主要不同的地方是触控事件处理方法 onTouchEvent 和绘制方法 onDrawFrame，因此，这里仅仅给出这两个方法的代码，具体内容如下。

代码位置：源代码/第 4 章/Sample4_8/src/com/bn/Sample4_8 目录下的 MySurfaceView.java。

```
package com.bn.Sample4_8;                                      //声明包
……//此处省略了一些导入相关类的代码，读者可自行查阅随书中的源代码
public class MySurfaceView extends GLSurfaceView{
    ……//此处省略了一些成员变量定义的代码和构造器，读者可自行查阅随书中的源代码
    public boolean onTouchEvent(MotionEvent e) {                  //触控事件回调方法
        float x=e.getX();                                         //获取触控点 x 坐标
        float y=e.getY();                                         //获取触控点 y 坐标
        int action=e.getAction()&MotionEvent.ACTION_MASK;//获取触控事件编号
        switch(action){
            case MotionEvent.ACTION_DOWN:                       //主点 down
              preX=x;                                           //记录当前触控点 x 坐标
               preY=y;                                          //记录当前触控点 y 坐标
            break;
            case MotionEvent.ACTION_MOVE:                        //有点移动
                float dx=x-preX;                                 //计算 x 轴方向移动位移
                float dy=y-preY;                                 //计算 y 轴方向移动位移
                CameraUtil.changeDirection(dx*0.1f);   //改变摄像机方位角
                CameraUtil.changeYj(dy*0.1f);          //改变摄像机仰角
                preX=x;                                          //记录当前触控点 x 坐标
                preY=y;                                          //记录当前触控点 y 坐标
            break;
        }
       return true;                                             //返回 true
    }
    private class SceneRenderer implements GLSurfaceView.Renderer{
        ……//此处省略了部分代码，读者可自行查阅随书中的源代码
        public void onDrawFrame(GL10 gl){                            //绘制一帧画面的方法
            GLES30.glClear(GLES30.GL_DEPTH_BUFFER_BIT|
              GLES30.GL_COLOR_BUFFER_BIT);           //清除深度缓冲与颜色缓冲
            MatrixState.setProjectFrustum(-RATIO,RATIO,-1.0f,1.0f,2,1000);
            //设置透视投影
            CameraUtil.flush3DCamera();                           //更新 3D 摄像机参数
            ……//此处省略了绘制天空盒的代码，读者可自行查阅随书中的源代码
            //计算在当前摄像机观察情况下光源的屏幕坐标
            float[] ls=CameraUtil.calLightScreen(RATIO);
            lpx=ls[0];                                           //获取光源位置 x 坐标
            lpy=ls[1];                                           //获取光源位置 y 坐标
            if(lpx>RATIO||lpy>1){                                //光源若不在屏幕中
                return;                                          //返回
            }
            flare.update(lpx, lpy);                               //更新光晕绘制位置
            MatrixState.setProjectOrtho(-RATIO,RATIO,-1.0f,1.0f,2,1000);//设置平行投影
            MatrixState.setCamera(0,0,0, 0,0,-1, 0,1,0);         //设置摄像机
            MatrixState.pushMatrix();                             //保护现场
            GLES30.glEnable(GLES30.GL_BLEND);                     //打开混合
            GLES30.glBlendFunc(GLES30.GL_SRC_COLOR,
               GLES30.GL_ONE);                                    //设置混合因子
            for(SingleFlare ss:flare.sFl){ //循环遍历光晕元素列表——进行绘制
                MatrixState.pushMatrix();                         //保护现场
                MatrixState.translate(ss.px, ss.py, -100+ss.distance);
                //平移到指定位置
                MatrixState.scale(ss.bSize, ss.bSize, ss.bSize); //按比例缩放
                df.drawSelf(ss.texture,ss.color);          //绘制光晕元素
                MatrixState.popMatrix();                         //恢复现场
            }
            GLES30.glDisable(GLES30.GL_BLEND);                  //关闭混合
            MatrixState.popMatrix();                             //恢复现场
    }}
    ……//此处省略了初始化纹理的 initTexture 方法，读者可自行查阅随书中的源代码
}
```

❑ 第 6～第 13 行首先获取屏幕触控点位置坐标 x、y 值以及触控动作类型，再根据触控动作类型进行相应的处理。当触控动作为按下时，记录该触控点的 x、y 坐标值。

❑ 第 13～第 21 行的功能为当触控动作为移动时，则先计算 x 轴、y 轴方向的移动距离，再根据计算的 x 轴移动距离调用摄像机工具类 CameraUtil 中的 changeDirection 方法来改变摄像机方位角；接着根据计算的 y 轴移动距离调用摄像机工具类 CameraUtil 中的 changeYj 方法来改变摄像机仰角；最后记录该触控点的 x、y 坐标值，供下一轮移动事件计算使用。

❑ 第 30～第 40 行为本案例的第一轮绘制，设置了一个 3D 透视投影的摄像机对 3D 场景进行渲染，再根据该摄像机产生的相关摄像机矩阵、投影矩阵，调用摄像机工具类 CameraUtil 中的 calLightScreen 方法来计算在当前摄像机观察情况下光源的屏幕坐标。再根据该坐标值判断光源是否在屏幕中，如不在屏幕中则不再进行第二轮绘制，反之则调用光晕类 Flare 中的 update 方法来更新所有光晕元素的绘制位置和绘制尺寸。

❑ 第 41～第 55 行为本案例的第二轮绘制，其中首先设置了一个平行投影的摄像机，且该摄像机近平面的尺寸与第一轮设置的近平面一致，在该摄像机下沿着从光源屏幕位置到屏幕中心点的直线进行镜头光晕各元素的渲染。

提示：MySurfaceView 类中调用的摄像机工具类 CameraUtil 中的 changeDirection 方法、changeYj 方法以及 calLightScreen 方法等，读者可自行查阅随书中的源代码进行学习。另外，本案例中的光源位置在 3D 场景空间中是固定不动的，其值为[0.98f, 11.27f, -27.6f]，在 CameraUtil 类中声明。

（4）介绍完 Java 代码的开发后，下面介绍用于渲染光晕的片元着色器，具体代码如下。

代码位置：源代码/第 4 章/Sample4_8/assets 目录下的 frag.sh。

```
#version 300 es
precision mediump float;                            //给出默认的浮点精度
uniform vec4 color;                                 //实际颜色 RGBA 值
uniform sampler2D sTexture;                         //纹理内容数据
in vec2 vTextureCoord;                              //接收从顶点着色器过来的纹理坐标
out vec4 fragColor;                                 //输出到片元的颜色
void main(){                                        //主函数
    vec4 finalColor=texture(sTexture, vTextureCoord);    //进行纹理采样
    finalColor=finalColor*color;                    //采样颜色与实际颜色结合
    fragColor=finalColor;                           //片元的最终颜色
}
```

说明：上述片元着色器中主要是将从渲染管线传过来的实际颜色值和从纹理图中采样出的颜色值进行结合，实现前面基本原理中提到的弱着色。

4.8 小结

本章主要介绍了一些用于模拟现实世界中几种光学效果的技术，包括反射、折射、色散、菲涅尔效果、凹凸映射、高真实感地形以及镜头光晕等。掌握了这些知识以后，读者若能恰当地灵活运用，将可以开发出更具有吸引力与感染力的 3D 应用或游戏。

第 5 章　阴影及高级光照

本章将介绍 OpenGL ES 3.0 中实现阴影的几种常见技术，主要包括平面阴影、阴影映射、阴影贴图、光线跟踪等几个方面。同时本章还介绍几种常用的技术，主要包括投影贴图、聚光灯高级光源、高级镜像技术、高真实感水面绘制以及运动模糊等。掌握了这些技术以后，读者将能开发出更加真实、吸引力更强的酷炫场景。

5.1 投影贴图

现实世界中很多场合都会有如下情况：在光源前面放一张透明胶片，胶片上面有半透明的图案，经光源照射后透明胶片上的图案将投射到被光源照射的物体上。本节将通过案例 Sample5_1 向读者介绍如何基于 OpenGL ES 3.0 来开发这样的场景。

5.1.1 案例效果与基本原理

介绍本案例的具体开发步骤之前首先需要了解案例的运行效果与基本原理，本小节案例运行效果如图 5-1 所示。

从图 5-1 中可以看出，光源位于场景的一侧（靠近圆环与茶壶，距离立方体与圆球较远），从光源处将纹理图（如图 5-2 所示）投射到整个场景中。而且被光源投射的纹理图还编程实现了旋转的效果，故场景中的投影是不断变化的。

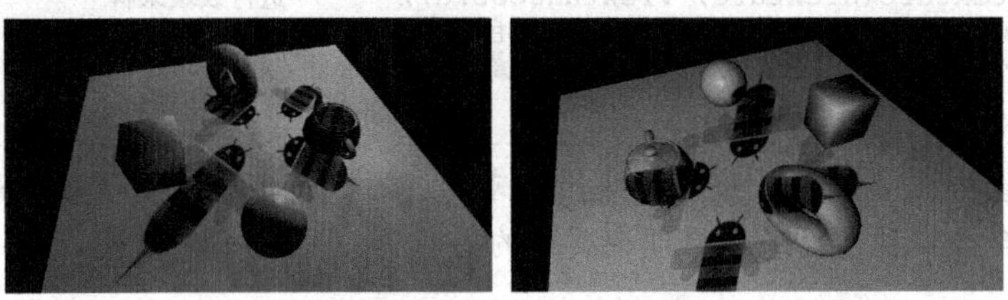

▲图 5-1　投影贴图案例的运行效果

▲图 5-2　投影用纹理

> **提示**　运行本案例时，当手指在屏幕上水平滑动时摄像机会绕场景转动，当手指在屏幕上垂直滑动时摄像机会随手指的移动而升降。

实现上述场景的基本技术是纹理映射（这种特殊的纹理映射也被称为投影贴图），只不过与前面章节介绍的普通纹理映射不同，这里的纹理坐标不是预先在初始化时分配给顶点的，而是在着色器中根据传入的相关参数实时计算出来的，基本思想如图 5-3 所示。

从图 5-3 中可以看出，此案例中最重要的工作就是在着色器中根据光源位置、透明胶片纹理图的位置、尺寸及片元的位置计算出片元对应的纹理坐标。这项工作如果直接用空间解析几何计算虽然是可以完成的，但会非常复杂。

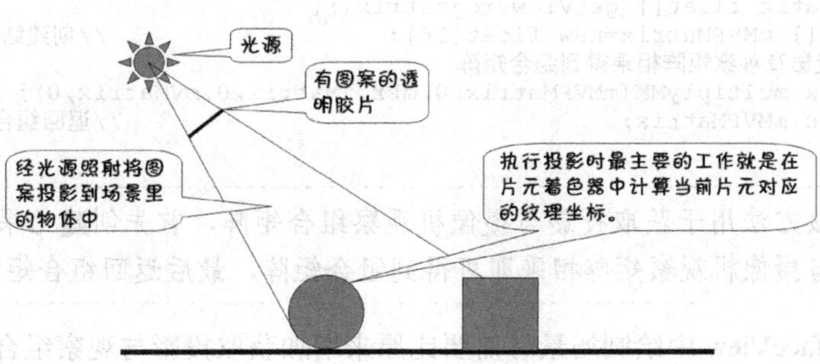

▲图 5-3 投影贴图的基本原理

其实转变一下思维方式就很容易实现，可以在光源处虚拟一个摄像机，对应于此虚拟摄像机的投影参数进行如下设置。

- ❑ 将 left 与 right 各设置为 0.5，总和为 1，代表透明胶片纹理图的宽度纹理坐标跨度。
- ❑ 将 top 与 bottom 也各自设置为 0.5，总和为 1，代表透明胶片纹理图的高度纹理坐标跨度。
- ❑ 将 near 设置为透明胶片距光源的距离，far 设置为不小于光源到需要照射的最远物体的距离。

然后将摄像机观察矩阵及投影矩阵的组合矩阵传入着色器，在着色器中将片元位置与此矩阵进行运算即可计算出此片元位置投影到光源处虚拟摄像机近平面上的位置。由于前面将近平面的尺寸设置为 1.0×1.0，所以此近平面上的位置可以非常方便地换算成合法的纹理坐标，如图 5-4 所示。

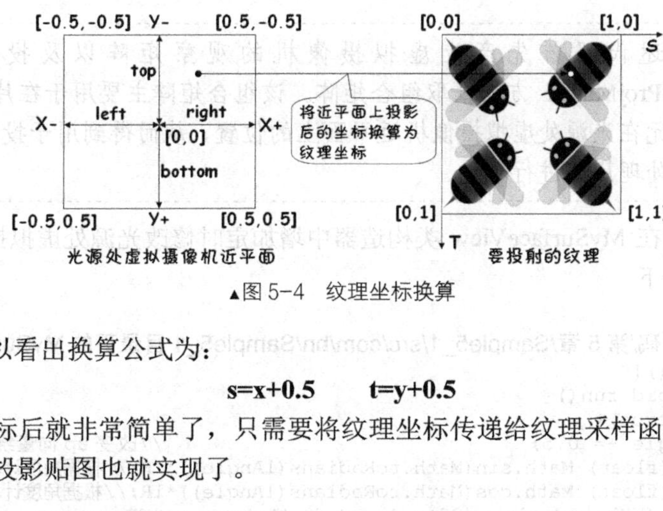

▲图 5-4 纹理坐标换算

从图 5-4 中可以看出换算公式为：

$$s=x+0.5 \qquad t=y+0.5$$

计算出纹理坐标后就非常简单了，只需要将纹理坐标传递给纹理采样函数进行纹理采样即可得到片元的颜色，投影贴图也就实现了。

5.1.2 开发步骤

了解了案例的运行效果及基本原理后，就可以进行案例的开发了，具体步骤如下。

（1）首先用 3ds Max 生成 5 个基本物体（平面、圆环、茶壶、立方体、圆球），并导出成 obj 文件放入项目的 assets 目录待用。

（2）开发出搭建场景的基本代码，包括加载物体、摆放物体、计算光照等。这些代码与前面章节的许多案例基本套路完全一致，因此这里不再赘述。

（3）由于需要将光源处虚拟摄像机的投影与观察组合矩阵传入着色器，因此需要对 MatrixState 类进行升级，增加获取投影与观察组合矩阵的 getViewProjMatrix 方法，其代码如下。

代码位置：源代码/第 5 章/Sample5_1/src/com/bn/Sample5_1 目录下的 MatrixState.java。

```
public static float[] getViewProjMatrix(){
    float[] mMVPMatrix=new float[16];                         //创建结果矩阵数组
    //将投影及观察矩阵相乘得到组合矩阵
    Matrix.multiplyMM(mMVPMatrix,0,mProjMatrix,0,mVMatrix,0);
    return mMVPMatrix;                                       //返回组合矩阵
}
```

说明　该方法用于获取投影与摄像机观察组合矩阵，首先创建结果矩阵数组，将投影矩阵与摄像机观察矩阵相乘即可得到组合矩阵，最后返回组合矩阵。

（4）在 MySurfaceView 中绘制场景时需要比原来增加获取投影与观察组合矩阵的代码，具体情况如下。

代码位置：源代码/第 5 章/Sample5_1/src/com/bn/Sample5_1 目录下的 MySurfaceView.java。

```
public void onDrawFrame(GL10 gl){
    MatrixState.setCamera(lx,ly,lz,10f,0f,10f,ux,uy,uz);
    //产生位于光源处虚拟摄像机的观察矩阵
    //产生位于光源处虚拟摄像机的投影矩阵
    MatrixState.setProjectFrustum(-0.5f, 0.5f, -0.5f, 0.5f, 1f, 400);
    mMVPMatrixGY=MatrixState.getViewProjMatrix();//获取虚拟摄像机的观察、投影组合矩阵
    GLES30.glClear(                                    //清除深度缓冲与颜色缓冲
        GLES30.GL_DEPTH_BUFFER_BIT | GLES30.GL_COLOR_BUFFER_BIT);
    MatrixState.setCamera(cx,cy,cz,0f,0f,0f,0f,1f,0f);     //生成实际摄像机观察矩阵
    MatrixState.setProjectFrustum(-ratio, ratio, -1.0f, 1.0f, 2, 1000);
    //生成实际摄像机投影矩阵
    MatrixState.setLightLocation(lx, ly, lz);                  //设置光源位置
    ……//此处省略了绘制场景中各个物体的代码，需要的读者请参考随书
 }
```

说明　上述代码首先产生虚拟摄像机的观察矩阵以及投影矩阵，再通过 getViewProjMatrix 方法获取组合矩阵。该组合矩阵主要用于在片元着色器中计算待处理片元在光源处虚拟摄像机近平面上的位置，从而得到用于投影贴图的纹理坐标，以对待处理片元进行着色。

（5）接着还需要在 MySurfaceView 类构造器中增加定时修改光源处虚拟摄像机对应 up 向量的代码，具体内容如下。

代码位置：源代码/第 5 章/Sample5_1/src/com/bn/Sample5_1 目录下的 MySurfaceView.java。

```
new Thread(){
  public void run(){
    while(true){
      lAngle += 0.5;                              //改变 up 向量绕 Y 轴的旋转角度
      ux=(float) Math.sin(Math.toRadians(lAngle))*lR;//根据角度计算当前 up 向量的 X 分量
      uz=(float) Math.cos(Math.toRadians(lAngle))*lR;//根据角度计算当前 up 向量的 Z 分量
      try { Thread.sleep(20); } catch (InterruptedException e) {e.printStackTr
      ace();}//线程休眠
}}}.start();
```

提示　上述代码中的线程定时（每 20ms）修改光源处虚拟摄像机对应 up 向量绕 Y 轴旋转的角度，以在程序中实现被投影的纹理图不断旋转的效果。

（6）绘制加载物体的类也要相对于前面章节的版本进行升级，增加传递位于光源处虚拟摄像机投影、观察组合矩阵进渲染管线的相关代码。这部分代码与传递其他矩阵的代码套路相同，这里不再赘述，需要的读者请参考随书。

（7）本案例中的顶点着色器代码与前面光照部分的基本相同，仅仅增加了将顶点位置传递给

片元着色器的功能，这里也不再赘述，需要的读者请参考随书。

（8）本案例中的片元着色器是实现投影贴图的关键所在，其具体代码如下。

代码位置：源代码/第 5 章/Sample5_1/assets 目录下的 frag.sh。

```
1   #version 300 es
2   precision mediump float;              //设置默认精度
3   uniform sampler2D sTexture;           //纹理内容数据
4   in vec4 ambient;                      //接收从顶点着色器传递过来的环境光参数
5   in vec4 diffuse;                      //接收从顶点着色器传递过来的散射光参数
6   in vec4 specular;                     //接收从顶点着色器传递过来的镜面光参数
7   in vec4 vPosition;                    //接收从顶点着色器传递过来的片元位置
8   out vec4 fragColor;                   //输出到管线的片元颜色
9   uniform highp mat4 uMVPMatrixGY; //光源位置处虚拟摄像机观察及投影组合矩阵
10   void main(){
11      //将片元的位置投影到光源处虚拟摄像机的近平面上
12      vec4 gytyPosition=uMVPMatrixGY * vec4(vPosition.xyz,1);
13      gytyPosition=gytyPosition/gytyPosition.w;   //进行透视除法
14      float s=gytyPosition.s+0.5;                 //将投影后的坐标换算为纹理坐标
15      float t=gytyPosition.t+0.5;
16      vec4 finalColor=vec4(0.8,0.8,0.8,1.0);      //物体本身的颜色
17      if(s>=0.0&&s<=1.0&&t>=0.0&&t<=1.0){     //若纹理坐标在合法范围内则考虑投影贴图
18         vec4 projColor=texture(sTexture,vec2(s,t));//对投影纹理图进行采样
19         vec4 specularTemp=projColor*specular;      //计算投影贴图对镜面光的影响
20         vec4 diffuseTemp=projColor*diffuse;        //计算投影贴图对散射光的影响
21         fragColor=finalColor*ambient+finalColor*specularTemp+finalColor*diffuseTemp;
22      }else {                                 //计算最终片元颜色
23         fragColor = finalColor*ambient+finalColor*specular+finalColor*diffuse;
24   }}
```

- 第 11～第 15 行完成了最核心的工作，首先将此片元投影到位于光源位置的摄像机对应的近平面上，然后将投影坐标换算为纹理坐标。
- 第 17～第 23 行首先判断换算出的纹理坐标是否在合理的范围内（0.0～1.0），若在，则对投影纹理图进行采样，并将采样结果与散射光、镜面光分量进行加权计算，最终将 3 个光通道与物体颜色加权计算得到片元颜色。若纹理坐标不在合理范围内，则直接进行 3 个光通道与物体颜色的加权计算。

到这里为止投影贴图技术就介绍完了，在以后的具体项目开发中读者若能做到灵活运用，将可以开发出更加逼真的场景。

5.2 阴影的重要性

现实世界中，阴影是随处可见的，它对于帮助判断物体的位置关系以及形状等有很大的帮助。因此，在 3D 的虚拟世界中阴影也很重要，它主要起以下几方面的作用。

- 阴影可以帮助判断物体在三维空间中的位置关系。
- 阴影可以反映接收体的形状。
- 阴影可以表现出一些当前视点看不见的物体的信息。
- 通过阴影可以判断出光源的数目、位置。

从上述列出的几点可以看出，若 3D 场景中没有了阴影，真实感和吸引力将大打折扣。下面将稍微详细地讨论上述每一点的重要作用。

1. 阴影可以帮助判断物体在三维空间中的位置关系

阴影对于帮助人们从看到的画面中判断物体的位置起着十分重要的作用，如果没有了阴影，将很难判断物体在空间中的位置，如图 5-5 所示。

▲图 5-5　阴影帮助判断物体的位置

从图 5-5 中可以看出，最左侧的图中没有阴影，两个小球的位置难于判断，场景的真实感也很差。而右边的两幅图中有了阴影，一眼就可以看出小球的位置情况。

2. 阴影可以反映接收体的形状

阴影不但可以帮助判断物体的位置，还可以帮助判断阴影接收体的形状。这在模拟现实世界的时候也是十分重要的，如图 5-6 所示。

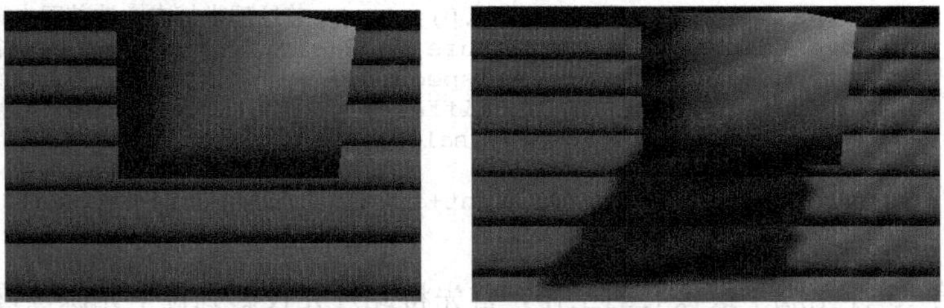

▲图 5-6　阴影反映出阴影接收体的形状

从图 5-6 中可以看出，左侧的图中没有阴影，很难判断出长方体下面的物体是什么形状的。而右侧的图中有了阴影，很容易判断出长方体的下面是台阶形状的物体。

3. 阴影可以表现出一些当前视点看不见的物体的信息

很多警匪、谍战的影视作品中都有这样的情节，主人公通过影子判断出有敌人来袭，一举将敌人击毙。对于虚拟的 3D 世界而言，阴影也有同样的作用，如图 5-7 所示。

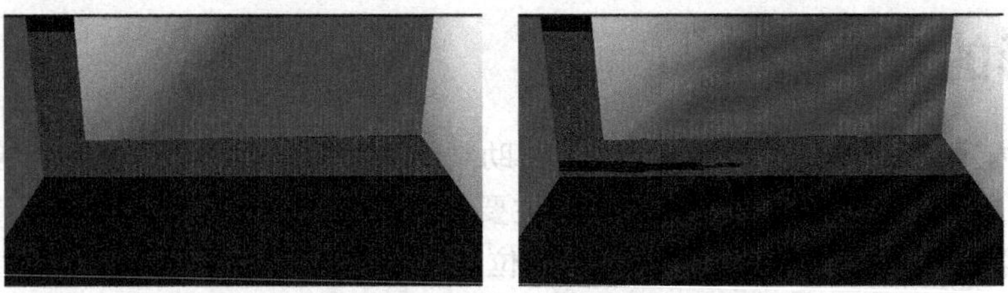

▲图 5-7　通过阴影得到当前视点不能直接看见的物体的信息

从图 5-7 左右两幅图的对比中可以看出，若没有阴影是不可能判断出场景左侧的墙外站着一个人的。也就是说，有了正确的阴影后，用户可以像在现实世界中一样判断出当前视点不能直接看见的物体的位置、形状等信息。

4. 通过阴影可以判断出光源的数目、位置

观看过晚间足球比赛的读者应该都会发现，跑动的足球队员周围有四个影子，因而会很自然地想到足球场的四面应该都有光源。这就是说通过阴影可以判断出光源的数目、位置，具体情况如图 5-8 所示。

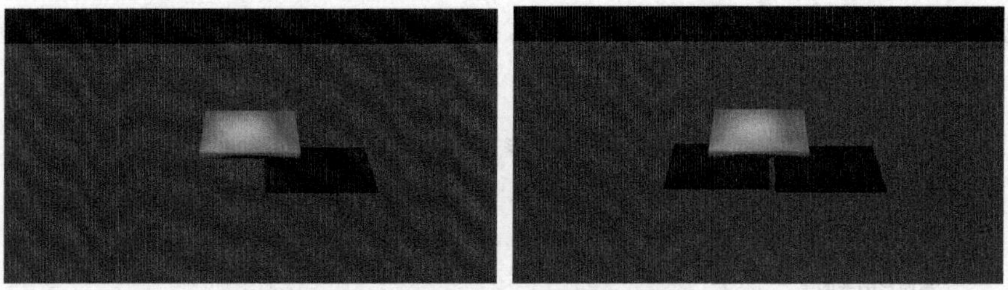

▲图 5-8　通过阴影可以判断出光源的数目、位置

从图 5-8 中可以看出，左侧的图对应的场景中有一个光源，在场景的左上侧。而右侧的图对应的场景中有两个光源，分别位于左上侧以及右上侧。

以上从四个方面介绍了阴影的重要性，了解这些重要性对于开发真实的、具有吸引力的场景是非常重要的。下面将具体介绍一些用于实现阴影的技术，包括平面阴影、阴影映射、阴影贴图、光线跟踪等几方面。

5.3 平面阴影

上卷第 6 章介绍光照时已经提到过，由于采用的光照模型是基于每个顶点或每个片元独立计算的，计算时仅仅考虑了光源位置、法向量、摄像机位置与被照射点位置，并没有考虑其他物体的存在（其实最准确的说法是没有考虑其他顶点或片元的存在），所以是不会产生阴影效果的。

但在很多场景中没有了阴影后真实感会差很多，很多著名的 3D 游戏中也都有真实的阴影效果。从本节开始，将介绍几种基于 OpenGL ES 3.0 的阴影生成技术，供读者在开发中根据情况选用。

5.3.1　案例效果与基本原理

本节介绍的是阴影生成技术中最简单的一种——平面阴影，其易于理解和开发，性能也尚可。下面首先了解本节案例 Sample5_2 的运行效果，如图 5-9 所示。

▲图 5-9　平面阴影案例运行效果

> **说明**　图 5-9 中最左侧是光源从右上侧照射场景的情况，中间是光源从场景前上侧照射的情况，右侧是光源从场景左上侧照射的情况。另外本案例运行时，当手指在屏幕上水平滑动时摄像机会绕场景转动，当手指在屏幕上垂直滑动时摄像机会随手指的移动而升降。

本节案例中采用的阴影生成算法非常简单，其基本思想为，根据照射光线的方向将物体投影到需要显示阴影的平面上，具体情况如图 5-10 所示。

从图 5-10 中可以看出，平面阴影技术中最关键的就是如何实现把物体上的顶点沿光线投影到绘制阴影的平面上。读者可能很自然地会想到利用空间解析几何的知识来进行计算，但那样太复杂了，实现起来会很困难，运行速度也会很慢。

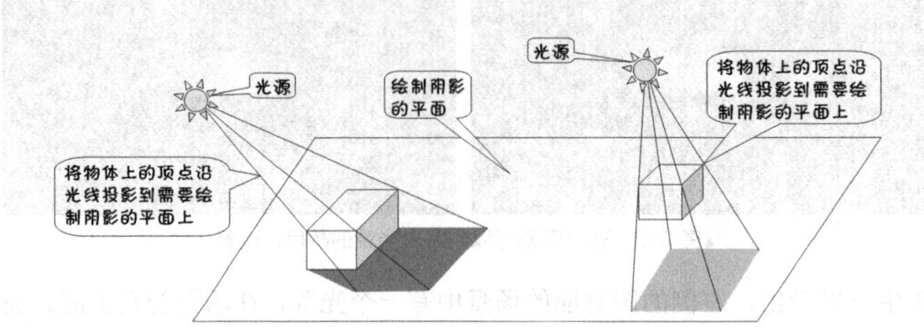

▲图 5-10 平面阴影的基本原理

真正实现的时候还可以继续依赖向量的计算，具体的计算公式如下。

V'=S+(V-S)(n• (A-S))/(n• (V-S))

上述公式中每一部分的含义如下。

- V'代表沿光线投影到绘制阴影的平面上顶点的坐标。
- S 为光源的位置。
- V 为投影前顶点的实际位置。
- n 为法向量，其属于绘制阴影的平面。
- A 为任意一个点的坐标，其位于绘制阴影的平面上。
- •代表向量的点积计算。

> **提示** 实际计算时，上述这些量都是在着色器中用 vec3 类型的变量来实现，具体情况下一小节会详细介绍。

5.3.2 开发步骤

了解了案例的运行效果及基本原理后，就可以进行案例的开发了，具体步骤如下。

（1）首先用 3ds Max 生成 5 个基本物体（平面、圆环、茶壶、立方体、圆球），并导出成 obj 文件放入项目的 assets 目录待用。

（2）开发搭建场景的基本代码，包括加载物体、摆放物体、计算光照等。这些代码与前面章节的许多案例基本套路完全一致，因此这里不再赘述。

> **提示** 需要注意的是，为了达到更好的光照效果，立方体和平面使用的加载方法采用的是面法向量，而圆环、茶壶和圆球使用的加载方法采用的是点平均法向量，因此用于完成加载的工具类 LoadUtil 中就有两个不同的加载方法，即 loadFromFileVertexOnlyAverage 与 loadFromFileVertexOnlyFace。其中第一个采用点平均法向量，第二个采用面法向量，代码与上卷第 9 章案例中的相同。

（3）采用平面阴影技术实施阴影时，需要阴影的物体应该绘制两次，第一次绘制阴影，第二次绘制物体本身。因此 MySurfaceView 中绘制场景的代码也会有所不同，具体内容如下。

代码位置：源代码/第 5 章/Sample5_2/src/com/bn/Sample5_2 目录下的 MySurfaceView.java。

```
public void onDrawFrame(GL10 gl){
    ……//此处省略了设置摄像机、光源与清除缓冲的代码，与前面很多案例中的相同
    pm.drawSelf(0);                              //绘制平面
    drawObject(1);                               //绘制平面上各个物体的阴影
```

```
        drawObject(0);                         //绘制物体本身
    }
    public void drawObject(                    //绘制平面上物体的方法
        int situ){                             //根据参数的不同决定绘制阴影还是物体本身
        MatrixState.pushMatrix();              //保护现场
        MatrixState.scale(1.5f, 1.5f, 1.5f);   //进行缩放变换
        MatrixState.translate(-10f, 0f, 0);    //进行平移变换
        cft.drawSelf(situ);                    //绘制长方体
        MatrixState.popMatrix();               //恢复现场
        ……//此处省略了球体、圆环和茶壶的绘制代码，方法与绘制长方体的相同，读者可自行查阅
    }
```

说明 上述代码中用于绘制场景中物体的方法 drawObject 需要接收一个整型的参数，当参数值为 1 时绘制物体在指定平面上的阴影，参数值为 0 时绘制物体本身。

（4）由于加载物体时根据表面情况的不同采用了不同的法向量策略，因此表示加载后物体的类就有两个，即 LoadedObjectVertexNormalAverage 与 LoadedObjectVertexNormalFace。其中第一个表示采用点平均法向量的物体，第二个表示采用面法向量的物体。这两个类的代码都与上卷第 9 章对应案例中的基本一致，主要的区别就是增加了将阴影绘制标志以及投影、摄像机组合矩阵传入渲染管线的相关代码，下面给出 LoadedObjectVertexNormalFace 类的代码。

代码位置：源代码/第 5 章/Sample5_2/src/com/bn/Sample5_2 目录下的 LoadedObjectVertexNormalFace.java。

```
    package com.bn.Sample5_2;
    ……//此处省略了部分类的引入代码，读者可自行查看随书中的源代码
    public class LoadedObjectVertexNormalFace{  //采用面法向量的加载物体
        ……//此处省略了部分成员变量的声明，读者可自行查看随书中的源代码
        int muIsShadow;                          //阴影绘制标志对应的一致变量引用
        int muProjCameraMatrixHandle;            //投影、摄像机组合矩阵引用
        public LoadedObjectVertexNormalFace(MySurfaceView mv, //构造器
          float[] vertices,float[] normals) {/*代码省略*/ }
        public void initVertexData(float[] vertices,float[] normals){/*代码省略*/ }
        public void initShader(MySurfaceView mv){   //初始化 shader
              ……//此处省略了一些代码，与上卷第 9 章相关案例中的相同
              //获取着色器中阴影绘制标志对应的一致变量引用
              muIsShadow=GLES30.glGetUniformLocation(mProgram, "isShadow");
              muProjCameraMatrixHandle=    //获取程序中投影、摄像机组合矩阵的引用
              GLES30.glGetUniformLocation(mProgram, "uMProjCameraMatrix");
        }
        public void drawSelf(int isShadow){                     //绘制物体的方法
               ……//此处省略了一些代码，与上卷第 9 章相关案例中的相同
               GLES30.glUniform1i(muIsShadow, isShadow); //将阴影绘制标志传入渲染管线
               GLES30.glUniformMatrix4fv(  //将投影、摄像机组合矩阵传入渲染管线
               muProjCameraMatrixHandle, 1, false, MatrixState.getViewProjMatrix(),0);
               ……//此处省略了一些代码，与上卷第 9 章相关案例中的相同
    }}
```

提示 LoadedObjectVertexNormalAverage 类的变化与 LoadedObjectVertexNormalFace 类几乎完全一样，因此这里不再赘述，需要的读者请查看随书中的源代码。

（5）完成了 Java 代码的开发后就可以开发着色器了，首先是顶点着色器，其代码如下。

代码位置：源代码/第 5 章/Sample5_2/assets 目录下的 vertex_shadow.sh。

```
#version 300 es
uniform int isShadow;                    //阴影绘制标志
uniform mat4 uMVPMatrix;                 //总变换矩阵
uniform mat4 uMMatrix;                   //变换矩阵
uniform mat4 uMProjCameraMatrix;         //投影、摄像机组合矩阵
uniform vec3 uLightLocation;             //光源位置
uniform vec3 uCamera;                    //摄像机位置
in vec3 aPosition;                       //顶点位置
```

```
9     in vec3 aNormal;                          //顶点法向量
10    out vec4 ambient;                         //用于传递给片元着色器的环境光最终强度
11    out vec4 diffuse;                         //用于传递给片元着色器的散射光最终强度
12    out vec4 specular;                        //用于传递给片元着色器的镜面光最终强度
13    ……//此处省略了定位光光照计算的方法 pointLight，代码与前面很多案例中的相同
14    void main(){
15       if(isShadow==1){                       //标志位为 1，则绘制阴影
16          vec3 A=vec3(0.0,0.1,0.0);           //绘制阴影平面上任意一点的坐标
17          vec3 n=vec3(0.0,1.0,0.0);           //绘制阴影平面的法向量
18          vec3 S=uLightLocation;              //光源位置
19          vec3 V=(uMMatrix*vec4(aPosition,1)).xyz;    //经过平移和旋转变换后的点的坐标
20          vec3 VL=S+(V-S)*(dot(n,(A-S))/dot(n,(V-S)));
            //顶点沿光线投影到需要绘制阴影的平面上点的坐标
21          gl_Position = uMProjCameraMatrix*vec4(VL,1);//根据组合矩阵计算此次绘制此顶点的位置
22       }else{                                 //根据总变换矩阵计算此次绘制此顶点的位置
23          gl_Position = uMVPMatrix * vec4(aPosition,1);
24       }
25       pointLight(normalize(aNormal),ambient,diffuse,specular,uLightLocation,
26       vec4(0.4,0.4,0.4,1.0),vec4(0.7,0.7,0.7,1.0),vec4(0.3,0.3,0.3,1.0));   //计算光照
27    }
```

- 第 15～第 21 行为根据上一小节介绍的平面阴影计算模型计算投影点位置的代码，其中绘制阴影平面的法向量和任意一点坐标是固化在着色器中的，未来有需要也可以从 Java 程序中传入。
- 第 21 行将计算出的投影点坐标用投影、摄像机组合矩阵进行变换，得到此顶点最终的绘制位置。有的读者可能会有这样的疑问："为什么不直接用总变换矩阵计算呢？"这是因为总变换矩阵不但携带了投影、摄像机观察的变换信息，还携带了平移、旋转、缩放变换的信息，所以只应该用于对原始顶点坐标进行变换。而投影点的位置已经确定，不应该进行平移、旋转、缩放等基本变换了，其仅仅需要用投影及摄像机观察矩阵进行变换即可得出最终绘制位置。
- 第 25 行和第 26 行调用 pointLight 方法进行了光照计算。

提示 从上述代码中可以看出，由于着色语言原生支持向量的计算，所以采用它实现上一小节的投影计算公式非常容易。

（6）完成了顶点着色器后就应该开发片元着色器了，其代码如下。

代码位置：源代码/第 5 章/Sample5_2/assets 目录下的 frag_shadow.sh。

```
#version 300 es
precision mediump float;                   //给出默认的浮点精度
uniform highp int isShadow;                //阴影绘制标志
in vec4 ambient;                           //从顶点着色器传递过来的环境光最终强度
in vec4 diffuse;                           //从顶点着色器传递过来的散射光最终强度
in vec4 specular;                          //从顶点着色器传递过来的镜面光最终强度
out vec4 fragColor;                        //传递给管线的片元最终颜色
void main(){
   if(isShadow==0){                        //绘制物体本身
      vec4 finalColor=vec4(1.0,1.0,1.0,0.0);        //物体本身的颜色
      //综合三个通道光的最终强度及片元的颜色计算出最终片元的颜色并传递给管线
      fragColor = finalColor*ambient+finalColor*specular+finalColor*diffuse;
   }else{                                  //绘制阴影
      fragColor = vec4(0.2,0.2,0.2,0.0);             //片元最终颜色为阴影的颜色
}}
```

说明 从上述代码中可以看出，此片元着色器根据阴影绘制标志的值决定片元采用哪种颜色着色。若阴影标志值为 0，则根据物体本身的颜色与 3 个光照通道强度加权计算出片元最终颜色；若阴影标志值为 1，则直接采用阴影颜色作为片元的最终颜色。

到这里为止平面阴影技术就介绍完了，在以后的具体项目开发中，读者若能做到灵活运用，

将可以开发出更加逼真的场景。

5.4 阴影映射

上一节介绍了平面阴影实现技术，从其案例的场景抓图中可以看出效果还是比较真实的。但细心的读者应该能够发现一个明显的瑕疵，那就是基于此技术的阴影仅能出现在目标平面上，无论光源处于什么位置，目标平面上的物体永远不会处于阴影中。

这显然不符合现实世界的情况，因此本节将介绍另外一种阴影实现技术——阴影映射。采用阴影映射技术可以方便地实现物体相互遮挡时的阴影，开发出来的场景效果会更加真实。

5.4.1 阴影映射案例效果与基本原理

正式介绍阴影映射技术的原理与具体开发步骤之前，请读者首先了解本节案例的运行效果，如图 5-11 所示。

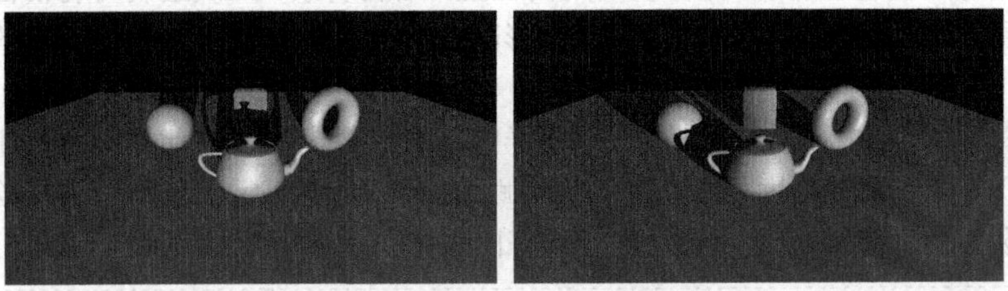

▲图 5-11 阴影映射案例运行效果

> **说明** 本案例中光源是围绕场景旋转的，因此阴影也会随光源的运动而移动。图 5-11 中左侧为光源从摄像机后面照射场景的情况，茶壶形状的阴影映射到了其前面的立方体上；右侧为光源从摄像机右后侧照射的情况，茶壶形状的阴影映射到了其左前方的圆球上。与上一节的案例比较即可看出，此技术实现的阴影其真实感更好，更接近现实世界的情况。

本节案例采用的阴影生成算法比上一节的要复杂一些，需要经过两次绘制，还要采用投影贴图技术才能实现，其基本原理如图 5-12 所示。

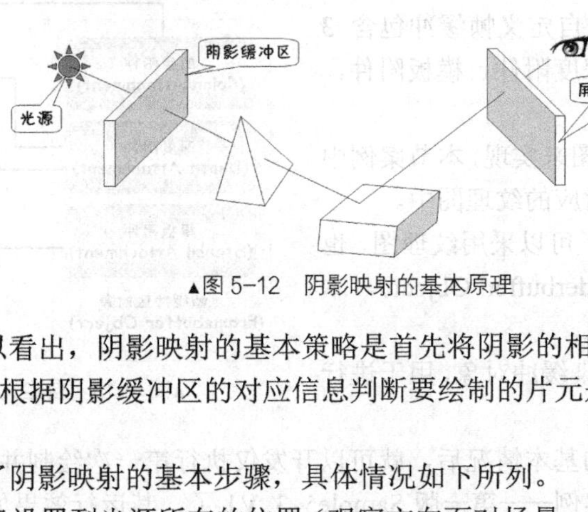

▲图 5-12 阴影映射的基本原理

从图 5-12 中可以看出，阴影映射的基本策略是首先将阴影的相关信息存储到阴影缓冲区中，然后正式绘制场景时根据阴影缓冲区的对应信息判断要绘制的片元是否处于阴影中，具体步骤如图 5-13 所示。

图 5-13 中给出了阴影映射的基本步骤，具体情况如下所列。

- 首先将摄像机设置到光源所在的位置（观察方向面对场景，此时的摄像机观察矩阵称为观察矩阵 1），同时设置合理的投影矩阵（这里称此矩阵为投影矩阵 1）。

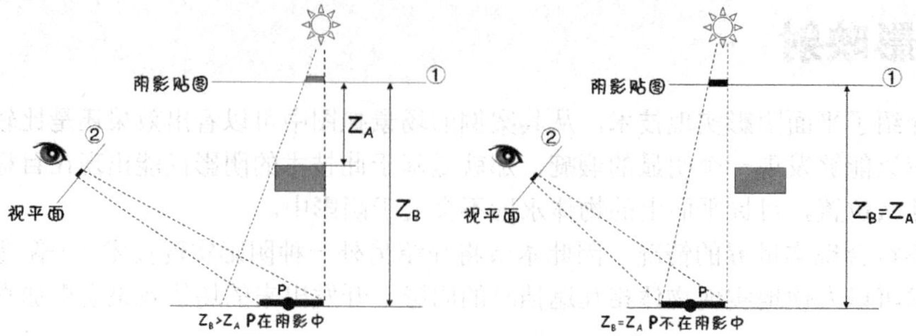

▲图 5-13 阴影映射的具体步骤

❑ 然后对场景进行第一次绘制，此次绘制将每个可以观察到的片元（“可以观察到”指的是片元到光源间无遮挡）到光源的距离记录到一幅纹理图中的对应像素中，供后面的步骤使用。

❑ 接着将摄像机恢复到实际摄像机所处的位置，绘制场景。此次绘制时将前面步骤产生的纹理采用投影贴图的方式应用到场景中，进行投影贴图时采用的投影矩阵为投影矩阵 1、观察矩阵为观察矩阵 1。

❑ 绘制每个片元时，根据投影贴图纹理采样的结果换算出光源与此片元连线中距光源最近的片元距离（Z_A），再计算出此片元距光源的实际距离（Z_B）。若 $Z_B > Z_A$，则需要绘制的片元处于阴影中，采用阴影的颜色着色，否则此片元不在阴影中，进行既定的光照着色。

提示 上述策略的关键在于产生记录距离的纹理图后投影贴图的使用，其使得需要绘制的片元能够通过纹理采样获取在自己与光源的连线上是否有其他片元遮挡的信息。

5.4.2 距离纹理图的生成

从上一小节的介绍中可以看出，阴影映射中第一项重要的工作是用于记录距离的纹理图的产生。而此纹理图的内容是通过将摄像机放置到光源位置观察场景绘制出来的，因此第一次绘制时需要将内容绘制到特殊的位置，而不是对应到屏幕的帧缓冲。这个特殊的位置可以采用自定义帧缓冲区，其结构如图 5-14 所示。

从图 5-14 中可以看出，自定义帧缓冲包含 3 种可选的附件：颜色附件、深度附件、模板附件，具体情况如下所列。

❑ 颜色附件只能用纹理图来实现，本节案例中的距离信息记录在颜色附件对应的纹理图中。

❑ 深度附件有两个选择，可以采用纹理图，也可以采用渲染缓冲对象（Renderbuffer Object），本节案例采用的是渲染缓冲对象。

❑ 模板附件仅能采用渲染缓冲对象，用于进行模板测试。

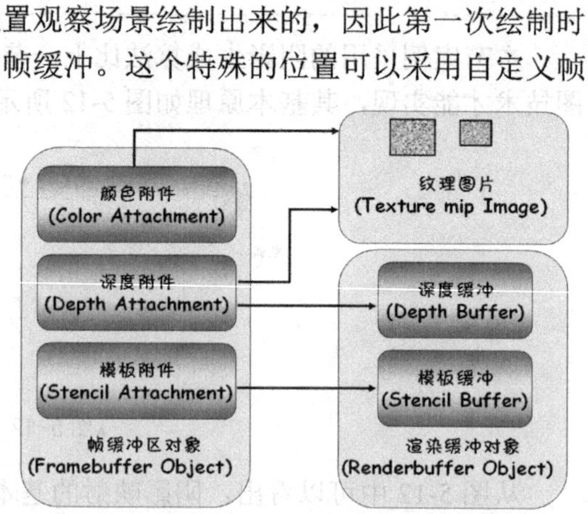

▲图 5-14 自定义帧缓冲区的结构

了解了自定义帧缓冲区的基本情况后，就可以开发仅执行第一次绘制并将产生的纹理图贴到一个纹理矩形上进行显示的案例——第一版 Sample5_3_V1 了，其运行效果如图 5-15 所示。

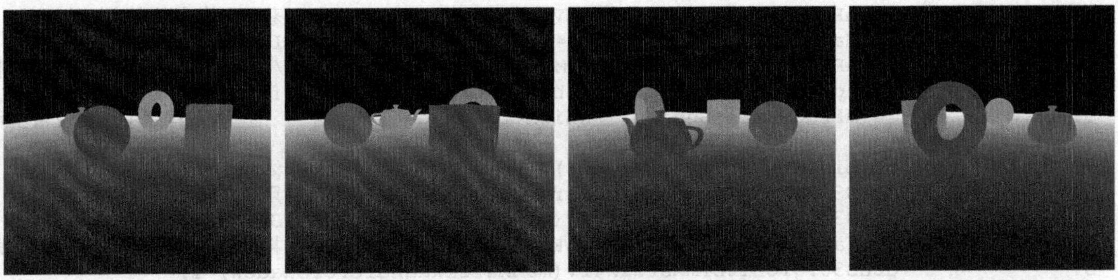

▲图 5-15 记录距离的纹理

> **说明** 从图 5-15 中可以看出，距离越远的物体越亮（也可以说是越白），距离越近的物体越暗（也可以说是越黑）。这是由于距离越远则距离值越大，而对于颜色值来说，值越大则亮度越大。

> **提示** 由于本案例采用了浮点纹理来存储每个片元的距离数据，而在 OpenGL ES 3.0 标准中并没有强制支持浮点纹理，因此部分手机可能由于不支持浮点纹理而造成运行效果不正确，请读者注意。

了解了案例的运行效果后，接下来简要介绍本案例的具体开发过程，有代表性的开发步骤如下所列。

（1）首先用 3ds Max 生成 5 个基本物体（平面、圆环、茶壶、立方体、圆球），并导出成 obj 文件放入项目的 assets 目录待用。

（2）开发出搭建场景的基本代码，包括加载物体、摆放物体、计算光照等。这些代码与前面章节的许多案例基本套路完全一致，因此这里不再赘述。

（3）由于进行距离纹理的绘制时会采用特殊的着色器，因此需要单独开发一套与此组着色器对应的初始化与调用代码，补充进代表加载物体的 LoadedObjectVertexNormal 类，具体内容如下。

代码位置：源代码/第 5 章/Sample5_3_V1/src/com/bn/Sample5_3_V1 目录下的 LoadedObjectVertexNormal.java。

```
package com.bn.Sample5_3_V1;                                    //声明包
……//此处省略了相关类的引入代码，读者可自行查看随书中的源代码
public class LoadedObjectVertexNormal{                         //加载后的物体
    ……//此处省略了部分成员变量的声明，读者可自行查看随书中的源代码
    int mProgramForShadow;                          //自定义着色器程序id（距离纹理用）
    int muMVPMatrixHandleForShadow;                 //总变换矩阵引用（距离纹理用）
    int muMMatrixHandleForShadow;                   //位置、旋转、缩放变换矩阵引用（距离纹理用）
    int maPositionHandleForShadow;                  //顶点位置属性引用（距离纹理用）
    int maLightLocationHandleForShadow;             //光源位置属性引用（距离纹理用）
    String mVertexShaderForShadow;                  //顶点着色器
    String mFragmentShaderForShadow;                //片元着色器
    public LoadedObjectVertexNormal(MySurfaceView mv,float[] vertices,float[] normals){
        initVertexData(vertices,normals);                           //初始化顶点数据
        initShaderForShadow(mv);                    //初始化绘制距离纹理的着色器
    }
    public void initVertexData(float[] vertices,float[] normals){/*代码省略*/}
    public void initShaderForShadow(MySurfaceView mv){ //初始化绘制距离纹理的着色器
        mVertexShaderForShadow=ShaderUtil.loadFromAssetsFile(
            "vertex_shadow.sh", mv.getResources());  //加载顶点着色器的脚本内容
        mFragmentShaderForShadow=ShaderUtil.loadFromAssetsFile(
            "frag_shadow.sh", mv.getResources());    //加载片元着色器的脚本内容
        mProgramForShadow = ShaderUtil.createProgram(//基于顶点着色器与片元着色器创建程序
            mVertexShaderForShadow, mFragmentShaderForShadow);
        maPositionHandleForShadow = GLES30.glGetAttribLocation(
            mProgramForShadow, "aPosition");         //获取程序中顶点位置属性引用
        muMVPMatrixHandleForShadow = GLES30.glGetUniformLocation(
```

```
            mProgramForShadow, "uMVPMatrix");              //获取程序中总变换矩阵引用
         muMMatrixHandleForShadow = GLES30.glGetUniformLocation(
            mProgramForShadow, "uMMatrix");                  //获取位置、旋转变换矩阵引用
         maLightLocationHandleForShadow=GLES30.glGetUniformLocation(
            mProgramForShadow, "uLightLocation");          //获取程序中光源位置引用
      }
      public void drawSelfForShadow(){                  //绘制物体的方法（距离纹理用）
         GLES30.glUseProgram(mProgramForShadow);//指定使用某套着色器程序
         GLES30.glUniformMatrix4fv(muMVPMatrixHandleForShadow, 1,
            false, MatrixState.getFinalMatrix(), 0); //将最终变换矩阵传入渲染管线
         GLES30.glUniformMatrix4fv(muMMatrixHandleForShadow, 1,
            false, MatrixState.getMMatrix(), 0);    //将基本变换矩阵传入渲染管线
         GLES30.glUniform3fv(maLightLocationHandleForShadow, 1,
            MatrixState.lightPositionFB);              //将光源位置传入渲染管线
         GLES30.glVertexAttribPointer(maPositionHandleForShadow,3,
            GLES30.GL_FLOAT,false,3*4,mVertexBuffer);//将顶点位置数据传入渲染管线
         GLES30.glEnableVertexAttribArray(maPositionHandleForShadow);
         //启用顶点位置数据
         GLES30.glDrawArrays(GLES30.GL_TRIANGLES, 0, vCount);  //绘制加载的物体
   }}
```

说明　上述代码中主要新增了为距离纹理绘制功能服务的一些成员变量以及 initShaderForShadow 与 drawSelfForShadow 两个方法。initShaderForShadow 方法负责初始化用于绘制距离纹理的着色器，drawSelfForShadow 负责绘制距离纹理。这两个新增方法的套路与一般绘制时的相同，只是传入管线的数据有所不同。

（4）完成了 LoadedObjectVertexNormal 类的修改后，就可以对渲染场景的 MySurfaceView 类进行修改了，修改后的代码框架如下。

代码位置：源代码/第 5 章/Sample5_3_V1/src/com/bn/Sample5_3_V1 目录下的 MySurfaceView.java。

```
package com.bn.Sample5_3_V1;                                //声明包
……//此处省略了部分类的引入代码，读者可自行查看随书中的源代码
class MySurfaceView extends GLSurfaceView{
   ……//此处省略了部分成员变量的声明，读者可自行查看随书中的源代码
   float[] mMVPMatrixGY;                              //光源投影、观察组合矩阵
   public MySurfaceView(Context context){/*代码省略*/}
   private class SceneRenderer implements GLSurfaceView.Renderer{
      ……//此处省略了部分成员变量的声明，读者可自行查看随书中的源代码
      int shadowId;                                 //距离纹理的纹理 id
       int renderDepthBufferId;                     //用作深度缓冲的渲染缓冲对象
       public void onDrawFrame(GL10 gl){            //在屏幕上绘制画面
          MatrixState.setLightLocation(lx, ly, lz); //设置光源位置
          generateShadowImage();                    //通过绘制产生距离纹理
          drawShadowTexture();                      //绘制距离纹理到屏幕
       }
       public void generateShadowImage(){/*代码省略，稍后介绍*/}
       public void initFRBuffers(){/*代码省略，稍后介绍*/}
       public void drawShadowTexture(){             //将距离纹理呈现到屏幕上的方法
          GLES30.glViewport(0, 0, (int)SCREEN_WIDTH, (int)SCREEN_HEIGHT);//设置视口
          GLES30.glBindFramebuffer(GLES30.GL_FRAMEBUFFER, 0);
          GLES30.glClear( GLES30.GL_DEPTH_BUFFER_BIT
             | GLES30.GL_COLOR_BUFFER_BIT);//清除深度缓冲与颜色缓冲
          GLES30.glClearColor(1,1,1,1);                 //设置背景色
          MatrixState.setCamera(0,0,1.5f,0f,0f,-1f,0f,1.0f,0.0f);//设置摄像机
          MatrixState.setProjectOrtho(-0.6f,0.6f, -0.6f, 0.6f, 1, 10); //设置投影
          tr.drawSelf(shadowId);                       //绘制呈现距离纹理的纹理矩形
       }
       public void onSurfaceChanged(GL10 gl, int width, int height){/*代码省略*/}
       public void onSurfaceCreated(GL10 gl, EGLConfig config){
          ……//此处省略了部分代码，与前面很多案例中的相同
           tr=new TextureRect(MySurfaceView.this); //创建用于显示距离纹理的纹理矩形
}}}
```

> **说明** 上述代码中增加了初始化自定义帧缓冲的 initFRBuffers 方法、通过绘制产生距离纹理的 generateShadowImage 方法以及将距离纹理呈现到屏幕上的 drawShadowTexture 方法。前两个方法将在后面的步骤中详细介绍，drawShadowTexture 与前面章节中绘制普通纹理图形的方法基本相同。

（5）完成了 MySurfaceView 类的代码框架后，下面将开发初始化自定义帧缓冲的 initFRBuffers 方法，具体代码如下。

代码位置：源代码/第 5 章/Sample5_3_V1/src/com/bn/Sample5_3_V1 目录下的 MySurfaceView.java。

```
1     public void initFRBuffers(){                         //初始化帧缓冲和渲染缓冲的方法
2         int[] tia=new int[1];                            //用于存放产生的帧缓冲 id 的数组
3         GLES30.glGenFramebuffers(1, tia, 0);             //产生一个帧缓冲 id
4         frameBufferId=tia[0];                            //将帧缓冲 id 记录到成员变量中
5         GLES30.glGenRenderbuffers(1, tia, 0);            //产生一个帧缓冲 id
6         renderDepthBufferId=tia[0];                      //将渲染缓冲 id 记录到成员变量中
7         GLES30.glBindRenderbuffer(                       //绑定指定 id 的渲染缓冲
8             GLES30.GL_RENDERBUFFER,renderDepthBufferId);
9         GLES30.glRenderbufferStorage(                    //为渲染缓冲初始化存储
10            GLES30.GL_RENDERBUFFER,
11            GLES30.GL_DEPTH_COMPONENT16,                 //内部格式为 16 位深度
12            SHADOW_TEX_WIDTH,                            //缓冲宽度
13            SHADOW_TEX_HEIGHT);                          //缓冲高度
14         int[] tempIds = new int[1];                     //用于存放产生纹理 id 的数组
15         GLES30.glGenTextures(1,tempIds,0);              //产生一个纹理 id
16         shadowId=tempIds[0];                            //将纹理 id 记录到距离纹理 id 成员变量
17         GLES30.glBindTexture(GLES30.GL_TEXTURE_2D, shadowId);//绑定纹理
18         ……//此处省略了设置纹理采样与拉伸方式的代码
19         GLES30.glTexImage2D(                            //设置颜色附件纹理图的格式
20             GLES30.GL_TEXTURE_2D,
21             0,                                      //层次
22             GLES30.GL_R16F,                         //内部格式（16 位浮点数）
23             SHADOW_TEX_WIDTH,                       //宽度
24             SHADOW_TEX_HEIGHT,                      //高度
25             0,                                      //边界宽度
26             GLES30.GL_RED,                          //格式
27             GLES30.GL_FLOAT,                        //每像素数据格式
28             null);
29         GLES30.glBindFramebuffer(GLES30.GL_FRAMEBUFFER, frameBufferId);//绑定帧缓冲
30         GLES30.glFramebufferTexture2D(              //设置自定义帧缓冲的颜色附件
31             GLES30.GL_FRAMEBUFFER,
32             GLES30.GL_COLOR_ATTACHMENT0,            //颜色附件
33             GLES30.GL_TEXTURE_2D,                   //类型为 2D 纹理
34             shadowId,                               //纹理 id
35             0);                                     //层次
36         GLES30.glFramebufferRenderbuffer(           //设置自定义帧缓冲的深度缓冲附件
37             GLES30.GL_FRAMEBUFFER,
38             GLES30.GL_DEPTH_ATTACHMENT,             //深度缓冲附件
39             GLES30.GL_RENDERBUFFER,                 //渲染缓冲
40             renderDepthBufferId);                   //渲染缓冲 id
41    }
```

- 第 2～第 4 行产生自定义缓冲的 id，并记录进成员变量以备后面的方法使用。
- 第 5～第 13 行初始化用于实现深度缓冲的渲染缓冲对象，并为其初始化了存储。
- 第 14～第 17 行产生距离纹理对应的纹理 id，记录进成员变量并绑定纹理 id。
- 第 19～第 41 行主要为对自定义帧缓冲进行各方面设置的代码，首先将自定义帧缓冲的颜色附件设置为纹理图，然后对此纹理图的各方面进行设置，接着设置了自定义帧缓冲的深度缓冲附件。

（6）完成了 initFRBuffers 方法的开发后，就可以开发通过绘制产生距离纹理的 generateShadowImage 方法了，其代码如下。

代码位置：源代码/第 5 章/Sample5_3_V1/src/com/bn/Sample5_3_V1 目录下的 MySurfaceView.java。

```
public void generateShadowImage(){                        //通过绘制产生阴影纹理
    GLES30.glViewport(0, 0, SHADOW_TEX_WIDTH, SHADOW_TEX_HEIGHT);   //设置视口
    GLES30.glBindFramebuffer(GLES30.GL_FRAMEBUFFER, frameBufferId); //绑定帧缓冲
    GLES30.glClear( GLES30.GL_DEPTH_BUFFER_BIT
        | GLES30.GL_COLOR_BUFFER_BIT);              //清除深度缓冲与颜色缓冲
    MatrixState.setCamera(lx,ly,lz,0f,0f,0f,0f,1,0);     //将摄像机设置到光源位置
    MatrixState.setProjectFrustum(-1, 1, -1.0f, 1.0f, 1.5f, 400);//设置投影矩阵
    mMVPMatrixGY=MatrixState.getViewProjMatrix();      //获取摄像机投影组合矩阵
    lovo_pm.drawSelfForShadow();                    //绘制最下面的平面
    MatrixState.pushMatrix();                       //保护现场
    MatrixState.translate(-cDis, 0, 0);             //平移变换
    lovo_qt.drawSelfForShadow();                    //绘制球体
    MatrixState.popMatrix();                        //恢复现场
    ……//此处省略了绘制圆环、长方体、茶壶的代码，与绘制球体的代码基本相同
}
```

说明　上述代码主要是实现向距离纹理中绘制各物体，包括设置视口、绑定帧缓冲、设置摄像机和投影矩阵等，与前面案例中绘制物体的代码基本没有区别。

（7）完成了上述工作后，Java 部分的开发就完成了，下面就应该进行着色器的开发了。本案例中包含两套着色器，一套用来进行距离纹理绘制，另一套用来进行普通纹理贴图。进行普通纹理贴图的着色器在前面很多案例中都使用过，这里就不再赘述。下面着重介绍进行距离纹理绘制的着色器，首先是顶点着色器，其代码如下。

代码位置：源代码/第 5 章/Sample5_3_V1/assets 目录下的 vertex_shadow.sh。

```
#version 300 es
uniform mat4 uMVPMatrix;                         //总变换矩阵
uniform mat4 uMMatrix;                           //变换矩阵
in vec3 aPosition;                               //顶点位置
out vec4 vPosition;                              //用于传递给片元着色器的顶点位置
void main(){
     gl_Position = uMVPMatrix*vec4(aPosition,1);//根据总变换矩阵计算此次绘制此顶点的位置
     vPosition=uMMatrix*vec4(aPosition,1); //计算出变换后的顶点位置并传递给片元着色器
}
```

说明　上述顶点着色器的代码与前面很多案例的代码非常类似，主要工作是计算出顶点的绘制位置以及变换后位置并传递给片元着色器。

（8）完成了顶点着色器的开发后，就可以开发片元着色器了，其代码如下。

代码位置：源代码/第 5 章/Sample5_3_V1/assets 目录下的 frag_shadow.sh。

```
#version 300 es
precision highp float;                           //给出默认的浮点精度
in vec4 vPosition;                               //接收从顶点着色器过来的顶点位置
out float fragColor;                             //输出到的片元颜色
uniform highp vec3 uLightLocation;               //光源位置
void main(){
     float dis=distance(vPosition.xyz,uLightLocation); //计算被处理片元到光源的距离
     fragColor=dis;                              //给此片元最终颜色值
}
```

说明　上述片元着色器实现的功能很简单，主要是计算片元与光源的距离，并直接作为片元的最终颜色值。需要注意的是，由于此轮绘制的颜色附件是浮点纹理（GL_R16F 格式），因此片元的输出值只需要是一个浮点数，而不是一般情况下的 vec4 类型。

提示　将得到的距离浮点纹理应用到纹理矩形并显示到屏幕上的相关代码与前面很多案例中的代码类似，这里不再赘述，需要的读者请自行查看随书中的源代码。

5.4.3 阴影场景的绘制

完成了距离纹理的开发后，就可以进一步开发带阴影的场景了。主要工作是将上一小节的案例复制并重命名为 Sample5_3_V2，并增加一些 Java 代码与着色器，这里仅仅给出有代表性的部分，具体内容如下。

（1）在 MySurfaceView 类中增加绘制带阴影场景的 drawScene 方法，其代码如下。

代码位置：源代码/第 5 章/Sample5_3_V2/src/com/bn/Sample5_3_V2 目录下的 MySurfaceView.java。

```
1   public void drawScene(GL10 gl){
2         GLES30.glViewport(0, 0, (int)SCREEN_WIDTH, (int)SCREEN_HEIGHT);//设置视口
3         GLES30.glBindFramebuffer(GLES30.GL_FRAMEBUFFER, 0);
4         GLES30.glClear( GLES30.GL_DEPTH_BUFFER_BIT
5            | GLES30.GL_COLOR_BUFFER_BIT);                    //清除深度缓冲与颜色缓冲
6         MatrixState.setCamera(cx,cy,cz,0f,0f,0f,0f,1f,0f);       //设置摄像机
7         MatrixState.setProjectFrustum(-ratio,ratio,-1.0f,1.0f,2,1000);//设置投影矩阵
8         lovo_pm.drawSelf(shadowId,mMVPMatrixGY);      //绘制最下面的平面
9         MatrixState.pushMatrix();                    //保护现场
10        MatrixState.translate(-cDis, 0, 0);          //平移变换
11        lovo_qt.drawSelf(shadowId,mMVPMatrixGY);     //绘制球体
12        MatrixState.popMatrix();                     //恢复现场
13        ……//此处省略了绘制圆环、长方体、茶壶的代码，与绘制球体的代码基本相同
14   }
```

❑ 第 2～第 7 行为绘制前的基本设置，包括设置视口的大小及位置、设置摄像机位置矩阵、设置投影矩阵、清除深度缓冲和颜色缓冲以及将帧缓冲绑定到 0 号缓冲（用于绘制到屏幕的缓冲，是系统的默认设置）。

❑ 第 8～第 12 行为传统的绘制场景的代码，主要包括保护现场、执行平移变换、绘制物体和恢复现场等，与前面章节案例中的代码没有太大的不同。

> **提示** 上述 drawScene 方法替换了上一小节案例 Sample5_3_V1 中的 drawShadowTexture 方法，它不再是把距离纹理应用到纹理矩形后显示到屏幕上，而是使用距离纹理在绘制场景时进行阴影辅助计算。具体的计算策略在本节一开始介绍过，会在后面的着色器中体现。

（2）修改 MySurfaceView 类中绘制一帧画面的 onDrawFrame 方法，具体代码如下。

代码位置：源代码/第 5 章/Sample5_3_V2/src/com/bn/Sample5_3_V2 目录下的 MySurfaceView.java。

```
public void onDrawFrame(GL10 gl){                //绘制一帧画面方法
      MatrixState.setLightLocation(lx, ly, lz);  //设置光源位置
      generateShadowImage();                     //通过绘制产生距离纹理
      drawScene(gl);                             //绘制场景
}
```

> **说明** 上述方法中仅仅是将绘制距离纹理到屏幕的 drawShadowTexture 方法替换成绘制带阴影场景的 drawScene 方法。

（3）完成了 Java 代码的修改后，就可以开发着色器了。这里仅仅是对普通的光照着色器进行了修改，增加了投影贴图与阴影计算的相关代码。首先是顶点着色器，其代码如下。

代码位置：源代码/第 5 章/Sample5_3_V2/assets 目录下的 vertex.sh。

```
#version 300 es
uniform mat4 uMVPMatrix;                 //总变换矩阵
uniform mat4 uMMatrix;                   //变换矩阵
uniform mat4 uMVPMatrixGY;               //总变换矩阵（光源）
uniform vec3 uLightLocation;             //光源位置
```

```
uniform vec3 uCamera;                    //摄像机位置
in vec3 aPosition;                       //顶点位置
in vec3 aNormal;                         //顶点法向量
out vec4 ambient;                        //用于传递给片元着色器的环境光最终强度
 out vec4 diffuse;                       //用于传递给片元着色器的散射光最终强度
 out vec4 specular;                      //用于传递给片元着色器的镜面光最终强度
 out vec4 vPosition;                     //用于传递给片元着色器的顶点位置
 ……//此处省略了定位光光照计算的方法 pointLight，与前面很多案例相同
 void main(){
     gl_Position = uMVPMatrix*vec4(aPosition,1);//根据总变换矩阵计算此次绘制此顶点的位置
     pointLight(normalize(aNormal),ambient,diffuse,specular,//计算光照各个通道的强度
         uLightLocation,vec4(0.15,0.15,0.15,1.0),vec4(0.7,0.7,0.7,1.0),vec4(0.3,0.3,0.3,1.0));
     vPosition=uMMatrix*vec4(aPosition,1);   //将变换后的顶点位置传递给片元着色器
 }
```

说明　上述顶点着色器的代码与普通光照案例中的代码基本相同，没有太大变化，主要就是增加了将变换后的顶点位置传递给片元着色器的代码。

（4）完成了顶点着色器的修改后，就可以修改对应的片元着色器了，其代码如下。

代码位置：源代码/第 5 章/Sample5_3_V2/assets 目录下的 frag.sh。

```
#version 300 es
precision highp float;                   //给出默认浮点精度
uniform sampler2D sTexture;              //距离纹理内容数据
uniform highp vec3 uLightLocation;       //光源位置
uniform highp mat4 uMVPMatrixGY;         //总变换矩阵(光源)
in vec4 ambient;                         //接收从顶点着色器传来的环境光最终强度
in vec4 diffuse;                         //接收从顶点着色器传来的散射光最终强度
in vec4 specular;                        //接收从顶点着色器传来的镜面光最终强度
in vec4 vPosition;                       //接收从顶点着色器传来的变换后顶点位置
 out vec4 fragColor;                     //输出到片元的颜色
 void main(){
     //将片元的位置投影到光源处虚拟摄像机的近平面上
     vec4 gytyPosition=uMVPMatrixGY * vec4(vPosition.xyz,1);
     gytyPosition=gytyPosition/gytyPosition.w;     //进行透视除法
     float s=(gytyPosition.s+1.0)/2.0;             //将投影后的坐标换算为纹理坐标
     float t=(gytyPosition.t+1.0)/2.0;
     float minDis=texture(sTexture, vec2(s,t)).r;
     //对投影纹理(距离纹理)图进行采样得到最小距离值 ZA
     float currDis=distance(vPosition.xyz,uLightLocation);//计算光源到此片元的距离 ZB
     vec4 finalColor=vec4(0.95,0.95,0.95,1.0);             //物体本身的颜色
     if(s>=0.0&&s<=1.0&&t>=0.0&&t<=1.0){      //若纹理坐标在合法范围内则考虑投影贴图
         if(minDis<=currDis-3.0){    //若实际距离大于阴影纹理中的最小距离则在阴影中
             fragColor= finalColor*ambient;          //仅用环境光着色
         }else{                                 //不在阴影中用 3 个通道光照着色
             fragColor = finalColor*ambient+finalColor*specular+finalColor*diffuse;
 }}else{                                        //不在阴影中用 3 个通道光照着色
         fragColor = finalColor*ambient+finalColor*specular+finalColor*diffuse;
 }}
```

- 上述着色器最大的变化是首先要对距离纹理进行基于投影贴图技术的纹理采样，然后将采样出的颜色值作为参考距离值（ZA），接着计算出实际距离值（ZB），最后根据 ZA 与 ZB 的关系决定待处理片元是否在阴影中。
- 比较 ZA 与 ZB 的大小时加入了一个修正值 3.0，此值一般需要根据具体情况进行调整。如果不加入修正值或者修正值选取不恰当，场景绘制出来可能导致很严重的“自身阴影”问题，如图 5-16 所示。

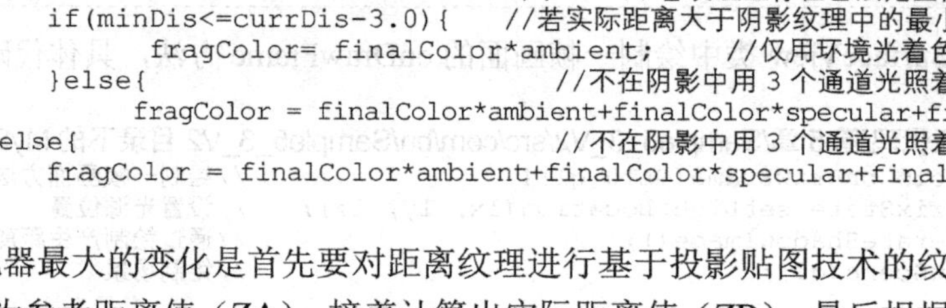

▲图 5-16　自身阴影问题

至此阴影映射就基本介绍完了，若运行案例 Sample5_3_V2，读者可以发现效果还是不错的，阴影也不再是平面的，而是立体的了。但是还有一个小的瑕疵，那就是阴影的边缘比较生硬，过度不平滑，与现实世界中的还有一点差距。

下面就基于案例 Sample5_3_V2 再进行一次升级，使得阴影的边缘稍微平滑一些，升级后的案例 Sample5_3_V3 的运行效果如图 5-17 所示。

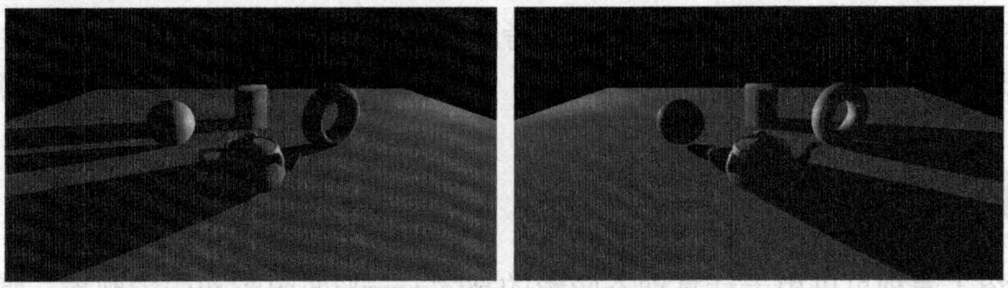

▲图 5-17　软边缘阴影案例的运行效果

> **提示**　由于书中插图分辨率不高，仅仅从图 5-17 中可能看不到太多区别，建议读者用真机运行案例 Sample5_3_V2 与 Sample5_3_V3 并进行观察比较。

升级的主要工作为将上一小节的案例复制并重命名为 Sample5_3_V3，并修改用于进行阴影映射计算的片元着色器，其具体代码如下。

代码位置：源代码/第 5 章/Sample5_3_V3/assets 目录下的 frag.sh。

```
#version 300 es
 precision highp float;                    //给出默认浮点精度
 uniform highp sampler2D sTexture;         //距离纹理内容数据
 uniform highp vec3 uLightLocation;        //光源位置
 uniform highp mat4 uMVPMatrixGY;          //总变换矩阵(光源)
 in vec4 ambient;                          //接收从顶点着色器传来的环境光最终强度
 in vec4 diffuse;                          //接收从顶点着色器传来的散射光最终强度
 in vec4 specular;                         //接收从顶点着色器传来的镜面光最终强度
 in vec4 vPosition;                        //接收从顶点着色器传来的变换后顶点位置
 out vec4 fragColor;                       //输出到片元的颜色
 void main(){
    //将片元的位置投影到光源处虚拟摄像机的近平面上
    vec4 gytyPosition=uMVPMatrixGY * vec4(vPosition.xyz,1);
    gytyPosition=gytyPosition/gytyPosition.w;      //进行透视除法
    float s=(gytyPosition.s+1.0)/2.0;             //将投影后的坐标换算为纹理坐标
    float t=(gytyPosition.t+1.0)/2.0;
    float minDis=texture(sTexture, vec2(s,t)).r;//对投影纹理(距离纹理)进行采样，得到最小距离 ZA
    float currDis=distance(vPosition.xyz,uLightLocation);//计算光源到此片元的距离 ZB
    vec4 finalColor=vec4(0.95,0.95,0.95,1.0);          //物体的颜色
    float a=currDis-3.0;                  //计算出修正后的实际距离 ZB
    const float p=0.8;                    //阴影过渡的阈值
    const float doublep=1.6;              //阴影过渡区域的区间（为过渡阈值的两倍）
    if(s>=0.0&&s<=1.0&&t>=0.0&&t<=1.0){    //若纹理坐标在合法范围内则考虑投影贴图
        if(minDis<=a-p){               //若最小距离小于实际距离与阈值的差，则彻底在阴影中
            fragColor=finalColor*ambient;            //仅用环境光着色
        }else if(minDis>=a+p){        //若最小距离大于实际距离与阈值的和，则彻底不在阴影中
            fragColor = finalColor*ambient+finalColor*specular+finalColor*diffuse;
        }else{                                //否则在过渡区域内
            vec4 color = finalColor*ambient;       //阴影中的颜色
            vec4 color2 = finalColor*ambient+finalColor*specular+finalColor*diffuse;//非阴影颜色
            float b=(a+p-minDis)/doublep; //计算阴影颜色与非阴影颜色的混合比例因子
            fragColor=b*color+(1.0-b)*color2;  //计算实际混合后的片元颜色值
    }}else{                                  //不在阴影中用三个通道光照着色
        fragColor = finalColor*ambient+finalColor*specular+finalColor*diffuse;
 }}
```

> **说明**　从上述代码中可以看出，最主要的变化是在第 20 ~ 第 31 行，其中引入了一个平滑过渡的区域（小于此区域则彻底不在阴影中，大于此区域则彻底在阴影中，在此区域中则需要进行比例混合），不再生硬地要么在阴影中，要么不在阴影中。这样在大部分情况下，阴影的边缘可以平滑一些，真实感有所提升。

至此，基于阴影映射技术的阴影绘制就全部介绍完了，此技术比前一节中的平面阴影真实感有了较大的提升。但由于此技术仅能将最近参考距离信息存储于纹理图中，有时由于精度不够高会产生自阴影现象，虽然通过修正值可以改善，但不能完全避免，使用时需要注意进行修正。

5.5 阴影贴图

前两节介绍了两种可以用于计算动态阴影的技术——平面阴影和阴影映射。通过这两种技术可以开发出很真实的阴影效果，但这两种技术所需的计算量较大，对于固定在空间中不动的物体就不是很合算。因此本节将介绍一种用于固定不动物体的阴影呈现、计算成本很低的阴影生成技术，即阴影贴图。

5.5.1 案例效果与基本原理

介绍本节案例的具体开发步骤之前首先需要了解本节案例的运行效果与基本原理，其运行效果如图 5-18 所示。

> **说明**　运行本案例时，当手指按在屏幕的左上方时，维纳斯雕像模型会向右平移；按在左下方时，模型会向左平移；按在右上方时，模型会向远处平移；按在右下方时，模型会向近处平移。

从图 5-18 中可以看出，光源位于场景的右上方，从光源处将阴影纹理图（如图 5-19 所示）投射到整个场景中，从而实现了类似屋顶上有一扇网格形天窗的阴影效果。另外，场景中维纳斯雕像的阴影是采用平面阴影技术实现的。实际开发中采用阴影贴图提升运算速度时，往往仅对固定的物体阴影采用阴影贴图技术呈现，对于可移动的物体一般会采用平面阴影、阴影映射等技术来呈现。

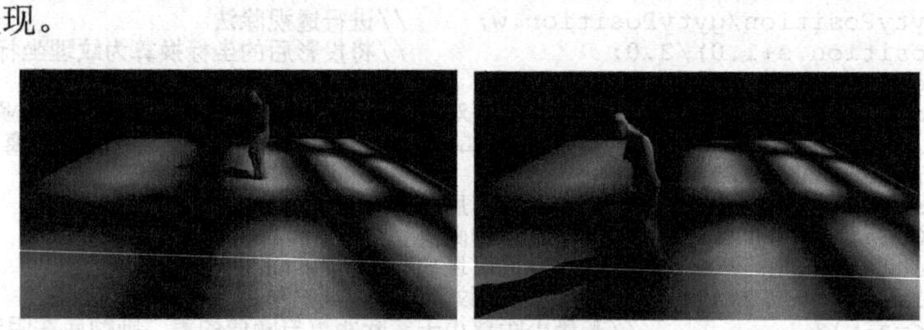

▲图 5-18　阴影贴图案例的运行效果

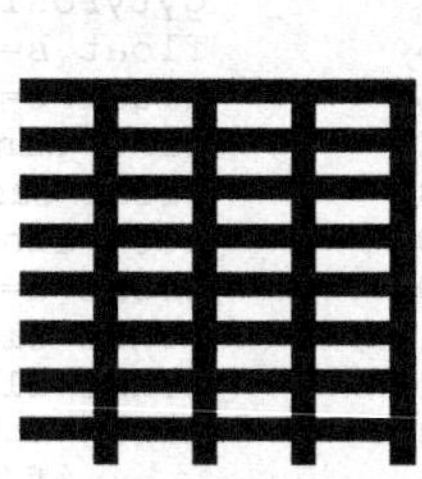

▲图 5-19　投影用纹理 16×16

本节案例实际上是结合了前面投影贴图与平面阴影两个案例开发出来的，很多相关的知识点前文已经介绍过，故这里仅给出本案例中有代表性的知识点，具体内容如下。

- 阴影贴图的基本思想是将一幅阴影纹理用作投影贴图的内容，通过采用投影贴图技术将阴影纹理投射到整个场景中。根据场景中需要绘制的片元所投射到的片元颜色决定片元是否在阴影中。若投射的片元颜色为白色，则片元在光照处；若投射的片元颜色为黑色，则片元在阴影中。
- 在绘制维纳斯雕像模型的片元着色器中，对采样出来的投影贴图的每个片元进行判断，如果该片元是白色，那么就说明模型的这个片元在光照下，这个片元的最终颜色就是在光照下的颜色。如果该片元不是白色，那么就说明模型的这个片元没有在光照下，这个片元的最终颜色就是在阴影中的颜色。

❑ 从图 5-19 中可以看出，阴影贴图所用纹理图的分辨率并不高，只有 16×16，如果直接放大的话阴影的边缘会非常清晰，而现实世界中阴影的边缘一般是模糊的。因此在加载阴影贴图所用纹理时，将此纹理的采样方式设置为线性采样，这样当纹理被放大时就不会产生边缘过于清晰的现象。实际看到的就是经线性插值后的平滑过渡颜色，就如图 5-18 中的地面所示。

5.5.2 开发步骤

了解了本节案例的运行效果及基本原理后，就可以进行案例开发了。由于案例中的大部分代码在前面都出现过，因此这里仅给出有代表性的片元着色器部分，具体内容如下所列。

（1）首先给出用于绘制维纳斯雕像的片元着色器，其具体代码如下。

代码位置：源代码/第 5 章/Sample5_4/assets 目录下的 frag.sh。

```
1   #version 300 es
2   precision mediump float;              //给出默认浮点精度
3   uniform highp int isShadow;           //是否为阴影绘制的标志
4   uniform sampler2D sTexture;           //阴影贴图纹理内容数据
5   in vec4 ambient;                      //接收从顶点着色器传递过来的环境光参数
6   in vec4 diffuse;                      //接收从顶点着色器传递过来的散射光参数
7   in vec4 specular;                     //接收从顶点着色器传递过来的镜面光参数
8   in vec4 vPosition;                    //接收从顶点着色器传递过来的片元位置
9   uniform highp mat4 uMVPMatrixGY;      //光源位置处虚拟摄像机观察及投影组合矩阵
10  out vec4 fragColor;                   //输出到片元的颜色
11  void main(){
12     if(isShadow==0){//若不是绘制阴影，将片元的位置投影到光源处虚拟摄像机的近平面上
13         vec4 gytyPosition=uMVPMatrixGY * vec4(vPosition.xyz,1);
14         gytyPosition=gytyPosition/gytyPosition.w;   //进行透视除法
15         float s=gytyPosition.s+0.5;                 //将投影后的坐标换算为纹理坐标
16         float t=gytyPosition.t+0.5;
17         vec4 finalColor=vec4(0.8,0.8,0.8,1.0);             //物体本身的颜色
18          //计算在亮处的片元颜色，此时环境光、散射光、镜面光 3 个通道都有
19         vec4 colorA=finalColor*ambient+finalColor*specular+finalColor*diffuse;
           //光照下的颜色
20          //计算在阴影中的片元颜色，此时仅有环境光、散射光，而且散射光减弱为原来的 30%
21          vec4 colorB=finalColor*ambient+finalColor*diffuse*0.3;
22          if(s>=0.0&&s<=1.0&&t>=0.0&&t<=1.0){     //若纹理坐标在合理范围内，则考虑投影贴图
23               vec4 projColor=texture(sTexture, vec2(s,t));//对投影纹理图进行采样
24               loat a=step(0.9999,projColor.r);   //如果 r<0.9999，则 a=0，否则 a=1
25               float b=step(0.0001,projColor.r);      //如果 r<0.0001，则 a=b，否则 b=1
26               float c=1.0-sign(a);             //如果 a>0，则 c=1。如果 a=0，则 c=0
27               fragColor =a*colorA+(1.0-b)*colorB+b*c*mix(     //计算最终片元颜色
28                   colorB,colorA,smoothstep(0.0,1.0,projColor.r));
29          }else{ fragColor= colorB; } }     //若纹理坐标不在合理范围内，则颜色为阴影内颜色
30     else{                                       //若为阴影绘制
31         fragColor = vec4(0.1,0.1,0.1,0.0);  //片元最终颜色为阴影的颜色
32   }}
```

❑ 上述片元着色器的代码大部分来自前面介绍投影贴图的案例，第一个比较有特色的是第 23～第 26 行。这几行代码的功能为，从阴影贴图中采样出片元颜色值后，根据片元的颜色值确定片元是在全光照区域、阴影区域，还是在过渡区域。过渡区域是指从全光照区域到阴影区域渐变过渡的区域，引入这一区域的目的是防止有特别明显的界限，那样就不真实了。

❑ 其中 a=1 代表在全光照区域，a=0 代表不在全光照区域，b=0 代表在阴影区域，b=1 代表不在阴影区域，c=1 代表不在全光照区域。从代码中可以看出，a、b、c 的值取决于阴影纹理图采样后颜色值的红色（r）通道，这是由于阴影纹理是灰度图，rgb 三个色彩通道的值相同，故考察一个通道的值就可以了。

❑ 第二个比较有特色的是第 27 行和第 28 行，其根据前面计算出的 a、b、c 三个因子的值用

一个数学表达式直接计算出了最终的片元颜色。至此，读者应该已经看出，a、b、c 三个因子再加上上述数学表达式正好替代了一系列的 if 语句。

- 其中“a*colorA”代表的是在全光照区域的情况，这一项只有在 a=1 时才会影响最终结果；“(1.0-b)*colorB”代表的是在阴影区域的情况，这一项只有在 b=0 时才会影响最终结果；“b*c*mix(colorB,colorA,smoothstep(0.0,1.0,projColor.r))”代表的是在过渡区域的情况，这一项只有在 b=1 且 c=1 时才会影响最终结果。而 a=1、b=0、b=1 且 c=1 正好分别对应片元位于全光照区域、阴影区域、过渡区域这 3 种情况。

> **说明**　其实若是在通用的编程语言（如 Java）中，直接用 if 语句判断各种情况再在不同分支中计算最终片元的颜色值更简单，代码的可读性也更好。但由于片元着色器是在 GPU 中执行，GPU 与 CPU 在硬件上有很大的差异，其执行分支语句的效率非常低。故在 GPU 中需要执行分支语句时往往会想办法用内建的函数计算出因子再结合数学表达式来完成，这样就避免了很多分支运算，而将分支运算化解为顺序执行的函数运算。这是一种着色器编程常用的开发技巧，读者有需要时也可以采用。

（2）本案例中绘制地面的片元着色器与上述绘制维纳斯雕像的片元着色器非常类似，主要的区别就是不需要绘制平面阴影的分支。因此比上述第（1）步介绍的着色器还要简单一些，这里就不再赘述，需要的读者请自行查阅随书中的源代码。

至此，阴影贴图技术就介绍完了，在以后的具体项目开发中读者若能灵活运用，将可以开发出效果逼真、执行速度很快的 3D 应用。

> **提示**　本节案例主要是为介绍阴影贴图技术的原理服务的，因此采用的阴影纹理图内容很简单。如果场景中固定不动的物体比较多，形状较为复杂，则可以先采用工具或由美工设计人员手工设计出对应于场景中固定物体的阴影纹理。很多脍炙人口的大型游戏中的光照都采用了这样的技术。

5.6 静态光照贴图

上一节介绍了阴影贴图，其中的贴图内容代表网格形的天窗，较为简单。本节将继续介绍一种稍微复杂的类似技术——静态光照贴图。通过使用静态光照贴图既能有阴影贴图的效率，又能产生非常真实的阴影效果。

5.6.1 案例效果与基本原理

介绍基本原理之前首先需要了解本节案例 Sample5_5 的运行效果，这有利于读者对静态光照贴图的作用有一个基本认识，具体情况如图 5-20 所示。

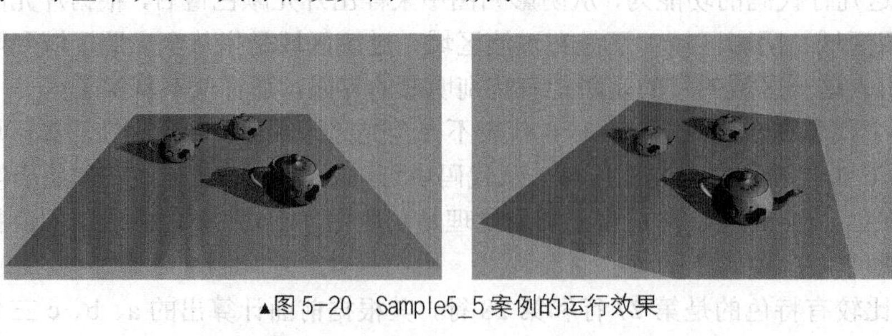

▲图 5-20 Sample5_5 案例的运行效果

说明　从图 5-20 中可以看出，场景中三个茶壶的光照效果是相似的，但若细微观察，还是有细微区别的，但基本可以忽略不计。造成区别的原因是这三个茶壶获得光影效果的途径不同，场景中尺寸比较大的茶壶是通过实时光照计算以及平面阴影产生的光影效果，而尺寸较小的两个茶壶是通过静态光照贴图产生的光影效果。

静态光照贴图的基本思路是在绘制场景前，首先通过某种技术手段获取对应于指定位置光源的一系列光照贴图。每幅光照贴图存储了场景中一个物体上各个位置的光照结果信息。在绘制场景时，将光照贴图应用到场景中的对应物体上，以确定物体中每个位置的光照强度以及是否在阴影中等。

从上述基本思路可以想到，光照贴图和实时计算的顶点光照以及平面阴影相比较，具有如下优点。

- 光照贴图可以减少 CPU 和 GPU 的计算量，并让 CPU 需要计算的光照和物体间的互动更少。
- 光照贴图可以很容易地实现静态模型各个面上复杂的每片元光照，而实时计算的顶点光照只能表现顶点到顶点之间线性的渐变。
- 使用光照贴图的静态模型，可以通过优化使用更少的三角形面，获得额外的效率提升。这是由于为使用实时计算的顶点光照而制作的模型，通常需要较高的细分度，以获得更多的顶点来改善顶点之间的光照过渡，然而这种做法的副作用是增加了内存的占用以及会降低运行效率。

至此，读者的感觉可能是光照贴图“全面”优于前面介绍的顶点光照计算、平面阴影、阴影映射等技术。但实际上并不如此，光照贴图仅仅能应对光源固定不动、物体也固定不动的静态情况。对于光源或物体运动的情况就无能为力了。

提示　实际开发时一般会在光源静止不动的场景中，对于静止不动的物体采用静态光照贴图，而对于场景中运动的物体则需要使用实时计算的策略来实现光影效果。

5.6.2 使用 3ds Max 制作静态光照贴图

上一小节介绍了光照贴图的基本原理，本小节将进一步介绍如何使用 3ds Max 建模软件“烘焙”静态光照场景对应的光照贴图，具体步骤如下。

（1）首先在 3ds Max 中新建一个场景，场景中包括一个平面、两个带有纹理贴图的茶壶和自定义的光源，具体摆放情况如图 5-21 所示。场景中自定义光源的位置为{186, -104, 111}，将光照强度倍增参数改为 0.4，如图 5-22 所示。

▲图 5-21　不带光照的场景效果

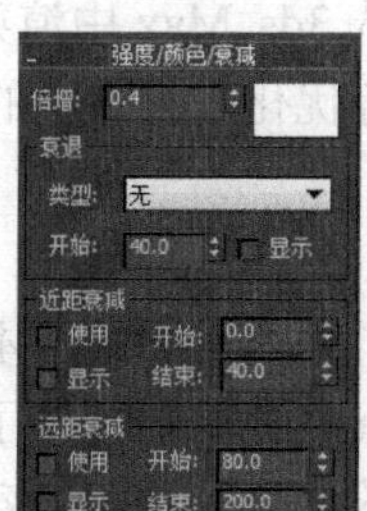

▲图 5-22　修改光照强度倍增参数

（2）单击菜单栏中的“渲染”→“渲染到纹理”以打开设置面板，在“常规设置”中的“输出”面板中配置好输出路径，如图 5-23 所示。在“烘焙对象”的“贴图坐标”一栏中，启用“使用现有通道”，如图 5-24 所示。

（3）在下面的“输出”卷展栏中单击“添加”按钮，在弹出的添加纹理元素窗口中选择光照贴图（LightingMap）。接着设置输出文件的名称和类型，目标贴图位置选择“漫反射颜色”，之后设置输出光照贴图的分辨率，并勾选“选定元素唯一设置”一栏下的所有选项，如图 5-25 所示。

▲图 5-23　配置输出路径

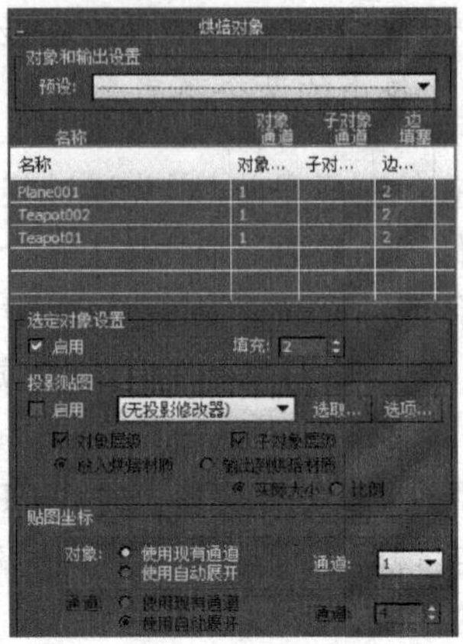

▲图 5-24　启用贴图坐标对象

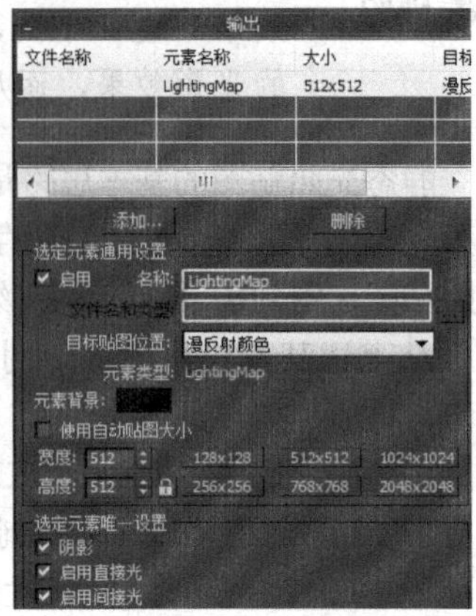

▲图 5-25　输出配置

提示　光照贴图的分辨率应该根据需要选择，基本规律是贴图尺寸越大产生的光影效果越好，但占用的纹理空间越多。一般情况下应该权衡效果与空间这两个因素，找到一个均衡点。

（4）因为场景中共有 3 个模型，所以在设置好后单击下面的“渲染”按钮，会自动渲染出 3 张静态光照贴图，如图 5-26 所示。图 5-26 中，从左到右依次为茶壶 1、茶壶 2、平面的静态光照贴图。

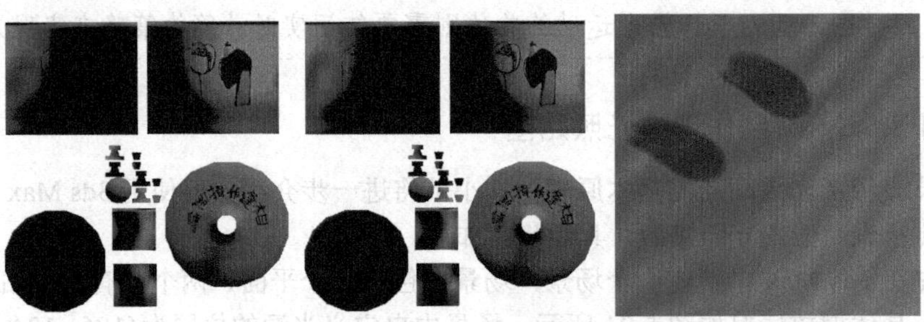

▲图 5-26　场景中 3 个物体的静态光照贴图

（5）从 3ds Max 中渲染出光照贴图后，可以直接使用，也可以根据需要在 Photoshop 软件中对贴图进行优化，有兴趣的读者可以自行尝试。

5.6.3　案例的开发

了解了光照贴图的基本原理以及如何通过 3ds Max“烘焙”需要的光照贴图后就可以进行本节案例 Sample5_5 的开发了。由于本案例中有很多与前面案例中相似的内容，因此这里仅仅给出有代表性的部分，具体内容如下。

（1）首先介绍的是用于实现静态光照贴图的顶点着色器，在该顶点着色器中只需要接收 Java 部分传递过来的总变换矩阵、顶点位置以及顶点纹理坐标变量，其具体代码如下。

代码位置：源代码/第 5 章/Sample5_5/assets 目录下的 jtvertex.sh。

```
#version 300 es
uniform mat4 uMVPMatrix;                     //总变换矩阵
in vec3 aPosition;                           //顶点位置
```

```
in vec2 aTexCoor;                        //顶点纹理坐标
out vec2 vTextureCoord;                  //传递给片元着色器的纹理坐标
void main(){
   gl_Position = uMVPMatrix * vec4(aPosition,1);//根据总变换矩阵计算此次绘制此顶点的位置
   vTextureCoord =aTexCoor;                      //将接收的纹理坐标传递给片元着色器
}
```

说明 上述顶点着色器在 main 方法中根据总变换矩阵计算此次绘制此顶点的位置，并将接收的纹理坐标传递给片元着色器。

（2）介绍完静态光照贴图所需的顶点着色器后，接下来将介绍与之对应的片元着色器。由于光照结果信息存在于光照贴图纹理中，所以从光照贴图纹理中采样出来的值即为最终片元的颜色值。因此此片元着色器与普通的用于贴纹理的片元着色器没有本质区别，其具体代码如下。

代码位置：源代码/第 5 章/Sample5_5/assets 目录下的 jtfrag.sh。

```
#version 300 es
precision mediump float;              //给出默认浮点精度
uniform sampler2D sTexture;           //纹理内容数据
in vec2 vTextureCoord;                //接收从顶点着色器过来的纹理坐标数据
out vec4 fragColor;                   //输出的片元颜色
void main(){
   vec4 finalColor=texture(sTexture, vTextureCoord);   //对光照贴图纹理进行采样
   fragColor = finalColor;            //最终片元的颜色
}
```

说明 上述片元着色器基于顶点着色器传递过来的纹理坐标数据从光照贴图纹理中采样出片元的最终（光照后的）颜色值，并将该颜色值输出到管线。

（3）上面介绍了静态光照贴图着色器部分的开发，接下来介绍基于顶点实时进行光照计算的顶点着色器的开发，为了使基于顶点实时进行光照计算的物体的光照效果与静态光照贴图的效果大致相同，在该顶点着色器中去掉了环境光对物体的影响，具体内容如下。

代码位置：源代码/第 5 章/Sample5_5/assets 目录下的 vertex_shadow.sh

```
1  #version 300 es
2  ……//此处省略了一些成员变量的声明，读者可自行查看随书中的源代码
3  out vec4 diffuse;                    //传递给片元着色器的散射光最终强度
4  out vec4 specular;                   //传递给片元着色器的镜面光最终强度
5  out vec2 vTextureCoord;              //传递给片元着色器的纹理坐标数据
6  void pointLight(                     //定位光光照计算的方法
7       in vec3 normal,                 //法向量
8       inout vec4 diffuse,             //散射光最终强度
9       inout vec4 specular,            //镜面光最终强度
10      in vec3 lightLocation,          //光源位置
11      in vec4 lightDiffuse,           //散射光强度
12      in vec4 lightSpecular           //镜面光强度
13   ){
14      ……//此处省略了 pointLight 方法的具体实现，与前面的案例相同，故不再赘述
15   }
16   void main(){
17     ……//此处省略了很多与前面案例相同的代码，读者可自行查看随书中的源代码
18     vec4 diffuseTemp, specularTemp;        //存放散射光、镜面光的临时变量
19     pointLight(normalize(aNormal),diffuseTemp,specularTemp,uLightLocation,
20           vec4(0.7,0.7,0.7,1.0),vec4(0.3,0.3,0.3,1.0));//计算光照
21     diffuse=diffuseTemp;                   //将最终散射光强度传入片元着色器
22     specular=specularTemp;                 //将最终镜面光强度传入片元着色器
23     vTextureCoord = aTexCoor;              //将接收的纹理坐标传递给片元着色器
24   }
```

- 第 2～第 5 行为一些变量的声明，在声明传递给片元着色器的输出变量时，只包括散射光、镜面光和纹理坐标，去掉了通用的顶点光照着色器中环境光计算的相关代码。

❑ 第 7～第 12 行为定位光光照计算的 pointLight 方法的参数序列，可以看出，不论输入参数还是输出参数，都没有与环境光相关的参数。

❑ 第 18～第 23 行首先声明了用于存放散射光、镜面光的临时变量，然后调用 pointLight 方法计算散射光和镜面光的最终强度，并将计算出的最终散射光强度、最终镜面光强度以及接收的纹理坐标传递给片元着色器。

> **提示**　在与上述顶点着色器相对应的片元着色器中，因为去掉了环境光对物体的影响，所以在计算片元的最终颜色时，先对纹理图进行采样获得颜色值，随后根据该颜色值与散射光、镜面光强度加权计算出片元的最终颜色。由于此片元着色器的代码与前面很多案例中的代码类似，这里就不再赘述，需要的读者请参考随书中的源代码。

为了保证与应用静态光照贴图的物体有类似的光影效果，在绘制实时计算光照物体的阴影时，采用的是本章 5.3 节中平面阴影的绘制方式，有兴趣的读者可自行查看相关代码，这里就不再赘述。

另外，在对场景中的物体进行实时光照计算时，使用的光源位置等参数要与静态光照贴图所采用的光源参数基本一致（本节案例中就是如此），否则可能会有不正确的绘制效果。

5.7 聚光灯高级光源

本书上卷在介绍光照时曾经介绍过定位光，它可以用于模拟现实世界中的点光源，光线从指定位置向四面八方发射。但是，现实世界中有很多特殊的点光源，光线并不是从光源处向四面八方发射的，而是只向特定的方向、区域发射。

如现实生活中常用的台灯，舞台表演用到的探照灯等，都属于只向特定的方向、区域发射的光源。要模拟这些光源，仅仅采用本书上卷介绍的定位光是不够的。因此，本节将介绍定位光的升级版——聚光灯高级光源，掌握了这项技术后就可以轻松实现台灯、探照灯等光源了。

5.7.1 案例效果与基本原理

介绍本节案例的具体开发步骤之前首先需要了解案例的运行效果与基本原理，其运行效果如图 5-27 所示。

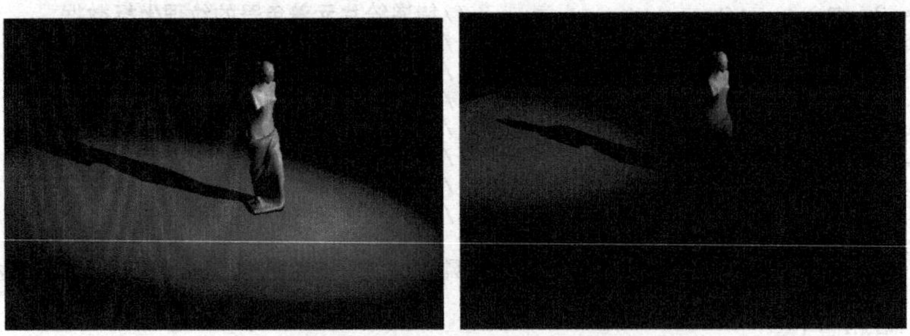

▲图 5-27　聚光灯高级光源案例的运行效果

> **说明**　运行本案例时，当手指按在屏幕的左上方时，光照的区域会向右平移；按在左下方时，光照的区域会向左平移；按在右上方时，光照的区域会向远处平移；按在右下方时，光照的区域会向近处平移。

从图 5-27 中可以看出，案例呈现的是维纳斯雕像在平面上被聚光灯照射的场景，效果很真实。同时，本案例实际上是在前面给出的平面阴影的案例基础上升级而来，故有很多相关知识点在前面已经介绍过。因此这里仅给出有代表性的知识点，具体内容如下。

- 聚光灯的基本思想就是光线从固定位置发射时不是向四面八方发射，而是只向特定的方向范围内发射。特定的方向由一个向量来确定，与此向量夹角在指定范围内的光线才是有效光线。
- 实际开发时上述工作是在片元着色器中完成的。在计算一个片元的最终颜色值时，不单要考虑环境光、散射光、镜面光这 3 个光照通道，还要考虑从光源位置到片元位置的向量与聚光灯方向向量的夹角。当夹角在一定范围内时才使光照有效，否则认为片元处于阴影中。
- 本案例中规定，如果夹角的余弦值大于 0.98，则说明此位置处于完全被光照的范围内；如果余弦值小于 0.98 并且大于 0.95，则说明此位置在完全被光照到完全未被光照的过渡区域；如果余弦值小于 0.95，则说明此位置处于完全未被光照的范围内。

5.7.2 案例的开发

了解了案例的运行效果及基本原理后，就可以进行案例的开发了。由于本案例实际上是升级自前面平面阴影的案例，其中的很多代码已经介绍过。因此，这里仅给出具有代表性的实现聚光灯效果的片元着色器，其具体代码如下。

代码位置：源代码/第 5 章/Sample5_6/assets 目录下的 frag_land.sh。

```
#version 300 es
precision mediump float;                    //给出默认的浮点精度
uniform mat4 uMMatrix;                      //基本变换矩阵
uniform vec3 uLightLocation;                //光源位置
uniform vec3 uCamera;                       //摄像机位置
uniform vec3 light;                         //聚光灯的方向向量
in vec3 VaPosition;                         //接收从顶点着色器传递过来的顶点位置
in vec3 VaNormal;                           //接收从顶点着色器传递过来的法向量
out vec4 fragColor;                         //输出的片元颜色
void pointLight(                            //定位光光照计算的方法
     in vec3 normal,                        //法向量
     inout vec4 ambient,                    //环境光最终强度
     inout vec4 diffuse,                    //散射光最终强度
     inout vec4 specular,                   //镜面光最终强度
     in vec3 lightLocation,                 //光源位置
     in vec4 lightAmbient,                  //环境光强度
     in vec4 lightDiffuse,                  //散射光强度
     in vec4 lightSpecular                  //镜面光强度
 ){
     ambient=lightAmbient;                  //直接得出环境光的最终强度
     vec3 normalTarget=VaPosition+normal;           //计算变换后的法向量
     vec3 newNormal=(uMMatrix*vec4(normalTarget,1)).xyz-(uMMatrix*vec4(VaPosition,1)).xyz;
     newNormal=normalize(newNormal);                //对法向量规格化
     //计算从表面点到摄像机的向量
     vec3 eye= normalize(uCamera-(uMMatrix*vec4(VaPosition,1)).xyz);
     //计算从表面点到光源位置的向量 vp
     vec3 vp= normalize(lightLocation-(uMMatrix*vec4(VaPosition,1)).xyz);
     vp=normalize(vp);//格式化 vp
     vec3 halfVector=normalize(vp+eye);                    //求视线与光线的半向量
     float shininess=50.0;                                 //粗糙度，越小越光滑
     float nDotViewPosition=max(0.0,dot(newNormal,vp)); //求法向量与 vp 的点积与 0 的最大值
     diffuse=lightDiffuse*nDotViewPosition;                //计算散射光的最终强度
     float nDotViewHalfVector=dot(newNormal,halfVector);//法线与半向量的点积
     float powerFactor=max(0.0,pow(nDotViewHalfVector,shininess));//镜面反射光强度因子
     specular=lightSpecular*powerFactor;                   //计算镜面光的最终强度
 }
  void main(){
      vec4 ambient,diffuse,specular;
      vec3 dis=VaPosition-uLightLocation;      //顶点与光源位置的向量
      float l1=length(light);                  //聚光灯的方向向量的模
      float l2=length(dis);                    //顶点与光源位置之间向量的模
      float media=0.0;                         //定义过渡变量值
      float cos_angle=dot(dis,light)/(l1*l2);//计算向量 dis 和向量 light 的夹角余弦值
```

```
44          pointLight(normalize(VaNormal),ambient,diffuse,specular,uLightLocation,
45          vec4(0.1,0.1,0.1,1.0),vec4(0.7,0.7,0.7,1.0),vec4(0.3,0.3,0.3,1.0));
46          vec4 finalcolor=vec4(0.8,0.8,0.8,1.0);                //物体本身的颜色
47          vec4 colorA=finalcolor*ambient+finalcolor*specular+finalcolor*diffuse;
            //计算物体光照下的颜色
48          vec4 colorB=vec4(0.1,0.1,0.1,1.0);                    //物体在非光照区的颜色
49          if(cos_angle>0.98){finalcolor=colorA;}                //若在全光区
50          else if(cos_angle>0.95&&cos_angle<=0.98){             //若在过渡区
51               media=(cos_angle-0.95)/0.03;                     //计算加权比例因子
52               finalcolor=colorA*media+colorB*(1.0-media); //按比例融合光照区与非光照区颜色
53          }else{finalcolor=colorB;}                             //若在阴影区
54          fragColor =finalcolor;                                //给此片元最终颜色值
55   }
```

- 第 3～第 9 行首先是一些一致变量的声明，包括基本变换矩阵、光源位置、摄像机位置以及聚光灯的方向向量，然后是用于接收从顶点着色器过来的顶点位置和法向量数据的输入变量的声明，最后是用于输出最终片元颜色的输出变量的声明。
- 第 10～第 36 行为计算定位光光照的 pointLight 方法，该方法在本书上卷介绍光照的章节中已经详细介绍过，这里就不再赘述。
- 第 39～第 43 行计算出了从光源位置到当前片元位置的向量与聚光灯方向向量夹角的余弦值，供后面判断片元处于哪种区域时使用。
- 第 49～第 53 行通过余弦值判断片元所处的区域（完全被光照、完全未被光照、过渡区域），并计算出了所处区域的片元颜色值。

说明　读者可能会发现，第 49～第 53 行采用了上一节提到的在着色器开发中不提倡使用的分支语句。这几条分支语句确实可以采用与前面阴影贴图案例中相同的策略，用着色器的内建函数将分支语句化简为顺序执行的语句，有兴趣的读者可以自行实现。

至此，聚光灯高级光源技术就介绍完了，在以后的具体项目开发中读者若能灵活运用，将可以开发出更加逼真的场景。

5.8 半球光照

上一节介绍的聚光灯是属于仅向特定的方向、区域发射的光源，但在真实场景中，光线实际上是经过环境反射的，而不是绝对意义上的点光源或者聚光灯，一般属于区域光源。本节将通过具体的案例 Sample5_7 来介绍一种区域光源——半球光照——的实现。

5.8.1　案例效果与基本原理

介绍本节案例的具体开发步骤之前，首先需要了解本案例的运行效果与基本原理，其运行效果如图 5-28 所示。

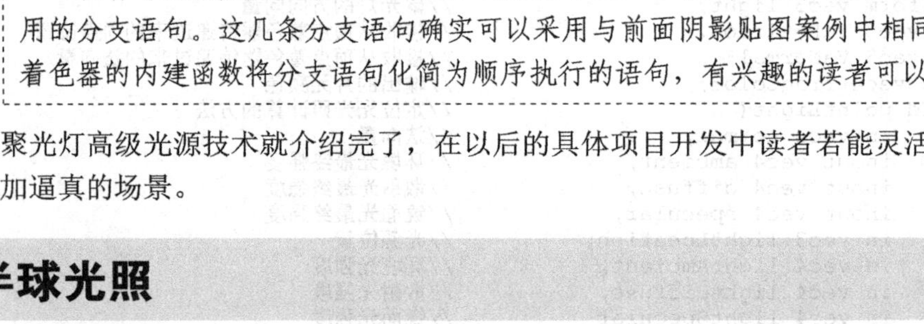

▲图 5-28　半球光照案例的运行效果

说明　从图 5-28 中可以看出，本案例呈现的是人物模型应用半球光照的场景，效果很真实。图 5-28 中左起三幅为模型自转时的效果图；当手指在屏幕上向上滑动时，可看见下半球（大地的颜色）进行光照的效果，如图 5-28 中最右边的图；当手指在屏幕上向下滑动时，可看见上半球（天空的颜色）进行光照的效果，如图 5-28 中倒数第二幅图。另外，由于书中的插图采用灰度印刷，因此可能看起来不是很清楚，请读者自行采用真机运行并进行观察。

了解了本节案例的运行效果之后，接下来介绍半球光照的基本原理。半球光照的基本思想是创建两个半球的照明模型，其基本原理如图 5-29 所示。

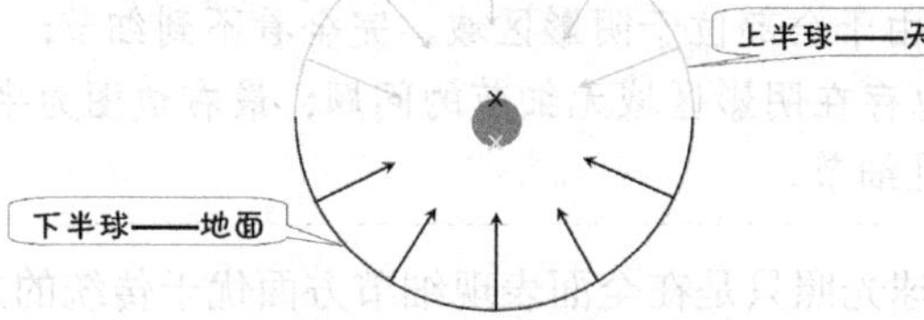

▲图 5-29　半球光照原理

说明　图 5-29 中上面的半球代表天空，下面的半球代表地面。

从图 5-29 中可以看出，一个表面法线垂直向上的物体点将会从上半球中接受所有光照；一个表面法线垂直向下的物体点将会从下半球中接收所有光照。表面法线不是垂直向上或垂直向下的点将会按照比例从上下两个半球接受光照。具体的计算公式如下。

Color=a*SkyColor+(1-a)*GroundColor

上述公式中的 a 可用如下公式求得：

$$a=1.0-(0.5*\sin(\theta)) \quad 若\ \theta<=90°$$

$$a=0.5*\sin(\theta) \quad 若\ \theta>90°$$

说明　这里的 θ 是表面法线和天极方向的夹角；SkyColor 是天空半球的光照颜色；GroundColor 是大地半球的光照颜色；Color 是光照结果的颜色。

从图 5-29 中可以进一步看出，在球面上方的点（黑色的“x”）仅仅从上半球（比如说天空颜色）接受光照；在球面下方的点（白色的“x”）仅仅从下半球（比如说地面颜色）接受光照；而在赤道右边的点将接受上半球 50%的光照和下半球 50%的光照（也就是 50%的天空光照颜色和 50%的地面光照颜色）。因此，上面公式中的 a 也可用如下公式求得，且该公式比较简单。

$$a=0.5+(0.5*\cos(\theta))$$

说明　上述公式中的 $\cos(\theta)$ 值可以通过表面点的法向量和天极方向向量的点积求得。

了解了半球光照的基本原理之后，下面将给出在定向光、定位光以及半球光照下的场景效果图，具体情况如图 5-30 所示。

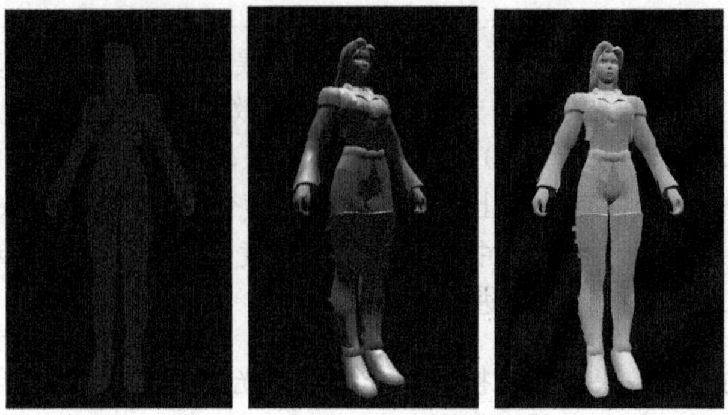

▲图 5-30　不同光源的比较

> **说明**　图 5-30 中的最左边图为定向光照射人物模型的场景（图中看到的是定向光方向背面的情况），由于全部位于阴影区域，完全看不到细节；中间图为定位光照射人物模型的场景，也存在阴影区域无细节的问题；最右边图为半球光照人物模型的场景，基本上处处可见细节。

需要读者注意的是，半球光照只是在全面表现细节方面优于传统的定向光与定位光，若使用恰当，可以取得很好的效果。但它并不一定适用于所有的情况，很多情况下可能还是需要继续使用传统的定位光或定向光光照。

5.8.2　案例的开发

上一小节介绍了半球光照案例的运行效果以及基本原理，本小节就可以进行案例的具体开发了。由于本节案例与前面章节很多案例的大部分代码相同，因此这里仅介绍本案例中具有代表性的部分，具体内容如下。

（1）首先介绍用于绘制 3D 物体的 LoadedObjectVertexNormal 类，该类与前面章节案例中主要不同的是增加了将光源位置、天空颜色以及大地颜色数据传入渲染管线的代码，具体内容如下。

代码位置：源代码/第 5 章/Sample5_7/src/com/bn/Sample5_7 目录下的 LoadedObjectVertexNormal.java。

```
//将天极位置（天极方向向量）传入渲染管线
GLES30.glUniform3fv(maLightLocationHandle1, 1, MatrixState.lightPositionFB);
GLES30.glUniform3f(muSkyColorHandle1,1f,1f,1f);          //将天空光照颜色传入渲染管线
GLES30.glUniform3f(muGroundColorHandle1,0.1f,0.1f,0.1f);//将大地光照颜色传入渲染管线
```

> **说明**　上述代码位于 LoadedObjectVertexNormal 类中的 drawSelf 方法中，主要是将天极位置、天空颜色以及大地颜色传入渲染管线中，以在半球光照片元着色器中用于计算片元的最终颜色值。

（2）介绍了用于绘制 3D 物体的 LoadedObjectVertexNormal 类后，接下来将介绍半球光照着色器的开发。由于半球光照所用顶点着色器与前面章节中的基本相同，且比较简单，因此这里仅介绍半球光照所用的片元着色器，其具体代码如下。

代码位置：源代码/第 5 章/Sample5_7/assets 目录下的 frag_ball.sh。

```
#version 300 es
precision mediump float;                //给出默认浮点精度
uniform mat4 uMMatrix;                  //变换矩阵
uniform vec3 uLightLocation;            //天极位置（天极方向向量）
uniform vec3 uSkyColor;                 //天空光照颜色
uniform vec3 uGroundColor;              //大地光照颜色
```

```
7     in vec3 vNormal;                              //接收从顶点着色器过来的顶点法向量
8     in vec3 vPosition;                            //接收从顶点着色器过来的顶点位置
9     out vec4 fragColor;                           //输出到的片元颜色
10    void main(){                                  //主函数
11        //计算变换后的法向量
12        vec3 normalTarget=vPosition+normalize(vNormal);
13        vec3 newNormal=(uMMatrix*vec4(normalTarget,1)).xyz-(uMMatrix*vec4(vPosition,1)).xyz;
14        //计算从表面点到天极位置的向量
15        vec3 position=(uMMatrix*vec4(vPosition,1)).xyz;
16        vec3 lightVec=normalize(uLightLocation-position);
17        float costheta=dot(newNormal,lightVec);   //计算法向量和天极方向向量的点积
18        float a=costheta*0.5+0.5;                 //计算a值
19        vec3 vColor=mix(uGroundColor,uSkyColor,a); //计算此片元的光照颜色值RGB
20        fragColor=vec4(vColor,1.0);               //此片元的最终颜色
21    }
```

说明 上述片元着色器主要是根据上一小节中介绍的用于计算表面上任何点的光照公式来计算各个片元的半球光照颜色值，其中第 19 行调用了 mix 内建函数来进行线性插值计算，此函数在本书上卷第 4 章中已经介绍过，需要的读者可以参考相关内容。

5.9 光线跟踪

前面 5.3 和 5.4 两节分别介绍了平面阴影以及阴影映射技术，在效果要求不是极高的情况下这两种技术已经能够满足需要。但由于平面阴影只能应用于目标平面，阴影映射由于计算精度有自阴影的问题，故如果对效果要求很高的话，就难以满足要求了。

因此，本节将简单介绍一种用于模拟逼真光学效果的技术——光线跟踪，该技术不但能模拟出十分逼真的光照阴影效果，也可以逼真地模拟折射、反射等光学效果。本节将通过具体的案例 Sample5_8 向读者介绍 OpenGL ES 3.0 中光线跟踪的实现。

5.9.1 光线跟踪案例效果与基本原理

介绍本案例的具体开发步骤之前首先需要了解案例的运行效果与基本原理，其运行效果如图 5-31 所示。

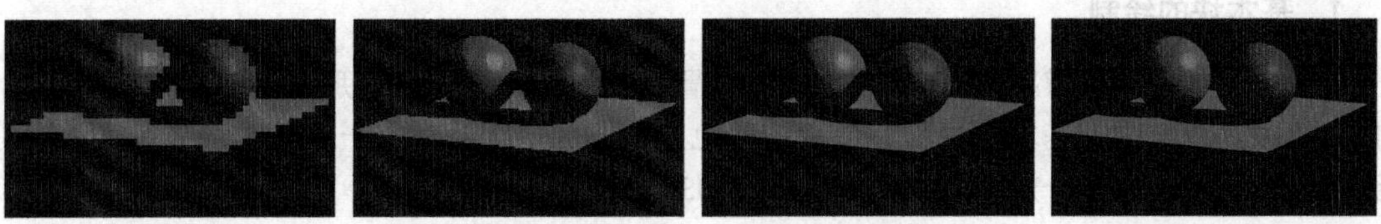

（a）基本块尺寸 16　（b）基本块尺寸 4　（c）基本块尺寸 1　（d）平面阴影技术对比图

▲图 5-31　光线跟踪案例的运行效果

说明 图 5-31 中图（a）、图（b）、图（c）分别为采用光线跟踪技术渲染场景时将基本块的尺寸设为 16、4、1 时的运行效果图。图（d）为采用 5.3 节介绍的平面阴影技术渲染同样场景的效果图，用于进行对比。

从图 5-31（c）中可以看出，本节案例场景中放置了两个球体和一个平面。同时可以看出，球体与球体之间、球体与平面之间的阴影效果十分逼真。通过与图 5-31（d）进行比较可以明显地看出，光线跟踪所产生的阴影是十分真实的，没有平面阴影的固有缺陷。

提示 由于书中的插图采用灰度印刷，可能看起来不是很清楚，请读者参照前面的彩页或自行采用真机运行并进行观察。另外，由于光线跟踪算法的计算量较大，因此运行本案例时需要耐心等待一段时间（一般为 60 ~ 120s），才可以看到案例的运行效果。这本身也是光线跟踪现阶段没有被广泛采用的主要障碍，以后随着硬件性能的逐步提升，光线跟踪将有越来越多的用武之地。

虽然采用光线跟踪技术渲染出的场景与前面章节介绍的光照、阴影相关技术渲染出的场景看起来基本相同，但两者的渲染思路是截然不同的。

- 通过前面章节介绍的光照、阴影相关技术渲染场景时，是将场景中的物体经过各种变换后投影到近平面上再光栅化而呈现到屏幕上的。
- 通过光线跟踪技术渲染场景的基本思想为：通过摄像机和屏幕上一个基本块的位置确定一条光线，根据此光线与场景中物体的第一个碰撞点 P 的信息来确定屏幕上对应基本块的颜色值，其基本原理如图 5-32 所示。

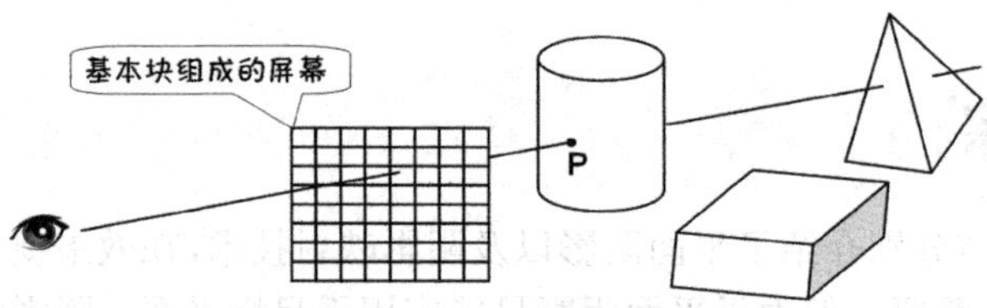

▲图 5-32　光线跟踪的基本原理

实现光线跟踪时的几个技术要点如下所列。

- 将屏幕分成多个基本块，每个基本块可以由一个或多个像素组成。
- 将摄像机放置在适当的位置，然后遍历所有基本块，并通过摄像机的位置和基本块左下角的位置确定一条光线。
- 找出光线与场景中物体的第一个碰撞点，该碰撞点的信息将用来确定对应基本块的颜色。
- 判断第一交点是否在阴影中，以决定此基本块的最终颜色。

下面简要介绍每一个技术要点。

1. 基本块的绘制

假设屏幕的物理分辨率为 16×32，如果设置基本块的大小为 4，那么每个基本块是由 4×4 个像素组成。由于同一基本块中所有像素的颜色是相同的，因此对每一个基本块进行光线跟踪后得到的渲染图像的实际分辨率为 4×8，如图 5-33 所示。

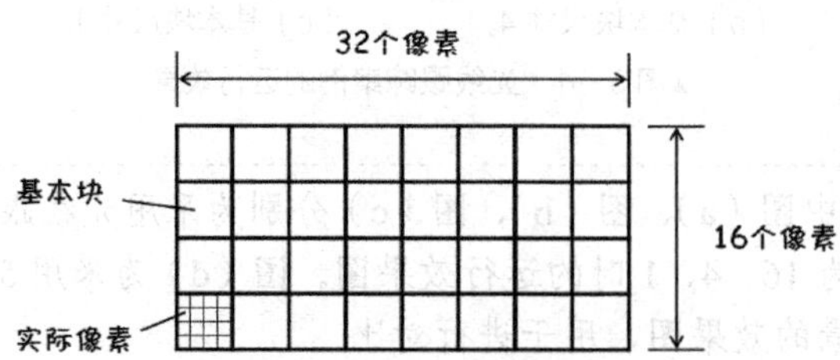

▲图 5-33　基本块示意

读者可能会有这样的疑问：为什么不直接固定采用 1×1 的渲染块呢，那样实际分辨率不就不会低于屏幕的物理分辨率了吗？这主要是考虑到性能问题，基本块的尺寸大了虽然损失了一些效果，但可以大大提高渲染速度。因此实际开发中经常需要根据机器的硬件性能调整基本块的大小，以取得性能和效果的均衡。

2. 通过摄像机与基本块确定光线

本节案例中采用的策略是通过摄像机位置及当前被考察的基本块左下角的位置确定光线方向。一条光线 r 由起点位置 start 和传播方向 dir 组成，其可以表示成关于时间 t 的如下表达式。

r(t)=start+dir×t　　（其中 t 表示光线传播的时间）

由于光线跟踪技术中假设光是从摄像机发出的，因此光线的起点就是摄像机的位置 eye，而光线的方向 dir 由摄像机的位置和基本块所在的位置来确定，表达式如下：

dir=-Nn+W(2c/nCols-1)u+H(2r/nRows-1)v

- N 为摄像机与屏幕（近平面）的距离，W、H 分别为近平面宽和高的一半。
- nCols、nRows 分别为屏幕上像素的总列数和总行数。
- c、r 分别为屏幕上基本块的列数和行数。
- u、v、n 分别为摄像机坐标系 4 个轴的单位向量 i、j、k 在世界坐标系中的值，此 4 个值可以由 Matrix 类中的 setLookAtM 方法求出。

3. 求出光线与场景中物体的第一个碰撞点

确定了通过各个基本块的各条光线后，下面求光线与场景中物体的第一个碰撞点。由于此时光线的参数方程已知，因此只需要求出光线与第一个碰撞点的碰撞时间 t_{hit}，然后将 t_{hit} 代入参数方程中，就可以求出碰撞点的位置，公式如下。

$$P_{hit} = eye + dir \times t_{hit}$$

提示　求出了碰撞点的位置后，就可以方便地求碰撞点的其他信息，如碰撞点的法向量、碰撞点所属物体表面处的颜色、碰撞点是否在阴影中等信息，其中判断碰撞点是否在阴影中的方法将在后面介绍。

接着要讨论的是，如何求出一条光线自发射后与场景中物体第一个碰撞点的碰撞时间 t_{hit}。这里以球体为例，首先介绍求光线与通用球面交点的算法。所谓通用球面是指半径为 1、几何中心在原点的球面。为了简化公式，这里用 S 来表示 eye，用 c 表示 dir，那么光线的参数方程可表示为：

$$r(t) = S + ct$$

而通用球面的隐式表达式为：

$$F(x,y,z) = x^2 + y^2 + z^2 - 1 \quad （或 F(P) = |P|^2 - 1）$$

球面上的任意一点满足 F(P)=0。如果光线与球面在 T 时刻相交，则交点为：

$$r(T) = S + cT$$

将该交点坐标代入球面方程得到：

$$F(S + cT) = 0，即 |S + ct|^2 - 1 = 0$$

展开得到：

$$|c|^2 t^2 + 2(S \cdot c)t + (|S|^2 - 1) = 0$$

上述表达式可以看作 t 的二次等式：$At^2 + 2Bt + C = 0$，其中 A、B 和 C 分别为：

$$A=|c|^2 \qquad B=S \cdot c \qquad C=|S|^2 - 1$$

然后用一元二次方程的求根公式求解上述等式即可得到 T 的表达式：

$$T = -\frac{B}{A} \pm \frac{\sqrt{B^2 - AC}}{A}$$

关于判别式 $B^2 - AC$ 需要分下列 3 种情况考虑。

- 如果判别式 $B^2 - AC$ 的值为负，则光线与球没有交点。
- 如果判别式 $B^2 - AC$ 的值为零，那么光线在球面上的某一点擦过球面，碰触到球面的时间为–B/A。
- 如果判别式的值为正，那么光线在两个时间点 t1、t2 与球面相交，t1、t2 分别对应上式中的“+”和“−”两种情况。

求出相交的时间后，将其代入光线的参数方程，就得到了交点的坐标。当有多个交点时可以根据时间 t 的大小来判断交点的先后位置。

当然，构造场景时不可能都采用类似于通用球面的通用物体（几何中心位于坐标原点的物体），物体应该可以以任何姿态位于场景中的任意位置。此时，设计者往往需要对场景中的每个物体施加一个仿射变换 T 来确定物体在场景中的大小、姿态和位置。

但仿射变换后物体的隐式表达式会变得非常复杂，因此一般不采用计算光线与变换后物体交点的方法。而是采用类似于前面凹凸映射的处理思路，通过仿射变换 T 的逆变换 T'，将光线变换到物体空间中，然后再求碰撞时间 t_{hit}，这样就容易多了。

因此求解实际交点坐标可以分为以下 3 个步骤。

- 求出逆变换后的光线 $S'+c't$ 。
- 求出逆变换后的光线与仿射变换前通用物体的碰撞时间 t_{hit} 。
- 把碰撞时间 t_{hit} 代入等式变换前的光线 $S+ct$ 得到实际的交点坐标。

设实施仿射变换 T 的矩阵为 M ， M^{-1} 为 M 的逆矩阵，则逆变换后光线 $S'+c't$ 中的 S' 和 c' 可以由下面两个表达式求出。

$$\begin{pmatrix} S'_x \\ S'_y \\ S'_z \\ 1 \end{pmatrix} = M^{-1} \begin{pmatrix} S_x \\ S_y \\ S_z \\ 1 \end{pmatrix} \qquad \begin{pmatrix} c'_x \\ c'_y \\ c'_z \\ 0 \end{pmatrix} = M^{-1} \begin{pmatrix} c_x \\ c_y \\ c_z \\ 0 \end{pmatrix}$$

得到光线与仿射变换后物体的交点坐标后，接下来的问题是如何获得变换后交点处的法向量。通用物体表面的法向量 m 很容易求出，而计算出通用物体在交点处的法向量后，再乘以变换矩阵 M 的逆转置矩阵 M^{-T} 就可以求得变换后的法向量 m':

$$m' = M^{-T} m \quad （其中 M^{-T} 是变换矩阵 M 的逆转置矩阵）$$

4. 判断第一交点是否在阴影中

判断交点是否处于阴影中的方法是使用一条称为阴影探测器的新光线。此光线的起点为碰撞点向摄像机方向移动一个微小距离后的位置，其方向由光源位置与碰撞点位置决定，故阴影探测器的参数表达式如下：

$$(P_{hit} - \varepsilon dir) + (L - P_{hit})t \qquad （其中 L 代表光源的位置）$$

> **说明** 其中 P_{hit} 为碰撞点的位置，ε 是一个很小的正数，dir 是摄像机发出的光线的方向，L 是光源位置，t 是传播时间。

从上述表达式可以看出：当 t=0 时表达式表示的点接近于碰撞点处；当 t=1 时表达式表示的点接近于光源点处；当 t 在 0～1 时表达式表示的点位于碰撞点和光源之间。计算碰撞点是否位于阴影中的策略也很简单，只需要将场景中的所有物体与阴影探测器对应的光线求交点，若有任何一个交点对应的 t 在 0～1 范围内，则碰撞点在阴影中，否则碰撞点不在阴影中，如图 5-34 所示。

判断出碰撞点是否在阴影中后可以决定采用什么样的颜色对其对应的基本块进行着色，若在阴影中则仅采用环境光着色，若不在阴影中则同时要考虑环境光、散射光、镜面光。

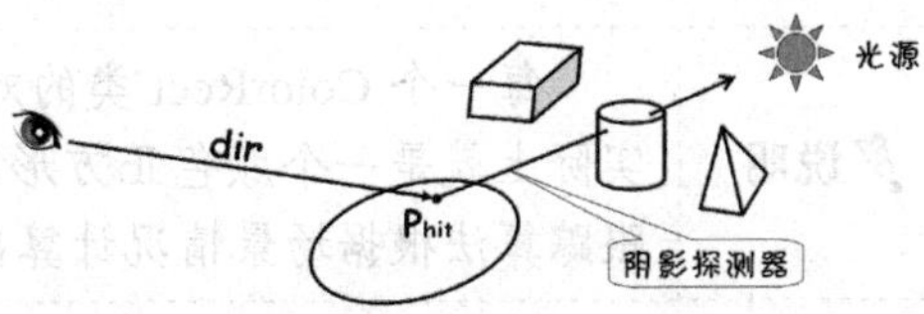

▲图 5-34　判断物体上的点 P_{hit} 是否处于阴影中

5.9.2　光线跟踪开发步骤

上一小节介绍了光线跟踪的基本原理及案例的运行效果，本小节将介绍如何进行本节案例的开发，具体步骤如下。

> **提示**　下面的步骤仅给出了与光线跟踪技术密切相关的部分，与光线跟踪技术关系不密切，前面很多章节已经介绍过的内容这里就不再赘述，需要的读者请自行参考随书源代码。

（1）首先开发的是表示基本块的 ColorRect 类，其具体代码如下。

代码位置：源代码/第 5 章/Sample5_8/src/com/bn/Sample5_8 目录下的 ColorRect.java。

```
package com.bn.Sample5_8;                              //声明包
……//此处省略了一些引入相关类的代码，需要的读者请参考随书源代码
public class ColorRect{
      int mProgram;                              //自定义渲染管线着色器程序 id
      int muMVPMatrixHandle;                     //总变换矩阵引用
      int maPositionHandle;                      //顶点位置属性引用
      int muColorHandle;                         //片元颜色属性引用
      int mu3DPosHandle;                         //基本块对应的第一碰撞点位置一致变量引用
      int muNormalHandle;                        //基本块对应的第一碰撞点法向量一致变量引用
      int muLightLocationHandle;                 //光源位置一致变量引用
      int muCameraHandle;                        //摄像机位置一致变量引用
      int muIsShadow;                            //是否绘制阴影一致变量引用
      String mVertexShader;                      //顶点着色器脚本字符串
      String mFragmentShader;                    //片元着色器脚本字符串
      FloatBuffer mVertexBuffer;                 //顶点坐标数据缓冲
      int vCount=0;                              //顶点数量
      float[] color3 = new float[3];                     //基本块对应的第一碰撞点的颜色
      float[] vertexPos3D = new float[3];                //基本块对应的第一碰撞点的位置
      float[] normal3D = new float[3];                   //基本块对应的第一碰撞点的法向量
      float[] lightPos3D = new float[3];                 //光源位置
      float[] cameraPos3D = new float[3];                //摄像机位置
      int isShadow;                                      //基本块对应的第一碰撞点是否在阴影中标志
      float u;                                           //基本块在屏幕上的位置
      float v;
      public ColorRect(MySurfaceView mv){
            initVertexData();                            //初始化顶点坐标数据
            intShader(mv);                               //初始化着色器
      }
      public void initVertexData(){/*代码省略*/}
      public void intShader(MySurfaceView mv){/*代码省略*/}
      public void drawSelf(){                          //绘制基本块的方法
            MatrixState.pushMatrix();                  //保护现场
            MatrixState.translate(u, v, 0);            //移动到视口中的 u, v 位置处
            GLES30.glUseProgram(mProgram);             //指定使用某套着色器程序
            GLES30.glUniformMatrix4fv(                 //将最终变换矩阵传入渲染管线
                        muMVPMatrixHandle, 1, false,MatrixState.getFinalMatrix(), 0);
            //将基本块对应的第一碰撞点颜色传入渲染管线
            GLES30.glUniform3fv(muColorHandle, 1, color3, 0);
            ……//此处省略了部分将数据传入渲染管线的代码，读者可自行查看随书源代码
            GLES30.glDrawArrays(GLES30.GL_TRIANGLES, 0, vCount); //绘制矩形
            MatrixState.popMatrix();                     //恢复现场
      }
      public void setColor(float r,float g,float b){                   //设置颜色的方法
           this.color3[0] = r; this.color3[1] = g; this.color3[2] = b;
      }
      ……//此处省略了部分设置其他属性的方法，读者可自行查看随书中的源代码
}
```

说明　每一个 ColorRect 类的对象表示一个基本块，也就是说每个 ColorRect 类的对象实际上就是一个颜色正方形，其边长就是基本块的尺寸。每个基本块的颜色由光线跟踪算法根据场景情况计算出来，并通过 setColor 方法传递给基本块。

（2）开发完表示基本块的 ColorRect 类后，接着就可以开发渲染基本块的片元着色器了，其具体代码如下。

代码位置：源代码/第 5 章/Sample5_8/assets 目录下的 frag.sh。

```
#version 300 es
precision mediump float;                          //给出默认的浮点精度
uniform vec3 uColor;                              //基本块的颜色
uniform vec3 uPosition;                           //基本块对应的第一碰撞点位置
uniform vec3 uNormal;                             //基本块对应的第一碰撞点法向量
uniform vec3 uLightLocation;                      //光源位置
uniform vec3 uCamera;                             //摄像机位置
uniform int isShadow;                             //阴影绘制标志
out vec4 fragColor;                               //输出到片元的颜色
……//此处省略了计算定位光光照的 pointLight 方法，读者可自行查看随书中的源代码
void main(){
    vec4 baseColor = vec4(uColor,1.0);  //基本颜色
    if(isShadow == 0){                            //若不在阴影中，则需要计算光照
       vec4 ambient, diffuse, specular;
       pointLight(ambient,diffuse,specular,
          vec4(0.15,0.15,0.15,1.0),vec4(0.9,0.9,0.9,1.0),vec4(0.7,0.7,0.7,1.0));
          //综合 3 个通道光的最终强度及片元的颜色计算出最终片元的颜色并传递给管线
          fragColor =baseColor*ambient + baseColor*diffuse + baseColor*specular;
    }else{                                                  //如果在阴影中，则只计算环境光
          fragColor =baseColor*vec4(0.15,0.15,0.15,1.0);
 }}
```

说明　此片元着色器的主要功能是根据管线传入的基本块对应的第一碰撞点的位置、法向量、颜色以及光源位置、摄像机位置进行光照计算以得到基本块的最终颜色。

（3）为便于代码开发与维护，接着需要开发的是用于统一管理程序中各个常量的 Constant 类，其具体代码如下。

代码位置：源代码/第 5 章/Sample5_8/src/com/bn/Sample5_8 目录下的 Constant.java。

```
package com.bn.Sample5_8;                                          //声明包
public class Constant{
    //关于屏幕尺寸的常量
    public static final float SCREEN_WIDTH = 800;          //屏幕的宽度
    public static final float SCREEN_HEIGHT = 480;         //屏幕的高度
    //关于渲染时的常量
    public static final float blockSize = 4f;              //基本块的尺寸
    public static final float W = SCREEN_WIDTH / 2.0f;     //屏幕半宽
    public static final float H = SCREEN_HEIGHT / 2.0f;    //屏幕半高
     public static final float ratio = W / H;              //屏幕宽高比
     public static final float nRows = SCREEN_HEIGHT;      //屏幕像素总行数
     public static final float nCols = SCREEN_WIDTH;       //屏幕像素总列数
     //关于真实 3D 世界中近平面的量
     public static final float N_3D = 24;                  //近平面到摄像机的距离
     public static final float W_3D = ratio;               //近平面半宽
     public static final float H_3D = 1.0f;                //近平面半高
     //关于真实世界中各物体的量
     public static final float R = 0.6f;                   //球的半径
     public static final float CENTER_DIS = 0.7f;          //球心与世界坐标系 y 轴的距离
     public static final float PLANE_WIDTH = 3.5f;         //平面宽度
     public static final float PLANE_HEIGHT = 4f;          //平面长度
     public static final float[] BALL1_COLOR = {0.8f,0.2f,0.2f};      //球 1 的颜色
     public static final float[] BALL2_COLOR = {0.2f,0.2f,0.8f};      //球 2 的颜色
     public static final float[] PLANE_COLOR = {0.2f,0.8f,0.2f};      //平面的颜色
```

```
25      //关于摄像机的参数
26      public static final float CAM_X = 15;            //摄像机位置 x 坐标
27      public static final float CAM_Y = 7;             //摄像机位置 y 坐标
28      public static final float CAM_Z = 32;            //摄像机位置 z 坐标
29      //关于光源的参数
30      public static final float LIGHT_X = 100;         //光源位置 x 坐标
31      public static final float LIGHT_Y = 80;          //光源位置 y 坐标
32      public static final float LIGHT_Z = 0;           //光源位置 z 坐标
33      //计算阴影时用的极小的正数ε
34      public static final float MNIMUM = 0.00001f;
35  }
```

提示 此 Constant 类给出了进行光线跟踪计算时需要用到的很多与场景相关的常量，读者可以根据需要进行调整。如第 7 行基本块的尺寸，若希望得到最为细腻的画面则应该将其调整为 1，若希望得到更快的渲染速度可以将其调整为 8。

（4）接着需要开发的是几个方便编程的辅助类，包括代表向量的 Vector3 类、代表浮点数三元组的 Point3 类以及代表颜色的 Color3f 类。这几个类的实现都非常简单，需要的读者请参考随书中的源代码。

（5）完成了几个辅助类的开发后，下面要做的工作是在 MySurfaceView 类中创建与实施光线跟踪相关的对象，具体代码如下。

代码位置：源代码/第 5 章/Sample5_8/src/com/bn/Sample5_8 目录下的 MySurfaceView.java。

```
rect = new ColorRect(MySurfaceView.this);                //创建用于绘制基本块的对象
light = new Light(new Point3(LIGHT_X,LIGHT_Y,LIGHT_Z));  //创建光源对象
cam=new Camera(light);                                   //创建摄像机对象
scn=new Scene(cam, light);                               //创建场景对象
```

提示 光源、摄像机和场景类还没有开发，读者不用担心，后面步骤中会介绍各个类的开发。

（6）在 MySurfaceView 类中创建了各个对象后，就需要对 OpenGL ES 中的摄像机、投影进行设置，还需要对光线跟踪中的摄像机、场景进行设置，并调用光线跟踪中摄像机对象的 raytrace 方法进行光线跟踪计算，具体代码如下。

代码位置：源代码/第 5 章/Sample5_8/src/com/bn/Sample5_8 目录下的 MySurfaceView.java。

```
MatrixState.setProjectOrtho(-W, W, -H, H, 1, 2);   //调用此方法计算产生正交投影矩阵
MatrixState.setCamera(0, 0, 1, 0, 0, 0, 0, 1, 0);  //设置绘制基本块时的 camera 位置
//设置光线跟踪算法中的真实摄像机位置
cam.setMyCamera(CAM_X, CAM_Y, CAM_Z, 0f, 0f, 0f, 0f, 1.0f, 0.0f);
scn.transform();                                    //对场景中的物体进行变换
cam.raytrace(scn, rect);                            //开始光线跟踪以渲染物体
```

（7）完成了 MySurfaceView 类中光线跟踪修改的工作后，接着介绍光线跟踪中的摄像机类 Camera，其具体代码如下。

代码位置：源代码/第 5 章/Sample5_8/src/com/bn/Sample5_8 目录下的 Camera.java。

```
package com.bn.Sample5_8;                                  //声明包
……//此处省略了部分引入相关类的代码，需要的读者请参考随书
public class Camera{
    Point3 eye,look,up;                 //摄像机位置、目标点和 up 向量
    Vector3 u,v,n;                      //摄像机坐标系 3 个轴上的单位向量在世界坐标系中的值
    Light light;                                        //光源位置
    public Camera(Light light){
        this.light = light;                             //初始化光源位置
        eye=new Point3(); look=new Point3(); up=new Point3();//初始化摄像机 9 参数
        u=new Vector3(); v=new Vector3(); n=new Vector3();
```

```
11          }
12          private float[] vMatrix = new float[16];    //摄像机位置朝向 9 参数矩阵
13          public void setMyCamera(//设置摄像机位置的方法，主要是为了计算 u、v、n 这 3 个向量的值
14                float cx, float cy, float cz,         //摄像机位置
15                float tx, float ty, float tz,          //摄像机目标点
16                float upx, float upy, float upz       //摄像机 up 向量
17          ){
18                Matrix.setLookAtM(
19                      vMatrix,                          //结果矩阵
20                      0,                                //存放于矩阵中的起始位置
21                      cx, cy, cz,                       //摄像机位置
22                      tx, ty, tz,                       //摄像机目标点
23                      upx, upy, upz                     //摄像机 up 向量
24                );
25                eye.x=cx; eye.y=cy; eye.z=cz;           //初始化摄像机位置
26                look.x=tx; look.y=ty; look.z=tz;        //初始化目标点位置
27                up.x=upx; up.y=upy; up.z=upz;           //初始化 up 向量的 3 个分量
28                //从矩阵中取出 u、v、n 这 3 个向量的值，注意 OpenGL ES 中的向量按列存储
29                u.x=vMatrix[0]; u.y=vMatrix[4]; u.z=vMatrix[8];
30                v.x=vMatrix[1]; v.y=vMatrix[5]; v.z=vMatrix[9];
31                n.x=vMatrix[2]; n.y=vMatrix[6]; n.z=vMatrix[10];
32          }
33          public void raytrace(Scene scn, ColorRect rect){   //光线跟踪的计算方法
34                System.out.println("start...");               //打印开始时间和开始标志
35                long start = System.currentTimeMillis();
36                Ray theRay = new Ray();                       //创建光线对象
37                theRay.setStart(eye);                         //光线从眼睛开始
38                for (int col=0;col<nCols;col+=blockSize){/循环对每个基本块进行光线跟踪计算
39                  for (int row = 0; row < nRows; row += blockSize){
40                      //根据基本块所在行列数，计算光线方向向量 dir
41                      Vector3 dir1 = n.multiConst(-N_3D);
42                      Vector3 dir2 = u.multiConst(W_3D*(2*col/nCols-1));
43                      Vector3 dir3 = v.multiConst(H_3D*(2*row/nRows-1));
44                      Vector3 dir = dir1.add(dir2).add(dir3);
45                      theRay.setDir(dir);                             //设置光线方向
46                      Color3f clr = new Color3f();   //创建用于存放第一个碰撞点颜色的对象
47                      Point3 vertexPos = new Point3();//创建用于存放第一个碰撞点位置的对象
48                      Vector3 normal = new Vector3(); //创建用于存放第一个碰撞点法向量的对象
49                      //计算此光线对应的各个量的值
50                      int isShadowFlag = scn.shade(theRay, clr, vertexPos, normal);
51                      //如果光线和物体没有交点，说明是背景色，不进行绘制，继续下一条光线
52                      if(isShadowFlag == -1){ continue; }
53                      rect.setColor(clr.red, clr.green, clr.blue);  //第一碰撞点颜色
54                      rect.setPos3D(vertexPos.x, vertexPos.y, vertexPos.z);//第一碰撞点位置
55                      rect.setNormal3D(normal.x, normal.y, normal.z); //第一碰撞点法向量
56                      rect.setLightPos3D(light.pos.x, light.pos.y, light.pos.z);//光源位置
57                      rect.setCameraPos3D(eye.x, eye.y, eye.z);          //摄像机位置
58                      rect.setShadow(isShadowFlag);//是否在阴影中
59                      rect.setColRow(col, row);    //设置基本块在哪一行和哪一列
60                      rect.drawSelf();             //绘制基本块
61                }}
62                long end = System.currentTimeMillis();          //打印结束时间和结束标志
63                System.out.println("time="+(end-start)/1000.0+"s");
64                System.out.println("finish...");
65    }}
```

- 第 4～第 6 行为该类的成员变量，包括摄像机位置、目标点和 up 向量，摄像机坐标系 3 个轴上的单位向量在世界坐标系中的值，以及光源位置。
- 第 13～第 32 行为设置光线跟踪中摄像机位置的 setMyCamera 方法，该方法的主要功能是通过调用 Matrix 类中的 setLookAtM 方法生成摄像机观察矩阵，并从矩阵中提取 u、v、n 这 3 个向量的值。
- 第 33～第 65 行为光线跟踪的计算方法 raytrace，该方法首先遍历所有的基本块，计算每个基本块对应的光线方向；然后调用场景对象的 shade 方法对光线进行跟踪，找到第一个碰撞点的各项信息后存储到各个对象中；接着将各项信息传递给执行绘制的基本块对象；最后进行绘制。

（8）接着给出的是存储一个碰撞点各项信息的 HitInfo 类，其具体代码如下。

代码位置：源代码/第 5 章/Sample5_8/src/com/bn/Sample5_8 目录下的 HitInfo.java。

```
package com.bn.Sample5_8;                    //声明包
public class HitInfo{
    double hitTime;                          //相交时间
    HitObject hitObject;                     //相交的物体
    boolean isEntering;                      //光线是进入还是射出
    int surface;                             //相交于哪个表面
    Point3 hitPoint;                         //交点的坐标，变换后的
    Vector3 hitNormal;                       //交点处的法向量，变换前的
    public HitInfo(){
        hitPoint = new Point3();     //创建碰撞点对象
        hitNormal = new Vector3(); //创建法向量对象
    }
    public void set(HitInfo hit){//根据传入的HitInfo 对象，复制各项信息进入自身的成员变量
        this.hitTime=hit.hitTime;                //设置相交时间值
        this.hitObject=hit.hitObject;            //设置相交的物体
        this.isEntering=hit.isEntering;          //设置光线是进入还是射出
        this.surface=hit.surface;                //设置相交于哪个表面
        this.hitPoint.set(hit.hitPoint);         //设置交点的坐标，变换后的
        this.hitNormal.set(hit.hitNormal); //设置交点处的法向量，变换前的
}}
```

说明　该类非常简单，主要提供了一些成员变量，用来记录碰撞点的各项信息。

（9）下面给出的是用于记录一条光线与场景中物体多个交点信息的类 Intersection，其具体代码如下。

代码位置：源代码/第 5 章/Sample5_8/src/com/bn/Sample5_8 目录下的 Intersection.java。

```
package com.bn.Sample5_8;                    //声明包
public class Intersection{
    int numHits;                             //有正相交时间的相交物体的数目
    HitInfo[] hit=new HitInfo[8];            //交点列表数组
    public Intersection(){
        for(int i=0; i<8; i++){          //初始化交点列表数组
            hit[i]=new HitInfo();
    }}
    public void set(Intersection inter){   //将传入 Intersection 对象的信息复制到自身
        for(int i=0; i<8; i++){
            this.hit[i].set(inter.hit[i]);
        }
        this.numHits = inter.numHits;
}}
```

说明　该类非常简单，主要提供了一个数组，用于存储一条光线与场景中物体的交点列表。

（10）接着需要开发的是表示光线跟踪中光线的 Ray 类，其具体代码如下。

代码位置：源代码/第 5 章/Sample5_8/src/com/bn/Sample5_8 目录下的 Ray.java。

```
package com.bn.Sample5_8;                //声明包
public class Ray{
   Point3 start;                         //光线起始位置
   Vector3 dir;                          //光线方向
   public Ray(){
      start = new Point3(); dir = new Vector3(); //初始化光线起始位置及方向
   }
   public void setStart(Point3 start){                   //设置光线起始位置的方法
      this.start.x = start.x; this.start.y = start.y; this.start.z = start.z;
    }
    public void setDir(Vector3 dir){                     //设置光线发射方向的方法
      this.dir.x = dir.x; this.dir.y = dir.y; this.dir.z = dir.z;
}}
```

说明　该类非常简单，主要提供了两个成员变量，用于记录光线的起始位置与方向。

（11）下面需要开发的是表示光源的 Light 类，其具体代码如下。

代码位置：源代码/第 5 章/Sample5_8/src/com/bn/Sample5_8 目录下的 Light.java。

```
package com.bn.Sample5_8;                         //声明包
public class Light{
    Point3 pos;                                   //灯光位置
    public Light(){                               //构造器 1
        pos = new Point3();
    }
    public Light(Point3 pos){                     //构造器 2
        this.pos = pos;
}}
```

提示　不直接使用 Point3 表示光源而是封装成 Light 类，这是为了方便理解。

（12）接下来开发的是抽象类 HitObject，场景中的任何物体类均继承自该类，该类的具体代码如下。

代码位置：源代码/第 5 章/Sample5_8/src/com/bn/Sample5_8 目录下的 HitObject.java。

```
package com.bn.Sample5_8;                                   //声明包
import android.opengl.Matrix;                               //引入相关类
public abstract class HitObject {
    Color3f color;                                          //物体的颜色
    private float[] myMatrix;                               //变换矩阵
    Camera cam;                                             //摄像机
    public abstract boolean hit(Ray ray,Intersection inter); //求交点的方法
    public abstract boolean hit(Ray ray);                   //只判断是否相交的方法
    public Color3f getColor(){                              //获取物体颜色的方法
        return color;
     }
     public Point3 rayPos(Ray r,double t){ //返回光线在 t 时刻的位置的方法(使用变换前的光线)
        return cam.eye.addVec(r.dir.multiConst((float)t));//eye+dir*t 得到当前点的坐标
     }
     //获取变换后的光线(将 r 按逆变换矩阵变换后赋值给 genRay(左乘变换矩阵的逆矩阵))
     public void xfrmRay(Ray genRay, float[] invTransf, Ray r){
        //求变换后的 start
        float[] genStart = new float[4];
        Matrix.multiplyMV(genStart, 0, invTransf, 0, r.start.toQici4(), 0);
        genRay.start.set(genStart);                      //只取齐次坐标和前 3 个分量作为 start
        //求变换后的 dir
        float[] genDir = new float[4];
        Matrix.multiplyMV(genDir, 0, invTransf, 0, r.dir.toQici4(), 0);
        genRay.dir.set(genDir);                          //只取齐次坐标和前 3 个分量作为 dir
     }
     //获取变换后的法向量(左乘变换矩阵的逆转置矩阵)
     public void xfrmNormal(Vector3 genNormal, float[] invTranspM, Vector3 normal){
        float[] tmpNormal = new float[4];       //用于存储变换后法向量的数组
        Matrix.multiplyMV(tmpNormal, 0, invTranspM, 0, normal.toQici4(), 0);
        genNormal.set(tmpNormal);               //只取齐次坐标和前 3 个分量作为 normal
     }
     public Point3 xfrmPtoPreP(Point3 P){ //通过变换后的点求变换前的点的方法：乘以逆矩阵
        float[] inverM = getInvertMatrix();            //获取逆变换矩阵
        float[] preP = new float[4];                   //存储变换前点坐标的数组
        Matrix.multiplyMV(preP, 0, inverM, 0, P.toQici4(), 0);//求变换前的点
        return new Point3(preP);
     }
     public void initMyMatrix(){                        //初始化变换矩阵的方法
        myMatrix = new float[16];
        Matrix.setIdentityM(myMatrix, 0);
     }
     public float[] getMatrix(){                        //获取对象的变换矩阵的方法
        return myMatrix;
```

```
44         }
45         public float[] getInvertMatrix(){                //获取逆矩阵的方法
46             float[] invM = new float[16];                //用于存储结果矩阵的数组
47             Matrix.invertM(invM, 0, myMatrix, 0);        //求逆矩阵
48             return invM;
49         }
50         public float[] getInvertTransposeMatrix(){       //获取逆转置矩阵的方法
51             float[] invTranspM = new float[16];          //用于存储结果矩阵的数组
52             Matrix.transposeM(invTranspM, 0, myMatrix, 0);      //求转置矩阵
53             Matrix.invertM(invTranspM, 0, invTranspM, 0);       //求逆转置矩阵
54             return invTranspM;
55         }
56         public void translate(float x, float y, float z){     //设置沿 x、y、z 轴移动
57             Matrix.translateM(myMatrix, 0, x, y, z);
58         }
59         public void rotate(float angle, float x, float y, float z){ //设置指定轴旋转
60             Matrix.rotateM(myMatrix, 0, angle, x, y, z);
61         }
62         public void scale(float x, float y, float z){     //设置沿 x、y、z 轴缩放
63             Matrix.scaleM(myMatrix, 0, x, y, z);
64     }}
```

❑ 第 4～第 6 行为该类的成员变量，包括物体的颜色、物体的仿射变换矩阵及摄像机对象的引用。

❑ 第 7～第 8 行为该类的两个抽象方法，名称都为 hit。第一个用于计算光线与物体的碰撞点，第二个用于计算光线与物体是否有交点（服务于阴影探测器），任何场景中的物体继承该类后都需要实现这两个方法。

❑ 第 9～第 64 行为场景中物体共同拥有的方法，任何继承了该类的物体都会拥有这些方法。合理利用继承可以减少大量重复的代码，同时提高代码的可维护性。

（13）接着就应该开发表示场景中物体的具体类了，本案例中主要有两个类。一个是表示球体的 Ball 类，另一个是表示矩形平面的 Square 类。这里以球体类 Ball 为例进行介绍，其具体代码如下。

代码位置：源代码/第 5 章/Sample5_8/src/com/bn/Sample5_8 目录下的 Ball.java。

```
package com.bn.Sample5_8;                                  //声明包
public class Ball extends HitObject{                       //球心在原点、半径为 1 的标准球
     public Ball(Camera cam, Color3f color){  //初始化颜色与摄像机
          this.cam=cam;     this.color=color;
     }
     @Override
     public boolean hit(Ray r,Intersection inter){//重写的计算光线与物体碰撞点的方法
          Ray genRay=new Ray();                          //变换后的光线
          xfrmRay(genRay, getInvertMatrix(), r);         //计算出变换后的光线
          double A,B,C;                                  //计算交点的方程的 3 个系数
          A = Vector3.dot(genRay.dir,genRay.dir);        //求出第一个系数 A
          B = Vector3.dot(genRay.start, genRay.dir); //求出第二个系数 B
          C = Vector3.dot(genRay.start, genRay.start)-1.0f; //求出第三个系数 C
          double discrim = B*B-A*C;                      //求判别式的值
          if(discrim<0.0){ return false; }               //若判别式的值小于 0，则没有交点
          int num=0;                                     //目前的交点个数
          double discRoot = (float) Math.sqrt(discrim);       //求判别式的平方根
          double t1 = (-B-discRoot)/A;                   //第一个交点的对应相交时间
          if(t1>0.00001){
               inter.hit[0].hitTime=t1;                  //记录交点的时间
               inter.hit[0].hitObject=this;              //记录交点所属的物体
               inter.hit[0].isEntering=true;
               inter.hit[0].surface=0;
               Point3 P = rayPos(r,t1);                  //交点坐标(使用变换前的光线)
               inter.hit[0].hitPoint.set(P);             //变换后的交点位置
               Point3 preP = xfrmPtoPreP(P);             //通过变换后的点求变换前的点
               inter.hit[0].hitNormal.set(preP); //变换前的点就是变换前的法向量
               num=1;                                    //交点数量
          }
          double t2 = (-B+discRoot)/A;                   //第二个交点的对应相交时间
```

```
31              if(t2>0.00001){
32                  inter.hit[num].hitTime=t2;               //记录交点的时间
33                  inter.hit[num].hitObject=this;           //记录交点所属的物体
34                  inter.hit[num].isEntering=true;
35                  inter.hit[num].surface=0;
36                  Point3 P = rayPos(r,t2);                 //交点坐标(使用变换前的光线)
37                  inter.hit[num].hitPoint.set(P);
38                  Point3 preP = xfrmPtoPreP(P);            //通过变换后的点求变换前的点
39                  inter.hit[num].hitNormal.set(preP);//变换前的点就是变换前的法向量
40                  num++;                                   //交点数量
41              }
42              inter.numHits=num;
43              return (num>0);                     //若有一个或一个以上的有效交点，则返回 true
44          }
45          @Override
46          public boolean hit(Ray r){      //服务于阴影探测器判断是否在阴影中的方法
47              Ray genRay=new Ray();                        //变换后的光线
48              xfrmRay(genRay, getInvertMatrix(), r);       //获取变换后的光线
49              double A,B,C;                                //计算交点的方程的 3 个系数
50              A = Vector3.dot(genRay.dir,genRay.dir);      //求出第一个系数 A
51              B = Vector3.dot(genRay.start, genRay.dir); //求出第二个系数 B
52              C = Vector3.dot(genRay.start, genRay.start)-1.0f;    //求出第三个系数 C
53              double discrim = B*B-A*C;                    //求判别式的值
54              if(discrim<0.0){ return false; }             //若判别式的值小于 0，则没有交点
55              double discRoot = (float) Math.sqrt(discrim);      //求判别式的平方根
56              double t1 = (-B-discRoot)/A;      //第一次相交的时间
57              if(t1<0 || t1>1){                 //若相交时间不在 0～1 范围内，则不在阴影中
58                  return false;
59              }
60              return true;                      //否则在阴影中
61      }}
```

- 第 7～第 44 行为实现的父类的用于计算光线跟物体交点的 hit 方法，其采用的算法在上一小节中已经详细介绍过。请读者对照上一小节的原理阅读此方法的代码，这样便于理解。
- 第 46～第 61 行为服务于阴影探测器的计算交点的方法，其计算出相交时间后，判断时间值是否处于 0～1 的范围内。若在该范围内，则对应点在阴影中，否则对应点不在阴影中。

> **提示** 表示矩形平面的 Square 类的代码与上述 Ball 类的代码非常相似，这里不再赘述，需要的读者请参考随书中的源代码。

（14）完成了物体类的开发后，下面就可以开发代表场景的 Scene 类了，其具体代码如下。

代码位置：源代码/第 5 章/Sample5_8/src/com/bn/Sample5_8 目录下的 Scene.java。

```
package com.bn.Sample5_8;                              //声明包
……//此处省略了一些引入相关类的代码，需要的读者请参考随书
public class Scene{
    Camera cam;                                        //摄像机
    Light light;                                       //光源
    Ray feeler = new Ray();                            //阴影探测器
    List<HitObject> hitObjects;                        //物体列表
    Ball ball1;                                        //红色球
    Ball ball2;                                        //蓝色球
    Square sqare;                                      //矩形平面
    public Scene(Camera cam, Light light){
        this.cam=cam;                                  //初始化摄像机
        this.light = light;                            //初始化光源
        hitObjects = new ArrayList<HitObject>();       //初始化物体列表
        ball1 = new Ball(cam, new Color3f(BALL1_COLOR));//创建一个红色的球
        ball2 = new Ball(cam, new Color3f(BALL2_COLOR));//创建一个蓝色的球
        sqare = new Square(cam, new Color3f(PLANE_COLOR));//创建一个绿色的平面
        hitObjects.add(ball1);                         //将红色球加入物体列表
        hitObjects.add(ball2);                         //将蓝色球加入物体列表
        hitObjects.add(sqare);                         //将绿色矩形平面加入物体列表
    }
```

```
22      public void transform(){                    //对场景中的物体进行变换，以摆放到位
23          for(HitObject pObj:hitObjects){         //为所有物体初始化变换矩阵
24              pObj.initMyMatrix();
25          }
26          sqare.rotate(-90, 1, 0, 0);                          //旋转矩形平面
27          sqare.scale(PLANE_WIDTH/2.0f, PLANE_HEIGHT/2.0f, 1);//缩放矩形平面
28          ball1.translate(-CENTER_DIS, R, 0);          //平移红色球
29          ball1.scale(R, R, R);                        //缩放红色球
30          ball2.translate(CENTER_DIS, R, 0);           //平移蓝色球
31          ball2.scale(R, R, R);                        //缩放蓝色球
32      }
33      public int shade(                                //进行光线跟踪计算的方法
34          Ray ray,                                     //光线
35          Color3f color,                               //第一交点的颜色
36          Point3 vetex,                                //第一交点的位置
37          Vector3 normal                               //第一交点的法向量
38      ){
39          Intersection best = new Intersection();  //用于保存到目前为止最近的交点
40          getFirstHit(ray, best);                      //计算出第一交点
41          if(best.numHits==0){                         //如果没有任何交点
42              return -1;
43          }
44          color.set(best.hit[0].hitObject.getColor()); //交点处物体的颜色
45          vetex.set(best.hit[0].hitPoint);             //交点的位置
46          float[] inverTranspM = best.hit[0].hitObject.getInvertTransposeMatrix();
            //求逆转置矩阵
47          Vector3 preN = best.hit[0].hitNormal;        //变换前的法向量
48          //通过逆转置矩阵求变换后的法向量
49          best.hit[0].hitObject.xfrmNormal(normal, inverTranspM, preN);
50          Point3 hitPoint = best.hit[0].hitPoint;              //取出交点坐标
51          //阴影探测器的起点为：将交点朝人眼方向移动一个微小的距离
52          feeler.start.set(hitPoint.minus(ray.dir.multiConst(MNIMUM)));
53          feeler.dir = light.pos.minus(hitPoint);//阴影探测器的方向，从碰撞点指向光源
54          if(isInShadow(feeler)){                  //交点在阴影中，则返回 1
55              return 1;
56          }
57          return 0;                                    //交点不在阴影中，则返回 0
58      }
59      public void getFirstHit(Ray ray, Intersection best){//计算出此条光线与物体的最近交点
60          Intersection inter = new Intersection();     //创建交点列表对象
61          best.numHits=0;                              //初始时交点数为 0
62          for(HitObject pObj:hitObjects){              //遍历场景中的每一个物体
63              if(!pObj.hit(ray, inter)){               //光线是否与当前物体相交
64                  continue;                            //无交点则检测下一个物体
65              }
66              if(best.numHits==0 || //若best中还没有交点信息，或best中的交点不是最近点
67              inter.hit[0].hitTime<best.hit[0].hitTime){
68                  best.set(inter);                     //将当前交点信息传入best
69      }}}
70      //检测交点是否在阴影中的方法，入口参数为阴影探测器对应光线
71      public boolean isInShadow(Ray feeler){
72          for(HitObject pObj:hitObjects){          //遍历所有物体
73              if(pObj.hit(feeler)){                //若光线被任何物体挡住，则在阴影中
74                  return true;
75          }}
76          return false;                            //否则不在阴影中
77  }}
```

- 第 22～第 32 行为对场景中物体进行变换的 transform 方法，其实现非常简单，就是调用各个物体对象的 translate、rotate 及 scale 方法对物体施加平移、旋转及缩放等仿射变换。
- 第 33～第 58 行为进行光线跟踪计算的 shade 方法，其主要功能是找到光线 ray 与场景中物体的第一个交点，并保存交点的信息。最后返回一个整数，表示计算结果的状态，具体含义为：−1 表示没有交点；0 表示有交点，且第一交点不在阴影中；1 表示有交点，且第一交点在阴影中。
- 第 59～第 69 行为计算当前光线与场景中所有物体第一个交点的方法，它遍历场景中所有的物体来单独计算，然后取时间值最小的交点。

❑ 第 71～第 77 行为检测交点是否在阴影中的方法，其参数为阴影探测器对应的光线。该方法的实现很简单，只要遍历所有物体的列表，调用每个物体对象的相应 hit 方法即可。

到这里为止，本节实现光线跟踪的案例就介绍完了。读者如果把基本块的大小设置为 1，则可以发现光线跟踪是目前介绍的所有技术中光影效果最好的。但请读者注意，由于本书不是专门讨论光线跟踪的书籍，因此只是给出了一个非常简单的光线跟踪的实现。

另外，读者不要以为光线跟踪仅仅能实现光照与阴影效果，其一样可以实现反射、折射等光学效果，有兴趣的读者可以自行查阅相关资料。

5.10 高级镜像技术

本书上卷第 11 章介绍过如何实现简单的镜像效果，其对于场景不太复杂以及反射面平行于坐标平面的情况已经足够用了。但是当场景较为复杂或者反射面位于任意位置、姿态时，本书上卷介绍的技术就显得不太方便了。本节将进一步介绍另一种镜像效果的实现技术，通过它可以较为方便地实现复杂场景下任意位置、姿态反射面的镜像。

5.10.1 案例效果与基本原理

介绍本节案例的具体开发之前首先需要介绍本节案例 Sample5_9_V1 和 Sample5_9_V2 的运行效果与基本原理，其运行效果如图 5-35 和图 5-36 所示。

▲图 5-35　高级镜像案例的运行效果 1

▲图 5-36　高级镜像案例的运行效果 2

说明：本案例中的摄像机可以左右移动，且镜子上的画面也随着摄像机的移动而变化。图 5-35 为案例开始运行时的情况，图 5-36 为手指向右滑动屏幕导致摄像机向右移动的情况。从这两幅图中可以看出，使用此技术实现的镜像效果比本书上卷 11 章中的镜像效果更为真实。

本节案例的实现过程中用到了二次绘制技术（包括前面介绍过的基于自定义帧缓冲的二次绘制技术以及通过 glCopyTexImage2D 方法复制颜色缓冲到纹理而实现的二次绘制技术）以及投影贴图技术，其基本实现原理如图 5-37 和图 5-38 所示。

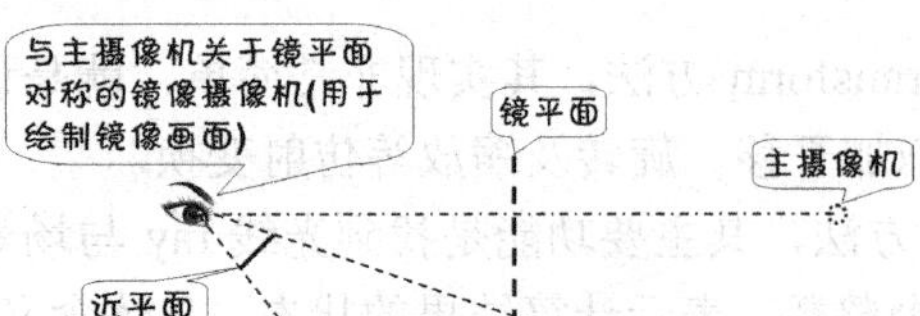

▲图 5-37　第一次绘制的原理

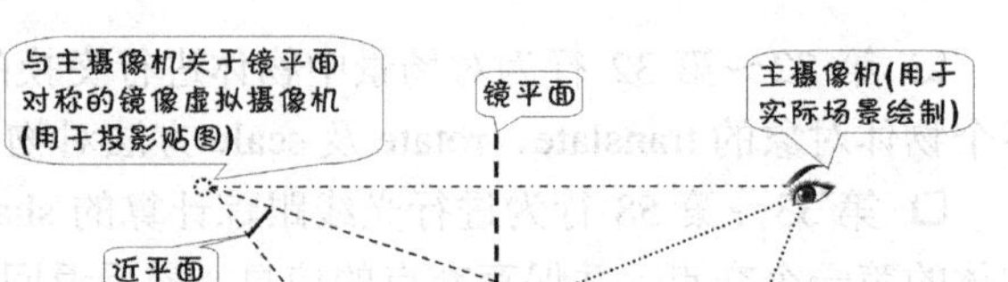

▲图 5-38　第二次绘制的原理

图 5-37 和图 5-38 给出了高级镜像技术的基本原理，具体内容如下所列。

（1）首先根据主摄像机的位置姿态（包括位置、目标点、UP 向量等 9 个参数）及镜平面的位置姿态计算出镜像摄像机的位置姿态（包括位置、目标点、UP 向量等 9 个参数）。

（2）然后通过镜像摄像机对场景进行第一次绘制，此次绘制有两个要点。第一个要点是，绘制内容进入自定义帧缓冲（其中的颜色附件为一幅纹理）或者通过 glCopyTexImage2D 方法将绘制内容复制到纹理中。第二个要点是，此次绘制对于场景中除镜子之外的其他物体进行。

（3）接着对场景进行第二次绘制，此次绘制采用主摄像机进行观察，绘制时包括镜子等所有物体。在此次绘制的过程中，绘制镜面时要采用投影贴图技术，将第一次绘制所得的镜像纹理贴回镜面。

> **提示** 上述实现原理为投影贴图与二次绘制技术的结合使用，从中可以体会到，组合使用前面介绍过的很多技术可以产生非常酷炫的效果。关于投影贴图的实现原理，前面的章节中已经详细介绍过，这里不再赘述，需要的读者请参考前面的相关章节。

5.10.2 开发步骤

了解了本节案例的运行效果与基本原理后，就可以进行案例的开发了。由于本案例与前面章节阴影映射案例的整体架构类似，因此这里仅给出有代表性的部分，具体内容如下。

（1）首先介绍用于绘制镜面的纹理矩形类——TextureRect，该类与前面案例中的 TextureRect 类架构相同，包括用于初始化顶点数据的方法 initVertexData、初始化着色器的方法 initShader 以及绘制方法 drawSelf。这里仅给出本案例中有特色的代码，具体内容如下。

代码位置：源代码/第 5 章/Sample5_9_V1/src/com/bn/Sample5_9_V1 目录下的 TextureRect.java。

```
1   package com.bn.Sample5_9_V1;                    //声明包
2   ……//此处省略了部分类的引入代码，读者可自行查看随书中的源代码
3   public class TextureRect{
4       ……//此处省略了部分成员变量声明的代码，读者可自行查看随书中的源代码
5       int muMVPMatrixMirrorHandle;            //镜像摄像机的观察与投影组合矩阵引用
6       FloatBuffer mVertexBuffer;              //顶点坐标数据缓冲
7       public TextureRect(MySurfaceView mv){
8           initVertexData();                   //初始化顶点数据的方法
9           initShader(mv);                     //初始化着色器的方法
10      }
11      public void initVertexData(){/*此处省略了初始化顶点数据的代码，需要的读者请参考随书*/}
12      public void initShader(MySurfaceView mv){                    //初始化着色器的方法
13         ……//此处省略了与前面案例相似的部分代码，读者可自行查看随书中的源代码
14         //获取镜像摄像机的观察与投影组合矩阵引用
15         muMVPMatrixMirrorHandle=GLES30.glGetUniformLocation(mProgram, "uMVPMatrixMirror");
16      }
17      public void drawSelf(int texId,float[] mMVPMatrixMirror){
18          GLES30.glUseProgram(mProgram);                //指定使用某套着色器程序
19          //将最终变换矩阵传入渲染管线
20          GLES30.glUniformMatrix4fv(muMVPMatrixHandle, 1, false, MatrixState.
            getFinalMatrix(), 0);
21          //将镜像摄像机的观察与投影组合矩阵传入渲染管线
22          GLES30.glUniformMatrix4fv(muMVPMatrixMirrorHandle, 1, false, mMVPMatrixMirror, 0);
23          //将位置、旋转变换矩阵传入渲染管线
24          GLES30.glUniformMatrix4fv(muMMatrixHandle, 1, false, MatrixState.getMMatrix(), 0);
25          GLES30.glVertexAttribPointer(          //将顶点位置数据传入渲染管线
26                 maPositionHandle,3,GLES30.GL_FLOAT,false,3*4,mVertexBuffer);
27          GLES30.glEnableVertexAttribArray(maPositionHandle);//启用顶点位置数据数组
28          GLES30.glActiveTexture(GLES30.GL_TEXTURE0);              //激活纹理
29          GLES30.glBindTexture(GLES30.GL_TEXTURE_2D, texId);     //绑定纹理
30          GLES30.glDrawArrays(GLES30.GL_TRIANGLES, 0, vCount);//以三角形方式执行绘制
31   }}
```

❑ 第 4～第 10 行声明了 TextureRect 类的成员变量和构造器，与前面很多案例中 TextureRect 类

不同的是，该类增加了表示镜像摄像机观察与投影组合矩阵引用的变量 muMVPMatrixMirrorHandle，且该类只包含一个数据缓冲——顶点坐标数据缓冲 mVertexBuffer。

- 第 12～第 16 行为初始化着色器的方法 initShader，与前面案例 TextureRect 类中 initShader 方法不同的是，该方法增加了调用 glGetUniformLocation 方法以获取镜像摄像机观察与投影组合矩阵引用的代码。
- 第 17～第 31 行为绘制方法，首先指定使用某套着色器程序，并将最终变换矩阵、镜像摄像机的观察与投影组合矩阵以及位置、旋转变换矩阵和顶点坐标数据送入渲染管线，接着激活和绑定纹理，最后以三角形方式执行绘制。

> **提示**　本类中 drawSelf 方法的关键之处是将镜像摄像机的观察与投影组合矩阵送入渲染管线，以备在用于进行投影贴图的片元着色器中使用。相关片元着色器的代码将在后面介绍。

（2）了解了用于绘制镜面的纹理矩形类 TextureRect 之后，接下来介绍用于绘制整体场景的 MySurfaceView 类，其代码框架如下。

代码位置：源代码/第 5 章/Sample5_9_V1/src/com/bn/Sample5_9_V1 目录下的 MySurfaceView.java。

```
package com.bn.Sample5_9_V1;                        //声明包
……//此处省略了部分类的引入代码，读者可自行查看随书中的源代码
public class MySurfaceView extends GLSurfaceView {
    ……//此处省略了部分成员变量声明的代码，读者可自行查看随书中的源代码
    float[] mMVPMatrixMirror;                   //镜像摄像机的投影与观察组合矩阵
    public MySurfaceView(Context context) {/*代码省略*/}
    @Override                                   //触摸事件回调方法
     public boolean onTouchEvent(MotionEvent e) {/*代码省略*/}
     private class SceneRenderer implements GLSurfaceView.Renderer {
            ……//此处省略了成员变量声明的代码，读者可自行查看随书中的源代码
            public void onDrawFrame(GL10 gl) {
                generateTextImage();                     //绘制产生镜像纹理
                drawMirrorNegativeTexture();             //实际绘制场景
            }
            public void initFRBuffers(){/*代码省略，将在后面介绍*/}
            public void generateTextImage(){/*代码省略，将在后面介绍*/}
            public void drawMirrorNegativeTexture(){
                GLES30.glViewport(0, 0,SCREEN_WIDTH,SCREEN_HEIGHT);//设置视口
                GLES30.glClear( GLES30.GL_DEPTH_BUFFER_BIT |//清除深度缓冲与颜色缓冲
                        GLES30.GL_COLOR_BUFFER_BIT);
                MatrixState.setCamera(mainCameraX,mainCameraY,//设置主摄像机的 9 个参数
                          mainCameraZ,  targetX,targetY,targetZ,  upX,upY,upZ);
                //调用 setProjectFrustum 方法计算产生透视投影矩阵
                MatrixState.setProjectFrustum(left, right, bottom, top, near, far);
                drawThings();                              //绘制其他物体
                MatrixState.pushMatrix();                  //保护现场
                MatrixState.translate(2.2f,12,targetZ-2);//平移
                border.drawSelf(borderId);                 //绘制镜子边框
                MatrixState.popMatrix();                   //恢复现场
                MatrixState.pushMatrix();                  //保护现场
                MatrixState.translate(2.0f,12,targetZ-1.7f);   //平移
                mirror.drawSelf(mirrorId,mMVPMatrixMirror);    //绘制镜子
                MatrixState.popMatrix();                       //恢复现场
        }
        public void drawThings() {/*代码省略*/}
        public void onSurfaceChanged(GL10 gl, int width, int height) {/*代码省略*/}
        public void onSurfaceCreated(GL10 gl, EGLConfig config)  {/*代码省略*/}
    }
    public int initTexture(int drawableId){/*代码省略*/}
}
```

说明 上述代码中比较有代表性的是用于初始化缓冲的 initFRBuffers 方法、通过绘制产生镜像纹理的 generateTextImage 方法和实际绘制场景的 drawMirrorNegativeTexture 方法。drawMirrorNegativeTexture 方法首先设置主摄像机的 9 个参数，并计算产生透视投影矩阵，然后绘制场景中所有的物体。

（3）介绍完 MySurfaceView 类的代码框架后，下面将介绍用于初始化缓冲的 initFRBuffers 方法和通过绘制产生镜像纹理的 generateTextImage 方法，具体代码如下。

代码位置：源代码/第 5 章/Sample5_9_V1/src/com/bn/Sample5_9_V1 目录下的 MySurfaceView.java。

```
1 public void initFRBuffers(){
2       int[] tempIds = new int[1];                          //用于存放产生纹理 id 的数组
3       GLES30.glGenTextures(1,tempIds,0);                   //产生一个纹理
4       mirrorId=tempIds[0];                                 //将纹理 id 记录到成员变量中
5       GLES30.glBindTexture(GLES30.GL_TEXTURE_2D,mirrorId);      //绑定纹理
6       GLES30.glTexParameterf(GLES30.GL_TEXTURE_2D,               //设置 MIN 采样方式
7          GLES30.GL_TEXTURE_MIN_FILTER,GLES30.GL_LINEAR);
8       GLES30.glTexParameterf(GLES30.GL_TEXTURE_2D,               //设置 MAG 采样方式
9          GLES30.GL_TEXTURE_MAG_FILTER,GLES30.GL_LINEAR);
10       GLES30.glTexParameterf(GLES30.GL_TEXTURE_2D,              //设置 S 轴拉伸方式
11          GLES30.GL_TEXTURE_WRAP_S,GLES30.GL_CLAMP_TO_EDGE);
12       GLES30.glTexParameterf(GLES30.GL_TEXTURE_2D,              //设置 T 轴拉伸方式
13          GLES30.GL_TEXTURE_WRAP_T,GLES30.GL_CLAMP_TO_EDGE);
14  }
15  public void generateTextImage(){                        //通过绘制产生镜像纹理
16       GLES30.glViewport(0,0,TEXTURE_WIDTH,TEXTURE_HEIGHT);     //设置视口
17       MatrixState.setCamera(mirrorCameraX,mirrorCameraY, //设置镜像摄像机的 9 个参数
18                  mirrorCameraZ,  targetX,targetY,targetZ,  upX,upY,upZ);
19       //调用 setProjectFrustum 方法计算产生透视投影矩阵
20       MatrixState.setProjectFrustum(left, right, bottom, top, near, far);
21       mMVPMatrixMirror=MatrixState.getViewProjMatrix();//获取镜像摄像机的观察与投影组合矩阵
22       //清除深度缓冲和颜色缓冲
23       GLES30.glClear( GLES30.GL_DEPTH_BUFFER_BIT | GLES30.GL_COLOR_BUFFER_BIT);
24       drawThings();
                                                          //绘制除镜子外的其他物体
25       GLES30.glBindTexture(GLES30.GL_TEXTURE_2D, mirrorId);     //绑定纹理
26       GLES30.glCopyTexImage2D(GLES30.GL_TEXTURE_2D,//从颜色缓冲区复制数据到指定纹理
27                 0, GLES30.GL_RGB8, 0, 0,1024, 1024, 0);
28  }
```

- 第 1～第 14 行为用于初始化缓冲的 initFRBuffers 方法，它的主要功能为首先生成一个纹理，并将其 id 记录到成员变量，然后绑定此纹理，进而设置此纹理的采样方式和拉伸方式。由于本节案例的第一个版本（V1）中采用的是从颜色缓冲区复制数据到指定纹理的方式来得到镜像纹理，因而此方法并没有真正地初始化自定义帧缓冲，在第二个版本（V2）中会有变化。
- 第 15～第 28 行为通过绘制生成镜像纹理的 generateTextImage 方法，其中首先设置视口，然后设置镜像摄像机的 9 个参数并调用 setProjectFrustum 方法计算产生透视投影矩阵，然后获取镜像摄像机的观察与投影组合矩阵并清除深度缓冲和颜色缓冲，最后绘制除镜子之外的其他物体并将绘制的内容通过 glCopyTexImage2D 方法复制到指定纹理中。

提示 通过绘制生成镜像纹理的 generateTextImage 方法中调用方法 glCopyTexImage2D 从颜色缓冲区复制数据到当前绑定的纹理。需要注意的是，glCopyTexImage2D 方法的使用会影响程序的性能。在忽略性能的前提下，可以采用该方法从颜色缓冲区中复制数据到指定纹理。

（4）前面介绍了 MySurfaceView 类的开发，下面将介绍着色器的开发。本案例中共采用了两套着色器，一套用于进行普通绘制纹理贴图，另一套用来进行投影贴图（将镜像纹理贴回镜面）。普通纹理贴图的着色器在前面很多案例中都已经使用与介绍过，不再赘述。这里仅仅介绍比较有

特色的将镜像纹理贴回镜面的投影贴图着色器，首先给出的是顶点着色器，具体代码如下。

代码位置：源代码/第 5 章/Sample5_9_V1/assets/shader 目录下的 mirror_vertex.sh。

```
#version 300 es
uniform mat4 uMVPMatrix;                        //总变换矩阵
uniform mat4 uMMatrix;                          //基本变换矩阵
in vec3 aPosition;                              //顶点位置
out vec4 vPosition;                             //用于传递给片元着色器的基本变换后的顶点位置
void main(){
     gl_Position = uMVPMatrix * vec4(aPosition,1);//根据总变换矩阵计算此次绘制此顶点的位置
     vPosition=uMMatrix*vec4(aPosition,1); //计算出变换后的顶点位置并传递给片元着色器
}
```

说明　上述代码的主要功能为计算顶点的最终绘制位置及基本变换（平移、旋转、缩放）后的位置，并将其传送到渲染管线的后继阶段。

（5）介绍完顶点着色器后，接下来将要介绍的是片元着色器，其具体代码如下。

代码位置：源代码/第 5 章/Sample5_9_V1/assets/shader 目录下的 mirror_frag.sh。

```
1    #version 300 es
2    precision mediump float;                            //指定浮点默认精度
3    uniform highp mat4 uMVPMatrixMirror;                //镜像摄像机观察及投影组合矩阵
4    uniform sampler2D sTexture;                         //纹理内容数据
5    in vec4 vPosition;                                  //接收来自顶点着色器的位置坐标
6    out vec4 fragColor;                                 //输出的片元颜色
7    void main(){
8         //将片元的位置投影到镜像摄像机的近平面上
9         vec4 gytyPosition=uMVPMatrixMirror * vec4(vPosition.xyz,1);
10        gytyPosition=gytyPosition/gytyPosition.w;  //进行透视除法
11        float s=(gytyPosition.s+1.0)/2.0;           //将投影后的坐标换算为纹理坐标
12        float t=(gytyPosition.t+1.0)/2.0;
13        if(s>=0.0&&s<=1.0&&t>=0.0&&t<=1.0){           //若纹理坐标在合理的范围内
14             vec4 finalColor=texture(sTexture, vec2(s,t)); //对镜像纹理图进行采样
15             fragColor = finalColor;                 //赋值给最终的片元颜色值
16        }else{                                       //若纹理坐标不在合理的范围内
17              fragColor=vec4(0.0,0.0,0.0,1.0);       //赋值给最终的片元颜色值
18   }}
```

- 第 8～第 12 行为进行投影贴图的关键代码，其中首先将片元投影到镜像摄像机的近平面上，再进行透视除法，然后将近平面上的坐标换算成纹理坐标。需要注意的是，经过透视除法后变量 gytyPosition 的 s、t 坐标值均位于[-1,1]的区间内（也就是在标准设备空间中），因此换算纹理坐标时需加 1 后除以 2（合理的纹理坐标范围为 0～1 之间）。
- 第 13～第 17 行首先判断换算后的纹理坐标是否在[0,1]的合理范围内，若在，则对镜像纹理图进行采样，并将采样的结果作为最终的颜色值传递进渲染管线；若纹理坐标不在[0,1]范围内，则直接给出指定颜色（这里用的是黑色）作为最终的片元颜色。

到目前为止，案例 Sample5_9_V1 已经介绍完毕，但该案例还有一点瑕疵，这就是使用方法 glCopyTexImage2D 从颜色缓冲区复制数据到纹理有可能会影响程序的性能。

接下来将介绍采用自定义帧缓冲和渲染缓冲实现的升级版案例 Sample5_9_V2，由于该案例是由案例 Sample5_9_V1 升级而来，因此这里仅介绍有区别的部分。主要就是修改了 MySurfaceView 类的部分代码，具体内容如下。

代码位置：源代码/第 5 章/Sample5_9_V2/src/com/bn/Sample5_9_V2 目录下的 MySurfaceView.java。

```
public void initFRBuffers(){                              //初始化帧缓冲和渲染缓冲的方法
     int tia[]=new int[1];  //用于存放产生的帧缓冲 id 的数组
     GLES30.glGenFramebuffers(tia.length, tia, 0);               //产生一个帧缓冲
     frameBufferId=tia[0];       //将帧缓冲 id 记录到成员变量中
     GLES30.glBindFramebuffer(GLES30.GL_FRAMEBUFFER, frameBufferId);//绑定此帧缓冲
```

```
6      GLES30.glGenRenderbuffers(tia.length, tia, 0);        //产生一个渲染缓冲
7      renderDepthBufferId=tia[0];                 //将渲染缓冲 id 记录到成员变量中
8      //绑定指定 id 的渲染缓冲
9      GLES30.glBindRenderbuffer(GLES30.GL_RENDERBUFFER, renderDepthBufferId);
10      GLES30.glRenderbufferStorage(GLES30.GL_RENDERBUFFER,  //为渲染缓冲初始化存储
11          GLES30.GL_DEPTH_COMPONENT16,GEN_TEX_WIDTH, GEN_TEX_HEIGHT);
12      int[] tempIds = new int[1];                //用于存放产生纹理 id 的数组
13      GLES30.glGenTextures(tempIds.length,tempIds,0);    //产生一个纹理
14      mirrorId=tempIds[0];                       //将纹理 id 记录到成员变量中
15      GLES30.glBindTexture(GLES30.GL_TEXTURE_2D,mirrorId);      //绑定此纹理
16      ……//此处省略了设置纹理采样与拉伸方式的代码，读者可自行查看随书中的源代码
17      GLES30.glTexImage2D(                       //设置颜色附件对应的纹理图
18          GLES30.GL_TEXTURE_2D,0,
19          GLES30.GL_RGBA,                        //内部格式
20          GEN_TEX_WIDTH,                         //宽度
21           GEN_TEX_HEIGHT,                       //高度
22          0,                                     //边界宽度
23          GLES30.GL_RGBA,                        //格式
24          GLES30.GL_UNSIGNED_BYTE,               //每个像素数据格式
25          null);
26      GLES30.glFramebufferTexture2D (            //设置自定义帧缓冲的颜色缓冲附件
27          GLES30.GL_FRAMEBUFFER,
28           GLES30.GL_COLOR_ATTACHMENT0,          //颜色缓冲附件
29           GLES30.GL_TEXTURE_2D,                 //类型为 2D 纹理
30           mirrorId,                             //纹理 id
31           0 );                                  //层次
32      GLES30.glFramebufferRenderbuffer(          //设置自定义帧缓冲的深度缓冲附件
33          GLES30.GL_FRAMEBUFFER,
34          GLES30.GL_DEPTH_ATTACHMENT,            //深度缓冲附件
35          GLES30.GL_RENDERBUFFER,                //类型为渲染缓冲
36          renderDepthBufferId);                  //用于作为深度缓冲的渲染缓冲 id
37    }
38    public void generateTextImage(){             //通过绘制产生镜像纹理
39      GLES30.glViewport(0,0,GEN_TEX_WIDTH, GEN_TEX_HEIGHT);          //设置视口
40      GLES30.glBindFramebuffer(GLES30.GL_FRAMEBUFFER, frameBufferId); //绑定帧缓冲
41      MatrixState.setCamera(mirrorCameraX,           //设置镜像摄像机的 9 个参数
42              mirrorCameraY,mirrorCameraZ,  targetX,targetY,targetZ,  upX,upY,upZ);
43      MatrixState.setProjectFrustum(left, right, bottom, top, near, far);
        //计算产生透视投影矩阵
44      mMVPMatrixMirror=MatrixState.getViewProjMatrix();//获取镜像摄像机的观察与投影组合矩阵
45      GLES30.glClear( GLES30.GL_DEPTH_BUFFER_BIT      //清除深度缓冲和颜色缓冲
46          | GLES30.GL_COLOR_BUFFER_BIT);
47      drawThings();                                //绘制场景物体（不含镜子）
48    }
49    public void drawMirrorNegativeTexture(){
50      GLES30.glViewport(0, 0,SCREEN_WIDTH,SCREEN_HEIGHT);      //设置视口
51       GLES30.glBindFramebuffer(GLES30.GL_FRAMEBUFFER, 0);    //绑定系统默认的帧缓冲
52      GLES30.glClear( GLES30.GL_DEPTH_BUFFER_BIT          //清除深度缓冲和颜色缓冲
53          | GLES30.GL_COLOR_BUFFER_BIT);
54      MatrixState.setCamera(mainCameraX,                //设置主摄像机的 9 个参数
55              mainCameraY,mainCameraZ,   targetX,targetY,targetZ,   upX,upY,upZ);
56      MatrixState.setProjectFrustum(left, right, bottom, top, near, far);
        //计算产生透视投影矩阵
57      ……//此处省略了真正绘制场景物体的代码，读者可自行查看随书中的源代码
58    }
```

- 第 1～第 11 行首先生成一个帧缓冲，并绑定该帧缓冲，接着生成一个渲染缓冲，然后绑定到该渲染缓冲，并为渲染缓冲初始化存储。
- 第 12～第 25 行首先生成一幅纹理，并绑定到该纹理，接着设置纹理的拉伸方式和采样方式，然后设置了此纹理的层次、内部格式、宽度和高度等参数。
- 第 26～第 36 行首先通过 glFramebufferTexture2D 方法设置自定义帧缓冲的颜色缓冲附件，将指定 id 的纹理绑定到帧缓冲的颜色附着点上。接着通过 glFramebufferRenderbuffer 方法设置自定义帧缓冲的深度缓冲附件，将指定 id 的渲染缓冲绑定到帧缓冲的深度附着点上。
- 第 38～第 48 行为通过绘制产生镜像纹理的 generateTextImage 方法，其中首先设置视口并绑定到指定 id 的帧缓冲，然后设置镜像摄像机的 9 个参数并计算透视投影矩阵，接着获取镜像摄

像机的观察与投影组合矩阵，最后清除颜色缓冲和深度缓冲并绘制除镜子之外的其他物体。

- 第 49～第 58 行为真正绘制场景中全部物体的 drawMirrorNegativeTexture 方法，其中首先设置视口并绑定到系统默认的帧缓冲，然后清除深度缓冲和颜色缓冲并设置主摄像机的 9 个参数，接着产生透视投影矩阵，最后绘制场景中的所有物体。

> **提示**　通过初始化帧缓冲和渲染缓冲的方法产生镜像纹理比直接从颜色缓冲区复制数据到纹理的方式性能更高，实际开发中读者可根据具体情况选择合适的方式。

5.11 高真实感水面倒影

开发一些游戏或虚拟现实的场景时，经常需要用到水面倒影。聪明的读者应该已经想到，上一节介绍的高级镜像技术应该就可以用来实现水面倒影。但这样也有一个明显的缺憾，那就是倒影不会随着水面的荡漾而发生微小的位置偏移，而现实世界中的倒影是会随水面的荡漾而变化的。

本节将基于上一节介绍的高级镜像技术给出一个具体的案例，向读者介绍一种实现高真实感水面倒影的方案，掌握了这种方案后将可以开发出非常真实的水面倒影。

5.11.1 案例效果与基本原理

介绍案例的具体实现之前首先需要了解本节案例 Sample5_10 的运行效果和基本实现原理，其运行效果如图 5-39 和图 5-40 所示。

▲图 5-39　Sample5_10 案例的运行效果 1

▲图 5-40　Sample5_10 案例的运行效果 2

> **说明**　图 5-39 为案例开始运行时的情况，图 5-40 为手指向左滑动屏幕导致摄像机向左移动的情况。这里建议读者用真机运行本案例，用手指在屏幕上滑动并进行观察。

了解了本节案例的运行效果后，接下来介绍本节案例采用的实现策略。其基本思想非常简单，主要包括 4 个步骤：逆向使用 FFT 模拟水面波动；动态计算水面光照；通过上一节介绍的高级镜像技术实现水面倒影；扰动水面倒影。具体情况如图 5-41 所示。

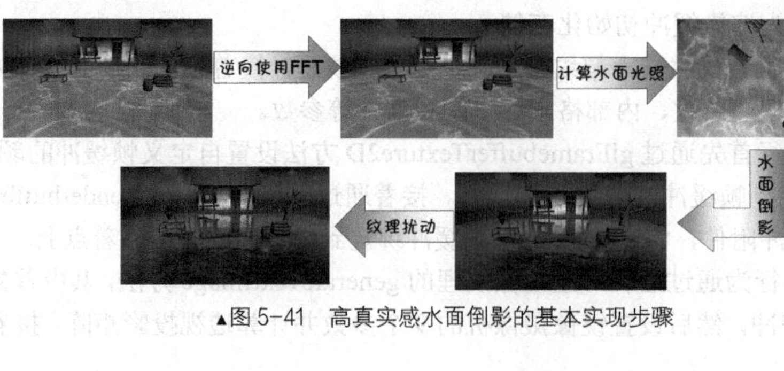

▲图 5-41　高真实感水面倒影的基本实现步骤

从图 5-41 中基本了解了实现高真实感水面倒影的 4 个关键步骤后，下面介绍每个步骤所使用的主要技术与实现原理，具体内容如下。

（1）逆向使用 FFT 形成波动的水面

根据傅立叶变换的原理，任何波都可以分解成无穷多个正弦波的叠加。而水面运动也是波，因此可以逆向使用傅立叶变换来模拟波动的水面。简单来说，就是人为用有限数量的正弦波叠加以模拟真实水面的波动。

> **提示** 关于傅立叶变换的问题，已经超过了本书所要讨论的范畴。想进一步深入了解这部分内容的读者可以参考其他的书籍或资料。

（2）动态计算水面光照

由于水面是不断波动的，其中各个顶点的法向量也是不断变化的，因此每次水面波动后都需要根据当前的波动情况重新计算水面上各个顶点的法向量。有了对应的法向量后再进一步使用前面章节介绍过的光照计算的知识，通过着色器就可以计算出真实的水面光照效果了。

（3）通过高级镜像技术实现水面倒影

水面倒影本质上就是镜像，因此可以直接使用上一节介绍的高级镜像技术来实现。需要注意的是，本案例中采用的是通过自定义帧缓冲实现二次绘制的版本，这样比复制颜色缓冲到指定纹理效率更高。

（4）扰动水面倒影

若仅仅是使用了镜像技术实现倒影，细心的读者可能会发现这样的倒影效果其实并不真实。这是由于水面是不断波动的，所以反射出来的图像并不应该完全是完美的镜像，而应该是经过扭曲的图像。

此时就需要对水面倒影进行扰动，扰动后得到的效果就会和真实的水面倒影非常相似了，具体的扰动公式如下所示：

$$T_{x1} = T_{x0} + C_0 \cdot T_{x0} \cdot N_x$$
$$T_{y1} = T_{y0} + C_0 \cdot T_{y0} \cdot N_y$$

> **说明** 其中的 T_{x1}、T_{y1} 是扰动后镜像纹理的坐标分量，T_{x0}、T_{y0} 是未扰动时镜像纹理的坐标分量，C_0 是用于控制扭曲程度的扰动系数。对应片元着色器 water_frag.sh 中的 mPerturbationAmt 参数，N_x、N_y 是对法向量纹理图采样得到的当前片元的扰动法向量。

了解了高真实感水面倒影的四个关键步骤后应该会发现，高真实感水面倒影的关键在于水面每个片元最终颜色的确定。由于水面不单有倒影，还应该有水面本身的颜色，故渲染水面用的片元着色器中采用了多重纹理技术，实际使用了三幅纹理图。

- 第 1 幅是水面纹理图，如图 5-42 所示。
- 第 2 幅是含有倒影图像的纹理图（也就是镜像纹理），由程序在运行过程中通过高级镜像技术实时绘制产生。
- 第 3 幅是含有扰动后法向量的纹理图，用于计算扰动后的纹理坐标，如图 5-43 所示。此幅纹理图中记录的是水面细小波纹的法向量，类似于前面章节凹凸映射部分介绍过的法向量纹理图。

最终水面片元的颜色由水面自身纹理采样的颜色与镜像纹理采样的颜色混合而成，本案例中采用的混合比例为前者占 30%，后者占 70%，读者也可以根据需要自行调整。

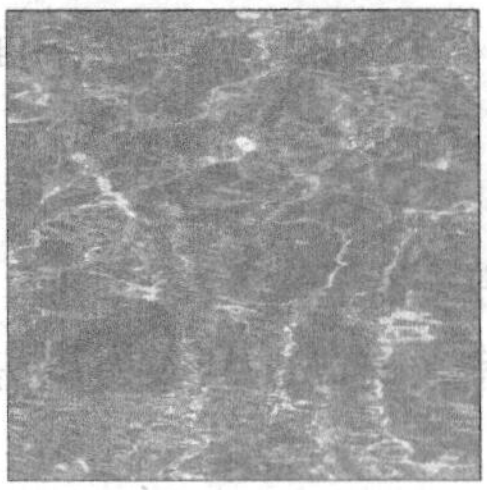

▲图 5-42　水面纹理

▲图 5-43　法向量纹理

5.11.2　开发步骤

了解了本节案例的运行效果与基本原理之后，接下来介绍本节案例的开发。由于本节案例中水面倒影纹理图的生成采用了上一节高级镜像技术案例中镜像纹理生成的部分，因此重复的部分不再赘述。这里只给出有区别的部分，具体内容如下。

（1）首先介绍的是用于绘制水面的纹理矩形类 TextureRect，该类与前面案例中的 TextureRect 类代码框架类似，包括初始化顶点数据的方法 initVertexData、初始化着色器的方法 initShader、绘制方法 drawSelf 以及更新顶点坐标数据和法向量数据的相关方法。首先给出其代码框架，具体内容如下。

代码位置：源代码/第 5 章/Sample5_10/src/com/bn/Sample5_10 目录下的 TextureRect.java。

```
1     package com.bn.Sample5_10;                              //声明包
2     ……//此处省略了部分类的引入代码，读者可自行查看随书中的源代码
3     public class TextureRect{                               //有波浪效果的纹理矩形
4         int muMVPMatrixMirrorHandle;                        //镜像摄像机的总变换矩阵引用
5         int uDYTexHandle;                                   //倒影纹理属性引用
6         int uWaterTexHandle;                                //水自身纹理属性引用
7         int uNormalTexHandle;                               //法向量纹理属性引用
8         float[] verticesForCal;                             //用于计算的顶点位置坐标的数组
9         float[] normalsForCal;                              //用于计算的顶点法向量的数组
10        ……//此处省略了部分成员变量的声明代码，读者可自行查看随书中的源代码
11        public TextureRect(MySurfaceView mv){/*代码省略*/}
12        public void initVertexData(){/*此处省略了初始化顶点数据的代码，读者可自行查阅随书*/}
13        public void initShader(MySurfaceView mv){                       //初始化着色器的方法
14            ……//此处省略了与前面案例相同的代码，读者可自行查看随书中的源代码
15            muMVPMatrixMirrorHandle=GLES30.glGetUniformLocation(
16                mProgram, "uMVPMatrixMirror");//获取镜像摄像机的观察与投影组合矩阵引用
17            //获取倒影纹理属性引用
18            uDYTexHandle=GLES30.glGetUniformLocation(mProgram, "sTextureDY");
19            //获取水面自身的纹理属性引用
20            uWaterTexHandle=GLES30.glGetUniformLocation(mProgram, "sTextureWater");
21            //获取法向量纹理属性引用
22            uNormalTexHandle=GLES30.glGetUniformLocation(mProgram, "sTextureNormal");
23            //获取程序中顶点法向量属性引用
24            maNormalHandle= GLES30.glGetAttribLocation(mProgram, "aNormal");
25        }
26        public void drawSelf(int texId,int waterId,int textureIdNormal,float[] mMVPMatrixMirror){
27            ……//此处省略了绘制方法内的代码，将在后面介绍
28        }
29        public void updateData(){
30            ……//此处省略了更新顶点坐标和法向量的缓冲数据的代码，将在后面介绍
31        }
32        public void calVerticesNormalAndTangent(){
33            ……//此处省略了计算顶点坐标、法向量的代码，将在后面介绍
34        }
35        public float findHeight(float x,float z){
36            ……//此处省略了计算 3 个波对顶点高度值影响的代码，将在后面介绍
37    }}
```

- 第 4～第 10 行声明了本类的一些成员变量，比较重要的是镜像摄像机的总变换矩阵引用、倒影纹理属性引用、水自身纹理属性引用、法向量纹理属性引用以及用于计算顶点坐标和法向量的数组。

❑ 第 13～第 25 行为用于初始化着色器的 initShader 方法，该方法主要增加了获取镜像摄像机的观察与投影组合矩阵引用、获取顶点法向量属性引用、获取倒影纹理引用以及获取水面自身的纹理引用和获取法向量纹理引用的相关代码。

❑ 第 26～第 37 行为绘制方法 drawSelf、更新顶点坐标和法向量缓冲数据的方法 updateData、计算顶点坐标和法向量的方法 calVerticesNormalAndTangent 以及计算 3 个波影响之后顶点高度值的方法 findHeight。这些方法的具体代码将在后面的步骤中一一介绍。

（2）上面给出了用于绘制水面的纹理矩形类 TextureRect 的基本框架，接下来介绍绘制方法 drawSelf，其具体代码如下。

代码位置：源代码/第 5 章/Sample5_10/src/com/bn/Sample5_10 目录下的 TextureRect.java。

```
1    public void drawSelf(int texId,int waterId,int textureIdNormal,float[] mMVPMatrixMirror){
2         synchronized(lock){                    //获取锁
3           updateData();                        //调用更新顶点缓冲数据的方法
4         }
5         GLES30.glUseProgram(mProgram);         //指定使用某套着色器程序
6         GLES30.glUniformMatrix4fv(muMVPMatrixHandle,         //将最终变换矩阵传入渲染管线
7                             1, false, MatrixState.getFinalMatrix(), 0);
8         GLES30.glUniformMatrix4fv(             //将镜像摄像机的观察与投影组合矩阵传入渲染管线
9                             muMVPMatrixMirrorHandle, 1, false, mMVPMatrixMirror, 0);
10        GLES30.glUniformMatrix4fv(muMMatrixHandle,       //将位置、旋转变换矩阵传入渲染管线
11                            1, false, MatrixState.getMMatrix(), 0);
12        //将光源位置传入渲染管线
13        GLES30.glUniform3fv(maLightLocationHandle, 1, MatrixState.lightPositionFB);
14        //将摄像机位置传入渲染管线
15        GLES30.glUniform3fv(maCameraHandle, 1, MatrixState.cameraFB);
16        GLES30.glVertexAttribPointer(maPositionHandle,3, //将顶点位置数据传入渲染管线
17                                  GLES30.GL_FLOAT,false,3*4,mVertexBuffer);
18        GLES30.glVertexAttribPointer(maTexCoorHandle, 2,//将顶点纹理坐标数据传入渲染管线
19                                  GLES30.GL_FLOAT, false,2*4,mTexCoorBuffer);
20        GLES30.glVertexAttribPointer(maNormalHandle, 3,   //将顶点法向量数据传入渲染管线
21                                  GLES30.GL_FLOAT, false,3*4,mNormalBuffer);
22        GLES30.glEnableVertexAttribArray(maPositionHandle);      //启用顶点位置数据数组
23        GLES30.glEnableVertexAttribArray(maTexCoorHandle);//启用顶点纹理坐标数据数组
24        GLES30.glEnableVertexAttribArray(maNormalHandle);   //启用顶点法向量数据数组
25        GLES30.glActiveTexture(GLES30.GL_TEXTURE0);              //激活 0 号纹理
26        GLES30.glBindTexture(GLES30.GL_TEXTURE_2D, texId); //绑定水面倒影（镜像）纹理
27        GLES30.glActiveTexture(GLES30.GL_TEXTURE1);              //激活 1 号纹理
28        GLES30.glBindTexture(GLES30.GL_TEXTURE_2D, waterId); //绑定水面自身纹理
29        GLES30.glActiveTexture(GLES30.GL_TEXTURE2);              //激活 2 号纹理
30        GLES30.glBindTexture(GLES30.GL_TEXTURE_2D, textureIdNormal);//绑定法向量纹理
31        GLES30.glUniform1i(uDYTexHandle, 0);           //通过引用指定 0 号纹理为镜像纹理
32        GLES30.glUniform1i(uWaterTexHandle, 1);        //通过引用指定 1 号纹理为水面自身纹理
33        GLES30.glUniform1i(uNormalTexHandle, 2);       //通过引用指定 2 号纹理为法向量纹理
34        GLES30.glDrawElements(GLES30.GL_TRIANGLES, //以三角形方式执行绘制
35                      iCount, GLES30.GL_UNSIGNED_INT, mIndicesBuffer);
36   }
```

❑ 第 2～第 4 行首先获取锁，然后在同步环境中调用更新顶点缓冲数据的方法更新缓冲中的顶点数据。

❑ 第 5～第 15 行首先指定使用某套着色器程序，接着将最终变换矩阵、镜像摄像机的观察与投影组合矩阵、基本变换矩阵、光源位置以及摄像机的位置传入渲染管线。

❑ 第 16～第 24 行将顶点位置数据、顶点纹理坐标数据以及法向量数据传入渲染管线，并启用顶点数据数组、顶点纹理坐标数据数组以及法向量数据数组。

❑ 第 25～第 35 行首先激活 0 号纹理并绑定水面倒影（镜像）纹理，然后激活 1 号纹理并绑定水面自身纹理，接着激活 2 号纹理并绑定法向量纹理，然后将 0 号、1 号和 2 号纹理通过引用关联到着色器中对应的采样器输入变量上，最后以三角形方式执行绘制。

（3）前面介绍了纹理矩形类的绘制方法 drawSelf，接下来介绍更新顶点坐标数据及法向量数

据的相关方法，具体代码如下。

代码位置：源代码/第 5 章/Sample5_10/src/com/bn/Sample5_10 目录下的 TextureRect.java。

```
1    public void updateData(){       //更新顶点坐标数据缓冲和法向量数据缓冲的方法
2        ByteBuffer vbb = ByteBuffer.allocateDirect(vertices.length*4);
         //开辟顶点坐标数据的内存缓冲
3        vbb.order(ByteOrder.nativeOrder());         //设置字节顺序
4        mVertexBuffer = vbb.asFloatBuffer();        //转换为 Float 型缓冲
5        mVertexBuffer.put(vertices);                //向缓冲区中放入顶点坐标数据
6        mVertexBuffer.position(0);                  //设置缓冲区起始位置
7        ByteBuffer nbb = ByteBuffer.allocateDirect(normals.length*4);
         //开辟顶点法向量数据的内存缓冲
8        nbb.order(ByteOrder.nativeOrder());         //设置字节顺序
9        mNormalBuffer = nbb.asFloatBuffer();        //转换为 Float 型缓冲
10        mNormalBuffer.put(normals);                //向缓冲区中放入顶点法向量数据
11        mNormalBuffer.position(0);                 //设置缓冲区起始位置
12   }
13    public void calVerticesNormalAndTangent(){  //计算顶点坐标和法向量的方法
14        for(int i=0;i<vCount;i++){               //遍历每个顶点
15             verticesForCal[i*3]=vertices[i*3]; //顶点的 X 坐标
16             verticesForCal[i*3+1]=findHeight(vertices[i*3],vertices[i*3+2]);
               //计算 3 个波叠加后的高度值
17               verticesForCal[i*3+2]=vertices[i*3+2];    //顶点的 Z 坐标
18        }
19        normalsForCal=CalNormal.calNormal(verticesForCal, indices); //计算平均法向量
20            synchronized (lock) {                                  //获取锁
21                vertices=Arrays.copyOf(verticesForCal,verticesForCal.length);
                  //复制顶点坐标数据
22                normals=Arrays.copyOf(normalsForCal,normalsForCal.length);
                  //复制顶点法向量数据
23   }}
24    public float findHeight(float x,float z){     //计算顶点高度值的方法
25         float result=0;                //存放结果的辅助变量
26         //顶点距离 1 号波起始位置的距离
27         float distance1=(float) Math.sqrt((x-zero1[0])*(x-zero1[0])+(z-zero1[2])*(z-zero1[2]));
28         //顶点距离 2 号波起始位置的距离
29         float distance2=(float) Math.sqrt((x-zero2[0])*(x-zero2[0])+(z-zero2[2])*(z-zero2[2]));
30         //顶点距离 3 号波起始位置的距离
31         float distance3=(float) Math.sqrt((x-zero3[0])*(x-zero3[0])+(z-zero3[2])*(z-zero3[2]));
32         result= (float) (Math.sin((distance1) * waveFrequency1 * Math.PI +
33              mytime) *waveAmplitude1);                 //计算 1 号波影响后的顶点高度
34         result=(float) (result+Math.sin((distance2) * waveFrequency2 * Math.PI+
35              mytime)*waveAmplitude2);           //计算 1 号和 2 号波叠加后的顶点高度
36         result=(float) (result+Math.sin((distance3) * waveFrequency3 * Math.PI+
37              mytime) *waveAmplitude3);                //计算 3 个波叠加后的顶点高度
38         return result;                               //返回最终结果
39    }
```

❑ 第 1～第 12 行为更新顶点坐标数据缓冲和法向量数据缓冲的 updateData 方法，其主要功能是分别开辟顶点坐标数据的内存缓冲和顶点法向量数据的内存缓冲，并将最新的顶点坐标数据和顶点法向量数据放入对应的内存缓冲。

❑ 第 13～第 23 行为计算顶点坐标和法向量的 calVerticesNormalAndTangent 方法，它首先遍历每个顶点并调用 findHeight 方法计算 3 个波叠加后的顶点高度值，然后调用工具类 CalNormal 的 calNormal 方法计算顶点平均法向量，最后获取锁并将数组 verticesForCal 和 normalsForCal 的数据复制进数组 vertices 和 normals。

❑ 第 24～第 39 行为计算 3 个波对顶点影响后顶点高度值的方法，根据传进的顶点的 x、z 坐标，分别计算顶点距离 3 个波源的距离以及 3 个波在该顶点的高度值，然后将 3 个高度值进行叠加即为最终的顶点高度值，并将最终结果返回。

> **提示**　上述 3 个用于扰动顶点高度值的波都是正弦波，因此计算高度影响值时采用的都是 sin 函数，具体在第 32、第 34、第 36 行代码有所体现。

（4）上面介绍的 calVerticesNormalAndTangent 方法中调用了计算顶点平均法向量的方法 calNormal，接下来将详细介绍 calNormal 方法的开发，其具体代码如下。

代码位置：源代码/第 5 章/Sample5_10/src/com/bn/Sample5_10 目录下的 CalNormal.java。

```
1   public static float[] calNormal(float[] data, int[] indices){ //计算平均法向量的方法
2       //此 HashMap 的 key 为点的索引， value 为点所在的各个面的法向量的集合
3       HashMap<Integer, HashSet<Normal>> hmn = new HashMap<Integer, HashSet<Normal>>();
4       float[] answer = new float[data.length];   //用于存放顶点平均法向量的数组
5       for (int i = 0; i < indices.length / 3; i++){                    //遍历每个三角形
6           int[] index = new int[] { indices[i * 3 + 0], indices[i * 3 + 1],
7               indices[i * 3 + 2] };            //顶点索引数组，3 个索引，构成一个面
8           float x0 = data[index[0] * 3 + 0]; //获取第 0 个顶点的 3 个坐标
9           float y0 = data[index[0] * 3 + 1];
10          float z0 = data[index[0] * 3 + 2];
11          float x1 = data[index[1] * 3 + 0]; //获取第 1 个顶点的 3 个坐标
12          float y1 = data[index[1] * 3 + 1];
13          float z1 = data[index[1] * 3 + 2];
14          float x2 = data[index[2] * 3 + 0]; //获取第 2 个顶点的 3 个坐标
15          float y2 = data[index[2] * 3 + 1];
16          float z2 = data[index[2] * 3 + 2];
17          loat vxa = x1 - x0;                //求 0 号点到 1 号点的向量
18          float vya = y1 - y0;
19          float vza = z1 - z0;
20          float vxb = x2 - x0;               //求 0 号点到 2 号点的向量
21          float vyb = y2 - y0;
22          float vzb = z2 - z0;
23          //通过求两个向量的叉积计算此面的法向量
24          float[] tempNormal=LoadUtil.getCrossProduct(vxa, vya, vza, vxb,vyb, vzb);
25          float[] vNormal = LoadUtil.vectorNormal(tempNormal);//规格化计算得到的法向量
26          for (int tempInxex : index) {
27            //记录每个索引点的法向量，并将其添加进该索引对应的集合 hsn 中
28            HashSet<Normal> hsn = hmn.get(tempInxex);//获取当前索引对应点的法向量集合
29            if (hsn == null) {                        //若集合不存在，则创建
30               hsn = new HashSet<Normal>();
31            }
32            hsn.add(new Normal(vNormal[0], vNormal[1], vNormal[2]));
              //将此面法向量添加到集合
33            hmn.put(tempInxex, hsn);                  //将集合放进 HsahMap 中
34      }}
35      int c = 0;                                      //计数器
36      for (int i = 0; i < data.length/3; i++){        //遍历每个顶点
37          HashSet<Normal> hsn = hmn.get(i); //根据当前点的索引从 Map 中取出一个法向量的集合
38          float[] tn = Normal.getAverage(hsn);        //求出平均法向量
39          answer[c++] = tn[0];                        //将计算出的平均法向量的
40          answer[c++] = tn[1];                        //各个分量存放到结果
41          answer[c++] = tn[2];                        //法向量数组中
42      }
43      return answer;                                  //返回顶点的平均法向量数组
44  }
```

- 第 2～第 4 行声明了计算时需要使用的辅助变量，包含用于记录顶点索引及该顶点所在各个面的法向量集合的 Map 变量 hmn 和用于记录最终每个顶点平均法向量的数组 answer。
- 第 6～第 16 行首先获取三角形 3 个顶点的索引值，并将其记录在临时索引数组 index 中，然后分别获取该三角形中 3 个顶点的 x、y、z 坐标值。
- 第 17～第 25 行首先计算 0 号顶点到 1 号顶点的向量以及 0 号顶点到 2 号顶点的向量，然后计算两个向量的叉积，最后将叉积得到的向量规格化得到三角形面的法向量 vNormal。
- 第 26～第 34 行首先遍历三角形 3 个索引点，获取当前索引对应点的法向量集合 hsn，并将法向量添加到集合 hsn 中。最后将索引值作为键，集合 hsn 作为值添加进 Map hmn 中。由于 Normal 类重写了 equals 方法，因此同样的法向量不会重复出现在此点对应的法向量集合 hsn 中。
- 第 35～第 43 行首先根据当前点的索引从 Map 中取出对应法向量的集合 hsn，并计算出此点的平均法向量，接着将所有顶点的平均法向量存入数组 answer 中，最后将计算的结果返回。

> **说明** 水面纹理矩形中的顶点越多，其呈现出来的水面波动才越真实。本案例中水面纹理矩形采用了 64×64 的网格，共有 64×64 个顶点，其绘制出来的水面波动较为逼真，但是计算量较大。由于本案例中顶点位置的波动计算采用 CPU 完成，如果顶点数量继续增加，则会极大地影响程序的性能，在后续章节中将通过计算着色器的开发，绘制顶点更多、效果更为逼真的水面波动场景。

（5）上面介绍了计算顶点平均法向量的方法 calNormal，接下来介绍定时执行纹理矩形类 TextureRect 的 calVerticesNormalAndTangent 方法的线程类——UpdateThread，其具体代码如下。

代码位置：源代码/第 5 章/Sample5_10/src/com/bn/Sample5_10 目录下的 UpdateThread.java。

```
package com.bn.Sample5_10;                                  //声明包
public class UpdateThread extends Thread{
    MySurfaceView mv;                                       //声明MySurfaceView类的引用
    public UpdateThread(MySurfaceView mv){                  //构造器
        this.mv=mv;
    }
    public void run(){                                      //重写 run 方法
        while(true){
            mv.waterReflect.calVerticesNormalAndTangent();//获取顶点坐标和法向量
             try{
                 mv.waterReflect.mytime++;              //计数器加 1
                 Thread.sleep(80);                       //线程休眠 80ms
             }catch(Exception e){e.printStackTrace(); //捕获并打印异常信息
}}}}
```

> **说明** 上述线程 UpdateThread 很简单，主要功能为定时调用计算顶点坐标数据和法向量的方法 calVerticesNormalAndTangent，并不断增加计数器 mytime 的值。

（6）到目前为止，Java 部分的代码已经介绍完毕，接下来介绍前面提到的有代表性的用于绘制水面的着色器。首先是顶点着色器，其具体代码如下。

代码位置：源代码/第 5 章/Sample5_10/assets 目录下的 water_vertex.sh。

```
#version 300 es
uniform mat4 uMVPMatrix;            //总变换矩阵
uniform mat4 uMMatrix;              //基本变换矩阵
in vec3 aPosition;                  //顶点位置
in vec2 aTexCoor;                   //顶点纹理坐标
in vec3 aNormal;                    //法向量
out vec3 fNormal;                   //用于传递给片元着色器的法向量
out vec2 vTextureCoord;             //用于传递给片元着色器的纹理坐标
out vec4 vPosition;                 //用于传递给片元着色器的基本变换后的顶点位置
 out vec3 mvPosition;               //用于传递给片元着色器的顶点位置
 void main(){
      gl_Position = uMVPMatrix * vec4(aPosition,1); //根据总变换矩阵计算此次绘制此顶点的位置
      vPosition=uMMatrix*vec4(aPosition,1); //计算出变换后的顶点位置并传递给片元着色器
      vTextureCoord=aTexCoor;               //将顶点的纹理坐标传递给片元着色器
      mvPosition=aPosition;                 //将顶点坐标传递给片元着色器
      fNormal=aNormal;                      //将顶点的法向量传递给片元着色器
 }
```

> **说明** 上述代码的主要功能为计算顶点的绘制位置及变换后的位置，并将变换后顶点位置、纹理坐标等传递给片元着色器。

（7）介绍完顶点着色器的开发后，接下来介绍用于绘制水面的片元着色器，其具体代码如下。

代码位置：源代码/第 5 章/Sample5_10/assets 目录下的 water_frag.sh。

```
#version 300 es
precision mediump float;                        //指定默认的浮点精度
```

```
3    uniform highp mat4 uMVPMatrixMirror;        //镜像摄像机观察及投影组合矩阵
4    uniform sampler2D sTextureDY;               //倒影纹理内容数据
5    uniform sampler2D sTextureWater;            //水面自身纹理内容数据
6    uniform sampler2D sTextureNormal;           //法向量纹理内容数据
7    uniform mat4 uMMatrix;                      //基本变换矩阵
8    uniform vec3 uCamera;                       //摄像机位置
9    uniform vec3 uLightLocation;                //光源位置
10    in vec4 vPosition;                         //变换后的顶点位置
11    in vec2 vTextureCoord;                     //接收从顶点着色器传递过来的纹理坐标
12    in vec3 fNormal;                           //接收从顶点着色器传递过来的法向量
13    in vec3 mvPosition;                        //接收从顶点着色器传递过来的顶点位置
14    out vec4 fragColor;
15    ……//此处省略了用于计算定位光光照的 pointLight 方法，读者可自行查看随书中的源代码
16    void main(){
17        //将片元的位置投影到镜像摄像机的近平面上
18            vec4 gytyPosition=uMVPMatrixMirror * vec4(vPosition.xyz,1);
19            gytyPosition=gytyPosition/gytyPosition.w;                       //进行透视除法
20            float s=(gytyPosition.s+1.0)/2.0;          //将投影后的坐标换算为纹理坐标
21            float t=(gytyPosition.t+1.0)/2.0;
22            vec4 ambient,diffuse,specular;                //用来接收 3 个通道最终强度的变量
23            pointLight(normalize(fNormal),ambient,diffuse,specular,uLightLocation,
              //进行定位光光照计算
24                vec4(0.9,0.9,0.9,1.0),vec4(0.1,0.1,0.1,1.0),vec4(0.9,0.9,0.9,1.0));
25            vec4 normalColor = texture(sTextureNormal, vTextureCoord); //从法向量纹理图中读出值
26            //将值恢复到-1～+1 的范围
27            vec3 cNormal=vec3(2.0*(normalColor.r-0.5),2.0*(normalColor.g-0.5),2.0*
              (normalColor.b-0.5));
28            cNormal=normalize(cNormal);                           //将扰动结果向量规格化
29            const float mPerturbationAmt=0.02;                    //扰动系数控制扭曲程度
30            s=s+mPerturbationAmt*s*cNormal.x;                     //计算扰动后的纹理坐标 S
31            t=t+mPerturbationAmt*t*cNormal.y;                     //计算扰动后的纹理坐标 T
32            vec4 dyColor=texture(sTextureDY, vec2(s,t));          //进行倒影纹理采样
33            vec4 waterColor=texture(sTextureWater,vTextureCoord);//进行水面自身纹理采样
34            //混合倒影与水自身得到此片元的颜色值，倒影纹理占 70%，水面自身纹理占 30%
35            vec4 dyAndWaterColor=mix(waterColor,dyColor,0.7);
36            //综合 3 个通道光的最终强度以及混合得到的颜色值计算出最终的片元颜色并传递给渲染管线
37            fragColor=dyAndWaterColor*ambient+dyAndWaterColor*specular+dyAndWater
              Color*diffuse;
38    }
```

- 第 1～第 15 行首先声明着色器语言的版本为 3.0，指定浮点的默认精度，以及声明全局的一致变量和输入变量。本案例采用了多重纹理（一共包含 3 幅纹理），因此在该片元着色器中包含对应 3 幅纹理的 3 个采样器对象，分别是对应倒影纹理的 sTextureDY、对应水面自身纹理的 sTextureWater 以及对应法向量纹理的 sTextureNormal。
- 第 17～第 21 行为上一节介绍过的进行镜像纹理投影贴图计算的相关代码。
- 第 25～第 28 行为从法向量纹理图中进行纹理采样，将其 3 个坐标值折算到[-1,1]范围内，并规格化。
- 第 29～第 31 行声明用于控制扭曲程度的扰动系数 mPerturbationAmt，并根据 5.11.1 节中步骤（4）的公式计算出根据法向量扰动后的纹理坐标 s、t。
- 第 32～第 37 行首先进行倒影纹理采样、水面自身纹理采样，然后将两者混合得到的颜色值记录到变量 dyAndWaterColor 中，最后综合 3 个通道光的最终强度以及混合得到的颜色值计算出最终片元的颜色值并传递给渲染管线。

5.12 运动模糊

由于人眼有视觉暂留效应，因此当人在高速运动的交通工具上观察时，会有画面模糊的感觉。因此在很多追求高真实感以及沉浸式体验的游戏或应用中，需要模拟这种效果。本节将基于案例介绍两种可以用来实现运动模糊效果的策略。

5.12.1　普通运动模糊

普通运动模糊是本节将要介绍的两种运动模糊中较为简单的一种，实现方式简单明了。主要是通过二次绘制技术来实现，具体情况如下。

- 第一轮绘制时将同一个场景在不同位置摄像机的观察下绘制多次，产生多幅纹理。这里不同位置的摄像机是指在运动轨迹上连续的几个不同位置的摄像机。
- 第二轮绘制时将第一轮绘制时产生的多幅纹理按照一定的比例加权叠加绘制到屏幕上，这样绘制的场景就会出现运动模糊的效果。

上面简要介绍了实现普通运动模糊的原理，接下来了解本小节案例 Sample5_11 的运行效果，具体情况如图 5-44 和图 5-45 所示。

▲图 5-44　摄像机漫游开始位置的场景

▲图 5-45　摄像机漫游结束位置的场景

说明　本案例中的场景是随摄像机从前向后漫游而移动观察的，图 5-44 中显示的是摄像机开始移动时的场景，而图 5-45 则是摄像机结束移动即将再次开始新一轮漫游时的场景。从图中可以观察到，距离摄像机越近的物体运动模糊越明显，位于两侧的物体则比中间的物体运动模糊更明显。另外，由于本案例主要是体现动态效果，因此仅通过插图观察效果可能不明显，建议读者用真机运行并进行观察。

介绍完本小节案例的运行效果后，下面继续介绍本小节案例的开发，具体内容如下。

（1）首先介绍场景渲染类 MySurfaceView，由于该类实现的功能比较多、代码较长，所以先介绍该类的代码框架，具体内容如下。

代码位置：源代码/第 5 章/Sample5_11/src/com/bn/Sample5_11 目录下的 MySurfaceView.java。

```
package com.bn.Sample5_11;
……//此处省略了一些导入相关类的代码，读者可自行查阅随书附带中的源代码
class MySurfaceView extends GLSurfaceView{
    ……//此处省略了一些定义成员变量的代码，读者可自行查阅随书附带中的源代码
    public MySurfaceView(Context context) {/*此处省略了该类的构造器，读者可自行查阅随书*/}
    private class SceneRenderer implements GLSurfaceView.Renderer{
        LoadedObjectVertexNormalTexture tree1;   //第一种树绘制对象
        LoadedObjectVertexNormalTexture tree2;   //第二种树绘制对象
        Mountain mountain;                        //山地绘制对象
        Sky_cloud cloud;                          //天空绘制对象
        int[] frameBufferIds=new int[5];          //帧缓冲 id
        int[] renderDepthBufferIds=new int[5];    //渲染深度缓冲 id
        int[] textureIds=new int[5];              //生成的矩形纹理 id 数组
        int mountainTextId;                       //山地纹理 id
        int tree1TextId;                          //第一种树的纹理 id
        int tree2TextId;                          //第二种树的纹理 id
        int cloudTextId;                          //天空纹理 id
        TextureRect tr;                           //矩形绘制对象
        public void initFRBuffers(){/*此处省略了初始化帧缓冲和渲染缓冲的方法，下面介绍*/}
        public void generateTextImage(){/*此处省略了产生矩形纹理的方法，将在下面介绍*/}
        public void drawSceneTexture(){/*此处省略了绘制矩形纹理的方法，将在下面介绍*/}
```

```
22          public void onDrawFrame(GL10 gl){
23              generateTextImage();           //产生一系列纹理（连续摄像机）
24              drawSceneTexture();            //叠加绘制一系列纹理
25          }
26          public void onSurfaceChanged(GL10 gl, int width, int height){
27              ……//此处省略了一些初始化的代码，读者可自行查阅随书
28          }
29          public void onSurfaceCreated(GL10 gl, EGLConfig config){
30              ……//此处省略了一些初始化的代码，读者可自行查阅随书
31          }
32          public void drawTrees(int treeIndex,float transX,float transY,float transZ){
33              ……//此处省略了绘制树的代码，读者可自行查阅随书
34      }}}
35      public int initTexture(int drawableId){/*此处省略了用于加载纹理的方法，读者可自行查阅*/}
36  }
```

❑ 第 7～第 18 行定义了需要使用的几个成员变量，主要包括加载的山地绘制对象、天空绘制对象和两种不同的树绘制对象、帧缓冲编号、渲染缓冲编号、纹理矩形以及需要用到的纹理 id 等。

❑ 第 19～第 21 行为初始化帧缓冲和渲染缓冲的 initFRBuffers 方法、通过绘制产生矩形纹理的 generateTextImage 方法和绘制纹理矩形的 drawSceneTexture 方法，这几个方法是本案例的重点，将在后面详细介绍。

❑ 第 22～第 31 行为 onDrawFrame、onSurfaceChanged 和 onSurfaceCreated 方法，由于这几个方法的代码与前面很多案例中的代码基本相同，这里不再赘述。

❑ 第 32～第 34 行为绘制两种不同类型树的 drawTrees 方法，该方法由于代码非常简单，就不再赘述。

（2）介绍场景渲染类 MySurfaceView 的代码框架后，下面继续介绍的是上面省略的用于初始化帧缓冲和渲染缓冲的 initFRBuffers 方法，其具体代码如下。

代码位置：源代码/第 5 章/Sample5_11/src/com/bn/Sample5_11 目录下的 MySurfaceView.java。

```
public void initFRBuffers(){                                  //初始化帧缓冲和渲染缓冲的方法
    int tia[]=new int[5];                                     //用于存放产生的帧缓冲 id 的数组
    GLES30.glGenFramebuffers(tia.length, tia, 0);             //产生 5 个帧缓冲
    frameBufferIds=tia;                                       //将帧缓冲 id 记录到成员变量
    GLES30.glGenRenderbuffers(tia.length, tia, 0);            //产生 5 个渲染缓冲
    renderDepthBufferIds=tia;                                 //将渲染缓冲 id 记录到成员变量
    int[] tempIds = new int[5];                               //用于存放产生纹理 id 的数组
    GLES30.glGenTextures(5,tempIds,0);                        //产生 5 个纹理
    textureIds=tempIds;                                       //将纹理 id 记录到成员变量
    for(int i=0;i<textureIds.length;i++){                     //循环 5 次
    //绑定指定 id 的帧缓冲
    GLES30.glBindFramebuffer(GLES30.GL_FRAMEBUFFER, frameBufferIds[i]);
    //绑定指定 id 的渲染缓冲
    GLES30.glBindRenderbuffer(GLES30.GL_RENDERBUFFER, renderDepthBufferIds[i]);
    GLES30.glRenderbufferStorage(GLES30.GL_RENDERBUFFER,//为渲染缓冲初始化存储
        GLES30.GL_DEPTH_COMPONENT16,GEN_TEX_WIDTH, GEN_TEX_HEIGHT);
    GLES30.glBindTexture(GLES30.GL_TEXTURE_2D,textureIds[i]);//绑定指定 id 的纹理
    ……//此处省略了设置纹理拉伸方式和采样方式的代码，读者可自行查阅随书
    GLES30.glTexImage2D(          //设置颜色附件所需纹理的参数
        GLES30.GL_TEXTURE_2D,     //纹理类型
        0,                        //层次
        GLES30.GL_RGBA,           //内部格式
        GEN_TEX_WIDTH,            //宽度
        GEN_TEX_HEIGHT,           //高度
        0,                        //边界宽度
        GLES30.GL_RGBA,           //格式
        GLES30.GL_UNSIGNED_BYTE,  //每个像素数据的格式
        null);
    GLES30.glFramebufferTexture2D(   //设置自定义帧缓冲的颜色缓冲附件
        GLES30.GL_FRAMEBUFFER,       //帧缓冲类型
        GLES30.GL_COLOR_ATTACHMENT0, //颜色缓冲附件 0
        GLES30.GL_TEXTURE_2D,        //纹理类型
        textureIds[i],               //纹理 id
```

```
34            0);
35        GLES30.glFramebufferRenderbuffer(      //设置自定义帧缓冲的深度缓冲附件
36            GLES30.GL_FRAMEBUFFER,             //帧缓冲类型
37            GLES30.GL_DEPTH_ATTACHMENT,        //深度缓冲附件
38            GLES30.GL_RENDERBUFFER,            //渲染缓冲类型
39            renderDepthBufferIds[i]);          //渲染深度缓冲 id
40    }}
```

❑ 第 2～第 9 行生成 5 个帧缓冲、5 个渲染缓冲和 5 个纹理，并将对应的 id 都记录到成员变量中。

❑ 第 10～第 40 行循环 5 次，每次对一套自定义的帧缓冲进行初始化。主要包括绑定指定 id 的帧缓冲，绑定指定 id 的渲染缓冲，为渲染缓冲初始化存储，绑定指定 id 的纹理，设置纹理的拉伸方式、采样方式，设置纹理的格式、尺寸等参数，并将指定 id 的纹理和指定 id 的渲染缓冲作为对应帧缓冲的颜色附件和深度附件。

（3）接着介绍通过绘制场景产生纹理的 generateTextImage 方法和绘制纹理到屏幕的 drawSceneTexture 方法，具体代码如下。

代码位置：源代码/第 5 章/Sample5_11/src/com/bn/Sample5_11 目录下的 MySurfaceView.java。

```
1    public void generateTextImage(){              //绘制场景产生纹理的方法
2        float czCurrTemp=cz;                      //将摄像机位置的 z 坐标赋值给临时变量
3        float targetzCurrTemp=targetz;            //将摄像机目标的 z 坐标赋值给临时变量
4        for(int i=0;i<frameBufferIds.length;i++){                    //循环产生 5 幅纹理
5            //设置视口大小及位置
6            GLES30.glViewport(0, 0, GEN_TEX_WIDTH, GEN_TEX_HEIGHT);
7            //绑定指定 id 的帧缓冲
8            GLES30.glBindFramebuffer(GLES30.GL_FRAMEBUFFER, frameBufferIds[i]);
9            GLES30.glClear(GLES30.GL_DEPTH_BUFFER_BIT|      //清除深度缓冲与颜色缓冲
10                               GLES30.GL_COLOR_BUFFER_BIT);
11           MatrixState.setProjectFrustum(-ratio, ratio, -1, 1, 1, 300);//设置透视投影
12           MatrixState.setCamera(0, 0, czCurrTemp-TIMESPAN*i, 0, 0,
13             targetzCurrTemp-TIMESPAN*i, 0, 1, 0);     //调用此方法设置摄像机的 9 个参数
14            MatrixState.pushMatrix();                  //保护现场
15            MatrixState.scale(1, -1, 1);               //关于 y 轴翻转
16            mountain.drawSelf(mountainTextId);         //绘制山地
17            MatrixState.popMatrix();                   //恢复现场
18            MatrixState.pushMatrix();                  //保护现场
19            MatrixState.translate(0,-10.0f,0);         //沿 y 轴平移
20            MatrixState.rotate(-90, 0, 1, 0);          //绕 y 轴旋转-90°
21            cloud.drawSelf(cloudTextId);               //绘制云天空
22            MatrixState.popMatrix();                   //恢复现场
23            drawTrees(1,28f,-30.0f,-40f);              //绘制树 1
24            ……//此处省略了绘制第 1 种类型树的代码，和上述代码相似，读者可自行查阅随书
25            drawTrees(2,26f,-18.0f,-50);               //绘制树 2
26            ……//此处省略了绘制第 2 种类型树的代码，和上述代码相似，读者可自行查阅随书
27    }}
28    public void drawSceneTexture(){                              //绘制纹理到屏幕的方法
29        GLES30.glViewport(0,0,SCREEN_WIDTH,SCREEN_HEIGHT);//设置视口大小及位置
30        GLES30.glBindFramebuffer(GLES30.GL_FRAMEBUFFER, 0);    //绑定到系统默认帧缓冲
31        //清除深度缓冲与颜色缓冲
32        GLES30.glClear(GLES30.GL_DEPTH_BUFFER_BIT|GLES30.GL_COLOR_BUFFER_BIT);
33        MatrixState.setProjectOrtho(-ratio, ratio, -1, 1, 2, 100);   //设置正交投影
34        MatrixState.setCamera(0,0,3,0f,0f,0f,0f,1.0f,0.0f);   //调用此方法设置摄像机的9个参数
35        MatrixState.pushMatrix();                         //保护现场
36        tr.drawSelf(textureIds[0],textureIds[1],textureIds[2],textureIds[3],textur
          eIds[4]);//绘制纹理矩形
37        MatrixState.popMatrix();                                        //恢复现场
38    }
```

❑ 第 1～第 27 行为绘制场景产生纹理的 generateTextImage 方法，首先将摄像机位置的 z 坐标和目标点 z 坐标赋值给临时变量。接着循环 5 次，每次将一个摄像机位置的画面绘制到一个帧缓冲中以得到一幅场景纹理。

❑ 第 28～第 38 行为绘制场景纹理到屏幕的 drawSceneTexture 方法，此方法中将投影设置为

正交投影，并通过将 5 幅场景纹理应用到一个与屏幕尺寸相同的纹理矩形的方式将场景纹理绘制到屏幕上。此纹理矩形应用了多重纹理，每次绘制时都需要提供 5 幅纹理，在上述代码中的第 36 行以及后面要介绍的着色器中都可以看出来。

（4）场景渲染类 MySurfceView 介绍完毕后，接下来需要介绍的是将 5 幅场景纹理应用到纹理矩形以绘制到屏幕上所需的着色器。首先给出的是顶点着色器，其具体代码如下。

代码位置：源代码/第 5 章/Sample5_11/assets 目录下的 vertex_tex.sh。

```
#version 300 es
uniform mat4 uMVPMatrix;                              //总变换矩阵
in vec3 aPosition;                                    //顶点位置
in vec2 aTexCoor;                                     //顶点纹理坐标
out vec2 vTextureCoord;                               //用于传递给片元着色器的纹理坐标
void main(){
     gl_Position = uMVPMatrix * vec4(aPosition,1); //根据总变换矩阵计算此次绘制此顶点的位置
     vTextureCoord = aTexCoor;                        //将接收的纹理坐标传递给片元着色器
}
```

说明 该顶点着色器与之前许多案例中的顶点着色器基本相同，通过传入顶点着色器的变量，计算此次绘制此顶点的位置并将接收的纹理坐标传递给片元着色器。

（5）接着介绍应用了多重纹理的片元着色器，它同时使用 5 幅纹理，具体代码如下。

代码位置：源代码/第 5 章/Sample5_11/assets 目录下的 frag_tex.sh。

```
1   #version 300 es
2   precision mediump float;
3   in vec2 vTextureCoord;                          //接收从顶点着色器传递过来的纹理坐标
4   uniform sampler2D sTextureOne;                  //第一个纹理内容数据
5   uniform sampler2D sTextureTwo;                  //第二个纹理内容数据
6   uniform sampler2D sTextureThree;                //第三个纹理内容数据
7   uniform sampler2D sTextureFour;                 //第四个纹理内容数据
8   uniform sampler2D sTextureFive;                 //第五个纹理内容数据
9   out vec4 fragColor;                             //输出的片元颜色值
10  void main(){
11      vec4 finalColorOne= texture(sTextureOne, vTextureCoord);//对第一个纹理进行采样
12      vec4 finalColorTwo= texture(sTextureTwo, vTextureCoord);//对第二个纹理进行采样
13      vec4 finalColorThree= texture(sTextureThree, vTextureCoord);//对第三个纹理进行采样
14      vec4 finalColorFour= texture(sTextureFour, vTextureCoord); //对第四个纹理进行采样
15      vec4 finalColorFive= texture(sTextureFive, vTextureCoord);//对第五个纹理进行采样
16      fragColor = 0.6f*finalColorOne+0.1f*finalColorTwo+0.1f*finalColorThree
17          +0.1f*finalColorFour+0.1f*finalColorFive; //根据权重不同计算产生最终的片元颜色
18  }
```

- 第 3～第 9 行为该片元着色器定义的输入、输出及一致变量，从中可以看出该片元着色器使用了多重纹理，每次需要接收 5 幅不同的纹理数据。
- 第 11～第 17 行首先分别对接收到的 5 幅纹理进行采样，最后根据权重不同计算产生最终的片元颜色。由于这 5 幅纹理是摄像机在运动轨迹上连续 5 个不同位置拍摄的，因此加权混合后会产生运动模糊的效果。

提示 到目前为止，关于普通运动模糊的内容已经介绍完毕。运行案例时读者可以体会到，普通运动模糊案例的运行不是很流畅。这是由于每次产生一帧屏幕画面都需要绘制 5 次场景，帧速率实际低于正常绘制时的 20%，下一小节将介绍的高级运动模糊将会大大改善这一问题。

5.12.2 高级运动模糊

上一小节介绍了基于多帧画面加权叠加实现的简单运动模糊，其画面效果尚可，就是渲染效

率不高。本小节将进一步介绍一种渲染效率更高的运动模糊实现策略，这种策略也需要使用多次绘制，还需要使用多重渲染目标，具体情况如下。

- 第一轮绘制时正常绘制场景，但需要输出两方面的数据到两个不同的渲染目标。一个是场景的画面数据，到一幅纹理。另一个是每个片元的深度值，到另一幅纹理。
- 第二轮绘制时首先将第一轮绘制产生的两幅纹理送入着色器，并将此帧绘制时所用摄像机观察与投影组合矩阵（第一轮绘制时使用）的逆矩阵以及上一帧画面绘制时摄像机观察与投影的组合矩阵（上一帧第一轮绘制时使用）送入着色器。
- 第二轮绘制的着色器中首先根据当前片元的屏幕坐标以及传入的深度纹理采样值推算出（乘以此帧绘制时摄像机观察与投影组合矩阵的逆矩阵）此片元在世界空间中的位置，然后将此片元在世界空间中的位置乘以上一帧画面绘制时摄像机观察与投影的组合矩阵并执行透视除法以得到上一帧中的对应片元屏幕坐标。
- 根据前后片元屏幕坐标的差值计算此片元的模糊方向向量，然后基于当前片元的纹理坐标在此向量方向上对场景画面纹理进行多次纹理采样并加权叠加各次的采样值即可得到最终画面中此片元的颜色，从而产生运动模糊的效果。

从上述实现策略的介绍中可以看出，此策略不需要一次绘制多幅场景画面，相比于简单运动模糊大大降低了 GPU 的负载，可以有更高的渲染效率。上面主要介绍了实现高级运动模糊的原理，下面来了解本小节案例 Sample5_12 的运行效果，如图 5-46 和图 5-47 所示。

▲图 5-46 摄像机漫游开始位置的场景

▲图 5-47 摄像机漫游结束位置的场景

> **说明** 本案例中的场景也是随摄像机从前向后漫游而移动观察的，图 5-46 中显示的是摄像机开始移动时的场景，而图 5-47 则是摄像机结束移动即将再次开始新一轮漫游时的场景。从图中可以观察到，距离摄像机越近的物体运动模糊越明显，位于两侧的物体则比中间的物体运动模糊更明显。另外由于本案例主要是体现动态效果，因此仅通过插图观察效果可能不明显，建议读者用真机运行并进行观察。

介绍完本小节案例的运行效果后，下面继续介绍本小节案例的开发。由于本小节的案例与上一小节的案例有很多相似之处，因此这里仅仅介绍有代表性的部分，具体内容如下。

（1）首先介绍的是 MySurfaceView 类中用于初始化帧缓冲和渲染缓冲的 initFRBuffers 方法。该方法的主要功能为声明指定长度的颜色附件常量数组、初始化帧缓冲、初始化渲染缓冲、绑定颜色附件以及设置纹理的采样方式和拉伸方式等，具体代码如下。

代码位置：源代码/第 5 章/Sample5_12/src/com/bn/Sample5_12 目录下的 MySurfaceView.java。

```
public boolean initFRBuffers(){                        //初始化帧缓冲和渲染缓冲的方法
     int attachment[]=new int[]{                       //声明颜色附件常量数组
         GLES30.GL_COLOR_ATTACHMENT0,GLES30.GL_COLOR_ATTACHMENT1};
     int tia[]=new int[1];                             //用于存放产生的帧缓冲 id 的数组
     GLES30.glGenFramebuffers(1, tia, 0);              //产生一个帧缓冲
     frameBufferId=tia[0];                             //将帧缓冲 id 记录到成员变量中
```

```
7     GLES30.glBindFramebuffer(GLES30.GL_FRAMEBUFFER, frameBufferId);//绑定帧缓冲
8     GLES30.glGenRenderbuffers(1, tia, 0);      //产生一个渲染缓冲
9     renderDepthBufferId=tia[0];                 //将渲染缓冲 id 记录到成员变量中
10    //绑定指定 id 的渲染缓冲
11    GLES30.glBindRenderbuffer(GLES30.GL_RENDERBUFFER, renderDepthBufferId);
12    //为渲染缓冲初始化存储
13    GLES30.glRenderbufferStorage(GLES30.GL_RENDERBUFFER,
14        GLES30.GL_DEPTH_COMPONENT16,GEN_TEX_WIDTH, GEN_TEX_HEIGHT);
15    GLES30.glFramebufferRenderbuffer(          //设置自定义帧缓冲的深度缓冲附件
16        GLES30.GL_FRAMEBUFFER,GLES30.GL_DEPTH_ATTACHMENT,
17        GLES30.GL_RENDERBUFFER, renderDepthBufferId);
18    GLES30.glGenTextures(2,tempIds,0);
19    GLES30.glBindTexture(GLES30.GL_TEXTURE_2D,tempIds[0]);//绑定纹理 id
20    ……//此处省略了设置第一个纹理拉伸方式和采样方式的代码，读者可自行查阅随书
21    GLES30.glTexImage2D(                        //设置第一个颜色附件纹理图的格式
22        GLES30.GL_TEXTURE_2D,0,GLES30.GL_RGBA,
23        GEN_TEX_WIDTH,GEN_TEX_HEIGHT,0,
24        GLES30.GL_RGBA,GLES30.GL_UNSIGNED_BYTE,null);
25    GLES30.glFramebufferTexture2D(              //设置自定义帧缓冲的第一个颜色缓冲附件
26        GLES30.GL_FRAMEBUFFER,attachment[0],
27        GLES30.GL_TEXTURE_2D,tempIds[0],0);
28    ……//此处省略了绑定和设置第二个纹理拉伸方式和采样方式的代码，读者可自行查阅随书
29    GLES30.glTexImage2D(                        //设置第二个颜色附件纹理图的格式
30        GLES30.GL_TEXTURE_2D,0,GLES30.GL_R16F,
31        GEN_TEX_WIDTH,GEN_TEX_HEIGHT,0,
32        GLES30.GL_RED,GLES30.GL_FLOAT,null);
33    GLES30.glFramebufferTexture2D(              //设置自定义帧缓冲的第二个颜色缓冲附件
34        GLES30.GL_FRAMEBUFFER,attachment[1],
35        GLES30.GL_TEXTURE_2D,tempIds[1],0);
36        GLES30.glDrawBuffers(attachment.length, attachment,0);
37    if(GLES30.GL_FRAMEBUFFER_COMPLETE !=        //核对帧缓冲的状态值
38        GLES30.glCheckFramebufferStatus(GLES30.GL_FRAMEBUFFER)){return false;}
39    return true;
40  }
```

- 第 1～第 17 行首先声明颜色附件的常量数组，之后产生帧缓冲并绑定、产生渲染缓冲并绑定，同时为渲染缓冲初始化存储，然后将渲染缓冲连接到自定义帧缓冲的深度附件附着点上。
- 第 18～第 27 行首先生成两个纹理，然后绑定第一个纹理，设置其拉伸方式和采样方式，并调用 glTexImage2D 方法设置纹理的尺寸、数据类型等参数，接着调用 glFramebufferTexture2D 方法将此纹理设置为自定义帧缓冲的颜色附件。
- 第 28～第 36 行首先绑定第二个纹理，设置其拉伸方式和采样方式，并调用 glTexImage2D 方法设置纹理的尺寸、数据类型等参数，接着调用 glFramebufferTexture2D 方法将此纹理也设置为自定义帧缓冲的颜色附件。需要注意的是，由于第二个纹理是用来存储深度值的，因此其数据类型为 GL_R16F。
- 第 37～第 39 行检查帧缓冲的完整性，若检测失败则返回 false，否则返回 true。

（2）接着介绍通过绘制场景产生纹理的 generateTextImage 方法和绘制纹理到屏幕的 drawSceneTexture 方法。第一个方法利用多重渲染目标实现一次绘制生成颜色纹理和深度纹理的功能，第二个方法通过将纹理应用到纹理矩形以绘制到屏幕上呈现运动模糊场景，具体代码如下。

代码位置：源代码/第 5 章/Sample5_12/src/com/bn/Sample5_12 目录下的 MySurfaceView.java。

```
public void generateTextImage(){                        //通过绘制场景产生纹理的方法
    GLES30.glViewport(0, 0, GEN_TEX_WIDTH, GEN_TEX_HEIGHT);//设置视口大小及位置
    GLES30.glBindFramebuffer(GLES30.GL_FRAMEBUFFER, frameBufferId);
    //绑定指定 id 的帧缓冲
    //清除深度缓冲与颜色缓冲
    GLES30.glClear(GLES30.GL_DEPTH_BUFFER_BIT|GLES30.GL_COLOR_BUFFER_BIT);
    MatrixState.setProjectFrustum(-ratio, ratio, -1, 1, 1, 300); //设置透视投影
    MatrixState.setCamera(0, 0, preCZ, 0, 0, preTargetZ, 0, 1, 0);
    //设置摄像机前一帧的参数
    mPreviousProjectionMatrix=MatrixState.getViewProjMatrix();//获得前一帧的观察-投影矩阵
```

```
9        MatrixState.setCamera(0, 0, cz, 0, 0, targetz, 0, 1, 0);//设置摄像机当前的参数
10         float[] mViewProjectionMatrix=new float[16];
11       mViewProjectionMatrix=MatrixState.getViewProjMatrix();//获得当前的观察-投影矩阵
12         float[] tempM=new float[16];
13       Matrix.invertM(tempM, 0, mViewProjectionMatrix, 0); //对当前的观察-投影矩阵求逆矩阵
14       mViewProjectionInverseMatrix=tempM;
15         ……//此处省略了绘制场景的代码，和上个案例基本相同，读者可自行查阅随书中的源代码
16     }
17   public void drawShadowTexture(){                      //绘制纹理到屏幕的方法
18         GLES30.glViewport(0,0,SCREEN_WIDTH,SCREEN_HEIGHT);//设置视口大小及位置
19         GLES30.glBindFramebuffer(GLES30.GL_FRAMEBUFFER, 0);    //绑定指定 id 的帧缓冲
20         //清除深度缓冲与颜色缓冲
21         GLES30.glClear(GLES30.GL_DEPTH_BUFFER_BIT|GLES30.GL_COLOR_BUFFER_BIT);
22         MatrixState.setProjectOrtho(-ratio, ratio, -1, 1, 1, 300); //设置平行投影
23         MatrixState.setCamera(0,0,3.0f,0f,0f,0f,0f,1.0f,0.0f);      //设置摄像机参数
24         MatrixState.pushMatrix();                                //保护现场
25         tr.drawSelf(tempIds[0],tempIds[1],mPreviousProjectionMatrix,//绘制纹理矩形
26                     mViewProjectionInverseMatrix,SAMPLENUMBER);
27         MatrixState.popMatrix();                                //恢复现场
28     }
```

❑ 第 1～第 16 行为通过绘制场景产生纹理的 generateTextImage 方法，在进行一系列初始化工作后，首先设置摄像机前一帧的参数，获得前一帧的观察-投影矩阵，之后设置摄像机当前的参数，获得当前的观察-投影矩阵，根据该矩阵计算得出当前的观察-投影矩阵的逆阵。绘制场景的代码这里不再介绍，与上个案例大致相同，读者可自行查阅随书中的源代码。

❑ 第 17～第 28 行为绘制纹理到屏幕的 drawShadowTexture 方法，在进行一系列初始化工作后，将两个纹理图和获得的前一帧的观察-投影矩阵和当前的观察-投影矩阵的逆阵传入片元着色器，以绘制出有运动模糊效果的场景画面。

（3）场景渲染类 MySurfaceView 的内容基本介绍完毕，接下来介绍绘制场景时同时输出颜色纹理和深度纹理的片元着色器，其具体代码如下。

代码位置：源代码/第 5 章/Sample5_12/assets 目录下的 frag.sh。

```
#version 300 es
precision highp float;                          //指定默认的浮点精度
uniform sampler2D sTexture;                     //纹理内容数据
//接收从顶点着色器传递过来的参数
in vec4 ambient;                                //环境光最终强度
in vec4 diffuse;                                //散射光最终强度
in vec4 specular;                               //镜面光最终强度
in vec2 vTextureCoord;                          //纹理坐标
layout(location=0) out vec4 fragColor0;         //输出的片元颜色
 layout(location=1) out float fragColor1;       //输出的片元深度
 void main(){
    vec4 finalColor=texture(sTexture, vTextureCoord);    //对纹理进行采样
    //根据光照强度以及纹理采样颜色计算得到此片元的最终颜色
    fragColor0 = finalColor*ambient+finalColor*specular+finalColor*diffuse;
    fragColor1 = gl_FragCoord.z;                        //输出此片元的深度
 }
```

说明 本片元着色器并不复杂，除了根据纹理采样颜色与光照强度计算片元的最终颜色值外，还同时通过多重渲染目标技术输出片元的深度值。

（4）介绍完绘制场景时同时输出颜色纹理和深度纹理的片元着色器之后，继续介绍的是绘制纹理到屏幕时用到的片元着色器，其具体代码如下。

代码位置：源代码/第 5 章/Sample5_12/assets 目录下的 frag_tex.sh。

```
#version 300 es
precision mediump float;                        //指定默认的浮点精度
in vec2 vTextureCoord;                          //接收从顶点着色器传递过来的纹理坐标
uniform sampler2D sTexture;                     //颜色纹理内容数据
```

```
    uniform sampler2D depthTexture;                       //深度纹理内容数据
    uniform mat4 uViewProjectionInverseMatrix; //当前帧观察-投影矩阵的逆阵
    uniform mat4 uPreviousProjectionMatrix;     //前一帧的观察-投影矩阵
    uniform int g_numSamples;                             //运动模糊采样数量
    out vec4 fragColor;                                    //输出的片元颜色值
    void main(){
        vec2 textureCoord=vTextureCoord;
        float zOverW = texture(depthTexture,textureCoord).r;     //得到片元的深度值
        //H 为片元所在标准设备空间中的位置，范围为-1～1
        vec4 H = vec4(textureCoord.x*2.0-1.0,(1.0-textureCoord.y)*2.0-1.0,zOverW,1.0);
        vec4 D = uViewProjectionInverseMatrix*H;  //通过观察-投影矩阵的逆矩阵进行变换
        vec4 worldPos= D/D.w;                          //执行透视除法，得到世界空间中的位置
        vec4 currentPos=H;                             //得到当前帧标准设备空间中的位置
        //使用世界空间的位置，并通过前一帧观察-投影矩阵进行变换
        vec4 previousPos=uPreviousProjectionMatrix*worldPos;
        previousPos=previousPos/previousPos.w; //执行透视除法，得到上一帧标准设备空间中的位置
        //使用当前帧和前一帧中的位置来计算运动模糊方向向量
        vec2 velocity=((previousPos-currentPos)/float(g_numSamples)).xy;
        vec4 color=texture(sTexture, textureCoord);            //得到此片元的初始颜色
        textureCoord+=velocity;                        //通过运动模糊方向向量扰动纹理坐标
        for(int i=1;i<g_numSamples;i++,textureCoord+=velocity){  //循环指定次数
            vec4 currentColor=texture(sTexture, textureCoord);//根据扰动后纹理坐标进行采样
            color+=currentColor;                           //将当前颜色累加到颜色和中
        }
        fragColor=color/float(g_numSamples);      //对采样结果取平均，得到最终的片元颜色
   }
```

说明 上述片元着色器实现了本小节一开始介绍的运动模糊关键算法，首先通过当前帧观察-投影矩阵的逆矩阵推算出当前片元在世界空间中的位置，然后使用上一帧的观察-投影矩阵计算出上一帧对应片元的屏幕位置（也就是在标准设备空间中的 x、y 坐标），进而计算出运动模糊方向向量，并基于此方向向量对纹理坐标进行扰动，多次纹理采样并叠加颜色后即可得到运动模糊的画面效果。

到这里为止，关于高级运动模糊案例的开发已经基本介绍完毕。由于篇幅原因，在本案例中用到的一些与前面很多案例中类似的绘制类以及工具类没有详细介绍，感兴趣的读者可自行查阅随书附带中的源代码进行学习。

提示 该案例中的深度纹理采用 GL_R16F 的内部格式进行存储，由于硬件及驱动的原因，不是所有品牌的手机都能正常运行。

5.13 小结

本章主要介绍了 OpenGL ES 3.0 中实现阴影的几种常见技术，主要包括平面阴影、阴影映射、阴影贴图、光线跟踪等。同时本章还介绍了几种常用的特效技术，这就是投影贴图、聚光灯高级光源、静态光照贴图、半球光照、高级镜像技术、高真实感水面以及运动模糊。掌握了这些技术之后，读者若能恰当地运用，将可以开发出更具有吸引力与感染力的 3D 应用。

第 6 章　游戏开发中的物理学

前几章介绍了很多构建与渲染呈现场景中物体的技术与技巧，掌握了这些知识后应该已经可以开发出很多酷炫的场景了。但想要开发出具有吸引力的游戏，这还远远不够，还需要在程序中加入恰当的物理计算才能够真实地模拟现实世界。本章将向读者介绍一些游戏开发中常用的与物理学密切相关的知识，主要包括碰撞检测基本技术、穿透效应、粒子系统、弹簧质点系统等。

6.1 碰撞检测基本技术

游戏开发中经常遇到的一个问题就是物体与物体之间需要进行碰撞检测，例如，英雄碰到障碍物就不能继续移动、静止的物体会被车撞飞等。进行碰撞检测的策略有很多，这里重点介绍的是最简单也是最常用的一种——AABB 包围盒。

6.1.1 AABB 包围盒的基本原理

进行碰撞检测时最直观和最精确的方式就是采用组成物体的三角形组来进行，将待检测的两个物体的三角形组中的三角形两两进行相交性检测，若有任意一对三角形相交则物体构成碰撞，否则物体不构成碰撞。这样做虽然思路很直观，但在一般设备上是难以实施的。

这是因为一般的物体都由大量的三角形构成，两两进行相交性检测需要非常大的计算量，很难满足游戏应用中实时性的需求。最直观的思路很难满足需求，此时可以采用的策略就是通过某种方式将问题简化，AABB（Axially Aligned Bounding Box）包围盒就是一种很好的简化策略，其基本思路如图 6-1 所示。

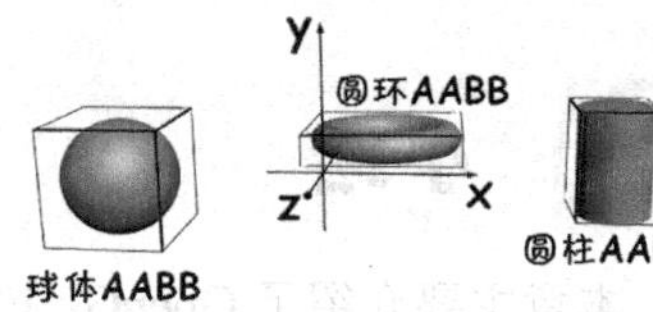

▲图 6–1　不同物体的 AABB

从图 6-1 中可以看出，所谓 AABB 包围盒就是采用一个长方体将物体包裹起来，进行两个物体的相交性检测时仅检测物体对应包围盒（包裹物体的长方体）的相交性。另外，AABB 包围盒有一个重要特性，那就是包围盒对应的长方体的每一个面都是与某个坐标轴平面平行的，因此，AABB 包围盒又称为轴对齐包围盒。

有了上述约定后，确定 AABB 包围盒就比确定任意姿态的长方体简单多了，仅需要记录 6 个值即可，这 6 个值分别代表包围盒在每个坐标轴上的最小值与最大值，即 x_{min}、x_{max}、y_{min}、y_{max}、z_{min} 与 z_{max}。也就是说，实际物体上所有的点都必须满足以下条件。

$$x_{min} \leqslant x \leqslant x_{max} \quad y_{min} \leqslant y \leqslant y_{max} \quad z_{min} \leqslant z \leqslant z_{max}$$

出于方便开发起见，可以将表示 AABB 包围盒的 6 个参数分为以下两组：

$$P_{min} = [x_{min}, y_{min}, z_{min}] \qquad P_{max} = [x_{max}, y_{max}, z_{max}]$$

说明　其中 P_{min} 是 3 个轴坐标最小值的集合，P_{max} 是 3 个轴坐标最大值的集合。

知道了表示 AABB 包围盒的 6 个参数后就可以非常方便地求得 AABB 包围盒的几何中心 c，公式如下。

$$c = (P_{\min} + P_{\max})/2$$

6.1.2 AABB 包围盒的计算

了解了 AABB 包围盒的基本原理后，求 AABB 包围盒 6 个参数的方法也就跃然纸上了。仅需要对物体中的所有顶点坐标进行扫描，求出各个轴分量的最大值与最小值即可。为了方便开发，在介绍 AABB 包围盒的计算之前首先引入一个辅助类 Vector3f，其对象可以用来记录 3 个浮点数组成的三元组，表示物体的位置、速度等，具体代码如下。

代码位置：源代码/第 6 章/Sample6_1/src/com/bn/Sample6_1 目录下的 Vector3f.java。

```
package com.bn.Sample6_1;                                           //声明包
public class Vector3f{
     float x; float y; float z;                                     //用于记录 X、Y、Z 分量的成员变量
     public Vector3f(float x,float y,float z){
          this.x=x; this.y=y; this.z=z;                             //初始化 X、Y、Z 分量
     }
     public void add(Vector3f temp){                                //增加 X、Y、Z 分量值的方法
          this.x+=temp.x; this.y+=temp.y; this.z+=temp.z;
     }
}
```

> **提示** 有了此辅助类后，物体的位置、速度等就可以直接用此类的对象表示了，这就比直接使用 3 个零散的变量方便、易于维护。

了解了辅助类 Vector3f 后，接下来要介绍的是完成 AABB 包围盒相关计算的类 AABBBox，其代码如下。

代码位置：源代码/第 6 章/Sample6_1/src/com/bn/Sample6_1 目录下的 AABBBox.java。

```
package com.bn.Sample6_1;                   //声明包
public class AABBBox{
     float minX; float maxX; float minY; float maxY; float minZ; float maxZ;     //包围盒的 6 个参数
     public AABBBox(float[] vertices){ //通过传入的物体顶点序列计算出包围盒 6 个参数的构造器
          init();                          //初始化包围盒的 6 个参数
          findMinAndMax(vertices);         //根据物体的顶点序列计算出包围盒的 6 个参数值
     }
     //通过直接给出 6 个参数的值生成包围盒对象的构造器
     public AABBBox(float minX,float maxX,float minY,float maxY,float minZ,float maxZ){
           this.minX=minX; this.maxX=maxX; this.minY=minY;
           this.maxY=maxY; this.minZ=minZ; this.maxZ=maxZ;
      }
      public void init(){                                         //初始化包围盒的 6 个参数
           minX=Float.POSITIVE_INFINITY; maxX=Float.NEGATIVE_INFINITY;
           minY=Float.POSITIVE_INFINITY; maxY=Float.NEGATIVE_INFINITY;
           minZ=Float.POSITIVE_INFINITY; maxZ=Float.NEGATIVE_INFINITY;
      }
      public void findMinAndMax(float[] vertices){//根据物体的顶点序列计算出包围盒的 6 个参数值
           for(int i=0;i<vertices.length/3;i++){//对每个顶点进行循环，求 X、Y、Z 这 3 个坐标的最大/小值
                if(vertices[i*3]<minX){                          //求 X 轴坐标的最小值
                     minX=vertices[i*3];
                }
                if(vertices[i*3]>maxX){                          //求 X 轴坐标的最大值
                     maxX=vertices[i*3];
                }
                if(vertices[i*3+1]<minY){                        //求 Y 轴坐标的最小值
                     minY=vertices[i*3+1];
                }
```

```
29              if(vertices[i*3+1]>maxY){                //求 Y 轴坐标的最大值
30                  maxY=vertices[i*3+1];
31              }
32              if(vertices[i*3+2]<minZ){                //求 Z 轴坐标的最小值
33                  minZ=vertices[i*3+2];
34              }
35              if(vertices[i*3+2]>maxZ){                //求 Z 轴坐标的最大值
36                  maxZ=vertices[i*3+2];
37      } } }
38      public AABBBox getCurrAABBBox(Vector3f currPosition){//获得物体平移后的AABB包围盒
39          AABBBox result=new AABBBox(          //根据变换后的位置重新生成 AABB 包围盒
40              this.minX+currPosition.x, this.maxX+currPosition.x, this.minY+currPosition.y,
41              this.maxY+currPosition.y, this.minZ+currPosition.z, this.maxZ+currPosition.z
42          );
43          return result;
44  } }
```

- 第 13～第 17 行为初始化 AABB 包围盒 6 个参数的 init 方法，它根据需要将最大值变量初始化为 Float.NEGATIVE_INFINITY（负无穷大），将最小值变量初始化为 Float.POSITIVE_INFINITY（正无穷大）。
- 第 18～第 37 行为根据传入的物体顶点坐标序列求出各个坐标轴分量最大值与最小值的 findMinAndMax 方法，它是计算包围盒 6 个参数的核心。
- 由于 findMinAndMax 方法求出的是物体原始位置情况下包围盒的 6 个参数，而应用程序运行时物体可能是需要移动的，因此需要有根据物体移动后的位置计算产生新包围盒对象的 getCurrAABBBox 方法（第 38～第 44 行）。此方法入口参数的 Vector3f 对象中携带了物体移动后位置的 3 个坐标分量，用于与原始包围盒的 6 个参数进行运算，产生移动后包围盒的 6 个参数。

> **提示**　将包围盒相关的操作及信息都封装到一个类中有利于代码的重用与维护，读者自己开发项目时也应该注意这一点。

6.1.3　AABB 包围盒的碰撞检测

前面已经介绍过，求物体 AABB 包围盒的目的是为了简化物体运动过程中的碰撞检测计算。因此，本小节将介绍两个 AABB 包围盒碰撞检测的策略，其基本原理如图 6-2 所示。

▲图 6-2　AABB 包围盒碰撞检测的基本原理

从图 6-2 中可以看出，由于任何一个 AABB 包围盒的各个面都平行于坐标平面，因此判断两个 AABB 包围盒是否发生碰撞仅需要分别判断 3 个轴方向的交叠部分大小是否大于设定的阈值，若大于则发生了碰撞，否则没有发生碰撞。

> **说明**　合理设置阈值是非常重要的，若阈值过小，则可能给人还不应该碰撞时就发生了碰撞的感觉，而阈值过大，就会产生两个物体视觉上已经交叠很多才检测出碰撞的情况。

了解了 AABB 包围盒碰撞检测的基本原理后，下面介绍利用 AABB 包围盒进行碰撞检测的刚体类 RigidBody，其代码如下。

代码位置：源代码/第 6 章/Sample6_1/src/com/bn/Sample6_1 目录下的 RigidBody.java。

```
1   package com.bn.Sample6_1;                               //声明包
2   import java.util.ArrayList;                             //引入相关类
3   public class RigidBody{
4       LoadedObjectVertexNormal renderObject;              //加载的物体(渲染者)
5       AABBBox collObject;                                 //AABB 包围盒(碰撞者)
6       boolean isStatic;                                   //是否静止的标志位
7       Vector3f currLocation;                              //物体当前的位置
8       Vector3f currV;                                     //物体当前的速度
9       final float V_UNIT=0.5f;                            //检测碰撞的阈值
10      ……//此处省略了本类的构造器，读者可以自行查阅随书中的源代码
11      ……//此处省略了本类的绘制方法，读者可以自行查阅随书中的源代码
12      public void go(ArrayList<RigidBody> al){            //物体移动的方法
13          if(isStatic) return;                            //若为静止物体，则不需要移动
14          currLocation.add(currV);                        //物体根据速度值改变坐标
15          for(int i=0;i<al.size();i++){                   //多列表中所有的刚体循环遍历
16              RigidBody rb=al.get(i);                     //获得列表中的一个刚体
17              if(rb!=this){                               //若获得的刚体不是自己
18                  if(check(this,rb)){                     //检测两个刚体是否碰撞
19                      this.currV.x=-this.currV.x;         //若碰撞了，则 x 轴速度分量置反
20      } } } }
21      public boolean check(RigidBody ra,RigidBody rb){//检测两个刚体是否碰撞的方法
22          //计算两个刚体对应的 AABB 包围盒 3 个轴方向上交叠部分的大小
23          float[] over=calOverTotal(
24              ra.collObject.getCurrAABBBox(ra.currLocation),//获取 a 刚体当前位置对应的
                AABB 包围盒
25              rb.collObject.getCurrAABBBox(rb.currLocation)//获取 b 刚体当前位置对应的
                AABB 包围盒
26          );
27          //判断是否 3 个轴的交叠值都大于阈值
28          return over[0]>V_UNIT&&over[1]>V_UNIT&&over[2]>V_UNIT;
29      }
30      public float[] calOverTotal(AABBBox a,AABBBox b){//计算两个 AABB 包围盒 3 个轴的交叠值
31          float xOver=calOverOne(a.maxX,a.minX,b.maxX,b.minX);
32          float yOver=calOverOne(a.maxY,a.minY,b.maxY,b.minY);
33          float zOver=calOverOne(a.maxZ,a.minZ,b.maxZ,b.minZ);
34          return new float[]{xOver,yOver,zOver};
35      }
36      public float calOverOne(float amax,float amin,float bmax,float bmin){
        //求某个轴的交叠值
37          float minMax=0;                       //两个最大值中较小的一个
38          float maxMin=0;                       //两个最小值中较大的一个
39          if(amax<bmax){
40              minMax=amax;                      //两个最大值中较小的为 amax
41              maxMin=bmin;                      //两个最小值中较大的为 bmin
42          }
43          else {
44              minMax=bmax;                      //两个最大值中较小的为 bmax
45              maxMin=amin;                      //两个最小值中较大的为 amin
46          }
47          if(minMax>maxMin){                    //若最大值中较小的值大于最小值中较大的值则有交叠
48              return minMax-maxMin;             //交叠值为最大值中较小的值减去最小值中较大的值
49          }else{
50              return 0;                         //否则没有交叠
51  }}}
```

- 第 12～第 19 行为物体根据当前速度移动一步的 go 方法，移动后要判断物体是否与其他刚体相撞，若相撞则将 x 轴速度置反。之所以一旦碰撞就将 x 轴速度置反是因为本节案例比较简单，物体是沿 x 轴方向运动的。若物体不仅是沿 x 轴方向运动，则需要开发更为复杂的代码。
- 第 21～第 29 行为判断两个刚体是否碰撞的 check 方法，首先将两个刚体当前位置对应的包围盒计算出来并送入 calOverTotal 方法计算两个 AABB 包围盒 3 个轴的交叠值，然后根据各个轴交叠值的情况判断是否发生了碰撞。
- 第 36～第 51 行为计算某个轴交叠值的 calOverOne 方法，其思路非常简单：首先求出两个 AABB 包围盒此轴分量最大值中较小的值与最小值中较大的值，然后判断最大值中较小的值是否

大于最小值中较大的值，若成立，则将最大值中较小的值减去最小值中较大的值即可得到此轴的交叠值，否则没有发生交叠，交叠值为 0。

上述刚体类 RigidBody 有两个最为重要的成员变量，即渲染者 renderObject 与碰撞者 collObject。渲染者采用的是本书上卷第 9 章介绍过的加载物体类，碰撞者是前面小节介绍的 AABB 包围盒类，其各自的作用如下。

- 渲染者

渲染者主要负责将刚体渲染呈现出来，可以是任意复杂的形状。要注意的是，它只负责渲染呈现的工作，不负责参与碰撞检测。

- 碰撞者

碰撞者用于计算两个刚体是否发生了碰撞，它往往采用某种包围盒，如本节采用的就是 AABB 包围盒。用于充当碰撞者的包围盒往往是从渲染者的顶点数据中计算产生的，其形状往往比渲染者简单很多，便于进行碰撞检测。

由渲染者负责渲染呈现，由碰撞者负责进行碰撞检测是 3D 游戏开发中一种非常常用的思路。采用这种思路既能很好地满足视觉效果的要求，又能很好地满足性能方面的要求。由渲染者和碰撞者共同组成刚体的情况如图 6-3 所示。

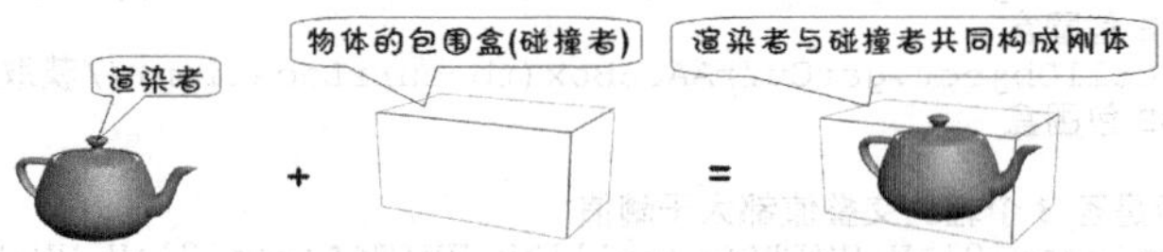

▲图 6-3　渲染者、碰撞者以及组合而成的刚体

> **说明** 图 6-3 中的渲染者为一只茶壶，若直接通过其进行碰撞检测，计算量会非常大，而采用由渲染者导出的 AABB 包围盒进行碰撞检测，计算量就小很多了，性能自然也就有了保障。

6.1.4 一个 AABB 包围盒的案例

前面几小节介绍了 AABB 的基本原理与算法、Vector3f 辅助类、AABB 包围盒类以及刚体类。接下来就可以基于这些知识开发在刚体运动中采用 AABB 包围盒进行碰撞检测的简单案例 Sample6_1。在介绍开发步骤之前请读者先了解本案例的运行效果，如图 6-4 所示。

▲图 6-4　案例 Sample6_1 的运行效果

> **说明** 从图 6-4 中可以看出，本案例一共有 3 个刚体（3 只茶壶）。其中左右两侧的是静止的，中间的茶壶在左右两侧的茶壶之间直线运动。当碰到某一侧的静止刚体时则改变方向返回，因此在整个应用程序的运行过程中中间的茶壶是来回往复运动的。

了解了案例的运行效果后就可以进行案例的开发了，具体步骤如下。

（1）首先用 3ds Max 生成两个物体（平面、茶壶），并导出成 obj 文件放入项目的 assets 目录中待用。

（2）开发搭建场景的基本代码，包括加载物体、摆放物体、计算光照等。这些代码与前面章节许多案例中的基本套路完全一致，因此这里不再赘述。

（3）开发出 AABB 包围盒类 AABBBox 以及刚体类 RigidBody，这在前面的小节中已经介绍过。

（4）在 MySurfaceView 类中增加生成各个刚体并放进刚体列表的代码，具体内容如下。

代码位置：源代码/第 6 章/Sample6_1/src/com/bn/Sample6_1 目录下的 MySurfaceView.java。

```
public void onSurfaceCreated(GL10 gl, EGLConfig config) {
    ……//此处省略了一些与本书前面很多案例相同的代码，需要的读者请参考
    //加载要绘制的物体，包括一个茶壶与一个平面
    ch=LoadUtil.loadFromFile("ch.obj", MySurfaceView.this.getResources(),
    MySurfaceView.this);
    pm=LoadUtil.loadFromFile("pm.obj", MySurfaceView.this.getResources(),
    MySurfaceView.this);
    //生成左侧、右侧、中间的刚体并放进刚体列表
    aList.add(new RigidBody(ch,true,new Vector3f(-13f,0f,0),new Vector3f(0,0,0)));
    aList.add(new RigidBody(ch,true,new Vector3f(13f,0f,0),new Vector3f(0,0,0)));
    aList.add(new RigidBody(ch,false,new Vector3f(0f,0f,0),new Vector3f(0.1f,0,0)));
    lgt=new LovoGoThread(aList);                    //创建定时运动刚体的线程
    lgt.start();                                    //启动定时运动刚体的线程
 }
```

说明 注意 3 个刚体中前两个是静止的，只有最后一个是非静止的，因此其速度的 X 分量不为 0。

（5）最后需要开发的是定时运动刚体的线程类 LovoGoThread，其代码如下。

代码位置：源代码/第 6 章/Sample6_1/src/com/bn/Sample6_1 目录下的 LovoGoThread.java。

```
package com.bn.Sample6_1;                           //声明包名
import java.util.ArrayList;                         //导入相关类
public class LovoGoThread extends Thread{
    ArrayList<RigidBody> al;                        //存储刚体列表
    boolean flag=true;                              //线程控制标志位
    public LovoGoThread(ArrayList<RigidBody> al){
        this.al=al;                                 //线程中循环的标志位
    }
    public void run(){                              //继承 Thread 类重写的 run 方法
        while(flag){                                //while 循环
            int size=al.size();                     //获取列表中刚体的数量
            for(int i=0;i<size;i++){
                al.get(i).go(al);                   //调用 go 方法，使得刚体运动
            }
            try{sleep(10);}catch(Exception e){e.printStackTrace();}
 }}}
```

说明 从上述代码可以看出，此线程的功能非常简单，即定时扫描刚体列表，调用每个刚体的 go 方法使得刚体按照当前的速度前进一步。

6.1.5 旋转后的 AABB 包围盒

前面的案例 Sample6_1 仅考虑了平移对 AABB 包围盒的影响，但在实际开发中，物体在运动时不但有平移还有旋转。因此本节将讨论物体旋转后 AABB 包围盒的两种不同的处理方案，具体内容如下。

1. 直接遍历旋转后的顶点集合

此种方案的思路非常简单，每次物体旋转到新的姿态后，对旋转后物体的顶点序列重新进行

扫描以生成新 AABB 包围盒的 6 个参数，如图 6-5 所示。

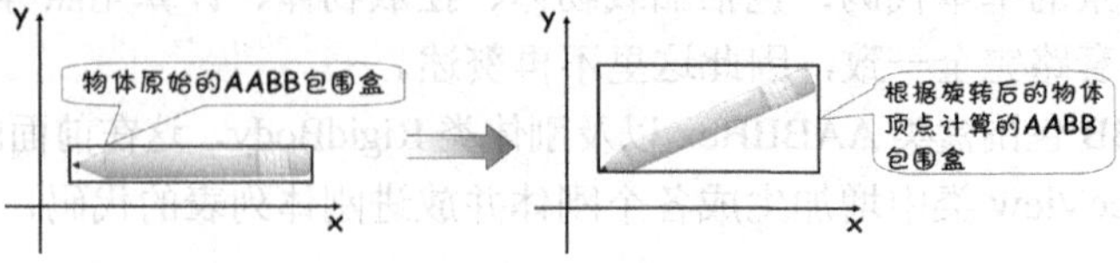

▲图 6-5　直接遍历旋转后的顶点集合获取物体包围盒

提示	此种方案虽然简单，但在实际开发中较少使用。主要是因为需要将所有顶点旋转后的坐标都计算出来再进行遍历，计算量较大，难以满足程序实时性的要求。

2. 基于旋转后的 AABB 包围盒求旋转后物体的 AABB 包围盒

此方案的思路也非常简单，首先根据物体旋转的情况将其原始 AABB 包围盒也做相同的旋转，然后基于旋转后 AABB 包围盒的顶点坐标再求旋转后物体的 AABB 包围盒，如图 6-6 所示。

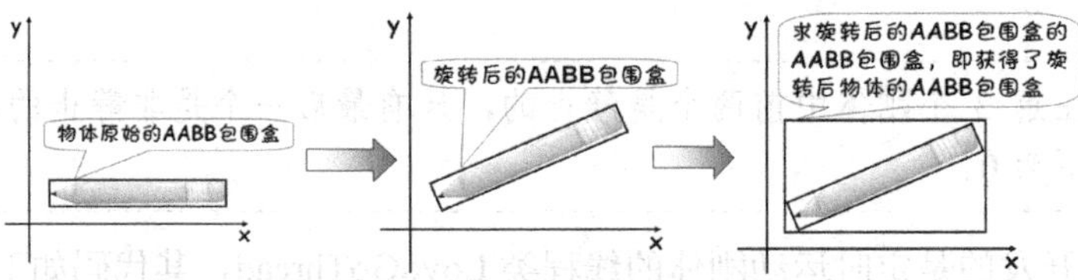

▲图 6-6　旋转包围盒示意

说明	从图 6-6 与图 6-5 的对比中可以发现，基于此方案求出的包围旋转后物体的 AABB 包围盒会不太紧密，有一些误差。但由于此方案的计算量相比于上一种方案小很多，误差也不是很大，因此在实际开发中选用此方案的情况较多。

了解了如何求旋转后物体的 AABB 包围盒的两种方案后，下面基于第二种方案给出一个实现的案例 Sample6_2，其运行效果如图 6-7 所示。

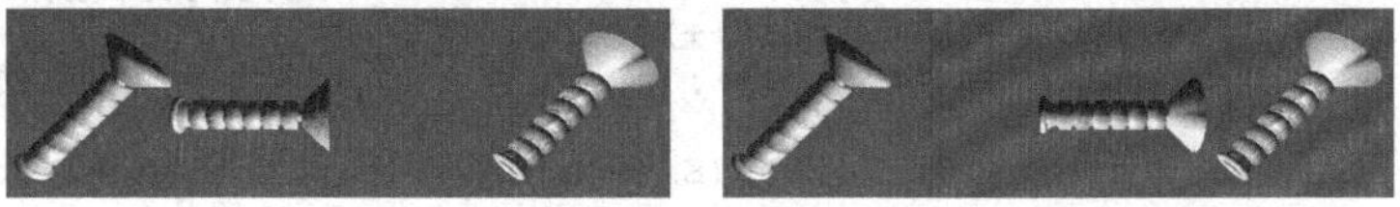

▲图 6-7　旋转角度不为 90°的运行效果

从图 6-7 中可以看出，此案例中为了能说明旋转后 AABB 包围盒的问题，采用的加载物体不再是比较方正的茶壶，而是一个长条形的零件。同时从图 6-7 中可以看出，零件也不都是按照坐标轴的方向摆放的，左右两边的零件都是旋转一定角度后摆放的。

若读者采用真机运行本案例就会发现，旋转后的 AABB 包围盒并不能将物体紧紧包裹（这一点从图 6-6 中也可以看出），因此物体碰撞检测的误差较大，会出现视觉上还没有碰撞而程序就检测出碰撞的情况。如果是旋转 90°的整数倍摆放就要好很多了，如图 6-8 所示。

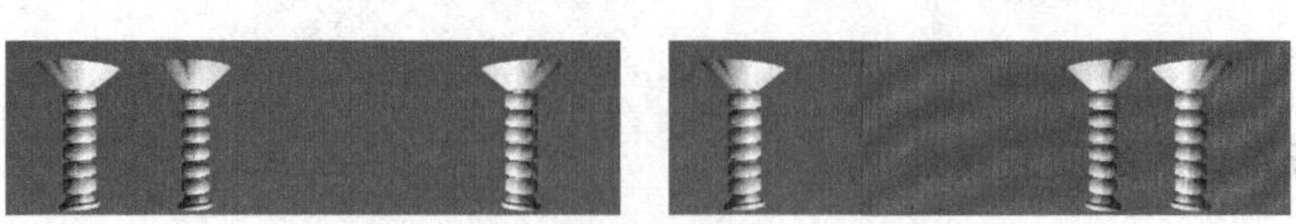

▲图 6-8　旋转角度为 90°的运行效果

> **提示** 若读者将物体摆放旋转角度改为90°再运行此案例，就会看到图6-8所示的情况，碰撞检测基本是比较准确的。

了解了本案例的运行效果后，接下来将介绍本案例的具体开发步骤。由于本案例只是复制案例Sample6_1并进行升级，因此这里仅给出升级的主要步骤，具体如下所列。

（1）由于本案例相比于升级前增加了基于物体的旋转同时旋转AABB包围盒的功能，因此需要增加一个用于记录物体旋转姿态的辅助类Orientation，其代码如下。

代码位置：源代码/第6章/Sample6_2/src/com/bn/Sample6_2目录下的Orientation.java。

```
package com.bn.Sample6_2;                          //声明包名
import android.opengl.Matrix;                      //引入相关类
public class Orientation{
    float[] orientationData=new float[16];    //用于记录物体旋转姿态的4×4矩阵
    //根据旋转角度及旋转轴向量的X、Y、Z分量生成对应的4×4旋转矩阵
    public Orientation(float angle,float zx,float zy,float zz){
        Matrix.setRotateM(orientationData, 0, angle, zx, zy, zz);
} }
```

（2）由于需要将物体原始姿态下对应的AABB包围盒根据当前的姿态进行旋转求得旋转后物体的AABB包围盒，因此需要修改表示包围盒的AABBBox类，具体代码如下。

代码位置：源代码/第6章/Sample6_2/src/com/bn/Sample6_2目录下的AABBBox.java。

```
package com.bn.Sample6_2;                          //声明包
import android.opengl.Matrix;                      //引入相关类
public class AABBBox{
    ……//此处省略了本类中成员变量的声明，读者可以自行查阅随书中的源代码
    ……//此处省略了本类中通过直接给出6个参数的值生成包围盒对象的构造器
    public AABBBox(float[] vertices){
        float[] data=findMinAndMax(vertices); //找到每个轴的最大值与最小值并返回
        minX=data[0];maxX=data[1]; //将每个轴的最大值或最小值记录到对应的成员变量中
        minY=data[2];maxY=data[3]; minZ=data[4];maxZ=data[5];
    }
    public void init(float[] data){                    //给出每个轴最大值或最小值的初始值
        data[0]=Float.POSITIVE_INFINITY; data[1]=Float.NEGATIVE_INFINITY;
        data[2]=Float.POSITIVE_INFINITY; data[3]=Float.NEGATIVE_INFINITY;
        data[4]=Float.POSITIVE_INFINITY; data[5]=Float.NEGATIVE_INFINITY;
    }
    public float[] findMinAndMax(float[] vertices){
        float[] result=new float[6];         //创建记录每个轴最大值或最小值的数组
        init(result);                        //给出每个轴最大值或最小值的初始值
        for(int i=0;i<vertices.length/3;i++){
            if(vertices[i*3]<result[0]) {       //求x轴的最小值
                result[0]=vertices[i*3];
            }
            if(vertices[i*3]>result[1]) {     //求x轴的最大值
                result[1]=vertices[i*3];
            }
            if(vertices[i*3+1]<result[2]){    //求y轴的最小值
                result[2]=vertices[i*3+1];
            }
            if(vertices[i*3+1]>result[3]){    //求y轴的最大值
                result[3]=vertices[i*3+1];
            }
            if(vertices[i*3+2]<result[4]){    //求z轴的最小值
                result[4]=vertices[i*3+2];
            }
            if(vertices[i*3+2]>result[5]){    //求z轴的最大值
                result[5]=vertices[i*3+2];
        }}
        return result;
    }
    public AABBBox getCurrAABBBox(Vector3f currPosition,Orientation currOrientation){
```

```java
        Vector3f[] va={                             //原始 AABB 包围盒 8 个顶点的坐标
            new Vector3f(minX,minY,minZ), new Vector3f(minX,maxY,minZ),
            new Vector3f(maxX,minY,minZ), new Vector3f(maxX,maxY,minZ),
            new Vector3f(minX,minY,maxZ), new Vector3f(minX,maxY,maxZ),
            new Vector3f(maxX,minY,maxZ), new Vector3f(maxX,maxY,maxZ),
        };
        float[] boxVertices=new float[24];   //存储旋转后包围盒 8 个顶点坐标的数组
        int count=0;                         //顶点计数器
        //遍历存储原始 AABB 包围盒 8 个顶点坐标的数组得到旋转后的 8 个顶点的坐标
        for(int i=0;i<va.length;i++){
            float[] result=new float[4];
            float[] dot=new float[]{va[i].x,va[i].y,va[i].z,1};
            Matrix.multiplyMV(result, 0, currOrientation.orientationData,0,dot,0);
            boxVertices[count++]=result[0];boxVertices[count++]=result[1];
            boxVertices[count++]=result[2];
        }
         //求包围盒旋转后各个轴坐标的最小值/最大值，也就得到了旋转后物体的 AABB 包围盒
        float[] data=findMinAndMax(boxVertices);
        AABBBox result=new AABBBox(//根据物体平移后的位置重新生成新的 AABB 包围盒
            data[0]+currPosition.x, data[1]+currPosition.x,
            data[2]+currPosition.y, data[3]+currPosition.y,
            data[4]+currPosition.z, data[5]+currPosition.z
        );
        return result;//返回基于原始 AABB 包围盒求得的考虑了旋转与平移后的 AABB 包围盒
    } }
```

提示　最大的改动位于求对应于当前物体位置与姿态的 AABB 包围盒的 getCurrAABBBox 方法中，将原来仅考虑物体的平移改变为同时考虑物体的旋转与平移。

（3）在刚体类 RigidBody 中增加用于描述物体旋转的 Orientation 类型的成员变量 currOrientation，并在绘制物体与进行碰撞检测时增加与旋转相关的代码。这部分代码非常简单，需要的读者请参考随书中的源代码。

（4）在工具类 MatrixState 中增加插入自定义变换矩阵的 insertSelfMatrix 方法，供绘制刚体时使用，其代码如下。

代码位置：源代码/第 6 章/Sample6_2/src/com/bn/Sample6_2 目录下的 MatrixState.java。

```java
public static void insertSelfMatrix(float[] matrixTemp){
    float[] result=new float[16];              //创建用于存放结果变换矩阵的数组
    //将传入的自定义变换矩阵与原变换矩阵相乘以得到最终的变换矩阵
    Matrix.multiplyMM(result, 0, currMatrix, 0,matrixTemp, 0);
    currMatrix=result;                         //返回最终的变换矩阵
}
```

（5）修改 MySurfaceView 类中生成各个刚体并放进刚体列表的代码，具体内容如下。

代码位置：源代码/第 6 章/Sample6_2/src/com/bn/Sample6_2 目录下的 MySurfaceView.java。

```java
public void onSurfaceCreated(GL10 gl, EGLConfig config) {
    ……//此处省略了一些与本书前面很多案例相同的代码，需要的读者请参考随书源代码
    //加载要绘制的物体，包括一个茶壶与一个平面
    ch=LoadUtil.loadFromFile("ch.obj", MySurfaceView.this.getResources(),MySurfaceView.this);
    pm=LoadUtil.loadFromFile("pm.obj",MySurfaceView.this.getResources(),MySurfaceView.this);
    aList.add(new RigidBody(ch,true,new Vector3f(-18f,0f,0),
    //生成左侧的刚体并放进刚体列表
        new Vector3f(0,0,0),new Orientation(45,0,1,0)));
    aList.add(new RigidBody(ch,true,new Vector3f(20f,0f,0),//生成右侧的刚体并放进刚体列表
        new Vector3f(0,0,0),new Orientation(45,0,1,0)));
    aList.add(new RigidBody(ch,false,new Vector3f(0f,0f,0),//生成中间的刚体并放进刚体列表
        new Vector3f(0.1f,0,0),new Orientation(0,0,1,0)));
    lgt=new LovoGoThread(aList);                //创建定时运动刚体的线程
    lgt.start();                                //启动定时运动刚体的线程
}
```

说明

从上述代码可以看出，在创建刚体时不但指定了每个刚体的初始速度与位置，还指定了每个刚体的旋转姿态。另外，读者还可以自行修改代码，以不同的物体旋转角度运行本案例，细致地观察运行的效果以加深对带旋转功能的 AABB 包围盒碰撞检测的理解。

6.1.6 AABB 包围盒的使用要点

从前面几小节的介绍中读者应该会发现一个规律，AABB 包围盒对于本身横平竖直的物体在平行于坐标轴摆放的情况下，计算碰撞检测的误差很小，但对于不规则形状的物体或本身横平竖直的物体在随意倾斜摆放时，计算碰撞检测的误差就会比较大，如图 6-9 所示。

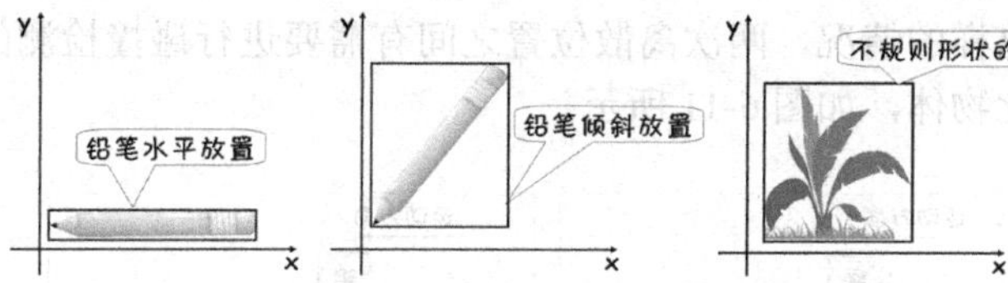

▲图 6-9　两种姿态时的 AABB 包围盒

从图 6-9 中可以看出，对于同样物体的不同姿态下的 AABB 包围盒以及不同形状的物体的 AABB 包围盒，其物体本身区域占 AABB 包围盒区域的比例是大不相同的。物体本身区域所占比例越大，则碰撞检测的误差越小。因此在实际开发中应该尽量提高物体本身区域所占的比例，以降低计算误差。

6.1.7 OBB 包围盒

从前面几小节对 AABB 包围盒的介绍中可以看出，物体旋转后 AABB 包围盒的计算误差可能会很大，如图 6-9 中倾斜的铅笔对应的 AABB 包围盒。如果希望改善这个问题，就可以使用 OBB（Oriented Bounding Box）包围盒，其基本原理如图 6-10 所示。

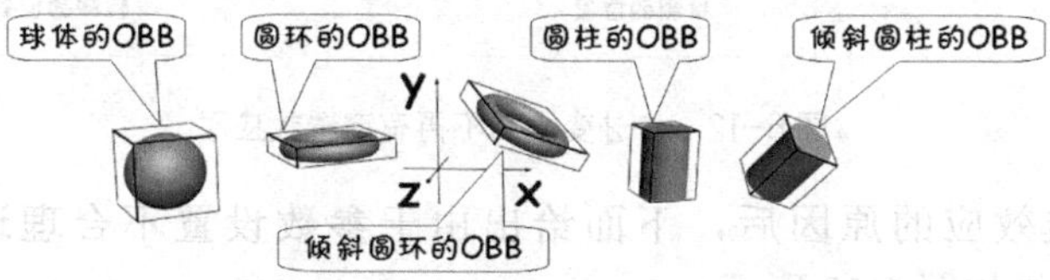

▲图 6-10　几种物体的 OBB 包围盒

从图 6-10 中可以看出，OBB 包围盒是随着物体的旋转而旋转的，并不需要总保持其 6 个面都平行于坐标平面，因此基于此进行的碰撞检测计算，大部分情况下误差远小于 AABB 包围盒。但检测两个 OBB 包围盒是否交叠的算法比检测两个 AABB 包围盒是否交叠的算法复杂很多，因此在开发中最好是根据物体的形状及要求的碰撞检测精度来选用不同的包围盒，以达到性能与效果兼顾的目的。

提示

由于基于 OBB 的碰撞检测算法比较复杂，大大超出了本书的讨论范围，因此本书不再给出基于 OBB 进行碰撞检测的案例，有兴趣的读者可以参考其他相关资料自行开发。但请读者不要担心，实际开发中很少完全由自己来开发复杂碰撞，一般都会使用物理引擎来解决。下一章将介绍常用的 3D 物理引擎之一——JBullet。

6.2 穿透效应

通过上一节的学习，读者应该基本掌握了 AABB 包围盒技术的使用。但由于上一节给出的碰撞检测案例都是基于离散的位置进行计算的，若速度等参数设置不合理可能会产生穿透效应，本节将介绍这方面的内容。

6.2.1 案例的运行效果与基本原理

现实世界中是不可能出现像神话故事“崂山道士”里的穿墙术的，但在虚拟的 3D 世界中若计算参数设置不合理，则可能会产生被称为“穿透效应”的不合理效果。产生穿透效应的根本原因是，虽然应用程序运行时物体看起来是连续的，但实际上貌似连续的过程是由一系列离散的位置组成的。

因此有可能会产生这样的情况，两次离散位置之间有需要进行碰撞检测的物体，由于步进设置得比较大正好跨过了此物体，如图 6-11 所示。

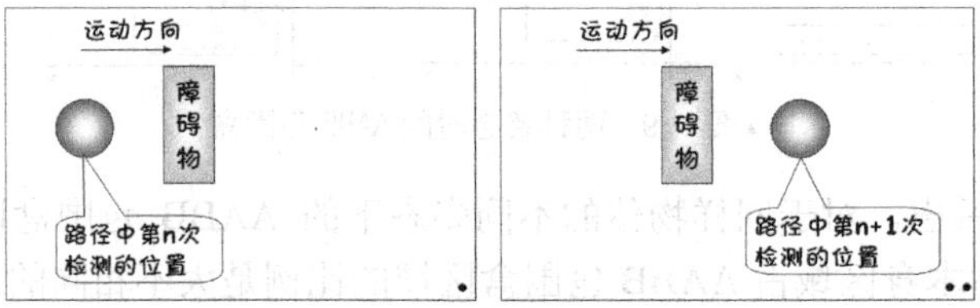

▲图 6-11　穿透效应的成因

因此在开发中要特别注意与步进相关的一些参数的设置，如速度、每一步的时间等，只要设置合理就不会产生穿透效应，如图 6-12 所示。

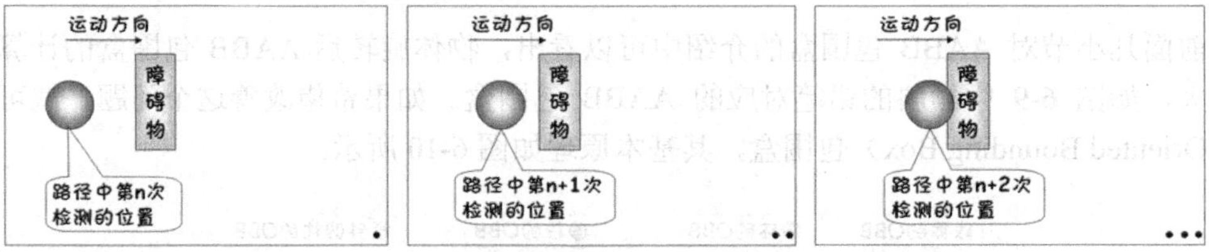

▲图 6-12　步进变小后不再有穿透效应了

了解了造成穿透效应的原因后，下面给出由于参数设置不合理造成穿透效应的案例 Sample6_3，其运行效果如图 6-13 所示。

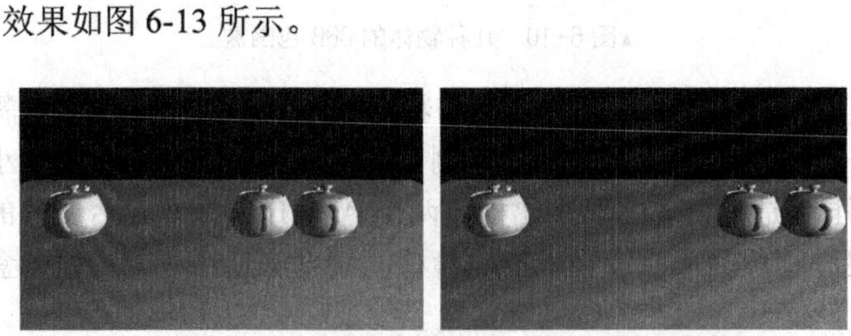

▲图 6-13　穿透效应案例 Sample6_3 的运行效果

> **说明**　从图 6-13 中可以看出，此案例的场景与本章第一个案例 Sample6_1 相同，只不过由于步进设置比较大，中间运动的茶壶没有能检测出与右侧茶壶的碰撞，而是穿透过去了。

6.2.2 具体开发步骤

上一小节介绍了造成穿透效应的原因及其案例的运行效果，下面简要介绍本节案例的开发。由于本节案例实际上仅仅是复制案例 Sample6_1，并进行简单的修改，因此这里仅给出需要修改的部分代码，具体内容如下。

代码位置：源代码/第 6 章/Sample6_3/src/com/bn/Sample6_3 目录下的 MySurfaceView.java。

```
public void onSurfaceCreated(GL10 gl, EGLConfig config) {
    ……//此处省略了部分没有变化的代码，读者可以自行查阅随书
    aList.add(new RigidBody(ch,true,
        new Vector3f(-14f,0f,0),new Vector3f(0,0,0)));//生成左侧的刚体并放进刚体列表
    aList.add(new RigidBody(ch,true,
        new Vector3f(10f,0f,0),new Vector3f(0,0,0)));//生成右侧的刚体并放进刚体列表
    aList.add(new RigidBody(ch,true,
        new Vector3f(-8f,0f,0), new Vector3f(12,0,0)));//生成中间运动的刚体并放进刚体列表
    lgt=new LovoGoThread(aList);                      //创建物体运动线程对象
    lgt.start();                                      //开启本线程
}
```

提示：从上述代码可以看出，主要是修改了中间运动刚体的速度，将原来的 0.1 修改为 12，另外还修改了几个刚体的初始位置。有兴趣的读者可以修改不同的速度来运行本案例，以加深理解。

6.3 粒子系统

现实世界中经常看到的焰火、喷泉等都可以看成是由许多粒子以不固定的速度向各个方向飞射组成的。本节将要介绍的粒子系统就是基于这种思路开发的，可以用来模拟类似于焰火以及喷泉等效果。

6.3.1 案例运行效果与基本原理

介绍本节案例的具体开发步骤之前，首先需要了解本节案例的运行效果与基本原理，其运行效果如图 6-14 所示。

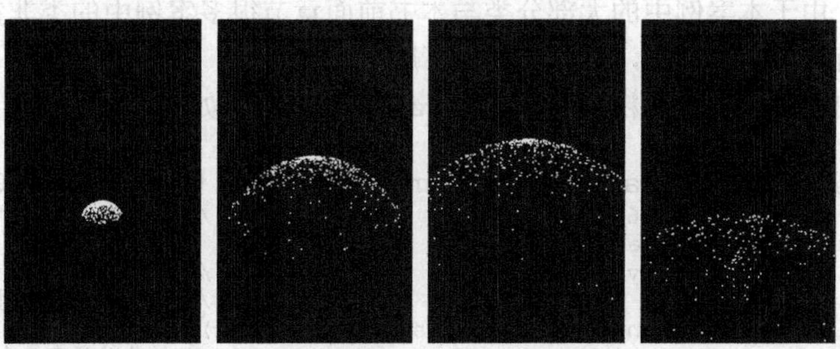

▲图 6-14　案例 Sample6_4 运行效果

说明：图 6-14 中从左至右分别为一组粒子从起始点开始以不同的初速度发射出来然后逐步飞散过程中不同时刻的画面，建议读者用真机运行加以体会。

从图 6-14 中可以看出，一个粒子系统中可以同时存在多个粒子，这些粒子各自运动，互不影响。本案例中的粒子都是从相同的位置发射出来的，但初速度的大小与方向各不相同。发射时随

机确定各个粒子的初速度方向与大小，如图 6-15 所示。

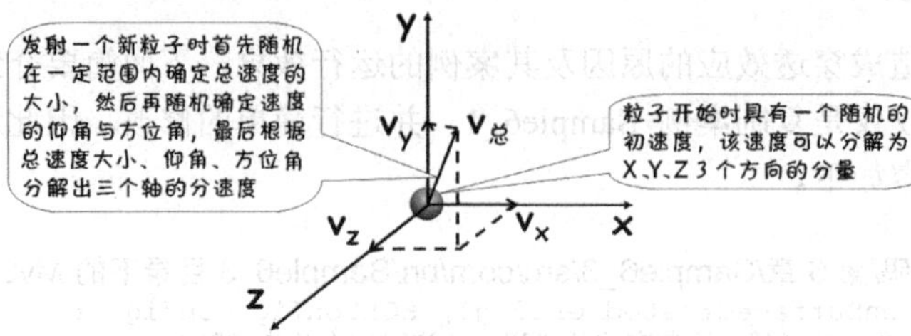

▲图 6-15　粒子开始时的随机速度

粒子发射后需要按照牛顿运动定律继续运动才能达到模拟现实世界的效果，运动时为了计算方便，将 X、Y、Z 轴的位移分开独立计算。假定重力加速度沿 Y 轴负方向，则具体情况如下。

- X 轴、Z 轴方向的运动不受重力加速度的影响，为最简单的匀速直线运动，运动的位移与时间及速度成正比。
- Y 方向可以看成是上抛运动，位移需要采用如下公式进行计算。

$$\mathbf{S=Y_0+V_y\times t-0.5\times g\times t^2}$$

本节案例中粒子发射后，各个轴就按照上述规则计算位移，具体过程如图 6-16 所示。

从图 6-16 中可以看出，粒子发射后遵循牛顿运动定律不断运动。但由于屏幕尺寸有限，当粒子运动一定的时间后，就会超出屏幕范围，此时就让粒子回原点重新开始一轮新的运动。

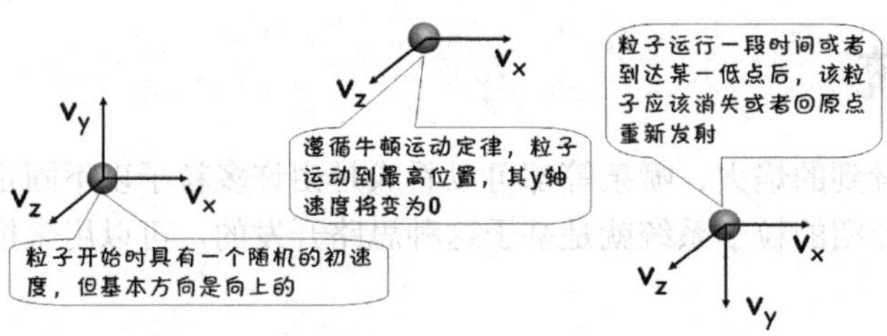

▲图 6-16　粒子运动的基本过程

6.3.2　CPU 版案例的开发

上一小节介绍了本案例的运行效果与基本原理，下面简要介绍采用 CPU 进行粒子物理计算的案例 Sample6_4。由于本案例中的大部分类与本书前面章节很多案例中的类非常相似，因此这里仅给出本案例中有代表性的部分，具体内容如下所列。

（1）首先给出的是表示单个粒子的 SingleGrain 类，其代码如下。

代码位置：源代码/第 6 章/Sample6_4/src/com/bn/Sample6_4 目录下的 SingleGrain.java。

```
package com.bn.Sample6_4;                                   //声明包名
public class SingleGrain {
    float vx; float vy; float vz;                           //粒子在 X、Y 以及 Z 轴的速度分量
    float timeSpan=0;                                       //粒子的累计运动时间
    public SingleGrain(float vx,float vy,float vz){
        this.vx=vx; this.vy=vy; this.vz=vz;                 //初始化粒子在各个坐标轴上的速度
    }
    public void drawSelf(){
        MatrixState.pushMatrix();                           //保护现场
         float x=vx*timeSpan;                               //根据当前时间计算出粒子在
         float z=vz*timeSpan;                               //X 轴、Y 轴、Z 轴上的坐标
         float y=vy*timeSpan-0.5f*timeSpan*timeSpan*1.0f;
         MatrixState.translate(x, y, z);                    //平移坐标系
         GrainGroup.gfd.drawSelf();                         //绘制粒子
         MatrixState.popMatrix();                           //恢复现场
 }}
```

说明 上述代码主要是 drawSelf 方法，它首先根据牛顿运动定律计算出粒子的当前位置，然后将坐标系平移到需要的位置并绘制粒子。

（2）接着给出的是用来管理一组粒子的 GrainGroup 类，其代码如下。

代码位置：源代码/第 6 章/Sample6_4/src/com/bn/Sample6_4 目录下的 GrainGroup.java。

```
1   package com.bn.Sample6_4;                              //声明包名
2   import java.util.ArrayList;                            //引入相关类
3   public class GrainGroup {                              //代表粒子系统的类
4        static GrainForDraw gfd;                          //用于绘制粒子的绘制者
5        ArrayList<SingleGrain> al=new ArrayList<SingleGrain>(); //所有粒子的列表
6        static final float SPEED_SPAN= (float) (1.5f+1.5f*Math.random());//粒子初速度
7        static final float SPEED=0.02f;                    //粒子移动每一步的模拟时延，也就是时间间隔
8        public GrainGroup(MySurfaceView mv){
9             gfd=new GrainForDraw(2,1,1,1,mv);            //创建粒子的绘制者
10            for(int i=0;i<400;i++){                       //随机向列表中添加不同初速度的粒子
11                 double elevation=0.35f*Math.random()*Math.PI+Math.PI*0.15f;//仰角
12                 double direction=Math.random()*Math.PI*2;           //方位角
13                 float vy=(float)(SPEED_SPAN*Math.sin(elevation));//分解出 3 个轴的初速度
14                 float vx=(float)(SPEED_SPAN*Math.cos(elevation)*Math.cos(direction));
15                 float vz=(float)(SPEED_SPAN*Math.cos(elevation)*Math.sin(direction));
16                 al.add(new SingleGrain(vx,vy,vz)); //创建粒子对像并添加进粒子列表
17     } }
18      long timeStamp=0;                                   //用于计算的时间戳
19      public void drawSelf(){
20           long currTimeStamp=System.nanoTime()/1000000;       //获取当前系统时间
21             if(currTimeStamp-timeStamp>10){//若时间间隔大于 10ms，则各个粒子前进一步
22                 for(SingleGrain sp:al){       //扫描粒子列表，并修改粒子的累计运动时间
23                      sp.timeSpan=sp.timeSpan+SPEED;
24                      if(sp.timeSpan>10){        //判断粒子的累计运动时间是否大于 10ms
25                           sp.timeSpan=0;        //将粒子的累计运动时间归 0
26                 } }
27                 timeStamp=currTimeStamp;        //更新用于计算的时间戳
28           }
29           int size=al.size();
30           for(int i=0;i<size;i++){                  //循环扫描所有粒子的列表并绘制各个粒子
31              try{ al.get(i).drawSelf();}catch(Exception e){} //绘制粒子
32    } } }
```

- 第 10～第 17 行通过循环随机生成 400 个初速度不同的粒子并加入到列表中供后面使用。
- 第 19～第 32 行的 drawSelf 方法每次绘制粒子组前都根据时间戳更新粒子的累计运动时间，若粒子的累计运动时间超过一定的阈值，则将其归 0，最后一一绘制粒子列表中的所有粒子。

提示 超过阈值将粒子的累计运动时间归 0 相当于重新从原点处发射了一个新粒子，这样程序运行中每隔一段时间都会有一批新的粒子从原点以不同的初速度发射出来，读者可以运行本案例并进行体会。

6.3.3 GPU 版案例开发步骤

上一小节给出的粒子系统案例中各个粒子的物理计算是采用 CPU 完成的，随着粒子数目的增大，程序的运行速度会急剧下降，也就是 FPS（帧速率）快速降低。这是由 CPU 本身的特性所决定的，CPU 采用的是顺序执行的硬件架构，自然对粒子数量非常“敏感”。

为了大大提高程序的运行速度，本小节给出一个粒子系统的 GPU 版本案例 Sample6_5，此案例中的物理计算都是采用顶点着色器完成的。由于本案例中很多代码与上一小节的案例非常类似，因此这里仅给出具有代表性的部分，具体内容如下所列。

（1）首先给出的是完成单个粒子物理计算的顶点着色器，其代码如下。

代码位置：源代码/第 6 章/Sample6_5/assets 目录下的 vertex_yh.sh。

```
#version 300 es
uniform mat4 uMVPMatrix;                    //总变换矩阵
uniform float uPointSize;                   //点尺寸
uniform float uTime;                        //粒子的累计运动时间
in vec3 aVelocity;                          //粒子初速度
void main(){
      float currTime=mod(uTime,10.0);       //执行取模运算，相当于累计时间超过 10ms 则归 0
      float px=aVelocity.x*currTime;        //计算粒子此时的 x 坐标
      float py=aVelocity.y*currTime-0.5*1.5*currTime*currTime+3.0;; //计算粒子此时的 y 坐标
      float pz=aVelocity.z*currTime;            //计算粒子此时的 z 坐标
      gl_Position = uMVPMatrix * vec4(px,py,pz,1);//根据总变换矩阵计算此次绘制此顶点的位置
      gl_PointSize=uPointSize;                  //设置粒子尺寸
}
```

说明　该顶点着色器的主要功能为根据渲染管线传入的粒子初速度及累计运动时间计算出粒子当前的位置并传递给管线。

（2）接着给出的是代表一组粒子的 GrainForDraw 类，其代码如下。

代码位置：源代码/第 6 章/Sample6_5/src/com/bn/Sample6_5 目录下的 GrainForDraw.java。

```
1  package com.bn.Sample6_5;                        //声明包名
2  ……//此处省略了部分引入相关类的代码，读者可以自行查阅随书中的源代码
3  public class GrainForDraw{                           //用户绘制粒子系统的类
4        private FloatBuffer mVelocityBuffer;           //顶点速度数据缓冲
5        ……//此处省略了本案例中部分成员变量的声明，读者可以自行查阅随书中的源代码
6        int maVelocityHandle;                          //顶点速度属性引用
7        float timeLive=0;                              //累计运动时间
8        long timeStamp=0;                              //用于计算的时间戳
9        ……//此处省略了本类的构造器，读者可以自行查阅随书中的源代码
10       public void initVertexData(int vCount){        //初始化顶点数据的方法
11             float[] velocity=new float[vCount*3];//顶点速度数据数组，每个顶点 3 个速度分量
12             for(int i=0;i<vCount;i++){               //循环生成各个顶点的速度数据
13                   double fwj=2*Math.PI*Math.random();//随机生成方位角
14                   double yj=0.35*Math.PI*Math.random()+0.15*Math.PI;//随机生成仰角
15                   final double vTotal=1.5+1.5*Math.random();    //随机生成总速度
16                   double vy=vTotal*Math.sin(yj);                //Y 方向上的速度
17                   double vx=vTotal*Math.cos(yj)*Math.sin(fwj); //X 方向上的速度
18                   double vz=vTotal*Math.cos(yj)*Math.cos(fwj); //Z 方向上的速度
19                   velocity[i*3]=(float)vx; velocity[i*3+1]=(float)vy; velocity[i*3+2]=
                     (float)vz;
20             }
26                   ……//此处省略了将顶点初速度数据添加到缓冲区的代码，读者可以自行查阅随书
27       }
28       ……//此处省略了初始化着色器的方法，读者可以自行查阅随书中的源代码
29       ……//此处省略了本案例中自定义的绘制方法，读者可以自行查阅随书中的源代码
30 }
```

说明　上述代码中最重要的就是第 10～第 27 行生成各个顶点（粒子）初速度数据的 initVertexData 方法，它采用的计算思路与上一小节中的案例完全相同。

到这里为止，CPU 版与 GPU 版粒子系统的案例就都介绍完了，下面对两个不同版本的案例进行性能比较，具体情况如表 6-1 所列。

表 6-1　　CPU 版粒子系统与 GPU 版粒子系统的帧速率

粒子数量	100 个	200 个	400 个	800 个	1600 个	3200 个	100 000 个
CPU 版帧速率	45	44	30	16	6	3	0.12
GPU 版帧速率	45	45	31	22	22	22	21

> **提示** 笔者是用华为 U8800 运行测得的数据，若读者采用其他机型，数据可能会有所不同，但总体趋势不变。对于性能较好的手机，当粒子数未达到一定值时，其 GPU 版帧速率会保持不变（这是由于手机的 GPU 驱动大都会限制峰值帧速率，一般限制最高帧速率在 60FPS 左右），但当粒子数达到一定值后，若继续增加粒子数，则会出现如表 6-1 所列的 GPU 版帧速率随粒子数增加而下降的趋势。

从表 6-1 可以非常清楚地看出，随着粒子数量的增加，CPU 版本案例的 FPS 很快下降到了不能流畅运行的情况。而 GPU 版本的案例在粒子数量增加后虽然 FPS 也有所降低，但基本能够保证程序的正常运行。

CPU 与 GPU 版本之所以会有如此大的性能差异，主要就在于 GPU 是流式处理器，其中的各个顶点处理单元是独立计算的，同一时刻可以处理多个顶点（粒子），可以很好地支持高并发，这正符合本节案例中各个粒子独立运动的情况。而 CPU 一次只能处理一个顶点，自然对顶点数量的增加十分敏感。

> **提示** 开发中将能够由 GPU 处理的问题交给 GPU 处理是一个常用的提高程序执行性能的技术手段，读者应该多总结、多应用。

6.4 弹簧质点模型模拟旗帜

前几节介绍的物理计算主要是基于刚体或质点的，都不需要考虑形变问题。但现实世界中还有很多软体，比如绳子、旗帜等，这些物体在运动过程中会发生形变。本节将基于弹簧质点模型介绍软体的仿真，同时还会给出一个用此模型模拟旗帜在风中飘扬的案例。

> **提示** 读者可能还记得本书第 1 章顶点着色器的妙用中曾经给出过一个案例——飘扬的旗帜，那么本节的旗帜与第 1 章的旗帜有什么不同呢？第 1 章中的旗帜是根据预定义的数学函数(正弦函数)定时计算出旗帜的姿态，不具有真正的交互式能力，而本节案例中的旗帜是由真实的物理模型计算得出，真实感强，具有实时交互能力。

6.4.1 弹簧质点模型基本原理

介绍本节案例的具体开发之前，首先需要了解本节案例中模拟类似于布的平面型软体的弹簧质点模型，其结构如图 6-17 所示。

从图 6-17 中可以看出，弹簧质点模型中将布面看成由弹簧连接起来的质点网格组成，弹簧分为水平、垂直和斜连 3 种。其中水平及垂直方向的弹簧构成了旗帜的基本结构，称为构造弹簧；而斜向的弹簧会抵抗剪力使布料能更加强韧，称为剪力弹簧。模拟布面类软体的运动过程时需要对每一个质点进行经典力学的受力分析以及运动过程分析来得到组成布面的每个质点的运动情况，具体内容如下所列。

- 当质点未与地面或旗杆接触碰撞时，质点所受到的力包括自身所受的重力、弹簧对其的拉力、风力以及空气阻力，如图 6-18 所示。
- 当质点与地面或旗杆发生碰撞时，只需处理质点与这两种固定物体间的碰撞。由于地面或旗杆是固定不动的，因此，质点与这二者之间的碰撞物理计算就变得很简单了，原理如图 6-19 所示。

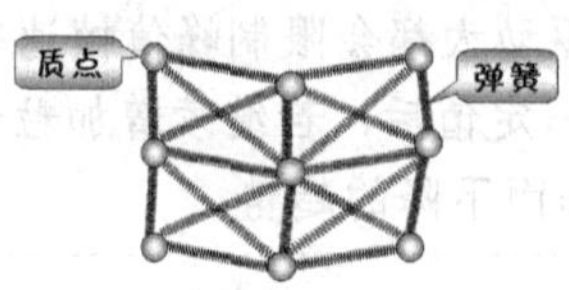

▲图 6-17　用于模拟旗帜的弹簧质点模型

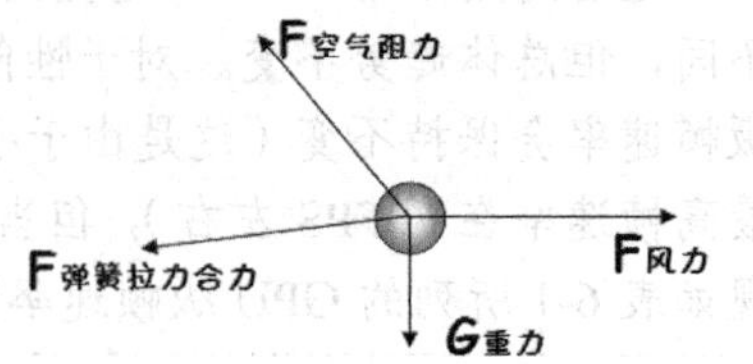

▲图 6-18　每个质点的受力分析图

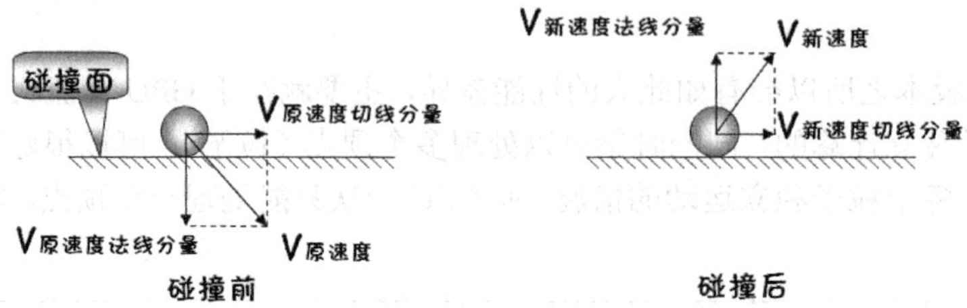

▲图 6-19　发生碰撞质点的速度计算

从图 6-19 中可以看出，确定了碰撞面后首先可以将质点的速度分解为法线方向和切线方向的两个分量。碰撞前与碰撞后切线方向分量的方向不变，法线方向分量的方向置反。同时若考虑能量损失，则将切线方向的分量和置反后法线方向的分量分别乘以各自的能量损失系数，再将两个分量组合即可得到碰撞后质点的新速度。

模拟的过程中，实时根据上述模型计算出每个质点的位置，然后将这些质点视为旗面（按照行列切分的纹理矩形）上的各个顶点，由此绘制出旗面，即可渲染出较为真实的旗帜在风中飘扬的交互式场景。

6.4.2　弹簧质点模型案例的运行效果及开发步骤

介绍本节案例的具体开发步骤之前，首先需要了解本节案例 Sample6_6 的运行效果，如图 6-20 所示。

▲图 6-20　案例 Sample6_6 的运行效果

从图 6-20 中可以看出，本案例具有不少功能。这里先简要介绍本案例的具体操作，内容如下所列。

- 当用手指拖拉界面最上侧的拖拉条时，风力会随之变化。拖拉条刻度越靠左，风力越大，反之则风力越小。

- 当按下“去除绑定点”按钮时，旗面会脱离旗杆随风飘走，如图 6-20 中最右侧的小图所示；当按下“重置”按钮时，场景将恢复到初始状态。
- 当按下“碰撞检测开启/关闭”按钮时，系统会开启或关闭旗面与旗杆及地面的碰撞计算。关闭碰撞计算的好处是可以减少计算量、提高运行速度，这在风力较大、旗面飘得较高时对场景的真实感基本没有影响。
- 当按下“切换旗面”按钮时，系统会切换旗面的纹理，本案例中一共有 3 幅纹理轮换。

> **提示** 由于本案例主要涉及动态效果，因此仅从插图中很难体会到一些要点，建议读者采用真机设备运行并进行体会。

了解了模拟布面型软体的弹簧质点模型以及本节案例的运行效果后，接下来介绍案例的具体开发。由于本案例中涉及绘制和 obj 模型加载的部分代码与前面很多案例中的代码几乎相同，故这里仅给出与实现弹簧质点模型计算相关的、有代表性的部分，具体内容如下。

（1）首先给出本案例中的常量类 Constant，此类负责声明并初始化本案例中用到的大部分常量，其代码如下。

代码位置：源代码/第 6 章/Sample6_6/src/com/bn/Sample6_6 目录下的 Constant.java。

```
package com.bn.Sample6_6;                                          //包声明
import java.nio.FloatBuffer;                                       //引入相关类
public class Constant{                                             //常量类
    static FloatBuffer mVertexBufferForFlag;                       //顶点缓冲引用
    static Object lockA=new Object();                              //锁对象 A
    static Object lockB=new Object();                              //锁对象 B
    final static int NUMROWS = 7;                                  //旗面网格行数
    final static int NUMCOLS = 10;                                 //旗面网格列数
    final static int NUMVERTICES = (NUMROWS+1)*(NUMCOLS+1);//顶点数量
     final static int NUMSPTINGS = (NUMROWS*(NUMCOLS+1)+
         (NUMROWS+1)*NUMCOLS+2*NUMROWS*NUMCOLS);                   //弹簧数量
     final static float RSTER = 0.75f/NUMROWS;                     //质点行间距
     final static float CSTER = 1.0f/NUMCOLS;                      //质点列间距
     final static float KRESTITUTION=0.3f;                         //反弹系数
     final static float COLLISIONTOLERANCE = -6.6f;                //地面位置
     final static float FRICTIONFACTOR=0.9f;                       //摩擦系数
     final static float FLAGPOLERADIUS=0.04f;                      //旗杆半径
     final static float GRAVITY = -0.7f;                           //重力加速度
     final static float SPRING_TENSION_CONSTANT = 500.f;           //构造弹簧系数
     final static float SPRING_SHEAR_CONSTANT = 300.f;             //剪力弹簧系数
     final static float SPRING_DAMPING_CONSTANT = 2.f;             //弹簧阻尼系数
     static boolean isC = false;                                   //是否开启碰撞检测标志
     static float WindForce = 2.0f;                                //风力
     final static float DRAGCOEFFICIENT = 0.01f;                   //空气阻力
 }
```

> **说明** 可以看到此类包含很多静态成员变量，这些变量基本都是在后继的物理计算中需要用到的常量以及本案例中固定的参数。将一个应用程序中所有的常量都放到一个专门的常量类中进行管理是一种较好的编码习惯，这有助于后继需要维护代码时提高效率。笔者在多年的开发实践中一直坚持，这样做读者也可以根据需要选用。

（2）接着给出用于描述单个质点的 Particle 类，其代码如下。

代码位置：源代码/第 6 章/Sample6_6/src/com/bn/Sample6_6 目录下的 Particle.java。

```
package com.bn.Sample6_6;                                 //声名包
import com.bn.util.Vector3f;                              //导入相关类
public class Particle{                                    //质点类
    float pfMass;                                         //质点质量
    float pfInvMass;                                      //质点质量的倒数，为方便计算
```

```
    Vector3f pvPosition;                         //质点位置
    Vector3f pvVelocity;                         //质点速度
    Vector3f pvAcceleration;                     //质点加速度
    Vector3f pvForces;                           //质点受合力
     boolean bLocked;                            //是否被锁定标志
     public Particle(){                          //构造器
         this.pvPosition = new Vector3f(0,0,0);  //初始化位置
         this.pvVelocity = new Vector3f(0,0,0);  //初始化速度
         this.pvAcceleration = new Vector3f(0,0,0);//初始化加速度
         this.pvForces = new Vector3f(0,0,0);    //初始化受力
 }}
```

说明 从上述代码中可以看出，此类对象的主要作用是存储单个质点的各项属性信息。其中位置、速度、加速度、受力 4 项都是三维的，因此，用到了自定义的 Vector3f 类。Vector3f 类的对象有 3 个分量，同时还封装了一些向量的基本操作，后面介绍的一些类也会用到它们，有兴趣的读者可以参考中此类的源代码。

（3）介绍完描述单个质点的 Particle 类后，接下来介绍用于描述弹簧的 Spring 类，其具体代码如下。

代码位置：源代码/第 6 章/Sample6_6/src/com/bn/com/Sample6_6 目录下的 Spring.java。

```
package com.bn.Sample6_6;                          //声名包名
import static com.bn.Sample5_6.Constant.*;         //导入所需的静态变量
public class Spring {                              //弹簧类
    ParticleRet p1;                                //弹簧所连接的 1 号质点位置
    ParticleRet p2;                                //弹簧所连接的 2 号质点位置
    float k;                                       //弹簧劲度系数（胡克系数）
    float d;                                       //阻尼系数
    float L;                                       //弹簧静止时的长度
    public Spring(){                               //构造器
        this.p1 = new ParticleRet();               //初始化弹簧连接的 1 号质点位置
        this.p2 = new ParticleRet();               //初始化弹簧连接的 2 号质点位置
        this.k = SPRING_TENSION_CONSTANT;          //初始化弹簧劲度系数
        this.d = SPRING_DAMPING_CONSTANT;          //初始化弹簧阻尼系数
 }}
```

说明 此类的对象用于存储弹簧的各个属性，其中 p1 和 p2 是网格中质点位置的引用，其他 3 个参数分别为弹簧的劲度系数（胡克系数）、阻尼系数及弹簧静止时的长度，这些数据用来计算每一对质点间所受的弹簧弹力。

（4）了解了用于描述弹簧的 Spring 类后，下面给出包含了弹簧每端质点在质点网格中行列号的 ParticleRet 类，其代码如下。

代码位置：源代码/第 6 章/Sample6_6/src/com/bn/Sample6_6 目录下的 ParticleRet.java。

```
package com.bn.Sample6_6;
public class ParticleRet {
    int r;                          //质点行号
    int c;                          //质点列号
}
```

说明 此类非常简单，仅包含两个成员变量，分别代表质点在质点网格中的行号和列号。

（5）介绍完弹簧类和质点类后，接下来介绍用于记录质点碰撞信息的 Collision 类，其具体代码如下。

代码位置：源代码/第 6 章/Sample6_6/src/com/bn/Sample6_6 目录下的 Collision.java。

```
package com.bn.Sample6_6;                          //声名包名
import com.bn.util.Vector3f;                       //引入相关类
```

```
public class Collision {
    int r;                                              //碰撞质点所在行
    int c;                                              //碰撞质点所在列
    Vector3f n;                                         //碰撞法向量
    public Collision(){                                 //构造器
        r = -1;                                         //初始化行数
        c = -1;                                         //初始化列数
         n = new Vector3f(0,0,0);                       //初始化法向量
}}
```

说明 此类的对象用于存储质点的碰撞相关信息，其中 r 和 c 用于记录碰撞质点在质点网格中的行列数，n 用来记录碰撞的法向量。在构造器中初始化了各个变量，当 r 与 c 的值为-1 时表明没有发生碰撞。

（6）下面介绍用于模拟质点网格中质点运动的类 ParticleControl，此类负责计算旗帜飘动过程中每一帧的顶点位置，是本案例中的核心类。首先给出的是本类的框架，具体内容如下。

代码位置：源代码/第 6 章/Sample6_6/src/com/bn/Sample6_6 目录下的 ParticleControl.java。

```
1   package com.bn.Sample6_6;                           //声名包名
2   import static com.bn.Sample5_6.Constant.*;          //引入静态变量
3   import com.bn.util.Vector3f;                        //引入相关类
4   public class ParticleControl {
5       Particle particles[][] = new Particle[NUMROWS+1][NUMCOLS+1];  //质点数组
6       Spring springs[] = new Spring[NUMSPTINGS];                    //弹簧数组
7       float vertices[]=new float[NUMCOLS*NUMROWS*2*3*3];      //顶点坐标数组
8       Collision collisions[] = new Collision[NUMVERTICES*2]; //碰撞信息数组
9       Vector3f temp = new Vector3f(0, 0, 0);                  //临时向量对象 1
10      Vector3f temp2 = new Vector3f(0, 0, 0);                 //临时向量对象 2
11      public ParticleControl(){
12          Initalize();                                 //调用 Initalize 方法初始化
13      }
14       public float[] getVerties(){                    //获取当前帧顶点坐标数据
15          int count=0;                                 //顶点计数器
16          for(int r=0;r<NUMROWS;r++){                  //对质点网格行进行循环
17              for(int c=0;c<NUMCOLS;c++){              //对质点网格列进行循环
18                  vertices[count++]=particles[r][c].pvPosition.x;//第 1 顶点的 x 坐标
19                  vertices[count++]=particles[r][c].pvPosition.y;//第 1 顶点的 y 坐标
20                  vertices[count++]=particles[r][c].pvPosition.z;//第 1 顶点的 z 坐标
21                  vertices[count++]=particles[r+1][c].pvPosition.x;//第 2 顶点的 x 坐标
22                  vertices[count++]=particles[r+1][c].pvPosition.y;//第 2 顶点的 y 坐标
23                  vertices[count++]=particles[r+1][c].pvPosition.z;//第 2 顶点的 z 坐标
24                   ......//此处省略了一些雷同的代码，读者可参的源代码
25          }}
26          return vertices;                             //返回当前帧的顶点坐标数据
27      }
28      ……//此处省略了 initalize 方法，将在后面介绍
29      ……//此处省略了 calcForces 方法，将在后面介绍
30      ……//此处省略了 checkForCollisions 方法，将在后面介绍
31      ……//此处省略了 resolveCollisions 方法，将在后面介绍
32      ……//此处省略了 stepSimulation 方法，将在后面介绍
33  }
```

- 第 5～第 10 行为成员变量的声明，包括质点数组、弹簧数组以及碰撞信息数组等，本类的几个方法都将围绕这几个成员变量进行相关的物理计算。
- 第 14～第 27 行为获取当前帧顶点坐标数据的 getVerties 方法，该方法对质点网格按照行列进行遍历，获取每个网格中 4 个顶点的坐标，并按照绘制所需的卷绕顺序（将 4 个顶点卷绕成两个三角形）将坐标数据组织进顶点坐标数组。
- 第 28～第 32 行省略了 5 个重要的物理计算相关方法，将在后面逐一详细介绍。

（7）接着介绍 ParticleControl 类中的 initalize 方法，此方法负责初始化弹簧质点系统的各项数据。首先给出本方法中粒子初始化的相关部分，具体代码如下。

代码位置：源代码/第 6 章/Sample6_6/src/com/bn/Sample6_6 目录下的 ParticleControl.java。

```
1   public void initalize(){                              //初始化弹簧质点系统
2       for(int r=0;r<=NUMROWS;r++){                      //对质点网格行进行遍历
3           for(int c=0;c<=NUMCOLS;c++){                  //对质点网格列进行遍历
4               particles[r][c] = new Particle();//创建质点对象
5               float f;                 //声明质点质量临时变量
6               if(((r==0)&&(c==0))||((r==NUMROWS)&&(c==NUMCOLS))){
7                   f = 1;               //处在旗帜左上角和右下角的质点质量为 1
8               }else if(((r==NUMROWS)&&(c==0))||((r==0)&&(c==NUMCOLS))){
9                   f=2;                 //处在旗帜左下角和右上角的质点质量为 2
10               }elseif(((r==0)&&((c!=0)&&(c!=NUMCOLS)))||((r==NUMROWS)&&((c!=0)&&
11                       (c!=NUMCOLS)))){
12                   f=3;                 //处在旗帜上下边缘的质点质量为 3
13               }else{
14                   f=6;                 //其余质点的质量为 6
15               }
16               f = f/8;                 //统一将质点质量减小到前面所给值的 1/8
17               //设置质量,计算质量倒数
18               particles[r][c].pfMass = f;
19               particles[r][c].pfInvMass = 1/particles[r][c].pfMass;
20               particles[r][c].pvPosition.x = FLAGPOLERADIUS+c * CSTER;//根据所在行列计算
21               particles[r][c].pvPosition.y = RSTER*NUMROWS/2-r * RSTER;//质点初始位置坐标
22               particles[r][c].pvPosition.z = 0;
23               if((r==0&&c==0)||(r==NUMROWS&&c==0)){       //若为左上角或左下角的质点
24                   particles[r][c].bLocked = true;         //将质点设置为锁定点
25               }else{                  //若不为左上角或左下角的质点
26                   particles[r][c].bLocked = false;//质点不被锁定
27       }}}
28       ......//此处省略了弹簧初始化的相关代码，将在下面介绍
29   }
```

❑ 第 5～第 19 行为质点质量初始化的相关代码，其中质点根据其位置（所在行列）的不同设置了不同的质量，这样做是为了使质量分布基本均匀，从而获得更加真实的旗帜飘扬效果。最后计算每个质点的质量倒数，这是为简化后面的物理计算做准备。

❑ 第 20～第 27 行为质点位置的初始化以及质点是否被锁定标志位的初始化。在旗杆一侧的质点中顶部与底部的两个质点被设置为锁定质点，这样旗帜就能悬挂在旗杆上了。

（8）接着介绍上一步骤中省略的 initalize 方法中弹簧初始化的相关代码，此部分代码初始化弹簧系统的各项数据以及碰撞数组，具体内容如下。

代码位置：源代码/第 6 章/Sample6_6/src/com/bn/Sample6_6 目录下的 ParticleControl.java。

```
//初始化弹簧
int count = 0;                                          //计数器
for(int r=0;r<=NUMROWS;r++){                            //对质点网格行进行遍历
  for(int c=0;c<=NUMCOLS;c++){                          //对质点网格列进行遍历
    if(c<NUMCOLS){                                      //初始化横弹簧
        springs[count] = new Spring();                  //创建弹簧对象
        springs[count].p1.r = r;                        //弹簧连接的第 1 个质点的行
        springs[count].p1.c = c;                        //弹簧连接的第 1 个质点的列
        springs[count].p2.r = r;                        //弹簧连接的第 2 个质点的行
         springs[count].p2.c = c+1;                     //弹簧连接的第 2 个质点的列
         temp.voluation(particles[r][c].pvPosition);//将第 1 个质点的位置设置进临时向量
         temp.sub(particles[r][c+1].pvPosition);        //减去第 2 个质点的位置
         springs[count].L = temp.module();              //求出弹簧的原始长度
         count++;                                       //计数器加 1
    }
    if(r<NUMROWS){                                      //初始化竖弹簧
         springs[count] = new Spring();                 //创建弹簧对象
         springs[count].p1.r = r;                       //弹簧连接的第 1 个质点的行
         springs[count].p1.c = c;                       //弹簧连接的第 1 个质点的列
         springs[count].p2.r = r+1;                     //弹簧连接的第2 个质点的行
         springs[count].p2.c = c;                       //弹簧连接的第 2 个质点的列
         temp.voluation(particles[r][c].pvPosition);    //将第 1 个质点的位置设置进临时向量
         temp.sub(particles[r+1][c].pvPosition);        //减去第 2 个质点的位置
         springs[count].L = temp.module();              //求出弹簧的原始长度
```

```
25         count++;                          //计数器加 1
26      }
27      if(r<NUMROWS&&c<NUMCOLS){            //初始化左上、右下斜弹簧
28         springs[count] = new Spring();       //创建弹簧对象
29         springs[count].k = SPRING_SHEAR_CONSTANT;//设置其劲度系数
30         springs[count].p1.r = r;             //弹簧连接的第 1 个质点的行
31         springs[count].p1.c = c;             //弹簧连接的第 1 个质点的列
32         springs[count].p2.r = r+1;           //弹簧连接的第 2 个质点的行
33         springs[count].p2.c = c+1;           //弹簧连接的第 2 个质点的列
34         temp.voluation(particles[r][c].pvPosition);//将第 1 个质点的位置设置进临时向量
35         temp.sub(particles[r+1][c+1].pvPosition);//减去第 2 个质点的位置
36         springs[count].L = temp.module();   //求出弹簧的原始长度
37         count++;                          //计数器加 1
38      }
39      if(r<NUMROWS&&c>0){                  //初始化右上、左下斜弹簧
40         springs[count] = new Spring();     //创建弹簧对象
41         springs[count].k = SPRING_SHEAR_CONSTANT; //设置其劲度系数
42         springs[count].p1.r = r;             //弹簧连接的第 1 个质点的行
43         springs[count].p1.c = c;             //弹簧连接的第 1 个质点的列
44         springs[count].p2.r = r+1;           //弹簧连接的第 2 个质点的行
45         springs[count].p2.c = c-1;           //弹簧连接的第 2 个质点的列
46         temp.voluation(particles[r][c].pvPosition);//将第 1 个质点的位置设置进临时向量
47         temp.sub(particles[r+1][c-1].pvPosition);    //减去第 2 个质点的位置
48         springs[count].L = temp.module();            //求出弹簧的原始长度
49         count++;                                     //计数器加 1
50   }}}
51   for(int i=0; i<NUMVERTICES*2; i++){                //循环初始化碰撞数组
52       collisions[i] = new Collision();               //创建碰撞信息对象
53   }
```

- 第 1～第 50 行为遍历所有质点网格创建弹簧的相关代码。一共创建了 4 种不同的弹簧，分别是横向的结构弹簧、竖向的结构弹簧、左上和右下斜着的剪力弹簧、右上和左下斜着的剪力弹簧。初始化每个弹簧时所做的主要工作是计算弹簧的原始长度以及赋予其劲度系数。
- 第 51～第 53 行是创建与质点数量两倍的碰撞信息对象的相关代码，创建的碰撞信息对象被存储进一个数组以备在后面的计算中使用。

提示 对于上述代码读者可能有疑问："初始化横竖结构弹簧时为什么没有对劲度系数赋值初始化，而只是对斜着的剪力弹簧赋值初始化了劲度系数？"其实回顾一下前面步骤（3）中的第 12 行代码就会明白，Spring 类的构造器中已经默认将弹簧的劲度系数设置为横竖结构弹簧的劲度系数了，因此，初始化时仅需要对剪力弹簧的劲度系数另外赋值。

（9）下面介绍 ParticleControl 类中用于计算各个质点受力的 calcForces 方法，其具体代码如下。

代码位置：源代码/第 6 章/Sample6_6/src/com/bn/Sample6_6 目录下的 ParticleControl.java。

```
public void calcForces(){                      //计算质点受力的方法
    for(int r=0;r<=NUMROWS;r++){               //对质点网格行进行遍历
        for(int c=0;c<=NUMCOLS;c++){           //对质点网格列进行遍历
            particles[r][c].pvForces.x = 0; //将质点受力的 x 分量设置为 0
            particles[r][c].pvForces.y = 0; //将质点受力的 y 分量设置为 0
            particles[r][c].pvForces.z = 0; //将质点受力的 z 分量设置为 0
    }}
    for(int r=0;r<=NUMROWS;r++){               //对质点网格行进行遍历
     for(int c=0;c<=NUMCOLS;c++){              //对质点网格列进行遍历
        if(!particles[r][c].bLocked){          //若该质点没有被锁定
                particles[r][c].pvForces.y += GRAVITY*particles[r][c].pfMass;
                //计算重力
                temp.voluation(particles[r][c].pvVelocity);//将质点速度复制进临时向量
                temp.normalize();                    //获取速度的单位向量
                //计算空气阻力，其方向与质点速度方向相反，其大小与质点速度成正比
                temp.scale(-particles[r][c].pvVelocity.moduleSq()*DRAGCOEFFICIENT);
                particles[r][c].pvForces.add(temp);           //将空气阻力加入总受力
                //产生一个与 XOZ 平面平行，方向随机的向量
```

```
18                    temp.voluation((float)(Math.random()*1), 0, (float)(Math.random()*0.3f));
19                    temp.scale((float)(Math.random()*WindForce));
                      //根据当前风力大小产生风力向量
20                    particles[r][c].pvForces.add(temp);           //将风力加入总受力
21          }}}
22          for(int i=0;i<NUMSPTINGS;i++){                   //遍历所有弹簧计算弹簧弹力
23              int r1 = (int) springs[i].p1.r;              //获取弹簧连接的第 1 个质点的行号
24              int c1 = (int) springs[i].p1.c;              //获取弹簧连接的第 1 个质点的列号
25              int r2 = (int) springs[i].p2.r;              //获取弹簧连接的第 2 个质点的行号
26              int c2 = (int) springs[i].p2.c;              //获取弹簧连接的第 2 个质点的列号
27              temp.voluation(particles[r1][c1].pvPosition);
                //将第一个质点位置复制进临时向量
28              temp.sub(particles[r2][c2].pvPosition);  //减去第 2 个质点的位置
29              float pd = temp.module();                   //计算出两个质点间的距离
30              temp2.voluation(particles[r1][c1].pvVelocity);//将第一个质点速度复制进临
                时向量
31              temp2.sub(particles[r2][c2].pvVelocity);//减去第 2 个质点的速度得到弹簧力方向
32              float L = springs[i].L;                    //获取当前弹簧静止时的长度
33              //根据弹簧力公式计算弹簧弹力与阻尼力之和的大小
34              float t = -(springs[i].k*(pd-L)+springs[i].d*(temp.dotProduct(temp2)/pd))/pd;
35              temp.scale(t);                                //得到弹簧力向量
36              if(!particles[r1][c1].bLocked){               //若质点 1 未被锁定
37                  particles[r1][c1].pvForces.add(temp);     //将弹簧力加入总受力
38              }
39              if(!particles[r2][c2].bLocked){               //若质点 2 未被锁定
40                  temp.scale(-1);               //计算弹簧力的反向力作为质点 2 所受弹簧力
41                  particles[r2][c2].pvForces.add(temp);     //将弹簧力加入总受力
42      }}}
```

❑ 第 2～第 7 行为将所有质点受力归零的相关代码，将所有质点受力归零是为了开始新一轮的受力计算。

❑ 第 8～第 21 行为遍历所有质点，计算质点所受的重力、空气阻力以及风力的相关代码。重力的计算最简单，直接给受力向量的 y 方向分量加上重力值即可；空气阻力的计算稍微复杂一些，按照公式“空气阻力=当前质点速度反方向单位向量×速度大小平方×风阻参数”进行即可；风力的计算也很简单，首先产生一个随机方向向量，然后根据当前设置的风力的大小再引入一点随机扰动产生风力向量即可。

❑ 第 22～第 42 行为遍历所有弹簧，计算弹簧所连接质点所受弹簧力的相关代码。弹簧力分两部分计算，一部分是弹簧弹力，满足胡克定律。另一部分是弹簧阻尼力，其计算公式为“弹簧阻尼系数×(两端质点位置连线的向量与两端质点速度的差向量的点积)/两端质点距离的平方”。

（10）下面介绍 ParticleControl 类中用于计算质点与地面及旗杆碰撞信息的 checkForCollisions 方法，其代码如下。

代码位置：源代码/第 6 章/Sample6_6/src/com/bn/Sample6_6 目录下的 ParticleControl.java。

```
public boolean checkForCollisions(){                             //检测是否发生碰撞的方法
     int      count = 0;                                            //初始化计数器
     boolean     state = false;                                //将碰撞标志初始化为 false
     for(int i=0; i<collisions.length; i++){                     //循环清除上一轮碰撞信息
          collisions[i].r = -1;                  //将碰撞信息的质点行号设置为-1，代表无碰撞
     }
     for(int r=0; r<=NUMROWS; r++){                              //对质点网格行进行遍历
          for(int c=0; c<=NUMCOLS; c++){                          //对质点网格列进行遍历
            if(!particles[r][c].bLocked){                                //若质点没有被锁定
              if((particles[r][c].pvPosition.y <= COLLISIONTOLERANCE) &&
                      (particles[r][c].pvVelocity.y < 0f)){//若该质点与地面发生了碰撞
                state = true;                                     //设置碰撞标志为 true
                collisions[count].r = r;                            //记录碰撞质点的行号
                collisions[count].c = c;                            //记录碰撞质点的列号
                collisions[count].n.x = 0.0f;              //记录此次碰撞面法向量的 x 分量
                collisions[count].n.y = 1.0f;              //记录此次碰撞面法向量的 y 分量
                collisions[count].n.z = 0.0f;         //记录此次碰撞面法向量的 z 分量
                count++;                                         //计数器加 1
```

```
19         }}}}
20         for(int r=0; r<=NUMROWS; r++){                              //对质点网格行进行遍历
21             for(int c=0; c<=NUMCOLS; c++){                           //对质点网格列进行遍历
22               if(!particles[r][c].bLocked){                             //若质点没有被锁定
23                 //计算出此质点位置距旗杆中轴线投影点的距离
24                 float fd = (particles[r][c].pvPosition.x)* (particles[r][c].pvPosition.x)+
25                        (particles[r][c].pvPosition.z)* (particles[r][c].pvPosition.z);
26                 //将从质点在旗杆中轴线上的投影点到质点位置的向量值存入临时向量
27                 temp.voluation(particles[r][c].pvPosition.x,0, particles[r][c].pvPosition.z);
28                 //判断是否与旗杆发生了碰撞
29                 if((fd<=FLAGPOLERADIUS) && (temp.dotProduct(particles[r][c].pvVelocity)>0f)){
30                      state = true;                                  //设置碰撞标志位
31                      collisions[count].r = r;                       //记录碰撞质点的行号
32                      collisions[count].c = c;                       //记录碰撞质点的列号
33                      collisions[count].n.voluation(temp);           //获得碰撞面法向量
34                      collisions[count].n.normalize();               //将碰撞面法向量规格化
35                      count++;                                       //计数器加 1
36         }}}}
37         return state;                                               //返回是否发生了碰撞的标志位值
38     }
```

❑ 第 4～第 6 行的功能为清除上一轮计算的碰撞信息，以便开始新一轮碰撞信息的计算。

❑ 第 7～第 19 行的功能为计算质点是否与地面发生了碰撞，与地面发生碰撞的质点需要满足两个条件：质点的 y 坐标低于或等于地面高度；质点的 y 方向速度分量为负（指向地面）。若质点与地面发生了碰撞，则将碰撞信息记录进对应的碰撞信息对象。

❑ 第 20～第 36 行的功能为计算质点是否与旗杆发生了碰撞，与旗杆发生碰撞的质点需要满足两个条件：质点离旗杆中轴线的距离小于等于半径；质点速度与质点的方位综合起来满足碰撞要求。若质点与旗杆发生了碰撞，则将碰撞信息记录进对应的碰撞信息对象。

（11）接着介绍 ParticleControl 类中用于处理碰撞以产生碰撞后质点速度的 resolveCollisions 方法，其具体代码如下。

代码位置：源代码/第 6 章/Sample6_6/src/com/bn/Sample6_6 目录下的 ParticleControl.java。

```
public void resolveCollisions(){                              //处理碰撞的方法
    for(int i=0; i<collisions.length; i++){                    //遍历碰撞信息对象数组
        if(collisions[i].r != -1){                             //若此碰撞信息对象有效
        int r = collisions[i].r;                               //获取碰撞对应质点的行号
        int c = collisions[i].c;                               //获取碰撞对应质点的列号
        temp.voluation(collisions[i].n);                       //获取碰撞面法向量
        //求法向量方向的速度分量
        temp.scale(temp.dotProduct(particles[r][c].pvVelocity));
        temp2.voluation(particles[r][c].pvVelocity);//将质点速度复制进临时向量 2
        temp2.sub(temp);                          //减去法向量方向速度分量得到切向速度分量
        temp.scale(-KRESTITUTION);                //法向量方向速度乘以负反弹系数
        temp2.scale(FRICTIONFACTOR);              //切向方向速度乘以动摩擦系数
        temp.add(temp2);                          //法向量方向速度加切向速度得到总速度
        particles[r][c].pvVelocity.voluation(temp);//将总速度设置进质点速度属性
}}}
```

说明 上述处理碰撞的 resolveCollisions 方法并不复杂，它遍历所有的碰撞信息对象，若遍历到有效的碰撞信息对象，则通过碰撞信息计算出碰撞后的质点速度。

（12）下面介绍 ParticleControl 类中用来实现运动方程积分的 stepSimulation 方法，调用此方法后就能计算出新一帧中各个质点的位置数据，其具体代码如下。

代码位置：源代码/第 6 章/Sample6_6/src/com/bn/Sample6_6 目录下的 ParticleControl.java。

```
public void stepSimulation(float dt){                //实现运动方程积分的方法
  calcForces();                                      //调用 calcForces 方法计算各个质点的受力
  for(int r=0;r<=NUMROWS;r++){                       //对质点网格行进行遍历
   for(int c=0;c<=NUMCOLS;c++){                      //对质点网格列进行遍历
    temp.voluation(particles[r][c].pvForces);        //将质点所受的合力复制进临时向量
```

```
6       temp.scale(particles[r][c].pfInvMass);          //计算质点总加速度
7       particles[r][c].pvAcceleration.voluation(temp);//将加速度记录进质点对象成员
8       temp.scale(dt);                                //加速度乘以步进时间得到速度变化量
9       particles[r][c].pvVelocity.add(temp);          //原速度加上速度变化量得到新速度
10      temp.voluation(particles[r][c].pvVelocity);   //将新速度复制进临时向量
11      temp.scale(dt);                                //新速度乘以步进时间得到位移
12      particles[r][c].pvPosition.add(temp);          //原位置加上位移得到新位置
13      if(particles[r][c].pvPosition.y<COLLISIONTOLERANCE){//若新位置 y 坐标低于地面
14           particles[r][c].pvPosition.y=COLLISIONTOLERANCE;//新位置 y 坐标等于地面高度
15       }
16    }}
17    if(isC){                                         //若开启了碰撞检测
18      if(checkForCollisions()){                      //计算碰撞信息
19        resolveCollisions();                         //处理碰撞
20  }}}
```

- 第 3～第 12 行的功能为根据计算出的质点所受的合力计算出质点的加速度，进而计算出步进时间内的速度变化量而得到新的速度，基于新的速度计算出步进时间内的位移，最终计算出新的质点位置。
- 第 13～19 行的功能为计算质点与地面及旗杆的碰撞信息，进而通过碰撞信息计算出碰撞后的质点速度。

（13）最后介绍实现定时进行物理计算的线程类——CalThread，它负责定时调用 stepSimulation 方法进行物理计算，并将计算得到的质点位置送入缓冲供绘制使用，具体代码如下。

代码位置：源代码/第 6 章/Sample6_6/src/com/bn/Sample6_6 目录下的 CalThread.java。

```
package com.bn.Sample6_6;                                  //声明包
import java.nio.ByteBuffer;                                //引入相关类
 ......//此处省略了引入其他相关类的语句，读者可以参的源代码
 public class CalThread extends Thread{
       boolean flag=true;                                  //线程工作标志
       ParticleControl pc;                                 //质点物理计算类
       public CalThread(ParticleControl pc){               //构造器
            this.pc=pc;
      }
       public void run(){                                  //重写 run 方法
        while(flag){                                       //一直循环工作
            synchronized(Constant.lockB){                  //加锁同步以防多线程同时访问
                  pc.stepSimulation(0.016f);               //以 0.016 为时间步进进行物理计算
            }
           float[] vdata=pc.getVerties();                  //获得一帧的顶点数据
            ByteBuffer vbb = ByteBuffer.allocateDirect(vdata.length*4);//创建缓冲
            vbb.order(ByteOrder.nativeOrder());            //设置字节顺序
            FloatBuffer mVertexBuffer = vbb.asFloatBuffer(); //转换为 int 型缓冲
            mVertexBuffer.put(vdata);                      //向缓冲区中放入顶点坐标数据
            mVertexBuffer.position(0);                     //设置缓冲区起始位置
            synchronized(Constant.lockA){                  //加锁同步以防多线程同时访问
            Constant.mVertexBufferForFlag=mVertexBuffer;//将绘制用顶点缓冲引用指向
            新的数据
 }}}}
```

说明　此线程类并不复杂，其对象定时以一定的时间步进调用 stepSimulation 方法进行物理模拟计算，计算后获得当前的质点位置坐标并将它作为绘制用的顶点位置，然后生成顶点位置数据缓冲供绘制部分使用。需要特别注意的是，由于本案例不止一个线程，故在可能有访问冲突的位置都采用了同步语句块，以避免多线程同时访问带来的问题。读者在多线程应用程序的开发中也应该注意这一问题。

6.5 弹簧质点模型模拟球网

上一节案例通过实现一个旗帜迎风飘扬的场景向读者介绍了弹簧质点模型的基本原理与实

现，本节将进一步给出一个基于弹簧质点模型实现的模拟足球门球网的案例，以加深读者对弹簧质点模型的理解。

6.5.1　弹簧质点模型的基本原理

本节案例的大体程序框架与上一节的案例没有区别，是在上一节案例的基础上修改升级完成的。主要是修改了模型中的质点数量、弹簧数量以及各自的物理属性，同时还加入了代表射门足球的特殊质点——足球质点。

升级工作中最重要的一部分就是处理足球质点与普通质点（模拟球网的弹簧质点模型中的质点）间的物理碰撞，具体的实现原理是：当足球质点与普通质点的距离小于足球半径时，则认为发生了碰撞，以足球形变量除以足球半径作为受力基本值，再乘以系数即可得到足球质点与普通质点间相互作用力的大小。

足球的形变量由足球半径减去普通质点与足球质点间的距离得到。相互作用力的方向与足球质点位置和普通质点位置的连线平行，分别指向足球质点与普通质点。

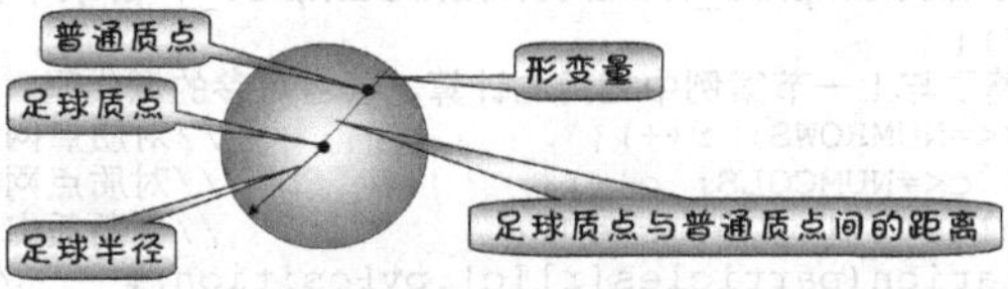

▲图 6-21　足球质点与普通质点的碰撞

6.5.2　弹簧质点模型的案例的运行效果及开发步骤

介绍本节案例的具体开发之前，首先需要了解本节案例的运行效果，如图 6-22 和图 6-23 所示。

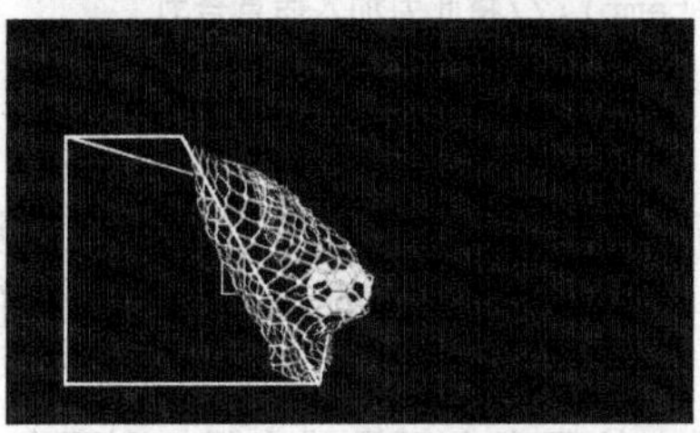

▲图 6-22　足球门右视图

▲图 6-23　足球门正视图

> **说明**　本案例运行过程中，用手指单击屏幕右侧可以切换视角，图 6-22 与图 6-23 就是两种不同的视角。用手指单击屏幕左侧可以发射足球射门。如果读者用设备实际运行的话就会发现，足球进门后打击到球网上的效果比较真实，与现实世界中的效果很相似，这就是弹簧质点模型的功劳。

由于本节案例是在上一节案例的基础上升级改造完成的，因此，很多代码都一样，这里仅给出本节案例中具有代表性的部分。

（1）首先给出记录足球位置以及足球半径等参数的足球质点类 BallParticle，它继承自普通质点类 Particle，具体代码如下。

代码位置：源代码/第 6 章/Sample6_7/src/com/bn/Sample6_7 目录下的 BallParticle.java。

```
package com.bn.Sample6_7;                          //包声明
import com.bn.util.Vector3f;                        //引入相关类
public class BallParticle extends Particle{         //继承自普通质点类
```

```
        float ballR;                                  //足球半径
        Vector3f cn;                                  //碰撞法向量
        float rQ;                                     //足球半径的平方
        public BallParticle(float r){                 //构造器
            super();                                  //调用父类构造器
            cn = new Vector3f(0, 0, 0)    ;           //初始化碰撞法向量
             ballR = r;                               //初始化半径
             rQ = r*r;                                //计算半径的平方
    }}
```

说明 从上述代码中可以看出，足球质点类 BallParticle 只是在普通质点类的基础上增加了足球半径、碰撞法向量、半径的平方等成员变量。之所以将半径的平方也列为成员变量，是因为在后继的物理计算中要经常使用，这样就可以简化计算，避免每次要使用时重复计算。预先计算常用的、不变的量是一种好习惯，读者也可以借鉴。

（2）接着给出计算足球质点与普通质点间碰撞的相关代码，这部分代码添加在 ParticleControl 类的 calcForces 方法中，具体内容如下。

代码位置：源代码/第 6 章/Sample6_7/src/com/bn/Sample6_7 目录下的 ParticleControl.java。

```
 void calcForces(){
   ......//此处省略了与上一节案例中相同的计算，读者可参的源代码
   for(int r=0; r<=NUMROWS; r++){                   //对质点网格行进行遍历
     for(int c=0; c<=NUMCOLS; c++){                 //对质点网格列进行遍历
       if(!particles[r][c].bLocked){                //判断质点是否被锁定
        temp.voluation(particles[r][c].pvPosition);     //将当前质点位置复制进临时向量
        temp.sub(bp.pvPosition);                    //减去足球质点位置
        float fd = temp.moduleSq();                 //获取足球质点与此质点距离的平方
        if(fd < bp.rQ){                             //若距离平方小于足球半径平方
            float u = (bp.ballR-(float)Math.sqrt(fd))/bp.ballR; //计算受力基本值
            float f = u*5000;                       //受力基本值乘以系数获得力的大小
            temp.normalize();                       //得到力的方向向量的规格化版本
            temp.scale(f);                          //将向量的大小设置为力的大小
            particles[r][c].pvForces.add(temp);//将此力加入质点合力
            temp.scale(-1);                         //将此力置反
            bp.pvForces.add(temp);                  //加入足球质点合力
 }}}}}
```

- 此部分代码也不复杂，其遍历质点网格中的所有普通质点，对每个普通质点计算与足球质点之间的相互碰撞。若存在碰撞，则计算出相互作用力并添加到各自所受的合力中，供后继的物理计算使用。
- 计算相互碰撞的策略为，若普通质点与足球质点的距离大于足球半径，则不存在碰撞，反之则以足球形变量除以足球半径作为受力基本值，再乘以系数即可得到足球质点与普通质点间的相互作用力的大小。足球的形变量由足球半径减去普通质点与足球质点间的距离得到。
- 相互作用力的方向与足球质点位置和普通质点位置的连线平行，分别指向足球质点与普通质点。

（3）接着给出计算足球与地面碰撞信息的 checkForCollisions 方法，其代码如下。

代码位置：源代码/第 6 章/Sample6_7/src/com/bn/Sample6_7 目录下的 ParticleControl.java。

```
 public boolean checkForCollisions(){
      boolean state = false;                          //是否有碰撞标志
      if((bp.pvPosition.y <= COLLISIONTOLERANCE)      //若足球质点低于地面
      && (bp.pvVelocity.y < 0f)){                     //若足球质点的 y 轴速度向下
          state = true;                               //将碰撞标志设置为 true
          bp.cn.x = 0.0f;                             //记录碰撞面法向量的 x 分量
          bp.cn.y = 1.0f;                             //记录碰撞面法向量的 y 分量
          bp.cn.z = 0.0f;                             //记录碰撞面法向量的 z 分量
      }
       return state;                                  //返回碰撞标志值
   }
```

说明　上述代码也很简单，首先判断足球质点是否与地面发生了碰撞，若发生了碰撞，则将碰撞信息记录进足球质点对象的相关成员，供后继的物理计算使用。

（4）最后给出根据足球质点所受合力计算出足球质点新位置的相关代码，这部分代码添加在ParticleControl类的stepSimulation方法中，具体内容如下。

代码位置：源代码/第6章/Sample6_7/src/com/bn/Sample6_7目录下的ParticleControl.java。

```
void stepSimulation(float dt){
    ......//此处省略了与上一节案例基本相同的部分代码，请读者参看随书源代码
    temp.voluation(bp.pvForces);          //将足球质点所受的合力复制进临时向量
    temp.scale(bp.pfInvMass);             //计算足球质点总加速度
    bp.pvAcceleration.voluation(temp);    //将加速度记录进足球质点对象成员
    temp.scale(dt);                       //加速度乘以步进时间得到速度变化量
    bp.pvVelocity.add(temp);              //原速度加上速度变化量得到新速度
    temp.voluation(bp.pvVelocity);        //将新速度复制进临时向量
    temp.scale(dt);                       //新速度乘以步进时间得到位移
    bp.pvPosition.add(temp);              //原位置加上位移得到新位置
    ...... //此处省略了与上一节案例基本相同的部分代码，请读者参看随书源代码
}
```

说明　上述代码的主要功能为根据足球质点所受合力计算出其加速度，进而计算出步进时间内的速度变化量而得到新的速度，基于新的速度计算出步进时间内的位移，最终计算出新的足球质点位置。

至此，本节案例就介绍完了。其实利用弹簧质点模型可以实现很多酷炫的效果，本书由于篇幅所限，不能太多地讨论，读者可以自己进一步尝试，基本思想及实现套路与本节案例没有本质区别。

6.6 小结

本章主要介绍了一些开发3D应用程序时经常会用到的碰撞检测以及物理计算方面的知识，包括AABB包围盒、粒子系统、弹簧质点模型等。读者掌握了本章的知识后，采用OpenGL ES 3.0模拟现实世界的能力将大大增强。

第 7 章　3D 物理引擎——JBullet

玩过极品飞车、都市赛车等虚拟现实类游戏的读者都会有这样的感觉，这些游戏的巨大吸引力不单来自于绚丽的画面，还来自于其真实的碰撞、飞跃等物理仿真效果。如果仅有绚丽的画面而对现实世界物理效果的模拟不真实，那么游戏的吸引力也将大打折扣。

第 6 章简单介绍了一些与 3D 游戏开发相关的物理知识，但如果所有的复杂物理仿真效果都直接由游戏开发人员根据物理模型实现，开发的难度和成本将大大增加。因此，本章将介绍实际游戏开发中经常使用的模拟现实世界物理效果的一种方式——物理引擎。

7.1 物理引擎很重要

有些读者可能对物理引擎已经有了简单的了解，但很多读者可能还不是很熟悉。因此，本节将简要介绍物理引擎，包括物理引擎的概念以及一些常见的物理引擎。

7.1.1 什么是物理引擎

物理引擎通过给物体赋予真实的物理属性来模拟物体的运动，包括碰撞、移动、旋转等。并不是所有的游戏都必须使用独立的物理引擎，一些简单游戏中的物理效果可以通过自行开发碰撞检测以及实现力学公式来完成对刚体或质点的模拟，就像第 6 章介绍的一样。

当游戏中需要实现比较复杂的刚体碰撞、滚动或者弹跳时，全部通过自行编程的方式来实现就非常困难，成本也很高。遇到这种情况时就可以使用独立的物理引擎来模拟物体的运动，使用物理引擎不仅可以得到更加真实的效果，对于开发人员来说也比自行开发要耗时短、效率高。

一款好的物理引擎不仅可以帮助实现碰撞检测、力学模拟，而且还会提供很多关节的实现，如铰链关节、滑动关节、六自由度关节等。通过各种关节的组合可以实现各种复杂的机械结构，详细内容在后继部分介绍。更高级的物理引擎不但可以提供刚体的模拟，甚至还可以提供软体及流体的模拟，这些都能大大提升游戏的真实感和吸引力。

7.1.2 常见的物理引擎

市面上存在的物理引擎数量是很多的，著名的物理引擎有 Havok、Bullet、PhysX、ODE 以及 Box2D 等。其中 ODE、Bullet、Box2D 等是开源的物理引擎，而 PhysX 的前身是 Novodex，被 Ageia 收购之后改名为 PhysX，它是一款可以免费用于非商业用途的引擎，商业用途及源代码需要付费，Havok 在许可方面也是如此。上述几种物理引擎的基本信息如表 7-1 所列。

表 7-1　知名物理引擎的基本信息

物理引擎名称	Havok	PhysX	Bullet	Box2D	ODE
持有公司/人员	Intel	Nvidia	AMD	Erin Catto	Russell Smith

续表

是否开源	是	否	是	是	是
是否支持 C/C++	是	是	是	是	是
最新版本	2013.1	3.3	2.83	2.2.1	0.11.1
文档情况	详细	详细	尚可	尚可	一般
支持的维数	3D	3D	3D	2D	3D

提示 目前世界 3 大 3D 物理引擎为 Havok、PhysX 和 Bullet。另外，2008 年 2 月 4 日，NVIDIA 成功收购 AGEIA。此后凡是支持 CUDA 技术的显卡，就可以启动硬件 PhysX 加速，这可以大大提升游戏的实时性能。

❑ Hovok

Hovok 成立于 1998 年，总部位于都柏林。在 2000 年游戏开发者大会上发布了 Havok 1.0，最新版本为 Havok 2013.1，该引擎基于 C/C++。2007 年 9 月，Intel 宣布成功收购 Havok。之后，Intel 宣布 Havok 引擎开放源代码并允许游戏开发人员免费用于非商业用途。

由于 Havok 的开放性和不依赖特定硬件的特点，很多大型游戏均使用 Havok 引擎。其中著名的有“波斯王子：遗忘之沙”和“辐射 3”等，效果分别如图 7-1 与图 7-2 所示。

▲图 7-1 波斯王子：遗忘之沙

▲图 7-2 辐射 3

提示 2011 年 3 月 6 日，Intel 宣布 Havok 引擎开始支持 Android。并且已经与索爱达成合作关系，Havok 将为索爱的 Xperia Play 游戏手机进行优化以便用于智能手机游戏的开发。2011 年 11 月 7 日，Intel 宣布，与 Autodesk 达成协议，Havok 将提供新版本的视觉引擎，其中集成了 Autodesk 的 Scaleform 和 Beast 中间件。

❑ PhysX

PhysX 不仅可以由 CPU 计算，而且其程序本身在设计上可以使用独立的浮点处理器来计算。正是由于这个原因，它可以非常轻松地完成像流体力学那样计算量非常大的物理模拟计算。该引擎可以在 Windows、Linux、Xbox360、Playstation3、Mac 等多种平台上运行。

到目前为止，在 X86-PC 平台上共有 200 多种游戏采用 PhysX 引擎。被大家熟知的有“蝙蝠侠：阿卡姆疯人院”和“幽灵行动”等，其效果分别如图 7-3 和图 7-4 所示。

▲图 7-3 蝙蝠侠：阿卡姆疯人院

▲图 7-4 幽灵行动

提示　2015 年，NVIDIA 发布了最新的 SDK 3.3，这个新版本初步提供了对 PhysX 3 下一代 SDK 的公共访问接口，并且对很多特性进行了加强和改进。

❑ Bullet

Bullet 是一款开源的 3D 物理引擎，是 AMD 开放物理计划的成员之一。同时也是一个跨平台的物理引擎，支持 Windows、Linux、MAC、Playstation3、XBOX360 以及 Nintendo Wii 等主流平台。

使用 Bullet 物理引擎开发的游戏主要有玩具总动员 3 等，其效果如图 7-5 所示。使用该引擎制作的电影也不乏大作，如闪电狗就是迪斯尼使用该引擎制作的 3D 动画电影，其效果如图 7-6 所示。

▲图 7-5　玩具总动员 3

▲图 7-6　闪电狗

提示　Bullet 的版本已经更新到 2.83，该版本主要是对之前版本的 bug 进行了修复，不过也增添了新的特性，如集成了一个用于凸面分解的库——HACD。

❑ ODE

ODE （Open Dynamic Engine） 是一款免费的具有工业品质的刚体动力学引擎，可以非常好地仿真现实世界中物体的移动、旋转等，具有良好的可移植性，并且内置了碰撞检测系统。ODE 目前可以支持球窝、铰链、滑块、定轴、角电机和 hinge-2 等关节类型，还可以支持各种碰撞形式（如球面碰撞和平面碰撞）以及多个碰撞空间。

提示　ODE 现在还没有正式发布 1.0 版本，最新版为 0.11.1，还属于不成熟阶段，因此应用不如前几种广泛。

❑ Box2D

Box2D 是一款非常著名的 2D 物理引擎，主要用于 2D 刚体仿真，有 C++、Flash 和 Java 等版本，通过它能非常好地进行 2D 世界的物理效果模拟。Box2D 最早是用可移植的 C++开发的，后来随着需求的变化陆续推出了 Java 与 Flash 的版本。最近非常受欢迎的游戏“愤怒的小鸟”就是基于该引擎开发的，其效果如图 7-7 与图 7-8 所示。

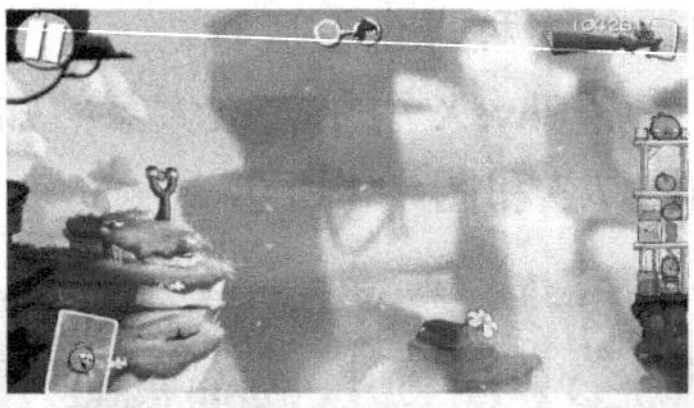

▲图 7-7　游戏开始

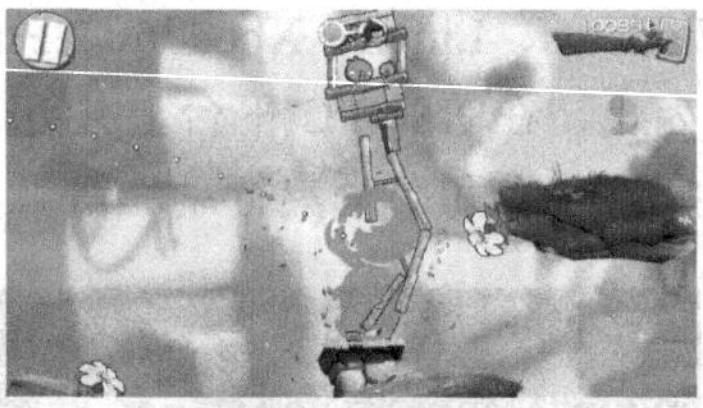

▲图 7-8　游戏进行中

7.2 JBullet 物理引擎概览

JBullet 是开源的物理引擎 Bullet 的 Java 版本，因此可以直接用于 Android。该引擎能够根据开发人员设定的参数，如重力、密度、摩擦系数和弹性系数等，自动进行 3D 刚体物理运动的全方位模拟。

> 提示 每种物理引擎都有其独特的一些基本概念，在学习开源物理引擎时，首先需要弄懂的就是这些基本概念。如果在基本概念不清楚的情况下去"深入"学习，只会使自己陷入泥沼中，并且越陷越深，难以有所成就。因此，本节首先带领读者复习物理学中的一些基本概念，然后介绍 JBullet 中的一些常用类与概念。

7.2.1 基本的物理学概念

游戏实际上是对真实世界的仿真，其中用到了许多物理学概念，如密度、质量、质心、摩擦力、扭矩以及碰撞（恢复）系数等。因此，本小节将简要回顾大家中学阶段学习过的、用 JBullet 进行开发时经常碰到的一些物理学概念。

❑ 密度

密度指的是单位体积的质量，符号为"ρ"，常用单位为 kg/m^3。密度是物质的一种基本特性，不随物体的质量、体积的改变而改变，同种物质的密度相同。

❑ 质量

质量指的是物体中所含物质的量，即物体惯性的大小，国际单位是 kg。同一物体的质量通常是一个常量，不随其位置、姿态的改变而变化。但是根据爱因斯坦的相对论，同一物体的质量会随着速度的变化而改变。由于只有运动速度接近光速时才能感觉到这种变化，故在游戏中一般不考虑速度对质量的影响。

❑ 质心

物体（或物体系）的质量中心，是研究物体（或物体系）机械运动的一个重要参考点。当作用力（或合力）通过该点时，物体只平移而不发生转动；否则在发生平移的同时物体将绕该点转动。

研究质心的运动时，可将物体的质量看成集中于质心。理论上，质心是对物体的质量分布用"加权平均法"求出的平均中心。

❑ 摩擦力

当两个互相接触的物体要发生或者已经发生相对运动时，就会在接触面上产生一种阻碍该相对运动的力。这种力称为摩擦力，其基本情况如图 7-9 所示。

> 提示 根据物体是否发生相对运动可以分为静摩擦力与滑动摩擦力，一般情况下，静摩擦力大于滑动摩擦力。实际开发中可以简化，但若要模拟更加真实的效果就需要分别开发。

❑ 扭矩

扭矩在物理学中就是力矩的大小，等于力与力臂的乘积，国际单位是 Nm（牛米）。在力臂不变的情况下，力越大，扭矩越大，基本情况如图 7-10 所示。

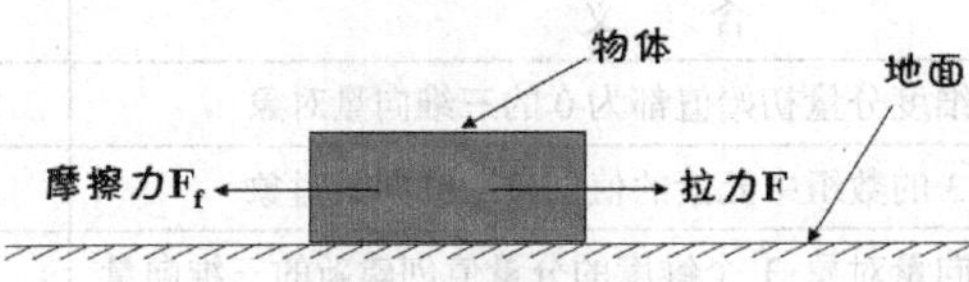

▲图 7-9 摩擦力示意

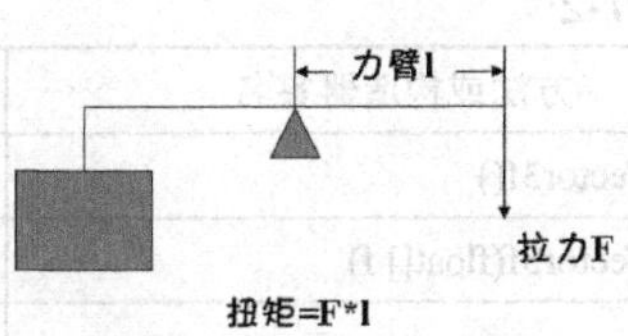

▲图 7-10 扭矩示意

❑ 恢复系数

两物体碰撞后的总动能与碰撞前的总动能之比称为恢复系数，其取值范围为 0～1。如果恢复系数为 1，则碰撞为完全弹性碰撞，满足机械能守恒；如果恢复系数小于 1 且大于 0，则为非完全弹性碰撞，不满足机械能守恒，这种情况是最常见的；如果恢复系数为 0，则为完全非弹性碰撞，两个物体会黏在一起。几种基本情况如图 7-11 所示。

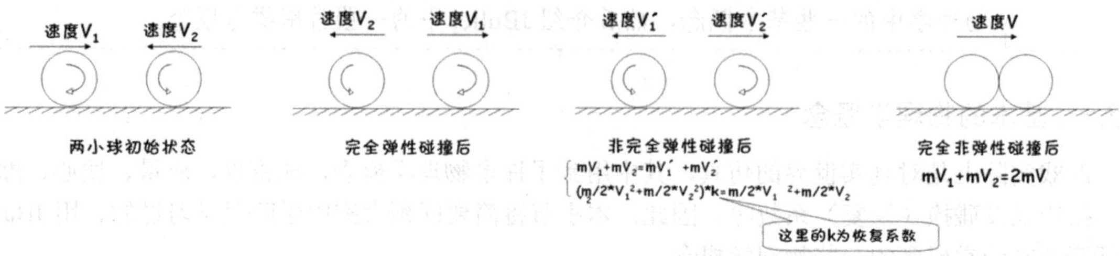

▲图 7-11　各种碰撞情况

> **说明**　图 7-11 中，两个小球的质量相等，小球的初速度 V1 大于 V2。

7.2.2　JBullet 中常用类的介绍

俗话说得好“磨刀不误砍柴工”，在学习新技术时，首先要弄清楚一些基本概念，一些常用的 API，这样深入学习起来才更有效率。因此，本小节主要介绍一些学习 JBullet 过程中必知必会的类及其对应的概念。

1. Vector3f 类（三维向量类）

该类属于 javax.vecmath 包，继承自同一包的 Tuple3f（三元组）类。该类的使用频率非常高，其对象可以表示速度、点、力等向量（矢量），其基本功能如图 7-12 所示。

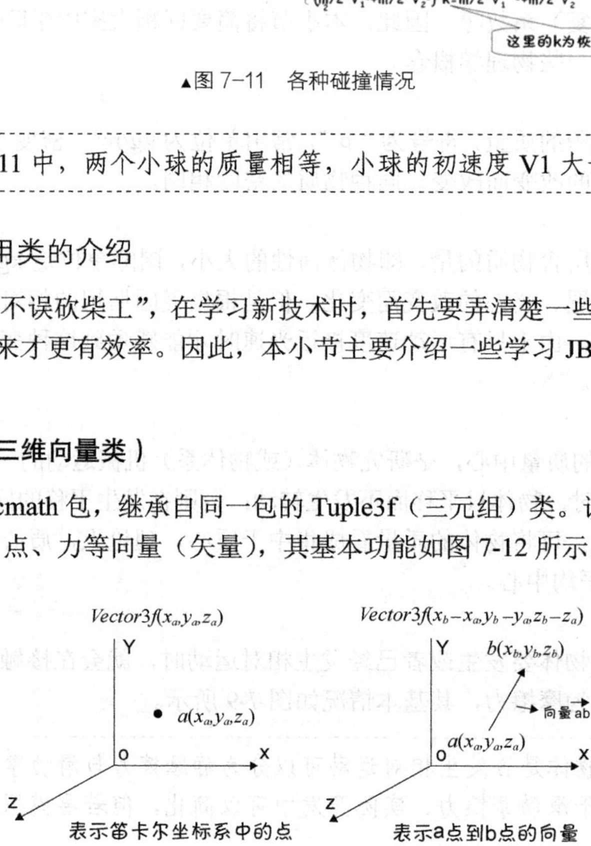

▲图 7-12　Vector3f 类对象功能示意

从图 7-12 中可以看出，三维坐标系中的点和向量均可以用该类的对象来表示。该类的构造器与常用方法如表 7-2 所列。

表 7-2　　Vector3f 类构造器与常用方法

方法或构造器签名	含　义	类　型
public Vector3f()	创建一个三个维度分量初始值都为 0 的三维向量对象	构造器
public Vector3f(float[] f)	由一个长度为 3 的数组中元素的值创建三维向量对象	构造器
public Vector3f(Vector3f v)	由另一个三维向量对象 3 个维度的分量值创建新的三维向量对象，参数 v 代表提供 3 个维度分量值的三维向量对象	构造器

续表

方法或构造器签名	含　义	类　型
public Vector3f(float a, float b, float c)	由 3 个浮点数创建一个三维向量对象。参数 a 代表第一个维度的分量值，参数 b 代表第二个维度的分量值，参数 c 代表第三个维度的分量值	构造器
public float dot(Vector3f v)	与另一个三维向量进行点积操作，参数 v 代表要与当前向量进行点积的向量	方法
public void cross(Vector3f v1,Vector3f v2)	将两个三维向量进行叉积计算，结果存放于当前三维向量对象中。参数 v1 代表叉积的起始向量，参数 v2 代表叉积的终止向量	方法
public void add(Tuple3f v)	将两个向量相加，参数 v 代表与当前向量作向量加法的向量	方法
public void normalize()	将向量进行规格化，也就是向量的方向不变但长度（模）变为 1	方法
public float length()	求向量的长度的方法，返回向量的长度值	方法
public void set(Tuple3f v)	设置当前向量的值，参数 v 代表用来设置当前向量的值的向量	方法

提示 从 Vector3f 类所属的包名中可以看出，其并不是属于 JBullet 特有的包。确实如此，由于 JBullet 本身是开源的，因此它也采用了其他的一些免费工具箱，Vector3f 类就是来自于 Java3D 中的 vecmath.jar 这个 jar 包。

2. Transform 类（变换类）

该类属于 com.bulletphysics.linearmath 包，继承自 java.lang.Object 类，用来表示刚体的变换，如平移、旋转等。该类构造器与常用方法及属性如表 7-3 所列。

表 7-3　　Transform 类构造器与常用方法及属性

方法、属性或构造器签名	含　义	类　型
public final Matrix3f basis	表示旋转变换的 3×3 矩阵	属性
public final Vector3f origin	表示平移变换的向量	属性
public Transform()	无参构造器	构造器
public Transform(Matrix3f mat)	参数 mat 表示传入的 3×3 矩阵，用来初始化表示旋转变换的 3×3 矩阵	构造器
public Transform(Matrix4f mat)	参数 mat 表示传入的 4×4 矩阵，用来初始化表示旋转变换的 3×3 矩阵以及表示平移变换的向量	构造器
public Transform(Transform tr)	参数 tr 表示传入的另一个 Transform 对象，用该对象的属性值初始化新建的 Transform 对象	构造器
public void transform(Vector3f v)	进行平移变换的方法，参数 v 代表平移变换对应的向量	方法
public void setIdentity()	将 Transform 对象设置为初始状态，即将旋转变换矩阵单位化，将平移向量 3 个维度的分量归零	方法
public void mul(Transform tr)	将当前变换对象与另一个变换对象复合的方法，参数 tr 表示的是在当前变换的基础上附加的平移与旋转变换	方法
public void mul (Transform tr1, Transform tr2)	设置当前变换对象为另外两个变换复合的结果，参数 tr1 表示一个变换对象，参数 tr2 表示与 tr1 复合的另一个变换对象	方法
public void setRotation(Quat4f q)	设置当前变换对象的旋转变换数据，参数 q 表示存储旋转数据的四元数对象	方法
public Matrix4f getMatrix(Matrix4f out)	获取当前变换对象所存储的变换信息。参数 out 代表由旋转缩放矩阵和平移向量所合成的 4×4 变换矩阵	方法

> **提示**　四元数是用于表示旋转的一种高效的数学模型，JBullet 采用它来存储旋转数据。但 OpenGL ES 中并不支持直接使用四元数，因此实际开发中往往需要将从 JBullet 物理引擎中获取的四元数格式的旋转数据转换为 OpenGL ES 所采用的"旋转角度、旋转轴向量 X 分量、旋转轴向量 Y 分量、旋转轴向量 Z 分量"格式的旋转数据。读者不用担心，这一点在后继的案例中会多次出现。

3. RigidBody 类（刚体类）

该类属于 com.bulletphysics.dynamics 包，继承自 com.bulletphysics.collision.dispatch 包的 CollisionObject 类，其对象用于存储刚体的一些属性信息，包括线速度、角速度、摩擦系数等。该类的构造器及常用方法如表 7-4 所列。

表 7-4　RigidBody 类的构造器和常用方法

构造器或方法签名	含　义	类　型
public RigidBody (float mass, MotionState motionState, CollisionShape collisionShape)	创建一个刚体对象。参数 mass 代表刚体的质量，参数 motionState 代表刚体运动状态对象，用于记录刚体的位置、姿态等信息，参数 collisionShape 表示用于碰撞计算的形状	构造器
public void setGravity (Vector3f acceleration)	设置刚体的重力加速度，参数 acceleration 代表重力加速度的值	方法
public void setRestitution(float restitution)	设置反弹系数，参数 restitution 为反弹系数的值	方法
public void setFriction(float friction)	设置摩擦系数，参数 friction 为摩擦系数的值	方法
public MotionState getMotionState()	获取存储刚体位置、姿态的 MotionState 对象	方法
public void clearForces()	清除刚体所有的受力	方法
public Vector3f getLinearVelocity (Vector3f out)	获取刚体的线速度，参数 out 代表保存刚体线速度的向量	方法
public Vector3f getAngularVelocity (Vector3f out)	获取刚体转动的角速度，参数 out 表示记录刚体转动角速度的向量	方法
public void setLinearVelocity (Vector3f lin_vel)	设置刚体的线速度，参数 lin_vel 表示要设置的线速度	方法
public void setAngularVelocity (Vector3f ang_vel)	设置刚体的角速度，参数 ang_vel 表示要设置的角速度	方法

4.CollisionShape 类（碰撞形状抽象类）

该类属于 com.bulletphysics.collision.shapes 包，其为继承自 java.lang.Object 的抽象类，是所有碰撞形状具体类的根类，也就是说后面将要介绍的所有形状类都直接或间接继承自此类。碰撞形状主要用来描述对应刚体所模拟物体的形状，该类中的常用方法如表 7-5 所列。

表 7-5　CollisionShape 类的常用方法

方 法 签 名	含　义	类　型
public void getAabb(Transform t, Vector3f aabbMin, Vector3f aabbMax)	获取 AABB 包围盒边界参数的方法。参数 t 代表要执行的变换，参数 aabbMin 表示存储边界 3 个最小值的向量，参数 aabbMax 表示存储边界 3 个最大值的向量	方法
public BroadphaseNativeType getShapeType()	获取当前碰撞形状类别的方法。返回值为枚举类型 BroadphaseNativeType，具体包括如 BOX_SHAPE_PROXYTYPE、CONE_SHAPE_PROXYTYPE、TRIANGLE_SHAPE_PROXYTYPE、CAPSULE_SHAPE_PROXYTYPE 等	方法
public boolean isConvex()	判断当前形状是否是凸面形状，若是则返回 true，否则返回 false	方法

续表

方 法 签 名	含 义	类 型
public boolean isConcave()	判断当前形状是否是凹面形状，若是则返回 true，否则返回 false	方法
public boolean isCompound()	判断当前形状是否是复合形状，若是则返回 true，否则返回 false	方法
public boolean isPolyhedral()	判断当前形状是否是多面体，若是则返回 true，否则返回 false	方法
public void setLocalScaling (Vector3f scaling)	设置此形状 3 个轴方向的缩放比，可以用来对形状进行变形操作。参数 scaling 的 3 个方向的分量分别代表 3 个轴方向的缩放比	方法
public abstract Vector3f getLocalScaling (Vector3f out)	获取此形状 3 个轴方向的缩放比，参数 out 为获取的 3 个轴方向的缩放比	方法
public void calculateLocalInertia (float mass, Vector3f inertia)	计算形状惯性的方法。参数 mass 代表刚体的质量，参数 inertia 为用来保存惯性计算结果的向量	方法

5. BoxShape 类（长方体盒碰撞形状）

该类属于 com.bulletphysics.collision.shapes 包，直接继承自同一包下的 PolyhedralConvexShape 类，间接继承自前面介绍过的 CollisionShape 类。该形状可用于盒子、箱子等规则的物体，对于一些不规则的物体（如茶壶、兔子等），部分部位（如头部）可以采用盒子来模拟，其构造器如表 7-6 所列。

提示 在满足程序视觉效果需求的情况下，这样的近似模拟比直接使用精确的形状进行碰撞计算速度要快很多，是一种常用的技术手段。

表 7-6　　BoxShape 类构造器和常用方法

构造器签名	含 义	类 型
public BoxShape (Vector3f boxHalfExtents)	创建一个长方体盒碰撞形状对象。参数 boxHalfExtents 的 3 个维度的分量值分别代表长方体盒长、宽、高的半边长	构造器

6. StaticPlaneShape 类（静态平面形状）

该类属于 com.bulletphysics.collision.shapes 包，继承自同一包下的 ConcaveShape 类。该类的对象表示静态的平面，如地面、屋顶等，其构造器与常用方法如表 7-7 所列。

表 7-7　　StaticPlaneShape 类构造器和常用方法

构造器或方法签名	含 义	类 型
public StaticPlaneShape (Vector3f planeNormal, float planeConstant)	创建一个静态平面碰撞形状对象。参数 planeNormal 代表平面的法向量。参数 planeConstant 代表平面上的任意一点	构造器
public Vector3f getPlaneNormal (Vector3f out)	获取平面法向量的方法，参数 out 代表保存平面法向量的向量	方法

7. SphereShape 类（球体形状）

该类属于 com.bulletphysics.collision.shapes 包，继承自同一包下的 ConvexInternalShape 类，其对象表示一个球形。球形的物体可以选择该类对象作为碰撞形状，如篮球、足球等，其构造器及常用的方法如表 7-8 所列。

表 7-8　　SphereShape 类构造器和常用方法

构造器或方法签名	含 义	类 型
public SphereShape(float radius)	创建一个球形碰撞形状对象，参数 radius 代表球的半径	构造器
public float getRadius()	获取球的半径	方法

8. CylinderShape 类（圆柱形状）

该类属于 com.bulletphysics.collision.shapes 包，继承自同一包下的 BoxShape 类，其对象表示一个圆柱形状。很多圆柱形状的物体，如很长的杆、石柱、金币等，都可以采用该类对象作为碰撞形状，其构造器如表 7-9 所列。

> **提示**　请读者特别注意的是，采用圆柱形状进行碰撞计算需要很大的计算量，这可能会导致游戏的帧速率低下。因此在能够采用胶囊碰撞形状的情况下应该尽量避免使用圆柱碰撞形状，关于胶囊的具体情况会在后文中介绍。

表 7-9　　CylinderShape 类构造器和常用方法

构造器签名	含　义	类　型
public CylinderShape(Vector3f halfExtents)	创建一个侧面围绕 Y 轴的圆柱形碰撞形状对象。参数 halfExtents 为表示圆柱尺寸的三元组，其中第一和第三维度的分量表示圆柱截面（椭圆）的长短半径，第二维度分量为圆柱的长度	构造器

> **提示**　CylinderShape 类的对象表示质心在原点，包围 y 轴的圆柱。另外还有 CylinderShapeX 和 CylinderShapeZ 两个类，其对象分别表示质心在原点，包围 x 轴和包围 z 轴的圆柱。CylinderShapeX 和 CylinderShapeZ 这两个类本质上与 CylinderShape 类没有区别，只是初始时圆柱的姿态不同，因此 3 个类的构造器非常类似，这里不再赘述。

9. CapsuleShape 类（胶囊形状）

该类属于 com.bulletphysics.collision.shapes 包，继承自同一包下的 ConvexInternalShape 类，其对象表示一个胶囊形状。比较细长的圆柱形物体，如旗杆、铅笔等一般不直接采用圆柱形状，而是采用胶囊形状。

> **提示**　之所以愿意在开发中尽量使用胶囊是因为胶囊在碰撞计算中相比于圆柱有很大的速度优势，这是因为圆柱的两端是平面，与侧面的柱面正交，比较难于计算。而胶囊柱面的两端是半球面，计算起来就简单多了（如图 7-13 所示）。由于本章着重介绍 JBullet 的使用，而不是如何开发物理引擎，因此略去计算的细节，有兴趣的读者可以参考其他的技术资料。

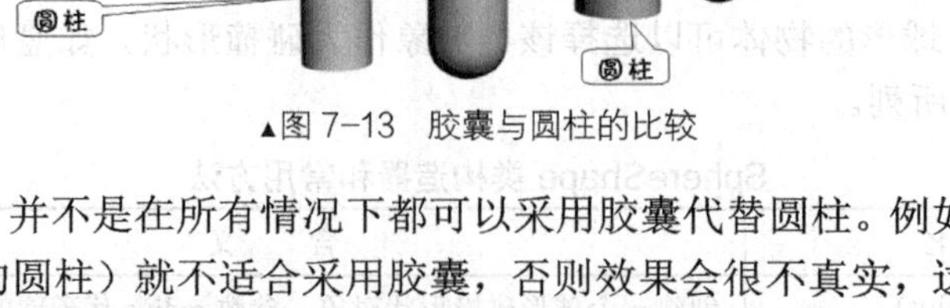

▲图 7-13　胶囊与圆柱的比较

另外要注意的是，并不是在所有情况下都可以采用胶囊代替圆柱。例如，开发推金币游戏时，游戏中的金币（很扁的圆柱）就不适合采用胶囊，否则效果会很不真实，这一点从图 7-13 中可以很明显地看出来。CapsuleShape 类构造器及常用的方法如表 7-10 所列。

表 7-10　　CapsuleShape 类构造器和常用方法

构造器和方法签名	含　义	类　型
public CapsuleShape(float radius, float height)	创建一个胶囊碰撞形状对象。参数 radius 代表两端球面的半径，参数 height 代表胶囊中间圆柱部分的长度	构造器
public float getRadius()	获取胶囊截面（圆柱部分）的半径	方法
public float getHalfHeight()	获取中间圆柱部分高度值的一半	方法

> 提示　CapsuleShape 类对象表示质心在原点，包围 y 轴的胶囊，另外还有 CapsuleShapeX 和 CapsuleShapeZ 两个类，其对象分别表示质心在原点，包围 x 轴和包围 z 轴的胶囊。CapsuleShapeX 和 CapsuleShapeZ 这两个类本质上与 CapsuleShape 类没有区别，只是初始时胶囊的姿态不同，因此 3 个类的构造器与方法基本相同，这里不再赘述。

10. CompoundShape 类（复合形状）

该类属于 com.bulletphysics.collision.shapes 包，继承自同一包下的 CollisionShape 类，其对象表示一个复合形状。由于现实世界中的物体形状纷繁复杂，有时用单一的形状描述某一物体时有很大偏差，这样仿真的效果也很不真实。

此时，应采用的策略是将形状复杂的物体拆分为若干组成部分，每一部分再由某单一形状描述。然后将各部分的形状复合成一个整体，用来描述整个物体，这样就可以实现较为真实的效果。这时就需要用到复合形状——CompoundShape 类，其常用方法如表 7-11 所列。

表 7-11　　CompoundShape 类的常用方法

方法签名	含　义
public void addChildShape (Transform localTransform, CollisionShape shape)	向复合形状中添加子形状的方法。参数 localTransform 代表添加的子形状的原始姿态、位置变换，参数 shape 代表添加的子形状
public void removeChildShape (CollisionShape shape)	从复合形状中删除指定的子形状，参数 shape 代表要删除的子形状
public int getNumChildShapes()	返回当前复合形状中子形状的数量
public CollisionShape getChildShape(int index)	返回复合形状中指定索引编号的子形状，参数 index 为指定的索引编号
public Transform getChildTransform(int index, Transform out)	返回复合形状中指定索引编号子形状的原始姿态、位置变换。参数 index 为指定的索引编号，参数 out 为获取的原始姿态、位置变换

11. BvhTriangleMeshShape 类（层次包围结构三角形组形状）

该类属于 com.bulletphysics.collision.shapes 包，继承自同一包下的 TriangleMeshShape 类，其对象表示一个由多个三角形组成的立体形状。BvhTriangleMeshShape 类对象主要用来表示形状比较复杂的静态物体，如地形、建筑物、山岗等。

此类专门针对静止的物体做了性能优化，在实际场景的开发中非常有用，其常用的几个构造器如表 7-12 所列。

表 7-12　　BvhTriangleMeshShape 类的构造器

构造器签名	含　义
public BvhTriangleMeshShape()	无参构造器
public BvhTriangleMeshShape (StridingMeshInterface meshInterface, boolean useQuantizedAabbCompression)	有参构造器。参数 meshInterface 代表创建形状时需要用到的三角形组中各个三角形的顶点数据，参数 useQuantizedAabbCompression 表示是否使用量化的 AABB 盒压缩

续表

构造器签名	含　义
public BvhTriangleMeshShape (StridingMeshInterface meshInterface, boolean useQuantizedAabbCompression, boolean buildBvh)	有参构造器。参数 meshInterface 代表创建形状时需要用到的三角形组中各个三角形的顶点数据，参数 useQuantizedAabbCompression 表示是否使用量化的 AABB 盒压缩，参数 buildBvh 代表是否使用层次包围结构

12. GImpactMeshShape 类（GImpact 三角网状形状）

该类属于 com.bulletphysics.extras.gimpact 包，继承自同一包下的 GImpactShapeInterface 抽象类。GImpactShapeInterface 抽象类直接继承自 com.bulletphysics.collision.shapes 包下的 ConcaveShape，间接继承自 CollisionShape 类。

该类的对象表示的也是由多个三角形组成的立体形状，与前面介绍的 BvhTriangleMeshShape 类不同的是，GImpactMeshShape 类的对象主要用来描述形状比较复杂的运动物体，如运动的兔子、圆环、茶壶等。GImpactMeshShape 类的构造器和常用方法如表 7-13 所列。

表 7-13　　GImpactMeshShape 类构造器和常用方法

构造器和方法签名	含　义	类　型
public GImpactMeshShape (StridingMeshInterface meshInterface)	有参构造器，参数 meshInterface 代表创建形状时需要用到的三角形组中各个三角形的顶点数据	构造器
public int getMeshPartCount()	返回此形状组成部分的数量	方法
public GImpactMeshShapePart getMeshPart(int index)	返回此形状指定索引编号的组成部分，参数 index 为给定的索引编号	方法

13. TriangleIndexVertexArray 类（三角形组顶点数据数组）

该类属于 com.bulletphysics.collision.shapes 包，继承自同一包下的 StridingMeshInterface 抽象类。该类的对象用来封装由三角形组成的立体形状中各个顶点的数据，数据的组织方式采用第 5 章介绍的索引法，其构造器和常用方法如表 7-14 所列。

表 7-14　　TriangleIndexVertexArray 类的构造器和方法

构造器和方法签名	含　义	类　型
public TriangleIndexVertexArray()	无参构造器，创建一个三角形组顶点数据数组对象	构造器
public TriangleIndexVertexArray (int numTriangles, ByteBuffer triangleIndexBase, int triangleIndexStride, int numVertices, ByteBuffer vertexBase, int vertexStride)	有参构造器。参数 numTriangles 为三角形组中三角形的个数，参数 triangleIndexBase 为索引数据缓冲，参数 triangleIndexStride 为索引数据间隔，参数 numVertices 为总的顶点个数，参数 vertexBase 为顶点数据缓冲，参数 vertexStride 为顶点数据间隔	构造器
public void addIndexedMesh (IndexedMesh mesh)	向三角形组顶点数据数组中添加顶点数据，参数 mesh 为封装了要添加的顶点数据的对象，数据采用索引法组织。采用此方法时顶点索引数据必须是整型的，即对应 ScalarType.INTEGER 类型	方法
public void addIndexedMesh (IndexedMesh mesh, ScalarType indexType)	向三角形组顶点数据数组中添加顶点数据，参数 mesh 为封装了要添加的顶点数据的对象，数据采用索引法组织。采用此方法时顶点索引数据的类型可以有 5 种选择，包括 FLOAT、DOUBLE、INTEGER、SHORT、FIXEDPOINT88。上述 5 种选择都是 ScalarType 枚举类型的枚举值	方法
public int getNumSubParts()	获取三角形组中组成部分的数量，及此三角形组中包含了几个 IndexedMesh	方法

提示 IndexedMesh 类非常简单，它继承自 Object 类，里面仅包含 7 个成员变量，没有任何自有的方法。这 7 个成员变量的前 6 个与 TriangleIndexVertexArray 类有参构造器的 6 个参数相同，第 7 个成员变量为索引数据的类型，是 ScalarType 枚举类型。

本小节简要介绍了 JBullet 中常用类的 API，但不够全面。幸运的是，JBullet 是开源的项目，需要更详细信息的读者可以到网上下载 JBullet 的源代码进行深入的学习，笔者也是这么做的。为了使读者能够更好地掌握本小节介绍的多个形状类之间的继承关系，下面给出从 CollisionShape 类衍生出的与本小节介绍的各个形状类相关的继承树，如图 7-14 所示。

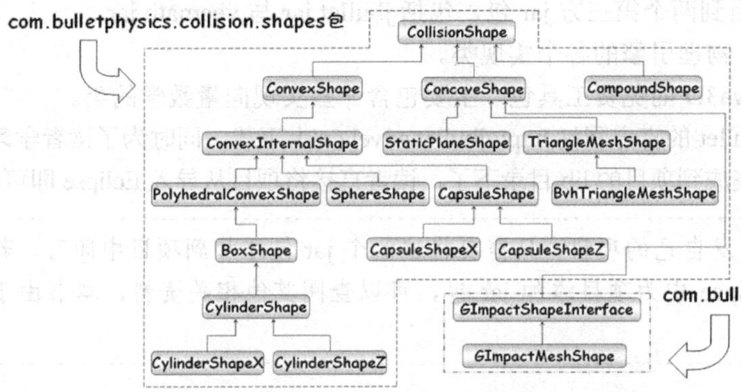

▲图 7-14　碰撞形状的继承树

说明 从图 7-14 中可以看出，所有的碰撞形状都直接或间接继承自 CollisionShape 类。另外，中间的一些类由于很少直接使用，因此本小节没有详细介绍，有兴趣的读者可以参考 JBullet 的源代码。

7.3 箱子相互碰撞的案例

上一节主要介绍了 JBullet 的一些基本概念及 API，但仅学习概念和 API 是远远不够的。因此，从本节开始将通过一系列小案例来介绍 JBullet 的具体使用，本节将介绍的是一个箱子相互碰撞的案例 Sample7_1。

7.3.1 案例运行效果及准备工作

本节给出的是一个箱子相互碰撞的案例，其运行效果如图 7-15、图 7-16、图 7-17 与图 7-18 这 4 幅图所示。

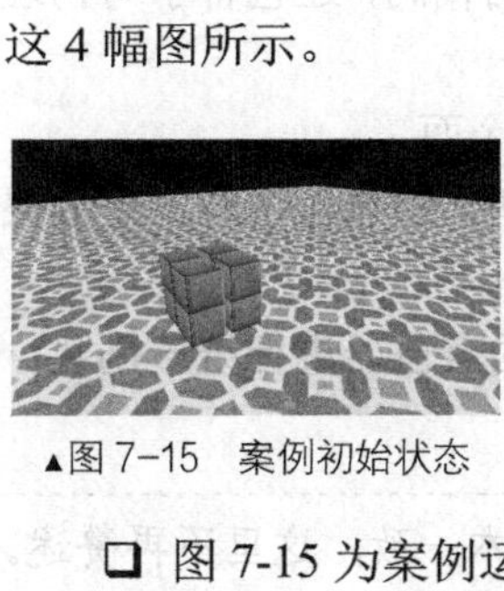

▲图 7-15　案例初始状态

▲图 7-16　抛出箱子

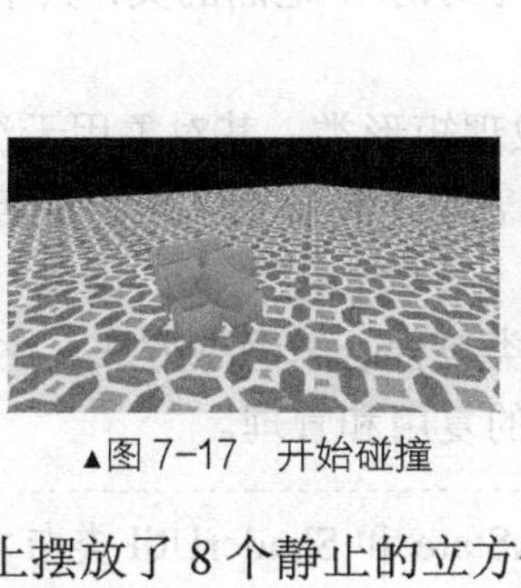

▲图 7-17　开始碰撞

▲图 7-18　碰撞结果

- 图 7-15 为案例运行后的初始状态，地面上摆放了 8 个静止的立方体木箱。
- 图 7-16 为手指触控屏幕后抛出一个木箱的情况。

❑ 图 7-17 为木箱开始相互碰撞的情况。

❑ 图 7-18 为抛出多个箱子碰撞后散落各处的情况。

> **提示** 为便于观察，本案例中对静止的和运动的木箱采用了不同颜色的纹理。其中静止的木箱采用的是偏红色的纹理，运动的木箱采用的是偏蓝色的纹理。由于插图采用灰度印刷，因此这一点可能看得不是很清楚，请读者自行采用真机运行本案例并进行观察即可。

了解了本案例的运行效果后，就应该进行开发前的准备工作了。由于本案例中采用了开源的物理引擎 JBullet，因此需要用到两个第三方 jar 包，包括 jbullet.jar 与 vecmath.jar。

❑ jbullet.jar 包含 JBullet 物理引擎的各个实现类。

❑ vecmath.jar 是来自 Java3D 的免费工具包，主要包含一些实现向量数学的类。

这两个 jar 包都可以从 JBullet 的官方网站 http://jbullet.advel.cz/上下载，同时为了读者学习方便，随书中也已经将这两个 jar 包集成到项目的 lib 目录下了，读者直接将项目从导入 Eclipse 即可使用。

> **提示** 如果读者开发自己的项目，只需要将这两个 jar 包添加到项目中即可，若读者不清楚如何在 Eclipse 中为项目添加 jar 包，可以查阅其他相关资料，本书由于篇幅所限不再赘述。

7.3.2 案例的基本框架结构

详细介绍本节案例中的各个重要类之前，首先应该对本节案例的框架结构有一个大致的了解，如图 7-19 所示。

❑ GL_Demo 类为本案例的主控制类，也就是本案例中的 Activity。案例开始运行时首先调用此类中的 onCreate 方法，在该方法中首先执行全屏显示、强制横屏等操作，然后生成 MySurfaceView 类的对象，并进行必要的设置，最后跳转到 MySurfaceView 界面。

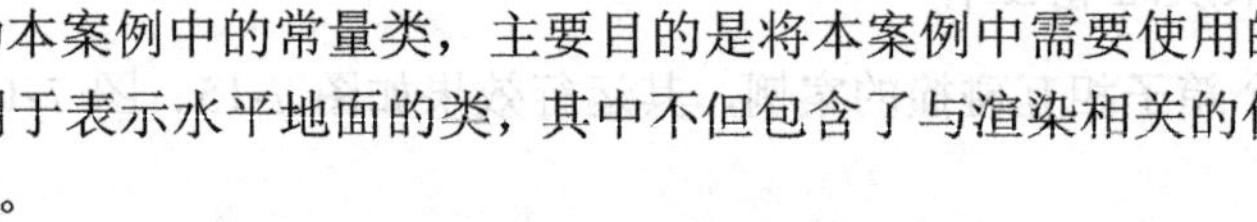

▲图 7-19 案例的基本框架结构

❑ MySurfaceView 类是负责 3D 场景渲染的核心类，它负责对物理世界及其中的碰撞形状进行初始化，并创建初始场景中静止的箱子，处理屏幕触控事件的方法也在其中。

❑ Constant 类为本案例中的常量类，主要目的是将本案例中需要使用的一些常量集中管理。

❑ TexFloor 为用于表示水平地面的类，其中不但包含了与渲染相关的代码，还包含了与物理效果模拟相关的代码。

❑ TextureRect 为纹理矩形类，其对象用于渲染呈现立方体木箱的一个面。

❑ TexCube 为用于表示木箱的类，其中不但包含了与渲染相关的代码，还包含了与物理效果模拟相关的代码。

❑ ShaderManager 类包含若干静态方法，主要功能为对案例中用到的着色器进行统一创建、存储，方便着色器程序的复用和管理。

> **提示** MatrixState 和 ShaderUtil 类与本书前面很多案例中的基本一致，这里不再赘述。

7.3.3 常量类——Constant

正式开发案例中的各个具体功能类之前应该首先开发常量类 Constant，在其中给出各个功能类所需要使用的各种常量的定义，其代码如下。

代码位置：源代码/第 7 章/Sample7_1/src/com/bn/Sample7_1 目录下的 Constant.java。

```
package com.bn.Sample7_1                                    //声明包
  public class Constant{
    final static float UNIT_SIZE=0.5f;                      //基本单元尺寸
    final static float TIME_STEP=1.0f/60;                   //物理模拟的频率
    final static int MAX_SUB_STEPS=5;                       //最大迭代子步数
    final static float EYE_X=-5;                            //摄像机的 x 坐标
    final static float EYE_Y=4;                             //摄像机的 y 坐标
    final static float EYE_Z=5;                             //摄像机的 z 坐标
    final static float TARGET_X=0;                          //摄像机目标点的 x 坐标
    final static float TARGET_Y=0;                          //摄像机目标点的 y 坐标
    final static float TARGET_Z=0;                          //摄像机目标点的 z 坐标
}
```

提示　将应用中需要用到的常量集中到一起进行管理是一个很好的习惯，这样做有助于显著提高代码的可维护性，降低开发中不必要的维护成本。

7.3.4 3D 场景渲染类——MySurfaceView

完成了常量类 Constant 的开发后，就可以开发实施整体 3D 场景渲染的 MySurfaceView 类了。它完成的工作很多，主要包括 3D 场景的搭建、碰撞形状的初始化、物理世界的初始化、模拟线程的创建与启动、触控事件的处理等。

由于 3D 场景的搭建与本书前面很多案例并无太大差异，因此这里仅着重介绍 MySurfaceView 类中与使用 JBullet 物理引擎密切相关的部分，具体内容如下。

（1）首先给出的是对物理世界进行初始化的 initWorld 方法，其具体代码如下。

代码位置：源代码/第 7 章/Sample7_1/src/com/bn/Sample7_1 目录下的 MySurfaceView.java。

```
1  public void initWorld(){          //初始化物理世界的方法
2    //创建碰撞检测配置信息对象
3    CollisionConfiguration collisionConfiguration = new DefaultCollisionConfiguration();
4    //创建碰撞检测算法分配者对象，用来扫描所有的碰撞检测对，确定使用何种检测策略
5    CollisionDispatcher dispatcher = new CollisionDispatcher(collisionConfiguration);
6    Vector3f worldAabbMin = new Vector3f(-10000, -10000, -10000);//设置整个物理世界的边界最小值
7    Vector3f worldAabbMax = new Vector3f(10000, 10000, 10000);//设置整个物理世界的边界最大值
8    int maxProxies = 1024;                                  //最大代理数量
9    //创建碰撞检测粗测阶段的加速算法对象
10   AxisSweep3 overlappingPairCache =new AxisSweep3(worldAabbMin, worldAabbMax, maxProxies);
11   //创建推动约束解决者对象
12   SequentialImpulseConstraintSolver solver = new SequentialImpulseConstraintSolver();
13   dynamicsWorld = new DiscreteDynamicsWorld                //创建物理世界对象
14           (dispatcher, overlappingPairCache, solver,collisionConfiguration);
15   dynamicsWorld.setGravity(new Vector3f(0, -10, 0));       //设置重力加速度
16   boxShape=new BoxShape                                    //创建共用的立方体碰撞形状
17   (new Vector3f(Constant.UNIT_SIZE,Constant.UNIT_SIZE,Constant.UNIT_SIZE));
18   planeShape=new StaticPlaneShape(new Vector3f(0, 1, 0), 0);//创建共用的平面碰撞形状
19 }
```

- 第 6～第 7 行创建了两个三维向量，用来指定物理世界的边界，其中 worldAabbMin 代表边界最小值，worldAabbMax 代表边界最大值。实际物理模拟时，当物体超出边界后将不再进行模拟，以提高效率。
- 第 10 行创建粗测阶段的加速算法对象，在构造器中传入边界信息和最大代理数。

❑ 第 16～第 17 行创建共用的立方体碰撞形状以及平面碰撞形状，在需要时同样碰撞形状的刚体可以共用同一个碰撞形状对象，提高资源利用率。本案例中的所有箱子就是共用同一个立方体碰撞形状，这一点在后面可以看到。

（2）了解了对物理世界进行初始化的 initWorld 方法后，下面给出定时进行物理模拟操作的线程，其代码如下。

代码位置：源代码/第 7 章/Sample7_1/src/com/bn/Sample7_1 目录下的 MySurfaceView.java。

```
1    public void onSurfaceCreated(GL10 gl, EGLConfig config) {
2        ……//此处省略了部分不重要的代码，读者可以自行查阅随书中的源代码
3        new Thread(){                                   //通过匿名内部类创建线程对象
4            public void run(){                          //重写线程中执行任务的 run 方法
5                while(true){                            //模拟循环
6                    try{
7                        synchronized(tcaForAdd){        //锁定待添加箱子集合
8                            synchronized(tca){          //锁定总箱子集合
9                                for(TexCube tc:tcaForAdd){tca.add(tc);}
                                 //向总箱子集合添加箱子
10                           }
11                           tcaForAdd.clear();                   //将待添加箱子集合清空
12                       }
13                       dynamicsWorld.stepSimulation(TIME_STEP, MAX_SUB_STEPS);//执行模拟
14                       Thread.sleep(20);                  //当前线程睡眠 20ms
15                   }catch (Exception e){ e.printStackTrace();} //若有异常则打印异常栈
16       }}}.start();                                        //启动线程
17   }
```

❑ 第 7～第 12 行为将待添加列表中的箱子添加到总的箱子列表中，并清空待添加箱子列表。之所以要采用同步代码是为了避免不同线程同时对同一集合进行增删操作可能带来的问题。

❑ 第 13 行是本线程的核心任务，调用 stepSimulation 方法执行物理模拟操作。其中 MAX_SUB_STEPS 为模拟运算时允许的最大迭代次数，其越大模拟效果越好，但运算速度也会越慢。因此，实际开发中应该恰当调整此值，合理平衡速度与真实感。

（3）接着给出的是进行初始化的 onSurfaceCreated 方法，其代码如下。

代码位置：源代码/第 7 章/Sample7_1/src/com/bn/Sample7_1 目录下的 MySurfaceView.java。

```
public void onSurfaceCreated(GL10 gl, EGLConfig config) {
    ……//此处省略了一些不重要的代码，需要的读者请参考随书
    floor=new TexFloor(ShaderManager.getTextureShaderProgram(),   //创建地面矩形
      80*Constant.UNIT_SIZE,-Constant.UNIT_SIZE,planeShape,dynamicsWorld);
    int size=2;                                  //立方体箱子尺寸
    float xStart=(-size/2.0f+0.5f)*(2+0.4f)*Constant.UNIT_SIZE;     //x 坐标起始值
    float yStart=0.02f;                                             //y 坐标起始值
    float zStart=(-size/2.0f+0.5f)*(2+0.4f)*Constant.UNIT_SIZE-4f;  //z 坐标起始值
    for(int i=0;i<size;i++){                          //对层、行、列进
         for(int j=0;j<size;j++){                     //行循环，创建两
              for(int k=0;k<size;k++){                //层 8 个立方体箱子
                   TexCube tcTemp=new TexCube(        //创建立方体箱子
                        MySurfaceView.this,           //MySurfaceView 的引用
                        Constant.UNIT_SIZE,           //箱子的尺寸
                        boxShape,                     //碰撞形状
                        dynamicsWorld,                //物理世界
                        1,                            //刚体质量
                        xStart+i*(2+0.4f)*Constant.UNIT_SIZE,         //箱子初始 x 坐标
                        yStart+j*(2.02f)*Constant.UNIT_SIZE,          //箱子初始 y 坐标
                        zStart+k*(2+0.4f)*Constant.UNIT_SIZE,         //箱子初始 z 坐标
                        ShaderManager.getTextureShaderProgram()       //着色器程序引用
                   );
                   tca.add(tcTemp);                      //将新箱子添加到待添加箱子集合中
                   //将立方体箱子设置为初始不是激活的
                   tcTemp.body.forceActivationState(RigidBody.WANTS_DEACTIVATION);
     }}}
     ……//此处省略了定时进行物理模拟操作的线程，前面已经给出
}
```

说明　上述代码中最重要的就是第 9～第 26 行，通过 3 层嵌套循环创建了两层、8 个立方体箱子。另外要特别注意的是，上述代码中在初始状态下将箱子刚体设置为非激活状态。

（4）下面给出触控事件的处理方法 onTouchEvent，其代码如下。

代码位置：源代码/第 7 章/Sample7_1/src/com/bn/Sample7_1 目录下的 MySurfaceView.java。

```
public boolean onTouchEvent(MotionEvent e) {
    switch (e.getAction()) {
        case MotionEvent.ACTION_DOWN:                    //处理触控点按下的事件
            TexCube tcTemp=new TexCube(                  //创建一个箱子
                this,                                    //MySurfaceView 的引用
                 Constant.UNIT_SIZE,                     //箱子的尺寸
                 boxShape,                               //碰撞形状
                 dynamicsWorld,                          //物理世界
                  1,                                     //刚体质量
                  0,                                     //箱子初始 x 坐标
                  2,                                     //箱子初始 y 坐标
                  4,                                     //箱子初始 z 坐标
                  ShaderManager.getTextureShaderProgram()     //着色器程序引用
            );
            tcTemp.body.setLinearVelocity(new Vector3f(0,2,-12));//设置箱子的初始线速度
            tcTemp.body.setAngularVelocity(new Vector3f(0,0,0));//设置箱子的初始角速度
            synchronized(tcaForAdd) {                       //锁定待添加箱子集合
                tcaForAdd.add(tcTemp);                      //将新箱子添加到待添加箱子集合中
             }
        break;
    }
    return true;                                            //返回 true，通知系统此事件已被处理
}
```

说明　此方法主要创建了一个新的箱子对象，并设置了新箱子的初速度，最后将新箱子添加进箱子列表中。

7.3.5　水平地面——TexFloor 类

了解了实施整体 3D 场景渲染的 MySurfaceView 类后，就可以进一步开发组成场景的各个部件类了。首先是实现水平地面的 TexFloor 类，其代码如下。

代码位置：源代码/第 7 章/Sample7_1/src/com/bn/Sample7_1 目录下的 TexFloor.java。

```
package com.bn.Sample7_1;                                   //声明包
……//此处省略了部分引入相关类的代码，需要的读者请参考随书
public class TexFloor {
    ……//此处省略了部分成员变量的声明，需要的读者请参考随书
    public TexFloor(int mProgram,final float UNIT_SIZE,
        float yOffset,CollisionShape groundShape,DiscreteDynamicsWorld dynamicsWorld) {
        ……//此处省略了部分不重要的代码，需要的读者请参考随书
        Transform groundTransform = new Transform();        //创建刚体的初始变换对象
        groundTransform.setIdentity();                      //对初始变换对象初始化
        groundTransform.origin.set(new Vector3f(0.f, yOffset, 0.f));//设置初始的平移变换
        Vector3f localInertia = new Vector3f(0, 0, 0);      //存储惯性的向量
        //创建刚体的运动状态对象
         DefaultMotionState myMotionState = new DefaultMotionState(groundTransform);
         RigidBodyConstructionInfo rbInfo =                 //创建刚体描述信息对象
            new RigidBodyConstructionInfo(0, myMotionState, groundShape, localInertia);
         RigidBody body = new RigidBody(rbInfo);            //创建刚体
         body.setRestitution(0.4f);                         //设置反弹系数
         body.setFriction(0.8f);                            //设置摩擦系数
         dynamicsWorld.addRigidBody(body);                  //将刚体添加进物理世界
         initVertexData(UNIT_SIZE);                         //初始化顶点数据
```

```
21        intShader(mProgram);                                    //初始化着色器
22    }
23    public void initVertexData(final float UNIT_SIZE){/*代码省略*/} //初始化顶点数据
24    public void initShader(int mProgram) {/*代码省略*/}             //初始化着色器
25    public void drawSelf(int texId) {/*代码省略*/}                  //绘制水平地面
26 }
```

- 第 8～第 10 行创建并设置了刚体的初始变换对象，其功能为确定刚体初始出现的位置。
- 第 16～第 18 行创建了代表水平地面的刚体对象，并设置了其反弹系数与摩擦系数。

> **提示**　初始化顶点数据的 initVertexData 方法、初始化着色器的 initShader 方法以及执行绘制的 drawSelf 方法与本书前面很多案例中的基本相同，这里不再赘述。

7.3.6　箱子——TexCube 类

上一小节介绍了表示水平地面的 TexFloor 类，本小节将介绍场景中的另一重要部件，即表示箱子的 TexCube 类，其代码如下。

代码位置：源代码/第 7 章/Sample7_1/src/com/bn/Sample7_1 目录下的 TexCube.java。

```
package com.bn.Sample7_1;                                    //声明包
……//此处省略了部分引入相关类的代码，需要的读者请参考随书源代码
public class TexCube{
   TextureRect tr;                               //用于绘制箱子各个面的纹理矩形
   float halfSize;                               //立方体箱子的半边长
   RigidBody body;                               //对应的刚体对象
   int mProgram;                                 //着色器程序引用 id
   MySurfaceView mv;                             //MySurfaceView 的引用
   public TexCube(MySurfaceView mv,float halfSize,CollisionShape colShape,
        DiscreteDynamicsWorld dynamicsWorld,float mass,float cx,float cy,float cz,int mProgram){
        boolean isDynamic = (mass != 0f);                            //物体是否可以运动
        Vector3f localInertia = new Vector3f(0, 0, 0);               //惯性向量
        if (isDynamic){                                              //如果物体可以运动
              colShape.calculateLocalInertia(mass, localInertia);    //计算惯性
        }
        Transform startTransform = new Transform();         //创建刚体的初始变换对象
        startTransform.setIdentity();                       //变换初始化
        startTransform.origin.set(new Vector3f(cx, cy, cz));     //设置刚体初始的位置
        //创建刚体的运动状态对象
        DefaultMotionState myMotionState = new DefaultMotionState(startTransform);
        RigidBodyConstructionInfo rbInfo = new RigidBodyConstructionInfo
            (mass, myMotionState, colShape, localInertia); //创建刚体描述信息对象
        body = new RigidBody(rbInfo);                          //创建刚体
        body.setRestitution(0.6f);                             //设置反弹系数
        body.setFriction(0.8f);                                //设置摩擦系数
        dynamicsWorld.addRigidBody(body);                      //将刚体添加进物理世界
        this.mv=mv;                                            //保存 MySurfaceView 引用
        tr=new TextureRect(halfSize);                          //创建纹理矩形
        this.mProgram=mProgram;                                //保存着色器程序引用
        this.halfSize=halfSize;                                //保存箱子的半边长
    }
    public void drawSelf(int[] texIda){                        //绘制立方体箱子的方法
        tr.initShader(mv, mProgram);                           //初始化纹理矩形的绘制着色器
        int texId=texIda[0];                                   //箱子运动时的纹理 id
        if(!body.isActive()){texId=texIda[1];}                 //箱子静止时的纹理 id
        MatrixState.pushMatrix();                              //保护现场
        //从物理世界中获取这个箱子对应刚体的变换信息对象
        Transform trans = body.getMotionState().getWorldTransform(new Transform());
         MatrixState.translate(trans.origin.x,trans.origin.y, trans.origin.z);
         //进行平移变换
        Quat4f ro=trans.getRotation(new Quat4f());  //获取当前旋转变换的信息进入四元数
        if(ro.x!=0||ro.y!=0||ro.z!=0){                  //若四元数 3 个轴的分量不都为 0
           float[] fa=SYSUtil.fromSYStoAXYZ(ro);          //将四元数转换成 AXYZ 的形式
           MatrixState.rotate(fa[0], fa[1], fa[2], fa[3]);     //进行旋转变换
        }
```

```
45        MatrixState.pushMatrix();                                   //保护现场
46        MatrixState.translate(0, halfSize, 0);                      //沿 Y 轴进行平移
47        MatrixState.rotate(-90, 1, 0, 0);                           //绕 X 轴进行旋转
48        tr.drawSelf( texId);                                        //绘制箱子的上面
49        MatrixState.popMatrix();                                    //恢复现场
50            ……//此处省略了绘制箱子其他 5 个面的代码，需要的读者请参考随书源代码
51        MatrixState.popMatrix();                                    //恢复现场
52    }
53 }
```

❑ 第 9～第 31 行为此类的构造器，主要完成的工作包括两个方面。一个是创建了用于绘制箱子每个面的纹理矩形，另一个是创建了箱子对应的刚体，并进行了相应的初始化，最后将刚体添加进物理世界以备模拟时使用。

❑ 第 32～第 52 行为绘制箱子的 drawSelf 方法，其中首先从箱子对应的刚体中获取箱子当前的位置与姿态信息，然后根据获取的信息对坐标系进行变换，最后基于变换后的坐标系绘制箱子。

> **提示** 与本书前面的某些案例相同，立方体箱子虽然看起来是一个整体，但其实是由一个纹理矩形变换到 6 个面的位置分别绘制的。

7.4 复合碰撞形状的使用

上一节给出了一个箱子互相碰撞的案例，通过该案例读者应该掌握了 JBullet 的基本用法。但箱子互相碰撞的案例中运动的刚体都是单一的立方体形状，这在实际开发中是远远不够的。因此，本节将通过案例 Sample7_2 来介绍复合碰撞形状的使用方法。

7.4.1 案例运行效果

顾名思义，复合碰撞形状提供的就是将多个简单碰撞形状组合成一个整体的能力。本节给出的案例中采用的是将两个圆柱与一个立方体组合而成的复合碰撞形状，其运行效果如图 7-20、图 7-21、图 7-22 及图 7-23 所示。

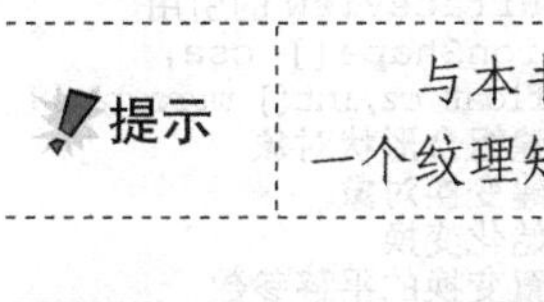
▲图 7-20 案例开始运行

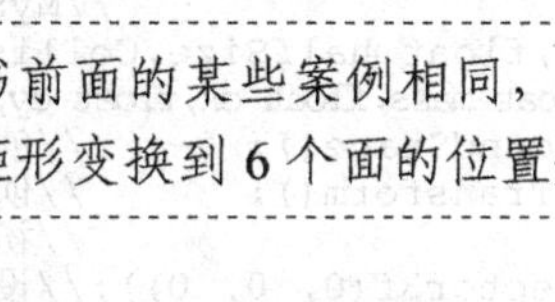
▲图 7-21 抛出撞击复合体

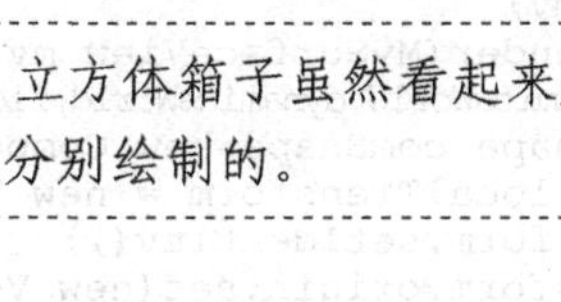
▲图 7-22 开始碰撞

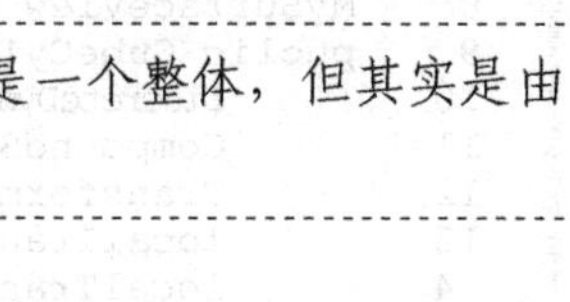
▲图 7-23 碰撞结束

图 7-20 所示为案例开始运行时的初始情况，图 7-21 所示为手指触控屏幕后抛出一个新的复合形状的情况，图 7-22 所示为复合形状相互碰撞时的情况，图 7-23 所示为碰撞结束后多个复合形状散落在水平地面上的情况。

> **提示** 为便于观察，本案例对静止的和运动的复合形状采用了不同颜色的纹理。由于插图采用灰度印刷，因此这一点可能看得不是很清楚，请读者自行采用真机运行本案例并进行观察。

7.4.2 立方体圆柱复合形状——CubeCylinder 类

从上一小节给出的 4 幅案例运行效果图中可以看出，本节案例与上一节的案例基本功能非常

类似。主要的区别是上一节案例中抛出的是立方体的箱子，而本节案例中抛出的是由圆柱与立方体组成的复合形状。因此本节案例中的很多代码与上一节案例中的基本相同，对于这些代码这里不再赘述，需要的读者请参考随书。

另外，用于绘制圆柱的基本形状的代码在前面的章节中也已经介绍过。因此这里重点介绍实现立方体圆柱复合形状的 CubeCylinder 类，其代码如下。

代码位置：源代码/第 7 章/Sample7_2/src/com/bn/Sample7_2 目录下的 CubeCylinder.java。

```
package com.bn.Sample7_2;                                          //声明包
……//此处省略了部分引入相关类的代码，需要的读者请参考随书源代码
public class CubeCylinder{
   Cylinder cl;                                                    //用于绘制的圆柱
   TexCube tc;                                                     //用于绘制的立方体箱子
   float halfSize;                                                 //半边长
   RigidBody body;                                                 //对应的刚体对象
   MySurfaceView mv;                                               //MySurfaceView 的引用
   public CubeCylinder(MySurfaceView mv,float halfSize,CollisionShape[] csa,
        DiscreteDynamicsWorld dynamicsWorld,float mass,float cx,float cy,float cz,int[] mProgram){
        CompoundShape comShape=new CompoundShape();          //创建组合形状对象
        Transform localTransform = new Transform();          //创建变换对象
        localTransform.setIdentity();                        //初始化变换
        localTransform.origin.set(new Vector3f(0, 0, 0));//设置变换的平移参数
        comShape.addChildShape(localTransform, csa[0]);  //添加子形状(箱子)
        comShape.addChildShape(localTransform, csa[1]);  //添加子形状(围绕 X 轴的圆柱)
        localTransform = new Transform();                    //创建变换对象
        localTransform.basis.rotX((float)Math.toRadians(90));  //绕 X 轴旋转 90°
        comShape.addChildShape(localTransform, csa[2]);  //添加子形状(围绕 Y 轴的圆柱)
        boolean isDynamic = (mass != 0f);                   //判断刚体是否可运动
        Vector3f localInertia = new Vector3f(0, 0, 0); //创建存放惯性的向量
        if (isDynamic){                                     //如果刚体可以运动
              comShape.calculateLocalInertia(mass, localInertia); //计算刚体的惯性
        }
        Transform startTransform = new Transform();         //创建刚体的初始变换对象
        startTransform.setIdentity();                       //初始化变换对象
        startTransform.origin.set(new Vector3f(cx, cy, cz)); //设置刚体的初始位置
        //创建刚体的运动状态对象
        DefaultMotionState myMotionState = new DefaultMotionState(startTransform);
        RigidBodyConstructionInfo rbInfo =                  //创建刚体描述信息对象
             new RigidBodyConstructionInfo (mass, myMotionState, comShape, localInertia);
        body = new RigidBody(rbInfo);                        //创建刚体对象
        body.setRestitution(0.6f);                           //设置反弹系数
        body.setFriction(0.8f);                              //设置摩擦系数
        dynamicsWorld.addRigidBody(body);                    //将刚体添加进物理世界
        tc=new TexCube(halfSize,mProgram[0]);                //创建绘制用立方体箱子
        cl=new Cylinder(halfSize/2,halfSize*3.6f,16,mProgram[0],mv);//创建绘制用圆柱
        this.halfSize=halfSize;                              //保存半边长
        this.mv=mv;                                          //保存 MySurfaceView 的引用
    }
    public void drawSelf(int[] texIda,int[] texIdb){          //绘制复合形状的方法
        int texId1=texIda[0];                                 //立方体箱子运动时的纹理
        int texId2=texIdb[1];                                 //圆柱运动时的纹理
        if(!body.isActive()){                                 //若刚体静止
             texId1=texIda[1];                                //立方体静止时的纹理
             texId2=texIdb[0];                                //圆柱静止时的纹理
        }
        MatrixState.pushMatrix();                             //保护现场
        //获取这个物体对应刚体的变换信息对象
        Transform trans=body.getMotionState().getWorldTransform(new Transform());
        MatrixState.translate(trans.origin.x,trans.origin.y, trans.origin.z);
        //进行平移变换
        Quat4f ro=trans.getRotation(new Quat4f()); //获取当前旋转变换的信息进入四元数
        if(ro.x!=0||ro.y!=0||ro.z!=0){                  //若四元数 3 个轴的分量不都为 0
         if(!Float.isNaN(ro.x)&&!Float.isNaN(ro.y)&&!Float.isNaN(ro.z)
         //若四元数的 3 个轴分量都为
            &&!Float.isInfinite(ro.x)&&!Float.isInfinite(ro.y)&&!Float.isInfinite(
            ro.z)){//有效浮点数
               float[] fa=SYSUtil.fromSYStoAXYZ(ro);  //将四元数转换成 AXYZ 的形式
               MatrixState.rotate(fa[0], fa[1], fa[2], fa[3]);    //进行旋转变换
```

```
58          }}
59          tc.drawSelf( texId1);                              //绘制立方体箱子
60          MatrixState.pushMatrix();                          //保护现场
61          MatrixState.rotate(90,0, 0, 1);                    //绕 z 轴旋转 90°
62          MatrixState.translate(0, -halfSize*1.8f, 0);       //沿 y 轴进行平移
63          cl.drawSelf(texId2,  texId2,  texId2);             //绘制绕 x 轴圆柱
64          MatrixState.popMatrix();                           //恢复现场
65          MatrixState.pushMatrix();                          //保护现场
66          MatrixState.translate(0, -halfSize*1.8f, 0);       //沿 y 轴进行平移
67          cl.drawSelf(texId2,  texId2,  texId2);             //绘制绕 y 轴的圆柱
68          MatrixState.popMatrix();                           //恢复现场
69          MatrixState.popMatrix();                           //恢复现场
70      }
71  }
```

- 第 9～第 40 行为该类的构造器，其中最重要的工作就是将两根圆柱与一个立方体组合而形成本案例所需要的复合形状。得到复合形状后又基于此创建了刚体，然后对刚体进行初始化设置，最后将刚体添加进物理世界。
- 第 41～第 70 行为绘制复合形状的 drawSelf 方法，其中首先从复合形状对应的刚体中获取复合形状当前的位置与姿态信息，然后根据获取的信息对坐标系进行变换，最后基于变换后的坐标系绘制了组成复合形状的立方体与圆柱。

> **提示** 需要注意的是，本案例对于复合形状中的圆柱绘制采用的是圆柱，碰撞检测采用的也是圆柱。若希望提高性能，则可以将用于圆柱碰撞检测的形状改为胶囊，有兴趣的读者可以动手尝试，只需要修改 MySurfaceView.java 中创建基本碰撞形状的代码即可。

7.5 凹凸地形的案例

在前两节案例的场景中，采用的都是水平的地面。但实际开发中，地面不一定是水平的，可能是凹凸不平的丘陵。本节将介绍通过使用 BvhTriangleMeshShape 类实现凹凸地形碰撞的案例 Sample7_3，掌握了此案例后，读者模拟现实世界的能力将进一步加强。

7.5.1 案例运行效果

介绍本案例的具体开发之前，首先需要了解本节案例的运行效果，如图 7-24、图 7-25、图 7-26 和图 7-27 这 4 幅图所示。

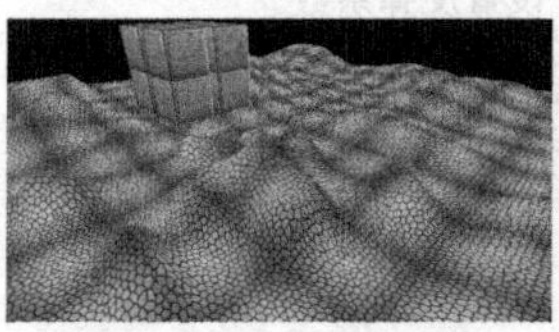
▲图 7-24 案例开始运行

▲图 7-25 抛出撞击箱子

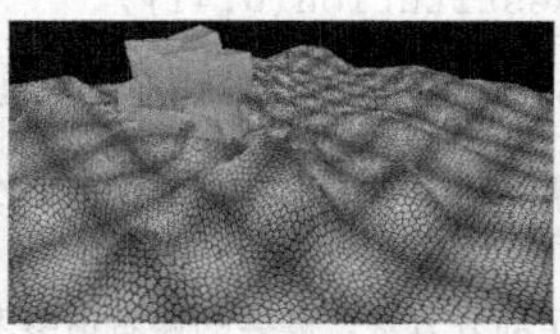
▲图 7-26 开始碰撞

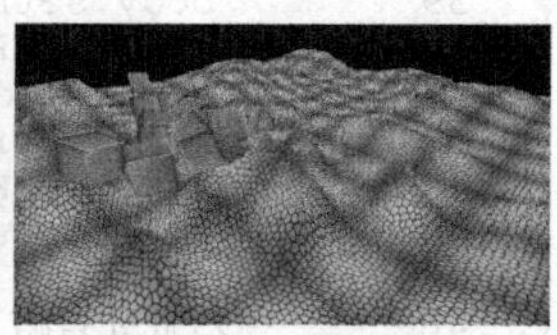
▲图 7-27 碰撞结束

图 7-24 为案例开始运行时的初始情况，图 7-25 为手指触控屏幕后抛出一个新箱子的情况，图 7-26 为箱子、凹凸地面相互碰撞时的情况，图 7-27 为碰撞结束后多个箱子散落在凹凸不平的地面上的情况。

> **提示** 为便于观察，本案例中对静止的和运动的复合形状采用了不同颜色的纹理。由于插图采用灰度印刷，因此这一点可能看得不是很清楚，请读者自行采用真机运行本案例并进行观察。

7.5.2 地形类——LandForm

从本节案例的 4 幅运行效果图中可以看出，本节案例的基本功能与 7.3 节的案例相同，只是将 7.3 节案例中的水平地面替换成了凹凸不平的地面。因此，这里仅给出实现凹凸不平地面的 LandForm 类，其代码如下。

代码位置：源代码/第 7 章/Sample7_3/src/com/bn/Sample7_3 目录下的 LandForm.java。

```
1 package com.bn.Sample7_3;                          //声明包
2 ……//此处省略了部分引入相关类的代码，需要的读者请参考随书源代码
3 public class LandForm {
4     ……//此处省略了部分声明成员变量的代码，需要的读者请参考随书源代码
5     public LandForm(MySurfaceView mv,final float UNIT_SIZE, float yOffset,
6         DiscreteDynamicsWorld dynamicsWorld, float[][] yArray,int rows,int cols,int mProgram){
7         this.mProgram=mProgram;                    //保存着色器程序引用
8         ……//此处省略了基于 yArray 生成地形顶点坐标的代码，需要的读者请参考随书源代码
9         ByteBuffer gVertices=                      //创建为凹凸地形碰撞形状服务的顶点数据缓冲
10            ByteBuffer.allocateDirect(vCount*3*4).order(ByteOrder.nativeOrder());
11         for(int i=0;i<vertices.length;i++){ gVertices.putFloat(i*4,vertices[i]); }
         //将顶点数据添加到缓冲中
12         gVertices.position(0);                     //设置缓冲区起始位置
13         ByteBuffer gIndices=                        //创建为凹凸地形碰撞形状服务的顶点索引缓冲
14             ByteBuffer.allocateDirect(vCount*4).order(ByteOrder.nativeOrder());
15         for(int i=0;i<vCount;i++){ gIndices.putInt(i);} //将索引数据添加到缓冲中
16         gIndices.position(0);                      //设置缓冲区起始位置
17         int vertStride = 4*3;                       //顶点数据间隔
18         int indexStride = 4*3;                      //索引数据间隔
19         TriangleIndexVertexArray indexVertexArrays=   //创建三角形组顶点数据数组
20         new TriangleIndexVertexArray(
21             vCount/3,                              //三角形的个数
22             gIndices,                              //索引缓冲
23             indexStride,                           //索引数据间隔
24             vCount,                                //顶点个数
25             gVertices,                             //顶点缓冲
26             vertStride                             //顶点数据间隔
27         );
28         //创建凹凸地形对应的碰撞形状
29         CollisionShape groundShape=new BvhTriangleMeshShape(indexVertexArrays,true,true);
30         Transform groundTransform = new Transform();      //创建刚体的初始变换对象
31         groundTransform.setIdentity();                    //初始化变换
32         groundTransform.origin.set(new Vector3f(0.f, 0.f, 0.f)); //设置刚体(凹凸地形)的初始位置
33         Vector3f localInertia = new Vector3f(0, 0, 0);     //创建存放惯性的向量
34         //创建刚体的运动状态对象
35         DefaultMotionState myMotionState = new DefaultMotionState(groundTransform);
36         RigidBodyConstructionInfo rbInfo =                  //创建刚体描述信息对象
37            new RigidBodyConstructionInfo (0, myMotionState, groundShape, localInertia);
38         RigidBody body = new RigidBody(rbInfo);             //创建刚体
39         body.setRestitution(0.4f);                          //设置反弹系数
40         body.setFriction(0.8f);                             //设置摩擦系数
41         body.setCollisionFlags(body.getCollisionFlags() & ~CollisionFlags.KINEMATIC_OBJECT);
42          body.forceActivationState(CollisionObject.ACTIVE_TAG);
43         dynamicsWorld.addRigidBody(body);                //将刚体添加进物理世界
44         initShader (mv);                                 //初始化着色器程序
45     }
46     ……//此处省略了部分方法，需要的读者请参考随书源代码
47 }
```

- 第 8 行省略了基于 yArray 生成地形顶点坐标的代码，这部分代码与本书上卷第 11 章中灰度图地形案例中的一致。同时 yArray 也是基于灰度图地形技术从灰度图中加载的，需要的读者可以参考本书上卷第 11 章中灰度图地形的相关部分或随书中的源代码。
- 第 9～第 16 行是为凹凸地形碰撞形状准备顶点坐标数据缓冲与顶点索引数据缓冲的代码。
- 第 19～第 27 行基于前面准备的两个数据缓冲创建了三角形组顶点数据数组，为后面创建凹凸地形碰撞形状做准备。
- 第 29～第 43 行首先基于三角形组顶点数据数组创建了凹凸地形碰撞形状，然后基于此创

建了刚体，接着对刚体进行了初始化设置，最后将刚体添加进物理世界。

7.6 任意形状物体的碰撞

上一节介绍了使用 BvhTriangleMeshShape 类实现凹凸地形，其实使用该类不但可以实现凹凸地形，还可以实现任意形状的静态物体。但实际开发中有时还可能有开发任意形状运动物体的需求，此时就需要使用 GImpactMeshShape 类，本节将给出一个具体的案例 Sample7_4。

7.6.1 案例运行效果

介绍本节案例的具体开发之前，首先需要了解其运行效果，如图 7-28、图 7-29、图 7-30 和图 7-31 这 4 幅图所示。

▲图 7-28 抛出箱子、桌子后的效果

▲图 7-29 再抛出圆环后的效果

▲图 7-30 再抛出茶壶后的效果

▲图 7-31 抛出更多物体的效果

提示：任意形状物体的碰撞计算量很大，执行起来可能比较慢。读者运行案例时不要太着急，用手指触控屏幕抛出物体的频率不要太高。

7.6.2 加载物体类——LoadedObjectVertexNormal

从上一小节的 4 幅运行效果图中读者应该已经猜到，本节案例中抛出的桌子、茶壶、圆环等任意形状的物体其顶点信息数据是从 obj 文件中加载的。另外，从 4 幅运行效果图中可以看出，本节案例的基本功能与 7.3 节的案例十分类似，只不过 7.3 节案例抛出的是立方体箱子，而本节案例抛出的是任意形状的物体。

因此，本节案例中的很多代码与前面的案例相同，故这里仅着重介绍与 GImpactMeshShape 类使用密切相关的部分代码。首先需要介绍的是从 obj 文件中加载而得到的任意形状物体对象对应的 LoadedObjectVertexNormal 类，其代码如下。

代码位置：源代码/第 7 章/Sample7_4/src/com/bn/Sample7_4 目录下的 LoadedObjectVertexNormal.java。

```
package com.bn.Sample7_4;
……//此处省略了部分引入相关类的代码，需要的读者请参考随书源代码
public class LoadedObjectVertexNormal {
    ……//此处省略了部分成员变量的声明，需要的读者请参考随书源代码
    int vCount=0;                                    //顶点数量
    CollisionShape loadShape;                        //碰撞形状引用
    float[] vertices;                                //顶点坐标数据数组
```

```
8    float[] normals;                                   //顶点法向量数据数组
9    public LoadedObjectVertexNormal(float[] vertices,float[] normals)  {
10          ……//此处省略了对顶点坐标缓冲和顶点法向量缓冲初始化的代码
11          //创建为任意碰撞形状(GImpact 三角网状形状)服务的顶点数据缓冲
12          ByteBuffer gVertices=ByteBuffer.allocateDirect(vCount*3*4).order(ByteOrder.nativeOrder());
13          for(int i=0;i<vertices.length;i++){
14             gVertices.putFloat(i*4,vertices[i]);          //将顶点数据添加到缓冲中
15          }
16          gVertices.position(0);                           //设置缓冲区起始位置
17          //创建为任意碰撞形状(GImpact 三角网状形状)服务的顶点索引缓冲
18          ByteBuffer gIndices=ByteBuffer.allocateDirect(vCount*4).order(ByteOrder.nativeOrder());
19          for(int i=0;i<vCount;i++){                       //将索引数据添加到缓冲中
20                gIndices.putInt(i);
21          }
22          gIndices.position(0);                            //设置缓冲区起始位置
23          int vertStride = 4*3;                            //顶点数据间隔
24          int indexStride = 4*3;                           //索引数据间隔
25          TriangleIndexVertexArray indexVertexArrays=      //创建三角形组顶点数据数组
26              new TriangleIndexVertexArray(
27                  vCount/3,                               //三角形的个数
28                  gIndices,                               //索引缓冲
29                  indexStride,                            //索引数据间隔
30                  vCount,                                 //顶点个数
31                  gVertices,                              //顶点缓冲
32                  vertStride                              //顶点数据间隔
33          );
34          //加载的任意形状的物体对应的碰撞形状
35          GImpactMeshShape trimesh = new GImpactMeshShape(indexVertexArrays);
36          trimesh.updateBound();                           //更新碰撞形状边界
37          loadShape =trimesh;                              //保存碰撞形状引用
38     }
39     public void intShader(int mProgram) {/*代码省略*/}     //初始化着色器的方法
40     public void drawSelf() {/*代码省略*/}                  //绘制加载物体的方法
41 }
```

说明　上述代码中最重要的是第 11～第 38 行的代码，其中首先将顶点的数据放到了顶点数据缓冲与顶点索引缓冲中，然后基于两个缓冲创建三角形组顶点数据数组，最后基于三角形组顶点数据数组创建对应到加载物体的由三角形组确定的碰撞形状。

7.6.3　加载物体刚体类——LoadRigidBody

上一小节介绍的 LoadedObjectVertexNormal 类完成了任意形状物体的绘制和对应碰撞形状对象的生成，本小节将介绍加载模型对应的刚体类 LoadRigidBody，其代码如下。

代码位置：源代码/第 7 章/Sample7_4/src/com/bn/Sample7_4 目录下的 LoadRigidBody.java。

```
package com.bn.Sample7_4;                                            //声明包
……//此处省略了部分引入相关类的代码，需要的读者请参考随书源代码
public class LoadRigidBody{
  LoadedObjectVertexNormal lovo;                                      //加载物体对象引用
  RigidBody body;                                                     //对应的刚体对象引用
  int mProgram;                                                       //着色器程序引用
  public LoadRigidBody(int mProgram,float mass, LoadedObjectVertexNormal lovo,
       float cx,float cy,float cz,DiscreteDynamicsWorld dynamicsWorld){
       this.lovo=lovo;                                                //保存加载物体对象引用
       this.mProgram=mProgram;                                        //保存着色器程序引用
       CollisionShape colShape=lovo.loadShape;                        //保存碰撞形状引用
       boolean isDynamic = (mass != 0f);                              //确定物体是否可运动
       Vector3f localInertia = new Vector3f(0f, 0f, 0f); //创建存放惯性的向量
       if (isDynamic) {colShape.calculateLocalInertia(mass, localInertia);}//计算惯性
       Transform startTransform = new Transform();                    //创建刚体的初始变换对象
       startTransform.setIdentity();                                  //初始化变换对象
       startTransform.origin.set(new Vector3f(cx, cy, cz));//设置刚体的初始位置
       //创建刚体的运动状态对象
       DefaultMotionState myMotionState = new DefaultMotionState(startTransform);
```

```
20          RigidBodyConstructionInfo cInfo =                          //创建刚体描述信息对象
21            new RigidBodyConstructionInfo (mass, myMotionState, colShape, localInertia);
22          body = new RigidBody(cInfo);                               //创建刚体对象
23          body.setRestitution(0.4f);                                 //设置反弹系数
24          body.setFriction(0.8f);                                    //设置摩擦系数
25          dynamicsWorld.addRigidBody(body);                          //将刚体添加进物理世界
26      }
27      public void drawSelf(){                                        //绘制刚体
28          lovo.initShader(mProgram);                                 //初始化着色器
29          MatrixState.pushMatrix();                                  //保护现场
30          //获取此刚体对应的变换信息对象
31          Transform trans = body.getMotionState().getWorldTransform(new Transform());
32          MatrixState.translate(trans.origin.x,trans.origin.y, trans.origin.z);
            //进行平移变换
33          Quat4f ro=trans.getRotation(new Quat4f()); //获取当前旋转变换的信息进入四元数
34          if(ro.x!=0||ro.y!=0||ro.z!=0){                  //若四元数 3 个轴的分量不都为 0
35              float[] fa=SYSUtil.fromSYStoAXYZ(ro);          //将四元数转换成 AXYZ 形式
36              MatrixState.rotate(fa[0], fa[1], fa[2], fa[3]);     //进行旋转变换
37          }
38          lovo.drawSelf();                                //绘制加载的物体
39          MatrixState.popMatrix();                        //恢复现场
40      }
41  }
```

- 第 12～第 25 行基于从构造器参数接收的碰撞形状创建了对应的刚体对象，并对刚体对象进行了必要的初始化设置，最后将刚体对象添加进物理世界。
- 第 27～第 40 行为根据物理模拟的情况绘制加载物体的 drawSelf 方法，其中首先从物体对应的刚体中获取物体当前的位置与姿态信息，然后根据获取的信息对坐标系进行变换，最后基于变换后的坐标系绘制了物体。

> **提示** 本案例中加载的物体有 3 种外观，包括茶壶、圆环与桌子，分别对应到项目 assets 目录下的 ch.obj、yh.obj 与 table.obj 3 个模型文件。但本案例的功能并不仅限于这 3 种外观，有兴趣的读者可以用 3DMax 等建模工具设计其他任何外观的物体，并导出为 obj 文件。再将 obj 文件导入项目，对源代码稍作修改即可让此应用程序抛出自己所期望的任何形状的物体了。

7.7 铰链关节

前几节给出的案例中都是独立的刚体之间的相互碰撞，刚体与刚体之间除了碰撞之外没有其他逻辑联系。但现实世界中不仅如此，有很多情况下需要把多个刚体按照某种规则联系在一起，如门和门框、自行车的车轮和车身、机械手臂中的各个组成部件等。

想模拟这些机械结构就需要用到 JBullet 中提供的关节，JBullet 中提供的关节有很多种，主要包括铰链关节、滑动关节、六自由度关节、点对点关节等。本节将通过一个案例 Sample7_5 向读者介绍铰链关节的具体使用方法。

7.7.1 铰链关节的基本知识

介绍具体的案例之前，首先应该了解铰链关节的基本知识。铰链关节是仅有一个旋转自由度的关节，通过铰链约束来限制相关刚体仅能绕铰链轴旋转，其原理如图 7-32 所示。

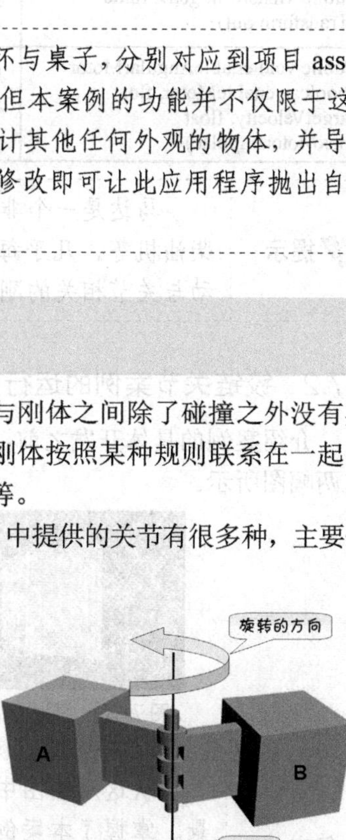

▲图 7-32 铰链关节原理

从图 7-32 中可以看出，日常生活中有不少需要用到铰链关节的情况，如门和门框之间就是如此。

提示 从某种角度来说，关节可以看作刚体之间的约束。因此，JBullet 中的各种关节都是通过在相关刚体间添加相应约束来实现的。

实现铰链关节需要用到的约束为 HingeConstraint，其构造器及常用方法如表 7-15 所列。

表 7-15 HingeConstraint 类的构造器和常用方法

构造器或方法签名	含 义	类 型
public HingeConstraint (RigidBody rbA, Transform rbAFrame)	创建添加到一个刚体上的铰链约束。参数 rbA 代表要添加约束的刚体，参数 rbAFrame 代表从约束位置到刚体质心位置的变换	构造器
public HingeConstraint (RigidBody rbA,RigidBody rbB, Transform rbAFrame, Transform rbBFrame)	创建两个刚体之间的铰链约束。参数 rbA 代表第一个要添加约束的刚体，参数 rbB 代表第二个要添加约束的刚体，参数 rbAFrame 代表从约束位置到第一个刚体质心位置的变换，参数 rbBFrame 代表从约束位置到第二个刚体质心位置的变换	构造器
public float getHingeAngle()	获取铰链关节当前的旋转角度值	方法
public void setLimit (float low, float high)	设置铰链关节的转动范围。参数 low 代表转动角度的下限值，参数 High 代表转动角度的上限值	方法
public float getLowerLimit()	获取转动角度的下限值	方法
public float getUpperLimit()	获取转动角度的上限值	方法
public Transform getAFrame (Transform out)	获取从约束位置到第一个刚体质心位置的变换，参数 out 为获取的变换信息所在的变换对象	方法
public Transform getBFrame (Transform out)	获取从约束位置到第二个刚体质心位置的变换，参数 out 为获取的变换信息所在的变换对象	方法
public void enableAngularMotor (boolean enableMotor, float targetVelocity, float maxMotorImpulse)	启动马达的方法。参数 enableMotor 为是否允许关节使用马达的标志，参数 targetVelocity 为关节旋转的角速度，参数 maxMotorImpulse 为关节马达的驱动力值	方法

提示 马达是一个非常形象的概念，用于模拟现实世界中提供动力的部件，如电动机、柴油机等。几乎每种物理引擎中都有马达的实现，用于根据设定值及关节的类型驱动与关节相关的刚体运动。

7.7.2 铰链关节案例的运行效果

介绍案例的具体开发之前，首先应该了解本节案例的运行效果，具体情况如图 7-33 与图 7-34 这两幅图所示。

▲图 7-33 模拟门的转动图（1）

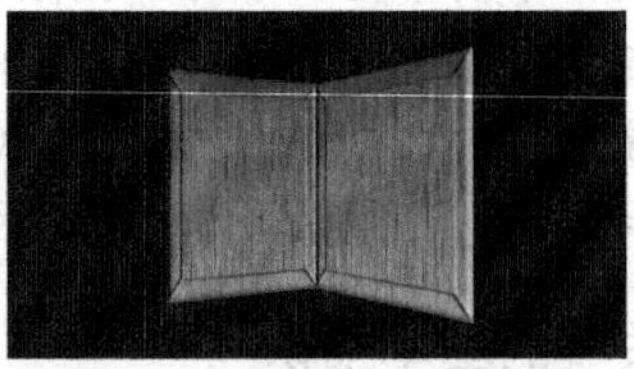

▲图 7-34 模拟门的转动图（2）

说明 从这两幅图中可以看出，本节案例通过铰链关节实现了类似于门开关的一个场景。掌握了本案例后，读者还可以利用铰链关节模拟其他现实世界中的相关场景。另外，案例运行时用手指在屏幕上水平滑动，摄像机会绕场景水平旋转，用手指在屏幕上竖直滑动，摄像机会上升或下降。

7.7.3 铰链关节旋转角速度的计算

从上一小节给出的运行效果图中可以看出，本案例中右侧的门会绕铰链轴作周期性的往复旋转运动。可以将门的旋转分为1、2、3、4 共4个子步骤，如图7-35所示。

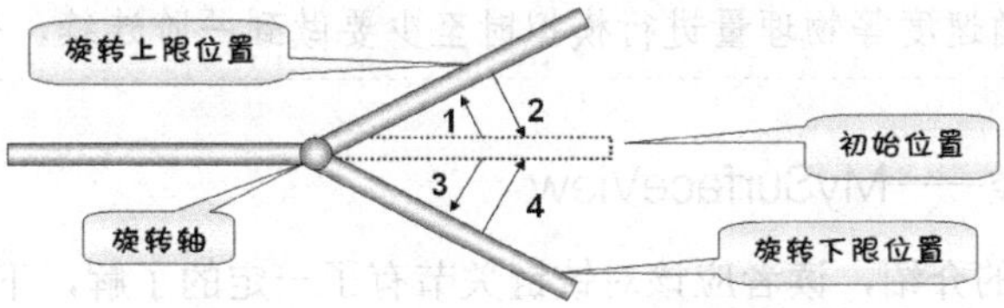

▲图 7-35 门旋转4个子步骤的俯视示意

从图7-35中可以看出，子步骤1中右侧的门从初始位置绕轴旋转到上限位置，子步骤2中右侧的门绕轴从上限位置旋转回初始位置，子步骤3中右侧的门从初始位置绕轴旋转到下限位置，子步骤4中右侧的门从旋转下限位置绕轴旋转回初始位置。

驱动与铰链关节相关的刚体转动最主要的就是给出当前关节转动的角速度，然后通过enableAngularMotor方法传递给关节。了解了上述内容后，读者可能会很直观地想到：对1、2、3、4这4个阶段分别设置恒定的角速度不就可以达到目的了吗？这样当然是可以的，但模拟的效果就会显得比较假，因为这种情况下角速度是不连续的，如图7-36所示。

从图7-36中可以看出，这种策略并不符合现实世界的物理规律，现实世界中的角速度、速度等物理量是连续变化的，不可能有无穷大的角加速度或加速度使得角速度、速度跳跃变化。因此若想使模拟的效果比较真实，就应该给出一套角速度连续变化的方案。例如，让旋转角度随时间的变化符合正弦三角函数，如图7-37所示。那么其一阶导数（也就是角速度）的变化即符合余弦三角函数，是连续变化的。

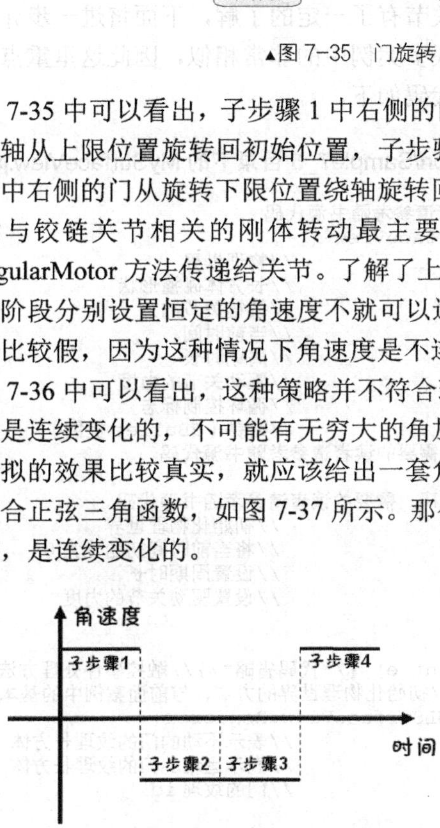

▲图 7-36 直观的角速度设定策略

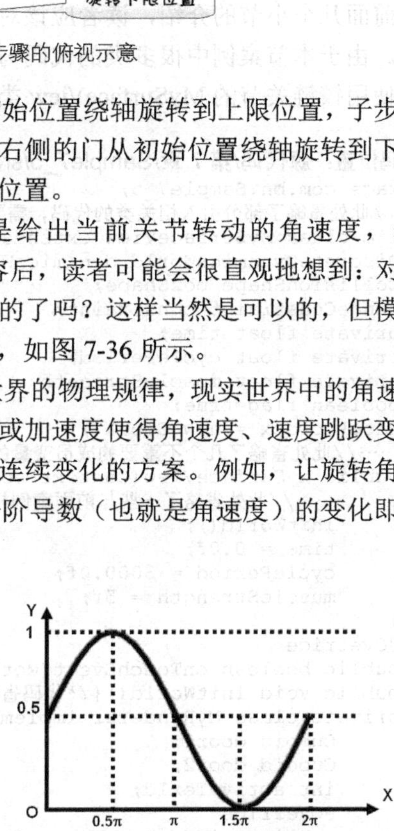

▲图 7-37 按照正弦三角函数规律变化的角度

图7-37中X轴的值表示当前时刻在周期中的折算值，Y轴的值表示此时刻对应的旋转角度折算值，x与y之间的关系可以用如下公式来描述。

y=0.5(1+sin(x)) 【公式1】

需要注意的是，利用此公式计算y时首先需要将x值折算到0～2π的范围内，计算出y后还需要进行折算才能得到当前时刻对应的旋转角度，折算公式如下。

当前时刻的旋转角度=下限值+y×（上限值-下限值） 【公式2】

综上所述，计算某时刻角速度的步骤可以总结如下。

- 给出门运动周期的时长，使用一个计时器统计门转动的时间。接着将门转动的时间对周期求模，然后对周期做除法并乘以2π，即可得到x值。
- 将x值代入【公式1】即可求得y值，再将y值带入【公式2】即可求出当前时刻门的旋转角度。

❑ 将当前时刻的旋转角度与上一时刻（要求上一时刻与此时刻的时间差极小）的旋转角度求差，并将差值除以两个时刻的时间差即可得到当前所需的角速度。

> **提示**　上述步骤中的最后一步实际上实现了对旋转角度基于时间求微分（或称之为求导数），对于微分或导数不太熟悉的读者请参考相关的数学资料。另外需要注意的是，对速度、角速度等物理量进行模拟时至少要做到一阶连续，否则效果会很假。

7.7.4　3D 界面渲染类——MySurfaceView

通过前面几个小节的介绍，读者应该对铰链关节有了一定的了解，下面将进一步介绍本节案例的开发。由于本节案例中很多类的代码与前面很多案例中的非常相似，因此这里重点介绍有代表性的、使用铰链关节的 MySurfaceView 类，其代码如下。

代码位置：源代码/第 7 章/Sample7_5/src/com/bn/Sample7_5 目录下的 MySurfaceView.java。

```
package com.bn.Sample7_5;
……//此处省略了部分引入相关类的代码，需要的读者请参考随书源代码
public class MySurfaceView extends GLSurfaceView {
    DiscreteDynamicsWorld dynamicsWorld;                    //物理世界
    CollisionShape boxShape;                                //长方体碰撞形状
    HingeConstraint constraint;                             //铰链关节约束
    private float time;                                     //当前时间
    private float cyclePeriod;                              //周期时长
    private float muscleStrength;                           //驱动关节的力度
    boolean flag=true;                                      //循环控制标志
    Clock clock = new Clock();                              //时钟（JBullet 提供）
    ……//此处省略了几个不重要的成员变量的声明，需要的读者请参考随书源代码
    public MySurfaceView(Context context) {
        ……//此处省略了一些与前面案例相同的代码，需要的读者请参考随书源代码
        initWorld();                                        //初始化物理世界
        time = 0.0f;                                        //将当前时间初始化为 0
        cyclePeriod = 3000.0f;                              //设置周期时长
        muscleStrength = 5f;                                //设置驱动关节的力度
    }
    @Override
    public boolean onTouchEvent(MotionEvent e)  {/*代码省略*/}//触控事件处理方法
    public void initWorld(){/*代码省略*/}//初始化物理世界的方法，与前面案例中的基本相同
    private class MyRenderer implements GLSurfaceView.Renderer{
        Cuboid door1;                                       //表示不动的门的纹理长方体
        Cuboid door2;                                       //表示运动的门的纹理长方体
        int activeTexId;                                    //门的纹理 id
        @Override
        public void onDrawFrame(GL10 gl) {                  //绘制一帧画面的方法
            GLES30.glClear(GLES30.GL_DEPTH_BUFFER_BIT|GLES30.GL_COLOR_BUFFER_BIT);
            float ms = getDeltaTimeMicroseconds();    //获取两帧画面间的时间间隔
            time+=ms;                                       //当前时间递增
            float preAngle = constraint.getHingeAngle(); //获取关节上一时刻的角度
            //求得【公式 1】中需要的 x
            float x=(((int)(time / 1000) % (int)(cyclePeriod)) / cyclePeriod)*BulletGlobals.SIMD_2_PI;
            float y= 0.5f * (1.0f + (float)Math.sin(x));    //根据【公式 1】求出 y
            float currAngle = constraint.getLowerLimit() + //计算出当前时刻的旋转角度
                    y * (constraint.getUpperLimit() - constraint.getLowerLimit());
            float angleDelta = currAngle - preAngle;        //计算角度差
            float desiredAngularVel = 1000000.f * angleDelta/ms;//计算此时的角速度
            constraint.enableAngularMotor(true, desiredAngularVel, muscleStrength);
            //设置旋转马达
            MatrixState.setCamera(cx,cy,cz,0,0,0,0f,1.0f,0.0f);     //设置摄像机
            MatrixState.pushMatrix();                          //保护现场
            door1.drawSelf(activeTexId);                       //绘制不动的门
            door2.drawSelf(activeTexId);                       //绘制运动的门
            MatrixState.popMatrix();                           //恢复现场
        }
```

```
47        @Override
48        public void onSurfaceChanged(GL10 gl, int width, int height) {/*代码省略*/}
49        @Override
50        public void onSurfaceCreated(GL10 gl, EGLConfig config){
51            ……//此处省略了一些初始化的代码，与前面很多案例中的相同
52            door1 = new Cuboid(dynamicsWorld,              //创建不动的门对应的长方体
53                boxShape, 0, 0, 0, 4, MySurfaceView.this,halfX,halfY,halfZ);
54            door2 = new Cuboid(dynamicsWorld,              //创建运动的门对应的长方体
55                boxShape, 1, 0, 0, -4, MySurfaceView.this,halfX,halfY,halfZ);
56            addHingeConstraint(door1.body,door2.body); //对两个门对应的刚体添加铰链约束
57            ……//此处省略了定时进行物理模拟操作的线程，与前面案例中的相同
58    }}
59    public void addHingeConstraint(RigidBody rbA,RigidBody rbB){//添加铰链约束的方法
60        Transform transA = new Transform();       //创建变换对象(从约束到不动门的质心)
61        transA.setIdentity();                     //初始化变换对象
62        //设置变换对象中的旋转信息
63        MatrixUtil.setEulerZYX(transA.basis, BulletGlobals.SIMD_HALF_PI,0,0 );
64        transA.origin.set(new Vector3f(0,0,-halfZ));//设置变换对象中的平移信息
65        Transform transB = new Transform();    //创建变换对象(从约束到运动门的质心)
66        transB.setIdentity();                    //初始化变换对象
67        //设置变换对象中的旋转信息
68        MatrixUtil.setEulerZYX(transB.basis, BulletGlobals.SIMD_HALF_PI,0,0 );
69        transB.origin.set(new Vector3f(0,0,halfZ)); //设置变换对象中的平移信息
70        constraint = new HingeConstraint(rbA,rbB,transA,transB); //创建铰链约束
71        constraint.setLimit(                  //设置铰链约束的转动范围(即下限值与上限值)
72            -BulletGlobals.SIMD_HALF_PI/2, BulletGlobals.SIMD_HALF_PI/2);
73        dynamicsWorld.addConstraint(constraint, true);       //将约束添加进物理世界
74    }
75    public int initTexture(int drawableId){/*代码省略*/}//加载纹理的方法
76    public float getDeltaTimeMicroseconds() {   //获取两帧画面间物理世界时间差的方法
77        float dt = clock.getTimeMicroseconds();//获取从时钟创建或上次时钟重置到现在的毫秒数
78        clock.reset();                          //重置时钟
79        return dt;                              //返回所求时间差
80    }
81 }
```

- 第 13～第 19 行为本类的构造器，其中对物理世界以及铰链关节转动需要的一些成员变量进行了必要的初始化。
- 第 28～第 46 行为绘制一帧画面的 onDrawFrame 方法，其中首先获取本帧画面与上一帧画面之间的时间差，然后将时间差累计进当前时间。接着根据上一小节介绍的两个公式计算出当前门应该转动到的角度，进而根据两帧之间门的角度差及时间差计算出角速度，然后将角速度传递给铰链关节的旋转马达，最后绘制两个门。
- 第 50～第 58 行为进行初始化的 onSurfaceCreated 方法，其中主要是创建了两个门对应的对象，并调用 addHingeConstraint 方法为两个门添加了铰链约束。需要注意的是，不动的门其质量为 0，这样 JBullet 物理引擎就知道此刚体是静止的了。
- 第 59～第 74 行为本类中最重要的 addHingeConstraint 方法，所有与铰链关节有关的初始化工作都是在该方法中完成的。其中最重要的是第 60～第 69 行，这部分代码创建并设置了从铰链到两个物体质心的变换。
- 第 76～第 80 行为获取两帧画面间时间差的 getDeltaTimeMicroseconds 方法。需要特别注意的是，这里的时间指的是物理世界中的虚拟时间，不是实际机器上的时间，因此要通过 JBullet 中提供的 Clock 类的对象来获取。

提示 请读者注意的是，默认情况下，铰链关节的旋转轴与 Z 轴是同方向的，而本案例中希望旋转轴与 Y 轴同方向，因此需要在变换中将轴旋转 90°（即 BulletGlobals.SIMD_HALF_PI）。

7.8 滑动关节

上一节介绍了铰链关节的原理与使用，本小节将介绍另一种关节——滑动关节——的原理与使用。现实世界中的很多机械结构都可以使用滑动关节来模拟，如龙门吊车、叉车等。

7.8.1 滑动关节的基本知识

介绍具体的案例之前，首先应该了解滑动关节的基本知识。滑动关节是一种仅有一个平移和旋转自由度的关节，连接到滑动关节上的物体只能在该自由度上滑动或转动，其基本原理如图 7-38 所示。

从图 7-38 中可以看出，连接到滑动关节上的物体仅能在关节确定的自由度上（也就是轴上）滑动或转动，如现实生活中的螺丝或螺母就是如此。实现滑动关节需要用到的约束类为 SliderConstraint，其构造器及常用方法如表 7-16 所列。

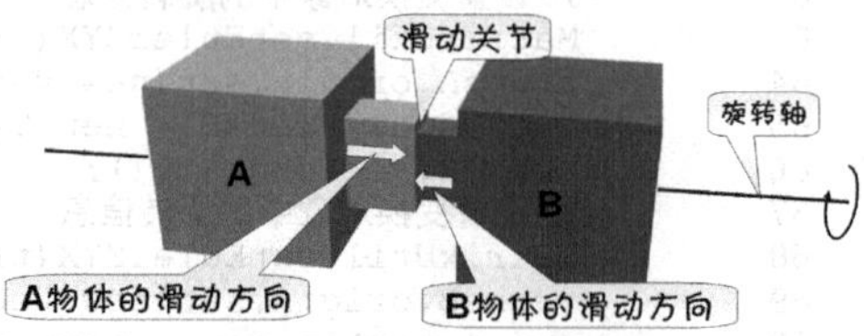

▲图 7-38　滑动关节原理

表 7-16　　　SliderConstraint 类的构造器和常用方法

构造器或方法签名	含　义	类　型
public SliderConstraint(RigidBody rbA, RigidBody rbB, Transform frameInA, Transform frameInB , boolean useLinearReferenceFrameA)	创建滑动关节对应的约束对象。参数 rbA 代表第一个要添加约束的刚体，参数 rbB 代表第二个要添加约束的刚体，参数 frameInA 代表从约束位置到 A 刚体质心位置的变换，参数 frameInB 代表从约束位置到 B 刚体质心位置的变换。参数 useLinearReferenceFrameA 表示两个刚体与两个约束之间的对应关系，若其为 true，则 rbA 与 frameInA 对应，rbB 与 frameInB 对应，否则 rbA 与 frameInB 对应，rbB 与 frameInA 对应	构造器
public void setUpperLinLimit (float upperLimit)	设置滑动关节滑动距离的上限，参数 upperLimit 为滑动距离的上限值	方法
public void setLowerLinLimit (float lowerLimit)	设置滑动关节滑动距离的下限，参数 lowerLimit 为滑动距离的下限值	方法
public float getUpperLinLimit()	获取滑动距离的上限值	方法
public float getLowerLinLimit()	获取滑动距离的下限值	方法
public void setLowerAngLimit (float lowerLimit)	设置滑动关节转动角度的下限，参数 lowerLimit 为转动角度的下限值	方法
public void setUpperAngLimit (float upperLimit)	设置滑动关节转动角度的上限，参数 upperLimit 为转动角度的上限值	方法
public float getLowerAngLimit()	获取转动角度的下限值	方法
public float getUpperAngLimit()	获取转动角度的上限值	方法
public float setDampingDirLin (float dampingDirLin)	设置关节的滑动阻尼系数	方法
public float setDampingDirAng (float dampingDirAng)	设置关节的转动阻尼系数	方法
public float getDampingDirLin()	获取关节的滑动阻尼系数	方法
public float getDampingDirAng()	获取关节的转动阻尼系数	方法
public void setPoweredLinMotor (boolean onOff)	设置是否启动滑动运动对应的马达，参数 onOff 为 true 时启动，否则不启动	方法

续表

构造器或方法签名	含 义	类 型
public void setMaxLinMotorForce (float maxLinMotorForce)	设置滑动运动驱动马达的最大力量值，参数 maxLinMotorForce 为要设置的最大力量值	方法
public void setTargetLinMotorVelocity (float targetLinMotorVelocity)	设置滑动运动驱动马达的速度，参数 targetLinMotorVelocity 为要设置的速度值	方法
public void setPoweredAngMotor (boolean onOff)	设置是否启动转动运动对应的马达，参数 onOff 为 true 时启动，否则不启动	方法
public void setMaxAngMotorForce (float maxAngMotorForce)	设置转动运动驱动马达的最大力量值，参数 maxAngMotorForce 为要设置的最大力量值	方法
public void setTargetAngMotorVelocity (float targetAngMotorVelocity)	设置转动运动驱动马达的速度，参数 targetAngMotorVelocity 为要设置的速度值	方法

7.8.2 案例效果图

介绍案例的具体开发之前，首先应该了解本节案例的运行效果，具体情况如图 7-39 至图 7-42 这 4 幅图所示。

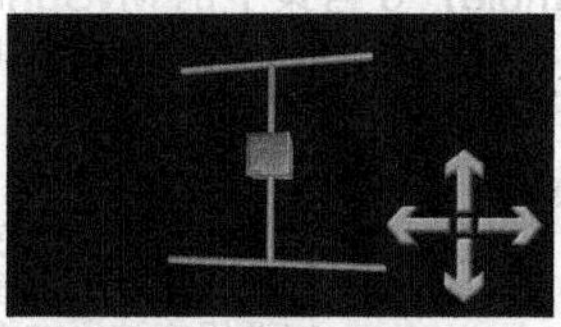

▲图 7-39 案例初始状态

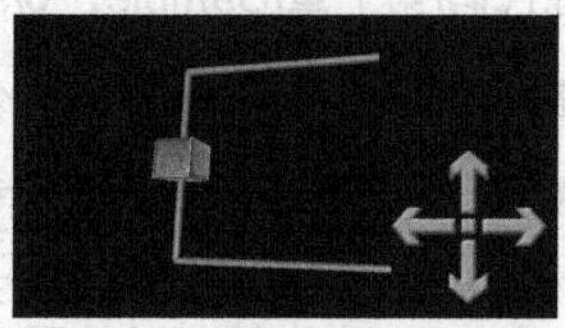

▲图 7-40 向左滑动后的效果

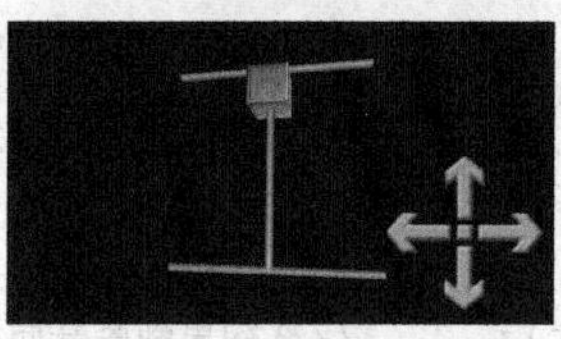

▲图 7-41 向上滑动后的效果

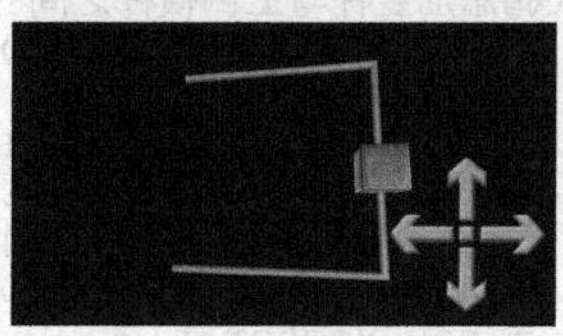

▲图 7-42 向右滑动后的效果

> **提示** 案例运行时用手指触摸屏幕右下侧上（下）方向的箭头，箱子会向上（下）运动；用手指触摸屏幕右下侧左（右）方向的箭头，中间的竖杆会左（右）运动。

从上述 4 幅图中可以分析出，箱子所在的竖杆与一个左右方向的滑动关节相连，箱子与一个上下方向的滑动关节相连，形成了一个类似于龙门吊的组合机械结构。

7.8.3 3D 界面渲染类——MySurfaceView

通过前面几个小节的介绍，读者应该对滑动关节及本节案例的功能有了一定的了解，下面将进一步介绍本节案例的开发。由于本节案例中很多类的代码与前面很多案例中的非常相似，因此这里重点介绍使用滑动关节的、有代表性的部分，其内容如下。

（1）首先给出的是 MySurfaceView 类中创建相关刚体的 initRigidBody 方法，其代码如下。

代码位置：源代码/第 7 章/Sample7_6/src/com/bn/Sample7_6 目录下的 MySurfaceView.java。

```
public void initRigidBody(){                          //创建刚体的方法
  cubeBody = new AddRigidBody(boxShape,1f,dynamicsWorld, 0.0f, 0.8f,
    new Vector3f(0,Ceiling_Height-5,0),true); //创建立方体刚体(对应于场景中的箱子)
  stickFBSliderBody = new AddRigidBody(stickFBSliderShape, 1f, dynamicsWorld, 0.0f, 0.8f,
```

```
        new Vector3f(0,Ceiling_Height-5,0),true);      //创建圆柱刚体(对应于场景中的竖杆)
    stickLRFSliderBody = new AddRigidBody(stickLRSliderShape, 0, dynamicsWorld, 0.0f, 0.8f,
        new Vector3f(0,Ceiling_Height-5,-Stick_Length),true);//创建圆柱刚体(对应于上侧的横杆)
    stickLRNSliderBody = new AddRigidBody(stickLRSliderShape, 0, dynamicsWorld, 0.0f, 0.8f,
        new Vector3f(0,Ceiling_Height-5,Stick_Length),true); //创建圆柱刚体(对应于下侧的横杆)
}
```

- 上述方法的一个重要任务是创建场景中各个物体对应的刚体对象。
- 另外需要注意的是要将各个刚体的初始位置设置到位，即将 3 根圆柱刚体摆放成“工”字形（见图 7-39），将箱子摆放到竖杆的中心。

提示　若在为刚体添加约束之前没有将刚体摆放到位，如两个刚体摆放的位置相距很远，那么在添加约束之后，两个刚体会因约束的作用而相向运动，这会在程序初始运行时体现出来，而且有可能导致程序最终的运行效果不正常，所以提前将各刚体摆放到位是十分必要的。

（2）接着给出的是初始化物理世界并给场景中的相关刚体添加滑动关节约束的 initWorld 方法，其代码如下。

代码位置：源代码/第 7 章/Sample7_6/src/com/bn/Sample7_6 目录下的 MySurfaceView.java。

```
public void initWorld(){                                        //初始化物理世界的方法
    //此处省略了部分与前面几个案例相似的代码，需要的读者请参考随书源代码
    initRigidBody();                                            //创建刚体
    //下面的代码添加箱子与场景中竖杆之间的滑动关节约束
    Vector3f originA = new Vector3f(0, 0, 0);                   //从约束到竖杆质心的平移变换信息
    Vector3f originB = new Vector3f(0, 0, 0);                   //从约束到箱子质心的平移变换信息
    addSliderConstraint(0,stickFBSliderBody.body,               //调用方法添加滑动关节约束
        cubeBody.body,BulletGlobals.SIMD_PI/2,originA,originB,true);//BulletGlobals.SIMD_PI/2
    //下面的代码添加竖杆与上侧横杆之间的滑动关节约束
     originA = new Vector3f(0,0,0);                             //从约束到上侧横杆质心的平移变换信息
     originB = new Vector3f(0, 0, -Stick_Length);               //从约束到竖杆质心的平移变换信息
     addSliderConstraint(1,stickLRFSliderBody.body,             //调用方法添加滑动关节约束
         stickFBSliderBody.body,0,originA,originB,true);
     //下面的代码添加竖杆与下侧横杆之间的滑动关节约束
     originA = new Vector3f(0,0,0);                             //从约束到下侧横杆质心的平移变换信息
     originB = new Vector3f(0, 0, Stick_Length);                //从约束到竖杆质心的平移变换信息
     addSliderConstraint(2,stickLRNSliderBody.body,             //调用方法添加滑动关节约束
     stickFBSliderBody.body,0,originA,originB,true);
}
```

说明　上述方法主要是在相关刚体间分别添加了 3 个滑动关节约束，它们分别为箱子与场景中竖杆之间的滑动关节约束、竖杆与上侧横杆之间的滑动关节约束以及竖杆与下侧横杆之间的滑动关节约束。

（3）下面给出具体实现给场景中的相关刚体添加滑动关节约束的 addSliderConstraint 方法，其代码如下。

代码位置：源代码/第 7 章/Sample7_6/src/com/bn/Sample7_6 目录下的 MySurfaceView.java。

```
public void addSliderConstraint(int index,RigidBody ra,RigidBody
    rb,float angle,Vector3f originA,Vector3f originB,boolean force){
    Transform localA = new Transform();      //创建变换对象 A(表示从变换到刚体 ra 质心的变换)
    Transform localB = new Transform();      //创建变换对象 B(表示从变换到刚体 rb 质心的变换)
    localA.setIdentity();                    //初始化变换对象 A
    localB.setIdentity();                    //初始化变换对象 B
    MatrixUtil.setEulerZYX(localA.basis, 0,angle, 0); //设置变换对象 A 的旋转部分
    localA.origin.set(originA);                       //设置变换对象 A 的平移部分
    MatrixUtil.setEulerZYX(localB.basis, 0, angle, 0); //设置变换对象 B 的旋转部分
    localB.origin.set(originB);                       //设置变换对象 B 的平移部分
    if(index==0){    //若索引号为 0，则添加箱子与场景中竖杆之间的滑动关节约束
```

```
        sliderFB = new SliderConstraint(ra, rb, localA, localB, force);//创建滑动关节约束对象
        sliderFB.setLowerLinLimit(-Stick_Length);              //滑动的下限
        sliderFB.setUpperLinLimit(Stick_Length);               //滑动的上限
        sliderFB.setLowerAngLimit(0);                          //转动的下限
        sliderFB.setUpperAngLimit(0);                          //转动的上限
        sliderFB.setDampingDirLin(0.05f);                      //设置滑动阻尼系数
        dynamicsWorld.addConstraint(sliderFB,true);            //将约束添加进物理世界
        sliders[index]=sliderFB;                               //将约束放进约束数组
    }
    if(index==1){       //若索引号为 1，则添加竖杆与上侧横杆之间的滑动关节约束
        sliderLRF=new SliderConstraint(ra, rb, localA, localB, force); //创建滑动关节约束对象
        sliderLRF.setLowerLinLimit(-Stick_Length);             //滑动的下限
        sliderLRF.setUpperLinLimit(Stick_Length);              //滑动的上限
        sliderLRF.setLowerAngLimit(0);                         //转动的下限
        sliderLRF.setUpperAngLimit(0);                         //转动的上限
        sliderLRF.setDampingDirLin(0.5f);                      //设置滑动阻尼系数
        dynamicsWorld.addConstraint(sliderLRF,true);           //将约束添加进物理世界
        sliders[index]=sliderLRF;                              //将约束放进约束数组
    }
    if(index==2){       //若索引号为 2，则添加竖杆与下侧横杆之间的滑动关节约束
        sliderLRN=new SliderConstraint(ra, rb, localA, localB, force); //创建滑动关节约束对象
        sliderLRN.setLowerLinLimit(-Stick_Length);             //滑动的下限
        sliderLRN.setUpperLinLimit(Stick_Length);        //滑动的上限
        sliderLRN.setLowerAngLimit(0);                   //转动的下限
        sliderLRN.setUpperAngLimit(0);                   //转动的上限
        sliderLRN.setDampingDirLin(0.5f);                //设置滑动阻尼系数
        dynamicsWorld.addConstraint(sliderLRN,true);     //将约束添加进物理世界
        sliders[index]=sliderLRN;                        //将约束放进约束数组
    }
}
```

说明 上述addSliderConstraint方法根据索引编号的不同分别创建了箱子与场景中竖杆之间的滑动关节约束、竖杆与上侧横杆之间的滑动关节约束以及竖杆与下侧横杆之间的滑动关节约束。

（4）接着给出驱动箱子与竖杆之间关节滑动的slideFB方法，其代码如下。

代码位置：源代码/第 7 章/Sample7_6/src/com/bn/Sample7_6 目录下的 MySurfaceView.java。

```
public void slideFB(float mulFactor){
    sliding=true;                                  //设置滑动标志位为 true
    sliderFB.getRigidBodyB().activate();           //激活箱子刚体
    currIndex=0;                                   //设置当前动作索引号为 0
    sliderFB.setPoweredLinMotor(true);             //启动关节对应的马达
    sliderFB.setMaxLinMotorForce(1.0f);            //设置马达的滑动驱动力
    sliderFB.setTargetLinMotorVelocity(5.0f*mulFactor); //设置马达的滑动驱动速度
}
```

说明 上述方法非常简单，仅仅是设置并启动了驱动箱子与竖杆之间关节滑动的马达。

（5）下面给出的是驱动竖杆与上下两侧横杆之间关节滑动的slideLR方法，其代码如下。

代码位置：源代码/第 7 章/Sample7_6/src/com/bn/Sample7_6 目录下的 MySurfaceView.java。

```
public void slideLR(float mulFactor){
    sliding=true;                                  //设置滑动标志位为 true
    sliderLRF.getRigidBodyB().activate();          //激活竖杆刚体
    currIndex=1;                                   //设置当前动作索引号为 0
    sliderLRF.setPoweredLinMotor(true);            //启动竖杆与上侧横杆间关节对应的马达
    sliderLRF.setMaxLinMotorForce(5.0f);           //设置马达的滑动驱动力
    sliderLRF.setTargetLinMotorVelocity(5.0f*mulFactor); //设置马达的滑动驱动速度
    sliderLRN.setPoweredLinMotor(true);            //启动竖杆与上侧横杆间关节对应的马达
    sliderLRN.setMaxLinMotorForce(5.0f);           //设置马达的滑动驱动力
     sliderLRN.setTargetLinMotorVelocity(5.0f*mulFactor);//设置马达的滑动驱动速度
}
```

说明　上述方法与前面介绍的 slideFB 方法类似，仅仅是设置并启动了驱动竖杆与上下两侧横杆之间关节滑动的马达。

（6）最后给出的是停止所有关节滑动的 stopSlide 方法，其代码如下。

代码位置：源代码/第 7 章/Sample7_6/src/com/bn/Sample7_6 目录下的 MySurfaceView.java。

```
public void stopSlide(){
    sliding=false;                                        //设置滑动标志位为 false
    sliders[currIndex].setPoweredLinMotor(false);          //关闭当前动作编号对应的马达
    sliders[currIndex].setMaxLinMotorForce(0.0f);          //设置马达的滑动驱动力为 0
    sliders[currIndex].setTargetLinMotorVelocity(0.0f);//设置马达的滑动驱动速度为 0
    if(currIndex==1){                                      //若动作编号为 1
        sliders[currIndex+1].setPoweredLinMotor(false);   //关闭下一动作编号对应的马达
        sliders[currIndex+1].setMaxLinMotorForce(0.0f);   //设置马达的滑动驱动力为 0
        sliders[currIndex+1].setTargetLinMotorVelocity(0.0f);//设置马达的滑动驱动速度为 0
}}
```

说明　上述方法非常简单，主要功能为根据当前的动作编号关闭相应关节的驱动马达。需要特别注意的是，当动作编号为 1，也就是对应的动作是左右滑动时，需要关闭上下两侧的马达。

7.9 六自由度关节

前面两节分别介绍了铰链关节与滑动关节，这两种关节各自可以用来模拟不同的机械结构。本节将介绍 JBullet 中能力最强的一种关节——六自由度关节。

7.9.1 六自由度关节的基本知识

顾名思义，六自由度关节有 6 个不同的自由度，包括 3 个平移（滑动）自由度以及 3 个旋转自由度。通过这种关节可以模拟现实世界中很多动物的骨骼关节以及机械结构，例如肘关节、颈关节、机械手臂等。由于此种关节具有 3D 世界中全部的 6 个自由度，因此具有很大的灵活性。

通过锁死或限制此种关节的某个或某几个自由度，可以轻松地模仿其他类型的关节。例如，仅允许一个旋转自由度，锁死其他 5 个自由度，就可以模仿 7.7 节介绍过的铰链关节。

六自由度关节的基本实现思路为：给刚体指定一个连接点，刚体本身可以绕 3 个轴旋转，同时可以在 3 个轴的方向上进行平移，但旋转与平移都受到连接点的限制。实现六自由度关节需要用到的约束为 Generic6DofConstraint，其构造器及常用方法如表 7-17 所列。

表 7-17　Generic6DofConstraint 类的构造器和常用方法

构造器或方法签名	含　义	类　型
Generic6DofConstraint (RigidBody rbA, RigidBody rbB, Transform frameInA, Transform frameInB , boolean useLinearReferenceFrameA)	创建一个连接两个刚体的六自由度关节。参数 rbA 代表第一个要添加约束的刚体，参数 rbB 代表第二个要添加约束的刚体，参数 frameInA 代表从约束位置到 A 刚体质心位置的变换，参数 frameInB 代表从约束位置到 B 刚体质心位置的变换。参数 useLinearReferenceFrameA 表示两个刚体与两个约束之间的对应关系，若其为 true，则 rbA 与 frameInA 对应，rbB 与 frameInB 对应，否则 rbA 与 frameInB 对应，rbB 与 frameInA 对应	构造器
public void setLinearLowerLimit (Vector3f linearLower)	设置关节 3 个自由度（3 个轴）滑动距离的下限，参数 linearLower 为滑动距离下限值的 3 个分量	方法
public void setLinearUpperLimit (Vector3f linearUpper)	设置关节 3 个自由度（3 个轴）滑动距离的上限，参数 linearUpper 为滑动距离上限值的 3 个分量	方法

续表

构造器或方法签名	含 义	类 型
public void setAngularLowerLimit (Vector3f angularLower)	设置关节 3 个自由度（3 个轴）转动角度的下限，参数 angularLower 为转动角度下限值的 3 个分量	方法
public void setAngularUpperLimit (Vector3f angularUpper)	设置关节 3 个自由度（3 个轴）转动角度的上限，参数 angularUpper 为转动角度上限值的 3 个分量	方法
public float getAngle(int axis_index)	获取指定轴的旋转角度（基于欧拉角的计算方法）	方法
public Transform getCalculated-TransformA (Transform out)	获取关节连接的第一个刚体在世界坐标系中的变换	方法
public Transform getCalculated-TransformB(Transform out)	获取关节连接的第二个刚体在世界坐标系中的变换	方法
public void setLimit(int axis,float lo,float hi)	设置指定编号自由度的下限与上限，前 3 个为滑动自由度，后 3 个为转动自由度。参数 lo 为下限值，参数 hi 为上限值。此方法组合使用可以代替前面的 setLinearLowerLimit、setLinearUpperLimit、setAngularLowerLimit 与 setAngularUpperLimit 等 4 个方法	方法

7.9.2 六自由度关节案例的运行效果

介绍案例的具体开发之前，应该首先了解本节案例的运行效果，具体情况如图 7-43 至图 7-46 这 4 幅图所示。

▲图 7-43 人偶初始状态

▲图 7-44 人偶下落着地

▲图 7-45 人偶身子逐渐倒下

▲图 7-46 人偶完全倒下

说明 从图 7-43 至图 7-46 这 4 幅图中可以看出，本节案例的场景中有一个由 11 个不尽相同的胶囊形状搭建而成的人偶从空中下落，搭建人偶的胶囊之间都由六自由度关节相连。

下面简单说明本节案例运行时的操作方法以及人偶在不同状态下的颜色变化情况，具体内容如下所列。

- 用手指触摸屏幕左上角（右上角），摄像机绕场景顺时针（逆时针）转动。
- 用手指触摸屏幕左下角（右下角），摄像机前进（后退）。
- 当手指触摸到人偶的任何一个组成部分时，此组成部分变为绿色，并随手指的滑动而移动。通过此操作可以将人偶按照希望的方向拖动。
- 当人偶完全静止时，它将整体变为蓝绿色。

提示 由于本书插图采用灰度印刷，因此人偶颜色的变化可能很难从插图中看出，这时请读者自行采用真机运行本案例。另外，由于本案例物理模拟需要的计算量较大，在一些低端的机型上运行可能速度不是很快，但在一般的机型上还是没有问题的，笔者在摩托罗拉的里程碑 2、ME860、ME865 以及华为的 U8800+等机型上运行都还比较流畅。

7.9.3　人偶类——Doll

本案例中的很多代码与前面不少案例中的非常类似，这里不再赘述。本小节将介绍本案例中最重要的人偶类——Doll，它主要负责通过六自由度关节搭建人偶。从上一小节的运行效果图中可以看出，人偶身体的各部分均由胶囊形状构成，包括头、大臂、小臂、脊椎等 11 个部分。

由于各相关部分之间均采用六自由度关节相连，故创建连接各部分关节的代码基本相同。因此这里仅详细介绍与头部以及连接到头部的脊椎相关的代码，具体内容如下。

代码位置：源代码/第 7 章/Sample7_7/src/com/bn/Sample7_7 目录下的 Doll.java。

```
package com.bn.Sample7_7;                                              //声明包
……//此处省略了部分引入相关类的代码，需要的读者请参考随书源代码
public class Doll {
  MySurfaceView mv;                                                    //场景渲染类对象的引用
  DynamicsWorld dynamicsWorld;                                         //物理世界引用
  //碰撞形状数组，组成人偶身体各部分的胶囊形状均存储于此数组中
  CollisionShape[] bodyShapes= new CollisionShape[BodyPartIndex.BODYPART_COUNT.ordinal()];
  //刚体数组，组成人偶身体各部分的刚体均存储于此数组中，每个刚体对应一个胶囊形状
  RigidBody[] rigidBodies = new RigidBody[BodyPartIndex.BODYPART_COUNT.ordinal()];
  LoadedObjectVertexNormal[] bodyForDraws;                            //用于渲染身体各部分的加载物体
  float mass=1;                                                        //刚体的质量
  float bodyCenterH=7;                                                 //整个人偶中心的高度
  float headR=0.5f;                                                    //头部胶囊两端半球的半径
  float headH=1.25f-2*headR;                                           //头部胶囊中间圆柱的长度
  float headTH=1.25f;                                                  //头部胶囊总长度
  float spineR=0.7f;                                                   //脊椎胶囊两端半球的半径
  float spineH=2.0f-2*spineR;                                          //脊椎胶囊中间圆柱的长度
  float spineTH=2.0f;                                                  //脊椎胶囊总长度
  ……//此处省略了其他胶囊碰撞形状的属性值，需要的读者可以参考中的源代码
  public Doll(MySurfaceView mv,DynamicsWorld dynamicsWorld,
    LoadedObjectVertexNormal[] bodyForDraws){                          //人偶类构造器
    this.mv=mv;                                                        //保存场景渲染类对象的引用
    this.dynamicsWorld=dynamicsWorld;                                  //保存物理世界的引用
    this.bodyForDraws=bodyForDraws;                                    //保存用于渲染的物体列表引用
    initShapes();                                                      //初始化碰撞形状
    initRigidBodys();                                                  //初始化刚体
  }
  public void initShapes(){                                            //初始化碰撞形状的方法
    //创建头部对应的胶囊碰撞形状
   bodyShapes[BodyPartIndex.BODYPART_HEAD.ordinal()] = new CapsuleShape(headR,headH);
    //创建脊椎对应的胶囊碰撞形状
   bodyShapes[BodyPartIndex.BODYPART_SPINE.ordinal()] = new CapsuleShape(spineR,spineH);
    ……//此处省略了创建构成身体其他部分胶囊碰撞形状的代码，读者可以查阅随书中的源代码
  }
  public void initRigidBodys(){                                        //初始化刚体的方法
    Transform tempTrans = new Transform();                             //创建刚体的初始变换对象
    tempTrans.setIdentity();                                           //初始化变换对象
    tempTrans.origin.set(0,bodyCenterH+spineTH+headTH/2,0);//设置头部沿 Y 轴进行平移
    rigidBodies[BodyPartIndex.BODYPART_HEAD.ordinal()]=       //创建头部刚体
    addRigidBody(mass,tempTrans,bodyShapes[BodyPartIndex.BODYPART_HEAD.ordinal()]);
    tempTrans.setIdentity();                                           //初始化变换对象
   tempTrans.origin.set(new Vector3f(0,bodyCenterH+spineTH/2,0));//设置脊椎沿 Y 轴进行平移
    rigidBodies[BodyPartIndex.BODYPART_SPINE.ordinal()] =     //创建脊椎刚体
   addRigidBody(mass, tempTrans, bodyShapes[BodyPartIndex.BODYPART_SPINE.ordinal()]);
    ……//此处省略了创建身体其他部分刚体的代码，读者可以查阅随书中的源代码
    Generic6DofConstraint joint6DOF;        //声明六自由度关节引用
    Transform localA = new Transform();  //创建变换对象 A(表示从变换到刚体 A 质心的变换)
    Transform localB = new Transform();  //创建变换对象 B(表示从变换到刚体 B 质心的变换)
    localA.setIdentity();                                              //初始化变换对象 A
    localB.setIdentity();                                              //初始化变换对象 B
    localA.origin.set(0f, -headTH/2, 0f);                              //设置变换对象 A 的平移部分
    localB.origin.set(0,spineTH/2,0);                                  //设置变换对象 B 的平移部分
    //创建头部和脊椎之间的六自由度约束
    joint6DOF=new Generic6DofConstraint(rigidBodies[BodyPartIndex.BODYPART_HEAD.ordinal()],
              rigidBodies[BodyPartIndex.BODYPART_SPINE.ordinal()],localA,localB,true);
```

```
56      Vector3f limitTrans = new Vector3f();      //用于存储六自由度关节旋转角度上/下限的向量
57      limitTrans.set(-BulletGlobals.SIMD_PI * 0.1f, -BulletGlobals.FLT_EPSILON,
58              -BulletGlobals.SIMD_PI * 0.1f);     //设置旋转角度下限的 3 个分量
59      joint6DOF.setAngularLowerLimit(limitTrans);         //设置关节转动角度的下限
60      limitTrans.set(BulletGlobals.SIMD_PI * 0.2f, BulletGlobals.FLT_EPSILON,
61              BulletGlobals.SIMD_PI * 0.2f);      //设置旋转角度上限的 3 个分量
62      joint6DOF.setAngularUpperLimit(limitTrans);         //设置关节转动角度的上限
63      dynamicsWorld.addConstraint(joint6DOF, true);       //将约束添加进物理世界
64        ……//此处省略了创建及初始化身体其他部分(刚体)之间六自由度关节的代码
65    }
66    private RigidBody addRigidBody(float mass,Transform startTransform,CollisionShape shape)
67    {/*代码省略*/}      //此方法的代码与本章前面案例中的基本相同，需要的读者请参考随书源代码
68    public void drawSelf(int checkedIndex){              //绘制人偶的方法
69      MatrixState.pushMatrix();                         保护现场
70      for(int i=0;i<bodyForDraws.length;i++){       //遍历用于渲染身体各部分的加载物体数组
71        LoadedObjectVertexNormal lovo = bodyForDraws[i];
72        if(i==checkedIndex){                        //如果该物体(身体部分)被拾取
73          lovo.changeColor(true);                   //设置改变颜色的标志位为 true
74          lovo.drawSelf(rigidBodies[i]);            //绘制该物体(身体部分)
75        }else{                                      //若该物体(身体部分)没有被拾取
76          lovo.changeColor(false);                  //设置改变颜色的标志位为 false
77          lovo.drawSelf(rigidBodies[i]);            //绘制该物体(身体部分)
78      }
79      }
80      MatrixState.popMatrix();                      //恢复现场
81    }
82 }
```

- 第 28～第 34 行为初始化胶囊碰撞形状的 initShapes 方法，其中创建了对应于身体各部分的 11 个胶囊碰撞形状对象。
- 第 35～第 65 行是为基于 initShapes 方法创建的 11 个胶囊碰撞形状对象创建对应的刚体，并在相关刚体之间添加六自由度关节约束的 initRigidBodys 方法。这里仅给出了创建头部刚体、脊椎刚体以及在这两个刚体之间添加六自由度关节约束的代码，创建身体其他部分对应的刚体以及添加六自由度关节约束的代码与之非常类似，需要的读者请参考随书中的源代码。
- 第 68～第 81 行为绘制人偶身体各部分的 drawSelf 方法，其实现非常简单。基本思路为：遍历用于渲染身体各部分的加载物体数组，根据各部分对应刚体的姿态情况进行绘制。

7.9.4 拾取时采用的点对点关节

从 7.9.2 小节介绍案例操作方法的内容中已经知道，本节案例不但具有物理模拟功能，还可以通过手指触摸屏幕选中 3D 虚拟世界中的物体并进行拖动。通过手指触摸屏幕选中 3D 虚拟世界中的物体也称为拾取，关于拾取技术的具体实现将在后面第 10 章详细介绍。

由于实现拖动的功能时用到了点对点关节，因此这里首先对它进行简要介绍，然后再介绍通过拾取实现选中、拖动的思路以及相关代码。

1. 点对点关节简介

▲图 7-47　点对点关节原理

点对点关节是仅有 3 个旋转自由度、没有平移自由度的关节。连接到点对点关节上的物体只能任意旋转，而不能相对于关节平移，其基本原理如图 7-47 所示。

实现点对点关节需要用到的约束为 Point2PointConstraint，其构造器及常用方法如表 7-18 所列。

表 7-18　Point2PointConstraint 类的构造器和常用方法

构造器或方法签名	含　义	类　型
public Point2PointConstraint (RigidBody rbA, Vector3f pivotInA)	创建添加到一个刚体上的点对点约束。参数 rbA 代表要添加约束的刚体，参数 pivotInA 为关节在此刚体坐标系中的位置	构造器

续表

构造器或方法签名	含　义	类　型
public Point2PointConstraint (RigidBody rbA, RigidBody rbB, Vector3f pivotInA, Vector3f pivotInB)	创建两个刚体之间的点对点约束。参数 rbA 代表第一个要添加约束的刚体，参数 rbB 代表第二个要添加约束的刚体，参数 pivotInA 为关节在第一个刚体坐标系中的位置，参数 pivotInB 为关节在第二个刚体坐标系中的位置	构造器
public void setPivotA(Vector3f pivotA)	设置关节在第一个刚体坐标系中的位置	方法
public void setPivotB(Vector3f pivotB)	设置关节在第二个刚体坐标系中的位置	方法
public Vector3f getPivotInA(Vector3f out)	获取关节在第一个刚体坐标系中的位置，参数 out 用于存储返回值	方法
public Vector3f getPivotInB(Vector3f out)	获取关节在第二个刚体坐标系中的位置，参数 out 用于存储返回值	方法

2. 通过拾取实现选中、拖动的思路以及相关代码

首先对本案例中通过拾取技术实现拖动人偶某个组成部分的思路进行简要介绍，具体内容如下。

- 当手指在屏幕上按下时，首先需要通过拾取技术判断有没有人偶的某个组成部分被选中，哪个部分被选中。
- 确定选中部分后，新建一个点对点关节，此关节中包含选中部分对应的刚体。
- 随着手指在屏幕上的移动，更新点对点关节的位置，以实现拖动。
- 当手指抬起时，将此点对点关节从物理世界中删除。

上述思路的实现主要涉及两个类的相关代码，具体内容如下。

（1）首先涉及的是 MySurfaceView 类中的 onTouchEvent 以及 changeObj 方法，具体代码如下。

代码位置：源代码/第 7 章/Sample7_7/src/com/bn/Sample7_7 目录下的 MySurfaceView.java。

```
public boolean onTouchEvent(MotionEvent event){   //处理触控事件的方法
  x=event.getX();y=event.getY();                  //获取触控点的位置
  switch(event.getAction()){                      //根据不同的动作类型执行不同的操作
      case MotionEvent.ACTION_DOWN:               //按下的动作
          mPreviousX=event.getX();                //记录按下动作对应的位置
          mPreviousY=event.getY();
          preNanoTime=System.nanoTime();          //获取当前系统时间
          checkedIndex=-1;                        //设置选中物体索引(-1 表示没有选中物体)
          float[] AB=IntersectantUtil.calculateABPosition(//计算拾取用射线的起点与终点
               x,                                     //触控点 x 坐标
               y,                                     //触控点 y 坐标
               Sample7_7_Activity.screenWidth,        //屏幕宽度
               Sample7_7_Activity.screenHeight,       //屏幕高度
               left,                                  //近平面 left 值
               top,                                   //近平面 top 值
               near,                                  //近平面距离
               far                                    //远平面距离
          );
          MyVector3f start = new MyVector3f(AB[0], AB[1], AB[2]);//拾取射线的起点 A
          MyVector3f end = new MyVector3f(AB[3], AB[4], AB[5]);//拾取射线的终点 B
          MyVector3f dir = end.minus(start);          //拾取射线的长度和方向
          int tmpIndex=-1;                            //用于记录距离 A 点最近物体的索引值
          float minTime=1;                            //用于记录列表中物体与射线相交的最短时间
          for(int i=0;i<lovnList.size();i++){                   //遍历列表中的物体
               AABB3 box = lovnList.get(i).getCurrBox(); //获得物体的 AABB 包围盒
               float t = box.rayIntersect(start, dir, null);    //计算相交时间
               if (t <= minTime) {                      //若时间小于原最短时间
                    minTime = t;                        //更新最短时间
                    tmpIndex = i;                       //更新最近物体索引
          }}
          checkedIndex=tmpIndex;                        //记录最近(选中)物体索引
          changeObj(checkedIndex);                      //改变被选中物体
      break;
```

```
        case MotionEvent.ACTION_MOVE:                          //移动的动作
            //移动距离大于指定的阈值，才认为是真正的移动
            if(x-mPreviousX>=10.0f||x-mPreviousX<=-10.0f){ isMoveFlag=true;}
             if(isMoveFlag){                                   //若构成移动
              if(checkedIndex!=-1){                            //若被选中物体索引不为-1
              LoadedObjectVertexNormal lovo=lovnList.get(checkedIndex);//获取选中物体
                lovo.isPicked=true;                            //设置此物体的选中标志位为 true
                //计算新的触控点在世界坐标系中的位置
                float[] nearXY=IntersectantUtil.calculateABPosition(
                 x,y,Sample7_7_Activity.screenWidth,Sample7_7_Activity.screenHeight,
                 left,top,near,far);
                //计算上一触控点在世界坐标系中的位置
                float[] nearPreXY = IntersectantUtil.calculateABPosition(
                mPreviousX,mPreviousY,
               Sample7_7_Activity.screenWidth,Sample7_7_Activity.screenHeight,
                left,top,near,far);
                //获取被选中物体所属点对点关节在刚体坐标系中的位置
                Vector3f currPivot = lovo.p2p.getPivotInB(new Vector3f());
                Vector3f dir1 = new Vector3f(        //计算拖动方向向量 3 个分量的值
                 nearXY[0]-nearPreXY[0], nearXY[1]-nearPreXY[1],nearXY[2]-nearPreXY[2]);
                float vFactor = 0.5f;dir1.set(dir1.x*vFactor,dir1.y*vFactor,dir1.z*vFactor);
                 currPivot.add(dir1);                          //计算拖动后的关节位置
                lovo.p2p.setPivotB(currPivot);                 //设置拖动后的关节位置
            }}
        break;
        case MotionEvent.ACTION_UP:                            //抬起的动作
           isMoveFlag=false;                                   //将移动标志位设置为 false
           if(checkedIndex!=-1){                               //若有物体被选中
              LoadedObjectVertexNormal lovo = lovnList.get(checkedIndex);
              lovo.removePickedConstraint();      //删除用于拖动的点对点关节
              checkedIndex=-1;                    //将选中物体索引设置为-1，表示无选中物体
           }
           if(checkedIndex==-1 && currArea!=Area.NONE){//若没有选中物体
              currArea=Area.NONE; areaTouch=false; upRadians=tempRadians;
           }
        break;
    }
    return true;
}
public void changeObj(int index){                              //根据索引改变选中物体
    if(index != -1){                                           //如果有物体被选中
        LoadedObjectVertexNormal lovo = lovnList.get(index);
        lovo.body.activate();
        lovo.addPickedConstraint();
    }
    else{/*此处省略了部分与摄像机绕场景旋转以及前进后退相关的代码，与拾取无关*/}
}
```

提示：上述代码主要是实现了前面介绍的思路，其中用到了与拾取相关的一些工具类，如 IntersectantUtil。这些内容将在后面第 10 章介绍 3D 拾取技术时详细介绍，这里读者简单了解即可。

（2）接着涉及的是物体类 LoadedObjectVertexNormal 中的 addPickedConstraint 以及 removePickedConstraint 方法，具体代码如下。

代码位置：源代码/第 7 章/Sample7_7/src/com/bn/Sample7_7 目录下的 LoadedObjectVertexNormal.java。

```
  public void addPickedConstraint(){
      //创建用于拖动的点对点关节，此关节位置在被拖动物体坐标系的原点
      p2p = new Point2PointConstraint(body, new Vector3f(0,0,0));
      mv.dynamicsWorld.addConstraint(p2p, true);              //将关节添加进物理世界
      this.isPicked=true;                                     //将物体的选中标志设置为 true
  }
  public void removePickedConstraint(){
      if(p2p!=null){                                          //若有用于拖动的关节
          mv.dynamicsWorld.removeConstraint(p2p);             //将关节从物理世界中删除
      }
      this.isPicked=false;                                    //将物体的选中标志设置为 false
  }
```

❑ 第 1～第 6 行为创建用于拖动的点对点关节并将其添加进物理世界的 addPickedConstraint 方法。

❑ 第 7～第 12 行为将用于拖动的点对点关节从物理世界中删除的 removePickedConstraint 方法。

> 提示　上述两个方法均根据情况设置了物体的选中标志，此标志用于帮助确定物体绘制时采用的颜色。若物体被选中，则采用绿色绘制，否则不采用绿色绘制。

7.10 交通工具

前几节介绍的都是比较基本的碰撞体以及机械结构，现实世界中还有一些更加复杂的组合体，如各种各样的汽车就是如此。而且大量的游戏娱乐应用中也有这方面的需要，如像极品飞车这样广受玩家欢迎的竞速赛车类游戏。

因此 JBullet 物理引擎在设计的时候也充分考虑到了这一点，其中专门加入了对汽车类交通工具的支持，本节将通过具体的案例 Sample7_8 来介绍这方面的知识。

7.10.1 交通工具开发要点

介绍本节案例的具体开发之前，首先需要了解使用 JBullet 中交通工具时涉及的一些要点，具体内容如下所列。

案例中的整个场景就是一个物理世界，场景中所见的每个物体都会有一个对应的刚体。每个物体的位置、姿态由 JBullet 物理引擎计算后对应刚体的位置、姿态来确定，这样所有的物体可以非常真实地模拟现实世界中的受力、下落以及反弹等效果。

❑ 在 JBullet 中使用交通工具时需要用到其中层次结构不同的一些类，如图 7-48 所示。从图 7-48 中可以看出，首先需要两个长方体碰撞形状对象，将这两个长方体碰撞形状对象组合成复合碰撞形状。然后将上述复合碰撞形状挂接到汽车对应的刚体对象，最后把此刚体对象挂接到交通工具对象并最终添加到物理世界中。

> 提示　实际代码中涉及的类比图 7-48 中要多，图 7-48 中仅给出了主要的几个类，具体的细节将在后面介绍代码时详细给出。

❑ 从图 7-48 中已经知道，汽车车身需要两个长方体碰撞形状对象。这是因为本案例中模拟的是小轿车，其车身碰撞体可以用上下一大一小两个长方体来近似表示，如图 7-49 所示。长方体盒碰撞形状 A 代表的是车体的上半部分，而长方体 B 代表的是车体的下半部分。

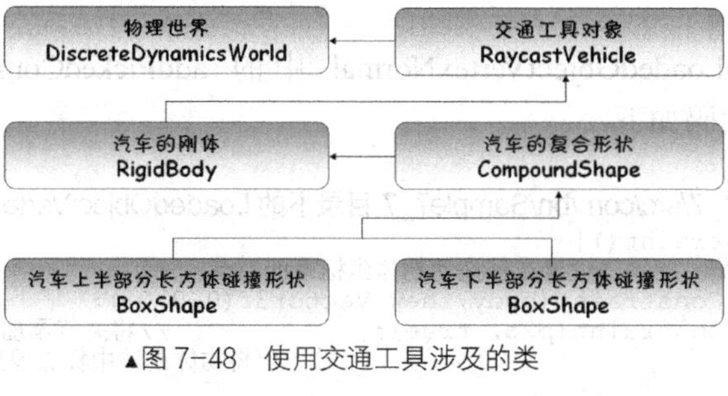

▲图 7-48 使用交通工具涉及的类

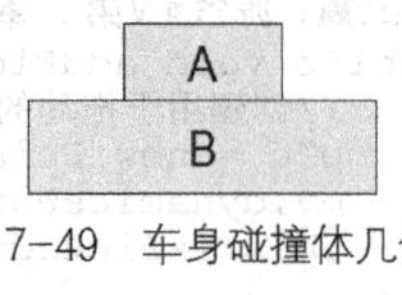

▲图 7-49 车身碰撞体几何结构

> 提示　在实际的游戏开发中，出于性能方面的考虑，一般会采用一些基本几何形状的碰撞体（长方体、球、胶囊、圆柱）来组合成近似物体的形状，而不会采用实际的物体形状来进行碰撞计算。这是一种常用的游戏开发技巧，读者有需要时也可以采用。

了解了在 JBullet 中进行交通工具开发的一些相关要点后，接着介绍本节案例的类架构，如图 7-50 所示。

从图 7-50 中可以看出，本案例中涉及的类主要分为五大类：常量及公共类、物体绘制相关类、界面相关类、刚体类、相关工具类。下面简要介绍其中主要的几个类，具体内容如下。

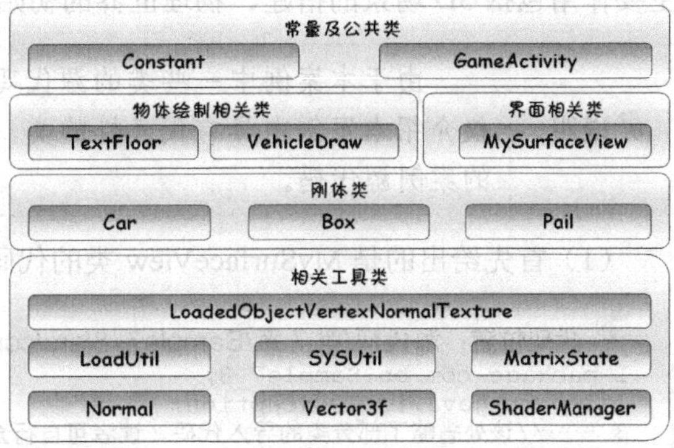

▲图 7-50 案例架构

- ❑ GameActivity 类为本案例的主控制类，也就是本案例中的 Activity。案例开始运行时首先调用此类中的 OnCreate 方法，在该方法中首先执行全屏显示、强制横屏等操作，最后跳转到 MySurfaceView 界面。
- ❑ MySurfaceView 类是负责 3D 场景渲染的核心类，它负责对物理世界以及其中的碰撞形状进行初始化，并且创建初始场景中的汽车、地面、箱子和油桶等物体。
- ❑ Car 是用于表示汽车的类，其中包含了物理效果模拟的相关代码，同时还包含了创建交通工具、控制交通工具运动和重置交通工具的相关代码。
- ❑ Box 类和 Pail 类分别用于表示箱子和油桶，其中不但包含了与渲染有关的代码，还包含了与物理效果模拟相关的一些代码。
- ❑ VehicleDraw 类负责根据物理计算的结果在场景中的对应位置，以对应的姿态绘制汽车；TexFloor 类负责绘制场景中的草皮地面。

7.10.2 交通工具案例的运行效果

了解了用 JBullet 进行交通工具开发的一些要点以及本节案例的架构后，下面就可以进行案例的开发了。在介绍具体的代码之前，首先应该了解本节案例的运行效果，如图 7-51 所示。

> **说明** 运行本案例时，若按下屏幕左上方的区域，案例会切换视角；若按下屏幕右上方的区域，案例会重置；按下左下方区域时，汽车会前进；按在右下方区域时，汽车会后退。当手机向左倾斜时，汽车会向左拐弯；当手机向右倾斜时，汽车会向右拐弯。

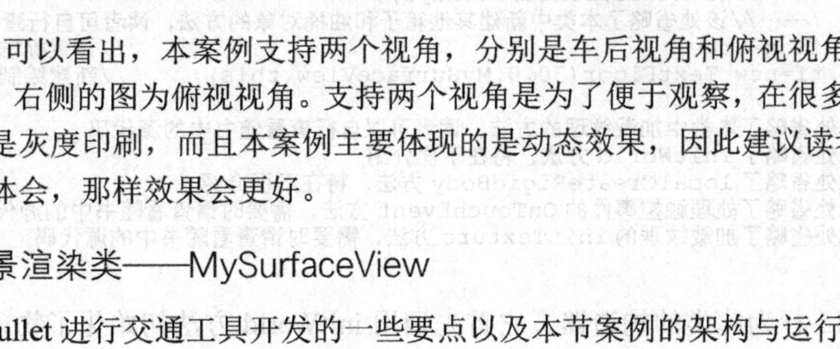

▲图 7-51 案例 Sample7_8 的运行效果

从图 7-51 中可以看出，本案例支持两个视角，分别是车后视角和俯视视角。图 7-51 中左侧的图为车后视角，右侧的图为俯视视角。支持两个视角是为了便于观察，在很多游戏中也是如此。由于插图采用的是灰度印刷，而且本案例主要体现的是动态效果，因此建议读者采用真机设备运行本案例并观察体会，那样效果会更好。

7.10.3 3D 场景渲染类——MySurfaceView

了解了用 JBullet 进行交通工具开发的一些要点以及本节案例的架构与运行效果后，下面就可以进一步介绍案例中涉及的一些类了。首先介绍渲染 3D 场景的核心类——MySurfaceView，它的主要作用包括 3D 场景的搭建、物理世界的初始化、碰撞形状的初始化、触控事件的处理等。

说明　由于本案例中一些类的源代码与本套书前面很多案例中的几乎一致，因此本节仅介绍本案例中具有代表性的类，其他部分读者若有需要可以参考本书随书中所附的案例源代码。

（1）首先给出的是 MySurfaceView 类的代码框架，其具体内容如下。

代码位置：源代码/第 7 章/Sample7_8/src/com/bn/Sample7_8 目录下的 MySurfaceView.java。

```
1 package com.bn.Sample7_8;                                    //声明包
2 import java.io.IOException;                                  //引入相关类
3 ……//该处省略了部分类的导入代码，读者可自行查看随书中的源代码
4 public class MySurfaceView extends GLSurfaceView {
5     SenceRenderer mRenderer;
6     ……//该处省略了本类中成员变量的声明，读者可自行查看随书中的源代码
7    public MySurfaceView(GameActivity context){
8         super(context);
9         initWorld();                                         //初始化物理世界
10         this.setEGLContextClientVersion(3);                 //设置使用 OpenGL ES3.0
11         mRenderer=new SenceRenderer();                      //创建场景渲染器
12         this.setRenderer(mRenderer);                        //设置渲染器
13         //设置渲染模式为主动渲染
14         this.setRenderMode(GLSurfaceView.RENDERMODE_CONTINUOUSLY);
15     }
16     class SenceRenderer implements GLSurfaceView.Renderer{ //场景渲染器内部类
17         LoadedObjectVertexNormalTexture pm;                 //加载的地面
18         ……//该处省略了本类中一些成员变量的声明，读者可自行查看随书中的源代码
19         public void onDrawFrame(GL10 gl) {                  //绘制一帧画面的方法
20              GLES30.glClear( GLES30.GL_DEPTH_BUFFER_BIT     //清除深度缓冲与颜色缓冲
21              |GLES30.GL_COLOR_BUFFER_BIT);
22              if(cam%2==0){car.updateCamera2();}             //使用车后跟随的视角
23              else if(cam%2==1){car.updateCamera1();}        //使用俯视的视角
24              MatrixState.pushMatrix();                      //保护现场
25              car.carTurn(Constant.Angle*60.0f*-1);          //设置车的前轮方向
26              car.drawSelf();                                //绘制汽车
27              box1.drawSelf();                               //绘制箱子
28              ……//该处省略了本类中其他箱子和油桶的绘制方法，读者可自行查看随书中的源代码
29              MatrixState.popMatrix();                       //恢复现场
30                 tf.drawSelf(land);                          //绘制地面
31              dynamicsWorld.stepSimulation(1.0f/60,1);       //物理世界模拟计算
32     }
33         public void onSurfaceChanged(GL10 gl,int width,int height){/*代码省略*/}
34         public void onSurfaceCreated(GL10 gl, EGLConfig config){
35              ……//该处省略了一些初始化代码，读者可自行查看随书中的源代码
36             land=initTexture(R.drawable.grass,MySurfaceView.this);   //加载草皮纹理
37              ……//该处省略了本类中加载箱子、油桶和汽车纹理的方法，读者可自行查看随书中的源代码
38             vehicleBox=LoadUtil.loadFromFile("                  //加载车身 obj 模型
39             carBox.obj",MySurfaceView.this.getResources(),MySurfaceView.this);
40              ……//该处省略了本类中加载箱子、油桶和车轮模型的方法，读者可自行查看随书中的源代码
41             car=new Car(dynamicsWorld,vehicleBox,               //新建汽车对象
42              vehicleWheel,vehicleTextureId,carStartPoint);
43             box1=new Box(1,0.6f,10,0,dynamicsWorld,             //新建箱子对象
44                  boxTexture,boxId,rbShape);
45              ……//该处省略了本类中新建其他箱子和油桶对象的方法，读者可自行查看随书中的源代码
46             flag=true;                                      //设置标志位，表明可以触控
47             tf=new TextFloor(30,0,MySurfaceView.this);      //新建绘制地面的对象
48     }}
49     ……//该处省略了本类中加载纹理的方法，读者可以自行查看随书中的源代码
50     ……//此处省略了 initWorld 方法，将在下面介绍
51     ……//此处省略了 localCreateRigidBody 方法，将在下面介绍
52     ……//此处省略了处理触控事件的 OnTouchEvent 方法，需要时请查看随书中的源代码
53     ……//此处省略了加载纹理的 initTexture 方法，需要时请查看随书中的源代码
54 }
```

- 第 7～第 15 行为此类的构造器，它首先调用 initWorld 方法初始化了物理世界，然后设置

为使用 OpenGL ES 3.0 渲染，接着创建渲染器对象并进行了设置，最后设置渲染模式为主动渲染。

❑ 第 19～第 32 行为自定义的渲染器中的 onDrawFrame 方法，它每被调用一次则渲染一帧画面。其中第 22～第 23 行根据状态位 cam 的奇偶性确定是使用车后跟随视角还是俯视视角；第 31 行调用 stepSimulation 方法在每一帧绘制结束后进行物理世界的模拟。

> **提示** 对于比较简单的案例而言，可以将物理模拟的工作直接放在 onDrawFrame 方法中完成。这是由于 onDrawFrame 方法由系统提供的 GL 线程定时自动调用（在主动渲染模式下），可以省去自己再开发一个物理模拟线程的麻烦。但对于真正的游戏而言，可能绘制线程的工作量已经很大，单独开辟一个线程来专门从事物理模拟的工作比较好，这样也有利于现在主流多核架构设备计算能力的释放。

❑ 第 34～第 48 行为自定义绘制器中的 onSurfaceCreated 方法，主要完成纹理的加载、obj 模型的加载，以及绘制对象的创建等工作。

（2）下面接着介绍上一步骤中省略的 initWorld 和 localCreateRigidBody 方法，具体代码如下。

代码位置：源代码/第 7 章/Sample7_8/src/com/bn/Sample7_8 目录下的 MySurfaceView.java。

```
1     public void initWorld(){                                //初始化物理世界的方法
2        ……//该处省略了与书中前面案例类似的一些代码，读者可自行查看随书中的源代码
3        CollisionShape groundShape =                  //创建地面碰撞形状
4                new BoxShape(new javax.vecmath.Vector3f(30f,0f,30f));
5        Transform groundTransform = new Transform();//创建刚体的初始变换对象
6        groundTransform.setIdentity();                 //对初始变换对象初始化
7        groundTransform.origin.set(0,0,0);           //移动刚体
8        //调用 localCreateRigidBody 方法创建地面刚体对象并将其加入物理世界
9        localCreateRigidBody(0,groundTransform,groundShape);
10        //创建箱子所需的长方体盒碰撞形状
11        rbShape=new BoxShape(new javax.vecmath.Vector3f(v_x/2,v_y/2,v_z/2));
12        rbShape_pail=new CylinderShape                      //创建油桶所需的圆柱碰撞形状
13        new javax.vecmath.Vector3f(v_xp/2,v_yp/2,v_zp/2));
14    }
15      public RigidBody localCreateRigidBody(float mass,    //创建地面刚体的方法
16       Transform startTransform,CollisionShape shape) {
17        boolean isDynamic=(mass!=0f);                       //物体是否可以移动
18        javax.vecmath.Vector3f localInertia =
19        new javax.vecmath.Vector3f(0f,0f,0f);               //惯性结果向量
20        if (isDynamic){                                           //如果物体可移动
21          shape.calculateLocalInertia(mass,localInertia);  //计算惯性
22        }
23        //创建刚体的运动状态对象
24        DefaultMotionState myMotionState=new DefaultMotionState(startTransform);
25        RigidBodyConstructionInfo cInfo=              //创建刚体描述信息对象
26        new RigidBodyConstructionInfo(mass myMotionState,shape,localInertia);
27        RigidBody body =new RigidBody(cInfo);         //新建刚体对象
28        body.setFriction(0.8f);                       //设置摩擦系数
29        dynamicsWorld.addRigidBody(body);             //把此刚体加入到物理世界中
30        return body;
31     }
```

❑ 第 1～第 14 行为初始化物理世界的 initWorld 方法，其中除了完成初始化物理世界的一些必要工作外，还创建了场景中所需的箱子和油桶对应的碰撞形状。

❑ 第 15～第 31 行为用于创建地面刚体的 localCreateRigidBody 方法，其中按照本章前面介绍的创建刚体的步骤创建了所需的刚体，最后将创建的刚体加入到物理世界中。

7.10.4 汽车类——Car

了解了负责整个场景绘制工作的 MySurfaceView 类后，下面进一步介绍本案例中最具有代表性的 Car 类，它负责本案例中小轿车交通工具模型的大部分工作。由于本案例中交通工具的物理计算由 JBullet 物理引擎实现，故本类中含有较多与物理引擎相关的代码，其详细内容如下。

（1）首先给出的是 Car 类的代码框架，其具体内容如下。

代码位置：源代码/第 7 章/Sample7_8/src/com/bn/Sample7_8 目录下的 Car.java。

```
1    package com.bn.Sample7_8;                              //声明包
2    import javax.vecmath.AxisAngle4f;                       //引入相关类
3    ……//该处省略了部分类的引入代码，读者可自行查看随书中的源代码
4    public class Car {
5        float v_x1 = 2.26f;                                 //车体上部分宽
6        float v_y1 = 0.8f;                                  //车体上部分高
7        float v_z1 =6.14f;                                  //车体上部分长
8        float v_x2 = 2.36f;                                 //车体下部分宽
9        float v_y2 = 0.9f;                                  //车体下部分高
10       float v_z2 =1.57f;                                  //车体下部分长
11       DefaultVehicleRaycaster vehicleRayCaster;           //交通工具参数对象
12       RaycastVehicle rayVehicle;                          //交通工具对象
13       VehicleTuning tuning;                               //协调器
14       DynamicsWorld dynamicsWorld;                        //物理世界
15       RigidBody carChassis;                               //车身钢体
16       float wheelRadius = 0.4f;                           //车轮半径
17       float wheelWidth = 0.4f;                            //车轮宽度
18       float gVehicleSteering = 0f;                        //转向装置（前轮）旋转角度
19       float gVehicleEngineForce = 0;                      //引擎驱动力
20       float wheelFrontX = 0.99f;                          //前车轮到车身中轴线距离
21       float wheelBackX = 1.1f;                            //后车轮到车身中轴线距离
22       float wheelFrontY = 1.925f;                         //前车轮到车身原点纵向距离
23       float wheelBackY = 1.848f;                          //后车轮到车身原点纵向距离
24       static final float wheelFriction = 1000;            //轮子摩擦力
25       static final float suspensionStiffness = 20.f;        //悬架刚度
26       static final float suspensionDamping = 2.3f;          //车轮阻尼
27       static final float suspensionCompression = 4.4f; //悬梁压缩系数
28       static final float rollInfluence = 0.1f;              //滚动影响值
29       float suspensionRestLength = 0.9f;                    //车身悬挂高度
30       Vector3f cameraPosition = new Vector3f(0f, 0f, 0f);  //摄像机位置
31       Vector3f cameraTargetPosition = new Vector3f(0f, 0f, 0f);//摄像机目标点
32       Vector3f cameraUp = new Vector3f(0f, 1f,0f);          //摄像机 up 向量
33       final static Vector3f wheelDirectionCS0=new Vector3f(0,-1,0);
         //轮胎垂直方向偏移向量
34       final static Vector3f wheelAxleCS = new Vector3f(-1,0,0); );//车轮轴向量
35       VehicleDraw vd;                                     //车绘制对象
36       boolean DRR = true;                                 //前进挡和倒档标志位
37       float camera_angle=0;                               //摄像机初始角度
38       //此向量第 1 个值代表车身绕 Y 轴旋转的初始角度，第 2、第 3 个值代表车身初始的 X、Z 坐标
39       com.bn.Sample7_8.util.Vector3f carStartPoint;
40       static final int rightIndex = 0;                    //交通工具坐标系统右轴向量索引
41       static final int upIndex = 1;                       //交通工具坐标系统上轴向量索引
42       static final int forwardIndex = 2;                  //交通工具坐标系统前轴向量索引
43       ……//此处省略了构造器，将在下面介绍
44       ……//此处省略了 carMove_go 方法，将在下面介绍
45       ……//此处省略了 carMove_back 方法，将在下面介绍
46       ……//此处省略了 carKong 方法，将在下面介绍
47       ……//此处省略了 carBreak 方法，将在下面介绍
48       ……//此处省略了 carTurn 方法，将在下面介绍
49       ……//此处省略了 clientResetScene 方法，将在下面介绍
50       ……//此处省略了 localCreateRigidBody 方法，此方法与上一小节中的同名方法类似
51       ……//此处省略了 drawSelf 方法，请读者自行查看随书中的源代码
52       ……//此处省略了 updateCamera1 方法，请读者自行查看随书中的源代码
53       ……//此处省略了 updateCamera2 方法，请读者自行查看随书中的源代码
54   }
```

- 第 5～第 42 行声明了 Car 类中的所有成员变量，其中第 5～第 10 行为车身尺寸相关变量，第 16～第 29 行、第 33 行和第 34 行为车轮位置、轴向等相关变量。
- 第 43～第 53 行为该类的构造器及其他的功能方法，大部分将在后面进一步介绍。

说明　对上述代码中罗列的成员变量，读者可能并不能理解个别变量的具体含义，下面给出了两幅示意图，分别是交通工具模型的俯视图（图 7-52）及侧视图（图 7-53），通过观察这两幅图就可以更加清楚地了解一些成员变量的含义。

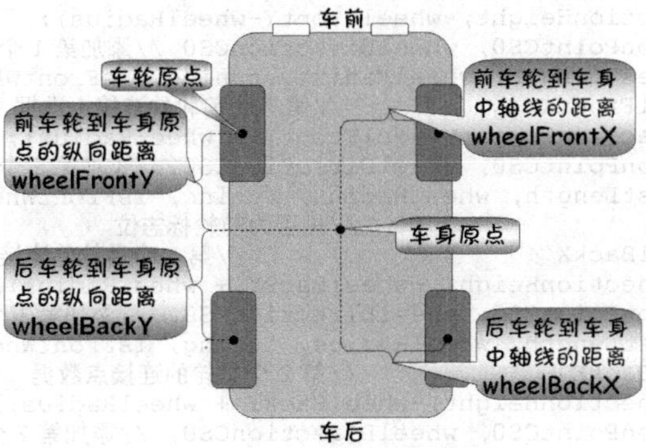

▲图 7-52 交通工具模型俯视图

▲图 7-53 交通工具模型侧视图

（2）接着给出前面步骤中省略的 Car 类构造器的代码，具体内容如下。

代码位置：源代码/第 7 章/Sample7_8/src/com/bn/Sample7_8 目录下的 Car.java。

```
public Car(
    DynamicsWorld dynamicsWorld,                    //物理世界
    LoadedObjectVertexNormalTexture vBox,           //从 obj 文件中加载的车身模型
    LoadedObjectVertexNormalTexture vWheel,         //从 OBJ 文件中加载的车轮模型
    int vehicleTextureId,                           //汽车的纹理 id
    com.bn.Sample7_8.util.Vector3f carStartPoint    //汽车初始位置
){
    this.dynamicsWorld=dynamicsWorld;               //初始化物理世界引用
    this.carStartPoint=carStartPoint;               //初始化汽车初始位置
     CollisionShape chassisShape=                   //创建车身下面的长方体形状
         new BoxShape(new Vector3f(v_x1/2,v_y1/2,v_z1/2));
     CollisionShape chassisShape_up =                     //创建车身上面的长方体形状
         new BoxShape(new Vector3f(v_x2/2,v_y2/2,v_z2/2));
     CompoundShape compound=new CompoundShape();//创建车身组合体
     Transform localTrans1=new Transform(); //车身下部长方体在车身组合体中的初始变换
     localTrans1.setIdentity();                     //将变换对象初始化
     localTrans1.origin.set(0,1,0);                 //设置向 y 轴正方向平移 1 的变换
     //将车身下部分长方体碰撞形状加入车身组合体
     compound.addChildShape(localTrans1,chassisShape);
     Transform localTrans2=new Transform(); //车身上部长方体在车身组合体中的初始变换
     localTrans2.setIdentity();                     //将变换对象初始化
     localTrans2.origin.set(0,1.4f,-0.4f);  //设置 y 轴平移 1.4、Z 轴平移-0.4 的变换
     //将车身上部分长方体碰撞形状加入车身组合体
     compound.addChildShape(localTrans2,chassisShape_up);
     Transform tr =new Transform();                 //车身组合体的初始变换
     tr.setIdentity();                              //将变换对象初始化
     tr.origin.set(carStartPoint.y,0,carStartPoint.z);//设置平移变换，平移到汽车初始位置
     if(carStartPoint.x!=0){                        //若车身初始旋转角不为 0
         Quat4f q=new Quat4f(0,0,0,1f);             //新建一个四元数对象
         //新建一个轴旋转数据对象，前 3 个值表示旋转轴向量，最后一个值表示旋转角度
         AxisAngle4f aa =new AxisAngle4f(0,1,0,carStartPoint.x);
         q.set(aa);                                 //将轴旋转数据转换为四元数
         tr.setRotation(q);                         //将四元数表示的旋转加入变换对象
     }
     carChassis=localCreateRigidBody(500,tr,compound);          //创建车身刚体
     carChassis.setUserPointer(1);                              //设置用户信息用于检测碰撞
     tuning=new VehicleTuning();                                //创建协调器
     vehicleRayCaster=                                          //创建交通工具参数对象
             new DefaultVehicleRaycaster(dynamicsWorld);
     //创建表示场景中汽车的交通工具对象
     rayVehicle=new RaycastVehicle(tuning,carChassis,vehicleRayCaster);
     //设置交通工具不冻结
     carChassis.setActivationState(CollisionObject.DISABLE_DEACTIVATION);
     dynamicsWorld.addVehicle(rayVehicle);              //将交通工具对象添加进物理世界
     float connectionHeight=1.2f;                       //车轮连接点高度
     //设置交通工具坐标系统的三个坐标轴的向量索引
     rayVehicle.setCoordinateSystem(rightIndex,upIndex,forwardIndex);
     boolean isFrontWheel=true;                         //是否为前轮标志位
     Vector3f connectionPointCS0=new Vector3f(wheelFrontX //创建第 1 个前轮的连接点对象
```

```
50              -(0.3f*wheelWidth),connectionHeight, wheelFrontY-wheelRadius);
51          rayVehicle.addWheel(connectionPointCS0, wheelDirectionCS0,//添加第 1 个前轮
52              wheelAxleCS, suspensionRestLength, wheelRadius, tuning, isFrontWheel);
53          connectionPointCS0.set(-wheelFrontX +                //第 2 个前轮的连接点数据
54              (0.3f * wheelWidth),connectionHeight,wheelFrontY - wheelRadius);
55          rayVehicle.addWheel(connectionPointCS0, wheelDirectionCS0,//添加第 2 个前轮
56              wheelAxleCS,suspensionRestLength, wheelRadius, tuning, isFrontWheel);
57          isFrontWheel = false;                               //是否为前轮标志位
58          connectionPointCS0.set(-wheelBackX +                      //第 1 个后轮的连接点数据
59              (0.3f * wheelWidth), connectionHeight,-wheelBackY + wheelRadius);
60          rayVehicle.addWheel(connectionPointCS0, wheelDirectionCS0, //添加第 1 个后轮
61              wheelAxleCS,suspensionRestLength, wheelRadius, tuning, isFrontWheel);
62          connectionPointCS0.set(wheelBackX -             //第 2 个后轮的连接点数据
63              (0.3f * wheelWidth), connectionHeight,-wheelBackY + wheelRadius);
64          rayVehicle.addWheel(connectionPointCS0, wheelDirectionCS0, //添加第 2 个后轮
65               wheelAxleCS,suspensionRestLength, wheelRadius, tuning, isFrontWheel);
66          for (int i=0;i<rayVehicle.getNumWheels();i++){          //遍历所有车轮
67              WheelInfo wheel=rayVehicle.getWheelInfo(i);            //获取车轮信息
68              wheel.suspensionStiffness=suspensionStiffness;      //设置悬架刚度
69              wheel.wheelsDampingRelaxation=suspensionDamping; //设置车轮的阻尼系数
70              wheel.wheelsDampingCompression=suspensionCompression; //设置悬梁压缩系数
71              wheel.frictionSlip=wheelFriction;                   //设置轮胎摩擦系数
72              wheel.rollInfluence=rollInfluence;                  //设置滚动影响值
73          }
74          vd=new VehicleDraw(rayVehicle,vBox,vWheel,vehicleTextureId);//创建汽车绘制对象
75      }
```

- 第 10～第 35 行的功能为创建车身刚体，首先创建两个长方体形状，然后将这两个长方体形状按照图 7-49 所示的情况组装成一个组合体，最后基于此组合体创建车身刚体对象。
- 第 48～第 65 行向交通工具中添加了四个车轮对象，其中前轮与后轮各两个。需要注意的是，每个车轮的连接点是不同的，基本情况如图 7-52 与图 7-53 所示。
- 第 66～第 73 行遍历所有的车轮，为每个车轮设置悬架刚度、阻尼系数、摩擦系数等物理属性，供 JBullet 物理引擎运行过程中使用。

（3）下面给出 Car 类中的一些前面步骤中省略的功能方法，具体代码如下。

代码位置：源代码/第 7 章/Sample7_8/src/com/bn/Sample7_8 目录下的 Car.java。

```
public void carMove_go(){                                   //汽车前进的方法
    float gEngineForce=3000;                                //引擎力
    int wheelIndex=2;                                       //需要设置引擎力的车轮索引
    rayVehicle.applyEngineForce(gEngineForce,wheelIndex);//给指定车轮设置引擎力
    rayVehicle.setBrake(0,wheelIndex);                      //将指定车轮的刹车力设置为 0
    wheelIndex=3;                                           //另一个需要设置引擎力的车轮索引
    rayVehicle.applyEngineForce(gEngineForce,wheelIndex);//给指定车轮设置引擎力
    rayVehicle.setBrake(0,wheelIndex);                      //将另一指定车轮的刹车力设置为 0
}
public void carMove_back(){                                 //汽车后退的方法
    float gEngineForce=-3000;                               //引擎力
    int wheelIndex=2;                                       //需要设置引擎力的车轮索引
    rayVehicle.applyEngineForce(gEngineForce,wheelIndex);//给指定车轮设置引擎力
    rayVehicle.setBrake(0,wheelIndex);                      //将指定车轮的刹车力设置为 0
    wheelIndex=3;                                           //另一个需要设置引擎力的车轮索引
    rayVehicle.applyEngineForce(gEngineForce,wheelIndex);//给指定车轮设置引擎力
    rayVehicle.setBrake(0,wheelIndex);                      //将另一指定车轮的刹车力设置为 0
  }
  public void carKong(){                                    //汽车驻车制动方法
      float gEngineForce=0.0f;                              //引擎力
      int wheelIndex=2;                                     //需要设置引擎力的车轮索引
      rayVehicle.applyEngineForce(gEngineForce,wheelIndex);//给指定车轮设置引擎力
      rayVehicle.setBrake(60,wheelIndex);                   //将指定车轮的刹车力设置为 60
      wheelIndex=3;                                         //另一个需要设置引擎力的车轮索引
      rayVehicle.applyEngineForce(gEngineForce,wheelIndex);//给指定车轮设置引擎力
      rayVehicle.setBrake(60,wheelIndex);   //将另一指定车轮的刹车力设置为 60
  }
  public void carBreak(){                                 //汽车刹车方法
      int wheelIndex=2;                                   //需要设置刹车力的车轮索引
```

```
30          rayVehicle.setBrake(100f,wheelIndex); //将指定车轮的刹车力设置为 100
31          wheelIndex=3;                         //另一个需要设置刹车力的车轮索引
32          rayVehicle.setBrake(100f,wheelIndex); //将另一指定车轮的刹车力设置为 100
33      }
34      public void carTurn(float angle){         //汽车转弯的方法
35          camera_angle=angle;                   //设置当前转弯角度
36          int wheelIndex=0;                     //需要设置转弯角度的车轮索引
37          rayVehicle.setSteeringValue(angle/900,wheelIndex);//对指定车轮设置旋转角度
38          wheelIndex=1;                         //另一个需要设置转弯角度的车轮索引
39          rayVehicle.setSteeringValue(angle/900,wheelIndex);//对另一指定车轮设置旋转角度
40      }
```

- 第 1～第 9 行为驱动汽车前进的 carMove_go 方法，该方法通过为两个后轮设置引擎驱动力并将两个后轮的刹车力设置为 0 的方式驱动汽车前进。
- 第 10～第 18 行为驱动汽车倒车的 carMove_back 方法，该方法通过为两个后轮设置负的引擎驱动力并将两个后轮的刹车力设置为 0 的方式驱动汽车倒车。
- 第 19～第 27 行为汽车驻车制动的 carKong 方法，该方法通过将两个后轮的引擎驱动力设置为 0，并为两个后轮设置刹车力的方式实现驻车制动。所谓驻车制动就是指汽车停在某个位置拉上手刹的情况，也可以理解为汽车停车不动的情况。
- 第 28～第 33 行为汽车刹车的 carBreak 方法，该方法通过为两个后轮设置较大刹车力的方式实现刹车。
- 第 34～第 40 行为汽车转向的 carTurn 方法，该方法通过为两个前轮设置转向角的方式实现汽车运动过程中的转向。

7.10.5 汽车绘制类——VehicleDraw

前面给出的 Car 类解决了汽车相关的物理计算问题，但是要想让用户看见真实的场景还需要将汽车根据物理引擎计算的结果绘制出来。这个任务在本案例中是由 VehicleDraw 类来完成的，具体代码如下。

代码位置：源代码/第 7 章/Sample7_8/src/com/bn/Sample7_8 目录下的 VehicleDraw.java。

```
package com.bn.Sample7_8;                                      //声明包
import java.nio.FloatBuffer;                                   //引入相关类
……//该处省略了部分类的引入代码，读者可自行查看随书中的源代码
public class VehicleDraw {
    RaycastVehicle vehicle;                                    //交通工具对象引用
    ……//该处省略了本类中一些成员变量的声明，读者可以自行查看随书中的源代码
    public VehicleDraw(RaycastVehicle vehicle,                 //需要绘制的交通工具
          LoadedObjectVertexNormalTexture vBox,                //从 obj 加载的车身模型
          LoadedObjectVertexNormalTexture vWheel,              //从 OBJ 加载的车轮模型
          int vehicleTextureId){                               //汽车纹理 id
          this.vehicle = vehicle;                              //初始化待绘制交通工具引用
          this.vBox = vBox;                                    //初始化车身模型引用
          this.vWheel = vWheel;                                //初始化车轮模型引用
          this.vehicleTextureId = vehicleTextureId;            //汽车纹理 id
    }
    void drawSelf(){                                           //绘制汽车的方法
          RigidBody vBody = vehicle.getRigidBody();            //得到当前汽车的刚体
          MatrixState.pushMatrix();                            //保护现场
          //获得汽车当前的平移数据
          Transform trans=vBody.getMotionState().getWorldTransform(new Transform());
          //进行平移变换
          MatrixState.translate(trans.origin.x,trans.origin.y, trans.origin.z);
          Quat4f ro=trans.getRotation(new Quat4f());    //获取当前变换的旋转数据
          if(ro.x!=0||ro.y!=0||ro.z!=0){
               float[] fa=SYSUtil.fromSYStoAXYZ(ro);     //将四元数转换成 AXYZ 的形式
               MatrixState.rotate(fa[0], fa[1], fa[2], fa[3]); //进行旋转变换
          }
          vBox.drawSelf(vehicleTextureId);                     //绘制车身
          MatrixState.popMatrix();                             //恢复现场
```

```
30          for (int i = 0; i < vehicle.getNumWheels(); i++) {    //遍历车轮
31              vehicle.updateWheelTransform(i, true);            //更新车轮的变换
32              MatrixState.pushMatrix();                         //保护现场
33                //获得车轮当前的平移变换数据
34              trans = vehicle.getWheelInfo(i).worldTransform;
35                //进行平移变换
36              MatrixState.translate(trans.origin.x,trans.origin.y,trans.origin.z);
37              ro=trans.getRotation(new Quat4f());           //获取车轮当前变换的旋转数据
38              if(ro.x!=0||ro.y!=0||ro.z!=0){
39                  float[] fa=SYSUtil.fromSYStoAXYZ(ro);//将四元数转换成 AXYZ 的形式
40                  MatrixState.rotate(fa[0], fa[1], fa[2], fa[3]);//进行旋转变换
41              }
42              vWheel.drawSelf(vehicleTextureId);                //绘制轮子
43              MatrixState.popMatrix();                          //恢复现场
44      }}}
```

- 第 16～第 44 行为绘制汽车的 drawSelf 方法，该方法首先根据从物理引擎中获取的数据绘制车身，然后绘制每个车轮。
- 第 17～第 29 行为绘制车身的相关代码，首先获取车身刚体对象，然后从刚体对象中获取车身的平移与旋转变换数据，并根据获取的变换数据对坐标系进行变换，最后基于变换后的坐标系绘制车身。
- 第 30～第 44 行为对四个车轮进行遍历一一绘制的相关代码，首先获取车轮的平移、旋转变换数据，然后根据获取的变换数据对坐标系进行变换，最后基于变换后的坐标系绘制了车轮。

> **提示**　有一点再次提醒读者注意，从 JBullet 物理引擎中获取的旋转数据并不是 OpenGL ES 所青睐的“旋转角度、旋转轴向量 X 分量、旋转轴向量 Y 分量、旋转轴向量 Z 分量”的格式，而是采用四元数。因此每次获取旋转数据后都需要用 fromSYStoAXYZ 方法将数据变换为需要的格式。

至此，交通工具的开发过程就介绍完了，在以后的具体项目开发中读者若能灵活运用，将可以开发出更加逼真的场景。

7.11 小结

本章主要介绍了 JBullet 物理引擎的使用，通过本章的学习，读者应该可以基于 JBullet 开发出非常真实的物理仿真效果。另外，读者应该注意的是，物理引擎本身博大精深，本章仅仅起入门的作用，有兴趣的读者应该进一步深入研究。

> **提示**　JBullet 物理引擎是开源的，纯由 Java 开发，并且没有设计目标操作系统。虽然本章给出的案例都是基于 Android 平台的，但在其他平台（如 Linux、Windows 等）上都可以直接使用，使用方式与本章所介绍的知识完全相同，读者不必有顾虑。

第 8 章　3D 物理引擎二——Bullet

上一章介绍了 3D 物理引擎 Bullet 的 Java 版本——JBullet，读者应该已经初步体会到物理引擎的强大。但 JBullet 物理引擎中仅包含刚体部分，没有软体的实现。本章将进一步介绍 3D 物理引擎 Bullet 本身，其中既包含刚体，也包含软体的实现，功能非常强大。

由于 Bullet 采用各操作系统都能支持的可移植的 C++语言开发，因此可以方便地应用于 Android、iOS、Windows、Linux、Mac、Xbox360 以及 PlayStation 等主流平台。其广泛用于游戏开发和电影制作中，例如游戏《侠盗猎车 4》就是使用的该物理引擎，电影《2012》和《大侦探福尔摩斯》也使用了 Bullet 物理引擎。

8.1　Bullet 中的常用类和结构体

俗话说得好“基础不牢，地动山摇”。在学习新技术时，首先要弄清楚一些基本概念和一些常用类的 API，这样深入学习起来才更有效率。本节主要介绍一些学习 Bullet 过程中必知必会的类或结构体，及其对应的概念。其中主要包括三维向量类、变换类、刚体类、物理世界类以及各种碰撞形状类。

8.1.1　btScalar 类——被封装的浮点类

btScalar 是 Bullet 中用来表示浮点数类型的类。为了能使用精度浮点数和双精度浮点数编译类库，Bullet 在类库中使用 btScalar 数据类型代替浮点数类型。默认的 btScalar 定义为 float，用户可以在 LinearMath/btScalar.h 文件头部定义 BT_USE_DOUBLE_PRECISION 来更改 btScalar 表示的类型。

8.1.2　btVector3 类——三维向量类

btVector3 类的物理含义与前面 JBullet 物理引擎中的 Vector3f 类的物理含义完全一样，这里就不再赘述。不同的是，btVector3 由 3 个 btScalar 类型的数据 x、y、z 变量组成。实际上，它也有第四个因为 SIMD 兼容问题而不使用的 w 变量。该类的使用频率非常高，其属性、构造函数或常用的方法如表 8-1 所列。

表 8-1　btVector3 类的属性、构造函数或方法签名

属性、构造函数或方法签名	含　义	类型
btScalar m_floats[4]	表示向量所需的四个标量数组，依次为向量的 X 坐标值、Y 坐标值、Z 坐标值和 W 值	属性
btVector3()	btVector3 类的构造函数	构造函数
btVector3(const btScalar& _x, const btScalar& _y, const btScalar& _z)	btVector3 类的构造函数，参数_x 表示向量的 X 坐标值，参数_y 表示向量的 Y 坐标值，参数_z 表示向量的 Z 坐标值	构造函数

续表

属性、构造函数或方法签名	含　　义	类型
void setX(btScalar _x)	设置向量的 X 坐标值，参数_x 为要设置的 X 坐标值	方法
void setY(btScalar _y)	设置向量的 Y 坐标值，参数_y 为要设置的 Y 坐标值	方法
void setZ(btScalar _z)	设置向量的 Z 坐标值，参数_z 为要设置的 Z 坐标值	方法
void setW(btScalar _w)	设置向量的 W 值，参数_w 为要设置的 W 值	方法
btScalar& getX()	获取向量的 X 坐标值，返回值为获取的 X 坐标值	方法
btScalar& getY()	获取向量的 Y 坐标值，返回值为获取的 Y 坐标值	方法
btScalar& getZ()	获取向量的 Z 坐标值，返回值为获取的 Z 坐标值	方法
btScalar getW()	获取向量的 W 值，返回值为获取的 W 值	方法
btScalar& x()	获取向量的 X 坐标值，返回值为获取的该坐标值	方法
btScalar& y()	获取向量的 Y 坐标值，返回值为获取的该坐标值	方法
btScalar& z()	获取向量的 Z 坐标值，返回值为获取的该坐标值	方法
btScalar& w()	获取向量的 W 值，返回值为获取的该值	方法
void setValue(const btScalar& _x, const btScalar& _y, const btScalar& _z)	设置向量的坐标。参数_x 为设置向量的 X 坐标值，参数_y 为设置向量的 Y 坐标值，参数_z 为设置向量的 Z 坐标值，W 值默认为 0.0f	方法
void setZero()	设置向量为零向量	方法
btVector3 absolute()	获取向量绝对化之后的向量，即将原向量的 X、Y、Z 坐标取绝对值，W 值取 0.0f，返回值为新得到的向量	方法
btScalar angle(const btVector3& v)	获取原向量与提供的向量之间的角度，参数 v 为提供的向量，返回值为获取的角度（弧度制）	方法
btVector3 cross(const btVector3& v)	获取原向量与提供的向量的叉积，参数 v 为提供的向量，返回值为计算出的叉积	方法
btScalar dot(const btVector3& v)	获取原向量与提供的向量之间的点积，参数 v 为提供的向量，返回值为计算得到的点积	方法
btScalar length()	获取向量的长度，返回值为获取的长度	方法
btScalar length2()	获取向量长度的平方，返回值为获取的长度的平方	方法
btScalar norm()	获取向量的长度，返回值为获取的长度	方法
btVector3& normalize()	将原向量单位化，原向量改变为单位化后的向量，返回值为单位化后的向量	方法
btVector3 normalized()	获取原向量单位化之后的向量，原向量不发生改变，返回值为单位化之后的向量	方法
btScalar distance(const btVector3& v)	获取两个向量的差向量的长度，参数 v 为提供的向量，返回值为计算得到的长度	方法
btScalar distance2(const btVector3& v)	获取两个向量的差向量长度的平方，参数 v 为提供的向量，返回值为计算得到的长度的平方	方法
btVector3 dot3(const btVector3 &v0, const btVector3 &v1, const btVector3 &v2)	获取一个由原向量与三个向量进行点积操作组成的向量，参数 v0 为提供的第一个向量，参数 v1 为提供的第二个向量，参数 v2 为提供的第三个向量，返回值为计算得到的向量	方法
btVector3 lerp(const btVector3& v, const btScalar& t)	获取原向量与提供的向量插值计算而成的向量，参数 v 为提供的向量，参数 t 为所需的系数，为 0 时返回原向量，为 1 时返回提供的向量。返回值为计算得出的向量	方法

续表

属性、构造函数或方法签名	含　义	类型
btVector3 rotate(const btVector3& wAxis, const btScalar _angle)	获取原向量按照提供的单位向量旋转固定角度之后的向量，参数 wAxis 为提供的单位向量，参数_ angle 为提供的固定角度，返回值为计算得出的向量	方法
bool fuzzyZero()	判断原向量是否近似为零向量，返回 true 则表示是，否则表示不是	方法
bool isZero()	判断原向量是否为零向量，返回 true 则表示是，否则表示不是	方法
btVector3& safeNormalize()	将原向量标准化，即将三个坐标值分别除以向量的长度，原向量改变为计算后的向量。返回值为计算后的向量	方法

8.1.3 btTransform 类——变换类

btTransform 类为变换类，表示刚体的变换，如平移、旋转等。它是由位置和方向组合而成。位置坐标和方向向量可以进行坐标系变换，如位置坐标进行平移或者方向向量进行旋转等。btTransform 类的属性、构造函数和常用方法如表 8-2 所列。

表 8-2　　btTransform 类的属性、构造函数或方法签名

属性、构造函数或方法签名	含　义	类　型
btMatrix3x3 m_basis	表示旋转变换的 3×3 矩阵	属性
btVector3 m_origin	表示平移变换的向量	属性
btTransform()	变换的构造函数	构造函数
btTransform(const btQuaternion& q)	变换的构造函数，参数 q 表示变换旋转信息的四元数	构造函数
btTransform(const btMatrix3x3& b)	变换的构造函数，参数 b 表示旋转变换的 3×3 矩阵	构造函数
btTransform (const btTransform& other)	变换的构造函数，参数 other 表示传入的另一个 btTransform 对象，用该对象的属性值初始化新建的 Transform 对象	构造函数
void mult(const btTransform& t1, const btTransform& t2)	设置当前变换对象为另外两个变换复合的结果，参数 t1 表示一个变换对象，参数 t2 表示与 t1 复合的另一个变换对象	方法
btMatrix3x3& getBasis()	获取表示变换旋转信息的 3×3 矩阵，返回值为获取的矩阵	方法
btVector3& getOrigin()	获取变换的原点，返回值为获取的原点	方法
btQuaternion getRotation()	获取表示变换旋转信息的四元数，返回值为获取的四元数	方法
void setFromOpenGLMatrix(const btScalar *m)	设置变换的矩阵，参数 m 为由旋转缩放矩阵和平移向量所合成的 4×4 变换矩阵的首地址	方法
void getOpenGLMatrix(btScalar *m)	获取当前变换对象所存储的变换信息，参数 m 为由旋转缩放矩阵和平移向量所合成的 4×4 变换矩阵的首地址	方法
void setOrigin(const btVector3& origin)	设置平移变换的向量，参数 origin 表示平移变换的向量	方法
void setBasis(const btMatrix3x3& basis)	设置旋转变换的 3×3 矩阵，参数 basis 表示旋转变换的 3×3 矩阵	方法
void setRotation(const btQuaternion& q)	设置当前变换对象的旋转变换数据，参数 q 表示存储旋转数据的四元数对象	方法
void setIdentity()	将当前对象设置为初始状态，即将旋转变换矩阵单位化，平移向量 3 个纬度的分量归零	方法
static const btTransform& getIdentity()	获取初始状态的变换对象，返回值为初始状态的变换对象	方法

说明　表中提到了 btQuaternion 类，该类表示的是四元数。所谓四元数是用于表示旋转的一个高效的数学模型。通过四元数可以对三维向量进行旋转变换，使用起来十分方便和快捷。在后续的案例中有四元数的使用，读者可以留心。

8.1.4 btRigidBody 类——刚体类

btRigidBody 类为刚体类，其对象用于存储刚体的一些属性信息，包括线速度、角速度、摩擦系数等。该类封装了多种构造函数，通过不同的参数可以创建刚体；封装了设置和获取线速度、角速度、摩擦系数等一系列方法。该类的构造函数和常用的方法如表 8-3 所列。

表 8-3 btRigidBody 类的构造函数或方法签名

构造函数或方法签名	含 义	类型
btRigidBody(const btRigidBodyConstructionInfo& constructionInfo)	btRigidBody 类的构造函数，参数 constructionInfo 为刚体信息对象	构造函数
btRigidBody(btScalar mass, btMotionState* motionState, btCollisionShape* collisionShape, const btVector3& localInertia)	btRigidBody 类的构造函数，参数 mass 表示其质量，参数 motionState 表示指向其运动状态的指针，参数 collisionShape 表示指向其形状的指针，参数 localInertia 表示其惯性	构造函数
void setupRigidBody(const btRigidBodyConstructionInfo& constructionInfo)	重置刚体的信息，参数 constructionInfo 为重置的刚体信息对象	方法
void applyGravity()	在刚体上应用重力	方法
void setGravity(const btVector3& acceleration)	设置刚体的重力加速度，参数 acceleration 表示要设置的重力加速度	方法
btVector3& getGravity()	获取刚体的重力加速度，返回值为获取的重力加速度	方法
void setDamping(btScalar lin_damping, btScalar ang_damping)	设置线性阻尼系数和角度阻尼系数，参数 lin_damping 表示线性阻尼系数，参数 ang_damping 表示角度阻尼系数	方法
btScalar getLinearDamping()	获取线性阻尼系数，返回值为获取的系数	方法
btScalar getAngularDamping()	获取角度阻尼系数，返回值为获取的系数	方法
btCollisionShape* getCollisionShape()	获取刚体的形状，返回值为获取的形状指针	方法
void setCenterOfMassTransform(const btTransform& xform)	设置刚体变换，参数 xform 表示需要变换的对象	方法
void applyCentralForce(const btVector3& force)	应用中心力，参数 force 表示提供的力向量	方法
btVector3& getTotalForce()	获取刚体上的合力，返回值为获取的力向量	方法
btVector3& getTotalTorque()	获取刚体上的合扭矩，返回值为获取的扭矩	方法
void applyTorque(const btVector3& torque)	应用扭矩，参数 torque 表示要应用的刚体扭矩	方法
void applyForce(const btVector3& force, const btVector3& rel_pos)	应用力，参数 force 表示要应用的力，参数 rel_pos 表示施加力的位置	方法
void applyCentralImpulse(const btVector3& impulse)	应用中心冲量，参数 impulse 表示要应用的冲量	方法
void applyTorqueImpulse(const btVector3& torque)	应用扭矩冲量，参数 torque 表示要应用的扭矩	方法
void applyImpulse(const btVector3& impulse, const btVector3& rel_pos)	应用冲量，参数 impulse 表示要应用的冲量，参数 rel_pos 表示要施加冲量的位置坐标	方法
void clearForces()	清除所有力	方法
btVector3& getCenterOfMassPosition()	获取刚体重心的位置，返回值为获取的位置坐标	方法
btQuaternion getOrientation()	获取有着旋转信息的四元数，返回值为获取的四元数	方法
btTransform& getCenterOfMassTransform()	获取重心的变换，返回值为获取的变换对象	方法
btVector3& getLinearVelocity()	获取线速度，返回值为获取的线速度向量	方法
btVector3& getAngularVelocity()	获取角速度，返回值为获取的角速度向量	方法

续表

构造函数或方法签名	含　义	类型
btVector3 getVelocityInLocalPoint(const btVector3& rel_pos)	获取刚体上提供点的线速度，参数 rel_pos 表示提供点的位置，返回值为获取的线速度	方法
void translate(const btVector3& v)	变换刚体位置，参数 v 表示位置的向量	方法
void getAabb(btVector3& aabbMin,btVector3& aabbMax)	获取刚体的包围盒，参数 aabbMin 表示包围盒的最小向量，参数 aabbMax 表示包围盒的最大向量	方法
bool wantsSleeping()	获取刚体是否为休眠状态	方法
void setAngularFactor(btScalar angFac)	设置角度因子，参数 angFac 表示要设置的角度因子	方法
btVector3& getAngularFactor()	获取角度因子，返回值为获取的因子	方法
bool isInWorld()	获取刚体是否在物理世界里，返回 true 表示在，否则表示不在	方法
void addConstraintRef(btTypedConstraint* c)	给刚体增添约束关节，参数 c 表示要增添的关节指针	方法
void removeConstraintRef(btTypedConstraint* c)	清除刚体上的约束关节，参数 c 表示要清除的关节指针	方法
btTypedConstraint* getConstraintRef(int index)	获取刚体上的约束，参数 index 表示索引值，返回值为获取的约束指针	方法
int getNumConstraintRefs()	获取刚体上约束的数量，返回值为获取的约束数量	方法
void setFlags(int flags)	设置刚体的属性标志，参数 flags 表示要设置的属性标志	方法
int getFlags()	获取刚体的属性标志，返回值为获取的属性标志	方法

8.1.5 btDynamicsWorld 类——物理世界类

btDynamicsWorld 类为物理世界类，它有两个重要的子类。一个是 btDiscreteDynamicsWorld 类，表示离散物理世界类；另一个是 btSimpleDynamicsWorld 类，一般用于测试，不经常使用。btDynamicWorld 类的属性、构造函数和常用的方法如表 8-4 所列。

表 8-4　　btDynamicsWorld 类的属性、构造函数或方法签名

属性、构造函数或方法签名	含　义	类　型
void* m_worldUserInfo	用来存储用户数据	属性
btDynamicsWorld(btDispatcher* dispatcher,btBroadphaseInterface* broadphase,btCollisionConfiguration* collisionConfiguration)	物理世界类的构造函数，参数 dispatcher 表示碰撞检测算法分配器指针，参数 pairCache 表示碰撞检测粗侧算法接口，参数 constraintSolver 表示约束解决器指针，参数 collisionConfiguration 表示碰撞检测配置信息	构造函数
int stepSimulation(btScalar timeStep)	进行世界物理模拟，参数 timeStep 表示时间步进	方法
void addConstraint(btTypedConstraint* constraint)	在物理世界中添加约束，参数 constraint 表示约束的指针	方法
void removeConstraint(btTypedConstraint* constraint)	在物理世界中删除约束，参数 constraint 表示指定的约束指针	方法
void setGravity(const btVector3& gravity)	设置物理世界中的重力，参数 gravity 表示重力向量	方法
btVector3 getGravity ()	获取物理世界上的重力，返回值为获取的重力向量	方法
void addRigidBody(btRigidBody* body)	在物理世界中添加刚体指针，参数 body 表示要添加的刚体	方法
void removeRigidBody(btRigidBody* body)	删除物理世界中的刚体，参数 body 为要删除的刚体	方法
int getNumConstraints()	获取物理世界中的约束总数，返回值为获取的总数	方法

续表

属性、构造函数或方法签名	含　义	类　型
btTypedConstraint* getConstraint(int index)	获取物理世界中的约束指针，参数 index 表示约束索引，返回值为获取的指向约束的指针	方法
void setWorldUserInfo(void* worldUserInfo)	设置用户数据，参数 worldUserInfo 表示指向用户数据的指针	方法
void*getWorldUserInfo()	获取用户数据，返回值为指向获取的用户数据的指针	方法
void addVehicle(btActionInterface* vehicle)	增添交通工具，参数 vehicle 表示交通工具的指针	方法
void removeVehicle(btActionInterface* vehicle)	删除交通工具，参数 vehicle 表示交通工具的指针	方法
int getNumCollisionObjects()	获取物理世界中碰撞物体的数量，返回值为获取的数量	方法
btCollisionObjectArray& getCollisionObjectArray()	获取物理世界中碰撞物体的数组，返回值为获取的碰撞物体的数组	方法
void rayTest(const btVector3& rayFromWorld, const btVector3& rayToWorld, RayResultCallback& resultCallback)	进行光线投射检测，参数 rayFromWorld 表示光线的起始点，参数 rayToWorld 表示光线的终止点，参数 resultCallback 表示光线回调类对象	方法
void contactTest(btCollisionObject* colObj, ContactResultCallback& resultCallback)	进行接触检测，参数 colObj 表示指向碰撞物体类的指针，参数 resultCallback 表示接触回调类对象	方法

8.1.6 btDiscreteDynamicsWorld 类——离散物理世界类

btDiscreteDynamicsWorld 类表示离散物理世界类。在实际开发中，通常使用该类来创建物理世界对象。创建该离散物理世界对象要通过特有的构造函数，除了需要给出碰撞检测算法分配器、碰撞检测粗侧算法接口和碰撞检测配置信息，还需要给出约束解决器。btDiscreteDynamicsWorld 类的构造函数和常用的方法如表 8-5 所列。

表 8-5　　btDiscreteDynamicsWorld 类的构造函数或方法签名

构造函数或方法签名	含　义	类　型
btDiscreteDynamicsWorld(btDispatcher* dispatcher,btBroadphaseInterface* pairCache,btConstraintSolver* constraintSolver,btCollisionConfiguration* collisionConfiguration)	离散物理世界的构造函数，参数 dispatcher 表示碰撞检测算法分配器指针，参数 pairCache 表示碰撞检测粗侧算法接口，参数 constraintSolver 表示约束解决器指针，参数 collisionConfiguration 表示碰撞检测配置信息	构造函数
btCollisionWorld* getCollisionWorld()	获取当前物理世界的指针，返回值为指向获取的物理世界的指针	方法

8.1.7 btSoftRigidDynamicsWorld 类——支持模拟软体的物理世界类

btSoftRigidDynamicsWorld 类表示支持模拟软体的物理世界类，其继承了 btDiscreteDynamicsWorld 类。所谓软体，即不具有固定形状，可以像软布一样自由改变其本身形状的物体。该物理世界类的主要特色是支持软体的模拟，通过向该物理世界类对象添加软体和模拟该物理世界，从而模拟出现实物理世界中的软体。btSoftRigidDynamicsWorld 类的构造函数和常用的方法如表 8-6 所列。

表 8-6　　btSoftRigidDynamicsWorld 类的构造函数或方法签名

构造函数或方法签名	含　义	类　型
btSoftRigidDynamicsWorld(btDispatcher* dispatcher,btBroadphaseInterface* pairCache,btConstraintSolver* constraintSolver, btCollisionConfiguration* collisionConfiguration)	btSoftRigidDynamicsWorld 类的构造函数，参数 dispatcher 表示碰撞检测算法分配器指针，参数 pairCache 表示碰撞检测粗侧算法接口，参数 constraintSolver 表示约束解决器指针，参数 collisionConfiguration 表示碰撞检测配置信息	构造函数

续表

构造函数或方法签名	含　义	类　型
void addSoftBody(btSoftBody* body)	向物理世界添加软体，参数 body 表示指向软体的指针	方法
void removeSoftBody(btSoftBody* body)	从物理世界中删除指定软体，参数 body 表示指向指定软体的指针	方法

8.1.8　btCollisionShape 类——碰撞形状类

btCollisionShape 类表示碰撞形状类，所有的碰撞形状都直接或间接继承自 btCollisionShape 类。该类封装了一些判断碰撞形状类型的方法，如判断碰撞形状是否为凹多面体，判断碰撞形状是否为复合体等方法。其构造函数和常用的方法如表 8-7 所列。

表 8-7　　btCollisionShape 类的构造函数或方法签名

构造函数或方法签名	含　义	类　型
btCollisionShape()	碰撞形状的构造函数	构造函数
void getAabb(const btTransform& t,btVector3& aabbMin,btVector3& aabbMax)	获取碰撞形状的 AABB 包围盒，参数 t 表示提供的变换，参数 aabbMin 表示提供的包围盒的最小向量，参数 aabbMax 表示提供的包围盒的最大向量	方法
void getBoundingSphere(btVector3& center,btScalar& radius)	获取碰撞形状的包围球体，参数 center 表示球体的中心，参数 radius 表示球体的半径	方法
bool isPolyhedral()	判断碰撞形状是否为多面体，返回值为 true 表示是多面体，否则表示不是	方法
bool isConvex()	判断碰撞形状是否为凸多面体，返回值为 true 表示是，否则表示不是	方法
bool isNonMoving()	判断碰撞形状是否为静态，返回值为 true 表示是，否则表示不是	方法
bool isConcave()	判断碰撞形状是否为凹多面体，返回值为 true 表示是，否则表示不是	方法
bool isCompound()	判断碰撞形状是否为复合体，返回值为 true 表示是，否则表示不是	方法
bool isSoftBody()	判断碰撞形状是否为软体，返回值为 true 表示是，否则表示不是	方法
void setLocalScaling(const btVector3& scaling)	设置缩放比，参数 scaling 表示要设置的缩放比	方法
const btVector3& getLocalScaling()	获取缩放比，返回值为获取的缩放比例	方法
void calculateLocalInertia(btScalar mass,btVector3& inertia)	计算惯性，参数 mass 表示质量，参数 inertia 表示惯性	方法
int getShapeType()	获取碰撞形状类型	方法
void setMargin(btScalar margin)	设置碰撞形状边缘数	方法
btScalar getMargin()	获取碰撞形状的边缘数	方法
void setUserPointer(void* userPtr)	设置用户数据，参数 userPtr 表示指向用户数据的指针	方法
void* getUserPointer()	获取用户数据，返回值为指向用户数据的指针	方法

8.1.9　btStaticPlaneShape 类——静态平面形状

btStaticPlaneShape 类表示静态平面形状类，该类的对象表示静态的平面，如地面、屋顶等。创建静态平面形状对象时，需要给出该平面的法向量。其构造函数和常用的方法如表 8-8 所列。

表 8-8　　btStaticPlaneShape 类的构造函数或方法签名

构造函数或方法签名	含　义	类　型
btStaticPlaneShape(const btVector3& planeNormal,btScalar planeConstant)	静态平面形状的构造函数，参数 planeNormal 表示平面的法向量，参数 planeConstant 表示平面形状的常量	构造函数
const btVector3& getPlaneNormal()	获取平面形状的法向量，返回值为获取的法向量	方法

8.1.10　btSphereShape 类——球体形状类

btSphereShape 类表示球体形状类，其对象表示一个球体。球形的物体可以选择该类对象作为碰撞形状，如篮球、足球等，其构造函数及常用的方法如表 8-9 所列。

表 8-9　　btSphereShape 类的构造函数或方法签名

构造函数或方法签名	含　义	类　型
btSphereShape (btScalar radius)	btSphereShape 类的构造函数，参数 radius 表示球体形状的半径	构造函数
btScalar getRadius()	获取球体的半径，返回值为获取的半径	方法

8.1.11　btBoxShape 类——长方体盒碰撞形状类

btBoxShape 类表示长方体盒碰撞形状类。该形状可用于盒子、箱子等规则的物体，对于一些不规则的物体也可以采用盒子来模拟。其构造函数和常用的方法如表 8-10 所列。

表 8-10　　btBoxShape 类的构造函数或方法签名

构造函数或方法签名	含　义	类　型
btBoxShape(const btVector3& boxHalfExtents)	btBoxShape 类的构造函数，参数 boxHalfExtents 表示立方体盒子的半区域	构造函数
void getVertex(int i,btVector3& vtx)	获取立方体盒子的顶点，参数 i 表示顶点索引值，参数 vtx 表示顶点	方法

8.1.12　btCylinderShape 类——圆柱形状类

btCylinderShape 类表示圆柱形状类，其对象表示一个圆柱形状。很多圆柱形状的物体，如很长的杆、石柱、金币等，都可以采用该类对象作为碰撞形状。其构造函数和常用的方法如表 8-11 所列。

表 8-11　　btCylinderShape 类的构造函数或方法签名

构造函数或方法签名	含　义	类　型
btCylinderShape (const btVector3& halfExtents)	btCylinderShape 类的构造函数，参数 halfExtents 表示圆柱的半区域	构造函数
btScalar getRadius()	获取圆柱的半径，返回值为获取的半径	方法

8.1.13　btCapsuleShape 类——胶囊形状类

btCapsuleShape 类表示胶囊形状类，其对象表示一个胶囊形状。比较细长的圆柱形物体一般不直接采用圆柱形状而是采用胶囊形状，如旗杆、铅笔等。其构造函数和常用的方法如表 8-12 所列。

表 8-12　　btCapsuleShape 类的构造函数或方法签名

构造函数或方法签名	含　义	类　型
btCapsuleShape(btScalar radius,btScalar height)	btCapsuleShape 类的构造函数，参数 radius 表示胶囊的半径，参数 height 表示胶囊的高度	构造函数

续表

构造函数或方法签名	含　义	类　型
btScalar getRadius()	获取胶囊的半径，返回值为获取的半径	方法
btScalar getHalfHeight()	获取胶囊的半宽，返回值为获取的半宽	方法

8.1.14　btConeShape 类——圆锥形状类

btConeShape 类表示圆锥形状类，其对象表示一个圆锥物体。比如像工地上的线坠，就可以通过创建该碰撞形状对象来模拟。其构造函数和常用的方法如表 8-13 所列。

表 8-13　　btConeShape 类的构造函数或方法签名

构造函数或方法签名	含　义	类　型
btConeShape (btScalar radius,btScalar height)	btConeShape 类的构造函数，参数 radius 表示圆锥的半径，参数 height 表示圆锥的高度	构造函数
btScalar getRadius()	获取圆锥的半径，返回值为获取的半径	方法
btScalar getHeight()	获取圆锥的高度，返回值为获取的高度	方法

8.1.15　btCompoundShape 类——复合碰撞形状类

btCompoundShape 类表示复合碰撞形状类，其对象表示一个复合碰撞形状。开发人员可以通过创建多个单一形状对象，组合成一个复合碰撞形状对象。其构造函数和常用的方法如表 8-14 所列。

表 8-14　　btCompoundShape 类的构造函数或方法签名

构造函数或方法签名	含　义	类　型
btCompoundShape()	btCompoundShape 类的构造函数	构造函数
void addChildShape(const btTransform& localTransform,btCollisionShape* shape)	给组合体添加子形状，参数 localTransform 表示形状的变换，参数 shape 表示指向形状的指针	方法
void removeChildShape(btCollisionShape* shape)	从组合体中删除指定形状，参数 shape 表示指向形状的指针	方法
int getNumChildShapes()	获取组合体中子形状的数量，返回值为获取的数量	方法
btCollisionShape* getChildShape(int index)	获取组合体中的子形状，参数 index 表示子形状的索引值，返回值为指向子形状的指针	方法
btTransform& getChildTransform(int index)	获取组合体中子形状的变换，参数 index 表示子形状变换的索引值，返回值为指向变换的指针	方法

本节简单介绍了 Bullet 中常用类或结构体的 API，但不够全面。幸运的是，Bullet 是开源的项目，需要更详细信息的读者可以通过 Bullet 的源代码进行深入的学习。

8.2 简单的物理场景

上一节主要介绍了 Bullet 的一些基本概念及 API，但是与学会使用 Bullet 物理引擎还相差甚远。从本节开始，笔者将通过一系列小案例来向读者介绍 Bullet 的具体使用，方便读者对该物理引擎的学习。本节将介绍的是在一个物理世界中有 27 个立方体木块掉落的案例。

8.2.1　案例运行效果

本小节给出的是一个简单的物理场景案例。案例演示的是，在一个空旷的地面上，有 27 个立方体木块掉落。读者可以通过在屏幕上滑动来调整摄像机，从而以不同的角度观察。其运行效果如图 8-1 及图 8-2 所示。

▲图 8-1　案例运行开始

▲图 8-2　木块下落静止

> **说明**　图 8-1 为案例运行开始时的效果图，27 个木块从上空的不同位置掉落。图 8-2 为木块下落之后，静止在地面时的效果图，木块已经以不同的姿态静止了。单击屏幕则有一个立方体木块以一定的速度掉落。

8.2.2　案例的基本框架结构

介绍本案例之前，首先需要介绍本案例的框架结构。理解本案例的框架结构有助于读者对本案例的学习。对于该案例的基本框架，主要分为 Java 端的开发和 C++端的开发。Java 端主要是在 SDK 中调用本地方法，而 C++端则是在 NDK 中进行开发。本案例的框架结构如图 8-3 所示。

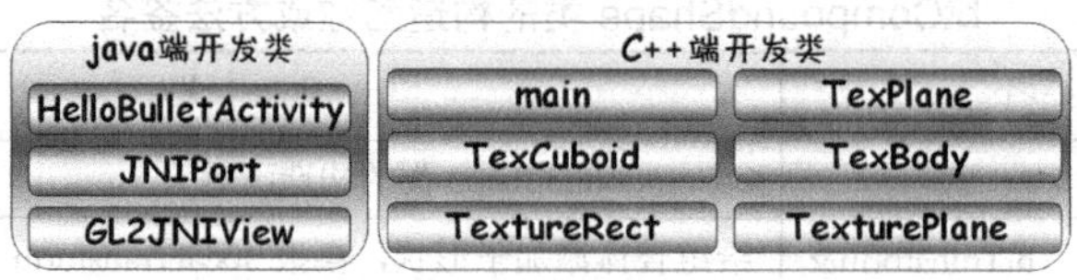

▲图 8-3　框架结构

❑ HelloBulletActivity 类

此类为本案例的主控制类 HelloBulletActivity，其主要功能为创建 3D 场景渲染类对象，获取屏幕对应的宽度和高度。

❑ JNIPort 类

此类为本地方法声明及动态库加载类，主要负责加载 so 动态库并声明与 C/C++端函数对应的本地方法，以便在其他 Java 类中被调用。

❑ GL2JNIView 类

此类为本案例的 3D 场景渲染类，主要包括处理屏幕触控事件的方法实现，自定义的渲染类的实现，以及加载纹理的方法实现。

❑ main 类

此类为本案例的核心类，主要负责物理世界的初始化，创建初始场景中的物体，同时实现物理世界中各个物体的绘制。

❑ TexBody 类

此类为本案例自定义封装的刚体类。该类声明了两个虚函数，一个为绘制自身的方法，另一个为获取自身刚体指针的方法。该类主要被其他类继承，实现对各个刚体类的统一管理。

❑ TexCuboid 类

此类为本案例自定义的立方体刚体类。该类继承了 TexBody 类，将创建立方体刚体和绘制刚体封装在该类中，方便对立方体刚体的管理。

❑ TexPlane 类

此类为本案例自定义的平面刚体类，通常作为物理世界中的地面。该类继承了 TexBody 类，将创建平面刚体和绘制平面刚体封装在该类中，方便对平面刚体的管理。

❑ TextureRect 类

此类为本案例的纹理矩形绘制类，其对象用于渲染呈现立方体木块的一个面。

❑ TexturePlane 类

此类为本案例的地面绘制类，其对象用于渲染呈现物理世界中的地面。

8.2.3 3D 场景渲染类——GL2JNIView 类

了解了本案例的基本框架结构后，接下来将介绍本节案例的具体开发。首先介绍 Java 端的 3D 场景渲染类——GL2JNIView，具体开发步骤如下。

（1）该类继承了 GLSurfaveView 类，拥有一个通过内部类的形式创建的渲染器。渲染器实现了 GLSurfaceView 类中的 Render 接口，实现了 onDrawFrame、onSurfaceChanged 和 onSurfaceCreated 方法。其代码框架如下。

代码位置：源代码/第 8 章/Sample8_1/src/com/bn/bullet 目录下的 GL2JNIView.java 文件。

```
1    package com.bn.bullet;                                    //包声明语句
2    ……//该处省略了部分类的导入代码，读者可自行查看随书中的源代码
3    public class GL2JNIView extends GLSurfaceView{
4        private final float TOUCH_SCALE_FACTOR = 180.0f/800;    //角度缩放比例
5        float cx=0;                                           //摄像机 x 位置
6        float cy=150;                                         //摄像机 y 位置
7        float cz=400;                                         //摄像机 z 位置
8        float mPreviousX;                                     //记录触摸点 x 坐标
9        float mPreviousY;                                     //记录触摸点 y 坐标
10       float xAngle=0;                                       //摄像机绕 x 轴旋转的角度
11       float yAngle=0;                                       //太阳灯光绕 y 轴旋转的角度
12       boolean isAddBody;                                    //是否为添加物体的标志位
13       SceneRenderer mRenderer;                              //渲染器对象
14       public GL2JNIView(Context context){
15        super(context);
16        this.setEGLContextClientVersion(3);                          //设置 GL 版本
17        mRenderer=new SceneRenderer();                               //创建渲染器对象
18        this.setRenderer(mRenderer);                                 //设置渲染器
19        this.setRenderMode(GLSurfaceView.RENDERMODE_CONTINUOUSLY);//设置为主动渲染
20       }
21       private class SceneRenderer implements GLSurfaceView.Renderer{
22           public void onDrawFrame(GL10 gl){
23               JNIPort.step();                                          //执行本地方法
24           }
25           public void onSurfaceChanged(GL10 gl, int width, int height){
26               JNIPort.onSurfaceChanged(width, height);                  //执行本地方法
27           }
28           public void onSurfaceCreated(GL10 gl, EGLConfig config){
29               JNIPort.onSurfaceCreated(GL2JNIView.this);                  //执行本地方法
30       }}
31       ……//该处省略了 initTextureRepeat 方法代码，将在下面介绍
32       ……//该处省略了 onTouchEvent 方法代码，将在下面介绍
33   }
```

❑ 第 4～第 13 行为本类成员变量的声明，包括渲染器对象和摄像机相关参数等。

❑ 第 14～第 20 行为本类的构造器，在该构造器中创建 Renderer 类的对象，设置渲染器，并且设置渲染模式为主动渲染。

❑ 第 22～第 24 行为实现 GLSurfaceView.Renderer 接口后重写的 onDrawFrame 方法，在该方法中调用本地方法 step，通过此方法进行物理世界的模拟计算。此方法实际由 C/C++开发，后面

详细介绍。

- 第 25～第 27 行为实现 GLSurfaceView.Renderer 接口后重写的 onSurfaceChanged 方法，在该方法中调用本地方法 onSurfaceChanged，通过此方法进行初始化视口等操作。此方法实际由 C/C++开发，后面详细介绍。
- 第 28～第 30 行为实现 GLSurfaceView.Renderer 接口后重写的 onSurfaceCreated 方法，在该方法中调用本地方法 onSurfaceCreated，通过此方法进行渲染的初始化工作。此方法实际由 C/C++开发，后面详细介绍。

（2）接下来介绍的是前面步骤中省略的 initTextureRepeat 方法，此方法的主要功能是获取纹理的 id，其具体代码如下。

代码位置：源代码/第 8 章/Sample8_1/src/com/bn/bullet 目录下的 GL2JNIView.java 文件。

```
1   public static int initTextureRepeat(GLSurfaceView gsv,String pname){
2       int[] textures = new int[1];
3       GLES30.glGenTextures(1,textures,0);       //生成纹理 id
4       int textureId=textures[0];                //获取纹理 id
5       GLES30.glBindTexture(GLES30.GL_TEXTURE_2D, textureId);
6       GLES30.glTexParameterf(GLES30.GL_TEXTURE_2D,
7         GLES30.GL_TEXTURE_MIN_FILTER,GLES30.GL_NEAREST);
8       GLES30.glTexParameterf(GLES30.GL_TEXTURE_2D,
9         GLES30.GL_TEXTURE_MAG_FILTER,GLES30.GL_LINEAR);
10       GLES30.glTexParameterf(GLES30.GL_TEXTURE_2D,
11         GLES30.GL_TEXTURE_WRAP_S,GLES30.GL_REPEAT);
12       GLES30.glTexParameterf(GLES30.GL_TEXTURE_2D,
13         GLES30.GL_TEXTURE_WRAP_T,GLES30.GL_REPEAT);
14       InputStream is = null;                                      //创建输出流
15       try {
16         is = gsv.getResources().getAssets().open(pname);          //给输出流赋值
17       } catch (IOException e1) {
18         e1.printStackTrace();
19       }
20       Bitmap bitmapTmp;                                     //声明 Bitmap 引用
21       try {bitmapTmp = BitmapFactory.decodeStream(is);      //设置 Bitmap 对象
22       }finally {try {
23           is.close();                                       //关闭输出流
24         } catch(IOException e) {
25           e.printStackTrace();
26       }}
27       GLUtils.texImage2D(GLES30.GL_TEXTURE_2D, 0,bitmapTmp,0); //实际加载纹理
28       bitmapTmp.recycle();                                   //纹理加载成功后释放图片
29       return textureId;                                      //返回纹理 id
30   }
```

> **说明** 该方法为获取纹理的 id 方法，其中第 28 行的主要功能为在纹理加载成功后释放图片，这一步十分重要，读者请务必牢记于心。

（3）最后介绍前面步骤中省略的 onTouchEvent 方法，此方法负责处理触控事件（包括手指的滑动和单击），其具体代码如下。

代码位置：源代码/第 8 章/Sample8_1/src/com/bn/bullet 目录下的 GL2JNIView.java 文件。

```
public boolean onTouchEvent(MotionEvent event){
    float x=event.getX();                         //获取 x 坐标
    float y=event.getY();                         //获取 y 坐标
    switch(event.getAction()){
    case MotionEvent.ACTION_DOWN:                  //若为按下动作
        isAddBody = true;                          //将添加刚体标志位设为 true
        break;
    case MotionEvent.ACTION_UP:                    //若为抬起动作
        if(isAddBody){                             //若添加刚体标志位为 true
            if(x>WIDTH/2){                         //单击屏幕右侧
```

```
11                 JNIPort.addBody(1);                   //调用添加刚体的方法
12             }else{
13                 JNIPort.addBody(2);                   //调用添加刚体的方法
14             }
15             isAddBody = false;                        //将添加刚体标志位设为 false
16         }
17         break;
18     case MotionEvent.ACTION_MOVE:                     //若为移动动作
19         float dx = x - mPreviousX;                    //计算触控笔 X 位移
20         float dy = y - mPreviousY;                    //计算触控笔 Y 位移
21         if(!(dx<5&&dx>-5&&dy<5&&dy>-5)){
22             isAddBody = false;                        //将添加刚体标志位设为 false
23             yAngle -= dx * TOUCH_SCALE_FACTOR;             //设置太阳绕 y 轴旋转的角度
24             xAngle += dy * TOUCH_SCALE_FACTOR;             //设置摄像机绕 x 轴旋转的角度
25             xAngle = Math.max(xAngle, 10);
26             xAngle = Math.min(xAngle, 89);
27             float []camera = {0,0,30,1};              //摄像机所在位置向量
28             float []n ={0,0,1,1};  //单位向量用来存储第二次旋转的旋转轴
29             float []setp1 = new float[16];            //第一次旋转的旋转矩阵
30             Matrix.setIdentityM(setp1, 0);            //初始化第一次旋转矩阵
31             Matrix.rotateM(setp1,0,yAngle,0,1,0);     //求第一次旋转的旋转矩阵
32             float []setp2 = new float[16];            //第二次旋转轴向量的矩阵
33             Matrix.setIdentityM(setp2, 0);            //初始化矩阵
34             Matrix.rotateM(setp2,0,yAngle-90,0,1,0);  //旋转轴旋转矩阵
35             Matrix.multiplyMV(camera,0,setp1,0,camera,0);//求第一次旋转后的摄像机向量
36             Matrix.multiplyMV(n, 0, setp2, 0, n, 0);  //求第二次旋转的旋转轴
37             float []setp3 = new float[16];            //第二次旋转的旋转矩阵
38             Matrix.setIdentityM(setp3, 0);            //初始化矩阵
39             Matrix.rotateM(setp3,0,xAngle,n[0],n[1],n[2]);//求第二次旋转的旋转矩阵
40             Matrix.multiplyMV(camera,0,setp3,0,camera,0); //求第二次旋转后的摄像机向量
41             JNIPort.setCamera(camera[0],camera[1],camera[2],0,1,0);
42         }
43         break;
44     }
45     mPreviousX = x;                                     //记录当前 x 坐标
46     mPreviousY = y;                                     //记录当前 y 坐标
47     return true;
48 }
```

- 第 2 行和第 3 行的功能为获取当前触控点的位置坐标。
- 第 5～第 17 行分别为对按下动作与抬起动作的处理，当监测到按下动作时，记录加入刚体标志位为真；当检测到抬起动作时，若加入刚体标志位仍为真，则根据触点位置向场景中加入刚体。
- 第 18～第 42 行为处理触点移动动作的代码，当监测到触点移动时，本程序会根据移动方向变动摄像机位置，具体算法是根据触点新位置改变摄像机所在方位角与仰角，之后根据这两个角度计算当前摄像机位置。
- 第 45 行和第 46 行的功能为记录当前触点的位置坐标。

8.2.4 主控制类——HelloBulletActivity 类

下面具体介绍主控制类 HelloBulletActivity，该类继承了 Activity 类，实现了初始化创建 Activity 对象的 onCreate 方法、暂停 onPause 方法和恢复 onResume 方法。其主要功能为创建 3D 场景渲染类对象，获取屏幕对应的宽度和高度。具体代码如下。

代码位置：源代码/第 8 章/Sample8_1/src/com/bn/bullet 目录下的 HelloBulletActivity.java 文件。

```
package com.bn.bullet;
……//该处省略了部分类的导入代码，读者可自行查看随书中的源代码
public class HelloBulletActivity extends Activity {
    GL2JNIView mView;                                   //3D 场景渲染类引用
    static float WIDTH;                                 //屏幕对应的宽度
    static float HEIGHT;                                //屏幕对应的高度
    protected void onCreate(Bundle savedInstanceState) {
        super.onCreate(savedInstanceState);             //调用父类方法
```

```
9           this.requestWindowFeature(Window.FEATURE_NO_TITLE);//去掉标题
10          getWindow().setFlags(WindowManager.LayoutParams.FLAG_FULLSCREEN,
11              WindowManager.LayoutParams.FLAG_FULLSCREEN);//去掉标头
12          setRequestedOrientation(ActivityInfo.SCREEN_ORIENTATION_LANDSCAPE);
            //强制横屏
13          DisplayMetrics dm=new DisplayMetrics();
14          getWindowManager().getDefaultDisplay().getMetrics(dm);//获得系统的宽度和高度
15          if(dm.widthPixels>dm.heightPixels){
16              WIDTH=dm.widthPixels;                    //记录宽度
17              HEIGHT=dm.heightPixels;                  //记录高度
18          }else{
19              WIDTH=dm.heightPixels;                   //记录宽度
20              HEIGHT=dm.widthPixels;                   //记录高度
21          }
22          mView = new GL2JNIView(this);                //创建 3D 场景渲染类对象
23          mView.requestFocus();                        //获取焦点
24          mView.setFocusableInTouchMode(true);         //设置为可触控
25          setContentView(mView);                       //设置界面对象
26          JNIPort.nativeSetAssetManager(this.getAssets());//初始化资源
27      }
28      protected void onPause() {
29          super.onPause();                           //调用父类暂停方法
30          mView.onPause();                           //调用 3D 场景渲染类的暂停方法
31      }
32      protected void onResume() {
33          super.onResume();                          //调用父类继续方法
34          mView.onResume();                          //调用 3D 场景渲染类的继续方法
35  }}
```

❑ 第 7～第 27 行为创建时调用的 onCreate 方法。其中第 9～第 12 行的主要功能为去掉标题和标头，并强制横屏；第 13～第 21 行的主要功能为获取系统的宽度和高度，并记录下来；第 22～第 25 行的主要功能为创建 3D 场景渲染类对象，并设置其获取焦点、设置为可触控以及设置界面对象。

❑ 第 28～第 31 行为暂停时调用的 onPause 方法，主要功能为调用父类的暂停方法以及调用 3D 场景渲染类对象的暂停方法。

❑ 第 32～第 35 行为继续时调用的 onResume 方法，主要功能为调用父类的继续方法以及调用 3D 场景渲染类对象的继续方法。

8.2.5 本地方法声明及动态库加载类——JNIPort 类

本小节将介绍使用 Java 语言开发的 JNIPort 类，它主要负责加载 so 动态库并声明与 C/C++端函数对应的本地方法，以便在其他 Java 类中被调用。其具体代码如下。

代码位置：源代码/第 8 章/Sample8_1/src/com/bn/bullet 目录下的 JNIPort.java 文件。

```
package com.bn.bullet;
……//该处省略了部分类的导入代码，读者可自行查看随书中的源代码
public class JNIPort{
    static{
        System.loadLibrary("BNbullet");            //加载 so 动态库
    }
    public static native void step();              //渲染场景及物理模拟的方法
    public static native void onSurfaceChanged(int width,int height);
    public static native void onSurfaceCreated(GLSurfaceView gsv);
     public static native void addBody(int id);  //添加刚体的方法
     public static native void setCamera(float cx,float cy,float cz,
                    float upx,float upy,float upz);      //设置摄像机的方法
     public static native void loadObjData(int objId, float[] vertices,
                    int numsVer, float[] normals, int numsNor);//加载 obj 文件的方法
     public static native void nativeSetAssetManager(AssetManager am);//初始化资源的方法
 }
```

> **说明** 此类通过静态语句块加载 so 动态库，并声明了 onSurfaceChanged、onSurfaceCreated 和 step 等多个静态的本地方法。这几个静态本地方法与后面 NDK 中用 C/C++开发的各个方法对应。以上完成了本案例中需要用的 Java 开发的部分，从中可以看出程序的基本框架并没有发生根本性的改变，只是将部分任务挪到了 NDK 中进行开发，在 SDK 中用本地方法调用而已。

8.2.6 封装的物体类——TexBody 类

完成 Java 开发后，就可以开发 NDK 端的代码了。首先介绍的是笔者封装的物体类，内容非常简单。只有两个方法，一个是绘制自身刚体方法，另一个是获取自身刚体对象指针。此类虽然简单，但是十分重要。开发人员通过继承该封装类，方便了对刚体的管理。其具体代码如下。

代码位置：源代码/第 8 章/Sample8_1/jni/myEncapsulation 目录下的 TexBody.h。

```
#ifndef __TexBody_h
#define __TexBody_h
#include "Bullet/BulletDynamics/Dynamics/btRigidBody.h"
class TexBody{
public:
     virtual void drawSelf() = 0;                        //绘制刚体的方法
     virtual btRigidBody* getBody() = 0;                 //获取自身刚体对象指针方法
};
#endif
```

> **说明** 开发人员在写具体的刚体类时，通过继承该封装的刚体类，重写绘制刚体的方法和获取自身刚体对象指针的方法，以便实现对刚体的管理和控制。

8.2.7 矩形绘制类——TextrueRect 类

了解了封装的刚体类后，接下来需要开发的是矩形绘制类。该类的作用是绘制一个带有纹理的矩形，使其更好地表现刚体的矩形面。需要提醒读者的是，关于绘制部分的代码不是本章重点讲解的内容，下面的案例不再讲解关于绘制方面的代码。具体的开发步骤如下。

（1）首先开发矩形绘制类 TextrueRect 的类框架，该类的主要功能是声明其构造函数，声明绘制所需的变量、初始化数据的 initVertexDataRectangle 方法、初始化着色器的 initShader 方法和用于绘制的 drawSelf 方法等。具体的代码如下。

代码位置：源代码/第 8 章/Sample8_1/jni/myEncapsulation/geometry 目录下的 TextrueRect.h。

```
#ifndef TextureRect__h
#define TextureRect__h
#include <GLES3/gl3.h>
#include <GLES3/gl3ext.h>
class TextureRect {
    GLuint mProgram;                              //自定义渲染管线程序 id
    GLuint muMVPMatrixHandle;                     //总变换矩阵 id
    GLuint muMMatrixHandle;                       //位置、旋转变换矩阵
    GLuint mTexHandle;                            //外观纹理属性 id
     GLuint maCameraHandle;                       //摄像机位置属性 id
     GLuint maLightLocationHandle;                //光源位置属性
     GLuint maPositionHandle;                     //顶点位置属性 id
     GLuint maTexCoorHandle;                      //顶点纹理坐标属性 id
     GLuint maNormalHandle;                       //顶点法向量属性 id
     const GLvoid* mVertexBuffer;                 //顶点坐标数据缓冲
     const GLvoid* mTextureBuffer;                //顶点纹理坐标数据缓冲
     const GLvoid* mNormalBuffer;                 //顶点法向量数据缓冲
     int vCount;                                  //顶点数
```

```
        float UNIT_SIZE;                                        //单位长度
    public:
        float mFlagK;                                           //纹理属性
        TextureRect(float halfWidth, float halfHeight, float offset, float UNIT_SIZE);
        void initVertexDataRectangle(float halfWidth, float halfHeight, float offset,
        float UNIT_SIZE);
        void initShader();                                      //初始化着色器
        void drawSelf(const GLint texId);                       //绘制自身的方法
    };
    #endif
```

> **说明**　该类的构造函数中，参数 halfWidth 表示矩形的半宽，参数 halfHeight 表示矩形的半高，参数 offset 表示位移量，通常为 0，参数 UNIT_SIZE 表示单位大小。

（2）开发完上述类框架声明后，还要真正实现 TextrueRect 类中的构造函数、初始化数据的方法、初始化着色器的方法和绘制自身刚体的方法。这里首先介绍的是其构造函数和初始化数据的方法，具体代码如下。

代码位置：源代码/第 8 章/Sample8_1/jni/myEncapsulation/geometry 目录下的 TextrueRect.cpp。

```
1   ……//此处省略了一些对头文件的引用和声明使用的命名空间，需要的读者请看随书中的源代码
2   TextureRect::TextureRect(float halfWidth,float halfHeight,float offset,float UNIT_SIZE){
3       initVertexDataRectangle(halfWidth, halfHeight, offset, UNIT_SIZE);
        //调用初始化数据的方法
4       initShader();                               //调用初始化着色器的方法
5   }
6   void TextureRect::initVertexDataRectangle(float halfWidth,float halfHeight,
7                                       float offset,float UNIT_SIZE){
8       vCount = 6;                             //设置顶点总数
9       float *vertices=new float[vCount*3];            //创建顶点数组
10      int count=0;                                    //创建顶点计数器
11      vertices[count++] = -halfWidth*UNIT_SIZE;       //设置顶点数据
12      vertices[count++] = -halfHeight*UNIT_SIZE;      //设置顶点数据
13      vertices[count++] =offset;                      //设置顶点数据
14      ……//此处省略了其他赋值顶点数据的代码，需要的读者请看随书中的源代码
15      mVertexBuffer = &vertices[0];                   //设置顶点坐标数据缓冲
16      float *normal=new float[vCount*3];              //创建法向量数组
17      count=0;                                        //设置法向量计数器
18      for(int i = 0; i<vCount; i++){
19          normal[count++] = 0;                        //设置法向量的 x 分量的数据
20          normal[count++] = 0;                        //设置法向量的 y 分量的数据
21          normal[count++] = 1;                        //设置法向量的 z 分量的数据
22      }
23      mNormalBuffer = &normal[0];                     //设置顶点法向量数据缓冲
24      float *textures=new float[vCount*2];            //创建纹理数组
25      count=0;                                        //设置纹理计数器
26      textures[count++]=0;                            //设置纹理的 s 坐标
27      textures[count++]=0;                            //设置纹理的 t 坐标
28      ……//此处省略了其他赋值纹理数据的代码，需要的读者请看随书中的源代码
29      mTextureBuffer = &textures[0];                  //设置顶点纹理坐标数据缓冲
30  }
```

- 第 2～第 5 行为 TextureRect 类的构造函数，主要功能是调用初始化数据和着色器的方法。
- 第 9～第 15 行的主要功能为创建顶点坐标数组，给顶点坐标数组赋值，并设置顶点坐标数据缓冲。
- 第 16～第 23 行的主要功能为创建顶点法向量数组，给顶点法向量数组赋值，并设置顶点法向量数据缓冲。
- 第 24～第 29 行的主要功能为创建顶点纹理数组，给顶底纹理数组赋值，并设置顶点纹理坐标数据缓冲。

（3）接下来介绍 TextrueRect 类的初始化着色器的 initShader 方法和绘制自身的 drawSelf 方法。初始化着色器的 initShader 方法的主要功能是获取一系列属性信息，如顶点位置属性、总变换

矩阵和摄像机位置属性等。具体代码如下。

代码位置：源代码/第 8 章/Sample8_1/jni/myEncapsulation/geometry 目录下的 TextrueRect.cpp。

```
1   void TextureRect::initShader(){
2       string strVertex=FileUtil::loadShaderStr("CommonTex.vert");//获取顶点着色器
3       const char* SimpleVertexShader = strVertex.c_str();
4       string strFrag=FileUtil::loadShaderStr("CommonTex.frag"); //获取片元着色器
5       const char* SimpleFragmentShader = strFrag.c_str();
6       mProgram = ShaderUtil::createProgram(
7        SimpleVertexShader, SimpleFragmentShader); //基于顶点着色器与片元着色器创建程序
8       maPositionHandle = glGetAttribLocation(
9        mProgram, "aPosition");                   //获取程序中顶点位置属性
10      maTexCoorHandle=glGetAttribLocation(
11        mProgram, "aTexCoor");                   //获取程序中顶点纹理属性
12      muMVPMatrixHandle = glGetUniformLocation(
13        mProgram, "uMVPMatrix");                 //获取程序中总变换矩阵
14      muMMatrixHandle = glGetUniformLocation(
15        mProgram, "uMMatrix");                   //获取位置、旋转变换矩阵
16      maCameraHandle=glGetUniformLocation(
17        mProgram, "uCamera");                    //获取程序中摄像机位置
18      mTexHandle=glGetUniformLocation(mProgram, "sTexture");   //获取纹理的指针
19      maNormalHandle = glGetAttribLocation(mProgram, "aNormal");
        //获取顶点法向量属性的指针
20      maLightLocationHandle = glGetUniformLocation(
21        mProgram, "uLightLocation");             //获取程序中光源的位置的指针
22      mFragK = glGetUniformLocation(mProgram, "k");   //获取纹理属性
23  }
24  void TextureRect::drawSelf(const GLint texId){
25      glUseProgram(mProgram);                    //指定使用某套着色器程序
26      glUniformMatrix4fv(muMVPMatrixHandle, 1, 0,
27        MatrixState::getFinalMatrix());          //将最终变换矩阵传入渲染管线
28      glUniformMatrix4fv(muMMatrixHandle, 1, 0,
29        MatrixState::getMMatrix());              //将位置、旋转变换矩阵传入渲染管线
30      glUniform3fv(maCameraHandle, 1, MatrixState::cameraFB); //将摄像机位置传入渲染管线
31      glUniform3fv(maLightLocationHandle, 1,
32        MatrixState::lightPositionFBSun);        //将光源位置传入渲染管线
33      glVertexAttribPointer(maPositionHandle,3,GL_FLOAT,
34        GL_FALSE,3*4,mVertexBuffer);             //将顶点位置数据传入渲染管线
35      glVertexAttribPointer(maTexCoorHandle,2,GL_FLOAT,
36        GL_FALSE,2*4,mTextureBuffer);            //将顶点纹理坐标数据传入渲染管线
37      glVertexAttribPointer(maNormalHandle,3,GL_FLOAT,
38        GL_FALSE,3*4,mNormalBuffer);             //将顶点法向量数据传入渲染管线
39      glEnableVertexAttribArray(maPositionHandle); //开启顶点位置数据数组
40      glEnableVertexAttribArray(maTexCoorHandle);  //开启顶点纹理数据数组
41      glEnableVertexAttribArray(maNormalHandle);   //开启顶点法向量数据数组
42      glActiveTexture(GL_TEXTURE0);                //选择纹理单元
43      glBindTexture(GL_TEXTURE_2D, texId);         //绑定纹理 id 与纹理目标
44      glUniform1i(mTexHandle, 0);                  //绑定纹理
45      glDrawArrays(GL_TRIANGLES, 0, vCount);       //通过数组绘制
46      glUniform1f(mFragK, mFlagK);                 //设置纹理属性
47      glDisableVertexAttribArray(maPositionHandle); //关闭顶点位置数据数组
48      glDisableVertexAttribArray(maTexCoorHandle);  //关闭顶点纹理数据数组
49      glDisableVertexAttribArray(maNormalHandle);   //关闭顶点法向量数据数组
50  }
```

- 第 1～第 23 行为初始化着色器的方法，主要功能为加载顶点着色器和片元着色器，基于顶点着色器和片元着色器加载程序，获取顶点位置和顶点纹理等属性，获取总变换矩阵，获取位置、旋转变换矩阵，获取摄像机位置、纹理、顶点法向量和光源位置。
- 第 25～第 38 行的主要功能为指定使用某套着色器程序，将需要的数据传入渲染管线。
- 第 39～第 41 行的主要功能为开启各种数据，如顶点位置数据数组、纹理数组和法向量数据数组。
- 第 42～第 46 行的主要功能为选择纹理数据，选择固定的方式绘制。
- 第 47～第 49 行的功能为关闭各种数据，如顶点位置数据数组、纹理数组和法向量数据数组。

8.2.8　长方体物体类——TexCuboid 类

了解了矩形绘制类之后，就可以进行长方体物体类的开发了。该类继承了封装的刚体类，实现了创建刚体的方法、绘制刚体的方法以及获取自身刚体指针的方法。具体的开发步骤如下。

（1）首先开发长方体物体类 TexCuboid 的类框架，该类的主要功能是声明其构造函数，声明长方体物体类所需的变量，如刚体对象指针、纹理类指针和纹理 id 等，重写父类的 getBody 方法和绘制自身刚体的 drawSelf 方法。具体代码如下。

代码位置：源代码/第 8 章/Sample8_1/jni/myEncapsulation 目录下的 TexCuboid.h。

```
#ifndef _TexCuboid_H_
#define _TexCuboid_H_
#include "TexBody.h"                                       //引用封装的物体类
#include "../Bullet/BulletDynamics/Dynamics/btDynamicsWorld.h"
#include "geometry/TextureRect.h"                          //引用绘制用的长方体纹理类
class TexCuboid : public TexBody{
      btRigidBody* body;                                   //刚体对象指针
      float offset_x;                                      //x 方向上的位移
      float offset_y;                                      //y 方向上的位移
      float offset_z;                                      //z 方向上的位移
      TextureRect* frontBackRect;                          //前后的长方形纹理
      TextureRect* topBottomRect;                          //上下的长方形纹理
      TextureRect* leftRightRect;                          //左右的长方形纹理
      int frontTexId;                                      //前侧纹理图 id
      int backTexId;                                       //后侧纹理图 id
      int topTexId;                                        //上侧纹理图 id
      int bottomTexId;                                     //下侧纹理图 id
      int leftTexId;                                       //左侧纹理图 id
      int rightTexId;                                      //右侧纹理图 id
 public:
      TexCuboid(btDynamicsWorld* m_dynamicsWorldIn,btVector3 boxHalfExtentsIn,btScalar mass,
         btVector3 pos,btScalar restitutionIn,btScalar frictionIn,float UNIT_
         SIZE,int frontTexIdIn,
         int backTexIdIn,int topTexIdIn,int bottomTexIdIn,int leftTexIdIn,int rightTexIdIn);
      void drawSelf();                                     //绘制自身刚体的方法
      btRigidBody* getBody();                              //获取自身对象指针方法
 };
 #endif
```

说明　在该类的构造函数中，dynamicsWorldIn 表示物理世界对象指针，boxHalfExtentsIn 表示长方体的半区域，mass 表示质量，pos 表示位置坐标，restitutionIn 表示恢复系数，frictionIn 表示摩擦系数，UNIT_SIZE 表示单位大小，frontTexIdIn、backTexId、topTexId、bottomTexId、leftTexId 和 rightTexId 分别表示前、后、上、下、左、右侧的纹理 id。

（2）开发完上述类框架声明后，还要真正实现 TexCuboid 类中的构造函数，实现绘制自身刚体的方法和获取自身对象指针的方法。这里首先介绍 TexCuboid 类的构造函数。具体代码如下。

代码位置：源代码/第 8 章/Sample8_1/jni/myEncapsulation 目录下的 TexCuboid.cpp。

```
TexCuboid::TexCuboid(btDynamicsWorld* m_dynamicsWorldIn,btVector3 boxHalfExtentsIn,
        btScalar mass,btVector3 pos,btScalar restitutionIn,btScalar frictionIn,
        float UNIT_SIZE,int frontTexIdIn,int backTexIdIn,int topTexIdIn,
        int bottomTexIdIn,int leftTexIdIn,int rightTexIdIn){
    bool isDynamic = (mass != 0);                       //判断物体是否可以运动
    btVector3 localInertia = btVector3(0, 0, 0);        //惯性向量
    btCollisionShape* colShape = new btBoxShape(boxHalfExtentsIn);//创建形状
    if(isDynamic){
        colShape->calculateLocalInertia(mass, localInertia);   //计算惯性
     }
     btTransform startTansform = btTransform();              //创建刚体初始变换对象
     startTansform.setIdentity();                            //初始化刚体变换对象
```

```
13        startTansform.getOrigin().setValue(pos.x(), pos.y(), pos.z());
          //设置变换对象的初始位置
14        btDefaultMotionState* myMotionState  = new btDefaultMotionState(
15            startTansform,btTransform::getIdentity());          //创建运动状态对象
16        btRigidBody::btRigidBodyConstructionInfo rbInfo(
17            mass, myMotionState, colShape, localInertia);       //刚体信息对象
18        rbInfo.m_restitution = restitutionIn;                   //设置反弹系数
19        rbInfo.m_friction = frictionIn;                         //设置摩擦系数
20        body = new btRigidBody(rbInfo);                         //创建刚体
21        m_dynamicsWorldIn->addRigidBody(body);                  //将刚体添加进物理世界
22        this->offset_x = boxHalfExtentsIn.x();                  //设置半长
23        this->offset_y = boxHalfExtentsIn.y();                  //设置半高
24        this->offset_z = boxHalfExtentsIn.z();                  //设置半宽
25        frontBackRect = new TextureRect(offset_x,offset_y,0, UNIT_SIZE);//前后的长方形
26        topBottomRect = new TextureRect(offset_x,offset_z,0,UNIT_SIZE);  //上下的长方形
27        leftRightRect = new TextureRect(offset_z,offset_y,0,UNIT_SIZE); //左右的长方形
28        this->frontTexId =  frontTexIdIn;                       //前侧纹理图 id
29        this->backTexId =  backTexIdIn;                         //后侧纹理图 id
30        this->topTexId = topTexIdIn;                            //上侧纹理图 id
31        this->bottomTexId = bottomTexIdIn;                      //下侧纹理图 id
32        this->leftTexId = leftTexIdIn;                          //左侧纹理图 id
33        this->rightTexId = rightTexIdIn;                        //右侧纹理图 id
34    }
```

- 第 5～第 21 行的主要功能为设置物体质量，计算惯性，创建刚体初始变换对象并设置其位置，设置反弹系数和摩擦系数，创建刚体并添加到物理世界。
- 第 22～第 24 行的主要功能为记录长方体的半长、半宽和半高。
- 第 25～第 27 行的主要功能为创建 3 幅矩形纹理图对象。
- 第 28～第 33 行的主要功能为记录 6 幅纹理图的 id。

（3） 最后介绍 TexCuboid 类中的绘制自身刚体的 drawSelf 方法和获取自身对象指针的 getBody 方法。具体代码如下。

代码位置：源代码/第 8 章/Sample8_1/jni/myEncapsulation 目录下的 TexCuboid.cpp。

```
1    void TexCuboid::drawSelf(){
2        MatrixState::pushMatrix();                               //保护现场
3        btTransform trans;
4        trans = body->getWorldTransform();                       //获取刚体的变换
5        trans.getOpenGLMatrix(MatrixState::currMatrix);          //设置当前矩阵
6        if(body->isActive()){                                    //判断刚体当前是否可动
7            topBottomRect->mFlagK = 0;                           //设置上下侧纹理属性
8            frontBackRect->mFlagK = 0;                           //设置前后侧纹理属性
9            leftRightRect->mFlagK = 0;                           //设置左右侧纹理属性
10       }else{
11           topBottomRect->mFlagK = 1;                           //设置上下侧纹理属性
12           frontBackRect->mFlagK = 1;                           //设置前后侧纹理属性
13           leftRightRect->mFlagK = 1;                           //设置左右侧纹理属性
14       }
15       MatrixState::pushMatrix();                               //保护现场
16       MatrixState::translate(0, offset_y, 0);                  //执行平移
17       MatrixState::rotate(90, 1, 0, 0);                        //执行旋转
18       topBottomRect->drawSelf(topTexId);                       //绘制上面
19       MatrixState::popMatrix();                                //恢复现场
20       ……//此处省略了绘制其他面的代码，与绘制上平面的代码相似，需要的读者可参考
21       MatrixState::popMatrix();                                //恢复现场
22   }
23   btRigidBody* TexCuboid::getBody(){
24       return body;                                             //返回刚体指针
25   }
```

- 第 3～第 5 行的主要功能为通过获取刚体的变换来设置当前矩阵。
- 第 6～第 14 行的主要功能为设置三幅纹理图的纹理属性。
- 第 15～第 20 行的主要功能为通过保护现场和恢复现场，执行平移和旋转来绘制六幅纹理图。

- 第 23～第 25 行为获取刚体指针的方法。

8.2.9　水平地面类——TexPlane 类

介绍了长方体物体类之后，接下来介绍地面类 TexPlane。该类继承了封装的刚体类，实现了创建刚体的方法、绘制刚体的方法以及获取自身刚体指针的方法。具体的开发步骤如下。

（1）首先开发地面类 TexPlane 的类框架，该类的主要功能是声明其构造函数，声明水平地面类所需的变量，如刚体对象指针、纹理类指针和纹理 id 等，重写父类的 getBody 方法和绘制自身刚体的 drawSelf 方法。具体代码如下。

代码位置：源代码/第 8 章/Sample8_1/jni/myEncapsulation 目录下的 TexPlane.h。

```
#ifndef _TexPlane_H_
#define _TexPlane_H_
……//此处省略了一些对头文件的引用和声明使用的命名空间，需要的读者请看随书中的源代码
class TexPlane:public TexBody{
    int vCount;                                         //点总数
    float UNIT_SIZE;                                    //单位长度
    btRigidBody *body;                                  //刚体对象指针
    int texId;                                          //地面纹理图 id
    TexturePlane* tp;                                   //地面纹理对象指针
 public:
   TexPlane(float aSize,int texId,btCollisionShape *planeShape,btDynamicsWorld *dynamicsWorld,
     btScalar cx,btScalar cy,btScalar cz,btScalar restitutionIn,btScalar frictionIn);
   void drawSelf();                                     //绘制自身刚体的方法
   btRigidBody* getBody();                              //获取自身对象指针的方法
 };
 #endif
```

说明　在该类的构造函数中，aSize 表示长度，texId 表示地面纹理 id，planeShape 表示碰撞形状指针，dynamicsWorld 表示物理世界对象指针，cx、cy 和 cz 表示位置的 3 个坐标值，restitutionIn 表示恢复系数，frictionIn 表示摩擦系数。

（2）开发完上述类框架声明后，还要真正实现 TexPlane 类中的构造函数，实现绘制自身刚体的方法。获取刚体指针的 getBody 方法与长方体物体类的代码实现相似，这里不再赘述。具体代码如下。

代码位置：源代码/第 8 章/Sample8_1/jni/myEncapsulation 目录下的 TexPlane.cpp。

```
TexPlane::TexPlane(float UNIT_SIZE,int texId,btCollisionShape *planeShape,
    btDynamicsWorld *dynamicsWorld,btScalar cx,btScalar cy,btScalar cz,b
    tScalar restitutionIn,btScalar frictionIn){
    btTransform groundTransform =  btTransform();          //创建刚体的初始变换对象
    groundTransform.setIdentity();                         //变换初始化
    groundTransform.getOrigin().setValue(cx, cy, cz);//设置变换对象的原点
    btVector3 localInertia = btVector3(0, 0, 0);           //惯性向量
    btDefaultMotionState* myMotionState = new btDefaultMotionState(
        groundTransform);                                  //创建刚体的运动状态对象
     btRigidBody::btRigidBodyConstructionInfo rbInfo(
        0,myMotionState,planeShape,localInertia);           //创建刚体信息对象
     rbInfo.m_restitution = restitutionIn;                  //设置反弹系数
     rbInfo.m_friction = frictionIn;                        //设置摩擦系数
     body = new btRigidBody(rbInfo);                        //创建刚体
     dynamicsWorld->addRigidBody(body);                     //将刚体添加进物理世界
     this->UNIT_SIZE = UNIT_SIZE;                           //记录单位长度
     this->texId = texId;                                   //记录地面纹理 id
     tp = new TexturePlane(1, 1, 0, UNIT_SIZE);             //创建地面纹理对象
 }
 void TexPlane::drawSelf(){
     MatrixState::pushMatrix();                            //保护现场
     btTransform trans;
     trans = body->getWorldTransform();                    //获取刚体的变换
```

```
24        trans.getOpenGLMatrix(MatrixState::currMatrix);    //设置当前矩阵
25        MatrixState::pushMatrix();                         //保护现场
26        tp->drawSelf(texId);                               //绘制地面
27        MatrixState::popMatrix();                          //恢复现场
28        MatrixState::popMatrix();                          //恢复现场
29    }
```

❑ 第 4～第 15 行的主要功能为创建刚体初始变换对象并设置其位置，设置反弹系数和摩擦系数，创建刚体并添加到物理世界。

❑ 第 16～第 18 行的主要功能为记录单位长度，记录地面纹理 id 和创建地面纹理对象。

❑ 第 20～第 29 行为绘制地面的 drawSelf 方法，其中第 22～第 24 行通过获取刚体的变换来设置当前矩阵，第 25～第 27 行通过保护现场和恢复现场来绘制地面。

8.2.10 初始化及渲染函数文件——main.cpp

该文件中开发了真正实施整体 3D 场景渲染的各个相关函数，需要完成的工作很多，主要包括 3D 场景的搭建、各个物体类的初始化和物理世界的初始化等。

（1）首先给出的是 main.cpp 文件的前半部分，包括变量的声明、初始化世界的函数、设置摄像机的函数以及添加刚体的函数等。具体的代码如下。

代码位置：源代码/第 8 章/Sample8_1/jni/hellocpp 目录下的 main.cpp。

```
1     ……//该处省略了部分类的导入代码，读者可自行查看随书中的源代码
2     using namespace std;
3     extern "C" {
4         int boxTexId;                              //立方体纹理 id
5         int planeTexId;                            //地面纹理 id
6         float UNIT_SIZE = 1.0;                     //单位长度
7         vector<TexBody*> tca;                      //存储刚体封装类对象的 vector
8         TexBody* tbTemp;                                          //临时刚体封装类对象
9         int addBodyId = 0;                                        //添加刚体的 id
10        float cx = 0;                                             //摄像机位置的 x 坐标
11        float cy = 20;                                            //摄像机位置的 y 坐标
12        float cz = 20;                                            //摄像机位置的 z 坐标
13        float upx = 0;                                            //up 向量的 x 坐标
14        float upy = 1;                                            //up 向量的 y 坐标
15        float upz = 0;                                            //up 向量的 z 坐标
16        btDefaultCollisionConfiguration* m_collisionConfiguration; //系统默认碰撞检测配置信息
17        btCollisionDispatcher*      m_dispatcher;                 //碰撞检测算法分配器
18        btBroadphaseInterface*      m_broadphase;                 //宽度阶段碰撞检测
19        btConstraintSolver* m_solver;                             //碰撞约束解决器
20        btDynamicsWorld* m_dynamicsWorld;                         //物理世界
21        void setCamera(float x,float y,float z,float upxt,float upyt,float upzt){
22            cx = x;                                               //设置摄像机 x 坐标
23            cy = y;                                               //设置摄像机 y 坐标
24            cz = z;                                               //设置摄像机 z 坐标
25            upx = upxt;                                           //设置 up 向量 x 坐标
26            upy = upyt;                                           //设置 up 向量 y 坐标
27            upz = upzt;                                           //设置 up 向量 z 坐标
28        }
29        void setAddBodyId(int id){addBodyId = id;}                //设置刚体 id 的方法
30        void cleanVector(){tca.clear();}                          //清空 vector
31        bool onSurfaceChanged(int w, int h) {
32            glViewport(0, 0, w, h);                               //设置视口
33            float ratio = (float) w/h;                                   //计算缩放比
34            MatrixState::setProjectFrustum(-ratio, ratio, -1, 1, 2, 100); //设置投影矩阵
35            return true;
36        }
37        ……//此处省略了本文件的其他函数，将在下面介绍
38    }
```

❑ 第 4～第 20 行为各个全局变量，包括各个物体的纹理 id、世界对象指针、刚体列表以及摄像机参数等变量。

- 第 21～第 28 行为设置摄像机参数的方法，主要为设置摄像机自身坐标和 up 向量的坐标。
- 第 31～第 36 行为 onSurfaceChanged 方法，负责初始化视口、计算缩放比以及设置投影矩阵。

（2）接下来给出的是 main.cpp 文件的中间部分，包括渲染的 renderFrame 方法和初始化的 onSurfaceCreated 方法。具体的代码如下。

代码位置：源代码/第 8 章/Sample8_1/jni/hellocpp 目录下的 main.cpp。

```
1    bool onSurfaceCreated(JNIEnv * env,jobject obj) {
2        MatrixState::setCamera(0, 20, 20, 0, 0, -5, 0, 1, 0);    //设置摄像机位置
3        MatrixState::setLightLocation(0, 20, 20);                 //设置光源位置
4        MatrixState::setInitStack();                              //初始化单位矩阵
5        glClearColor(0, 0, 0, 0);                                 //清除背景色
6        glEnable(GL_DEPTH_TEST);                                  //开启深度测试
7        jclass cl = env->FindClass("com/bn/bullet/GL2JNIView"); //获取 GL2JNIView
8        jmethodID id = env->GetStaticMethodID(                    //获取方法 id
9            cl,"initTextureRepeat","(Landroid/opengl/GLSurfaceView;Ljava/lang/String;)I");
10        jstring name = env->NewStringUTF("box.jpg");             //加载图片
11        boxTexId = env->CallStaticIntMethod(cl,id,obj,name);     //获取箱子纹理 id
12        name = env->NewStringUTF("grass.png");                   //加载图片
13        planeTexId = env->CallStaticIntMethod(cl,id,obj,name); //获取地面纹理 id
14        initWorld();                                     //调用初始化物理世界的方法
15        cleanVector();                                   //调用清空 vector 的方法
16        initCreateBodys();                               //调用初始化刚体的方法
17        return true;
18    }
19    void renderFrame() {
20        glClear(GL_DEPTH_BUFFER_BIT | GL_COLOR_BUFFER_BIT);       //清除缓冲
21        MatrixState::setCamera(cx,cy,cz,0,0,0,upx,upy,upz);      //设置 camera 位置
22        MatrixState::setLightLocation(cx, cy, cz);               //设置光源位置
23        for ( int i = 0; i < tca.size(); ++i ){                  //遍历所有刚体
24            tca[i]->drawSelf();                                  //回调刚体的绘制方法
25        }
26        if(addBodyId!=0){
27            addBody(addBodyId);                                  //调用添加刚体的方法
28            addBodyId = 0;                                       //设置刚体 id 为 0
29        }
30        m_dynamicsWorld->stepSimulation(1.0/60,5);               //进行物理模拟计算
31    }
```

- 第 1～第 18 行为 onSurfaceCreated 方法，负责初始化摄像机矩阵和变换矩阵，开启深度测试。然后通过调用 Java 端的方法获取纹理 id，调用初始化物理世界的方法，清空 vector 的方法，最后再调用初始化刚体的方法。
- 第 19～第 31 行为渲染函数，负责渲染每一帧画面，从刚体列表里取出刚体绘制，若添加刚体标志位不为 0 则添加刚体。最后进行物理模拟计算。

（3）接下来给出的是 main.cpp 文件的最后部分，包括初始化物理世界的 initWorld 方法、初始化刚体的 initCreateBodys 方法和添加刚体的 addBody 方法。具体的代码如下。

代码位置：源代码/第 8 章/Sample8_1/jni/hellocpp 目录下的 main.cpp。

```
void initWorld(){
    m_collisionConfiguration = new          //创建默认的碰撞检测配置信息对象
            btDefaultCollisionConfiguration();
    m_dispatcher = new                      //创建碰撞检测算法分配器对象
            btCollisionDispatcher(m_collisionConfiguration);
    m_broadphase = new btSimpleBroadphase();                //创建宽度阶段碰撞检测对象
    btSequentialImpulseConstraintSolver* sol =
            new btSequentialImpulseConstraintSolver();//创建推动约束解决器对象
    m_solver = sol;
    m_dynamicsWorld = new btDiscreteDynamicsWorld(      //创建物理世界
             m_dispatcher,m_broadphase,m_solver,m_collisionConfiguration);
    m_dynamicsWorld->setGravity(btVector3(0,-10,0));          //设置重力
 }
 void initCreateBodys(){
```

```
15      btCollisionShape* planeShape=new btStaticPlaneShape(btVector3(0, 1, 0), 0);
       //创建地面形状
16      tbTemp = new TexPlane(UNIT_SIZE*100,planeTexId,
17          planeShape,m_dynamicsWorld,0,-5,0,0.8,0.8);   //创建地面
18      tca.push_back(tbTemp);                           //将新立方体加入列表中
19      #define ARRAY_SIZE_X 3                           //x 方向上数组大小
20      #define ARRAY_SIZE_Y 3                           //y 方向上数组大小
21      #define ARRAY_SIZE_Z 3                           //z 方向上数组大小
22      #define START_POS_X 0                            //x 方向上起始坐标值
23      #define START_POS_Y 10                           //y 方向上起始坐标值
24      #define START_POS_Z 0                            //z 方向上起始坐标值
25      float start_x = START_POS_X - ARRAY_SIZE_X/2;    //计算起点 x 坐标
26      float start_y = START_POS_Y;                     //计算起点 y 坐标
27      float start_z = START_POS_Z - ARRAY_SIZE_Z/2;    //计算起点 z 坐标
28      for (int k=0;k<ARRAY_SIZE_Y;k++){
29        for (int i=0;i<ARRAY_SIZE_X;i++){
30          for(int j = 0;j<ARRAY_SIZE_Z;j++){
31            btVector3 pos(btScalar((UNIT_SIZE*4+2)*i + start_x),    //起点坐标
32                          btScalar(0+(UNIT_SIZE*4+2)*k + start_y),
33                          btScalar((UNIT_SIZE*4+2)*j + start_z));
34            tbTemp = new TexCuboid(m_dynamicsWorld,btVector3(      //创建立方体刚体
35               UNIT_SIZE*2,UNIT_SIZE*2, UNIT_SIZE*2),10.0f,pos,0.7f,0.8f,UNIT_SIZE,
36               boxTexId,boxTexId,boxTexId,boxTexId,boxTexId,boxTexId);
37            tca.push_back(tbTemp);   //将立方体加入列表中
38  }}}}
39  void addBody(int id){
40      tbTemp = new TexCuboid(m_dynamicsWorld,btVector3( //创建立方体刚体
41          UNIT_SIZE*2, UNIT_SIZE*2, UNIT_SIZE*2),10.0f,btVector3(cx,cy-10,cz),0.2f,0.8f,
42          UNIT_SIZE,boxTexId,boxTexId,boxTexId,boxTexId,boxTexId,boxTexId);
43          btVector3 vvec = btVector3(-cx,-cy+10,-cz);     //表示箱子的初始线速度
44      btVector3 avec = btVector3(0,0,0);                  //表示箱子的初始角速度
45      tbTemp->getBody()->setLinearVelocity(vvec);         //设置箱子直线运动的速度
46      tbTemp->getBody()->setAngularVelocity(avec);        //设置箱子自身旋转的速度
47      tca.push_back(tbTemp);                              //将新立方体加入列表中
48  }
```

- 第 1～第 13 行为初始化物理世界的方法，主要包括创建默认的碰撞检测配置信息对象，创建碰撞检测算法分配器对象，创建宽度阶段碰撞检测对象，以及创建推动约束解决器对象。创建物理世界对象之后，设置物理世界的重力。
- 第 14～第 38 行为初始化刚体的方法，主要包括创建地面对象和 27 个箱子对象，并将其添加到列表，以便遍历和操作。其中第 19～第 27 行为创建 27 个箱子对象所需要的宏以及变量。
- 第 39～第 48 行为添加刚体的方法，主要功能是创建箱子对象，设置箱子的初始线速度和角速度，并将其添加到列表中。

8.3 各式各样的物体下落

上一节主要介绍了如何创建简单的物理场景，相信读者对该物理引擎有了一定的了解，但这还远远不够。接下来介绍的同样是物体下落的场景，与上一节不同的是，这里封装了更多的物体类，如圆锥、球、圆柱和胶囊物体，供读者学习和使用。

8.3.1 案例运行效果

本小节给出的是一个各式各样的物体下落场景的案例。案例演示的是，在一个空旷的地面上，有圆锥、球体、胶囊、圆柱以及立方体形状的物体下落。单击屏幕则有一个立方体木块以一定的速度掉落。读者可以通过在屏幕上滑动来调整摄像机，从而以不同的角度进行观察。其运行效果如图 8-4、图 8-5、图 8-6 及图 8-7 所示。

▲图 8-4　案例运行开始

▲图 8-5　物体刚掉落到地面

▲图 8-6　物体已经静止

▲图 8-7　木块撞击物体

说明　图 8-4 为案例运行开始时的效果图；图 8-5 为物体刚刚掉落至地面时的效果图，各个物体将会不同程度地向上反弹；图 8-6 为物体全部静止时的效果图；图 8-7 为单击屏幕后，立方体木块撞击物体之后的效果图。

8.3.2 圆锥物体类——TexCone 类

了解了案例运行效果之后，接下来介绍各个物体类的开发。首先介绍圆锥物体类，该类继承了封装的刚体类，实现了创建刚体的方法、绘制刚体的方法以及获取自身刚体指针的方法。具体的开发步骤如下。

（1）首先开发物体类 TexCone 的类框架，其主要功能是声明其构造函数，声明圆锥物体类所需的变量，如刚体对象指针、纹理类指针和纹理 id 等，重写父类的 getBody 方法和绘制自身刚体的 drawSelf 方法。具体的代码如下。

代码位置：源代码/第 8 章/Sample8_2/jni/myEncapsulation 目录下的 TexCone.h。

```
#ifndef _TexCone_H_
#define _TexCone_H_
……//此处省略了一些对头文件的引用，需要的读者请看随书中的源代码
class TexCone : public TexBody{
    btRigidBody* body;                              //刚体对象指针
    btDynamicsWorld *m_dynamicsWorld;               //物理世界对象
    float radius;                                   //底圆半径
    float height;                                   //圆锥高度
    int sideTexId;                                  //圆锥侧边纹理 id
    int circleTexId;                                //圆锥底圆纹理 id
    Circle* bottomCircle;                           //底圆指针
    ConeSide* coneSide;                             //圆锥侧面指针
 public:
  TexCone(btScalar mass,float radiusIn,float heightIn,btVector3 pos,btScalar restitutionIn,
    btScalar frictionIn,btDynamicsWorld *dynamicsWorld,int sliderTexIdIn,int
    circleTexIdIn,int n);
  btRigidBody* getBody();                           //获取刚体指针的方法
  void drawSelf();                                  //绘制刚体指针的方法
 };
 #endif
```

> **说明** 在该类的构造函数中，mass 表示圆锥的质量，radiusIn 表示圆锥底圆的半径，heightIn 表示圆锥的高度，pos 表示圆锥的位置，restitutionIn 表示恢复系数，frictionIn 表示摩擦系数，dynamicsWorld 表示物理世界对象指针，sliderTexIdIn 表示侧面纹理 id，circleTexIdIn 表示底圆纹理 id，n 表示切分数。

（2）开发完上述类框架声明后，还要真正实现 TexCone 类中的构造函数。其构造函数的主要功能为创建圆锥刚体对象，记录各个纹理 id 以及创建纹理对象等。具体代码如下。

代码位置：源代码/第 8 章/Sample8_2/jni/myEncapsulation 目录下的 TexCone.cpp。

```
1   TexCone::TexCone(btScalar mass,float radiusIn,float heightIn,btVector3 pos,
    btScalar restitutionIn,
2       btScalar frictionIn,btDynamicsWorld *dynamicsWorld,int sliderTexIdIn,int
        circleTexIdIn,int n){
3       bool isDynamic = (mass != 0);                         //物体是否可以运动
4       btConeShape* coneShape = new btConeShape(radiusIn,heightIn);//创建圆锥形状
5       btVector3 localInertia = btVector3(0, 0, 0); //惯性向量
6       if(isDynamic){
7           coneShape->calculateLocalInertia(mass, localInertia); //计算惯性
8       }
9       btTransform transform = btTransform();   //创建刚体的初始变换对象
10      transform.setIdentity();   //变换对象初始化
11      transform.getOrigin().setValue(pos.x(),pos.y(),pos.z()); //设置变换对象的位置
12      btDefaultMotionState* myMotionState = new
13                            btDefaultMotionState(transform);//创建刚体运动状态对象
14      btRigidBody::btRigidBodyConstructionInfo rbInfo(     //创建刚体信息对象
15              mass, myMotionState, coneShape, localInertia);
16      rbInfo.m_restitution = restitutionIn;                   //设置反弹系数
17      rbInfo.m_friction = frictionIn;                         //设置摩擦系数
18      body = new btRigidBody(rbInfo);                         //创建刚体
19      dynamicsWorld->addRigidBody(body);                      //将刚体添加进物理世界
20      this->radius = radiusIn;                                //记录底圆半径
21      this->height = heightIn;                                //记录圆锥高度
22      this->sideTexId = sliderTexIdIn;                        //记录圆锥侧边纹理 id
23      this->circleTexId = circleTexIdIn;                      //记录圆锥底圆纹理 id
24      bottomCircle = new Circle(circleTexId,radiusIn,n,0); //创建底圆对象
25      coneSide = new ConeSide(sideTexId,radiusIn,n,heightIn); //创建侧面对象
26  }
```

- 第 3～第 19 行的主要功能为设置物体质量，计算惯性，创建刚体初始变换对象并设置其位置，设置反弹系数和摩擦系数，创建刚体并添加到物理世界。
- 第 20～第 23 行的主要功能为记录底圆半径、圆锥高度、圆锥侧边纹理 id 和圆锥底圆纹理 id。
- 第 24 和第 25 行为创建底圆对象和圆锥侧边对象。

（3）最后实现 TexCone 类中的绘制自身刚体的 drawSelf 方法和获取自身对象指针的 getBody 方法。具体代码如下。

代码位置：源代码/第 8 章/Sample8_2/jni/myEncapsulation 目录下的 TexCone.cpp。

```
void TexCone::drawSelf(){
    MatrixState::pushMatrix();                          //保护现场
    btTransform trans;
    trans = body->getWorldTransform();                  //获取刚体的变换信息对象
    trans.getOpenGLMatrix(MatrixState::currMatrix);     //将当前的矩阵设置给变换信息对象
    if(body->isActive()){                               //判断刚体当前是否可动
        coneSide->mFlagK = 0;                           //设置圆锥侧面纹理属性
        bottomCircle->mFlagK = 0;                       //设置底圆纹理属性
    }else{
        coneSide->mFlagK = 1;                           //设置圆锥侧面纹理属性
        bottomCircle->mFlagK = 1;                       //设置底圆纹理属性
    }
    MatrixState::pushMatrix();                          //保护现场
    coneSide->drawSelf(sideTexId);                      //绘制圆锥侧面
```

```
15        MatrixState::popMatrix();                              //恢复现场
16        MatrixState::pushMatrix();                             //保护现场
17        MatrixState::translate(0, -height/2, 0);               //执行平移
18        MatrixState::rotate(180,1,0,0);                        //执行旋转
19        bottomCircle->drawSelf(circleTexId);                   //绘制底圆
20        MatrixState::popMatrix();                              //恢复现场
21        MatrixState::popMatrix();                              //恢复现场
22    }
23    btRigidBody* TexCone::getBody(){
24        return body;                                           //返回刚体指针
25    }
```

- 第 3～第 5 行为通过获取刚体的变换来设置当前矩阵。
- 第 6～第 12 行的主要功能为通过判断当前刚体是否可动来设置纹理属性，若当前刚体为非动态的，则纹理将会呈现出一层红色状态。
- 第 13～第 20 行通过保护现场、恢复现场、平移和旋转来绘制圆锥。
- 第 23～第 25 行为获取自身刚体指针的方法。

8.3.3 球物体类——TexBall 类

了解了圆锥物体类的开发之后，接下来介绍球物体类的开发。该类继承了封装的刚体类，实现了创建刚体的方法、绘制刚体的方法以及获取自身刚体指针的方法。具体的开发步骤如下。

（1）首先开发球物体类 TexBall 的类框架，其主要功能是声明其构造函数，声明球物体类所需的变量，如刚体对象指针、纹理类指针和纹理 id 等，重写父类的 getBody 方法和绘制自身刚体的 drawSelf 方法。具体代码如下。

代码位置：源代码/第 8 章/Sample8_2/jni/myEncapsulation 目录下的 TexBall.h。

```
#ifndef TexBall__h
#define TexBall__h
……//此处省略了一些对头文件的引用，需要的读者请看随书中的源代码
class TexBall:public TexBody{
    float r;                               //表示球的半径
    btRigidBody *body;                     //表示球刚体指针
    int texId;                             //球纹理 id
    Ball* ball;                            //绘制球指针
public:
    TexBall(float r,int texId,btDynamicsWorld *dynamicsWorld,btScalar mass,
        btVector3 pos,btScalar restitutionIn,btScalar frictionIn); //构造函数
     void drawSelf();                      //绘制自身刚体的方法
    btRigidBody* getBody();                //获取自身刚体指针的方法
 };
 #endif
```

说明 在该类的构造函数中，r 表示球的半径，texId 表示球纹理 id，dynamicsWorld 表示物理世界指针，mass 表示球质量，pos 表示球位置，restitutionIn 表示恢复系数，frictionIn 表示摩擦系数。

（2）开发完上述类框架声明后，还要真正实现 TexBall 类中的构造函数、绘制自身刚体方法和获取自身对象指针的方法。其构造函数的主要功能为创建球对象，给物理世界添加球刚体对象和创建绘制球对象等。具体代码如下。

代码位置：源代码/第 8 章/Sample8_2/jni/myEncapsulation 目录下的 TexBall.cpp。

```
TexBall::TexBall(float r,int texId,btDynamicsWorld *dynamicsWorld,
    btScalar mass,btVector3 pos,btScalar restitutionIn,btScalar frictionIn){
    bool isDynamic = (mass != 0);                          //物体是否可以运动
    btVector3 localInertia = btVector3(0, 0, 0); //表示惯性向量
    btCollisionShape* colShape = new btSphereShape(r); //创建球形形状
```

```
6        if(isDynamic){
7            colShape->calculateLocalInertia(mass, localInertia); //计算惯性
8        }
9        btTransform startTransform = btTransform();        //创建刚体的初始变换对象
10       startTransform.setIdentity();                       //变换对象初始化
11       startTransform.getOrigin().setValue(pos.x(), pos.y(), pos.z());//设置变换对象的位置
12       btDefaultMotionState *myMotionState = new          //创建刚体运动状态对象
13                         btDefaultMotionState(startTransform);
14       btRigidBody::btRigidBodyConstructionInfo rbInfo(//创建刚体信息对象
15                         mass,myMotionState,colShape,localInertia);
16       rbInfo.m_restitution = restitutionIn;               //设置反弹系数
17       rbInfo.m_friction = frictionIn;                     //设置摩擦系数
18       body = new btRigidBody(rbInfo);                      //创建刚体
19       dynamicsWorld->addRigidBody(body);                   //将刚体添加进物理世界
20       this->r = r;                                         //记录球半径
21       this->texId = texId;                                 //记录纹理 id
22       ball = new Ball(texId,r);                            //创建绘制球对象
23   }
24   void TexBall::drawSelf(){
25       MatrixState::pushMatrix();                           //保护现场
26       btTransform trans;
27       trans = body->getWorldTransform();                   //获取刚体的变换信息对象
28       trans.getOpenGLMatrix(MatrixState::currMatrix);//将当前的矩阵设置给变换信息对象
29       if(body->isActive()){                                //判断刚体是否为静态
30           ball->mFlagK = 0;                                //设置球纹理属性
31       }else{
32           ball->mFlagK = 1;                                //设置球纹理属性
33       }
34       MatrixState::pushMatrix();                           //保护现场
35       ball->drawSelf(texId);                               //绘制球
36       MatrixState::popMatrix();                            //恢复现场
37       MatrixState::popMatrix();                            //恢复现场
38   }
39   btRigidBody* TexBall::getBody(){
40       return body;                                         //返回刚体指针
41   }
```

❑ 第 3～第 19 行的主要功能为设置物体质量，计算惯性，创建刚体初始变换对象并设置其位置，设置反弹系数和摩擦系数，创建刚体并添加到物理世界。

❑ 第 20～第 22 行的主要功能为记录球半径、球纹理 id，创建绘制球对象。

❑ 第 24～第 38 行为绘制自身的方法。其中第 26～第 28 行通过获取刚体的变换来设置当前矩阵，第 34～第 36 行通过保护现场和恢复现场来绘制球物体。

❑ 第 39～第 41 行为获取自身刚体指针的方法。

8.3.4 胶囊物体类——TexCapsule 类

了解了球物体类之后，就可以进行胶囊物体类的开发了。该类继承了封装的刚体类，实现了创建刚体的方法、绘制刚体的方法以及获取自身刚体指针的方法。具体的开发步骤如下。

（1）首先开发胶囊物体类 TexCapsule 的类框架，其主要功能是声明其构造函数，声明所需的变量，如刚体对象指针、纹理类指针和纹理 id 等，重写父类的 getBody 方法和绘制自身刚体的 drawSelf 方法。具体的代码如下。

代码位置：源代码/第 8 章/Sample8_2/jni/myEncapsulation 目录下的 TexCapsule.h。

```
#ifndef _TexCapsule_H_
#define _TexCapsule_H_
……//此处省略了一些对头文件的引用，需要的读者请看随书中的源代码
class TexCapsule : public TexBody{
    btRigidBody* body;                    //表示自身刚体的指针
    float radius;                         //表示两侧球的半径
    float height;                         //表示胶囊中间圆柱的高度
    int capuleSideTexId;                  //胶囊侧边纹理 id
    int buttomBallTexId;                  //底部圆纹理 id
```

```
        int topBallTexId;                    //顶部圆纹理 id
        CylinderSide* capuleSide;            //胶囊的侧面
        Ball* bottomBall;                    //底部球
        Ball* topBall;                       //顶部圆
    public:
        TexCapsule(btScalar mass,float radiusIn,float heightIn,btVector3 pos,
        btScalar restitutionIn,
            btScalar frictionIn,btDynamicsWorld *dynamicsWorld,
            int capuleSideTexIdIn,int buttomBallTexIdIn,int topBallTexIdIn,int n);
        btRigidBody* getBody();                  //获取自身刚体指针的方法
        void drawSelf();                         //绘制自身刚体的方法
    };
    #endif
```

说明：在该类的构造函数中，mass 表示胶囊的质量，radiusIn 表示两侧球半径，heightIn 表示中间圆柱的高度，pos 表示胶囊的位置，restitutionIn 表示恢复系数，frictionIn 表示摩擦系数，dynamicsWorld 表示物理世界指针，capuleSideTexIdIn 表示胶囊侧面纹理 id，buttomBallTexIdIn 和 topBallTexIdIn 表示两侧球纹理 id，n 表示切分数。

（2）开发完上述类框架声明后，还要真正实现 TexCapsule 类中的构造函数。其构造函数的主要功能为创建胶囊刚体对象以及所需的绘制对象等。具体代码如下。

代码位置：源代码/第 8 章/Sample8_2/jni/myEncapsulation 目录下的 TexCapsule.cpp。

```
1   TexCapsule::TexCapsule(btScalar mass,float radiusIn,float heightIn,btVector3 pos,
2           btScalar restitutionIn,btScalar frictionIn,btDynamicsWorld *dynamicsWorld,
3           int capuleSideTexIdIn,int buttomBallTexIdIn,int topBallTexIdIn,int n){
4       bool isDynamic = (mass != 0);                          //物体是否可以运动
5       btCapsuleShape* coneShape = new btCapsuleShape(radiusIn,heightIn);//创建胶囊形状
6       btVector3 localInertia = btVector3(0, 0, 0);           //惯性向量
7       if(isDynamic){
8           coneShape->calculateLocalInertia(mass, localInertia);//计算惯性
9       }
10      btTransform transform = btTransform();          //创建刚体的初始变换对象
11      transform.setIdentity();                        //变换对象初始化
12      transform.getOrigin().setValue(pos.x(),pos.y(),pos.z());//设置变换对象的位置
13      btDefaultMotionState* myMotionState = new    //创建刚体运动状态对象
14                  btDefaultMotionState(transform);
15      btRigidBody::btRigidBodyConstructionInfo rbInfo( //创建刚体信息对象
16                  mass, myMotionState, coneShape, localInertia);
17      rbInfo.m_restitution = restitutionIn;            //设置反弹系数
18      rbInfo.m_friction = frictionIn;                  //设置摩擦系数
19      body = new btRigidBody(rbInfo);                  //创建刚体
20      dynamicsWorld->addRigidBody(body);               //将刚体添加进物理世界
21      this->radius = radiusIn;                         //记录半径
22      this->height = heightIn;                         //记录高度
23      this->capuleSideTexId = capuleSideTexIdIn;       //胶囊侧边纹理 id
24      this->topBallTexId = topBallTexIdIn;             //底部球纹理 id
25      this->buttomBallTexId = buttomBallTexIdIn;       //顶部球纹理 id
26      capuleSide = new CylinderSide(capuleSideTexId,radius,n,height); //创建侧面对象
27      bottomBall = new Ball(topBallTexId,radius);      //创建绘制球对象
28  }
```

- 第 4～第 20 行的主要功能为设置物体质量，计算惯性，创建刚体初始变换对象并设置其位置，设置反弹系数和摩擦系数，创建刚体并添加到物理世界。
- 第 21～第 25 行的主要功能为记录半径、高度、底部球纹理 id、顶部球纹理 id 和侧边纹理 id。
- 第 26 和第 27 行的功能为创建绘制侧面对象和创建绘制球对象。

（3）最后还要实现 TexCapsule 类中的绘制自身刚体的 drawSelf 方法和获取自身对象指针的 getBody 方法。具体代码如下。

代码位置：源代码/第 8 章/Sample8_2/jni/myEncapsulation 目录下的 TexCapsule.cpp。

```
    void TexCapsule::drawSelf(){
        MatrixState::pushMatrix();                    //保护现场
```

```
3       btTransform trans;
4       trans = body->getWorldTransform();           //获取刚体的变换信息对象
5       trans.getOpenGLMatrix(MatrixState::currMatrix); //将当前的矩阵设置给变换信息对象
6       if(body->isActive()){                        //判断刚体是否为静态
7           capuleSide->mFlagK = 0;                  //设置侧面纹理属性
8           bottomBall->mFlagK = 0;                  //设置球纹理属性
9       }else{
10          capuleSide->mFlagK = 1;                  //设置侧面纹理属性
11          bottomBall->mFlagK = 1;                  //设置球纹理属性
12      }
13      MatrixState::pushMatrix();                   //保护现场
14      capuleSide->drawSelf(capuleSideTexId);       //绘制胶囊侧面
15      MatrixState::popMatrix();                    //恢复现场
16      MatrixState::pushMatrix();                   //保护现场
17      MatrixState::translate(0, -height/2, 0);//执行平移
18      bottomBall->drawSelf(topBallTexId);          //绘制下侧的球
19      MatrixState::popMatrix();                    //恢复现场
20      MatrixState::pushMatrix();                   //保护现场
21      MatrixState::translate(0, height/2, 0);      //执行平移
22      bottomBall->drawSelf(topBallTexId);          //绘制上侧的球
23      MatrixState::popMatrix();                    //恢复现场
24      MatrixState::popMatrix();                    //恢复现场
25  }
26  btRigidBody* TexCapsule::getBody(){
27      return body;                                 //返回刚体指针
28  }
```

- 第 3～第 5 行通过获取刚体的变换来设置当前矩阵。
- 第 6～第 12 行的主要功能为通过判断当前刚体是否可动来设置纹理属性，若当前刚体为非动态的，则纹理将会呈现出一层红色状态。
- 第 13～第 24 行通过保护现场、恢复现场和平移来绘制胶囊。
- 第26～第28 行为获取自身刚体指针的方法。

8.3.5 圆柱物体类——TexCylinderShape 类

了解了胶囊物体类之后，就可以进行圆柱物体类的开发了。该类继承了封装的刚体类，实现了创建刚体的方法、绘制刚体的方法以及获取自身刚体指针的方法。具体的开发步骤如下。

（1）首先开发圆柱物体类 TexCylinderShape 的类框架，其主要功能是声明其构造函数，声明所需的变量，如刚体对象指针、纹理类指针和纹理 id 等，重写父类的 getBody 方法和绘制自身刚体的 drawSelf 方法。具体代码如下。

代码位置：源代码/第 8 章/Sample8_2/jni/myEncapsulation 目录下的 TexCylinderShape.h。

```
#ifndef __TexCylinderShape_h
#define __TexCylinderShape_h
……//此处省略了一些对头文件的引用，需要的读者请看随书中的源代码
class TexCylinderShape:public TexBody{
    btRigidBody *body;                               //表示自身刚体的指针
    int texId_bottomCircle;                          //底部圆形的纹理 id
    int texId_topCircle;                             //顶部圆形的纹理 id
    int texId_cylinderSide;                          //圆柱侧面的纹理 id
    Circle* bottomCircle;                            //绘制圆指针
     CylinderSide* cylinderSide;                     //侧面指针
     float offset_topCircle;                         //绘制圆所需的位移量
 public:
     TexCylinderShape(int texId_bottomCircle,int texId_topCircle,int texId_cylinderSide,
         int n,btVector3 halfExtents,btDynamicsWorld *dynamicsWorld,
       btScalar mass,btVector3 pos,btScalar restitutionIn,btScalar frictionIn);
     void drawSelf();                                //绘制自身刚体的方法
     btRigidBody* getBody();                         //获取自身刚体的方法
};
#endif
```

> **说明** 在该类的构造函数中，texId_bottomCircle、texId_topCircle 和 texId_cylinderSide 分别表示底部圆形纹理 id、顶部圆形纹理 id 和圆柱侧面纹理 id，n 表示切分数，halfExtents 表示圆柱的半区域，dynamicsWorld 表示物理世界对象指针，mass 表示圆柱质量，pos 表示圆柱位置，restitutionIn 表示恢复系数，frictionIn 表示摩擦系数。

（2）开发完上述类框架声明后，还要真正实现 TexCylinderShape 类中的构造函数。其构造函数的主要功能为创建圆柱刚体、绘制对象以及记录纹理 id 等。具体代码如下。

代码位置：源代码/第 8 章/Sample8_2/jni/myEncapsulation 目录下的 TexCylinderShape.cpp。

```
1   TexCylinderShape::TexCylinderShape(int texId_bottomCircleIn,int texId_topCircleIn,
2           int texId_cylinderSideIn,int n,btVector3 halfExtents,btDynamicsWorld *dynamicsWorld,
3           btScalar mass,btVector3 pos,btScalar restitutionIn,btScalar frictionIn){
4       bool isDynamic = (mass != 0);                      //判断物体是否可以运动
5       btVector3 localInertia = btVector3(0, 0, 0);  //惯性向量
6       btCollisionShape* colShape = new btCylinderShape(halfExtents);//创建圆柱形状对象
7       if(isDynamic){
8           colShape->calculateLocalInertia(mass, localInertia);    //计算惯性
9       }
10       btTransform startTransform = btTransform();    //创建刚体的初始变换对象
11       startTransform.setIdentity();                           //变换初始化
12       startTransform.getOrigin().setValue(pos.x(), pos.y(), pos.z());//设置初始的位置
13       btDefaultMotionState *myMotionState = new         //创建刚体的运动状态对象
14                               btDefaultMotionState(startTransform);
15       btRigidBody::btRigidBodyConstructionInfo rbInfo( //创建刚体信息对象
16                               mass,myMotionState,colShape,localInertia);
17       rbInfo.m_restitution = restitutionIn;              //设置反弹系数
18       rbInfo.m_friction = frictionIn;                    //设置摩擦系数
19       body = new btRigidBody(rbInfo);                    //创建刚体
20       dynamicsWorld->addRigidBody(body);                 //将刚体添加进物理世界
21       bottomCircle = new Circle(texId_bottomCircleIn,halfExtents.x(),n,0);
         //创建绘制圆对象
22       offset_topCircle = halfExtents.y();                //获取圆的偏移量
23       cylinderSide = new CylinderSide(texId_cylinderSideIn,halfExtents.x(),n,halfExtents.y()*2);
24       this->texId_bottomCircle = texId_bottomCircleIn;   //记录底圆纹理 id
25       this->texId_topCircle = texId_topCircleIn;         //记录顶圆纹理 id
26       this->texId_cylinderSide = texId_cylinderSideIn;   //记录侧面纹理 id
27   }
```

- 第 4～第 20 行的主要功能为设置物体质量，计算惯性，创建刚体初始变换对象并设置其位置，设置反弹系数和摩擦系数，创建刚体并添加到物理世界。
- 第 21～第 26 行的主要功能为记录底圆纹理 id、顶圆纹理 id、侧面纹理 id、圆的偏移量，创建绘制圆类对象，创建绘制侧面类对象。

（3）最后实现 TexCylinderShape 类中的绘制自身刚体的 drawSelf 方法和获取自身对象指针的 getBody 方法。具体代码如下。

代码位置：源代码/第 8 章/Sample8_2/jni/myEncapsulation 目录下的 TexCylinderShape.cpp。

```
void TexCylinderShape::drawSelf(){
    MatrixState::pushMatrix();                          //保护现场
    btTransform trans;
    trans = body->getWorldTransform();                  //获取刚体的变换信息对象
    trans.getOpenGLMatrix(MatrixState::currMatrix); //将当前的矩阵设置给变换信息对象
    if(body->isActive()){                               //判断刚体是否为静止的
        cylinderSide->mFlagK = 0;                       //设置侧面纹理属性
        bottomCircle->mFlagK = 0;                       //设置圆纹理属性
    }else{
         cylinderSide->mFlagK = 1;                      //设置侧面纹理属性
         bottomCircle->mFlagK = 1;                      //设置圆纹理属性
     }
     MatrixState::pushMatrix();                         //保护现场
```

```
14          cylinderSide->drawSelf(texId_cylinderSide);       //绘制侧边
15          MatrixState::popMatrix();                         //恢复现场
16          MatrixState::pushMatrix();                        //保护现场
17          MatrixState::translate(0, -offset_topCircle, 0);  //执行平移
18          MatrixState::rotate(180,1,0,0);                   //执行旋转
19          bottomCircle->drawSelf(texId_bottomCircle);       //绘制底圆
20          MatrixState::popMatrix();                         //恢复现场
21          MatrixState::pushMatrix();                        //保护现场
22          MatrixState::translate(0, offset_topCircle, 0);   //执行平移
23          bottomCircle->drawSelf(texId_topCircle);          //绘制顶圆
24          MatrixState::popMatrix();                         //恢复现场
25          MatrixState::popMatrix();                         //恢复现场
26      }
27      btRigidBody* TexCylinderShape::getBody(){
28          return body;                                      //返回自身刚体的指针
29      }
```

- 第 3～第 5 行通过获取刚体的变换来设置当前矩阵。
- 第 6～第 12 行的主要功能为通过判断当前刚体是否可动来设置纹理属性，若当前刚体为非动态的，则纹理将会呈现出一层红色状态。
- 第 13～第 25 行通过保护现场、恢复现场和平移来绘制圆柱。
- 第 27～第 29 行为获取自身刚体指针的方法。

8.3.6 初始化及渲染函数文件——main.cpp

该文件的实现与创建简单物理场景的案例相比只是初始化刚体方法中发生了变化，其余部分并没有太大区别，这里就不再重复讲解相同的代码。具体代码如下。

代码位置：源代码/第 8 章/Sample8_2/jni/hellocpp 目录下的 main.cpp。

```
void initCreateBodys(){
    btCollisionShape* planeShape=new btStaticPlaneShape(btVector3(0, 1, 0), 0);
    //创建地面形状
    tbTemp = new TexPlane(UNIT_SIZE*100,                       //创建地面
        planeTexId,planeShape,m_dynamicsWorld,0,-5,0,0.8,0.8);
    tca.push_back(tbTemp);                                     //将地面添加到列表
    tbTemp=new TexBall(UNIT_SIZE*2,ballTexId,                  //创建球体对象
        m_dynamicsWorld,10,btVector3(-10,10,-10), 0.6, 0.8);
    tca.push_back(tbTemp);                                     //将球体对象添加到列表
    tbTemp = new TexCuboid(m_dynamicsWorld,btVector3(UNIT_SIZE*2,//创建立方体对象
        UNIT_SIZE*2, UNIT_SIZE*2),10.0f,btVector3(0,10,0),0.2f,0.8f,UNIT_SIZE,
        boxTexId,boxTexId,boxTexId,boxTexId,boxTexId,boxTexId);
    tca.push_back(tbTemp);                                     //将立方体对象添加到列表
    tbTemp=new TexCapsule(10.0f,2.0f,3.0f,btVector3(-10,10,10),  //创建胶囊对象
        0.5f,0.5f,m_dynamicsWorld,muwenId, muwenId, muwenId,30);
    btTransform bttf = tbTemp->getBody()->getWorldTransform(); //获取变换对象
    btQuaternion btq(btVector3(0,0,1),-SIMD_HALF_PI/6.0f);     //创建四元数对象
    bttf.setRotation(btq);                                     //设置变换对象旋转
    tbTemp->getBody()->setWorldTransform(bttf);                //设置刚体变换
    tca.push_back(tbTemp);                                     //将胶囊对象添加到列表
    tbTemp=new TexCone(10.0f,1.0f,4.0f,btVector3(10,10,-10), //创建圆锥物体类对象
        0.5f,0.5f,m_dynamicsWorld, muwenId, muwenId,30);
    tca.push_back(tbTemp);                   //将圆锥物体类对象添加到列表
    tbTemp=new TexCylinderShape(muwenId, muwenId, muwenId, //创建圆柱物体类对象
        30,btVector3(3,3,3),m_dynamicsWorld,10.0f,btVector3(10,10,10),0.5f,0.5f);
    tca.push_back(tbTemp);                                     //将圆柱物体类对象添加到列表
}
```

说明 初始化刚体的方法比较简单，创建各个物体类对象也比较简单，但是创建时所需的参数比较多。读者可以参看对应各个类的构造函数来创建各个物体类对象。

8.4 旋转的陀螺

上一节主要介绍了各式各样的物体下落，笔者进行了一定的封装。值得注意的是，上面提及的各种物体都是单一的形状，这在实际开发中是远远不够的。因此，本节将通过旋转的陀螺案例来介绍复合碰撞形状的使用方法。

8.4.1 案例运行效果

本小节给出的是一个旋转的陀螺案例。案例演示的是，在一个空旷的地面上，有两个复合而成的陀螺。单击屏幕则有一个立方体木块以一定的速度掉落。读者可以通过在屏幕上滑动来调整摄像机，从而以不同的角度进行观察。其运行效果如图 8-8 和图 8-9 所示。

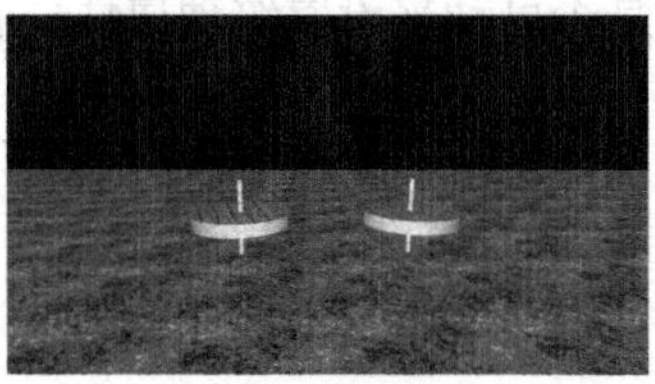
▲图 8-8 案例运行开始

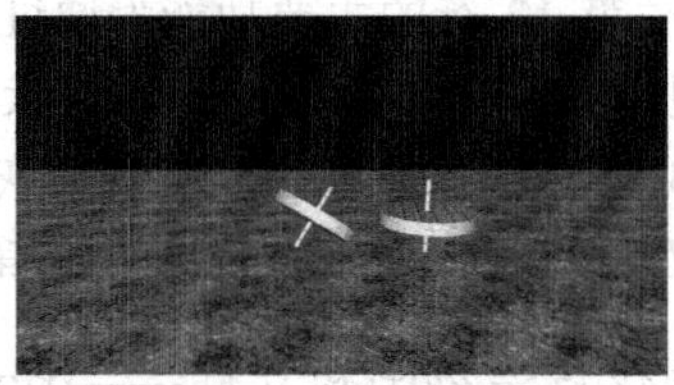
▲图 8-9 陀螺正在旋转

说明 图 8-8 为案例运行开始时的效果图，两个陀螺正在旋转。图 8-9 为陀螺正在旋转时的效果图，一个陀螺已经停止了旋转，另一个陀螺还在旋转。值得注意的是，其中还在旋转的陀螺是一个真正的陀螺，添加了陀螺类型的刚体限制。而另一个陀螺仅仅是通过组合而形成的复合刚体。

8.4.2 陀螺物体类——MyCompoundShape 类

顾名思义，复合碰撞形状的功能是将多个简单碰撞形状组合成一个整体。本节给出的案例是将圆柱和胶囊形状组合成复合碰撞形状陀螺。陀螺物体类的具体开发步骤如下。

（1）首先开发陀螺物体类 **MyCompoundShape** 的类框架，其主要功能是声明其构造函数，声明所需的变量，如刚体对象指针、纹理类指针和纹理 id 等，重写父类的 **getBody** 方法和绘制自身刚体的 **drawSelf** 方法。具体代码如下。

代码位置：源代码/第 8 章/Sample8_3/jni/hellocpp 目录下的 MyCompoundShape.h。

```
#ifndef _MyCompoundShape_H_
#define _MyCompoundShape_H_
……//此处省略了一些对头文件的引用，需要的读者请看随书中的源代码
class MyCompoundShape : public TexBody{
    btRigidBody* body;                                      //刚体指针
    TexCapsule* tc;                                         //胶囊物体指针
    TexCylinderShape* tcs;                                  //圆柱形物体指针
public:
    MyCompoundShape(btDynamicsWorld* dynamicsWorld,btScalar mass,btVector3 pos,
         float restitutionIn,float frictionIn,int texId_capusleSide,int texId_buttomBall,
         int texId_topBall,int texId_bottomCircle,int texId_topCircle,int texId_cylinderSide);
     void drawSelf();                                       //绘制自身刚体的方法
     btRigidBody* getBody();                                //获取自身刚体的方法
};
 #endif
```

> **说明** 在该类的构造函数中，dynamicsWorldIn 表示物理世界对象指针，mass 表示质量，pos 表示位置坐标，restitutionIn 表示恢复系数，frictionIn 表示摩擦系数，texId_capusleSide 表示胶囊侧面纹理 id，texId_buttomBall 和 texId_topBall 表示胶囊上下两侧纹理 id，texId_bottomCircle 和 texId_topCircle 表示圆柱上下两侧纹理 id，texId_cylinderSide 表示圆柱侧面纹理 id。

（2）开发完上述类框架声明后，还要真正实现 MyCompoundShape 类中的构造函数、绘制自身刚体的 drawSelf 方法和获取自身对象指针的 getBody 方法。其中构造函数的主要功能为创建圆柱形状对象，创建复合碰撞形状对象等。具体代码如下。

代码位置：源代码/第 8 章/Sample8_3/jni/hellocpp 目录下的 MyCompoundShape.cpp。

```
MyCompoundShape::MyCompoundShape(btDynamicsWorld* dynamicsWorld,btScalar mass,
        btVector3 pos,float restitutionIn,float frictionIn,int texId_capusleSide,
        int texId_buttomBall,
        int texId_topBall,int texId_bottomCircle,int texId_topCircle,int texId_cylinderSide){
    int scale = 4;                                              //设置缩放比
    btVector3 halfExtents(1,0.125,1);                           //圆柱的半区域
    halfExtents = halfExtents * scale;
    float radio = 0.05f * scale;                                //表示胶囊两侧球的半径
    float height = 1.5f * scale;                                //表示胶囊中间圆柱的高度
    btCollisionShape* top = new btCylinderShape(halfExtents); //创建圆柱形状对象
    btCollisionShape* pin  = new btCapsuleShape(radio,height);//创建胶囊形状对象
    top->setMargin(0.01);                                       //设置圆柱的边缘值
    pin->setMargin(0.01);                                       //设置胶囊的边缘值
    btCompoundShape* compound = new btCompoundShape();  //创建复合碰撞形状对象
    compound->addChildShape(btTransform::getIdentity(),top);
    //将圆柱形状添加到复合碰撞形状中
    compound->addChildShape(btTransform::getIdentity(),pin);
    //将胶囊形状添加到复合碰撞形状中
    btVector3 localInertia;                                     //惯性向量
    top->calculateLocalInertia(mass,localInertia);              //计算惯性
    body = new btRigidBody(mass,0,compound,localInertia);//创建刚体
    btTransform tr;
    tr.setIdentity();                                           //变换对象初始化
    tr.setOrigin(pos);                                          //设置位置
    body->setCenterOfMassTransform(tr);                         //设置中心点
    body->setAngularVelocity(btVector3(0,10,0));                //设置角速度
    body->setLinearVelocity(btVector3(0,0,0.2));                //设置线速度
    body->setFriction(btSqrt(1));                               //设置摩擦系数
    dynamicsWorld->addRigidBody(body);                          //将刚体添加到物理世界中
    body->setDamping(0.00001f,0.0001f);                         //设置阻尼
    tc = new TexCapsule(radio,height,texId_capusleSide,
                 texId_buttomBall,texId_topBall,30);  //创建绘制胶囊对象
    tcs = new TexCylinderShape(texId_bottomCircle,
            texId_topCircle,texId_cylinderSide,30,halfExtents);//创建绘制圆柱对象
}
void MyCompoundShape::drawSelf(){
    MatrixState::pushMatrix();                                  //保护现场
    btTransform trans;
    trans = body->getWorldTransform();                          //获取刚体的变换信息对象
    trans.getOpenGLMatrix(MatrixState::currMatrix); //将当前的矩阵设置给变换信息对象
    if(body->isActive()){                                       //判断刚体是否可动
        tc->capuleSide->mFlagK = 0;                             //设置胶囊纹理属性
        tc->bottomBall->mFlagK = 0;                             //设置胶囊纹理属性
        tcs->bottomCircle->mFlagK = 0;                          //设置圆柱纹理属性
        tcs->cylinderSide->mFlagK = 0;                          //设置圆柱纹理属性
    }else{
        tc->capuleSide->mFlagK = 1;                             //设置胶囊纹理属性
        tc->bottomBall->mFlagK = 1;                             //设置胶囊纹理属性
        tcs->bottomCircle->mFlagK = 1;                          //设置圆柱纹理属性
        tcs->cylinderSide->mFlagK = 1;                          //设置圆柱纹理属性
    }
    tc->drawSelfNoBody();                                       //绘制胶囊
```

```
50        tcs->drawSelfNoBody();                                  //绘制圆柱
51        MatrixState::popMatrix();                               //恢复现场
52    }
53    btRigidBody* MyCompoundShape::getBody(){
54        return body;                                            //返回自身刚体指针
55    }
```

- 第 4～第 15 行的主要功能为创建圆柱形状和胶囊形状，将这两个形状对象添加到复合碰撞形状对象。
- 第 16～第 27 行的主要功能为计算惯性向量，创建复合碰撞形状的刚体，设置位置、中心点、角速度、线速度、摩擦系数和阻尼系数，并将刚体添加到物理世界中。
- 第 28～第 31 行的主要功能为创建绘制胶囊对象和创建绘制圆柱对象。
- 第 33～第 52 行为绘制自身刚体的方法。首先保护现场，获取刚体的变换信息对象并设置当前矩阵，根据刚体的运动状态设置胶囊纹理和圆柱纹理，然后绘制胶囊和圆柱，最后恢复现场。

8.4.3 初始化及渲染函数文件——main.cpp

该文件的实现与创建简单场景案例相比只是初始化刚体方法中发生了变化，其余部分并没有太大区别，这里就不再重复讲解相同的代码。具体代码如下。

代码位置：源代码/第 8 章/Sample8_3/jni/hellocpp 目录下的 main.cpp。

```
void initCreateBodys(){
    btCollisionShape* planeShape=new btStaticPlaneShape(btVector3(0, 1, 0), 0);
    //创建地面形状
    tbTemp = new TexPlane(UNIT_SIZE*100,planeTexId,planeShape,
                    m_dynamicsWorld,0,-5,0,0.8,0.8);              //创建地面
    tca.push_back(tbTemp);          //将新地面对象加入列表中
    tbTemp = new MyCompoundShape(m_dynamicsWorld,1.0f,btVector3(7,10,0),
                              0.5f,0.5f,boxTexId, boxTexId, boxTexId,
                              boxTexId, boxTexId,boxTexId);     //创建陀螺物体
    tbTemp->getBody()->setFlags(BT_ENABLE_GYROPSCOPIC_FORCE);  //设置刚体标志
    tca.push_back(tbTemp);                          //将陀螺对象加入列表中
    tbTemp = new MyCompoundShape(m_dynamicsWorld,1.0f,
                          btVector3(-7,10,0),0.5f,0.5f,boxTexId, boxTexId,
                          boxTexId, boxTexId, boxTexId, boxTexId);
                          //创建陀螺物体对象
     tbTemp->getBody()->setFlags(0);               //设置刚体标志
     tca.push_back(tbTemp);                        //将陀螺对象加入列表中
}
```

> **说明**　初始化刚体的方法比较简单，创建各个物体类对象也比较简单，但是创建时所需的参数比较多。读者可以参看对应各个类的构造函数来创建各个物体类对象。

8.5 消失的木块

上一节介绍了旋转的陀螺案例，主要介绍的是复合碰撞形状类的使用。接下来介绍的是有关碰撞接触的案例，通过实现自定义的结构体，可以对特定物体的碰撞接触进行操控。下面详细介绍本小节案例——消失的木块。

8.5.1 案例运行效果

本小节给出的是一个消失的木块案例。案例演示的是，在一个空旷的地面上，掉落 27 个立方体木块和一个篮球。当篮球与木块发生碰撞接触时，木块会自动消失。当单击屏幕时，则有一个篮球以一定的速度掉落。重新掉落的新篮球若与其他篮球或木块发生碰撞接触时，篮球或木块也

会突然消失。

读者可以通过在屏幕上滑动来调整摄像机，从而以不同的角度进行观察；也可以通过多次单击屏幕，观察发生碰撞接触时其他物体消失的效果。其运行效果如图 8-10、图 8-11、图 8-12 及图 8-13 所示。

▲图 8-10　案例运行开始

▲图 8-11　小球正在掉落

▲图 8-12　小球已经静止

▲图 8-13　小球撞击物体

说明　图 8-10 为案例运行开始时的效果图。图 8-11 为小球正在掉落时的效果图，当小球与木块接触时，木块将会消失。图 8-12 为小球静止时的效果图，读者可以观察出小球经过的区域，木块全部消失了。图 8-13 为单击屏幕后，小球撞击物体时的效果图，新的小球若与木块碰撞接触时，木块也会消失。读者可以在真机上观察木块消失的效果。

8.5.2　初始化及渲染函数文件——main.cpp

该文件的实现与创建简单物理场景的案例相比只是发生了少量的变化，其余部分并没有太大区别，这里就不再重复讲解相同的代码。具体代码如下。

（1）首先介绍创建刚体的 initCreateBodys 方法和添加刚体的 addBody 方法。其中 addBody 方法与上一个案例相比，不同之处仅仅是创建了不同的刚体。具体代码如下。

代码位置：源代码/第 8 章/Sample8_4/jni/hellocpp 目录下的 main.cpp。

```
TexBody* m_ball;                                           //全局的球物体指针
TexBody* m_ground;                                         //全局的地面物体指针
void initCreateBodys(){
     btCollisionShape* planeShape=new btStaticPlaneShape(btVector3(0, 1, 0), 0);
     //创建地面形状
     tbTemp = new TexPlane(UNIT_SIZE*100,planeTexId,planeShape,
               m_dynamicsWorld,0,-16,0,0.4,0.8);           //创建地面
     tca.push_back(tbTemp);                          //将新立方体加入列表中
     m_ground = tbTemp;                              //给全局变量赋值
     #define ARRAY_SIZE_X 3                          //x 方向上数组大小
     #define ARRAY_SIZE_Y 3                          //y 方向上数组大小
     #define ARRAY_SIZE_Z 3                          //z 方向上数组大小
     #define START_POS_X -3                          //x 方向上起始坐标值
     #define START_POS_Y -3                          //y 方向上起始坐标值
     #define START_POS_Z -3                          //z 方向上起始坐标值
```

```
15        float start_x = START_POS_X - ARRAY_SIZE_X/2;     //计算起点的 x 坐标
16        float start_y = START_POS_Y;                       //计算起点的 y 坐标
17        float start_z = START_POS_Z - ARRAY_SIZE_Z/2;     //计算起点的 z 坐标
18        for (int k=0;k<ARRAY_SIZE_Y;k++){
19          for (int i=0;i<ARRAY_SIZE_X;i++){
20            for(int j = 0;j<ARRAY_SIZE_Z;j++){
21              btVector3 pos(btScalar((UNIT_SIZE*4+2)*i + start_x), //起点坐标
22                      btScalar(0+(UNIT_SIZE*4+2)*k + start_y),
23                      btScalar((UNIT_SIZE*4+2)*j + start_z));
24              tbTemp = new TexCuboid(m_dynamicsWorld,btVector3(    //创建立方体刚体
25                      UNIT_SIZE*2, UNIT_SIZE*2, UNIT_SIZE*2),10.0f,pos,0.2f,0.8f,
26                      UNIT_SIZE,boxTexId,boxTexId,boxTexId,boxTexId,boxTexId,boxTexId);
27              tca.push_back(tbTemp);                              //将立方体加入列表中
28              tbTemp->getBody()->setActivationState(
29                      DISABLE_DEACTIVATION);          //设置木块为动态的状态
30        }}}
31        m_ball=new TexBall(UNIT_SIZE*1.5f,ballTexId,m_dynamicsWorld,
32                        10,btVector3(2,30,2), 0.4, 0.8); //创建球形形状
33        tca.push_back(m_ball);                                  //将新立方体加入列表中
34    }
35    void addBody(int id){
36        tbTemp=new TexBall(UNIT_SIZE*1.5f,ballTexId,m_dynamicsWorld,
37                        10,btVector3(cx,cy-10,cz), 0.4, 0.8);  //创建球形形状
38        btVector3 vvec = btVector3(-cx,-cy+10,-cz);            //初始线速度
39        btVector3 avec = btVector3(0,0,0);                     //初始角速度
40        tbTemp->getBody()->setLinearVelocity(vvec);           //设置球的线速度
41        tbTemp->getBody()->setAngularVelocity(avec);          //设置球的角速度
42        tca.push_back(tbTemp);                                 //将新立方体加入列表中
43        m_ball = tbTemp;                                       //给全局的球指针赋值
44    }
```

- 第 4～第 8 行创建地面对象，将地面对象添加到列表中并将其赋值给全局的地面对象变量。
- 第 9～第 30 行创建 27 个立方体木块，将木块对象添加到列表中并设置木块状态始终为动态。
- 第 31～第 33 行创建球形对象，将球形对象添加到列表中。

说明　初始化刚体的方法比较简单，创建各个物体类对象也比较简单，但是创建时所需的参数比较多。读者可以参看对应各个类的构造函数来创建各个物体类对象。

（2）接下来介绍自定义的结构体 MyResultCallback 和渲染函数 renderFrame，其中自定义的结构体 MyResultCallback 的主要作用为重写该物理引擎提供的 ContactResultCallback 结构体中的 addSingleResult 方法。具体代码如下。

代码位置：源代码/第 8 章/Sample8_4/jni/hellocpp 目录下的 main.cpp。

```
struct MyResultCallback : public btCollisionWorld::ContactResultCallback{
  virtual btScalar addSingleResult(btManifoldPoint& cp,
        const btCollisionObjectWrapper* colObj0Wrap,int partId0,int index0,
        const btCollisionObjectWrapper* colObj1Wrap,int partId1,int index1){
    const btCollisionObject* co0 = colObj0Wrap->getCollisionObject();
    //获取参与碰撞的物体
    const btCollisionObject* co1 = colObj1Wrap->getCollisionObject();
    //获取参与碰撞的另一个物体
    btRigidBody* rb0 = (btRigidBody*)co0;       //获取参与碰撞的刚体
    btRigidBody* rb1 = (btRigidBody*)co1;       //获取参与碰撞的另一个刚体
    if(rb0 == m_ball->getBody()&&
       rb1 != m_ground->getBody()){ //判断一个刚体是否为球，另一个刚体是否不为地面
       TexBody* temp;                                        //临时物体指针
       std::vector<TexBody*>::iterator iter=tca.begin();  //物体列表的迭代器
       for(;iter!=tca.end();){                               //遍历物体列表
          if((*iter)->getBody() == rb1 ){ //判断当前刚体是否为参与碰撞的另一个刚体
           temp = (*iter);                  //记录当前刚体
           iter = tca.erase(iter);          //从列表中删除当前物体
           break;
           }else{
```

```
19            iter++;                                     //迭代器自加
20         }}
21            m_dynamicsWorld->removeCollisionObject(temp->getBody());
           //从物理世界中删除当前刚体
22            delete temp;                                //删除临时物体
23         }
24         return 0;
25     }};
26     void renderFrame(){
27         glClear(GL_DEPTH_BUFFER_BIT | GL_COLOR_BUFFER_BIT);       //清除缓冲
28         MatrixState::setCamera(cx,cy,cz,0, 0,0,upx,upy,upz);      //设置 camera 位置
29         MatrixState::setLightLocation(cx, cy, cz);                //设置光源位置
30         for ( int i = 0; i < tca.size(); ++i ){                   //遍历物体列表
31            tca[i]->drawSelf();                                    //回调刚体的绘制方法
32         }
33         if(addBodyId!=0){
34                addBody(addBodyId);                                //调用添加刚体的方法
35                addBodyId = 0;                                     //设置刚体 id 为 0
36         }
37         MyResultCallback renderCallback;
38         m_dynamicsWorld->contactTest(m_ball->getBody(),renderCallback);//进行接触检测
39         m_dynamicsWorld->stepSimulation(1.0/60,5); //进行物理模拟计算
40     }
```

- 第 2～第 25 行为实现重写的 addSingleResult 方法。其中第 5～第 8 行的主要功能为获取参与碰撞的两个刚体的指针，第 9～第 23 行的主要功能为判断参与碰撞的刚体是否为球或地面，若一个刚体为球且另一个刚体不为地面，则将不为地面的刚体从物理世界中删去，并从列表中删除。
- 第 26～第 40 行为渲染函数，负责渲染每一帧画面，从刚体列表里取出刚体进行绘制，若添加刚体标志位不为 0 则添加刚体。最后再进行接触检测和物理模拟计算。

> **说明** 对于物理引擎提供的 ContactResultCallback 结构体，读者只需要了解该结构体中的 addSingleResult 方法即可。开发人员通过重写该方法，就可以实现对某个物体的碰撞监听。

8.6 物体碰撞下落

上一节介绍了消失的木块案例，主要介绍的是碰撞监听的使用，接下来介绍另一个关于碰撞密切相关的案例。实际开发中有时候还需要满足某两个特定的物体之间不发生碰撞，即碰撞过滤。下面详细介绍本小节案例——物体碰撞下落案例。

8.6.1 案例运行效果

本小节给出的是一个物体碰撞下落的案例。案例演示的是，在一个空旷的地面上，小球、圆锥、木块从不同的高度掉落，但是它们之间互不发生碰撞，它们只与地面发生碰撞。单击屏幕则有一个立方体木块以一定的速度掉落，该木块也只与地面发生碰撞。读者可以通过在屏幕上滑动来调整摄像机，从而以不同的角度进行观察。其运行效果如图 8-14 和图 8-15 所示。

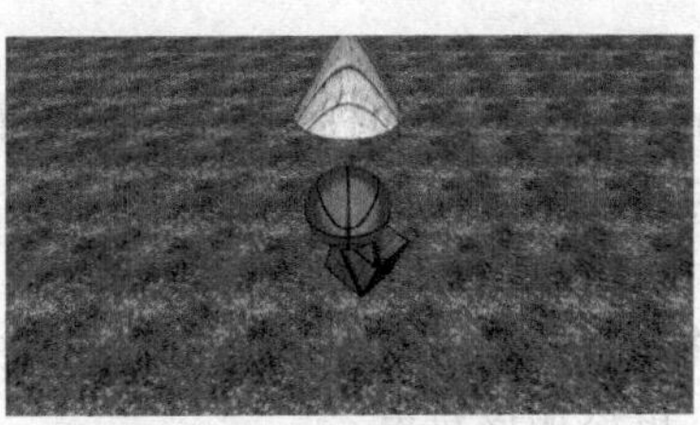

▲图 8-14 案例运行开始

▲图 8-15 物体全部静止

> **说明** 图 8-14 为案例运行开始时的效果图，各个物体从不同的高度掉落，当掉落的物体相互接触时，彼此之间并不发生碰撞。图 8-15 为物体全部静止在地面时的效果图，从效果图可以明显观察出圆锥与圆球发生了重叠。

8.6.2 初始化及渲染函数文件——main.cpp

该文件的实现与简单的物理场景案例相比，初始化刚体的 initCreateBodys 方法中发生了一些变化，另外还增添了一些声明，其余部分并没有太大区别，这里就不再重复讲解相同的代码。具体代码如下。

代码位置：源代码/第 8 章/Sample8_5/jni/hellocpp 目录下的 main.cpp。

```
1    #define BIT(x) (1<<(x))                          //定义宏，表示 1 的左移操作
2    enum collisiontypes {
3        COL_NOTHING = 0,                            //表示什么都不碰撞
4        COL_GROUND = BIT(1),                        //表示与地面碰撞
5        COL_CUBOID = BIT(2),                        //表示与木块碰撞
6        COL_CONE = BIT(3),                          //表示与圆锥体碰撞
7        COL_BALL = BIT(4)                           //表示与球碰撞
8    };
9    int groundCollidesWith = COL_CUBOID
10               | COL_CONE | COL_BALL;          //表示地面与立方体、圆锥、球碰撞
11    int cuboidCollidesWith = COL_GROUND;             //表示木块与地面碰撞
12    int coneCollidesWith = COL_GROUND;               //表示圆锥与地面碰撞
13    int ballCollidesWith = COL_GROUND;               //表示球与地面碰撞
14    void initCreateBodys(){
15        btCollisionShape* planeShape=new btStaticPlaneShape(btVector3(0, 1, 0), 0);
        //创建地面形状
16        tbTemp = new TexPlane(UNIT_SIZE*100,planeTexId,planeShape,
17                m_dynamicsWorld,0,-5,0,0.8,0.8);   //创建地面
18        m_dynamicsWorld->removeRigidBody(tbTemp->getBody());//从物理世界中将地面对象删去
19        m_dynamicsWorld->addRigidBody(tbTemp->getBody(),
20            COL_GROUND, groundCollidesWith);//将地面添加到物理世界，并设置对应的碰撞信息
21        tca.push_back(tbTemp);                                  //将地面加入列表中
22        tbTemp=new TexBall(UNIT_SIZE*3,ballTexId,m_dynamicsWorld,
23                10,btVector3(0,15,0), 0.6, 0.8);               //创建球物体对象
24        m_dynamicsWorld->removeRigidBody(tbTemp->getBody()); //从物理世界中将球体删去
25        m_dynamicsWorld->addRigidBody(tbTemp->getBody(),
26                COL_BALL, ballCollidesWith);//将球添加到物理世界，并设置对应的碰撞信息
27        tca.push_back(tbTemp);                                  //将球物体加入列表中
28        tbTemp = new TexCuboid(m_dynamicsWorld,btVector3(UNIT_SIZE*2,
29            UNIT_SIZE*2, UNIT_SIZE*2),5.0f,btVector3(0,5,0),0.2f,0.8f,UNIT_SIZE,
30            boxTexId,boxTexId,boxTexId,boxTexId,boxTexId,boxTexId);//创建木块物体对象
31        m_dynamicsWorld->removeRigidBody(tbTemp->getBody());//从物理世界中将木块删去
32        m_dynamicsWorld->addRigidBody(tbTemp->getBody(),
33            COL_CUBOID, cuboidCollidesWith);//将木块添加到物理世界，并设置对应的碰撞信息
34        tca.push_back(tbTemp);                                //将木块加入列表中
35        tbTemp = new TexCone(10.0f,3,7,btVector3(0,25,0),0.5f,0.5f,
36                m_dynamicsWorld,muwenId, muwenId,30);    //创建圆锥物体对象
37        m_dynamicsWorld->removeRigidBody(tbTemp->getBody());//从物理世界中将圆锥删去
38        m_dynamicsWorld->addRigidBody(tbTemp->getBody(),
39            COL_CONE, coneCollidesWith);//将圆锥添加到物理世界，并设置对应的碰撞信息
40        tca.push_back(tbTemp);                                  //将圆锥加入列表中
41    }
```

- 第 2～第 8 行为自定义的枚举类型变量 collisiontypes，其中的枚举元素包含了碰撞的各种类型，如什么都不碰撞、与地面碰撞、与木块碰撞、与圆球碰撞和与圆锥碰撞。
- 第 9～第 13 行为表示各个具体的物体所需碰撞的类型信息。
- 第 15～第 21 行的主要功能为创建地面对象，将地面对象添加到物理世界中，并设置对应的碰撞信息。这里需要先从物理世界中删除地面对象，再添加该对象。

□ 第 22～第 40 行的主要功能为创建球物体对象、木块物体对象和圆锥物体对象，在物理世界中添加这些对象，并将它们添加进列表中。

8.7 关节

前面已经讲解了 Bullet 物理引擎的一些基本知识和案例，但是这对于学习 Bullet 物理引擎是远远不够的。下面将讲解该引擎的一个重要概念：关节。简单来说，关节是两个物体之间的约束，它可以将两个物体以一定的方式约束在一起。合理地使用关节可以创造出有趣的运动，比如转动的齿轮、悬挂的物体以及蜘蛛等。

8.7.1 关节的父类——btTypedConstraint 类

首先需要介绍的是所有关节的父类——btTypedConstraint 类，了解该类有助于对关节有初步的认识。其他关节类都继承自该类，该类封装了具体关节共用的方法。该类的构造函数和常用方法如表 8-15 所列。

表 8-15 btTypedConstraint 类的构造函数和常用方法

构造函数或方法签名	含义	类型
btTypedConstraint (btTypedConstraintType type, btRigidBody &rbA)	关节的构造函数，参数 type 表示关节类型，参数 rbA 表示刚体	构造函数
btTypedConstraint (btTypedConstraintType type, btRigidBody &rbA, btRigidBody &rbB)	关节的构造函数，参数 type 表示关节类型，参数 rbA 表示刚体，参数 rbB 表示另一个刚体	构造函数
btScalar getBreakingImpulseThreshold ()	获取毁坏关节的最大冲量，返回值为获取的冲量值	方法
void setBreakingImpulseThreshold (btScalar threshold)	设置毁坏关节的最大冲量，参数 threshold 表示要设置的冲量值	方法
bool isEnabled ()	获取关节是否可用，返回值为 true 时表示可用，否则表示不可用	方法
void setEnabled (bool enabled)	设置关节是否可用，参数 enabled 为 true 表示关节可用，否则表示不可用	方法
btRigidBody& getRigidBodyA ()	获取关节关联的刚体，返回值为获取的刚体	方法
btRigidBody& getRigidBodyB ()	获取关节关联的另一个刚体，返回值为获取的另一个刚体	方法
int getUserConstraintType ()	获取关节类型，返回值为获取的关节类型	方法
void setUserConstraintType (int userConstraintType)	设置关节类型，参数 userConstraintType 表示要设置的关节类型	方法
void setUserConstraintId (int uid)	设置关节 id，参数 uid 表示要设置的 id	方法
int getUserConstraintId ()	获取关节 id，返回值表示获取的关节 id	方法
void setUserConstraintPtr (void *ptr)	设置用户 id，参数 ptr 表示指向任意对象的指针	方法
void* getUserConstraintPtr ()	获取用户 id，返回值为获取的指向用户 id 的指针	方法
int getUid ()	获取关节 id，返回值表示获取的关节 id	方法
btTypedConstraintType getConstraintType ()	获取关节类型，返回值为获取的关节类型	方法

8.7.2 铰链关节——btHingeConstraint 类

介绍完关节的父类 btTypeConstraint 类之后，接下来介绍第一个具体的关节——铰链关节，它是仅有一个旋转自由度的关节，通过铰链约束限制相关刚体仅能绕铰链轴旋转，其构造函数和常用方法如表 8-16 所列。

表 8-16　　btHingeConstraint 类的构造函数和常用方法

构造函数或方法签名	含　义	类　型
btHingeConstraint(btRigidBody& rbA,btRigidBody& rbB, const btVector3& pivotInA,const btVector3& pivotInB, const btVector3& axisInA,const btVector3& axisInB, bool useReferenceFrameA = false)	铰链关节的构造函数，参数 rbA 表示关节约束的第一个刚体，参数 rbB 表示关节约束的第二个刚体，参数 pivotInA 表示第一个刚体对应的中心点，参数 pivotInB 表示第二个刚体对应的中心点，参数 axisInA 表示第一个刚体的轴向量，参数 axisInB 表示第二个刚体的轴向量，参数 useReferenceFrameA 表示两个刚体与两个约束之间的对应关系，若其为 true，则 rbA 与 pivotInA 和 axisInA 对应，rbB 与 pivotInB 和 axisInB 对应，否则 rbA 与 pivotInB 和 axisInB 对应，rbB 与 pivotInA 和 axisInA 对应，其默认值为 false	构造函数
btHingeConstraint(btRigidBody& rbA,const btVector3& pivotInA,const btVector3& axisInA, bool useReferenceFrameA = false)	铰链关节的构造函数，参数 rbA 表示关节约束的刚体，参数 pivotInA 表示刚体对应的中心点，参数 axisInA 表示刚体的轴向量，参数 useReferenceFrameA 表示是否 rbA 与 pivotInA 和 axisInA 对应，若为 true 表示对应，否则表示不对应，其默认值为 false	构造函数
btHingeConstraint(btRigidBody& rbA,btRigidBody& rbB, const btTransform& rbAFrame, const btTransform& rbBFrame, bool useReferenceFrameA = false)	铰链关节的构造函数，参数 rbA 表示关节约束的第一个刚体，参数 rbB 表示关节约束的第二个刚体，参数 rbAFrame 表示第一个刚体的变换对象，参数 rbBFrame 表示第二个刚体的变换对象，参数 useReferenceFrameA 表示两个刚体与两个约束之间的对应关系，若其为 true，则 rbA 与 rbAFrame 对应，rbB 与 rbBFrame 对应，否则 rbA 与 rbBFrame 对应，rbB 与 rbAFrame 对应，其默认值为 false	构造函数
btHingeConstraint(btRigidBody& rbA,const btTransform& rbAFrame, bool useReferenceFrameA = false)	铰链关节的构造函数，参数 rbA 表示关节约束的刚体，参数 rbAFrame 表示刚体的变换对象，参数 useReferenceFrameA 表示是否 rbA 与 rbAFrame 对应，若为 true 表示对应，否则表示不对应，其默认值为 false	构造函数
void setFrames(const btTransform& frameA, const btTransform& frameB)	设置铰链关节约束的两个刚体变换对象，参数 frameA 表示要设置的第一个刚体的变换对象，参数 frameB 表示要设置的第二个刚体的变换对象	方法
void setAngularOnly(bool angularOnly)	设置是否只开启角转动，参数 angularOnly 为 true 时表示开启，否则表示不开启	方法
void enableAngularMotor(bool enableMotor, btScalar targetVelocity,btScalar maxMotorImpulse)	启动马达，参数 enableMotor 为是否允许关节使用马达的标志，为 true 表示开启，否则表示不开启，参数 targetVelocity 表示关节旋转的角速度，参数 maxMotorImpulse 表示关节马达的驱动力值	方法
void enableMotor(bool enableMotor)	设置是否开启马达，参数 enableMotor 表示是否开启，为 true 表示开启，否则表示不开启	方法
void setMaxMotorImpulse(btScalar maxMotorImpulse)	设置马达的最大冲量，参数 maxMotorImpulse 表示要设置的最大冲量值	方法
btScalar getLowerLimit()	获取转动角度的下限值，返回值为获取的下限值	方法
btScalar getUpperLimit()	获取转动角度的上限值，返回值为获取的上限值	方法
btScalar getHingeAngle()	获取铰链关节当前的旋转角度值，返回值为获取的角度值	方法
btTransform& getAFrame()	获取铰链关节约束的一个刚体的变换对象，返回值为获取的变换对象	方法
btTransform& getBFrame()	获取铰链关节约束的另一个刚体的变换对象，返回值为获取的变换对象	方法

8.7.3 铰链关节的案例——球落门开

了解了铰链关节的概念和相关 API 后，这里将给出使用铰链关节开发的案例——球落门开案例，以便读者能够正确使用铰链关节，同时也有利于加深读者对铰链关节的理解。

1. 案例运行效果

该案例主要演示的是，在一个三维物理世界中，有诸多小球从上空掉落，掉落位置有没有屋顶的小屋。当球掉落下去后，门会在球的作用下自己打开。其运行效果如图 8-16、图 8-17、图 8-18 及图 8-19 所示。

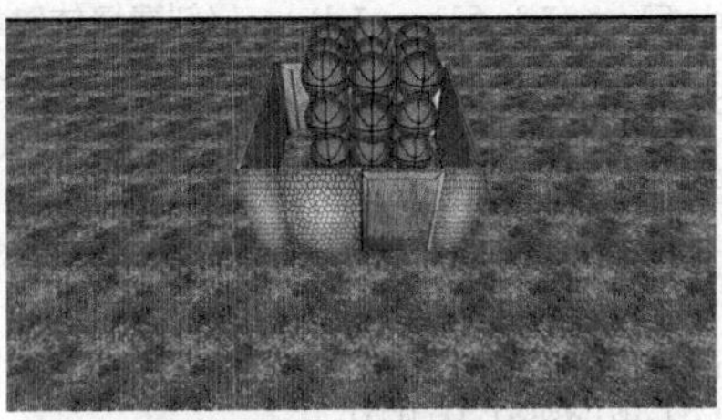

▲图 8-16　案例运行开始

▲图 8-17　小球正在下落

▲图 8-18　门被打开了一半

▲图 8-19　小球下落静止

> **说明**　图 8-16 为案例运行开始时的效果图；图 8-17 为小球正在下落时的效果图，此时门在小球的作用下被打开了三分之一；图 8-18 为小球下落过程中门被打开一半的效果图；图 8-19 为小球下落静止时，门被完全打开的效果图。

2. 初始化及渲染函数文件——main.cpp

该文件的实现与简单的物理场景案例相比只是初始化刚体的方法发生了变化，其余部分并没有太大区别，这里就不再重复讲解相同的代码。具体代码如下。

代码位置：源代码/第 8 章/Sample8_6/jni/hellocpp 目录下的 main.cpp。

```
void initCreateBodys(){
    btCollisionShape* planeShape=new btStaticPlaneShape(
                    btVector3(0, 1, 0), 0);                        //创建地面形状
    tbTemp = new TexPlane(UNIT_SIZE*100,planeTexId, planeShape,
                    m_dynamicsWorld,0,6,0,0.4,0.8);               //创建地面
    tca.push_back(tbTemp);                                         //将地面加入列表中
    float start_x = -3;                                            //起点 x 坐标
    float start_y = 6;                                             //起点 y 坐标
    float start_z = -10;                                           //起点 z 坐标
     for(int i = 0; i<3; i++){
       for(int j = 0; j<5; j++){
        for(int k = 0; k<3; k++){
         btScalar tempX(start_x + i*2*2*UNIT_SIZE);                //圆球 x 坐标
```

```
14          btScalar tempY(start_y + j*2*2*UNIT_SIZE);         //圆球 y 坐标
15          btScalar tempZ(start_z + k*2*2*UNIT_SIZE);         //圆球 z 坐标
16          tbTemp = new TexBall(UNIT_SIZE*2,ballTexId,m_dynamicsWorld,10.0f,
17              btVector3(tempX,tempY,tempZ),0.5f,0.5f);       //创建圆球对象
18          tca.push_back(tbTemp);                             //将圆球加入列表中
19      }}}
20      tbTemp = new TexBall(UNIT_SIZE*2,ballTexId,m_dynamicsWorld,
21              10.0f,btVector3(0,20,-12),0.5f,0.5f);          //创建圆球对象
22      tca.push_back(tbTemp);                                 //将圆球加入列表中
23      tbTemp = new TexCuboid(m_dynamicsWorld,btVector3(4,6,0.2f),0.0f,
24                  btVector3(-4,0,0),0.0f,0.0f,UNIT_SIZE,floorId,wood_binId,
25                  wood_binId,wood_binId,wood_binId,wood_binId);//创建墙体对象
26      tca.push_back(tbTemp);                                 //将墙体加入列表中
27      ……//此处省略了创建其他两个墙体对象的代码，需要的读者请自行参考随书中的源代码
28      tbTemp = new TexCuboid(m_dynamicsWorld,btVector3(12,6,0.2f),0.0f,
29          btVector3(12-0.2,0,-12-0.2),0.0f,0.0f,UNIT_SIZE,floorId,
30          wood_binId,wood_binId,wood_binId,floorId,floorId); //创建墙体对象
31      tca.push_back(tbTemp);                                   //将墙体加入列表中
32      btTransform transformTemp = tbTemp->getBody()->getWorldTransform();
        //获取墙体变换对象
33      transformTemp.setRotation(btQuaternion(btVector3(0,1,0),SIMD_PI/2));
        //设置变换对象旋转
34      tbTemp->getBody()->setWorldTransform(transformTemp);//给刚体设置新的变换对象
35      ……//此处省略了创建其他两个墙体对象的代码，需要的读者请自行参考随书中的源代码
36      tbTemp = new TexCuboid(m_dynamicsWorld,btVector3(4,6,0.2f),10.0f,
37          btVector3(4,0,0),0.5f,0.9f,UNIT_SIZE,wood_binId,
38          wood_binId,wood_binId,wood_binId,wood_binId,wood_binId);//创建门对象
39      tca.push_back(tbTemp);                                  //将门对象加入列表中
40      btHingeConstraint* hinge1 = new btHingeConstraint(
41          *(tbTemp->getBody()),btVector3(-4,0,0.2),btVector3(0,1,0),false);
            //创建铰链关节对象
42      m_dynamicsWorld->addConstraint(hinge1);     //将铰链关节添加到物理世界中
43  }
```

- 第 2～第 6 行的主要功能为创建地面对象，并将地面对象添加到列表中。
- 第 7～第 22 行的主要功能为创建 29 个球体对象，并将其添加到列表中。球体充当掉落物，以便门在球的作用下能够自动开启。
- 第 23～第 35 行的主要功能为创建诸多立方墙体，并将其添加到列表中。诸多墙体构建起围墙，以便球不能跑到墙体外。
- 第 36～第 39 行的主要功能为创建门对象，并将门对象添加到列表中。
- 第 40～第 42 行的主要功能为创建铰链关节对象，并将铰链关节对象添加到物理世界中。

> **说明**　初始化刚体的方法比较简单，创建各个物体类对象也比较简单，但是创建时所需的参数比较多。读者可以参看对应各个类的构造函数来创建各个物体类对象。

8.7.4 齿轮关节——btGearConstraint 类

介绍完铰链关节 btHingeConstraint 的知识点和案例之后，接下来介绍齿轮关节，齿轮关节的作用是模拟现实物理世界中齿轮与齿轮之间转动的效果。其构造函数和常用方法如表 8-17 所列。

表 8-17　　btGearConstraint 类的构造函数和常用方法

构造函数或方法签名	含　义	类　型
btGearConstraint(btRigidBody& rbA, btRigidBody& rbB, const btVector3& axisInA,const btVector3& axisInB, btScalar ratio)	齿轮关节的构造函数，参数 rbA 表示关节关联的第一个刚体，参数 rbB 表示关节关联的第二个刚体，参数 axisInA 表示第一个刚体的轴向量，参数 axisInB 表示第二个刚体的轴向量，参数 ratio 表示转动比例	构造函数
void setAxisA(btVector3& axisA)	设置关节关联的第一个刚体的轴向量，参数 axisA 表示要设置的轴向量	方法

续表

构造函数或方法签名	含　义	类　型
void setAxisB(btVector3& axisB)	设置关节关联的第二个刚体的轴向量，参数 axisB 表示要设置的轴向量	方法
void setRatio(btScalar ratio)	设置齿轮关节的转动比例，参数 ratio 表示要设置的比例	方法
btVector3& getAxisA()	获取关节关联的第一个刚体的轴向量，返回值为获取的轴向量	方法
btVector3& getAxisB()	获取关节关联的第二个刚体的轴向量，返回值为获取的轴向量	方法
btScalar getRatio()	获取齿轮关节的转动比例，返回值为获取的比例值	方法

8.7.5 齿轮关节的案例——转动的齿轮

了解了齿轮关节的概念和相关 API 后，这里将给出使用齿轮关节开发的案例——转动的齿轮案例，以便读者能够正确使用齿轮关节，同时也有利于加深读者对齿轮关节的理解。

1. 案例运行效果

该案例主要演示的是，在一个三维物理世界中，有两个水平放置的圆盘和两个垂直放置的圆盘，两个垂直的圆盘设置相同的角速度，其中一个垂直的圆盘在齿轮关节的约束下角速度变慢，对应的水平圆盘也发生转动。其运行效果如图 8-20 和图 8-21 所示。

▲图 8-20　案例运行开

▲图 8-21　切换角度观察圆盘

说明　图 8-20 为案例运行开始时的效果图，其中两个竖着的圆盘以 x 轴转动，两个水平的圆盘没有设置角速度。位于图中较右侧的两个圆盘添加了齿轮关节，由于齿轮关节的约束，该水平圆盘会按照一定的角速度规律地转动，而另一个水平圆盘由于没有添加齿轮关节，因此不会规律地转动。图 8-21 为切换角度后观察圆盘的效果图。由于图片不方便观察，读者可以使用真机观察其转动效果。

2. 初始化及渲染函数文件——main.cpp

该文件的实现与简单的物理场景案例相比只是初始化刚体的 initCreateBodys 方法发生了变化，其余部分并没有太大区别，这里就不再重复讲解相同的代码。具体代码如下。

代码位置：源代码/第 8 章/Sample8_7/jni/hellocpp 目录下的 main.cpp。

```
void initCreateBodys(){
    btCollisionShape* planeShape=new btStaticPlaneShape(btVector3(0, 1, 0), 0);
    //创建地面形状
    tbTemp = new TexPlane(UNIT_SIZE*100,planeTexId,planeShape,
                m_dynamicsWorld,0,-6,0,0.4,0.8); //创建地面对象
    tca.push_back(tbTemp);                    //将地面加入列表中
```

```
6        btRigidBody* bodyA=0;                                       //指向第一个刚体的指针
7        btRigidBody* bodyB=0;                                       //指向第二个刚体的指针
8        float gearRadio = 3.0f;                                     //齿轮半径
9        float gearHeight = 0.2f;                                    //齿轮高度
10        tbTemp = new TexCylinderShape(muwenId, muwenId,boxTexId,30,
11                        btVector3(gearRadio,gearHeight,gearRadio),m_dynamicsWorld,
12                        6.0,btVector3(-gearRadio,0,0),0.0f,0.8f);  //创建圆盘对象
13        tca.push_back(tbTemp);                                      //将圆盘加入列表中
14        btHingeConstraint* tempConstraint = new btHingeConstraint(
15                *(tbTemp->getBody()),btVector3(0,0,0),btVector3(0,1,0));//创建铰链关节对象
16        m_dynamicsWorld->addConstraint(tempConstraint,true);//将铰链约束添加到物理世界中
17        bodyA = tbTemp->getBody();//获取指向第一个刚体的指针
18        tbTemp = new TexCylinderShape(muwenId, muwenId,boxTexId,30,
19                        btVector3(gearRadio,gearHeight,gearRadio),m_dynamicsWorld,
20                        6.0,btVector3(gearHeight,gearRadio,0),0.0f,0.8f);
                          //创建圆盘对象
21        tca.push_back(tbTemp);                    //将圆盘加入列表中
22        btTransform tempT = tbTemp->getBody()->getWorldTransform();//获取圆盘对象的变化对象
23        tempT.setRotation(btQuaternion(btVector3(0,0,1),SIMD_PI/2.f)); //设置变换对象旋转
24        tbTemp->getBody()->setWorldTransform(tempT);    //给圆盘设置变换对象
25        tempConstraint = new btHingeConstraint(
26                *(tbTemp->getBody()),btVector3(0,0,0),btVector3(0,1,0));//创建铰链关节对象
27        m_dynamicsWorld->addConstraint(tempConstraint,true);//将铰链约束添加到物理世界中
28        tbTemp->getBody()->setAngularVelocity(btVector3(10,0,0));//给圆盘设置角速度
29        bodyB = tbTemp->getBody();                          //获取指向第二个刚体的指针
30        btVector3    axisA(0,1,0);                          //表示第一个刚体的轴向量
31        btVector3    axisB(0,1,0);                          //表示第二个刚体的轴向量
32        btGearConstraint* gear = new btGearConstraint(
33                      *bodyA,*bodyB, axisA,axisB,1); //创建齿轮关节对象
34        m_dynamicsWorld->addConstraint(gear,true); //将齿轮关节对象添加到物理世界中
35        ……//此处省略了创建水平圆盘的相关代码，需要的读者请参考随书中的源代码
36        ……//此处省略了创建垂直圆盘的相关代码，需要的读者请参考随书中的源代码
37    }
```

- 第 2～第 6 行的主要功能为创建地面对象，并将地面对象添加到列表中。
- 第 10～第 17 行的主要功能为创建水平的圆盘对象，将圆盘对象加入列表中。创建铰链关节对象，将铰链关节对象添加到物理世界中，并记录水平圆盘的刚体指针。
- 第 18～第 29 行的主要功能为创建垂直的圆盘对象，将圆盘对象加入列表中。通过获取圆盘对象的变换，将变换旋转 90 度，并重新设置圆盘的变换对象。创建铰链关节对象，将铰链关节对象添加到物理世界中，并记录垂直圆盘的刚体指针。
- 第 30～第 34 行的主要功能为创建齿轮关节对象，并将齿轮关节对象添加到物理世界中。

说明　初始化刚体的方法比较简单，创建各个物体类对象也比较简单，但是创建时所需的参数比较多。读者可以参看对应各个类的构造函数来创建各个物体类对象。

8.7.6　点对点关节——btPoint2PointConstraint 类

介绍完齿轮关节 btGearConstraint 的知识点和案例之后，接下来介绍点对点关节，点对点关节的作用是模拟两个物体上某两个点呈现连接效果。其构造函数和常用方法如表 8-18 所列。

表 8-18　　btPoint2PointConstraint 类的构造函数和常用方法

构造函数或方法签名	含　义	类　型
btPoint2PointConstraint(btRigidBody& rbA,btRigidBody& rbB, const btVector3& pivotInA,const btVector3& pivotInB)	创建点对点关节约束，参数 rbA 表示第一个刚体，参数 rbB 表示第二个刚体，参数 pivotInA 表示点对点关节在第一个刚体坐标系中的位置，参数 pivotInB 表示点对点关节在第二个刚体坐标系中的位置	构造函数
btPoint2PointConstraint(btRigidBody& rbA,const btVector3& pivotInA)	创建点对点关节约束，参数 rbA 表示刚体，参数 pivotInA 表示点对点关节在刚体坐标系中的位置	构造函数

续表

构造函数或方法签名	含　义	类　型
void　setPivotA(const btVector3& pivotA)	设置关节在第一个刚体坐标系中的位置，参数 pivotA 表示要设置的位置	方法
void　setPivotB(const btVector3& pivotB)	设置关节在第二个刚体坐标系中的位置，参数 pivotB 表示要设置的位置	方法
btVector3& getPivotInA()	获取关节在第一个刚体坐标系中的位置，返回值为获取的位置坐标	方法
btVector3& getPivotInB()	获取关节在第两个刚体坐标系中的位置，返回值为获取的位置坐标	方法

8.7.7　点对点关节的案例——悬挂的物体

了解了点对点关节的概念和相关 API 后，这里将给出使用点对点关节开发的案例——悬挂的物体案例，以便读者能够正确使用点对点关节，同时也有利于加深读者对点对点关节的理解。

1. 案例运行效果

该案例主要演示的是，在一个三维物理世界中，圆锥上有一个横放着的圆柱，圆柱固定在圆锥上，在圆柱的两侧有两个木块在不停地摆动。其运行效果如图 8-22 所示。

▲图 8-22　案例运行开始

说明　图 8-22 为案例运行开始时的效果图，圆柱固定在下面圆锥的上面，圆柱两侧固定了两个木块，左右两侧的木块在不停地摆动。

2. 初始化及渲染函数文件——main.cpp

该文件的实现与创建简单物理场景案例相比只是初始化刚体的方法发生了变化，其余部分并没有太大区别，这里就不再重复讲解相同的代码。具体代码如下。

代码位置：源代码/第 8 章/Sample8_8/jni/hellocpp 目录下的 main.cpp。

```
void initCreateBodys(){
    btCollisionShape* planeShape=new btStaticPlaneShape(btVector3(0, 1, 0), 0);
    //创建地面形状
    tbTemp = new TexPlane(UNIT_SIZE*100,planeTexId,
                    planeShape,m_dynamicsWorld,0,-6,0,0.4,0.8);//创建地面对象
    tca.push_back(tbTemp);  //将地面加入列表中
    tbTemp = new TexCuboid(m_dynamicsWorld,btVector3(UNIT_SIZE*1.5,
        UNIT_SIZE*1.5,UNIT_SIZE*1.5),10,btVector3(10 + UNIT_SIZE*1.5,
        3 - UNIT_SIZE*1.5,0 + UNIT_SIZE*1.5),0.3,0.5,UNIT_SIZE,boxTexId, boxTexId,
        boxTexId,boxTexId,boxTexId,boxTexId);  //创建右侧悬挂的立方体木块对象
     tca.push_back(tbTemp);                    //将立方体木块加入列表中
     btTypedConstraint* btc = new btPoint2PointConstraint(*(tbTemp->getBody()),
     btVector3(
        -UNIT_SIZE*1.5,UNIT_SIZE*1.5,-UNIT_SIZE*1.5));     //创建点对点关节对象
     m_dynamicsWorld->addConstraint(btc);      //将关节对象添加进物理世界中
     tbTemp = new TexCuboid(m_dynamicsWorld,btVector3(UNIT_SIZE*1.5,
        UNIT_SIZE*1.5,UNIT_SIZE*1.5),10,btVector3(-10 + UNIT_SIZE*1.5,
        3 - UNIT_SIZE*1.5,0 + UNIT_SIZE*1.5),0.3,0.5,UNIT_SIZE,boxTexId, boxTexId,
        boxTexId,boxTexId,boxTexId,boxTexId);  //创建左侧悬挂的立方体木块对象
     tca.push_back(tbTemp);                    //将立方体木块加入列表中
     btc = new btPoint2PointConstraint(*(tbTemp->getBody()),btVector3(
        -UNIT_SIZE*1.5,UNIT_SIZE*1.5,-UNIT_SIZE*1.5));//创建点对点关节对象
     m_dynamicsWorld->addConstraint(btc);      //将关节对象添加进物理世界中
```

```
22         tbTemp = new TexCylinderShape(muwenId, muwenId, muwenId,30,
23             btVector3(1,10,1),m_dynamicsWorld,0,btVector3(0,4,0),0,0);//创建圆柱对象
24         btTransform bttf = tbTemp->getBody()->getWorldTransform();//获取圆柱对象的变换对象
25         bttf.setRotation(btQuaternion(btVector3(0,0,1),SIMD_HALF_PI));//设置变换对象旋转
26         tbTemp->getBody()->setWorldTransform(bttf);      //给圆柱设置变换对象
27         tca.push_back(tbTemp);                           //将圆柱加入列表中
28         tbTemp = new TexCone(0.0f,4,9,btVector3(0,4.5-6,0),0.0f,0.0f,
29                         m_dynamicsWorld, muwenId, muwenId,30);       //创建圆锥对象
30         tca.push_back(tbTemp);                                       //将圆锥加入列表中
31     }
```

- 第 2～第 5 行的主要功能为创建地面对象，并将地面对象添加到列表中。
- 第 6～第 10 行的主要功能为创建右侧悬挂的立方体木块对象，并将立方体木块对象添加进列表中。
- 第 11～第 13 行的主要功能为创建点对点关节对象，并将点对点关节对象添加进物理世界中。
- 第 14～第 18 行的主要功能为创建左侧悬挂的立方体木块对象，并将立方体木块对象添加进列表中。
- 第 19～第 21 行的主要功能为创建点对点关节对象，并将点对点关节对象添加进物理世界中。
- 第 22～第 27 行的主要功能为创建水平的圆柱对象，并将圆柱对象添加进列表中。
- 第 28～第 30 行的主要功能为创建圆锥对象，并将圆锥对象添加进列表中。

说明　初始化刚体的方法比较简单，创建各个物体类对象也比较简单，但是创建时所需的参数比较多。读者可以参看对应各个类的构造函数来创建各个物体类对象。

8.7.8 滑动关节——btSliderConstraint 类

介绍完点对点关节 btPoint2PointConstraint 的知识点和案例之后，接下来介绍滑动关节，滑动关节的作用是模拟两个物体之间呈现相对滑动的效果，该类封装了多种构造函数，可以通过不同的参数创建滑动关节。其构造函数和常用方法如表 8-19 所列。

表 8-19　btSliderConstraint 类的构造函数和常用方法

构造函数或方法签名	含　义	类　型
btSliderConstraint(btRigidBody& rbA, btRigidBody& rbB, const btTransform& frameInA, const btTransform& frameInB ,bool useLinearReferenceFrameA)	滑动关节的构造函数，参数 rbA 表示第一个要添加约束的刚体，参数 rbB 表示第二个要添加约束的刚体，参数 frameInA 表示从约束位置到第一个刚体质心位置的变换对象，参数 frameInB 表示从约束位置到第二个刚体质心位置的变换对象，参数 useLinearReferenceFrameA 表示两个刚体与两个约束之间的对应关系，若其为 true，则 rbA 与 frameInA 对应，rbB 与 frameInB 对应，否则 rbA 与 frameInB 对应，rbB 与 frameInA 对应	构造函数
btSliderConstraint(btRigidBody& rbB, const btTransform& frameInB, bool useLinearReferenceFrameA)	滑动关节的构造函数，参数 rbB 表示要约束的刚体，参数 frameInB 表示从约束位置到刚体质心位置的变换对象，参数 useLinearReferenceFrameA 表示是否 rbB 与 frameInB 对应，若为 true 则表示对应	构造函数
btScalar getLowerLinLimit()	获取滑动距离的下限值，返回值为获取的值	方法
btScalar getUpperLinLimit()	获取滑动距离的上限值，返回值为获取的值	方法
void setLowerLinLimit(btScalar lowerLimit)	设置滑动距离的下限值，参数 lowerLimit 表示要设置的值	方法
void setUpperLinLimit(btScalar upperLimit)	设置滑动距离的上限值，参数 upperLimit 表示要设置的值	方法
btScalar getLowerAngLimit()	获取滑动关节转动角度的下限值，返回值为获取的下限值	方法
btScalar getUpperAngLimit()	获取滑动关节转动角度的上限值，返回值为获取的上限值	方法

续表

构造函数或方法签名	含　义	类　型
void setLowerAngLimit(btScalar lowerLimit)	设置滑动关节转动角度的下限值，参数 lowerLimit 为要设置的下限值	方法
void setUpperAngLimit(btScalar upperLimit)	设置滑动关节转动角度的上限值，参数 upperLimit 为要设置的上限值	方法
void setPoweredAngMotor(bool onOff)	设置是否启动转动运动对应的马达，参数 onOff 为 true 时表示启动，否则表示不启动	方法
bool getPoweredAngMotor()	获取是否开启转动运动对应的马达，返回值为 true 时表示已经开启，否则表示未开启	方法
void setMaxAngMotorForce(btScalar maxAngMotorForce)	设置转动运动驱动马达的最大力量值，参数 maxAngMotorForce 为要设置的最大力量值	方法
btScalar getMaxAngMotorForce()	获取转动运动驱动马达的最大力量值，返回值为获取的最大力量值	方法
void setTargetAngMotorVelocity(btScalar targetAngMotorVelocity)	设置转动运动驱动马达的速度，参数 targetAngMotorVelocity 表示要设置的速度值	方法
btScalar getTargetAngMotorVelocity()	获取转动运动驱动马达的速度，返回值为获取的速度值	方法

8.7.9 滑动关节的案例——六个方向的物体滑动

了解了滑动关节的概念和相关 API 后，这里将给出使用滑动关节开发的案例——六个方向的物体滑动案例，以便读者能够正确使用滑动关节，同时也有利于加深读者对滑动关节的理解。

1. 案例运行效果

该案例主要演示的是，在一个三维物理世界中，有 3 个方向的木桩，在木桩的六个方向上分别有一个木块，当单击屏幕左侧时，木块会向中心移动；当单击屏幕右侧时，木块会反向移动。其运行效果如图 8-23、图 8-24、图 8-25 和图 8-26 所示。

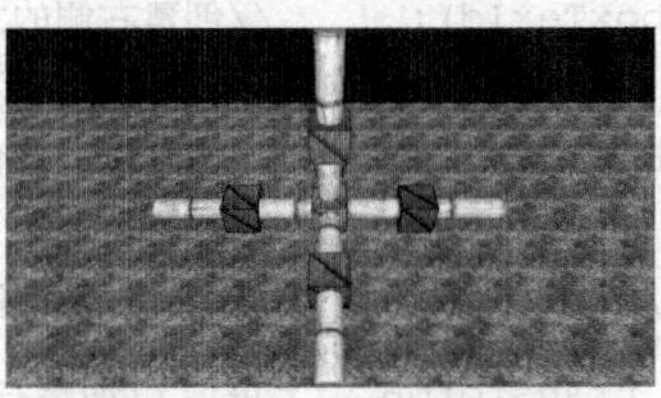

▲图 8-23　案例运行开始

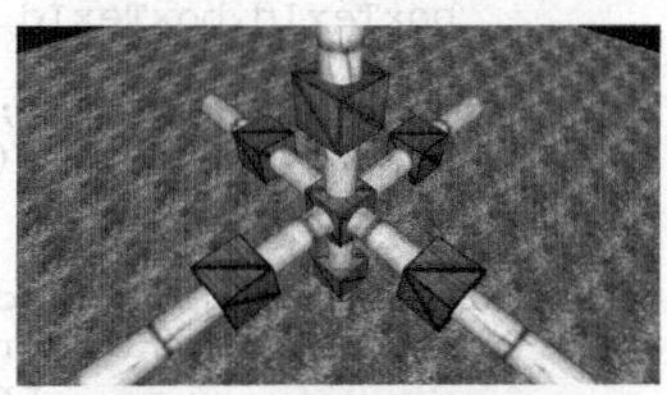

▲图 8-24　侧面观察木桩

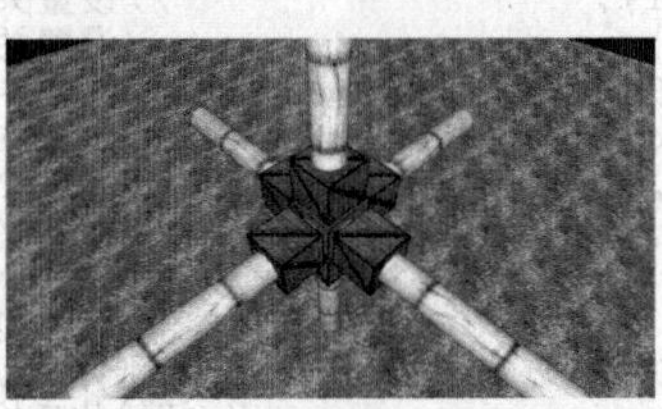

▲图 8-25　单击屏幕左侧

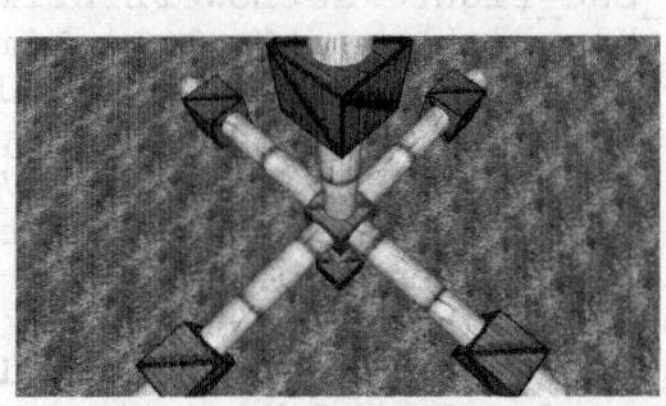

▲图 8-26　单击屏幕右侧

说明　图 8-23 为案例运行开始时的效果图。图 8-24 为侧面观察木桩时的效果图。图 8-25 为单击屏幕左侧时的效果图，所有木块向靠近中心方向移动。图 8-26 为单击屏幕右侧时的效果图，所有木块向远离中心方向移动。

2. 初始化及渲染函数文件——main.cpp

该文件的实现与创建简单物理场景的案例相比只是发生了少量变化，其余部分并没有太大区别，这里就不再重复讲解相同的代码。具体代码如下。

（1）首先介绍创建刚体的 initCreateBodys 方法和一些全局变量的声明，其中主要声明了各个方向上的滑动关节指针、刚体对象指针和绘制圆柱指针，在 initCreateBodys 方法中除了创建诸多刚体对象以外，还创建了本小节所介绍的滑动关节对象。具体代码如下。

代码位置：源代码/第 8 章/Sample8_9/jni/hellocpp 目录下的 main.cpp。

```
btSliderConstraint* m_bsc_right;                    //右侧的滑动关节
btSliderConstraint* m_bsc_left;                     //左侧的滑动关节
btSliderConstraint* m_bsc_top;                      //上部的滑动关节
btSliderConstraint* m_bsc_buttom;                   //下部的滑动关节
btSliderConstraint* m_bsc_far;                      //背后的滑动关节
btSliderConstraint* m_bsc_near;                     //前侧的滑动关节
btRigidBody* m_body_top;                            //上方方块刚体对象指针
btRigidBody* m_body_buttom;                         //下方方块刚体对象指针
TexCylinderShape* tcs0;                             //绘制圆柱指针
 void initCreateBodys(){
     btCollisionShape* planeShape=new btStaticPlaneShape(btVector3(0, 1, 0), 0);
     //创建地面形状
     tbTemp = new TexPlane(UNIT_SIZE*100,planeTexId,planeShape,
                    m_dynamicsWorld,0,-20,0,0.4,0.8);  //创建地面对象
     tca.push_back(tbTemp);                                //将地面加入列表中
     tcs0 = new TexCylinderShape(muwenId, muwenId, muwenId,30,btVector3(
                    1.25f*UNIT_SIZE,20.0f,1.25f*UNIT_SIZE));//创建绘制圆柱对象
     btRigidBody* bodyA = 0;      //创建滑轮约束的刚体指针 bodyA
     btRigidBody* bodyB = 0;      //创建滑轮约束的刚体指针 bodyB
     btTransform transformA;      //创建刚体 bodyA 和滑轮关节的第一个关节的变换
     btTransform transformB;      //创建刚体 bodyB 和滑轮关节的第二个关节的变换
     tbTemp = new TexCuboid(m_dynamicsWorld,btVector3(2*UNIT_SIZE,2*UNIT_SIZE,
          2*UNIT_SIZE),0.0f,btVector3(0,0,0),0.0,0.0,UNIT_SIZE,boxTexId,boxTexId,
          boxTexId,boxTexId,boxTexId,boxTexId);    //创建中间静态的立方体
     tca.push_back(tbTemp);                        //将木块加入列表中
     bodyA = tbTemp->getBody();                    //给 bodyA 赋值
     tbTemp = new TexCuboid(m_dynamicsWorld,btVector3(2*UNIT_SIZE,2*UNIT_SIZE,
          2*UNIT_SIZE),6.0f,btVector3(10,0,0),0.5,0.5,UNIT_SIZE,boxTexId,boxTexId,
          boxTexId,boxTexId,boxTexId,boxTexId);    //创建右侧的立方体
     tca.push_back(tbTemp);                        //将新立方体加入列表中
     bodyB = tbTemp->getBody();                    //给 bodyB 赋值
     bodyB->setActivationState(DISABLE_DEACTIVATION);  //将刚体的动作状态设置为动态
     transformA.setIdentity();                     //初始化变换 transformA
     transformB.setIdentity();                     //初始化变换 transformB
     transformA.setOrigin(btVector3(10,0,0));           //设置节点位置
     m_bsc_right = new btSliderConstraint(*bodyA, *bodyB,
                    transformA, transformB, true);//创建右侧滑动关节
     m_dynamicsWorld->addConstraint(m_bsc_right);       //将关节添加到物理世界中
     m_bsc_right->setLowerLinLimit(-5.5f);              //设置关节移动的最小距离
     m_bsc_right->setUpperLinLimit(5.5f);               //设置关节移动的最大距离
     ……//此处省略了创建左侧、前侧和后方的木块的代码，需要的读者请参考随书中的源代码
     tbTemp = new TexCuboid(m_dynamicsWorld,btVector3(2*UNIT_SIZE,2*UNIT_SIZE,
          2*UNIT_SIZE),6.0f,btVector3(0,10,0),0.5,0.5,UNIT_SIZE,boxTexId,boxTexId,
          boxTexId,boxTexId,boxTexId,boxTexId);    //创建上方的立方体
     tca.push_back(tbTemp);                        //将木块加入列表中
     bodyB = tbTemp->getBody();                    //给 bodyB 赋值
     bodyB->setActivationState(ISLAND_SLEEPING);   //将刚体的动作状态设置为静态
     transformA.setIdentity();                     //初始化变换 transformA
     transformB.setIdentity();                     //初始化变换 transformB
     transformA.setOrigin(btVector3(0,10,0));      //设置节点位置
     transformA.setRotation(btQuaternion(btVector3(0,0,1),SIMD_HALF_PI));
     //设置变换的旋转角
     transformB.setRotation(btQuaternion(btVector3(0,0,1),SIMD_HALF_PI));
     //设置变换的旋转角
     m_bsc_top = new btSliderConstraint(*bodyA, *bodyB,
                         transformA, transformB, true);//创建上方滑动关节
```

```
54    m_dynamicsWorld->addConstraint(m_bsc_top);    //将关节添加到物理世界中
55    m_bsc_top->setLowerLinLimit(-5.5f);           //设置关节移动的最小距离
56    m_bsc_top->setUpperLinLimit(5.5f);            //设置关节移动的最大距离
57    m_body_top = bodyB;                           //给全局变量下方刚体指针赋值
58    ……//此处省略了创建下方木块的代码，需要的读者请参考随书中的源代码
59  }
```

- 第 1～第 9 行的主要功能为声明了一些全局变量，其中包括各个关节的指针、上下侧的刚体指针以及绘制圆柱指针。
- 第 11～第 13 行的主要功能为创建地面对象，并将地面对象添加到列表中。
- 第 17-25 行的主要功能为声明关节约束的两个刚体指针、两个刚体变换，创建中间静态的刚体对象，将该刚体对象添加到列表中并给全局的 bodyA 赋值。
- 第 26～第 39 行的主要功能为创建右侧的立方体木块，将木块添加到列表中，设置关节位置，创建滑动关节对象，并设置滑动距离的最大值和最小值。
- 第 41～第 57 行的主要功能为创建上方的立方体木块，将木块添加到列表中，设置关节位置，创建滑动关节对象，设置滑动距离的最大值和最小值，并给全局的刚体指针 m_body_top 赋值。

说明 初始化刚体的方法比较简单，创建各个物体类对象也比较简单，但是创建时所需的参数比较多。读者可以参看对应各个类的构造函数来创建各个物体类对象。

（2）接下来介绍 addBody 方法和渲染函数 renderFrame，其中 addBody 方法的功能并非是添加刚体，而是改变各个滑动关节的属性，如设置关节马达是否可用，设置关节马达的最大力以及设置关节马达速度等。具体代码如下。

代码位置：源代码/第 8 章/Sample8_9/jni/hellocpp 目录下的 main.cpp。

```
void addBody(int id){
    if(id == 1){                                              //当单击屏幕右侧时
        m_bsc_right->setPoweredLinMotor(true);                //设置右侧关节马达可用
        m_bsc_right->setMaxLinMotorForce(10.0f);              //设置右侧关节马达最大力
        m_bsc_right->setTargetLinMotorVelocity(15.0f);        //设置右侧关节马达速度
        m_bsc_left->setPoweredLinMotor(true);                 //设置左侧关节马达可用
        m_bsc_left->setMaxLinMotorForce(10.0f);               //设置左侧关节马达最大力
        m_bsc_left->setTargetLinMotorVelocity(-15.0f);        //设置左侧关节马达速度
        m_body_top->setActivationState(
                    DISABLE_DEACTIVATION);//将上方刚体的动作状态设置为动态
        m_bsc_top->setPoweredLinMotor(true);                  //设置上侧关节马达可用
        m_bsc_top->setMaxLinMotorForce(10.0f);                //设置上侧关节马达最大力
        m_bsc_top->setTargetLinMotorVelocity(15.0f);          //设置上侧关节马达速度
        m_body_buttom->setActivationState(
                    DISABLE_DEACTIVATION);//将下方刚体的动作状态设置为动态
        m_bsc_buttom->setPoweredLinMotor(true);               //设置下侧关节马达可用
        m_bsc_buttom->setMaxLinMotorForce(10.0f);             //设置下侧关节马达最大力
        m_bsc_buttom->setTargetLinMotorVelocity(-15.0f);//设置下侧关节马达速度
        m_bsc_far->setPoweredLinMotor(true);                  //设置后方关节马达可用
        m_bsc_far->setMaxLinMotorForce(10.0f);                //设置后方关节马达最大力
        m_bsc_far->setTargetLinMotorVelocity(15.0f);          //设置后方关节马达速度
        m_bsc_near->setPoweredLinMotor(true);                 //设置前方关节马达可用
        m_bsc_near->setMaxLinMotorForce(10.0f);               //设置前方关节马达最大力
        m_bsc_near->setTargetLinMotorVelocity(-15.0f);        //设置前方关节马达速度
    }else if(id == 2){                                        //当单击屏幕左侧时
    ……//此处省略了单击屏幕左侧时，各个滑动关节的属性设置，需要的读者请参考随书中的源代码
}}
void renderFrame(){
    glClear(GL_DEPTH_BUFFER_BIT | GL_COLOR_BUFFER_BIT);       //清除缓冲
    MatrixState::setCamera(cx,cy,cz,0, 0,0,upx,upy,upz);      //设置 camera 位置
    MatrixState::setLightLocation(cx, cy, cz);                //设置光源位置
    for ( int i = 0; i < tca.size(); ++i ){                   //遍历物体列表
        tca[i]->drawSelf();                                   //回调刚体的绘制方法
    }
    if(addBodyId!=0){
        addBody(addBodyId);                                   //调用添加刚体的方法
```

```
37            addBodyId = 0;                                          //设置刚体 id 为 0
38          }
39          tcs0->drawSelfNoBody();                                   //绘制 y 方向的圆柱
40          MatrixState::pushMatrix();                                //保护现场
41          MatrixState::rotate(90,1,0,0);                            //绕 x 轴旋转 90°
42          tcs0->drawSelfNoBody();                                   //绘制 z 方向的圆柱
43          MatrixState::popMatrix();                                 //恢复现场
44          MatrixState::pushMatrix();                                //保护现场
45          MatrixState::rotate(90,0,0,1);                            //绕 z 轴旋转 90°
46          tcs0->drawSelfNoBody();                                   //绘制 z 方向的圆柱
47          MatrixState::popMatrix();                                 //恢复现场
48          m_dynamicsWorld->stepSimulation(1.0/60,5);                //进行物理模拟计算
49      }
```

- 第 3～第 8 行的主要功能为设置左右两侧关节马达为可用的，设置左右两侧关节马达的最大力，设置左右两侧关节马达的速度。
- 第 9～第 18 行的主要功能为设置上下两侧关节马达为动态的，设置左右两侧关节马达为可用的，设置左右两侧关节马达的最大力，设置左右两侧关节马达的速度。
- 第 19～第 24 行的主要功能为设置前后两侧关节马达为可用的，设置前后两侧关节马达的最大力，设置前后两侧关节马达的速度。
- 第 28～第 49 行为渲染函数，负责渲染每一帧画面，从刚体列表里取出刚体来绘制，若添加刚体标志位不为 0，则添加刚体。绘制三个方向的圆柱，最后再进行接触检测和物理模拟计算。

8.7.10　六自由度关节——btGeneric6DofConstraint 类

介绍完滑动关节 btSliderConstraint 的知识点和案例之后，接下来介绍六自由度关节，六自由度关节有 6 个不同的自由度，包括 3 个平移（滑动）自由度以及 3 个旋转自由度。通常用来模拟动物的骨骼关节以及机械结构。其构造函数和常用方法如表 8-20 所列。

表 8-20　　btGeneric6DofConstraint 类的构造函数和常用方法

构造函数或方法签名	含　义	类　型
btGeneric6DofConstraint(btRigidBody& rbB, const btTransform& frameInB, bool useLinearReferenceFrameB)	六自由度关节的构造函数，参数 rbB 表示要添加约束的刚体，参数 frameInB 表示从约束位置到刚体质心位置的变换对象，参数 useLinearReferenceFrameB 表示是否 rbB 与 frameInB 对应，若为 true 则表示对应	构造函数
btGeneric6DofConstraint(btRigidBody& rbA, btRigidBody& rbB, const btTransform& frameInA, const btTransform& frameInB ,bool useLinearReferenceFrameA)	六自由度关节的构造函数，参数 rbA 表示第一个要添加约束的刚体，参数 rbB 表示第二个要添加约束的刚体，参数 frameInA 表示从约束位置到第一个刚体质心位置的变换对象，参数 frameInB 表示从约束位置到第二个刚体质心位置的变换对象，参数 useLinearReferenceFrameA 表示两个刚体与两个约束之间的对应关系，若为 true，则 rbA 与 frameInA 对应，rbB 与 frameInB 对应，否则 rbA 与 frameInB 对应，rbB 与 frameInA 对应	构造函数
btTransform & getFrameOffsetA()	获取第一个刚体的变换对象，返回值为获取的变换对象	方法
btTransform & getFrameOffsetB()	获取第二个刚体的变换对象，返回值为获取的变换对象	方法
void getLinearLowerLimit(btVector3& linearLower)	获取六自由度关节的 3 个自由度（3 个轴）滑动距离的下限，参数 linearLower 表示获取的滑动距离下限值的 3 个分量	方法
void getLinearUpperLimit(btVector3& linearUpper)	获取六自由度关节的 3 个自由度（3 个轴）滑动距离的上限，参数 linearUpper 表示获取的滑动距离上限值的 3 个分量	方法
void getAngularLowerLimit(btVector3& angularLower)	获取六自由度关节的 3 个自由度（3 个轴）转动角的下限，参数 linearLower 表示获取的转动角下限值的 3 个分量	方法
Void getAngularUpperLimit(btVector3& angularUpper)	获取六自由度关节的 3 个自由度（3 个轴）转动角的上限，参数 linearUpper 表示获取的转动角上限值的 3 个分量	方法

8.7.11 六自由度关节的案例——掉落的蜘蛛

了解了六自由度关节的概念和相关 API 后，这里将给出使用六自由度关节开发的案例——掉落的蜘蛛案例，以便读者能够正确使用六自由度关节，同时也有利于加深读者对六自由度关节的理解。

1. 案例运行效果

该案例主要演示的是，在一个三维物理世界中，有一个蜘蛛从上面掉落下来，构成蜘蛛的是一些胶囊物体对象，胶囊物体之间由六自由度关节相连。其运行效果如图 8-27 和图 8-28 所示。

▲图 8-27　案例运行开始

▲图 8-28　木块撞击蜘蛛

说明　图 8-27 为案例运行时的效果图，蜘蛛掉落在地面上。图 8-28 为当单击屏幕时，木块撞击到蜘蛛的效果图，读者可以在真机上观察木块撞击蜘蛛时，蜘蛛的腿部活动状态。

2. 蜘蛛物体类——Spider 类

蜘蛛物体类是由 13 个胶囊物体构成，通过给胶囊物体之间添加六自由度关节构建而成。蜘蛛物体类的具体开发步骤如下。

(1) 首先开发蜘蛛物体类 Spider 的类框架，其主要功能是声明其构造函数，声明所需的变量，如刚体对象指针、纹理类指针和纹理 id 等，重写父类的 getBody 方法和绘制自身刚体的 drawSelf 方法。具体代码如下。

代码位置：源代码/第 8 章/Sample8_10/jni/hellocpp 目录下的 Spider.h。

```
#ifndef _Spider_H_
#define _Spider_H_
……//此处省略了一些对头文件的引用，需要的读者请看随书中的源代码
#define NUM_LEGS 6                              //表示蜘蛛的腿数量
#define BODYPART_COUNT 2 * NUM_LEGS + 1          //表示组成蜘蛛的刚体数
#define JOINT_COUNT BODYPART_COUNT - 1          //表示蜘蛛所需的关节数
class Spider : public TexBody{
    btDynamicsWorld* m_ownerWorld;              //物理世界的指针
    TexBody* tbTemp;                            //临时刚体封装类对象
     btRigidBody* m_bodies[BODYPART_COUNT];     //刚体指针数组
     btTypedConstraint*    m_joints[JOINT_COUNT]; //关节指针数组
     vector<TexBody*> tca;                      //存储刚体封装类对象的 vector
 public:
     Spider(btDynamicsWorld* ownerWorld, btVector3 positionOffset,
         btScalar scale,int boxTexId,int ballTexId); //构造函数
         void drawSelf();                       //绘制自身的方法
     btRigidBody* getBody();                    //获取刚体的方法
 };
 #endif
```

说明　在该类的构造函数中，ownerWorld 表示物理世界对象指针，positionOffset 表示蜘蛛位置坐标，scale 表示缩放大小，boxTexId 和 ballTexId 表示纹理 id。

（2）开发完上述类框架声明后，还要真正实现 Spider 类中的构造函数、绘制自身刚体的 drawSelf 方法和获取自身对象指针的 getBody 方法。其中构造函数的主要功能为创建蜘蛛头部对象和各个腿部的刚体对象等。具体代码如下。

代码位置：源代码/第 8 章/Sample8_10/jni/hellocpp 目录下的 Spider.cpp。

```
#ifndef M_PI
#define M_PI 3.14159265358979323846             //声明宏，表示圆周率
#endif
#ifndef M_PI_2
#define M_PI_2 1.57079632679489661923           //声明宏，表示圆周率的一半
#endif
Spider::Spider(btDynamicsWorld* ownerWorld,btVector3 positionOffset,
    btScalar scale,int boxTexId,int ballTexId){
    this->m_ownerWorld = ownerWorld;             //给全局的物理世界指针赋值
    float fBodySize  = 0.25f * scale;           //腿的宽度
    float fLegLength = 0.45f * scale;           //腿的长度
    float fForeLegLength = 0.75f * scale;       //前腿的长度
    int i;
    float fHeight = 0.5 * scale;                //头部的高度
    btTransform offset;                         //变换对象
    offset.setIdentity();                       //变换对象初始化
    offset.setOrigin(positionOffset);           //给变换对象设置起点
    btVector3 vRoot = btVector3(btScalar(0.), btScalar(fHeight), btScalar(0.));
    //头部刚体的位置
    btTransform transform;                       //头部刚体的变换对象
    transform.setIdentity();                     //变换对象初始化
    transform.setOrigin(vRoot);                  //给变换对象设置位置
    tbTemp = new TexCapsule(1.0f,fBodySize,0.10 * scale,offset*transform,0.0f,0.0f,
            ownerWorld,boxTexId,ballTexId,ballTexId,30); //创建头部刚体对象
    tca.push_back(tbTemp);                        //将头部刚体加入列表中
    m_bodies[0] = tbTemp->getBody();              //记录刚体指针
    ……//此处省略了创建蜘蛛的腿物体对象的代码，需要的读者可以参考随书中的源代码
    for (i = 0; i < BODYPART_COUNT; ++i){         //遍历所有的刚体
        m_bodies[i]->setDamping(0.05, 0.85);  //设置刚体的阻尼
        m_bodies[i]->setDeactivationTime(0.8);       //设置刚体的止动时间
        m_bodies[i]->setSleepingThresholds(0.5f, 0.5f); //设置睡眠阈值
    }
    btGeneric6DofConstraint * joint6DOF;                 //六自由度关节指针
    btTransform localA, localB, localC;                  //变化对象
    bool useLinearReferenceFrameA = true;                //对应关系标志
    for ( i=0; i<NUM_LEGS; i++){                         //遍历所有的腿刚体
        float fAngle = 2 * M_PI * i / NUM_LEGS;          //计算角度
        float fSin = sin(fAngle);                        //角度的正弦值
        float fCos = cos(fAngle);                        //角度的余弦值
        localA.setIdentity();                            //变换对象初始化
        localB.setIdentity();                            //变换对象初始化
        localA.getBasis().setEulerZYX(0,-fAngle,0);  //设置欧拉角
        localA.setOrigin(btVector3(btScalar(fCos*fBodySize),
                btScalar(0.), btScalar(fSin*fBodySize)));  //设置原点
        localB = m_bodies[1+2*i]->getWorldTransform().inverse()
                * m_bodies[0]->getWorldTransform() * localA;//计算变换对象
        joint6DOF = new btGeneric6DofConstraint(*m_bodies[0], *m_bodies[1+2*i],
                localA, localB,useLinearReferenceFrameA);//创建六自由度关节对象
        joint6DOF->setAngularLowerLimit(btVector3(-SIMD_PI*0.05f,
            -SIMD_EPSILON,-SIMD_PI*0.05f));  //设置六自由度关节的转动角下限
        joint6DOF->setAngularUpperLimit(btVector3(SIMD_PI*0.05f,
            SIMD_EPSILON,SIMD_PI*0.051));   //设置六自由度关节的转动角上限
        m_joints[2*i] = joint6DOF;                  //记录关节对象
        m_ownerWorld->addConstraint(m_joints[2*i], true);//将关节对象添加到物理世界中
        ……//此处省略了创建下面所需关节的源代码，需要的读者可以参考随书中的源代码
```

```
55    }}
56    btRigidBody* Spider::getBody(){}
57    void Spider::drawSelf(){
58        for ( int i = 0; i < tca.size(); ++i ){   //遍历所有的刚体
59            tca[i]->drawSelf();                   //回调刚体的绘制方法
60    }}
```

- 第 9～第 12 行的主要功能为记录全局的物理世界指针，创建相关参数，如腿的宽度、腿的长度以及前腿的长度。
- 第 14～第 25 行的主要功能为创建头部刚体对象，并将头部刚体对象添加到列表中。
- 第 27～第 31 行的主要功能为设置所有刚体的阻尼系数。
- 第 32～第 55 行的主要功能为在前腿与头部以及前腿与后退之间创建对应的六自由度关节对象，设置相应的参数，主要设置转动角上下限，记录各个关节对象，并将关节添加到物理世界中。
- 第 56 行为获取刚体自身的方法，由于蜘蛛自身有诸多刚体，这里什么都没有返回，读者可以根据自己的需要返回想要的刚体，如返回蜘蛛的头部刚体指针或者返回某个蜘蛛的腿部刚体指针等。
- 第 57～第 60 行为绘制自身刚体的方法，通过遍历所有的刚体来回调各个刚体的绘制方法。

3. 初始化及渲染函数文件——main.cpp

该文件的实现与创建简单物理场景的案例相比只是发生了少量的变化，其余部分并没有太大区别，这里就不再重复讲解相同的代码。具体代码如下。

代码位置：源代码/第 8 章/Sample8_10/jni/hellocpp 目录下的 main.cpp。

```
1   void initCreateBodys(){
2       btCollisionShape* planeShape=new btStaticPlaneShape(
3                               btVector3(0, 1, 0), 0);//创建地面形状
4       tbTemp = new TexPlane(UNIT_SIZE*100,planeTexId,planeShape,
5                          m_dynamicsWorld,0,-5,0,0.8,0.8);    //创建地面
6       tca.push_back(tbTemp);    //将地面对象加入列表中
7       tbTemp = new Spider(m_dynamicsWorld,btVector3(0,5,0),
8                       btScalar(8.0), muwenId, muwenId);       //创建蜘蛛物体对象
9       tca.push_back(tbTemp);    //将蜘蛛对象加入列表中
10  }
```

- 第 2～第 6 行的主要功能为创建地面对象，并将地面对象添加到列表中。
- 第 7～第 9 行的主要功能为创建蜘蛛物体对象，并将蜘蛛物体对象添加到列表中。

8.8 三角形网格形状类

介绍该物理引擎中的关节后，相信读者已经对该物理引擎有了一定的了解。在前面的案例中，地面都是平的，但是在实际开发中需要诸多的地形，地形呈起伏状，这时如果想要实现地形的效果，就需要三角形网格形状类。

8.8.1 三角形索引数组类——btTriangleIndexVertexArray 类

介绍三角形网格形状类之前，首先需要了解三角形索引数组类——btTriangleIndexVertexArray 类。该类表示三角形索引数组类，该类的对象用来封装一个由三角形网格形成的立体形状中各个顶点的数据。其构造函数和常用的方法如表 8-21 所列。

表 8-21　　btTriangleIndexVertexArray 类的构造函数或方法签名

构造函数或方法签名	含　义	类　型
btTriangleIndexVertexArray()	btTriangleIndexVertexArray 类的构造函数	构造函数
btTriangleIndexVertexArray(int numTriangles, int* triangleIndexBase, int triangleIndexStride, int numVertices, btScalar* vertexBase, int vertexStride)	btTriangleIndexVertexArray 类的构造函数，参数 numTriangles 表示三角形网格中三角形的个数，参数 triangleIndexBase 表示索引数组的首地址，参数 triangleIndexStride 表示索引数据间隔，参数 numVertices 为总共的顶点个数，参数 vertexBase 表示顶点数据缓冲，参数 vertexStride 表示顶点数据间隔	构造函数
void addIndexedMesh(const btIndexedMesh& mesh)	向三角形网格顶点数据数组中添加顶点数据，参数 mesh 为要添加的顶点数据，数据采用索引法组织。采用此方法时顶点索引数据必须是整型的，即对应 PHY_ScalarType. PHY_INTEGER 的类型	方法
void addIndexedMesh(const btIndexedMesh& mesh, PHY_ScalarType indexType)	向三角形网格顶点数据数组中添加顶点数据，参数 mesh 为要添加的顶点数据，数据采用索引法组织。参数 indexType 表示数据组织方法，包括 PHY_FLOAT、PHY_DOUBLE、PHY_INTEGER、PHY_SHORT、PHY_FIXEDPOINT88 和 PHY_UCHAR 的类型	方法
int getNumSubParts()	获取三角形网格中组成部分的数量，即三角形网格中包含了几个 btIndexedMesh 结构体对象，返回值为获取的数量	方法

表 8-21 中提到了 btIndexedMesh 结构体，该结构体封装了三角形网格的各个属性，其属性和构造函数如表 8-22 所列。

表 8-22　　btIndexedMesh 结构体的属性或构造函数

属性或构造函数	含　义	类型
int m_numTriangles	表示三角形网格中三角形的个数	属性
const unsigned char* m_triangleIndexBase	表示索引数组的首地址	属性
int m_triangleIndexStride	表示索引数据间隔	属性
int m_numVertices	表示顶点总数	属性
const unsigned char* m_vertexBase	表示顶点数据缓冲	属性
int m_vertexStride	表示顶点数据间隔	属性
PHY_ScalarType m_indexType	表示索引数据的组织类型，默认值为 PHY_INTEGER	属性
PHY_ScalarType m_vertexType	表示顶点数据的组织类型，默认值为 PHY_FLOAT	属性
btIndexedMesh()	btIndexedMesh 结构体的构造函数	构造函数

8.8.2　层次包围结构三角形网格形状类——btBvhTriangleMeshShape 类

btBvhTriangleMeshShape 类表示层次包围结构三角形网格形状类，其对象表示一个由多个三角形网格形成的立体形状，主要用来表示形状比较复杂的地形、山岗等。需要注意的是，它描述的物体质量应为零。其构造函数和常用的方法如表 8-23 所列。

表 8-23　　btBvhTriangleMeshShape 类的构造函数或方法签名

构造函数或方法签名	含　义	类　型
btBvhTriangleMeshShape(btStridingMeshInterface * meshInterface, bool useQuantizedAabbCompression)	btBvhTriangleMeshShape 类的构造函数，参数 meshInterface 表示创建形状时需要用到的三角形网格中各个三角形的顶点数据，参数 useQuantizedAabbCompression 表示是否使用量化的 AABB 盒压缩	构造函数

续表

构造函数或方法签名	含　义	类　型
btBvhTriangleMeshShape(btStridingMeshInterface * meshInterface, bool useQuantizedAabbCompression,const btVector3& bvhAabbMin, const btVector3& bvhAabbMax)	btBvhTriangleMeshShape 类的构造函数，参数 meshInterface 表示创建形状时需要用到的三角形网格中各个三角形的顶点数据，参数 useQuantizedAabbCompression 表示是否使用量化的 AABB 盒压缩，参数 bvhAabbMin 表示包围盒的最小向量，参数 bvhAabbMax 表示包围盒的最大向量	构造函数
void performRaycast (btTriangleCallback* callback, const btVector3& raySource, const btVector3& rayTarget)	执行光线投射，参数 callback 表示指向回调类对象的指针，参数 raySource 表示光线的起始点，参数 rayTarget 表示光线的终止点	方法
void performConvexcast (btTriangleCallback* callback, const btVector3& boxSource, const btVector3& boxTarget, const btVector3& boxMin, const btVector3& boxMax)	执行凸多面体投射，参数 callback 表示指向回调类对象的指针，参数 boxSource 表示凸多面体的起始点，参数 boxTarget 表示凸多面体的终止点，参数 boxMin 表示凸多面体的包围盒的最小向量，参数 boxMax 表示凸多面体的包围盒的最大向量	方法

8.8.3 层次包围结构三角形网格形状类的案例——波动的水纹

了解完层次包围结构三角形网格形状类的相关 API 后，这里将给出使用该类开发的案例——波动的水纹案例，以便读者能够正确使用层次包围结构三角形网格形状类，同时也有利于加深读者对该类的理解。

1. 案例运行效果

该案例主要演示的是，在一个三维物理世界中，波动的水纹上有两排小球从上掉落，小球掉落在波动的水纹后随着水纹进行一定的运动。其运行效果如图 8-29 及图 8-30 所示。

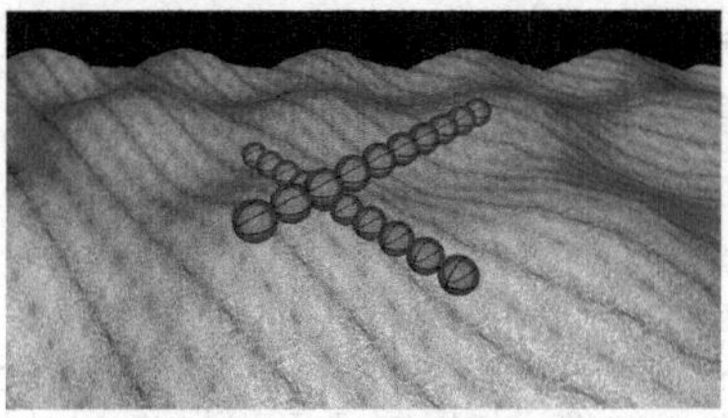

▲图 8-29　案例运行开始

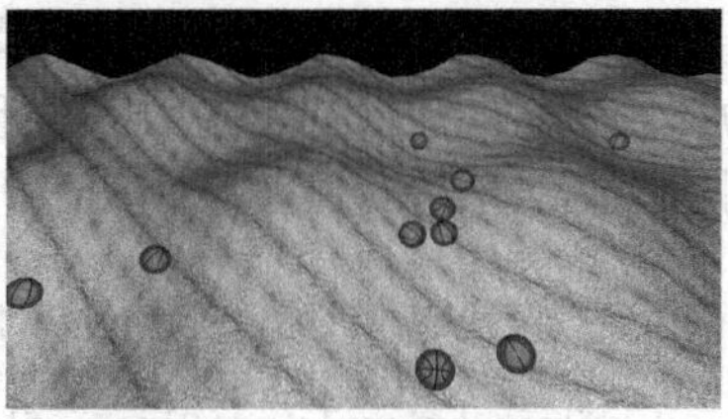

▲图 8-30　小球随水波移动

说明 图 8-29 为案例运行开始时的效果图，有两排小球掉落。图 8-30 为小球随水波移动时的效果图。案例中演示的水波并没有模拟现实世界中真实的水波，只是为了配合演示三角形网格形状类对象的动态效果，读者明白即可。

2. 水波类——WaterWave 类

了解了本案例的运行效果后，接下来就开发具体的类了。首先介绍的是水波类的开发，其中分为两个步骤，第一步为开发其类框架声明的代码，第二步为开发其类实现的代码。具体步骤如下。

（1）首先开发水波类 WaterWave 的类框架，其主要功能是声明其构造函数，声明所需的变量，如刚体对象指针、纹理类指针和纹理 id 等，重写父类的 getBody 方法和绘制自身刚体的 drawSelf 方法。具体的代码如下。

代码位置：源代码/第 8 章/Sample8_11/jni/hellocpp 目录下的 WaterWave.h。

```
#ifndef _WaterWave_H_
#define _WaterWave_H_
……//此处省略了一些对头文件的引用，需要的读者请看随书中的源代码
class WaterWave : public TexBody{
    AnyShapeByVectices* asbi;                          //绘制水波类指针
    btDynamicsWorld *m_dynamicsWorld;                  //物理世界指针
    btBvhTriangleMeshShape* trimeshShape;              //形状指针
    btClock m_clock;                                   //时钟指针
    btRigidBody* body;                                 //自身刚体指针
    float waveheight;                                  //波动高度
    float TRIANGLE_SIZE;                               //三角形边长的单位大小
    int texId;                                         //纹理 id
    int NUM_VERTS_X;                                   //x 方向上列数
    int NUM_VERTS_Y;                                   //y 方向上行数
    btVector3* gVertices;                              //顶点数组指针
    int* gIndices;                                     //索引数组指针
    float* m_vertices;                                 //顶点数组指针
 public:
    WaterWave(btDynamicsWorld *dynamicsWorldIn,float waveheightIn,
        float triangleUnitSizeIn,float numsXIn,float numsYIn,int texIdIn,
        float restitutionIn,float frictionIn,btVector3 pos);  //构造函数
    void drawSelf();                                //绘制自身的方法
    btRigidBody* getBody();                         //获取自身刚体的方法
    void setVertexPositions(float waveheight, float offset);//设置顶点位置的方法
    btScalar getDeltaTimeMicroseconds();                     //获取间隔时间的方法
 };
 #endif
```

说明 在该类的构造函数中，dynamicsWorldIn 表示物理世界对象指针，waveheighthIn 表示波动高度，triangleUnitSizeIn 表示三角形边长的单位大小，numsXIn 和 numsYIn 分别表示顶点的列数和行数，texIdIn 表示纹理，restitutionIn 表示恢复系数，frictionIn 表示摩擦系数，pos 表示位置坐标。

（2）开发完上述类框架声明后，还要真正实现 WaterWave 类中的构造函数，其构造函数的主要功能为记录所需参数，创建参数三角形索引数组类对象，创建曲面地形形状对象，创建刚体对象以及创建绘制对象等。具体代码如下。

代码位置：源代码/第 8 章/Sample8_11/jni/hellocpp 目录下的 WaterWave.cpp。

```
WaterWave::WaterWave(btDynamicsWorld *dynamicsWorldIn,float waveheightIn,
     float triangleUnitSizeIn,float numsXIn,float numsYIn,int texIdIn,float restitutionIn,
     float frictionIn,btVector3 pos){
     this->m_dynamicsWorld = dynamicsWorldIn;      //记录物理世界对象指针
     this->waveheight = waveheightIn;              //记录水波波动的高度
     this->TRIANGLE_SIZE = triangleUnitSizeIn;     //记录三角形单位大小
     this->NUM_VERTS_X = numsXIn;                  //记录列数
     this->NUM_VERTS_Y = numsYIn;                  //记录行数
     this->texId = texIdIn;                        //记录纹理坐标
     int totalVerts = NUM_VERTS_X*NUM_VERTS_Y;    //总的顶点数
     int totalTriangles = 2*(NUM_VERTS_X-1)*(NUM_VERTS_Y-1);        //三角形总数
     gVertices = new btVector3[totalVerts];        //顶点数组（无重复顶点）
     gIndices = new int[totalTriangles*3];         //存储顶点的索引顺序
     m_vertices = new float[totalVerts*3];         //创建顶点数组
     setVertexPositions(waveheightIn,0.f);         //对顶点数组进行赋值
     int index=0;
     for (int i=0;i<NUM_VERTS_X-1;i++){           //遍历每一列
           for (int j=0;j<NUM_VERTS_Y-1;j++){      //遍历每一行
                gIndices[index++] = j*NUM_VERTS_X+i;      //第一个三角形的第一个索引值
                gIndices[index++] = j*NUM_VERTS_X+i+1;    //第一个三角形的第二个索引值
                gIndices[index++] = (j+1)*NUM_VERTS_X+i+1;//第一个三角形的第三个索引值
                gIndices[index++] = j*NUM_VERTS_X+i;   //第二个三角形的第一个索引值
                gIndices[index++] = (j+1)*NUM_VERTS_X+i+1;//第二个三角形的第二个索引值
                gIndices[index++] = (j+1)*NUM_VERTS_X+i;//第二个三角形的第三个索引值
     }}
```

```
26      btTriangleIndexVertexArray* m_indexVertexArrays = new btTriangleIndexVertexArray(
27              totalTriangles,gIndices,3*sizeof(int),totalVerts,
28              (btScalar*) &gVertices[0].x(),sizeof(btVector3));//创建三角形索引数组类对象
29      bool useQuantizedAabbCompression = true;
30      btVector3 aabbMin(-1000,-1000,-1000),aabbMax(1000,1000,1000); //包围盒
31      trimeshShape  = new btBvhTriangleMeshShape(m_indexVertexArrays,
32              useQuantizedAabbCompression,aabbMin,aabbMax); //创建曲面地形形状对象
33      float mass = 0.f;                                    //质量参数
34      btTransform startTransform;                          //变换对象
35      startTransform.setIdentity();                        //变换对象初始化
36      startTransform.setOrigin(btVector3(pos.x(),pos.y(),pos.z()));//设置位置
37      btVector3 localInertia(0,0,0);                               //惯性向量
38      btDefaultMotionState* myMotionState = new btDefaultMotionState(
39                  startTransform);                          //创建刚体的运动状态对象
40      btRigidBody::btRigidBodyConstructionInfo rbInfo(mass,myMotionState,
41              (btCollisionShape*)trimeshShape,localInertia);  //创建刚体信息对象
42      rbInfo.m_restitution = restitutionIn;   //设置恢复系数
43      rbInfo.m_friction = frictionIn;         //设置摩擦系数
44      body = new btRigidBody(rbInfo);         //创建刚体对象
45      m_dynamicsWorld->addRigidBody(body);    //将刚体添加进物理世界
46      body->setCollisionFlags(body->getCollisionFlags() |
47              btCollisionObject::CF_KINEMATIC_OBJECT);         //设置碰撞检测标志
48      body->setCollisionFlags(body->getCollisionFlags()   |
49          btCollisionObject::CF_CUSTOM_MATERIAL_CALLBACK);     //设置碰撞检测标志
50     body->setActivationState(DISABLE_DEACTIVATION);           //设置刚体为动态
51      asbi = new AnyShapeByVectices(m_vertices,totalVerts*3,
52                  gIndices,totalTriangles*3,-1.0f);//创建绘制对象
53  }
```

❑ 第 4～第 9 行的主要功能为将物理世界的指针、水波波动高度、三角形边长的单位大小、顶点行数和列数以及纹理 id 记录下来。

❑ 第 10～第 25 行的主要功能为创建顶点数组和顶点索引数组，并分别对顶点数组和顶点索引数组赋值。

❑ 第 26～第 32 行的主要功能为创建三角形索引数组对象和曲面地形形状对象。

❑ 第 33～第 45 行的主要功能为创建刚体，设置刚体的恢复系数和摩擦系数，将刚体添加到物理世界中。

❑ 第 46～第 51 行的主要功能为设置刚体的碰撞信息和状态，并创建绘制水波类对象。

（3）开发完上述 WaterWave 类中的构造函数后，还需要开发绘制自身的 drawSelf 方法、设置顶点位置的 setVertexPositions 方法、获取自身刚体的 getBody 方法和获取时间间隔的 getDeltaTimeMicroseconds 方法。具体代码如下。

代码位置：源代码/第 8 章/Sample8_11/jni/hellocpp 目录下的 WaterWave.cpp。

```
btScalar WaterWave::getDeltaTimeMicroseconds(){
    btScalar dt = (btScalar)m_clock.getTimeMicroseconds(); //获取时间间隔
    m_clock.reset();                        //重置时钟
    return dt;                               //返回时间间隔
}
void WaterWave::drawSelf(){
    float dt = getDeltaTimeMicroseconds() * 0.000001f;         //位移增量
    static float offset=0.f;
    offset+=dt;                                                 //位移
     btVector3 aabbMin(BT_LARGE_FLOAT,BT_LARGE_FLOAT,BT_LARGE_FLOAT);
     btVector3 aabbMax(-BT_LARGE_FLOAT,-BT_LARGE_FLOAT,-BT_LARGE_FLOAT);
     for (int i=0;i<NUM_VERTS_X;i++){                          //遍历每一列
         for (int j=0;j<NUM_VERTS_Y;j++){                      //遍历每一行
             aabbMax.setMax(gVertices[i+j*NUM_VERTS_X]);
             aabbMin.setMin(gVertices[i+j*NUM_VERTS_X]);
             gVertices[i+j*NUM_VERTS_X].setValue((i-NUM_VERTS_X*0.5f)*TRIANGLE_SIZE,
                 waveheight*sinf((float)i+offset)*cosf((float)j+offset),
                 (j-NUM_VERTS_Y*0.5f)*TRIANGLE_SIZE);          //设置顶点数据
             aabbMin.setMin(gVertices[i+j*NUM_VERTS_X]);
             aabbMax.setMax(gVertices[i+j*NUM_VERTS_X]);
     }}
```

```
22          trimeshShape->partialRefitTree(aabbMin,aabbMax);        //对形状局部优化
23          MatrixState::pushMatrix();                              //保护现场
24          btTransform trans;
25          trans = body->getWorldTransform();                      //获取刚体的变换信息对象
26          trans.getOpenGLMatrix(MatrixState::currMatrix);//将当前的矩阵设置给变换信息对象
27          MatrixState::pushMatrix();                              //保护现场
28          asbi->drawSelf(texId);                                  //绘制水波
29          MatrixState::popMatrix();                               //恢复现场
30          MatrixState::popMatrix();                               //恢复现场
31      }
32      void WaterWave::setVertexPositions(float waveheight, float offset){
33          for (int i=0;i<NUM_VERTS_X;i++){                        //遍历每一列
34              for (int j=0;j<NUM_VERTS_Y;j++){                    //遍历每一行
35                  gVertices[i+j*NUM_VERTS_X].setValue(
36                      (i-NUM_VERTS_X*0.5f)*TRIANGLE_SIZE,
37                      waveheight*sinf((float)i+offset)*cosf((float)j+offset),
38                      (j-NUM_VERTS_Y*0.5f)*TRIANGLE_SIZE); //给每个点赋三维坐标
39          }}
40          for(int i = 0; i<NUM_VERTS_X*NUM_VERTS_Y; i++){ //遍历所有的顶点
41              m_vertices[i*3+0] = gVertices[i].x();        //顶点的 x 坐标
42              m_vertices[i*3+1] = gVertices[i].y();        //顶点的 y 坐标
43              m_vertices[i*3+2] = gVertices[i].z();        //顶点的 z 坐标
44      }}
45      btRigidBody* WaterWave::getBody(){
46          return body;                                     //返回自身刚体指针
47      }
```

- 第 7～第 22 行的主要功能为通过获取位移增量来设置顶点位置，并对形状对象进行局部优化。
- 第 23～第 29 行的主要功能为保护现场，通过获取刚体的变换来设置当前矩阵，绘制水波，最后再恢复现场。
- 第 32～第 44 行的主要功能为设置顶点的位置，并给全局的顶点数据进行更新赋值。
- 第 45～第 47 行为获取刚体指针的方法。

3. 初始化及渲染函数文件——main.cpp

该文件的实现与创建简单物理场景的案例相比只是发生了少量的变化，其余部分并没有太大区别，这里就不再重复讲解相同的代码。具体代码如下。

代码位置：源代码/第 8 章/Sample8_11/jni/hellocpp 目录下的 main.cpp。

```
1     void initCreateBodys(){
2         tbTemp = new WaterWave(m_dynamicsWorld,4.0f,8.0f,30,30,planeTexId,
3                 0.1f,0.5f,btVector3(0.0f, -8.0f, 0.0f));    //创建水波对象
4         tca.push_back(tbTemp);                             //将水波对象加入列表中
5         for(int i = 0; i < 20; i += 2){
6             tbTemp=new TexBall(UNIT_SIZE*1.5,ballTexId,m_dynamicsWorld,
7                         10,btVector3(-10+i*1.5,0,0),0.1, 0.8);     //创建球体对象
8             tca.push_back(tbTemp);    //将球体对象加入列表中
9         }
10         for(int i = 0; i < 20; i += 2){
11             tbTemp=new TexBall(UNIT_SIZE*1.5,ballTexId,m_dynamicsWorld,
12                         10,btVector3(0,5,-10+i*1.5),0.1, 0.8);   //创建球体对象
13             tca.push_back(tbTemp);   //将球体对象加入列表中
14     }}
```

- 第 2～第 4 行的主要功能为创建水波对象，并将水波对象添加到列表中。
- 第 5～第 14 行的主要功能为创建诸多球体物体对象，并将球体物体对象添加到列表中。

8.9 交通工具类

前几节介绍的都是比较基本的碰撞体以及机械结构，现实世界中还有一些更加复杂的组合体，

如各种各样的汽车就是如此。对于交通工具的实现，Bullet 物理引擎提供了十分强大的交通工具类，本节将具体介绍交通工具类的概念及案例开发。

8.9.1 交通工具类——btRaycastVehicle 类

顾名思义，交通工具类模拟现实物理世界中的交通工具，有着交通工具自己的车身刚体，有着 4 个车轮，支持前轮驱动或后轮驱动，支持车轮转向等。该类提供了添加车轮、更新车轮、设置车轮刹车等诸多重要的方法。其构造函数和常用方法如表 8-24 所列。

表 8-24　　btRaycastVehicle 类的构造函数和常用方法

构造函数或方法签名	含　义	类　型
btRaycastVehicle (const btVehicleTuning &tuning, btRigidBody *chassis, btVehicleRaycaster *raycaster)	交通工具的构造函数，参数 tuning 表示交通工具协调器，参数 chassis 表示指向交通工具底盘刚体的指针，参数 raycaster 表示指向交通工具回调类指针	构造函数
void updateAction (btCollisionWorld *collisionWorld, btScalar step)	更新交通工具，参数 collisionWorld 表示指向物理世界的指针，参数 step 表示步长	方法
btTransform & getChassisWorldTransform ()	获取交通工具的变换对象，返回值为获取的交通工具变换对象	方法
void updateVehicle (btScalar step)	更新交通工具，参数 step 表示更新的步长	方法
void resetSuspension ()	重置悬挂系统的参数	方法
btScalar getSteeringValue (int wheel)	获取操纵车轮的系数，参数 wheel 表示车轮索引值	方法
void setSteeringValue (btScalar steering, int wheel)	设置操纵车轮系数的值，参数 steering 表示要设置的值，参数 wheel 表示要操纵的车轮	方法
void applyEngineForce (btScalar force, int wheel)	向车轮上应用力，参数 force 表示力的大小，参数 wheel 表示要应用的车轮	方法
void updateWheelTransform (int wheelIndex)	更新车轮的变换对象，参数 wheelIndex 表示车轮索引值	方法
btWheelInfo & addWheel (const btVector3 &connectionPointCS0, const btVector3 &wheelDirectionCS0, const btVector3 &wheelAxleCS, btScalar suspensionRestLength, btScalar wheelRadius, const btVehicleTuning &tuning, bool isFrontWheel)	给交通工具添加车轮，参数 connectionPointCS0 表示车轮的连接点，参数 wheelDirectionCS0 表示车轮方向，参数 wheelAxleCS 表示车轮的轴向量，参数 suspensionRestLength 表示车轮悬挂系统在松弛态下的长度，参数 wheelRadius 表示车轮半径，参数 tuning 表示协调器，参数 isFrontWheel 表示是否添加驱动力，其为 true 表示添加，否则表示不添加	方法
int getNumWheels ()	获取交通工具上的车轮总数，返回值为获取的总数	方法
btWheelInfo & getWheelInfo (int index)	获取交通工具上的车轮，参数 index 表示车轮索引，返回值为获取的车轮对象	方法
void setBrake (btScalar brake, int wheelIndex)	设置刹车系数，参数 brake 表示要设置的刹车系数，参数 wheelIndex 表示车轮索引	方法
void updateSuspension (btScalar deltaTime)	更新悬挂系统，参数 deltaTime 表示更新步长	方法
void updateFriction (btScalar timeStep)	更新摩擦，参数 timeStep 表示更新步长	方法
btRigidBody * getRigidBody ()	获取交通工具刚体，返回值为指向获取的刚体的指针	方法
btVector3 getForwardVector ()	获取交通工具的前进向量，返回值为获取的向量	方法
btScalar getCurrentSpeedKmHour ()	获取交通工具的当前速度，返回值为获取的速度值	方法
void setCoordinateSystem (int rightIndex, int upIndex, int forwardIndex)	设置坐标系统，参数 rightIndex 表示左方向上的索引，参数 upIndex 表示上方向上的索引，参数 forwardIndex 表示前进方向上的索引	方法
int getUserConstraintType ()	获取关节类型，返回值为获取的关节类型	方法

续表

构造函数或方法签名	含　义	类　型
void setUserConstraintType (int userConstraintType)	设置关节类型，参数 userConstraintType 表示要设置的关节类型	方法
void setUserConstraintId (int uid)	设置关节 id，参数 uid 表示要设置的关节 id	方法
int getUserConstraintId ()	获取关节 id，返回值为获取的关节 id	方法

8.9.2　交通工具的案例——移动的小车

了解了交通工具类的概念和相关 API 后，这里将给出使用交通工具类开发的案例——移动的小车案例，以便读者能够正确使用交通工具类，同时也有利于加深读者对交通工具类的理解。

1. 案例运行效果

该案例主要演示的是，在一个三维物理世界中，有一辆小车停放在起伏不平的山地上，单击屏幕的中上侧，则小车向前开；单击屏幕的中下侧，则小车向后开；单击屏幕的上左侧，小车会左转弯前进；单击屏幕的上右侧，小车会右转弯前进；单击屏幕的下左侧，小车会左转弯后退；单击屏幕的下右侧，小车会右转弯后退。其运行效果如图 8-31、图 8-32、图 8-33 及图 8-34 所示。

▲图 8-31　案例运行开始

▲图 8-32 小车正在前进

▲图 8-33　小车正在向左倒车

▲图 8-34　小车正在前进左转

> **说明**　图 8-31 为案例运行开始时的效果图，图 8-32 为小车正在前进时的效果图，图 8-33 为小车正在向左倒车时的效果图，图 8-34 为小车正在前进左转时的效果图。从效果图中观察不到小车的运行情况，建议读者在真机上运行该案例。小车不同的运行状态是通过单击屏幕的不同区域来完成的，稍后会详细介绍区域划分并提供区域示意图，读者可以提前翻看区域示意图，即图 8-37。

2. 小车类——Vehicle 类

小车类封装了创建车身刚体，添加两个前轮和两个后轮，绘制车身刚体以及车轮，小车前进、小车倒车、小车前进左右转弯和小车左右倒车等多个操控小车的方法，还封装了获取小车当前中心位置的方法和更新小车方法等，具体的开发步骤如下。

（1）首先开发小车类 Vehicle 的类框架，其主要功能是声明其构造函数，重写父类的方法以及各种操纵小车的方法等。具体代码如下。

代码位置：源代码/第 8 章/Sample8_12/jni/hellocpp 目录下的 Spider.h。

```
#ifndef _VEHICLE_H_
#define _VEHICLE_H_
……//此处省略了一些对头文件的引用，需要的读者请看源代码
class Vehicle{
    btVehicleRaycaster*     m_vehicleRayCaster;     //小车回调类指针
    btRaycastVehicle* m_vehicle;                     //小车类指针
    btCollisionShape* m_wheelShape;                  //碰撞形状指针
    btRigidBody* m_carChassis;                       //车身类指针
    btDynamicsWorld* m_dynamicsWorld;                //物理世界类指针
    TexCuboid* tc;                                   //车身类指针
    TexCylinderShape* tcs;                           //车轮绘制类指针
 public:
     Vehicle(btDynamicsWorld* m_dynamicsWorld,int texId_box,int texId_ball);
     //构造函数
     void clientResetScene();                       //设置属性信息
     void refresh();                                //更新方法
     btVector3 getPostion();                        //获取小车位置
     void carMove_go();                             //前进方法
     void carMove_back();                           //后退方法
     void carKong();                                //制动力置零方法
     void carBreak();                               //刹车方法
     void carRelease();                             //转向和刹车初始化方法
     void carMove_back_left();                      //后左转方法
     void carMove_back_right();                     //后右转方法
     void carMove_go_left();                        //前左转方法
     void carMove_go_right();                       //后右转方法
};
#endif
```

说明　在该类的构造函数中，m_dynamicsWorld 表示物理世界对象指针，texId_box 和 texId_ball 表示与小车相关的纹理 id。

实现 Vehicle 类之前，读者需要了解一些关于交通工具参数的基本含义，下面给出两幅图，分别为交通工具的俯视图及侧视图，以便读者更加直观地理解交通工具的一些参数。首先给出的是俯视图，如图 8-35 所示。

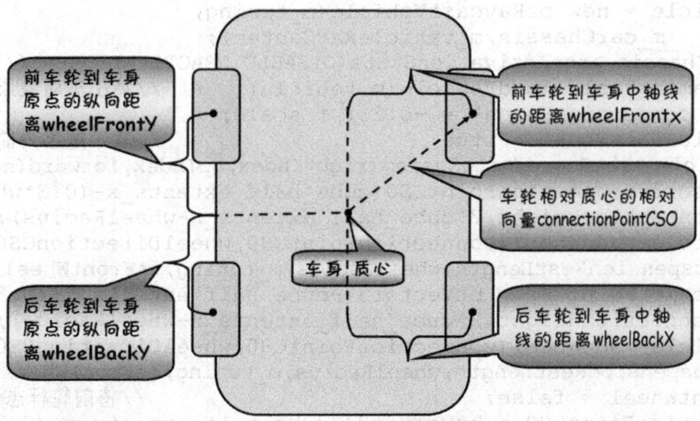

▲图 8-35　交通工具模型的俯视图

接下来给出的是小车的侧视图，从侧视图中可以直观地观察小车车身的中轴线、车轮的几何中心、车轮半径以及车轮垂直方向的偏移量，其中车轮垂直方向偏移量是指车轮几何中心到车身中轴线的垂直距离。侧视图如图 8-36 所示。

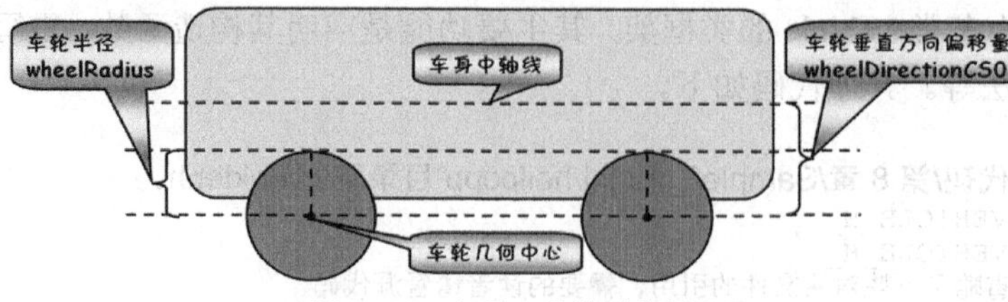

▲图 8-36　交通工具模型的侧视图

（2）开发完上述类框架声明后，还要真正实现 Vehicle 类中的构造函数，主要功能是创建小车所需的各个参数，如缩放大小、车身半宽、车轮半径、阻尼系数、车轮摩擦系数等，创建车身刚体对象，给小车添加车轮等。具体代码如下。

代码位置：源代码/第 8 章/Sample8_12/jni/hellocpp 目录下的 Vehicle.cpp。

```
Vehicle::Vehicle(btDynamicsWorld* m_dynamicsWorld,int texId_box,int texId_ball){
    float scale = 2;                                          //缩放大小
    float cube_half_extents_x = 1 * scale;                    //车身半宽
    this->m_dynamicsWorld = m_dynamicsWorld;                  //记录物理世界指针
    int rightIndex = 0;                                       //右轴索引值
    int upIndex = 1;                                          //上轴索引值
    int forwardIndex = 2;                                     //前轴索引值
    btVector3 wheelDirectionCS0(0,-1,0);                      //车轮垂直方向偏移量
    btVector3 wheelAxleCS(-1,0,0);                            //车轮轴向量
    float wheelRadius = 0.5f * scale;                         //车轮半径
    float wheelWidth = 0.4f * scale;                          //车轮宽度
    btScalar suspensionRestLength(0.4 * scale);               //悬浮高度
    float suspensionStiffness = 20.f;                         //坚硬系数
    float suspensionDamping = 2.3f;                           //阻尼系数
    float suspensionCompression = 4.4f;                       //压缩系数
    float rollInfluence = -0.1f;                              //压力系数
    float wheelFriction = 1000;                               //车轮摩擦
    tc = new TexCuboid(m_dynamicsWorld,btVector3(cube_half_extents_x,0.5f * scale,
        2.f * cube_half_extents_x),1000,btVector3(0,0,0),0.5,0.5,1,texId_box,
        texId_box,texId_box,texId_box,texId_box,texId_box); //创建车身对象
    m_carChassis = tc->getBody();                                   //获取车身刚体指针
    tcs = new TexCylinderShape(texId_ball,texId_ball,texId_box,30,btVector3(
            wheelRadius,wheelWidth,wheelRadius));                   //创建车轮刚体对象
    clientResetScene();                                             //设置属性信息
    btRaycastVehicle::btVehicleTuning m_tuning;                     //交通工具协调器
    m_vehicleRayCaster = new btDefaultVehicleRaycaster(
            m_dynamicsWorld);                             //创建默认的交通工具回调类对象
    m_vehicle = new btRaycastVehicle(m_tuning,
            m_carChassis,m_vehicleRayCaster);                       //创建小车对象
    m_carChassis->setActivationState(DISABLE_DEACTIVATION); //设置车身刚体为动态的
    m_dynamicsWorld->addVehicle(m_vehicle);          //将小车对象添加到物理世界中
    float connectionHeight = -0.25f * scale;                             //连接高度
    bool isFrontWheel = true;                        //表示是否为前轮
    m_vehicle->setCoordinateSystem(rightIndex,upIndex,forwardIndex);//设置小车坐标系统
    btVector3 connectionPointCS0(cube_half_extents_x-(0.3*wheelWidth),
        connectionHeight,2*cube_half_extents_x-wheelRadius);  //前右轮位置向量
    m_vehicle->addWheel(connectionPointCS0,wheelDirectionCS0,wheelAxleCS,
        suspensionRestLength,wheelRadius,m_tuning,isFrontWheel);//给小车添加前右轮
    connectionPointCS0 = btVector3(-cube_half_extents_x+(0.3*wheelWidth),
        connectionHeight,2*cube_half_extents_x-wheelRadius); //前左轮位置向量
    m_vehicle->addWheel(connectionPointCS0,wheelDirectionCS0,wheelAxleCS,
        suspensionRestLength,wheelRadius,m_tuning,isFrontWheel); //给小车添加前左轮
    isFrontWheel = false;                             //将前轮标志设置为后轮标志
    connectionPointCS0 = btVector3(-cube_half_extents_x+(0.3*wheelWidth),
        connectionHeight,-2*cube_half_extents_x+wheelRadius);  //后左轮位置向量
    m_vehicle->addWheel(connectionPointCS0,wheelDirectionCS0,wheelAxleCS,
        suspensionRestLength,wheelRadius,m_tuning,isFrontWheel);//给小车添加后左轮
    connectionPointCS0 = btVector3(cube_half_extents_x-(0.3*wheelWidth),
        connectionHeight,-2*cube_half_extents_x+wheelRadius);  //后右轮位置向量
    m_vehicle->addWheel(connectionPointCS0,wheelDirectionCS0,wheelAxleCS,
        suspensionRestLength,wheelRadius,m_tuning,isFrontWheel);//给小车添加后右轮
```

```
52       for (int i=0;i<m_vehicle->getNumWheels();i++){         //遍历所有的车轮
53         btWheelInfo& wheel = m_vehicle->getWheelInfo(i);     //获取车轮信息
54         wheel.m_suspensionStiffness = suspensionStiffness; //设置车轮的坚硬系数
55         wheel.m_wheelsDampingRelaxation = suspensionDamping;   //设置车轮的阻尼系数
56         wheel.m_wheelsDampingCompression = suspensionCompression;//设置车轮的压缩系数
57         wheel.m_frictionSlip = wheelFriction;            //设置车轮的摩擦系数
58         wheel.m_rollInfluence = rollInfluence;           //设置车轮的压力系数
59     }}
```

❑ 第 2～第 17 行的主要功能为声明小车类所需的各种变量，如缩放大小、车身半宽、轴的索引值、车轮轴向量、车轮半径和宽度以及各种系数等。

❑ 第 18～第 23 行的主要功能为创建车身刚体对象，创建车轮绘制对象并获取车身刚体指针。

❑ 第 24～第 31 行的主要功能为设置车身刚体的属性信息，创建交通工具回调类对象，创建小车对象，以及设置车身刚体为动态，并将小车对象添加到物理世界中。

❑ 第 32～第 51 行的主要功能为给小车添加两个前轮和两个后轮。

❑ 第 52-59 行的主要功能为设置车轮的属性信息，如设置摩擦系数和阻尼系数等。

（3）接下来继续开发小车类中的其他方法，如小车的刹车方法、前进方法、倒车方法、前进左转弯方法和倒车左转弯方法等。具体代码如下。

代码位置：源代码/第 8 章/Sample8_12/jni/hellocpp 目录下的 Vehicle.cpp。

```
1  void Vehicle::carMove_go(){
2      this->carRelease();                          //转向和刹车初始化
3      float gEngineForce = 3000;                   //制动力
4      int wheelIndex = 2;                          //后左轮索引值
5      m_vehicle->applyEngineForce(gEngineForce,wheelIndex); //设置后左轮驱动力
6      wheelIndex = 3;                                       //后右轮索引值
7      m_vehicle->applyEngineForce(gEngineForce,wheelIndex); //设置后右轮驱动力
8  }
9  ……//此处省略了倒车的方法，需要的读者请自行参考随书中的源代码
10  void Vehicle::carMove_go_right(){
11      carMove_go();                                        //调用车轮前进方法
12      m_vehicle->setSteeringValue(-0.3f,0);                //设置前右轮转向
13      m_vehicle->setSteeringValue(-0.3f,1);                //设置前左轮转向
14  }
15  ……//此处省略了其他转向的方法，需要的读者请自行参考随书中的源代码
16  void Vehicle::carKong() {
17      float gEngineForce = 0.0f;                          //制动力
18      for(int wheelIndex = 0; wheelIndex <
19          m_vehicle->getNumWheels(); wheelIndex++){      //遍历所有的车轮
20          m_vehicle->applyEngineForce(gEngineForce,wheelIndex); //设置车轮的制动力
21      }
22      this->carBreak();                                  //调用刹车方法
23  }
24  void Vehicle::carRelease(){
25      for(int wheelIndex = 0; wheelIndex <
26          m_vehicle->getNumWheels(); wheelIndex++){     //遍历所有的车轮
27          m_vehicle->setBrake(0.0f,wheelIndex);         //设置刹车系数为 0
28          m_vehicle->setSteeringValue(0.0f,wheelIndex); //设置车轮转动系数
29  }}
30  void Vehicle::carBreak() {
31      this->carRelease();                               //调用转向和刹车初始化方法
32      for(int wheelIndex = 0; wheelIndex <
33          m_vehicle->getNumWheels(); wheelIndex++){     //遍历所有的车轮
34          m_vehicle->setBrake(50.0f,wheelIndex);        //设置刹车系数
35  }}
```

❑ 第 1～第 8 行为小车前进的方法，在小车前进之前需要调用转向和刹车初始化方法，其主要目的是保证车轮在前进之前处于没有发生转动的状态以及没有处于刹车状态。

❑ 第 16～第 23 行的主要功能为将小车的所有车轮的制动力设置为零。

❑ 第 24～第 29 行的主要功能为通过遍历所有的小车车轮，将刹车系数设置为零，以及将转

动系数设置为零。

- 第 30～第 35 行的主要功能为设置小车刹车方法，在刹车前需要调用转向和刹车初始化方法，其主要目的是保证车轮在刹车时没有发生转动的状态。

（4）最后继续开发小车类中的其他方法，如设置小车的属性信息方法、获取小车位置的方法和更新小车状态的方法等。具体代码如下。

代码位置：源代码/第 8 章/Sample8_12/jni/hellocpp 目录下的 Vehicle.cpp。

```
1    void Vehicle::clientResetScene(){
2        m_carChassis->setCenterOfMassTransform(btTransform::getIdentity());//设置质心变换
3        m_carChassis->setLinearVelocity(btVector3(0,0,0));      //设置线速度
4        m_carChassis->setAngularVelocity(btVector3(0,0,0));     //设置角速度
5        m_dynamicsWorld->getBroadphase()->getOverlappingPairCache()->cleanProxyFromPairs(
6            m_carChassis->getBroadphaseHandle(),m_dynamicsWorld->getDispatcher());
7    }
8    btVector3 Vehicle::getPostion(){
9        btTransform frame = this->m_carChassis->getWorldTransform();//获取小车的变换
10       btVector3 pos = frame.getOrigin();                          //获取变换的位置
11       return pos;                                                 //返回位置坐标
12    }
13    void Vehicle::refresh(){
14       MatrixState::pushMatrix();                                   //保护现场
15       for (int i=0;i<m_vehicle->getNumWheels();i++){               //遍历所有的车轮
16            m_vehicle->updateWheelTransform(i,true);                //更新车轮
17            MatrixState::pushMatrix();                              //保护现场
18            m_vehicle->getWheelInfo(i).m_worldTransform.
19                     getOpenGLMatrix(MatrixState::currMatrix);//设置矩阵
20            MatrixState::pushMatrix();              //保护现场
21            MatrixState::rotate(90,0,0,1);          //绕 z 轴旋转 90°
22            tcs->drawSelfNoBody();                  //绘制车轮
23            MatrixState::popMatrix();               //恢复现场
24            MatrixState::popMatrix();               //恢复现场
25       }
26       MatrixState::pushMatrix();                   //保护现场
27       tc->drawSelf();                              //绘制车身
28       MatrixState::popMatrix();                    //恢复现场
29       MatrixState::popMatrix();                    //恢复现场
30    }
```

- 第 1～第 7 行为设置小车属性信息的方法，如设置质心变换、设置小车的线速度和角速度等。
- 第 8～第 12 行为获取小车车身位置的方法，主要功能为获取小车车身的位置坐标并返回。
- 第 14～第 26 行的主要功能为更新车轮以及绘制车轮。
- 第 26～第 28 行的主要功能为通过保护现场和恢复现场来绘制车身。

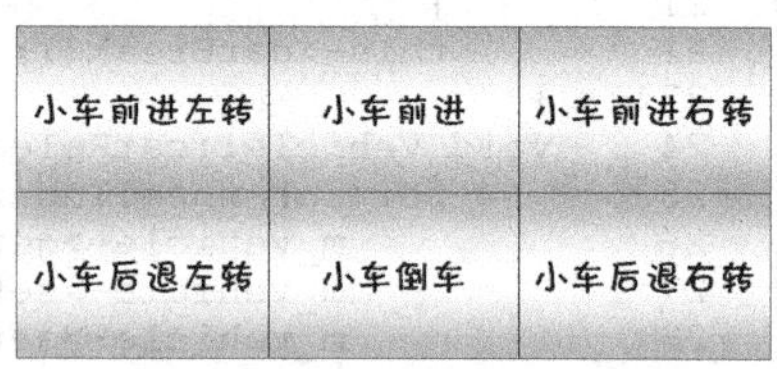

▲图 8-37　屏幕区域示意

3. 3D 场景渲染类——GL2JNIView 类

开发完小车类，接下来需要开发如何操纵小车运动。本案例演示的是通过单击屏幕的不同区域，小车做出不同的动作。具体区域如图 8-37 所示。

> **说明**　图 8-37 为屏幕区域示意图，通过单击不同的区域，小车可以做出不同的动作，如小车前进、小车倒车、小车前进左转等动作。

接下来介绍如何实现区域的划分，实现该功能的代码在 3D 场景渲染类 GL2JNIView 中，该类与创建简单物理场景的案例中 GL2JNIView 类的实现大致相同，仅 onTouchEvent 方法不同。这里只讲解该方法，其他代码不再赘述。具体代码如下。

代码位置：源代码/第 8 章/Sample8_12/src/com/bn/bullet 目录下的 GL2JNIView.java 文件。

```
1    public boolean onTouchEvent(MotionEvent event){
2        float x=event.getX();                                //获取 x 坐标
3        float y=event.getY();                                //获取 y 坐标
4        switch(event.getAction()){
5        case MotionEvent.ACTION_DOWN:                        //若为按下动作
6                isAddBody = true;
7                if(y>HEIGHT/2){
8                    if(x<WIDTH/3*1){
9                            JNIPort.addBody(1);              //调用小车后左转方法
10                    }else if(x>WIDTH/3*2){
11                        JNIPort.addBody(2);                 //调用小车后右转方法
12                    }else{
13                        JNIPort.addBody(3);                 //调用小车倒车方法
14                }}else{
15                    if(x<WIDTH/3*1){
16                        JNIPort.addBody(4);                 //调用小车前左转方法
17                    }else if(x>WIDTH/3*2){
18                        JNIPort.addBody(5);                 //调用小车前右转方法
19                    }else{
20                        JNIPort.addBody(6);                 //调用小车前进方法
21                }}
22                break;
23        case MotionEvent.ACTION_UP:                          //若为抬起动作
24            if(isAddBody){                                   //若添加刚体标志位为 true
25                isAddBody = false;                           //将添加刚体标志位设置为 false
26            }
27            JNIPort.addBody(7);                              //调用小车刹车的方法
28            break;
29        case MotionEvent.ACTION_MOVE:                        //若为移动动作
30            break;
31        }
32        mPreviousX = x;                                      //记录当前 x 坐标
33        mPreviousY = y;                                      //记录当前 y 坐标
34        return true;
35    }
```

- 第 2 和第 3 行获取当前触控点位置坐标。
- 第 5～第 22 行为对按下动作与抬起动作的处理，根据按下屏幕的触摸点所在的区域来确定不同的参数，让小车做出相应的动作。
- 第 23～第 28 行的主要功能为当动作是抬起动作时，调用小车的刹车方法。
- 第 32 和第 33 行记录当前触点的位置坐标。

4. 初始化及渲染函数文件——main.cpp

3D 场景渲染类 GL2JNIView 开发完之后，接下来就要开发初始化及渲染函数文件 main.cpp 了。该文件的实现与创建简单物理场景的案例相比，没有了 addBody 方法，其他方法稍微有点变动，这里只讲解不同的方法，其他重复的代码不再赘述。具体代码如下。

代码位置：源代码/第 8 章/Sample8_12/jni/hellocpp 目录下的 main.cpp。

```
Vehicle* vehicle;                                                      //小车类指针
void initCreateBodys(){
    vehicle = new Vehicle(m_dynamicsWorld, muwenId,ballTexId); //创建小车类对象
    tbTemp = new Landform(m_dynamicsWorld,2.0f,8.0f,
        30,30,planeTexId,0.1f,0.5f,btVector3(0.0f, -8.0f, 0.0f));  //创建地面对象
    tca.push_back(tbTemp);                         //将地面对象加入列表中
}
void setAddBodyId(int id){
    addBodyId = id;
    if(id == 7){                                   //若传进来的 id 为 7 时
        vehicle->carKong();                        //调用小车制动力为零的方法
    }else if(id == 6){                             //若传进来的 id 为 6 时
        vehicle->carMove_go();                     //调用小车前进方法
```

```
14          }else if(id == 3){              //若传进来的 id 为 3 时
15              vehicle->carMove_back(); //调用小车倒车方法
16          }else if(id == 1){              //若传进来的 id 为 1 时
17              vehicle->carMove_back_left(); //调用小车后左转方法
18          }else if(id == 2){                      //若传进来的 id 为 2 时
19              vehicle->carMove_back_right(); //调用小车后右转方法
20          }else if(id == 4){                      //若传进来的 id 为 4 时
21              vehicle->carMove_go_left();     //调用小车前左转方法
22          }else if(id == 5){                      //若传进来的 id 为 5 时
23              vehicle->carMove_go_right();    //调用小车前右转方法
24      }}
25      void renderFrame() {
26          glClear(GL_DEPTH_BUFFER_BIT | GL_COLOR_BUFFER_BIT);      //清除缓冲
27          btVector3 pos = vehicle->getPostion();     //获取小车位置
28          btVector3 dt(0.0f,30.0f,-30.0f);            //摄像机的相对位置
29          btScalar tempX = pos.x() + dt.x();         //计算摄像机的 x 坐标
30          btScalar tempY = pos.y() + dt.y();         //计算摄像机的 y 坐标
31          btScalar tempZ = pos.z() + dt.z();         //计算摄像机的 z 坐标
32          MatrixState::setCamera(tempX,tempY,tempZ,pos.x(),pos.y(),pos.z(),upx,upy,upz);
33          MatrixState::setLightLocation(tempX, tempY, tempZ);  //设置光源位置
34          for ( int i = 0; i < tca.size(); ++i ){              //遍历所有刚体
35             tca[i]->drawSelf();                               //回调刚体的绘制方法
36          }
37          vehicle->refresh();                                  //更新小车的方法
38          m_dynamicsWorld->stepSimulation(1.0/60,5);           //进行物理模拟计算
39      }
```

- 第 3～第 6 行的主要功能为创建小车对象和地面对象，并将地面对象添加到列表中。
- 第 8～第 24 行的主要功能为根据传进来的 id 取值的不同，调用小车不同的方法。
- 第 25～第 39 行为渲染函数，负责渲染每一帧画面，通过获取小车的位置坐标来设置摄像机的位置。从刚体列表里取出刚体进行绘制，若添加刚体标志位不为 0，则添加刚体。更新小车方法，最后进行物理模拟计算。

8.10 固定三角形网格形状类

Bullet 物理引擎除了支持软体的创建，还支持坚硬的、形状不变的三角形索引数组组成的物体，如坚硬的圆环、形状不变的茶壶等。读者只要提供一套合理的数据就可以创建对应的形状，这在实际开发中是十分方便的。下面详细介绍固定三角形网格形状类以及相应的开发案例。

8.10.1 固定三角形网格形状类——btGImpactMeshShape 类

btGImpactMeshShape 类表示固定三角形网格形状类，它也是层次包围结构三角形网格形状，与前面介绍过的 btBvhTriangleMeshShape 类不同的是，用该类描述的物体的质量通常不为零。其对象通常描述形状比较复杂的运动物体，如运动的兔子、茶壶、圆环等。其构造函数和常用的方法如表 8-25 所列。

表 8-25　　btGImpactMeshShape 类的构造函数或方法签名

构造函数或方法签名	含　义	类　型
btGImpactMeshShape(btStridingMeshInterface * meshInterface)	btGImpactMeshShape 类的构造函数，参数 meshInterface 表示指向创建形状时需要用到的三角形网格中各个三角形的顶点数据的指针	构造函数
btStridingMeshInterface* getMeshInterface()	获取创建形状时用到的三角形网格中各个三角形的顶点数据，返回值为指向获取的数组的指针	方法

说明　三角形索引数组类 btTriangleIndexVertexArray 是 btStridingMeshInterface 的子类。

8.10.2 固定形状物体案例

了解了固定三角形网格形状类的相关 API 后，这里将给出一个固定形状物体的案例，以便读者能够正确创建固定形状物体，同时也有利于加深读者对固定三角形网格形状类的理解。

1. 案例运行效果

该案例主要演示的是，在一个三维物理世界中，圆环、立方体木块和茶壶依次从上而下掉落。其运行效果如图 8-38 及图 8-39 所示。

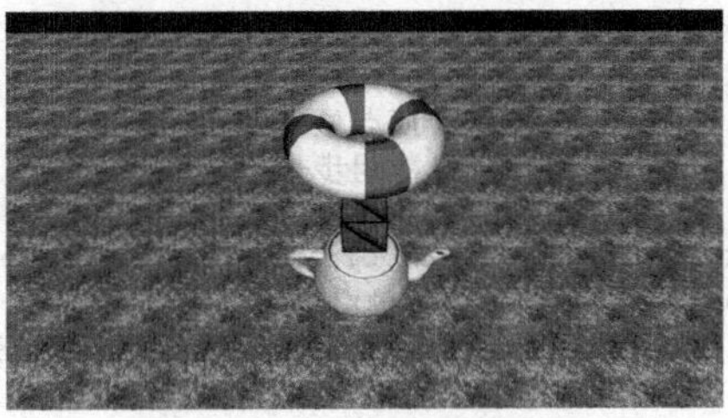

▲图 8-38 案例运行开始

▲图 8-39 茶壶被撞击

说明 图 8-38 为案例运行开始时的效果图，各个物体从不同的高度掉落。图 8-39 为各个物体相互碰撞时的效果图，各个物体因相互碰撞而倒在一侧。

2. 固定三角形网格物体类——TexTriangleMesh 类

固定三角形网格物体类封装了固定三角形网格形状类对象的创建和对该对象的绘制。固定三角形网格物体类的具体开发步骤如下。

（1）首先开发固定三角形网格物体类 TexTriangleMesh 的类框架，其主要功能是声明其构造函数以及绘制自身的方法等。具体代码如下。

代码位置：源代码/第 8 章/Sample8_13/jni/hellocpp 目录下的 TexTriangleMesh.h。

```
#ifndef _TexTriangleMesh_H_
#define _TexTriangleMesh_H_
……//此处省略了一些对头文件的引用，需要的读者请看随书中的源代码
class TexTriangleMesh : public TexBody{
    btDynamicsWorld* m_dynamicsWorld;                          //物理世界指针
    btRigidBody* body;                                          //刚体对象指针
    AnyShapeByVectices* ctm;                                    //绘制对象指针
    int triangleTexId;                                          //纹理 id
public :
    TexTriangleMesh(btScalar mass,float* vertices,int numsVer,int* indices,int numsInd,
        float* texs,int numsTex,float scale,btVector3 pos,btScalar restitutionIn,
        btScalar frictionIn,btDynamicsWorld *dynamicsWorld,int triangleTexId);
        //构造函数
    void drawSelf();                                            //绘制自身的方法
    btRigidBody* getBody();                                     //获取刚体指针方法
};
#endif
```

说明 在该类的构造函数中，mass 表示质量，vertices 表示顶点数组，numsVer 表示顶点数组长度，indices 表示顶点索引数组，numsInd 表示顶点索引数组长度，texs 表示纹理数组，numsTex 表示纹理数组长度，scale 表示缩放大小，pos 表示位置坐标，restitutionIn 表示恢复系数，frictionIn 表示摩擦系数，m_dynamicsWorld 表示软体物理世界对象指针，triangleTexId 表示纹理 id。

（2）开发完上述类框架声明后，还要真正实现 TexTriangleMesh 类中的构造函数、绘制自身刚体的 getBody 方法和绘制自身的 drawSelf 方法。其中构造函数的主要功能为创建三角形索引数组类对象，创建绘制对象以及创建固定形状刚体等。具体代码如下。

代码位置：源代码/第 8 章/Sample8_13/jni/hellocpp 目录下的 TexTriangleMesh.cpp。

```
1    TexTriangleMesh::TexTriangleMesh(btScalar mass,float* vertices,int numsVer,int* indices,
2        int numsInd,float* texs,int numsTex,float scale,btVector3 pos,btScalar restitutionIn,
3        btScalar frictionIn,btDynamicsWorld *dynamicsWorld,int triangleTexId){
4        for(int i = 0; i<numsVer; i++){                    //遍历顶点数组
5            vertices[i] *= scale;                          //更改顶点数据
6        }
7        this->triangleTexId = triangleTexId;               //记录纹理 id
8        int totalTriangles = numsInd / 3;                  //计算三角形总数
9        int numsVertices = numsInd;                        //记录顶点总数
10       int vertStride = 3*sizeof(float);                  //顶点数组步长
11       int indexStride = 3*sizeof(int);                   //索引步长
12       btTriangleIndexVertexArray* m_indexVertexArrays = new btTriangleIndexVertexArray(
13               totalTriangles,indices,indexStride,numsVertices,
14               (btScalar*) &vertices[0],vertStride);   //创建三角形索引数组类对象
15       bool useQuantization = true;
16       btGImpactMeshShape * gims = new btGImpactMeshShape(
17                               m_indexVertexArrays);//创建固定三角形网格形状类对象
18       gims->updateBound();                                    //更新形状范围
19       btCollisionShape* finalShape = gims;
20       btCollisionDispatcher * dispatcher = static_cast<btCollisionDispatcher *>
21               (dynamicsWorld ->getDispatcher());          //获取调度器
22       btGImpactCollisionAlgorithm::registerAlgorithm(dispatcher); //注册算法
23       ctm = new AnyShapeByVectices(vertices,numsVer,indices,
24               numsInd,texs,numsTex,false,1.0f);      //创建绘制对象
25       bool isDynamic = (mass != 0);                        //物体是否可以运动
26       btVector3 localInertia = btVector3(0, 0, 0); //惯性向量
27       if(isDynamic){
28           finalShape->calculateLocalInertia(mass, localInertia); //计算惯性向量
29       }
30       btTransform transform = btTransform();              //创建刚体的初始变换对象
31       transform.setIdentity();                            //变换对象初始化
32       transform.getOrigin().setValue(pos.x(),pos.y(),pos.z());//设置变换对象的位置
33       btDefaultMotionState* myMotionState = new btDefaultMotionState(
34                                           transform);//创建刚体运动状态对象
35       btRigidBody::btRigidBodyConstructionInfo rbInfo(mass,
36                       myMotionState, finalShape, localInertia);//创建刚体信息对象
37       rbInfo.m_restitution = restitutionIn;                   //设置恢复系数
38       rbInfo.m_friction = frictionIn;        //设置摩擦系数
39       body = new btRigidBody(rbInfo);        //创建刚体
40       dynamicsWorld->addRigidBody(body);     //将刚体添加进物理世界
41   }
42   void TexTriangleMesh::drawSelf(){
43       MatrixState::pushMatrix();             //保护现场
44       btTransform trans;
45       trans = body->getWorldTransform(); //获取变换信息对象
46       trans.getOpenGLMatrix(MatrixState::currMatrix);   //设置矩阵
47       MatrixState::pushMatrix();             //保护现场
48       ctm->drawSelf(triangleTexId);          //绘制固定形状类对象
49       MatrixState::popMatrix();              //恢复现场
50       MatrixState::popMatrix();              //恢复现场
51   }
52   btRigidBody* TexTriangleMesh::getBody(){
53       return body;                           //返回刚体指针
54   }
```

❑ 第 4～第 14 行的主要功能为记录纹理 id，计算三角形总数，记录顶点总数，计算索引数组步长和顶点数组步长，并创建三角形索引数组类对象。

❑ 第 15～第 22 行的主要功能为创建固定三角形网格形状类对象，并注册算法。

❑ 第 23～第 40 行的主要功能为创建固定三角形网格刚体对象，设置恢复系数和摩擦系数，并将刚体添加到物理世界中。

❑ 第 42～第 51 行为绘制自身刚体的方法，其中第 44～第 46 行通过获取刚体的变换来设置当前矩阵，第 47～第 49 行通过保护现场和恢复现场来绘制自身刚体。

3. 初始化及渲染函数文件——main.cpp

该文件的实现与前面讲过的案例相比只是发生了少量的变化，其余部分并没有太大区别，这里就不再重复讲解相同的代码。具体代码如下。

代码位置：源代码/第 8 章/Sample8_13/jni/hellocpp 目录下的 main.cpp。

```
1    void initCreateBodys(){
2        tbTemp = new TexPlane(m_dynamicsWorld,btVector3(100, 1, 100),0.0f,btVector3(0,-20,0),
3            0.8f,0.8f,UNIT_SIZE,planeTexId,planeTexId,planeTexId,
4            planeTexId,planeTexId,planeTexId);                    //创建地面对象
5        tca.push_back(tbTemp);                                    //将地面对象加入列表中
6        tbTemp = new TexTriangleMesh(10.0f,vertices_yuanhuan,numsVer_yuanhuan ,
7            indices_yuanhuan ,numsInd_yuanhuan ,texs_yuanhuan ,numsTex_yuanhuan,
8            2.0f,btVector3(0,40,-5),0.5f,0.5f,m_dynamicsWorld,jsqId); //创建圆环对象
9        tca.push_back(tbTemp);                                    //将圆环对象加入列表中
10        tbTemp = new TexCuboid(m_dynamicsWorld,btVector3(UNIT_SIZE*2, UNIT_SIZE*2,
11            UNIT_SIZE*2),10.0f,btVector3(0,30,-5),0.6f,0.8f,UNIT_SIZE,boxTexId,
12            boxTexId,boxTexId,boxTexId,boxTexId,boxTexId);  //创建木块对象
13        tca.push_back(tbTemp);                               //将木块对象加入列表中
14        tbTemp = new TexTriangleMesh(10.0f,vertices_chahu,numsVer_chahu,indices_chahu,
15            numsInd_chahu,texs_chahu,numsTex_chahu,5.0f,btVector3(0,5,-5),
16            0.5f,0.5f,m_dynamicsWorld,muWenId);           //添加茶壶对象
17        tca.push_back(tbTemp);                               //将茶壶对象加入列表中
18    }
```

❑ 第 2～第 9 行的主要功能为创建地面对象和圆环对象，并将地面对象和圆环对象添加到列表中。值得注意的是，这里创建的地面其实是一个扁盒子。采用扁盒子是为了使三角形索引数组形状对象更好与地面碰撞。

❑ 第 10～第 17 行的主要功能为创建木块对象和茶壶对象，并将木块对象和茶壶对象添加到列表中。

> **说明** 与圆环和茶壶相关的所有数据都是从 Java 端传进该初始化及渲染函数文件中的，感兴趣的读者可以自行参考随书中的源代码。

8.11 软体

Bullet 物理引擎还支持软体的创建，所谓软体是不同于固定形状的刚体，其形状并非是固定不变的，例如现实物理世界中的绳索，绳索在不同状态下可以实现拉伸、弯曲等不同姿态；例如现实世界中的软布，可以呈现上下波动等。

8.11.1 软体帮助类——btSoftBodyHelps 类

该类为软体帮助类，是创建软体时必须使用的类。该类提供了很多种创建软体的方法，而且软体的种类还互不相同。其常用方法如表 8-26 所列。

表 8-26　　　　　　　　　　btSoftBodyHelps 类的常用方法

方 法 签 名	含　义	类　型
static btSoftBody* CreateRope(btSoftBodyWorldInfo& worldInfo,const btVector3& from, const btVector3& to,int res, int fixeds)	创建绳索软体方法，参数 worldInfo 表示软体物体世界信息，参数 from 表示绳索起点位置，参数 to 表示绳索终点位置，参数 res 表示绳索的恢复系数，参数 fixeds 表示坚硬系数	方法
static btSoftBody* CreatePatch(btSoftBodyWorldInfo& worldInfo, const btVector3& corner00, const btVector3& corner10, const btVector3& corner01, const btVector3& corner11, int resx,int resy, int fixeds, bool gendiags)	创建软布方法，参数 worldInfo 表示软体物体世界信息，参数 corner00、corner10、corner01 和 corner11 表示软布 4 个角的 4 个坐标，参数 resx 表示顶点列数，参数 resy 表示顶点行数，参数 gendiags 表示软布四角是否固定，为 true 表示固定，否则表示不固定，一般取值为 true	方法
static btSoftBody* CreateEllipsoid(btSoftBodyWorldInfo& worldInfo,const btVector3& center, const btVector3& radius, int res)	创建球软体方法，参数 worldInfo 表示软体物体世界信息，参数 center 表示中心点坐标，参数 radus 表示半径，参数 res 表示恢复系数	方法
static btSoftBody* CreateFromTriMesh(btSoftBodyWorldInfo& worldInfo,const btScalar* vertices, const int* triangles, int ntriangles)	创建三角形网格软体方法，参数 worldInfo 表示软体物体世界信息，参数 vertices 表示顶点数组坐标，参数 triangles 表示顶点索引数组，参数 ntriangles 表示三角形总数	方法

8.11.2　软布案例

了解了软体帮助类的相关 API 后，这里将给出一个软布的案例，以便读者能够正确创建软布，同时也有利于加深读者对软体的理解。

1. 案例运行效果

该案例主要演示的是，在一个三维物理世界中，有一个木块从上面掉落在一块晃动的软布上。当单击屏幕后，立方体木块会掉落至软布上。其运行效果如图 8-40 和图 8-41 所示。

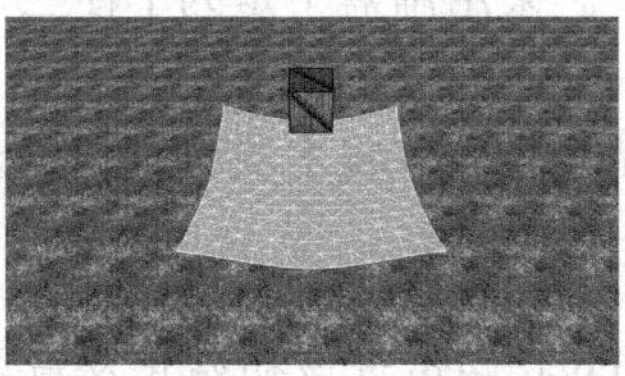

▲图 8-40　案例运行开始

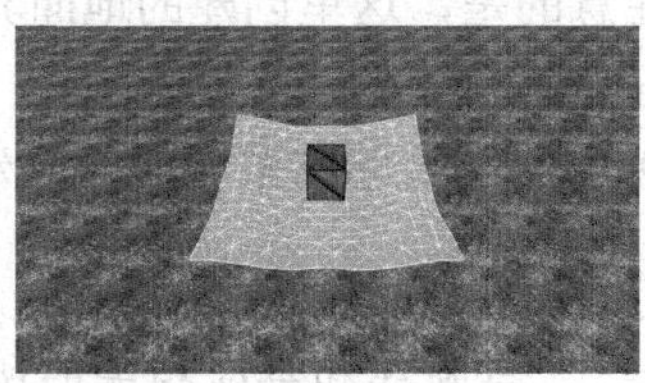

▲图 8-41　木块掉落至软布

说明　图 8-40 为案例运行开始时的效果图，软布在中间缓慢晃动，木块从一定的高度向下掉落。图 8-41 为木块掉落至软布上的效果图。

2. 软布类——SoftCloth 类

软布类封装了软布类对象的创建、设置软布的属性信息、软布的绘制和软布顶点的更新方法。软布类的具体开发步骤如下。

（1）首先开发软布类 SoftCloth 的类框架，其主要功能是声明其构造函数、软布绘制方法和顶点更新方法等。具体代码如下。

代码位置：源代码/第 8 章/Sample8_14/jni/hellocpp 目录下的 SoftCloth.h。

```
#ifndef JNI_HELLOCPP_SOFTCLOTH_H_
#define JNI_HELLOCPP_SOFTCLOTH_H_
……//此处省略了一些对头文件的引用，需要的读者请看随书中的源代码
```

```
class SoftCloth : public TexBody{
    int m_numT;                                      //三角形个数
    float *m_vertices;                               //顶点数组
    btSoftBody *psb;                                 //软体指针
    btSoftRigidDynamicsWorld *m_dynamicsWorld;       //软体物理世界对象指针
    btSoftBodyWorldInfo m_softBodyWorldInfo;         //软体物理世界信息
    AnyShapeNoTexture* m_asbv;                       //绘制对象指针
    int m_texId;                                     //纹理 id
    btVector3 m_pos;                                 //软布的中心位置
  public:
    SoftCloth(btSoftRigidDynamicsWorld* m_dynamicsWorld,btSoftBodyWorldInfo&
            m_softBodyWorldInfo,btVector3 pos,int texIdIn);    //构造函数
    void drawSelf();                                 //绘制软布的方法
    btRigidBody* getBody();                          //返回刚体指针
    void initVertex();                               //初始化顶点位置
    void initCloth();                                //初始化软布方法
};
#endif
```

> **说明** 在该类的构造函数中，m_dynamicsWorld 表示软体物理世界对象指针，m_softBodyWorldInfo 表示软体物理世界信息，pos 表示软布中心位置坐标，texIdIn 表示软布纹理 id。

（2）开发完上述类框架声明后，还要真正实现 SoftCloth 类中的构造函数、软布绘制的 drawSelf 方法和顶点更新的 initVertex 方法等。其中构造函数的主要功能为记录所需的参数以及调用创建软布的方法。具体代码如下。

代码位置：源代码/第 8 章/Sample8_14/jni/hellocpp 目录下的 SoftCloth.cpp。

```
SoftCloth::SoftCloth(btSoftRigidDynamicsWorld* m_dynamicsWorld,btSoftBodyWorldInfo&
    m_softBodyWorldInfo,btVector3 pos,int texIdIn){
    this->m_dynamicsWorld = m_dynamicsWorld;          //记录物理世界指针
    this->m_softBodyWorldInfo = m_softBodyWorldInfo;//记录物理世界信息
    this->m_pos = pos;                                //记录位置坐标
    this->m_texId = texIdIn;                          //记录纹理 id
    initCloth();                                      //调用创建软布方法
    this->m_numT = psb->m_faces.size();               //获取三角形个数
    this->m_vertices=new float[m_numT*3*3];           //创建顶点数组
    this->initVertex();                               //调用初始化顶点数组
    this->m_asbv = new AnyShapeNoTexture (m_vertices,m_numT*3*3,1.0f);//创建绘制对象
 }
 void SoftCloth::initVertex(){
     int count=0;                                        //顶点计数器
     for(int i=0;i<m_numT;++i){                          //遍历所有三角形
        const btSoftBody::Face& f=psb->m_faces[i];  //获取软体上的一个面
        const btVector3   x[]={f.m_n[0]->m_x,
                  f.m_n[1]->m_x,f.m_n[2]->m_x};//获取组成面的数组
          m_vertices[count++]=x[0].x();                  //获取第一个点的 x 坐标
          m_vertices[count++]=x[0].y();                  //获取第一个点的 y 坐标
          m_vertices[count++]=x[0].z();                  //获取第一个点的 z 坐标
          m_vertices[count++]=x[1].x();                  //获取第二个点的 x 坐标
          m_vertices[count++]=x[1].y();                  //获取第二个点的 y 坐标
          m_vertices[count++]=x[1].z();                  //获取第二个点的 z 坐标
          m_vertices[count++]=x[2].x();                  //获取第三个点的 x 坐标
          m_vertices[count++]=x[2].y();                  //获取第三个点的 y 坐标
          m_vertices[count++]=x[2].z();                  //获取第三个点的 z 坐标
 }}
 void SoftCloth::initCloth(){
    const btScalar s=8;                                  //软布高度
    psb=btSoftBodyHelpers::CreatePatch(m_softBodyWorldInfo,btVector3(-s,8,+s),
             btVector3(+s,8,+s),btVector3(-s,8,-s),btVector3(+s,8,-s),
             16,16,15,true);                             //创建软布对象
    psb->getCollisionShape()->setMargin(0.5);            //设置软布碰撞形状边缘值
    btSoftBody::Material* pm=psb->appendMaterial();      //获取软体的材质
    pm->m_kLST=0.4;                                      //设置材质信息
    psb->generateBendingConstraints(2,pm);               //设置扭曲系数
    psb->setTotalMass(150);                              //设置软布的总质量
    psb->translate(m_pos);                               //设置软布的位置
```

```
40          m_dynamicsWorld->addSoftBody(psb);                     //将软布添加到物理世界中
41      }
42      void SoftCloth::drawSelf(){
43          MatrixState::pushMatrix();                             //保护现场
44          btTransform trans;
45          trans = psb->getWorldTransform();                      //获取刚体的变换信息对象
46          trans.getOpenGLMatrix(MatrixState::currMatrix);        //设置矩阵
47          MatrixState::pushMatrix();                             //保护现场
48          initVertex();                                          //更新顶点数据
49          this->m_asbv->drawSelf();                              //绘制软布
50          MatrixState::popMatrix();                              //恢复现场
51          MatrixState::popMatrix();                              //恢复现场
52      }
```

- 第 1～第 12 行为软布类的构造函数，主要功能为记录软布类所需的信息，如软体物理世界指针、软布中心位置坐标等，调用创建软布方法和初始化顶点数组方法，以及创建绘制对象。
- 第 13～第 28 行为初始化顶点数据的方法，主要功能为获取软体上的每一个面，再通过每一个面获取三个点的坐标，并赋值给全局的顶点数组。
- 第 29～第 41 行为创建软布的方法，主要功能为创建软布对象，设置软布总质量和位置，并将软布添加到物理世界中。
- 第 42～第 52 行的主要功能为绘制软布。在绘制软布之前，需要对顶点数据进行更新。

3. 初始化及渲染函数文件——main.cpp

该文件的实现与前面讲的案例有较大的不同，物理世界类将不使用离散的物理世界类——btDiscreteDynamicsWorld，而是使用 btSoftRigidDynamicsWorld 类。不同之处只在于初始化物理世界的 initWorld 方法和初始化刚体的 initCreateBodys 方法。具体代码如下。

代码位置：源代码/第 8 章/Sample8_14/jni/hellocpp 目录下的 main.cpp。

```
btDefaultCollisionConfiguration* m_collisionConfiguration;//系统默认碰撞检测配置信息
btCollisionDispatcher* m_dispatcher;                    //碰撞检测算法分配器
btBroadphaseInterface* m_broadphase;                    //宽度阶段碰撞检测
btConstraintSolver* m_solver;                           //碰撞约束解决器
btSoftRigidDynamicsWorld* m_dynamicsWorld;              //软体物理世界指针
btSoftBodyWorldInfo m_softBodyWorldInfo;                //软体物理世界信息
void initWorld(){
    m_softBodyWorldInfo = btSoftBodyWorldInfo();//创建软体物理世界信息
    btSoftBodyRigidBodyCollisionConfiguration *collisionConfiguration = new
        btSoftBodyRigidBodyCollisionConfiguration(); //创建碰撞检测配置信息对象
    btCollisionDispatcher* dispatcher = new btCollisionDispatcher(
                            collisionConfiguration);//创建碰撞检测算法分配者对象
    m_softBodyWorldInfo.m_dispatcher = dispatcher;        //设置分配者对象
    btVector3 worldAabbMin = btVector3(-10000, -10000, -10000);
    btVector3 worldAabbMax = btVector3(10000, 10000, 10000);
    int maxProxies = 1024;
    btAxisSweep3 *overlappingPairCache =new btAxisSweep3(worldAabbMin,
                worldAabbMax, maxProxies);//创建碰撞检测粗测阶段的加速算法对象
    m_softBodyWorldInfo.m_broadphase = overlappingPairCache; //设置加速算法对象
    btSequentialImpulseConstraintSolver *solver = new
                btSequentialImpulseConstraintSolver();//创建推动约束解决者对象
    btSoftBodySolver* softBodySolver = new btDefaultSoftBodySolver();//创建软体解决器
    m_softBodyWorldInfo.m_gravity.setValue(0,-10,0);      //设置重力
    m_softBodyWorldInfo.m_sparsesdf.Initialize();
    m_softBodyWorldInfo.air_density=(btScalar)1.2;        //设置空气密度
    m_dynamicsWorld = new btSoftRigidDynamicsWorld(dispatcher,
      overlappingPairCache, solver,collisionConfiguration,softBodySolver);
        //创建物理世界对象
}
void initCreateBodys(){
    btCollisionShape* planeShape=new btStaticPlaneShape(btVector3(0, 1, 0), 0);
    //创建地面形状
    tbTemp = new TexPlane(UNIT_SIZE*100,planeTexId,planeShape,
                    m_dynamicsWorld,0,-15,0,0.8,0.8); //创建地面对象
    tca.push_back(tbTemp);                                //将对象加入列表中
```

```
34        SoftCloth* sc = new SoftCloth(m_dynamicsWorld,
35                     m_softBodyWorldInfo,btVector3(0,-5,0));//创建软布对象
36        tca.push_back(sc);                                  //将软布加入列表中
37    }
```

❑ 第 1～第 6 行的主要功能为声明创建物理世界需要的变量，如碰撞检测算法分配器、碰撞约束解决器、软体物理世界指针和软体物理世界信息等。

❑ 第 7～第 28 行为初始化物理世界的方法，主要功能为创建软体物理世界，设置软体物理世界的相关属性，如重力、空气密度等。

❑ 第 29～第 37 行为初始化物体的方法，主要功能为创建地面和软布对象，并将其添加到列表中。

4. 软布开发中需要注意的问题

由于该软布案例中软布切分得过细，因此当木块掉入软布时，可能会造成手机运行不流畅，出现卡顿。读者可以通过改小软布切分的份数来解决运行不流畅的问题。

随书中第 8 章下 Sample8_14A 案例提供了 8 乘 8 的软布，该案例与 Sample8_14 案例相比，只是将创建软布时的参数更改了一下，即将 Sample8_14 案例中 SoftCloth 类实现的第 33 行代码中两个 16 改为两个 8。

这样带来的好处是运行变得流畅，但是也有缺点。缺点是如果掉在软布上的木块比较小时，小块中的一角可能会穿透软布，读者可以将木块边长改大，使其透不过软布。Sample8_14A 案例的运行效果如图 8-42 和图 8-43 所示。

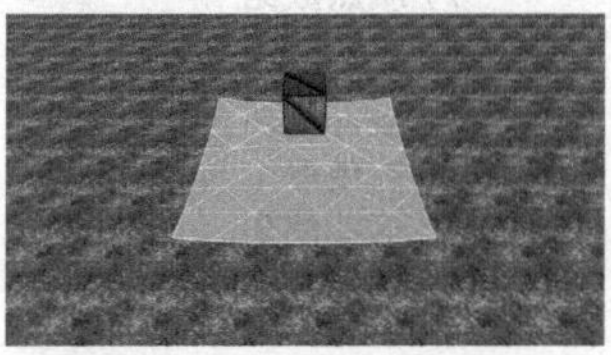

▲图 8-42 案例运行开始

▲图 8-43 木块掉落至软布

说明 图 8-42 为案例运行开始时的效果图，软布在中间晃动。图 8-43 为木块掉落至软布上的效果图，细心的读者可以发现，箱子的一角穿透了软布，读者可以通过改大箱子尺寸来避免出现这种问题。

8.11.3 三角形网格软体案例

了解了软布案例之后，这里将给出一个三角形网格软体的案例，以便读者能够正确创建三角形网格软体，同时也有利于加深读者对软体的理解。

1. 案例运行效果

该案例主要演示的是，在一个三维物理世界中，圆环软体和软管软体依次从上面掉落至地面，两个软体之间发生了碰撞。其运行效果如图 8-44 和图 8-45 所示。

▲图 8-44 案例运行开始

▲图 8-45 软体静止在地面

> **说明**　图 8-44 为案例运行开始时的效果图，圆环软体和软管软体从不同的高度掉落。图 8-45 为软体静止在地面时的效果图。

2. 三角形网格软体类——SoftObj 类

三角形网格软体类封装了软体类对象的创建、设置软体的属性信息、软体的绘制和软体顶点的更新方法。三角形网格软体类的具体开发步骤如下。

（1）首先开发三角形网格软体类 SoftObj 的类框架，其主要功能是声明其构造函数，声明三角形网格软体类所需的参数，如软体指针、顶点数组、绘制对象指针、纹理数组和纹理 id 等，声明软体绘制方法和顶点更新方法等。具体代码如下。

代码位置：源代码/第 8 章/Sample8_15/jni/hellocpp 目录下的 SoftObj.h。

```
#ifndef _SoftObj_H_
#define _SoftObj_H_
……//此处省略了一些对头文件的引用，需要的读者请看随书中的源代码
class SoftObj : public TexBody{
     btSoftBody *psb;                                 //软体指针
     btSoftRigidDynamicsWorld *m_dynamicsWorld;//软体物理世界指针
     btSoftBodyWorldInfo m_softBodyWorldInfo;  //软体物理世界信息
     AnyShapeNoTexture* asbv;                  //绘制对象指针
     float* m_vertices;                        //顶点数组
     int m_texId;                              //纹理 id
     int m_numT;                               //三角形个数
     float* m_gVertices;                       //顶点数组
     int m_nums_ver;                           //顶点数组长度
     int* m_gIndices;                          //顶点索引数组
     int m_nums_ind;                           //顶点索引数组长度
     int m_numsTriangles;                      //三角形个数
     float* m_texs;                            //纹理数组
     int m_nums_tex;                           //纹理数组长度
     btVector3 m_pos;                          //位置坐标
 public:
     SoftObj(btSoftRigidDynamicsWorld* m_dynamicsWorld,btSoftBodyWorldInfo&
        m_softBodyWorldInfo,btVector3 pos,float* m_gVertices,int m_nums_ver, int* m_gIndices,
        int m_nums_ind,float* m_texs,int m_nums_tex,float scale);  //构造函数
     void drawSelf();                         //绘制自身方法
     btRigidBody* getBody();                 //获取刚体指针方法
     void initVertex();                      //初始化顶点数据方法
     void initObj();                                               //初始化软体方法
     btSoftBody* createSoftBody(const btVector3& x,const btVector3& a);
     //创建软体方法
 };
 #endif
```

> **说明**　在该类的构造函数中，m_dynamicsWorld 表示软体物理世界对象指针，m_softBodyWorldInfo 表示软体物理世界信息，pos 表示软体位置坐标，m_gVertices 表示顶点数组，m_nums_ver 表示顶点数组长度，m_gIndices 表示顶点索引数组，m_nums_ind 表示顶点索引数组长度，m_texs 表示纹理数组，m_nums_tex 表示纹理数组长度，scale 表示缩放大小。

（2）开发完上述类框架声明后，还要真正实现 SoftObj 类中的构造函数以及初始化软体的 createSoftBody 方法等。其中构造函数的主要功能为记录所需的参数，调用初始化软体方法，初始化顶点数据和创建绘制类对象等。具体代码如下。

代码位置：源代码/第 8 章/Sample8_15/jni/hellocpp 目录下的 SoftObj.cpp。

```
SoftObj::SoftObj(btSoftRigidDynamicsWorld* m_dynamicsWorld,     btSoftBodyWorldInfo&
    m_softBodyWorldInfo,btVector3 pos,float* m_gVertices,int m_nums_ver,
    int* m_gIndices,int m_nums_ind,float* m_texs,int m_nums_tex,float scale){
```

```
4     this->m_dynamicsWorld = m_dynamicsWorld;                  //记录物理世界指针
5     this->m_softBodyWorldInfo = m_softBodyWorldInfo;          //记录物理世界信息
6     this->m_pos = pos;                                        //记录位置坐标
7     this->m_gVertices = m_gVertices;                          //记录顶点数组
8     for(int i = 0; i<m_nums_ver; i++){                        //遍历顶点数组
9         this->m_gVertices[i] *= scale;                        //更改顶点数据
10    }
11    this->m_gIndices = m_gIndices;                            //记录索引数组
12    this->m_numsTriangles = m_nums_ind / 3;                   //计算三角形个数
13    initObj();                                                //初始化软体方法
14    this->m_numT = psb->m_faces.size();                       //三角形个数
15    this->m_vertices=new float[m_numT*3*3];                   //创建顶点数组
16    this->initVertex();                                       //初始化顶点数据
17    this->asbv = new AnyShapeNoTexture (m_vertices,m_numT*3*3,
18                         m_texs,m_nums_tex,true,1.0f);//创建绘制对象
19  }
20  void SoftObj::initObj(){
21      psb=createSoftBody(m_pos,btVector3(0,SIMD_PI/2,0));     //调用创建软体方法
22      psb->generateClusters(8);                               //设置软体群集数
23      psb->m_cfg.kDF=1;                                       //设置软体信息
24  }
25  btSoftBody* SoftObj::createSoftBody(const btVector3& x,const btVector3& a){
26      btSoftBody* psb=btSoftBodyHelpers::CreateFromTriMesh(m_softBodyWorldInfo,
27          m_gVertices,&m_gIndices[0],m_numsTriangles);         //创建三角形网格软体方法
28      btSoftBody::Material* pm=psb->appendMaterial();         //获取软体材质
29      pm->m_kLST = 1;                                         //设置软体材质信息
30      psb->generateBendingConstraints(2,pm);                  //设置扭曲系数
31      psb->m_cfg.piterations = 2;                             //设置软体信息
32      psb->m_cfg.collisions=btSoftBody::fCollision::CL_SS+btSoftBody::fCollision::CL_RS;
33      psb->randomizeConstraints();                            //设置软体约束系数
34      psb->rotate(btQuaternion(a[0],a[1],a[2]));              //对软体进行旋转变换
35      psb->translate(x);                                      //对软体进行平移变换
36      psb->setTotalMass(10,true);                             //设置软体总质量
37      psb->generateClusters(64);                              //设置软体群集数
38      m_dynamicsWorld->addSoftBody(psb);                      //将软体添加到物理世界中
39      return(psb);                                            //返回软体指针
40  }
```

- 第 1～第 19 行为三角形网格软体类的构造函数，主要功能为记录软体类所需的信息，如软体物理世界指针、软布中心位置坐标等，调用创建软体方法和初始化顶点数组方法，以及创建绘制对象。
- 第 20～第 24 行为初始化软体的方法，其主要功能为调用创建软体的方法。
- 第 25～第 40 行为创建三角形网格软体的方法，主要功能为创建软体对象，设置软体总质量和位置，并将软体添加到物理世界中。

> **说明** 此处省略了初始化顶点数据的 initVertex 方法和绘制自身软体的 drawSelf 方法，这些方法的实现与软布案例中的方法实现大致相同，需要的读者请自行参考随书中的源代码。

3. 初始化及渲染函数文件——main.cpp

该文件的实现与软布案例相比只是发生了少量的变化，其余部分并没有太大区别，这里就不再重复讲解相同的代码。具体代码如下。

代码位置：源代码/第 8 章/Sample8_15/jni/hellocpp 目录下的 main.cpp。

```
void initCreateBodys(){
    tbTemp = new TexPlane(m_dynamicsWorld,btVector3(100, 1, 100),0.0f,btVector3(0,-20,0),
        0.8f,0.8f,UNIT_SIZE,planeTexId,planeTexId,planeTexId,
        planeTexId,planeTexId,planeTexId);          //创建地面对象
    tca.push_back(tbTemp);                          //将地面对象加入列表中
    tbTemp = new SoftObj(m_dynamicsWorld,m_softBodyWorldInfo,btVector3(0,0,0),
        vertices_yuanhuan,numsVer_yuanhuan,
        indices_yuanhuan,numsInd_yuanhuan,3.0f);  //创建圆环软体对象
    tca.push_back(tbTemp);                          //将圆环对象加入列表中
    tbTemp = new SoftObj(m_dynamicsWorld,m_softBodyWorldInfo,btVector3(0,20,0),
          vertices_ruanguan ,numsVer_ruanguan ,indices_ruanguan,
```

```
12          numsInd_ruanguan ,3.0f);                          //创建软管软体对象
13      tca.push_back(tbTemp);                                //将软管物体加入列表中
14    }
```

- 第 2～第 5 行的主要功能为创建地面对象，并将地面对象添加到列表中。
- 第 6～第 13 行的主要功能为创建圆环和软管软体对象，并将其添加到列表中。其中与圆环和软管相关的所有数据都是从 Java 端传进该初始化及渲染函数文件中的，感兴趣的读者可以自行参考随书中的源代码。

8.11.4　绳索软体案例

了解了三角形网格软体案例之后，这里将给出一个绳索软体的案例，以便读者能够正确创建绳索软体，同时也有利于加深读者对软体的理解。

1. 案例运行效果

该案例主要演示的是，在一个三维物理世界中，固定的小球捆绑着一段绳子，绳子的另一端捆绑着一个木块。木块在重力和绳子的影响下做摇摆动作。其运行效果如图 8-46 及图 8-47 所示。

▲图 8-46　案例运行开始

▲图 8-47　木块摇摆至下侧

> **说明**　图 8-46 为案例运行开始时的效果图，固定的小球和木块之间连接着一段绳子，木块将向下掉落。图 8-47 为木块摇摆至下侧时的效果图。读者从效果图中观察绳子时，绳子可能显示得不太明显，建议读者从真机中观察绳子摆动的效果。

2. 绳索软体类——SoftRope 类

绳索软体类封装了绳索软体类对象的创建、设置软布的属性信息、软布的绘制和软布顶点的更新方法。软布类的具体开发步骤如下。

（1）首先开发绳索软体类 SoftRope 的类框架，其主要功能是声明其构造函数、绳索绘制方法和绳索顶点的更新方法等。具体代码如下。

代码位置：源代码/第 8 章/Sample8_16/jni/hellocpp 目录下的 SoftRope.h。

```
#ifndef _SOFTCROPE_H_
#define _SOFTCROPE_H_
……//此处省略了一些对头文件的引用，需要的读者请看随书中的源代码
class SoftRope : public TexBody{
     btSoftBody *psb;                                         //软体指针
     btSoftRigidDynamicsWorld *m_dynamicsWorld;               //软体物理世界指针
     btSoftBodyWorldInfo m_softBodyWorldInfo;                 //软体物理世界信息
     AnyShapeByVectices* asbv;                                //绘制对象指针
     int m_ropeId;                                            //绳索纹理 id
     int m_ballId;                                            //小球纹理 id
     int m_boxId;                                             //木块纹理 id
     DrawRope* dr;                                            //绘制绳索类指针
     TexBody* tbBall;                                         //小球类指针
     TexBody* tbCuboid;                                       //木块类指针
     btVector3* m_vec_rope;                                   //绳索数据数组
     btVector3 m_pos;                                         //小球位置坐标
 public:
```

```
    SoftRope(btSoftRigidDynamicsWorld* m_dynamicsWorld,btSoftBodyWorldInfo&
        m_softBodyWorldInfo,btVector3 m_pos,int ropeId,int ballId,int boxId);
        //构造函数
    void drawSelf();                                    //绘制方法
    btRigidBody* getBody();                             //获取刚体指针方法
    void initVertex();                                  //初始化顶点数据方法
    void init();                                        //初始化方法
};
#endif
```

> **说明** 在该类的构造函数中，m_dynamicsWorld 表示软体物理世界对象指针，m_softBodyWorldInfo 表示软体物理世界信息，m_pos 表示绳索上面小球的位置坐标，ropeId 表示绳索纹理 id，ballId 表示小球纹理 id，boxId 表示木块纹理 id。

（2）开发完上述类框架声明后，还要真正实现 SoftRope 类中的构造函数、绳索绘制的 drawSelf 方法、绳索顶点更新的 initVertex 方法和初始化绳子的 init 方法。其中构造函数的主要功能为记录各个参数并调用初始化绳子的方法。具体代码如下。

代码位置：源代码/第 8 章/Sample8_16/jni/hellocpp 目录下的 SoftRope.cpp。

```
 SoftRope::SoftRope(btSoftRigidDynamicsWorld* m_dynamicsWorld,btSoftBodyWorldInfo&
    m_softBodyWorldInfo,btVector3 m_pos, int ropeId,int ballId,int boxId){
    this->m_dynamicsWorld = m_dynamicsWorld;               //记录物理世界指针
    this->m_softBodyWorldInfo = m_softBodyWorldInfo;       //记录物理世界信息
    this->m_ropeId = ropeId;                               //记录绳索纹理 id
    this->m_ballId = ballId;                               //记录小球纹理 id
    this->m_boxId = boxId;                                 //记录木块纹理 id
    this->m_pos = m_pos;                                   //记录小球位置
    init();                                                //调用初始化方法
 }
 void SoftRope::initVertex(){
     for(int i = 0; i < psb->m_nodes.size(); i++){        //遍历绳索上所有的点
         btSoftBody::Node tempNode = psb->m_nodes.at(i);  //获取绳索上的节点
         m_vec_rope[i] = tempNode.m_x;                    //设置绳索顶点数据
 }}
 void SoftRope::init(){
     float lengthRope = 10.0f;                            //绳索长度
     tbBall = new TexBall(0.2f,texId,m_dynamicsWorld,0.0f,m_pos,0,0);//创建小球类对象
     tbCuboid = new TexCuboid(m_dynamicsWorld,btVector3(2,2,2),50,
                      m_pos + btVector3(2+lengthRope, 0, 0),0.5,0.5,1.0f,
                      texId,texId,texId,texId,texId,texId);  //创建木块对象
     psb=btSoftBodyHelpers::CreateRope(this->m_softBodyWorldInfo,m_pos,
                      m_pos+btVector3(lengthRope,0,0),8,1);  //创建绳索软体
     psb->setTotalMass(50);      //设置绳索质量
     m_dynamicsWorld->addSoftBody(psb);         //将绳索软体添加到物理世界中
     psb->appendAnchor(psb->m_nodes.size()-1,
                 tbCuboid->getBody());    //设置绳索软体和木块之间的锚点
     m_vec_rope = new btVector3[psb->m_nodes.size()];  //创建绳索顶点数组
     initVertex();                                    //初始化顶点数组
     dr = new DrawRope(m_vec_rope, psb->m_nodes.size(), texId);//创建绘制绳索类对象
 }
 void SoftRope::drawSelf(){
     MatrixState::pushMatrix();                              //保护现场
     btTransform trans;
     trans = psb->getWorldTransform();                       //获取变换信息对象
     trans.getOpenGLMatrix(MatrixState::currMatrix);         //设置矩阵
     MatrixState::pushMatrix();                              //保护现场
     initVertex();                                           //更新顶点数据
     dr->drawSelf();                                         //绘制绳索
     MatrixState::popMatrix();                               //恢复现场
     MatrixState::pushMatrix();                              //保护现场
     tbCuboid->drawSelf();                                   //绘制木块
     MatrixState::popMatrix();                               //恢复现场
     MatrixState::pushMatrix();                              //保护现场
     tbBall->drawSelf();                                     //绘制小球
     MatrixState::popMatrix();                               //恢复现场
     MatrixState::popMatrix();                               //恢复现场
 }
```

- 第 1～第 9 行为绳索软体类的构造函数，主要功能为记录绳索软体类所需的信息（如软体物理世界指针、小球位置坐标），调用初始化方法等。
- 第 11～第 15 行为初始化顶点数据的方法，主要功能为通过遍历绳索上所有的点，获取绳索上的节点，进而设置绳索顶点数据。
- 第 16～第 30 行的主要功能为创建绳索、小球和木块对象，初始化顶点数组以及创建绘制绳索类对象。
- 第 32～第 47 行的主要功能为绘制绳索、小球和木块对象，在绘制绳索之前，需要对绳索顶点数据进行更新。

3. 初始化及渲染函数文件——main.cpp

该文件的实现与软布案例相比只是发生了少量的变化，其余部分并没有太大区别，这里就不再重复讲解相同的代码。具体代码如下。

代码位置：源代码/第 8 章/Sample8_16/jni/hellocpp 目录下的 main.cpp。

```
1   void initCreateBodys(){
2       btCollisionShape* planeShape=new btStaticPlaneShape(
3                                   btVector3(0, 1, 0), 0);//创建地面形状
4       tbTemp = new TexPlane(UNIT_SIZE*100,planeTexId,planeShape,
5                       m_dynamicsWorld,0,-15,0,0.8,0.8);   //创建地面对象
6       tca.push_back(tbTemp);                      //将地面对象加入列表中
7       tbTemp = new SoftRope(m_dynamicsWorld,m_softBodyWorldInfo,
8               btVector3(0,10,0),floorId,ballTexId,boxTexId);   //创建绳索对象
9       tca.push_back(tbTemp);                      //将绳索对象加入列表中
10  }
```

- 第 2～第 6 行的主要功能为创建地面对象，并将地面对象添加到列表中。
- 第 7～第 9 行的主要功能为创建绳索类对象，并将绳索类对象添加到列表中。

8.12 光线投射回调结构体

至此，相信读者对 Bullet 物理引擎已经有了很深的了解。在开发中有时还会遇到光线投射问题。光线投射就是模拟现实世界中光线的真实投射效果，主要效果为光线遇到障碍物会发生反射，且入射线和反射线对称。

8.12.1 光线投射回调结构体 ClosestRayResultCallback

光线投射回调结构体的主要作用是能够判断当前光线是否与物理世界中的物体发生了碰撞接触，若是，则可以轻松获得光线与物体之间的碰撞接触点坐标以及碰撞法向量。其属性、构造函数和常用方法如表 8-27 所列。

表 8-27　　ClosestRayResultCallback 结构体的属性、构造函数和常用方法

构造函数或方法签名	含　义	类　型
btVector3 m_hitPointWorld	表示碰撞接触点	属性
btVector3 m_hitNormalWorld	表示碰撞法向量	属性
ClosestRayResultCallback(const btVector3& rayFromWorld, const btVector3& rayToWorld)	光线投射回调结构体的构造函数，参数 rayFromWorld 表示光线的起点坐标，参数 rayToWorld 表示光线的终止坐标	构造函数
bool hasHit()	判断光线是否与物理世界中的物体有碰撞接触，返回值为 true 时表示有碰撞接触，否则表示没有	方法

8.12.2　光线投射的案例——旋转光线

了解了光线投射回调结构体的 API 后，这里将给出使用光线投射回调结构体开发的案例——旋转光线案例，以便读者能够正确使用光线投射回调结构体。

1. 案例运行效果

该案例主要演示的是，在一个三维物理世界中，波动的水纹上有两排小球从上方掉落，小球掉落在波动的水纹后随着水纹进行一定的运动。在中间有十束光线，光线的起点相同，终点不同，绕 y 轴按照一定的角速度进行旋转。其运行效果如图 8-48 及图 8-49 所示。

▲图 8-48　案例运行开始

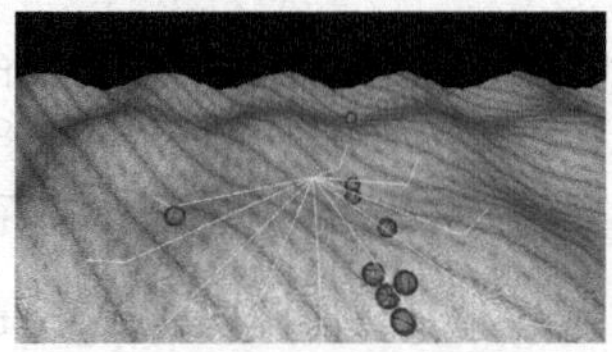

▲图 8-49　小球掉落至水波上

> 说明　图 8-48 为案例运行开始时的效果图，小球从不同位置掉落。图 8-49 为小球掉落至水波上时的效果图，小球将会随水波移动。当光线遇到水波或者小球时，会自动绘制反射线。由于效果图观察此现象不够明显，读者可以在真机上运行该案例，以便观察光线的反射。

2. 光线投射类——MyRaycast 类

光线投射类封装了关于光线投射回调结构体的创建、光线绘制的 drawSelf 方法以及光线投射的 cast 方法。光线投射类的具体开发步骤如下。

（1）首先开发光线投射类 MyRaycast 的类框架，其主要功能是声明其构造函数、投射方法、绘制光线方法等。具体代码如下。

代码位置：源代码/第 8 章/Sample8_17/jni/hellocpp 目录下的 MyRaycast.h。

```
#ifndef _MyRaycast_H_
#define _MyRaycast_H_
……//此处省略了一些对头文件的引用，需要的读者请看随书中的源代码
class MyRaycast{
    DrawLine* dl;                                   //绘制光线类指针
    btCollisionWorld* m_cw;                         //物理世界指针
    btVector3* m_vector;                            //顶点数组
    int nums_m_vector;                              //顶点数组长度
    btVector3* hit;                                 //碰撞接触点
     btVector3* normals;                            //法向量
     int vCountLine;                                //线的总数
  public :
     MyRaycast(btVector3* m_vector, int nums_m_vector,btCollisionWorld* m_cw);
     //构造函数
     void cast();                                  //投射方法
     void drawSelf();                              //绘制光线方法
  };
  #endif
```

> 说明　在该类的构造函数中，m_cw 表示物理世界对象指针，m_vector 表示光线顶点数组，nums_m_vector 表示光线顶点数组长度，其中光线顶点数组的第一个点和第二个点组成一条光线，第三个顶点和第四个顶点组成一条光线，以此类推。

（2）开发完上述类框架声明后，还要真正实现 MyRaycast 类中的构造函数、绘制光线的 drawSelf 方法和光线投射的 cast 方法。具体代码如下。

代码位置：源代码/第 8 章/Sample8_17/jni/hellocpp 目录下的 MyRaycast.cpp。

```
1   MyRaycast::MyRaycast(btVector3* m_vector,int nums_m_vector,btCollisionWorld* m_cw){
2       this->m_vector = m_vector;                          //记录顶点数组
3       this->nums_m_vector = nums_m_vector;                //记录顶点数组长度
4       this->m_cw = m_cw;                                  //记录物理世界指针
5       this->vCountLine = nums_m_vector / 2;               //计算光线数量
6       this->hit = new btVector3[vCountLine];              //创建碰撞接触点数组
7       this->normals = new btVector3[vCountLine];          //创建法向量数组
8       dl = new DrawLine();                                //创建光线绘制类对象
9   }
10   void MyRaycast::cast(){
11       for (int i = 0; i < vCountLine; i++){          //遍历所有的条数
12           btCollisionWorld::ClosestRayResultCallback
13                   cb(m_vector[i*2], m_vector[i*2+1]);//创建光线投射回调结构体对象
14           m_cw->rayTest (m_vector[i*2], m_vector[i*2+1], cb);//物理世界进行光线投射
15           if (cb.hasHit ()){                                        //光线是否与物体碰撞
16               hit[i] = cb.m_hitPointWorld;                          //获取碰撞接触点
17               normals[i] = cb.m_hitNormalWorld;                     //获取法向量
18               normals[i].normalize ();                              //法向量初始化
19           }else{                                                    //若没有碰撞接触
20               hit[i] = m_vector[i*2+1];                             //将碰撞点设置为终点
21               normals[i] = btVector3(1.0, 0.0, 0.0);                //设置法向量
22   }}}
23   void MyRaycast::drawSelf(){
24       for (int i = 0; i < vCountLine; i++){                         //遍历所有的条数
25           dl->drawSelf(m_vector[i*2],hit[i]);                       //绘制光线
26           dl->drawSelf(hit[i],hit[i]+normals[i]*5.0f);              //绘制法向量光线
27   }}
```

- 第 2～第 8 行的主要功能为记录光线投射类所需的参数（如顶点数组、顶点数组长度、物理世界指针等），计算光线数量，创建碰撞点数组和法向量数组。
- 第 10～第 22 行为光线投射方法，通过遍历所有的光线数，创建光线投射回调结构体对象，对物理世界进行光线投射，若光线与物理世界中的物体有碰撞接触，则获取碰撞接触点以及法向量，若没有接触，则将碰撞接触点设置为光线的终点。
- 第 23～第 27 行为绘制光线的方法，主要绘制的是投射光线和法向量线。

说明　调用绘制光线的 drawSelf 方法前，应该先调用光线投射的 cast 方法，这样光线绘制才会得到相应的光线投射效果。

3. 初始化及渲染函数文件——main.cpp

该文件的实现与创建简单物理场景的案例相比只是发生了少量的变化，其余部分并没有太大区别，这里就不再重复讲解相同的代码。不同的地方主要为初始化刚体的 initCreateBodys 方法和渲染的 renderFrame 方法。具体代码如下。

代码位置：源代码/第 8 章/Sample8_17/jni/hellocpp 目录下的 main.cpp。

```
btVector3* tempV;                    //顶点数组
float angle = 0.0f;                  //旋转角度
MyRaycast* m_mrc;                    //光线投射类指针
int m_nums;                          //顶点数组长度
void initCreateBodys(){
    tbTemp = new WaterWave(m_dynamicsWorld,4.0f,8.0f,30,30,planeTexId,
        0.1f,0.5f,btVector3(0.0f, -8.0f, 0.0f)); //创建水波类对象
    tca.push_back(tbTemp);                          //将水波类对象加入列表中
    for(int i = 0; i < 20; i += 2){
```

```
10             tbTemp=new TexBall(UNIT_SIZE,ballTexId,m_dynamicsWorld,
11                 10,btVector3(-12+i,5,0),0.1, 0.8);   //创建球对象
12             tca.push_back(tbTemp);                  //将球对象加入列表中
13         }
14         ……//此处省略了创建其他球对象的代码，需要的读者请参考随书中的源代码
15         angle=0.005f;                               //旋转角度
16         m_nums = 20;                                //对顶点数组长度赋值
17         tempV = new btVector3[m_nums];              //创建顶点数组
18         float sizeAngle = 360.0f / m_nums;          //单位角
19         for(int i = 0; i<m_nums; i++){              //遍历所有的顶点
20             if(i%2 == 0){
21                 tempV[i].setValue(0,0,0);           //设置光线的起点
22             }else{
23                 tempV[i].setValue(50,-30,0);        //设置光线的终点
24                 tempV[i] = tempV[i].rotate(btVector3(0,1,0),sizeAngle*i);//更改光线的终点
25         }}
26         m_mrc = new MyRaycast(tempV,m_nums,m_dynamicsWorld);  //创建光线类对象
27     }
28     void renderFrame() {
29         glClear(GL_DEPTH_BUFFER_BIT | GL_COLOR_BUFFER_BIT);    //清除缓冲
30         MatrixState::setCamera(cx,cy,cz,0,0,0,upx,upy,upz);   //设置 camera 位置
31         MatrixState::setLightLocation(cx, cy, cz);            //设置光源位置
32         for ( int i = 0; i < tca.size(); ++i ){              //遍历所有刚体
33             tca[i]->drawSelf();                               //回调刚体的绘制方法
34         }
35         m_mrc->cast();                                        //调用投射方法
36         m_mrc->drawSelf();                                    //绘制光线方法
37         for(int i = 0; i<m_nums; i++){                        //遍历所有的顶点
38             if(i%2 != 0){
39             tempV[i] = tempV[i].rotate(btVector3(0,1,0),angle); //更改光线的终点坐标
40         }}
41         if(addBodyId!=0){
42             addBody(addBodyId);                                //调用添加刚体的方法
43             addBodyId = 0;                                     //设置刚体 id 为 0
44         }
45         m_dynamicsWorld->stepSimulation(1.0/60,5);            //进行物理模拟计算
46     }
```

- 第 1～第 4 行的主要功能为声明全局的顶点数组、旋转角度、光线投射类指针以及顶点数组长度。
- 第 6～第 14 行的主要功能为创建水波类对象，创建诸多球对象，并将水波类对象和诸多球对象添加到列表中。
- 第 15～第 26 行的主要功能为对全局的旋转角度赋值，创建顶点数组并赋值，创建光线类对象。
- 第 28-46 行为渲染函数，负责渲染每一帧画面，从刚体列表里取出刚体进行绘制，若添加刚体标志位不为 0 则添加刚体。接下来调用光线投射方法和绘制光线方法，更改光线的终点坐标并物理模拟计算。

8.13 小结

本章介绍了 Bullet 物理引擎的大部分基础知识，并给出了简单易懂的案例，这些对读者认识 3D 物理引擎的大世界打下了良好的基础。虽然本章讲解了 Bullet 物理引擎的大部分基础知识，但是 Bullet 物理引擎博大精深，对于细节知识的把握还需要读者进一步细心研究和学习。

第 9 章　骨骼动画

玩过穿越火线。英雄联盟等游戏的读者都应该能体会到，这些游戏的巨大吸引力不单单来自于绚丽的画面，精准的物理碰撞，真实的爆炸特效等，还来自于游戏中人物丰富而又逼真的动作。如果游戏中的人物仅仅是进行简单的移动、旋转，那么游戏的可玩性将会大打折扣。

而通过前面章节介绍的技术是很难实现复杂动作对应的动画的，因此本章将专门介绍用于实现人物或动物复杂动作动画的主流技术——骨骼动画。掌握了骨骼动画技术以后，读者的 3D 开发能力将获得较大的提升。

9.1 自己开发骨骼动画

实际开发中主要有两种实现动画的方法，比较简单的就是关键帧动画，本书 2.4 节中展翅飞翔的雄鹰对应的案例采用的就是关键帧动画技术。通过上述案例，读者应该体会到关键帧动画在技术上比较简单，但对于复杂的动作而言，需要开发很多关键帧，太过繁琐，而且数据量也很大。

另外一种现在被很多大型游戏选用的技术就是骨骼动画技术，这种技术具有动作操控灵活，数据量较小等优点。本节将通过自己开发骨骼动画的案例详细介绍骨骼动画的基本原理，而下一节将会向读者介绍如何加载 ms3d 格式的骨骼动画，更加贴近实战。

9.1.1　骨骼动画的基本原理

介绍本节案例的具体开发之前，首先需要了解骨骼动画的基本原理。骨骼动画的基本思想实际上来自于动物仿真的思路，这是由于自然界的大部分动物都具有骨骼系统，而动物(包括人)完成的各种动作都是通过骨骼绕关节的旋转来实现的。

骨骼动画的基本思想也是如此，其认为模型中的顶点从属于不同的骨骼，当骨骼绕对应的关节旋转时，顶点也相应地移动。这样当需要模型完成特定的动作时，只需要让相关的骨骼绕对应的关节旋转恰当的角度即可。

实际动物身体内的骨骼有一个重要的特性，那就是不同的骨骼之间构成树状的层次结构。子骨骼不但自己可以运动，当父骨骼运动时还会随父骨骼运动。例如，人的大臂就是小臂的父骨骼，当人的大臂绕肩关节运动时，即使小臂本身没有绕肘关节运动，小臂也会由于大臂的摆动而运动。图 9-1 所示的骨骼层次结构树给出了本节案例所用机器人模型骨骼的层次结构。

从图 9-1 中可以看出，bRoot 是根骨骼，其下连接着 bBody 骨骼，bBody 骨骼下面又连接着 bLeftTop、bLeftLegTop、bHead、bRightLegTop、bRightTop 等骨骼。从计算机科学的角度来看，所有的骨骼构成了树状的数据结构，每一块骨骼对应于树中的一个节点，表 9-1 列出了图 9-1 中每块骨骼的具体含义。

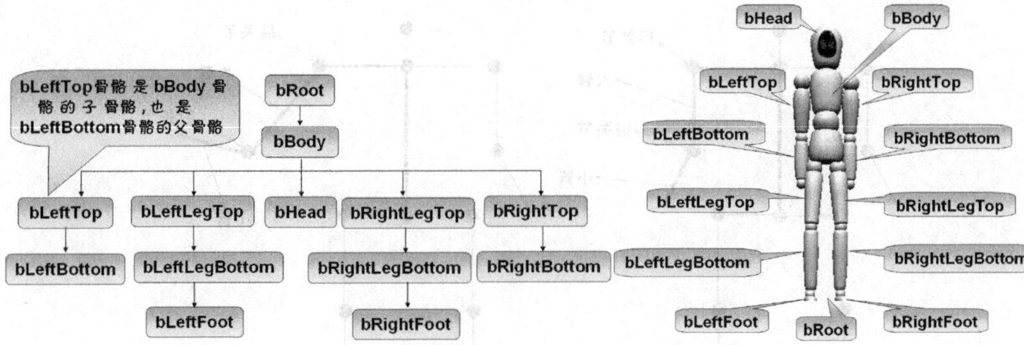

▲图 9-1　案例中关节之间的层次关系

表 9-1　　　　每块骨骼的具体含义

骨　骼	含　义	骨　骼	含　义
bRoot	根骨骼	bHead	头骨骼（对应颈关节）
bBody	身体骨骼	bRightTop	右大臂骨骼（对应肩关节）
bLeftTop	左大臂骨骼（对应肩关节）	bRightBottom	右小臂骨骼（对应肘关节）
bLeftBottom	左小臂骨骼（对应肘关节）	bRightLegTop	右大腿骨骼（对应胯关节）
bLeftLegTop	左大腿骨骼（对应胯关节）	bRightLegBottom	右小腿骨骼（对应膝关节）
bLeftLegBottom	左小腿骨骼（对应膝关节）	bRightFoot	右脚骨骼（对应踝关节）
bLeftFoot	左脚骨骼（对应踝关节）		

了解了骨骼具有层次关系以及受某个骨骼控制的部位不但随其直接所属骨骼的运动而运动，还会随父骨骼的运动而运动后，下面需要研究的是以什么样的方式来表示骨骼。请读者思考一下骨骼的一个重要特点，每块骨骼都属于一个关节，在骨骼绕关节运动时，若排除父骨骼运动的影响，此关节点是静止的。

若将骨骼绕关节点的运动在以关节点为原点的坐标系中进行考察，问题会简化很多。因此实际开发中虽然此技术的名称叫做骨骼动画，但真正最关心的并不是某块骨骼，而是骨骼运动的不动点——关节。实际每个关节都会用一个坐标系来表示，此关节对应骨骼所控制顶点的运动计算都在此坐标系中完成。

提示　从上述讨论可以看出，跨过问题的直观方面（骨骼运动）而重点关注实质核心（关节是骨骼运动的不动点），问题就变得简单了。因此笔者希望读者不但通过这部分内容掌握骨骼动画的基本原理，而且要尽量做到在自己的工作中可以灵活运用这种思维方式来简化复杂问题。

本书上卷曾经介绍过，坐标系可以用矩阵来表示，其中的平移、旋转变换也可以记录进对应的矩阵中。因此实现骨骼动画时，每个关节都会分配一个矩阵来记录此关节对应骨骼的运动。当需要知道运动后顶点的位置时，用此矩阵对顶点进行变换即可。

当然，实际开发中不可能只考虑本关节的影响，也需要同时考虑父关节的影响。因此，在实际运行过程中，随着模型中骨骼的运动，对应的顶点需要级联地乘以其所属骨骼对应的变换矩阵及其父骨骼对应的变换矩阵，层层级联，最终得到特定情况下顶点运动后的位置。下面就以本案例中模型的右臂绕肩关节摆动时小臂同时也绕肘关节旋转为例来说明这个问题，具体情况如图 9-2 所示。

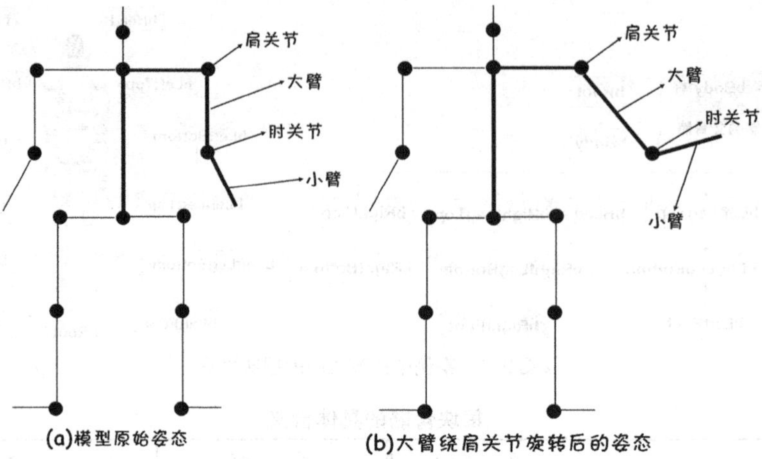

▲图 9-2　模型右臂运动前后

从图 9-2 中可以看出，与实际世界相同，当大臂绕肩关节运动、小臂绕肘关节运动后，大臂部分运动后的位置仅受肩关节的影响。而小臂部分不但受肘关节的直接影响，还要受到肩关节的间接影响。实际开发中实现此效果时需要进行的主要矩阵相关计算如下。

- 直接归大臂骨骼管理的顶点要乘以大臂骨骼对应关节的变换矩阵以得到运动后的位置。
- 归小臂骨骼管理的顶点不但要乘以小臂骨骼对应关节的变换矩阵，还要进一步级联乘以肩关节的变换矩阵才能得到运动后的位置。

> **提示**　上述相关计算的讲解仅仅是为了说明原理，实际开发中矩阵必须逐级级联相乘，直到根骨骼对应关节的变换矩阵。

上述原理中以每块骨骼对应的关节点为坐标原点进行矩阵计算，大大简化了问题。但模型中的各个顶点的坐标并不是以各自所属骨骼对应关节的坐标系给出的，而是统一在以根骨骼对应的关节点为原点的坐标系中给出的。

另外，子骨骼对应关节点的坐标原点在其父骨骼对应关节点坐标系中一般并不处于原点。因此在实际计算中还需要解决上述这些问题，首先给出的是初始化时所需的一些计算，如下所列。

- 首先计算每块骨骼对应关节点在以父骨骼对应关节点为原点的坐标系中的坐标，同时将坐标的 x、y、z 分量作为 x、y、z 三个轴的平移距离记录进一个基本变换矩阵中。也就是说此矩阵初始记录的变换为从父骨骼关节点到子骨骼关节点的平移。同时还需要将此矩阵复制一份存放，此矩阵的复制称为初始基本变换矩阵。

> **提示**　复制一份是为了避免运行过程中将其他变换叠加进基本变换矩阵后不方便直接访问基本变换矩阵初始情况的问题。

- 然后通过级联方式将每块骨骼关节点的基本变换矩阵乘以其所有父骨骼关节点的基本变换矩阵，直至根骨骼，求出此骨骼控制的顶点在世界坐标系中的初始变换矩阵。
- 接着计算每块骨骼控制的顶点初始情况下在世界坐标系中变换矩阵的逆矩阵 N，这个矩阵的作用是在将骨骼控制的顶点乘以在世界坐标系中的变换矩阵变换后进一步再乘以，它以抵消原始顶点坐标并不是以骨骼坐标系给出而是以根骨骼坐标系给出的影响。

> **提示**　这个逆矩阵的使用非常重要，若不使用此逆矩阵，则实际的运行结果是不正确的。这一点读者在后面介绍完案例代码后可以修改案例来运行并观察、体会。

初始化计算完成后，在运行过程中骨骼运动后计算新的顶点位置时涉及的计算如下所列。

- 首先根据每块骨骼运动的需要将对应的变换记录进此骨骼的基本变换矩阵。
- 然后通过级联方式将每块骨骼关节点的基本变换矩阵乘以其所有父骨骼关节点的基本变换矩阵，直至根骨骼，求出目前此骨骼控制的顶点在世界坐标系中的变换矩阵。
- 最后将每块骨骼控制的顶点在世界坐标系中的变换矩阵乘以初始化时求出的逆矩阵 N，得出此骨骼控制的顶点的最终变换矩阵，供绘制时使用。

9.1.2 开发步骤

上一小节介绍了骨骼动画的基本原理，本小节将基于上述原理开发一个机器人模型不断奔跑场景的案例 Sample9_1，其运行效果如图 9-3 所示。

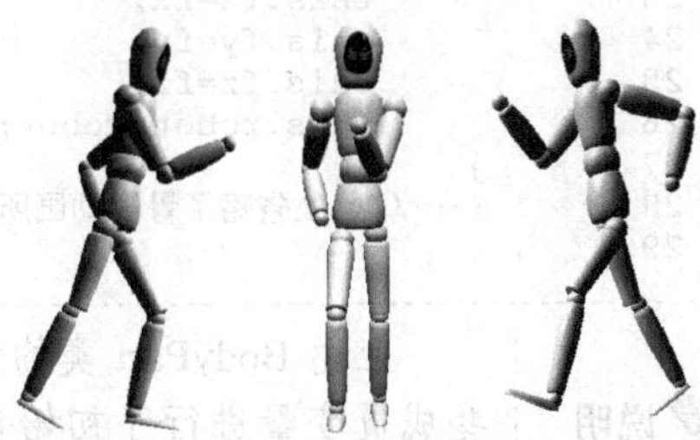

▲图 9-3 案例 Sample9_1 的运行效果图

说明 图 9-3 中从左到右分别为从不同角度观察人物模型运动过程的效果，由于图中只给出了人物模型运动过程中 3 个姿态的特写，所以不一定能体现骨骼动画的动态特点。因此建议读者用真机运行本案例，实际观察一下案例中机器人模型的运动效果。

了解了本节案例的运行效果后，接下来详细介绍本节案例的具体开发过程。由于本案例中的部分类和前面章节很多案例中的类非常相似，因此这里只给出本案例中比较有代表性的、直接涉及骨骼动画的部分，具体内容如下所列。

提示 为了叙述和理解的方便，下面将“骨骼对应关节点的基本变换矩阵”称为“此骨骼在父骨骼坐标系中的实时变换矩阵”，将“骨骼控制的顶点在世界坐标系中的变换矩阵”称为“此骨骼在世界坐标系中的实时变换矩阵”，将“骨骼对应关节点的初始基本变换矩阵”称为“此骨骼在父骨骼坐标系中的初始变换矩阵”。

（1）首先给出的是表示模型身体部位的 BodyPart 类，此类的每个对象代表模型中的一个身体部位，如头、大臂、小臂、大腿、小腿、脚等。相应的矩阵运算等实现骨骼动画的主要工作也在其中完成，其代码框架如下。

提示 此类每个对象代表的模型中身体的一个部位既包括绘制部分，也包括对应的骨骼。因此在后继进行讲解时根据描述重点方面的不同可能称之为部位，也可能称之为骨骼。

代码位置：源代码/第 9 章/ Sample9_1/src/com/bn/Sample9_1 目录下的 BodyPart.java。

```
package com.bn.Sample9_1;                              //包声明
  import java.util.ArrayList;                          //相关类的引入
  import android.opengl.Matrix;                        //相关类的引入
  public class BodyPart{                               //身体部位类
    LoadedObjectVertexNormalTexture lovnt;             //从 obj 文件加载的绘制者
    int index;                                         //绘制用最终矩阵索引
    MySurfaceView msv;                                 //对应的 GLSurfaceView
    float[] mFather=new float[16];                     //此骨骼在父骨骼坐标系中的实时变换矩阵
    float[] mWorld=new float[16];                      //此骨骼在世界坐标系中的实时变换矩阵
    float[] mFatherInit=new float[16];                 //此骨骼在父骨骼坐标系中的初始变换矩阵
    //此骨骼初始情况下在世界坐标系中变换矩阵的逆矩阵
    float[] mWorldInitInver=new float[16];//此骨骼在世界坐标系中的初始变换矩阵的逆矩阵
    float[] finalMatrix=new float[16];                 //最终变换矩阵
    float fx,fy,fz;                                    //此骨骼不动点在世界坐标系中的原始坐标
    ArrayList<BodyPart> childs=new ArrayList<BodyPart>();  //此骨骼的直接子骨骼列表
```

```
        BodyPart father;                          //指向父骨骼的引用
        Robot robot;                              //指向机器人对象的引用
        public BodyPart(float fx,float fy,float fz,LoadedObjectVertexNormalTexture
        lovnt, int index,MySurfaceView msv,Robot robot){         //构造器
            this.index=index;                     //初始化绘制用最终矩阵索引
            this.msv=msv;                         //初始化对应的 GLSurfaceView
            this.lovnt=lovnt;                     //初始化从 obj 文件加载的绘制者引用
            this.fx=fx;                           //初始化此骨骼不动点
            this.fy=fy;                           //在世界坐标系中的原始
            this.fz=fz;                           //x、y、z 坐标
            this.robot=robot;                     //初始化指向机器人对象的引用
        }
        ……//此处省略了骨骼动画所需矩阵计算的一些方法，将在后面介绍
    }
```

说明 上述 BodyPart 类的代码框架中声明了所需的一些成员变量，并在构造器中对一些成员变量进行了初始化。其中最有代表性的是 mFather、mWorld、mFatherInit、mWorldInitInver、finalMatrix 这几个矩阵，其各自的作用将在下面详细介绍。

（2）接着给出的是 BodyPart 类中省略的、与骨骼动画所需矩阵计算相关的一些重要方法，具体代码如下。

代码位置：源代码/第 9 章/ Sample9_1/src/com/bn/Sample9_1 目录下的 BodyPart.java。

```
public void copyMatrixForDraw(){  //将最终矩阵内容复制进绘制用最终矩阵的方法
    for(int i=0;i<16;i++){        //循环复制矩阵中的 16 个元素
      robot.fianlMatrixForDrawArray[index][i]=finalMatrix[i];
}}
  public void drawSelf(float[][] tempMatrixArray){       //绘制部位自身的方法
    if(lovnt!=null){                          //若此部位的绘制者不为空
          MatrixState.pushMatrix();           //保护现场
          MatrixState.setMatrix(tempMatrixArray[index]);//使用对应索引的绘制用最终矩阵
          lovnt.drawSelf();                   //绘制此部位
          MatrixState.popMatrix();            //恢复现场
    }
    for(BodyPart bp:childs){                  //循环绘制子部位
          bp.drawSelf(tempMatrixArray);       //绘制子部位
  }}
 public void initFatherMatrix(){   //初始化相关矩阵的方法
     float tx=fx;                  //复制此骨骼关节点在世界坐标系中的 X 坐标
     float ty=fy;                  //复制此骨骼关节点在世界坐标系中的 Y 坐标
     float tz=fz;                  //复制此骨骼关节点在世界坐标系中的 Z 坐标
     if(father!=null){  //若父骨骼不为空，则计算子骨骼在父骨骼坐标系中的原始坐标
           tx=fx-father.fx;        //子骨骼在父骨骼坐标系中原始坐标的 x 分量
           ty=fy-father.fy;        //子骨骼在父骨骼坐标系中原始坐标的 y 分量
           tz=fz-father.fz;        //子骨骼在父骨骼坐标系中原始坐标的 z 分量
     }
     Matrix.setIdentityM(mFather, 0);          //生成初始变换矩阵
     Matrix.translateM(mFather, 0, tx, ty, tz);       //将平移信息记录进矩阵
     for(int i=0;i<16;i++){             //复制变换矩阵进初始变换矩阵
           mFatherInit[i]=mFather[i];
     }
     for(BodyPart bc:childs){           //循环初始化所有子骨骼相关矩阵
           bc.initFatherMatrix();       //调用子骨骼的 initFatherMatrix 方法
 }}
   public void calMWorldInitInver(){//计算此骨骼在世界坐标系中初始变换矩阵逆矩阵的方法
     Matrix.invertM(mWorldInitInver, 0, mWorld, 0);//对自身计算
     for(BodyPart bc:childs){           //循环对所有的子骨骼进行计算
           bc.calMWorldInitInver();     //调用子骨骼的 calMWorldInitInver 方法
 }}
   public void updateBone(){            //层次级联更新骨骼变换矩阵的方法
     if(father!=null){                  //更新自己在世界坐标系中的变换矩阵
           //若父骨骼不为空，则此骨骼在世界坐标系中的变换矩阵为自身矩阵乘以父骨骼矩阵
           Matrix.multiplyMM(mWorld, 0, father.mWorld, 0, mFather, 0);
     }else{
           //若父骨骼为空，则此骨骼在世界坐标系中的变换矩阵为自己的变换矩阵
           for(int i=0;i<16;i++){
```

```
44              mWorld[i]=mFather[i];
45          }}
46          calFinalMatrix();                    //调用 calFinalMatrix 方法计算绘制用最终矩阵
47          for(BodyPart bc:childs){             //循环更新所有子骨骼的变换矩阵
48              bc.updateBone();                 //调用子骨骼的 updateBone 方法
49      }}
50      public void calFinalMatrix(){            //计算最终矩阵的方法
51          Matrix.multiplyMM(finalMatrix, 0, mWorld, 0, mWorldInitInver, 0);
52      }
53      public void backToIInit(){               //骨骼姿态恢复到初始状态的方法
54          for(int i=0;i<16;i++){
55              mFather[i]=mFatherInit[i];       //循环复制矩阵中的 16 个元素
56          }
57          for(BodyPart bc:childs){             //循环对所有的子骨骼执行恢复动作
58              bc.backToIInit();                //调用子骨骼的 backToIInit 方法
59      }}
60      public void transtate(float x,float y,float z){         //骨骼自身平移的方法
61          Matrix.translateM(mFather, 0, x, y, z);         //将平移信息记录进矩阵
62      }
63      public void rotate(float angle,float x,float y,float z){ //骨骼自身旋转的方法
64          Matrix.rotateM(mFather,0,angle,x,y,z);          //将旋转信息记录进矩阵
65      }
66      public void addChild(BodyPart child){           //添加子骨骼的方法
67          childs.add(child);                          //添加子骨骼
68          child.father=this;                          //确定父骨骼
69      }}
```

❑ 第 1～第 4 行为将最终矩阵内容复制进绘制用最终矩阵数组的 copyMatrixForDraw 方法，之所以需要进行这样的复制操作，是因为本案例中执行对骨骼进行变换实现模型动作的是一个线程，而绘制模型的是另一个线程(系统提供的 GL 线程)。两个线程同时运行时，如果不考虑并发访问的问题，可能会引起间或的图像撕裂，这在后面会进一步介绍。

❑ 第 5～第 14 行为绘制骨骼对应部位自身的 drawSelf 方法，首先基于此部位对应的绘制用最终矩阵绘制自身，然后循环绘制所有的子部位。

❑ 第 15～第 31 行为初始化骨骼相关矩阵的 initFatherMatrix 方法，首先计算出每块骨骼对应关节点在以父骨骼对应关节点为原点的坐标系中的坐标，同时将坐标的 x、y、z 分量作为 x、y、z 三个轴的平移距离记录进一个基本变换矩阵中，同时还将此矩阵的元素值复制进初始基本变换矩阵。

❑ 第 32～第 36 行为计算此部件对应骨骼在世界坐标系中初始变换矩阵逆矩阵的方法 calMWorldInitInver，首先计算此骨骼自己初始变换矩阵的逆矩阵，然后循环计算所有子部件对应骨骼的初始变换矩阵的逆矩阵。

❑ 第 37～第 49 行为层次级联更新骨骼变换矩阵的方法 updateBone，其中通过将骨骼自身的变换矩阵乘以其父骨骼变换矩阵的方法得到此骨骼在世界坐标系中的变换矩阵。

❑ 第 50～第 52 行为计算最终矩阵的 calFinalMatrix 方法，通过将骨骼在世界坐标系中的变换矩阵乘以此骨骼在世界坐标系中的初始变换矩阵的逆矩阵得到此骨骼所控制顶点的最终变换矩阵，为绘制服务。

❑ 第 60～第 65 行为骨骼自身以其关节点为参照进行平移及旋转的 transtate 与 rotate 方法，实际模型的动作就是由各块骨骼的这两个方法配合执行完成的。

(3) 下面给出的是初始化机器人模型身体各个部位以及负责管理、绘制各个部位的 Robot 类，其代码如下。

代码位置：源代码/第 9 章/ Sample9_1/src/com/bn/Sample9_1 目录下的 Robot.java。

```
package com.bn.Sample9_1;               //包声明
public class Robot{
    //声明机器人模型身体各个部位的引用
    BodyPart bRoot,bBody,bHead,bLeftTop,bLeftBottom,bRightTop,bRightBottom,
    bRightLegTop,bRightLegBottom,bLeftLegTop,bLeftLegBottom,bLeftFoot,bRightFoot;
    BodyPart[] bpArray;               //机器人身体部位的引用数组
```

```
7        float[][] fianlMatrixForDrawArray;  //用于绘制的最终矩阵数组
8        float[][] fianlMatrixForDrawArrayTemp; //用于绘制的临时最终矩阵数组
9        Object lock=new Object();    //绘制数据锁
10       public Robot(LoadedObjectVertexNormalTexture[] lovntArray,MySurfaceView msv){
11           bRoot=new BodyPart(0,0,0,null,0,msv,this);//创建根骨骼对应的部位
12           ……//此处省略了创建模型身体一些部位对象的代码，读者可以自行查看随书中的源代码
13           bRightFoot=new BodyPart(-0.068f,0.038f,0.033f,lovntArray[11],12,msv,this);
14           bpArray=new BodyPart[]{//将所有部位的引用存放进数组
15                   bRoot,bBody,bHead,bLeftTop,bLeftBottom,bRightTop,bRightBottom,bRightLegTop,
16                   bRightLegBottom,bLeftLegTop,bLeftLegBottom,bLeftFoot,bRightFoot};
17           fianlMatrixForDrawArray=new float[bpArray.length][16];
18           fianlMatrixForDrawArrayTemp=new float[bpArray.length][16];
19           ……//此处省略了组织各个部位层次关系的代码，读者可以自行查看随书中的源代码
20           bRoot.initFatherMatrix();      //调用 initFatherMatrix 方法初始化相关矩阵
21           bRoot.updateBone(); //调用 updateBone 方法计算骨骼在世界坐标系中的初始变换矩阵
22           bRoot.calMWorldInitInver();//调用 calMWorldInitInver 方法计算初始变换矩阵的逆矩阵
23       }
24       ……//此处省略了部分源代码，读者可以自行查看随书中的源代码
25       public void flushDrawData(){   //将最终变换矩阵复制进绘制用最终变换矩阵的方法
26         synchronized(lock){         //加锁同步，防止多线程同时访问
27           for(BodyPart bp:bpArray){  //循环身体的各个部位
28             bp.copyMatrixForDraw();  //执行复制操作
29       }}}
30       public void drawSelf(){             //绘制机器人模型的方法
31           synchronized(lock){             //加锁同步，防止多线程同时访问
32           for(int i=0;i<bpArray.length;i++){//循环身体的各个部位
33               for(int j=0;j<16;j++){//将绘制用最终矩阵数组中的数据复制进绘制用临时最终矩阵数组
34                   fianlMatrixForDrawArrayTemp[i][j]=fianlMatrixForDrawArray[i][j];
35       }}}
36       MatrixState.pushMatrix();                           //保护现场
37       bRoot.drawSelf(fianlMatrixForDrawArrayTemp);        //绘制根骨骼对应的部位
38       MatrixState.popMatrix();                            //恢复现场
39       }}
```

- 第 10～第 23 行为 Robot 类的构造器，首先创建组成机器人身体各个部位的对象，然后组织各个部位对象之间的层次关系，最后调用相关方法完成骨骼动画所需相关矩阵的初始化。其中第 11～第 13 行是创建机器人模型身体各个部位对象的代码，这些代码在调用 BodyPart 类的构造器时给出的前 3 个参数是骨骼对应关节不动点在世界坐标系中的坐标。这些不动点的数据可以通过手工计算给出，也可以通过某种设计工具获得。此案例中的数据是笔者的学员用 3ds Max 模型设计工具设计机器人模型时一并通过 3ds Max 获得的。
- 第 25～第 29 行为将最终变换矩阵数组在加锁同步的情况下复制进绘制用最终矩阵数组的 flushDrawData 方法。
- 第 30～第 39 行为绘制机器人模型的 drawSelf 方法，其中首先在加锁同步的情况下将绘制用最终矩阵数组中的值复制进方法本地的绘制用临时最终矩阵数组，然后基于绘制用临时最终矩阵数组绘制了机器人身体的各个部位。虽然代码（第 35 行）仅仅体现了对根骨骼对应部位的绘制，但绘制工作实际上是从根骨骼对应的部位开始级联一层一层完成的。

> **提示**　上述代码中无论是将数据复制进绘制用最终矩阵数组，还是从绘制用最终矩阵数组中复制出数据，都是在加锁同步的情况下完成的。这是为了避免多线程使用同一份数据时造成访问冲突，这种解决问题的方法在本书 2.5 节中也曾介绍过，读者在实际开发中也可以借鉴这种思路。

（4）接着给出的是 Action 类，每一个 Action 类的对象代表一个要执行的动作，如手臂从某个角度挥动到另外一个角度等，其具体代码如下。

代码位置：源代码/第 9 章/ Sample9_1/src/com/bn/Sample9_1 目录下的 Action.java。

```
package com.bn.Sample9_1;        //包声明
  public class Action{
```

```
        float[][] data;              //要执行动作的数据
    int totalStep;                   //总步骤数
}
```

说明　总步骤数是指完成此动作需要的子步骤数，也就是说此动作分多少步完成。

（5）最后给出的是线程类DoActionThread，其作用是根据读取的动作数据不断修改机器人模型中各个骨骼的姿态，从而产生机器人模型不断运动的效果，具体代码如下。

代码位置：源代码/第9章/Sample9_1/src/com/bn/Sample9_1目录下的DoActionThread.java。

```
package com.bn.Sample9_1;                                  //包声明
public class DoActionThread extends Thread{
    int currActionIndex=0;                                 //当前动作编号
    int currStep=0;                                        //当前动作已执行的步骤数
    Action currAction;                                     //当前动作数据
    Robot robot;                                           //指向所控制机器人的引用
    MySurfaceView msv;                                     //指向MySurfaceView的引用
    public DoActionThread(Robot robot,MySurfaceView msv){
        this.robot=robot;                                  //初始化指向所控制机器人的引用
        this.msv=msv;                                      //初始化指向MySurfaceView的引用
    }
    public void run(){                                     //重写的run方法
        try{
            Thread.sleep(500);                             //开始时线程休眠500ms
        }catch (InterruptedException e){
            e.printStackTrace();                           //处理异常
        }
        currAction=ActionGenerator.acArray[currActionIndex];    //获取当前的动作
        while(true){                                       //不断循环执行动作
            robot.backToInit();                            //调用backToInit方法
            if(currStep>=currAction.totalStep){            //若当前动作执行完毕
                //计算出下一个动作的索引
                currActionIndex=(currActionIndex+1)%ActionGenerator.acArray.length;
                currAction=ActionGenerator.acArray[currActionIndex];//获取下一个动作
                currStep=0;                                //当前动作已执行步骤数设置为0
            }
            for(float[] ad:currAction.data){               //遍历数据中的每个组成部分
                int partIndex=(int) ad[0];                 //取出部位索引
                int aType=(int)ad[1];                      //取出动作类型
                if(aType==0){                              //若aType为0，则此动作为平移
                    float xStart=ad[2];                    //起始位置的x坐标
                    float yStart=ad[3];                    //起始位置的y坐标
                    float zStart=ad[4];                    //起始位置的z坐标
                    float xEnd=ad[5];                      //结束位置的x坐标
                    float yEnd=ad[6];                      //结束位置的y坐标
                    float zEnd=ad[7];                      //结束位置的z坐标
                    //根据当前动作已执行的步骤数、线性插值计算出当前的平移数据
                    float currX=xStart+(xEnd-xStart)*currStep/currAction.totalStep;//x分量
                    float currY=yStart+(yEnd-yStart)*currStep/currAction.totalStep;//y分量
                    float currZ=zStart+(zEnd-zStart)*currStep/currAction.totalStep;//z分量
                    //将当前部位的平移信息记录进此部位对应骨骼的变换矩阵
                    robot.bpArray[partIndex].transtate(currX, currY, currZ);
                }else if(aType==1){                        //若aType为1，则此动作为旋转
                    float startAngle=ad[2];                //旋转的起始角度
                    float endAngle=ad[3];                  //旋转的结束角度
                    float currAngle=startAngle+(endAngle-startAngle)* currStep/
                    currAction.totalStep;//根据当前动作已执行的步骤数、线性插值计算出当前的旋转角度
                    //取出此部位对应骨骼的旋转轴向量
                    float x=ad[4];                         //旋转轴向量的x分量
                    float y=ad[5];                         //旋转轴向量的y分量
                    float z=ad[6];                         //旋转轴向量的z分量
                    //将当前部位的旋转信息记录进此部位对应骨骼的变换矩阵
                    robot.bpArray[partIndex].rotate(currAngle, x, y, z);
            }}
            robot.updateState();                           //调用updateState方法
            robot.flushDrawData();                         //调用flushDrawData方法
            currStep++;                                    //当前动作已执行步骤数加1
```

```
58        try{
59            Thread.sleep(30);                      //每个动作执行步骤之间休息 30ms
60        }catch (InterruptedException e){           //捕获异常
61            e.printStackTrace();                   //打印异常信息
62    }}}}
```

- 第 3～第 7 行声明了本类中所需的一些成员变量，主要包括当前动作编号 currActionIndex、当前动作已执行步骤数 currStep、当前动作数据 currAction 等，供后面的业务代码使用。
- 第 12～第 62 行为重写的、线程用于执行任务的 run 方法，所有骨骼动画的动态计算工作都是在其中完成的。其中最主要的是第 19～第 61 行的循环，此循环不断获取并执行既定的动作，执行完一个动作就获取并执行下一个动作，一直循环往复。
- 从上述 run 方法的代码中可以看出，每个动作对象中包含一套数据，一套数据中有好几组数据。每组数据对应一个部位的骨骼。每组数据既可能包含的是平移动作信息，也可能包含的是旋转动作信息。取出数据后，线程根据当前动作已执行步骤数以及此动作总步骤数插值计算出当前步骤的姿态数据并设置进对应的骨骼。

> **说明**
>
> 从上述代码第 18 和第 24 行中都能看出，动作的数据来自于 ActionGenerator 类中的 acArray 数组，其中包含了本案例中的所有动作数据。由于 ActionGenerator 类中仅包含动作数据，故这里就不给出其代码了，需要的读者可以自行查看随书中的源代码。
>
> 同时读者可能还会有疑问，这些动作数据是怎么产生的？对这个案例，是笔者的学员手动编制的，但在大公司的虚拟现实或游戏作品中一般会通过自己的设计器或动作采集器获得这些类似的数据。

到这里为止，骨骼动画的基本原理及实现就介绍完了，读者有这方面的需要时可以参照本节案例开发自己的具有骨骼动画的动态模型。

9.1.3　机器人模型在地面上运动时的问题

实际运行并观察过上一节案例的读者应该都会感觉到场景中机器人模型的动作还是比较真实的，但实际情况并不完全如此。由于场景中机器人模型执行的是行走的动作，因此可以在场景中加入一个平面代表地面。

这时细致地观察就会发现问题所在，运动过程中机器人模型脚最低点的 y 坐标是会有微小变化的，这就导致在运动过程中会出现脚穿地的现象，如图 9-4 所示。

产生这种现象的原因是，真实世界人走路的过程中身体会有微小的起伏，以保证脚部的最低点不低于地面。而本案例中脚的部位（bLeftFoot、bRightFoot）所对应的骨骼是身体部位（bBody）骨骼的第三层子骨骼，同时案例中身体部位其实是静止的，这就造成了运动过程中脚部的最低点会有微小起伏而产生穿地的现象。

故本小节将通过案例 Sample9_1 的升级版 Sample9_2 来向读者介绍如何使案例中人物的身体部位合理地上下移动，从而避免产生机器人模型脚部穿过地面的现象，其运行效果如图 9-5 所示。

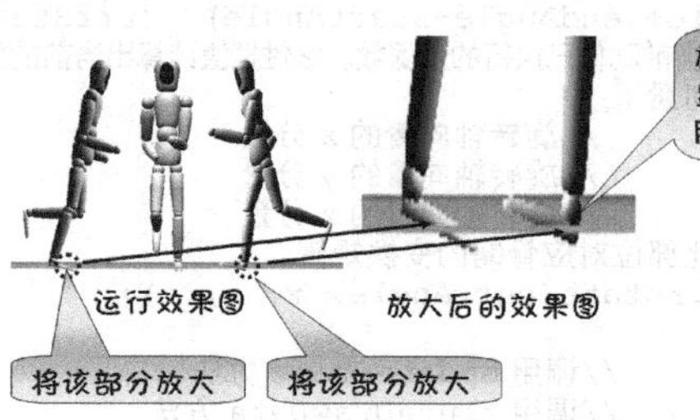

▲图 9-4　案例 Sample9_1 加上地面后的运行效果图

▲图 9-5　案例 Sample9_2 的运行效果图

从图 9-5 中可以看出，升级后的案例运行时已经不存在脚部穿地的现象了。由于仅仅观察插图可能看不清楚，这里建议读者采用真机运行案例并细致观察、体会。

> **说明**　实际开发中是否需要解决模型脚部穿地的问题要视具体情况而定，若案例中的模型在空中飞行，则不需要考虑此问题。

了解了本小节案例的运行效果后，就可以进行代码的开发了。由于本案例中的大部分代码来自于上一小节中的案例，因此这里对重复的内容不再赘述，仅给出本案例中有特色的类以及方法。

（1）首先给出的是表示模型身体部位的 BodyPart 类，其中增加了一些服务于解决脚部穿地问题的代码，具体内容如下。

代码位置：源代码/第 9 章/Sample9_2/ src/com/bn/Sample9_2 目录下的 BodyPart.java。

```
1   package com.bn.robot;                              //包声明
2     import java.util.ArrayList;                      //相关类的引用
3     import android.opengl.Matrix;                    //相关类的引用
4     public class BodyPart {                          //身体部件
5         boolean lowestFlag=false;                    //是否有最低控制点
6         float[][] lowestDots;                        //最低控制点序列
7         ……//此处省略了部分源代码，有兴趣的读者可以自行查看随书中本案例的源代码
8         public BodyPart(float fx,float fy,float fz,LoadedObjectVertexNormalTexture
9         lovnt,int index,boolean lowestFlag,float[][] lowestDots,
10        MySurfaceView msv,Robot robot){                //构造器
11            this.index=index;                         //初始化绘制用最终矩阵索引
12            this.msv=msv;                             //初始化对应的 GLSurfaceView
13            this.lovnt=lovnt;                         //初始化从 obj 文件加载的绘制者引用
14            this.fx=fx;       //此骨骼不动点在世界坐标系中的原始坐标的 x 分量
15            this.fy=fy;       //此骨骼不动点在世界坐标系中的原始坐标的 y 分量
16            this.fz=fz;       //此骨骼不动点在世界坐标系中的原始坐标的 z 分量
17            this.robot=robot;                         //初始化指向机器人对象的引用
18            this.lowestDots=lowestDots;               //初始化最低控制点序列
19            this.lowestFlag=lowestFlag;               //初始化是否有最低控制点的标志位
20      }
21      public void calLowest() {                      //级联计算最低控制点运动后位置
22            if(lowestFlag){                           //若是否有最低控制点的标志位为 true
23                for(float[] p:lowestDots){             //循环对每一个最低控制点进行计算
24                  float[] pqc={p[0],p[1],p[2],1};      //该点的初始坐标
25                  float[] resultP={0,0,0,1};           //用于存储变化后的点的坐标
26                  Matrix.multiplyMV(resultP,0,finalMatrix,0,pqc,0);//计算变换后的坐标
27                  if(resultP[1]<robot.lowest){//如果该点 y 坐标小于当前模型最低点 y 坐标
28                  robot.lowest=resultP[1];        //更新机器人模型的最低点 y 坐标
29            }}}
30            for(BodyPart bp:childs){                  //对所有的子部位进行相同的计算
31                bp.calLowest();
32    }}
33        ……//此处省略了部分源代码，有兴趣的读者可以自行查看随书中本案例的源代码
34    }
```

- 从第 5～第 20 行中可以看出，主要的变化是在成员变量的声明部分增加了两个成员变量，其中 lowestDots 为此部位最低控制点的原始坐标序列，lowestFlag 为此部位是否有最低控制点的标志位。同时还在新增的构造器中相比于原有的构造器增加了对这两个成员变量进行初始化的代码。
- 第 21～第 32 行为在运行过程中供调用以计算出部位运动后最低控制点实际坐标的 calLowest 方法。此方法会级联计算所有的部位，并最终将 y 坐标最小的最低控制点的 y 坐标记录进机器人模型对象的 lowest 成员变量中，供绘制时微调身体部位的 y 坐标时使用。

> **提示**　所谓最低控制点是指给某些可能穿地的部位指定的、不允许低于地面高度的点。如本案例中就给脚部指定了两个最低控制点，分别位于脚尖与脚跟。在运行过程中根据部件姿态的变化和最低控制点的原始坐标计算出实际的最低控制点坐标，进一步可以得到所有最低控制点中最小的 Y 值，将地面高度减去此最小 Y 值即可得到绘制机器人模型的整体高度调整值。

（2）接着给出的是初始化机器人模型身体各个部位以及负责管理、绘制各个部位的 Robot 类，其中同样也增加了一些服务于解决脚部穿地问题的代码，具体内容如下。

代码位置：源代码/第 9 章/Sample9_2/ src/com/bn/Sample9_2 目录下的 Robot.java。

```
1    package com.bn.Sample9_2;              //包声明
2    public class Robot {
3        ……//此处省略了部分源代码，有兴趣的读者可以自行查看随书中本案例的源代码
4        float lowest=Float.MAX_VALUE;      //最低控制点的 Y 坐标
5        float lowestForDraw;               //用于绘制的最低控制点 Y 坐标
6        ……//此处省略了部分源代码，有兴趣的读者可以自行查看随书中本案例的源代码
7        public void calLowest(){
8            lowest=Float.MAX_VALUE;        //将最低点 y 坐标更新为浮点数最大值
9            bRoot.calLowest();             //调用根部位的 calLowest 方法
10       }
11       public Robot(LoadedObjectVertexNormalTexture[] lovntArray,MySurfaceView msv){
12           ……//此处省略了部分源代码，有兴趣的读者可以自行查看随书中本案例的源代码
13           bLeftFoot=new BodyPart(      //创建左脚对应部位对象
14               0.068f,0.038f,0.033f,//关节不动点坐标
15               lovntArray[10],          //从 obj 文件加载的绘制者
16               11,                      //绘制用最终矩阵索引
17               true,                    //是否有最低控制点标志
18               new float[][]{{0.068f,0.0f,0.113f},{0.068f,0f,-0.053f}},//最低控制点序列
19               msv,
20               this );
21           bRightFoot=new BodyPart ( //创建右脚对应部位对象
22           -0.068f,0.038f,0.033f,      //关节不动点坐标
23           lovntArray[11],             //从 obj 文件加载的绘制者
24           12,                         //绘制用最终矩阵索引
25           true,                       //是否有最低控制点标志
26           new float[][]{{-0.068f,0.0f,0.113f},{-0.068f,0f,-0.053f}},//最低控制点序列
27           msv,
28           this );
29           ……//此处省略了部分源代码，有兴趣的读者可以自行查看随书中本案例的源代码
30       }
31       public void drawSelf(){                            //绘制机器人模型的方法
32           synchronized(lock){                            //加锁同步，防止多线程同时访问
33           for(int i=0;i<bpArray.length;i++){  //循环身体的各个部位
34           for(int j=0;j<16;j++){//将绘制用最终矩阵数组中的数据复制进绘制用临时最终矩阵数组
35               fianlMatrixForDrawArrayTemp[i][j]=fianlMatrixForDrawArray[i][j]
;
36           }}
37           lowestForDrawTemp=lowestForDraw;//复制最低控制点的 y 坐标进绘制用临时变量
38       }
39         MatrixState.pushMatrix();                        //保护现场
40         MatrixState.translate(0, -lowestForDrawTemp, 0);//调整整体绘制高度
41         bRoot.drawSelf(fianlMatrixForDrawArrayTemp);     //绘制根骨骼对应的部位
42         MatrixState.popMatrix();                         //恢复现场
43   }}
```

- 第 4 和第 5 行增加了两个成员变量的声明，分别为最低控制点的 y 坐标 lowest 和用于绘制的最低控制点的 Y 坐标 lowestForDraw。
- 第 7～第 10 行为计算机器人模型中所有部件最低控制点最小 y 坐标的 calLowest 方法。首先将用于存储最低控制点 y 坐标的 lowest 变量的值更新为最大的浮点数，然后从根骨骼开始级联计算每块骨骼的最低控制点 y 坐标。
- 第 11～第 30 行为本类的构造器，主要是修改了创建左右脚部位对象的代码，改为采用需要传入最低控制点序列的构造器版本。
- 第 31～第 43 行为绘制机器人模型的 drawSelf 方法，其中主要有两点变化。首先在复制数据时增加了第 37 行复制最低控制点的 y 坐标进绘制用临时变量的相关代码，其次是在绘制根骨骼对应部位之前增加了第 40 行的调整整体绘制高度的代码。

提示 本案例中最低控制点的数据也是笔者的学员在用 3ds Max 设计机器人模型时，用 3ds Max 设计工具一并获得的。读者既可以采用与笔者相同的策略，也可以采用其他的策略获得这些数据。

（3）最后一处需要关注的有重要变化的是 DoActionThread 类，在其中的 run 方法中增加了调用机器人模型对象 calLowest 方法的代码，具体内容如下。

代码位置：源代码/第 9 章/Sample9_2/src/com/bn/Sample9_2 目录下的 DoActionThread.java。

```
robot.calLowest();                                    //调用 calLowest 方法
```

说明 calLowest 方法在前面步骤中已经详细介绍过，这里不再赘述。

到这里为止，骨骼动画的基本原理与开发就介绍完了。读者需要注意的是，本节的重点在于对骨骼动画原理的介绍，实际的游戏开发中一般不会直接采用本节介绍的实现方式，而是会直接加载预先做好的骨骼动画数据文件，下一节将对此进行详细介绍。

9.2 ms3d 文件的加载

上一节通过两个案例介绍了骨骼动画的基本原理与开发，但这两个案例采用的模型各个部位之间是分离的，并且关节、动作等数据都需要开发人员自己提供，实用性稍差。本节将介绍很多大型游戏中采用的骨骼动画解决方案——加载 ms3d 文件，大名鼎鼎的 CS 就是采用 ms3d 文件作为其骨骼动画的格式。

9.2.1 ms3d 文件的格式

介绍如何加载 ms3d 格式的骨骼动画文件之前，首先有必要了解 ms3d 文件的背景知识与数据组织格式。ms3d 文件是用 3D 模型设计工具 MilkShape 3D 制作的、一种带骨骼动画的模型文件格式。

ms3d 文件主要存储模型的顶点与三角形组信息、关节信息（子骨骼与父骨骼）、骨骼平移与旋转的关键帧信息等。模型加载后通过对关键帧中的平移与旋转数据进行合理的线性插值，即可得到当前模型各个关节的变换矩阵，进而可以计算当前模型所有顶点的坐标，从而确定模型当前的姿态以进行绘制。

了解了 ms3d 文件的背景知识以后，下面进一步介绍 ms3d 文件的数据组织格式。ms3d 文件中的数据可以分为两个部分：文件头部分与各方面具体数据部分，如图 9-6 所示。

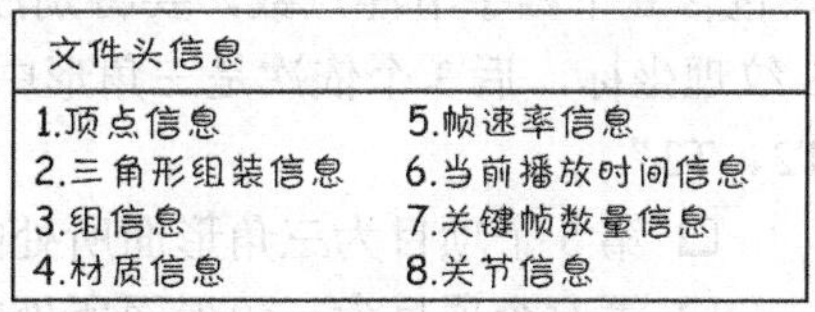

▲图 9-6　ms3d 文件两个部分的示意图

1. 文件头信息

文件头的长度为 14 个字节，前 10 个字节为固定的标志字符串 “MS3D000000”，其中后 6 个字节就是字符‘0’。后 4 个字节为该模型格式的版本号，这 4 个字节为一个有符号整数，目前该版本号的值为 3 或 4，两种版本的格式细节有所不同。

2. 顶点信息

紧接着文件头的是模型的顶点信息数据部分，此部分的前两个字节为一个无符号整数，表示顶点的数量，之后便是一个接一个的顶点数据。顶点的数据包括以下 4 个方面的项目。

- 第 1 个项目为该顶点在编辑器中的状态，包括一个字节型的整数，其各个值的含义如表 9-2 所列。

表 9-2　　顶点状态值含义

值	含　义	值	含　义
0	顶点可见，未选中状态	2	顶点不可见，未选中状态
1	顶点可见，选中状态	3	顶点不可见，选中状态

- 第 2 个项目为顶点的 x、y、z 坐标，包括 3 个四字节浮点数，总共 12 字节。
- 第 3 个项目为该顶点所绑定骨骼的 ID 号，包括一个字节型的整数。如果该值为-1，则代表此顶点没有绑定任何骨骼。
- 第 4 个数据目前不包含有用信息，长度为一个字节。

3. 三角形组装信息

紧跟顶点信息的是三角形组装信息，其主要作用是告诉应用程序哪些顶点与哪些顶点组装成三角形面。这部分数据的前两个字节组成一个无符号整数，表示三角形面的数量。接着便是每个三角形面的组装信息，分为 6 个项目，具体情况如下。

- 第 1 个项目为该三角形在编辑器中的状态，包括一个两字节长度的无符号整数。其具体值的含义如表 9-3 所列。

表 9-3　　三角形状态值含义

值	含义	值	含义
0	三角形可见，未选中状态	2	三角形不可见，未选中状态
1	三角形可见，选中状态	3	三角形不可见，选中状态

- 第 2 个项目为三角形面中 3 个顶点的索引值，每个索引值为一个两字节长度的无符号整数，共包括 3 个两字节长度的无符号整数。
- 第 3 个项目为三角形面中 3 个顶点的法向量，每个法向量包括 3 个四字节浮点数，共包含 9 个四字节浮点数。
- 第 4 个项目为三角形面中 3 个顶点的 ST 纹理坐标，每个纹理坐标包括两个四字节浮点数，共包含 6 个四字节浮点数。要特别注意的是，这 6 个浮点数中前 3 个依次是三角形中 3 个顶点的 S 纹理坐标，后 3 个依次是三角形中 3 个顶点的 T 纹理坐标，也就是依次为“S1、S2、S3、T1、T2、T3”。
- 第 5 个项目为三角形面所处的平滑组编号，包含一个字节型的整数。
- 第 6 个项目为三角形面所处的组编号，包含一个字节型的整数。

4. 组信息

紧跟三角形组装信息的是组信息，其主要作用是将三角形面划分为不同的组，以提高灵活性。这部分数据的前两个字节组成一个无符号整数，表示组的数量。接着便是每个组的具体信息，分为 5 个项目，具体情况如下。

> **提示**　将三角形划分为不同的组对于增加应用程序的灵活性是很有好处的，这样不但模型的不同部分可以使用不同的纹理贴图、材质等，渲染时还可以根据需要仅渲染某些组中的三角形面。

❑ 第 1 个项目为该组在编辑器中的状态，包括一个字节型的整数，其各个值的含义如表 9-4 所列。

表 9-4 组状态值含义

值	含 义	值	含 义
0	组可见，未选中状态	2	组不可见，未选中状态
1	组可见，选中状态	3	组不可见，选中状态

❑ 第 2 个项目是长度为 32 字节的字符串，表示组的名称。

❑ 第 3 个项目为组内三角形的数量，包含一个两字节长度的无符号整数。

❑ 第 4 个项目为组内每个三角形面的索引，每个索引为一个两字节长度的无符号整数。第三个项目的值为多少，第四个项目中就有多少个索引。

❑ 第 5 个项目为此组的材质索引，包括一个字节型的整数。如果值为-1，则代表本组不包含材质。

说明 本案例 ms3d 文件中的组有两个，一个是忍者（组名 ninja），另一个是忍者手里的剑（组名 blade）。读者在后面运行本节对应的案例就会了解。

5. 材质信息

紧跟组信息的是材质信息，这部分数据的前两个字节组成一个无符号整数，表示材质的数量。接着便是每个材质的具体信息，分为 10 个项目，具体情况如下。

❑ 第 1 个项目为材质的名称，包含一个长度为 32 字节的字符串。

❑ 第 2 个项目为环境光的 4 个色彩通道的强度，每个色彩通道的强度为一个四字节浮点数，共包括 4 个四字节浮点数。

❑ 第 3 个项目为散射光的 4 个色彩通道的强度，每个色彩通道的强度为一个四字节浮点数，共包括 4 个四字节浮点数。

❑ 第 4 个项目为镜面光的 4 个色彩通道的强度，每个色彩通道的强度为一个四字节浮点数，共包括 4 个四字节浮点数。

❑ 第 5 个项目为自发光的 4 个色彩通道的强度，每个色彩通道的强度为一个四字节浮点数，共包括 4 个四字节浮点数。

❑ 第 6 个项目为镜面光的粗糙度，包括一个四字节的浮点数。

❑ 第 7 个项目为材质的透明度，包括一个四字节的浮点数。

❑ 第 8 个项目是一个单字节的整数，目前没有太大作用。

❑ 第 9 个项目是一个长度为 128 字节的字符串，是材质对应纹理图的路径。

❑ 第 10 个项目也是一个长度为 128 字节的字符串，是材质对应透明度贴图文件的路径。

说明 从上述介绍中可以看出，ms3d 模型文件中不包含纹理图等素材，仅包含素材的路径。

6. 帧速率信息

紧跟材质信息的是帧速率信息，其包含一个四字节浮点数，表示骨骼动画的帧速率。所谓帧速率（Frames Per Second，FPS），是指动画中每秒的帧数。一般情况下，此值越大，动画播放放入速度越快。

7. 当前播放时间信息

紧跟帧速率信息的是当前播放时间信息，其包含一个四字节浮点数，表示骨骼动画开始时的时间点。随着动画的播放，此值应该会不断变化。

8. 关键帧数量信息

紧跟当前播放时间信息的是关键帧数量信息，其包含一个四字节整数，表示骨骼动画中总共的关键帧数量。一个 ms3d 文件总共包含的动画总时间可以由关键帧数量除以帧速率得到。

9. 关节信息

紧跟关键帧数量信息的是关节信息，这部分数据的前两个字节组成一个无符号整数，表示关节的数量。接着便是每个关节的具体信息，分为 9 个项目，具体情况如下。

- 第 1 个项目为该关节在编辑器中的状态，包括一个字节型的整数，其各个值的含义如表 9-5 所列。

表 9-5　关节状态值含义

值	含　义	值	含　义
0	关节可见，未选中状态	2	关节不可见，未选中状态
1	关节可见，选中状态	3	关节不可见，选中状态

- 第 2 个项目是一个长度为 32 字节的字符串，表示关节的名称。
- 第 3 个项目也是一个长度为 32 字节的字符串，表示此关节的父关节名称。若此值为空，则表示此关节无父关节。
- 第 4 个项目为关节的初始旋转值，包括 3 个四字节的浮点数，分别代表欧拉角的 3 个分量。
- 第 5 个项目为关节的初始平移值，包括 3 个四字节的浮点数，分别代表平移的 X、Y、Z 分量。
- 第 6 个项目为关节的旋转关键帧数量，是一个两字节的无符号整数。
- 第 7 个项目为关节的平移关键帧数量，也是一个两字节的无符号整数。
- 第 8 个项目为关节的旋转关键帧数据，第 6 项关节的旋转关键帧数量为多少，就有多少组旋转关键帧数据。每组旋转关键帧数据包含两方面的数据，如表 9-6 所列。

表 9-6　旋转关键帧数据

数据名称	长　度	含　义
时间	一个四字节浮点数	表示此关键帧在动画中所处的时间点，单位为秒。
旋转数据	3 个四字节浮点数	表示此关键帧旋转的欧拉角。

- 第 9 个项目为关节的平移关键帧数据，第 7 项关节的平移关键帧数量为多少，就有多少组平移关键帧数据。每组平移关键帧数据包含两方面的数据，如表 9-7 所列。

表 9-7　平移关键帧数据

数据名称	长　度	含　义
时间	一个四字节浮点数	表示此关键帧在动画中所处的时间点，单位为秒
平移数据	3 个四字节浮点数	表示此关键帧平移量的 X、Y、Z 分量

到这里为止，ms3d 文件的数据组织格式就介绍完了。了解了 ms3d 文件的数据组织格式后就

可以开发应用程序加载并播放文件中的骨骼动画了，下一小节将介绍这方面的内容。

9.2.2 将 3ds Max 动画文件转换为 ms3d 文件

虽然在应用程序运行过程中直接加载 ms3d 文件是比较方便的，但是在模型以及设计动画的过程中是不太可能直接使用 ms3d 文件的，更多地都是使用 3ds Max 或 maya 自己的文件格式。因此，本小节将介绍如何将 3ds Max 动画文件转换为 ms3d 文件。

1. 下载及安装插件

由于 3ds Max 本身并不支持导出 ms3d 文件，因此进行转换之前，首先需要下载完成转换工作所需的 3ds Max 插件，下载插件的网址为 http://udn.epicgames.com/Two/ActorX。

> **提示** 下载时请读者注意选择与自己所使用的 3ds Max 版本对应的插件。例如，笔者使用的是 3ds Max 2010，因此下载的插件为 ActorX_249_Max2010_32bit。

下载成功后将得到一个 zip 压缩包，如 ActorX_249_Max2009_32bit.zip。将下载所得的压缩包解压缩，并将解压缩后的插件文件复制到 3ds Max 安装目录下的 plugins 子文件夹下，例如“C:\3dsmax2010\plugins”。最后重新启动 3ds Max。

2. 导出 PSK 和 PSA 文件

介绍了所需 ActorX 插件的下载及安装后，接下来下面将介绍如何使用插件“ActorX”在 3ds Max 中导出 PSK 和 PSA 文件，具体内容如下。

> **提示** 读者可能会有疑问，“不是需要导出 ms3d 文件吗，怎么变成导出 PSK 和 PSA 文件了？”这是由于导出 ms3d 文件需要使用 MilkShape 3D，而 MilkShape 3D 并不能直接导入 3ds Max 支持的动画文件格式，故需要经过 PSK 和 PSA 文件进行中转。

（1）首先打开 3ds Max，将带有骨骼动画的*.max 文件导入。然后选中界面中工具面板上的“锤子”图标（如图 9-7 所示），进入工具选项卡，如图 9-8 所示。

（2）在工具选项卡中单击“更多...”按钮，将弹出工具列表界面，如图 9-9 所示。

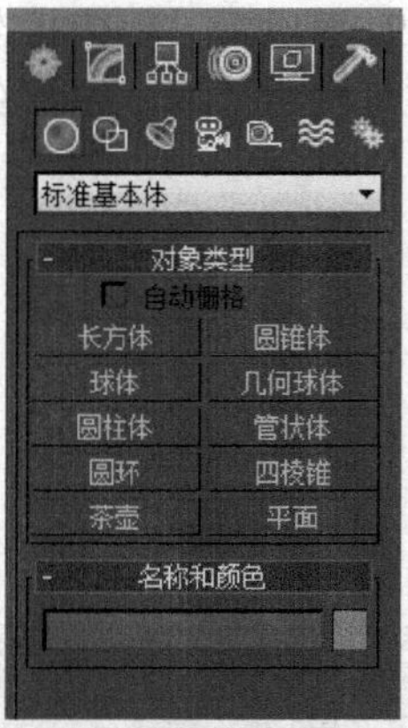

▲图 9-7 工具面板

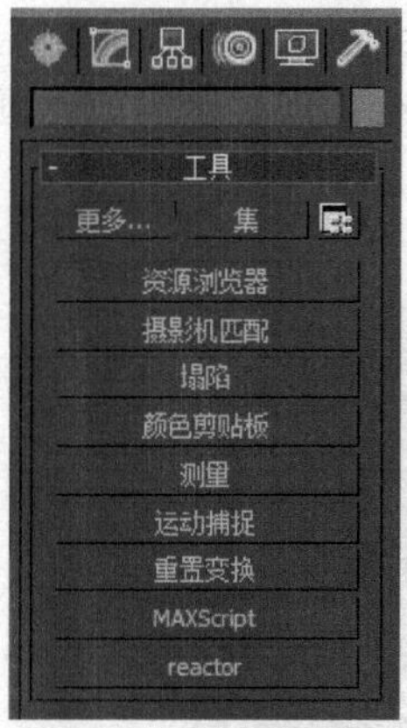

▲图 9-8 工具选项卡

▲图 9-9 工具列表

（3）然后在工具列表中选中“ActorX”，如图 9-9 所示。接着双击“ActorX”，将弹出 ActorX 工具界面，如图 9-10 所示。

（4）接着在 ActorX 工具界面中选择“Output”一栏中的“Browse”按钮，然后在弹出的文件对话框中选择导出文件的路径（如“C:\Users\Administrator\Desktop”），最后在“Mesh file name”文本框中输入要导出文件的名称（如“walk”），如图 9-11 所示。

（5）然后单击“Save mesh/refpose”按钮，导出 PSK 文件到指定的路径中，如图 9-12 所示。

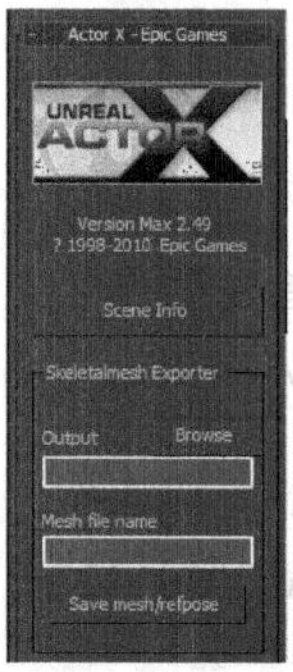

▲图 9-10　ActorX 工具界面

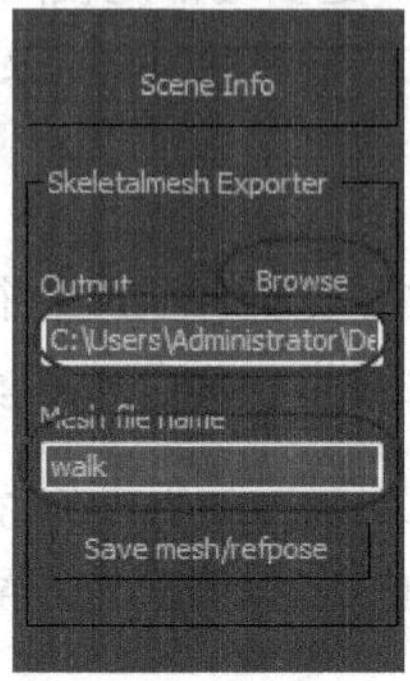

▲图 9-11　导出 PSK 文件界面

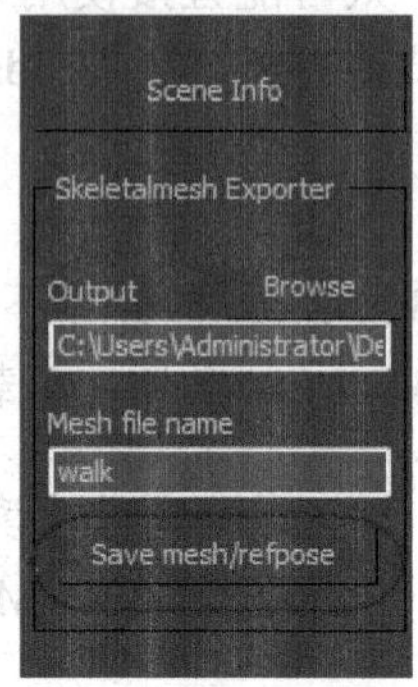

▲图 9-12　“Save mesh/refpose”按钮

（6）在导出过程中，首先会出现显示当前模型相关信息的对话框，如图 9-13 所示，此时单击“确定”按钮即可。接着会出现提示当前 PSK 文件保存成功的对话框，如图 9-14 所示，同样也是单击“确定”按钮关闭对话框。

▲图 9-13　显示当前模型相关信息的对话框

▲图 9-14　存储成功提示对话框

（7）成功导出 PSK 文件后，就需要进一步导出 PSA 文件了。首先在 ActorX 工具界面的“Animation file name”文本框中填写需导出 PSA 文件的名称（如“dance”），然后在“Animation sequence name”文本框中填写动作名称（如“dace”），最后在“Animation range”一栏中，指定输出帧的范围，格式为 “开始帧编号-结束帧编号”（如“0-400”），具体情况如图 9-15 所示。

（8）完成上述步骤后，单击“Digest animation” 按钮，如图 9-16 所示。等待状态栏的进度条走完，就完成了动画的采集，之后将会出现显示当前动画相关信息的对话框，如图 9-17 所示，再单击“确定”按钮关闭对话框。

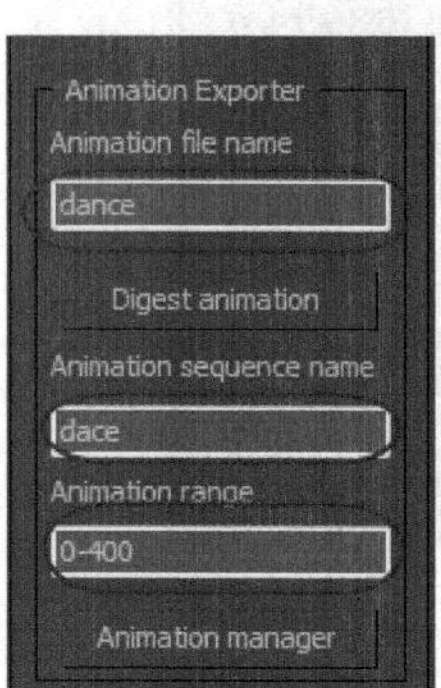

▲图 9-15　导出 PSA 文件界面

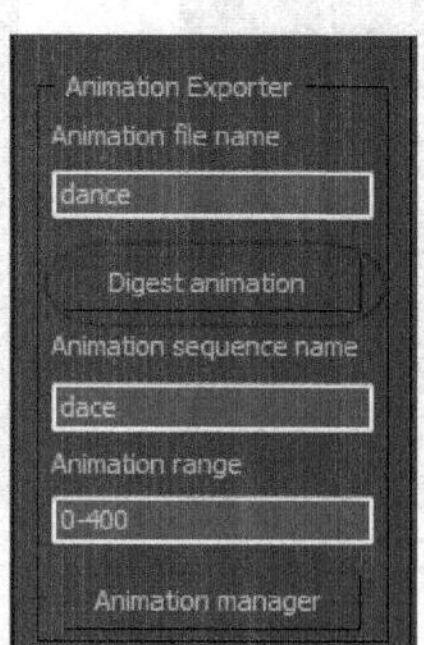

▲图 9-16　“Digest animation”按钮

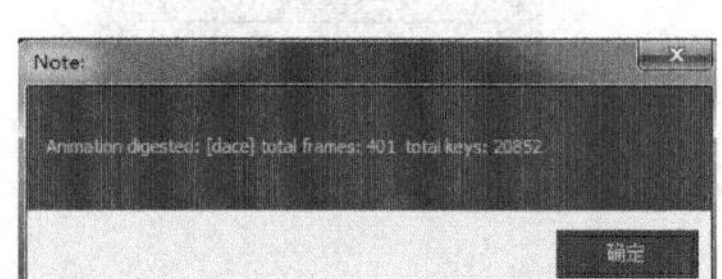

▲图 9-17　显示当前动画相关信息的对话框

（9）完成动画的采集后，单击“Animation manager”按钮，如图 9-18 所示。

（10）此时会打开 AcoorX animation manager 界面，在界面左侧列表中选中动作的名称（如“dace”），单击“→”箭头，如图 9-19 所示。

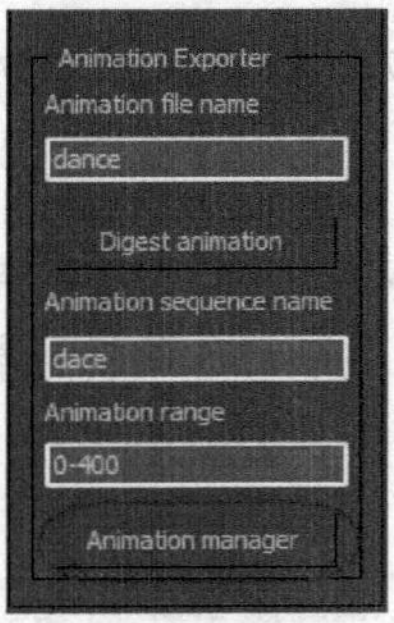

▲图 9-18 “Animation manager”按钮

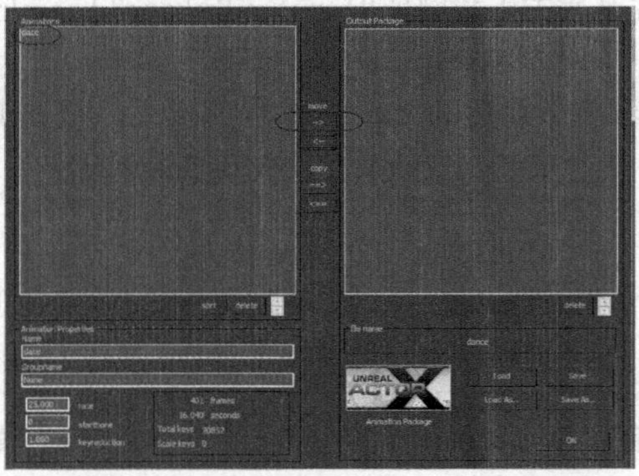

▲图 9-19 AcoorX animation manager 界面

（11）此时动作的名称会转移到右边的列表中，如图 9-20 所示。

（12）当动作的名称出现在右侧列表之后，单击“Save”按钮保存文件，如图 9-21 所示。

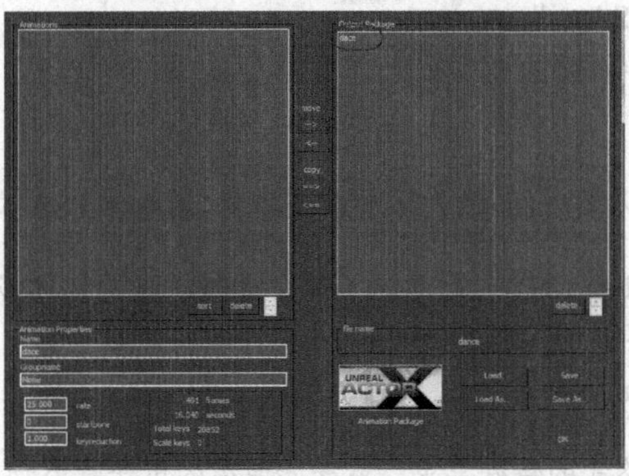

▲图 9-20 动作名称转移到窗口右侧列表

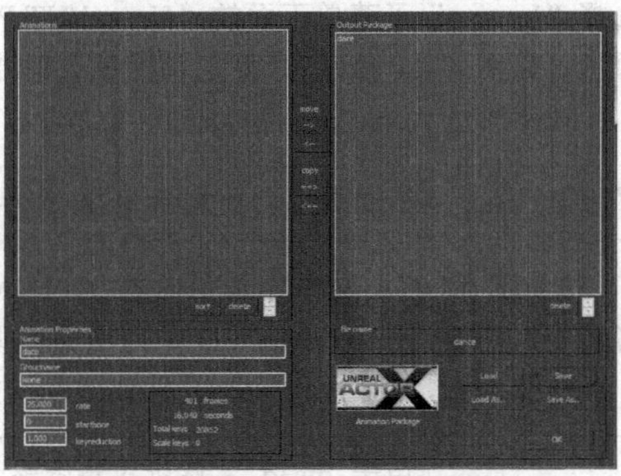

▲图 9-21 单击“save”按钮保存文件

（13）此时会出现显示当前文件相关信息的对话框，如图 9-22 所示。接着单击“确定”按钮，则保存成功。最后再单击“AcoorX animation manager”界面中的“OK”按钮，如图 9-23 所示，就完成了 PSA 文件的导出。

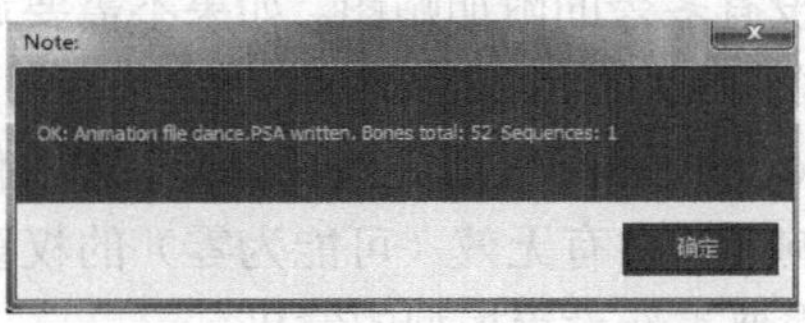

▲图 9-22 文件相关信息对话框

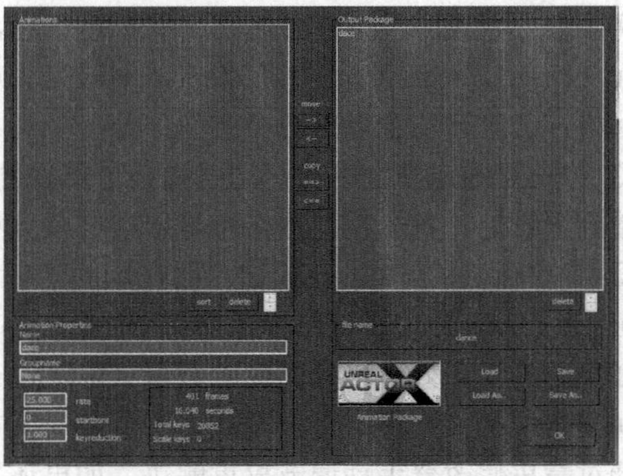

▲图 9-23 单击“OK”按钮

3. 将 PSK 和 PSA 文件转换为 ms3d 文件

前面介绍了如何利用“ActorX”插件在 3ds Max 中导出 PSK 和 PSA 文件，下面介绍如何使用 MilkShape 3D 软件将 PSK 和 PSA 文件转换为 ms3d 文件，具体步骤如下。

（1）首先从官方下载网址“http://milkshape3d.com/ms3d/register.html”中下载 MilkShape 3D 软件的压缩包，如“Milkshape3D_ha.zip”。

（2）接着将下载后的 zip 压缩包解压缩，单击其中的 exe 安装程序（如“Milkshape 3D V1.85.exe”）进行安装，安装后启动 MilkShape 3D。

> **提示**　Milkshape 3D 是一个用于制作各种游戏模型的绿色软件，它非常小巧。使用 Milkshape 3D 可以直接制作 ms3d 文件。但是由于 Milkshape 3D 的功能相对较弱，因此笔者仅仅用它帮助导出 ms3d 文件，而不用它直接制作骨骼动画。

（3）然后在 Milkshape 3D 的主界面中选中“File”菜单，再选择“Import”子菜单下面的“Unreal/UT PSK/PSA…”菜单项（如图 9-24 所示），接着按照软件的指示导入前面由 3ds Max 通过 ActorX 插件导出的 PSK 文件。

（4）接着在 Milkshape 3D 的主界面中选中“File”菜单，再选择“Import”子菜单下面的“Unreal/UT PSK/PSA…”菜单项（如图 9-24 所示），然后按照软件的指示导入前面由 3ds Max 通过 ActorX 插件导出 PSA 文件。

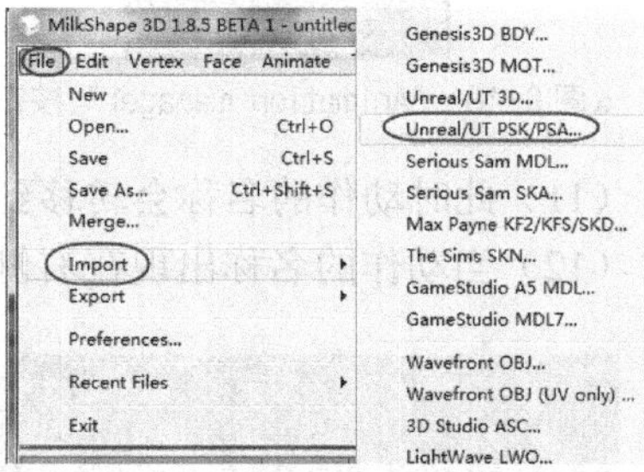

▲图 9-24　读取 PSK 和 PSA 文件

> **提示**　请读者注意 PSK 和 PSA 文件的导入顺序，必须先导入 PSK 文件，再导入 PSA 文件。

（5）PSK 和 PSA 文件导入完毕之后，在 MilkShape 3D 中就得到了带有骨骼动画的物体场景，读者可根据需要在 MilkShape 3D 中为所需模型贴图，然后保存为*.ms3d 文件即可。

到这里为止，3ds Max 动画文件就成功转换为 ms3d 文件了。

> **提示**　由于 ms3d 文件所支持骨骼动画格式的特殊要求，最开始使用的包含骨骼动画的 3ds Max 文件中只能包含一个根骨骼，其他子骨骼必须直接或者间接级联到此根骨骼上，否则转换不能成功。另外骨骼对应的模型蒙皮也只能是一套，不能包含多个蒙皮。

4. 导出时的常见问题

实际进行转换时，可能会遇到一些报错信息，这里简要介绍解决的方法。如果遇到“节点 ID 不匹配（Unmatched Node ID）”警告，一般是说明动画中存在导出工具无法将其与骨骼相关联的模型网格，此时请注意以下两个方面：

- 首先要确定模型中的一切组成一个层次的、树状的结构。其中所有的骨骼必须直接或者间接连接到根骨骼，各个模型网格也是层层级联到根骨骼所对应的模型网格。
- 其次确认任何 biped 或起辅助作用的几何图元上没有多余的附加贴图。如果不需要这些贴图，可以在 ActorX 设置菜单中不选择“Skin Export”下的“all textured”选项。

如果遇到“无效体格骨骼影响数量（Invalid number of physique bone influences）”警告信息，就说明模型中的某些顶点有一个或多个骨骼对其产生影响，其中有无效（可能为零）的权重。此时可通过蒙皮修改器手动调节权重解决，如果还不行则需要重新设置模型的蒙皮。

提示 这里仅仅讨论了笔者在转换过程中遇到的两个常见问题，实际操作时还可能会遇到其他问题，读者按照这里讨论的思路进一步摸索即可。

9.2.3 Java 语言加载 ms3d 文件案例的开发

前面两小节介绍了 ms3d 文件的数据组织格式，以及如何将 3ds Max 动画文件转换为 ms3d 文件。本小节将通过案例 Sample9_3 介绍如何使用 Android SDK 将 ms3d 文件中的数据加载进应用程序中，并通过 OpenGL ES 渲染呈现，其运行效果如图 9-25 所示。

▲图 9-25 Sample9_3 案例的运行效果

说明 图 9-25 中从左到右为不同时刻、不同角度观察案例场景的情况。由于本案例主要是体现动态效果，因此仅仅观察插图可能体会不到一些要点，建议读者采用真实设备运行本案例并观察、体会。另外在案例运行的过程中，当手指在屏幕上左右滑动时，摄像机绕场景水平旋转；当手指在屏幕上垂直滑动时，摄像机绕场景垂直转动，以便从不同的角度进行观察。

了解了本小节案例的运行效果后，接下来详细介绍本小节案例的具体开发过程。由于此案例中的部分类和前面章节很多案例中的类非常相似，因此在这里仅给出本案例中比较有代表性的部分，具体内容如下所列。

（1）首先给出的是用于绘制整个场景的 MySurfaceView 类。由于此类中有很大一部分代码与前面很多案例中的非常相似，因此这里仅给出此类中与本案例特色密切相关的部分，具体内容如下。

代码位置：源代码/第 9 章/Sample9_3/src/com/bn/joint/anmi 目录下的 MySurfaceView.java。

```
package com.bn.joint.anmi.ex2;                              //包声明
……//此处省略了部分类的引入代码，读者可自行查看随书中的源代码
public class MySurfaceView extends GLSurfaceView{
    ……//此处省略了部分源代码，读者可自行查看随书中的源代码
    private class SceneRenderer implements GLSurfaceView.Renderer{
    TextureManager manager;                                  //纹理管理器
    MS3DModel ms3d;                                          //ms3d 模型（忍者）
    float time = 0;                                          //当前时间（用于动画播放）
    public void onDrawFrame(GL10 gl){
    //清除深度缓冲与颜色缓冲
    GLES30.glClear( GLES30.GL_DEPTH_BUFFER_BIT | GLES30.GL_COLOR_BUFFER_BIT);
    MatrixState.setCamera(                                   //设置摄像机
            cx,cy,cz,                                        //摄像机的位置
            tx,ty,tz,                                        //目标点
            ux,uy,uz                                         //Up 向量
      );
     final float span=6.0f;                                  //忍者模型间的间距
     final int k=2;                                          //忍者模型数量控制系数
     for(int i=-k;i<=k;i++){                                 //对列循环绘制忍者模型
       for(int j=-k;j<=k;j++){                               //对行循环绘制忍者模型
              MatrixState.pushMatrix();                      //保护变换矩阵
              MatrixState.translate(i*span, 0, j*span);  //平移到指定的位置
```

```
23                thisms3d.animate(time);                    //进行忍者模型的绘制
24                MatrixState.popMatrix();                   //恢复变换矩阵
25           }}
26           time += 0.015f;                                  //更新模型动画时间
27           //若当前播放时间大于总的动画时间，则实际播放时间等于当前播放时间减去总的动画时间
28           if(time > thisms3d.getTotalTime()) {
29              time = time - thisms3d.getTotalTime();
30         }}
31         ……//此处省略了部分源代码，读者可自行查看随书中的源代码
32     }
```

- 第 19～第 25 行为对列和行进行循环绘制 25 个（5 行×5 列）忍者模型的相关代码。其中第 23 行为绘制一个从 ms3d 文件中加载的模型的代码，可以看出每次绘制时都需要提供一个时间参数，告诉程序绘制动画什么时刻的快照。
- 第 26～第 30 行为每绘制完一帧画面后增加时间参数的相关代码，其每次将时间参数增加 0.015，若增加后的时间参数大于总的模型动画时间，则需要减去总的模型动画时间。

（2）接着介绍的是用于存储从 ms3d 文件中加载的动画相关数据以及执行模型绘制的 MS3DModel 类，其代码框架如下。

代码位置：源代码/第 9 章/Sample9_3/src/com/bn/ms3d/core 目录下的 MS3DModel.java。

```
package com.bnms3d.core;                                  //包声明
  ……//此处省略了部分类的引入代码，读者可自行查看随书中的源代码
  public class MS3DModel{
      public FloatBuffer[] vertexCoordingBuffer; //顶点坐标数据缓冲
      public FloatBuffer[] texCoordingBuffer;    //纹理坐标数据缓冲
      public TextureManager textureManager;      //纹理管理器
      public MS3DHeader header;                   //ms3d 文件头信息对象引用
      public MS3DVertex[] vertexs;                //ms3d 文件顶点信息对象数组
      public MS3DTriangle[] triangles;            //ms3d 文件三角形组装信息对象数组
      public MS3DGroup[] groups;                  //ms3d 文件组信息对象数组
      public MS3DMaterial[] materials;            //ms3d 文件材质信息对象数组
      public float fps;                           //ms3d 文件帧速率信息
      public float current_time;                  //ms3d 文件当前播放时间信息
      public float totalTime;                     //总动画时间
      public float frame_count;                   //ms3d 文件关键帧数量信息
      public MS3DJoint[] joints;                  //ms3d 文件关节信息对象数组
      int mProgram;                               //自定义渲染管线程序 id
      int muMVPMatrixHandle;                      //总变换矩阵引用
      int maPositionHandle;                       //顶点位置属性引用
      int maTexCoorHandle;                        //顶点纹理坐标属性引用
      String mVertexShader;                       //顶点着色器脚本
      String mFragmentShader;                     //片元着色器脚本
      private MS3DModel(MySurfaceView mv){        //构造器
         initShader(mv);                          //初始化着色器
      }
      public final void animate(float time){      //执行动画及绘制的方法
         if(this.current_time != time){           //若当前时间变了，则更新模型
            this.updateJoint(time);   //调用 updateJoint 方法更新关节数据
            this.updateVectexs();     //调用 updateVectexs 方法更新顶点数据
            this.draw(true);          //执行绘制，传入参数 true 说明顶点数据有更新
         }else{                       //否则直接执行绘制
         this.draw(false);            //执行绘制，传入参数 false 说明顶点数据无更新
      }}
      public void updateJoint(float time){  //更新关节数据的方法
          this.current_time = time;         //更新当前时间
            if(this.current_time > this.totalTime){  //若当前时间超过总动画时间
                this.current_time = 0.0f;            //当前时间设置为零
            }
          int size = this.joints.length;             //获取关节数量
          for(int i=0; i<size; i++){                 //对每个关节进行遍历
             this.joints[i].update(this.current_time);//调用 update 方法更新每个关节
      }}
      public void draw(boolean isUpdate){                  //绘制模型的方法
          ……//此处省略了部分源代码，将在后面的步骤中给出
```

```
45       }
46       private void updateVectexs(){          //更新顶点数据的方法
47            ……//此处省略了部分源代码，将在后面的步骤中给出
48       }
49     private void updateVectex(int index){  //更新指定索引顶点数据的方法
50            ……//此处省略了部分源代码，将在后面的步骤中给出
51       }
52       public final static MS3DModel load
53           (InputStream is, TextureManager manager,MySurfaceView mv){//加载ms3d模型的方法
54            ……//此处省略了部分源代码，将在后面的步骤中给出
55       }
56       private void initBuffer(){                                  //初始化缓冲的方法
57            ……//此处省略了部分代码，读者可自行查看随书中的源代码
58       }
59       ……//此处省略了获取动画总时间的 getTotalTime 方法，需要的读者可以参考随书中的源代码
60   }
```

- 第 4～第 22 行定义了本类中需要的一些成员变量，其中最为重要的是第 7～第 16 行的成员变量，这些成员变量分别对应于上一小节介绍过的 ms3d 文件数据中的各个部分。
- 第 26～第 33 行为更新关节、顶点数据到动画中指定时刻以及绘制模型的 animate 方法，若需要更新到的动画时刻与当前时刻不同，则首先更新关节数据，再更新顶点数据，再执行模型的绘制，否则直接绘制模型。
- 第 34～第 42 行为更新关节数据的 updateJoint 方法，首先判断新的当前时间是否大于总的动画时间，若大于总的动画时间则将其设置为 0，表示一轮动画播放完毕从头再开始。接着对每个关节进行遍历，调用每个关节信息对象的 update 方法更新每个关节。
- 第 43～第 58 行为省略的一些重要的功能方法，将在后面的步骤中详细介绍。

（3）下面接着给出的是前面步骤中省略的 MS3DModel 类中用于绘制模型的 draw 方法，其具体代码如下。

代码位置：源代码/第 9 章/Sample9_3/src/com/bn/ms3d/core 目录下的 MS3DModel.java。

```
public void draw(boolean isUpdate){         //绘制模型的方法
     GLES30.glUseProgram(mProgram);       //指定使用某套着色器程序
     MatrixState.copyMVMatrix();          //调用 copyMVMatrix 方法复制矩阵
     GLES30.glUniformMatrix4fv(muMVPMatrixHandle, 1, false,
     MatrixState.getFinalMatrix(), 0);      //将最终变换矩阵传入着色程序
     int group_size = this.groups.length; //获取组的数量
     MS3DTriangle triangle = null;          //当前要处理的三角形信息对象引用
     MS3DGroup group = null;                //当前组信息对象引用
     int[] indexs = null;                   //三角形的索引数组
     int[] vertexIndexs = null;             //顶点索引数组
     FloatBuffer buffer = null;             //当前要处理的顶点缓冲引用
     MS3DMaterial material = null;          //材质信息对象引用
     for(int i=0; i<group_size; i++){       //对所有组进行遍历
          group = this.groups[i];           //获取当前组信息对象
          indexs = group.getIndicies();     //获取组内三角形的索引数组
          int triangleCount  = indexs.length; //获取组内三角形的数量
          if(group.getMaterialIndex() > -1){  //若有材质（本案例中指需要贴纹理）
               material = this.materials[group.getMaterialIndex()]; //获取需要的材质信息对象
               this.textureManager.fillTexture(material.getName()); //加载纹理
               GLES30.glVertexAttribPointer(  //将纹理坐标数据送入渲染管线
               maTexCoorHandle,              //顶点纹理坐标属性引用
               2,
               GLES30.GL_FLOAT,                  //数据类型
               false,
               2*4,                              //数据间距
               this.texCoordingBuffer[i]         //纹理坐标数据缓冲
               );
               GLES30.glEnableVertexAttribArray(maTexCoorHandle);//启用纹理坐标数组
          }
          if(isUpdate){                          //若顶点数据有更新
              buffer = this.vertexCoordingBuffer[i];       //获取顶点坐标数据缓冲
              for(int j=0; j<triangleCount; j++){          //遍历组内的每个三角形
```

```
33                  triangle = this.triangles[indexs[j]]; //获取要处理的三角形对象
34                  vertexIndexs = triangle.getIndexs(); //获取三角形中的顶点索引
35                  //将三角形的 3 个顶点的坐标数据放入顶点数据缓冲
36              for(int k=0; k<3; k++){                        //遍历三角形中的每个顶点
37              buffer.put(this.vertexs[vertexIndexs[k]].
38              getCurrPosition().getVector3fArray());         //将坐标数据送入缓冲
39              }}
40              buffer.position(0);        //将缓冲起始位置设置为 0
41          }
42      GLES30.glVertexAttribPointer(      //将顶点坐标数据送入渲染管线
43          maPositionHandle,              //顶点位置属性引用 id
44          3,
45          GLES30.GL_FLOAT,               //数据类型
46          false,
47          3*4,                           //数据间距
48          this.vertexCoordingBuffer[i] //顶点坐标数据缓冲
49      );
50      GLES30.glEnableVertexAttribArray(maPositionHandle); //启用顶点坐标数组
51      GLES30.glDrawArrays(GLES30.GL_TRIANGLES,0,triangleCount*3);//绘制组内的所有三角形
52    }}
```

说明 上述代码中的大部分内容与以前很多案例中的绘制方法没有本质区别，最具有代表性的是第 30～第 41 行。这部分代码用于在顶点数据有更新的情况下根据三角形组装信息（组成三角形的三个顶点的索引）重新填充模型顶点坐标数据缓冲，以便绘制最新姿态的模型。

（4）接下来给出的是 MS3DModel 类中省略的用于更新顶点数据的 updateVectexs 方法以及用于更新指定索引顶点数据的 updateVectex 方法，具体代码如下。

代码位置：源代码/第 9 章/Sample9_3/src/com/bn/ms3d/core 目录下的 MS3DModel.java。

```
1   private void updateVectexs(){                        //更新顶点数据的方法
2       int count = this.vertexs.length;                 //获取顶点数量
3     for(int i=0; i<count; i++){                        //遍历每一个顶点
4           this.updateVectex(i);                        //更新顶点
5   }}
6   private void updateVectex(int index){                     //更新指定索引顶点数据的方法
7     MS3DVertex vertex = this.vertexs[index];                //获取顶点信息对象
8     if(vertex.getBone() == -1){                             //若无关节控制
9           vertex.setCurrPosition(vertex.getInitPosition());         //更新顶点数据
10    }else{                                                  //若有关节控制
11          MS3DJoint joint = this.joints[vertex.getBone()]; //获取对应的关节
12          //根据关节的实时变换情况计算顶点经关节影响后的位置
13          vertex.setCurrPosition(joint.getMatrix().transform(joint.getAbsolute().
14          invTransformAndRotate(vertex.getInitPosition())));
15    }}
```

❑ 第 1～第 5 行为更新顶点数据的 updateVectexs 方法，其中对每一个顶点进行遍历，调用 updateVectex 方法更新每一个顶点的数据。

❑ 第 6～第 15 行为更新指定索引顶点数据的 updateVectex 方法，其中对有关节控制的顶点根据关节的实时变换情况计算出顶点经关节影响后的位置。

（5）接下来给出的是 MS3DModel 类中省略的用于从指向 ms3d 模型文件的输入流中加载 ms3d 模型的 load 方法，其代码如下。

代码位置：源代码/第 9 章/Sample9_3/src/com/bn/ms3d/core 目录下的 MS3DModel.java。

```
public final static MS3DModel load(InputStream is,
    TextureManager manager,MySurfaceView mv){             //加载模型的方法
    MS3DModel model = null;                               //ms3d 模型对象引用
    SmallEndianInputStream fis = null;                    //特殊输入流对象引用
    try{
          fis = new SmallEndianInputStream(is);           //创建特殊输入流对象
```

```
            model = new MS3DModel(mv);                         //创建ms3d模型对象
            model.textureManager = manager;                    //设置纹理管理器
            model.header = MS3DHeader.load(fis);               //加载文件头信息
            model.vertexs = MS3DVertex.load(fis);              //加载顶点信息
            model.triangles = MS3DTriangle.load(fis);          //加载三角形组装信息
            model.groups = MS3DGroup.load(fis);                //加载组信息
            model.materials = MS3DMaterial.load(fis, manager);  //加载材质信息
            model.fps = fis.readFloat();                       //加载帧速率信息
            model.current_time = fis.readFloat();            //当前时间
            model.frame_count = fis.readInt();               //关键帧总数
            model.totalTime = model.frame_count / model.fps; //计算动画总时间
            model.joints = MS3DJoint.load(fis);              //加载关节信息
            model.initBuffer();                              //初始化缓冲
        }catch (IOException e){                              //异常处理
            e.printStackTrace();                             //打印异常信息
        }finally{
            if(fis != null){                                 //若输入流不为空
          try {
                fis.close();                                 //关闭输入流
            }catch(IOException e){                           //异常处理
                e.printStackTrace();                         //打印异常信息
        }}}
        System.gc();                                         //申请垃圾回收
        return model;                                        //返回加载的模型对象
    }
```

说明 上述用于从输入流中加载 ms3d 模型的 load 方法并不复杂，该方法按照上一小节介绍的 ms3d 文件数据组织格式依次加载了各部分的数据。各部分数据的具体加载工作并不是在此方法中实现的，而是在各部分数据对应的类中实现的，后面会依次介绍。另外此方法中用到了一个读者不熟悉的输入流类——SmallEndianInputStream，这个类是笔者自己开发的，有特定作用，最后也会详细介绍。

（6）下面给出的是 MS3DModel 类中省略的用于初始化缓冲的 initBuffer 方法，其代码如下。

代码位置：源代码/第 9 章/Sample9_3/src/com/bn/ms3d/core 目录下的 MS3DModel.java。

```
  private void initBuffer(){                          //初始化缓冲的方法
      this.updateJoint(0.0f);                          //将关节更新到起始时间（时间为 0 的时间）
      this.updateVectexs();                           //更新顶点数据
      int count = this.groups.length;                 //获取组数量
      int triangleCount = 0;                          //每组三角形个数
      MS3DGroup group = null;                         //组信息对象引用
      MS3DTriangle triangle = null;                   //三角形组装信息对象引用
      this.texCoordingBuffer = new FloatBuffer[count];       //纹理坐标缓冲数组
      this.vertexCoordingBuffer = new FloatBuffer[count];//顶点坐标缓冲数组
      int[] indexs = null;                                   //三角形索引数组
      int[] vertexIndexs = null;                             //顶点索引数组
      FloatBuffer buffer = null;                             //数据缓冲
      for(int i=0; i<count; i++){                      //对模型中的每个组进行遍历
          group = this.groups[i];                      //获取当前要处理的组
          indexs = group.getIndicies(); //获取组内三角形索引数组
          triangleCount = indexs.length;//获取组内三角形的数量
          //根据组内三角形的数量开辟合适大小的纹理坐标缓冲
          ByteBuffer byteBuffer = ByteBuffer.allocateDirect(triangleCount*6*4);
          byteBuffer.order(ByteOrder.nativeOrder());
          this.texCoordingBuffer[i] = byteBuffer.asFloatBuffer();
          //根据组内三角形的数量开辟合适大小的顶点坐标缓冲
          byteBuffer = ByteBuffer.allocateDirect(triangleCount*9*4);
          byteBuffer.order(ByteOrder.nativeOrder());
          this.vertexCoordingBuffer[i] = byteBuffer.asFloatBuffer();
          for(int j=0; j<triangleCount; j++){   //循环对组内的每个三角形进行处理
              triangle = this.triangles[indexs[j]]; //获取当前要处理的三角形
              vertexIndexs = triangle.getIndexs();  //获取三角形中各个顶点的索引
              for(int k=0; k<3; k++){   //对三角形中的 3 个顶点进行循环处理
                  buffer = this.texCoordingBuffer[i];//获取当前组的纹理坐标数据缓冲
                  //将当前遍历到的顶点的纹理 ST 坐标送入缓冲
```

```
                    buffer.put(triangle.getS().getVector3fArray()[k]);//将纹理 S 坐标送入缓冲
                    buffer.put(triangle.getT().getVector3fArray()[k]);//将纹理 T 坐标送入缓冲
                    buffer = this.vertexCoordingBuffer[i];    //获取当前组的顶点坐标数据缓冲
                    buffer.put(this.vertexs[vertexIndexs[k]].
                    getCurrPosition().getVector3fArray());//将当前顶点的坐标送入缓冲
            }}
            this.texCoordingBuffer[i].position(0);        //设置当前组的纹理坐标缓冲起始位置
            this.vertexCoordingBuffer[i].position(0);     //设置当前组的顶点坐标缓冲起始位置
    }}
```

> **说明** 上述初始化缓冲的方法也不复杂，最主要的工作就是对模型中的每个组进行遍历，根据加载的组内三角形和顶点的信息组织绘制时所需要的顶点缓冲和纹理坐标缓冲中的数据。

（7）接着给出的是用于加载并存储文件头信息的 MS3DHeader 类，其具体代码如下。

代码位置：源代码/第 9 章/Sample9_3/src/com/bn/ms3d/core 目录下的 MS3DHeader.java。

```
package com.bnms3d.core;                                //包声明
import java.io.IOException;                             //相关类的引入
import com.bnms3d.io.SmallEndianInputStream;            //相关类的引入
public class MS3DHeader{
     String id;                                         //固定的标志字符串
     int version;                                       //版本号
     private MS3DHeader(String id, int version){//构造器
          this.id = id;                                 //初始化固定的标志字符串
          this.version = version;                       //初始化版本号
     }
     //从指向 ms3d 文件的流中读取文件头信息并生成 MS3DHeader 对象的方法
     public static MS3DHeader load(SmallEndianInputStream is) throws IOException{
          return new MS3DHeader(is.readString(10), is.readInt());//创建 MS3DHeader 对象
     }
     public String getId(){          //获取固定的标志字符串的方法
          return id;
     }
     public int getVersion(){        //获取版本号的方法
          return version;
}}
```

> **说明** 这个类非常简单，其主要功能为从 ms3d 模型文件中加载文件头中的固定的标志字符串和版本号，并将这两样信息存储在对应的成员变量中。

（8）下面给出的是用于加载并存储模型中各个顶点信息的 MS3DVertex 类，其代码如下。

代码位置：源代码/第 9 章/Sample9_3/src/com/bn/ms3d/core 目录下的 MS3DVertex.java。

```
package com.bnms3d.core;
……//此处省略了部分类的引入代码，读者可自行查看随书中的源代码
public class MS3DVertex{                             //顶点信息类
     private Vector3f initPosition;                  //从文件中加载的顶点原始 x、y、z 坐标
     private Vector3f currPosition;                  //动画中实时变化的顶点 x、y、z 坐标
     private byte bone;                              //骨骼 ID
     private MS3DVertex() {}                         //构造器
     //从输入流中加载顶点信息数据的方法，返回值为顶点信息对象数组
     public static MS3DVertex[] load(SmallEndianInputStream is) throws IOException{
          int count = is.readUnsignedShort(); //读取顶点数量
          MS3DVertex[] vertexs = new MS3DVertex[count]; //创建顶点信息对象数组
          for(int i=0; i<count; i++){                             //循环读取每个顶点的信息
               MS3DVertex vertex = new MS3DVertex();    //创建顶点信息对象
               is.readByte();  //读取顶点在编辑器中的状态，本案例中无用
               vertex.initPosition = new Vector3f(is.readFloat(),is.readFloat(),
               is.readFloat());                                    //读取顶点的 x、y、z 坐标
               vertex.bone = is.readByte();                        //读取所属骨骼 ID
               is.readByte();  //读取标志，暂时无用
               vertexs[i] = vertex;                                //将顶点信息对象存入数组
```

```
20          }
21          return vertexs;                                  //返回顶点信息对象数组
22       }
23       ……//此处省略了部分不重要的方法代码，读者可自行查看随书中的源代码
24    }
```

❑ 第4～第6行声明了本类中的几个成员变量，分别用来存储顶点的位置以及所属骨骼的ID。

❑ 第 9～第 22 行为本类中的加载工具方法——load，其功能为从输入流中加载一组顶点的信息，并将这一组顶点的信息以顶点信息对象数组的形式返回。

（9）接着给出的是用来加载与存储三角形组装信息的 MS3DTriangle 类，其代码如下。

代码位置：源代码/第 9 章/Sample9_3/src/com/bn/ms3d/core 目录下的 MS3DTriangle.java。

```
1     package com.bnms3d.core;                      //包声明
2     ……//此处省略了部分类的引入代码，读者可自行查看随书中的源代码
3     public class MS3DTriangle{
4         private int[] indexs;                     //三角形三个顶点的索引值
5         private Vector3f[] normals;               //三角形三个顶点的法向量
6         private Vector3f s;                       //三角形三个顶点的纹理 S 坐标
7         private Vector3f t;                       //三角形三个顶点的纹理 T 坐标
8         private byte smoothingGroup;              //三角形面所处的平滑组编号
9         private byte groupIndex;                  //三角形面所处的组索引
10        private MS3DTriangle() {}                //构造器
11        public static MS3DTriangle[] load(SmallEndianInputStream is) throws IOException{
12            int count = is.readUnsignedShort();          //读取三角形数量
13            MS3DTriangle[] triangles = new MS3DTriangle[count];//创建三角形组装信息对象数组
14            for(int i=0; i<count; i++){          //对每个三角形进行遍历
15                MS3DTriangle triangle= new MS3DTriangle();//创建三角形组装信息对象
16                is.readUnsignedShort();      //读取三角形在编辑器中的状态，在本案例中无用
17                triangle.indexs = new int[]{ //三角形中 3 个顶点的索引数组
18                    is.readUnsignedShort(),//读取第一个顶点的索引值
19                    is.readUnsignedShort(),//读取第二个顶点的索引值
20                    is.readUnsignedShort() //读取第三个顶点的索引值
21            };
22            triangle.normals = new Vector3f[3];   //三角形中三个顶点的法向量数组
23            for(int j=0; j<3; j++){                  //对三角形中的 3 个顶点进行遍历
24                triangle.normals[j] = new Vector3f( //读取一个顶点的法向量
25                    is.readFloat(),                  //读取法向量的 x 分量
26                    is.readFloat(),                  //读取法向量的 y 分量
27                    is.readFloat());                 //读取法向量的 z 分量
28        }
29        triangle.s = new Vector3f(                   //加载 3 个顶点的纹理 S 坐标
30            is.readFloat(),                          //读取第一个顶点纹理坐标的 S 分量
31            is.readFloat(),                          //读取第二个顶点纹理坐标的 S 分量
32            is.readFloat());                         //读取第三个顶点纹理坐标的 S 分量
33        triangle.t = new Vector3f(                   //加载 3 个顶点的纹理 T 坐标
34            is.readFloat(),                          //读取第一个顶点纹理坐标的 T 分量
35            is.readFloat(),                          //读取第二个顶点纹理坐标的 T 分量
36            is.readFloat());                         //读取第三个顶点纹理坐标的 T 分量
37        triangle.smoothingGroup = is.readByte();     //加载三角形面所处的平滑组编号
38        triangle.groupIndex = is.readByte();         //加载三角形面所处的组索引
39        triangles[i] = triangle;                     //将三角形组装信息对象存入数组
40          }
41          return triangles;                          //返回三角形组装信息对象数组
42        }
43        ……//此处省略了部分不重要的方法代码，读者可自行查看随书中的源代码
44    }
```

❑ 第 4～第 9 行声明了本类中的几个成员变量，分别用来存储三角形 3 个顶点的索引值、法向量、纹理坐标以及三角形面所处的组与平滑组的编号。

❑ 第 11～第 42 行为本类中的加载工具方法——load，其功能为从输入流中加载一组三角形的组装信息，并将这一组三角形的组装信息对象以数组的形式返回。需要特别注意的是加载纹理坐标时，首先连着的 3 个数据是三角形 3 个顶点的 S 纹理坐标，接着 3 个数据是三角形 3 个顶点的 T 纹理坐标，而不是三组 S、T 纹理坐标序列。

（10）下面给出的是用来加载与存储组信息的 MS3DGroup 类，其具体代码如下。

代码位置：源代码/第 9 章/Sample9_3/src/com/bn/ms3d/core 目录下的 MS3DGroup.java。

```
1    package com.bnms3d.core;                          //包声明
2    ……//此处省略了部分类的引入代码，读者可自行查看随书中的源代码
3    public class MS3DGroup{
4         private int[] indicies;                       //组内三角形的索引
5         private byte materialIndex;                   //组对应的材质索引
6         private MS3DGroup(){}                          //构造器
7         public final static MS3DGroup[] load(SmallEndianInputStream is) throws IOException{
8         int count = is.readUnsignedShort();           //读取组数量
9          MS3DGroup[] groups = new MS3DGroup[count];   //创建组信息对象数组
10         for(int i=0; i<count; i++){                  //对每个组进行遍历
11              MS3DGroup group = new MS3DGroup();      //创建一个组信息对象
12              is.readByte();       //读取该组在编辑器中的状态，在本案例中无用
13              is.readString(32);     //读取组名称，在本案例中无用
14              int indexCount = is.readUnsignedShort();     //读取组内三角形数量
15              group.indicies = new int[indexCount];         //创建组内三角形索引数组
16              for(int j=0; j<indexCount; j++){               //遍历组内的每个三角形
17                  roup.indicies[j] = is.readUnsignedShort(); //读取并记录三角形的索引
18              }
19              group.materialIndex = is.readByte();//读取组对应的材质索引
20              groups[i] = group;                   //将组信息对象存入数组
21          }
22          return groups;                           //返回组信息对象数组
23      }
24     public final int[] getIndicies(){             //获取组内三角形索引数组的方法
25         return indicies;
26     }
27      public final byte getMaterialIndex(){        //获取组对应材质索引的方法
28          return materialIndex;
29      }}
```

- 第 4 和第 5 行声明了本类中的两个成员变量，分别用来存储组内各个三角形的索引以及组对应的材质索引。
- 第 7～第 23 行为本类中的加载工具方法——load，其功能为从输入流中加载每个组的组内三角形的索引以及组对应的材质索引，并将所有组的信息以数组的形式返回。

> **提示**　大部分模型文件都有分组的功能，在设计器（如 3ds Max）中可以将模型中的三角形划分为不同的组，ms3d 模型文件也是如此。这样做的目的是为了提供方便，使得模型的不同部位可以采用不同的材质。本案例使用的 ms3d 文件共有两个组，一个是忍者（组名 ninja），另一个是忍者手中的剑（组名 blade）。

（11）接着给出的是用来加载与存储材质信息的 MS3DMaterial 类，其具体代码如下。

代码位置：源代码/第 9 章/Sample9_3/src/com/bn/ms3d/core 目录下的 MS3DMaterial.java。

```
package com.bnms3d.core;                          //包声明
……//此处省略了部分类的引入代码，读者可自行查看随书中的源代码
public class MS3DMaterial{
     String name;                                 //材质名称
     float[] ambient_color;                       //环境光数据
     float[] diffuse_color;                       //散射光数据
     float[] specular_color;                      //镜面光数据
     float[] emissive_color;                      //自发光数据
     float shininess;                             //粗糙度 0~128
     float transparency;                          //透明度 0~1
     String textureName;                          //材质纹理图文件名称
     private MS3DMaterial() {}                    //构造器
     public final static MS3DMaterial[] load(SmallEndianInputStream is,
     TextureManager manager) throws IOException{//加载材质信息的方法
          int count = is.readUnsignedShort();              //读取材质数量
          MS3DMaterial[] mals = new MS3DMaterial[count]; //创建材质信息对象数组
```

```
17      for(int i=0; i<count; i++){        //对每个材质进行遍历
18          MS3DMaterial mal = new MS3DMaterial();//创建一个材质信息对象
19          mal.name = is.readString(32);  //读取材质的名称
20          mal.ambient_color = new float[4];//创建存储环境光4个色彩通道强度值的数组
21          for(int j=0; j<4; j++){               //对4个色彩通道进行遍历
22              mal.ambient_color[j] = is.readFloat();//读取一个色彩通道的值
23          }
24          mal.diffuse_color = new float[4];//创建存储散射光4个色彩通道强度值的数组
25          for(int j=0; j<4; j++){               //对4个色彩通道进行遍历
26              mal.diffuse_color[j] = is.readFloat();//读取一个色彩通道的值
27          }
28          mal.specular_color = new float[4];//创建存储镜面光4个色彩通道强度值的数组
29          for(int j=0; j<4; j++){               //对4个色彩通道进行遍历
30              mal.specular_color[j] = is.readFloat();//读取一个色彩通道的值
31          }
32          mal.emissive_color = new float[4];//创建存储自发光4个色彩通道强度值的数组
33          for(int j=0; j<4; j++){               //对4个色彩通道进行遍历
34              mal.emissive_color[j] = is.readFloat();//读取一个色彩通道的值
35          }
36          mal.shininess = is.readFloat();            //读取粗糙度信息
37          mal.transparency = is.readFloat();         //读取透明度信息
38          is.readByte();                             //此数据在本案例中无用
39          mal.textureName = format(is.readString(128));//读取材质对应纹理图的路径
40          is.readString(128);//读取材质对应透明度贴图文件的路径，在本案例中无用
41          mals[i] = mal;                             //将材质信息对象存入数组
42          manager.addTexture(mal.name, mal.textureName);//加载纹理
43      }
44      return mals;                                   //返回材质信息对象数组
45    }
46    ……//此处省略了部分不重要的方法代码，读者可自行查看随书中的源代码
47  }
```

- 第 4～第 11 行声明了本类中的几个成员变量，这些成员变量分别用来存储材质的名称，环境光、散射光、镜面光、自发光 4 个色彩通道的强度，以及材质的粗糙度、透明度、纹理图文件名等相关数据。
- 第 13～第 45 行为本类中的加载工具方法——load，其功能为从输入流中加载每个材质的名称，环境光、散射光、镜面光、自发光 4 个光照通道的数据，以及材质的粗糙度、透明度、纹理图文件名等相关数据。最后将所有材质的信息按照材质信息对象数组的形式返回。

（12）接着给出的是用来加载与存储关节信息的 MS3DJoint 类，更新关节数据的相关功能也在此类中完成，其具体代码如下。

代码位置：源代码/第 9 章/Sample9_3/src/com/bn/ms3d/core 目录下的 MS3DJoint.java。

```
package com.bnms3d.core;                          //包声明
……//此处省略了部分类的引入代码，读者可自行查看随书中的源代码
public class MS3DJoint {
    private String name;                          //关节名称
    private String parentName;                    //父关节名称
    private MS3DJoint parent;                     //父关节引用
    private Vector3f rotate;                      //初始旋转值
    private Vector3f position;                    //初始位置值
    private MS3DKeyFrameRotate[] rotates;   //关键帧旋转数据对象数组
    private MS3DKeyFramePosition[] positions;  //关键帧平移数据对象数组
    private Matrix4f relative;   //相对矩阵（子关节在父关节坐标系中的变换矩阵
    private Matrix4f absolute;   //初始绝对矩阵（子关节在世界坐标系中的初始变换矩阵）
    private Matrix4f matrix;     //当前绝对矩阵
    private MS3DJoint() {}       //构造器
    //从输入流中加载关节信息的 load 方法
    public final static MS3DJoint[] load(SmallEndianInputStream is)throws IOException {
        int count = is.readUnsignedShort();             //获取关节数量
        MS3DJoint[] joints = new MS3DJoint[count]; //创建关节信息对象数组
        //创建以关节名称为键，以关节信息对象为值的 map
        Map<String, MS3DJoint> map = new LinkedHashMap<String, MS3DJoint>();
        for (int i = 0; i < count; i++) {              //遍历每个关节
            MS3DJoint joint = new MS3DJoint();      //创建一个关节信息对象
```

```
23              is.readByte();                    //此关节在编辑器中的状态，在本案例中无用
24              joint.name = is.readString(32);    //读取关节名称
25              joint.parentName = is.readString(32); //读取父关节名称
26              //加载关节的初始旋转数据，以欧拉角表示
27              joint.rotate = new Vector3f(is.readFloat(), is.readFloat(),is.readFloat());
28              //加载关节的初始位置数据
29              joint.position = new Vector3f(is.readFloat(), is.readFloat(),is.readFloat());
30              int numKeyFramesRot = is.readUnsignedShort();//读取关节的旋转关键帧数量
31              int numKeyFramesPos = is.readUnsignedShort();//读取关节的平移关键帧数量
32              //若关节的旋转关键帧数量不为 0，则加载关节旋转关键帧的数据
33              if (numKeyFramesRot > 0){
34                  joint.rotates = MS3DKeyFrameRotate.load(is, numKeyFramesRot);
35              }
36              //若关节的平移关键帧数量不为 0，则加载关节平移关键帧的数据
37              if (numKeyFramesPos > 0){
38                  joint.positions = MS3DKeyFramePosition.load(is, numKeyFramesPos);
39              }
40              joints[i] = joint;        //将关节信息对象存入数组
41              map.put(joint.name, joint);    //将关节信息对象存入 map
42              joint.parent = map.get(joint.parentName); //获得此关节的父关节
43              joint.relative = new Matrix4f();     //创建相对矩阵对象
44              joint.relative.loadIdentity();       //初始化相对矩阵为单位矩阵
45              //将欧拉角表示的旋转数据转换为矩阵形式表示的旋转数据并存入相对矩阵中
46              joint.relative.genRotationFromEulerAngle(joint.rotate);
47              joint.relative.setTranslation(joint.position);
                //将初始平移数据存入相对矩阵中
48              joint.absolute = new Matrix4f();//创建绝对矩阵对象
49              joint.absolute.loadIdentity();     //初始化绝对矩阵为单位矩阵
50              if (joint.parent != null) {       //若有父关节
51                  //子关节的绝对矩阵等于父关节的绝对矩阵乘以子关节的相对矩阵
52                  joint.absolute.mul(joint.parent.absolute, joint.relative);
53              }else {                            //若没有父关节
54                  joint.absolute.copyFrom(joint.relative);//相对矩阵即为绝对矩阵
55          }}
56          map.clear();                           //清除 map
57          map = null;                            //将 map 引用设置为空
58          return joints;                         //返回关节信息数组
59      }
60      public final void update(float time) {    //更新关节的方法
61          ……//此处省略了部分源代码，将在后面的步骤中给出
62      }
63      private Matrix4f rotate(float time) {      //根据当前播放时间进行旋转插值计算
64          ……//此处省略了部分源代码，将在后面的步骤中给出
65      }
66  private Vector3f position(float time) {        //根据当前播放时间进行平移插值计算
67      ……//此处省略了部分源代码，将在后面的步骤中给出
68  }
69  ……//此处省略了部分不重要的方法代码，读者可自行查看随书中的源代码
70 }
```

- 第 4～第 13 行声明了本类中的几个成员变量，这些成员变量分别用来存储关节名称、父关节名称、父关节引用、初始旋转值、初始位置值、关键帧旋转数据、关键帧平移数据、相对矩阵、初始绝对矩阵、当前绝对矩阵等相关数据。
- 第 16～第 59 行为本类中的加载工具方法——load，其功能为从输入流中加载每个关节的相关数据，并将所有关节的信息以数组的形式返回。
- 第 60～第 69 行为几个进行关节动画计算的功能方法，具体代码将在下面的步骤中给出。

> **提示** ms3d 文件中的旋转数据都是以欧拉角形式存储的，这种形式的优点是节省空间，只需要三个数即可表示三维空间中的任意旋转。但欧拉角的表示方式在计算中并不方便，因此上述 load 方法在加载以欧拉角表示的旋转数据后转换为矩阵形式。

（13）接下来给出的是前面步骤中省略的 MS3DJoint 类中的用于更新关节数据的 update 方法，其代码如下。

代码位置：源代码/第 9 章/Sample9_3/src/com/bn/ms3d/core 目录下的 MS3DJoint.java。

```
1   public final void update(float time) {           //更新关节数据的方法
2       //若关节无旋转关键帧数据、无平移关键帧数据
3       if (this.rotates == null && this.positions == null){
4           if (this.matrix == null){                //若当前绝对矩阵为空
5               this.matrix = new Matrix4f();//创建当前绝对矩阵对象
6           }
7       this.matrix.copyFrom(this.absolute);    //将初始绝对矩阵中的值复制进当前绝对矩阵
8       return;                                  //返回
9       }
10      Matrix4f matrix = this.rotate(time);     //获取当前时刻的旋转数据
11      matrix.setTranslation(this.position(time)); //当前时刻的平移数据进入矩阵
12      matrix.mul(this.relative, matrix);          //与自身相对矩阵相乘
13      if (this.parent != null){                   //若有父关节
14          this.matrix = matrix.mul(this.parent.matrix, matrix); //乘以父关节的当前绝对矩阵
15      }else{                                      //若无父关节
16          this.matrix = matrix;                   //给当前绝对矩阵赋值
17  }}
```

❑ 第 3～第 9 行为处理关节没有旋转关键帧数据同时没有平移关键帧数据情况的相关代码，此情况下初始绝对矩阵的内容即为当前绝对矩阵内容。

❑ 第 10～第 12 行为将当前时刻的旋转与平移情况综合进一个变换矩阵，并将此矩阵与自身相对矩阵相乘的相关代码。

❑ 第 13～第 17 行为根据是否有父关节求出此关节自身当前绝对矩阵的相关代码，若此关节无父关节，则前面第 10～第 12 行得出的矩阵即为当前绝对矩阵，否则要将前面得出的矩阵乘以父关节的当前绝对矩阵才能得到此关节的当前绝对矩阵。

（14）接着给出的是前面步骤中省略的根据当前时刻以及关键帧数据进行平移与旋转插值的 position 与 rotate 方法，具体代码如下。

代码位置：源代码/第 9 章/Sample9_3/src/com/bn/ms3d/core 目录下的 MS3DJoint.java。

```
private Matrix4f rotate(float time) {               //进行旋转插值计算的方法
    Matrix4f m = new Matrix4f();                    //创建矩阵对象
    int index = 0;                                  //初始化索引为 0
    int size = this.rotates.length;                 //得到旋转关键帧的数量
    //根据传入的当前时间 time 计算用于插值的结束关键帧索引
    while(index<size&&this.rotates[index].getTime()<time){
        index++;                                    //关键帧索引加 1
    }
    if (index == 0){                                //若当前索引为 0
        m.genRotateFromQuaternion(this.rotates[0].getRotate());
    }else if (index == size) {                      //若当前索引等于关键帧数量
        m.genRotateFromQuaternion(this.rotates[size - 1].getRotate());
    }else {   //若当前索引既不为开始也不是结束关键帧
        MS3DKeyFrameRotate left = this.rotates[index - 1];     //上一关键帧的旋转
        MS3DKeyFrameRotate right = this.rotates[index];    //此关键帧的旋转
        Vector4f v = new Vector4f(); //创建四维向量对象，用于对四元数进行插值计算
        v.interpolate(left.getRotate(),right.getRotate(),(time-left.getTime())
        /(right.getTime()-left.getTime())); //插值产生当前时刻的旋转（四元数格式）
        m.genRotateFromQuaternion(v);  //将四元数形式的旋转变为矩阵形式
    }
    return m;                                       //返回旋转变换矩阵
}
private Vector3f position(float time){   //进行平移插值计算的方法
    int index = 0;                       //初始化当前索引为 0
    int size = this.positions.length;                //获取平移关键帧的数量
    //根据传入的当前时间 time 计算用于插值的结束关键帧索引
    while (index<size && this.positions[index].getTime()<time){
        index++;                          //关键帧索引加 1
    }
    if (index == 0) {                     //若当前索引为 0
        return this.positions[0].getPosition();
    }else if (index == size) {            //若当前索引等于关键帧数量
        return this.positions[size - 1].getPosition();
```

```
34        }else {                              //若当前索引既不为开始也不是结束关键帧
35           MS3DKeyFramePosition left=this.positions[index - 1];//上一关键帧的平移
36           MS3DKeyFramePosition right=this.positions[index];   //此关键帧的平移
37           Vector3f v = new Vector3f(); //创建三维向量对象，用于对平移位置进行插值计算
38           v.interpolate(left.getPosition(),right.getPosition(),(time-left.getTime())
39           /(right.getTime()-left.getTime())); //插值产生当前时刻的平移位置
40           return v;                          //返回当前时刻的平移位置
41     }}
```

❑ 第 1～第 22 行为根据当前时刻进行旋转插值计算的 rotate 方法，首先求出参与插值计算当前时刻旋转情况的两个旋转关键帧中的第二个关键帧的索引，然后再根据两个旋转关键帧的数据与当前时刻插值计算出当前的旋转情况。若求出的索引是第一个(为 0)或大于最后一个(为 length)则不进行插值。

❑ 第 23～第 41 行为根据当前时刻进行平移插值计算的 position 方法，首先求出参与插值计算当前时刻平移情况的两个平移关键帧中的第二个关键帧的索引，然后再根据两个平移关键帧的数据与当前时刻插值计算出当前的平移情况。若求出的索引是第一个（为 0）或大于最后一个（为 length）则不进行插值。

> **说明**　上述代码中需要注意的一点是，在进行旋转插值计算时采用的是四元数，计算出结果后又转换为矩阵形式返回。这是因为对于插值计算而言，采用四元数形式比较容易实现，而 OpenGL ES 管线执行绘制时需要的是变换矩阵，故一开始采用四元数进行插值计算，最后将四元数形式的旋转数据转换为矩阵形式返回。

（15）下面接着给出的是加载与存储关节平移关键帧信息的 MS3DKeyFramePosition 类，其具体代码如下。

代码位置：源代码/第 9 章/Sample9_3/src/com/bn/ms3d/core 目录下的 MS3DKeyFramePosition.java。

```
1    package com.bnms3d.core;                           //包声明
2    import java.io.IOException;                        //相关类的引入
3    import com.bnms3d.io.SmallEndianInputStream;       //相关类的引入
4    import com.bnms3d.mathutil.Vector3f;               //相关类的引入
5    public class MS3DKeyFramePosition {
6        private float time;                            //关键帧时间(单位为秒)
7        private Vector3f position;                     //位置坐标
8        private MS3DKeyFramePosition() {}              //构造器
9        public final static MS3DKeyFramePosition[] load (SmallEndianInputStream is,
10       int num) throws IOException {                  //从输入流中加载平移关键帧信息的方法
11           //创建平移关键帧信息对象数组
12           MS3DKeyFramePosition[] positions = new MS3DKeyFramePosition[num];
13           for (int i = 0; i < num; i++) {            //对每个平移关键帧进行遍历
14               MS3DKeyFramePosition position = new MS3DKeyFramePosition();
15               position.time = is.readFloat();        //读取关键帧时间
16               position.position = new Vector3f(      //读取关键帧位置信息
17               is.readFloat(),                        //读取平移信息的 x 分量
18               is.readFloat(),                        //读取平移信息的 y 分量
19               is.readFloat());                       //读取平移信息的 z 分量
20               positions[i] = position;               //将关键帧信息对象存入数组
21           }
22           return positions;                          //返回关键帧信息对象数组
23       }
24       public final float getTime() {                 //获取关键帧时间的方法
25           return time;                               //返回此关键帧的时间
26       }
27       public final Vector3f getPosition() {          //获取关键帧平移位置数据的方法
28           return position;                           //返回此关键帧的平移位置数据
29   }}
```

> **说明**　上述代码中最重要的就是第 9～第 23 行的 load 方法，其功能为从输入流中加载关节的每个平移关键帧的时间与平移位置数据并存储在关键帧信息对象数组中返回。

（16）下面接着给出的是加载与存储关节旋转关键帧信息的 MS3DKeyFrameRotate 类，其具体代码如下。

代码位置：源代码/第 9 章/Sample9_3/src/com/bn/ms3d/core 目录下的 MS3DKeyFrameRotate.java。

```
1   package com.bnms3d.core;                        //包声明
2   import java.io.IOException;                     //相关类的引入
3   import com.bnms3d.io.SmallEndianInputStream;    //相关类的引入
4   import com.bnms3d.mathutil.Vector4f;            //相关类的引入
5   public class MS3DKeyFrameRotate{
6       private float time;                         //关键帧时间（单位为秒）
7       private Vector4f rotate;                    //存储旋转信息的四元数
8       private MS3DKeyFrameRotate() {}             //构造器
9       public final static MS3DKeyFrameRotate[] load(SmallEndianInputStream is,
10      int num) throws IOException{                //从输入流中加载旋转关键帧信息的方法
11      //创建旋转关键帧信息对象的数组
12      MS3DKeyFrameRotate[] rotates = new MS3DKeyFrameRotate[num];
13      for(int i=0; i<num; i++){                   //对每个旋转关键帧进行遍历
14      MS3DKeyFrameRotate rotateKF = new MS3DKeyFrameRotate();
15      rotateKF.time = is.readFloat();             //读取关键帧时间
16      rotateKF.rotate = new Vector4f();           //创建空的四元数
17      //将读取到的欧拉角形式的旋转数据转换为四元数形式（这是为了在关键帧之间进行插值计算）
18      rotateKF.rotate.setFromEulerAngleToQuaternion
19      (is.readFloat(),is.readFloat(),is.readFloat());//读取旋转欧拉角的 3 个分量
20          rotates[i] = rotateKF;                  //将关键帧信息对象存入数组
21      }
22      return rotates;                             //返回关键帧信息对象数组
23      }
24      public final float getTime(){               //获取关键帧时间的方法
25          return time;                            //返回此关键帧的时间
26      }
27      public final Vector4f getRotate(){          //获取关键帧旋转数据的方法
28          return rotate;                          //返回此关键帧的旋转数据
29  }}
```

说明：上述代码中最重要的就是第 9～第 21 行的 load 方法，其功能为从输入流中加载关节的每个旋转关键帧的时间与旋转数据并存储在关键帧信息对象数组中返回。特别需要注意的是，在读取欧拉角形式的旋转数据后为了后继插值计算的方便，本案例中将欧拉角形式的旋转数据转换为四元数形式存储了。

（17）最后给出的是在上述很多步骤中加载数据时多次使用的自定义输入处理流——SmallEndianInputStream 类，其代码如下。

代码位置：源代码/第 9 章/Sample9_3/src/com/bn/ms3d/io 目录下的 SmallEndianInputStream.java。

```
package com.bnms3d.io;                          //包声明
import java.io.IOException;                     //相关类的引入
import java.io.InputStream;                     //相关类的引入
public class SmallEndianInputStream{
    InputStream is;                             //指向封装输入流的引用
    public SmallEndianInputStream(InputStream is){    //构造器
        this.is = is;                           //初始化指向封装输入流的引用
    }
    public int readInt() throws IOException{ //读取一个 4 字节整数的功能方法
        byte[] buff = new byte[4];              //创建长度为 4 的字节数组
        is.read(buff);                          //从输入流中读取 4 个字节的数据
        return (buff[3]<<24)+((buff[2]<<24)>>>8)+((buff[1]<<24)>>>16)+
       ((buff[0]<<24)>>>24);       //将 4 个字节的数据以 SmallEndian 顺序组织成整数返回
    }
    public int readUnsignedShort()throws IOException{//读取一个 2 字节无符号整数的方法
        byte[] buff = new byte[2];              //创建长度为 2 的字节数组
        is.read(buff);                          //从输入流中读取 2 个字节的数据
        //将 2 个字节的数据以 SmallEndian 顺序组织成整数返回
        return ((buff[1]<<24)>>>16)+((buff[0]<<24)>>> 24);
    }
```

```
        public byte readByte() throws IOException{ //读取 1 个字节的方法
            return (byte) is.read();               //读取 1 个字节的信息，并返回
        }
        public final float readFloat() throws IOException{//读取一个 4 字节浮点数的方法
            return Float.intBitsToFloat(this.readInt());//读取数据并转换成浮点数返回
        }
        public int read(byte[] buff) throws IOException{    //读取字节数组的方法
            int count = this.is.read(buff);                 //读取数据
            return count;                                   //返回成功读取的字节数
        }
        public String readString(int length) throws IOException{//读取字符串的方法
            byte[] buff = new byte[length];        //创建指定长度的字节数组
            this.is.read(buff);                    //将数据读进数组
            return this.makeSafeString(buff);      //将字节数据转换为字符串返回
        }
        public String makeSafeString(byte buffer[]){ //将字节数据转换为字符串的方法
            final int len = buffer.length;           //获取字节数组的长度
            for(int i = 0; i < len; i++){            //对每个字节进行遍历
                if(buffer[i] == (byte) 0){           //若第 i 个字节为 0
                return new String(buffer, 0, i);     //返回字符串
            }}
            return new String(buffer).trim();        //返回消除空白符的字符串
        }
        public void close() throws IOException{      //关闭流的方法
            if(is != null)                           //若封装的输入流不为空
            is.close();                              //关闭输入流
    }}
```

说明　上述 SmallEndianInputStream 类的代码并不难，主要是提供了一些读取不同类型数据的功能方法。读者可能会有疑问，“为什么此类中的功能方法都是以字节为单位处理问题的？”这是因为不同格式的文件中数据字节有不同的组织顺序，分为 SmallEndian 与 BigEndian 两种（本案例中加载的 ms3d 文件是 SmallEndian 顺序的）。为了保证加载后数据的正确性，加载时只能以字节为单位进行，然后再以目标文件的字节顺序进行组装才能保证数据的正确性。

9.2.4　C++语言加载 ms3d 文件案例的开发

上一小节介绍了使用 Android SDK 基于 Java 语言开发的加载并渲染 ms3d 文件的案例，本小节将进一步介绍使用 Android NDK 基于 C++语言开发的加载 ms3d 文件的案例——Sample9_4。由于本小节案例是从 Java 版案例 Sample9_3 移植而来，绝大多数代码逻辑极为相似，只是所用开发语言不同而已。

因此，这里仅仅给出本案例中的 C++主文件 main.cpp，其具体内容如下。

代码位置：源代码/第 9 章/Sample9_4/jni/hellocpp 目录下的 main.cpp。

```
    ……//此处省略了部分类的引入代码，读者可自行查看随书中的源代码
    using namespace std;                    //使用名称空间 std
    extern "C" {                            //表示下面需要使用 C 语言
        ……//此处省略了一些相关变量的声明代码，读者可自行查看随书中的源代码
        void setCamera(float dx,float dy){
            ……//此处省略了设置摄像机的相关代码，读者可自行查看随书中的源代码
        }
        MS3DModel* ms3d;                          //ms3d 模型对象指针
        ……//此处省略了 onSurfaceChanged 方法，读者可自行查看随书中的源代码
         bool onSurfaceCreated(JNIEnv * env,jobject obj){
            glClearColor(0, 0, 0,1);              //设置屏幕背景色 RGBA
            glEnable(GL_DEPTH_TEST);              //打开深度检测
            glEnable(GL_CULL_FACE);               //打开背面剪裁
            FileUtil::binaryData = FileUtil::loadBinary("ninja.ms3d");//加载.ms3d 文件
            ms3d =new MS3DModel(env,obj);    //创建 ms3d 模型对象
            return true;
         }
         void renderFrame(){                     //渲染一帧画面的方法
```

```
19            //清除深度缓冲与颜色缓冲
20            glClear(GL_DEPTH_BUFFER_BIT | GL_COLOR_BUFFER_BIT);
21            MatrixState::setCamera(cx,cy,cz,tx,ty,tz,upx,upy,upz);//设置摄像机
22            float span=6.0f;                  //忍者模型间的间距
23            int k=2;                          //忍者模型数量控制系数
24            for(int i=-k;i<=k;i++){           //对列循环绘制忍者模型
25                for(int j=-k;j<=k;j++){       //对行循环绘制忍者模型
26                    MatrixState::pushMatrix();       //保护变换矩阵
27                    MatrixState::translate(i*span, 0, j*span); //平移到指定的位置
28                    ms3d->animate(mTime);            //进行忍者模型的绘制
29                    MatrixState::popMatrix();        //恢复变换矩阵
30            }}
31            ……//此处省略了部分代码，读者可自行查看随书中的源代码
32        }
33        ……//此处省略了部分方法，读者可自行查看随书中的源代码
34    }
```

- 第 8～第 17 行首先声明了一个指向 MS3Dmodel 类对象的指针，接着在 onSurfaceCreated 方法中调用加载文件的工具类 FileUtil 中的 loadBinary 方法来加载 ms3d 格式的骨骼动画文件，最后调用 MS3DModel 类中的构造器创建 ms3d 物体对象。
- 第 18～第 32 行为绘制一帧画面的方法 renderFrame，该方法的主要功能是先清除深度缓冲与颜色缓冲，接着设置摄像机，然后给出忍者模型间的间距和忍者模型的数量控制系数，最后对列和行进行循环绘制 25 个忍者模型。

> **说明** 由于本案例是由 Java 版的案例 Sample9_3 移植而来，其运行效果完全相同，因此这里就不再展示运行效果图了。同时，本案例中其他没有介绍的类与上一小节案例 Sample9_3 中的对应类逻辑基本相同，需要的读者可自行查看随书中的源代码。

9.3 自定义格式骨骼动画的加载

上一节介绍了如何加载 ms3d 格式的骨骼动画文件，掌握之后读者已经可以方便地搭建有动态动作角色的 3D 场景。但 ms3d 骨骼动画文件导出步骤比较繁琐，而且同一个蒙皮顶点不能受多个骨骼的控制，能力不够强。

本节介绍笔者自定义的 bnggdh 骨骼动画文件的加载。掌握了本节的知识后，读者可以根据需要设计自己目标应用所需的骨骼动画格式，开发能力将大大加强。

9.3.1 bnggdh 文件的格式

介绍如何加载 bnggdh 格式的骨骼动画之前，首先有必要了解此类型文件的背景知识与数据组织格式。总的来说，bnggdh 文件中存储的内容与 ms3d 文件中的内容大同小异。主要包括顶点信息、纹理信息、索引信息、权重信息、顶点绑定骨骼索引信息、骨骼索引信息、绝对矩阵信息、相对矩阵信息、父骨骼信息以及骨骼动画信息等。

另外，各方面数据加载完毕后执行骨骼动画时的工作与 ms3d 文件的加载基本相同，都是通过关键帧中的平移与旋转数据进行合理的线性插值，得到当前模型各个关节的变换矩阵，进而计算当前模型所有顶点更新后的位置坐标，从而确定模型当前的姿态以进行绘制。

> **提示** bnggdh 文件是笔者通过使用范围广泛的 FBX 文件转换而来的一种带骨骼动画的模型文件格式。转换工具笔者采用 Autodesk 提供的 FBX SDK，在 Microsoft Visual Studio 2012 中开发。由于 FBX SDK 的知识大大超出了本书的讨论范围，因此这里不进行介绍，有兴趣的读者也可以自行开发转换工具。

简单了解了 bnggdh 文件的一些基本知识以及工作机理后，下面详细介绍 bnggdh 文件的数据组织格式，具体内容如下。

1. 顶点数据

这是 bnggdh 文件的第 1 部分，用于存储模型的顶点坐标信息。这部分的开始占用 4 个字节，为一个 int 型整数，存储的是模型中顶点的坐标数量（若有 N 个顶点，则顶点坐标数量为 3N）。

后面跟着的是指定数量顶点的 X、Y、Z 位置坐标数据，每个坐标数据占用 4 个字节，为一个 float 型浮点数，具体情况如图 9-26 所示。

2. 纹理坐标数据

这是 bnggdh 文件的第 2 部分，用于存储模型的纹理坐标信息。与文件的第一部分类似，这部分的开始也占用 4 个字节，为一个 int 型整数，存储的是模型中纹理坐标的数量（若有 N 个顶点，则顶点纹理坐标数量为 2N）。

后面跟着的是指定数量顶点的 S、T 纹理坐标数据，每个纹理坐标数据占用 4 个字节，为一个 float 型浮点数，具体情况如图 9-27 所示。

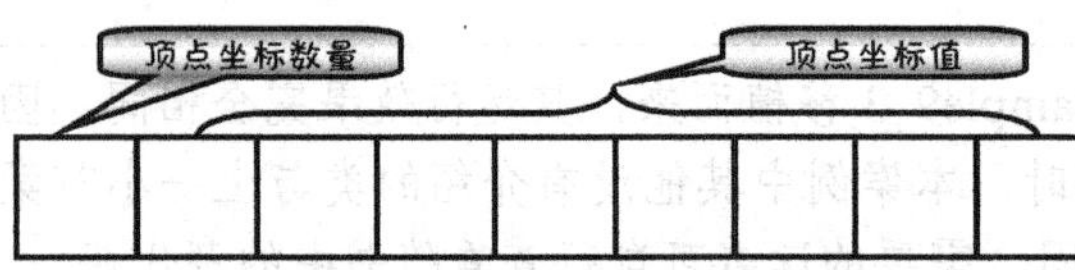

▲图 9-26　顶点坐标数据组织格式格式

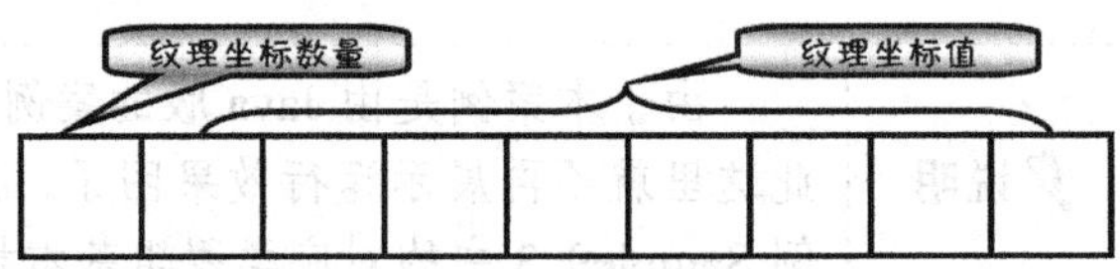

▲图 9-27　纹理坐标数据组织格式

3. 索引数据

这是 bnggdh 文件的第 3 部分，存储的是模型中三角形面的组装索引信息。与文件的第一部分类似，这部分的开始也占用 4 个字节，为一个 int 型整数，存储的是模型中的组装索引数量（若模型中有 N 个三角形面，则组装索引数量为 3N）。

后面跟着的是指定数量的索引数据，每个索引数据占用 4 个字节，为一个 int 型整数。需要注意的是，索引从 0 开始计算，每个索引代表一个对应编号的顶点，对前面的顶点数据以及纹理坐标数据都是有效的。

4. 权重信息

这是 bnggdh 文件的第 4 部分，存储的是模型的顶点权重信息。

与文件的第一部分类似，这部分的开始也占用 4 个字节，为一个 int 型整数，存储的是模型中权重数据的数量（若模型中有 N 个顶点，则权重数据数量为 4N）。后面跟着的是指定数量的权重数据，每个权重数据占用 4 个字节，为一个 float 型浮点数。

> **提示**　执行骨骼动画时，需要根据各个骨骼的姿态、位置变化重新计算模型的相关顶点位置。而特定顶点受不同编号骨骼影响的比例就需要由权重来确定。

实际开发中，一般一个顶点最多受 4 个骨骼的影响。因此为了方便起见，笔者在设计权重信息时将每个顶点的权重数量固定为 4。

若当前顶点只受一个骨骼的影响，则当前顶点只有一个有效权重值，该权重值为 1，其他 3 个权重值为 0。若当前顶点受两个骨骼的影响，则当前顶点有两个有效权重值，也就是其中 2 个权重值非 0，另外 2 个权重值为 0。另外要注意的是，每个顶点对应的 4 个权重值的总和为 1。

5. 顶点与骨骼绑定信息

这是 bnggdh 文件的第 5 部分，存储的是模型中顶点与影响其骨骼的绑定信息。

与文件的第一部分类似，这部分的开始也占用 4 个字节，为一个 int 型整数，存储的是模型中绑定骨骼索引的数量（若模型中有 N 个顶点，则绑定骨骼索引数据数量为 4N）。后面跟着的是指定数量的绑定骨骼索引数据，每个索引数据占用 4 个字节，为一个 int 型整数。

> **提示** 前面已经介绍过，一个顶点最多受 4 个骨骼的影响。因此为了方便起见，笔者在设计顶点与骨骼绑定信息时将每个顶点绑定的骨骼数量固定为 4。

若当前顶点只受一个骨骼的影响，则当前顶点只有一个绑定骨骼的索引，其他 3 个绑定骨骼索引值为-1。若当前顶点受两个骨骼的影响，则当前顶点有两个绑定骨骼的索引，也就是其中 2 个绑定骨骼的索引值非 0，另外 2 个值为-1，其他情况以此类推。

> **提示** 一个顶点对应的权重信息和绑定骨骼索引信息是严格一一对应的关系。即一个顶点相关的 4 个权重值和相关的 4 个骨骼索引值是一一对应的。

6. 骨骼索引信息

这是 bnggdh 文件的第 6 部分，存储的是模型中骨骼的索引相关信息。在实际的骨骼动画中，每个骨骼都有自己的索引值和名称 id，索引值为一个 int 类型的整数，名称 id 为一个不定长度的字符串。

这部分的开始占用 4 个字节，为一个 int 型整数，存储的是骨骼的数量。后面跟着的是指定数量的骨骼索引以及名称 id 数据。即先存储一个 int 类型的索引值，由 4 个字节组成，再存储一个不定长度的字符串。

> **说明** 文件中字符串存储的具体策略是，先存储该字符串的长度，其数据类型为 int，由 4 个字节组成，再存储对应数量的字符，每个字符的数据类型为 char，占用一个字节。

7. 绝对矩阵信息

这是 bnggdh 文件的第 7 部分，存储的是各个骨骼的绝对矩阵信息。

这部分的开始占用 4 个字节，为一个 int 型整数，存储的是骨骼的数量。后面跟着的是指定数量的骨骼名称 id 以及绝对矩阵数据。即先存储一个不定长度的字符串，再存储绝对矩阵数据。

> **说明** 不定长度字符串的存储策略跟上一部分相同。绝对矩阵数据存储时首先存储绝对矩阵中的元素数量（目前固定为 16），其数据类型为 int，由 4 个字节组成。接着依次存储矩阵中的各个元素，每个元素占用 4 个字节，为一个 float 类型的浮点数。

8. 相对矩阵和父骨骼信息

这是 bnggdh 文件的第 8 部分，存储的是骨骼的相对矩阵和父骨骼信息。

这部分的开始占用 4 个字节，为一个 int 型整数，存储的是骨骼的数量。后面跟着的是指定数量的骨骼名称 id、父骨骼名称 id 以及相对矩阵数据。即先存储两个不定长度的字符串，再存储相对矩阵数据。

说明	不定长度字符串的存储策略跟上一部分相同。相对矩阵数据存储时首先存储相对矩阵中的元素数量（目前固定为 16），其数据类型为 int，由 4 个字节组成。接着依次存储矩阵中的各个元素，每个元素占用 4 个字节，为一个 float 类型的浮点数。

提示	相对矩阵是指初始状态下子骨骼以父骨骼点为坐标系原点的平移、旋转、缩放变换的总矩阵；绝对矩阵是子骨骼的相对矩阵乘以父骨骼的绝对矩阵而得到的变换矩阵。根骨骼的绝对矩阵与其相对矩阵内容相同。

9. 骨骼动画信息

这是 bnggdh 文件的最后一部分，存储的是骨骼动画本身的数据。

这部分的开始占 4 个字节，为一个 int 型整数，存储的是含有动画的骨骼的数量。后面跟着的是指定数量的各骨骼的动画数据。每个骨骼的动画数据中首先存储的是骨骼的名称 id，然后是此骨骼动画的关键帧数量，接着是指定数量的关键帧信息。

每个关键帧信息中首先存储的是关键帧的时间，为一个 4 字节浮点数。接着依次存储的是缩放数据、旋转数据以及平移数据，具体情况如下所列。

- 缩放数据存储时，首先存储数据的长度（目前固定为 3），占 4 个字节，为一个 int 型整数。接着依次存储的是 X、Y、Z 轴的缩放比，各自是一个 4 字节 float 型浮点数。
- 旋转数据存储时，首先存储数据的长度（目前固定为 4），占 4 个字节，为一个 int 型整数。接着依次存储的是表示旋转的四元数的各个分量，每个分量是一个 4 字节 float 型浮点数。
- 平移数据存储时，首先存储数据的长度（目前固定为 3），占 4 个字节，为一个 int 型整数。接着依次存储的是 X、Y、Z 轴的平移量，各自是一个 4 字节 float 型浮点数。

最后存储的是骨骼动画关键帧的最大值，其目的是给出骨骼动画的时间上限。

9.3.2 Bnggdh 类

前一小节介绍了 bnggdh 文件的数据组织格式，本小节将介绍笔者开发的用于加载 bnggdh 文件的 Bnggdh 类。此类的主要目的是提供诸多功能方法，实际使用时读者只需调用 Bnggdh 类提供的相关方法，即可方便快捷地加载 bnggdh 文件，表 9-8 列出了这些功能方法的详细信息。

表 9-8　Bnggdh 类的功能方法及构造器

方法签名	含义
Bnggdh(InputStream is)	构造器，参数 is 为指向 bnggdh 文件的输入流
void init()	初始化方法
void updata(float time)	骨骼动画的更新方法，参数 time 为骨骼动画的当前时间
int getVerNums()	获取模型中的顶点总数，返回值为顶点的总数
float[] getPosition()	获取模型中的顶点位置坐标，返回值为顶点的位置坐标数据数组
short[] getIndices()	获取模型顶点的索引，返回值为索引数据数组
float[] getTextures()	获取模型顶点的纹理坐标，返回值为获取的纹理坐标数据数组
float[] getCurrentNormal()	获取当前姿态下模型的法向量，返回值为获取的法向量数据数组
float[] getMatrix(String id)	获取给定名称 id 骨骼的当前变换矩阵，参数 id 为给定的骨骼 id 名称，返回值为存储了变换矩阵的长度为 16 的 float 类型数组
float getMaxKeytime()	获取骨骼动画的最大关键帧

提示 从后面小节将给出的案例中，读者会发现案例项目中并没有 Bnggdh 类的源代码。这是由于笔者已经将此类封装到了案例项目 libs 子目录下的 jar 包（bnggdhJar.jar）中，读者若需要在自己的项目中使用，复制并配置此 jar 包到自己的项目中即可。

9.3.3 加载 bnggdh 文件的案例

上一小节介绍了用于加载 bnggdh 文件的关键工具类 Bnggdh，本小节将进一步给出一个具体的案例 Sample9_5，其运行效果如图 9-28 所示。

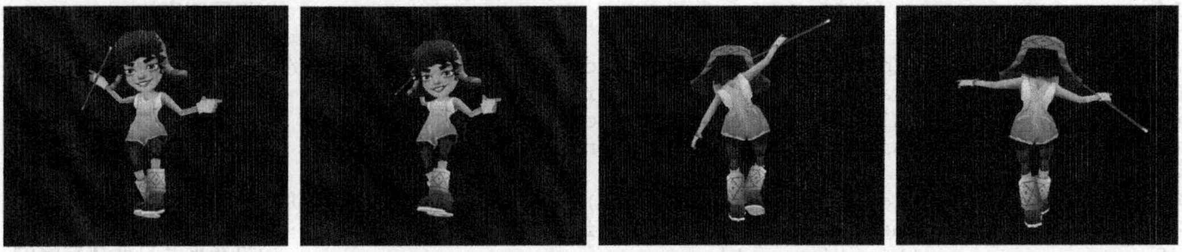

▲图 9-28 案例 Sample9_5 运行效果

说明 从图 9-28 中可以看出，本案例中的骨骼动画是一个人物在平衡木上行走的系列动作。由于插图较难体现动态效果，建议读者用真机运行本案例并进行观察。

了解了本小节案例 Sample9_5 的运行效果后，就可以介绍案例的开发了。由于本案例中有一些类与前面很多案例中的类似，因此这里只介绍本小节案例中两个代表性较强的类（BNModel 类、MySurfaceView 类），具体内容如下。

1. BNModel 类

由于前面介绍的 Bnggdh 类只是对 bnggdh 文件的数据相关功能进行了封装，实际开发中最好进一步对是否使用光照、骨骼动画的播放速率、绘制方法的调用等进行封装。这就是 BNModel 类的作用，其具体代码如下。

代码位置：源代码/第 9 章/Sample9_5/src/com/bn/bnggdh 目录下的 BNModel.java。

```
……//此处省略了部分类的引入代码，读者可自行查看随书中的源代码
public class BNModel {
    private float time = 0;                    //当前动画时刻
    private float onceTime;                    //一次动画所需的总时间
    private float interval = 2.0f;             //一次动画和下一次动画的间隔时间
    private boolean isNormal;                  //是否有法向量
    private float dt;                          //时间步长
    private float dtFactor;                    //播放速率
    private BnggdhDraw cd;                     //带光照的绘制类引用
    private BnggdhDrawNoNormal cdnn;           //不带光照的绘制类引用
    public BNModel(String sourceName, String picName, boolean isNormal,
                float dtFactor, MySurfaceView mv) {
        try {
            InputStream is = mv.getResources().getAssets().open(sourceName);
            //获取输入流
            if (isNormal == true) {
                cd = new BnggdhDraw(is, mv, picName);  //创建带光照的绘制类
                onceTime = cd.maxKeytime;               //获取一次动画总时间
            } else {
                cdnn = new BnggdhDrawNoNormal(is, mv, picName);//创建不带光照的绘制类
                onceTime = cdnn.maxKeytime;             //获取一次动画总时间
            }
```

```
22              this.dtFactor = dtFactor;                    //设置速率
23              this.dt = dtFactor * onceTime;               //计算步长
24              this.isNormal = isNormal;                    //设置是否有光照
25          } catch (IOException e) {e.printStackTrace();}
26      }
27      public void draw() {                                 //绘制方法
28          if (isNormal == true) {cd.draw(time);}           //绘制带光照的模型
29          else {cdnn.draw(time);}                          //绘制不带光照的模型
30          time += dt;                                      //更新模型动画时间
31          //若当前播放时间大于总的动画时间，则将当前播放时间置 0
32          if (time >= (onceTime + dt + interval)) {
33              time = 0;
34      }}
35      public float getDtFactor() {                         //获取播放速率的方法
36          return dtFactor;                                 //返回速率值
37      }
38      public void setDtFactor(float dtFactor) {           //设置播放速率的方法
39          if(dtFactor > 0 && dtFactor < 1){
40              this.dtFactor = dtFactor;                    //设置速率值
41              this.dt = dtFactor * onceTime;               //计算步长
42      }}
43      public void setTime(float time){   //设置当前骨骼动画时间的方法
44          if(time >= 0 && time <= this.onceTime){
45              this.time = time;                            //设置当前骨骼动画时间
46      }}
47      public float getTime(){
48          return this.time;                                //获取当前骨骼动画时间
49      }
50      public float getOnceTime(){
51          return this.onceTime;                            //获取一次动画所需总时间
52      }
53      public float[] getMatrix(String id){ //获取指定骨骼变换矩阵的方法
54          if (isNormal == true) {return cd.bnggdh.getMatrix(id);}//返回变换矩阵
55          else {return cdnn.bnggdh.getMatrix(id);}
56  }}
```

- 第 11～第 26 行为 BNModel 类的构造器，其中首先获取指向 bnggdh 文件的输入流，接着根据是否需要光照的标志位创建相应的绘制类对象，然后获取一次动画的总时间。接着根据传入的播放速率参数计算每帧动画的时间步进，并记录用于判断是否需要光照的标志位值。
- 第 27～第 34 行为执行绘制的 draw 方法，其中首先根据是否需要光照调用不同绘制类的 draw 方法绘制了指定时刻的动画模型。然后将动画播放的指定时刻向前推进一个时间步长，若推进后大于总的动画时间，则将当前时刻置 0。
- 第 35～第 37 行为获取播放速率的 getDtFactor 方法，第 38～第 42 行为设置播放速率的 setDtFactor 方法。
- 第 43～第 46 行为设置骨骼动画当前时刻的 setTime 方法，第 47～第 49 行为获取骨骼动画当前时刻的 getTime 方法。
- 第 50～第 52 行为获取骨骼动画一次播放所需总时间的 getOnceTime 方法。
- 第 53～第 56 行为获取当前时刻指定名称 id 骨骼变换矩阵的 getMatrix 方法，其中根据是否需要光照从不同的绘制类获取指定名称 id 骨骼的变换矩阵并返回。

说明　BnggdhDraw 和 BnggdhDrawNoNormal 这两个类分别用于完成带光照以及不带光照的绘制工作，相信经过前面很多章节的学习，读者对绘制功能的开发已经有了较深的理解，这里就不再讲解这两个类了，需要的读者请参考随书中的源代码。

2. MySurfaceView 类

了解了 BNModel 类后，下面将给出的是用于绘制整个场景的 MySurfaceView 类。由于此类中有很大一部分代码与前面很多案例中的类非常相似，因此这里仅给出有代表性的部分，具体内容如下。

代码位置：源代码/第 9 章/Sample9_5/src/com/bn/bnggdh 目录下的 MySurfaceView.java。

```
1       ……//此处省略了部分类的引入代码，读者可自行查看随书中的源代码
2     public class MySurfaceView extends GLSurfaceView {
3         ……//此处省略了相关变量的声明代码，读者可自行查看随书中的源代码
4         ……//此处省略了部分方法的代码，读者可自行查看随书中的源代码
5         private class SceneRenderer implements GLSurfaceView.Renderer {
6             BNModel bnm;                                    //骨骼动画模型引用
7             LoadedObjectVertexNormalTexture lo;   //附着 obj 引用
8             public void onDrawFrame(GL10 gl) {
9                 ……//此处省略了部分代码，读者可自行查看随书中的源代码
10                bnm.draw();                            //执行骨骼动画模型的绘制
11                lo.drawSelfWithBone();                 //执行附着物体的绘制
12            }}
13            ……//此处省略了 onSurfaceChanged 方法，读者可自行查看随书中的源代码
14            public void onSurfaceCreated(GL10 gl, EGLConfig config) {
15                ……//此处省略了部分代码，读者可自行查看随书中的源代码
16                bnm = new BNModel("a.bnggdh",    //创建骨骼动画模型
17                        "hero1.png", true, 0.005f, MySurfaceView.this);
18                bnm.setDtFactor(0.01f);              //设置播放速率
19                lo = new LoadedObjectVertexNormalTexture("dao.obj", "dao.jpg",
20                        getResources(), MySurfaceView.this);//创建附着物体(人物手中的长棍)
21                //将长棍附着到名称为“Bip01 R Finger0”的骨骼上
22                lo.initWithBone(bnm, "Bip01 R Finger0", 4, 0, -2, 90, 0, 0, 1,1,1);
23    }}
```

- 第 8～第 12 行为用于绘制一帧画面的 onDrawFrame 方法，其中首先绘制了骨骼动画模型，接着绘制了人物手中的长棍（附着物体）。
- 第 148～第 23 行为执行初始化工作的 onSurfaceCreated 方法，其中首先创建了骨骼动画模型，然后设置了骨骼动画的播放速率。接着创建了附着物体（人物手中的长棍）对象，最后将物体附着到名称为“Bip01 R Finger0”的骨骼上。
- 第 22 行中将物体附着到指定名称骨骼的 initWithBone 方法有 11 个参数，含义依次为骨骼动画模型、指定的骨骼名称 id、x、y、z 轴平移值、x、y、z 轴旋转值、x、y、z 轴缩放值。

说明 LoadedObjectVertexNormalTexture 类是 obj 模型的读取和绘制类，前面章节已经介绍过，这里就不再介绍。需要注意的是，这里在该类中添加了 drawSelfWithBone 方法，功能为根据指定名称 id 的骨骼位置、姿态绘制 obj 模型。其实现机制是调用 Bnggdh 类中的 getMatrix 方法，获取指定骨骼的绝对矩阵以执行绘制，感兴趣的读者请参考随书中的源代码。

9.4 小结

本章主要介绍了骨骼动画的原理与应用，9.1 节着重于原理的介绍，9.2 节介绍了实用性非常强的、通用的 ms3d 文件的加载，9.3 节介绍了自定义格式骨骼动画的加载。掌握了这些技术以后，读者开发 3D 应用的能力将大大增强。

掌握了 9.3 节的内容后，读者就应该基本具备了设计自定义骨骼动画格式的能力，这一能力对于实际 3D 应用、游戏项目的开发裨益良多。

第 10 章　必知必会的开发技术——游戏开发小贴士

本章将介绍几种在 3D 游戏开发中常用的技术，主要包括 3D 拾取、多点触控、多键监听等。掌握了这几种技术以后，读者应该可以开发出更好的人机交互界面，大大提高游戏或应用的吸引力。

10.1　3D 拾取技术

很多 3D 游戏都允许用户通过触摸屏幕选中虚拟 3D 世界中的物体以进行操控，这时就需要用到 3D 拾取技术。它是 3D 游戏开发中必知必会的基本技术之一，本节将对其进行详细介绍。

10.1.1　3D 拾取案例效果与基本原理

本节主要介绍一个使用了 3D 拾取技术的案例 Sample10_1，在介绍本节案例的具体开发之前，首先需要了解其运行效果，如图 10-1 所示。

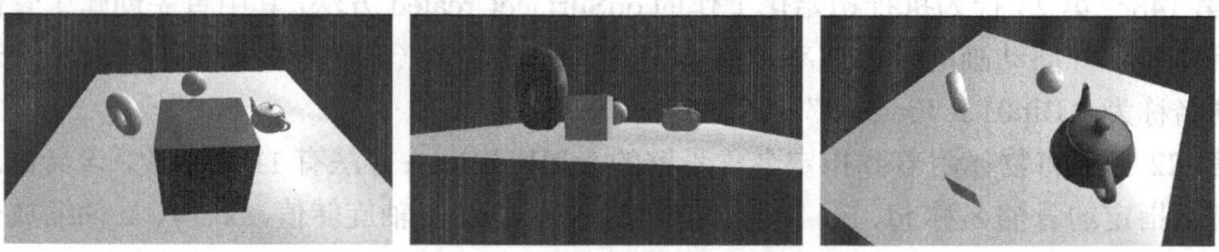

▲图 10-1　案例 Sample10_1 的运行效果

> **提示**　运行本案例时，当手指在屏幕上水平滑动时，摄像机会绕场景转动；当手指在屏幕上垂直滑动时，摄像机会随手指的移动而升降。直接在屏幕上单击物体就可以使被选中的物体改变颜色和大小，也就是选中的物体会变大，并且从灰白色变为绿色。由于插图是灰度印刷，因此颜色的变化可能看得不是很清楚，请读者自行采用真机运行本案例即可。

了解了本节案例的运行效果后，下面应该了解的是 3D 拾取技术的基本原理，如图 10-2 所示。

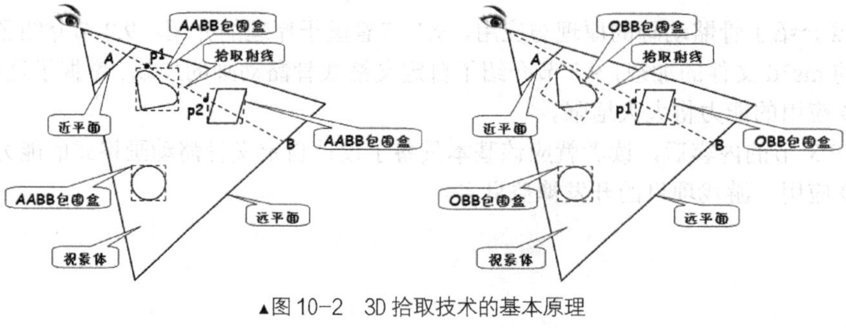

▲图 10-2　3D 拾取技术的基本原理

从图 10-2 中可以看出，3D 拾取的基本思想非常简单。由摄像机与屏幕上的触控点确定一条拾取射线，求出拾取射线与场景中物体包围盒最近的交点，此交点所属包围盒对应的物体即为被选中的物体。进行 3D 拾取时可以选择采用两种包围盒（包括 AABB 包围盒以及 OBB 包围盒），具体情况如下。

❑ 采用 AABB 包围盒的相关拾取计算相对简单一些，但是在某些特定情况下会有更高几率的误拾取发生。如图 10-2 的左图中，若精确计算，拾取的应该是远处的物体，但基于 AABB 包围盒的计算结果选中的则是近处的心形物体。

❑ 采用 OBB 包围盒的相关拾取计算要比采用 AABB 包围盒的复杂一些，但很多情况下拾取的准确性会高不少。如图 10-2 的右图中，同样情况下拾取选中的是远处的物体，误拾取的概率大大降低。

提示 关于 AABB 包围盒以及 OBB 包围盒的基本知识在本书前面的章节中已经介绍过，需要的读者请参考前面章节的相关内容。

下面给出几种基本几何体的 OBB 包围盒，具体情况如图 10-3 所示。

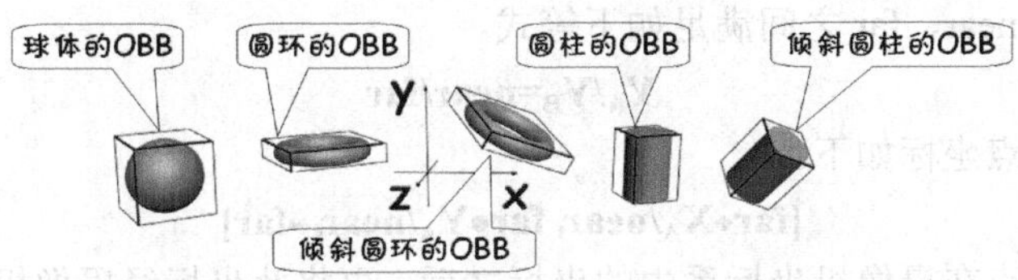

▲图 10-3　几种基本几何体的 OBB 包围盒

说明 从图 10-3 中可以看出，OBB 包围盒是随着物体的旋转而旋转的，并不需要总保持其 6 个面都平行于坐标平面，因此基于其进行的 3D 拾取计算，大部分情况下误差远小于 AABB 包围盒。

从上面的讨论中可以看出，拾取的关键就是两点。第一点是如何通过屏幕上的触控点位置求出 A、B 两点的坐标；第二点是如何求出 AB 射线段与待拾取物体的 OBB 包围盒是否相交以及交点的远近。具体实现策略如下。

❑ 虽然希望求出的是 A、B 两点在世界空间中的坐标，但为了易于开发，首先应该求出 A、B 两点在摄像机坐标系中的三维坐标。最先求出的是近平面上 A 点的坐标，具体情况如图 10-4 所示。

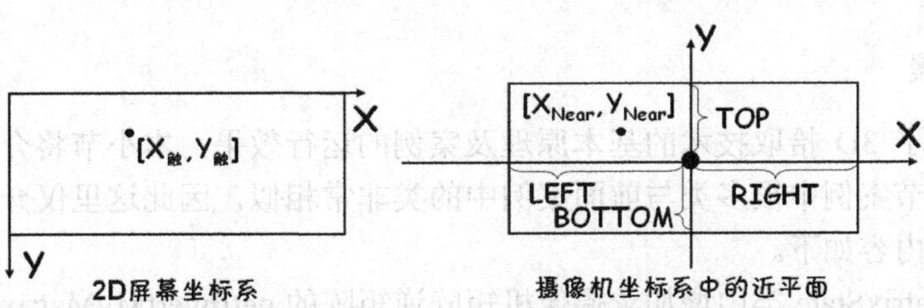

▲图 10-4　将 2D 屏幕坐标系中触控点坐标换算为摄像机坐标系近平面坐标

从图 10-4 中可以看出，触控点的坐标与摄像机近平面上的坐标是线性相关的，转换公式如下。

$$X_{Near}=(X_{触}-HW)*LLR/HW \qquad Y_{Near}=(HH-Y_{触})*LTB/HH$$

其中 HW、LLR、HH、LTB 的含义如下。

LEFT=RIGHT=LLR　　　TOP=BOTTOM=LTB

SCREEN_WIDTH/2=HW　　　SCREEN_HEIGHT/2=HH

另外，由于在摄像机坐标系中认为摄像机位于原点，沿 z 轴负方向观察，因此换算后近平面上 A 点的 z 坐标为-near，其中 near 为近平面与摄像机之间的距离。综上所述，求得的 A 点坐标如下。

$$[(X_{\text{触}}-HW)*LLR/HW, (HH-Y_{\text{触}})*LTB/HH, -near]$$

❑ 求出近平面上 A 点的坐标后，根据相似三角形的原理即可求出远平面上 B 点的坐标，如图 10-5 所示。

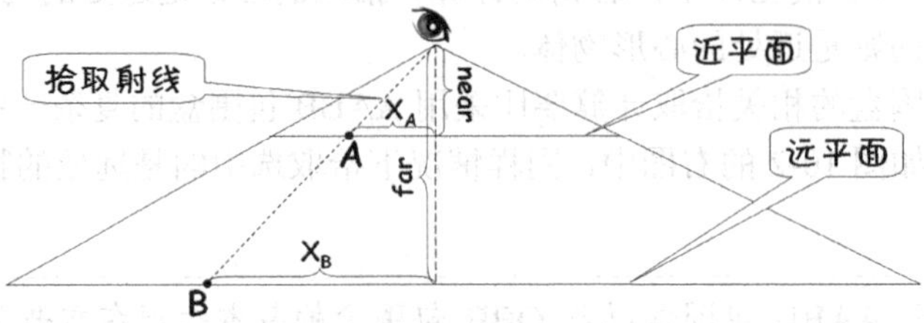

▲图 10-5　通过 A 点坐标求 B 点坐标

从图 10-5 中可以看出，根据相似三角形的原理，X_A、X_B、near、far 之间满足如下等式。

$$X_A/X_B=near/far$$

同理，Y_A、Y_B、near、far 之间满足如下等式。

$$Y_A/Y_B=near/far$$

综上，求得的 B 点坐标如下。

$$[far\bullet X_A/near, far\bullet Y_A/near, -far]$$

❑ 求得 A、B 两点在摄像机坐标系中的坐标之后，再将此坐标经摄像机矩阵的逆矩阵变换即可得到 A、B 两点在世界坐标系中的坐标。

❑ 得到 A、B 两点在世界坐标系中的坐标之后，再将此坐标经基本变换总矩阵的逆矩阵变换即可得到 A、B 两点在物体坐标系中的坐标。

❑ 顺利求得 A、B 两点在物体坐标系中的坐标后，就可以轻松得出线段 AB 的解析方程，并计算出距离 A 点最近的交点以求出当前被选中的物体了。这是由于实际开发中会通过对待拾取物体原始姿态的调整使得最初的 OBB 包围盒是轴对齐的，这样问题就转化为求已知射线与物体坐标系中与坐标平面平行的平面的交点。

> **提示**　求最近交点的方法与前面介绍光线跟踪时采用的方法类似，这里就不再赘述，需要的读者请参考前面章节中介绍光线跟踪的部分。

10.1.2　开发步骤

上一小节介绍了 3D 拾取技术的基本原理及案例的运行效果，本小节将介绍如何进行本节案例的开发。由于本节案例中很多类与前面案例中的类非常相似，因此这里仅介绍与 3D 拾取密切相关的部分，具体内容如下。

（1）首先在 MatrixState 类中增加求摄像机矩阵逆矩阵的 getInvertMvMatrix 方法、将摄像机坐标系中坐标变换为世界坐标系中坐标的 fromPtoPreP 方法以及将世界坐标系中坐标变换为物体坐标系中坐标的 fromGToO 方法，具体代码如下。

代码位置：源代码/第 10 章/Sample10_1/src/com/bn/Sample10_1 目录下的 MatrixState.java。

```
public static float[] getInvertMvMatrix(){ //获取摄像机矩阵的逆矩阵的方法
    float[] invM = new float[16];
    Matrix.invertM(invM, 0, mVMatrix, 0);  //求摄像机矩阵的逆矩阵
    return invM;                           //返回摄像机矩阵的逆矩阵
```

```
    }
    public static float[] fromPtoPreP(float[] p){//将摄像机坐标系中的坐标变换为世界坐标系中的坐标
        float[] inverM = getInvertMvMatrix();        //获取摄像机矩阵的逆矩阵
        float[] preP = new float[4];                 //用于存储结果坐标的数组
        Matrix.multiplyMV(preP,0,inverM,0,new float[]{p[0],p[1],p[2],1},0);
        //求世界坐标系中的坐标
         return new float[]{preP[0],preP[1],preP[2]};   //返回世界坐标系中的坐标
    }
     public static Vector3f fromGToO(Vector3f v,float[] m){//将世界坐标系中的坐标变换为
     物体坐标系中的坐标
         float[] invM = new float[16];                   //用于存放矩阵元素的数组
         Matrix.invertM(invM, 0, m, 0);                  //求基本变换总矩阵的逆矩阵
          float[] preP = new float[4];                   //用于存储结果坐标的数组
         Matrix.multiplyMV(preP,0,invM,0,new float[]{v.x,v.y,v.z,1},0);//求物体坐标系中的坐标
          return new Vector3f(preP[0],preP[1],preP[2]);       //返回物体坐标系中的坐标
     }
```

> **说明** 上述这些坐标转换方法将在其他类中被调用，其中 fromPtoPreP 方法将在计算 A、B 两点坐标的工具类 IntersectantUtil 中被调用，fromGToO 方法将在负责整体场景绘制以及触控事件处理的 MySurfaceView 类中被调用。

（2）上面介绍了 MatrixState 类中增加的求逆矩阵以及坐标转换的方法，接下来介绍的是计算 A、B 两点坐标的工具类——IntersectantUtil，具体代码如下。

代码位置：源代码/第 10 章/Sample10_1/src/com/bn/Sample10_1 目录下的 IntersectantUtil.java。

```
    package com.bn.Sample10_1;                         //声明包
    public class IntersectantUtil{
        public static float[] calculateABPosition( //计算 A、B 两点坐标的方法
          float x, float y,                          //触控点 x、y 坐标
          float w, float h,                           //屏幕宽度、高度
          float left, float top, float near, float far){     //近平面参数
             float x0=x-w/2;                      //将以屏幕左上角为原点的触控点坐标换算
             float y0=h/2-y;                      //为以屏幕中心为坐标原点的坐标
             float xNear=2*x0*left/w;             //计算对应的 near 面上的 x、y 坐标
             float yNear=2*y0*top/h;
             float ratio=far/near;               //计算 far 与 near 的比值
             float xFar=ratio*xNear;             //计算对应的 far 面上的 x 坐标
             float yFar=ratio*yNear;             //计算对应的 far 面上的 y 坐标
             float ax=xNear;                     //摄像机坐标系中 A 点的 x 坐标
             float ay=yNear;                     //摄像机坐标系中 A 点的 y 坐标
             float az=-near;                     //摄像机坐标系中 A 点的 z 坐标
             float bx=xFar;                      //摄像机坐标系中 B 点的 x 坐标
             float by=yFar;                      //摄像机坐标系中 B 点的 y 坐标
             float bz=-far;                      //摄像机坐标系中 B 点的 z 坐标
             float[] A=MatrixState.fromPtoPreP(new float[]{ax,ay,az });
             //求世界坐标系中 A 点的坐标
             float[] B=MatrixState.fromPtoPreP(new float[]{bx,by,bz });//世界坐标系中 B 点的坐标
             return new float[]{A[0],A[1],A[2],B[0],B[1],B[2]};
             //返回 A、B 两点在世界坐标系中的坐标
     }}
```

> **说明** 上述工具类主要提供了根据上一小节介绍的思路计算 A、B 两点在世界坐标系中坐标的 calculateABPosition 方法，该方法将在负责整体场景绘制以及触控事件处理的 MySurfaceView 类中的触控事件回调方法中被调用。

（3）接着介绍的是用于辅助拾取计算的 OBB 包围盒类——OBB，该类比较简单，主要用于为 3D 场景中的各个物体创建 OBB 包围盒，具体代码如下。

代码位置：源代码/第 10 章/Sample10_1/src/com/bn/Sample10_1 目录下的 OBB.java。

```
    package com.bn.Sample10_1;                         //声明包
    public class OBB{
```

```
    Vector3f min;                  //OBB 包围盒在 x 轴、y 轴、z 轴上的最小值 x、y、z 值
    Vector3f max;                  //OBB 包围盒在 x 轴、y 轴、z 轴上的最大值 x、y、z 值
    OBB(float[] vertices){           //参数为顶点数组的构造器
        min = new Vector3f();       //x、y、z 最小值向量
        max = new Vector3f();       //x、y、z 最大值向量
        empty();                    //清空 OBB
        for(int i=0; i<vertices.length; i+=3){           //循环遍历所有顶点
             this.add(vertices[i], vertices[i+1], vertices[i+2]);//将所有的点加入 OBB 包围盒
    }}
    public void empty(){                                  //清空 OBB
      min.x = min.y = min.z = Float.POSITIVE_INFINITY;//将最小值初始化为 Float 最大值
      max.x = max.y = max.z = Float.NEGATIVE_INFINITY;//将最大值初始化为 Float 最小值
    }
    public void add(float x, float y, float z){ //将所有的点加入 OBB 包围盒
      if (x < min.x) { min.x = x; }           //更新 x 轴最小值
      if (x > max.x) { max.x = x; }           //更新 x 轴最大值
      if (y < min.y) { min.y = y; }           //更新 y 轴最小值
      if (y > max.y) { max.y = y; }           //更新 y 轴最大值
      if (z < min.z) { min.z = z; }           //更新 z 轴最小值
      if (z > max.z) { max.z = z; }           //更新 z 轴最大值
    }
    ……//此处省略了 rayIntersect 方法，读者可自行查看随书中的源代码
}
```

提示　上述 OBB 类并不复杂，主要包含参数为物体顶点数组的构造器、清空 OBB 包围盒的方法、将单个点加入 OBB 中的方法以及省略的计算相交参数的 rayIntersect 方法。rayIntersect 方法在本书前面介绍光线跟踪时已经详细介绍过，这里不再赘述，需要的读者请参考前面章节中的相关内容。

（4）接着需要开发的是抽象类 TouchableObject，案例场景中所有能够被拾取的物体都继承自此类，具体代码如下。

代码位置：源代码/第 10 章/Sample10_1/src/com/bn/Sample10_1 目录下的 TouchableObject.java。

```
1   package com.bn.Sample10_1;                          //声明包
2   public abstract class TouchableObject{
3         OBB preBox;                                   //物体的 OBB 包围盒
4         float[] m = new float[16];                    //基本变换总矩阵
5         float[] color=new float[]{1,1,1,1}; //顶点颜色
6         float size = 1.5f;                            //当前物体的放大率（用于控制选中时放大显示）
7         public OBB getCurrBox(){                      //获得物体 OBB 包围盒的方法
8               return preBox.setToTransformedBox(m); //返回物体的 OBB 包围盒
9         }
10        public void changeOnTouch(boolean flag){ //根据选中状态改变物体颜色、尺寸的方法
11            if (flag){                   //若选中
12                color = new float[] { 0, 1, 0, 1 };      //改变颜色为绿色
13                size = 3f;               //改变放大率
14            }else{                       //若没有选中
15                color = new float[] { 1, 1, 1, 1 };      //恢复颜色为白色
16                size = 1.5f;             //恢复放大率
17        }}
18         public void copyM(){            //复制基本变换矩阵
19                for(int i=0;i<16;i++){//循环遍历矩阵中的 16 个元素
20                    m[i]=MatrixState.getMMatrix()[i];    //复制每个元素的值
21    }}}
```

- 第 3～第 6 行为该类成员变量的声明，包括物体的 OBB 包围盒、基本变换总矩阵、顶点颜色及当前物体的放大率。
- 第 10～第 17 行为根据物体的选中状态设置物体绘制用颜色与放大率的 changeOnTouch 方法。
- 第 18～第 21 行为复制物体基本变换总矩阵的 copyM 方法。之所以要复制物体的基本变换总矩阵，是因为 MatrixState 类中的变换矩阵随着程序的运行不断变化服务于所有物体，因此物体应该保留一份仅服务于自身的基本变换总矩阵。

提示 注意进行矩阵的复制时不能仅复制矩阵的引用，而是应该一一复制矩阵中的元素。

（5）下面需要开发的是从 obj 文件中加载的 3D 物体对象所属的 LoadedObjectVertexNormalAverage 类，此类与本书上卷第 9 章中介绍的 LoadedObjectVertexNormalAverage 类的代码基本相同，仅仅改动了 3 处，具体代码如下。

代码位置：源代码/第 10 章/Sample10_1/src/com/bn/Sample10_1 目录下的 LoadedObjectVertexNormalAverage.java。

```
1   package com.bn.Sample10_1;                                        //声明包
2   ……//此处省略了引入相关类的一些代码，需要的读者请参考随书中的源代码
3   public class LoadedObjectVertexNormalAverage extends TouchableObject{
4       ……//此处省略了所有成员变量的声明，需要的读者请参考随书中的源代码
5       public LoadedObjectVertexNormalAverage(MySurfaceView mv,float[] vertices,float[] normals){
6           initVertexData(vertices,normals);             //初始化顶点数据
7           initShader(mv);                               //初始化着色器
8           preBox = new OBB(vertices);                   //得到物体的 OBB 包围盒
9       }
10      public void initVertexData(float[] vertices,float[] normals){/*代码省略*/}
11      public void initShader(MySurfaceView mv){/*代码省略*/}
12      public void drawSelf() {
13          copyM();                                      //复制变换矩阵
14          GLES30.glUseProgram(mProgram);                //指定使用某套着色器程序
15          ……//此处省略了部分代码，需要的读者请参考随书中的源代码
16  }}
```

提示 上述 LoadedObjectVertexNormalAverage 类中的 3 处改动分别为第 3 行增加了继承 TouchableObject 类的代码；第 8 行增加了得到物体 OBB 包围盒的代码；第 13 行增加了复制变换矩阵的相关代码。

（6）完成上述工作后，就可以开发负责整体场景绘制以及触控事件处理的 MySurfaceView 类了，该类与前面章节案例中主要的不同是触控事件的处理，以及在其中增加了改变当前选中物体的 changeObj 方法，具体内容如下。

代码位置：源代码/第 10 章/Sample10_1/src/com/bn/Sample10_1 目录下的 MySurfaceView.java。

```
package com.bn.Sample10_1;                                    //声明包
……//此处省略了一些类的引入代码，读者可自行查看随书中的源代码
class MySurfaceView extends GLSurfaceView{
    ……//此处省略了一些成员变量声明的代码和构造器，读者可自行查看随书中的源代码
    public boolean onTouchEvent(MotionEvent e) {              //触控事件处理方法
        float y = e.getY();float x = e.getX();                //获取触控点的 x、y 坐标
        switch(e.getAction()) {
        case MotionEvent.ACTION_DOWN:                         //若是按下动作
            float[] AB=IntersectantUtil.calculateABPosition(//计算 A、B 两点在世界坐标系中的坐标
                x, y,                                         //触控点 x、y 坐标
                Sample10_1_Activity.screenWidth,              //屏幕宽度
                Sample10_1_Activity.screenHeight,             //屏幕高度
                left,top,near,far                             //近平面参数
            );
            Vector3f start = new Vector3f(AB[0], AB[1], AB[2]);//拾取射线线段起点A坐标
            Vector3f end = new Vector3f(AB[3], AB[4], AB[5]);//拾取射线线段终点 B 坐标
            checkedIndex = -1; //选中物体的索引(-1 表示没有选中物体)
            int tmpIndex=-1;   //用于记录距离 A 点最近物体的索引值
            float minTime=1;   //用于记录列表中物体与拾取射线线段相交的最短时间值
            for(int i=0;i<lovnList.size();i++){                   //遍历列表中待拾取的物体
                OBB box = lovnList.get(i).getCurrBox();//获得物体的 OBB 包围盒
                //将射线 start->end 的起点与终点变换进物体坐标系
                Vector3f rayStart=MatrixState.fromGToO(start,lovnList.get(i).m);
                Vector3f rayEnd=MatrixState.fromGToO(end,lovnList.get(i).m);
```

```
25                  Vector3f rayDir=rayEnd.minus(rayStart);//计算拾取射线线段的长度和方向
26                  float t = box.rayIntersect(start, end,rayDir);//计算相交时间
27                  if (t <= minTime){              //若时间小于原最短时间
28                      minTime = t;                //更新最短时间
29                      tmpIndex = i;               //更新最近物体索引
30              }}
31              checkedIndex=tmpIndex;              //记录最近(被选中的)物体索引
32              changeObj(checkedIndex);            //改变被选中物体
33          break;
34          case MotionEvent.ACTION_MOVE://若是移动动作
35          ……//此处省略了根据触控点移动情况改变摄像机位置的代码，需要的读者请参考随书中的源代码
36          break;
37          }
38          mPreviousY = y; mPreviousX = x;    //记录触控点 x、y 坐标，供下一轮移动使用
39          return true;
40      }
41      public void setCameraPostion(){/*代码省略*/} //设置摄像机位置的方法
42      public void changeObj(int index){            //根据索引改变选中物体的方法
43          if(index != -1){                         //如果有物体被选中
44              for(int i=0;i<lovnList.size();i++){      //遍历所有可拾取物体列表
45                  if(i==index){                        //若为选中物体
46                      lovnList.get(i).changeOnTouch(true);//改变物体颜色及放大率到选中状态
47                  }else{                               //若不是选中物体
48                      lovnList.get(i).changeOnTouch(false);//改变物体颜色及放大率到未选中状态
49          }}}else{                                     //如果没有物体被选中
50              for(int i=0;i<lovnList.size();i++){  //遍历所有可拾取物体列表
51                  lovnList.get(i).changeOnTouch(false);//改变物体颜色及放大率到未选中状态
52      }}}
53      ……//此处省略了部分代码，读者可自行查看随书中的源代码
54  }
```

- 第 5～第 40 行为用于处理触控事件的 onTouchEvent 方法，当为按下动作时首先计算 A、B 两点在世界坐标系中的坐标，然后生成拾取射线线段 AB。接着循环遍历所有物体，将射线的起点与终点变换到物体坐标系，再计算射线段与每个物体 OBB 包围盒的相交时间，并记录最短时间及其对应的物体索引值，最后根据索引值调用 changeObj 方法改变被选中物体的颜色及尺寸。
- 第 42～第 52 行为根据给定索引改变选中物体的 changeObj 方法，其实现非常简单。若有选中物体，则将选中物体设置为选中状态，其他物体设置为未选中状态；若没有选中物体，则将所有物体设置为未选中状态。

10.2 多点触控

风靡全球的 iPhone 主要得益于两大革命性的创新，一个是传感器体感操控的使用，另一个是多点触控的使用。Android 智能平台自然也不例外，与传感器体感操控相关的内容本书上卷已经详细介绍过，本节介绍多点触控技术的使用。

10.2.1 多点触控案例效果与基本原理

介绍本节案例的具体开发之前，首先需要了解本节案例 Sample10_2 的运行效果与基本原理，首先给出的是案例的运行效果，如图 10-6 所示。

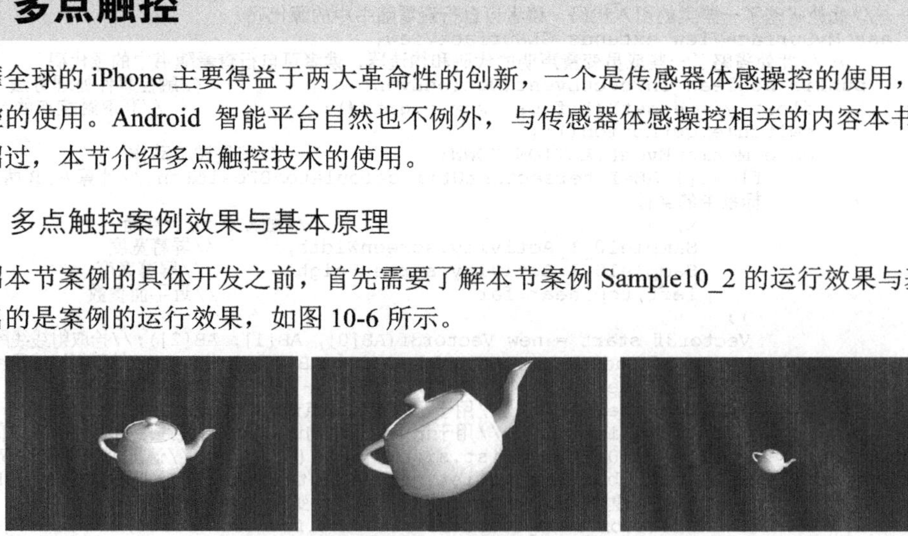

▲图 10-6 案例 Sample10_2 的运行效果

> **提示** 与本书前面的案例不同，此案例中茶壶的旋转与缩放是采用多点触控技术实现的。案例运行时，用两个手指触摸手机屏幕，当两个手指远离时茶壶被放大，当两个手指接近时茶壶被缩小，当两个手指触点的连线相对于手机屏幕角度变化时茶壶会旋转。需要注意的是，仅用一个手指触摸屏幕是不会有任何变化的。

了解了本节案例的运行效果后，下面介绍多点触控的基本原理。多点触控是指同时支持两个或两个以上的触控点，本节介绍的是同时有两个触控点的情况。这两个触控点一个称为主点，另一个称为辅点，每个触控点都有按下、移动、抬起 3 种动作。

与单点触控相同，触控事件还是在重写的 onTouchEvent 方法中进行处理，只不过在获取触控动作编号时需要加上掩码与运算，具体代码如下。

```
int action=e.getAction()&MotionEvent.ACTION_MASK;                    //获取触控的动作编号
```

动作编号 action 可以对应多个常量值，分别代表主点、辅点的 3 种动作，如表 10-1 所列。

表 10-1　多点触控中主点、辅点的各个动作编号常量

动作编号常量值	含　义
MotionEvent.ACTION_DOWN	主点按下
MotionEvent.ACTION_POINTER_DOWN	辅点按下
MotionEvent.ACTION_MOVE	主点、辅点移动
MotionEvent.ACTION_UP	主点抬起
MotionEvent.ACTION_POINTER_UP	辅点抬起

由于多点触控中不止一个触控点，为了管理的方便还需要获取每个触控点的 id，其具体代码如下。

```
int index=(e.getAction()&MotionEvent.ACTION_POINTER_INDEX_MASK)
    >>>MotionEvent.ACTION_POINTER_INDEX_SHIFT;//获取触控点索引(包括主点以及辅点)
int id=e.getPointerId(index);                 //获取触控点 id
```

> **提示** 开发 Android 平台下的多点触控应用时要注意触控点的索引与 id 的区别，随着触控点的按下与抬起，每个触控点的索引可能会有变化，但 id 一直都不会变。因此在多点触控应用中，开发人员一般都盯住不变的 id 来处理问题。

10.2.2 开发步骤

了解了多点触控的基本原理以及案例的运行效果后，本小节将介绍如何进行案例的开发。由于本案例中与绘制相关部分的代码和本书前面很多案例中的基本相同，因此，这里仅介绍与多点触控密切相关的部分，其具体内容如下。

（1）首先需要开发的是用于封装一个触控点信息的 BNPoint 类，其具体代码如下。

代码位置：源代码/第 10 章/Sample10_2/src/com/bn/Sample10_2 目录下的 BNPoint.java。

```
package com.bn.Sample10_2;              //声明包
public class BNPoint{
    float oldX; float oldY;             //上一次此触控点的 x、y 坐标
    boolean hasOld = false;             //是否已经存在上一次触控位置的标志位
    float x; float y;                   //触控点当前的 x、y 坐标
    public BNPoint(float x, float y){        //构造器
      this.x = x; this.y = y;           //初始化 x、y 坐标
    }
    public void setLocation(float x, float y){     //设置触控点新位置的方法
```

```
            oldX = this.x; oldY = this.y;    //把原来位置记录为旧位置
            hasOld = true;                   //设置是否已经存在上一次触控位置的标志位
            this.x = x; this.y = y;          //设置新位置
        }
        public static float calDistance(BNPoint a, BNPoint b){//计算两个触控点距离的方法
            float result = 0;
            //计算两个触控点的直线距离
            result=(float)Math.sqrt((a.x-b.x)*(a.x-b.x)+ (a.y-b.y)*(a.y-b.y));
            return result;
    }}
```

说明　上述 BNPoint 类非常简单，主要提供了封装触控点位置坐标以及计算两个触控点直线距离的功能，开发此类是为了后面便于对多个触控点进行管理。

（2）接着开发的是负责绘制整个 3D 场景以及执行触控事件处理的 MySurfaceView 类，其具体代码如下。

代码位置：源代码/第 10 章/Sample10_2/src/com/bn/Sample10_2 目录下的 MySurfaceView.java。

```
package com.bn.Sample10_2;                                    //声明包
……//此处省略了引入相关类的一些代码，需要的读者请参考随书中的源代码
class MySurfaceView extends GLSurfaceView{
    ……//此处省略了成员变量的声明和构造器，需要的读者请参考随书中的源代码
    public boolean onTouchEvent(MotionEvent e) {              //触控事件处理方法
        int action=e.getAction()&MotionEvent.ACTION_MASK;   //获取触控动作编号
        int index=(e.getAction()&MotionEvent.ACTION_POINTER_INDEX_MASK)
            >>>MotionEvent.ACTION_POINTER_INDEX_SHIFT;       //获取触控点索引
        int id=e.getPointerId(index);                        //获取触控点 id
        switch(action){
            case MotionEvent.ACTION_DOWN:                    //主点按下
            case MotionEvent.ACTION_POINTER_DOWN:            //辅点按下
            //不论是主点还是辅点按下皆向 Map 中放入一个新点
            hm.put(id, new BNPoint(e.getX(index), e.getY(index)));
            if (hm.size() == 2){    //若已经有两个触控点按下
            BNPoint bpTempA = hm.get(e.getPointerId(0));
            //从 Map 中取出第一个触控点
            BNPoint bpTempB = hm.get(e.getPointerId(1));
            //从 Map 中取出第二个触控点
            distance=BNPoint.calDistance(bpTempA,bpTempB);
            //计算两个触控点之间的距离
          break;
          case MotionEvent.ACTION_MOVE:    //主点/辅点移动
          int count=e.getPointerCount();   //获取触控点数量
          for(int i=0;i<count;i++){        //遍历所有触控点
              int tempId=e.getPointerId(i); //获取触控点 id
              hm.get(tempId).setLocation(e.getX(i), e.getY(i));
              //更新触控点位置
          }
          if (hm.size() == 2){     //若当前有两个触控点按下
          BNPoint bpTempA=hm.get(e.getPointerId(0));//从 Map 中取出第一个触控点
          BNPoint bpTempB=hm.get(e.getPointerId(1));//从 Map 中取出第二个触控点
          float currDis = BNPoint.calDistance(bpTempA, bpTempB);//计算两点距离
          currScale=currScale+(currDis-distance)/scaleSpeedSpan;//计算缩放系数
              if (currScale > 4 || currScale < 1){//若缩放系数超过范围，则进行恢复
                  currScale=currScale-(currDis-distance)/scaleSpeedSpan;
              }
              distance = currDis;                  //记录两点距离
              if(bpTempA.hasOld||bpTempB.hasOld){//若两个触控点都有上一位置
                  double alphaOld = Math.atan2((bpTempA.oldY - bpTempB.oldY),
                      (bpTempA.oldX - bpTempB.oldX));//计算上一位置对应的角度
                  double alphaNew = Math.atan2((bpTempA.y-bpTempB.y),
                      (bpTempA.x - bpTempB.x));     //计算当前位置对应的角度
              //两个角度相减得到旋转变化角度，并将旋转变化角度叠加到总旋转角度中
              angle = angle - (float) Math.toDegrees(alphaNew - alphaOld);
          }}
```

```
43             break;
44             case MotionEvent.ACTION_UP:                    //主点抬起
45                 hm.clear();                                //清空触控点 Map
46             break;
47             case MotionEvent.ACTION_POINTER_UP:            //辅点抬起
48                 hm.remove(id);         //从 Map 中删除对应 id 的辅点
49             break;
50         }
51         return true;
52     }
53     ……//此处省略了部分代码，需要的读者请参考随书中的源代码
54 }
```

- 第 5～第 52 行为处理触控事件的 onTouchEvent 方法，对主点和辅点 3 种动作（按下、移动、抬起）的处理代码都在此方法中。
- 第 11～第 19 行为对主点以及辅点按下动作处理的相关代码，无论主点还是辅点按下，都创建一个对应的 BNPoint 类型的对象放到触控点 Map 中。若当前有两个触控点，则计算两个触控点之间的距离。
- 第 20～第 43 行为对主点以及辅点移动动作处理的代码。其中首先更新每个触控点的位置，然后根据两个触控点的情况计算出新的缩放系数以及旋转角度供绘制部分使用。

> **提示** 将所有的触控点对象存放到一个 Map 中是为了方便管理，读者如果有更好的思路可以自行对源代码相关部分进行修改。

10.3 多键监听

很多游戏在操作过程中都允许玩家同时按下多个键来进行联合操作，从多年前红白机上的魂斗罗到现在智能手机上的很多游戏都是如此。因此，本节将介绍如何结合多点触控在 Android 平台上实现多键监听。

10.3.1 案例效果与基本原理

介绍本节案例的具体开发之前需要了解本节案例 Sample10_3 的运行效果与基本原理，首先给出的是案例的运行效果，如图 10-7 所示。

> **提示** 本案例的场景中有一只茶壶，触摸屏幕上不同的区域可以移动或旋转茶壶。触摸屏幕的左上部分茶壶左移，触摸屏幕的右上部分茶壶右移，触摸屏幕的左下部分茶壶逆时针旋转，触摸屏幕的右下部分茶壶顺时针旋转，4 个区域的分布如图 10-8 所示。

▲图 10-7　案例 Sample10_3 的运行效果

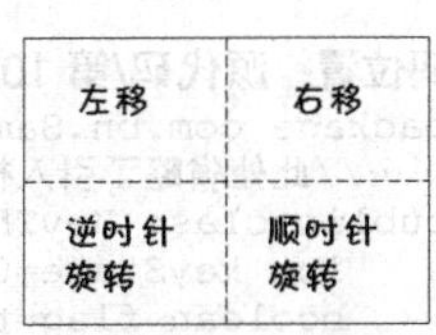

▲图 10-8　屏幕各区域触控功能

虽然 Android 平台支持多点触控，但并不能直接支持多键监听。也就是说，Android 平台每个时刻只能处理一个触控事件，故要实现多键监听的效果还需要做一些简单的开发，基本思路如下。

- 首先设置一个 int 型变量 keyState，用来记录当前的按键状态（也就是触控状态，在大部分没有键盘的 Android 智能手机上都采用触摸屏幕指定区域的方式）。当有键（触控点）按下或抬起时，在事件处理方法中把对应的状态记录到 keyState 中对应的比特位。按下某个键时其对应比特位设置为 1，抬起时恢复为 0，如图 10-9 所示。

比特位编号	3	2	1	0
含义	茶壶左移	茶壶右移	逆时针旋转	顺时针旋转
当前值	1	0	1	0

左移的同时逆时针旋转

比特位编号	3	2	1	0
含义	茶壶左移	茶壶右移	逆时针旋转	顺时针旋转
当前值	0	1	0	1

右移的同时顺时针旋转

▲图 10-9　根据按键情况设置对应的比特位

提示　图 10-9 中只给出了 4 个键的情况，当有更多的键时可以使用 keyState 中更多的比特位，一个 int 型变量有 32 个比特位，足够使用了。

- 然后需要开启一个后台线程，定时读取 keyState 中的状态并执行具体的响应动作。例如，同时读到了茶壶左移以及逆时针旋转比特位为 1，则在此次执行动作时既左移又逆时针旋转，这样就非常容易地实现了两个键同时起作用的效果。同时，执行响应动作的频率也可以通过调整线程的休眠时间来调整。

10.3.2　开发步骤

了解了多点监听的基本原理以及案例的运行效果后，本小节将介绍如何进行案例的开发。由于本案例中与绘制相关部分的代码与本书前面很多案例中的基本相同，因此，这里仅介绍与多键监听密切相关的部分，具体内容如下。

（1）首先开发的是用于记录一个触控点位置的 BNPoint 类，具体代码如下。

代码位置：源代码/第 10 章/Sample10_3/src/com/bn/Sample10_3 目录下的 BNPoint.java。

```
package com.bn.Sample10_3;                        //声明包
public class BNPoint{
    float x; float y;                             //触控点 x、y 坐标
    public BNPoint(float x,float y){              //有参构造器
        this.x=x; this.y=y;                       //初始化触控点坐标
}}
```

说明　本类对象的主要功能是记录触控点的坐标，程序将根据触控点坐标所在区域对相应的比特位进行置 0 或置 1 操作。

（2）接着需要开发的是定时读取各比特位状态，并根据各比特位状态执行特定响应动作的线程 KeyThread，具体代码如下。

代码位置：源代码/第 10 章/Sample10_3/src/com/bn/Sample10_3 目录下的 KeyThread.java。

```
package com.bn.Sample10_3;                                      //声明包
……//此处省略了引入相关类的一些代码，需要的读者请参考随书中的源代码
public class KeyThread extends Thread{
    int keyState=0;                                 //存储各比特位的 int 型变量
    boolean flag=true;                              //线程循环标志
    public void run(){
        while(flag){                                //线程不断循环定时读取各比特位值
            if((keyState&0x1)!=0){ //茶壶左移动作对应比特
                xOffset-=0.3f;
            }else if((keyState&0x2)!=0){ //茶壶右移动作对应比特
                xOffset+=0.3f;
```

```
12              }
13              if((keyState&0x4)!=0){          //逆时针旋转动作对应比特
14                  yAngle+=2.5f;
15              }else if((keyState&0x8)!=0){  //顺时针旋转动作对应比特
16                  yAngle-=2.5f;
17              }
18              if(yAngle>=360||yAngle<=-360){  //如果旋转角度绝对值大于 360，则置零
19                  yAngle=0;
20              }
21              try{Thread.sleep(30);}catch(InterruptedException e){e.printStackTrace();}
22      }}
23      public void keyPress(float x,float y){//检测按下触控点所在区域并置对应比特位值为 1
24          if(x>=0&&x<screenWidth/2&&y>=0&&y<screenHeight/2){
25            keyState=keyState|0x1;            //触控点在茶壶左移区域
26          }else if(x>=screenWidth/2&&x<screenWidth&&y>=0&&y<screenHeight/2){
27            keyState=keyState|0x2;            //触控点在茶壶右移区域
28          }else if(x>=0&&x<screenWidth/2&&y>=screenHeight/2&&y<screenHeight){
29            keyState=keyState|0x4;            //触控点在逆时针旋转区域
30          }else if(x>=screenWidth/2&&x<=screenWidth&&y>=screenHeight/2&&y<=screenHeight){
31            keyState=keyState|0x8;            //触控点在顺时针旋转区域
32      }}
33      public void keyUp(float x,float y){ //检测抬起触控点所在区域并置对应比特位值为 0
34          if(x>=0&&x<screenWidth/2&&y>=0&&y<screenHeight/2){
35            keyState=keyState&0xE;            //触控点在茶壶左移区域
36          }else if(x>=screenWidth/2&&x<screenWidth&&y>=0&&y<screenHeight/2){
37            keyState=keyState&0xD;            //触控点在茶壶右移区域
38          }else if(x>=0&&x<screenWidth/2&&y>=screenHeight/2&&y<screenHeight){
39            keyState=keyState&0xB;            //触控点在逆时针旋转区域
40          }else if(x>=screenWidth/2&&x<=screenWidth&&y>=screenHeight/2&&y<=screenHeight){
41            keyState=keyState&0x7;            //触控点在顺时针旋转区域
42      }}
43      public void clearKeyState(){//所有触控点均抬起时调用的方法，即将 keyState 值置为 0
44          keyState=keyState&0x0;
45  }}
```

- 第 6～第 22 行为线程定时读取各比特位状态并执行特定响应动作的 run 方法，执行响应动作的频率可以通过修改第 21 行的线程休眠时间来进行调整。
- 第 23～第 32 行为检测按下的触控点所在区域并设置对应比特位值为 1 的 keyPress 方法。
- 第 33～第 42 行为检测抬起的触控点所在区域并设置对应比特位值为 0 的 keyUp 方法。
- 第 43～第 45 行为清除所有比特位值的方法，即设置所有比特位值为 0 的方法。

> **提示** 上述 keyPress 与 keyUp 方法是针对本案例中设定的区域进行判断，实际开发中读者应该根据界面的设计调整这两个方法中区域判断的相关代码。

（3）最后开发的是 MySurfaceView 类中处理触控事件的 onTouchEvent 方法，具体代码如下。

代码位置：源代码/第 10 章/Sample10_3/src/com/bn/Sample10_3 目录下的 MySurfaceView.java。

```
public boolean onTouchEvent(MotionEvent event){ //触控事件处理方法
    if(kt==null)return false;                    //若键位处理线程对象不存在，则返回
    int action=event.getAction()&MotionEvent.ACTION_MASK;//获取触控的动作编号
    int index=(event.getAction()&MotionEvent.ACTION_POINTER_INDEX_MASK)
          >>>MotionEvent.ACTION_POINTER_INDEX_SHIFT; //获取触控点索引
    int id=event.getPointerId(index);            //获取触控点 ID
    switch(action){
          case MotionEvent.ACTION_DOWN:          //主点按下
          case MotionEvent.ACTION_POINTER_DOWN:  //辅点按下
                //不论是主点还是辅点按下皆向 Map 中放入一个新点
                hm.put(id, new BNPoint(event.getX(index),event.getY(index)));
                kt.keyPress(event.getX(index), event.getY(index));//更改对应比特位的值
            break;
            case MotionEvent.ACTION_POINTER_UP:   //辅点抬起
                float x=hm.get(id).x;            //获取抬起触控点的 x 坐标
                float y=hm.get(id).y;            //获取抬起触控点的 y 坐标
```

```
                hm.remove(id);                    //移除抬起的触控点
                kt.keyUp(x, y);                   //更改对应比特位的值
            break;
            case MotionEvent.ACTION_UP:           //主点抬起
                hm.clear();                       //清除所有触控点
                kt.clearKeyState();               //置所有比特位为 0
            break;
        }
        return true;
    }
```

说明　上述 onTouchEvent 方法与上一节案例中的非常类似，主要是基于多点触控技术调用相应的方法来设置记录当前按键状态的相应各比特位值。另外，采用本案例所介绍的多键监听技术还提高了应用程序操控模块的灵活性。例如，想将程序修改为由传感器操控，只需要在传感器事件处理方法中调用对应的方法，设置对应比特位的值即可，完全不会影响程序的其他部分。

10.4 小结

本章主要介绍了 3D 拾取、多点触控以及多键监听等在游戏开发中常用的人机交互技术，通过本章的学习，读者可以在开发时灵活运用这些技术，满足用户的各种需求。

第 11 章　让应用运行更流畅——性能优化

通过学习本书前面章节中介绍的很多 3D 开发原理与技巧，读者应该已经可以开发很多酷炫的 3D 场景了。但如果读者实际开发一些高动态的 3D 场景或游戏的话，可能还会遇到一个非常令人困扰的问题——性能。

虽然在前面一些章节中介绍某些知识点时零星地讨论过一些性能问题，但不系统。本章将专门对 3D 应用开发中的一些性能问题进行讨论，掌握了这部分内容后，对读者进一步开发大型 3D 应用或游戏是很有裨益的。

11.1 着色器的优化

OpenGL ES 3.0 采用的是可编程渲染管线，开发人员可以开发自己的着色器。通过开发特定功能的着色器可以非常方便地实现很多特效。但实现同样功能的着色器写法远不止一种，不同的写法性能可能会大相径庭。本节主要介绍在平时的着色器开发中需要注意的一些要点，读者在开发自己的着色器时，如果能很好地注意这些要点，着色器性能会有很好的表现。

11.1.1　计算量与计算频率相关的问题

通过前面章节的学习，读者应该已经了解到 GPU 是流式处理器，其中的顶点着色单元会每顶点执行一次，而片元着色单元会每片元执行一次。可以想象，每绘制一帧画面，顶点着色器与片元着色器的代码少则执行成百上千次，多则执行几万甚至几百万次。

因此，如果能恰当地减少顶点着色器与片元着色器每次执行所做的工作量，性能将得到可观的改善。经常涉及的简单技巧主要包括着色计算的位置优化以及着色计算的代码优化两方面，具体内容如下。

1. 着色计算的位置优化

从前面很多案例中已经了解到，与着色计算相关的任务有 3 个可能的执行位置：CPU、顶点着色器及片元着色器。从获得更高画面质量考虑，很多开发人员会把大量的着色计算相关代码放在片元着色器中。但在不影响画面质量或可以略微牺牲一点画面质量的情况下，可以考虑将相关代码的位置做一些变化，以换取性能的提升，主要包括如下两点。

- 每当把计算任务安排到片元着色器中时，都应该考量一下：若将这个计算任务安排到顶点着色器中，画面质量会不会有影响，若有影响，在不在可以接受的范围内。如果条件允许，则应该将相应的计算任务安排到顶点着色器中进行。因为顶点着色器的执行频率远低于片元着色器，这样做一般可以获得较为明显的性能提升。
- 每当把计算任务安排到顶点着色器中时，要首先判断此计算任务是对于每个顶点单独计算、结果不同，还是所有顶点共享一个相同计算结果。如果是所有顶点共享一个相同计算结果的情况，则应该将此计算任务交由 CPU 执行，然后由宿主程序将计算结果作为一致变量传入顶点着色器供使用。

> **提示**　在有些情况下，对于某个复杂计算的某部分是所有顶点共享的，那么，就应该把这部分计算提取出来交由 CPU 一次完成，然后将计算结果作为一致变量传入顶点着色器供使用。对于一个 3D 模型而言，顶点少则数百上千，多则几万、几十万甚至上百万，这样做可以降低计算负载，获得显著的性能提升。

2. 着色计算的代码优化

编写着色器代码时，开发人员应该特别小心，这是由于着色器代码的执行频率很高，因此应该尽量优化这部分代码，使其运算量以及复杂度降到最低，这样会提高着色程序的执行效率。具体需要注意以下几点。

- 编写着色代码时常常会进行一些计算，计算时要尽量通过代数方法简化计算，这样可以最大限度地提高运算速度。例如，p = sqrt(2*(X+1))可以改写成 1.414*sqrt(X+1)等。
- 编写着色代码时常会对向量进行操作，例如，将向量归一化，求两个向量的点积、叉积等。对于这些操作，着色器提供了强有力的支持，内置了很多内建函数，方便开发人员使用。例如，归一化向量运算函数 normalize、求点积运算函数 dot、求向量折射函数 refract 等。这些函数大部分都是硬件实现的，开发时可以直接利用，能够降低代码的复杂度，优化计算速度。
- 编写着色代码时经常会对矩阵进行操作，例如，将两个矩阵进行相乘运算，对于此类操作，着色器同样也提供了强有力的支持，内置了很多运算及函数，方便开发人员使用。例如，两个矩阵相乘直接使用“*”即可完成，这样无论从编码复杂度还是运算速度来看，效果都很不错。

11.1.2　其他需要注意的问题

在编写完整的着色器代码过程中，除了要考虑执行计算任务的位置、计算量等，对于一些内置函数的使用、方法的声明、变量的使用等也要时刻注意，出于性能方面的考虑，一般应该注意以下几点。

- 进行计算的时候，尽量使用系统自带的内置函数，因为开发人员自己开发的计算方法在大多数情况下不如系统的内建函数高效，例如，可以使用系统自带的常见函数、几何函数、向量关系函数等。
- 在编写着色代码的过程中，有时候需要进行一些简单的计算，对于这些重复性较低，而且计算的内容较为简单的操作，开发过程中不应该将这种计算封装成函数，直接用代码计算即可。这样能大大减少 GPU 函数调用与返回的消耗（这方面是目前 GPU 的弱项），下面给出的两段代码说明了这个问题。

```
//直接用代码计算，好的做法
……
float dis=distance(positionA,positionB);
float disfactor=dis/scale;
……

//先声明函数，再调用，对于目前的 GPU 不太合适的做法
float calDisFactor(vec3 positionA, vec3 positionB ){
    float dis=distance(positionA,positionB);
    float disfactor=dis/scale;
    return disfactor;
}
```

- 如果通过调整片元颜色的 alpha 值结合混合操作就可以达到想要的效果，就要尽量少使用 discard 函数舍弃当前片元，因为 discard 是一个非常消耗资源的操作，会大大降低渲染的 FPS。

❑ 如果进行计算之前已经对当前需要使用的向量进行归一化，那么，在使用时就不要再去求该向量的模长，因为该向量的模长就是 1。

❑ 编写着色代码时要选择合适的精度，精度要和选择的纹理图质量相吻合，例如，如果选择的纹理图是低质量的 16 位或者 8 位的颜色模式，则可以考虑使用 lowp float 精度。

❑ 编写完片元着色器后要检查其代码的长度，如果太长（一般超过 25 行），则需要考虑是否能将一些计算转移到顶点着色器。

❑ 由于片元着色器是在 GPU 中执行，GPU 与 CPU 在硬件结构上有很大的差异，其执行分支语句的效率非常低。故在 GPU 中需要执行分支语句时往往需要想办法用内建的函数计算出因子，再结合数学表达式来替代分支操作，具体情况如以下代码段所示。

```
1    //直观的易于编写的用分支语句完成的代码
2    vec4 projColor=texture(sTexture,vec2(s,t));
3    if(a>0.9999){
4        fragColor=colorA;
5    }else if(a<0.0001){
6        fragColor=colorB;
7    }else{
8        fragColor=mix(colorB,colorA,smoothstep(0.0,1.0,projColor.r));
9    }
10
11    //适合提高 GPU 执行效率的使用内建函数替代分支操作的代码
12    vec4 projColor=texture(sTexture,vec2(s,t));
13    float a=step(0.9999,projColor.r);
14    float b=step(0.0001,projColor.r);
15    float c=1.0-sign(a);
16    fragColor=a*colorA+(1.0-b)*colorB+b*c*mix(colorB,colorA,smoothstep(0.0,1.0,projColor.r));
```

说明 第 12～第 16 行的着色器代码巧妙地使用内建函数避免了很多分支操作，将分支操作化解为顺序执行的函数运算。这是一种着色器编程常用的开发技巧，读者有需要时也可以采用。

11.2 纹理图的优化

开发场景时经常会用到纹理图，通过前面章节的学习，读者应该对纹理图的加载以及使用有了一定的了解，本节将详细介绍使用纹理图时应该注意的问题以及性能优化技巧等，具体内容如下。

1. 纹理图的选择

选择纹理图时，出于性能的考虑，需要注意以下几点。

❑ 不要使用特别大的纹理图，一般小于或等于 256×256 为适合。同时图片的尺寸要为 2 的 n 次方，这样不仅能保证所有的设备都识别该纹理，而且计算速度也是最快的。

❑ 在游戏或者可视化应用中，总是会遇到许多非常小的纹理，一种比较好的办法是把这些纹理组合成一个比较大的纹理。这样驱动程序在加载纹理的时候，仅仅需要加载一次就可以了。例如，开发人体模型，可以将一个人的头发、脸、眼睛等组合为一个纹理。

❑ 使用压缩纹理。压缩纹理比非压缩纹理具有更快的运算速度和更小的存储空间要求，而且很容易使用图形硬件纹理缓冲。因此，这样能够显著地提高渲染性能，特别适合 3D 应用中纹理数量较大的场合。笔者的经验是能采用压缩纹理时一定要采用，很多大厂商的游戏中都是如此。

❑ 在纹理图的选择上，如果使用的颜色模式为 16 位即可达到可以接受的效果，就尽量不要使用 32 位的，也就是说尽量使用颜色模式小的纹理图。

2. 纹理图使用中需要注意的问题

使用纹理图时，不能拿到一幅纹理图就直接使用，需要对纹理图做一些必要的处理后再使用。这样就能很好地避免资源的浪费，出于性能考虑，一般应该注意以下几点。

- 对于大场景贴图而言，进行纹理采样时要尽量使用 mipmap，虽然这样相对而言会占用一些内存，但是，这样会提高纹理采样的效率，同时会得到更好的画面效果。
- 进行纹理采样时，若最近点采样就能满足视觉效果的要求，就不要使用线性采样。由于线性采样算法比最近点采样算法复杂很多，其执行效率要比最近点采样低不少。
- 对于需要将较小的纹理图平铺到一个较大平面上的情况，不应该采用一堆小的纹理矩形组合的方式，而应该采用一个大的纹理矩形结合 GL_REPEAT 采样方式来解决。

11.3 3D 图形绘制的优化

上一节介绍了使用纹理图时需要注意的一些问题，恰当地运用这些知识能够在一定程度上提高场景的绘制效率。本节将进一步讨论在绘制 3D 场景时需要注意的一些问题，主要包括 CPU 阶段的优化以及几何阶段的优化这两部分内容。

11.3.1 CPU 阶段的优化

通过本书前面很多案例的学习，读者应该已经了解到 3D 场景的绘制工作是由 CPU 与 GPU 配合完成的。因此，在进行开发时仅对 GPU 部分进行优化是不够的，CPU 部分的任务也需要进行优化，常用的技巧有以下几点。

- 尽量避免使用浮点数计算

对于大部分 CPU 而言，由于浮点数的运算一般比整数（定点数）需要耗费更多的计算资源，因此，在使用整数就可以满足需要的情况下应该尽量使用整数进行计算。

- 采用更优化的编译模式

对于移动设备而言，目前主流设置都是采用基于 ARM 架构的 CPU。对于 ARM 架构的 CPU 而言，有两种可供选择的代码编译模式，即 ARM 和 Thumb。具体选择哪种编译模式，一般根据内存带宽和内存与 CPU 之间的总线带宽来决定。

> **提示** 关于这两种编译模式的细节已经超过了本书的讨论范围，这里只是提醒读者有这样一个需要考虑的方面。想进一步了解更多的内容，请参考其他专门讨论这方面内容的书籍或资料。

- 减少条件分支和多重循环

不但对于 GPU 分支会降低执行效率，对于 CPU 而言也是如此，能够使用查表法等技巧去除应用程序中的不必要分支结构时要尽量采用。另外，嵌套多层的循环也是影响性能的重要方面，应该尽量避免使用多重循环。

- 对于 Android 系统而言配合使用 SDK 与 NDK

对于 Android 平台上的应用，既可以使用 Java 语言在 SDK 平台上开发，也可以使用 C/C++ 在 NDK 平台上开发。由于 Java 语言的易用性较好，因此一般的开发人员偏向于使用 Java 语言在 SDK 平台上开发。

但由于 Java 语言工作在虚拟机上，因此，在完成复杂计算方面，性能会比 C/C++差一些。故实际开发中应该结合使用 Java 与 C/C++，将计算量较大的瓶颈部分改用 C/C++编写以提高效率，而计算量不大的非瓶颈部分继续使用 Java 以降低开发难度。

> **提示** 对于这一点，学习过本书前面第 7 章、第 8 章的读者应该深有体会，C/C++版本的 Bullet 物理引擎性能比 Java 版本的 JBullet 物理引擎快很多。这是因为物理引擎需要进行大量的计算，Java 目前在这方面还有短板。这也是为什么很多公司在招募 Android 开发人员时希望 SDK 与 NDK 能力都要具备的原因。

11.3.2 几何阶段的优化

通过前面很多章节的学习，读者应该已经了解到，绘制 3D 物体之前首先需要将物体的几何数据传入渲染管线。对于同一个 3D 几何形状，可以有很多不同的几何数据组织方式。虽然不同的几何数据组织方式可以绘制出相同的场景，但性能可能会有很大的差异，本小节将讨论这方面的内容，主要包括以下两个点。

1. 恰当选用顶点法或索引法执行绘制

本书上卷 5.5.4 小节介绍过顶点法与索引法两种绘制策略，对于不同的情况，两种策略各有优劣，应该在实际开发中灵活选用，尤其是在采用 GL_TRIANGLES 绘制方式的时候。

若采用 GL_TRIANGLES 绘制方式，从图 11-1 并结合前面介绍过的知识可以计算出顶点法及索引法需要的数据量，具体情况如下。

- 对于此图形，若采用顶点法，则需要传送进管线的数据为 72 个字节（两个三角形 6 个顶点，每个顶点 3 个坐标分量，每个坐标分量 4 个字节）。
- 如果采用索引法，则仅需要传送进管线 54 个字节（顶点数据：4 个顶点，每个顶点 3 个坐标分量，每个坐标分量 4 个字节，共 48 个字节；索引数据：6 个字节型索引数据，共 6 个字节）。

从上述比较可以看出，对于采用 GL_TRIANGLES 绘制方式的图形而言，不同三角形重复顶点的数量越多，采用顶点法越不合算。

> **提示** 读者千万不要认为在任何情况下索引法的表现都会好一些，若基本没有重复的顶点，而都是离散的三角形，则顶点法会表现较好。这一结论参看图 11-2 及进行一下计算即可得出。

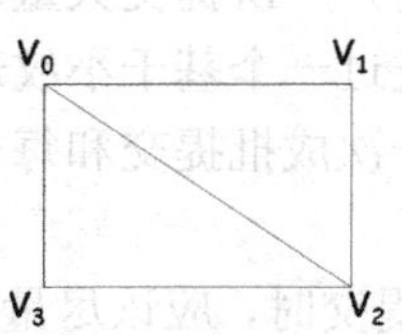

▲图 11-1 顶点法与索引法

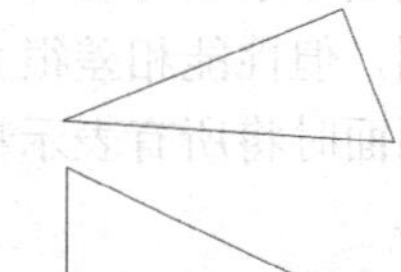

▲图 11-2 离散的三角形

2. 恰当选用不同的绘制方式

本书上卷 5.5 节介绍过多种不同的图元绘制方式，包括 GL_TRIANGLES（独立三角形）、GL_TRIANGLE_STRIP（三角形条带）、GL_TRIANGLE_FAN（三角形扇面）等。在绘制时开发人员应该根据待绘制图形的几何特征选用合适的绘制方式，以提高效率，节省资源。

从图 11-3、图 11-4 与图 11-5 中可以看出，对于不同几何特征的图形采用不同的绘制方式，可以达到事半功倍的效果，具体情况如下所列。

- 对于图 11-3 所示的图形而言，若采用条带方式结合顶点法，仅仅需要传送 5 个顶点的坐标数据，而若采用独立三角形方式，无论是结合顶点法还是索引法所需的数据量都更多一些。

- 对于图 11-4 所示的图形而言，若采用扇面方式结合顶点法，仅仅需要传送 5 个顶点的坐标数据，而若采用独立三角形方式，无论是结合顶点法还是索引法所需的数据量都更多一些。
- 对于图 11-5 所示的图形而言，若采用独立三角形方式结合顶点法，需要的数据量最少。

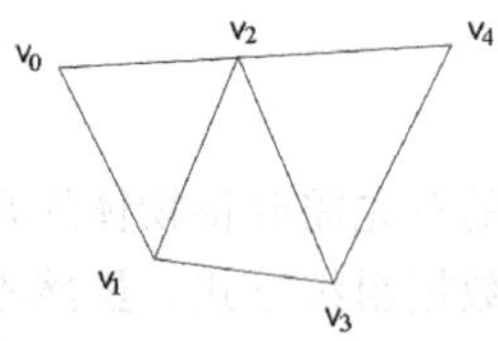

▲图 11-3　适合条带方式绘制的图形

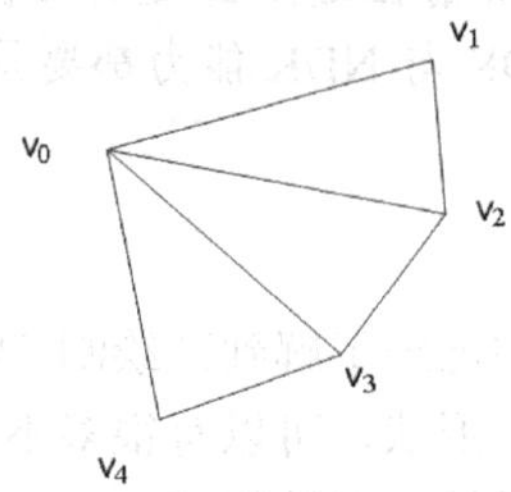

▲图 11-4　适合扇面方式绘制的图形

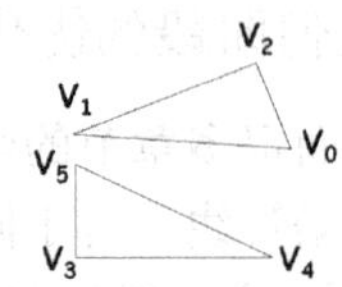

▲图 11-5　适合独立三角形方式绘制的图形

3. 大场景绘制时适当剪裁

进行大场景绘制时应该根据当前观察用的摄像机的位置、朝向确定能够观察到的范围。将不在观察范围内的物体剪裁掉，不送入渲染管线进行绘制，图 11-6 说明了这个问题。

很容易理解，采用这种策略后性能提升很大。因为对于很大的场景，看不到的永远是大部分，看见的永远是少部分。都绘制和仅仅绘制能看见的部分其运算量差距很大。另外要注意的是，这部分工作是由 CPU 完成的，CPU 在每次将一个物体送入管线进行绘制前应该进行检查，判断此物体是否在可见的范围内。

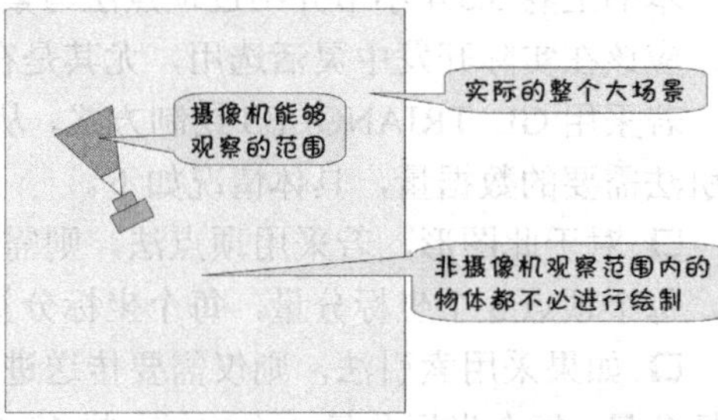

▲图 11-6　大场景绘制时适当剪裁

> **提示**　其实很多脍炙人口、广受欢迎的游戏都采用了这种策略，如极品飞车等。玩家细心地观察就会发现，随着摄像机（玩家驾驶的汽车）的移动，会不断在远处出现新的物体。

4. 顶点数据尽量一次提交

将物体提交给管线进行绘制时还有一点需要注意的是，一次提交大量顶点和多次提交少量顶点的绘制结果虽然相同，但性能相差很大。笔者曾经开发过一个基于小纹理矩形进行绘制的粒子系统，每次绘制一帧画面时将所有表示粒子的纹理矩形一次成批提交和每个粒子都提交一次，其性能（FPS）相差数倍。

因此，若能够由 CPU 将顶点数据归并到一个缓冲里提交时，应该尽量这么做，尤其是对于像粒子系统这样若单独一一提交批次很多的情况。

11.3.3　光栅化阶段的优化

对于光栅化阶段的优化，开发者可以通过打开背面裁减来实现。对于封闭物体和看不到背面的物体，都应该打开背面裁减进行绘制。这样进行光栅化时只需要处理一个卷绕方向的三角形，可以使光栅化处理的三角形数量减少近 50%，大大提高性能。

11.3.4　使用帧缓冲区对象时的性能问题

开发人员在使用帧缓冲区对象时应该认真考虑相关的性能问题，下面给出几点提示。

❑ 避免在自定义帧缓冲和系统默认的用于渲染到屏幕的帧缓冲之间频繁地切换，这是由于很多 GPU 中帧缓冲的实现使用的是块状渲染架构。在块状渲染架构中，使用专用的内部存储器存储帧缓冲区图块（区域）的颜色、深度和模板值。这些内部存储器在电源利用上更为高效，而且与外部内存相比具有更低的内存延迟和更大的带宽。渲染到图块完成之后，图块被写到设备（系统）内存。由于这种架构，每当从一个渲染目标切换到另一个渲染目标时，都可能付出很大的代价。最佳的方法是首先渲染到场景中合适的帧缓冲，然后渲染到系统默认的用于渲染到屏幕的帧缓冲。

❑ 不要逐帧创建和删除帧缓冲区与渲染缓冲区对象（或者任何其他大型的数据对象），应该在渲染前的准备工作中创建，在渲染过程中一直重复使用。

❑ 渲染过程中，当一个帧缓冲区对象作为渲染目标时，应该尽可能避免使用 glTexImage2D、glTexSubImage2D、glCopyTeximage2D 等方法修改作为此帧缓冲区对象附件的纹理。

❑ 如果纹理的内容为动态绘制产生，则在用 glTexImage2D 和 glTexImage3D 等方法对其进行初始化时，可以将 pixel 参数（纹理内容数据参数）设置为空。

❑ 尽可能共享多个帧缓冲区对象使用的深度附件和模板附件，以保证内存占用需求最小。但是要注意，这一点仅仅在多个帧缓冲区尺寸相同（宽度与高度相等）的情况下才可以使用。

11.3.5 尽量减少状态的变化

如果开发人员使应用程序不断地改变绘制管线的状态，那么驱动程序、数据传输、图形硬件的负担会增加很多。因为每当改变一次绘制管线的状态时，都有可能涉及硬件部分的多个寄存器内的数据。

那么驱动程序就必须将修改的硬件寄存器值通过 IO 发送到硬件，占用大量的 CPU 资源和 IO 带宽以及硬件命令解释器时间。因此对于需要同一管线状态的操作要一起进行，从而尽量减少绘制管线的状态变化，提高性能。

11.4 图元重启

上一节介绍了 3D 图形绘制的优化，本节将介绍一种特定情况下可以提高绘制性能的方法——图元重启。图元重启可以在一次绘图调用中渲染多个不相连的图元，这对降低绘图 API 调用的开销是很有利的。下面将详细介绍图元重启的基本原理并给出一个简单的案例，具体内容如下。

11.4.1 基本原理

在本书前面的很多案例中，当同一场景中有多个 3D 物体时，一般是分别调用 OpenGL ES 的 API 单独进行绘制。而经过本章前面知识的学习，读者已经知道大量的单独绘制 API 调用将在很大程度上影响渲染性能。因此若能够把多个物体的数据组合，采用少量的 API 调用进行绘制就可以显著地提高性能。图元重启正是为这一目标而设计的。

> **提示** 图元重启仅能应用于索引法（glDrawElements、glDrawElementsInstanced 或 glDrawRangeElements 等）绘制中，不能用于顶点法。

图元重启的实质是，将绘制方式相同（如都是 GL_TRIANGLE_STRIP）的独立物体的同一方面（如索引、顶点坐标、纹理坐标、法向量等）的绘制用数据组织到一个数据缓冲区中，在物体与物体的索引数据之间插入特殊值作为分隔。

当 OpenGL ES 在绘制过程中遇到该特殊索引值时，便会结束当前绘制并紧接着从下一个索引的对应顶点开始进行新的图元渲染，具体情况如图 11-7 所示。

说明　这个特殊索引值是该绘制索引类型的最大可能索引值（例如，索引类型为 GL_UNSIGNED_BYTE 或 GL_UNSIGNED_SHORT 时，最大可能索引值为 255 或 65535）。

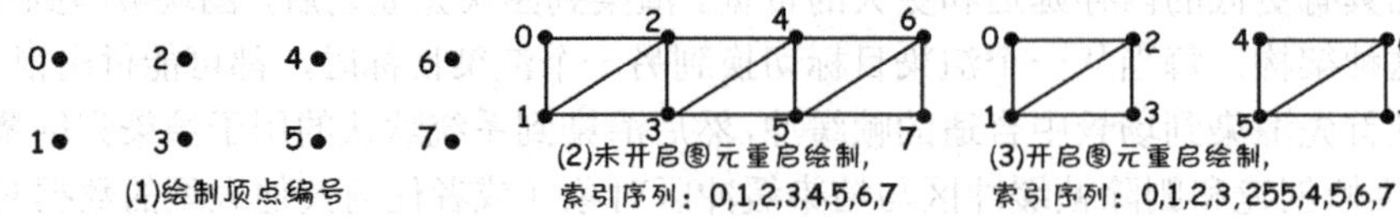

▲图 11-7　图元重启的工作情况

从图 11-7 中可以看出如下几点：

- 此场景中一共有 8 个顶点，编号为 0～7。
- 当采用的索引序列为“0,1,2,3,4,5,6,7”，且打开图元重启使用三角形条带（GL_TRIANGLE_STRIP）方式进行绘制时，得到如图 11-7 中（2）所示的情况，共绘制出 6 个三角形，与不打开图元重启绘制的效果相同。
- 当采用的索引序列为“0,1,2,3,255,4,5,6,7”，且打开图元重启使用三角形条带（GL_TRIANGLE_STRIP）方式进行绘制时，得到如图 11-7 中（3）所示的情况，共绘制出 4 个三角形，图元重启正确地工作。

默认情况下，图元重启是关闭的，需要用如下代码启用和关闭图元重启。

```
GLES30.glEnable(GLES30.GL_PRIMITIVE_RESTART_FIXED_INDEX);    //启用图元重启
……                                                           //绘制的代码
GLES30.glDisable(GLES30.GL_PRIMITIVE_RESTART_FIXED_INDEX);   //关闭图元重启
```

说明　上述代码片段在启用图元重启和关闭图元重启之间放入绘制图形的相关代码。

11.4.2　一个简单的案例

上一小节介绍了图元重启的基本原理，下面将给出一个采用图元重启技术的简单案例——Sample11_1。该案例中的 Belt 类（对应图 11-7 中（2）所示的情况）以及 Belt_pr 类（对应图 11-7 中（3）所示的情况）采用了图元重启，其中Belt_pr类实现了一次绘制调用绘制出多个独立物体的功能，此案例的具体运行效果如图 11-8 所示。

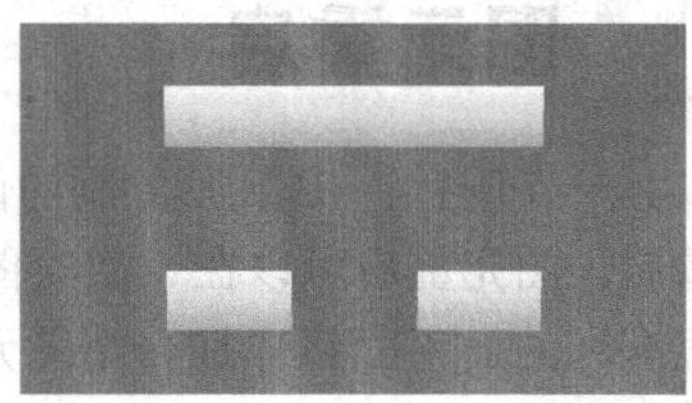

▲图 11-8　案例 Sample11_1 的运行效果

说明　图 11-8 中的上半部分是 Belt 类绘制的结果，它是一个整体，对应图 11-7 中（2）所示的情况。图 11-8 中的下半部分是 Belt_pr 类绘制的结果，它是两个独立的矩形，对应图 11-7 中（3）所示的情况。从效果图中可以体会到，采用图元重启并配以合适的顶点序列，可以一次提交绘制而绘制多个独立物体，这在很多情况下可以大大提高绘制性能。

了解了本节案例的运行效果后，就可以进行代码的开发了。由于本案例中大部分类的代码与前面章节不少案例中的非常类似，因此这里仅仅介绍本案例中有代表性的部分——Belt_pr 类，其具体内容如下。

代码位置：源代码/第 11 章/Sample11_1/src/com/bn/Sample11_1 目录下的 Belt_pr.java。

```
package com.bn.Sample11_1;                        //声明包
……//此处省略了导入相关类的代码，读者可自行查阅随书中的源代码
```

```
3      public class Belt_pr{
4          ……//此处省略了一些成员变量定义的代码和构造器，读者可自行查阅随书中的源代码
5          public void initVertexData(){                     //初始化顶点相关数据的方法
6              ……//此处省略了部分代码，读者可自行查阅随书中的源代码
7              iCount = vCount;                              //获取索引数量
8              byte indices[]={                              //创建存放索引数据的数组
9                  0,1,2,3,(byte)255,4,5,6,7
10             };
11             mIndexBuffer=ByteBuffer.allocateDirect(indices.length);//创建索引数据缓冲
12             mIndexBuffer.put(indices);                    //向缓冲区中放入索引数据
13             mIndexBuffer.position(0);                     //设置缓冲起始位置
14             ……//此处省略了部分代码，读者可自行查阅随书中的源代码
15         }
16         ……//此处省略了初始化着色器 initShader 方法，读者可自行查阅随书中的源代码
17         public void drawSelf(){
18             ……//此处省略了部分代码，读者可自行查阅随书中的源代码
19             GLES30.glEnable(GLES30.GL_PRIMITIVE_RESTART_FIXED_INDEX);//启用图元重启
20             GLES30.glDrawElements(GLES30.GL_TRIANGLE_STRIP, iCount+1,
21                 GLES30.GL_UNSIGNED_BYTE, mIndexBuffer);           //绘制图形
22             GLES30.glDisable(GLES30.GL_PRIMITIVE_RESTART_FIXED_INDEX);//关闭图元重启
23     }}
```

- 第 7～第 13 行首先初始化索引数量，然后创建存放索引数据的数组，再创建索引数据缓冲，接着向缓冲中放入索引数据并设置缓冲起始位置。其中第 9 行在索引数据中插入了一个特殊索引值（255），与第 21 行中 GL_UNSIGNED_BYTE 类型相对应。
- 第 19～第 22 行先启用图元重启模式，再采用 glDrawElements 方法以 GL_TRIANGLE_STRIP 方式绘制图形，最后关闭图元重启模式。

> **提示** 从上述 Belt_pr 类代码的介绍中可以看出，使用图元重启并不复杂，只需要配以适当的索引序列即可。在实际开发中读者应该在需要的时候尽量采用它，以获得更好的绘制性能。

11.5 几何体实例渲染

在一些大型的 3D 场景中，有时需要多次绘制同一个对象，如草地中的草、士兵群中的士兵等。在这种情况下，成千上万个几何图形副本可能只是在空间位置、颜色以及姿态等方面有所不同，此时几何体实例渲染就可以发挥其显著优势。这是因为采用实例渲染后，只需要一次传递单个模型的顶点数据，就能同时实现多个对象的绘制，绘制效率大大提高。

11.5.1 基本原理

实例渲染的基本实现策略就是，在宿主语言（如 Java、C++）中调用一次相关绘制方法，将单个模型的顶点相关数据传入渲染管线，并传入需绘制的实例数量。然后在对应的着色器中根据当前绘制的实例编号对当前绘制实例的位置、姿态、颜色等方面的信息进行设置，以绘制出多个几何结构相同而位置、姿态、颜色等不同的实例。

与实例渲染相关的方法有两个，即 glDrawArraysInstanced 和 glDrawElementsInstanced，具体内容如下。

- glDrawArraysInstanced 方法

glDrawArraysInstanced 方法对应于采用顶点法进行实例绘制，其方法签名如下：

```
public static void glDrawArraysInstanced (int mode, int first, int count, int instanceCount)
```

说明　参数 mode 为要渲染的图元类型，可以选择 GL_LINES、GL_TRIANGLES、GL_TRIANGLE_STRIP 等；参数 first 为启用的顶点数组中的起始顶点编号；参数 count 为顶点数量；参数 instanceCount 为需绘制的实例数量。

- glDrawRangeElements 方法

glDrawRangeElements 方法对应于采用索引法进行实例绘制，其方法签名如下：

```
public static void glDrawElementsInstanced (int mode, int count, int type, int indicesOffset,
    int instanceCount)
public static void glDrawElementsInstanced (int mode, int count, int type, Buffer indices, int instanceCount)
```

说明　第一个方法中参数 mode 为要渲染的图元类型，可以选择 GL_LINES、GL_TRIANGLES、GL_TRIANGLE_STRIP 等；参数 count 为索引数量；参数 type 为索引类型；参数 indicesOffset 为索引偏移量；参数 instanceCount 为要绘制的实例数量。第二个方法中前 3 个参数的含义与第一个方法中的相同，参数 indices 是存放了索引数据的内存缓冲，参数 instanceCount 为要绘制的实例数量。

前面已经介绍过，使用实例渲染时对应的着色器中还需要根据当前绘制的实例编号来对实例的一些方面（如位置、颜色、姿态等）进行设置，此实例编号就是着色器的内建输入变量 gl_InstanceID。gl_InstanceID 的值从 0 开始一直到实例数量减 1，若没有启用实例渲染，此内建变量的值一直为 0。

提示　每个实例的顶点数量越少，总绘制所需的实例数量越多，实例渲染带来的效率提升就越明显。因此在实际使用中，要尽量将实例模型的面数和顶点数控制到最小。反之，当实例模型的顶点数比较多且实例数量不太多时，带来的效率提升就不那么明显了。

11.5.2　一个简单的案例

上一小节介绍了几何体实例渲染的基本原理，接下来通过一个简单的案例 Sample11_2 来介绍实例渲染的具体使用，其运行效果如图 11-9 所示。

▲图 11-9　案例 Sample11_2 的运行效果

提示　图 11-9 中一共有 9 个尺寸、纹理图相同的三角形，每个三角形的位置都是在顶点着色器中控制的，左侧是案例刚开始运行时的效果图，右侧是旋转一定角度后的效果图。

了解了案例的运行效果后，接下来简要介绍本案例的开发。由于本案例中的大部分代码与本书前面章节很多案例中的非常类似，因此这里仅给出本案例中有代表性的部分，具体内容如下。

（1）首先介绍使用了实例渲染以绘制 9 个三角形的类 Triangle 中的绘制方法 drawSelf，具体代码如下。

代码位置：源代码/第 11 章/Sample11_2/src/com/bn/Sample11_2 目录下的 Triangle.java。

```
1    public void drawSelf(int texId){
2        GLES30.glUseProgram(mProgram);              //指定使用某套着色器程序
3        MatrixState.setInitStack();                 //初始化变换矩阵
4        ……//此处省略了部分代码，读者可自行查看随书中的源代码
5        GLES30.glDrawArraysInstanced(GLES30.GL_TRIANGLES, 0, vCount,9);//用实例渲染进行绘制
6    }
```

说明 上述代码非常简单，最重要的就是第 5 行实例渲染方法 glDrawArraysInstanced 的调用，从中可以看出一共绘制了 9 个实例。

（2）接着介绍本案例中实现对每个实例位置进行修改的顶点着色器，其中使用了内建输入变量 gl_InstanceID，具体代码如下。

代码位置：源代码/第 11 章/Sample11_2/assets 目录下的 vertex.sh。

```
1    #version 300 es
2    uniform mat4 uVPMatrix;                  //摄像机透视矩阵
3    uniform mat4 uMMatrix;                   //基本变换矩阵
4    in vec3 aPosition;                       //顶点位置
5    in vec2 aTexCoor;                        //顶点纹理坐标
6    out vec2 vTextureCoord;                  //用于传递给片元着色器的纹理坐标
7    void main(){
8        const int colCount=3;                //每行多少个实例
9        const float unitSize=4.0;            //单位平移量
10       int col=gl_InstanceID%colCount;      //计算当前实例的列号
11       int row=gl_InstanceID/colCount;      //计算当前实例的行号
12       mat4 pyMatrix=mat4(                  //生成对应当前实例行列号的平移矩阵
13           1,0,0,0,0,1,0,0,0,0,1,0,
14           unitSize*float(col)-unitSize,unitSize*float(row)-unitSize,0,1
15       );
16       mat4 MVPMatrix=uVPMatrix*uMMatrix*pyMatrix;     //计算总变换矩阵
17       gl_Position = MVPMatrix * vec4(aPosition,1.0);//根据总变换矩阵计算此次绘制此顶点的位置
18       vTextureCoord = aTexCoor;            //将接收的纹理坐标传递给片元着色器
19   }
```

- 第 8～第 11 行为一些局部变量的声明，主要包括每行的三角形个数、单位平移量以及当前实例对象所处的行列号。
- 第 12～第 18 行首先根据当前实例的行列号构建对应的平移矩阵，然后结合传递进来的基本变换矩阵、摄像机投影矩阵计算出了绘制此实例所需的最终变换矩阵。接着通过计算出的最终变换矩阵计算此次绘制此顶点的位置，最后将纹理坐标传递给了片元着色器。

11.5.3 基于实例渲染的海量草地

上一小节给出了一个使用实例渲染的简单案例，通过该案例读者可以对实例渲染的基本使用有所了解。但这个简单的案例并不能显示实例渲染的强大之处，本小节将进一步给出一个通过实例渲染绘制草地场景的案例——Sample11_3，其运行效果如图 11-10 所示。

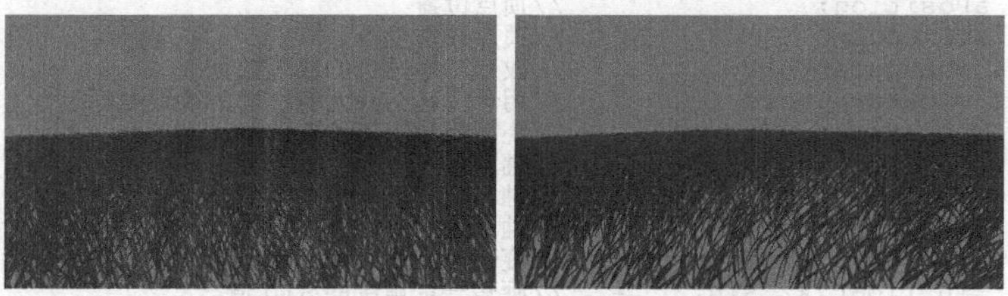

▲图 11-10 案例 Sample11_3 的运行效果图

说明　从图 11-10 中可以看出，该草地场景中包含海量的单棵小草，给人的感觉是非常真实的，这是由于每棵草的位置、朝向以及姿态等都是根据内建输入变量 gl_InstanceID 值的不同在着色器中随机给定的。由于插图是灰度印刷，可能造成读者看得不是很清楚，建议读者用真机运行本案例并进行观察。另外，运行本案例时若用手指在屏幕上滑动，则可以转动摄像机观察场景。

了解了本小节案例的运行效果后，下面将继续介绍本小节案例的开发。同样这里仅仅介绍此案例中有代表性的部分，具体内容如下。

（1）首先介绍用于绘制小草的 GrassObject 类中的 drawSelf 方法，其中除了使用实例绘制外，还将三幅纹理图（包括小草本身纹理、扰动纹理和控制草地颜色渐变纹理）传给了渲染管线，具体代码如下。

代码位置：源代码/第 11 章/Sample11_3/src/com/bn/Sample11_3 目录下的 GrassObject.java。

```
1    public void drawSelf(int texId,int texRDId,int jbTexId,int totalNum){
2          ……//此处省略了部分代码，读者可自行查看随书中的源代码
3          GLES30.glActiveTexture(GLES30.GL_TEXTURE0);                //激活 0 号纹理
4          GLES30.glBindTexture(GLES30.GL_TEXTURE_2D, texId);         //绑定小草纹理
5          GLES30.glActiveTexture(GLES30.GL_TEXTURE1);                //激活 1 号纹理
6          GLES30.glBindTexture(GLES30.GL_TEXTURE_2D, texRDId);       //绑定扰动纹理
7          GLES30.glActiveTexture(GLES30.GL_TEXTURE2);                //激活 2 号纹理
8          GLES30.glBindTexture(GLES30.GL_TEXTURE_2D, jbTexId);       //绑定颜色渐变纹理
9          GLES30.glUniform1i(uTexHandle, 0);                         //通过引用指定小草纹理
10         GLES30.glUniform1i(uRDTexHandle, 1);                       //通过引用指定扰动纹理
11         GLES30.glUniform1i(uJBTexHandle, 2);                       //通过引用指定颜色纹理
12         GLES30.glUniform1f(uTotalHandle, totalNum);                //小草的总棵数
13         GLES30.glDrawArraysInstanced(GLES30.GL_TRIANGLES, 0, vCount,totalNum );
           //进行实例渲染
14   }
```

说明　上述代码涉及的扰动纹理用来在顶点着色器中获取 0.0～1.0 范围的随机数，颜色渐变纹理是为了让这片草地更具有可观性，草地一端从枯黄色开始，直到另一端深绿色为止。本案例中的小草棵数为 40 000，读者可根据需要改变该值以获得想要呈现的草地效果。最重要的就是第 13 行，其调用 glDrawArraysInstanced 方法采用实例渲染在场景中绘制了 40 000 棵姿态、颜色、位置各异的小草。

（2）上面已经介绍了用于绘制小草的 GrassObject 类中的 drawSelf 方法，接下来介绍本案例中顶点着色器的开发，具体代码如下。

代码位置：源代码/第 11 章/ Sample11_3/assets 目录下的 vertex.sh。

```
#version 300 es
uniform mat4 uVPMatrix;                   //摄像机透视矩阵
uniform mat4 uMMatrix;                    //基本变换矩阵
uniform float totalNum;                   //总的小草棵数
uniform sampler2D sTexture;               //扰动纹理内容数据
uniform sampler2D jbTexture;              //颜色渐变纹理内容数据
in vec3 aPosition;                        //顶点位置
in vec2 aTexCoor;                         //顶点纹理坐标
out vec4 changeTexture;                   //改变草地颜色的纹理数据
out vec2 vTextureCoord;                   //用于传递给片元着色器的纹理坐标
void xz_Matrix(                           //绕指定轴旋转的方法
         in float posx,                   //轴向量在 x 轴上的分量
         in float posy,                   //轴向量在 y 轴上的分量
         in float posz,                   //轴向量在 z 轴上的分量
         in float xz_cos,                 //旋转一定角度的 cos 值
         in float xz_sin,                 //旋转一定角度的 sin 值
         out mat4 mmtrix                  //输出的旋转矩阵
```

```
18   ){
19       mmtrix=mat4(                    //根据输入参数生成旋转矩阵
20         xz_cos+(1.0-xz_cos)*posx*posx , (1.0-xz_cos)*posy*posx - xz_sin*posz ,
21             (1.0-xz_cos)*posz*posx + xz_sin*posy,0.0,
22         (1.0-xz_cos)*posx* posy + xz_sin*posz , xz_cos + (1.0-xz_cos)*posy*posy ,
23             (1.0-xz_cos)*posz*posy - xz_sin*posx,0.0,
24         (1.0-xz_cos)*posx*posz - xz_sin*posy,(1.0-xz_cos)*posy* posz + xz_sin*
         (1.0-xz_cos)*
25             posx , xz_cos +posz*posz,0.0,
26         0.0,0.0,0.0,1.0
27   );}
28   void main(){
29       int colCount=int(sqrt(totalNum));    //计算每行多少棵小草
30       const float unitSize=0.3;             //单位平移量
31       int col=gl_InstanceID%colCount;       //计算当前实例对应的列号
32       int row=gl_InstanceID/colCount;          //计算当前实例对应的行号
33       float xtex=float(col)/float(colCount);   //将列号折算成纹理 S 坐标
34       float ytex=float(row)/float(colCount);   //将行号折算成纹理 T 坐标
35       vec4 noiseVec=texture(sTexture,vec2(xtex,ytex)); //进行扰动纹理采样
36       float dot_product = dot(vec4(noiseVec.rgb,gl_InstanceID), vec4(12.9898,
         78.233,45.164,94.673));
37       float random=fract(cos(dot_product) * 43758.5453);//获得 0.0~1.0 的伪随机数
38       float size=random+1.0;                //平移时位置的随机偏移量
39       mat4 pyMatrix=mat4(                   //生成平移矩阵
40           1,0,0,0,                          //x 轴向量
41           0,1,0,0,                          //y 轴向量
42           0,0,1,0,                          //z 轴向量
43           unitSize*float(col)*size-unitSize,0,unitSize*float(row)*size-unitSize,
             1//平移量
44       );
45       mat4 xzMatrix_X;                      //绕 x 轴的旋转矩阵
46       mat4 xzMatrix_Y;                      //绕 y 轴的旋转矩阵
47       float cx_Angle=random*360.0;          //绕 y 轴——朝向
48       float zt_Angle=random*30.0;              //绕 x 轴——姿态(弯曲程度)
49       float xz_Cos=cos(radians(cx_Angle)); //获得绕 y 轴的 cos 值
50       float xz_Sin=sqrt(1.0-(xz_Cos*xz_Cos));  //获得绕 y 轴的 sin 值
51       xz_Matrix(0.0,1.0,0.0,xz_Cos,xz_Sin,xzMatrix_Y);//生成绕 y 轴旋转矩阵——设置朝向
52       xz_Cos=cos(radians(zt_Angle));           //获得绕 x 轴的 cos 值
53       xz_Sin=sqrt(1.0-(xz_Cos*xz_Cos));        //获得绕 x 轴的 sin 值
54       xz_Matrix(1.0,0.0,0.0,xz_Cos,xz_Sin,xzMatrix_X);//生成绕 x 轴旋转矩阵——设置姿态
55       mat4 MVPMatrix=uVPMatrix*uMMatrix*pyMatrix*xzMatrix_Y*xzMatrix_X;
         //计算总变换矩阵
56       gl_Position = MVPMatrix * vec4(aPosition,1.0); //根据总变换矩阵计算此次绘制
         此顶点的位置
57       if(ytex<1.0/totalNum){                //若纹理 T 坐标小于指定阈值
58           ytex=0.2;                         //设置纹理坐标为 0.2
59       }
60       vec4 jbTex=texture(jbTexture,vec2(xtex,ytex));  //对颜色渐变纹理进行采样
61       changeTexture=jbTex;              //将采样出的纹理内容数据传递给片元着色器
62       vTextureCoord = aTexCoor;         //将接收的纹理坐标传递给片元着色器
63   }
```

- 第 2~第 10 行为顶点着色器中一些一致变量、in 变量以及 out 变量的声明，主要包括摄像机透视矩阵、基本变换矩阵、小草总棵数等一致变量以及用于传递给片元着色器的用于改变草地颜色的纹理数据的 out 变量等。
- 第 11~第 27 行为根据轴向量的 3 个分量以及旋转角度的正弦与余弦值构建旋转矩阵的 xz_Matrix 方法。对于其参数列表中的前 3 个参数，若为{0,0,1}，则是绕 z 轴旋转；若为{0,1,0}，则是绕 y 轴旋转。对于第 15 和第 16 行的 xz_cos 和 xz_sin 参数，则是绕指定轴旋转角度对应的正弦与余弦值。
- 第 29~第 37 行首先计算每行有多少棵小草，并给定单位平移量，然后通过 gl_InstanceID 的值计算当前实例对象所处的行列号，并计算当前实例小草在每行每列中对应的位置。最后通过该位置坐标从扰动纹理中采样，获得相应的纹理内容数据，并通过采样出的 rgb 值和 gl_InstanceID 进行相关计算以获得 0.0~1.0 的伪随机数。
- 第 38~第 54 行首先计算每棵小草位置平移的偏移量，并生成平移矩阵，然后通过计算获得的随机数折算出绕 y 轴旋转改变朝向和绕 x 轴旋转改变姿态（弯曲程度）的相应角度值，并获

得相应角度的正弦和余弦值，最后分别调用 xz_Matrix 方法，获得绕 y 轴和 x 轴的旋转矩阵。

- 第 55～第 62 行首先计算出总变换矩阵，并根据总变换矩阵计算此次绘制此顶点的位置，然后判断通过计算获得的每颗小草在每行中对应的坐标值 ytex 是否小于 1.0/totalNum，若是，则让 ytex 等于 0.2（为了保证颜色的渐变过渡），最后将采样出的纹理内容数据和接收的纹理坐标传递给片元着色器。

> **说明**　为了方便计算，本案例给定的小草总棵数为 n^2，并且对于如何获得每行有多少棵小草也是基于 n^2 来进行计算的，请读者注意这一点。同时，对于本案例中的片元着色器，由于与前面的案例基本类似，故不再赘述，有兴趣的读者可自行查看随书中的源代码。

上述案例采用 GPU 通过实例渲染实现海量小草的绘制，为了方便进行性能比较，笔者还开发了一个 CPU 版的草地案例 Sample11_3A。与 GPU 版不同的是，CPU 版的草地案例将在顶点着色器中进行的物体位置、姿态计算移到了 Java 语言中进行。

这里由于篇幅有限，就不再介绍 CPU 版案例的详细开发了，有兴趣的读者可自行查看随书中的源代码。下面对两个不同版本（GPU 版与 CPU 版）的案例进行性能比较，具体情况如表 11-1 所列。

表 11-1　GPU 版草地与 CPU 版草地帧速率比较

小草数量	100 个	256 个	400 个	1600 个	6400 个	25 600 个	40 000 个
CPU 版帧速率	65	34	22	5.5	1.3	0.3	0.2
GPU 版帧速率	65	65	65	65	65	32	22
帧速率比	1.0000	1.1918	2.9545	11.8182	50.0000	106.6667	110.0000

> **提示**　这是笔者采用小米 2s 运行测得的数据，若读者采用其他机型，数据可能会有所不同，但总体趋势不变。对于有些运行速度较快的手机，当小草数量未达到一定值时，其 GPU 版帧速率会保持不变，但当小草数量达到一定值后，若继续增加小草数量，则 GPU 版帧速率会出现下降的趋势。

从表 11-1 中可以非常清楚地对比出，随着小草数量的增加，CPU 版本案例的 FPS 很快下降到了不能流畅运行的程度。而 GPU 版本的案例在小草数量增加后虽然 FPS 也有所降低，但在一定范围内基本能够保证程序的正常运行。总体趋势是，小草数量较多时，GPU 版与 CPU 版的性能逐渐拉开。

之所以 CPU 与 GPU 版本会有如此大的性能差异就在于 GPU 是流式处理器，其中的各个实例对象处理单元是独立计算的，同一时刻可以处理多个实例对象（小草），可以很好地支持高并发。而 CPU 一次只能处理一个实例对象，自然对实例对象数量的增加十分敏感。

> **提示**　开发中将能够由 GPU 处理的问题交给 GPU 处理是一个常用的提高程序执行性能的技术手段，读者应该多总结、多应用。

11.6 着色器程序的外部加载

不难发现，本书到目前为止的所有案例中，项目 assets 目录下都放有着色器脚本文件。案例每次运行时都会首先调用 ShaderUtil 类对这些着色器脚本进行加载、编译、链接以便生成可执行的着色器程序，这个过程需要消耗很多计算资源。

若程序中使用了多套不同的着色器以实现各种特效渲染（如一些较大的游戏），则程序的加载时间可能会变得较长。此时可以考虑采用从 OpenGL ES 3.0 开始支持的一种技术——着色器程序外部加载。通过此技术可以直接加载预先编译、链接好的着色器程序二进制文件，省去了编译、链接以生成可执行着色器程序的过程。这样可以大大缩短程序的加载时间，改善用户体验。

本节将向读者介绍着色器程序外部加载技术的使用，共包含两个案例。一个案例用来生成着色器程序二进制 shader.bin 文件，另一个用来直接加载 shader.bin 文件。两个程序实现了同一个场景绘制效果，如图 11-11 所示。

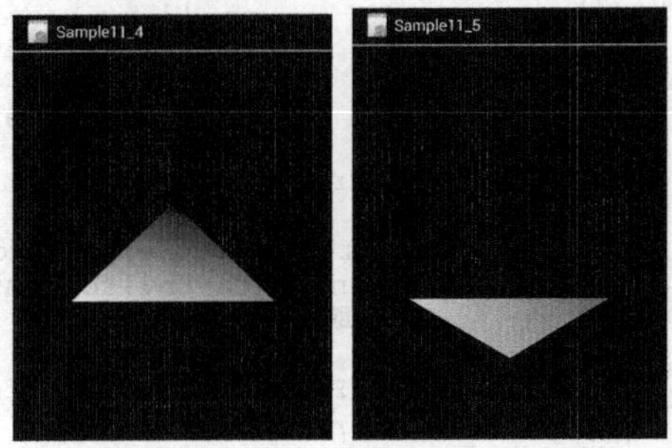

▲图 11-11　两个案例的运行效果图

说明　图 11-11 中的左图是案例 Sample11_4 的运行效果，右图是案例 Sample11_5 的运行效果。通过观察可以发现两个案例的运行效果是相同的，其中案例 Sample11_5 运行时使用的就是案例 Sample11_4 运行时生成的着色器程序 shader.bin 文件。

提示　请读者注意，运行生成 shader.bin 文件的案例的手机采用的是哪种 GPU，一般需要运行使用 shader.bin 文件的案例的手机也采用此系列 GPU，否则程序可能不能正常运行。另外，有部分品牌的手机由于硬件及驱动问题不支持本节案例。

了解了案例的运行效果后，下面开始具体介绍两个案例的开发。由于本节案例只是实现了简单的三角形绘制，大部分代码与前面案例中的一致。故这里只介绍重要的且有明显区别的部分，具体内容如下。

首先介绍的是案例 Sample11_4 中用于加载着色器的 ShaderUtil 工具类，它不仅实现了着色器的加载，还增加了生成二进制 shader.bin 文件的部分，具体代码如下。

代码位置：源代码/第 11 章/Sample11_4/src/com/bn/Sample11_4 目录下的 ShaderUtil.java。

```
package com.bn.Sample11_4;                                          //声明包
……//此处省略了一些相关类的引入代码，读者可自行查看随书中的源代码
public class ShaderUtil{
   public static int loadShader(int shaderType,String source){/*代码省略*/}//加载指定
   着色器的方法
   public static int createProgram(String vertexSource, String fragmentSource){
   //创建着色器程序
       ……//此处省略了部分代码，读者可自行查看随书中的源代码
       if (program != 0){              //若程序创建成功，则向程序中加入顶点着色器与片元着色器
           ……//此处省略了部分代码，读者可自行查看随书中的源代码
           if (linkStatus[0] != GLES30.GL_TRUE){ //若链接失败，则报错并删除程序
                Log.e("ES30_ERROR", "Could not link program: ");
                Log.e("ES30_ERROR", GLES30.glGetProgramInfoLog(program));
                GLES30.glDeleteProgram(program);
                program = 0;
           }else{                       //若链接成功，则保存程序的二进制结果
                int[] params=new int[1];    //用于存放程序字节数的数组
               GLES30.glGetProgramiv(program, //获取编译后程序的字节数
                    GLES30.GL_PROGRAM_BINARY_LENGTH,params, 0);
                int bufSize=params[0];          //将编译后的字节数存入临时变量
                int[] binLength=new int[1];    //用于存放实际二进制字节数的数组
                int[] binaryFormat=new int[1]; //用于存放二进制码格式的数组
                ByteBuffer buf=ByteBuffer.allocate(bufSize);//用于存放二进制码的
                内存缓冲
                GLES30.glGetProgramBinary(  //获取程序的二进制码数据
                    program,                  //指定的着色器程序
                    bufSize,                  //缓冲大小
                    binLength,                //实际二进制码长度数组
                    0,                        //binLength 数组中的偏移量
                    binaryFormat,             //二进制码格式数组
```

```
29                  0,                              //binaryFormat 数组中的偏移量
30                  buf                             //用于存放二进制码数据的缓冲
31              );
32              ProgramObject po=new ProgramObject(binLength[0],binaryFormat
                [0],buf.array());
33              exportProgramBinary(po);        //输出程序二进制数据到文件
34      }}
35      return program;
36    }
37    public static void exportProgramBinary(ProgramObject po){//输出程序内容到文件的方法
38      String path=Environment.getExternalStorageDirectory().getAbsolutePath();
        //获取闪存卡路径
39      try{
40          FileOutputStream fout=new FileOutputStream(path+"/shader.bin");
            //创建文件输出流
41          ObjectOutputStream oout=new ObjectOutputStream(fout);//将对象类型数据写入
            输入流
42          oout.writeObject(po);           //将对象数据写入文件输出流
43          oout.close();                   //关闭流
44      }catch(Exception e){e.printStackTrace();//捕获异常并打印错误信息
45    }}
46    public static void checkGlError(String op){/*代码省略*/}//检查每一步操作是否有错误的方法
47    public static String loadFromAssetsFile(String fname,
48          Resources r){/*代码省略*/}  //从 sh 脚本中加载着色器脚本内容的方法
49    }
```

- 第 16～第 33 行为将编译、链接完成的着色器程序二进制数据存入外部文件的相关代码，其中首先获取程序的二进制数据字节数，然后创建内存缓冲，接着将着色器程序的二进制数据存入内存缓冲，最后将相关数据组织进一个 ProgramObject 对象，并输出到文件。
- 第 37～第 45 行为将 ProgramObject 对象输出到外部文件 shader.bin 的 exportProgramBinary 方法，其中使用 Java 语言自带的对象序列化技术，将传入的 ProgramObject 对象序列化到了 shader.bin 文件中，以备未来加载使用。

> **提示**　上面介绍的 ShaderUtil 类中用到了 ProgramObject 类，该类非常简单，仅仅包含 3 个成员变量（分别用来存储二进制字节数、格式、着色器程序二进制数据）和一个构造器。故这里不再赘述，需要的读者请自行查阅随书中的源代码。

了解了用于生成着色器程序 shader.bin 文件的案例 Sample11_4 后，下面接着介绍在绘制之前直接加载着色器程序二进制文件的案例 Sample11_5。其大部分代码与前面的案例 Sample11_4 相同，因此这里仅仅给出有代表性的部分，具体内容如下。

（1）首先介绍三角形绘制类 Triangle 中用于初始化着色器的方法 initShader，其代码如下。

代码位置：源代码/第 11 章/Sample11_5/src/com/bn/Sample11_5 目录下的 Triangle.java。

```
1   public void initShader(MyTDView mv){
2       //加载指定的着色器程序二进制文件
3       mProgram = ShaderUtil.createProgram("shader.bin",mv.getResources());
4       //获取程序中顶点位置属性引用
5       maPositionHandle = GLES30.glGetAttribLocation(mProgram, "aPosition");
6       //获取程序中顶点颜色属性引用
7       maColorHandle= GLES30.glGetAttribLocation(mProgram, "aColor");
8       //获取程序中总变换矩阵引用
9       muMVPMatrixHandle = GLES30.glGetUniformLocation(mProgram, "uMVPMatrix");
10  }
```

> **提示**　该方法与前面的案例大部分代码相同，最大的区别就是第 3 行在加载着色器程序时不再给出顶点着色器与片元着色器的脚本文件，而是直接给出着色器程序二进制文件 shader.bin。

（2）接着介绍用于加载着色器程序二进制文件的 createProgram 方法所在的 ShaderUtil 类，其

具体代码如下。

代码位置：源代码/第 11 章/Sample11_5/src/com/bn/Sample11_5 目录下的 ShaderUtil.java。

```
1   package com.bn.Sample11_4;                                   //声明包名
2   ……//此处省略了一些相关类的引入代码，读者可自行查看随书中的源代码
3   public class ShaderUtil{
4       public static int createProgram(String fname,Resources r){ //创建着色器程序的方法
5           int program = GLES30.glCreateProgram();         //创建程序
6           if (program != 0){//若程序创建成功，则向程序中加入顶点着色器与片元着色器
7               ProgramObject po=loadProgramBinary(fname,r); //加载程序二进制数据
8               ByteBuffer buf=ByteBuffer.allocate(po.binLength);//创建指定容量的ByteBuffer
9               buf.put(po.data);                        //写入数据
10              buf.position(0);                         //设置缓冲的起始位置
11              GLES30.glProgramBinary(program, //将程序的二进制数据加载进 GPU
12                  po.binaryFormat, buf, po.binLength);
13          }
14          return program;                                  //返回程序编号
15      }
16      public static ProgramObject loadProgramBinary(String fname,Resources r){
17          ProgramObject po=null;                           //声明 ProgramObject 类对象引用
18          try{
19              InputStream in=r.getAssets().open(fname); //打开指向指定文件的输入流
20              ObjectInputStream oin=new ObjectInputStream(in); //创建对象处理流
21              po=(ProgramObject)oin.readObject();//读取 ProgramObject 类对象
22              oin.close();                                 //关闭流
23          }catch(Exception e){e.printStackTrace();}//捕获异常并打印错误信息
24          return po;                                       //返回 ProgramObject 类对象引用
25  }}
```

- 第 4～第 15 行为用于创建着色器程序并加载程序二进制数据进入 GPU 的 createProgram 方法。通过对比可以体会到，此版本的 createProgram 方法比直接加载、编译、链接着色器程序脚本的版本所需代码少了很多，其中最核心的就是第 11 行调用 glProgramBinary 方法直接将着色器程序二进制数据加载进 GPU 了。
- 第 16～第 25 行为加载着色器程序二进制数据进入内存的 loadProgramBinary 方法。该方法主要使用 Java 所支持的对象序列化技术从外部二进制文件加载了 ProgramObject 类的对象，并返回其引用。

> **提示** 本节案例中存储与加载着色器程序二进制数据采用的是 Java 中的对象序列化技术，这是为了开发的方便。如果读者想进一步提高着色器程序二进制文件的通用性，可以不使用对象序列化，而采用自己设计的、通用的二进制文件格式。

很明显，当开发大型游戏时利用着色器程序外部加载技术，使用提前编译、链接完成的着色器程序二进制文件会大大节省加载时间，对提升和改善用户体验大有帮助。

11.7 计算着色器的使用

从前面的一些案例中读者应该已经察觉到，同时代 GPU 的浮点吞吐能力远远大于 CPU。但一般情况下只能运用 GPU 完成与渲染相关的任务，这虽然在一定程度上解放了 CPU，但还远远不够。如果 GPU 也可以被用来执行通用的计算任务，将可以进一步提高程序的执行性能。

为了使这种应用成为可能，OpenGL ES 3.1 中引入了一种特殊的着色器——计算着色器（Compute Shader）。通过使用计算着色器，可以让 GPU 帮助 CPU 执行一些原来由 CPU 执行的计算任务，这将进一步解放 CPU。本节简要介绍计算着色器的基本知识及使用，具体内容如下。

11.7.1 基本知识

本书上卷介绍过，着色器是在管线中运行的，计算着色器也是如此。只不过相比于顶点着色

器与片元着色器所在的运行管线而言，计算着色器所在的运行管线就简单多了——它只有一级。

计算着色器没有固定的输入和输出，所有默认的输入都通过一组内置变量来传递。当需要额外的输入时，可以通过那些固定的输入输出来控制对纹理和缓冲的访问，使得计算着色器能获得一定程度的灵活性，摆脱图形相关的束缚，打开广阔的应用空间。

计算着色器和顶点与片元着色器很相似，都是首先调用 glCreateProgram 方法来创建，接着使用 glAttachShader 方法对计算着色器进行绑定，最后用 glLinkProgram 方法对着色器程序进行链接。当然，计算着色器也有很多特色，具体内容如下。

提示	在创建计算着色器时，需要将着色器类型设置为 GLES31.GL_COMPUTE_SHADER（计算着色器类型），这一点请读者注意。

1. 工作组

通过前面几章的学习已经知道，之所以用顶点与片元着色器处理渲染任务比直接使用 CPU 快很多是因为高并发的缘故。对于计算着色器而言也是如此，其任务被组织成工作组并行执行。工作组也分为不同的逻辑层次，具体情况如图 11-12 所示。

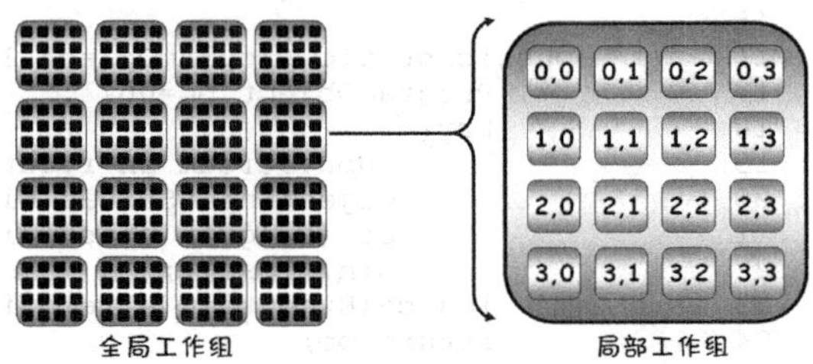

▲图 11-12　计算着色器工作组的划分

说明	从图 11-12 中可以看出，此情况下全局工作组包含 16 个本地工作组，而每个本地工作组又包含 16 个工作项（work item），排成 4×4 的网格。

❑ 局部工作组

局部工作组是工作组的最小单元，包含指定数量的工作项。实际运行过程中，计算着色器相对于每一个工作项都会被调用一次。

提示	读者需要注意，这些工作项在执行时会被分配到 GPU 中多个并行的执行单元并行执行。因此在设计计算任务时，不应该让各个独立的工作项有先后的逻辑依赖关系。

❑ 全局工作组

全局工作组由多个局部工作组组成，通常作为执行命令的一个基本单位。

提示	图 11-12 中，全局和本地工作组都是 2 维的，但事实上工作组是 3 维的。为了能够在逻辑上适应 1 维、2 维的任务，只需要把额外的那 2 维或 1 维的尺寸设置为 1 即可。

本地工作组的尺寸在计算着色器的源代码中用输入布局限定符结合 local_size_x、local_size_y 和 local_size_z 等内置变量来设置，这些内置变量的默认值都是 1，如下面的代码片段所示。

```
layout( local_size_x = 16, local_size_y = 16, local_size_z = 1 ) in;
```

说明	上述代码声明了一个本地工作组，其尺寸为 16×16×1，包含 256 个工作项。

当计算着色器执行时，可以通过内建变量来获得本地工作组的尺寸、本地工作组在全局工作组中的位置以及所处理工作项在本地和全局工作组中的位置等。计算着色器根据这些内建变量值来决定应该负责计算任务中的哪部分，同时也能知道一个局部工作组中的其他工作项是哪些，便于共享数据。

2. 用于获取工作组位置的内置变量

计算着色器也使用着色语言编写，原则上所有其他着色器（如顶点着色器、片元着色器）能够使用的功能它都可以使用。但是，这不包括使用完成渲染任务时特有的内建变量。另一方面，计算着色器也包含一些独有的内置变量和函数，这些变量和函数在其他着色器（如顶点着色器、片元着色器）中是无法访问的。

计算着色器执行过程中，一般需要对输出数组的一个或多个单元赋值，或者需要从一个输入数组的特定位置读取数据。因此每次执行时需要明确知道当前处理的工作项处于本地工作组中的什么位置，以及在全局工作组中的位置。故 OpenGL ES 3.1 为计算着色器提供了一组专门针对这些信息的内建变量，具体内容如下所列。

- gl_WorkGroupSize 内建变量

gl_WorkGroupSize 是一个用来存储本地工作组尺寸的无符号 3 维向量，其已在着色器的布局限定符中由 local_size_x、local_size_y 和 local_size_z 声明。

gl_WorkGroupSize 内建变量主要有两个作用：首先，使得工作组的尺寸可以在计算着色器中被多次访问而不需要依赖于预处理；其次，使得以多维形式表示的工作组尺寸可以直接按向量处理，而不必显式地自行构造。

- gl_NumWorkGroups 内建变量

gl_NumWorkGroups 也是一个无符号的 3 维向量，其值与 glDispatchCompute 方法传入管线的 3 个参数（num_groups_x、num_groups_y 和 num_groups_z）值对应，作用为使得着色器能够了解所属全局工作组的尺寸。除了比自行编写代码给 uniform 变量赋值方便外，一部分 OpenGL ES 硬件对于这些常数的设定也提供了更加高效的实现。

> **说明** glDispatchCompute 方法将在本小节的后面详细介绍，同时在本节案例中也会使用，读者在这里简单了解即可。

- gl_LocalInvocationID 内建变量

gl_LocalInvocationID 是一个无符号的 3 维向量，用于表示当前执行单元在本地工作组中的位置，其值的范围在 uvec3(0)和 gl_WorkGroupSize – uvec3(1)之间。

- gl_WorkGroupID 内建变量

gl_WorkGroupID 的值用于表示当前本地工作组在全局工作组中的位置，也是一个无符号的 3 维向量，其值的范围在 uvec3(0)和 gl_NumWorkGroups – uvec3(1)之间。

- gl_GlobalInvocationID 内建变量

gl_GlobalInvocationID 内建变量的值由 gl_LocalInvocationID、gl_WorkGroupSize 和 gl_WorkGroupID 这 3 个内建变量的值计算而来，计算公式为 gl_GlobalInvocationID=gl_WorkGroupID * gl_WorkGroupSize + gl_LocalInvocationID。因此，该变量的值实际为当前工作项在全局工作组中的直接位置。

- gl_LocalInvocationIndex 内建变量

gl_LocalInvocationIndex 是 gl_LocalInvocationID 内建变量的一种扁平化形式，其值等于 gl_LocalInvocationID.z×gl_WorkGroupSize.x×gl_WorkGroupSize.y+gl_LocalInvocationID.y×gl_WorkGroupSize.x+gl_LocalInvocationID.x。通过此内建变量的值可以使用 1 维的索引对本地工作组中的相关数据进行访问。

3. 用于执行计算着色器的相关宿主语言方法

创建并链接一个计算着色器后，用 glUseProgram 方法把其设置为当前要执行的着色程序，然后需要调用执行计算着色器的相关方法把计算任务发送到计算管线上，具体内容如下。

- glDispatchCompute 方法

glDispatchCompute 方法用于将计算任务派送到计算管线，属于 GLES31 类，具体的方法签名如下：

```
public static void glDispatchCompute (int num_groups_x, int num_groups_y, int num_groups_z)
```

该方法含有 3 个 int 型参数，分别为 num_groups_x、num_groups_y 和 num_groups_z，依次表示全局工作组在 X、Y、Z 维度上的尺寸。3 个参数的值都必须大于 0，并小于等于设备支持的最大尺寸。设备支持的最大尺寸值存放在 GLES31 类下面的静态常量成员 GL_MAX_COMPUTE_WORK_GROUP_SIZE 中。

调用 glDispatchCompute 方法后，OpenGL ES 会在计算管线内部自动创建一个尺寸为 num_groups_x×num_groups_y×num_gourps_z 的三维数组，此三维数组中的每个元素都是一个本地工作组。因此，工作项的总数就是这个三维数组的尺寸乘以着色器代码中定义的本地工作组的尺寸。

- glDispatchComputeIndirect 方法

glDispatchComputeIndirect 方法使用存储在缓冲区对象上的参数来派送计算任务，具体的方法签名如下：

```
public static void glDispatchComputeIndirect (long indirect)
```

从方法签名中可以看出，该方法含有一个 int 型参数，用于表示缓存数据中存储相关参数的位置偏移量。对应缓冲区对象被绑定在 GL_DISPATCH_INDIRECT_BUFFER 目标上，并且缓冲区中存储的参数需要包含 3 个打包在一起的无符号整数。

这 3 个无符号整数的作用和 glDispatchCompute 方法中的 3 个参数是等价的。绑定于 GL_DISPATCH_INDIRECT_BUFFER 目标的缓冲区数据来源可以多种多样，比如由另外一个计算着色器生成。这样一来，图形处理器就能够通过设置缓冲区中的参数来给自身发送任务以完成更为复杂的组合任务。

4. 内存屏障

当程序调用 glDispatchCompute 方法（或者 glDispatchComputeIndirect 方法）派送任务到计算管线时，图形处理器的内部将执行大量的工作。图形处理器会尽可能采取并行的工作方式，并且每个整体计算任务的请求都被看成是由多个工作项组成的执行某项任务的小队。

如果本地工作组中各个工作项请求执行的顺序，以及全局工作组中的所有本地工作组的执行顺序都没有定义，那么请求执行各个工作项操作的时机与其他请求就完全无关。如果各个工作项之间不需要相互通信，只需完全独立地执行，那么这样运行并没有什么问题。

但是，如果工作项之间需要进行通信（通过图像、缓存或者是共享内存），那么就必须对其操作进行同步处理，也就是说需要工作组中的工作项都达到某个点时再进行后继阶段的任务。内存屏障就是用于实现这种目标的同步命令的一种，下面进行简要介绍。

> **提示**　同步命令的类型有两种，一种是上面提到的内存屏障，另一种是运行屏障。本节仅对内存屏障进行介绍，案例中也会用到它。而对于运行屏障，读者可自行查阅相关资料进行学习。

OpenGL ES 3.1 中提供了实现内存屏障的方法——glMemoryBarrier，其方法签名如下。

```
public static void glMemoryBarrier (int barriers)
```

> **说明** 此方法含有一个整型参数，表示使用的是哪种内存屏障，可以的取值为 GL_SHADER_STORAGE_BARRIER_BIT、GL_TRANSFORM_FEEDBACK_BARRIER_BIT、GL_UNIFORM_BARRIER_BIT 等。

在实际开发中，使用 glMemoryBarrier 方法主要有如下作用：

- glMemoryBarrier 方法的调用保证了着色器请求内存的写入操作一定会提交到内存端，所有发生在该方法之后的操作在读取同一处内存的时候，都可以使用这些内存写入的结果，即使是同一个计算着色器的其他请求也是如此。
- glMemoryBarrier 方法在有些情况下还可以给着色器编译器以指示，让其不要对内存操作重排序，以免因此跨越屏障，带来并发问题。

11.7.2 动态法向量光照水面案例

了解了计算着色器的基本知识后，下面将通过一个动态法向量光照水面的案例 Sample11_6 来进一步介绍它的具体使用。该案例中各个顶点位置受水面波动的影响以及法向量的更新都是在计算着色器中完成，具体内容如下。

1. 法向量的计算

进行本节案例的具体开发之前，读者应该首先了解法向量的计算策略。本案例中的水面是由四边形网格组成，而每个小四边形则是由两个三角形组成。由于波动到任意时刻的水面是平滑曲面，因此需要采用平均法向量计算光照，具体情况如图 11-13 所示。

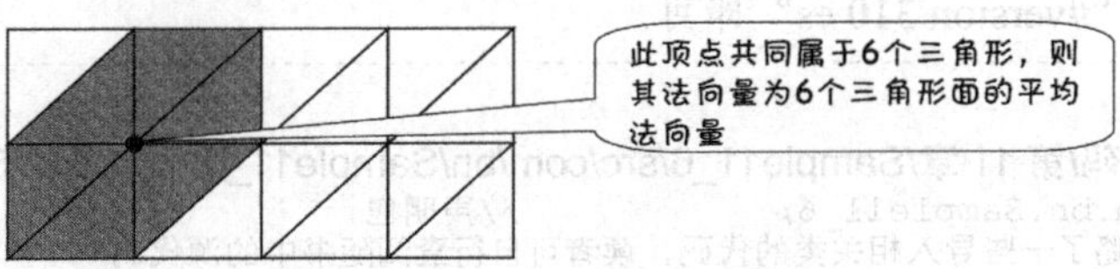

▲图 11-13 平均法向量的计算

从图 11-3 中可以看出。

- 水面网格的每个顶点都可能同时属于多个不同的三角形面，因此顶点的法向量应该是其所属的多个三角形面法向量的平均值。
- 从图中直观地来看，每个顶点平均法向量的计算策略为：首先需要求出当前考察顶点相关三角形面（图 11-13 中的这个顶点关联 6 个三角形，但水面最边上以及角上的顶点关联的三角形数量各有不同）的法向量，然后将这些法向量规格化并求和，最后将求得的和法向量再次规格化即可求得平均法向量。
- 实际计算时并不需要真正为每个顶点计算一次平均法向量，而是应该为每个三角形计算一次法向量，计算后将此法向量规格化，并叠加进此三角形所关联的 3 个顶点的法向量中即可。最终在使用每个顶点的法向量时，将每个顶点的法向量先规格化后再使用即可。
- 求每个三角形的法向量时，可以采取用三角形的一个点出发的两条边对应的向量叉积的办法来实现。

> **提示** 读者可以细心地对比一下直观的计算策略和本小节案例准备实际采用的计算策略，直观的计算策略以顶点为中心进行计算，因此同一个三角形面的法向量可能会被多次重复计算（由于一个三角形面关联 3 个顶点）。而实际采用的计算策略以三角形面为中心进行计算，省去了大量的重复工作，提高了效率。因此在实际开发中，读者应该多体会、多总结，争取开发出高效率的计算程序。

2. 案例的开发

了解了法向量的计算之后，下面介绍本小节案例 Sample11_6 的具体开发，首先应该了解该案例的运行效果，具体情况如图 11-14 所示。

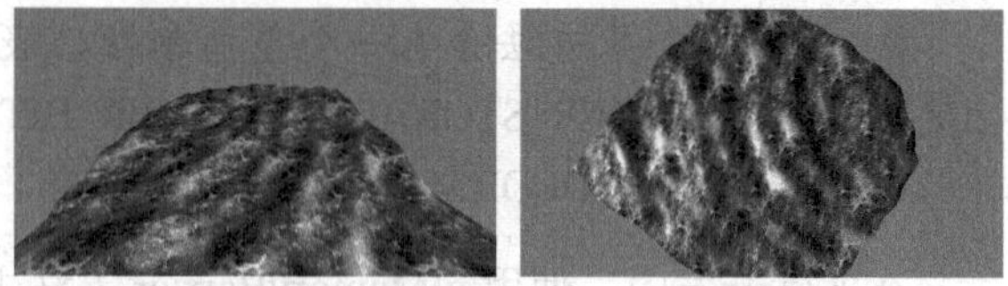

▲图 11-14　案例 Sample11_6 的运行效果

> **说明**　从图 11-14 中可以看出，本案例实现的是对水面波浪的模拟，且比较逼真（会有波光粼粼的视觉效果）。同时，当手指在屏幕上水平滑动时，摄像机会绕场景转动；当手指在屏幕上垂直滑动时，摄像机会随手指的移动而升降。另外，由于本案例着重于展示动态效果，因此建议读者用真机运行并观察体会，仅看灰度插图可能难以体会重点。

> **提示**　由于 Android 从 5.0 版本之后才支持 OpenGL ES 3.1，因此请读者采用符合要求的设备运行本案例。若设备不支持，可能本案例不能正常运行。

了解了本小节案例的运行效果后，就可以进行具体的开发了。由于本案例与前面章节案例中的很多代码类似，因此这里只介绍重要的且有代表性的部分，具体内容如下。

（1）首先介绍 ShaderUtil 类，其功能为将着色器脚本加载进管线并编译。该类与前面案例中不同的是增加了一个创建计算着色器程序的 createComputeProgram 方法，具体代码如下。

> **提示**　本小节案例是基于 OpenGL ES 3.1 开发的，但与基于 OpenGL ES 3.0 开发的基本类似，只需将代码中的 GLES30 修改为 GLES31，将着色器代码中的“#version 300 es”修改为“#version 310 es”即可。

代码位置：源代码/第 11 章/Sample11_6/src/com/bn/Sample11_6 目录下的 ShaderUtil.java。

```
1   package com.bn.Sample11_6;                    //声明包
2   ……//此处省略了一些导入相关类的代码，读者可自行查阅随书中的源代码
3   public class ShaderUtil{                      //加载着色器的工具类
4       ……//此处省略了 loadShader 方法，读者可自行查阅随书中的源代码
5       public static int createComputeProgram(String source){//创建计算着色器程序的方法
6           //加载计算着色器脚本
7           int computeShader=loadShader(GLES31.GL_COMPUTE_SHADER,source);
8           if(computeShader == 0){                             //若计算着色器加载失败
9               return 0;                                       //返回 0
10          }
11          int program = GLES31.glCreateProgram();           //创建着色器程序
12          if(program != 0){                                  //若程序创建成功
13              GLES31.glAttachShader(program,computeShader); //向程序中加入计算着色器
14              checkGlError("glAttachShader");               //检查是否有错误
15              GLES31.glLinkProgram(program);                //链接程序
16              int[] linkStatus = new int[1];                //存放链接成功程序数量的数组
17              //获取着色器程序链接的情况
18              GLES31.glGetProgramiv(program,GLES31.GL_LINK_STATUS,linkStatus,0);
19              if(linkStatus[0] != GLES31.GL_TRUE){   //若链接失败，则报错并删除程序
20                  Log.e("ES31_ERROR", "Could not link program: ");//输出错误信息
21                  Log.e("ES31_ERROR", GLES31.glGetProgramInfoLog(program));
22                  GLES31.glDeleteProgram(program);          //删除程序
23                  program = 0;
24          }}
25              return program;                                       //返回结果
26      }
27      ……//此处省略了该类中的其他方法，读者可自行查阅随书中的源代码
28  }
```

- 第 6～第 10 行调用 loadShader 方法来加载计算着色器的代码进管线，并进行编译。其中与加载绘制着色器代码不同的是，在第 7 行调用 loadShader 方法时，传入的第一个参数（着色器类型）为 GLES31.GL_COMPUTE_SHADER（计算着色器类型）。

❑ 第 11～第 25 行首先创建了一个着色器程序，然后将前面编译完成的计算着色器添加到其中，链接程序并检查链接情况，最后返回该程序编号。该段代码与加载绘制着色器时不同的是，该着色器程序只含有一个着色器（计算着色器），而绘制着色器程序中一般包含两个着色器（顶点着色器和片元着色器）。

（2）介绍完 ShaderUtil 类后，下面介绍用于绘制波动水面的 Water 类。该类大部分代码与前面很多案例中的类似，因此这里仅介绍该类较有代表性的部分，具体代码如下。

代码位置：源代码/第 11 章/Sample11_6/src/com/bn/Sample11_6 目录下的 Water.java。

```
1     package com.bn.Sample11_6;                                   //声明包
2     ……//此处省略了一些导入相关类的代码，读者可自行查阅随书中的源代码
3     public class Water{
4          ……//此处省略了一些成员变量定义的代码和构造器，读者可自行查阅随书中的源代码
5          public void initVertexData(){      //初始化顶点相关数据的方法
6              ……//此处省略了部分初始化顶点相关数据的代码，读者可自行查阅随书中的源代码
7              int[] bufferIds=new int[2]; //声明用于存放顶点坐标数据缓冲 id 和法向量数据缓冲 id 的数组
8              GLES31.glGenBuffers(2,bufferIds,0);   //生成两个缓冲
9              vertexDataBufferId=bufferIds[0];       //获取顶点数据缓冲 id
10             normalDataBufferId=bufferIds[1];       //获取法向量数据缓冲 id
11             //绑定顶点数据缓冲
12             GLES31.glBindBuffer(GLES31.GL_SHADER_STORAGE_BUFFER,vertexDataBufferId);
13             GLES31.glBufferData(GLES31.GL_SHADER_STORAGE_BUFFER, vCount*4*4,
14                 mVertexBuffer,GLES31.GL_STATIC_DRAW);  //向顶点数据缓冲中填充数据
15             //绑定法向量数据缓冲
16             GLES31.glBindBuffer(GLES31.GL_SHADER_STORAGE_BUFFER,normalDataBufferId);
17             GLES31.glBufferData(GLES31.GL_SHADER_STORAGE_BUFFER, vCount*4*4,
18                 mNormalBuffer,GLES31.GL_STATIC_DRAW);       //向法向量数据缓冲中填充数据
19         }
20         ……//此处省略了初始化着色器的 initShader 方法，读者可自行查阅随书中的源代码
21         public void drawSelf(int texId){                                   //绘制方法
22             GLES31.glBindBufferBase(GLES31.GL_SHADER_STORAGE_BUFFER,
23                 4,vertexDataBufferId);                              //绑定顶点坐标数据缓冲
24             GLES31.glBindBufferBase(GLES31.GL_SHADER_STORAGE_BUFFER,
25                 5,normalDataBufferId);                    //绑定法向量数据缓冲
26             GLES31.glUseProgram(mComputeProgramBD);       //使用波动扰动计算着色器程序
27             GLES31.glUniform2f(muBx1Handle, 50, 150);    //将第 1 个波的波心传入渲染管线
28             GLES31.glUniform1f(muBc1Handle, 32);          //将第 1 个波的波长传入渲染管线
29             GLES31.glUniform1f(muzf1Handle, 0.8f);        //将第 1 个波的振幅传入渲染管线
30             qsj1=(qsj1+9)%360;                            //第 1 个波的起始角
31             GLES31.glUniform1f(muqsj1Handle,(float)Math.toRadians(qsj1));
32             ……//此处省略了将其他几个波的数据传入管线的代码，读者可自行查阅随书中的源代码
33             GLES31.glDispatchCompute(                     //执行逆向 FFT 计算着色器
34                 (Constant.WATER_WIDTH+1),                 //计算工作组 X 维度尺寸
35                 (Constant.WATER_HEIGHT+1),                //计算工作组 Y 维度尺寸
36                     1                                     //计算工作组 Z 维度尺寸
37             );
38             GLES31.glMemoryBarrier(GLES31.GL_SHADER_STORAGE_BARRIER_BIT);//同步内存
39             GLES31.glBindBufferBase(GLES31.GL_SHADER_STORAGE_BUFFER,4,
40                 vertexDataBufferId);                        //绑定顶点数据缓冲
41             GLES31.glBindBufferBase(GLES31.GL_SHADER_STORAGE_BUFFER,5,
42                 normalDataBufferId);                      //绑定法向量数据缓冲
43             GLES31.glUseProgram(mComputeProgramNormal);//使用法向量计算着色器程序
44             GLES31.glDispatchCompute(                      //执行计算法向量计算着色器
45                 (Constant.WATER_WIDTH+1),                  //计算工作组 X 维度尺寸
46                 (Constant.WATER_HEIGHT+1),                 //计算工作组 Y 维度尺寸
47                 1                                          //计算工作组 Z 维度尺寸
48             );
49             GLES31.glMemoryBarrier(GLES31.GL_SHADER_STORAGE_BARRIER_BIT);//同步内存
50             ……//此处省略了调用绘制着色器及绘制物体的代码，读者可自行查阅随书中的源代码
51    }}
```

❑ 第 7～第 18 行首先生成两个数据缓冲，一个用于存放顶点位置数据，另一个用于存放法向量数据。接着分别绑定了两个缓冲，并向缓冲中填充了初始数据。

❑ 第 22～第 38 行为使用波动扰动计算着色器的相关代码，其中首先绑定顶点数据缓冲和法向量数据缓冲，再指定使用顶点扰动计算着色器程序，并将各个扰动波相应的数据传入渲染管线，

接着调用计算着色器来计算波动扰动后的顶点位置，计算完成后设置内存屏障以保证内存同步。

❑ 第 39～第 49 行为使用法向量计算着色器的相关代码，其中首先绑定顶点数据缓冲和法向量数据缓冲，再指定使用法向量计算着色器程序，接着调用计算着色器来计算波动后各个顶点的平均法向量，计算完成后同样也设置了内存屏障以保证内存同步。

（3）介绍完 Java 代码的开发后，就可以进行着色器代码的开发了。本小节案例中共需开发 4 个着色器，分别为绘制用顶点着色器、绘制用片元着色器、波动扰动计算着色器以及法向量计算着色器。首先介绍绘制用片元着色器，其代码如下。

代码位置：源代码/第 11 章/Sample11_6/assets 目录下的 frag.sh。

```
#version 310 es
precision mediump float;                    //给出默认的浮点精度
uniform sampler2D sTexture;                 //纹理内容数据
uniform float utexCoorOffset;               //纹理坐标偏移量
in vec2 vTextureCoord;                      //接收从顶点着色器过来的纹理坐标
in vec4 vAmbient;                           //接收从顶点着色器过来的环境光最终强度
in vec4 vDiffuse;                           //接收从顶点着色器过来的散射光最终强度
in vec4 vSpecular;                          //接收从顶点着色器过来的镜面光最终强度
out vec4 fragColor;                         //输出到的片元颜色值
 void main(){                               //主函数
    //计算偏移后的纹理坐标
    vec2 texCoorTemp=fract(vTextureCoord+vec2(utexCoorOffset,utexCoorOffset));
    vec4 finalColor=texture(sTexture, texCoorTemp); //纹理中采样出颜色值
    //根据光照三个通道的值计算最终颜色值并输出到管线
    fragColor =finalColor*vAmbient + finalColor*vDiffuse + finalColor*vSpecular;
 }
```

说明　上述片元着色器与前面很多案例不同的是，增加了一个纹理坐标偏移量，并利用该变量调用 fract 函数来计算最终的纹理坐标值，实现了水流动的视觉效果。

（4）上面介绍了绘制用片元着色器，下面接着介绍的是本小节案例中使用的波动扰动计算着色器。该着色器的主要功能为根据 4 个水波的波动参数及时间对各个顶点进行高度扰动（改变 y 坐标值），以实现水面上下波动的效果，其具体代码如下。

代码位置：源代码/第 11 章/Sample11_6/assets 目录下的 computeBD.sh。

```
#version 310 es
precision mediump float;            //给出默认的浮点精度
struct pos{                         //顶点位置结构体
    vec4 locationA;                 //顶点位置
 };
struct normal{                      //顶点法向量结构体
    vec4 normalA;                   //顶点法向量
 };
layout( std140, binding=4 ) buffer Pos{ //顶点位置数据缓存块
    pos Positions[ ];                       //顶点位置结构体数组
 };
 layout( std140, binding=5 ) writeonly buffer Nor{//顶点法向量数据缓存块
    normal Normals[ ];                              //顶点法向量结构体数组
 };
 //通过输入布局限定符声明尺寸为 1X1X1 的本地工作组
 layout( local_size_x = 1, local_size_y = 1, local_size_z = 1 ) in;
 uniform vec2 bx1;          //波心 1
 uniform float bc1;         //波长 1
 uniform float zf1;         //振幅 1
 uniform float qsj1;        //起始角 1
 ……//此处省略了剩下两个波的相关代码，读者可自行查阅随书中的源代码
 float calHdr(              //计算一个波对指定点的高度扰动值
    vec2 bx,float bc,       //波心、波长
    float zf,float qsj,     //振幅、起始角
    vec2 ddxz               //被扰动顶点的 xz 坐标
 ){
    float dis=distance(ddxz,bx);                //计算与波心的距离
    float angleSpan=dis*2.0*3.1415926/bc; //算出角度跨度
    float hrd=sin(angleSpan+qsj)*zf;            //计算此波对此顶点的振幅扰动
```

```
30        return hrd;                              //返回高度扰动值
31    }
32    void main(){                                         //主函数
33        //计算出当前处理顶点的索引
34        uint indexTemp=gl_NumWorkGroups.x*gl_WorkGroupID.y+gl_WorkGroupID.x;
35        vec4 positionTemp=Positions[indexTemp].locationA;//从缓存块中取出顶点的位置坐标
36        //计算三个波对顶点的高度扰动值并叠加
37        Positions[indexTemp].locationA.y=calHdr(bx1,bc1,zf1,qsj1,positionTemp.xz)+
38            calHdr(bx2,bc2,zf2,qsj2,positionTemp.xz)+ calHdr(bx3,bc3,zf3,qsj3,
              positionTemp.xz);
39        //将此顶点的法向量清零，以备下一轮计算时根据顶点位置更新法向量
40        Normals[indexTemp].normalA=vec4(0.0,0.0,0.0,0.0);
41    }
```

- 第 3～第 21 行为声明该着色器所需的各个结构体、缓存块以及变量的相关代码，其中主要声明了顶点位置坐标、法向量结构体以及对应的使用这些结构体的缓存块，同时还声明了 3 个扰动波的波心、波长、振幅等相关参数所需的一致变量。
- 第 22～第 31 行为计算一个波对指定顶点高度扰动值的方法，在该方法中主要是根据传入的干扰波相关数据来计算该波对此顶点的高度扰动值，并返回该值。
- 第 32～第 41 行为主函数，在该函数中主要是先通过计算着色器提供的获取工作组位置的相关内置变量来计算顶点的索引值，然后根据该索引值取出顶点的位置数据。再根据该位置数据调用 calHdr 方法计算出三个扰动波对顶点的高度扰动值并叠加，最后将该顶点的法向量清零，以备下一轮计算时根据顶点位置更新法向量。

（5）介绍完顶点扰动计算着色器之后，下面介绍根据顶点扰动后的位置坐标计算动态法向量的法向量计算着色器，其具体代码如下。

代码位置：源代码/第 11 章/Sample11_6/assets 目录下的 computeNormal.sh。

```
#version 310 es
precision mediump float;    //给出默认的浮点精度
struct pos{                 //顶点位置结构体
    vec4 locationA;         //顶点位置
};
struct normal{              //顶点法向量结构体
    vec4 normalA;           //顶点法向量
};
layout( std140, binding=4 ) readonly buffer Pos{ //顶点位置数据缓存块
    pos Positions[ ];                            //顶点位置结构体数组
 };
 layout( std140, binding=5 ) buffer Nor{          //顶点法向量数据缓存块
    normal Normals[ ];                           //顶点法向量结构体数组
 };
 //通过输入布局限定符声明尺寸为 1X1X1 的本地工作组
 layout( local_size_x = 1, local_size_y = 1, local_size_z = 1 ) in;
 vec3 calNormal(vec3 a,vec3 b,vec3 c){ //知道三角形 3 个顶点的坐标，计算三角形面法向量的方法
     vec3 vab=b-a;                       //求 a 点到 b 点的向量
     vec3 vac=c-a;                       //求 a 点到 c 点的向量
     return normalize(cross(vab,vac)); //计算并返回法向量值
 }
 void main(){                                     //主函数
     //计算当前格子左上角顶点的索引
     uint indexTemp=gl_NumWorkGroups.x*gl_WorkGroupID.y+gl_WorkGroupID.x;
     //每个格子如下所示切分成两个三角形
     //0---1
     //| / |
     //3---2
     if(gl_WorkGroupID.x<(gl_NumWorkGroups.x-uint(1))&& gl_WorkGroupID.y<
        (gl_NumWorkGroups.y-uint(1))){        //若当前顶点不是最后一列，且不是最后一行
         //计算 0-3-1 三角形面的法向量
         vec4 a=Positions[indexTemp].locationA; //逆时针 a 点
         vec4 b=Positions[indexTemp+gl_NumWorkGroups.x].locationA;//逆时针 b 点
         vec4 c=Positions[indexTemp+uint(1)].locationA;  //逆时针 c 点
         vec3 normal=calNormal(a.xyz,b.xyz,c.xyz); //计算此三角形面的法向量
         //将法向量叠加进三角形 3 个顶点的法向量中
```

```
37              Normals[indexTemp].normalA.xyz+=normal;
38              Normals[indexTemp+gl_NumWorkGroups.x].normalA.xyz+=normal;
39              Normals[indexTemp+uint(1)].normalA.xyz+=normal;
40              //计算 1-3-2 三角形面的法向量
41              a=Positions[indexTemp+uint(1)].locationA;            //逆时针 a 点
42              b=Positions[indexTemp+gl_NumWorkGroups.x].locationA; //逆时针 b 点
43              c=Positions[indexTemp+uint(1)+gl_NumWorkGroups.x].locationA;
                //逆时针 c 点
44              normal=calNormal(a.xyz,b.xyz,c.xyz);           //计算此三角形面的法向量
45              //将法向量叠加进三角形 3 个顶点的法向量中
46              Normals[indexTemp+uint(1)].normalA.xyz+=normal;
47              Normals[indexTemp+gl_NumWorkGroups.x].normalA.xyz+=normal;
48              Normals[indexTemp+uint(1)+gl_NumWorkGroups.x].normalA.xyz+=normal;
49      }}
```

- 第 3～第 16 行为声明该着色器所需的各个结构体、缓存块以及本地工作组尺寸的相关代码，其中主要声明了顶点位置坐标、法向量结构体以及对应的使用这些结构体的缓存块。
- 第 17～第 21 行为知道三角形 3 个顶点的坐标，计算三角形面法向量的方法。在该方法中先求出 a 点到 b 点的向量和 a 点到 c 点的向量，再调用 cross 函数对求出的两个向量进行叉积，最后调用 normalize 函数对向量进行规格化，并返回规格化后的向量值。
- 第 22～第 49 行为主函数，在该函数中先计算出当前格子左上角顶点的索引值，再根据每个格子切分成三角形的方式对 0-3-1 和 1-3-2 三角形进行相应的法向量计算，并将计算得到的法向量叠加进对应顶点的法向量中。

> **提示**　本小节案例中的绘制用顶点着色器与前面很多章节案例中的基本一致，这里就不再赘述。

没有比较就没有深入的体会，读者运行了案例 Sample11_6 后可能会觉得效果虽然比较真实，但也不够理想。为了进一步突出使用计算着色器计算动态法向量后性能的大幅提升，笔者还给出了一个采用同样算法、由 CPU 实现的案例——Sample11_6a。

为了便于比较，笔者使用两台不同的手机分别运行了 GPU 版的案例 Sample11_6 以及 CPU 版的案例 Sample11_6a，具体运行时的帧速率情况如表 11-2 所列。

表 11-2　　GPU 版案例与 CPU 版案例的帧速率

手 机 型 号	vivo X5Pro D	Redmi Note 2
GPU 版帧速率	49.98	60.13
CPU 版帧速率	17.86	15.13

> **说明**　从表 11-2 中可以清楚地看出，GPU 版案例的帧速率明显比 CPU 版的高，有兴趣的读者也可以自行运行两个案例进行比较。由于本书篇幅有限，CPU 版的案例在此就不详细介绍了，需要的读者可自行查看随书中第 11 章的案例 Sample11_6a。

11.8 小结

本章讨论了一些在使用 OpenGL ES 开发 3D 游戏或应用的过程中相关的性能优化问题，主要包括着色器代码的优化、纹理图使用过程中的优化以及 3D 图形绘制过程中的优化等。同时还介绍了从 OpenGL ES 3.1 开始支持的大业务量计算利器——计算着色器——的使用。通过本章的学习，读者开发性能优良的 3D 应用程序的能力应该大大增强。

第12章 杂项

本书前面的章节介绍了 OpenGL ES 很多方面的知识与技术，本章将进一步介绍几种开发中特定情况下很有帮助的技术与知识，主要包括遮挡查询、保存屏幕图像、读取 Android 系统的 GPU 参数以及多重采样抗锯齿等。

12.1 遮挡查询

本节将介绍开发中非常有用的一种优化技术——遮挡查询，这种技术可以查询指定物体的绘制遮挡信息。了解了物体的遮挡情况后，可以根据指定物体被遮挡的情况对场景的绘制进行一定的优化，提高渲染效率，改善用户体验。

12.1.1 相关方法

本小节将介绍使用遮挡查询所需的一些基本方法，主要包括开启查询的 glBeginQuery 方法、关闭查询的 glEndQuery 方法、生成查询对象的 glGenQueries 方法、删除指定 id 查询对象的 glDeleteQueries 方法以及提取查询结果的 glGetQueryObjectuiv 方法。

首先介绍用于开启查询的 glBeginQuery 方法和关闭查询的 glEndQuery 方法，具体的方法签名如下。

```
public static void glBeginQuery(int target, int id)          //开启查询的方法
public static void glEndQuery(int target)                    //关闭查询的方法
```

- target 参数用于指定查询对象的目标类型，允许的参数取值有 GL_TRANSFORM_FEEDBACK_PRIMITIVES_WRITTEN、GL_ANY_SAMPLES_PASSED 以及 GL_ANY_SAMPLES_PASSED_CONSERVATIVE。
- id 参数用于指定查询对象的 id。

> **说明** 与遮挡查询相关的两个 target 参数值是 GL_ANY_SAMPLES_PASSED_CONSERVATIVE 和 GL_ANY_SAMPLES_PASSED，实际开发中使用更多的是 GL_ANY_SAMPLES_PASSED 参数值。

接下来介绍用于生成查询对象的 glGenQueries 方法和删除指定查询对象的 glDeleteQueries 方法，具体方法签名如下。

```
public static void glGenQueries(int n, IntBuffer ids)          //生成查询对象的方法
public static void glGenQueries(int n, int[] ids, int offset) //生成查询对象的方法
public static void glDeleteQueries(int n, IntBuffer ids)      //删除指定查询对象的方法
public static void glDeleteQueries(int n, int[] ids, int offset)//删除指定查询对象的方法
```

- 第一个用于生成查询对象的方法共有两个参数，其中参数 n 为需要生成的查询对象的数

量，参数 ids 用来存放生成的查询对象的 id 值。

- 第二个用于生成查询对象的方法共有 3 个参数，其中参数 n 为需要生成的查询对象的数量，参数 ids 用来存放生成的查询对象的 id 值，参数 offset 为 ids 数组的偏移量。

> **说明**　用于删除指定 id 查询对象的 glDeleteQueries 方法的参数含义与用于生成查询对象的 glGenQueries 方法中的相同，这里不再赘述。

最后介绍用于提取查询结果的 glGetQueryObjectuiv 方法，其方法签名如下。

```
public static void glGetQueryObjectuiv(int id, int pname, IntBuffer params)
public static void glGetQueryObjectuiv(int id, int pname, int[] params, int offset)
```

- 第一个用于提取查询结果的方法共有 3 个参数，其中参数 id 用于指定查询对象，参数 pname 用于指定需要查询的参数，参数 params 用于存放查询的结果值。
- 第二个用于提取查询结果的方法共有 4 个参数，其中参数 id 用于指定查询对象，参数 pname 用于指定需要查询的参数，参数 params 用于存放查询的结果值，参数 offset 为 params 数组所需的偏移量。

> **说明**　参数 pname 允许的参数值有 GL_QUERY_RESULT 和 GL_QUERY_RESULT_AVAILABLE，实际开发中根据不同的需要选用，具体内容请参看下一小节的案例。

12.1.2　案例开发步骤

上一小节主要介绍了关于遮挡查询的一些基本方法，本小节将给出一个利用遮挡查询技术的案例——Sample12_1。在介绍案例的具体开发之前，有必要先了解本小节案例的运行效果，如图 12-1 和图 12-2 所示。

▲图 12-1　案例 Sample12_1 的运行效果

```
System.out          i:0 result:1
System.out          i:1 result:0
System.out          i:2 result:1
```

▲图 12-2　后台输出数据

> **说明**　图 12-1 是本案例的运行效果图，图中可以看到的是长方体、圆球和茶壶 3 个物体，实际上在茶壶的后面还绘制了一个圆球（被茶壶完全遮挡了）。本案例中采用茶壶作为遮挡查询的参照物，其他物体都是相对茶壶进行遮挡查询的。图 12-2 即说明了这个问题，该图中共有 3 个数据输出，值分别为 1、0、1（输出结果 1 则代表物体没有被茶壶完全遮挡，反之则输出 0）。

了解了本小节案例的运行效果后，接着介绍案例的具体开发。由于本案例中用到的很多代码与前面章节很多案例中的基本相同，因此这里仅给出有代表性的部分，主要是用于绘制场景的 MySurfaceView 类，其具体代码如下。

代码位置：源代码/第 12 章/Sample12_1/src/com/bn/Sample12_1 目录下的 MySurfaceView.java。

```
package com.bn.Sample12_1;                              //声明包
……//此处省略了一些导入相关类的代码，读者可自行查阅随书中的源代码
```

```
3   class MySurfaceView extends GLSurfaceView{
4       ……//此处省略了一些定义成员变量的代码，读者可自行查阅随书中的源代码
5       public static final int drawSample=3;    //遮挡查询的数量
6       public MySurfaceView(Context context){/*此处省略了构造器的代码，读者可自行查阅随书*/}
7       private class SceneRenderer implements GLSurfaceView.Renderer {
8           LoadedObjectVertexNormalFace cft;          //长方体绘制对象
9           LoadedObjectVertexNormalAverage qt;        //球体绘制对象
10          LoadedObjectVertexNormalAverage ch;        //茶壶绘制对象
11          public void onDrawFrame(GL10 gl){
12              GLES30.glClear( GLES30.GL_DEPTH_BUFFER_BIT//清除深度缓冲与颜色缓冲
13                  | GLES30.GL_COLOR_BUFFER_BIT);
14              int[] tia=new int[drawSample];         //创建存放生成查询的 id 的数组
15              GLES30.glGenQueries(drawSample, tia, 0); //生成指定数量的查询对象
16              MatrixState.pushMatrix();              //保护现场
17              MatrixState.scale(1.5f, 1.5f, 1.5f); //缩放物体
18              MatrixState.pushMatrix();              //保护现场
19              MatrixState.translate(0, 0, 10f);  //平移
20              ch.drawSelf();                    //绘制茶壶
21              MatrixState.popMatrix();          //恢复现场
22              GLES30.glBeginQuery(GLES30.GL_ANY_SAMPLES_PASSED, tia[0]);//开启遮挡查询
23              MatrixState.pushMatrix();         //保护现场
24              MatrixState.translate(-10f, 0f, 0);                   //平移
25              cft.drawSelf();                   //绘制长方体
26              MatrixState.popMatrix();                              //恢复现场
27              GLES30.glEndQuery(GLES30.GL_ANY_SAMPLES_PASSED); //结束遮挡查询
28              GLES30.glBeginQuery(GLES30.GL_ANY_SAMPLES_PASSED, tia[1]);//开启遮挡查询
29              MatrixState.pushMatrix();         //保护现场
30              MatrixState.translate(0f, 0f, 0); //平移
31              qt.drawSelf();                    //绘制球体
32              MatrixState.popMatrix();          //恢复现场
33              GLES30.glEndQuery(GLES30.GL_ANY_SAMPLES_PASSED); //结束遮挡查询
34              GLES30.glBeginQuery(GLES30.GL_ANY_SAMPLES_PASSED, tia[2]);//开启遮挡查询
35              MatrixState.pushMatrix();         //保护现场
36              MatrixState.translate(15f, 0f, 0);                   //平移
37              qt.drawSelf();                    //绘制球体
38              MatrixState.popMatrix();                             //恢复现场
39              GLES30.glEndQuery(GLES30.GL_ANY_SAMPLES_PASSED);//结束遮挡查询
40              MatrixState.popMatrix();           //恢复现场
41              for(int i=0;i<tia.length;i++){  //循环提取遮挡查询结果
42                  int[] result=new int[1];   //创建存放查询结果的数组
43                  GLES30.glGetQueryObjectuiv(//提取结果，查看对应物体是否被遮挡
44                      tia[i],GLES30.GL_QUERY_RESULT,result,0);
45                      System.out.println("i:"+i+" result:"+result[0]);//打印结果信息
46              }
47              GLES30.glDeleteQueries(drawSample, tia, 0);  //删除查询对象
48          }
49          public void onSurfaceChanged(GL10 gl, int width, int height){/*此处省
            略了初始化代码*/}
50          public void onSurfaceCreated(GL10 gl, EGLConfig config){/*此处省略了初
            始化代码*/}
51      }
52      public int initTexture(int drawableId){/*此处省略的是生成纹理 id 的方法，读者可自
        行查阅随书*/}
53  }
```

- 第 8～第 10 行定义了几个成员变量，包括加载的长方体、球体和茶壶绘制对象。
- 第 11～第 21 行首先清除深度缓冲与颜色缓冲，然后创建了一个用于存放查询 id 的数组，接着生成指定数量的查询对象。之后绘制茶壶，其他物体将相对茶壶的位置确定是否被遮挡。
- 第 22～第 40 行为绘制长方体和两个球体的代码，每次在绘制物体之前，都要根据指定的查询对象开启遮挡查询，之后绘制物体，然后结束遮挡查询。
- 第 41～第 47 行为循环提取遮挡查询结果的代码，其中首先创建存放查询结果的数组，然后调用 glGetQueryObjectuiv 方法将提取的结果存放到结果数组 result 中，接着将结果打印出来。打印结果中 1 代表物体没有被完全遮挡，0 代表物体被完全遮挡。

提示　本案例只是将遮挡查询的结果打印了出来，没有用于更复杂的用途。实际开发中得到某个需绘制物体的遮挡查询结果后一般用于对绘制或计算等工作进行优化。

12.2 增强现实基础

随着虚拟现实技术应用的逐渐普及，增强现实技术的使用也日渐丰富。例如通过使用了增强现实技术的眼镜观察未装修的房间，可以看到房间装修后的效果等。本节将要介绍的是开发增强现实应用时可能用到的一些相关技术，读者掌握后可以为未来进一步的学习打下良好的基础。

12.2.1　基本知识与案例效果

增强现实（Augmented Reality，AR）是一种将真实世界信息和虚拟世界信息“无缝”集成的新技术，是把原本在现实世界中一定时空范围内很难体验到的实体信息（视觉信息、声音、味道、触觉等），通过计算机等科学技术，模拟仿真后再叠加，将虚拟的信息应用到真实世界，从而达到超越现实的感官体验。

其应用领域非常广泛，诸如尖端武器、虚拟训练、娱乐与艺术等领域。由于增强现实技术具有能够对真实环境进行增强显示输出的特性，在医疗研究与解剖训练、精密仪器制造和维修、军用飞机导航、工程设计和远程机器人控制等领域也被广泛应用。实际应用效果如图 12-3 和图 12-4 所示。

▲图 12–3　增强现实技术应用 1

▲图 12–4　增强现实技术应用 2

说明　图 12-3 为通过使用增强现实技术在手机相机拍摄到的位置呈现好的效果图，图 12-4 为通过使用增强现实技术在手机拍摄到的特定图案白纸上呈现 3D 立体房子的效果图。

了解了增强现实技术的基础知识后，下面给出本节案例的运行效果，具体情况如图 12-5 所示。

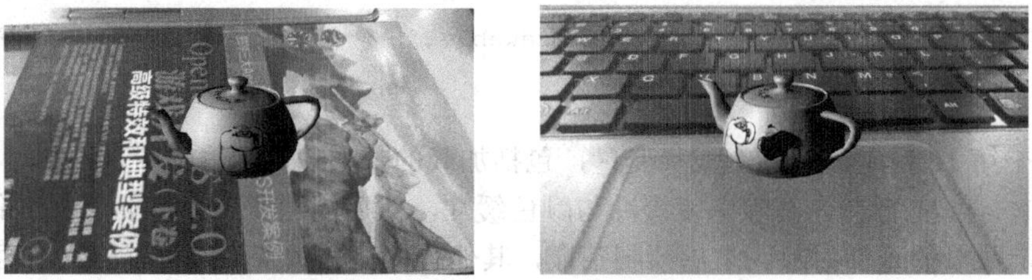

▲图 12–5　Sample12_2 案例的运行效果

说明　图 12-5 左侧的效果图中真实世界的物体为书本，虚拟物体为茶壶；图 12-5 右侧的效果图中真实世界的物体为笔记本电脑的键盘，虚拟物体也是茶壶。本案例中真实世界中物体的画面是手机摄像头实时拍摄的，虚拟世界的茶壶是通过 OpenGL ES 绘制的，插图是合成后的画面效果。

12.2.2 一个简单的案例

一般而言，增强现实应用的开发包括 3 个方面，具体内容如下。

- 通过摄像头实时捕获现实世界的画面供模式识别模块进行识别，进而计算出绘制 3D 虚拟物体的位置、姿态等方面的信息。
- 将摄像头实时捕获的现实世界画面显示到结果画面中。
- 将虚拟 3D 物体叠加绘制到结果画面中。

模式识别属于单独的学科，具体内容大大超出了本书的讨论范围，因此本节所给出的案例仅仅包含后两个方面。而对于绘制 3D 虚拟物体本书已经讨论了很多，因此这里仅仅介绍本案例中有代表性的将摄像头实时捕获的现实世界画面显示到结果画面中的相关部分，具体内容如下。

（1）首先介绍的是用于绘制摄像头实时画面的 CameraBackDrawer 类，该类与本书前面介绍过的纹理矩形类 TextureRect 相似，功能均是将纹理通过纹理矩形绘制呈现。这里仅给出 CameraBackDrawer 类不同于普通纹理矩形类的部分——drawSelf 方法，具体代码如下。

代码位置：源代码/第 12 章/Sample12_2/src/com/bn/Sample12_2 目录下的 CameraBackDrawer.java。

```
public void drawSelf(int texId){
    GLES30.glUseProgram(mProgram);                          //指定使用某套着色器程序
    GLES30.glUniformMatrix4fv(muMVPMatrixHandle,            //将最终变换矩阵传入渲染管线
        1, false, MatrixState.getFinalMatrix(), 0);
    GLES30.glVertexAttribPointer (maPositionHandle,         //将顶点位置数据传入渲染管线
        3, GLES30.GL_FLOAT, false,3*4,mVertexBuffer );
    GLES30.glVertexAttribPointer(maTexCoorHandle,           //将顶点纹理数据传入渲染管线
        2,GLES30.GL_FLOAT, false,2*4,mTexCoorBuffer);
    GLES30.glEnableVertexAttribArray(maPositionHandle); //启用顶点位置数据数组
    GLES30.glEnableVertexAttribArray(maTexCoorHandle); //启用顶点纹理坐标数据数组
    GLES30.glActiveTexture(GLES30.GL_TEXTURE0);             //激活纹理
    GLES30.glBindTexture(GLES11Ext.GL_TEXTURE_EXTERNAL_OES, texId); //绑定纹理
    GLES30.glDrawArrays(GLES30.GL_TRIANGLES, 0, vCount); //绘制纹理矩形
}
```

说明：上述 drawSelf 方法的功能为，首先指定使用某套着色器程序，并将最终变换矩阵、顶点位置数据及顶点纹理数据传入渲染管线，然后启用顶点位置数据数组和纹理数据数组，最后激活和绑定纹理，以三角形方式执行绘制。与以往绑定纹理代码不同的是，本方法中绑定纹理时使用的目标不是 GL_TEXTURE_2D，而是 GL_TEXTURE_EXTERNAL_OES（此目标是安卓系统的扩展，可以用于绘制摄像头实时画面）。

（2）介绍完用于绘制摄像头实时画面的 CameraBackDrawer 类后，接下来将要介绍的是场景渲染类 MySurfaceView，首先给出其代码框架，具体内容如下。

代码位置：源代码/第 12 章/Sample12_2/src/com/bn/Sample12_2 目录下的 MySurfaceView.java。

```
package com.bn. Sample12_2;                                    //声明包
……//此处省略了部分类的引入代码，读者可自行查看随书中的源代码
class MySurfaceView extends GLSurfaceView {
    int textureIdCamera;                          //纹理 id
    SurfaceTexture st;                            //摄像头纹理辅助
    Object lock=new Object();                     //同步锁
    boolean canUpdate=false;                      //摄像头纹理是否需要更新标志
    Camera gCamera;                               //摄像头
    ……//此处省略了部分成员变量声明的代码，读者可自行查看随书中的源代码
    public MySurfaceView(Context context) {/*此处省略了构造器中的代码*/}
    private class SceneRenderer implements GLSurfaceView.Renderer{
        CameraBackDrawer backDrawer;        //绘制摄像头实时画面的类
        LoadedObjectVertexNormalTexture lovo; //茶壶绘制对象
        public void onDrawFrame(GL10 gl){/*此处代码省略，将在后面介绍*/}
        public void onSurfaceChanged(GL10 gl, int width, int height) {
```

```
                ……//此处省略了与前面案例相同的代码，读者可自行查看随书中的源代码
                initCamera(width,height);       //初始化摄像头并开始预览
                backDrawer=new CameraBackDrawer(MySurfaceView.this,ratio,1);
                //创建绘制者对象
            }
            public void onSurfaceCreated(GL10 gl, EGLConfig config){
                ……//此处省略了与前面案例相同的代码，读者可自行查看随书中的源代码
                textureIdCamera=initSurfaceTexture(); //初始化摄像头专用纹理
                st=genSurfaceTexture(textureIdCamera);//初始化摄像头纹理
        }}
        public int initTexture(int drawableId){/* 此处省略了初始化纹理的代码，读者可自行查看*/}
        public int initSurfaceTexture(){/*此处省略了初始化摄像头专用纹理的代码，将在后面介绍*/}
        public SurfaceTexture genSurfaceTexture(int texId){
            ……//此处省略了获取 SurfaceTexture 类对象的代码，将在后面介绍
        }
        public void initCamera(int screenWidth,int screenHeight){
            ……//此处省略了初始化摄像头的代码，将在后面介绍
}}
```

说明　上面给出了场景渲染类 MySurfaceView 的基本框架，与前面案例不同的是，本类中添加了初始化摄像头的方法 initCamera、初始化摄像头专用纹理的方法 initSurfaceTexture 以及初始化摄像头纹理辅助工具的 genSurfaceTexture 方法，这 3 个方法将在后面逐一介绍。

（3）上面给出了场景渲染类 MySurfaceView 的基本框架，接下来将要给出的是前面省略了的初始化摄像头专用纹理的方法 initSurfaceTexture 和获取摄像头纹理辅助工具的 genSurfaceTexture 方法。其中，SurfaceTexture 类对象可以获取相机的图像帧作为纹理，用于绘制。两个方法的具体代码如下。

代码位置：源代码/第 12 章/Sample12_2/src/com/bn/Sample12_2 目录下的 MySurfaceView.java。

```
1    public int initSurfaceTexture(){                    //初始化摄像头专用纹理的方法
2        int[] textures = new int[1];     //声明用于存放纹理 id 的数组
3        GLES30.glGenTextures(1,textures,0); //生成纹理
4        int textureId=textures[0];            //记录纹理 id
5        GLES30.glBindTexture(GLES11Ext.GL_TEXTURE_EXTERNAL_OES, textureId);//绑定纹理
6        GLES30.glTexParameterf(GLES11Ext.GL_TEXTURE_EXTERNAL_OES, //设置 MIN 采样方式
7            GLES30.GL_TEXTURE_MIN_FILTER,GLES30.GL_NEAREST);
8        GLES30.glTexParameterf(GLES11Ext.GL_TEXTURE_EXTERNAL_OES,//设置 MAG 采样方式
9            GLES30.GL_TEXTURE_MAG_FILTER,GLES30.GL_LINEAR);
10       GLES30.glTexParameterf(GLES11Ext.GL_TEXTURE_EXTERNAL_OES,//设置 S 轴的拉伸方式
11           GLES30.GL_TEXTURE_WRAP_S,GLES30.GL_REPEAT);
12       GLES30.glTexParameterf(GLES11Ext.GL_TEXTURE_EXTERNAL_OES,//设置 T 轴的拉伸方式
13           GLES30.GL_TEXTURE_WRAP_T,GLES30.GL_REPEAT);
14       return textureId;                                  //返回纹理 id
15   }
16   public SurfaceTexture genSurfaceTexture(int texId){
17           SurfaceTexture st=new SurfaceTexture(texId);    //创建 SurfaceTexture 类对象
18           st.setDefaultBufferSize(512, 512);              //设置默认的图像缓冲区大小
19           st.setOnFrameAvailableListener(                 //注册一个回调函数
20               new OnFrameAvailableListener() {
21                   @Override
22                   public void onFrameAvailable(SurfaceTexture surfaceTexture) {
23                       synchronized(lock){            //获取同步锁资源
24                           canUpdate=true;            //将更新标志位设置为 true
25       }}});
26           return st;
27   }
```

- 第 1～第 15 行为初始化摄像头专用纹理的 initSurfaceTexture 方法，其主要功能为生成纹理并绑定纹理，设置纹理的采样方式和拉伸方式，返回纹理 id。该方法与普通初始化纹理的方法有所不同，它将纹理绑定到 GL_TEXTURE_EXTERNAL_OES 目标而不是 GL_TEXTURE_2D 目标。另外，设置采样方式和拉伸方式时，glTexParameterf 方法的目标值也设置为 GL_TEXTURE_EXTERNAL_OES。

❑ 第 16～第 27 行为获取摄像头纹理辅助工具对象的 genSurfaceTexture 方法，其主要功能为首先创建 SurfaceTexture 类对象并设置默认的图像缓冲区大小，然后注册 SurfaceTexture 类对象的回调方法，当新一帧图像可用时此回调方法被调用。回调方法的主要功能为获取同步锁资源，将更新标志位 canUpdate 设置为 true。

（4）接着将要介绍的是前面省略了的用于初始化摄像头的方法 initCamera，该方法的主要功能为打开摄像头并设置相关参数，具体代码如下。

代码位置：源代码/第 12 章/Sample12_2/src/com/bn/Sample12_2 目录下的 MySurfaceView.java。

```
1    public void initCamera(int screenWidth,int screenHeight){
2            if(gCamera!=null){        //若摄像头引用不为空
3               gCamera.release(); //释放摄像头对象
4               gCamera=null;      //清空摄像头引用
5            }
6            gCamera = Camera.open(Camera.CameraInfo.CAMERA_FACING_BACK);//打开摄像头
7            try{
8               gCamera.setPreviewTexture(st);           //设置摄像头的预览纹理
9            }catch (IOException e){e.printStackTrace();}
10           if(gCamera != null){                        //若摄像头引用不为空
11              Camera.Parameters parameters = gCamera.getParameters();//获取摄像头参数
12              List<Size> preSize = parameters.getSupportedPreviewSizes();
                //获取可支持预览图的尺寸
13              int previewWidth = preSize.get(0).width;    //获取宽度
14              int previewHeight = preSize.get(0).height; //获取高度
15              for (int i = 1; i < preSize.size(); i++) {//遍历每种尺寸
16                     double similarity = Math.abs(((double) preSize.get(i).height
                       / screenHeight)-
17                          ((double) preSize.get(i).width / screenWidth));//计算相似度
18                     if (similarity < Math.abs(((double) previewHeight / screenHeight)-
19                            ((double) previewWidth / screenWidth))) {//若当前组合
                            相似度更高
20                        previewWidth = preSize.get(i).width;  //更新宽度
21                        previewHeight = preSize.get(i).height;//更新高度
22              }}
23             parameters.setPreviewSize(previewWidth, previewHeight);//设置预览大小
24             //设置焦对焦模式为连续对焦模式
25             parameters.setFocusMode(Camera.Parameters.FOCUS_MODE_CONTINUOUS_VIDEO);
26             gCamera.setParameters(parameters);         //将参数设置入 Camera
27             gCamera.startPreview();                    //开始预览
28       }}
```

❑ 第 2～第 5 行首先判断摄像头引用是否为 null，若不为 null，则释放摄像头对象，并将引用置为空。

❑ 第 6～第 9 行通过调用 open 方法打开相机，并调用 setPreviewTexture 方法设置摄像头预览纹理。

❑ 第 10～第 27 行首先获取摄像头参数，并从中获取摄像头所支持的画面尺寸列表。然后遍历画面尺寸列表，选出其中与设备屏幕尺寸最接近的画面尺寸作为预览尺寸。接着设置对焦模式为连续对焦模式，最后将参数组合设置到摄像头中并开始预览。

（5）前面介绍了用于初始化摄像头的 initCamera 方法，接下来介绍前面省略的场景渲染器中的绘制方法 onDrawFrame，具体代码如下。

代码位置：源代码/第 12 章/Sample12_2/src/com/bn/Sample12_2 目录下的 MySurfaceView.java。

```
public void onDrawFrame(GL10 gl){
    GLES30.glClear( GLES30.GL_DEPTH_BUFFER_BIT       //清除深度缓冲与颜色缓冲
      | GLES30.GL_COLOR_BUFFER_BIT);
    synchronized(lock){                   //获取同步锁
        if(canUpdate){                    //若更新标志位为 true
            st.updateTexImage();  //更新纹理
            canUpdate=false;      //将更新标志 canUpdate 设置为 false
```

```
8        }}
9        MatrixState.pushMatrix();                      //保护现场
10       MatrixState.translate(0,0,-20);                //沿 z 轴负方向推远
11       backDrawer.drawSelf(textureIdCamera); //绘制摄像头实时画面
12       MatrixState.popMatrix();                       //恢复现场
13       ……//此处省略了绘制茶壶的部分代码，读者可自行查看随书中的源代码
14     }
```

说明 上述代码为场景渲染器中的绘制方法 onDrawFrame，本方法最关键的部分是第 4～第 8 行，首先获取同步锁，进而调用 updateTexImage 方法更新摄像头实时纹理，并将更新标志 canUpdate 设置为 false。

（6）介绍完场景渲染器的绘制方法后，接下来介绍 CameraBackDrawer 类对应的顶点着色器和片元着色器。首先给出的是顶点着色器，其具体代码如下。

代码位置：源代码/第 12 章/Sample12_2/assets 目录下的 vertex_back.sh。

```
#version 300 es
uniform mat4 uMVPMatrix;           //总变换矩阵
in vec3 aPosition;                 //顶点位置
in vec2 aTexCoor;                  //顶点纹理坐标
out vec2 vTextureCoord;            //用于传递给片元着色器的纹理坐标
void main(){
     gl_Position = uMVPMatrix * vec4(aPosition,1);//根据总变换矩阵计算此次绘制此顶点的位置
     vTextureCoord = aTexCoor;                //将接收的纹理坐标传递给片元着色器
}
```

说明 上述顶点着色器与本书很多案例中普通纹理矩形类对应的顶点着色器基本一致，主要是计算此顶点的绘制位置并将接收到的纹理坐标传递给片元着色器。

（7）介绍完顶点着色器后，下面介绍片元着色器，其具体代码如下。

代码位置：源代码/第 12 章/Sample12_2/assets 目录下的 frag_back.sh。

```
1    #version 300 es
2    #extension GL_OES_EGL_image_external : require //使用 image_external 扩展
3    precision mediump float;                         //指定默认的浮点精度
4    in vec2 vTextureCoord;                           //接收从顶点着色器过来的纹理坐标
5    uniform samplerExternalOES sTexture;             //纹理内容数据
6    out vec4 fragColor;                              //用于传递到渲染管线的片元颜色
7    void main(){
8         fragColor = texture(sTexture, vTextureCoord);//给此片元从纹理中采样出的颜色值
9    }
```

说明 上述片元着色器的主要功能为根据顶点纹理坐标采样出当前片元的颜色值，这一点与本书前面很多案例中纹理矩形类对应的片元着色器基本相同。与原来案例中的不同之处是，本着色器添加了第 2 行的代码，声明需要使用 image_external 扩展，并且该着色器中的采样器类型为 samplerExternalOES，不再是 sampler2D。

提示 本节案例仅实现了摄像头实时画面与虚拟三维物体的融合绘制，感兴趣的读者可自行查阅资料并开发关于模式识别部分的代码。

12.3 保存屏幕图像

上一节主要介绍了增强现实部分的基础知识，本节将介绍保存屏幕图像，即游戏中常用的截屏功能。本节介绍的案例实现了保存屏幕图像功能。

首先给出的是保存屏幕图像所需的 glReadPixels 方法，其方法签名如下。

```
public static void glReadPixels (int x, int y, int width, int height, int forma
t, int type, Buffer pixels)
```

说明 glReadPixels 方法共有 7 个参数，其中前四个参数可以确定一个矩形，该矩形所包括的像素值都会被读出来（x 和 y 参数代表矩形左下角的位置坐标，width 和 height 参数代表矩形的宽度和高度），第 5 个参数表示图像格式，第 6 个参数表示数据类型，第 7 个参数表示存储读取图片内容的缓冲。

介绍完与实现保存屏幕图像功能相关的方法后，接下来给出本节案例的运行效果，具体情况如图 12-6 和图 12-7 所示。

▲图 12-6　茶壶初始状态运行图

▲图 12-7　茶壶旋转一定角度的运行图

说明 图 12-6 是程序开始运行时茶壶初始状态的效果。图 12-7 是程序运行一段时间后，茶壶旋转了一定角度的运行效果。可以看出，界面中除了旋转的茶壶之外，右边有一个截屏的剪刀标志，单击该标志，即可保存当前屏幕图像。

了解了本节案例的运行效果后，就可以进行案例的开发了。由于本节案例的大部分代码在前面章节的许多案例中都出现过，所以这里仅给出与实现保存屏幕图像功能相关的 saveScreen 方法，其具体代码如下。

代码位置：源代码/第 12 章/Sample12_3/src/com/bn/Sample12_3 目录下的 MySurfaceView.java。

```
public void saveScreen(){                    //保存屏幕图像的方法
    matrix.reset();                          //重置矩阵
    matrix.setRotate(180);                   //旋转 180 度
    matrix.postScale(-1, 1);                 //缩放
    ByteBuffer cbbTemp = ByteBuffer.allocateDirect(screenWidth*screenHeight*4);
    //初始化存储缓冲
    GLES30.glReadPixels(0, 0, screenWidth, screenHeight, //读取屏幕图像数据进入缓冲
             GLES30.GL_RGBA, GLES30.GL_UNSIGNED_BYTE, cbbTemp);
    Bitmap bm =Bitmap.createBitmap(screenWidth, screenHeight, //创建存储原始图像的 Bitmap
             Config.ARGB_8888);
    bm.copyPixelsFromBuffer(cbbTemp);        //将缓冲中数据复制进 Bitmap
    bm=Bitmap.createBitmap(bm, 0, 0,
        screenWidth, screenHeight, matrix, true); //创建缩放旋转完成的 Bitmap
    try{
        File sd=Environment.getExternalStorageDirectory(); //获取 sd 卡路径
        String path=sd.getPath()+"/HappyScreenShot";       //生成路径字符串
        File file=new File(path);                     //创建文件对象（存储目录）
        if(!file.exists()){file.mkdirs();}            //如果文件不存在，则创建
        File myFile = File.createTempFile("ScreenShot",".png",file);//创建 png 文件
        FileOutputStream fout=new FileOutputStream(myFile);      //创建文件输出流
        BufferedOutputStream bos = new BufferedOutputStream(fout);//包装为缓冲流
        bm.compress(Bitmap.CompressFormat.PNG,100,bos);  //压缩图像进入缓冲流
        bos.flush();                                     //刷新缓冲流
        bos.close();                                     //关闭输出流
        System.out.println("保存成功，文件名："+myFile.getName());//后台打印，保存成功信息
```

```
25          }
26          catch(Exception e){
27              e.printStackTrace();
28              System.out.println("保存失败！");      //后台打印，保存失败信息
29      }}
```

- 第 2～第 4 行创建了一个图像变换矩阵，并设置了矩阵对应的旋转与缩放操作，供后面使用。
- 第 5～第 7 行首先创建了一个用于存储屏幕图像数据的缓冲，然后将当前屏幕图像中的像素数据读入缓冲中。
- 第 8～第 12 行首先将图像数据复制进一个 Bitmap 对象中，然后基于前面的图像变换矩阵和此 Bitmap 对象创建变换后图像对应的 Bitmap 对象。
- 第 13～第 28 行将最终 Bitmap 对象中的图像数据压缩为 png 格式存储到设备的指定目录下的指定 PNG 文件中。若保存成功，则打印成功信息，否则打印失败信息。

> **提示**　上面主要介绍的是保存屏幕图像的 saveScreen 方法，在保存屏幕图像的过程中由于占用了绘制资源，因此画面会有短暂的卡顿。

12.4 读取 Android 系统的 GPU 参数

上一节主要介绍了如何开发游戏中常用的屏幕图像保存功能，本节将介绍如何读取 Android 系统 GPU 的各项参数。一般来说，读取 GPU 参数对于 3D 应用更好地适应不同的底层硬件有很好的帮助，本节案例的运行效果如图 12-8 所示。

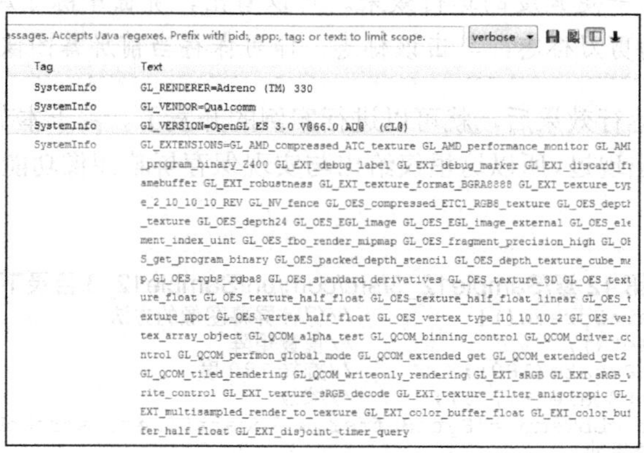

▲图 12-8　GPU 参数输出结果

> **说明**　图 12-8 给出的是在笔者的手机上运行时后台 DDMS 输出的获取的 GPU 参数，不同厂商的设备参数可能不同，读者可以在自己的设备上运行查看。

了解了案例的运行效果后就可以进行案例的开发了。由于本节内容非常简单，所以直接将上一节的案例复制，并将本节案例所需代码添加到相应位置即可，具体内容如下。

代码位置：源代码/第 12 章/Sample12_4/src/com/bn/Sample12_4 目录下的 MySurfaceView.java。

```
public void onSurfaceCreated(GL10 gl, EGLConfig config){
    Log.d("SystemInfo", "GL_RENDERER="+gl.glGetString(GL10.GL_RENDERER));//GPU 型号
    Log.d("SystemInfo", "GL_VENDOR="+gl.glGetString(GL10.GL_VENDOR)); //生产商
    Log.d("SystemInfo", "GL_VERSION="+gl.glGetString(GL10.GL_VERSION));//ES 版本
    Log.i("SystemInfo", "GL_EXTENSIONS="+gl.glGetString(GL10.GL_EXTENSIONS));
```

```
        //支持的扩展
        ……//此处省略其他初始化的代码，读者可自行查阅
    }
```

说明 上面的代码给出了如何读取设备 GPU 四方面的信息，包括 GPU 型号、生产商、所支持的 OpenGL ES 版本、所支持的扩展功能。实际开发中读者可以根据需要读取相应的信息。

12.5 多重采样抗锯齿

细心观察的读者可能会发现，本书前面的案例中棱角分明的物体（如立方体）在绘制时边缘会有锯齿现象，屏幕像素颗粒越大的手机越明显。这主要是由于几何物体最终呈现到屏幕上之前要进行离散化，分解为单个的像素。

在实际开发中，如果目标设备像素颗粒较大或应用本身对锯齿很敏感，则可以考虑使用多重采样抗锯齿技术来改善这一问题。本节将介绍如何在 OpenGL ES 3.0 中使用多重采样抗锯齿，具体内容如下。

12.5.1 基本知识与案例效果

介绍具体的案例之前有必要先对多重采样抗锯齿的基本原理有所了解，而多重采样抗锯齿是依赖超级采样抗锯齿来实现的。因此介绍多重采样抗锯齿的原理之前，首先介绍超级采样抗锯齿（Super-Sampling Anti-Aliasing，SSAA）的基本原理，具体情况如图 12-9 所示。

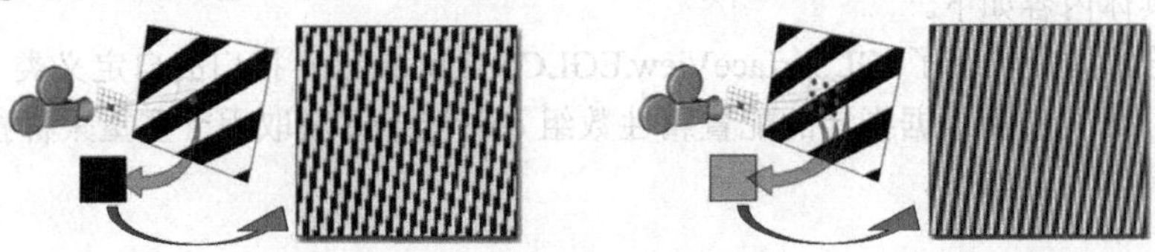

▲图 12-9 超级采样抗锯齿原理

说明 图 12-9 左侧是未采用超级采样抗锯齿时像素的生成原理，图 12-9 右侧是采用超级采样抗锯齿后像素的生成原理。

从图 12-9 中可以看出，超级采样抗锯齿的基本原理就是最终结果像素的颜色不来自于单独的片元，而是根据一定的算法由周围相关的几个片元（一般选取 2 个或 4 个邻近片元）的颜色加权平均求得。这样可以令图形的边缘色彩过渡趋于平滑，从视觉效果上看，锯齿现象就会大大改善。

提示 实际实现时一般会首先将原始图像映射到缓存并将其放大，对放大后的图像像素进行超级采样。采样后再把最终像素还原为原来尺寸的图像，并保存到帧缓存替代原图像存储起来，最终形成一帧结果画面。

而多重采样抗锯齿（MultiSampling Anti-Aliasing，MSAA）是一种特殊的超级采样抗锯齿。其原理是只对 Z 缓存（Z-Buffer）和模板缓存（Stencil Buffer）中的数据进行超级采样抗锯齿的处理，可以简单理解为寻找出物体边缘部分的像素与其周围的像素作一个平均运算，来达到图形边缘平滑无锯齿的视觉效果。

提示 抗锯齿技术的种类很多，本节仅仅介绍多重采样抗锯齿与超级采样抗锯齿，感兴趣的读者可自行查阅资料了解其他的抗锯齿技术。

了解了相关的基本知识后，下面给出本节案例的运行效果，具体情况如图 12-10 和图 12-11 所示。

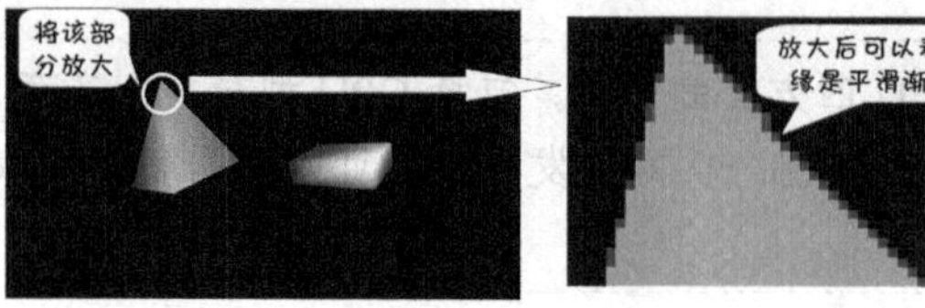

▲图 12-10　使用多重采样抗锯齿的效果

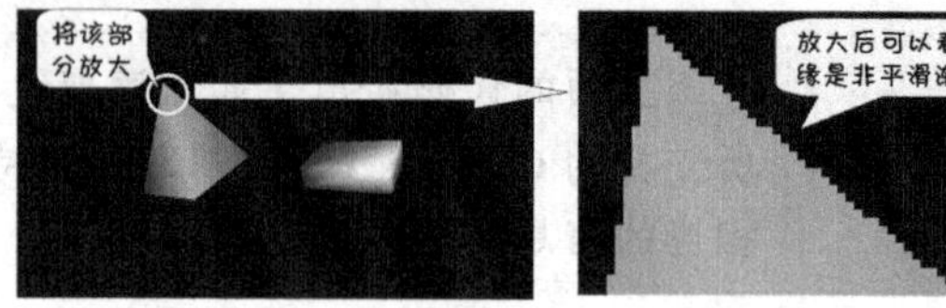

▲图 12-11　未使用多重采样抗锯齿的效果

说明　通过放大运行效果图的局部可以看出，使用多重采样抗锯齿之后，多边形边缘的颜色是平滑渐变的。而不使用多重采样抗锯齿时，多边形边缘颜色是非平滑渐变的。由于手机的屏幕分辨率（一般为 1080P 或 720P）较高而屏幕面积不大，一般呈现时物体边缘锯齿并不明显。而开启抗锯齿是需要占用一部分渲染资源的，一般同等条件下 FPS 会下降，因此对于画面效果要求不是特别高的情况下，开发者可以不使用多重采样抗锯齿技术。

12.5.2　一个简单的案例

了解了多重采样抗锯齿的基本知识与本节案例的运行效果后，就可以介绍案例的具体开发了。由于本节案例中有不少代码与前面章节很多案例中的非常类似，因此这里仅仅介绍本案例中有代表性的部分，具体内容如下。

（1）首先给出的是实现了 GLSurfaceView.EGLConfigChooser 接口的自定义类——MultisampleConfigChooser，此类负责根据指定的配置属性数组 configSpec 获取用于多重采样抗锯齿的多重采样缓冲区，其具体代码如下。

代码位置：源代码/第 12 章/Sample12_5/src/com/bn/Sample12_5 目录下的 MultisampleConfigChooser.java。

```
package com.bn. Sample12_5;                                              //声明包
……//此处省略了部分类的引入代码，读者可自行查看随书中的源代码
public class MultisampleConfigChooser implements GLSurfaceView.EGLConfigChooser {
    ……//此处省略了一些声明成员变量的代码，读者可自行查看随书中的源代码
    @Override
    public EGLConfig chooseConfig(EGL10 egl, EGLDisplay display) {
        mValue = new int[1];            //创建记录配置数量的数组
        int[] configSpec = {            //指定选择配置时需要参照的属性
                    EGL11.EGL_RED_SIZE, 5,      //指定颜色缓冲区中红色分量的位数
                    EGL11.EGL_GREEN_SIZE, 6,    //指定颜色缓冲区中绿色分量的位数
                    EGL11.EGL_BLUE_SIZE, 5,     //指定颜色缓冲区中蓝色分量的位数
                    EGL11.EGL_DEPTH_SIZE, 16,   //指定深度缓冲中每个像素深度的位数
                    EGL11.EGL_RENDERABLE_TYPE, 4,//指定可以渲染成一幅画面客户端 API 的类型
                    EGL11.EGL_SAMPLE_BUFFERS, 1, //指定多重采样缓冲区的个数
                    EGL11.EGL_SAMPLES, 2,        //指定每像素的样本数量
                    EGL11.EGL_NONE               //属性列表以该常量为结束符
        };
        if (!egl.eglChooseConfig(display, configSpec, null, 0,mValue)) {
        //获得支持的配置数量
                throw new IllegalArgumentException("eglChooseConfig fail");
               //抛出异常
        }
        int numConfigs = mValue[0];                                    //记录配置的数量
        if (numConfigs <= 0) {
              ……//此处省略了未找到合适的多重采样配置时的处理代码，读者可自行查看随书中的源代码
        }
        EGLConfig[] configs = new EGLConfig[numConfigs];                  //创建配置数组
        if (!egl.eglChooseConfig(display, configSpec, configs, numConfigs,
```

```
        mValue)){//获得配置数组
27              throw new IllegalArgumentException("data eglChooseConfig
                failed");//抛出异常
28          }
29          int index = -1;                          //声明索引值辅助变量
30          for (int i = 0; i < configs.length; ++i){   //查找多重采样的配置 id
31                if (findConfigAttrib(egl, display, configs[i], EGL10.EGL_RED_
                  SIZE, 0) == 5) {
32                    index = i;      //记录查找到的多重采样配置的索引值
33                    break;          //退出循环
34          }}
35          if (index == -1) {Log.w(kTag, "Did not find sane config, using first");
            }//若未找到合适的配置
36          EGLConfig config = configs.length > 0 ? configs[index] : null;
38          return config;                                  //返回查找到的配置
39      }
40      private int findConfigAttrib(EGL10 egl, EGLDisplay display,EGLConfig config,
41          int attribute, int defaultValue) {
42          if (egl.eglGetConfigAttrib(display, config, attribute, mValue)) {
            //查询配置的某个属性
43                return mValue[0];    //返回查询结果
44          }
45          return defaultValue;     //返回默认值
46      }}
```

- 第 6～第 39 行为实现 GLSurfaceView.EGLConfigChooser 接口时必须重写的 chooseConfig 方法，其主要功能为根据预先指定的属性数组 configSpec 获得系统支持的配置数量，然后根据配置的数量创建配置数组，遍历所有的配置，查找最符合期望的配置并记录其对应的索引值。最后返回对应索引值的配置对象引用。
- 第 40～第 46 行为查找指定配置属性的私有方法 findConfigAttrib，其可以根据配置对象和指定属性调用 eglGetConfigAttrib 方法获取所需的属性值。

> **提示** 通过开发实现了 GLSurfaceView.EGLConfigChooser 接口的自定义类，可以获取系统中支持多重采样的配置对象，这是实现多重采样抗锯齿最为基础的部分。

（2）介绍完自定义的 MultisampleConfigChooser 类之后，下面将要给出的是实现多重采样抗锯齿最为关键的部分——MySurfaceView 类的构造器，其具体代码如下。

代码位置：源代码/第 12 章/Sample12_5/src/com/bn/Sample12_5 目录下的 MySurfaceView.java。

```
1   public MySurfaceView(Context context) {
2       super(context);
3       this.setEGLContextClientVersion(3);             //设置使用 OpenGL ES 3.0
4       this.setEGLConfigChooser(new MultisampleConfigChooser());//指定 EGL 的配置
5       mRenderer = new SceneRenderer();                          //创建场景渲染器
6       setRenderer(mRenderer);                                   //设置渲染器
7       setRenderMode(GLSurfaceView.RENDERMODE_CONTINUOUSLY);     //设置渲染模式为主动渲染
8   }
```

> **说明** 上述代码中最为重要的就是第 4 行，通过调用 setEGLConfigChooser 方法指定了使用多重采样抗锯齿的 EGL 配置。

12.6 小结

本章主要介绍了遮挡查询、增强现实基础、保存屏幕图像、读取 Android 系统的 GPU 参数以及多重采样抗锯齿的相关知识，并给出了相应的案例。通过本章的学习，读者可以灵活应用，开发出各种需要的功能或场景。

第 13 章　Android NDK 体育竞技游戏——火力篮球

随着移动互联网的快速发展，智能手机的进一步完善，人们在移动设备上进行娱乐的时间越来越多。而随着在智能手机上的模拟现实技术越来越真实化，各种模拟现实类游戏更是发展迅速。

本章将开发一款基于 Android 平台用 NDK 开发的模拟现实的投篮游戏——火力篮球，该游戏采用第三方物理引擎模拟实现了现实中的投篮游戏，下面介绍该游戏的开发过程。

13.1 游戏背景及功能简述

通过本节对火力篮球游戏的简单介绍，可以使读者对本游戏有一个整体的认识，了解本章将要开发案例的具体功能及效果。

13.1.1 背景概述

火力篮球模拟了现实中的投篮游戏机，而投篮游戏机源于街头篮球，该项运动起源于美国，现在已是流行于世界各地的体育竞技项目。本游戏就是将这一经典的体育运动带到手机中，在该游戏中只需动一下手指即可享受投篮游戏的乐趣。

火力篮球是借助第三方物理引擎 Bullet，使用 OpenGL ES 3.0 进行图像渲染，结合智能手机的触摸技术打造的一款小型手机游戏。玩家通过触摸屏幕，单击球并且移动手指，程序通过玩家移动的方向和距离来换算投篮的方向和初始速度。该游戏用到的相关技术如下所列。

- Bullet 物理引擎：Bullet 是一个开源的、跨平台的物理模拟计算引擎，世界三大物理模拟引擎之一（另外两种是 Havok 和 PhysX），广泛应用于游戏开发和电影制作中。Bullet 也是 AMD 开放物理计划成员之一。
- OpenGL ES 3.0：是 OpenGL 三维图形 API 的子集，针对手机、PDA 和游戏主机等嵌入式设备而设计。该 API 由 Khronos 集团定义推广，Khronos 是一个图形软硬件行业协会，该协会主要关注图形和多媒体方面的开放标准。

13.1.2 功能介绍

本小节简单介绍火力篮球游戏的功能以及操作方法，通过这一小节的学习，读者应该对该游戏有一定的感性认识，其具体的操作步骤如下。

（1）单击游戏图标运行游戏，在进入游戏主菜单界面前，首先进入游戏资源加载界面，在此界面中，加载着色器、创建纹理矩形、创建纹理 Id，其效果如图 13-1 所示。

（2）加载完游戏的所有资源后，进入游戏主菜单界面，如图 13-2 所示。在主菜单中，包含“开始游戏”“设置”“关于”“帮助”“记录”和“退出”菜单项。单击每个菜单项都会进入对应的场景，单击“退出”菜单项，则退出本游戏。

（3）单击“开始游戏”菜单项进入游戏主界面，也即游戏场景。在该界面下，玩家通过触摸一个静止的球并且移动一定距离，程序根据移动方向和移动的距离给予初速度，进一个球加一分，总时间为一分钟，其效果图如图 13-3、图 13-4 和图 13-5 所示。

▲图 13-1　加载界面

▲图 13-2　主菜单界面

▲图 13-3　游戏主界面（1）

（4）当游戏时间到达一分钟时游戏结束，游戏界面将自动切换到游戏结束界面，其效果如图 13-6 所示，在该界面下可单击“再来一次”按钮继续游戏，也可单击“返回菜单”按钮返回到主菜单，还可以单击“退出”按钮直接退出游戏。

▲图 13-4　游戏主界面（2）

▲图 13-5　游戏主界面（3）

▲图 13-6　游戏结束界面

（5）在主菜单界面下，单击“设置”按钮，即可进入设置界面，可以对背景音乐和场景音乐进行设置，如图 13-7 所示，单击“场景音乐”或“背景音乐”对应的方框，即可开始或关闭，如图 13-8 所示。在主菜单界面下，单击“关于”按钮，进入关于界面，其效果如图 13-9 所示。

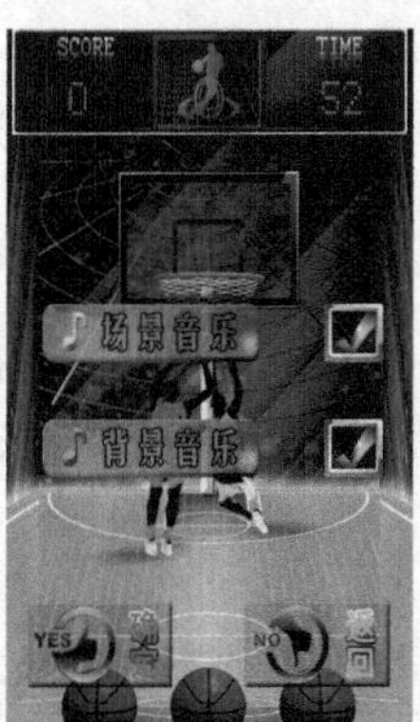

▲图 13-7　游戏设置界面（1）

▲图 13-8　游戏设置界面（2）

▲图 13-9　游戏关于界面

（6）在主菜单界面下，单击“帮助”按钮将首先进行游戏界面加载，然后进入帮助界面，在该界面下可以单击右下角的暂停播放按钮实现暂停播放，画面不再变化，此时单击播放按钮可以继续播放，而单击停止按钮则直接跳到游戏界面，帮助界面的效果如图 13-10 和图 13-11 所示。

（7）在主菜单界面下，单击“记录”按钮，进入排行榜界面，在此界面中，按玩家游戏时间先后，显示在所有记录中排行前 10 的记录，如图 13-12 所示。

▲图 13-10　游戏帮助界面（1）

▲图 13-11　游戏帮助界面（2）

▲图 13-12　游戏记录界面

13.2 游戏的策划及准备工作

前一节简单介绍了游戏的背景和相应的游戏功能，本节将介绍游戏的整体策划及开发前的一些准备工作，主要包括游戏风格的设计、程序中用到的各种资源的收集和整合。这个环节在整个游戏开发中至关重要，不可忽视。

13.2.1　游戏的策划

下面简单介绍该游戏的策划。在真实的游戏项目开发中，游戏的策划会非常细致、具体、全面。此处由于篇幅所限，仅对该步骤进行简单的说明。该游戏的策划如下所列。

❑ 游戏类型

该游戏应用第三方物理引擎 Bullet，以 OpenGL ES 3.0 作为游戏场景呈现技术，属于休闲类游戏。

❑ 运行目标平台

游戏目标平台为 Android 4.3.1 及以上版本，由于使用 OpenGL ES 3.0 技术，所以必须在存在显卡的 Android 设备上运行。

❑ 目标受众

火力篮球操作简单，思维灵活性强，采用移动设备为载体，整个游戏真实感强，适合老年、儿童以及追求时尚的青年人。

❑ 操作方式

玩家触摸一个静止的球，并且向一个方向滑动，程序根据滑动的方向、滑动的距离和触摸的球，给予这个球一个初速度。然后便是程序对整个游戏场景实行物理模拟，如果此次投篮成功则加一分，否则不计分，当游戏用时达到 60 秒时，游戏结束。

❑ 呈现技术

本游戏使用 OpenGL ES 3.0 作为呈现技术，对于篮球的阴影则是采用动态阴影技术，篮网使用 Bullet 软体实现，增加了游戏场景的真实感。

13.2.2 Android 平台下游戏开发的准备工作

介绍完游戏策划后，下面需要做一些游戏开发前的准备工作，主要包括搜集和制作图片、声音等资源，以及将 Bullet 物理引擎相关文件准备好等，其详细步骤如下。

（1）首先介绍的是该游戏中所有用到的图片资源，将所有图片资源都放在项目文件下的 assets 文件夹的 pic 子文件夹中，详细情况如表 13-1 所列。

表 13-1　图片清单

图片名	大小（KB）	像素（w×h）	用途	图片名	大小（KB）	像素（w×h）	用途
about1.png	10.1	250×60	“关于”按钮	guanyuwenzitu.png	264	450×520	关于界面的文字图片
background.jpg	62.8	480×800	主菜单背景	gundontiao.png	2.74	8×50	排行榜的滚动条
baisefangge.png	3.93	40×40	声音设置界面中的方框	help1.png	19.5	250×60	“帮助”按钮
baisewaikuang.png	109	450×520	关于界面的背景	hengxian.png	2.94	16×30	横线
bangzuwelcome.jpg	71.2	512×1024	加载界面的背景	honsegou.png	4.19	40×40	标记对应声音是否开启的钩
basketball.jpg	36.3	128×128	篮球纹理	icon.png	9.15	64×64	应用程序图标
basketnet.png	105	256×256	篮网纹理	jilu.png	21.8	250×60	“记录”按钮
begin.png	26.2	250×60	“开始游戏”按钮	lanban.png	15.1	320×320	篮板纹理
beijingyinyu.png	23.2	250×60	背景音乐文字	maohao.png	2.91	16×30	冒号
changjinyinyu.png	24.0	250×60	场景音乐文字	number.png	21.9	256×32	数字
d0.png	3.58	16×30	数字 0	pause.png	8.84	64×64	“暂停”按钮
d1.png	3.25	16×30	数字 1	play.png	9.36	64×64	“播放”按钮
d2.png	3.5	16×30	数字 2	quedinganniu.png	15.4	160×80	“确定”按钮
d3.png	3.53	16×30	数字 3	retry.png	23.8	250×60	“再来一次”按钮
d4.png	3.51	16×30	数字 4	shezhi.png	20.1	250×60	“设置”按钮
d5.png	3.57	16×30	数字 5	shijianbeijing2.png	176	450×520	排行榜按时间排序背景
d6.png	3.63	16×30	数字 6	shou.png	16.3	128×128	帮助界面下的手
d7.png	3.25	16×30	数字 7	shut.png	19.5	250×60	“退出”按钮
d8.png	3.65	16×30	数字 8	stop.png	8.84	64×64	“停止”按钮
d9.png	3.57	16×30	数字 9	swall1.jpg	122	256×512	左面墙纹理
dialog.9.png	2.0	150×88	对话框背景	swall2.jpg	165	256×512	后面墙纹理
dott.png	305	512×512	加载界面选择的图片	swall3.jpg	122	256×512	右面墙纹理
fanhuianniu.png	14.8	160×80	“返回”按钮	timegradebeijing.png	179	450×520	排行榜按分数排序时背景
fanhuicaidan.png	25.0	250×60	“返回菜单”按钮	yibiaoban.png	17.9	320×64	仪表板背景
floor.png	22.2	128×128	地板的纹理				

（2）本游戏用到的声音资源存放在项目目录中的 res/raw 文件夹中，详细情况如表 13-2 所列。

表 13-2　　声音清单

声音文件名	大小（KB）	格　式	用　途
beijingyingyu.mp3	233	mp3	背景音乐
levelend.ogg	20	ogg	游戏时间结束声音
pengzhuang.ogg	14	ogg	碰地板、墙等声音
shoot.ogg	7	ogg	进球声音

（3）本游戏用到的构造篮筐模型的 obj 文件存放在项目目录中的 assets 文件夹的 obj 子文件夹中，详细情况如表 13-3 所列。完成图片、声音等资源的准备后，还要将 Bullet 物理引擎相关文件和数据库文件复制到项目相关文件夹内，用于后期代码编写，方法调用。

表 13-3　　模型文件清单

文 件 名	大小（KB）	格　式	用　途
lankuang.obj	25.8	obj	篮筐 3D 模型文件
wang.obj	15.6	obj	篮网 3D 模型文件

至此，该游戏的策划以及准备工作就已经完成了，细心的读者很容易看出，游戏的策划也就是对游戏有一个基本的定位，确定一个开发的方向及游戏内容，游戏的准备工作也就是收集游戏中需要使用的所有资源，并将其放到指定的文件目录中。

13.3 游戏的架构

上一节简单叙述了游戏的策划和前期准备工作，本节简单介绍该游戏的架构，使读者对本游戏的开发有更深层次的认识。架构是任何程序的灵魂，一个好的游戏架构可以极大地减少 bug 的产生、提高游戏的运行速度。

13.3.1　各个类简要介绍

每个类均有各自的特点、作用和功能，都有各自单独存在的意义。本小节将分 3 个部分分别简要介绍，而各个类的详细代码将在后面的章节中详细介绍。

1. 公共类

- 主控制类——BasketBulletActivity

该类继承了 Activity 类，实现了初始化创建 Activity 对象的 onCreate 方法、暂停 onPause 方法和恢复 onResume 方法。其主要功能为创建 3D 场景渲染类对象，获取屏幕对应的宽度和高度，对声音的初始化和播放，对手机按键的监听。也是整个游戏的程序入口。

- 本地方法声明及动态库加载类——JNIPort 类

本类是使用 Java 语言开发的 JNIPort 类，主要负责加载 so 动态库并声明与 C/C++端函数对应的本地方法，以便在其他 Java 类中被调用。

- 初始化及渲染函数文件——main.cpp

该文件是基于 C++语言开发的，开发了真正实施整体 3D 场景渲染的各个相关函数，需要完成的工作很多，主要包括 3D 场景的搭建、各个物体类的初始化、各个场景的初始化、初始化数据库、实现被 Java 调用的本地方法以及 C++反调 Java 代码的方法。

2. 辅助界面相关类

- 3D 场景渲染类——GL2JNIView 类

该类继承了 GLSurfaveView 类，拥有一个通过内部类的形式创建的渲染器。渲染器实现了 GLSurfaceView 类中的 Render 接口，实现了 onDrawFrame、onSurfaceChanged 和 onSurfaceCreated 方法。并在这些方法中调用本地方法，实现 Java 调用 C++代码。

❑ 纹理矩形类——TextureRect 类

该类的作用为根据传入的宽度与高度数据，绘制相应高与宽的纹理矩形。该类的作用范围较广，在主菜单界面、设置界面、关于界面等都将用到此类。创建纹理矩形，以显示相关图片。

❑ 主菜单界面——MenuView 类

主菜单界面类 MenuView 为游戏菜单界面的实现类，主要作用是绘制菜单界面中的菜单项，如“开始游戏”“设置”“关于”“帮助”“记录”“退出”菜单项，单击不同菜单项即可跳转到不同的界面，单击“退出”菜单项则退出本游戏。

❑ 游戏设置界面——SetView 类

游戏设置界面类 SetView 是对游戏中对应声音进行相关设置的类，负责绘制设置界面中的相关内容和对界面屏幕进行监听，玩家在此界面中可单击是否开启背景音乐和场景音乐。

❑ 游戏关于界面——AboutView 类

关于界面对游戏的版权等方面进行了说明，AboutView 类负责绘制关于界面。

❑ 游戏记录界面——RecordView 类

记录界面即排行榜界面，RecordView 类从数据库中取出时间和得分，然后将结果绘制在该界面中。系统选择存储在数据库中的、投篮进球个数排行前 10 的记录进行显示。在该界面的下方设置了两个按钮，分别是“确定”和“返回”，单击即可回到主菜单界面。

❑ 数据库相关文件——SQLiteUtil.h 和 sqlite3.h

该类为游戏得分提供数据存储的功能，包括创建数据库、插入数据和查询数据等。

❑ 着色器管理类——ShaderManager 类

该类将整个游戏中用到的所有 Shader 程序管理起来，这样使整个游戏开发中对这方面的资源管理就不必那么繁杂，减轻了工作量。即可达到一次初始化，任何地方都可以调用。

❑ 着色器工具类——ShaderUtil 类

该类通过调用 loadShader 方法加载对应的着色器程序，包括顶点着色器和片元着色器，然后调用 createProgram 方法生成对应的着色器程序，供显卡使用。

3. 游戏界面相关类

❑ 游戏界面类——GameView 类

游戏界面类 GameView 为游戏界面的实现类，玩家通过单击主菜单界面中的“开始游戏”菜单进入该界面。该类主要负责游戏界面的绘制，主要包括篮筐、篮球、篮板、墙体、篮球阴影等。玩家在此界面中可进行投篮游戏，用手机触摸屏幕，并划出一定距离，篮球将被投出。

❑ 常量类——Constant 类

该类为整个游戏开发提供一些静态常量、静态成员变量和静态方法。

❑ 将四元数转换为角度及转轴向量的类——SYSUtil 类

该类主要包含两个函数，一个用来将描述对应刚体状态的四元数转换为对应坐标轴的旋转角度；另一个用来检测两个物体的碰撞，在进行篮球的绘制时会用到该类。

❑ 文件内容加载类——FileUtil 类

该类的功能是文件内容的加载。第一，从 asset 资源目录中整体进行加载，如加载着色器文件；第二，从手机 SD 卡中读取文件，然后逐行进行加载，如加载 obj 文件。

❑ 篮球类——Ball 类

该类为球的绘制类，在该项目中主要负责篮球刚体的绘制，根据刚体的实时状态更新篮球的状态。

❑ 数字类——Digital 类

该类的作用主要为显示数字，如在游戏记录界面中显示时间和进球个数，在游戏界面中显示倒计时。

❑ 刚体类——TexBody 类

本项目的大多数刚体，如篮筐刚体、篮球刚体等都继承于该类，作为一个父类，它包含两个纯虚函数，一个用来绘制刚体，另一个用来获取刚体本身。这两个方法都需要继承后进行实现。

❑ 立方体刚体类——TexCuboid 类

该类为游戏中创建立方体刚体所用的类，主要用于创建和绘制物理世界中的墙面刚体。

❑ 任意形状绘制类——AnyShapeByVectices 类

该类可用于绘制任意形状，如从 3DMAX 中制作的、不规则的形状，根据其 obj 文件中的数据来生成相关三角形，最后组成一个形状的整体。

❑ 任意形状的刚体类——TexTriangleMesh 类

该类继承于 TexBody 类，是笔者封装的刚体类。该类主要用于创建与来自 obj 文件形状一样的 3D 物理世界的刚体，并进行实时绘制更新其状态。

❑ 球刚体类——TexBall 类

该类继承于 TexBody 类，同时重写了绘制球体的方法和获取刚体本身的方法。其用 Ball 类对球体进行绘制，并根据刚体实时状态来更新绘制者的状态，完成篮球在真实世界中的模拟。

❑ 软体类——SoftObj 类

该类是本项目中唯一的软体类，主要负责篮网软体的创建与绘制。在该类中用 AnyShapeByVectices 类对篮网进行绘制。

❑ 存储系统矩阵状态类——MatrixState

该类为存储系统矩阵状态的类，其中存储当前变换矩阵、摄像机矩阵、总变换矩阵等数据信息。

13.3.2　游戏的框架简介

上一小节已经对该游戏所用到的类进行了简单介绍，可能读者还没有理解游戏的架构以及游戏的运行过程。本小节将从游戏的整体架构上进行介绍，使读者对本游戏的开发有更好的理解，其框架如图 13-13 所示。

▲图 13-13　游戏框架图

> **说明**　该游戏框架主要分为 4 个部分，其一是用 Java 语言编写的 BasketBulletActivity 类，该类继承于 Activity，属于游戏的公共类；其二是 C/C++文件，在这两个文件中写了本地方法供 Java 调用；其三是界面相关类，辅助每个界面的绘制；其四是辅助界面绘制和界面中部分逻辑的类。

接下来按照程序运行的顺序逐步介绍各个类的作用以及整体的运行框架，使读者更好地掌握本游戏的开发步骤，其详细步骤如下。

（1）单击屏幕上的游戏图标进入本游戏，首先被系统调用的是 BasketBulletActivity 类，在该类中创建了 GL2JNIView 对象，并切换视图。在 GL2JNIView 类中则实现了 GLSurfaceView.Renderer 接口，重写了 onDrawFrame、onSurfaceChanged 和 onSurfaceCreated 三个方法，以保证游戏的正常运行。而其中的代码则是通过调用本地方法实现，也即 C++代码实现。

（2）在 jni_code.c 文件中，实现了 Java 代码调用对应的本地方法。主要是 onDrawFrame、onSurfaceChanged 和 onSurfaceCreated 三个方法对应调用的本地方法。在 main.cpp 文件中，则是对被调用的本地方法进行再次封装，以便统一管理，并实现其他本地方法。

- 在 onSurfaceCreated 对应的本地方法中，初始化所有的界面、变换矩阵以及着色器程序等。
- 在 onSurfaceChanged 对应的本地方法中，根据当前界面编号，调用对应的方法。
- 在 onDrawFrame 对应的本地方法中，根据当前界面编号，调用对应的界面绘制方法。

（3）首先玩家看到的是本游戏的资源加载界面，在加载项目的时候，屏幕中央会出现加载图片，加载成功后，进入游戏主菜单界面。该界面中创建 6 个纹理矩形作为菜单按钮，分别是“开始游戏”“设置”“关于”“帮助”“记录”和“退出”按钮，玩家可通过单击屏幕进入到其他界面，单击“退出”按钮则退出本游戏。

（4）单击“开始游戏”按钮，则进入游戏界面。本游戏中的所有界面都是预先加载好的，因此，切换界面的时候，只需要改变记录当前界面的编号，在 main.cpp 文件中通过此编号调用对应的绘制方法。玩家在游戏界面中通过滑动篮球，进行投篮模拟，游戏时间共 60 秒，当时间结束，则自动进入游戏结束时的菜单项界面，玩家可选择再来一次、返回主菜单或直接退出游戏。

（5）在主菜单中单击“设置”按钮，则首先改变记录当前所在界面的编号，然后在 main.cpp 文件中会根据当前界面编号，调用设置界面中的 drawSelf 方法对设置界面进行绘制。在该界面中，玩家所有能看到的均是纹理矩形，设置开启或关闭场景音乐、背景音乐则直接设置其声音标志位即可。

（6）单击主菜单中的“关于”按钮，进入到本游戏的关于界面。在关于界面中，向玩家展示了本游戏的版权、作者、版本信息。单击屏幕下方的“确定”或“返回”按钮，即可回到游戏主菜单。

（7）单击主菜单中的“帮助”按钮，即可进行帮助界面，实际上帮助界面和游戏界面是同一个界面，只是在帮助情况下，屏幕从下到上滚动游戏玩法字幕说明，另外系统自动进行投篮模型，更加生动形象。

（8）单击主菜单中的“记录”按钮，进入显示游戏排行榜界面。其在存储所有游戏记录的数据库中提取了排行前 10 的数据，进行显示。

（9）最后在主菜单界面可单击“退出”按钮退出游戏。

13.4 游戏公共类

所有的游戏公共类即是游戏入口类、场景渲染类和将 Java 和 C++进行衔接的相关类，在项目中，这些类很大程度上起桥梁的作用。本游戏由 Activity 作为入口，由 GL2JNIView 类辅助场景的渲染，而真正的渲染实现类则是通过调用 C++代码来实现。

13.4.1 游戏入口类——BasketBulletActivity

从本小节开始将正式进入本游戏的开发过程，首先开发的是游戏的主控制类 BasketBulletActivity 类，该类的主要作用是在适当的时间初始化相应的界面。

首先开发的是 BasketBulletActivity 类的代码框架，该类继承于 Activity，并重写了相关方法。其框架的详细代码如下。

代码位置：源代码/第 13 章/FireBasketBall/src/com/bn/bullet 目录下的 BasketBulletActivity.java 文件。

```
1   package com.bn.bullet;
2   ……//该处省略了部分类的导入代码，读者可自行查看随书中的源代码
3   public class BasketBulletActivity extends Activity {
4       GL2JNIView mView;                               //3D 场景渲染类引用
5       static float WIDTH;                             //屏幕对应的宽度
6       static float HEIGHT;                            //屏幕对于的高度
7       protected void onCreate(Bundle savedInstanceState) {
8           super.onCreate(savedInstanceState);        //调用父类方法
9           this.requestWindowFeature(Window.FEATURE_NO_TITLE);//去掉标题
10          getWindow().setFlags(WindowManager.LayoutParams.FLAG_FULLSCREEN,
11                  WindowManager.LayoutParams.FLAG_FULLSCREEN);//去掉标头
12          setRequestedOrientation(ActivityInfo.SCREEN_ORIENTATION_LANDSCAPE);
            //强制横屏
13          DisplayMetrics dm=new DisplayMetrics();
14          getWindowManager().getDefaultDisplay().getMetrics(dm);//获得系统的宽度以及高度
15          if(dm.widthPixels>dm.heightPixels){
16              WIDTH=dm.widthPixels;                   //记录宽度
17              HEIGHT=dm.heightPixels;                 //记录高度
18          }else{
19              WIDTH=dm.heightPixels;                  //记录宽度
20              HEIGHT=dm.widthPixels;                  //记录高度
21          }
22          mView = new GL2JNIView(this);               //创建 3D 场景渲染类对象
23           mView.requestFocus();                        //获取焦点
24           mView.setFocusableInTouchMode(true);//设置为可触控
25          setContentView(mView);                       //设置界面对象
26          JNIPort.nativeSetAssetManager(this.getAssets());          //初始化资源
27           chushihuaSounds();                           //初始化声音
28           JNIPort.hba = this;                          //记录当前对象
29           File sdcardDir = Environment.getExternalStorageDirectory();
30           String SDCardPath = sdcardDir.getPath(); //获取 SDCard 路径
31           JNIPort.sendSDCardPath(SDCardPath);       //发送 SDcard 路径
32           CopyAssetFileToSDCard cztsd = new CopyAssetFileToSDCard(this);
33           try {
34               cztsd.copy("obj/wang.obj", Constant.SDCardPath,"wang.obj");//复制文件
35               cztsd.copy("obj/lankuang.obj", Constant.SDCardPath,"lankuang.obj");
36           } catch (IOException e) {
37               e.printStackTrace();
38           }}
39      protected void onPause() {
40           super.onPause();                     //调用父类暂停方法
41           mView.onPause();                     //调用 3D 场景渲染类的暂停方法
42      }
43      protected void onResume() {
44           super.onResume();                    //调用父类继续方法
45           mView.onResume();                    //调用 3D 场景渲染类的继续方法
46      }
47      //……此处省略了初始化声音、播放声音和触摸事件监听方法，需要的读者请查看随书中的源代码
48  }
```

- 第 9～第 28 行的主要功能为去掉标题和标头，并强制横屏，然后获取系统的宽度和高度，并记录下来，最后创建 3D 场景渲染类对象，并设置其获取焦点、设置为可触控以及设置界面对象。
- 第 29～第 38 行的功能为首先获取 SD 卡路径，并将此路径传给 C++代码，然后创建复制项目资源文件到 SD 卡的对象，并调用其 copy 方法，进行文件的复制。
- 第 39～第 42 行为暂停时调用的 onPause 方法，主要功能为调用父类的暂停方法以及调用 3D 场景渲染类对象的暂停方法。
- 第 43～第 46 行为继续时调用的 onResume 方法，主要功能为调用父类的继续方法以及调用 3D 场景渲染类对象的继续方法。

13.4.2　场景渲染类——GL2JNIView

该类游戏中的场景渲染类是大多数游戏不可或缺的类，其继承于 GLSurfaceView，并实现了相关接口。渲染则是通过调用 JNIPort 类中的本地方法来实现，下面将分步骤进行介绍。

（1）开发完公共类——BasketBulletActivity 后，接下来应该开发显示视图的 GL2JNIView 类，在该类中，定义了一个私有内部类，并实现了 GLSurfaceView.Renderer 接口，重写了 onDrawFrame、onSurfaceChanged 和 onSurfaceCreated 方法。其代码如下。

代码位置：源代码/第 13 章/FireBasketBall/src/com/bn/bullet 目录下的 GL2JNIView.java 文件。

```
1    package com.bn.bullet;
2    ……//该处省略了部分类的导入代码，读者可自行查看随书中的源代码
3    @SuppressLint({ "NewApi", "ClickableViewAccessibility" })
4    public class GL2JNIView extends GLSurfaceView {
5        SceneRenderer mRenderer;
6        public GL2JNIView(Context context) {
7            super(context);
8            this.setEGLContextClientVersion(3);   //设置 GL 版本
9            mRenderer = new SceneRenderer();      //创建渲染器对象
10           this.setRenderer(mRenderer);          //设置渲染器
11           this.setRenderMode(GLSurfaceView.RENDERMODE_CONTINUOUSLY);//设置为主动渲染
12       }
13       private class SceneRenderer implements GLSurfaceView.Renderer {
14           public void onDrawFrame(GL10 gl) {
15               JNIPort.step();                    //执行本地方法
16           }
17           public void onSurfaceChanged(GL10 gl, int width, int height) {
18               JNIPort.onSurfaceChanged(width, height);    //执行本地方法
19           }
20           public void onSurfaceCreated(GL10 gl, EGLConfig config) {
21               JNIPort.onSurfaceCreated(GL2JNIView.this);  //执行本地方法
22       }}
23           //……此处省略了初始化纹理 id 的方法和播放声音方法，需要的读者请查看随书中的源代码
24           }
```

- 第 6～第 12 行为本类的构造器，在该构造器中创建了 Renderer 类的对象，设置了渲染器，并且设置渲染模式为主动渲染。
- 第 13～第 16 行为实现了 GLSurfaceView.Renderer 接口后重写的 onDrawFrame 方法，在该方法中调用了本地方法 step，通过此方法进行物理世界的模拟计算。此方法实际使用 C/C++开发，后面详细介绍。
- 第 17～第 19 行为实现了 GLSurfaceView.Renderer 接口后重写的 onSurfaceChanged 方法，在该方法中调用了本地方法 onSurfaceChanged，通过此方法进行了初始化视口等操作。此方法实际使用 C/C++开发，后面详细介绍。
- 第 20～第 31 行为实现了 GLSurfaceView.Renderer 接口后重写的 onSurfaceCreated 方法，在该方法中首先调用了本地方法 onSurfaceCreated，通过此方法进行了渲染的初始化工作。此方法实际使用 C/C++开发，后面详细介绍。

（2）接下来介绍的是前面步骤中省略的 initTextureRepeat 方法，此方法的主要功能是获取纹理的 id，具体代码如下。

代码位置：源代码/第 13 章/Sample13_1/src/com/bn/bullet 目录下的 GL2JNIView.java 文件。

```
public static int initTextureRepeat(GLSurfaceView gsv,String pname){
    int[] textures = new int[1];
    GLES30.glGenTextures(1,textures,0);        //生成纹理 id
    int textureId=textures[0];                 //获取纹理 id
    GLES30.glBindTexture(GLES30.GL_TEXTURE_2D, textureId); //绑定纹理
    GLES30.glTexParameterf(GLES30.GL_TEXTURE_2D,
        GLES30.GL_TEXTURE_MIN_FILTER,GLES30.GL_NEAREST);
    GLES30.glTexParameterf(GLES30.GL_TEXTURE_2D,
        GLES30.GL_TEXTURE_MAG_FILTER,GLES30.GL_LINEAR);
     GLES30.glTexParameterf(GLES30.GL_TEXTURE_2D,
         GLES30.GL_TEXTURE_WRAP_S,GLES30.GL_REPEAT);
     GLES30.glTexParameterf(GLES30.GL_TEXTURE_2D,
         GLES30.GL_TEXTURE_WRAP_T,GLES30.GL_REPEAT);
     InputStream is = null;                  //创建输出流
```

```
15        try {
16            is = gsv.getResources().getAssets().open(pname);    //给输出流赋值
17        } catch (IOException e1) {
18            e1.printStackTrace();
19        }
20        Bitmap bitmapTmp;                                      //声明Bitmap引用
21        try {bitmapTmp = BitmapFactory.decodeStream(is);       //设置Bitmap对象
22        }finally {try {
23                is.close();                                    //关闭输出流
24            } catch(IOException e) {
25                e.printStackTrace();
26            }}
27            GLUtils.texImage2D(GLES30.GL_TEXTURE_2D, 0,bitmapTmp,0); //实际加载纹理
28            bitmapTmp.recycle();           //纹理加载成功后释放图片
29            return textureId;              //返回纹理 id
30    }
```

说明 该方法为获取纹理的 id 方法，主要用于初始化纹理 id 时被调用，其中第 28 行的主要功能为纹理加载成功后释放图片，这一步十分重要，读者请务必记得在纹理加载成功之后要释放图片。

13.4.3 本地方法声明及动态库加载类——JNIPort

了解了 GL2JNIView 类的开发后，接下来介绍使用 Java 语言开发的本地方法声明及动态库加载类 JNIPort，其主要负责加载 so 动态库并声明与 C/C++端函数对应的本地方法，以便在其他 Java 类中被调用。具体代码如下。

代码位置：源代码/第 13 章/FireBasketBall/src/com/bn/bullet 目录下的 JNIPort.java 文件。

```
package com.bn.bullet;
……//该处省略了部分类的导入代码，读者可自行查看随书中的源代码
public class JNIPort {
    static {
        System.loadLibrary("BNbullet");                  //加载 so 动态库
    }
    public static BasketBulletActivity hba;       //声明对象
    public static native void step();    //渲染场景及物理模拟的方法
    public static native void onSurfaceChanged(int width, int height);
    public static native void onSurfaceCreated(GLSurfaceView gsv);
    public static native void nativeSetAssetManager(AssetManager am);
    //初始化资源的方法
    public static native void sendWidthAndHeight(float width, float height);
    //发送屏幕长宽的方法
    public static native void onTouchBegan(float touchX, float touchY);
    //触摸开始被回调方法
    public static native void onTouchMoved(float touchX, float touchY);
    //触摸移动被回调方法
    public static native void onTouchEnded(float touchX, float touchY);
    //触摸结束被回调方法
    public static native void toMenuView();  //切换到主菜单的方法
    static void NDKCallExit() {              //退出游戏的方法
        System.exit(0);                      //退出程序
    }
    //……此处省略了播放声音和记录当前界面的相关方法
    }
```

说明 此类通过静态语句块加载了 so 动态库，并声明了 onSurfaceChanged、onSurfaceCreated 和 step 等多个静态的本地方法。这几个静态本地方法与后面 NDK 中用 C/C++开发的各个方法对应。以上便完成了本案例中需要用的 Java 开发的部分，从中可以看出程序的基本框架并没有发生根本性的改变，只是将部分任务挪到了 NDK 中进行开发，在 SDK 中用本地方法调用而已。

13.4.4 现实本地方法的相关文件——jni_code.c

开发完本地方法声明及动态库加载类后，接下来就应该开发在 jni 文件夹中对应的 C/C++文件，以完成本地方法的实现。其代码如下。

代码位置：源代码/第 13 章/ FireBasketBall/jni/FireBasketBallcpp 目录下的 jni_code.c 文件。

```
//……此处省略了部分头文件的引用，需要的读者请查看随书中的源代码
JNIEXPORT void JNICALL Java_com_bn_bullet_JNIPort_step
  (JNIEnv *env, jclass jc){          //渲染的本地方法
    renderFrame();
}
JNIEXPORT void JNICALL Java_com_bn_bullet_JNIPort_onSurfaceChanged
  (JNIEnv *env, jclass jc, jint width, jint height){  // surface 变化的本地方法
    onSurfaceChanged(width, height);
}
 JNIEXPORT void JNICALL Java_com_bn_bullet_JNIPort_onSurfaceCreated
   (JNIEnv *env, jclass jc, jobject obj){           //surface 创建的本地方法
     onSurfaceCreated(env,obj);
 }
```

说明 通过文件名 jni_code.c 可以知道，该文件是以 C 语言编写的文件。其中主要实现了 3 个最重要的本地方法，分别是负责渲染的本地方法、当 surface 发生变化时被调用的本地方法和当创建 surface 被调用的本地方法。在这些方法内部又分别调用了已封装好的对应的方法。这些方法将在 main.cpp 文件中实现，读者在此了解即可。

13.4.5 现实本地方法的相关文件——main.cpp

开发完 3 个主要负责渲染的本地方法后，接下来应该开发被调用的方法和其他本地方法，这些方法主要在 main.cpp 文件中实现，下面分步骤介绍。

(1) 为了方便管理各种指向界面对象的指针和部分全局变量，笔者开发了 main 类，其代码如下。

代码位置：源代码/第 13 章/ FireBasketBall/jni/FireBasketBallcpp 目录下的 main.h 文件。

```
#ifndef _main_H_
#define _main_H_
//……此处省略了部分头文件的引用，需要的读者请查看随书中的源代码
class main{
public:
      static GameView* gameView;            //指向游戏界面对象的指针
      static MenuView* menuView;            //指向菜单界面对象的指针
      static AboutView* aboutView;          //指向关于界面对象的指针
      static SetView* setView;              //指向设置界面对象的指针
      static LoadingView* loadingView;      //指向加载界面对象的指针
      static RecordView* recordView;        //指向记录界面对象的指针
      jint static NDKCallExit(JNIEnv * env,jobject obj);    //退出程序的方法
      static void playBackmusic(JNIEnv * env,jobject obj,jint flag);//播放背景音乐的方法
      static void sendViewIndex(JNIEnv * env,jobject obj,jint currViewIn);
      //设置界面编号的方法
      static void loadObjDataWd(int objId,float* vertices,    //记录模型数据的方法
            int numsVer,int* indices,int numsInd,float* texs,int numsTex);
      static float* copyFloats(float* src,int count);    //复制模型数据的方法
      static int* copyInts(int* src,int count);        //复制模型数据的方法
      static JNIEnv * envMain;                         //记录 JNIEnv 对象的指针
      static jobject objMain;                          //记录 jobject 对象的指针
      static JavaVM *g_jvm;                            //JVM 全局变量
      static jobject g_obj;                            // jobject 全局变量
 };
 #endif
```

> **说明**　细心的读者会发现，该类中基本是静态变量，以便通过类名对其进行直接调用。其中主要是声明了本项目所有指向游戏界面对象的指针，以方便对其统一管理。还声明了部分 C++调用 Java 代码的方法，如退出程序、播放背景音乐等，最后声明记录全局变量的指针。

（2）开发完 main 类的头文件后，接下来应该实现头文件中的相关方法。在 main.cpp 文件中需要实现的方法主要包括两种，一种是被 Java 代码调用的本地方法，另一种是 main 类本身的静态方法。下面首先实现的是 main 类本身的静态方法，其代码如下。

代码位置：源代码/第 13 章/ FireBasketBall/jni/FireBasketBallcpp 目录下的 main.cpp 文件。

```
//……此处省略了部分头文件的引用，需要的读者请查看随书中的源代码
using namespace std;
//……此处省略了初始化 main 类中的全局变量相关代码
void main::NDKCallExit(JNIEnv * env,jobject obj){
    if((*main::g_jvm).AttachCurrentThread(&env, NULL) != JNI_OK){ //Attach 主线程
        return ;
    }
    //获取此类文件，若没有获取到，则表明没有此类
    jclass cls = env->FindClass("com/bn/bullet/JNIPort");
     if(cls != NULL){
         //获取此类文件的 NDKCallExit 方法，若没有获取到，则表明没有此方法
         //GetStaticMethodID 方法相关参数 1.java 类，2.方法名，3.参数,返回类型
         jmethodID id = env->GetStaticMethodID(cls,"NDKCallExit","()V");
         if(id != NULL){
             env->CallStaticVoidMethod(cls, id);  //调用函数
         }}
     if((*main::g_jvm).DetachCurrentThread() != JNI_OK){    //Detach 主线程
         LOGI("DetachCurrentThread() failed");
     }}
 //……此处省略了调用 Java 代码进行播放音乐的方法和发送当前界面编号的方法
```

> **说明**　以上代码主要以退出程序为例，介绍如何在 C++代码中调用 Java 代码。其步骤为首先调用 FindClass 方法，通过此类的文件，找到被调用方法所属的类，然后通过方法名和参数类型（其方法参数在代码中已详细注释）来确定具体被调用的方法，最后调用 CallStaticIntMethod 方法来执行在 Java 中需要被执行的方法，其他两个方法类似，读者可自主进行学习。

（3）开发完 main 类本身的静态方法后，接下来就应该继续开发除渲染、变化和创建的方法外的其他本地方法，以供 Java 代码进行调用。其代码如下。

代码位置：源代码/第 13 章/ FireBasketBall/jni/FireBasketBallcpp 目录下的 main.cpp 文件。

```
void initDatabase() {
    std::string sSQL1 =                      //建表语句
               "create table if not exists paihangbang(grade int(4),time char(20))";
    SQLiteUtil::doSqlite3_exec(sSQL1); //执行建表
}
bool onSurfaceCreated(JNIEnv * env, jobject obj) {
     main::envMain = env;                    //记录指向 JNIEnv 对象的指针
     main::objMain = env->NewGlobalRef(obj); //设置 obj 为全局变量
     env->GetJavaVM(&main::g_jvm);           //获取 JVM
     main::g_obj = env->NewGlobalRef(obj);          //设置 env 为全局变量
     initDatabase();                               //初始化数据库
     main::loadingView = new LoadingView();    //创建加载资源界面对象
     main::loadingView->onViewCreated(env, obj); //创建界面
     return true;
 }
 bool onSurfaceChanged(int w, int h) {
     Constant::w = w;                                    //存储屏幕宽
```

```
18      Constant::h = h;                            //存储屏幕高
19      if (!Constant::SWAP_VIEW_FLAG) {            //判断是否切换游戏界面
20          if (Constant::VIEW_CUR_GL_INDEX == Constant::VIEW_GAME_INDEX){/
21              main::gameView->onViewchanged(w, h);//调用游戏主界面 onViewchanged 方法
22          }
23          //……此处省略了根据当前界面编号调用对应 onViewchanged 方法的相关代码
24      }
25      return true;
26  }
27  void renderFrame() {
28      if (!Constant::SWAP_VIEW_FLAG) {        //判断是否切换游戏界面
29          if (Constant::VIEW_CUR_GL_INDEX == Constant::VIEW_GAME_INDEX) {
30              glClear(GL_COLOR_BUFFER_BIT | GL_DEPTH_BUFFER_BIT);
31              main::gameView->drawSelf();   //调用游戏主界面 drawSelf 方法
32          }
33          //……此处省略了根据当前界面编号调用对应 drawSelf 方法的相关代码
34      }}
```

- 第 1～第 5 行为初始化数据库的 initDatabase 方法。该方法主要包含两句代码，首先是声明存储创建表语句的字符串，第二是执行该语句。笔者将数据库操作封装成一个独立的类——SQLiteUtil，该类将在后面介绍，读者在此了解即可。
- 第 6～第 15 行为场景创建时执行的 onSurfaceCreated 方法，在该方法中，首先记录相关变量，然后调用 initDatabase 方法初始化数据库，最后创建 LoadingView 对象，并调用其 onViewCreated 方法，创建加载场景。
- 第 16～第 26 行为当场景发生变化时被调用的 onSurfaceChanged 方法，在此方法中，首先记录屏幕的宽度和高度，然后判断是否切换场景，若未切换场景，则再次判断当前的场景编号，来到调用对应的 onViewchanged 方法，切换场景则不进行调用。
- 第 27～第 34 行为渲染场景每一帧的 renderFrame 方法。该方法和 onSurfaceChanged 方法中的代码结构类似，首先是判断是否切换游戏界面，若未切换场景，那么调用当前场景对应的渲染方法；若正在切换场景，那么不进行渲染。

（4）开发了 main 类本身的静态方法后，就应该开发在该文件中的、被 Java 调用的本地方法，主要包括触摸事件被回调的方法、发送屏幕宽和高的方法以及切换到主菜单场景的方法等。其代码如下。

代码位置：源代码/第 13 章/ FireBasketBall/jni/FireBasketBallcpp 目录下的 main.cpp 文件。

```
1   JNIEXPORT void JNICALL Java_com_bn_bullet_JNIPort_nativeSetAssetManager(
2       JNIEnv *env, jclass cls, jobject assetManager) {
3       AAssetManager* aamIn                        //获取资源管理者对象
4           = AAssetManager_fromJava(env, assetManager);
5       FileUtil::setAAssetManager(aamIn);          //记录资源管理者对象
6   }
7   //此处省略了处理加载完成的 obj 数据的相关方法，需要的读者请查看随书中的源代码
8   JNIEXPORT void JNICALL Java_com_bn_bullet_JNIPort_onTouchBegan(JNIEnv *env,
9       jclass jc, jfloat touchX, jfloat touchY) {  //触摸回调方法
10      if (!Constant::SWAP_VIEW_FLAG) {            //判断是否切换游戏界面
11          if (Constant::VIEW_CUR_GL_INDEX == Constant::VIEW_GAME_INDEX){
12          main::gameView->onTouchBegan(touchX, touchY); //调用界面对应的方法
13          }
14          //……此处省略了根据界面调用对应的 onTouchBegan 方法，需要的读者请查看随书中的源代码
15  }}
16  //……此处省略了触摸移动和触摸结束事件触发的方法和发送当前屏幕尺寸的方法
17  JNIEXPORT void JNICALL Java_com_bn_bullet_JNIPort_toMenuView(JNIEnv *env, jclass jc) {
18      Constant::SWAP_VIEW_FLAG = true;        //设置为正在切换场景
19      Constant::VIEW_CUR_GL_INDEX = Constant::VIEW_MENU_INDEX; //设置当前场景编号
20      Constant::MENU_CURR_MENUINDEX
21              = Constant::MENU_STARTVIEW_START;           //设置菜单编号
22      main::menuView->onViewchanged(Constant::w, Constant::h); //调用对应方法
23      Constant::SWAP_VIEW_FLAG = false;                   //设置切换场景结束
24  }}
```

- 第 1～第 6 行为设置资源管理者对象的方法。在该方法中，首先调用 AAssetManager_fromJava

方法，获取指向资源管理者对象的指针，然后调用 FileUtil 类中的 setAAssetManager 静态方法将此对象进行存储，以便加载资源。

- 8～第 15 行为触摸开始事件被调用的方法。在此方法中，首先判断当前是否为切换游戏界面，若未切换，则根据当前的游戏界面编号，调用对应的触摸开始事件触发方法。
- 第 17～第 24 行为切换到主菜单界面的方法。首先设置标志位为 true，表示正在切换场景，然后设置当前界面的编号，并设置菜单编号（菜单包括主菜单和游戏结束菜单），最后调用对应的 onViewchanged 方法，并设置标准位为 false，表示场景切换结束。

至此，游戏公共类就已经开发完了。细心的读者可能会发现，公共类的功能主要是实现程序的启动，完成 Java 代码和 C++代码之间的交互，实现不同语言之间的互相调用。这些方法也使用了一些未介绍的方法，读者可自主学习或者结合下一小节进行学习。

13.5 辅助界面相关类

了解了公共类的开发后，本节主要介绍用 C++代码编写的辅助界面相关类，也即是本项目重点需要开发的类，包含主菜单界面、关于界面、设置界面、记录界面以及辅助界面中相关逻辑的类，如着色器管理类、碰撞检测类等。

13.5.1 着色器管理类——ShaderManager

通过 OpenGL ES 构建图形，大多会涉及着色器的开发。在较大的项目中则会使用各种各样的着色器，负责显示不同的效果。具有开发经验的开发者基本都是将这些着色器对象进行统一管理，仅需一次编译，只需要调用特定方法获取需要的着色器对象即可。

（1）着色器管理类主要负责将着色器文件加载进移动设备缓冲，并存储在本地静态变量中，在需要的时候使用。其代码如下。

代码位置：源代码/第 13 章/ FireBasketBall/jni/util 目录下的 ShaderManager.h 文件。

```
#ifndef _ShaderManager_H_
#define _ShaderManager_H_
//……此处省略了部分头文件的引用，需要的读者请查看随书的源代码
using namespace std;
class ShaderManager {
public:
    ShaderManager();
    ~ShaderManager() {}
    static const int shaderCount;                    //着色器数量
     static const string shaderName[3][2];           //着色器脚本路径
     static GLuint* program;                         //着色器数组首地址
 public:
     static void compileShader();                    //编译着色器脚本
     static GLuint getCommTextureShaderProgram();//获取普通着色器对象
     static GLuint getShadowshaderProgram();       //获取带阴影着色器对象
     static GLuint getLigntAndTexturehaderProgram();//获取带光照着色器对象
 };
 #endif
```

> **说明**　从代码中可以看出，头文件主要声明的变量包括记录着色器数量的变量、着色器文件名称的变量以及指向存储着色器对象的首指针。声明的静态方法主要包括编译着色器的方法和根据不同用途获取着色器对象的方法。

（2）开发完头文件后，接下来应该开发头文件中对应的每个具体方法。由于篇幅有限，笔者在此着重介绍编译着色器文件的相关方法。获取着色器对象的方法很简单，均是将固定着色器对

象返回，读者可自主学习。具体代码如下。

代码位置：源代码/第 13 章/ FireBasketBall/jni/util 目录下的 ShaderManager.cpp 文件。

```
1   //……此处省略了部分头文件的引用，需要的读者请查看随书中的源代码
2   const int ShaderManager::shaderCount = 3;
3   const string ShaderManager::shaderName[3][2] = {
4   {SHADER_PATH+"CommonTex.vert",SHADER_PATH+"CommonTex.frag"},
5   {SHADER_PATH+"vertex_shadow.vert",SHADER_PATH+"frag_shadow.frag"},
6   {SHADER_PATH+"CommonTexWithLight.vert",SHADER_PATH+"CommonTexWithLight.frag"}
7   };                                          //记录着色器脚本路径
8   GLuint* ShaderManager::program = new GLuint[shaderCount];
9   ShaderManager::ShaderManager(){}
10  void ShaderManager::compileShader(){
11      for(int i=0;i<shaderCount;i++){           //循环创建着色器对象
12          std::string vertFile = FileUtil::loadShaderStr(shaderName[i][0]);
13          std::string fragFile = FileUtil::loadShaderStr(shaderName[i][1]);
14          program[i]=ShaderUtil::createProgram(vertFile.c_str(), fragFile.c_str());
15  }}
```

❑ 第 1～第 7 行的功能为首先初始化着色器数量，此处着色器数量为 5 个，然后分别用字符串形式存储在字符串数组中，以便统一加载。着色器的开发将在后面具体介绍，读者在此了解即可，分别包括普通着色器、带影子的着色器、带光照的着色器。

❑ 第 10～第 15 行为加载编译着色器文件的 compileShader 方法。在该方法内部使用一个 for 循环连续地进行加载，在循环内部通过 FileUtil 类名调用 loadShaderStr 方法加载着色器文件，并获取字符串，最后通过 ShaderUtil 的 createProgram 方法来创建着色器。

（3）开发完着色器管理类后，接下来应该开发在创建着色器时使用的 ShaderUtil 类，在该类的头文件中主要声明了加载着色器文件和创建着色器文件的方法，此处直接介绍 ShaderUtil.cpp 文件，其代码如下。

代码位置：源代码/第 13 章/ FireBasketBall/jni/util 目录下的 ShaderUtil.cpp 文件。

```
#include "ShaderUtil.h"
GLuint ShaderUtil::createProgram(const char* vertexShaderSource,
        const char* fragmentShaderSource) {
    //加载顶点着色器和片元着色器
    GLuint vertexShader = loadShader(vertexShaderSource, GL_VERTEX_SHADER);
    GLuint fragmentShader = loadShader(fragmentShaderSource,
        GL_FRAGMENT_SHADER);
    GLuint programHandle = glCreateProgram();     //创建着色器程序
    glAttachShader(programHandle, vertexShader);   //向着色器程序中加入顶点着色器
    glAttachShader(programHandle, fragmentShader);//向着色器程序中加入片元着色器
    glLinkProgram(programHandle);                  //指定着色器对象被链接
    GLint linkSuccess;                             //声明链接是否成功的标志变量
    glGetProgramiv(programHandle, GL_LINK_STATUS, &linkSuccess);
    if (linkSuccess == GL_FALSE) {                 //若连接失败，则获取错误信息
        GLchar messages[256];
        glGetProgramInfoLog(programHandle, sizeof(messages), 0, &messages[0]);
        messages[256] = '\0';
    }
    return programHandle;
 }
 GLuint ShaderUtil::loadShader(const char* source
     , GLenum shaderType) {                     //加载着色器的方法
     GLuint shaderHandle = glCreateShader(shaderType);
     glShaderSource(shaderHandle, 1, &source, 0); //加载着色器的脚本
     glCompileShader(shaderHandle);               //编译着色器
     GLint compileSuccess;                        //声明编译是否成功的标志变量
     glGetShaderiv(shaderHandle, GL_COMPILE_STATUS, &compileSuccess);
     if (compileSuccess == GL_FALSE) {            //若编译失败
         GLchar messages[256];
         glGetShaderInfoLog(shaderHandle, sizeof(messages), 0, &messages[0]);
         //获取错误信息
         messages[256] = '\0';
```

```
32          }
33          return shaderHandle;
34      }
```

- 第 1～第 10 行的功能为首先加载顶点着色器和片元着色器文件，然后调用 glCreateProgram 方法创建着色器，最后调用 glAttachShader 方法来附加顶点着色器和片元着色器。
- 第 11～第 20 行的功能为首先指定着色器对象被链接，然后声明链接是否成功的标志变量，并调用 glGetProgramiv 方法，最后判断连接失败或成功，若失败则获取错误信息。
- 第 21～第 34 行为加载着色器的 loadShader 方法。在该方法内，首先根据着色器类型创建 shader，然后加载着色器脚本，并编译着色器，最后声明编译是否成功的标志变量，并调用 glGetShaderiv 方法编译着色器，若编译失败则获取错误信息。

13.5.2 着色器脚本的开发

对本游戏来说，着色器脚本的开发起着非常重要的作用，首先是能使绑定着色器的图像产生普通代码编写不出的效果，使场景变得绚丽；其次是在本游戏中，对篮球、篮筐以及其他物体加上灯光后，场景立体效果明显，更加冲击玩家眼球。

（1）完成了着色器加载和创建的相关工具类的开发后，接下来就应该开发着色器管理类中加载的 3 种着色器，首先开发的是普通着色器以及与其对应的顶点着色器。其代码如下。

代码位置：源代码/第 13 章/ FireBasketBall/assets/shader 目录下的 CommonTex.vert 文件。

```
1    #version 300 es
2    uniform mat4 uMVPMatrix;              //总变换矩阵
3    uniform mat4 uMMatrix;                //变换矩阵
4    in vec3 aPosition;                    //顶点位置
5    in vec2 aTexCoor;                     //顶点纹理坐标
6    in vec3 aNormal;                      //顶点法向量
7    out vec2 vTextureCoord;               //输出顶点颜色
8    void main(){
9        gl_Position = uMVPMatrix * vec4(aPosition,1); //获取顶点坐标
10        vTextureCoord = aTexCoor; //记录顶点纹理坐标
11    }
```

说明：上述顶点着色器的代码是最简单的。第 9 行通过矩阵的变换得到当前的顶点位置，第 10 行将被处理顶点的纹理坐标从属性变量 aTexCoor 赋值给易变变量 vTextureCoord，供渲染管线固定功能部分进行插值计算后传递给片元着色器使用。

（2）开发完顶点着色器后，接下来就应该开发与其对应的片元着色器，其代码如下。

代码位置：源代码/第 13 章/ FireBasketBall/assets/shader 目录下的 CommonTex.frag 文件。

```
#version 300 es
precision mediump float;                    //确定默认精度
uniform sampler2D sTexture;                 //纹理内容数据
in vec2 vTextureCoord;                      //纹理坐标
out vec4 fragColor;                         //片元颜色
void main(){
    vec4 gColor = texture(sTexture, vTextureCoord); //计算片元纹理
     fragColor = gColor;                    //赋值片元纹理
}
```

- 此片元着色器的主要功能为根据接收的记录片元纹理坐标的易变变量中的纹理坐标，调用 texture 内建函数从采样器中进行纹理采样，得到此片元的颜色值。最后，将采样到的颜色值传给 fragColor 内建变量，完成片元的着色。
- sampler2D 类型的 sTexture 代表绑定的指定编号纹理的内容。

（3）通过步骤（1）和步骤（2）完成了最普通的着色器代码的编写，此着色器的功能仅仅是

进行纹理贴图，然后在游戏场景中，为了使玩家感受到 3D 空间，还应该开发一套带光照的着色器代码，其中包括散射光、环境光、镜面光。具体着色器代码如下。

代码位置：源代码/第 13 章/ FireBasketBall/assets/shader 目录下的 CommonTexWithLight.vert 文件。

```
1    #version 300 es
2    uniform mat4 uMVPMatrix;                          //总变换矩阵
3    uniform mat4 uMMatrix;                            //变换矩阵
4    uniform vec3 uLightLocation;                      //光源位置
5    in vec3 aPosition;                                //顶点位置
6    in vec2 aTexCoor;                                 //纹理坐标
7    in vec3 aNormal;                                  //顶点法向量
8    out vec2 vTextureCoord;                           //传给片元着色器的纹理坐标
9    out vec4 vAmbient;                                //传给片元着色器的环境光
10    out vec4 vDiffuse;                               //传给片元着色器的散射光
11     void pointLight (                               //散射光光照计算的方法
12         in vec3 normal,                             //法向量
13         inout vec4 diffuse,                         //散射光计算结果
14         in vec3 lightLocation,                      //光源位置
15         in vec4 lightDiffuse){                      //散射光强度
16         vec3 normalTarget=aPosition+normal;  //计算变换后的法向量
17         vec3 newNormal=(uMMatrix*vec4(normalTarget,1)).xyz-(uMMatrix*vec4(aPosition,1)).xyz;
18         newNormal=normalize(newNormal);          //对法向量规格化
19         //计算从表面点到光源位置的向量 vp
20         vec3 vp= normalize(lightLocation-(uMMatrix*vec4(aPosition,1)).xyz);
21         vp=normalize(vp);                        //规格化 vp
22         float nDotViewPosition=max(0.0,dot(newNormal,vp)); //求法向量与 vp 向量的点积与 0 的最大值
23         diffuse=lightDiffuse*nDotViewPosition; //计算散射光的最终强度
24     }
25     void main(){
26        gl_Position = uMVPMatrix * vec4(aPosition,1); //计算变换后的顶点位置
27        vTextureCoord = aTexCoor;                  //记录纹理坐标
28        vec4 diffuseTemp = vec4(0.0,0.0,0.0,0.0);           //初始化散射光
29        pointLight(normalize(aNormal),diffuseTemp,uLightLocation,vec4(0.8,0.8,0.8,1));
30        vDiffuse=diffuseTemp;                 //记录散射光
31        vAmbient = vec4(0.6,0.6,0.6,1.0);    //初始化环境光
32        }
```

- 第 1～第 10 行为顶点着色器中全局变量的声明，主要增加了光源位置一致变量 uLightLocation、法向量属性变量 aNormal 以及用于传递给片元着色器的散射光最终强度易变变量 vDiffuse、环境光最终强度易变变量 vAmbient。
- 第 11～第 24 行为根据前面介绍的公式计算散射光最终强度的 pointLight 方法，最重要的是在进行计算前要对顶点法向量进行变换，将法向量变换到当前的姿态下。
- 第 25～第 32 行为顶点着色器的 main 方法，其中首先增加了调用 pointLight 方法和计算散射光最终强度的代码，同时增加了将计算出的散射光最终强度值传递给片元着色器的代码。

（4）完成了实现光照的顶点着色器的开发后，就应该开发对应的片元着色器，该片元着色器主要是对片元纹理进行贴图和进行最终光照整合。其代码如下。

代码位置：源代码/第 13 章/ FireBasketBall/assets/shader 目录下的 CommonTexWithLight.frag 文件。

```
#version 300 es
precision mediump float;                   //确定默认精度
uniform sampler2D sTexture;                //纹理内容数据
in vec2 vTextureCoord;                     //纹理坐标
in vec4 vAmbient;                          //环境光最终强度
in vec4 vDiffuse;                          //散射光最终强度
out vec4 fragColor;                        //片元颜色
void main(){
   vec4 gColor = texture(sTexture, vTextureCoord);  //计算纹理颜色
   fragColor = gColor*vAmbient+gColor*vDiffuse;     //计算最终纹理颜色
}
```

说明 第 5 和第 6 行增加了接收从顶点着色器中传入的、记录散射光和环境光最终强度的易变变量。第 10 行在将片元颜色值传递给渲染管线之前，增加了与散射光最终强度加权计算的操作。

（5）游戏中，具有光照效果的着色器主要作用于篮筐，使场景显得更加立体，更加具有 3D 感觉。为了在多方面凸显立体感，接下来进行带光照和阴影着色器的开发，由于该顶点着色器代码较多，下面首先介绍计算光照部分，其代码如下。

代码位置：源代码/第 13 章/ FireBasketBall/assets/shader 目录下的 vertex_shadow.vert 文件。

```
1    #version 300 es
2    precision mediump float;                        //给出默认的浮点精度
3    uniform int uisShadow;                          //是否绘制阴影
4    uniform mat4 uMVPMatrix;                        //总变换矩阵
5    uniform mat4 uMMatrix;                          //变换矩阵
6    uniform mat4 uMCameraMatrix;                    //摄像机矩阵
7    uniform mat4 uMProjMatrix;                      //投影矩阵
8    uniform vec3 uLightLocation;                    //光源位置
9    uniform vec3 uCamera;                           //摄像机位置
10   uniform vec3 uplaneN;                           //需要影子平面的法向量
11   uniform vec3 uplaneA;                           //需要影子平面的一个点
12   in vec3 aPosition;                              //顶点位置
13   in vec3 aNormal;                                //顶点法向量
14   in vec2 aTexCoor;                               //顶点纹理坐标
15   out vec2 vTextureCoord;                         //纹理坐标
16   out vec4 vambient;                              //环境光最终强度
17   out vec4 vdiffuse;                              //散射光最终强度
18   out vec4 vspecular;                             //镜面光最终强度
19   out vec4 vfragLosition;                         //顶点位置
20   void pointLight(                                //定位光光照计算的方法
21      in vec3 normal,                               //法向量
22      inout vec4 vambient,                          //环境光最终强度
23      inout vec4 vdiffuse,                          //散射光最终强度
24      inout vec4 vspecular,                         //镜面光最终强度
25      in vec3 ulightLocation,                       //光源位置
26      in vec4 lightAmbient,                         //环境光强度
27      in vec4 lightDiffuse,                         //散射光强度
28      in vec4 lightSpecular){                       //镜面光强度
29      vambient=lightAmbient;                        //直接得出环境光的最终强度
30      vec3 normalTarget=aPosition+normal;   //计算变换后的法向量
31      vec3 newNormal=(uMMatrix*vec4(normalTarget,1)).xyz-(uMMatrix*vec4(aPosition,1)).xyz;
32      newNormal=normalize(newNormal);              //对法向量规格化
34      vec3 eye= normalize(uCamera-(uMMatrix*vec4(aPosition,1)).xyz);
        //计算从表面点到摄像机的向量
35      //计算从表面点到光源位置的向量 vp
36      vec3 vp= normalize(ulightLocation-(uMMatrix*vec4(aPosition,1)).xyz);
37      vp=normalize(vp);                             //格式化 vp
38      vec3 halfVector=normalize(vp+eye);            //求视线与光线的半向量
39      float shininess=50.0;                         //粗糙度，越小越光滑
40      float nDotViewPosition=max(0.0,dot(newNormal,vp));//求法向量与 vp 的点积与 0 的最大值
41      vdiffuse=lightDiffuse*nDotViewPosition;        //计算散射光的最终强度
42      float nDotViewHalfVector=dot(newNormal,halfVector); //法线与半向量的点积
43      float powerFactor=max(0.0,pow(nDotViewHalfVector,shininess));//镜面反射光强度因子
44      vspecular=lightSpecular*powerFactor;     //计算镜面光的最终强度
45   }
```

- 第 1～第 19 行的功能为声明着色器中需要用到的相关变量，包括用 uniform 修饰的一致变量、用 in 修饰的属性变量（被 uniform、in 修饰的变量一般情况需要开发人员传入对应值）、用 out 修饰的将要从顶点着色器传入到片元着色器中进行再次操作的变量。
- 第 20～第 28 行为 pointLight 方法的相关参数，其中需要传入的参数包括法向量以及环境光、散射光、镜面光的最终强度等。在这些参数的开头分别用 in 或 inout 进行了修饰，in 表示仅需要传入的参数，inout 表示该参数需要被传入，并且在该方法被执行完后，传入参数的值会发生变化。

❑ 第 29～第 45 行为 pointLight 方法的方法体。与上一个仅产生光照效果的着色器相比，此方法中加入了镜面光，也即在高光处会显得特别亮，其代码含义已在注释中清楚地说明了，读者完全可以自主学习。

（6）开发完该顶点着色器的 pointLight 方法后，接下来就应该开发该顶点着色器的 main 方法，阴影也是在该方法中进行计算，请读者仔细学习。其代码如下。

代码位置：源代码/第 13 章/ FireBasketBall/assets/shader 目录下的 vertex_shadow.vert 文件。

```
1   void main(){
2     if(uisShadow==1){                          //若为阴影绘制，则根据公式进行投影计算
3       vec3 A=uplaneA;                          //记录平面上一点
4       vec3 n=uplaneN;                          //记录平面法向量
5       vec3 S=uLightLocation;                   //记录灯源位置
6       vec3 V=(uMMatrix*vec4(aPosition,1)).xyz;           //计算变换后的顶点位置
7       vec3 VL=S+(V-S)*(dot(n,(A-S))/dot(n,(V-S)));       //计算被投影的点
8       vfragLosition= uMProjMatrix*uMCameraMatrix*vec4(VL,1);//计算变换后的顶点位置
9       gl_Position=vfragLosition;                         //记录顶点位置
10      vec4 ambientTemp=vec4(0.0,0.0,0.0,0.0);            //初始化环境光强度
11      vec4 diffuseTemp=vec4(0.0,0.0,0.0,0.0);            //初始化散射光强度
12      vec4 specularTemp=vec4(0.0,0.0,0.0,0.0);           //初始化镜面光强度
13      pointLight(normalize(aNormal),ambientTemp,diffuseTemp       //计算光强度
14    ,specularTemp uLightLocation,vec4(0.3,0.3,0.3,0.3),vec4(0.7,0.7,0.7,0.3),vec4
      (0.3,0.3,0.3,0.3));
15      vambient=ambientTemp;                         //记录环境光最终强度
16      vdiffuse=diffuseTemp;                         //记录散射光最终强度
17      vspecular=specularTemp;                       //记录镜面光最终强度
18    }else {
19        vfragLosition= uMVPMatrix * vec4(aPosition,1); //根据总变换矩阵计算此次绘
          制此顶点的位置
20        gl_Position =vfragLosition;                //记录此顶点位置
21        vec4 ambientTemp=vec4(0.0,0.0,0.0,0.0);    //初始化环境光强度
22    vec4 diffuseTemp=vec4(0.0,0.0,0.0,0.0);        //初始化散射光强度
23    vec4 specularTemp=vec4(0.0,0.0,0.0,0.0);       //初始化镜面光强度
24    pointLight(normalize(aNormal),ambientTemp,diffuseTemp      //计算各个光照强度
25  ,specularTemp,uLightLocation,vec4(0.3,0.3,0.3,1.0),vec4(0.7,0.7,0.7,1.0),vec4
    (0.3,0.3,0.3,1.0));
26    vambient=ambientTemp;
27    vdiffuse=diffuseTemp;
28    vspecular=specularTemp;
29    }
30    vTextureCoord = aTexCoor; //将接收的纹理坐标传递给片元着色器
31  }
```

❑ 第 1～第 9 行的功能为首先将传入的将要显示阴影的平面上的一点和该平面的法向量以及灯源位置记录在临时变量中，然后通过计算阴影的公式将相关数据代入，然后得出将被投影的点，最后计算该点经相关变换后的位置，并记录在着色器内建变量中。

❑ 第 10～第 17 行的功能为首先声明并初始化记录环境光、散射光、镜面光强度的局部变量，然后调用 pointLight 方法，计算各个光照强度，最后将其记录在易变变量中，以便渲染管线将其传入片元着色器中。

（7）开发完顶点着色器后，就应该进行与其对应的片元着色器的开发，其代码如下。

代码位置：源代码/第 13 章/ FireBasketBall/assets/shader 目录下的 frag_shadow.frag 文件。

```
#version 300 es
precision mediump float;                 //给出默认的浮点精度
uniform int uisShadowFrag;               //是否绘制阴影
uniform int uisLanbanFrag;               //是否绘制球在篮板上的阴影
uniform sampler2D usTextureBall;         //纹理内容数据
in vec2 vTextureCoord;                   //接收从顶点着色器过来的参数
in vec4 vambient;                        //传入的环境光最终强度
in vec4 vdiffuse;                        //传入的散射光最终强度
in vec4 vspecular;                       //传入的镜面光最终强度
```

```
10    in vec4 vfragLosition;                         //传入的顶点位置数据
11    out vec4 fragColor;                            //片元最终颜色
12    void main(){
13        vec4 finalColor;                           //将计算出的颜色给此片元
14        if(uisShadowFrag==1){                      //判断是否绘制阴影
15         finalColor=vec4(0.3,0.3,0.3,0.2);//影子的颜色
16           if(uisLanbanFrag==1){                   //判断是否绘制篮板阴影
17                 if(vfragLosition.x<-9.6||vfragLosition.x>9.6 //判断顶点高度是否在篮板上
18          ||vfragLosition.y<4.24||vfragLosition.y>10.5){
19               finalColor=vec4(0.3,0.3,0.3,0.0);     //影子颜色
20         }}
21          fragColor = finalColor;                          //记录片元颜色值
22        }else{
23          finalColor=texture(usTextureBall, vTextureCoord);//绘制球本身，纹理从球纹理采样
24          fragColor = finalColor*vambient+finalColor*vspecular+finalColor*vdiffuse;
            //给此片元颜色值
25        }}
```

❑ 第 1～第 11 行的功能为声明片元着色器中所需的一系列变量，主要分为三类，第一类是开发者传入的用于判断是否绘制平面阴影、篮板阴影以及纹理内容数据的变量；第二类是通过顶点着色器传入的记录纹理坐标、顶点位置和各个光的最终强度的变量；第三类是着色器内建变量。

❑ 第 12～第 21 行的功能为首先声明记录片元颜色的临时变量，然后判断是否绘制地面阴影和篮板阴影，若绘制则设置本片元颜色，也即影子颜色，最后将此临时变量赋值给着色器内建变量，完成此片元的着色工作。

❑ 第 22～第 25 行和前面的着色器代码相同，首先调用 texture 内建函数计算此片元对应的纹理内容，然后结合环境光、散射光、镜面光的最终强度，加权计算最终片元颜色。

> **提示** 着色器的开发已经完成，此时，开发人员可以通过 ShaderManager 来管理所有的着色器对象，并且可以通过 ShaderManager 类名调用特定的静态方法，获取指定的着色器对象。

13.5.3 数据库工具类——SQLiteUtil

作为一个投篮游戏，最基本的就是在游戏界面中可看到当前的记录或得分，在记录界面中可浏览所有场次游戏得分排行靠前的数据。因此作为开发人员，有义务开发一个数据库工具类来对数据库进行操作，实现得分的存储与获取。下面将分步骤介绍该类的开发。

（1）在开发该类之前，首先需要完成数据库开发前期工作，在网上下载 SQLite 数据库相关文件，将其复制到该项目中。然后再开发数据库工具类 SQLiteUtil 的类框架，该类头文件的主要功能是声明其构造函数、成员方法和成员变量等。具体的代码如下。

代码位置：源代码/第 13 章/ FireBasketBall/jni/util 目录下的 SQLiteUtil.h 文件。

```
#ifndef _SQLiteUtil_H_
#define _SQLiteUtil_H_
//……此处省略了部分头文件和名称空间的引用，需要的读者请查看随书中的源代码
class SQLiteUtil {
public:
    SQLiteUtil(){}                                      //构造函数
     ~SQLiteUtil() {}                                   //析构函数
    static bool open();                                 //打开数据库
    static void close();                                //关闭数据库
     static int doSqlite3_exec(std::string SQLSring);  //执行数据库操作语句
     static int _sql_callback(void * notused, int argc //查询结果时被回调方法
          ,char ** argv,char ** szColName);
     static std::vector<std::string>* query(std::string sql); //查询数据库的方法
 public:
     static char * pErrMsg;                            //存储错误字段的变量
```

```
        static sqlite3* pDB;                //指向数据库对象的指针
        static int nRes;                    //记录对数据库操作返回的编号
        static std::vector<std::string>* resultVector;   //查询结果存储的向量
};
#endif
```

说明：在该类的头文件中，主要是对一些成员变量和成员方法进行声明。成员方法主要包括打开和关闭数据库的方法、执行数据库操作语句的方法和查询数据库数据的方法。成员变量中的 nRes 变量，其功能是记录对数据库进行操作后返回的执行情况编号。若返回 0，则表示执行成功；若返回其他值，则说明执行异常。

（2）开发完头文件后，接下来就应该实现头文件中声明的成员方法，该数据库工具类的功能主要是对数据库进行增加和查询。其代码如下。

代码位置：源代码/第 13 章/ FireBasketBall/jni/util 目录下的 SQLiteUtil.cpp 文件。

```
1    #include "SQLiteUtil.h"
2    #include <vector>
3    //……此处省略了对头文件中的静态变量进行初始化的代码
4    bool SQLiteUtil::open() {
5         const char* const dbname = "/data/data/com.bn.bullet7111/macydb";//数据库路径
6         nRes = sqlite3_open(dbname, &pDB);  //打开数据库
7         if (nRes != SQLITE_OK) {            //判断打开是否正确
8             sqlite3_free(pErrMsg);          //释放
9             sqlite3_close(pDB);             //关闭数据库
10            return false;
11        }
12        return true;
13   }
14   void SQLiteUtil::close() {sqlite3_close(pDB);}   //关闭数据库
15   int SQLiteUtil::doSqlite3_exec(std::string SQLSring) {
16        int result = 0;         //声明记录返回值的变量
17        open();       //打开数据库
18        result = sqlite3_exec(pDB, SQLSring.c_str(), 0, 0, &pErrMsg);//执行 SQL 语句
19        close();      //关闭数据库
20        return result;
21   }
22   std::vector<std::string>* SQLiteUtil::query(std::string sql) {
23        resultVector->clear();          //清空记录
24        open();                         //打开数据库
25        sqlite3_exec(pDB, sql.c_str(), sql_callback, 0, &pErrMsg); //查询数据
26        close();                        //关闭数据库
27        return resultVector;             //返回结果
28   }
29   int SQLiteUtil::_sql_callback(void * notused, int argc, char** argv,
30         char** szColName) {
31        for (int i = 0; i < argc; i++) {
32            std::string temp = argv[i];   //获取数据
33            resultVector->push_back(      //添加到向量中记录结果
34                    std::vector<std::string>::value_type(temp));
35        }
36        return 0;
37   }
```

- 第 4～第 14 行为打开数据库和关闭数据库的方法。在打开数据库的方法中，首先指定数据库路径，然后调用 sqlite3_open 方法，打开数据库，并且根据其返回值判断打开是否正确，若正确，则返回 true，反之则返回 false。关闭数据库则调用 sqlite3_close 方法。
- 第 15～第 21 行为执行数据库操作语句的方法。通过其方法参数，传入一条数据库操作语句，在方法体内部，首先开发数据库，然后调用 sqlite3_exec 执行该语句，最后关闭数据库。
- 第 22～第 37 行分别为查询数据库记录的方法和记录查询结果的方法。在 query 方法中主要是执行查询语句，每查询到一条记录时，_sql_callback 方法就会被回调一次，在被回调的方法

中，则主要是遍历查询到的本条记录，并且将其保存到向量中。

提示 在该类中被调用的、用于进行数据库操作的相关方法，如打开数据库的 sqlite3_open 方法、关闭数据库的 sqlite3_close 方法、执行数据库操作语句的 sqlite3_exec 方法，均是 sqlite3 库中的函数。在该项目中，主要用到 sqlite3.h 和 sqlite3.c 两个文件。

13.5.4 纹理矩形类——TextureRect

了解了数据库工具类后，接下来需要开发的是矩形绘制类。该类的作用是绘制一个带有纹理的矩形，使其更好地表现刚体的矩形面。读者需要注意的是，关于纹理矩形的绘制部分是比较重要的。具体的开发步骤如下。

（1）在本游戏中，所有按钮、背景等矩形形状的物体，均是由此类的对象组装构成，因此此类的开发变得相当重要。在该类头文件中主要声明了相关成员变量和成员方法，并且注释比较详细，请读者自主学习头文件的开发，此处直接介绍各个方法的实现。其代码如下。

代码位置：源代码/第 13 章/ FireBasketBall/jni/util 目录下的 TextureRect.cpp 文件。

```
TextureRect::TextureRect(float halfWidth,           //半宽
        float halfHeight,                           //半高
        float offset,                               //位移量
        float UNIT_SIZE,                            //单位长度
        GLuint programIn, float* texCoord ) {       //纹理坐标
initVertexDataRectangle(halfWidth, halfHeight, offset, UNIT_SIZE, texCoord);
//初始化顶点数据
initShader(programIn);                              //初始化着色器
}
void TextureRect::initVertexDataRectangle(float halfWidth, float halfHeight,
         float offset, float UNIT_SIZE, float* texcoord) {
    vCount = 6;                                     //顶点个数
    float *vertices = new float[vCount * 3];        //创建顶点数组
    int count = 0;                                  //下标计数器
    vertices[count++] = -halfWidth * UNIT_SIZE; //记录第一个点的 x
    vertices[count++] = -halfHeight * UNIT_SIZE;//记录第一个点的 y
    vertices[count++] = offset;                 //记录第一个点的 z
    //……此处省略了设置顶点数据的相关代码，需要的读者请查看随书中的源代码
    mVertexBuffer = &vertices[0];                     //设置顶点缓冲
    float *normal = new float[vCount * 3];            //创建法向量数组
    count = 0;                                        //数组计数器
    for (int i = 0; i < vCount; i++) {
        normal[count++] = 0;                          //第一个法向量的 x
        normal[count++] = 0;                          //第一个法向量的 y
        normal[count++] = 1;                          //第一个法向量的 z
    }
    mNormalBuffer = &normal[0];                       //设置法向量缓冲
    if (texcoord == NULL) {                         //判断是否已传入纹理坐标数据
        float *textures = new float[vCount * 2];           //创建纹理坐标数组
        count = 0;                                    //顶点计数器
        textures[count++] = 0;                        //第一个点的 x
        textures[count++] = 1;                        //第一个点的 y
        //……此处省略了设置纹理坐标数据的相关代码，需要的读者请查看随书中的源代码
        mTextureBuffer = &textures[0];            //设置纹理坐标缓冲
    } else {
        mTextureBuffer = &texcoord[0];            //设置纹理坐标缓冲
    }}
 void TextureRect::initShader(GLuint programIn) {
    mProgram = programIn;                         //记录着色器
    maPositionHandle = glGetAttribLocation(       //获取程序中顶点位置属性引用 id
                mProgram, "aPosition");
    maTexCoorHandle = glGetAttribLocation(        //获取程序中顶点经纬度属性引用 id
                mProgram, "aTexCoor");
    muMVPMatrixHandle = glGetUniformLocation(  //获取程序中总变换矩阵引用 id
                mProgram, "uMVPMatrix");
```

```
45          muMMatrixHandle = glGetUniformLocation(     //获取位置、旋转变换矩阵引用 id
46                          mProgram, "uMMatrix");
47          maCameraHandle = glGetUniformLocation(      //获取程序中摄像机位置引用 id
48                          mProgram, "uCamera");
49          mTexHandle = glGetUniformLocation(          //获取纹理的引用
50                          mProgram, "sTexture");
51          maNormalHandle = glGetAttribLocation(       //获取顶点法向量属性的引用
52                          mProgram, "aNormal");
53          maLightLocationHandle = glGetUniformLocation(//获取程序中光源的位置的引用
54                          mProgram, "uLightLocation");
55          mFragK = glGetUniformLocation(mProgram, "k");
56      }
```

❑ 第 1～第 9 行为该类的构造函数。其中需要传入的数据包括矩形的半宽、半高、位移量、单位长度、着色器 id、纹理坐标数据。在该构造函数内部，主要调用了初始化顶点数据的 initVertexDataRectangle 方法和初始化着色器的 initShader 方法。

❑ 第 10～第 37 行为初始化顶点数据的 initVertexDataRectangle 方法，在该方法中，一次设置顶点数据、顶点法向量数据和顶点纹理数据，并分别设置其缓冲。此处需要说明的是顶点纹理数据，当创建该类对象时未给出纹理数据，则重写构建纹理数据，若已给出，则使用已有的纹理数据。

❑ 第 38～第 56 行为初始化着色器的 initShader 方法。主要功能为加载顶点着色器和片元着色器，基于顶点着色器和片元着色器加载程序，获取顶点位置、经纬度、总变换矩阵、位置和旋转变换矩阵、摄像机位置、纹理、顶点法向量和光源位置。

（2）开发完初始化顶点数据和初始化着色器的相关方法后，接下来就应该开发绘制矩形的 drawSelf 方法，该方法也是比较核心的一个方法，请读者仔细学习。

代码位置：源代码/第 13 章/ FireBasketBall/jni/util 目录下的 TextureRect.cpp 文件。

```
1     void TextureRect::drawSelf(const GLint texId) {
2         glUseProgram(mProgram);                     //制定使用某套 shader 程序
3         glUniformMatrix4fv(muMVPMatrixHandle,       //将最终变换矩阵传入 shader 程序
4                 1, 0, MatrixState::getFinalMatrix());
5         glUniformMatrix4fv(muMMatrixHandle,         //将位置、旋转变换矩阵传入 shader 程序
6                 1, 0, MatrixState::getMMatrix());
7         glUniform3fv(maCameraHandle,                //将摄像机位置传入 shader 程序
8                 1, MatrixState::cameraFB);
9         glUniform3fv(maLightLocationHandle,         //将光源位置传入着色器程序
10                1, MatrixState::lightPositionFBSun);
11         glVertexAttribPointer(maPositionHandle, //为画笔指定顶点位置数据
12                3, GL_FLOAT, GL_FALSE, 3 * 4, mVertexBuffer);
13         glVertexAttribPointer(maTexCoorHandle,   //为画笔指定顶点纹理坐标数据
14                2, GL_FLOAT, GL_FALSE, 2 * 4, mTextureBuffer);
15         glVertexAttribPointer(maNormalHandle,    //为画笔指定顶点法向量数据
16                3, GL_FLOAT, GL_FALSE, 3 * 4, mNormalBuffer);
17         glEnableVertexAttribArray(maPositionHandle);  //启用顶点位置数据数组
18         glEnableVertexAttribArray(maTexCoorHandle);   //启用使用纹理坐标数组
19         glEnableVertexAttribArray(maNormalHandle);    //启用使用法向量数组
20         glActiveTexture(GL_TEXTURE0);                 //绑定纹理
21         glBindTexture(GL_TEXTURE_2D, texId);          //绑定纹理 id
22         glUniform1i(mTexHandle, 0);
23         glUniform1f(mFragK, mFlagK);
24         glDrawArrays(GL_TRIANGLES, 0, vCount);        //绘制三角形
25         glDisableVertexAttribArray(maPositionHandle); //不启用使用顶点数组
26         glDisableVertexAttribArray(maTexCoorHandle);  //不启用使用纹理坐标数组
27         glDisableVertexAttribArray(maNormalHandle);   //不启用使用法向量数组
28    }
```

❑ 第 1～第 10 行的功能为首先调用 glUseProgram 方法制定使用某套 shader 程序，然后分别传入总变换矩阵、位置和旋转变换矩阵、摄像机位置和光源位置。

❑ 第 11～第 16 行的功能为分别调用 glVertexAttribPointer 方法，向着色器程序传入顶点位置数据、顶点纹理坐标数据和顶点法向量数据。该方法的第 2 个参数表示以固定个数的数据组成一

个顶点位置或纹理坐标等，第 5 个参数表示占用的字节数。

- 第 17～第 27 行首先启用使用顶点位置、纹理坐标、法向量数组，然后根据出入的纹理 id 绑定纹理，并调用 glDrawArrays 方法绘制矩形，最后禁用对应的数组。其中 glDrawArrays 方法中的三个参数分别是绘制方式、起始偏移量、顶点个数。

13.5.5 游戏资源加载界面类——LoadingView

介绍了部分工具类后，接下来介绍游戏资源加载界面类。如果进行界面的开发，首先开发玩家单击游戏图标进入的第一个界面——游戏资源加载界面。该界面主要负责所有界面中资源的加载，具体点就是获取每幅纹理的 id，以便在绘制时使用。下面将分步骤介绍该类。

（1）开发 LoadingView 类首先需要开发的是该类的类框架，在头文件中声明构造函数、析构函数、相关成员变量、成员方法。其代码如下。

代码位置：源代码/第 13 章/ FireBasketBall/jni/view 目录下的 LoadingView.h 文件。

```
1  #ifndef _LoadingView_H_
2  #define _LoadingView_H_
3  //……此处省略了对部分头文件和名称空间的引用，需要的读者请查看随书中的源代码
4  class LoadingView {
5  public:
6      LoadingView();                  //构造函数
7      ~LoadingView();                 //析构函数
8  public:
9      void onViewCreated(JNIEnv * env, jobject obj); //界面被创建时调用的方法
10     void onViewchanged(int w, int h);              //界面发生变化时被调用的方法
11     void drawSelf();                               //绘制
12     void initTextureRect();                        //初始化纹理矩形的方法
13     void initTextureId(JNIEnv * env, jobject obj); //初始化纹理 id 的方法
14     void intiAllAssats(JNIEnv * env, jobject obj); //加载资源
15 public:
16     float ratio;                                   //屏幕长宽比例
17     GLuint bgTexId;                                //背景纹理 id
18     TextureRect* bgTextureRect;                    //背景纹理矩形
19     GLuint XZTexId;                                //旋转的纹理 id
20     TextureRect* XZTextureRect;                    //旋转纹理矩形
21     int angle;                                     //旋转的角度
22     bool loadingFlag;                              //加载进程的标志位
23     int loadIndex;                                 //加载个数计数器
24 };
25 #endif
```

- 第 8～第 14 行声明了该类中的相关成员方法。这些方法基本都是每个界面相关类必不可少的方法，如界面被创建时调用的 onViewCreated 方法、发生变化时被调用的 onViewchanged 方法、绘制自身的 drawSelf 方法、初始化矩形的方法、初始化纹理 id 的方法等。

- 第 15～第 23 行声明该类的相关成员变量，其功能在代码中已经详细注释，因此就不再赘述，请读者认真学习。

> **提示** 该游戏中的每个界面类的类框架声明都比较简单，比较类似。由于本书篇幅有限，在后面对界面类进行介绍时，就不再详细介绍其头文件的开发，需要的读者请查看随书中的源代码。

（2）开发完该类的头文件后，接下来就应该实现头文件中相关成员方法。其代码如下。

代码位置：源代码/第 13 章/ FireBasketBall/jni/view 目录下的 LoadingView.cpp 文件。

```
LoadingView::LoadingView() {
    angle = 0;                       //旋转的角度
    loadingFlag = true;
```

```
4      loadIndex = -1;
5   }
6   LoadingView::~LoadingView() {}
7   void LoadingView::onViewCreated(JNIEnv * env, jobject obj) {     //创建时被调用
8       glClearColor(0.5f, 0.5f, 0.5f, 1);  //设置背景颜色
9       MatrixState::setInitStack();         //初始化变换矩阵
10      ShaderManager::compileShader();      //编译着色器程序
11      initTextureId(env, obj);             //初始化纹理 id
12      initTextureRect();                   //初始化纹理矩形
13  }
14  void LoadingView::onViewchanged(int w, int h) {   //变化时被调用
15      glViewport(0, 0, w, h);                       //设置视口
16      ratio = (float) w / h;                        //计算宽长比
17      glEnable(GL_CULL_FACE);                       //打开背面剪裁
18      glDisable(GL_DEPTH_TEST);
19  }
20  void LoadingView::drawSelf(){
21      glClear(GL_COLOR_BUFFER_BIT | GL_DEPTH_BUFFER_BIT);  //清缓存
22      MatrixState:: setProjectOrtho (-ratio, ratio, -1, 1, 4.0f, 100);
        //计算产生透视投影矩阵
23      MatrixState::setCamera(0, 0, 5, 0, 0, 0, 0, 1, 0); //设置相机参数
24      glEnable(GL_BLEND);                                 //开启混合
25      glBlendFunc(GL_SRC_ALPHA, GL_ONE_MINUS_SRC_ALPHA); //设置混合
26      MatrixState::pushMatrix();                          //保护现场
27      bgTextureRect->drawSelf(bgTexId);                   //绘制纹理矩形
28      MatrixState::popMatrix();                           //恢复现场
29      MatrixState::pushMatrix();                          //保护现场
30      angle = angle + 20;                                 //旋转角度增加
31      MatrixState::rotate(angle, 0, 0, 1);                //坐标系旋转
32      XZTextureRect->drawSelf(XZTexId);                   //绘制纹理矩形
33      MatrixState::popMatrix();                           //恢复现场
34      if (loadingFlag == true) {                          //判断是否正在加载
35          intiAllAssats(main::envMain, main::objMain);    //加载资源的方法
36      }
37      glDisable(GL_BLEND);                                //关闭混合
38  }
```

- 第 1～第 6 行分别是资源加载界面的构造函数和析构函数。构造函数是在创建该类对象时被调用的，主要是对该类中的部分成员变量进行初始化。析构函数则是删除该类对象时被调用。
- 第 7～第 13 行为创建该界面对象时被调用的方法。在该方法中，首先设置背景颜色，然后调用 setInitStack 方法进行变换矩阵的初始化，调用 compileShader 方法进行着色器程序的编译，最后初始化纹理 id 和纹理矩形。
- 第 14～第 19 行为当界面变换时被调用的方法。首先根据传入的屏幕长宽来设置视口，并计算长宽比例，然后打开背景剪裁，最后关闭深度测试。
- 第 20～第 38 行为该类的绘制方法。在该方法中，首先清除颜色缓冲和深度缓冲，然后设置摄像机透视投影矩形和摄像机参数，接着开启混合并设置混合参数，再进行各种纹理矩形的绘制，最后判断资源是否正在加载，若是则继续调用 intiAllAssats 方法进行加载。

（3）开发完每个界面类中必备的 3 个方法后，接下来就应该开发初始化纹理矩形、纹理 id 及该类独有的加载所有界面相关资源的方法。其代码如下。

代码位置：源代码/第 13 章/ FireBasketBall/jni/view 目录下的 LoadingView.cpp 文件。

```
void LoadingView::intiAllAssats(JNIEnv* env, jobject obj) {
    loadingFlag = true;
    switch (loadIndex) {
    case 0:
        FileUtil::loadFromSDCardFile("/profitData/lankuang.obj");//加载篮筐模型数据
        main::loadObjDataWd(           //记录篮筐模型数据
            (int)RIGID_KUANG_OBJ,
            main::copyFloats((float*)FileUtil::m_vertices,(int)FileUtil::numVertices),
            (int)FileUtil::numVertices,
            main::copyInts((int*)FileUtil::m_verticesIndices,(int)FileUtil::
```

```
                  numVerticesIndex),
11                (int)FileUtil::numVerticesIndex,
12                main::copyFloats((float*)FileUtil::m_tex,(int)FileUtil::numTex),
13                (int)FileUtil::numTex);
14            break;
15        case 1:
16            main::menuView = new MenuView();    //创建菜单界面对象
17        //……此处省略了加载界面中相关资源的代码，需要的读者请查看随书中的源代码
18        case 25:
19            loadingFlag = false;                //设置标志位表示资源加载完毕
20            Constant::SWAP_VIEW_FLAG = true;    //设置正在跳转界面
21            Constant::VIEW_CUR_GL_INDEX = Constant::VIEW_MENU_INDEX;
22                Constant::VIEW_MENU_INDEX);
23            Constant::MENU_CURR_MENUINDEX = Constant::MENU_STARTVIEW_START;
24            main::menuView->onViewchanged(Constant::w, Constant::h);//调用场景变换的方法
25            Constant::SWAP_VIEW_FLAG = false;    //设置界面跳转结束
26            break;
27        }
28        loadIndex++;                            //已加载数目增加
29    }
30    void LoadingView::initTextureId(JNIEnv * env, jobject obj) {
31        jclass cl = env->FindClass("com/bn/bullet/GL2JNIView"); //获取 Java 类引用
32        jmethodID id = env->GetStaticMethodID(cl, "initTextureRepeat",//获取方法 id
33            "(Landroid/opengl/GLSurfaceView;Ljava/lang/String;)I");
34        jstring name = env->NewStringUTF("pic/background.png");
35        bgTexId = env->CallStaticIntMethod(cl, id, obj, name);  //获取背景纹理 id
36        name = env->NewStringUTF("pic/dott.png");
37        XZTexId = env->CallStaticIntMethod(cl, id, obj, name);  //旋转纹理 Id
38        env->DeleteLocalRef(name);                               //删除引用
39    }
40    void LoadingView::initTextureRect() {                       //初始化纹理矩形
41        bgTextureRect = new TextureRect(2.7, 4.8, 0, 1,          //创建背景纹理矩形
42            ShaderManager::getCommTextureShaderProgram(), NULL);
43        XZTextureRect = new TextureRect(0.8, 0.8, 0, 1,          //创建旋转纹理矩形
44            ShaderManager::getCommTextureShaderProgram(), NULL);
45    }
```

❑ 第1～第29行为初始化所有资源的intiAllAssats方法。在该方法中，首先设置标志位为true，表示正在加载资源，然后通过 switch 分支判断当前需要加载的资源，并在资源加载完毕后，设置标志位为 false，最后进行界面的跳转。若未加载完毕，则 loadIndex 已加载数目计数器加 1，以便下一次进行另外资源的加载。

❑ 第 30～第 39 行为初始化纹理 id 的方法。笔者是通过调用 Java 方法来获取纹理 id 的，因此首先需要获取 Java 类的引用和方法 id，然后通过 NewStringUTF 方法进行字符串的转换，最后调用 CallStaticIntMethod 方法传入相关参数获取纹理 id。

❑ 第 40～第 45 行为初始化纹理矩形的 initTextureRect 方法。该方法体的代码实现非常简单，仅仅是传入相关参数，创建纹理矩形。

> **提示** 第 5 行调用获取手机 SD 卡中文件的 loadFromSDCardFile 方法，以完成 obj 文件的加载，请读者查看随书中的源代码。初始化纹理 id 的 initTextureId 方法中创建了 jstring 类型对象的引用，因此为避免占用内存，必须调用 DeleteLocalRef 方法，进行删除。将当前界面编号发送到 Java 代码，并在 Java 代码中进行记录，是为了当玩家单击手机的返回按钮时确定将要返回的界面。

13.5.6 菜单界面类——MenuView

上一小节介绍了游戏资源加载界面类的开发，其实一般游戏界面都是类似的，均是初始化纹理矩形，初始化纹理 id，然后在界面的 drawSelf 方法中进行绘制。而菜单界面类与资源加载界面最大的不同在于，该界面需要用户和游戏进行交互，以达到单击按钮的效果。

（1）由于头文件比较简单，并且与其他界面头文件类似，绘制也基本类似，因此，需要的读者请查看随书中的源代码。此处主要介绍单击屏幕触发的三个事件对应的方法，以实现按钮被单击的效果。其代码如下。

代码位置：源代码/第 13 章/ FireBasketBall/jni/view 目录下的 MenuView.cpp 文件。

```
1   void MenuView::onTouchBegan(float touchX,float touchY){
2       float tx = Constant::fromScreenXToNearX(touchX -Constant::sXtart);
        //屏幕x坐标到视口x坐标
3       float ty = Constant::fromScreenYToNearY(touchY -Constant::sYtart);
        //屏幕y坐标到视口y坐标
4       int touchedIndex = judgeMenuTouched(tx,ty);        //获取单击的菜单编号
5       Constant::TOUCHED_CURR_MENU = touchedIndex;        //记录单击菜单的编号
6       Constant::isTouched[Constant::TOUCHED_CURR_MENU] = true; //菜单项被选中
7   }
8   void MenuView::onTouchMoved(float touchX,float touchY){} //触摸移动事件触发时被调用的方法
9   void MenuView::onTouchEnded(float touchX,float touchY){  //触摸结束事件触发时被调用的方法
10      float tx = Constant::fromScreenXToNearX(touchX -Constant::sXtart);
        //屏幕x坐标到视口x坐标
11      float ty = Constant::fromScreenYToNearY(touchY -Constant::sYtart);
        //屏幕y坐标到视口y坐标
12      int touchedIndex = judgeMenuTouched(tx,ty);      //判断点中的菜单按钮，获取其编号
13      if(Constant::TOUCHED_CURR_MENU == touchedIndex){  //判断是否点中按钮
14          switch(Constant::TOUCHED_CURR_MENU){          //分支判断编号对应的按钮
15          case 1:                                       //单击开始游戏执行的代码
16              Constant::SWAP_VIEW_FLAG = true;          //设置正在跳转界面
17              if(Constant::isOpen_BJYY){                //判断是否播放背景音乐
18                  main::playBackmusic(main::envMain,main::objMain,(jint)1);
19              }else{
20                  main::playBackmusic(main::envMain,main::objMain,(jint)0);
21              }
22              Constant::VIEW_CUR_GL_INDEX = Constant::VIEW_GAME_INDEX;
23              main::gameView->onViewchanged(Constant::w,Constant::h);
24              main::gameView->initGameViewData(); //初始化游戏数据
25              Constant::SWAP_VIEW_FLAG = false;   //设置界面跳转结束
26              break;
27          //此处省略了分支判断其他按钮的相关代码，需要的读者请查看随书中的源代码
28          }
29          //重置初始值，表明未单击任何菜单
30          Constant::TOUCHED_CURR_MENU = Constant::TOUCHED_NONE_MENU;
31          main::sendViewIndex(main::envMain,main::objMain,Constant::VIEW_CUR_GL_INDEX);
32      }
33      for(int i=0;i<15;i++){                          //重置菜单项都未被选中
34          Constant::isTouched[i] = false;
35      }}
```

- 第 1～第 7 行分别是触摸开始事件和触摸移动事件被触发时回调的方法。此处不需要在移动方法中做任何事情，因此采用空实现，即在方法体内没有方法。而在触摸开始方法体中，首先调用 judgeMenuTouched 方法判断当前触摸的按钮，记录其编号，并设置按钮被选中。
- 第 8～第 35 行为触摸结束事件被触发时调用的方法。在此方法体中，首先调用 judgeMenuTouched 方法，判断手指抬起时触摸到的按钮，若触摸开始和触摸抬起时单击的是同一按钮，则触摸有效，在分支判断中进行界面的切换。最后将当前界面的编号发送给 Java。

> **提示** 在触摸方法中被调用的 Constant 类中的 fromScreenXToNearX 和 fromScreenYToNearY 方法将玩家在屏幕上的触摸点转换成视口坐标对应的点，其触摸点分别减去对应的偏移量是为了屏幕自适应所需。该方法非常简单，请读者查看随书中的源代码，并进行自主学习。

（2）了解了当触摸事件被触发时回调的三个方法，接下来就应该开发在触摸事件中被调用、用来判断当前手指触摸的按钮的 judgeMenuTouched 方法，其代码如下。

代码位置：源代码/第 13 章/ FireBasketBall/jni/view 目录下的 MenuView.cpp 文件。

```
1   int MenuView::judgeMenuTouched(float x,float y){
2       if(Constant::MENU_CURR_MENUINDEX
3           == Constant::MENU_GAMEVIEW_END){           //如果当前需要显示游戏结束菜单
4           if(x > -Constant::MENU_WIDTH_HALF&&x<Constant::MENU_WIDTH_HALF){
5               for(int i=-1;i<2;i++){                  //循环判断是否点中菜单
6                   if(y>(Constant::MENU_SPAN*(-i)-Constant::MENU_HEIGHT_HALF)
7                    &&y<(Constant::MENU_HEIGHT_HALF+(Constant::MENU_SPAN*(-i)))){
8                       switch(i){                      //返回被点中菜单编号
9                           case 1:return Constant::TOUCHED_TC_MENU;
10                          case 0:return Constant::TOUCHED_FHCD_MENU;
11                          case -1:return Constant::TOUCHED_ZLYJ_MENU;
12                          }}}}
13      }else if(Constant::MENU_CURR_MENUINDEX   //如果当前需要显示游戏开始菜单
14          == Constant::MENU_STARTVIEW_START){
15          if(x > -Constant::MENU_WIDTH_HALF&&x<Constant::MENU_WIDTH_HALF){
16              for(int i=-2;i<4;i++){                  //循环判断是否点中菜单
17                  if(y>(Constant::MENU_SPAN/2*(-i)-Constant::MENU_HEIGHT_HALF)
18                      &&y<(Constant::MENU_HEIGHT_HALF+(Constant::MENU_SPAN/2*(-i)))){
19                      switch(i){                      //返回被点中菜单编号
20                          case -2:return Constant::TOUCHED_KSYX_MENU;
21                          case -1:return Constant::TOUCHED_SZ_MENU;
22                          case 0:return Constant::TOUCHED_GY_MENU;
23                          case 1:return Constant::TOUCHED_BZ_MENU;
24                          case 2:return Constant::TOUCHED_JL_MENU;
25                          case 3:return Constant::TOUCHED_TC_MENU;
26                          }}}}}
27      return Constant::TOUCHED_NONE_MENU;           //若未点中，则返回未点中对应的编号
28  }
```

- 第 1～第 13 行的功能为首先判断当前显示的菜单界面是否为游戏结束时的菜单界面，然后在 for 循环中通过手指单击位置对应的视口坐标判断是否点中菜单，若触摸到，则根据当前单击的菜单，返回对应的菜单编号。
- 第 14～28 行的功能为首先判断当前显示的界面是否为游戏开始的主菜单界面，若是，则通过 for 循环判断是否单击了某一项按钮，若单击到，则返回对应的按钮编号；若未点中，则返回 Constant::TOUCHED_NONE_MENU 值，表示未点中。

提示 代码中的所有宏的定义与初始化均在 Constant 类中，并对每个宏进行了详细说明。另外该项目中的其他辅助界面类，如关于界面类、设置界面类，均和菜单界面类非常相似。由于篇幅有限，需要的读者请查看随书中的源代码，并进行自主学习。

13.5.7 记录界面类——RecordView

单击主菜单界面中的记录按钮即可进入记录界面，该界面可查看玩家所有游戏记录的排行前 10 的记录。手机数据库基本是运用 SQLite，因此，笔者也使用它记录数据。下面介绍该类，请读者认真学习。

由于头文件仅仅是对成员方法和成员变量进行声明，因此，下面直接介绍该类头文件中的成员方法的实现，由于搭建界面的代码和主菜单极其类似，因此此处直接介绍对数据库操作及解析数据的相关方法。其代码如下。

代码位置：源代码/第 13 章/ FireBasketBall/jni/view 目录下的 RecordView.cpp 文件。

```
void RecordView::calTableResult() {
    std::vector<std::string>* result            //存储查询结果的向量
        = new std::vector<std::string>();
    result->clear();                            //清空内部数据
    std::string sSQL =                          //查询数据库语句
        "select grade,time from paihangbang order by grade desc limit 0,30";
```

```
7       result = SQLiteUtil::query(sSQL);                   //执行查询语句
8       vectorToStringArray(result);                        //将结果转换成字符串数组
9   }
10  void RecordView::vectorToStringArray(std::vector<std::string>* result) {
11      std::vector<std::string>* gradeVector =
12              new std::vector<std::string>();//存储得分的字符串向量
13      std::vector<std::string>* timeVector =
14              new std::vector<std::string>();//存储时间的字符串数组
15      int count = 0;
16      std::vector<std::string>::iterator iter = result->begin();
17      for (; iter != result->end(); iter++) {      //遍历原向量组，进行得分和时间的分离
18          if (count >= Constant::RECORD_COUNT * 2) {//避免数组越界
19              break;
20          }
21          if (count % 2 == 0) {                          //偶数是成绩
22              gradeVector->push_back(*iter);             //添加进向量中
23          } else {                                       //基数是时间
24              timeVector->push_back(*iter);              //添加进向量中
25          }
26          count++;                                       //计数器加 1
27      }
28      gradePNGVector = new std::vector<std::vector<GLuint>>();//存储得分纹理 id 的向量
29      timePNGVector = new std::vector<std::vector<GLuint>>(); //存储时间纹理 id 的向量
30      std::vector<std::string>::iterator iterGrade = gradeVector->begin();
31      for (; iterGrade != gradeVector->end(); iterGrade++) {   //解析得分
32          std::vector<GLuint>* gotGradePNGVector =
33                  analyzeStringToPNGVector((*iterGrade));       //获取纹理 id
34          gradePNGVector->push_back(*gotGradePNGVector);        //添加到向量中
35      }
36      for (iterGrade = timeVector->begin();                    //解析时间
37          iterGrade != timeVector->end();   iterGrade++) {
38              std::vector<GLuint>* gotTimePNGVector =             //获得纹理 id
39                  analyzeStringToPNGVector((*iterGrade));
40          timePNGVector->push_back(*gotTimePNGVector);           //添加到向量中
41      }}
42  std::vector<GLuint>* RecordView::analyzeStringToPNGVector(std::string strArray) {
43      std::vector<GLuint>* resultVector = new std::vector<GLuint>();//结果向量
44      GLuint res = 0;                                             //结果字符串
45      for (int j = 0; j < strArray.size(); j++) {
46          char cTemp = strArray.c_str()[j];//获得单个字符
47          switch (cTemp) {                       //判断字符对应纹理 id
48          case '0':                              //若为字符‘0’
49              res = digitTexId[0];               //设置其纹理 id
50              break;
51          //……此处省略了分支判断单个字符，并设置纹理 id
52          }
53          resultVector->push_back(res);   //将纹理 id 添加至向量
54      }
55      return resultVector;                   //返回结果向量
56  }
```

- 第 1～第 9 行为获取查询结果的 calTableResult 方法。在该方法的方法体中，首先创建了存储查询结果的向量，并清空其存储对象，然后调用 SQLiteUtil 类中的 query 方进行数据查询，并将其保存到结果向量中。
- 第 10～第 27 行首先创建存储得分、时间字符串的向量，然后声明整型变量作为计数器，并遍历存储结果的向量，将得分和时间进行分离。
- 第 28～第 41 行首先创建存储得分、时间纹理 id 的向量，然后遍历存储器字符串的向量，并调用 analyzeStringToPNGVector 方法，获取每个字符串对应的纹理 id，最后将其存储到对应向量中。
- 第 42～第 56 行为解析字符串对应纹理 id 的 analyzeStringToPNGVector 方法。其方法体内首先声明存储结果的向量，然后用 for 循环和 switch 分支判断，对每个字符进行识别，分别获取每个字符对应的纹理 id，最后返回结果。

13.6 游戏界面相关类

前面已经介绍了各个辅助界面类，从本小节开始将进入游戏开发最主要的环节，即游戏界面开发环节。本小节先对整个游戏界面类进行介绍，然后再详细介绍各个与游戏界面相关类的开发，具体步骤如下。

13.6.1 游戏界面类——GameView

该类为整个游戏界面的绘制类，是整个游戏的呈现类，也是整个游戏逻辑计算类和物理世界模拟控制类。由于此头文件中仅仅是对该类的成员变量和成员方法进行相关声明，并且篇幅有限，因此此处直接介绍其部分成员方法的实现，需要的读者请查看随书的源代码，开发该类的详细步骤如下。

（1）开发人员应该都知道，在开发整个游戏前，首先应该进行游戏场景的搭建，待场景搭建完后再进行其内部的逻辑工作。此处首先介绍的是场景的搭建，具体来说就是纹理矩形的创建和物理世界中相关刚体和绘制者的创建。其代码如下。

代码位置：源代码/第 13 章/ FireBasketBall/jni/view 目录下的 GameView.cpp 文件。

```
1  void GameView::initTextureRect() {
2      ShaderManager::compileShader();      //编译着色器程序
3      ybb = new TextureRect(Constant::RADIO, Constant::YBB_HEIGHT / 2, 0,
4          1, ShaderManager::getCommTextureShaderProgram(), NULL);//创建仪表板矩形对象
5  //……此处省略了创建矩形对象的相关代码，需要的读者请查看随书的源代码
6  }
7  void GameView::initPhysicalWorldBody() {
8      int downWallCollidesWith = COL_BALL | COL_LANWANG;      //地板只与球碰撞
9      //……此处省略了初始化碰撞过滤信息，需要的读者请查看随书的源代码
10     TexBody* texBody;                                        //刚体对象
11     cleanVector();                                           //清除向量中的对象
12         downWall = new TexCuboid(
13                 m_softRigidDynamicsWorld,                     //物理世界对象
14                 btVector3(Constant::CHANGJING_WIDTH / 2, 0.01,
15                         Constant::CHANGJING_LENGTH / 2), //长方体的半区域
16                 0.0f,                                         //长方体的质量
17                 btVector3(0, 0, 0),                           //刚体的位置
18                 0.75f,                                        //恢复系数
19                 0.8f,                                         //摩擦系数
20                 1,                                            //单位长度
21                 downTexId, downTexId, downTexId,              //6 个面的纹理 id
22                 downTexId, downTexId,downTexId);
23         m_softRigidDynamicsWorld->removeRigidBody(
24                 downWall->getBody());
25         m_softRigidDynamicsWorld->addRigidBody(
26             downWall->getBody(),COL_DOWN_WALL, downWallCollidesWith);
27         tca.push_back(downWall);                             //将新立方体加入列表中
28         //……此处省略了物理世界中其他物体的创建，需要的读者请查看随书的源代码
29     }
```

❑ 第 1～第 6 行为初始化纹理矩形对象的方法。此处的纹理矩形主要是为了搭建游戏背景、标志板、得分、时间等的相关场景。

❑ 第 7～第 29 行为初始化物理世界中相关物体的 initPhysicalWorldBody 方法。首先设置碰撞信息，然后创建相关的物理世界的对象，接着调用添加刚体到软体物理世界中，并传入其碰撞信息，最后将其添加到向量中，便于每次绘制时进行调用。

> **提示**　游戏场景中包含很多物体对象，如篮球、篮筐、墙板等，这些对象均被封装成单独的类，这些类将在后面介绍，此处读者了解即可。

（2）完成了游戏界面中的场景搭建，接下来就应该开发初始化物理世界的 initPhysicalWorld 方法。物理世界包括软体物理世界和刚体物理世界，此处由于篮网是软体，所以进行初始化时，创建了软体物理世界。游戏中所有的物体都需要添加到此物理世界中。其代码如下。

代码位置：源代码/第 13 章/ FireBasketBall/jni/view 目录下的 GameView.cpp 文件。

```
1   void GameView::initPhysicalWorld() {                    //初始化物理世界
2       m_softBodyWorldInfo = btSoftBodyWorldInfo(); //软体
3       btSoftBodyRigidBodyCollisionConfiguration       //创建碰撞检测配置信息对象
4           *collisionConfiguration = new btSoftBodyRigidBodyCollisionConfiguration();
5       btCollisionDispatcher* dispatcher =             //创建碰撞检测算法分配者对象
6           new btCollisionDispatcher(collisionConfiguration);
7       m_softBodyWorldInfo.m_dispatcher = dispatcher;
8       btVector3 worldAabbMin = btVector3(-10000, -10000, -10000);
        //设置整个物理世界的边界信息
9       btVector3 worldAabbMax = btVector3(10000, 10000, 10000);//设置整个物理世界的
        边界信息
10       int maxProxies = 1024;
11       btAxisSweep3 *overlappingPairCache =   //创建碰撞检测粗测阶段的加速算法对象
12           new btAxisSweep3(worldAabbMin,worldAabbMax, maxProxies);
13       m_softBodyWorldInfo.m_broadphase = overlappingPairCache;
14       btSequentialImpulseConstraintSolver *solver =      //创建推动约束解决者对象
15           new btSequentialImpulseConstraintSolver();
16       btSoftBodySolver* softBodySolver = new btDefaultSoftBodySolver();
17       m_softBodyWorldInfo.m_gravity.setValue(0, -10, 0);
18       m_softBodyWorldInfo.m_sparsesdf.Initialize();
19       m_softBodyWorldInfo.air_density = (btScalar) 0.5;          //设置空气密度
20       m_softRigidDynamicsWorld = new btSoftRigidDynamicsWorld( //创建物理世界对象
21         dispatcher,overlappingPairCache, solver, collisionConfiguration,softBodySolver);
22       btVector3 gvec = btVector3(0, -10, 0);                //初始化重力加速度
23       m_softRigidDynamicsWorld->setGravity(gvec);           //设置重力加速度
24   }
```

- 第 1～第 9 行首先获取软体世界信息对象，然后创建碰撞检测算法分配者对象，其功能为扫描所有的碰撞检测，并确定适用的检测策略对应的算法，最后创建碰撞检测算法分配者对象，并设置整个物理世界的边界信息。
- 第 10～第 23 行首先创建碰撞检测粗测阶段的加速算法对象，然后创建推动约束解决者对象，最后设置物理世界相关信息。

（3）开发完初始化物理世界的 initPhysicalWorld 方法后，接下来就应该开发在初始化数据方法中开启的用来更新游戏时间、进行物理模拟计算和判断是否进球的 threadTask 方法，其代码如下。

代码位置：见随书源代码/第 13 章/ FireBasketBall/jni/view 目录下的 GameView.cpp 文件。

```
void GameView::threadTask() {
    if ((*main::g_jvm).AttachCurrentThread(&env, NULL) != JNI_OK) { //附加主线程
        return ;
    }
    cls = env->GetObjectClass(main::g_obj);         //获取对象对应的类
    mid = env->GetStaticMethodID(cls, "shengyinBoFang", "(II)V");//获得类中的方法
    while (threadFlag) {
        if (Constant::VIEW_CUR_GL_INDEX                 //判断是否为游戏界面
                != Constant::VIEW_GAME_INDEX) {
            threadFlag = false;                        //重置标志位
            if ((*main::g_jvm).DetachCurrentThread() != JNI_OK) { //脱离主线程
                return;
        }}
        m_softRigidDynamicsWorld->stepSimulation(1.0 / 60, 5); //进行物理模拟计算
        ballControlUtil();                                   //判断是否进球的方法
        if (!Constant::GAMEOVER && !Constant::isnoHelpView) {//判断是否正在游戏
            Constant::DIGITAL_TIME += 10;                     //时间累加
        }
        if (Constant::DIGITAL_TIME >= Constant::DIGITAL_TOTAL_TIME * 1000) {
            threadFlag = false;                      //重置线程标志
            Constant::GAMEOVER = true;               //标志游戏结束
```

```
22              std::string sSQL1 = "INSERT INTO paihangbang VALUES('";//插入游戏记录
23              char str[10];                                   //存储得分的数组
24              sprintf(str, "%d", Constant::DIGITAL_SCORE); //整型转换成字符串
25              sSQL1 = sSQL1 + str;                            //合成字符串
26              std::string sSQL2 = "','";
27              time_t tt = time(NULL);
28              tm* t = localtime(&tt);
29              int yearTemp = t->tm_year + 1900;               //获取当前年
30              int monthTemp = t->tm_mon + 1;                  //获取当前月
31              int dayTemp = t->tm_mday;                       //获取当前日
32              int hourTemp = t->tm_hour;                      //获取当前小时
33              int minTemp = t->tm_min;                        //获取当前分钟
34              int secTemp = t->tm_sec;                        //获取当前秒
35              char strTime[20];                               //存储时间字符串数组
36              sprintf(strTime, "%d-%02d %02d:%02d:%02d", monthTemp, dayTemp,
37                      hourTemp, minTemp, secTemp);  //整型转换成字符串
38              sSQL2 = sSQL2 + strTime;                        //合成字符串
39              std::string sSQL3 = "')";
40              std::string sSQL = sSQL1 + sSQL2 + sSQL3;  //合成字符串
41              SQLiteUtil::doSqlite3_exec(sSQL);                    //插入得分和时间记录
42              Constant::VIEW_CUR_GL_INDEX = Constant::VIEW_MENU_INDEX;
43              Constant::MENU_CURR_MENUINDEX                   //游戏结束菜单界面
44                      = Constant::MENU_GAMEVIEW_END;
45              if (!basketball_texBody[0]->getBody()->isActive() //判断篮球是否静止
46                      && !basketball_texBody[1]->getBody()->isActive()
47                      && !basketball_texBody[2]->getBody()->isActive()) {
48                  threadFlag = false;                             //重置线程标志位
49              }
50              playSound(2, 0);                                    //播放游戏结束音效
51              if ((*main::g_jvm).DetachCurrentThread() != JNI_OK) { //脱离主线程
52                  return;
53              }}
54          std::this_thread::sleep_for(std::chrono::milliseconds(10));//间隙 10 毫秒
55      }}
```

- ❑ 第 1～第 6 行首先将当前线程附加到主线程上，若附加失败，则直接返回，然后再获取对象对应的类，最后获取该类中指定的方法。
- ❑ 第 7～第 15 行首先判断当前是否正处于游戏界面，若不处于游戏界面，则重置线程标志位，并使该线程脱离主线程。若处于游戏界面，则使用指向物理世界对象的指针调用 stepSimulation 方法进行物理世界模拟，最后调用 ballControlUtil 方法判断是否进球。
- ❑ 第 16～第 41 行首先判断游戏是否正在进行，若是则时间累加，并判断是否时间结束。到达游戏总时间，则重置线程标志位和游戏结束标志位，然后获取当前得分，获取当前的本地时间，并将其存储到数据库中。
- ❑ 第 42～第 55 行首先设置当前界面编号为游戏结束菜单界面，并判断篮球是否静止，若已静止则重置线程标志位，然后播放游戏结束音效，并将此线程从主线程中脱离。若游戏时间未达到上限，则线程休息 10 毫秒。

> **提示**　由于 JNIEnv 参数对于每个线程是相互独立的，因此在多线程中使用它时首先需要重新获取，并且在线程退出时必须进行释放，否则程序会报错并崩溃。

（4）开发完用于更新游戏时间、进行物理模拟计算和判断是否进球的 threadTask 方法后，接下来就应该开发在线程方法中被调用的、用于判断是否进球的 ballControlUtil 方法，其代码如下。

代码位置：源代码/第 13 章/ FireBasketBall/jni/view 目录下的 GameView.cpp 文件。

```
void GameView::ballControlUtil(){
    std::vector<TexBall*>::iterator ballIterator;
    for (ballIterator = tball_vector.begin();
            ballIterator != tball_vector.end(); ballIterator++) {
      //如果篮球是运动的,那么每一次跟地板碰撞的时候给篮球增加一个沿 Z 轴正方向的冲量
```

```
6          if ((*ballIterator)->getBody()->isActive()
7              && SYSUtil::isCollided(m_softRigidDynamicsWorld,
8              (*ballIterator)->getBody(), downWall->getBody())) {
9              (*ballIterator)->getBody()->applyForce(btVector3(0, 0, 60),
10                     btVector3(0, 0, 0));
11         }
12         btTransform transform;              //获取篮球的运动组件
13         (*ballIterator)->getBody()->getMotionState()->getWorldTransform(transform);
14         float position_X = transform.getOrigin().x();          //获取 x 坐标
15         float position_Y = transform.getOrigin().y();          //获取 y 坐标
16         float position_Z = transform.getOrigin().z();          //获取 z 坐标
17         btVector3 linearVelocity =          //获取篮球的线速度
18                 (*ballIterator)->getBody()->getLinearVelocity();
19         btVector3 angularVelocity =         //获取篮球的旋转角度
20                 (*ballIterator)->getBody()->getAngularVelocity();
21         float lankuang_X = Constant::LANKUANG_X;  //获取篮筐的中心位置坐标值
22         float lankuang_Y = Constant::LANKUANG_Y;
23         float lankuang_Z = Constant::LANKUANG_Z;
24         float lankuang_Radius = Constant::LANKUANG_R;   //获取篮球筐半径
25         float ball_Radius = Constant::BASKETBALL_R;     //获取篮球半径
26         float temp_distance = (float) sqrt(             //计算篮球和篮筐的距离
27                 (position_X - lankuang_X) * (position_X - lankuang_X)
28                     +(position_Z - lankuang_Z)
29                     * (position_Z - lankuang_Z));
30         if (linearVelocity.y() < 0                      //判断是否在篮板上
31                 && temp_distance < (lankuang_Radius - ball_Radius)
32                 && position_Y > lankuang_Y) {
33             (*ballIterator)->ballState = 1;
34         }
35         if ((*ballIterator)->ballState == 1 && position_Y < lankuang_Y
36                 && position_X > lankuang_X - Constant::LANKUANG_R
37                 && position_X < lankuang_X + Constant::LANKUANG_R
38                 && position_Z > lankuang_Z - Constant::LANKUANG_R
39                 && position_Z < lankuang_Z + Constant::LANKUANG_R) {
40             Constant::DIGITAL_SCORE++;                  //分数累加
41             playSound(3, 0);                            //播放进球声音
42             (*ballIterator)->ballState = 0;
43         }
44         btVector3 vt = (*ballIterator)->getBody()->getLinearVelocity();
45         if ((vt.y() > 1.0f && vt.y() < 6.5f)            //判断是否和地面碰撞
46                 && SYSUtil::isCollided(m_softRigidDynamicsWorld,
47                     (*ballIterator)->getBody(), downWall->getBody())){
48             playSound(1, 0);                            //播放撞击声音
49         }
50     //……此处省略了检测篮球是否碰撞到左、右、后墙壁及篮板的相关代码
51     }
```

- 第 1～第 11 行首先遍历存储篮球的向量，并判断篮球是否与地板碰撞。若碰撞则给其一个冲量，使其能够返回到近玩家平面。
- 第 12～第 34 行首先获取篮球的位置、线速度、角速度和半径，然后获取篮筐的位置和半径，并计算篮筐和篮球的距离，然后判断篮球的位置和速度方向，ballState 为 1 表示处于篮筐上部且向下运动，其他情况下为 0。
- 第 35～第 49 行首先判断是否进球，若进球则计分器累加 1，并播放进球声音，然后获取篮球线速度，并调用 SYSUtil 类中的 isCollided 方法判断是否以大速度撞击到地面，若是则播放篮球撞击地面的声音。

（5）开发完用于判断是否进球的 ballControlUtil 方法后，接下来就应该开发触摸事件被触发时回调的三个方法，以完成游戏与玩家之间的交互。下面首先开发触摸开始时被调用的方法，其代码如下。

代码位置：源代码/第 13 章/ FireBasketBall/jni/view 目录下的 GameView.cpp 文件。

```
void GameView::onTouchBegan(float touchX, float touchY) {          //触摸回调方法
    if (Constant::GAMEOVER) {          //判断游戏是否结束
```

```
3           return;
4       }
5       this->touchXOrigin = touchX;          //记录触摸 x 坐标
6       this->touchYOrigin = touchY;          //记录触摸 y 坐标
7       float tx = Constant::fromScreenXToNearX(this->touchXOrigin);//屏幕 x 坐标到视口 x 坐标
8       float ty = Constant::fromScreenYToNearY(this->touchYOrigin);//屏幕 y 坐标到视口 y 坐标
9       float x3d = Constant::CHANGJING_WIDTH   //触摸点转换为 3D 空间中的 x
10              * ((touchXOrigin * Constant::SCREEN_WIDTH_SCALE)
11                     / Constant::SCREEN_WIDTH) - 0.5 * Constant::CHANGJING_WIDTH;
12      float y3d = Constant::CHANGJING_HEIGHT  //触摸点转换为 3D 空间中的 y
13            * (Constant::SCREEN_HEIGHT- (touchYOrigin * Constant::SCREEN_HEIGHT_SCALE))
14                     / Constant::SCREEN_HEIGHT;
15      std::vector<TexBall*>::iterator ballIterator;
16      for (ballIterator = tball_vector.begin();    //遍历存储篮球的向量
17               ballIterator != tball_vector.end(); ballIterator++) {
18          float ball_X =                            //获取篮球的 x 坐标
19                  (*ballIterator)->getBody()->getWorldTransform().getOrigin().getX();
20          float ball_Y =                            //获取篮球的 y 坐标
21                  (*ballIterator)->getBody()->getWorldTransform().getOrigin().getY();
22          float ball_Z =                            //获取篮球的 z 坐标
23                  (*ballIterator)->getBody()->getWorldTransform().getOrigin().getZ();
24          float ball_scale = 1.5f * Constant::BASKETBALL_R;
25          if (x3d < ball_X + ball_scale && x3d > ball_X - ball_scale
26                  && y3d < ball_Y + ball_scale && y3d > ball_Y - ball_scale
27                  && ball_Z > 1.55f) {
28              curr_ball = (*ballIterator);           //记录被单击的篮球
29              break;
30          }}
31       if (Constant::isnoHelpView) {                //判断是否在帮助界面
32          int result = judgeMenuTouched(tx, ty);     //获取单击的纹理矩形菜单
33          Constant::TOUCHED_CURR_MENU = result;      //记录当前选中的菜单
34       }}
```

- 第 1～第 14 行首先判断游戏是否已经结束，若已经结束，则触摸无效。若游戏正在进行，则记录被触摸的点，并将其转换为 3D 空间中的点。
- 第 15～第 34 行首先遍历存储篮球对象的向量，然后判断当前是否在帮助界面中，并获取当前单击的菜单按钮。其中在遍历存储篮球对象向量的 for 循环中首先获取篮球的当前位置，然后判断是否被玩家触摸。若被触摸，则记录被触摸的篮球。

（6）开发完触摸开始事件触发时被回调的 onTouchBegan 方法后，接下来就应该开发触摸移动和触摸结束事件触发时被调用的相关方法，而在触摸移动事件实现的方法中并没有做任何处理，因此，此次主要介绍触摸结束事件触发时被调用的方法，其代码如下。

代码位置：源代码/第 13 章/ FireBasketBall/jni/view 目录下的 GameView.cpp 文件。

```
void GameView::onTouchEnded(float touchX, float touchY) {
    float tx = Constant::fromScreenXToNearX(this->touchXOrigin);//屏幕 x 坐标到视口 x 坐标
    float ty = Constant::fromScreenYToNearY(this->touchYOrigin);//屏幕 y 坐标到视口 y 坐标
    float dx = (touchX - touchXOrigin);         //滑动差值
    float max_fingerTouch = 110 * 0.9 * Constant::SCREEN_HEIGHT_SCALE;//最大的触摸
    float dy =
            (touchY - touchYOrigin) > 0 ?
                0 : ((touchY - touchYOrigin) < -max_fingerTouch ?
                        -max_fingerTouch : (touchY - touchYOrigin));
                        //y 方向上的移动距离
     if (curr_ball != NULL){                    //如果有球被触摸到
        float vTZ = 1.0f;
        btVector3 linearVelocity = curr_ball->getBody()->getLinearVelocity();
        //获取篮球线速度
        btScalar btvx = linearVelocity.x();     //获取 x 方向线速度
        btScalar btvy = linearVelocity.y();     //获取 y 方向线速度
        btScalar btvz = linearVelocity.z();     //获取 z 方向线速度
        if (linearVelocity.x() > -vTZ && linearVelocity.x() < vTZ
                && linearVelocity.y() < vTZ && linearVelocity.y() > -vTZ
                && linearVelocity.z() > -vTZ && linearVelocity.z() < vTZ) {
            float vx = dx * 10 / Constant::SCREEN_WIDTH; //计算 x 方向的速度
```

```
20            float vy = -dy * 76 * 2 * Constant::vFactor   //计算 y 方向的速度
21                  / Constant::SCREEN_HEIGHT;
22            float vz = dy * 28 * 2 / Constant::SCREEN_HEIGHT;   //计算 z 方向的速度
23            curr_ball->getBody()->activate(true);            //设置刚体为动态
24            curr_ball->getBody()->setLinearVelocity(btVector3(vx, vy, vz));
              //设置其线速度
25            curr_ball->getBody()->setAngularVelocity(btVector3(5, 0, 0));
              //设置其角速度
26            curr_ball = NULL;
27        }}
28    curr_ball = NULL;                                         //设置当前没有篮球被触摸
29    if (Constant::isnoHelpView) {
30        int result = judgeMenuTouched(tx, ty);                //获取单击的纹理矩形菜单
31        if (Constant::TOUCHED_CURR_MENU == result) {          //记录当前选中的菜单
32            switch (Constant::TOUCHED_CURR_MENU) {
33            case 11:                                          //执行停止菜单被单击的代码
34                helpThreadFlag = false;                       //重置帮助线程标志位
35                Constant::isnoHelpView = false;               //重置帮助界面标志位
36                Constant::DIGITAL_SCORE = 0;                  //重置分数
37                break;
38            case 12:                                          //执行暂停菜单被单击的代码
39                isHelpPause = !isHelpPause;                   //反置当前帮助界面状态
40                break;
41            }}}}
```

❑ 第 1～第 9 行首先计算触摸点对应的视口坐标，然后计算手指滑动的 x 方向的差值，并设置最大的触摸长度，最后计算 y 方向手指滑动的距离。

❑ 第 10～第 28 行首先判断当前是否有篮球被触摸，若有，则获取当前被触摸篮球的线速度，并通过手指滑动的距离计算篮球飞出的 x、y、z 的速度的分量，然后设置其速度，并设置当前没有篮球被触摸。

❑ 第 29～第 41 行判断当前是否为帮助界面，若是，则获取当前单击的纹理矩形菜单按钮的编号，并通过 switch 分支判断单击的菜单按钮。若编号为 11，则执行停止菜单被单击的代码；若编号为 12，则执行暂停菜单被单击的代码。

13.6.2 墙面刚体封装类——TexCuboid

了解了游戏界面 GameView 类的开发后，接下来介绍游戏界面类中使用的一些篮球刚体封装类、墙面刚体封装类、篮板刚体封装类等。本小节介绍的是场景中最基本的刚体建筑——墙面，墙面刚体也即立方体，下面将分步骤介绍该类的开发。

（1）由于本书篇幅有限，请读者自行学习该类头文件的开发，从此步骤开始直接介绍该类中成员方法具体的实现代码。首先介绍该类的构造函数的开发，其代码如下。

代码位置：源代码/第 13 章/ FireBasketBall/jni/view 目录下的 TexCuboid.cpp 文件。

```
//……此处省略了对部分头文件的引用，需要的读者请查看随书中的源代码
TexCuboid::TexCuboid(
    btDynamicsWorld* m_dynamicsWorldIn,       //物理世界对象
    btVector3 boxHalfExtentsIn,               //长方体的半区域
    btScalar mass,                            //长方体的质量
    btVector3 pos,                            //刚体的位置
    btScalar restitutionIn,                   //恢复系数
    btScalar frictionIn,                      //摩擦系数
    float UNIT_SIZE,                          //单位长度
    int frontTexIdIn,    int backTexIdIn,int topTexIdIn,
    int bottomTexIdIn,int leftTexIdIn,int rightTexIdIn){
    bool isDynamic = (mass != 0);                 //判断物体是否可以运动
    btVector3 localInertia = btVector3(0, 0, 0);  //惯性向量
    btCollisionShape* colShape = new btBoxShape(boxHalfExtentsIn);
    if(isDynamic){
        colShape->calculateLocalInertia(mass, localInertia);//计算惯性
    }
```

```
18      btTransform startTansform = btTransform();//创建刚体初始变换对象
19      startTansform.setIdentity();              //初始化刚体变换对象
20      startTansform.getOrigin().setValue(pos.x(), pos.y(), pos.z());
        //设置变换对象的初始位置
21      btDefaultMotionState* myMotionState  =              //创建运动状态对象
22           new btDefaultMotionState(startTansform,btTransform::getIdentity());
23      btRigidBody::btRigidBodyConstructionInfo rbInfo(    //刚体信息对象
24                   mass, myMotionState, colShape, localInertia);
25      rbInfo.m_restitution = restitutionIn;      //设置反弹系数
26      rbInfo.m_friction = frictionIn;            //设置摩擦系数
27      body = new btRigidBody(rbInfo);            //创建刚体
28      m_dynamicsWorldIn->addRigidBody(body);     //将刚体添加进物理世界
29      this->offset_x = boxHalfExtentsIn.x();
30      this->offset_y = boxHalfExtentsIn.y();
31      this->offset_z = boxHalfExtentsIn.z();
32      frontBackRect = new TextureRect(
33              offset_x, offset_y, 0,UNIT_SIZE,
34              ShaderManager::getCommTextureShaderProgram(),NULL);
35      //……此处省略了创建长方体各个面的纹理矩形和记录器纹理 id 的相关代码
36  }
```

- 第 12～第 17 行首先判断该刚体的质量，若不为零则该物体不是静态，然后初始化存储刚体惯性向量，最后根据刚体质量计算该惯性向量。
- 第 18～第 26 行首先创建刚体初始变换对象，并将其初始化，设置其初始位置，然后创建运动状态对象和存储刚体信息对象，最后设置其反弹系数和摩擦系数。
- 第 27～第 36 行首先创建刚体对象，并将其添加进物理世界中，然后获取偏移量，最后创建绘制立方体 6 个面的纹理矩形对象。

（2）开发完该类的构造函数后，就完成了其刚体和绘制者的创建。读者也许很纳闷，在构造函数中并没有将篮球绘制者和篮球刚体进行任何绑定，那为什么能够进行实时模拟绘制呢？接下来就应该开发其具体的绘制方法，其代码如下。

代码位置：源代码/第 13 章/ FireBasketBall/jni/view 目录下的 TexCuboid.cpp 文件。

```
void TexCuboid::drawSelf(){
    MatrixState::pushMatrix();                          //保护现场
    btTransform trans;
    trans = body->getWorldTransform();                  //获取刚体的变换对象
    trans.getOpenGLMatrix(MatrixState::currMatrix);     //获取刚体的变换矩阵
    if(frontTexId != 0){
        MatrixState::pushMatrix();                      //保护现场
        MatrixState::translate(0, offset_y, 0);         //执行平移
        MatrixState::rotate(90, 1, 0, 0);               //执行旋转
        topBottomRect->drawSelf(topTexId);              //绘制上面
        MatrixState::popMatrix();                       //恢复现场
        //……此处省略了绘制立方体其他各个面对应的纹理矩形的相关代码
     }
     MatrixState::popMatrix();                                    //恢复现场
}
```

说明　在该类的绘制方法中，首先保护现场，然后获取刚体的变换对象，并获取其变换矩阵，有了该变换矩阵，再进行立方体各个面的绘制，就实现了模拟真实世界的效果。这也是将刚体和绘制者相结合的关键所在。

13.6.3 篮球刚体封装类——TexBall

了解了墙面刚体封装类 TexCuboid 的开发后，即可完成场景中墙面的搭建。墙面刚体属于静态的，而本小节将要介绍的篮球刚体的绘制类——TexBall，将刚体和篮球绘制绑定在一起，使玩家直观地感受物理世界的状态。

（1）该类头文件仅对成员变量和成员方法进行了声明，因此为了节省篇幅，需要的读者请查看随书的源代码。下面首先介绍该类中构造函数的实现，其代码如下。

代码位置：源代码/第 13 章/ FireBasketBall/ jni/MyBullet 目录下的 TexBall.cpp 文件。

```
1   TexBall::TexBall(float r,int texId,
2           btDynamicsWorld *dynamicsWorld,btScalar mass,
3           btVector3 pos,btScalar restitutionIn,btScalar frictionIn){
4       bool isDynamic = (mass != 0);               //物体是否可以运动
5       btVector3 localInertia = btVector3(0, 0, 0);     //表示惯性向量
6       btCollisionShape* colShape = new btSphereShape(r); //创建球形形状
7       if(isDynamic){
8           colShape->calculateLocalInertia(mass, localInertia); //计算惯性
9       }
10      btTransform startTransform = btTransform();     //创建刚体的初始变换对象
11      startTransform.setIdentity();                   //变换对象初始化
12      startTransform.getOrigin().setValue(pos.x(), pos.y(), pos.z());//设置变换对象的位置
13      btDefaultMotionState *myMotionState
14              = new btDefaultMotionState(startTransform);//创建刚体运动状态对象
15      btRigidBody::btRigidBodyConstructionInfo rbInfo(
16              mass,myMotionState,colShape,localInertia);   //创建刚体信息对象
17      rbInfo.m_restitution = restitutionIn;           //设置反弹系数
18      rbInfo.m_friction = frictionIn;                 //设置摩擦系数
19      body = new btRigidBody(rbInfo);                 //创建刚体
20      dynamicsWorld->addRigidBody(body);              //将刚体添加进物理世界
21      this->r = r;                                    //记录球半径
22      this->texId = texId;                            //记录纹理 id
23      ball = new Ball(    texId,r,
24              ShaderManager::getShadowshaderProgram());      //创建绘制球对象
25      ballState = 0;                                  //设置篮球当前状态
26      isnoLanBan = 0;                                 //是否和篮板在前一刻碰撞了
27  }
```

❑ 第 1～第 9 行首先判断物体质量是否为零，若为零，则表示物体静止；若不为零，则表示物体可运动。然后初始化其惯性向量，并创建球形形状，最后根据是否为镜头物体计算其实际的惯性向量。

❑ 第 10～第 20 行首先创建刚体的初始变换对象，并对其初始化，然后设置变换对象的位置，接着创建刚体运动状态对象和刚体信息对象，并设置相关系数，最后将其添加进物理世界。

❑ 第 21～第 26 行首先记录篮球的半径和纹理 id，然后创建篮球绘制对象，最后设置篮球的状态以及是否和篮板在前一刻碰撞。

（2）了解了该类构造函数的开发后，接下来介绍该类绘制自身的 drawSelf 方法，篮球绘制者和篮球刚体就在此方法中进行了相关操作，使得篮球的绘制正好是篮球刚体的状态。

代码位置：源代码/第 13 章/ FireBasketBall/ jni/MyBullet 目录下的 TexBall.cpp 文件。

```
void TexBall::drawSelf(int ballTexId, int isShadow, int planeId,int isLanbanYy) {
    MatrixState::pushMatrix();                          //保护现场
    btTransform trans;
    trans = body->getWorldTransform();                  //获取刚体的变换信息对象
    trans.getOpenGLMatrix(MatrixState::currMatrix);//将当前的矩阵设置给变换信息对象
    glEnable(GL_BLEND);                                 //开启混合
    glBlendFunc(GL_SRC_ALPHA, GL_ONE_MINUS_SRC_ALPHA);  //设置混合
    MatrixState::pushMatrix();                          //保护现场
    ball->drawSelf(ballTexId, isShadow, planeId, isLanbanYy); //绘制球
    MatrixState::popMatrix();                           //恢复现场
    glDisable(GL_BLEND);                                //关闭混合
    MatrixState::popMatrix();                           //恢复现场
}
```

说明 在篮球刚体绘制自身的 drawSelf 方法中，首先保护现场，然后获取刚体的变换信息对象，并将当前的矩阵设置给变换信息对象，经过这一步操作后，绘制出的篮球就和刚体状态保持一致。

13.6.4　任何形状类——AnyShapeByVectices

通过前面章节的学习，就可以完成该游戏四周的前面、篮板、篮球相关场景的绘制。细心的读者可能会发现，以上介绍的均是规则形状的刚体封装类，那么若需要创建茶壶、篮筐、人物等不规则形状的刚体，则需要用到本小节介绍的任何形状类。

（1）在学习其成员方法实现的代码前，请读者查看随书中的源代码，了解其头文件的开发。首先介绍的是该类构造函数的开发，其代码如下。

代码位置：源代码/第 13 章/ FireBasketBall/ jni/MyBullet 目录下的 AnyShapeByVectices.cpp 文件。

```
1   AnyShapeByVectices::AnyShapeByVectices(
2           float* vertices_fl,int numsVerticesBt,int* indices,
3           int numsIndices,float* m_texs,int m_nums_tex,
4           bool update,float lightFlag,GLuint mprogram){
5       this->m_vertices_noRepeat = vertices_fl;             //记录顶点数据
6       this->m_vCount = numsIndices;                        //记录顶点总数
7       this->m_indices = indices;                           //记录索引数组
8       this->m_lightFlag = lightFlag;                       //记录是否有灯光
9       this->m_vCount_noRepeat = numsVerticesBt / 3;        //记录三角形个数
10      this->update = update;                               //记录是否需要实时更新
11      btVector3* verticesBt = floatToBtVector3(vertices_fl,numsVerticesBt);
12      m_vertices_bt = new btVector3[m_vCount];             //创建存储顶点数据的数组
13      for(int i = 0; i < m_vCount; i++){                   //遍历索引数组
14          int index = m_indices[i];                        //获取当前索引
15          m_vertices_bt[i] = verticesBt[index];            //记录索引对应的数据
16      }
17      m_vertices = btVector3ToFloat(                       //数据转换
18              m_vertices_bt, m_vCount);
19      mVertexBuffer = &m_vertices[0];                      //给顶点数据缓冲赋值
20      m_normals = method(                                  /计算顶点法向量
21              m_vertices_bt,                               //顶点数组
22              m_vCount,                                    //顶点数组的长度
23              m_indices,                                   //顶点数组的索引数组
24              m_vCount                                     //顶点数组的索引数组的长度
25              );                                           //返回的法向量数组
26      mNormalBuffer = &m_normals[0];                       //给法向量数据缓冲赋值
27      this->m_texs  = m_texs;                              //记录纹理坐标数据
28      mTextureBuffer = &m_texs[0];                         //给纹理数据缓冲赋值
29      initShader(mprogram);                                //初始化着色器
30  }
```

- 第 5～第 10 行首先记录各个数据，包括顶点数据、顶点总数、顶点索引数据、顶点索引总数以及是否有灯光、是否需要实时更新等数据。
- 第 11～第 19 行首先将顶点数据进行组装，从以浮点数为单元的数组变换成以 btVector3 类型为单元的数组，然后通过顶点索引数据进行物体顶点的卷绕，最后再将其转换为以浮点数为单元的数组，并赋值给顶点数据缓冲对象。
- 第 20～第 29 行首先调用 method 方法，计算顶点法向量，并将计算的法向量赋值给法向量数据缓冲，然后给纹理数据缓冲赋值，最后调用 initShader 方法进行着色器的初始化。

> **提示**　由于游戏中任何刚体封装类和任何软体封装类均使用该类进行模型的绘制，因此其法向量数据必然不一样。软体的法向量是根据其顶点位置实时进行计算，而刚体的法向量则可直接使用加载 obj 文件中的法向量数据，因此笔者针对此问题开发了两个构造函数。此处仅介绍软体对应的构造函数，另外一个构造函数非常简单，请读者查看随书中的源代码。

（2）开发完该类的构造函数后，接下来就应该开发计算顶点法向量的 method 方法，其代码如下。

代码位置：源代码/第 13 章/ FireBasketBall/ jni/MyBullet 目录下的 AnyShapeByVectices.cpp 文件。

```
1    float* AnyShapeByVectices::method(
2            btVector3* vertices,               //顶点数组(有重复值的)
3            int nums_vertices,                 //顶点数组的长度
4            int* index_vertices,               //顶点数组的索引数组
5            int nums_indexVertices             //顶点数组的索引数组的长度
6            ){
7        btVector3* vertices_Normal = new btVector3[nums_vertices];//创建法向量数组
8        btVector3* tempVecticsNormal =                  //创建临时法向量数组
9                new btVector3[m_vCount_noRepeat];
10       for(int i = 0; i<nums_vertices; i++){
11           vertices_Normal[i].setZero();               //初始化法向量
12       }
13       for(int i = 0; i<m_vCount_noRepeat; i++){
14           tempVecticsNormal[i].setZero();             //初始化法向量
15       }
16       int nums_triangle = nums_vertices / 3;          //获取三角形总数
17       for(int i = 0; i<nums_triangle; i++){           //遍历所有的三角形
18           btVector3 btv1 = vertices[i*3+0];           //获取一个三角形的 3 个顶点
19           btVector3 btv2 = vertices[i*3+1];
20           btVector3 btv3 = vertices[i*3+2];
21           int index_btv1 = index_vertices[i*3+0];     //获取该三角形的索引值
22           int index_btv2 = index_vertices[i*3+1];
23           int index_btv3 = index_vertices[i*3+2];
24           btVector3 btv1_btv2 = btv1 - btv2;          //获取三角形其中两条边的向量
25           btVector3 btv1_btv3 = btv1 - btv3;
26           btVector3 tempNormal =                      //计算当前三角形的法向量
27               btv1_btv2.cross(btv1_btv3);
28           tempVecticsNormal[index_btv1] += tempNormal;  //给每个顶点的法向量赋值
29           tempVecticsNormal[index_btv2] += tempNormal;
30           tempVecticsNormal[index_btv3] += tempNormal;
31       }
32       for(int i = 0; i<nums_triangle; i++){               //遍历所有的三角形
33           vertices_Normal[i*3+0] =                        //给每个顶点的法向量赋值
34               m_lightFlag * tempVecticsNormal[index_vertices[i*3+0]];
35           vertices_Normal[i*3+1] =
36               m_lightFlag * tempVecticsNormal[index_vertices[i*3+1]];
37           vertices_Normal[i*3+2] =
38               m_lightFlag * tempVecticsNormal[index_vertices[i*3+2]];
39       }
40       float* answer = btVector3ToFloat(vertices_Normal,nums_vertices);
41       delete vertices_Normal;                     //删除法向量数组
42       delete tempVecticsNormal;                   //删除临时顶点法向量数组
43       return answer;
44   }
```

- 第 1～第 31 行首先创建存储法向量的数组，并将其初始化，然后遍历所有三角形，取出其顶点并组成向量，最后将向量进行叉积以得到其法向量，并赋值给存储法向量的临时数组。
- 第 32～第 43 行首先遍历所有三角形，将临时存储法向量数组中的数组传给结果数组，然后删除该方法中的对象，最后将结果数组返回。

（3）开发完计算法向量数据的方法后，接下来就应该开发初始化着色器的 initShader 方法和绘制其本身的 drawSelf 方法，其代码如下。

代码位置：源代码/第 13 章/ FireBasketBall/ jni/MyBullet 目录下的 AnyShapeByVectices.cpp 文件。

```
void AnyShapeByVectices::initShader(GLuint mprogram){
    mProgram = mprogram;                                       //记录着色器程序
    muMVPMatrixHandle = glGetUniformLocation(mProgram, "uMVPMatrix");//获取总变换矩阵引用
    muMMatrixHandle = glGetUniformLocation(mProgram, "uMMatrix");//获取变换矩阵引用
    muTexHandle = glGetUniformLocation(mProgram, "sTexture"); //获取纹理内容引用
    maPositionHandle = glGetAttribLocation(mProgram, "aPosition");//获取顶点数据引用
    maTexCoorHandle = glGetAttribLocation(mProgram, "aTexCoor");//获取纹理坐标引用
    maNormalHandle = glGetAttribLocation(mProgram, "aNormal"); //获取法向量引用
}
 void AnyShapeByVectices::drawSelf(int texIdIn){
```

```
11        if(update){
12            initVNData();                          //更新数据的方法
13        }
14        MatrixState::pushMatrix();                 //保护现场
15        glUseProgram(mProgram);                    //使用着色器
16        glUniformMatrix4fv(muMVPMatrixHandle                     //传入总变换矩阵
17                , 1, 0, MatrixState::getFinalMatrix());
18        glUniformMatrix4fv(muMMatrixHandle                       //传入变换矩阵
19                , 1, 0, MatrixState::getMMatrix());
20        glUniform3fv(muCameraHandle                              //传入摄像机位置
21                , 1, MatrixState::cameraFB);
22        glUniform3fv(muLightLocationHandle                       //传入光源位置
23                , 1, MatrixState::lightPositionFBSun);
24        glVertexAttribPointer(maPositionHandle,3                 //传入顶点数据
25                    , GL_FLOAT, GL_FALSE,3*4, mVertexBuffer);
26        glVertexAttribPointer(maTexCoorHandle,2                  //传入纹理数据
27                    ,GL_FLOAT,GL_FALSE,2*4,mTextureBuffer);
28        glVertexAttribPointer(maNormalHandle,3                   //传入法向量数据
29                ,GL_FLOAT,GL_FALSE,3*4,mNormalBuffer);
30        glEnableVertexAttribArray(maPositionHandle);              //开启顶点属性数组
31        glEnableVertexAttribArray(maTexCoorHandle);               //开启纹理属性数组
32        glEnableVertexAttribArray(maNormalHandle);                //开启法向量属性数组
33        glActiveTexture(GL_TEXTURE0);
34        glBindTexture(GL_TEXTURE_2D, texIdIn);                    //绑定纹理
35        glUniform1i(muTexHandle, 0);
36        glDrawArrays(GL_TRIANGLES, 0, m_vCount);                  //绘制三角形
37        glDisableVertexAttribArray(maPositionHandle);             //废除顶点属性数组
38        glDisableVertexAttribArray(maTexCoorHandle);              //废除纹理属性数组
39        glDisableVertexAttribArray(maNormalHandle);               //废除法向量属性数组
40        MatrixState::popMatrix();                                 //恢复现场
41    }
```

❑ 第 1～第 9 行为初始化着色器程序的 initShader 方法，该方法主要是获取着色器程序中相关数据的引用，以便在绘制方法中向着色器传入数据。

❑ 第 10～第 13 行首先判断是否需要实时更新相关数据的标志位，若需要更新，则调用该类中的 initVNData 方法进行更新。由于本游戏中的篮网使用软体进行实现，而软体只要受到力，就会发生形变，因此需要该方法对相关数据进行实时更新。

❑ 第 14～第 40 行首先向着色器中传入相关数据，然后开启顶点、纹理和法向量属性数组，并绑定指定纹理，最后进行物体的绘制，并关闭所有属性数组。

（4）开发完该类的绘制方法后，接下来就应该开发在绘制方法中被调用的用于实时更新顶点、纹理、法向量相关数据的 initVNData 方法，其代码如下。

代码位置：源代码/第 13 章/ FireBasketBall/ jni/MyBullet 目录下的 AnyShapeByVectices.cpp 文件。

```
void AnyShapeByVectices::initVNData(){
    if(m_normals){
        delete m_normals;
        m_normals = 0;
    }
    mVertexBuffer = &m_vertices_noRepeat[0];                //给顶点数据缓冲赋值
    mTextureBuffer = &m_texs[0];                            //给纹理数据缓冲赋值
    this->m_vertices_bt = floatToBtVector3(m_vertices,m_vCount*3);
    this->m_normals = method(                               //计算顶点法向量
            m_vertices_bt,m_vCount, m_indices,m_vCount      );
     delete m_vertices_bt;
    mNormalBuffer = &m_normals[0];                          //给法向量数据缓冲赋值
}
```

说明　在实时更新顶点、纹理、法向量相关数据的 initVNData 方法中，读者可以很明显地发现，其实质上是对顶点数据缓冲、顶点纹理数据缓冲、顶点法向量数据缓冲重新赋值，而实际对数据进行修改是在 SoftBody 软体类中进行的。

13.6.5 任何形状刚体封装类——TexTriangleMesh

了解了任何形状封装类后，就可以用 3D 模型进行绘制，接下来实现篮筐刚体就很简单了，只需要在 3DMAX 中设计好篮筐模型，然后再将模型数据传入该类，进行刚体的创建，最后通过获取刚体变换矩阵对其进行绘制。

（1）类头文件中仅对该类中的成员变量、成员方法进行声明，读者可查看随书中的源代码进行头文件的学习，此处直接介绍该类构造函数的实现，其代码如下。

代码位置：源代码/第 13 章/ FireBasketBall/ jni/MyBullet 目录下的 TexTriangleMesh.cpp 文件。

```
1   TexTriangleMesh::TexTriangleMesh(
2       btScalar mass,float* vertices, int numsVer,
3       int* indices,int numsInd,float* texs,int numsTex,float* float* m_normals,int m_num_normals,
4       float scale, btVector3 pos,    btScalar restitutionIn,
5       btScalar frictionIn, btDynamicsWorld *dynamicsWorld,int triangleTexId){
6       for(int i = 0; i<numsVer; i++){                //遍历顶点数组
7           vertices[i] = vertices[i]*scale;           //更改顶点数据
8       }
9       this->triangleTexId = triangleTexId;           //记录纹理 id
10      int totalTriangles = numsInd / 3;              //计算三角形总数
11      int numsVertices = numsInd;                    //记录顶点总数
12      int vertStride = 3*sizeof(float);              //顶点数组步长
13      int indexStride = 3*sizeof(int);               //索引步长
14      btTriangleIndexVertexArray* m_indexVertexArrays   //创建三角形索引数组类对象
15              = new btTriangleIndexVertexArray(
16              totalTriangles,                                  //三角形数
17              indices,                                         //索引数组
18              indexStride,                                     //索引步长
19              numsVertices,                                    //所有的顶点数
20              (btScalar*) &vertices[0],                        //顶点数组的首地址
21              vertStride);                                     //顶点步长
22       btGImpactMeshShape * gims =                             //创建固定三角形形状类对象
23                   new btGImpactMeshShape(m_indexVertexArrays);
24       gims->updateBound();                                    //更新范围
25       btCollisionShape* finalShape = gims;
26       btCollisionDispatcher * dispatcher =                   //获取调度器
27                static_cast<btCollisionDispatcher *>
28                    (dynamicsWorld ->getDispatcher());
29       btGImpactCollisionAlgorithm::registerAlgorithm(dispatcher);   //注册算法
30       ctm = new AnyShapeByVectices(vertices,numsVer,           //创建绘制者
31              indices,numsInd,texs,numsTex, m_normals, m_num_normals,false,1.0f,
32              ShaderManager::getLigntAndTexturehaderProgram());
33       bool isDynamic = (mass != 0);                          //物体是否可以运动
34       btVector3 localInertia = btVector3(0, 0, 0);           //惯性向量
35       if(isDynamic){
36           finalShape->calculateLocalInertia(mass, localInertia);     //计算惯性向量
37       }
38       btTransform transform = btTransform();                 //创建刚体的初始变换对象
39       transform.setIdentity();                               //变换对象初始化
40       transform.getOrigin().setValue(pos.x(),pos.y(),pos.z());//设置变换对象的位置
41       btDefaultMotionState* myMotionState =
42           new btDefaultMotionState(transform);               //创建刚体运动状态对象
43       btRigidBody::btRigidBodyConstructionInfo rbInfo(       //创建刚体信息对象
44           mass, myMotionState, finalShape, localInertia);
45       rbInfo.m_restitution = restitutionIn;                  //设置反弹系数
46       rbInfo.m_friction = frictionIn;                        //设置摩擦系数
47       body = new btRigidBody(rbInfo);                        //创建刚体
48       dynamicsWorld->addRigidBody(body);                     //将刚体添加进物理世界
49  }
```

- 第 1～第 13 行首先根据缩放比例对顶点数据进行修改，然后记录纹理 id，最后计算模型中的三角形总数、顶点数组长度以及索引的长度。
- 第 14～第 29 行首先创建三角形索引数组类对象和固定三角形形状类对象，并调用 updateBound 方法更新范围，最后获取调度器，并注册算法。

❑ 第 30～第 49 行首先创建绘制对象，然后通过刚体质量判断其是否为静态，接着创建刚体的初始变换对象，并对其初始化，最后创建刚体运动状态对象，设置其相关参数，并将其添加进物理世界。

（2）开发完该类的构造函数后，接下来就应该开发该类的绘制方法。绘制很简单，直接获取刚体的变换矩阵，然后再进行绘制即可，其代码如下。

代码位置：源代码/第 13 章/ FireBasketBall/ jni/MyBullet 目录下的 TexTriangleMesh.cpp 文件。

```
void TexTriangleMesh::drawSelf(){
    MatrixState::pushMatrix();                 //保护现场
    btTransform trans;
    trans = body->getWorldTransform();         //获取刚体的变换信息对象
    trans.getOpenGLMatrix(MatrixState::currMatrix);//将当前的矩阵设置给变换信息对象
    MatrixState::pushMatrix();                 //保护现场
    ctm->drawSelf(triangleTexId);               //绘制固定形状类对象
    MatrixState::popMatrix();                  //恢复现场
    MatrixState::popMatrix();                  //恢复现场
}
```

说明　在该类的绘制方法中，首先保护现场，然后获取刚体的变换对象，并获取其变换矩阵。有了该变换矩阵，再进行篮筐模型的绘制，就实现了模拟真实世界的效果。

13.6.6　任何形状软体封装类——SoftObj

了解了任何形状刚体封装类后，接下来实现篮网软体就很简单了，只需要在 3DMAX 中设计好篮网模型，然后再将模型数据传入该类，进行软体的创建，最后每绘制一帧画面之前，获取软体所有顶点数据，再对绘制数据进行实时更新，即实现了篮网的实时抖动。

（1）该类头文件仅对该类中的成员变量、成员方法进行了声明，读者可查看随书中的源代码进行头文件的学习，此处直接介绍该类构造函数的实现，其代码如下。

代码位置：源代码/第 13 章/ FireBasketBall/ jni/MyBullet 目录下的 SoftObj.cpp 文件。

```
SoftObj::SoftObj(btSoftRigidDynamicsWorld* m_dynamicsWorld,
    btSoftBodyWorldInfo& m_softBodyWorldInfo,btVector3 pos,float* m_gVertices,int m_nums_ver
    ,int* m_gIndices,int m_nums_ind,float* m_texs,    int m_numtexs,    float scale){
    this->m_dynamicsWorld = m_dynamicsWorld;          //记录物理世界指针
    this->m_softBodyWorldInfo = m_softBodyWorldInfo; //记录物理世界信息
    this->m_pos = pos;                           //记录位置坐标
    this->m_gVertices = m_gVertices;             //记录顶点数组
    this->m_nums_ind = m_nums_ind;
    this->m_numtexs = m_numtexs;
     for(int i = 0; i<m_nums_ver; i++){         //遍历顶点数组
        this->m_gVertices[i] *= scale;          //更改顶点数据
     }
     this->m_gIndices = m_gIndices;              //记录索引数组
     this->m_numsTriangles = m_nums_ind / 3; //计算三角形个数
     nodeVector = new std::vector<btVector3>();
     initObj();                                 //初始化软体方法
     this->m_numT = psb->m_faces.size();         //三角形个数
     this->m_vertices=new float[m_numT*3*3]; //创建顶点数组
     verticesBt = floatToBtVector3(m_gVertices,m_nums_ver);
     this->asbv = new AnyShapeByVectices(        //创建绘制对象
         this->m_vertices,m_nums_ver,     m_gIndices,m_nums_ind,m_texs
     ,m_numtexs,true,1.0f,ShaderManager::getCommTextureShaderProgram());
     this->updateVertex();                       //初始化顶点数据
}
```

说明　在该类构造函数中，首先对传入的变量进行记录，然后调用 initObj 方法初始化软体模型，并根据篮网数据创建篮网绘制者对象，最后调用 updateVertex 方法进行顶点的计算。

（2）开发完该类头文件后，接下来就应该进行初始化软体对象相关方法的开发，其代码如下。

代码位置：源代码/第 13 章/ FireBasketBall/ jni/MyBullet 目录下的 SoftObj.cpp 文件。

```
1    void SoftObj::initObj(){
2        psb=createSoftBody(m_pos,btVector3(0,0,0));    //调用创建软体方法
3        psb->generateClusters(32);                     //设置软体集群数
4        psb->m_cfg.kDF=0;                              //摩擦系数
5    }
6    btSoftBody*     SoftObj::createSoftBody(const btVector3& x,const btVector3& a){
7        btSoftBody*    psb=btSoftBodyHelpers::CreateFromTriMesh(//创建三角形组软体方法
8             m_softBodyWorldInfo,m_gVertices,&m_gIndices[0],m_numsTriangles);
9        btSoftBody::Material*   pm=psb->appendMaterial();    //获取软体材质
10       pm->m_kLST     =     1;                               //设置软体材质信息
11       psb->generateBendingConstraints(2,pm);               //设置弯曲系数
12       psb->m_cfg.piterations      =     2;
13       psb->m_cfg.collisions = btSoftBody::fCollision::CL_SS+btSoftBody::fCollisi
     on::CL_RS;
14       psb->setPose(true,true);                          //设置姿态是否可变
15       psb->randomizeConstraints();                      //设置软体随机系数
16       psb->rotate(btQuaternion(a[0],a[1],a[2]));        //对软体进行旋转变换
17       psb->translate(x);                                //对软体进行平移变换
18       psb->setTotalMass(0.1,true);                      //设置总质量
19       psb->generateClusters(32);                        //设置软体集群数
20       m_dynamicsWorld->addSoftBody(psb);                //将软体添加到物理世界中
21       return(psb);                                      //返回软体指针
22   }
```

- 第 1～第 4 行为初始化软体的 initObj 方法，在该方法中，首先通过调用本类的 createSoftBody 成员方法进行软体的创建，然后设置软体集群数。
- 第 5～第 22 行为创建软体对象的 createSoftBody 方法，在该方法中，首先通过创建三角形组软体的方法创建软体对象，然后依次设置软体的材质、弯曲系数、平移、旋转等相关信息，最后将该软体添加进物理世界中。

（3）开发完初始化软体对象相关方法后，接下来就应该开发实时获取软体顶点数据以便对绘制者进行更新的方法，其代码如下。

代码位置：源代码/第 13 章/ FireBasketBall/ jni/MyBullet 目录下的 SoftObj.cpp 文件。

```
1    void SoftObj::updateVertex(){
2        int count=0;                                    //顶点计数器
3        int nSize = psb->m_nodes.size();                //获取节点长度
4        nodeVector->clear();                            //清空向量
5        for(int i=0;i<nSize;i++){                       //遍历节点
6            const btSoftBody::Node& n = psb->m_nodes.at(i); //根据编号获取节点
7            nodeVector->push_back((n.m_x));                 //将节点坐标存储到向量
8        }
9        for(int j=0;j<m_nums_ind;j++){
10            int index = m_gIndices[j];                     //获取索引编号
11            m_vertices[count++] = nodeVector->at(index).x();//获取索引编号对应的 X 坐标
12            m_vertices[count++] = nodeVector->at(index).y();//获取索引编号对应的 Y 坐标
13            m_vertices[count++] = nodeVector->at(index).z();//获取索引编号对应的 Z 坐标
14       }}
```

- 第 1～第 8 行首先获取软体节点个数，并清空存储节点的向量，最后通过 for 循环遍历所有节点，将节点的坐标存储到本地向量中。
- 第 9～第 14 行的功能为用 for 循环重新对顶点数据进行卷绕。首先获取顶点索引数组对应的索引编号，然后通过编号寻找对应的顶点坐标数据，最后将数据存储到数组中。

提示

可能部分读者有疑问，在此处进行数据修改后，并没有进行传输，为何绘制者也能使用修改后的数据呢？其实很简单，笔者将指向该顶点数组的指针，即该数据地址，传给绘制者，所以在地址不变的情况下，地址中的实际内容改变，绘制者直接读取改变后的内容。

13.7 游戏的优化及改进

到此为止，体育竞技类游戏——火力篮球，已经开发完成，也实现了最初设计的功能。但是通过开发后的试玩测试发现，游戏中仍然存在一些需要优化和改进的地方，下面列举笔者想到的一些方面。

❑ 优化游戏界面

没有哪一款游戏的界面不可以更加完美和绚丽，所以对本游戏的界面，读者可以自行根据自己的想法进行改进，使其更加完美。如游戏排行榜布景中可以添加一些点缀，使画面更加精美。

❑ 修复游戏 bug

现在众多的手机游戏在公测之后也有很多 bug，需要玩家不断地发现，以便改进游戏。笔者已经将目前发现的所有 bug 修复完全，但是还有很多 bug 需要玩家发现，这对于游戏的可玩性有极其重要的帮助。

❑ 完善游戏玩法

本游戏只是一个一分钟投篮游戏，只有一个排行榜，如果添加进别的花样可能会使游戏更具可玩性和挑战性，能让更多的玩家喜欢上此游戏。

❑ 增强游戏体验

为了增强更好的用户体验，篮球落地效果可以自行调整，合适的特效会极大地增加游戏的可玩性。读者还可在切换场景时增加更加炫丽的效果，使玩家对本款游戏印象更加深刻，更加有想玩的欲望，增强游戏体验。

第 14 章　iOS 休闲类游戏——方块翻转

本书上卷曾经介绍过如何在 iOS 系统下开发 OpenGL ES 3.0 应用程序，但是上卷中仅介绍了两个非常简单的小案例，本章将开发一款完整的基于 iOS 平台上的休闲类游戏——方块翻转，该游戏使用 C++语言开发 OpenGL ES 3.0 的部分代码，下面介绍该游戏的开发。

14.1 游戏背景及功能概述

开发“方块翻转”游戏之前，读者首先需要了解的是该 3D 游戏的开发背景和功能。本节主要介绍该游戏的开发背景及功能。希望通过笔者的介绍可以使读者对该 3D 游戏有一个整体的、基本的了解，进而为之后的游戏开发做好准备。

14.1.1 游戏背景概述

首先介绍一些市面上比较流行的休闲类游戏，比如巧解孔明锁、开心消消乐和 3D FUN CATCHER 等，如图 14-1、图 14-2 和图 14-3 所示为游戏中的截图。这几款游戏的玩法以及游戏内容虽然不同，但都是非常容易上手的休闲类游戏，同时都具有很强的可玩性。

▲图 14-1　巧解孔明锁

▲图 14-2　开心消消乐

▲图 14-3　3D FUN CATCHER

本章将使用 OpenGL ES 3.0 渲染技术开发 iOS 平台上的一款 3D 休闲类趣味小游戏。本游戏的玩法非常简单，界面非常简洁，增强了用户体验，玩家很容易上手。

14.1.2 游戏功能介绍

“方块翻转”游戏主要包括游戏主界面、关卡选择界面、帮助界面、关于界面、暂停界面和游戏界面。接下来将对该游戏的部分界面以及运行效果进行简单的介绍。

（1）首先运行该游戏，直接进入该游戏主界面。可以看到该界面主要有两个按钮，分别是“开始游戏”按钮和“显示菜单”按钮，如图 14-4 所示。

（2）接下来单击游戏主界面的“显示菜单”按钮，可以看到游戏主界面中“开始游戏”按钮变小，并出现 5 个选项，分别是“隐藏菜单”“选择关卡”“帮助”“关于”和“退出”，在左下角和右下角分别有控制音效和音乐开关按钮，如图 14-5 和图 14-6 所示。

▲图 14-4　游戏主界面

▲图 14-5　显示菜单 1

▲图 14-6　显示菜单 2

（3）单击“隐藏菜单”选项后，则游戏主界面恢复原样，如图 14-4 所示。单击“选择关卡”选项后，进入关卡选择界面，在关卡选择界面内，有“选择关卡”字样，并且有 4 个关卡可以选择，每个关卡都配有文字和缩略图，最下方有“返回”按钮，如图 14-7 所示。

（4）单击“帮助”选项后，进入本游戏的帮助界面，帮助界面内主要是针对游戏各个关卡玩法的动画，除了关卡动画外，还有“返回菜单”“重放”和“下一关”3 个选项，帮助界面内共有 4 个关卡的帮助动画，如图 14-8、图 14-9、图 14-10 和图 14-11 所示。

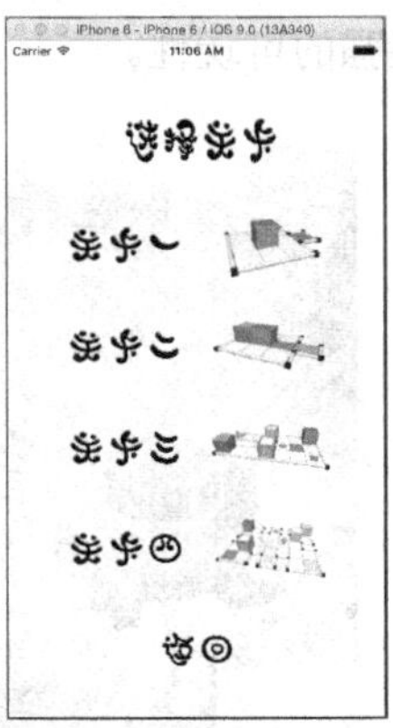

▲图 14-7　选择关卡界面

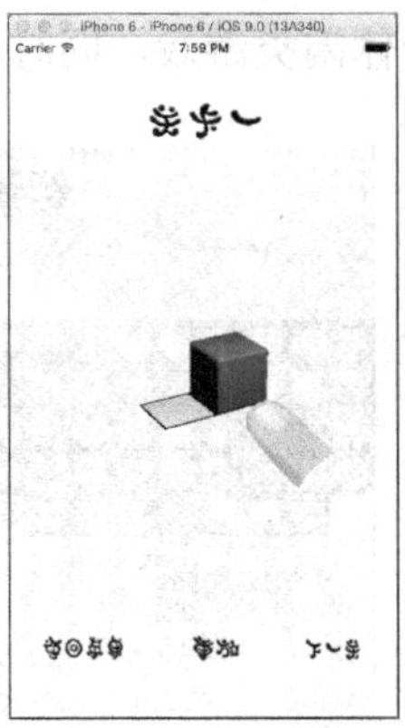

▲图 14-8　帮助界面 1

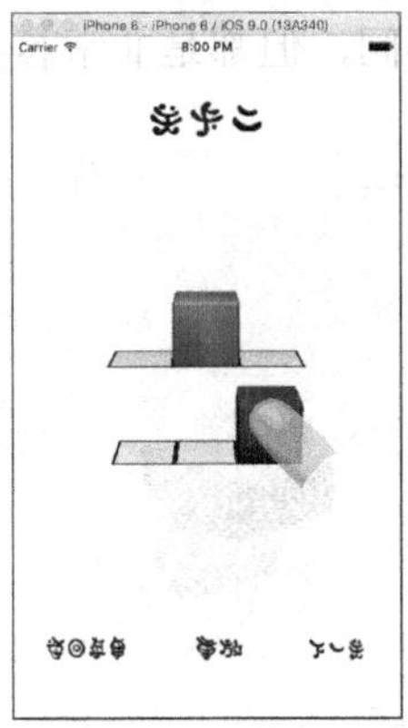

▲图 14-9　帮助界面 2

（5）单击“关于”选项后，进入游戏关于界面，该界面主要给出了相关版权信息，如图 14-12 所示。

（6）单击“退出”选项后，直接退出游戏。

（7）单击游戏主界面内的“开始游戏”按钮后，直接进入关卡一的游戏界面，玩家可以通过选择关卡进入不同的游戏界面，本游戏有 4 个游戏界面可以供玩家选择，如图 14-13、图 14-14、图 14-15 和图 14-16 所示。

（8）在游戏界面内，如果玩家将手指放到方块处，即可向上、下、左、右这 4 个方向移动方块。如果将手指放到空白地方，移动手指可以改变观察的视角，如图 14-17 和图 14-18 所示。

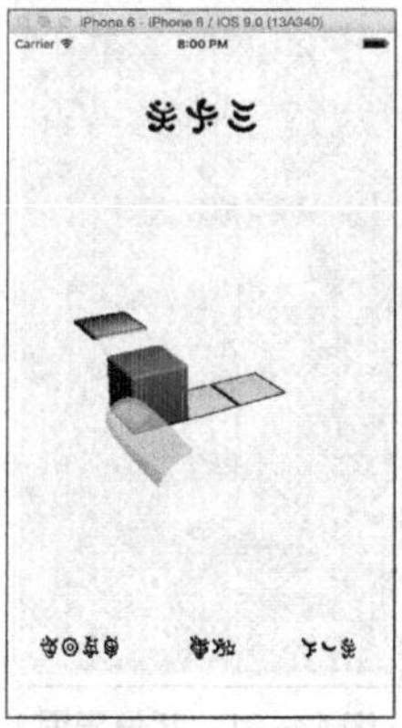

▲图 14-10　帮助界面 3

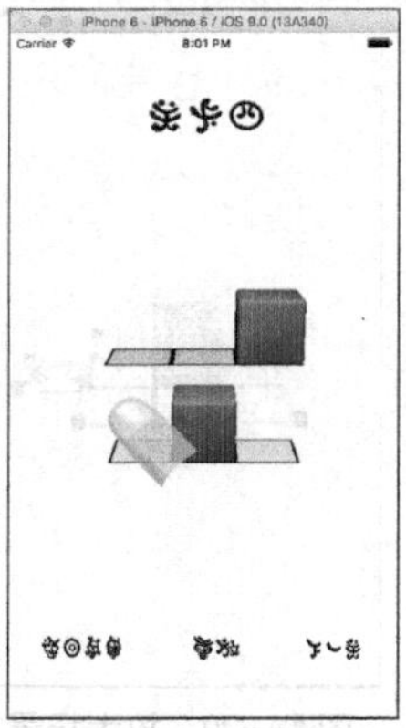

▲图 14-11　帮助界面 4

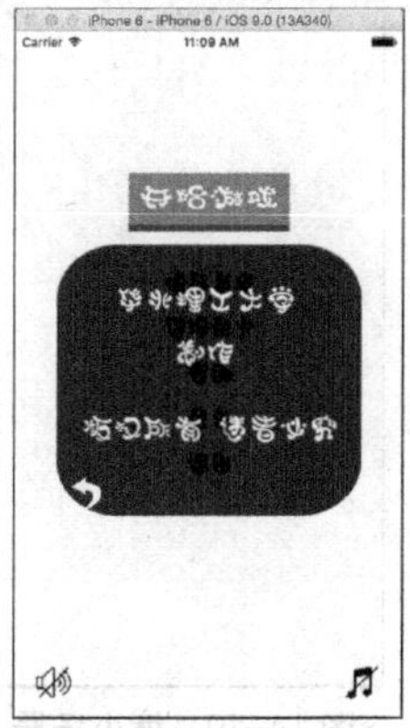

▲图 14-12　关于界面

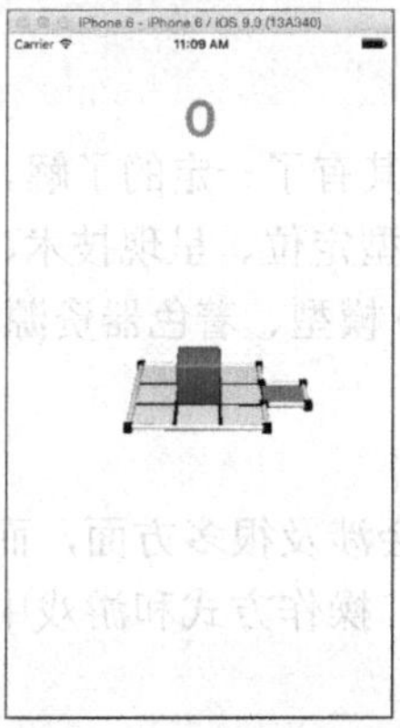

▲图 14-13　游戏界面 1

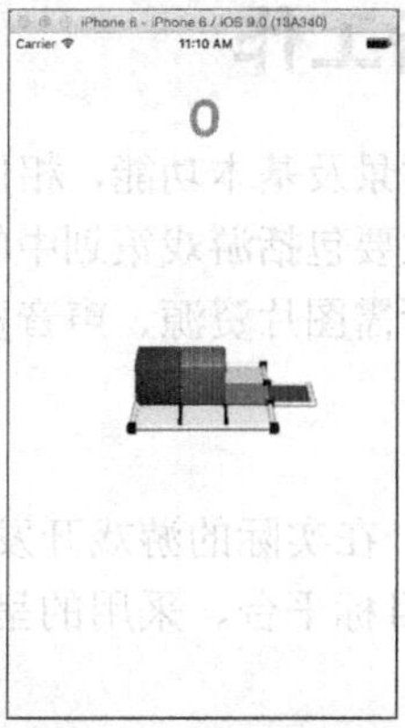

▲图 14-14　游戏界面 2

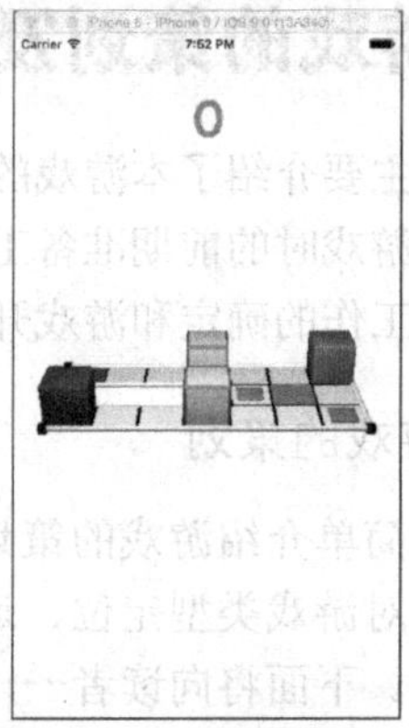

▲图 14-15　游戏界面 3

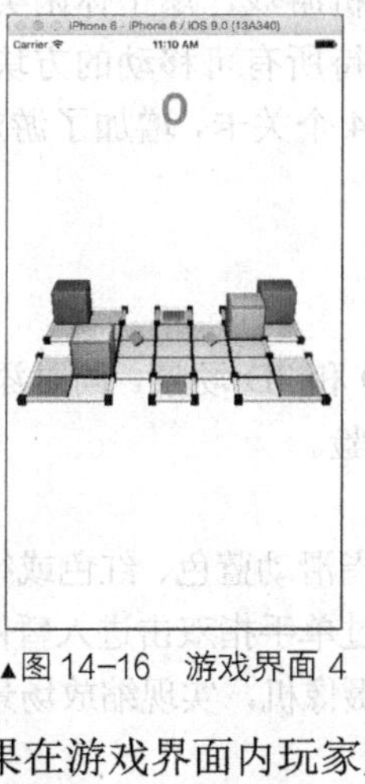

▲图 14-16　游戏界面 4

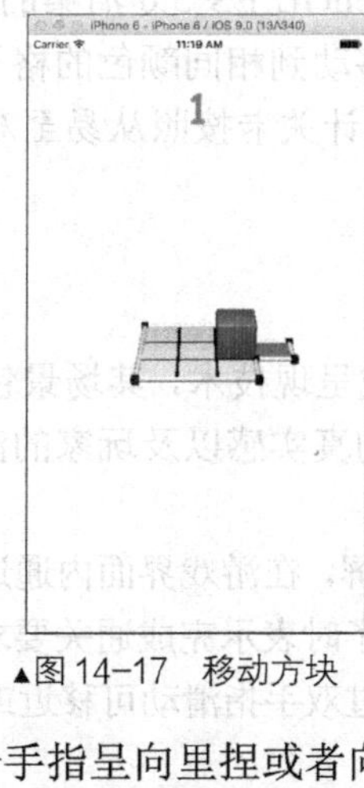

▲图 14-17　移动方块

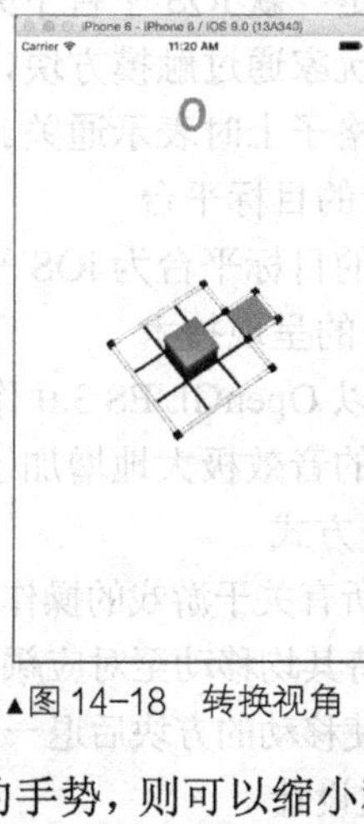

▲图 14-18　转换视角

（9）如果在游戏界面内玩家用两个手指呈向里捏或者向外捏的手势，则可以缩小和放大场景，如图 14-19 和图 14-20 所示。在游戏界面内，若玩家用两个手指双击界面，则游戏中所有可移动的方块均后退一步。

（10）如果在游戏界面内玩家用单个手指双击两次，则会出现暂停界面。该界面内有 5 个选项，分别是“返回游戏”“重新开始”“下一关”“选择关卡”和“显示菜单”。最下方则显示本关的“移动步数”和“最短步数”，如图 14-21 所示。

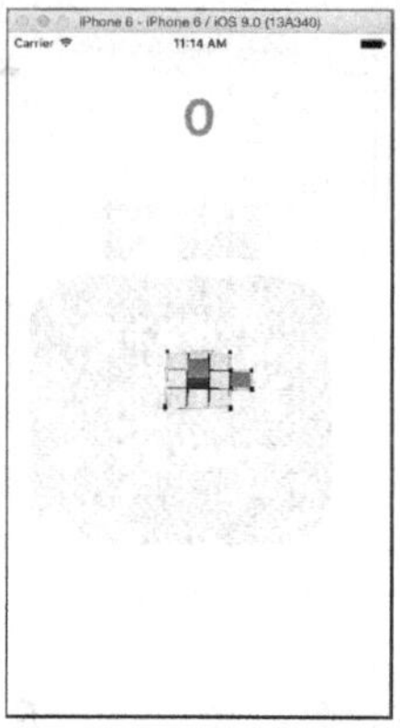

▲图 14-19 缩小场景

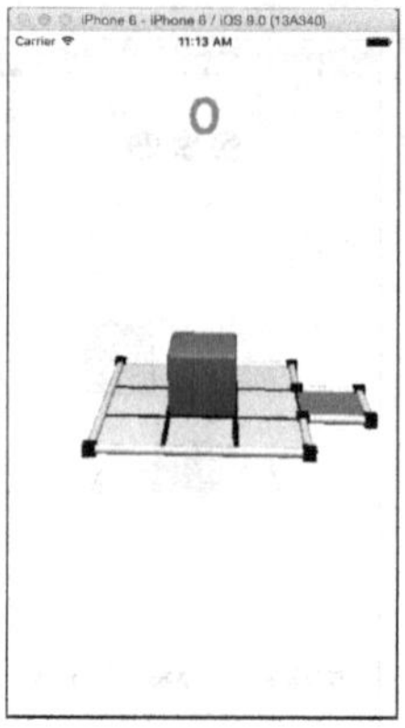

▲图 14-20 放大场景

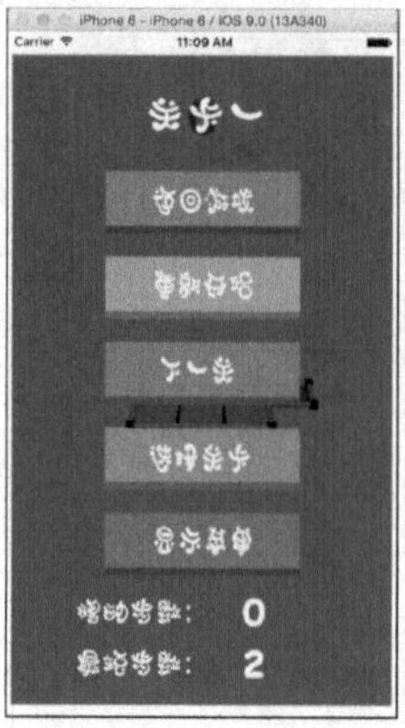

▲图 14-21 暂停界面

14.2 游戏的策划及准备工作

上一节主要介绍了本游戏的开发背景及基本功能，相信读者对其有了一定的了解。本节着重介绍在开发本游戏时的前期准备工作，主要包括游戏策划中的游戏类型定位、呈现技术、操作方式、音效设计等工作的确定和游戏开发中所需图片资源、声音资源、3D 模型、着色器资源的准备工作。

14.2.1 游戏的策划

本小节简单介绍游戏的策划工作。在实际的游戏开发过程中会涉及很多方面，而本游戏的策划主要包括对游戏类型定位、运行的目标平台、采用的呈现技术、操作方式和游戏中音效设计等工作的确定。下面将向读者一一介绍。

- ❑ 游戏类型定位

本游戏是一款 iOS 平台下采用 OpenGL ES 3.0 渲染的 3D 手机游戏，属于休闲类游戏。在游戏过程中，玩家通过触摸方块，使其移动到相同颜色的格子上。待所有可移动的方块均移动到其对应颜色的格子上时表示通关。游戏设计关卡按照从易至难分为 4 个关卡，增加了游戏的可玩性。

- ❑ 运行的目标平台

本游戏的目标平台为 iOS 平台。

- ❑ 采用的呈现技术

本游戏以 OpenGL ES 3.0 作为游戏呈现技术，其场景包括 2D 和 3D 场景，同时添加了声音特效。游戏中的音效极大地增加了游戏的真实感以及玩家的游戏体验。

- ❑ 操作方式

本游戏所有关于游戏的操作均为触屏，在游戏界面内通过单手指滑动蓝色、红色或绿色方块使其旋转移动，待其均移动至对应颜色的格子时表示完成通关要求；通过单手指双击进入暂停界面；通过双手指双击使移动的方块后退一步；通过双手指滑动可移近或拉远摄像机，实现缩放场景的效果。

- ❑ 音效设计

为了增加玩家的体验，本游戏添加了适当的音效。例如，方块移动到下一格子的音效、单击按钮的音效、游戏场景的背景音乐等。玩家在主界面内通过单击音乐及音效按钮，控制背景音乐和音效的开关。

14.2.2 手机平台下游戏的准备工作

上一小节介绍了游戏的策划，本小节介绍在开发之前应做的一些准备工作，其中主要包括搜集和制作图片和声音，设计和制作3D模型等，其具体步骤如下。

（1）首先介绍本游戏中用到的图片资源，所有的图片资源都放在项目文件夹下的 CubeTurn 目录下，具体如表 14-1 所列。

表 14-1 图片清单

图片名	大小（KB）	像素（w*h）	用 途	图片名	大小（KB）	像素（w*h）	用 途
start.png	27.7	512*256	主界面“开始游戏”按钮	cubeblue.png	4.18	512*512	帮助界面方块纹理
showmenu.png	20.6	1024*256	主界面“显示菜单”按钮	finger.png	48.2	512*512	帮助界面手指纹理
menu.png	14.5	256*512	主界面菜单纹理	onelevelblack.png	6.21	512*128	帮助界面关卡一纹理
open_music.png	13.1	256*256	主界面开启音乐图标	twolevelblack.png	6.42	512*128	帮助界面关卡二纹理
open_volume.png	8.16	256*256	主界面开启音效图标	threelevelblack.png	6.51	512*128	帮助界面关卡三纹理
onelevel.png	5.99	512*128	暂停界面关卡一纹理	fourlevelblack.png	7.04	512*128	帮助界面关卡四纹理
backgame.png	20.8	512*128	暂停界面“返回游戏”按钮	back1.png	5.57	256*128	帮助界面返回菜单纹理
restart.png	22.0	512*128	暂停界面“重新开始”按钮	next.png	4.54	256*128	帮助界面下一关纹理
levelsolution.png	23.7	512*128	暂停界面“下一关”按钮	reset.png	4.41	128*128	帮助界面重放纹理
selectlevel.png	32.7	512*128	暂停界面“选择关卡”按钮	back2.png	2.98	64*64	关于界面“返回”按钮
littlemenu.png	16.6	512*128	暂停界面“显示菜单”按钮	about.png	8.64	256*256	关于界面关于纹理
exitbg.png	3.87	256*512	暂停界面背景纹理	ground.png	4.84	256*256	关于界面背景纹理
movestep.png	9.27	512*128	暂停界面移动步数纹理	black.png	3.3	256*256	游戏界面方块纹理
shortstep.png	9.51	512*128	暂停界面最短步数纹理	white.png	3.3	256*256	游戏界面圆柱纹理
whitenumber.png	51.9	1024*128	白色数字	bluenumber.png	40.1	1024*128	游戏界面蓝色数字纹理
fir.png	24.3	512*128	选择关卡界面关卡一纹理	rednumber.png	52.8	1024*128	游戏界面红色数字纹理
sec.png	25.2	512*128	选择关卡界面关卡二纹理	cubegreen.png	4.14	512*512	游戏界面方块纹理
thi.png	25.8	512*128	选择关卡界面关卡三纹理	close_music.png	14.3	256*256	主界面关闭音乐图标
fou.png	31.6	512*128	选择关卡界面关卡四纹理	close_volume.png	11.0	256*256	主界面关闭音效图标
chooselevel.png	8.51	512*128	选择关卡界面选择关卡纹理	icon1.png	6.49	57*57	应用程序图标
back.png	5.82	512*128	选择关卡界面“返回”按钮	twolevel.png	6.22	512*128	暂停界面关卡二纹理
whiteplane.png	4.13	512*512	帮助界面格子纹理	threelevel.png	6.51	512*128	暂停界面关卡三纹理
blue.png	3.3	256*256	帮助界面方块纹理	fourlevel.png	6.79	512*128	暂停界面关卡四纹理
red.png	3.3	256*256	帮助界面方块纹理	green.png	3.3	256*256	帮助界面格子纹理

（2）接下来介绍本游戏中需要用到的声音资源，笔者将声音资源复制在项目文件夹下的 CubeTurn 目录下，具体音效资源文件的详细信息如表 14-2 所列。

表 14-2　　声音清单

声音文件名	大小（KB）	格　式	用　途
background.mp3	2406.4	mp3	背景音乐
buttonclick.mp3	9.24	mp3	方块移动音效
bt_press.mp3	3.67	mp3	单击按钮音效

（3）接下来介绍本游戏中需要用到的 3D 模型，笔者将模型资源复制在项目文件夹下的 CubeTurn 目录下，具体模型资源文件的详细信息如表 14-3 所列。

表 14-3　　模型清单

模型文件名	大小（KB）	格式	用　途	模型文件名	大小（KB）	格式	用　途
cube1.obj	13.6	obj	大方块模型	cube2.obj	0.89	obj	边角方块模型
cube3.obj	16	obj	可升降方块模型	cube4.obj	13.6	obj	机关方块的模型
cube5.obj	0.875	obj	旋转小方块模型	cylinder.obj	12.7	obj	圆柱模型
plane.obj	2.23	obj	地面格子模型				

（4）最后介绍本游戏中需要用到的着色器资源，笔者将着色器资源复制在项目文件夹下的 CubeTurn 目录下，具体着色器资源文件的详细信息如表 14-4 所列。

表 14-4　　着色器清单

着色器文件名	大小（字节）	格式	用　途	着色器文件名	大小（字节）	格式	用　途
frag.sh	345	sh	绘制 3D 内容	vertex.sh	1576.96	sh	绘制 3D 内容
frag_rec.sh	211	sh	绘制 2D 内容	vertex_rect.sh	240	sh	绘制 2D 内容

14.3 游戏的架构

上一节介绍了本游戏的策划和前期的准备工作，本节简单介绍游戏“方块翻转”的整体架构，主要包括对各个类的简要介绍和游戏框架简介。通过对本节的学习，读者对本游戏的设计思路及架构会有一个整体的把握和了解，为学习游戏的具体开发代码打下基础。

14.3.1 各个类简要介绍

为了让读者能够更好地理解本游戏中各个类具体有什么作用，本小节将其简单分成界面显示类、工具类、绘制相关类和着色器 4 个部分进行功能介绍，而各个类的详细代码将在后文中介绍。

1. 界面显示类

❑ 显示界面类 RenderingEngine2

该类是本游戏的显示界面类，实现了 IRenderingEngine 接口。在该类中，主要实现了本游戏的界面初始化功能、界面绘制功能以及界面的触控功能等。该类主要通过调用其他界面类的各个函数，分别实现以上的各项功能。

❑ 主界面 MainView

运行本游戏，直接进入游戏主界面。在该界面内，显示“开始游戏”和“显示菜单”两个按钮。如果单击“开始游戏”，则直接进入关卡一的游戏界面；如果单击“显示菜单”，则会出现 5 个不同的选项，并且可以通过单击左下角和右下角的图标控制音效和音乐的开关。

- 选择关卡界面 ChooseLevelView

单击主界面内菜单界面的“选择关卡”选项，则进入选择关卡界面，本游戏中共有 4 个关卡可以供玩家选择，选择关卡后则进入到相应的游戏界面，还可以单击最下方的“返回”按钮回到游戏主界面。

- 帮助界面 HelpView

单击主界面内菜单界面的“帮助”选项，则进入帮助界面。该界面中主要是播放辅助各个关卡的动画，首先播放关卡一的动画，玩家可以通过单击“返回菜单”回到主界面，单击“重放”再次查看动画，单击“下一关”查看下一关卡的动画。

- 关于界面 AboutView

单击主界面内菜单界面的“关于”选项，则进入关于界面。该界面主要给出一些相关的版权信息。

- 游戏界面 GameView

单击主界面内“开始游戏”按钮，则直接进入关卡一的游戏界面。本游戏共提供了 4 个关卡，每个关卡的玩法并不相同。如果是蓝色方块，则根据手指的方向移动一个方格；如果是红色方块，则根据手指的方向移动两个方格，当然若没有两个方格或者被其他方块挡住，则移动一个方格；如果是绿色方块，则根据手指相反的方向移动一个方格。

玩家可以看到，关卡三内有机关方块和可升降方块，玩家将方块移动到对应颜色的机关方块位置，可升降方块则下降，不再阻挡其他方块通过。关卡四内有旋转方块，玩家将方块移动到对应颜色的旋转方块的位置，该方块的颜色将会变成旋转方块的颜色，便于游戏过关。

- 暂停界面 PauseView

如果玩家处于游戏界面内，可以通过单个手指双击屏幕，弹出暂停界面。该界面共有五个选项供选择，单击“返回游戏”，则返回游戏界面；单击“重新开始”，则重新开始本次关卡；单击“下一关”，则进入下一关卡的游戏界面；单击“选择关卡”，则进入选择关卡界面；单击“显示菜单”，则回到主界面。最下方显示本关卡的移动步数和最短步数。

2. 工具类

- 加载资源工具类 LoadResourceUtil

该工具类的主要功能是加载资源，包括加载项目中的纹理图并进行初始化，加载着色器脚本，加载 obj 文件，以及加载音效和音乐等。

- 着色器加载工具类 ShaderUtil

该类是每个用 OpenGL ES 3.0 渲染的游戏均使用的着色器加载工具类。该类通过加载资源工具类的加载着色器脚本的函数，根据 shader 文件中的信息，创建 shaderProgram 程序并创建 shader，在适当的时候调用这些函数，即可加载不同的着色器，并应用到游戏中。

- 加载 obj 模型的工具类 LoadUtil

该类通过加载资源工具类的加载 obj 文件的函数，根据 obj 文件中的信息，读入物体的顶点、法向量和纹理坐标数据，然后创建 LoadedObjectVertexNormalTexture 类的对象并返回。该类是实现加载 3D 物体的重要工具类。

- 坐标转换工具类 IntersectantUtil

该类封装了从屏幕坐标到世界坐标系的对应函数。该类首先通过在屏幕上的触控位置，根据触控坐标和摄像机确定的射线计算与近平面的交点 A、远平面的交点 B，然后将 A、B 两点在摄像机坐标系中的坐标乘以摄像机矩阵的逆矩阵，最后即求得 A、B 两点在世界坐标系中的坐标。

❑ 其他辅助类

该游戏不仅用到了上述工具类，还用到了许多辅助类来帮助实现该游戏的各个功能，如用于创建物体的 AABB 包围盒的 AABB3 类、用于存储点或向量的 Vector3f 类以及用于进行 2D 和 3D 物体矩阵变换的 MatrixState 类、MatrixState2D 类等。

3. 绘制相关类

❑ 自定义绘制矩形物体类 BN2DObject

该类封装了初始化矩形物体的顶点数据的函数、初始化着色器的函数、设置纹理 id 值和绘制指定物体 4 个函数。初始化数据函数分为两种方式来初始化纹理坐标数据，一种是整张纹理图的初始化，另一种是一张图分为若干张纹理图的初始化。

❑ 3D 物体绘制类 LoadedObjectVertexNormalTexture

该类不仅实现了 3D 物体绘制的功能，而且如果当前绘制物体是可以移动的，那么需要进行一系列的工作，如根据摄像机位置确定移动方向，根据移动方向计算方块移动的位移，计算方块下一步指定的位置，后退一步以及重置方块相关变量等。

4. 着色器

由于本游戏的画面绘制使用的是 OpenGL ES 3.0 渲染技术，所以需要开发着色器，本游戏共提供了两套不同的着色器。着色器包括顶点着色器和片元着色器，在绘制画面前需要加载着色器，加载完着色器的脚本内容并放进集合，根据绘制物体的不同来选择对应的着色器。

14.3.2　游戏框架简介

上一小节简单介绍了该游戏所用到的类，可能读者还没有理解游戏的架构以及游戏的运行过程。本小节将从游戏的整体架构上进行介绍，使读者对本游戏有更进一步的了解。首先给出的是游戏框架图，如图 14-22 所示。

▲图 14-22　游戏框架图

> **说明**　图 14-22 中列出了“方块翻转”游戏的框架图，通过该图可以看出游戏主要由游戏界面类、工具类以及绘制类等构成，这些类的功能稍后向读者详细介绍。

接下来按照程序运行的顺序逐步介绍各个类的作用以及整体的运行框架，使读者更好地掌握本游戏的开发步骤，其详细开发步骤如下。

（1）启动游戏，直接进入游戏主界面，该界面共有两个按钮，即“开始游戏”按钮和“显示菜单”按钮。单击“开始游戏”按钮即可直接进入关卡一的游戏界面。单击“显示菜单”后，主界面出现 5 个选项，分别是“隐藏菜单”、“选择关卡”、“帮助”、“关于”和“退出”，同时可以通过左下角和右下角的图标控制音效和音乐的开关。

（2）如果单击“隐藏菜单”选项，即回到主界面的初始状态。单击“选择关卡”选项，进入选择关卡界面。单击“帮助”选项，则会进入帮助界面。单击“关于”选项，进入关于界面。单击“退出”选项，则直接退出游戏。

（3）单击“选择关卡”选项后，进入选择关卡界面。该界面共有 4 个关卡供玩家选择，玩家可以选择不同的关卡进入相应的游戏界面，或者可以选择“返回”，回到主界面。

（4）单击“帮助”选项后，进入帮助界面。该界面主要是简单介绍游戏玩法的动画，最先看到的是关卡一的动画，最下方有三个选择，分别是“返回菜单”、“重放”和“下一关”。如果单击“返回菜单”，则返回到主界面；如果单击“重放”，则再次播放当前关卡的动画；单击“下一关”，则播放下一关游戏的动画。

（5）单击“关于”选项后，则会进入关于界面，该界面非常简单，主要给出了一些相关的版权信息，并且可以通过左下角的图标返回到主界面。

（6）单击主界面的“开始游戏”后，将会直接进入关卡一的游戏界面，该界面主要由游戏场景和计步器两部分组成。在关卡一的游戏界面内，玩家可以向上、下、左、右这 4 个方向移动手指，蓝色方块将会根据指定方向移动一个方格。如果移动到指定蓝色区域，则代表游戏胜利，并会弹出暂停界面。如果游戏无法进行，玩家也可以通过双击屏幕，弹出暂停界面，进行其他操作。

（7）在关卡二的游戏界面内，多了一个红色的方块，该方块根据指定方向移动两个方块。当然，如果有其他方块遮挡，则移动一个方块。关卡三的游戏界面内，出现了机关方块和可升降方块，玩家可以将方块移动到对应颜色的机关方块位置，相应的可升降方块会下降，不再遮挡其他物体。关卡四的游戏界面内，出现了旋转方块，玩家可以通过将方块移动到其位置，将自身的颜色改变为旋转方块颜色。

（8）在游戏界面内，手指需放到方块位置移动方块，如果放到其他空白位置，移动手指将会改变观察的视角。如果两个手指呈向里捏或者向外捏的手势，则游戏场景会相应缩小或放大。如果单个手指双击场景，则会弹出暂停界面。如果两个手指双击场景，方块会后退一步，计步器同样减 1。

（9）接下来继续介绍游戏界面内游戏结束或者双击屏幕弹出的暂停界面，该界面的最上方是当前关卡名称，接下来共 5 个选项，分别是“返回游戏”、“重新开始”、“下一关”、“选择关卡”和“显示菜单”。最下方则显示当前移动步数和本关卡的最短步数。

（10）如果单击了“返回游戏”选项，则返回游戏界面，继续之前的游戏。如果单击了“重新开始”选项，则重新开始本关卡的游戏。如果单击了“下一关”选项，则进入下一关卡的游戏界面，开始游戏。如果单击了“选择关卡”选项，则可以选择任一关卡进行游戏。如果单击了“显示菜单”选项，则返回游戏主界面。

14.4 界面显示类

本节将介绍本游戏的界面相关类的开发，由于本游戏的界面显示类很多，因此这里选择几个具有代表性的界面类进行简单介绍，主要包括 GLView 类、显示界面类 RenderingEngine2、游戏界面类 GameView 以及帮助界面类 HelpView 等。

14.4.1 GLView 类

本小节介绍该游戏的 GLView 类，该类继承自 UIVIew 类，是采用 Objective-C 语言开发的。由于在上卷第 14 章已经介绍过此类，因此对于重复的部分不再赘述，下面仅给出新增的多点触控事件处理的相关代码，其具体代码如下。

代码位置：源代码/第 14 章/CubeTurn/CubeTurn/目录下的 GLView.mm。

```
- (void) twoFingerPinch:(UIPinchGestureRecognizer *)recognizer{//多点触摸，扩大或者缩小
mRenderingEngine->OnFingerPinched(recognizer.scale);
```

```
}
- (void) oneFingerTwoTaps{           //单手指双击两次，出现暂停界面
  mRenderingEngine->OnOneFingerTwoTaps();
}
- (void) twoFingersTwoTaps{          //双手指双击两次，后退一步
  mRenderingEngine->OnTwoFingersTwoTaps();
}
```

> **说明** 从上述代码中可以看出，本游戏中的多点触控事件一共包含 3 个函数，其功能分别是双手指双击使方块后退，单手指双击出现暂停界面，双手指滑动拉近或移远摄像机实现缩放场景。

14.4.2 显示界面类 RenderingEngine2

上一小节主要介绍了本游戏的 GLView 类，通过该类可实现本游戏场景的总绘制工作和本游戏中触控事件的回调处理。本小节将要介绍的是显示界面类 RenderingEngine2，该类的主要功能为根据当前界面的编号来绘制当前场景，具体内容如下。

（1）首先介绍的是显示界面类 RenderingEngine2 的头文件，主要包括公有的变量、函数以及私有的变量、函数等，具体代码如下。

代码位置：源代码/第 14 章/CubeTurn/CubeTurn 目录下的 RenderingEngine2.hpp。

```
1   #ifndef RenderingEngine2__h                                    //防止重定义
2   #define RenderingEngine2__h
3   ……//此处省略了导入头文件的代码，读者可自行查阅随书附带中的源代码
4   using namespace std;
5   class RenderingEngine2 : public IRenderingEngine {
6   public:                                              //声明该类的函数
7       ……//此处省略了与前面相同的代码，读者可自行查阅随书附带中的源代码
8       void OnFingerPinched(float scale);               //双手指滑动，扩大或者缩小
9       void OnOneFingerTwoTaps();                       //单手指双击两次，出现暂停界面
10      void OnTwoFingersTwoTaps();                      //双手指双击两次，后退一步
11   private:
12        constexpr const static float PI=3.1415926f/180.0f;
13        GLuint m_framebuffer;                          //创建一个帧缓冲区对象
14        GLuint m_renderbuffer;                         //创建一个渲染缓冲区对象
15        GLuint m_depthRenderbuffer;
16        GameView* gameView;                            //指向 GameView 对象的指针
17        MainView* mainView;                            //指向 MainView 对象的指针
18        ChooseLevelView* chooseLevelView;              //指向 ChooseLevelView 对象的指针
19        HelpView* helpView;                            //指向 HelpView 对象的指针
20        int StandardScreenWidth;                       //记录屏幕宽度的 int 变量
21        int StandardScreenHeight;                      //记录屏幕高度的 int 变量
22        float fromScreenXToNearX(float x,float width,float height);
                                                         //将屏幕坐标转换成视口坐标
23        float fromScreenYToNearY(float y,float height);      //将屏幕坐标转换成视口坐标
24   };
25   struct IRenderingEngine* CreateRenderer2(){
26        return new RenderingEngine2();
27   }
28   #endif
```

- 第 8～第 10 行为多点触控的 3 个函数的声明，主要包括双手指滑动实现缩放场景、双手指双击使方块后退一步、单手指双击出现暂停界面。
- 第 16～第 19 行声明指向 GameView、MainView、ChooseLevelView 及 HelpView 对象的指针。
- 第 20～第 21 行声明用于记录当前移动设备屏幕的宽度和高度的变量。
- 第 22～第 23 行声明将屏幕（x，y）坐标转换为视口坐标（x，y）的函数。

（2）介绍完 RenderingEngine2 类的头文件后，还要真正地实现该类中的函数。接下来介绍 RenderingEngine2 类中的部分函数，主要包括初始化函数、绘制函数以及部分触控函数等，实现

的具体代码如下。

代码位置：源代码/第 14 章/CubeTurn/CubeTurn 目录下的 RenderingEngine2.cpp。

```
1   ……//此处省略了导入头文件的代码，读者可自行查阅随书附带中的源代码
2   RenderingEngine2::RenderingEngine2(){}
3   void RenderingEngine2::Initialize(int width, int height){   //初始化函数
4       glGenRenderbuffers(1, &m_renderbuffer);                 //创建渲染缓冲区对象
5       glBindRenderbuffer(GL_RENDERBUFFER, m_renderbuffer);    //绑定渲染缓冲区对象
6       glGenRenderbuffers(1, &m_depthRenderbuffer);            //创建深度缓冲区对象
7       glBindRenderbuffer(GL_RENDERBUFFER, m_depthRenderbuffer);//绑定深度缓冲区对象
8       glRenderbufferStorage(GL_RENDERBUFFER, GL_DEPTH_COMPONENT16,width, height);
9       glGenFramebuffers(1, &m_framebuffer);                   //创建帧缓冲区对象
10      glBindFramebuffer(GL_FRAMEBUFFER, m_framebuffer); //绑定帧缓冲区对象
11      //将创建的渲染缓冲区绑定到帧缓冲区上，并使用颜色填充
12      glFramebufferRenderbuffer(GL_FRAMEBUFFER,GL_COLOR_ATTACHMENT0
13      ,GL_RENDERBUFFER,m_renderbuffer);
14      glFramebufferRenderbuffer(GL_FRAMEBUFFER,  //将创建的深度缓冲区绑定到帧缓冲区上
15          GL_DEPTH_ATTACHMENT,GL_RENDERBUFFER, m_depthRenderbuffer);
16      glBindRenderbuffer(GL_RENDERBUFFER, m_renderbuffer);    //绑定渲染缓冲区对象
17      glViewport(0, 0, width, height);                        //设置视口
18      glEnable(GL_CULL_FACE);                                 //启用背面剪裁
19      glEnable(GL_DEPTH_TEST);                                //启用深度测试
20      StandardScreenWidth=width;
21      StandardScreenHeight=height;
22      float ratio = (float) width/height;                     //计算宽高比
23      MatrixState2D::setInitStack();                                //初始化矩阵
24      MatrixState2D::setProjectOrtho(-ratio, ratio, -1, 1, 1, 100);//设置投影参数
25      MatrixState2D::setCamera(0,0,5,0,0,0,0,1.0f,0); //设置摄像机的 9 个参数
26      MatrixState2D::setLightLocationSun(-5,50,20); //设置光源位置
27      gameView=new GameView();
28      gameView->Initialize(width, height);          //调用游戏界面的 Initialize 函数
29      mainView=new MainView();
30      mainView->Initialize(width, height);          //调用主界面的 Initialize 函数
31      chooseLevelView = new ChooseLevelView();
32      chooseLevelView->Initialize(width, height);  //调用选择关卡界面的 Initialize 函数
33      helpView = new HelpView();
34      helpView->Initialize(width, height);          //调用帮助界面的 Initialize 函数
35      LoadResourceUtil::pauseMusic();               //播放背景音乐
36  }
37  void RenderingEngine2::Render() {
38      switch(MyData::switchViewId) {                //判断当前界面的 id
39          case Constant::GAME_VIEW_ID:              //游戏界面
40              gameView->Render();                   //绘制游戏场景
41              break;
42          ……//此处省略了部分绘制代码，读者可自行查看随书的源代码
43  }}
44  void RenderingEngine2::OnFingerDown(float locationx,float locationy){
45      float x = fromScreenXToNearX(locationx,StandardScreenWidth,StandardScreenHeight);
46      float y = fromScreenYToNearY(locationy,StandardScreenHeight);
47      switch(MyData::switchViewId){                 //判断当前界面的 id
48          case Constant::GAME_VIEW_ID:              //游戏界面
49              gameView->OnFingerDown(x,y,locationx,locationy,//调用游戏界面的触控开始事件
50                  StandardScreenWidth,StandardScreenHeight); break;
51          case Constant::MAIN_VIEW_ID:              //主界面的 id
52              mainView->OnFingerDown(x, y);         //调用主界面的触控开始事件
53              break;
54          ……//此处省略了部分界面中触控开始事件处理的相关代码，读者可自行查看随书的源代码
55  }}
56  ……//此处省略了部分触控事件的开发代码，读者可自行查阅随书的源代码
```

- 第 4～第 8 行创建渲染缓冲区和深度缓冲区并将两个缓冲对象分别绑定到渲染管线，然后设置渲染缓冲区的存储类型。
- 第 9～第 16 行创建帧缓冲对象，并将已经创建的渲染缓冲与深度缓冲分别作为颜色附件和深度附件绑定到此帧缓冲。
- 第 17～第 21 行设置视口，启用背面剪裁和深度测试，记录当前移动设备的屏幕高度和屏

幕宽度。

- 第 22～第 26 行计算宽高比，初始化矩阵，设置投影模式为透视投影，设置摄像机的 9 个参数以及设置光源位置。
- 第 27～第 35 行创建 GameView、MainView、ChooseLevelView 及 HelpView 类的对象，并分别调用其初始化的函数 Initialize，最后调用 pauseMusic 函数播放背景音乐。
- 第 37-43 行为绘制函数，根据当前界面的 id 绘制当前界面的场景。
- 第 44 和第 55 行为触控开始事件的代码实现，首先将触控点的屏幕坐标转换为视口坐标，然后根据当前界面 id 分别调用 OnFingerDown 函数执行当前界面的触控事件。

> **说明**　上述代码中提到的 LoadResourceUtil 类为初始化纹理、加载着色器脚本及 obj 模型、背景音乐或音效等资源的工具类，由于篇幅有限，这里不再赘述，需要的读者可自行查阅随书的源代码。

14.4.3　游戏界面类 GameView

上一小节主要介绍了本游戏中自定义的显示界面类 RenderingEngine2，功能为通过判断当前界面的 id 执行其对应的绘制函数和触控事件的相关函数。接下来介绍本游戏中最重要的一个界面类，即游戏界面类，在该类中，实现了游戏界面内各个物体的绘制以及玩家控制方块的移动等。实现的具体步骤如下。

（1）首先介绍的是游戏界面类 GameView 头文件中成员变量以及相关函数的声明，该类中主要包括初始化资源函数、触摸回调函数、重新计算摄像机参数的函数以及绘制场景中方块、地板的函数等。由于篇幅有限，这里不再赘述，读者可自行查阅随书附带中的源代码。

（2）开发完 GameView 类框架声明后，还要真正实现 GameView 类中的函数（即 GameView.cpp），首先要实现的是初始化函数 Initialize 和绘制游戏界面场景的函数 Render。初始化函数主要用来初始化游戏界面的摄像机与关卡数据等，绘制函数主要是绘制游戏场景中所有的绘制对象，其具体代码如下。

代码位置：源代码/第 14 章/CubeTurn/CubeTurn 目录下的 GameView.cpp。

```
void GameView::Initialize(int width, int height){       //初始化函数
    float ratio = (float) width/height;                 //计算宽高比
    MatrixState::setInitStack();                        //初始化矩阵
    left=right=ratio;                                   //为 left、right 赋值
    bottom=top=1;                                       //为 bottom、top 赋值
    near=2;
    far=500;
    MatrixState::setProjectFrustum(-left, right, -bottom, top, near, far);
    //设置投影矩阵
    initObjectData();                         //初始化绘制物体的模型及纹理
    initSceneData(MyData::level);             //初始化关卡数据
    mPauseView = new PauseView();             //创建 PauseView 对象
    mPauseView -> Initialize(width, height);  //调用初始化函数 Initialize
}
void GameView::Render(){
    doTast();                                   //调用任务函数
    glClearColor(1.0f, 1.0f, 1.0f, 1);          //设置背景颜色
    glClear(GL_DEPTH_BUFFER_BIT|GL_COLOR_BUFFER_BIT);    //清除深度缓冲与颜色缓冲
    MatrixState::setCamera(cameraX,cameraY,   //设置摄像机参数
                        cameraZ,targetX-5,targetY-11,targetZ-30,upX,upY,upZ);
    MatrixState::setLightLocationSun(lightX,lightY,lightZ); //设置光源位置
    drawSenceMoveCubes();                                    //绘制可移动的方块
    drawNotMoveObjects();                       //绘制不可移动的物体
    DrawCubeDownOrUp(0);                        //绘制当前可升降方块的状态
    DrawCubeDownOrUp(6);
```

```
25        MatrixState2D::pushMatrix();                    //保护现场
26        MatrixState2D::translate(0, 0.75f, 0);          //向上平移
27        sn->drawSelf(currBestCount,moveStep,Constant::ICON_WIDTH);  //绘制移动步数
28        MatrixState2D::popMatrix();                     //恢复现场
29        mPauseView->Render(currLevelTexId,sn,currBestCount,moveStep); //绘制暂停界面
30    }
```

- 第 1～第 13 行为游戏界面的初始化函数，其主要功能为初始化矩阵，设置投影模式为透视投影，初始化关卡数据，以及创建 PauseView 对象并调用其初始化的函数。
- 第 14～第 30 行为游戏界面的总绘制函数，首先调用 doTast 函数使方块旋转及平移至下一个格子，然后设置背景颜色并清除深度缓冲与颜色缓冲，设置摄像机的 9 个参数与光源位置，最后绘制场景中可移动方块、可升降方块与不可移动的物体及移动的步数等。

（3）介绍完 GameView 类的初始化函数与绘制函数后，接下来介绍 GameView 类触控开始事件 OnFingerDown、触控点移动事件 OnFingerMove 以及触控结束事件 OnFingerUp 的代码实现，其具体代码如下。

代码位置：源代码/第 14 章/CubeTurn/CubeTurn 目录下的 GameView.cpp。

```
void GameView::OnFingerDown(float x,float y,float locationx,float locationy,int
width,int height){
    if(mPauseView->isDrawInfo){                     //标志位为true
        mPauseView->OnFingerDown(x, y);             //暂停界面的触控开始
        if(mPauseView->isInitData){                 //标志位为 ture
            mPauseView->initDatas(false, false);    //初始化变量
            initSceneData(MyData::level);           //初始化本关卡数据
    }}else{
        if(isBanTouch){ return; }                   //若游戏结束，则不能移动木块
        float* AB=IntersectantUtil::calculateABPosition( locationx,locationy, width, height,
                    left,top,near,far); //计算反射变换后 A、B 两点在世界坐标系的坐标
        Vector3f* start = new Vector3f(AB[0], AB[1], AB[2]);    //起点
        Vector3f* end = new Vector3f(AB[3], AB[4], AB[5]);      //终点
        Vector3f* dir = end->vMinus(start); //计算射线线段的长度和方向
        float minTime=1;          //用于记录列表中物体与射线线段相交的最短时间
        for(int i=0;i<vectorLOVN.size();i++) {//遍历可触摸的方块列表
            AABB3* box=vectorLOVN[i]->getCurrBox();//获取物体的包围盒
            float t = box->rayIntersect(start, dir); //计算相交时间
            if (t <= minTime){                       //若时间小于原最小时间
                minTime = t;                         //记录最小值
                touchX=locationx;                    //记录交点
                touchY=locationy;
                isCubeTouch=true;                    //表示触摸到方块
        }}
        delete AB;delete start;delete end;delete dir; //删除指针
}}
void GameView::OnFingerUp(float locationx,float locationy){   //触控结束函数
    if(mPauseView->isDrawInfo){return;}   //若正在绘制暂停界面，则不允许触控游戏界面
    if(isScaleScene){isScaleScene=false;} //缩放场景的标志位设置为 false
    if(anmiFlag||!isCubeTouch||isFinish||isScaleScene||isBanTouch) {return;}
    //按键不起作用
    float disX=locationx-touchX;                 //记录 X 方向移动的偏移量
    float disY=locationy-touchY;                 //记录 Y 方向移动的偏移量
    if((abs(disX)<Constant::touch_span&&abs(disY)<Constant::touch_span)){return;}
    anmiFlag=true;                               //设置动画播放中标志
    updateEvery(CAMERA_DIRECTION,disX,disY,isBack);    //使方块移动
    isCubeTouch=false;                                 //标志位设置为 false
}
void GameView::OnFingerMove(float previousx,float previousy,float currentx,float
currenty){
    if(isCubeTouch||isFinish||isScaleScene||mPauseView->isDrawInfo){return;}
    //不允许滑动
    float dy = (currenty - previousy);               //计算触控笔 Y 位移
    float dx = (currentx - previousx);               //计算触控笔 X 位移
    calCamera(dx,dy);                                //计算摄像机参数
}
```

❑ 第 1～第 6 行为游戏界面类触控开始事件的实现代码，首先判断当前界面是游戏界面还是暂停界面，若当前界面为暂停界面，则调用暂停界面的触控开始函数。

❑ 第 7～第 25 行表示当前界面为游戏界面，当游戏结束时不能移动方块，否则首先计算 A、B 两点在世界坐标系中的坐标，然后生成射线线段 AB。最后计算射线与物体列表中每个物体 AABB 包围盒的相交时间，并记录最短时间和当前触控点坐标以及删除该函数前面用到的指针。

❑ 第 26～第 36 行为触控结束事件的处理代码，若当前界面为暂停界面，则不允许触控游戏界面；否则首先将缩放场景的标志位设置为 false，若状态为动画播放中、结束游戏或正在缩放场景等，则返回。然后记录 X、Y 方向的偏移量，在允许移动触控点的情况下，将动画播放标志设置为 true，调用 updateEvery 函数使场景中可移动的方块移动。最后将 isCubeTouch 设置为 false。

❑ 第 37～第 42 行为触控点移动事件代码，触控点允许移动时，记录 X、Y 位移，并计算摄像机的 9 个参数。

（4）介绍完单点触控的具体实现后，接下来将要介绍的是多点触控事件的实现部分，包括双手指滑动函数 OnFingerPinched、双手指双击函数 OnTwoFingersTwoTaps 以及单手指双击函数 OnOneFingerTwoTaps 三个部分，具体代码如下。

代码位置：源代码/第 14 章/ CubeTurn/CubeTurn 目录下的 GameView.cpp。

```
1     void GameView::OnFingerPinched(float scale){   //双手指滑动，缩放场景
2         if(mPauseView->isDrawInfo){return;}       //若为暂停界面，则返回
3         isScaleScene=true;                        //缩放标志位设置为 true
4         scale = (scale>1.5f) ? 1.5f : scale;      //设置缩放值的上限
5         scale = (scale<0.5f) ? 0.5f : scale;      //设置缩放值的下限
6         currScale = scale;                        //当前扩大或缩小值
7         calCamera(0, 0);                          //重新计算摄像机参数
8     }
9     void GameView::OnOneFingerTwoTaps(){         //单手指双击出现暂停界面
10         if(mPauseView->isDrawInfo){return;}
11         mPauseView->isDrawInfo=true;             //绘制暂停界面标志设置为 true
12     }
13     void GameView::OnTwoFingersTwoTaps(){        //双手指双击使方块后退一步
14         if(isBanTouch){return;}                  //若游戏结束，则不能后退方块
15         if(moveStep>0){
16             moveStep--; isBack=true;             //移动步数减 1
17             this->md->isBlueScale=false;         //蓝色方块缩放标志设置为 false
18             this->md->isGreenScale=false;        //绿色方块缩放标志设置为 false
19         }
20         for(int i=0;i<vectorLOVN.size();i++){
21             vectorLOVN[i]->back(MyData::level);  //使所有的方块后退一步
22     }}
```

❑ 第 1～第 8 行为双手指滑动实现场景缩放的函数，若当前界面为暂停界面，则返回；若当前界面为游戏界面，则将缩放标志位设置为 true，并记录当前缩放值，缩放摄像机目标点与观察点之间的距离，重新计算摄像机参数，实现缩放场景的效果。

❑ 第 9～第 12 行为单手指双击出现暂停界面的函数，若当前界面为暂停界面，则返回；否则将暂停界面的标志设置为 true，表示绘制暂停界面。

❑ 第 13～第 22 行为双手指双击使方块后退一步的函数，如果游戏结束，则不能使方块后退；否则每双击一次，所有上一步移动了的方块均后退一步，并将方块缩放的标志位设置为 false。

说明 由于篇幅有限，本小节不再讲述该类头文件中声明的绘制可升降方块的函数 DrawCubeDownOrUp、绘制场景中可移动方块的函数 drawSenceMoveCubes、绘制不可移动物体的函数 drawNotMoveObjects、任务函数 doTast 与判断方块是否移动到指定位置的函数 judgeFinish，需要的读者可自行查阅随书中的源代码。

14.4.4 帮助界面类 HelpView

上一小节介绍了游戏界面类 GameView，该类主要实现了游戏界面的触控回调事件处理、摄像机移动以及总绘制等函数，本小节介绍本游戏中的另一个界面类——帮助界面类 HelpView。该类主要实现动态展示不同颜色方块不同的移动方式，具体步骤如下。

（1）首先介绍的是帮助界面类 HelpView 的基本框架，该框架声明了一系列将要使用的成员变量和成员函数，包括记录关卡的变量、是否初始化数据的变量，以及关于触控事件处理、绘制函数、移动手指、初始化 4 个关卡数据等。由于篇幅有限，这里不再赘述此类头文件的代码，读者可自行查阅随书中的源代码。

（2）开发完帮助界面类 HelpView 的框架声明后，还要真正实现该类所声明的函数。首先要介绍的是总初始化数据的函数 Initialize、初始化关卡数据的函数 initHelpViewDatas 以及初始化具体关卡数据的 4 个函数，具体代码如下。

代码位置：源代码/第 14 章/CubeTurn/CubeTurn 目录下的 HelpView.cpp。

```
void HelpView::Initialize(int width, int height){ //总初始化函数
    float ratio = (float) width/height;           //计算宽高比
    MatrixState::setInitStack();                  //初始化矩阵
    left=right=ratio;bottom=top=1;near=2;far=500;
    MatrixState::setProjectFrustum(-left, right, -bottom, top, near, far);
    //设置投影矩阵
    MatrixState::setCamera(-5,20,75, -5,-11,-30, 0,0.94f,-0.33f); //设置摄像机
    MatrixState::setLightLocationSun(-5,50,20);   //设置光源的初始位置
    initHelpViewDatas();                          //初始化所有关卡数据函数
    initVariables();                              //初始化变量
}
void HelpView::initHelpViewDatas(){                //帮助界面关卡数据初始化
     plane=LoadUtil::loadFromFile("plane",Constant::CUBEID); //加载地面 obj
     ……//此处省略了加载 obj 模型的代码，读者可自行查阅随书附带中的源代码
     planeTextureId = LoadResourceUtil::initTexture("whiteplane", false);
     //初始化地面纹理 id
     ……//此处省略了初始化纹理 id 的代码，读者可自行查阅随书附带中的源代码
     finger = new BN2DObject(false,0,fingerTexureId,FINGER_WIDTH,FINGER_HEIGHT);//手指
     back = new BN2DObject(false,0,LoadResourceUtil::
         initTexture("back1",false),BACK_WIDTH,BACK_HEIGHT); //返回菜单绘制者
     ……//此处省略了创建重放绘制对象等的代码，读者可自行查阅随书附带中的源代码
     initHelpViewFirst();           //关卡一的绘制数据
     initHelpViewSecond();          //关卡二的绘制数据
     initHelpViewThird();           //关卡三的绘制数据
     initHelpViewFourth();          //关卡四的绘制数据
}
void HelpView::initHelpViewFirst(){//初始化关卡一的绘制数据
     LoadedObjectVertexNormalTexture* blueCube=LoadUtil::
             loadFromFile("cube1",Constant::BLUE_CUBEID);      //蓝色方块
     float* tempCubeFirst=new float[5];
     tempCubeFirst[0] = -10;tempCubeFirst[1] = -11;tempCubeFirst[2] = -30;
     //方块位置
     tempCubeFirst[3] = -1; tempCubeFirst[4] = -1;    //方块行列值
     blueCube->initCubes(tempCubeFirst);              //初始化方块数据
     vector<LoadedObjectVertexNormalTexture*> firstOBJS ;
     firstOBJS.push_back(blueCube);
     mapLOVN[0] = firstOBJS;                          //记录关卡一绘制者
     float* tempRecoverFirst = new float[2];
     tempRecoverFirst[0] = 0;                         //复制方块初始的 x、z 坐标
     tempRecoverFirst[1] = -30;
     mapObject[0] = tempRecoverFirst;
     float* tempInitFirst = new float[2];
     tempInitFirst[0] = -10;                          //记录移动后的 x、z 坐标
     tempInitFirst[1] = -30;
     mapOrign[0] = tempInitFirst;
}
……//此处省略了初始化其他关卡数据的代码，读者可自行查阅随书附带中的源代码
```

❑ 第 1～第 10 行为 HelpView 类的总初始化函数，其主要功能为设置摄像机的 9 个参数、光源位置、投影矩阵模式以及调用 initHelpViewDatas 函数来初始化 4 个关卡的绘制数据。

❑ 第 11～第 24 行为 initHelpViewDatas 函数，其主要功能为加载绘制需要的 obj 模型、纹理 id 及 2D 绘制对象，并分别调用初始化 4 个关卡数据的 initHelpViewFirst、initHelpViewSecond 等函数。

❑ 第 25～第 43 行为初始化关卡一绘制数据的函数，其主要功能为加载方块模型，创建用于存放方块位置坐标数据及行列值数据的指针，创建用于记录方块初始 x、z 坐标的指针与用于记录方块下一时刻移动后的 x、z 坐标的指针，将记录的数据分别存入不同的 map 对象中，方便绘制时使用。

（3）接下来将要介绍的是 moveFinger 函数与 doTast 函数。前者的主要功能是计算手指绘制者移动后的位置，从而实现自动滑动手指的效果；后者的主要功能是模拟触摸到方块，使其旋转与平移至下一个格子。具体代码如下。

代码位置：源代码/第 14 章/CubeTurn/CubeTurn 目录下的 HelpView.cpp。

```
void HelpView::moveFinger(){       //计算手指移动数据函数
    if(levelHelp==Constant::LEVEL_FIRST||levelHelp==Constant::LEVEL_SEC) {   //手指向右移动
        fingerMoveX = ((fingerMoveX+=0.01f)<0.45f) ? fingerMoveX : 0.45f;   //手指滑动 x 坐标
        if(fingerMoveX == 0.45f&&fingerCount==0){ //到达最右端时
            fingerMoveX = 0.2f;                   //更改下一次移动时初始的 x 坐标
            fingerCount ++;                       //动画绘制次数加 1
    }}else{                                       //手指向左移动
        fingerMoveX = ((fingerMoveX-=0.01f)<(-0.35f)) ? (-0.35f) :fingerMoveX ;   //手指滑动 x 坐标
        if(fingerMoveX == (-0.35f)&&fingerCount==0) {//到达最左端时
            fingerMoveX = -0.2f;                      //更改下一次移动时初始的 x 坐标
            fingerCount ++;                           //动画绘制次数加 1
    }}
    if(fingerCount==1){                               //进行第二次动画
        sj= 1;                                        //手指透明度影响因素
        anmiFlag = true;                              //允许方块平移旋转
        fingerCount = -1;
}}
void HelpView::doTast(){
    if(!anmiFlag){ return;}                           //无须移动木块
    for(int i=0;i<mapLOVN[levelHelp].size();i++){    //遍历可移动方块列表
        mapLOVN[levelHelp][i]->isTouch = true;       //当前方块被触摸
        if(mapLOVN[levelHelp][i]->flag==Constant::RED_CUBEID) {//当前方块颜色为红色
            mapLOVN[levelHelp][i]->isTwoSteps = true;  //表示移动两步
        }
        int state=-1;
        if(levelHelp==Constant::LEVEL_THIRD||levelHelp==Constant::LEVEL_FOUTH) {
            if(mapLOVN[levelHelp][i]->flag==Constant::GREEN_CUBEID) {//绿色方块
                state = Constant::RIGHT_KEY;    //向右移动
            }else{                              //其他颜色方块
                state = Constant::LEFT_KEY;     //向左移动
        }}else{                                 //关卡一或关卡二
            state = Constant::RIGHT_KEY;        //向右移动
        }
        mapLOVN[levelHelp][i]->keyChange(state, mapLOVN[levelHelp][i]->isTouch);
    }
    countDrawTastHelp++;                        //计数器自加
    if(countDrawTastHelp%20==0){
        for(int i=0;i<mapLOVN[levelHelp].size();i++){   //遍历可移动方块列表
            if(levelHelp == Constant::LEVEL_THIRD){     //关卡三
                upCubeData[1] = -5; upCubeData[4] = 0.05f; //设置可升降方块数据
            }
            mapLOVN[levelHelp][i]->mCubeTransX=mapObject[levelHelp][2*i+0];   //记录旋转后坐标
            mapLOVN[levelHelp][i]->mCubeTransZ=mapObject[levelHelp][2*i+1];
            mapLOVN[levelHelp][i]->reCoverHelpView();        //恢复扰动变量
```

```
45          if(levelHelp==3&&mapLOVN[levelHelp][i]->flag==Constant::BLUE_CUBEID){
            //蓝变绿
46              mapLOVN[levelHelp][i]->isChangeColor = true;        //表示变色
47              mapLOVN[levelHelp][i]->changeType(Constant::GREEN_CUBEID);
                //变成绿色
48          }}
49          MyData::playSound("buttonclick","mp3");     //播放移动方块音效
50          anmiFlag=false;                             //旋转结束
51          countDrawTastHelp=0;                        //计数器置 0
52      }}
```

- ❑ 第 1～第 6 行的功能为若当前关卡为关卡一或关卡二，则手指从左向右移动。第一次移动到最右端时，更改第二次移动的初始位置，并将动画计数器加 1。
- ❑ 第 7～第 17 行的功能为若当前关卡为关卡三或关卡四时，则手指从右向左移动。第一次移动到最左端时，更改第二次移动的初始位置，同样将动画计数器加 1。当计数器为 1 时，绘制第二次手指移动动画。
- ❑ 第 20～第 35 行为模拟触摸到方块时的代码，首先遍历可移动方块列表，将每个方块表示被触摸的标志位 isTouch 设置为 true，若当前方块为红色方块，则将可移动两步的标志位设置为 true，表示红色方块移动两步。若当前关卡为关卡一或关卡二，则方块均向右旋转移动；若为其他关卡，则蓝色或红色方块向左移动，绿色方块向右移动。
- ❑ 第 37～第 52 行遍历可移动方块列表，恢复方块扰动变量，播放方块移动音效等。

说明 由于篇幅有限，这里不再讲述本类中的所有绘制函数与触控回调函数，需要的读者可自行查看随书中的源代码。

14.5 辅助工具类

上一节主要介绍了该游戏的部分界面类，便于读者对该游戏的操控界面有所了解。本节将要介绍的是游戏的辅助工具类，主要包括用来记录常量的常量类 Constant、用于计算交点坐标的辅助类 IntersectantUtil 等，具体内容如下。

14.5.1 常量类 Constant

首先介绍游戏的常量类 Constant，该类封装了游戏中用到的常量，主要包括关卡编号、界面 id、场景各种类型物体的编号以及场景中可移动方块的大小与移动半径等，将常量封装到一个常量类的好处是便于管理，其具体代码如下。

代码位置：源代码/第 14 章/CubeTurn/CubeTurn 目录下的 Constant.hpp。

```
#ifndef Sample14_4_Constant_hpp    //防止重定义
#define Sample14_4_Constant_hpp
#include <math.h>                  //导入头文件
class Constant{
public:
    constexpr const static float CubeSize=10.0f;          //方块大小
    constexpr const static float HalfCubeSize=CubeSize/2;
    constexpr const static float RADIUS=(float) (1.414f*HalfCubeSize);//旋转半径
    constexpr const static float PI=3.1415926f/180.0f;
    constexpr const static float ONE_STEP_ANGLE_PER_FRAME=5; //只走一步，5 度一帧
    constexpr const static float TWO_STEP_ANGLE_PER_FRAME=10;//走两步，10 度一帧
    constexpr const static int CUBEID=0;          //0——地面方格编
    constexpr const static int FRAMEID=1;         //1——周围边框
    constexpr const static int CORNERID=2;        //2——黑边角
    constexpr const static int SMALL_CUBEID=3;    //3——旋转的小方块
    constexpr const static int THIN_CUBEID=4;     //4——机关方块
```

```
    constexpr const static int RED_CUBEID=5;     //5——红色可移动方块
    constexpr const static int GREEN_CUBEID=6;   //6——绿色可移动方块
    constexpr const static int BLUE_CUBEID=7;    //7——蓝色可移动方块
    constexpr const static int BLOCK_CUBEID=8;   //8——可升降方块
    constexpr const static float TOUCH_SCALE_FACTOR = 180.0/360;//触控缩放值
    constexpr const static float upCubeTransStep = -0.5f;     //每次平移间距
    constexpr const static float upCubeScaleStep = -0.09f;    //每次缩放值
    constexpr const static float ICON_WIDTH=0.18f;            //数字宽度
    constexpr const static float ICON_HEIGHT=0.18f;           //数字高度
    const static int touch_span=7;                 //触控阈值
    const static int MAIN_VIEW_ID = 0;             //主界面的 id
    const static int GAME_VIEW_ID = 1;             //游戏界面的 id
    const static int CHOOSE_VIEW_ID=2;             //选择关卡界面 id
    const static int HELP_VIEW_ID=3;               //帮助界面 id
    const static int RIGHT_KEY=0;                  //触控方向：右
    const static int LEFT_KEY=1;                   //触控方向：左
    const static int UP_KEY=2;                     //触控方向：后
    const static int DOWN_KEY=3;                   //触控方向：前
    const static int LEVEL_FIRST=0;                //关卡一
    const static int LEVEL_SEC=1;                  //关卡二
    const static int LEVEL_THIRD=2;                //关卡三
    const static int LEVEL_FOUTH=3;                //关卡四
    static double toRadians(double degrees){return (PI*degrees);} //角度转弧度
};
#endif
```

说明 上面介绍的是常量类 Constant 的代码，主要包括声明可移动方块宽度、旋转半径、场景各种物体编号、界面 id、触控方向编号以及关卡编号等。

14.5.2 计算交点坐标辅助类 IntersectantUtil

上一小节介绍了该游戏中用到的常量类，下面介绍计算交点坐标辅助类 IntersectantUtil，其功能是根据屏幕上的触控坐标和摄像机确定拾取射线，计算射线与近平面交点 A 和远平面交点 B 在世界坐标系中的坐标，具体代码如下。

代码位置：源代码/第 14 章/CubeTurn/CubeTurn 目录下的 IntersectantUtil.cpp。

```
#include "IntersectantUtil.h"                          //导入头文件
#include "MatrixState.hpp"
float* IntersectantUtil::calculateABPosition(
    float x,float y,              //触屏 x、y 坐标
    float w,float h,              //屏幕宽度和高度
    float left,float top,         //视角 left 值、top 值
    float near,float far          //视角 near 值、far 值
){
    float x0=x-w/2;               //求视口的坐标中心在原点时，触控点的坐标
     float y0=h/2-y;
     float xNear=2*x0*left/w;   //计算对应的 near 面上的 x 坐标
     float yNear=2*y0*top/h;    //计算对应的 near 面上的 y 坐标
     float ratio=far/near;
     float xFar=ratio*xNear;    //计算对应的 far 面上的 x 坐标
     float yFar=ratio*yNear;    //计算对应的 far 面上的 y 坐标
     float ax=xNear;            //摄像机坐标系中 A 的 x 坐标
     float ay=yNear;            //摄像机坐标系中 A 的 y 坐标
     float az=-near;            //摄像机坐标系中 A 的 z 坐标
     float bx=xFar;             //摄像机坐标系中 B 的 x 坐标
     float by=yFar;             //摄像机坐标系中 B 的 y 坐标
     float bz=-far;             //摄像机坐标系中 B 的 z 坐标
     float* p1 = new float[3]; //创建用于存放 A 点坐标的指针
     p1[0] = ax;p1[1] = ay;p1[2] = az;
     float* A = MatrixState::fromPtoPreP(p1);     //求 A 点在世界坐标系的坐标
     delete p1;                                   //删除指针 p1
     float* p2 = new float[3];                    //创建用于存放 B 点坐标的指针
     p2[0] = bx;p2[1] = by;p2[2] = bz;
     float* B = MatrixState::fromPtoPreP(p2);     //求 B 点在世界坐标系的坐标
```

```
    delete p2;                                  //删除指针 p2
    float* result=new float[6];                 //用于记录 A 和 B 两点世界坐标的指针
    result[0]=A[0];result[1]=A[1]; result[2]=A[2]; result[3]=B[0];result[4]=
    B[1];result[5]=B[2];
    delete A;delete B;
    return result;                              //返回最终的 A 和 B 两点世界坐标系坐标
}
```

说明 上面介绍的是计算交点坐标的工具类 IntersectantUtil，该类主要根据触控坐标和摄像机确定的射线计算与近平面、远平面相交的坐标 A 点、B 点，然后将 A 和 B 两点在摄像机坐标系中的坐标乘以摄像机矩阵的逆矩阵，最后即求得 A 和 B 两点在世界坐标系中的坐标。

14.6 绘制相关类

前面已经简单介绍了整个游戏用到的界面显示类和工具辅助类的开发，本节简单介绍游戏界面的绘制模块，包括 3D 模型绘制类 LoadedObjectVertexNormalTexture 和 2D 物体绘制类 BN2DObject，具体内容如下。

14.6.1 3D 模型绘制类的开发

本小节主要介绍 3D 模型绘制类 LoadedObjectVertexNormalTexture，该类不仅实现了 3D 模型绘制的功能，而且实现了根据不同的可移动物体计算方块的移动方向，根据移动方向计算方块移动的位移，计算方块下一步指定的位置，后退一步以及重置方块相关变量等功能，具体步骤如下。

（1）首先介绍 3D 模型绘制类 LoadedObjectVertexNormalTexture 的框架，该框架中声明了一系列将要使用的成员变量和成员函数，具体代码如下。

代码位置：源代码/第 14 章/CubeTurn/CubeTurn 目录下的 LoadedObjectVertexNormalTexture.h。

```
#ifndef __Sample14_4__LoadedObjectVertexNormalTexture__
#define __Sample14_4__LoadedObjectVertexNormalTexture__
#import <OpenGLES/ES3/gl.h>
#import <OpenGLES/ES3/glext.h>
……//此处省略了导入其他头文件的代码，读者可自行查阅随书的源代码
class LoadedObjectVertexNormalTexture{
private:
       GLuint mProgram;                              //自定义渲染管线程序 id
       GLuint muMVPMatrixHandle;                     //总变换矩阵引用
       ……//此处省略了定义其他引用的代码，读者可自行查阅
       const GLvoid* mVertexBuffer;                  //顶点坐标数据缓冲
       const GLvoid* mTexCoorBuffer;                 //顶点纹理坐标数据缓冲
       const GLvoid* mNormalBuffer;                  //顶点法向量数据缓冲
       static int colAndRow[4];                      //旋转方块的行列值
       static float location[4];                     //旋转方块的位置坐标
       static int X_OFFSET_CHANGE[4];                //x 轴移动偏移量
       static int Z_OFFSET_CHANGE[4];                //z 轴移动偏移量
       static int ROTATE_ANMI_ID[4];
       int count=0;                                  //移动的步数
       int vCount;                                   //顶点个数
       ……//此处省略了定义其他函数的代码，读者可自行查阅随书附带中的源代码
  public:
       AABB3* preBox;
       float *m = new float[16];
       LoadedObjectVertexNormalTexture(float* vertices,float* normals,//构造函数
                                   float* texCoors,int vCount,int flag);
       void initVertexData(float* vertices,float* normals,float* texCoors,int count);
      //初始化顶点数据函数
       void initShader();                        //初始化着色器的函数
```

```
29          void drawSelf(int texId);          //绘制函数
30          AABB3* getCurrBox();               //获得物体的包围盒
31          void copyM();                      //获得当前变换矩阵
32          void updateKeyStatus(int camearStatus,float distanceX,float distanceY,
33                    int tCol,int tRow,bool isBack); //根据摄像机位置更新按键的状态
34          void keyChange(int state,bool isCube);     //计算方块旋转时移动的位移
35          void reCoverVariables(int viewId,int level,bool isBack);//旋转动画完成后恢复扰动
36          void initVariables(float* data);        //重置变量函数
37          void initCubes(float * data);           //初始化方块数据函数
38          void reCoverHelpView();                 //重置帮助界面数据的函数
39          void changeType(int flagTemp);          //变色的情况下，改变该物体的类型
40          void setInitCubeLocation(MyData* md,float* data,int col,int row,float*
            map_data,int* map);
41             void back(int level);                       //后退一步的函数
42        ……//此处省略了定义其他变量的代码，读者可自行查阅随书的源代码
43        ~LoadedObjectVertexNormalTexture();          //析构函数
44     };
45     #endif
```

❑ 第 7～第 21 行为 LoadedObjectVertexNormalTexture 类内定义的私有变量和私有函数，主要包括自定义渲染管线 id、各种属性的引用等变量以及计算方块下一个位置、设置可升降方块状态等函数。

❑ 第 22～第 43 行为 LoadedObjectVertexNormalTexture 类内定义的公有变量和公有函数，主要包括初始化顶点数据的函数、初始化着色器的函数、绘制函数，以及根据摄像机位置判断移动方向、计算方块旋转时的位移、重置变量等函数。

> **说明**　上面主要介绍了 3D 模型绘制类的主要框架，包括声明的变量和定义的函数等。由于篇幅有限，部分变量和函数不再介绍，读者可自行查阅随书附带中的源代码。

（2）开发完 LoadedObjectVertexNormalTexture 类框架声明后，还要真正地实现该类中的函数。首先要介绍的是构造器函数以及初始化顶点数据的函数和初始化着色器的函数，其他函数稍后介绍，实现的具体代码如下。

代码位置：源代码/第 14 章/CubeTurn/CubeTurn 目录下的 LoadedObjectVertexNormalTexture.cpp。

```
#include "LoadedObjectVertexNormalTexture.h"
……//此处省略了导入其他头文件的代码，读者可自行查阅随书附带的源代码
……//此处省略了初始化其他变量的代码，读者可自行查阅随书附带的源代码
LoadedObjectVertexNormalTexture::LoadedObjectVertexNormalTexture(float* vertices,
          float* normals,float* texCoors,int vCount,int flag){//构造器函数
    initVertexData(vertices,normals,texCoors,vCount);//初始化顶点数据的函数
    initShader();                                   //初始化着色器函数
    this->flag=flag;                                //设置标志位
    if(flag==Constant::BLUE_CUBEID){
        alStr[0]="BLUE_CUBEID";                     //如果是蓝色方块，赋值
     }else if(flag==Constant::GREEN_CUBEID){
        alStr[0]="GREEN_CUBEID";                    //如果是绿色方块，赋值
     }
     alBool[0]=false;                               //是否变色标志位的默认值
 }
 void LoadedObjectVertexNormalTexture::initVertexData(float* vertices, float* normals,
                   float* texCoors,int count){  //初始化顶点数据的函数
     vCount=count/3;                                //顶点数量
     mVertexBuffer=vertices;                        //顶点数据缓冲
     mTexCoorBuffer=texCoors;                       //纹理数据缓冲
     mNormalBuffer=normals;                         //法向量数据缓冲
     preBox = new AABB3(vertices,count);            //创建 AABB 包围框
 }
 void LoadedObjectVertexNormalTexture::initShader(){ //初始化着色器的函数
     mProgram = ShaderUtil::createProgram("vertex", "frag");
     maPositionHandle = glGetAttribLocation(mProgram, "aPosition");
     //获取顶点位置属性引用
     maTexCoorHandle=glGetAttribLocation(mProgram, "aTexCoor");//获取顶点纹理属性引用
     maNormalHandle= glGetAttribLocation(mProgram, "aNormal");//获取顶点法向量属性引用
```

```
29       muMVPMatrixHandle = glGetUniformLocation(mProgram, "uMVPMatrix");
         //获取总变换矩阵引用
30       maCameraHandle=glGetUniformLocation(mProgram, "uCamera");//获取摄像机位置引用
31       maLightLocationHandle=glGetUniformLocation(mProgram, "uLightLocationSun");
32       muMMatrixHandle = glGetUniformLocation(mProgram, "uMMatrix");//获取矩阵引用
33   }
```

❑ 第4～第23行为LoadedObjectVertexNormalTexture类的构造器函数和初始化顶点数据的函数。在构造器函数中，需要判断当前方块是蓝色还是绿色。在初始化顶点数据的函数中，需要创建属于当前物体的包围盒，供拾取时使用。

❑ 第24～第33行为LoadedObjectVertexNormalTexture类的初始化着色器的函数，在该函数中，通过加载顶点着色器和片元着色器，生成渲染程序id，同时获取各个属性的引用。

（3）上面主要介绍了LoadedObjectVertexNormalTexture类的构造器函数、初始化顶点数据的函数和初始化着色器的函数，下面介绍该类实现3D模型绘制的绘制函数以及根据摄像机位置判断方块移动方向的函数，实现的具体代码如下。

代码位置：源代码/第14章/CubeTurn/CubeTurn目录下的LoadedObjectVertexNormalTexture.cpp。

```
1   void LoadedObjectVertexNormalTexture::drawSelf(int texId) {  //绘制函数
2       copyM();                                                //获取当前变换矩阵
3       glUseProgram(mProgram);                                 //指定使用某套着色器程序
4       glUniformMatrix4fv(muMVPMatrixHandle, 1, 0, MatrixState::getFinalMatrix());
5       //将位置、旋转变换矩阵传入渲染管线
6       glUniformMatrix4fv(muMMatrixHandle, 1, 0, MatrixState::getMMatrix());
7       //将摄像机位置传入渲染管线
8       glUniform3fv(maCameraHandle, 1, MatrixState::cameraFB);
9       //将光源位置传入渲染管线
10      glUniform3fv(maLightLocationHandle, 1, MatrixState::lightPositionFBSun);
11      glVertexAttribPointer(maPositionHandle,3, GL_FLOAT, GL_FALSE,3*4, mVertexBuffer);
12      glVertexAttribPointer(maTexCoorHandle,2,GL_FLOAT,GL_FALSE,2*4,mTexCoorBuffer);
13      glVertexAttribPointer(maNormalHandle,3,GL_FLOAT,GL_FALSE,3*4,mNormalBuffer);
14      glEnableVertexAttribArray(maPositionHandle);    //启用顶点位置数据
15      glEnableVertexAttribArray(maTexCoorHandle);     //启用顶点纹理数据
16      glEnableVertexAttribArray(maNormalHandle);      //启用顶点法向量数据
17      glActiveTexture(GL_TEXTURE0);                   //绑定纹理
18      glBindTexture(GL_TEXTURE_2D, texId);
19      glDrawArrays(GL_TRIANGLES, 0, vCount);          //绘制物体
20      ……//此处省略了关闭顶点数据的代码，读者可自行查阅随书附带中的源代码
21  }
22  void LoadedObjectVertexNormalTexture::updateKeyStatus(int camearStatus,float distanceX,
23          float distanceY,int tCol,int tRow,bool isBack){//根据摄像机位置确定移动方向函数
24      bool flagTemp=abs(distanceX)>=abs(distanceY)?true:false;//判断是左右或者上下
25      if(camearStatus==0){                        //摄像机正对场景
26          if(flagTemp&&distanceX<0){              //确定方向向左
27              if(flag==Constant::GREEN_CUBEID){   //如果是绿色方块，方向相反
28                  keyPress(Constant::RIGHT_KEY, tCol,tRow,isBack);
29              }else{                               //其他方块，方向相同
30                  keyPress(Constant::LEFT_KEY,tCol, tRow,isBack);
31          }}
32          ……//此处省略了判断其他方向的代码，和上述代码相似，读者可自行查阅随书中的源代码
33      }
34      ……//此处省略了摄像机在场景其他方向的代码，判断移动方向的代码，和上述代码相似，
        读者可自行查阅随书的源代码
35  }
```

❑ 第1～第21行为LoadedObjectVertexNormalTexture类的绘制函数。在该函数中，首先获取当前的变换矩阵，然后指定使用某套着色器程序，将各个属性传入渲染管线，启用顶点位置数据、顶点纹理数据以及顶点法向量数据，最后绑定纹理并绘制物体。

❑ 第22～第35行为根据摄像机位置确定移动方向的函数。该函数根据摄像机的位置和手指移动的方向，对物体应该移动的方向进行判断。蓝色方块和红色方块移动的方向与确定的方向相同，而绿色方块则与确定方向相反。

说明　上面介绍的根据摄像机位置确定移动方向的函数中，出现的计算方块下一步位置的 keyPress 函数将在下面介绍，由于篇幅有限，这里省略了部分相似的代码，读者可自行查阅随书的源代码。

（4）上面主要介绍了 LoadedObjectVertexNormalTexture 类的 3D 模型的绘制函数以及根据摄像机位置判断方块移动方向的函数，接下来介绍上面省略的根据移动方向计算移动方块下一步位置的 keyPress 函数，实现的具体代码如下。

代码位置：源代码/第 14 章/CubeTurn/CubeTurn 目录下的 LoadedObjectVertexNormalTexture.cpp。

```
1     void LoadedObjectVertexNormalTexture::keyPress(int keyNumber,int tCol,
2                                int tRow,bool isBack){ //计算移动方块下一步位置的函数
3         float tempAfterXOffset=this->mCubeTransX+        //计算移动两步时的 x 位移
4                         X_OFFSET_CHANGE[keyNumber]*Constant::CubeSize*2;
5         float tempAfterZOffset=this->mCubeTransZ+        //计算移动两步时的 z 位移
6                         Z_OFFSET_CHANGE[keyNumber]*Constant::CubeSize*2;
7         ……//此处省略了声明其他变量的代码，读者可自行查阅随书附带的源代码
8         if(this->flag==Constant::RED_CUBEID){              //如果当前是红色方块
9           int* result1 = ifPointsExists(tempAfterXOffset2,tempAfterZOffset2,tCol,tRow,true);
10            if(result1[0]&&result1[1]&&result1[4]){                        //如果第一步可通过
11               int* result2 = ifPointsExists(tempAfterXOffset,tempAfterZOffset,tCol,
                 tRow,true);
12               if(result2[0]&&result2[1]&&result2[4]){  //判断第二步是否可以通过
13                   tempCol=result2[3];                       //记录当前列数
14                   tempRow=result2[2];                       //记录当前行数
15                   isTwoSteps=true;                          //将标志位设置为 true
16          }}}
17          if((tempCol==-1&&tempRow==-1)){                    //移动一步
18              int* result3 = ifPointsExists(tempAfterXOffset2, tempAfterZOffset2,
                tCol, tRow,false);
19              if(result3[0]&&result3[1]){                    //判断下一步是否可以通过
20                 tempCol=result3[3];                         //记录下一步列数
21                 tempRow=result3[2];                         //记录下一步行数
22                 isTwoSteps=false;
23                 if(this->md->level==3&&!isBack){            //旋转方块缩小
24                     if(currCol==colAndRow[0]&&currRow==colAndRow[1]){
                       //处于绿色旋转方块位置
25                         this->md->isGreenScale=false;      //绿色旋转方块减小
26                         this->md->scaleGreen=2.0f;
27                     }else if(currCol==colAndRow[2]&&currRow==colAndRow[3]){
                       //蓝色旋转方块位置
28                         this->md->isBlueScale=false;       //蓝色旋转方块减小
29                         this->md->scaleBlue=2.0f;
30              }}}else if(result3[0]&&!result3[1]){           //下一步不能通过
31                 this->md->isStop=true;
32                 if(this->mCubeTransX==this->md->controlCubeData[this->md->level*4+
2]
33                     &&this->mCubeTransZ==this->md->controlCubeData[this->md->level*4+3]){
34                     cubeOnControl = true;
35          }}}
36          if(tempRow!=-1&&tempCol!=-1&&MAP_CUR[tempRow*MAP_COl_CUR+tempCol]==1){
37              ……//此处省略了能够移动时，赋值给相关变量的代码，读者可自行查阅随书的源代码
38          }else{                                              //不能移动时
39               keyState=-1; isMove=false;
40             float* tempD1 = new float[3]; tempD1[0] = this->mCubeTransX;
41             tempD1[1] = this->mCubeTransY; tempD1[2] = this->mCubeTransZ;
42             alPoints[count] = tempD1;                        //记录当前位置坐标，便于后退
43          }
44          setCubeUpState();                                   //设置可升降方块的升降状态
45      }
```

- 第 3～第 16 行为计算移动方块下一步位置的函数。首先需要声明相关变量，之后对移动方块进行判断。如果是红色方块，代表其可以移动两步，所以首先需要判断红色是否可以移动一步，在没有任何遮挡的情况下，继续判断是否能够移动两步。如果能够移动两步，则记录当前所

处行列值。

- 第 17～第 35 行的功能为在判断两步移动失败的情况下，红色方块与其他方块一样只移动一步。首先判断下一步是否可以通过，如果可以，则记录当前行列值并对其他变量进行赋值。如果下一步不能通过，同样需要给相应变量进行赋值。
- 第 36～第 45 行判断是否能移动下一步，如果能，则将计算出的下一步的位置赋值给当前位置，并给其他变量赋值；如果一步也不能移动，则重置变量，同时将当前的坐标记录到 map 对象。最后设置可升降方块的升降状态。

> **说明** 上面主要介绍的是计算移动方块下一步位置的函数，由于篇幅有限，判断是否下一步能通过的 ifPointsExists 函数这里就不再介绍，读者可自行查阅随书附带中的源代码。

（5）上面主要介绍的是 LoadedObjectVertexNormalTexture 类的计算移动方块下一步位置的 keyPress 函数，下面介绍根据移动方向计算方块旋转时移动位移的 keyChange 函数，具体代码如下。

代码位置：源代码/第 14 章/CubeTurn/CubeTurn 目录下的 LoadedObjectVertexNormalTexture.cpp。

```
void LoadedObjectVertexNormalTexture::keyChange(int state, bool isCube){
   if(!isCube||state == -1){return;}
   ……//此处省略了声明变量的代码，读者可自行查阅随书附带中的源代码
   if(!isTwoSteps){                                    //如果只移动一步
      tempCenterY=(float)(sign0[state*2+1] * sin(Constant::toRadians
      //计算旋转时 y 位移
         (angleDraw+45))*Constant::RADIUS)+hal[state*2+1] * Constant::HalfCubeSize;
      if(state / 2 == 0){                              //如果方块向左或向右移动
         tempCenterX=(float)(sign0[state*2] * cos(Constant::toRadians
         //计算旋转时 x 位移
            (angleDraw+45))*Constant::RADIUS)+hal[state*2] * Constant::HalfCubeSize;
         angleZ = angleDraw * ang[state];   //计算 z 轴旋转角度
      }else{                                           //如果方块向上或向下移动
         tempCenterZ=(float)(sign0[state*2] * cos(Constant::toRadians
         //计算旋转时 z 位移
            (angleDraw+45))*Constant::RADIUS)+hal[state*2] * Constant::HalfCubeSize;
         angleX = angleDraw * ang[state];   //计算 x 轴旋转角度
      }
      if(angleDraw<90){                                //如果旋转角度小于 90 度
         angleDraw+=Constant::ONE_STEP_ANGLE_PER_FRAME;//每次移动度数加 5
   }}else{                                             //如果需要移动两步
      if(!isFirstFinish){                              //首先走第一步
         ……//此处省略了移动一步时计算旋转位移的代码，和上述代码相似，读者可自行
         查阅随书的源代码
      }else{                                           //其次走第二步
         tempCenterY=tempY+((float)(sign1[state*2+1] * cos(Constant::toRadians
         //计算 y 位移
            (angleDraw+45))*Constant::RADIUS)+hal[state*2+1] * Constant::
            HalfCubeSize);
         if(state / 2 == 0){                           //如果方块向左或向右移动
            tempCenterX=tempX+((float)(sign1[state*2+0] * sin(Constant::
            toRadians//x 位移
            (angleDraw+45))*Constant::RADIUS)+hal[state*2+0] * Constant::HalfCubeSize);
            angleZ = angleDraw * ang[state];   //计算 z 轴旋转角度
         }else{                                        //如果方块向上或向下移动
            tempCenterZ=tempZ+((float)(sign1[state*2+0] * sin(Constant::
            toRadians//z 位移
            (angleDraw+45))*Constant::RADIUS)+hal[state*2+0] * Constant::HalfCubeSize);
            angleX = angleDraw * ang[state]; //计算 x 轴旋转角度
         }
         if(angleDraw<180){                            //如果旋转角度小于 180 度
            angleDraw+=Constant::TWO_STEP_ANGLE_PER_FRAME;//每次移动度数加 10
         }else{
            isFirstFinish = false;  //第二步已经走完，恢复标志位
}}}
```

❑ 第 2～第 18 行为计算方块旋转时移动位移的函数，如果玩家用手指移动方块，则方块会根据指定方向进行旋转移动。如果是蓝色或者绿色方块，则只需要向指定方向移动一步，即只需要旋转 90 度。根据上下左右四个方向，计算相应的旋转位移值和旋转角度。

❑ 第 19～第 37 行的功能为，若移动方块是红色方块，那么该方块需要向指定方向移动两步，即需要旋转 180 度。首先向指定方向移动 90 度，第一步移动完毕后，继续移动到 180 度，完成两步移动，同样需要计算相应的旋转位移值和旋转角度。

（6）上面主要介绍的是 LoadedObjectVertexNormalTexture 类的根据移动方向计算方块旋转时移动位移的 keyChange 函数，下面介绍设置可升降方块升降状态的 setCubeUpState 函数，具体代码如下。

代码位置：源代码/第 14 章/CubeTurn/CubeTurn 目录下的 LoadedObjectVertexNormalTexture.cpp。

```
1    void LoadedObjectVertexNormalTexture::setCubeUpState(){ //设置可升降方块升降状态函数
2        if(this->md->level==Constant::LEVEL_THIRD){      //如果当前处于关卡三
3            if(this->flag==Constant::BLUE_CUBEID){      //如果当前是蓝色方块
4                setThirdLevelCubeUpState(0);             //设置可升降方块的状态
5                setThirdLevelCubeUpState(2);
6                if(cubeOnControl){
7                    this->md->isCubeUp[this->md->level*2+1] = true;
                     //将可升降方块设置为上升状态
8                    cubeOnControl = false;           //标志位设置为 false
9        }}}else if(this->md->level==Constant::LEVEL_FOUTH) { //判断关卡四方块可升降状态
10           if(this->flag==Constant::BLUE_CUBEID){                 //如果当前为蓝色方块
11               setForthLevelCubeUpState(0);                       //设置可升降方块的状态
12           }
13           if(this->flag==Constant::GREEN_CUBEID){                //如果当前为绿色方块
14               setForthLevelCubeUpState(2);
15   }}}
```

❑ 第 1～第 15 行为设置可升降方块升降状态的函数。首先需要判断当前所处的关卡，如果当前是关卡三，则只有蓝色机关，即需要将蓝色方块移动到机关位置，能够使相应的可升降方块下降，不再阻挡其他方块。如果当前是关卡四，则有蓝色和绿色机关，即需要将方块移动到相同颜色的机关位置处，控制相应的可升降方块。

> **说明** 至此，3D 模型绘制类 LoadedObjectVertexNormalTexture 的主体函数就基本介绍完毕了，由于篇幅有限，该类中部分辅助函数并没有介绍，感兴趣的读者可自行查阅随书附带的源代码。

14.6.2 2D 物体绘制类的开发

上一小节主要介绍了 3D 模型绘制类 LoadedObjectVertexNormalTexture 的开发，本小节简单介绍 2D 物体绘制类 BN2DObject，该类用于绘制平面中的物体，即 2D 对象。

2D 物体绘制类 BN2DObject 主要由构造器函数、初始化顶点数据的函数、初始化着色器函数和绘制函数等 4 个函数构成。由于篇幅有限，这里不再介绍 BN2DObject 类的头文件，只对其.cpp 文件中部分函数进行介绍，具体代码如下。

代码位置：源代码/第 14 章/CubeTurn/CubeTurn 目录下的 BN2DObject.cpp。

```
#include "BN2DObject.h"
……//此处省略了导入其他头文件的代码，读者可自行查阅随书附带的源代码
BN2DObject::BN2DObject(bool drawNum,int num,int texId,float width,float height)
{//构造器函数
    this->drawNum = drawNum;                    //是否绘制数字标志位
    this->num=num;                              //当前数字
    this->texId=texId;                          //纹理 id
    initVertexData(width,height);               //初始化顶点数据的函数
    initShader();                               //初始化着色器的函数
```

```
9     }
10    void BN2DObject::initVertexData(float width, float height){//初始化顶点数据的函数
11        vCount=4;                                   //顶点数量
12        float* vertices=new float[12];              //创建顶点数据数组
13        vertices[0] = -width/2;vertices[1] = height/2;vertices[2] = 0;//第一个点的坐标值
14        vertices[3] = -width/2;vertices[4] = -height/2;vertices[5] = 0; //第二个点的坐标值
15        vertices[6] = width/2;vertices[7] = height/2;vertices[8] = 0;//第三个点的坐标值
16        vertices[9] = width/2;vertices[10] = -height/2;vertices[11] = 0; //第四个点的坐标值
17        mVertexBuffer=vertices;
18        float *texCoor = new float[12];                          //创建纹理数据数组
19        if(this->drawNum){
20            ……//此处省略了加载 1 行 10 列纹理数据的代码，读者可自行查阅随书的源代码
21        }else{                                                   //加载普通纹理的纹理数据
22            texCoor[0]=0;texCoor[1]=0;                           //第一个点的纹理数据
23            texCoor[2]=0;texCoor[3]=1;                           //第二个点的纹理数据
24            texCoor[4]=1;texCoor[5]=0;                           //第三个点的纹理数据
25            ……//此处省略了其他点的纹理数据的代码，和上述代码相似，读者可自行查阅随书的源代码
26        }
27        mTexCoorBuffer=texCoor;
28    }
29    void BN2DObject::initShader(){/*此处省略了初始化着色器的函数，读者可自行查阅随书中的源代码*/}
30    void BN2DObject::drawSelf(float x,float y,float sj){      //绘制函数
31        MatrixState2D::pushMatrix();                           //保护现场
32        MatrixState2D::translate(x, y, 0);                     //平移
33        glEnable(GL_BLEND);                                    //打开混合
34        glBlendFunc(GL_SRC_ALPHA, GL_ONE_MINUS_SRC_ALPHA);     //设置混合因子
35        glUseProgram(mProgram);                                //指定使用某套着色器
36        ……//此处省略了将各个属性传入渲染管线的代码，读者可自行查阅随书附带的源代码
37        glActiveTexture(GL_TEXTURE0);                          //绑定纹理
38        glBindTexture(GL_TEXTURE_2D, texId);
39        glDrawArrays(GL_TRIANGLE_STRIP, 0, vCount);            //绘制物体
40        ……//此处省略了关闭顶点数据的代码，读者可自行查阅随书附带的源代码
41        glDisable(GL_BLEND);                                   //关闭混合
42        MatrixState2D::popMatrix();                            //恢复现场
43    }
44    void BN2DObject::setTexId(int textureId){this->texId = textureId;}//设置纹理 id
45    BN2DObject::~BN2DObject(){}                                //析构函数
```

- 第 3～第 9 行为 BN2DObject 类的构造器，传入的参数有是否加载数字纹理标志位、纹理 id、纹理图的长度和宽度等，根据传入的参数调用初始化顶点数据函数以及初始化着色器函数。
- 第 10～第 28 行为初始化顶点数据的函数。首先创建顶点数据数组，并进行赋值，之后将其赋给顶点缓冲。然后创建纹理数据数组，根据是否绘制数字纹理，赋值方式不同，最后赋给纹理缓冲。
- 第 30～第 43 行为 BN2DObject 类的绘制函数。首先保护现场，进行平移，之后打开混合，设置混合因子，将各个属性传入渲染管线，绑定纹理后进行绘制。最后需要关闭相关缓冲数据，关闭混合，并且恢复现场。

说明　该游戏 2D 物体绘制类 BN2DObject 到这里已经基本介绍完毕，由于篇幅有限，初始化着色器的函数这里就不再赘述，读者可自行查阅随书附带中的源代码。

14.7 游戏的优化及改进

到此为止，iOS 休闲类游戏——方块旋转，已经基本开发完成，也实现了在 iOS 平台上利用 OpenGL ES 3.0 进行渲染的设计目标。但是通过多次试玩测试发现，游戏中仍然存在一些需要优化和改进的地方，下面列举了笔者想到需要改善的一些方面。

- 优化游戏界面

任何一款游戏都拥有使界面更加丰富和绚丽的进步空间，所以对于本游戏的界面，读者可以不断扩充想法自行改进，例如可以在游戏界面所有方块均移动到目标格子时添加更多出彩的动作

特效，使其更加完美，使场景更酷炫。

❑ 修复游戏 bug

现在众多的手机游戏在公测之后也有很多 bug，需要玩家不断发现，以便改进游戏。笔者已经将目前发现的所有 bug 修复，但还有很多 bug 是需要玩家发现和改进的，只有不断进步，才可以大大提高游戏的可玩性。

❑ 完善游戏玩法

此游戏的玩法还是比较单一，仅仅停留在使方块旋转平移至目标格子的层面上，读者可以自行完善，例如设置游戏道具、闯关条件等，增加更多的玩法使其更具吸引力。在此基础上读者也可以进行创新，充分发掘这款游戏的潜力，给玩家焕然一新的感觉。

❑ 增强游戏体验

为了满足更好的用户体验，游戏中方块旋转的角度、方块旋转的快慢等细节的一系列参数读者可以自行调整，合适的参数会极大地增加游戏的可玩性。

14.8 小结

本章以开发“方块旋转”游戏为主题，介绍了使用 OpenGL ES 3.0 渲染技术开发 iOS 平台下休闲类 3D 游戏的全过程。结合本章中“方块旋转”项目，学习本章之后，读者应该对该类游戏的开发有了比较深刻的了解，为以后的开发工作打下坚实的基础。

读书笔记

读书笔记